原子嵌入式Linux驱动开发详解

左忠凯　编著

清華大學出版社
北京

内 容 简 介

嵌入式Linux涉及的知识点很多，对初学者的基础要求高，在知识储备的广度和深度上都对学习者提出了很高的要求。大多数转型嵌入式Linux开发的朋友都是以前从事单片机开发工作的工程师，因此如何从单片机开发工程师转型为嵌入式Linux开发工程师，这个过程非常重要。

单片机工程师大多数都是在Windows环境下工作，使用集成IDE编写并编译代码，然后在IDE上通过DownLoad按钮一键下载代码到单片机中。至于集成IDE是怎么组织源文件，又是怎么编译的并不清楚。

本书就以单片机工程最熟悉的"裸机"开发为例，讲解如何在Ubuntu下搭建开发环境，如何使用VScode编写程序，如何使用make工具编译源码。通过这些操作，大家就可以对集成式IDE与开源开发环境有很清晰的认识。当掌握了开发方式以后，剩下的就是通过大量的裸机案例来加深对I. MX6ULL这颗芯片的认识，了解各个外设的应用，为后面学习嵌入式Linux驱动开发打下坚实的基础。本书后半部分详细讲解了如何移植uboot、Linux内核、根文件系统，最终在开发板上搭建出一个基础的嵌入式Linux系统，后续的嵌入式Linux驱动开发就在这个小系统上进行。

本书可作为广大从事嵌入式开发、MCU开发、物联网应用开发等工程技术人员的学习和参考用书，也可作为高等院校计算机、电子、自动化等专业嵌入式系统、微机接口、物联网、单片机等课程的教材。

图书在版编目（CIP）数据

原子嵌入式Linux驱动开发详解/左忠凯编著. —北京：清华大学出版社，2022.8（2024.10重印）
ISBN 978-7-302-61382-4

Ⅰ. ①原… Ⅱ. ①左… Ⅲ. ①Linux操作系统—程序设计 Ⅳ. ①TP316.85

中国版本图书馆CIP数据核字（2022）第124646号

责任编辑：杨迪娜
封面设计：徐 超
责任校对：徐俊伟
责任印制：曹婉颖

出版发行：清华大学出版社
网 址：https://www.tup.com.cn，https://www.wqxuetang.com
地 址：北京清华大学学研大厦A座 **邮 编**：100084
社 总 机：010-83470000 **邮 购**：010-62786544
投稿与读者服务：010-62776969，c-service@tup.tsinghua.edu.cn
质量反馈：010-62772015，zhiliang@tup.tsinghua.edu.cn
课件下载：https://www.tup.com.cn，010-83470236
印 装 者：大厂回族自治县彩虹印刷有限公司
经 销：全国新华书店
开 本：203mm×260mm **印 张**：46.25 **字 数**：1208千字
版 次：2022年8月第1版 **印 次**：2024年10月第3次印刷
定 价：169.00元

产品编号：090586-01

前言

FOREWORD

本书主要讲解嵌入式 Linux 中的驱动开发，也会涉及裸机开发的内容，相信大部分读者和作者经历一样，以前从事过单片机开发的工作，比如 51 或者 STM32 等。单片机开发很难接触到更高层次的系统方面的知识，用到的系统都很简单，比如 μC/OS、FreeRTOS 等，这些操作系统都使用一个 Kernel，如果需要网络、文件系统、GUI 等就需要开发者自行移植。而移植又是非常痛苦的一件事情，而且移植完成以后的稳定性也无法保证。即使移植成功，后续的开发工作也比较烦琐，因为不同的组件其 API 操作函数都不同，没有一个统一的标准，使用起来学习成本比较高。这时候一个功能完善的操作系统就显得尤为重要：具有统一的标准，提供完善的多任务管理、存储管理、设备管理、文件管理和网络等。Linux 就是这样一个系统，这样的系统还有很多，比如 Windows、macOS、UNIX 等。本书讲解 Linux，而 Linux 开发可以分为底层驱动开发和应用开发，本书讲解的是 Linux 驱动开发，主要面向使用过 STM32 的开发者。平心而论，如果此前只会 51 单片机开发，笔者不建议直接上手 Linux 驱动开发，因为 51 单片机和 Linux 驱动开发的差异太大。笔者建议在学习嵌入式 Linux 驱动开发之前一定要学习 STM32 这种 Cortex-M 内核的 MCU，因为 STM32 这样的 MCU 其内部资源和可以运行 Linux 的 CPU 差不多，如果会 STM32，则上手 Linux 驱动开发就会容易很多。笔者就是此前做了 4 年 STM32 开发工作，然后转做 Linux 驱动开发，整个过程比较顺畅。

鉴于当前 STM32 非常火爆，学习者众多，如何帮助 STM32 学习者顺利地转入 Linux 驱动开发有如下几点需要注意。

1）选取合适的 CPU

理论上来讲，如果 ST 公司有可以运行的 Linux 的芯片那再好不过了，因为大家对 STM32 很熟悉，但是在编写本书时，ST 公司尚没有可以运行 Linux 的 CPU。Linux 驱动开发入门的 CPU 一定不能复杂，比如像三星的 Exynos 4412、Exynos 4418 等，这些 CPU 性能很强大，带有 GPU，支持硬件视频解码，可以运行 Android。但是正是它们的性能过于强大，功能过于繁杂，所以不适合 Linux 驱动开发入门。一款外设和 STM32H7 这样的 MCU 相似的 CPU 就非常适合 Linux 入门，三星的 S3C2440 就非常合适，但是 S3C2440 早已停产了，学了以后工作上又用不到，又得学习其他的 CPU，有点浪费时间。笔者花了不少时间终于找到了一款合适的 CPU，那就是 NXP 的 I. MX6ULL。I. MX6ULL 就是一款可以跑 Linux 的 STM32，外设功能和 STM32 相似，如果此前学习过 STM32，那么会非常容易上手 I. MX6ULL。而且 I. MX6ULL 可以正常出货，这是一款工业级的 CPU，是三星 S3C2440、S3C6410 产品替代的绝佳之选，学习完 I. MX6ULL 以后，在工作中就可以直接使用了。本书选取正点原子的 I. MX6U-ALPHA 开发板，其他厂商的 I. MX6ULL 开发板也可以参考本书。

2）开发环境讲解

STM32 的开发都是在 Windows 系统下进行的，使用 MDK 或者 IAR 这样的集成 IDE，但是嵌入式 Linux 驱动开发需要的主机是 Linux 平台的，也就是必须先在自己的计算机上安装 Linux 系统。Linux 系统发行版有 Ubuntu、CentOS、Fdeora、Debian 等。本书使用 Ubuntu 操作系统。本书假设大家此前从来没有接触过 Ubuntu 操作系统，因此会有详细的 Ubuntu 操作系统安装、使用教程的讲解，帮助大家熟悉开发环境。

3）合理的裸机例程

学习嵌入式 Linux 驱动开发建议大家先学习裸机开发（如果学习过 STM32，则可以跳过裸机学习），Linux 驱动开发非常烦琐。要想进行 Linux 驱动开发，必须要先移植 uboot，然后移植 Linux 系统和根文件系统到开发平台上。而 uboot 又是一个超大的裸机综合例程，因此如果没有学习过裸机例程，那么 uboot 移植会有困难，尤其是要修改 uboot 代码时。STM32 基本都是裸机开发，在集成 IDE 下编写代码，可以使用 ST 公司提供的库。但是在 Ubuntu 下编写 I. MX6ULL 裸机例程就没有这么方便了，没有 MDK 和 IAR 这样的 IDE，所有的一切都需要自己搭建，本书提供的视频会有详细的讲解。本书还提供了数十个裸机例程，由浅入深，涵盖了大部分常用的功能，比如 I/O 输入输出、中断、串口、定时器、DDR、LCD、I^2C 等。学习完裸机例程以后就对 I. MX6ULL 这颗 CPU 非常熟悉了，再去学习 Linux 驱动开发就很轻松了。

4）uboot、Linux 和根文件系统移植

学习完裸机例程以后就是 Linux 驱动开发了，但是在进行 Linux 驱动开发之前要先在使用的开发板平台上移植好 uboot、Linux 和根文件系统。这是 Linux 驱动开发的第一个拦路虎，因此本书和相应的视频会着重讲解 uboot/Linux 和根文件系统的移植。

5）嵌入式 Linux 驱动开发

当我们把 uboot、Linux 内核和根文件系统都在开发板上移植好以后，就可以开始 Linux 驱动开发了。Linux 驱动有 3 大类：字符设备驱动、块设备驱动和网络设备驱动。对于这 3 大类内容，本书都有详细的讲解，并且配有数十个相应的教学例程，从最简单的点灯到最后的网络设备驱动。

本书一共分三篇，每篇对应一个不同的阶段。

第一篇：Ubuntu 操作系统入门（为节省篇幅，扫描封底“本书资源”二维码获取）

本篇主要讲解 Ubuntu 操作系统的使用，不涉及任何嵌入式方面的知识，全部是在计算机上完成的，只要安装好 Ubuntu 操作系统即可。

第二篇：裸机开发（第 1～26 章）

从本篇正式开始开发板的学习，本篇通过数十个裸机例程来帮助大家了解 I. MX6ULL 这颗 CPU，为以后的 Linux 驱动开发做准备。通过本篇，大家可以掌握在 Ubuntu 下进行 ARM 开发的方法。

第三篇：系统移植（第 27～36 章）

本篇讲解如何将 uboot、Linux 和根文件系统移植到我们的开发板上，为后面的 Linux 驱动开发做准备。

通过上面三篇的学习，大家能掌握嵌入式 Linux 驱动的开发流程，本书旨在引导大家入门 Linux 驱动开发，更加深入地研究就需要大家在实践中不断地总结经验，并与理论结合，祝愿大家学习顺利。

作者

2022 年 8 月

目录

CONTENTS

第一篇　Ubuntu 操作系统入门

（扫描封底“本书资源”二维码获取）

第二篇　裸机开发

第一篇　Ubuntu操作系统入门

关于 Ubuntu 操作系统入门，请参考“Ubuntu 入门指南”，扫描图书封底二维码“本书资源”获取。

第二篇　裸机开发

第一篇介绍了 Ubuntu/Linux 的基础操作，而从本篇开始我们将进入实战操作。本篇讲解 ARM 的裸机开发，也就是不带操作系统开发。为什么我们要先学习裸机开发呢？

(1) 裸机开发是了解所使用 CPU 最直接、最简单的方法，比如本书所使用的 I. MX6U，其跟 STM32 一样，裸机开发是直接操作 CPU 的寄存器。Linux 驱动开发最终也是操作的寄存器，但是在操作寄存器之前要先编写一个符合 Linux 驱动的框架。例如，同样一个点灯驱动，裸机开发可能只需要十几行代码，但是在 Linux 下的驱动就需要几十行或上百行代码来完成。

(2) 大部分 Linux 驱动初学者都是从 STM32 转过来的，但 Linux 驱动开发和 STM32 开发区别很大，比如 Linux 没有 MDK、IAR 这样的集成开发环境，需要我们自己在 Ubuntu 下搭建交叉编译环境。直接上手 Linux 驱动开发可能会因为和 STM32 巨大的开发差异而让初学者信心受挫。

(3) 裸机开发是连接 Cortex-M(如 STM32)单片机和 Cortex-A(如 I. MX6U)处理器的桥梁，本书精心准备了十几个裸机例程，帮助 STM32 开发者花费最少的精力转换到 Linux 驱动开发，根据笔者 4 年的 STM32 开发板经验，合理的安排各个裸机例程。使用 STM32 开发方式来学习 Cortex-A(I. MX6U)，从而降低入门难度。通过这十几个裸机例程也可以“反哺”STM32，从而掌握很多 MDK、IAR 这种集成开发环境没有告诉你的“干货”。

第1章

开发环境搭建

进行裸机开发前要先搭建好开发环境，这如同我们在开始学习 STM32 时需要安装相应的软件，比如 MDK、IAR、串口调试助手等，安装这些软件就是搭建 STM32 的开发环境。同样的，要想在 Ubuntu 下进行 Cortex-A(I. MX6U)开发也需要安装一些相应的软件来搭建开发环境。裸机开发中代码编写等工作需要在 Ubuntu 下进行，而查找资料时我们会用到 Windows，本章我们就讲解如何在 Ubuntu 和 Windows 中进行相应软件的安装和相关操作。

1.1 Ubuntu 和 Windows 文件互传

在开发的过程中，我们会频繁的在 Windows 和 Ubuntu 下进行文件传输，Windows 和 Ubuntu 下的文件互传需要使用 FTP 服务，设置方法如下。

1. 开启 Ubuntu 下的 FTP 服务

打开 Ubuntu 的终端窗口，然后执行如下命令来安装 FTP 服务：

```
sudo apt - get install vsftpd
```

软件自动安装完成以后使用 VI 命令打开/etc/vsftpd. conf，命令如下：

```
sudo vi /etc/vsftpd.conf
```

打开 vsftpd. conf 文件以后找到如下两行：

```
local_enable = YES
write_enable = YES
```

上面两行命令前面没有“#”，如有则将“#”删除即可，完成以后如图 1-1 所示。

修改完 vsftpd. conf 并保存退出，使用如下命令重启 FTP 服务。

```
sudo /etc/init.d/vsftpd restart
```

```
27 # Uncomment this to allow local users to log in.
28 local_enable=YES
29 #
30 # Uncomment this to enable any form of FTP write command.
31 write_enable=YES
```

图 1-1　vsftpd. conf 修改

2. 安装 Windows 下 FTP 客户端软件

Windows 下的 FTP 客户端软件我们使用 FileZilla，这个免费的 FTP 客户端软件，读者可以在 FileZilla 官网下载。下载界面如图 1-2 所示。

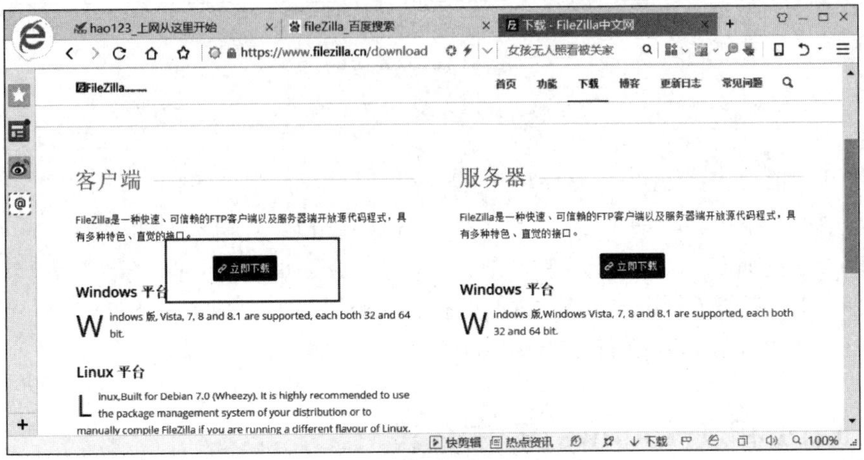

图 1-2　FileZilla 软件下载

我们已经下载好 FileZilla 并放到本书资源中(扫描封底“本节资源”二维码获取，本书其他资源也从这里获取)，路径为“软件→FileZilla_3. 39. 0_win64-setup_bundled. exe”，双击安装即可。安装完成后找到安装目录，发送图标快捷方式到桌面，完成以后如图 1-3 所示。

图 1-3　FileZilla 图标

打开 FileZilla 软件，界面如图 1-4 所示。

3. FileZilla 软件设置

通常 Ubuntu 作为 FTP 服务器，而 FileZilla 作为 FTP 客户端。我们使用时按以下操作将客户端连接到服务器上，单击“文件(F)”→“站点管理器”。打开站点管理器如图 1-5 所示。

单击图 1-5 中的“新站点(N)”来创建站点，创建后新建站点会在“我的站点”下出现，站点的名称可以根据个人喜好进行修改，此处我将新的站点命名为“Ubuntu”，如图 1-6 所示。

选中新创建的“Ubuntu”站点，对站点的“常规”进行设置，如图 1-7 所示。

按照图 1-7 中设置好以后单击“连接(C)”，第一次连接时会弹出提示是否保存密码的对话框，单击“确定”即可。

连接成功以后如图 1-8 所示，左边为 Windows 文件目录，右边为 Ubuntu 文件目录，默认进入用户根目录下(比如笔者的计算机是“/home/zuozhongkai”)。在连接后如果出现了 Ubuntu 文件目录下的中文目录都是乱码的情况，这是因为编码方式没有选对，我们可先断开连接，单击“服务器(S)”→“断开连接”，然后打开站点管理器，选中要设置的站点“Ubuntu”，选择“字符集”，设置如图 1-9 所示。

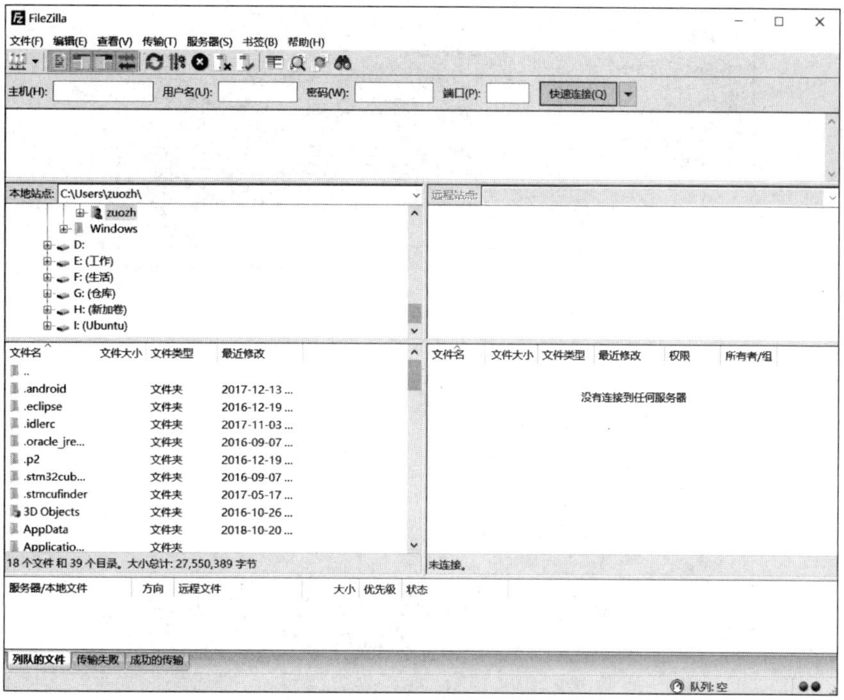

图 1-4　FileZilla 软件界面

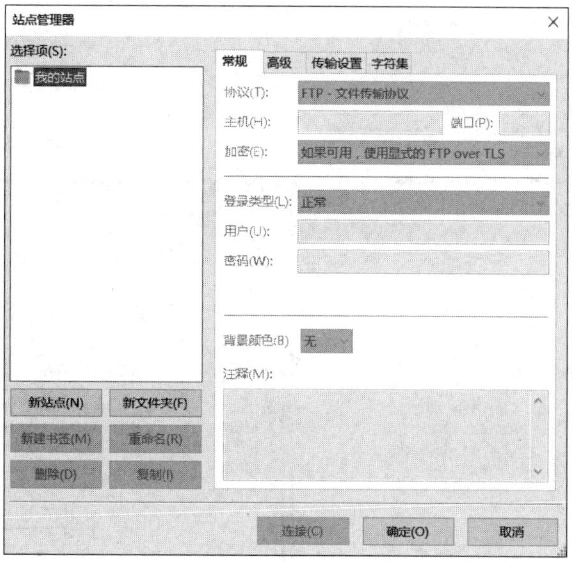

图 1-5　站点管理器

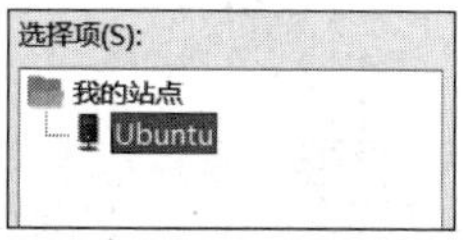

图 1-6　新建站点

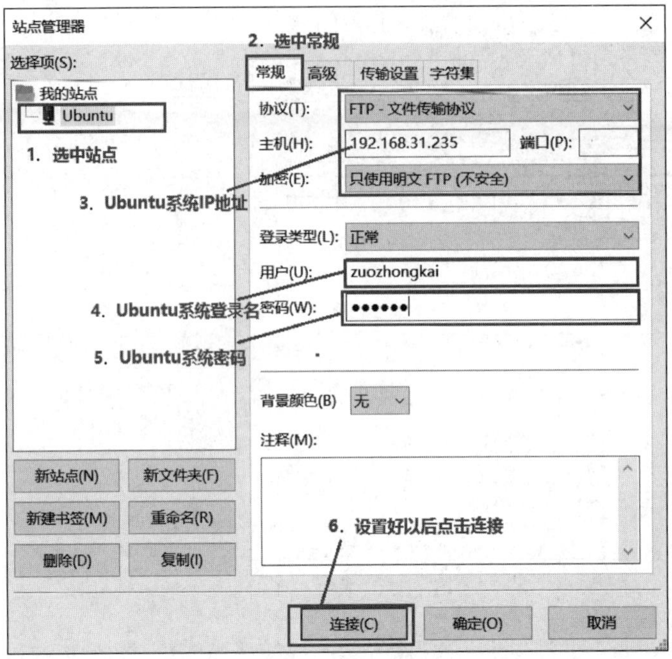

图 1-7　站点设置

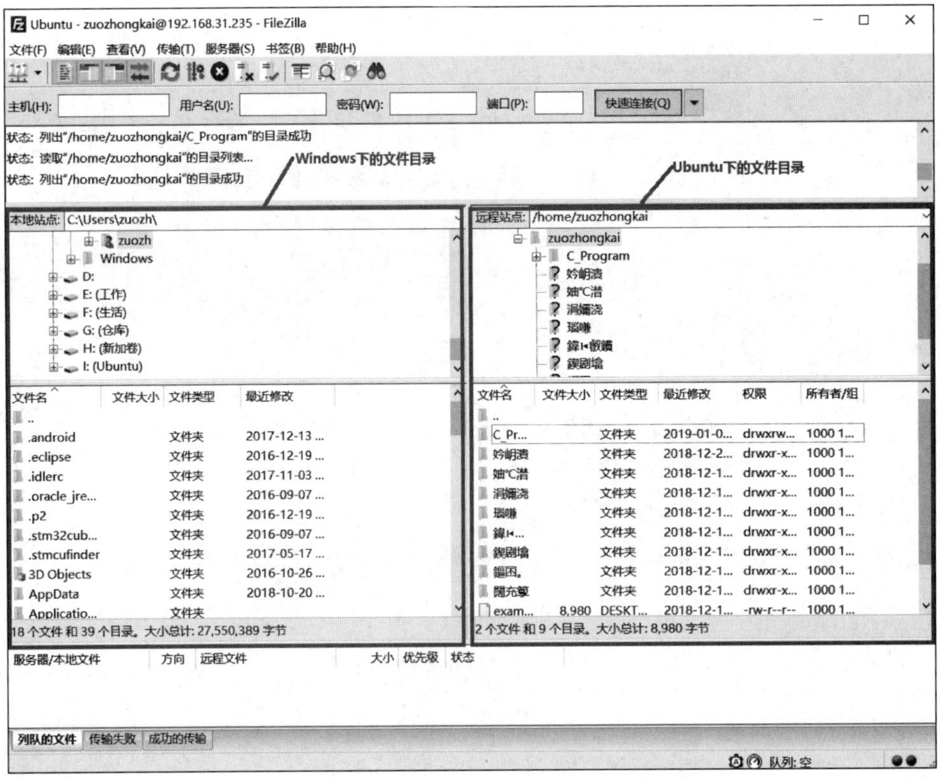

图 1-8　连接成功

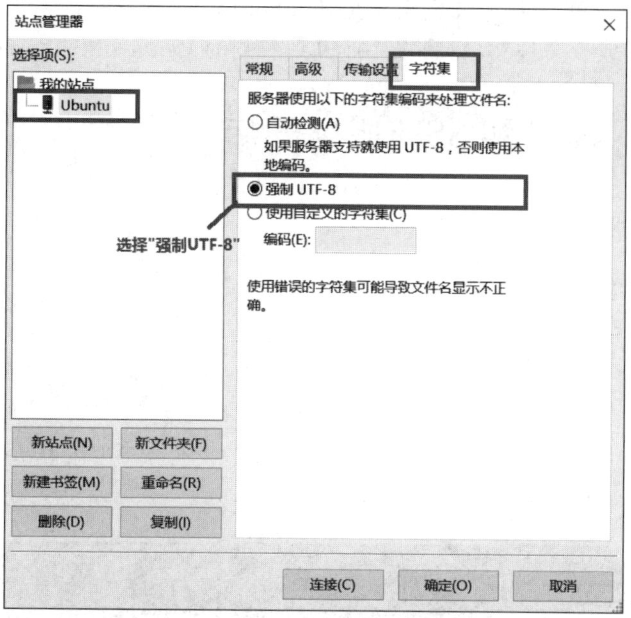

图 1-9　设置字符集

按照图 1-9 设置好字符集以后重新连接到 FTP 服务器上，这时可以看到 Ubuntu 下的文件目录中文显示已经正常了，如图 1-10 所示。

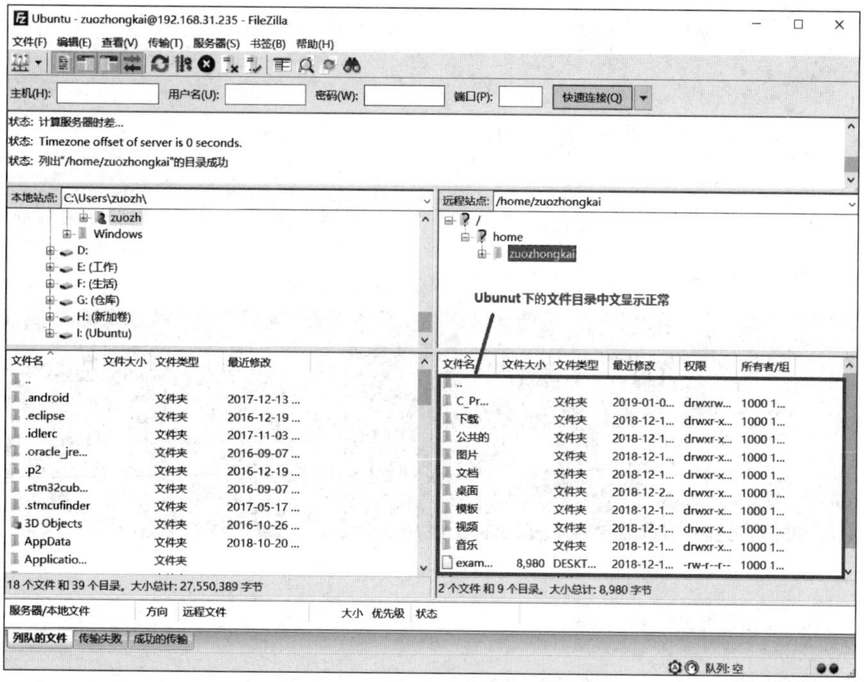

图 1-10　Ubuntu 下的文件目录中文显示正常

如果要将 Windows 下的文件或文件夹复制到 Ubuntu 中，只需要在图 1-10 中左侧的 Windows 区域选中要复制的文件或者文件夹，然后直接拖曳到右侧的 Ubuntu 中指定的目录即可，反之亦然。

1.2 Ubuntu 下 NFS 和 SSH 服务开启

1.2.1 NFS 服务开启

进行 Linux 驱动开发时需要 NFS 启动，因此要先安装并开启 Ubuntu 中的 NFS 服务，使用如下命令安装 NFS 服务。

```
sudo apt-get install nfs-kernel-serverrpcbind
```

安装完成以后在用户根目录下创建一个名为 linux 的文件夹，并在 linux 文件夹中新建一个名为 nfs 的文件夹，如图 1-11 所示。

zuozhongkai@ubuntu:~$ ls
C_Program examples.desktop linux 公共的 模板 视频 图片 文档 下载 音乐 桌面
zuozhongkai@ubuntu:~$ cd linux/
zuozhongkai@ubuntu:~/linux$ ls
nfs
zuozhongkai@ubuntu:~/linux$

图 1-11 创建 linux 工作目录

图 1-11 中创建的 nfs 文件夹供 nfs 服务器使用，我们可以在开发板上通过网络文件系统来访问 nfs 文件夹。首先要配置 nfs，使用如下命令打开 nfs 配置文件/etc/exports：

```
sudo vi /etc/exports
```

打开/etc/exports 以后在后面添加如下所示内容：

```
/home/zuozhongkai/linux/nfs *(rw,sync,no_root_squash)
```

添加完成以后的/etc/exports 如图 1-12 所示。

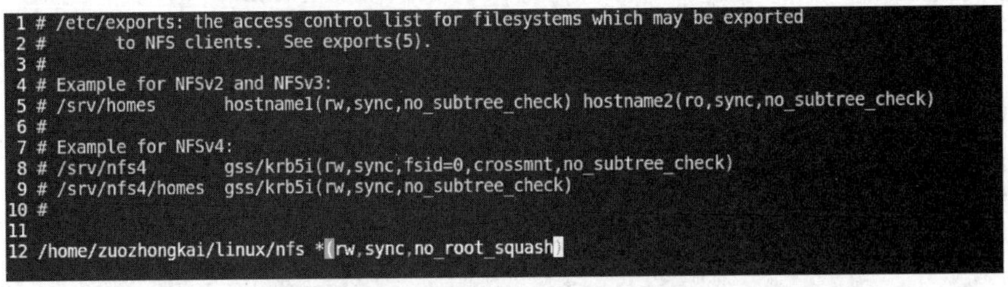
1 # /etc/exports: the access control list for filesystems which may be exported
2 #   to NFS clients. See exports(5).
3 #
4 # Example for NFSv2 and NFSv3:
5 # /srv/homes   hostname1(rw,sync,no_subtree_check) hostname2(ro,sync,no_subtree_check)
6 #
7 # Example for NFSv4:
8 # /srv/nfs4   gss/krb5i(rw,sync,fsid=0,crossmnt,no_subtree_check)
9 # /srv/nfs4/homes gss/krb5i(rw,sync,no_subtree_check)
10 #
11
12 /home/zuozhongkai/linux/nfs *(rw,sync,no_root_squash)

图 1-12 修改文件/etc/exports

使用如下命令重启 NFS 服务：

```
sudo /etc/init.d/nfs-kernel-server restart
```

1.2.2 SSH 服务开启

开启 Ubuntu 的 SSH 服务以后，我们就可以在 Windows 下使用终端软件登录到 Ubuntu，比如使用 MobaXterm，Ubuntu 下使用如下命令开启 SSH 服务。

```
sudo apt-get install openssh-server
```

上述命令安装 ssh 服务，ssh 的配置文件为/etc/ssh/sshd_config，使用默认配置即可。

1.3 Ubuntu 交叉编译工具链安装

1.3.1 交叉编译器安装

ARM 裸机、Uboot 移植、Linux 移植这些都需要在 Ubuntu 下进行编译，编译就需要编译器，我们在“Linux C 编程入门”里面已经讲解了如何在 Linux 环璋下进行 C 语言开发，里面使用 GCC 编译器进行代码编译，但是 Ubuntu 自带的 GCC 编译器是针对 x86 架构的，而我们现在要编译的是 ARM 架构的代码，所以我们需要一个在 x86 架构 PC 上运行的，可以编译 ARM 架构代码的 GCC 编译器，这个编译器就叫做交叉编译器，简单而言交叉编译器是：

(1) 一个 GCC 编译器。

(2) 这个 GCC 编译器是运行在 x86 架构 PC 上的。

(3) 这个 GCC 编译器是编译 ARM 架构代码的，也就是编译出来的可执行文件是在 ARM 芯片上运行的。

交叉编译器中“交叉”的意思就是在一个架构上编译另外一个架构的代码，相当于两种架构“交叉”起来了。

交叉编译器有很多种，我们使用 Linaro 出品的交叉编译器，Linaro 是一间非营利性质的开放源代码软件工程公司。Linaro 开发了很多软件，最著名的就是 Linaro GCC 编译工具链（编译器），关于 Linaro 详细的介绍可以到 Linaro 官网查阅。

如图 1-13 所示有很多种 GCC 交叉编译工具链，因为我们所使用的 I. MX6U-ALPHA 开发板是一个 Cortex-A7 内核的开发板，因此选择 arm-linux-gnueabihf，单击后面的“Binaries”进入可执行文件下载界面，如图 1-14 所示。

在写本书时最新的编译器版本是 7.3.1，但是笔者在测试 7.3.1 版本编译器时发现编译完成后的 uboot 无法运行。所以这里不推荐使用最新版的编译器。笔者测试过 4.9 版本的编译器可以正常工作，所以我们需要下载 4.9 版本的编译器，如图 1-15 所示。

图 1-15 中有很多种交叉编译器，我们只需要关注这两种：gcc-linaro-4.9.4-2017.01-i686_arm-linux-gnueabihf.tar.tar.xz 和 gcc-linaro-4.9.4-2017.01-x86_64_arm-linux-gnueabihf.tar.xz，第一种是针对 32 位系统的，第二种是针对 64 位系统的。读者可根据自己所使用的 Ubuntu 系统类型选择合适的版本，比如安装的 Ubuntu 16.04 是 64 位系统，这就要使用 gcc-linaro-4.9.4-2017.01-x86_64_arm-linux-gnueabihf.tar.xz 这个版本。

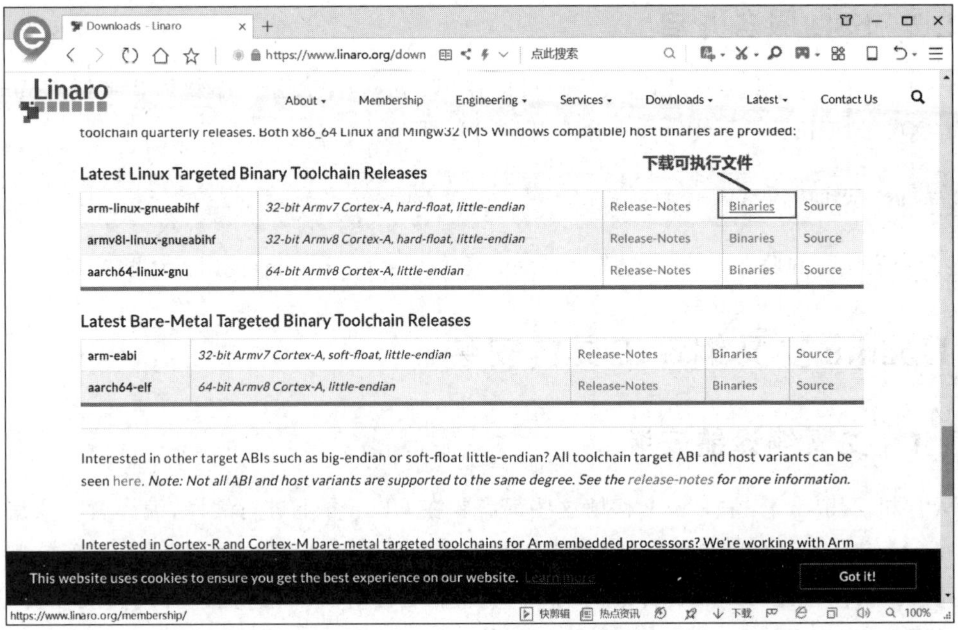

图 1-13　Linaro 下载界面

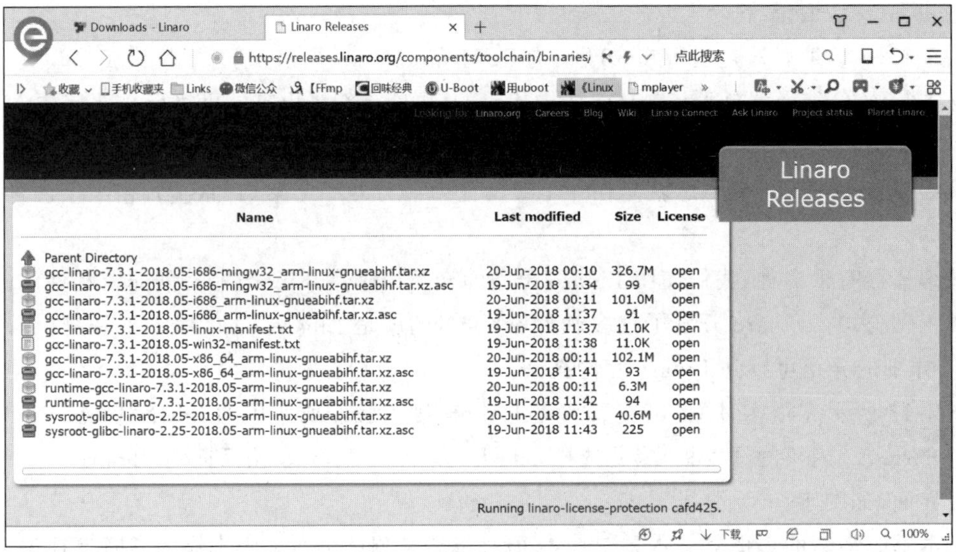

图 1-14　Linaro 交叉编译器下载

这两种交叉编译器已经下载好放到本书资源中，路径为“5、开发工具→1、交叉编译器”。我们先将交叉编译工具复制到 Ubuntu 中，1.2.1 小节中我们在当前用户根目录下创建了一个名为“linux”的文件夹，在这个 linux 文件夹中再创建一个名为“tool”的文件夹，用来存放一些开发工具。使用前面已经安装好的 FileZilla 将交叉编译器复制到 Ubuntu 中刚刚新建的“tool”文件夹中，操作如图 1-16 所示。

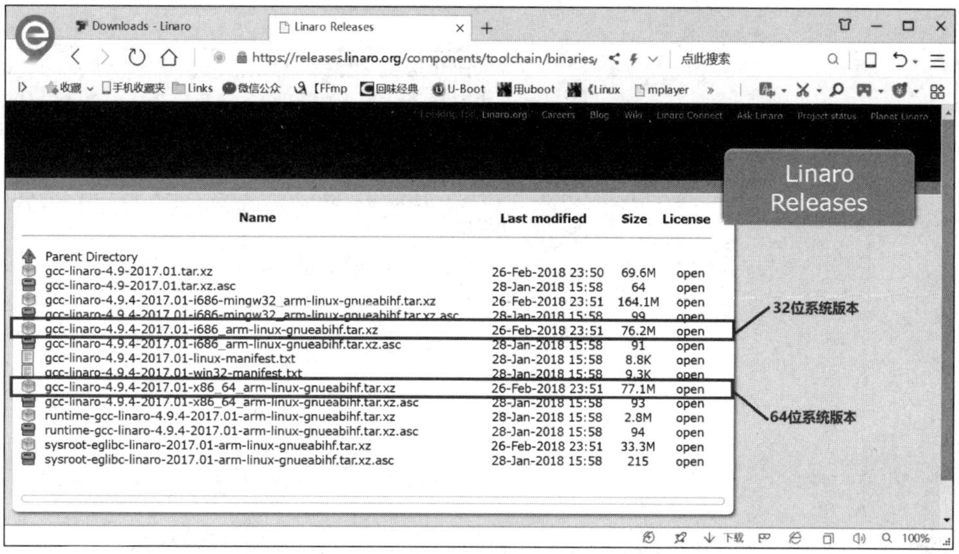

图 1-15　4.9.4 版本编译器下载

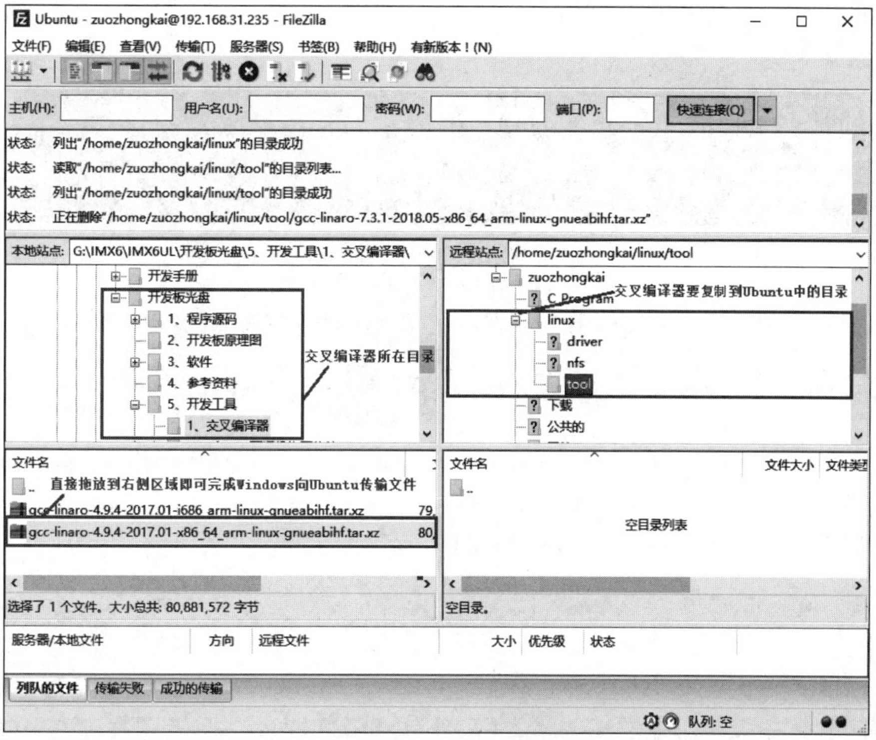

图 1-16　复制交叉编译器

复制完成后 FileZilla 会有提示，如图 1-17 所示。

图 1-17　交叉编译器复制完成

在 Ubuntu 中创建目录：/usr/local/arm，命令如下：

```
sudo mkdir /usr/local/arm
```

创建完成以后将刚刚拷贝的交叉编译器复制到/usr/local/arm 这个目录中，在终端使用命令 cd 进入到存放有交叉编译器的目录，比如我前面将交叉编译器复制到了目录/home/zuozhongkai/linux/tool 中，然后使用如下命令将交叉编译器复制到/usr/local/arm 中：

```
sudo cp gcc-linaro-4.9.4-2017.01-x86_64_arm-linux-gnueabihf.tar.xz /usr/local/arm/ -f
```

操作步骤如图 1-18 所示。

图 1-18　复制交叉编译工具到/usr/local/arm 目录中

复制完成以后在/usr/local/arm 目录中对交叉编译工具进行解压，解压命令如下：

```
sudo tar -vxf gcc-linaro-4.9.4-2017.01-x86_64_arm-linux-gnueabihf.tar.xz
```

解压完成以后会生成一个名为“gcc-linaro-4.9.4-2017.01-x86_64_arm-linux-gnueabihf”的文件夹，这个文件夹中就是我们的交叉编译工具链。

修改环境变量，使用 VI 打开/etc/profile 文件，命令如下：

```
sudo vi /etc/profile
```

打开/etc/profile 以后，在最后面输入如下内容：

```
export PATH = $PATH:/usr/local/arm/gcc - linaro - 4.9.4 - 2017.01 - x86_64_arm - linux - gnueabihf/bin
```

添加完成以后如图 1-19 所示。保存退出，重启 Ubuntu 系统，交叉编译工具链(编译器)就安装成功了。

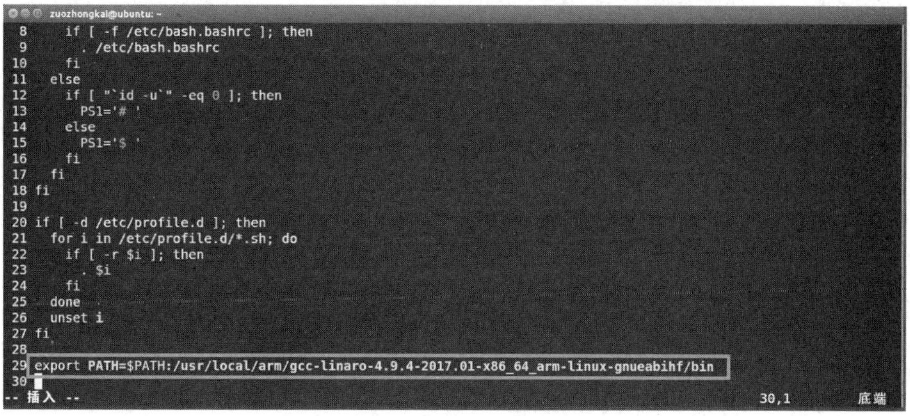
zuozhongkai@ubuntu: ~
  if [-f /etc/bash.bashrc]; then
    . /etc/bash.bashrc
  fi
else
  if ["`id -u`" -eq 0]; then
    PS1='# '
  else
    PS1='$ '
  fi
 fi
fi

if [-d /etc/profile.d]; then
  for i in /etc/profile.d/*.sh; do
    if [-r $i]; then
      . $i
    fi
  done
  unset i
fi

export PATH=$PATH:/usr/local/arm/gcc-linaro-4.9.4-2017.01-x86_64_arm-linux-gnueabihf/bin
-- 插入 --
30,1
底端

图 1-19　添加环境变量

1.3.2　安装相关库

在使用交叉编译器之前还需要安装一些其他的库，操作命令如下：

```
sudo apt - get install lsb - core lib32stdc++6
```

运行命令后等待这些库安装完成即可。

1.3.3　交叉编译器验证

首先查看一下交叉编译工具的版本号，输入如下命令：

```
arm - linux - gnueabihf - gcc - v
```

如果交叉编译器安装正确的话就会显示版本号，如图 1-20 所示。

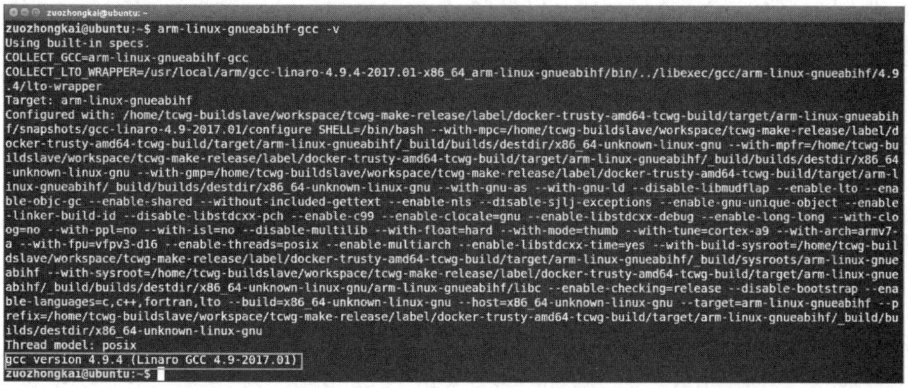
zuozhongkai@ubuntu: ~
zuozhongkai@ubuntu:~$ arm-linux-gnueabihf-gcc -v
Using built-in specs.
COLLECT_GCC=arm-linux-gnueabihf-gcc
COLLECT_LTO_WRAPPER=/usr/local/arm/gcc-linaro-4.9.4-2017.01-x86_64_arm-linux-gnueabihf/bin/../libexec/gcc/arm-linux-gnueabihf/4.9.4/lto-wrapper
Target: arm-linux-gnueabihf
Configured with: /home/tcwg-buildslave/workspace/tcwg-make-release/label/docker-trusty-amd64-tcwg-build/target/arm-linux-gnueabihf/snapshots/gcc-linaro-4.9-2017.01/configure SHELL=/bin/bash --with-mpc=/home/tcwg-buildslave/workspace/tcwg-make-release/label/docker-trusty-amd64-tcwg-build/target/arm-linux-gnueabihf/_build/builds/destdir/x86_64-unknown-linux-gnu --with-mpfr=/home/tcwg-buildslave/workspace/tcwg-make-release/label/docker-trusty-amd64-tcwg-build/target/arm-linux-gnueabihf/_build/builds/destdir/x86_64-unknown-linux-gnu --with-gmp=/home/tcwg-buildslave/workspace/tcwg-make-release/label/docker-trusty-amd64-tcwg-build/target/arm-linux-gnueabihf/_build/builds/destdir/x86_64-unknown-linux-gnu --with-gnu-as --with-gnu-ld --disable-libmudflap --enable-lto --enable-objc-gc --enable-shared --without-included-gettext --enable-nls --disable-sjlj-exceptions --enable-gnu-unique-object --enable-linker-build-id --disable-libstdcxx-pch --enable-c99 --enable-clocale=gnu --enable-libstdcxx-debug --enable-long-long --with-cloog=no --with-ppl=no --with-isl=no --disable-multilib --with-float=hard --with-mode=thumb --with-tune=cortex-a9 --with-arch=armv7-a --with-fpu=vfpv3-d16 --enable-threads=posix --enable-multiarch --enable-libstdcxx-time=yes --with-build-sysroot=/home/tcwg-buildslave/workspace/tcwg-make-release/label/docker-trusty-amd64-tcwg-build/target/arm-linux-gnueabihf/_build/sysroots/arm-linux-gnueabihf --with-sysroot=/home/tcwg-buildslave/workspace/tcwg-make-release/label/docker-trusty-amd64-tcwg-build/target/arm-linux-gnueabihf/_build/builds/destdir/x86_64-unknown-linux-gnu/arm-linux-gnueabihf/libc --enable-checking=release --disable-bootstrap --enable-languages=c,c++,fortran,lto --build=x86_64-unknown-linux-gnu --host=x86_64-unknown-linux-gnu --target=arm-linux-gnueabihf --prefix=/home/tcwg-buildslave/workspace/tcwg-make-release/label/docker-trusty-amd64-tcwg-build/target/arm-linux-gnueabihf/_build/builds/destdir/x86_64-unknown-linux-gnu
Thread model: posix
gcc version 4.9.4 (Linaro GCC 4.9-2017.01)
zuozhongkai@ubuntu:~$

图 1-20　交叉编译器版本查询

从图 1-20 可以看出，当前交叉编译器的版本号为 4.9.4，说明交叉编译工具链安装成功。Linux C 编程入门中使用 Ubuntu 自带的 GCC 编译器，我们用的是命令“gcc”。要使用刚刚安装的交叉编译器，则需使用命令 arm-linux-gnueabihf-gcc，该命令的含义如下：

① arm 为编译 arm 架构代码的编译器。

② linux 表示运行在 Linux 环境下。

③ gnueabihf 表示嵌入式二进制接口。

④ gcc 表示是 gcc 工具。

最好的验证方法就是直接编译一个例程，下面我们就编译第一个裸机例程“1_leds”，裸机例程在本书资源中，路径为“1、例程源码→1、裸机例程→1_leds”。在前面创建的 linux 文件夹下创建 driver/board_driver 文件夹，用来存放裸机例程，如图 1-21 所示。

zuozhongkai@ubuntu:~/linux/driver$ ls
board_driver

图 1-21　创建 board_driver 文件夹

将第一个裸机例程“1_leds”复制到 board_driver 中，然后执行 make 命令进行编译，如图 1-22 所示。

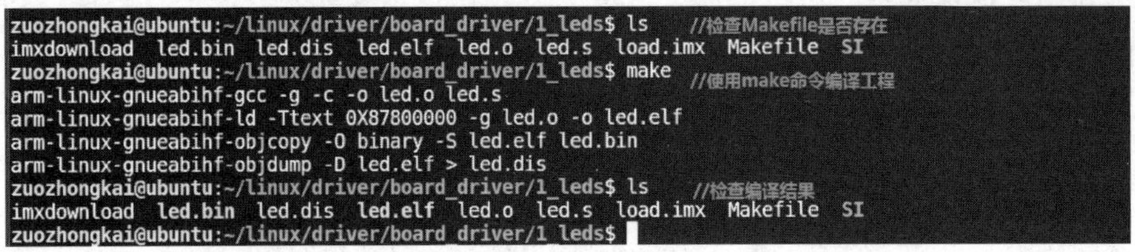
zuozhongkai@ubuntu:~/linux/driver/board_driver/1_leds$ ls //检查Makefile是否存在
imxdownload led.bin led.dis led.elf led.o led.s load.imx Makefile SI
zuozhongkai@ubuntu:~/linux/driver/board_driver/1_leds$ make //使用make命令编译工程
arm-linux-gnueabihf-gcc -g -c -o led.o led.s
arm-linux-gnueabihf-ld -Ttext 0X87800000 -g led.o -o led.elf
arm-linux-gnueabihf-objcopy -O binary -S led.elf led.bin
arm-linux-gnueabihf-objdump -D led.elf > led.dis
zuozhongkai@ubuntu:~/linux/driver/board_driver/1_leds$ ls //检查编译结果
imxdownload led.bin led.dis led.elf led.o led.s load.imx Makefile SI
zuozhongkai@ubuntu:~/linux/driver/board_driver/1_leds$

图 1-22　编译过程

从图 1-22 可以看到，例程“1_leds”编译成功了，编译生成了 led.o 和 led.bin 这两个文件，使用如下命令查看 led.o 文件信息。

```
file led.o
```

结果如图 1-23 所示。

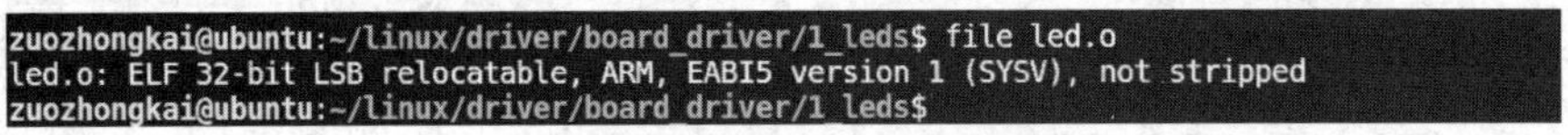
zuozhongkai@ubuntu:~/linux/driver/board_driver/1_leds$ file led.o
led.o: ELF 32-bit LSB relocatable, ARM, EABI5 version 1 (SYSV), not stripped
zuozhongkai@ubuntu:~/linux/driver/board_driver/1_leds$

图 1-23　led.o 文件信息

从图 1-23 可以看到，led.o 是 32 位 LSB 的 ELF 格式文件，目标机架构为 ARM，说明我们的交叉编译器工作正常。

1.4　Visual Studio Code 软件的安装和使用

1.4.1　Visual Studio Code 软件的安装

VSCode 是微软推出的一款免费编辑器，VSCode 有 Windows、Linux 和 macOS 三个版本，它是一个跨平台的编辑器，本书后面全部使用 VSCode 来编写以及查阅代码。VSCode 下载界面如图 1-24 所示。

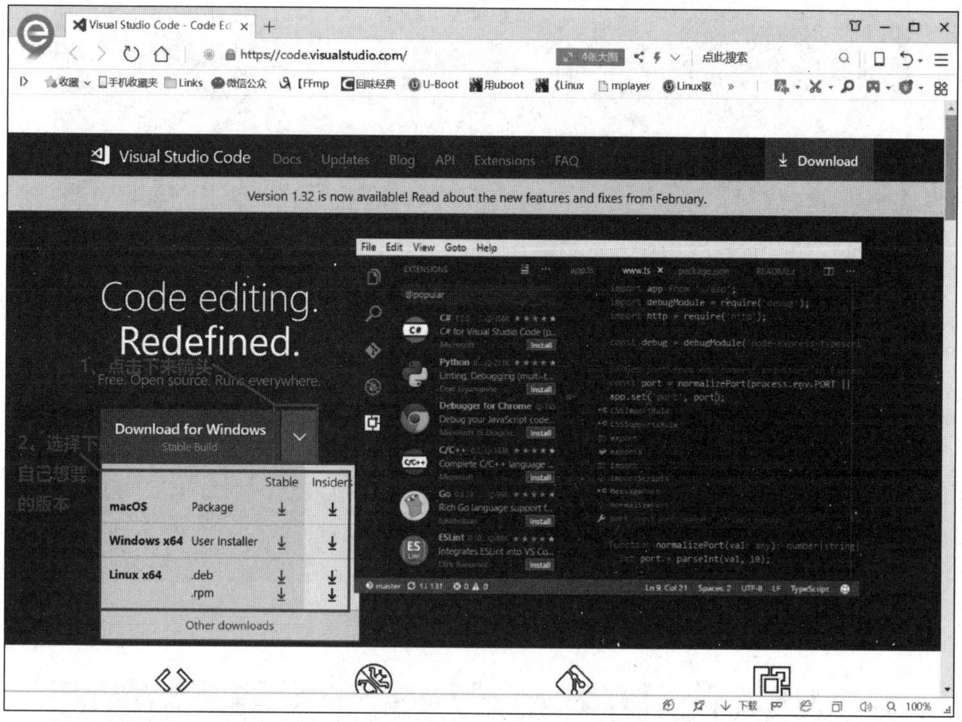

图 1-24 VSCode 下载界面

在图 1-24 中下载自己想要的版本，本书需要 Windows 和 Linux 这两个版本，已经下载好并放入了本书资源，路径为"3、软件→Visual Studio Code"。

1. Windows 版本安装

Windows 版本的安装与其他 Windows 软件安装一样，双击 .exe 安装包，然后按照提示进行即可，安装完成以后在桌面上就会有 VSCode 的图标，如图 1-25 所示。

双击 VSCode 打开软件，默认界面如图 1-26 所示。

2. Linux 版本安装

为了方便在 Ubuntu 下阅读代码，我们需要在 Ubuntu 下安装 VSCode。Linux 下的 VSCode 安装包放到了本书资源中，将"3、软件→Visual Studio Code"中的 .deb 软件包复制到 Ubuntu 系统中，然后使用如下命令安装。

图 1-25 VSCode 图标

```
sudo dpkg -icode_1.32.3-1552606978_amd64.deb
```

安装过程如图 1-27 所示。

安装完成以后搜索 Visual Studio Code 可以找到软件，如图 1-28 所示。

我们可以将图标添加到 Ubuntu 桌面上，安装的所有软件图标都在目录/usr/share/applications 中，如图 1-29 所示。

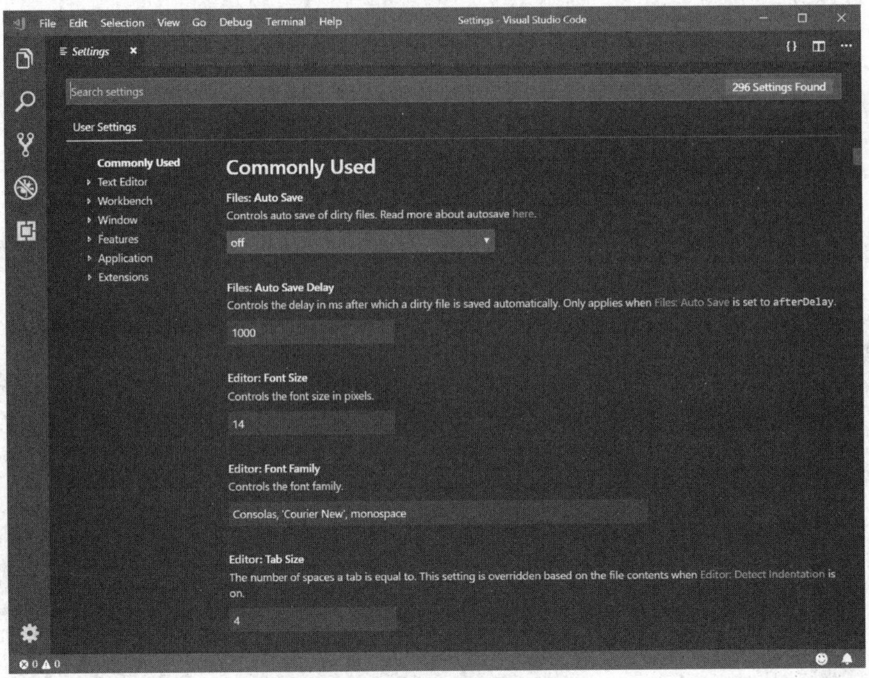

图 1-26　VSCode 默认界面

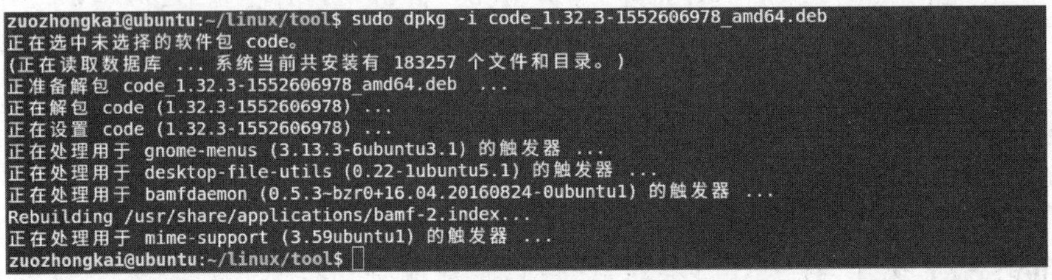

图 1-27　VSCode 安装过程

图 1-28　Visual Studio Code

在图 1-29 中找到 Visual Studio Code 的图标,然后右击,在弹出的快捷菜单中选择“复制到”→“桌面”,如图 1-30 所示。

按照图 1-30 所示方法将 VSCode 图标复制到桌面,Ubuntu 下的 VSCode 打开以后如图 1-31 所示。

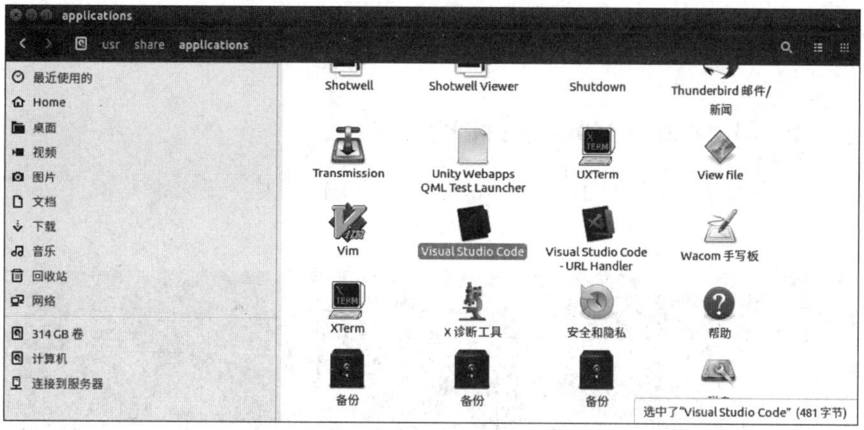

图 1-29　软件图标

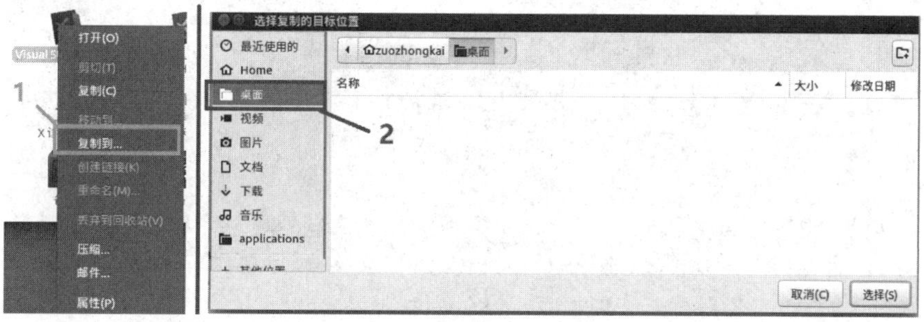

图 1-30　将图标复制到桌面

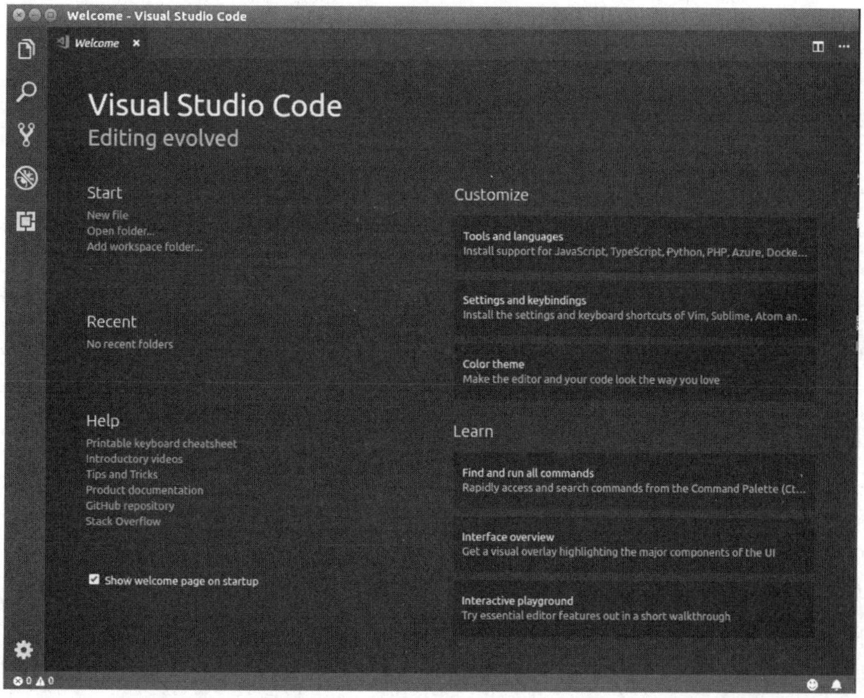

图 1-31　Ubuntu 下的 VSCode

读者可以看出在 Ubuntu 下的 VSCode 和 Windows 下的运行环境基本是一样的，所以使用方法也相同。

1.4.2 Visual Studio Code 插件的安装

VSCode 支持多种语言，比如 C/C++、Python、C＃等，本书主要用来编写 C/C++程序所以需要安装 C/C++的扩展包，如图 1-32 所示。

图 1-32 VSCode 插件安装

我们需要安装的插件如下。

(1) C/C++，这个是必须安装的。

(2) C/C++Snippets，即 C/C++重用代码块。

(3) C/C++Advanced Lint，即 C/C++静态检测。

(4) Code Runner，即代码运行。

(5) Include AutoComplete，即自动头文件包含。

(6) Rainbow Brackets，彩虹花括号，有助于阅读代码。

(7) One Dark Pro，VSCode 的主题。

(8) GBKtoUTF8，将 GBK 转换为 UTF8。

(9) ARM，即支持 ARM 汇编语法高亮显示。

(10) Chinese(Simplified)，即中文环境。

(11) vscode-icons，VSCode 图标插件，主要是资源管理器下各个文件夹的图标。

(12) compareit，比较插件，可以用于比较两个文件的差异。

(13) DeviceTree，设备树语法插件。

(14) TabNine，一款 AI 自动补全插件，强烈推荐。

如果要查看已经安装好的插件，可以按照图 1-33 所示方法查看。

安装好插件以后就可以进行代码编辑了，VSCode 界面可通过安装的中文插件变成中文环境，使用方法如图 1-34 所示。

图 1-33　显示已安装的插件

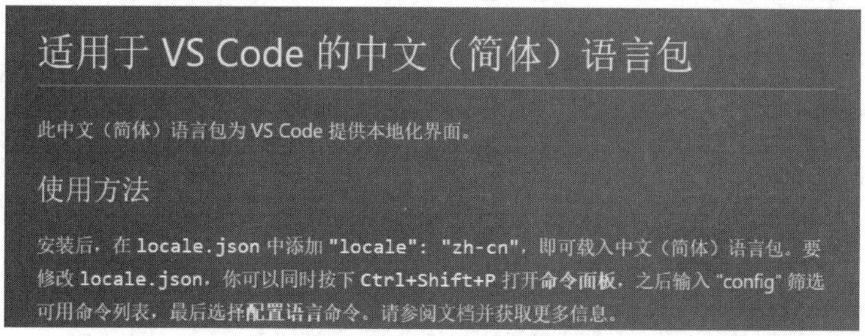

图 1-34　中文语言包使用方法

根据图 1-34 的提示，按下 Ctrl + Shift + P 打开搜索框，在搜索框中输入 config，然后选择 Configure Display Language，如图 1-35 所示。

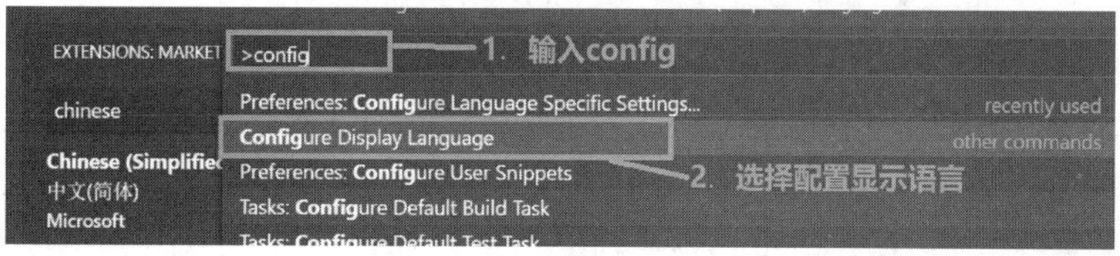

图 1-35　配置语言

在打开的 local.json 文件中将 locale 修改为 zh-cn，如图 1-36 所示。

修改完成以后保存 local.json，然后重新打开 VSCode，测试 VSCode 就变成了中文，如图 1-37 所示。

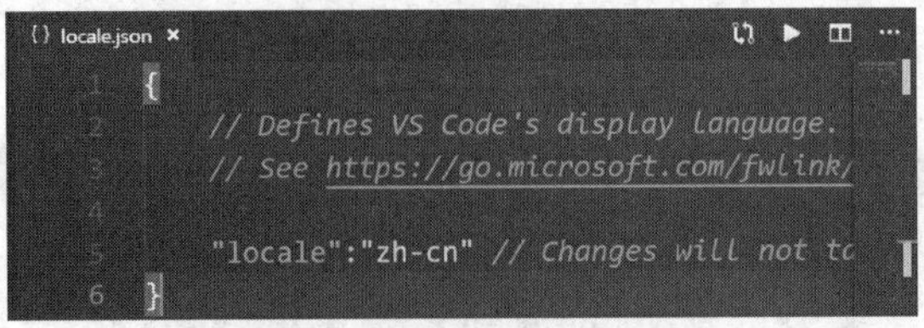

图 1-36　修改 locale 变量

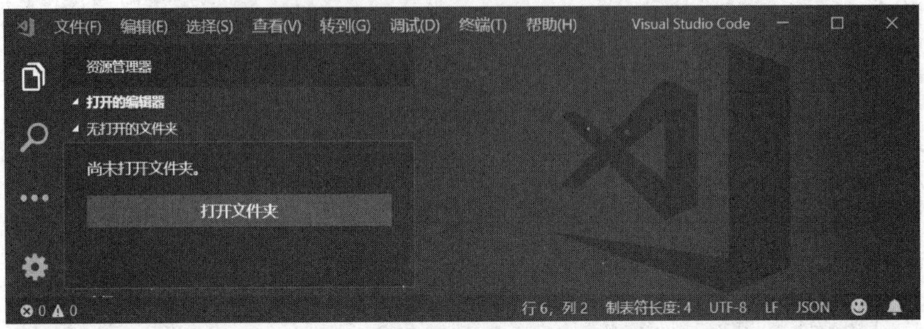

图 1-37　中文环境

1.4.3　Visual Studio Code 新建工程

新建一个文件夹用于存放工程，比如新建的文件夹目录为 E:\VSCode_Program\1_test，路径中尽量不要有中文和空格。打开 VSCode，然后在 VSCode 上单击"文件"→"打开文件夹……"，选择创建的"1_test"文件夹，打开以后如图 1-38 所示。

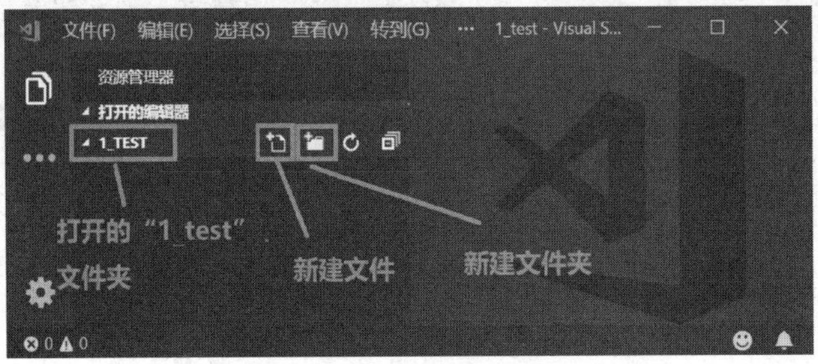

图 1-38　打开的文件夹

从图 1-38 可以看出，此时的文件夹"1_test"是空的，单击"文件"→"将工作区另存为……"，打开工作区命名对话框，输入要保存的工作区路径和工作区名字，如图 1-39 所示。

工作区保存成功以后，单击图 1-38 中的"新建文件"按钮创建 main.c 和 main.h 这两个文件，创建成功以后 VSCode 如图 1-40 所示。

从图 1-40 可以看出，此时 TEST(工作区)下有.vscode 文件夹、main.c 和 main.h，这些文件和文件夹同样会出现在 1_test 文件夹中，如图 1-41 所示。

在文件 main.h 中输入如示例 1-1 所示内容。

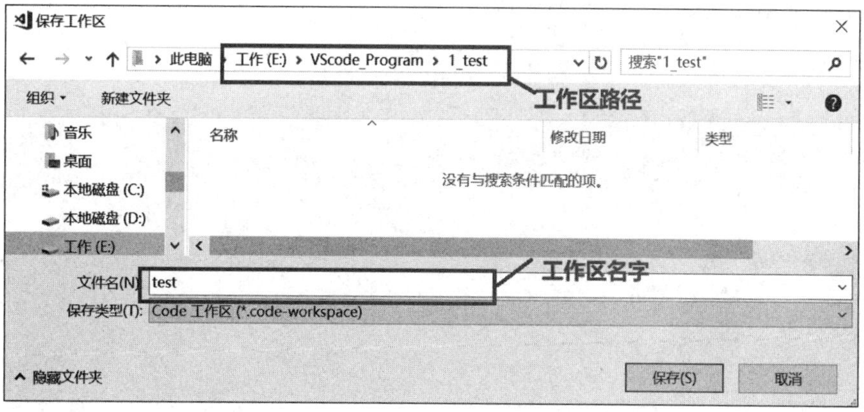

图 1-39 工作区保存设置

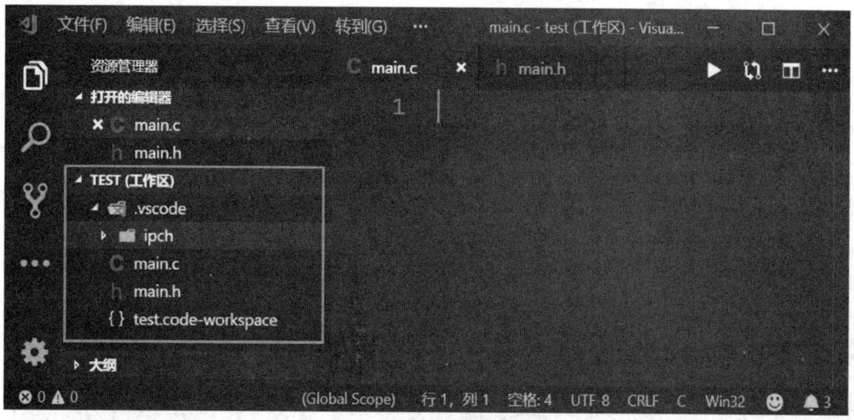

图 1-40 新建文件以后的 VSCode

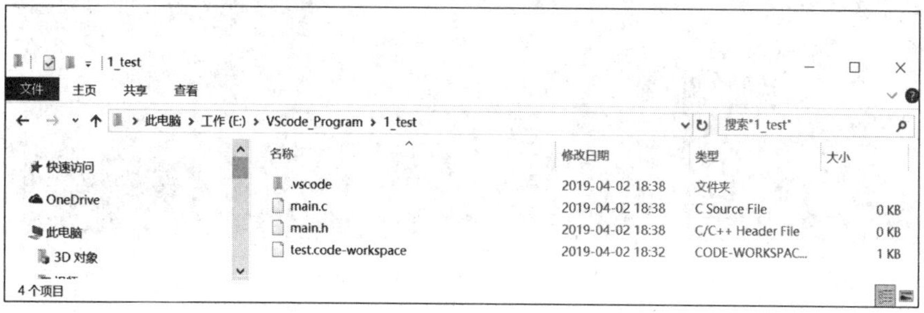

图 1-41 1_test 文件夹中的内容

示例 1-1 main.h 文件代码

```
#include <stdio.h>

int add(int a, int b);
```

在文件 main.c 中输入如示例 1-2 所示内容。

示例 1-2　main.c 文件代码

```c
#include <main.h>

int add(int a, int b)
{
    return (a + b);
}

int main(void)
{
    int value = 0;

    value = add(5, 6);
    printf("5 + 6 = %d", value);
    return 0;
}
```

代码编辑完成以后 VSCode 界面如图 1-42 所示。

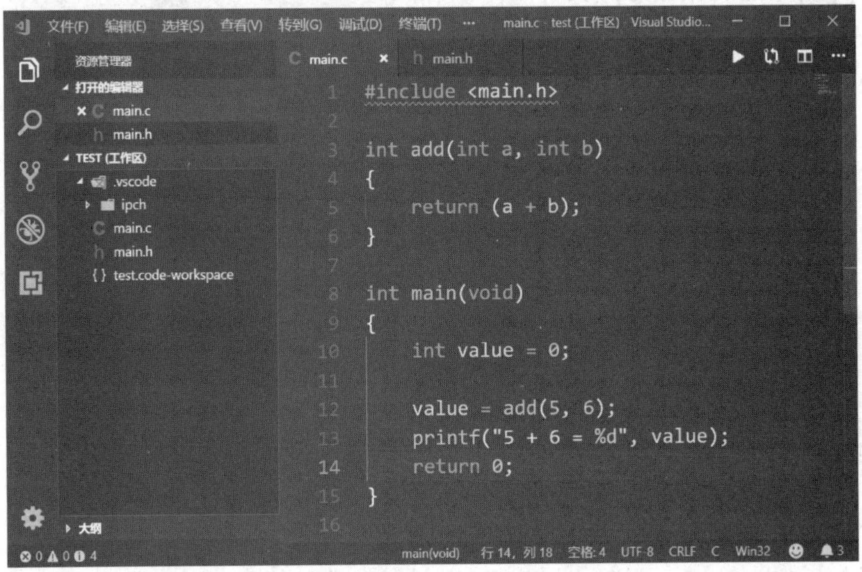

图 1-42　代码编辑完成以后的界面

从图 1-42 可以看出，VSCode 的编辑的代码阅读起来很舒服。但是此时提示找不到"stdio.h"这个头文件，如图 1-43 所示错误提示。

图 1-43 中提示找不到 main.h，同样的在 main.h 文件中也会提示找不到 stdio.h。这是因为我们没有添加头文件路径。按下 Ctrl + Shift + P 打开搜索框，然后输入 Edit configurations，选择 C/C++：Edit configurations…，如图 1-44 所示。

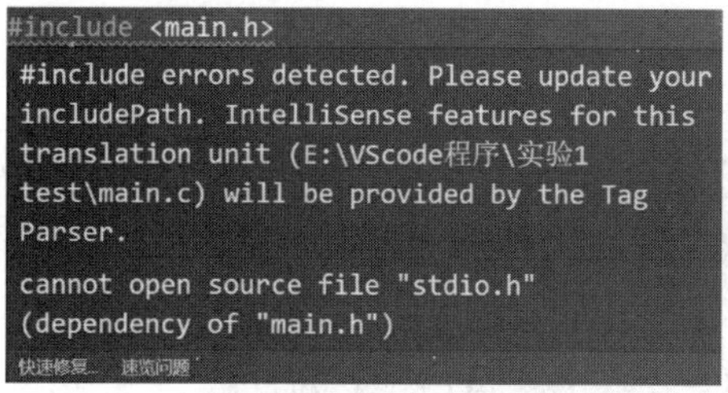

图 1-43　头文件找不到

图 1-44　打开 C/C++编辑配置文件

C/C++的配置文件名为 c_cpp_properties. json，此文件默认内容如图 1-45 所示。

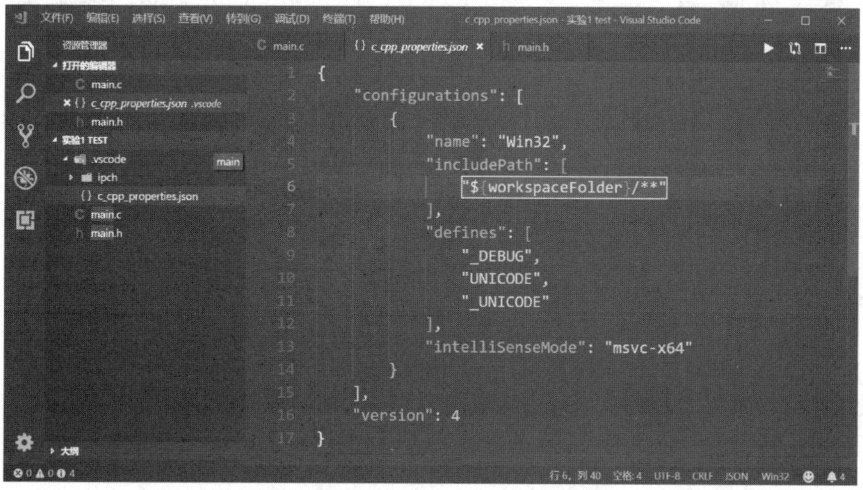

图 1-45　文件 c_cpp_properties. json 内容

c_cpp_properties. json 中的变量 includePath 用于指定工程中的头文件路径，但 stdio. h 是 C 语言库文件，而 VSCode 只是编辑器没有编译器的功能，所以没有 stdio. h。除非我们自行安装一个编译器，比如 CygWin，然后在 includePath 中添加编译器的头文件。由于我们不会使用 VSCode 来编译程序，这里读者主要知道如何指定头文件路径就可以了。

在 VSCode 上打开一个新文件会覆盖掉以前的文件，这是因为 VSCode 默认开启了预览模式，在预览模式下单击左侧的文件就会覆盖掉当前打开的文件。如果不想覆盖则双击打开即可，或者设置 VSCode 关闭预览模式，设置如图 1-46 所示。

我们在编写代码时在 VSCode 右下角会有如图 1-47 所示的警告提示。

这是因为插件 C/C++Lint 打开了相关功能，将其关闭就可以了，读者也可以学习有关 VSCode 插件配置方法，如图 1-48 所示。

在 C/C++Lint 配置界面上找到如图 1-49 所示的 3 个配置选项并取消其勾选。

按照图 1-49 所示取消这 3 个有关 C/C++ Lint 的配置以后就不会出现图 1-47 所示的错误提示了。但是关闭 Cppcheck：Enable 以后 VSCode 就不能实时检查错误了，读者可根据实际情况选择即可。

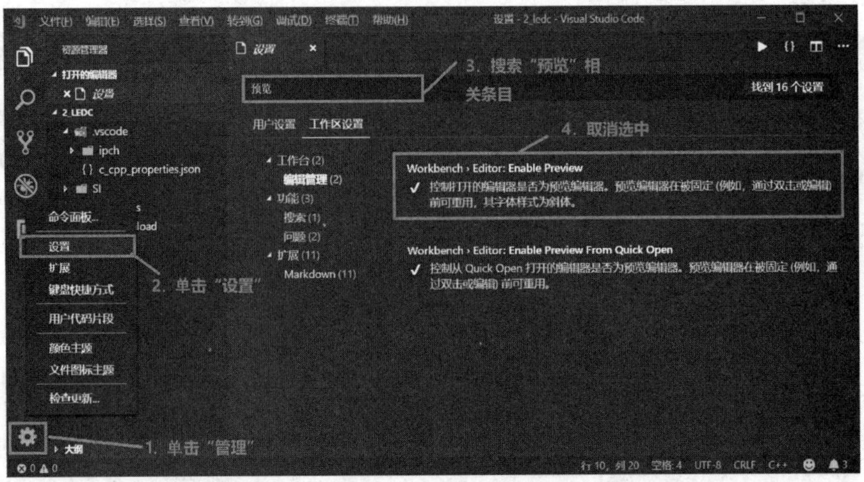

图 1-46　取消预览

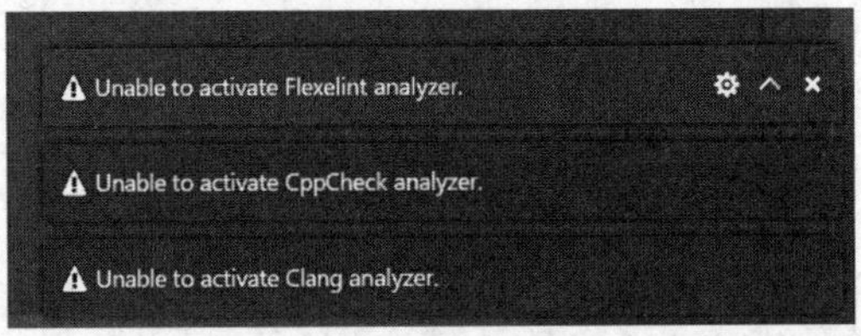

图 1-47　警告提示

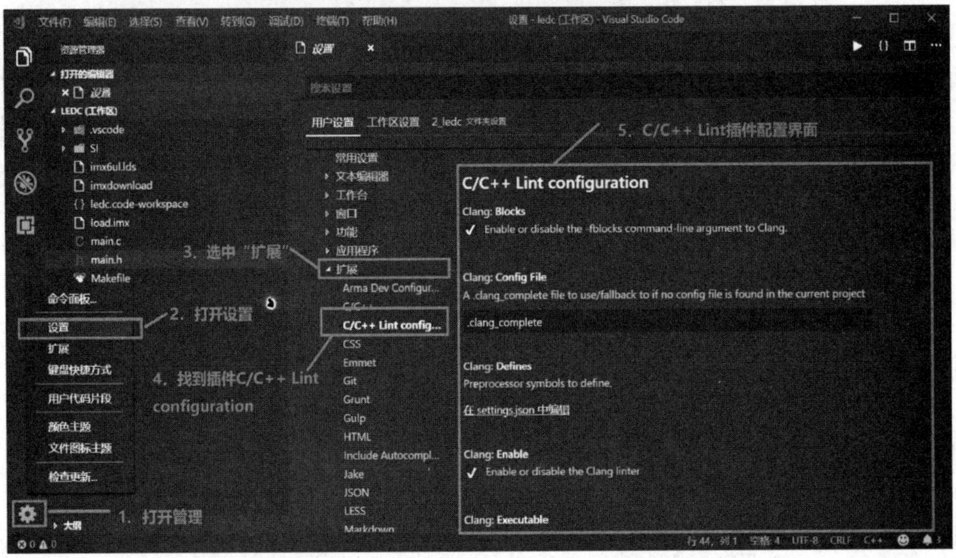

图 1-48　C/C++Lint 配置界面

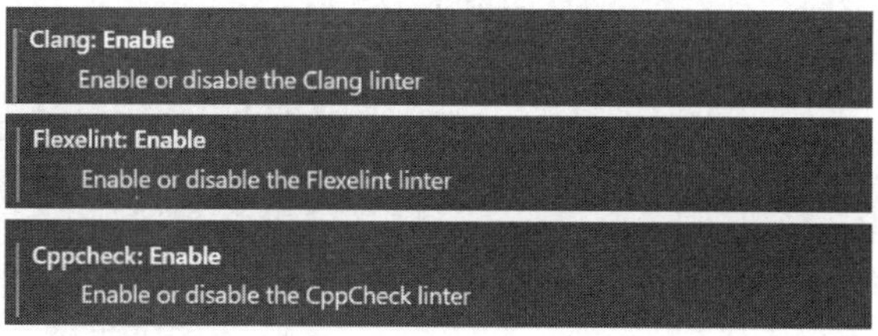

图 1-49 C/C++ Lint 配置

1.5 CH340 串口驱动安装

我们一般在 Windows 下通过串口来调试程序，或者使用串口作为终端，I. MX6U-ALPHA 开发板使用 CH340 芯片实现了 USB 转串口功能。

先通过 USB 线将开发板的串口和计算机连接起来，连接方式如图 1-50 所示。

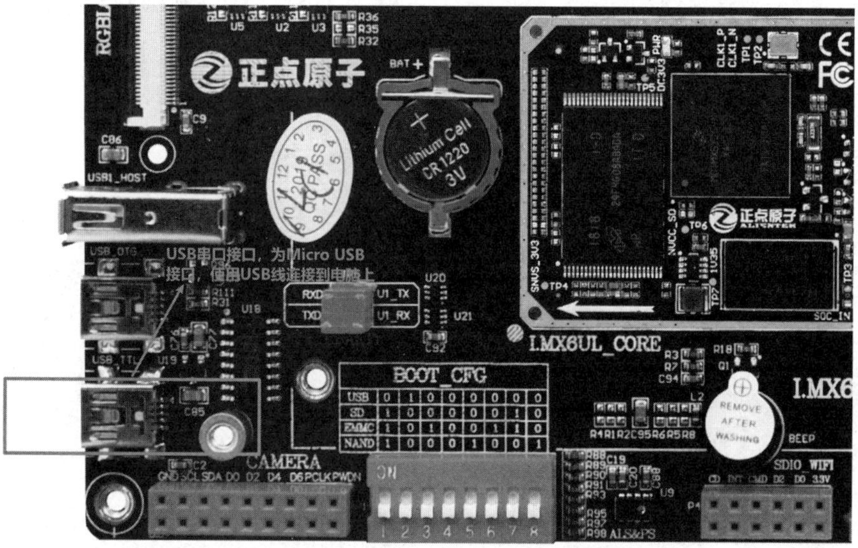

图 1-50 开发板串口连接方式

CH340 是需要安装驱动的，驱动我们已经放到了本书资源中，路径为“3、软件→CH340 驱动(USB 串口驱动)_XP_WIN7 共用→SETUP”(扫描书后二维码获取路径资源)，双击 SETUP. EXE，打开如图 1-51 所示安装界面。

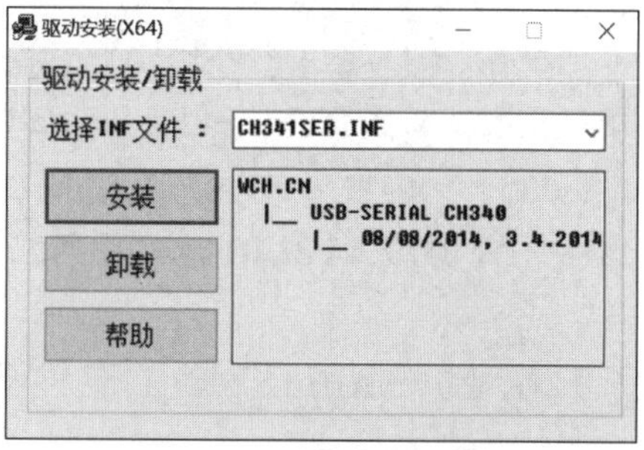

图 1-51 CH340 驱动安装

单击图 1-51 中的“安装”按钮开始安装驱动，等待驱动安装完成，驱动安装完成以后会有如图 1-52 所示的提示。

单击图 1-52 中的“确定”按钮退出安装，重新插拔一下串口线。在 Windows 上的“此电脑”图标上右击，在弹出的快捷菜单中选择“管理”，打开“计算机管理”，如图 1-53 所示。

图 1-52　驱动安装成功

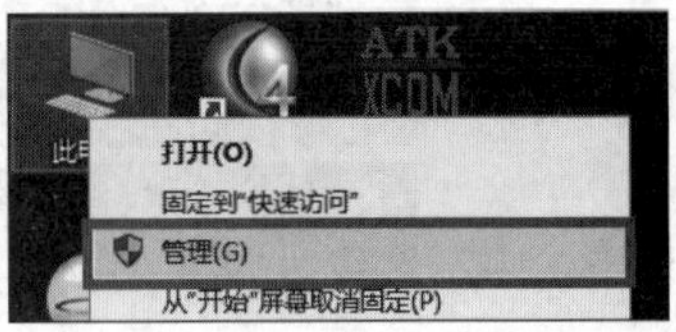

图 1-53　打开“计算机管理”

打开“计算机管理”，单击左侧“计算机管理(本地)”中的“设备管理器”，在右侧选中“端口(COM 和 LPT)”，如图 1-54 所示。

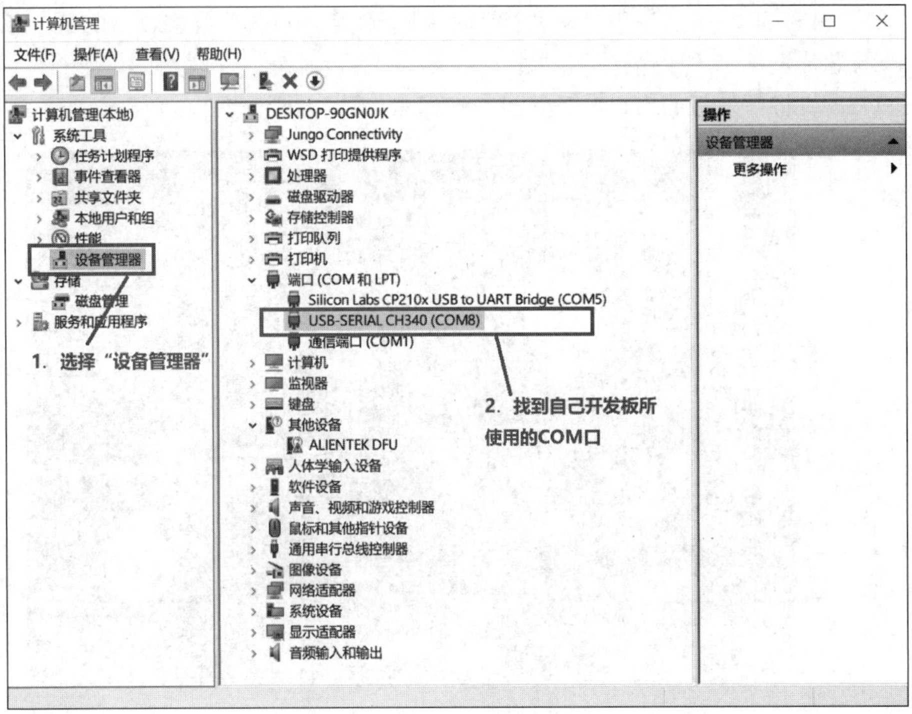

图 1-54　设备管理器

如果在“端口(COM 和 LPT)”中找已显示“USB-SERIAL CH340”字样的端口这就说明 CH340 驱动已安装成功了，此时一定要用 USB 线将开发板的串口和电脑连接起来。

1.6　MobaXterm 软件安装和使用

1.6.1　MobaXterm 软件安装

MobaXterm 也是一个类似 SecureCRT 和 Putty 的终端软件，SecureCRT 和 Putty 两款软件各有利弊。而 MobaXterm 却结合两者的优点，并且使用起来非常舒服。在这里推荐大家使用此软件作为终端调试软件，MobaXterm 软件在其官网下载即可，如图 1-55 所示。

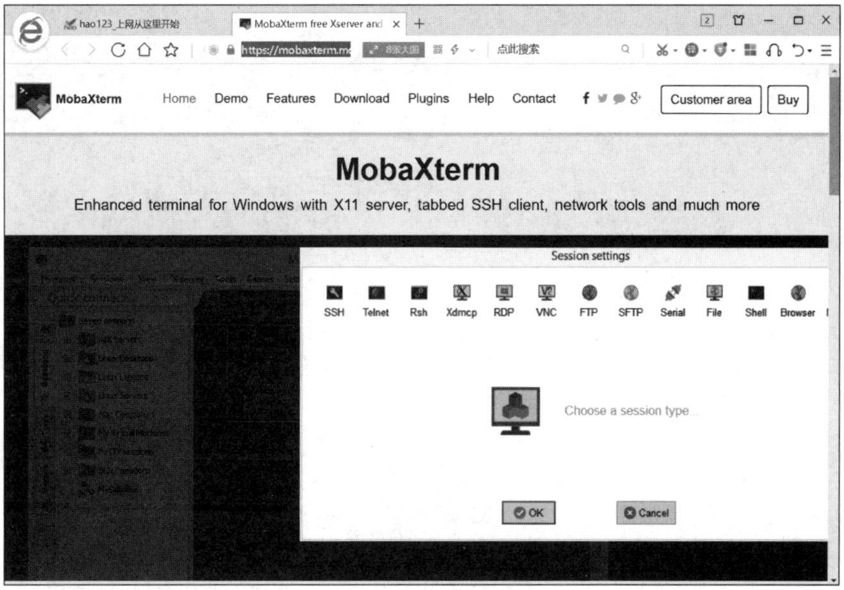

图 1-55　MobaXterm 官网

单击图 1-55 中的 Download 按钮即可打开下载界面，如图 1-56 所示。

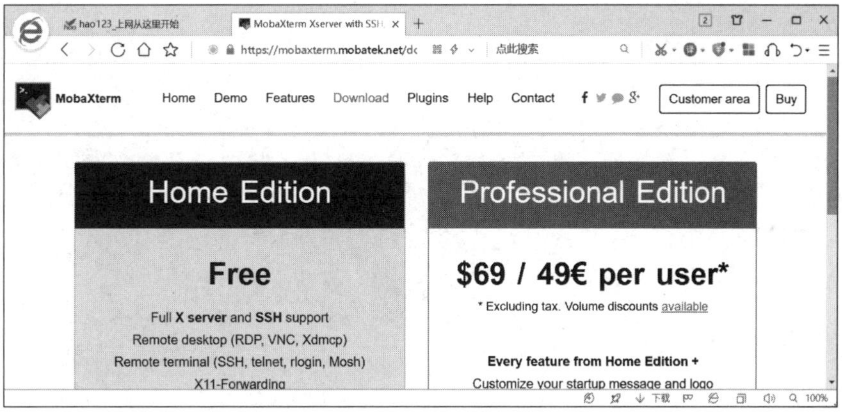

图 1-56　下载界面

从图 1-56 可以看出，一共有两个版本，左侧为免费的 Home Edition 版本，右侧为付费的 Professional Edition 版本。读者可以根据需求选择相应版本，在这里选择 Home Edition 版本，单击下方的 Download now，打开下载界面，如图 1-57 所示。

可以看出，当前的版本号为 v12.3，单击右侧按钮下载安装包。安装路径为“3、软件→MobaXterm_Installer_v12.3.zip”(扫描本书资源下载)。打开此压缩包，然后双击 MobaXterm_installer_12.3.msi 进行安装，安装方法很简单，根据提示一步一步进行即可。安装完成以后会在桌面出现 MobaXterm 图标，如图 1-58 所示。

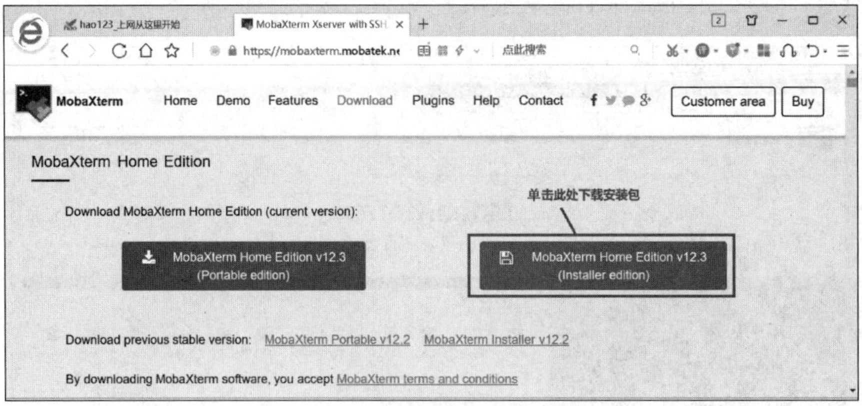

图 1-57 下载界面

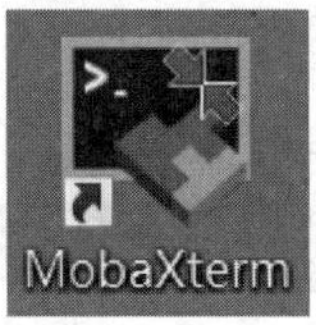

图 1-58 MobaXterm 软件图标

1.6.2 MobaXterm 软件使用

双击 MobaXterm 图标，打开软件界面如图 1-59 所示。

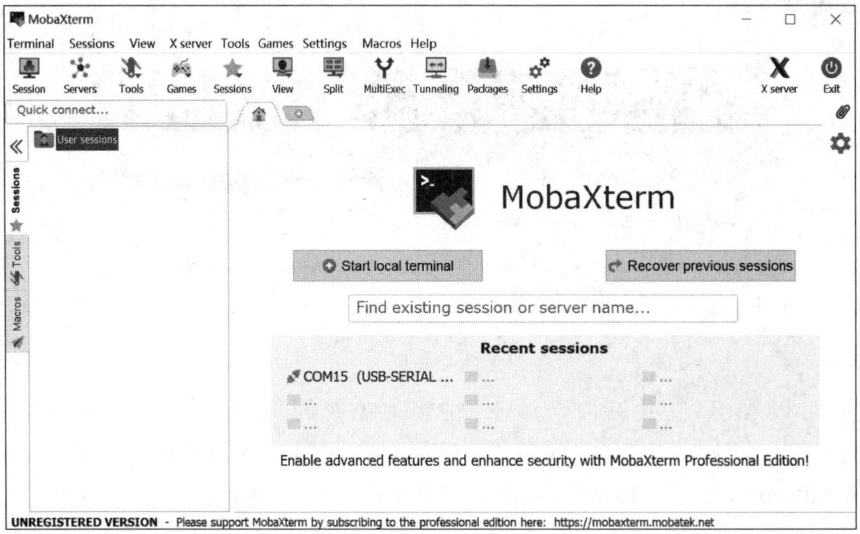

图 1-59 MobaXterm 软件主界面

单击菜单栏中的 Sessions→New session，打开新建会话窗口，如图 1-60 所示。打开以后的新建会话窗口如图 1-61 所示。

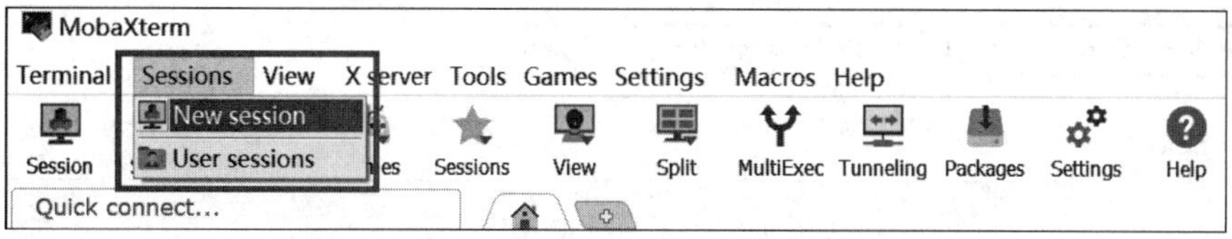

图 1-60　新建会话

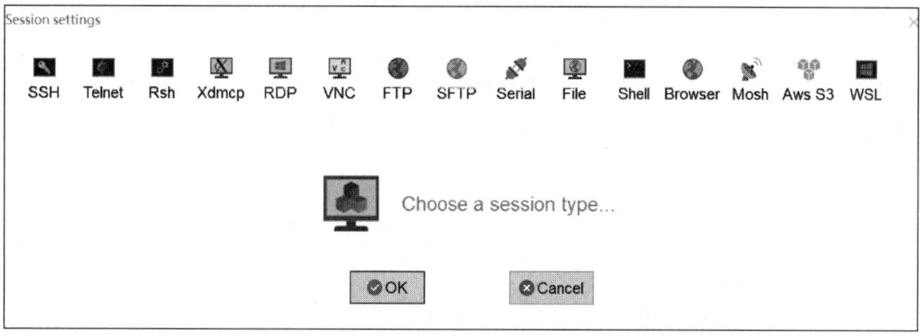

图 1-61　新建会话窗口

从图 1-61 可以看出，MobaXterm 软件支持很多种协议，比如 SSH、Telnet、Rsh、Xdmcp、RDP、VNC、FTP、SFTP、Serial 等，因为我们使用 MobaXterm 主要目的就是作为串口终端使用，所以下面就讲解如何建立 Serial 连接，也就是串口连接。单击 Serial 按钮，打开串口设置界面，如图 1-62 所示。

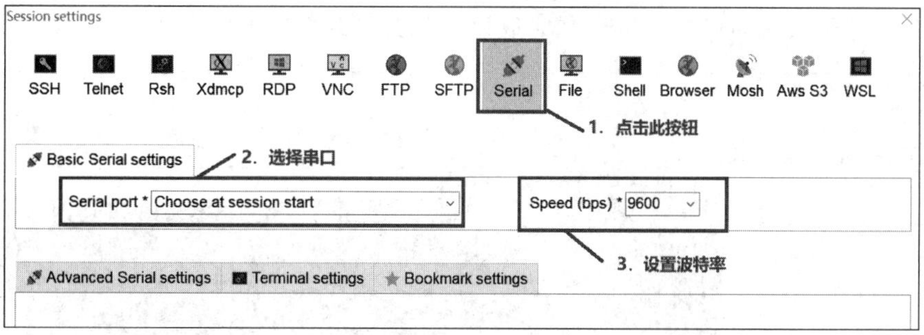

图 1-62　设置串口

打开串口设置窗口以后先选择要设置的串口号，用串口线将开发板连接到计算机上，然后设置波特率为 115 200(或根据自己实际需要设置)，完成以后如图 1-63 所示。

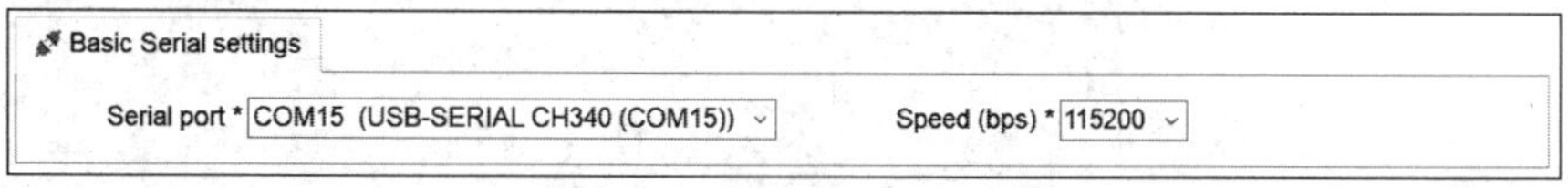

图 1-63　设置串口及其波特率

MobaXterm 软件可以自动识别串口，因此直接下拉选择即可，波特率也是同样的设置方式。完成以后还要设置串口的其他功能，一共有 3 个设置选项卡，如图 1-64 所示。

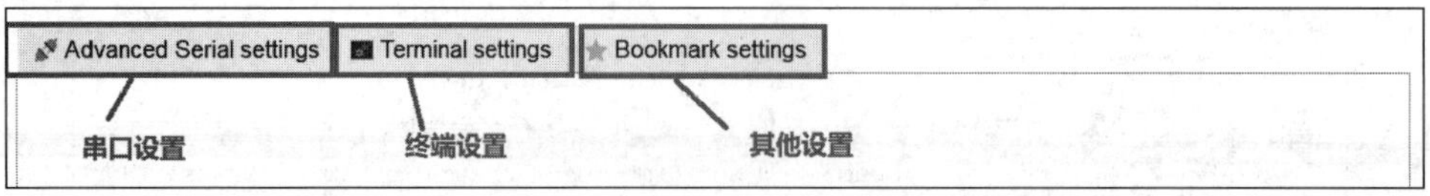

图 1-64 串口其他设置选项

单击 Advanced Serial settings 选项卡，设置串口的其他功能，比如 Serial engine、Data bits、Stop bits、Parity 和 Flow control 等，按照图 1-65 所示设置即可。

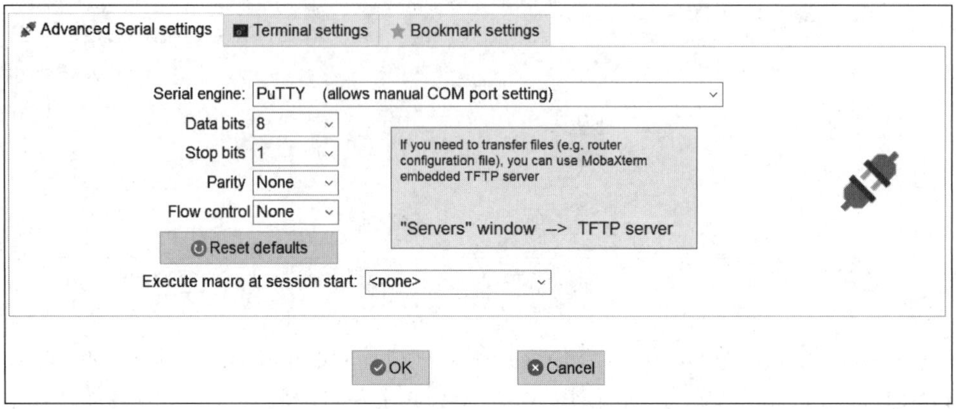

图 1-65 串口设置

如果要设置终端相关的功能可单击 Terminal settings 进行，比如终端字体以及字体大小等。设置完成后单击 OK 按钮即可。串口设置完成以后就会打开对应的终端窗口，如图 1-66 所示。

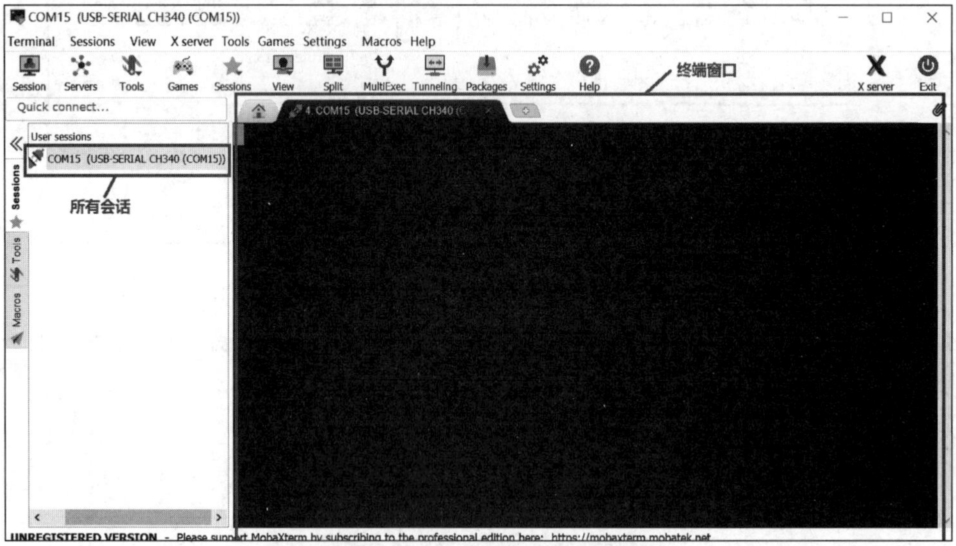

图 1-66 成功建立的串口终端

如果开发板中烧写了系统的话就会在终端中打印出系统启动的 log 信息，如图 1-67 所示。

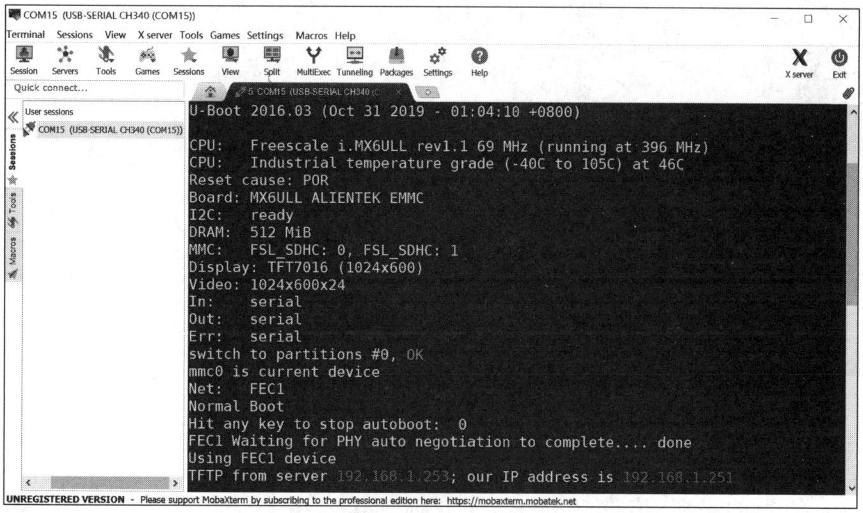

图 1-67　MobaXterm 作为串口终端

第2章

Cortex-A7 MPCore架构

I. MX6ULL 使用的是 Cortex-A7 架构，本章向大家介绍 Cortex-A7 架构的基本知识。了解 Cortex-A7 架构有利于后面章节的学习，因为本书很多例程涉及到 Cortex-A7 架构方面的知识，比如处理器模型、Cortex-A7 寄存器组等。但是 Cortex-A7 架构内容很庞大，远不是一章就能讲完的，所以本章只是对 Cortex-A7 架构做基本的讲解，为后续的实验打基础。

本章参考了 *Cortex-A7 Technical ReferenceManua* 和《ARM Cortex-A(armV7)编程手册 V4.0》。这两份文档都是 ARM 官方的文档，详细的介绍了 Cortex-A7 架构和 ARMv7-A 指令集。这两份文档路径为"4、参考资料"。

2.1 Cortex-A7 MPCore 简介

Cortex-A7 MPCore 处理器支持 1～4 核，通常与 Cortex-A15 组成 big. LITTLE 架构，Cortex-A15 负责高性能运算，Cortex-A7 负责普通应用，因为 Cortex-A7 的耗电较少。Cortex-A7 本身性能比 Cortex-A8 性能要强大，而且更省电。ARM 官网对于 Cortex-A7 的说明如下：

"在 28nm 工艺下，Cortex-A7 可以运行在 1.2～1.6GHz，并且单核面积不大于 0.45mm^2(含有浮点单元、NEON 和 32KB 的 L1 缓存)，在典型场景下功耗小于 100mW，这使得它非常适合对功耗要求严格的移动设备，这意味着 Cortex-A7 在获得与 Cortex-A9 相似性能的情况下，其功耗更低"。

Cortex-A7 MPCore 支持在一个处理器上选配 1～4 个内核，Cortex-A7 MPCore 多核配置如图 2-1 所示。

Cortex-A7 MPCore 的 L1 可选择 8KB、16KB、32KB、64KB，L2 Cache 可以不配，也可以选择 128KB、256KB、512KB、1024KB。I. MX6ULL 配置了 32KB 的 L1 指令 Cache 和 32KB 的 L1 数据 Cache，以及 128KB 的 L2 Cache。Cortex-A7 MPCore 使用 ARMv7-A 架构，主要特性如下：

(1) SIMDv2 扩展整形和浮点向量操作。

(2) 提供了与 ARM VFPv4 体系结构兼容的高性能的单双精度浮点指令，支持全功能的 IEEE754。

(3) 支持大物理扩展(LPAE)，最高可以访问 40 位存储地址，最高可以支持 1TB 的内存。

(4) 支持硬件虚拟化。

(5) 支持 Generic Interrupt Controller(GIC)V2.0。

(6) 支持 NEON,可以加速多媒体和信号处理算法。

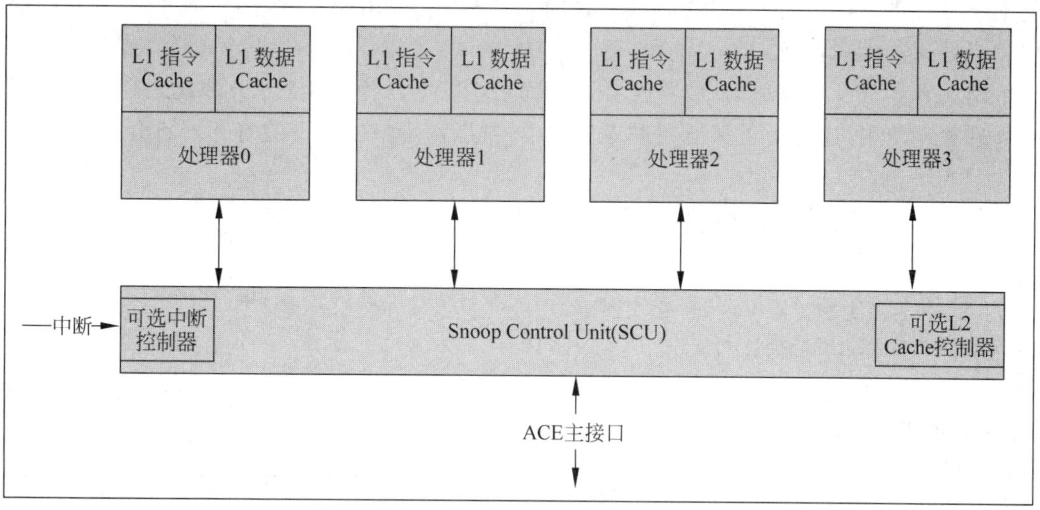

图 2-1 多核配置图

2.2 Cortex-A 处理器运行模型

ARM 处理器有 7 种运行模型：User、FIQ、IRQ、Supervisor(SVC)、Abort、Undef 和 System。其中,User 是非特权模式,其余 6 种都是特权模式。而新的 Cortex-A 架构加入了 TrustZone 安全扩展,这就新加了一种运行模式 Monitor。新的处理器架构还支持虚拟化扩展,这又加入了另一种运行模式 Hyp。所以 Cortex-A7 处理器有 9 种运行模式,如表 2-1 所示。

表 2-1 9 种运行模式

模　　式	描　　述
User(USR)	用户模式,非特权模式,大部分程序运行时就处于此模式
FIQ	快速中断模式,进入 FIQ 中断异常
IRQ	一般中断模式
Supervisor(SVC)	超级管理员模式,特权模式,供操作系统使用
Monitor(MON)	监视模式*,这个模式用于安全扩展模式
Abort(ABT)	数据访问终止模式,用于虚拟存储以及存储保护
Hyp(HYP)	超级监视模式*,用于虚拟化扩展
Undef(UND)	未定义指令终止模式
System(SYS)	系统模式,用于运行特权级的操作系统任务

注：* 表示为笔者翻译。

在表 2-1 中,除了 User(USR)用户模式以外,其他 8 种运行模式都是特权模式。这 8 个运行模式可以通过软件进行任意切换,也可以通过中断或者异常来进行切换。大多数的程序都运行在用户模式,用户模式下不能访问系统中受限资源,要想访问受限资源就必须进行模式切换。但是用户模式是不能直接进行切换的,当需要切换模式时,用户可以利用应用程序产生异常,在异常的处理过程中完成处理器模式切换。

当中断或者异常发生以后,处理器就会进入到相应的异常模式中,每一种模式都有一组寄存器供异常处理程序使用,这是为了保证在进入异常模式以后,用户模式下的寄存器不会被破坏。

2.3 Cortex-A 寄存器组

ARM 架构提供了 16 个 32 位的通用寄存器(R0～R15)供软件使用,前 15 个(R0～R14)可以用作通用的数据存储,R15 是程序计数器 PC,用来保存将要执行的指令。ARM 还提供了一个当前程序状态寄存器 CPSR 和一个备份程序状态寄存器 SPSR,SPSR 寄存器就是 CPSR 寄存器的备份。这 18 个寄存器如图 2-2 所示。

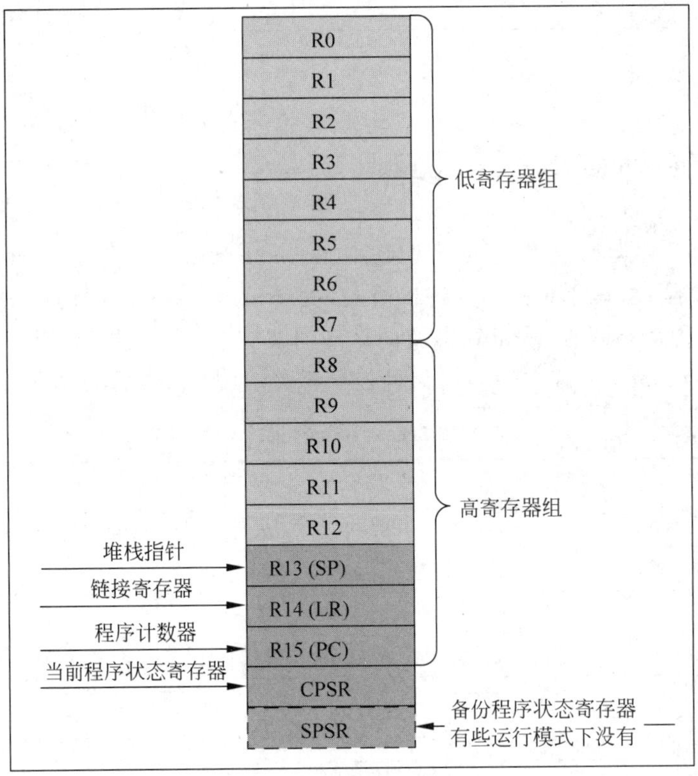

图 2-2　Cortex-A 寄存器

在 2.2 节中 Cortex-A7 共有 9 种运行模式,每一种运行模式都有一组与之对应的寄存器组。每一种模式可见的寄存器包括 15 个通用寄存器(R0～R14)、一或两个程序状态寄存器和一个程序计数器 PC。各个模式对应的寄存器如图 2-3 所示。

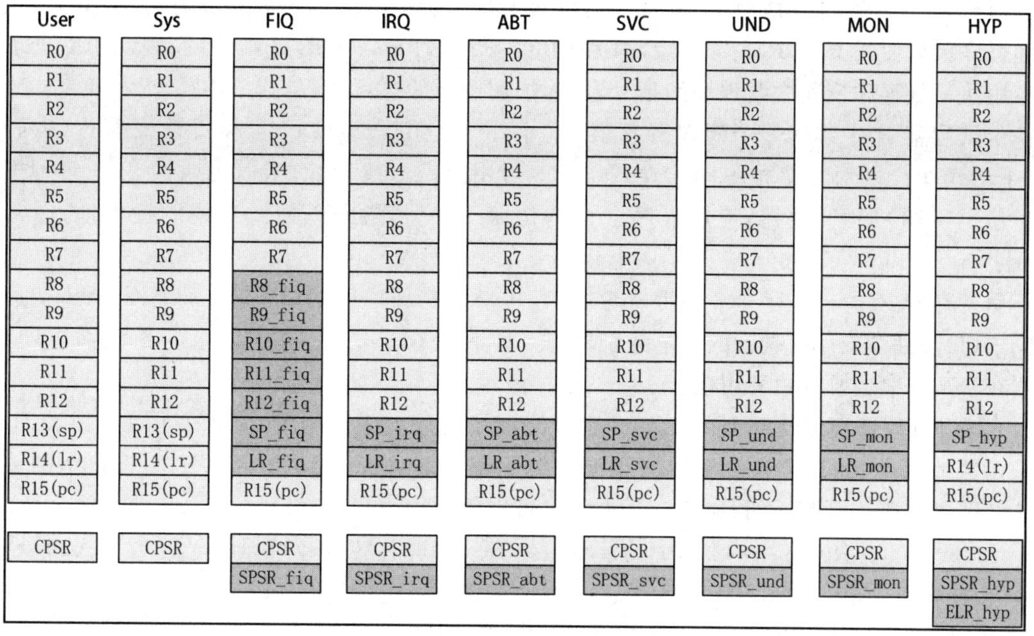

图 2-3　9 种模式所对应的寄存器

图 2-3 中浅色字体的是与 User 模式所共有的寄存器，其他背景的是各个模式所独有的寄存器。可以看出，在所有的模式中，低寄存器组(R0～R7)是共享同一组物理寄存器的，只是一些高寄存器组在不同的模式有自己独有的寄存器，比如 FIQ 模式下 R8～R14 是独立的物理寄存器。假如某个程序在 FIQ 模式下访问 R13 寄存器，那它实际访问的是寄存器 R13_fiq，如果程序处于 SVC 模式下访问 R13 寄存器，那它实际访问的是寄存器 R13_svc。Cortex-A 内核寄存器组成如下：

(1) 34 个通用寄存器，包括 R15 程序计数器(PC)，这些寄存器都是 32 位的。

(2) 8 个状态寄存器，包括 CPSR 和 SPSR。

(3) Hyp 模式下独有一个 ELR_Hyp 寄存器。

2.3.1　通用寄存器

R0～R15 就是通用寄存器，通用寄存器可以分为以下 3 类：

(1) 未备份寄存器，即 R0～R7。

(2) 备份寄存器，即 R8～R14。

(3) 程序计数器 PC，即 R15。

分别来看这 3 类寄存器。

1. 未备份寄存器

未备份寄存器指的是 R0～R7 这 8 个寄存器，因为在所有的处理器模式下，这 8 个寄存器都是同一个物理寄存器，在不同的模式下，这 8 个寄存器中的数据就会被破坏。所以这 8 个寄存器并没有被用作特殊用途。

2. 备份寄存器

备份寄存器中的 R8～R12 共 5 个寄存器中有两种物理寄存器，在快速中断模式下(FIQ)它们对应着 Rx_irq(x=8～12)物理寄存器，其他模式下对应着 Rx(8～12)物理寄存器。FIQ 模式下中断处理程序可以使用 R8～R12 寄存器，因为 FIQ 模式下的 R8～R12 是独立的，因此中断处理程序可以不用执行保存和恢复中断现场的指令，从而加速中断的执行过程。

备份寄存器 R13 共有 8 个物理寄存器，其中一个是用户模式(User)和系统模式(Sys)共用的，剩下的 7 个分别对应 7 种不同的模式。R13 可用来做为栈指针，所以也叫做 SP。每种模式都有其对应的 R13 物理寄存器，应用程序会初始化 R13，使其指向该模式专用的栈地址，即初始化 SP 指针。

备份寄存器 R14 一共有 7 个物理寄存器，其中一个是用户模式(User)、系统模式(Sys)和超级监视模式(Hyp)所共有的，剩下的 6 个分别对应 6 种不同的模式。R14 也称为连接寄存器(LR)，LR 寄存器在 ARM 中主要有两种用途。

(1) 每种处理器模式使用 R14(LR)来存放当前子程序的返回地址，如果使用 BL 或者 BLX 来调用子函数的话，R14(LR)被设置成该子函数的返回地址，在子函数中，将 R14(LR)中的值赋给 R15(PC)即可完成子函数返回，比如在子程序中可以使用如下代码：

- MOV PC, LR@寄存器 LR 中的值赋值给 PC，实现跳转或者可以在子函数的入口处将 LR 入栈。
- PUSH {LR}@将 LR 寄存器压栈在子函数的最后面出栈即可。
- POP {PC}@将上面压栈的 LR 寄存器数据出栈给 PC 寄存器，严格意义上来讲@是将 LR-4 赋给 PC，因为 3 级流水线，这里只是演示代码。

(2) 当异常发生以后，该异常模式对应的 R14 寄存器被设置成该异常模式将要返回的地址，R14 也可以当作普通寄存器使用。

3. 程序计数器

程序计数器 R15 也叫做 PC，R15 保存着当前执行的指令地址值加 8B，这是因为 ARM 的流水线机制导致的。ARM 处理器 3 级流水线：取指→译码→执行，这三级流水线循环执行，比如当前正在执行第一条指令的同时也对第二条指令进行译码，第三条指令也同时被取出存放在 R15(PC)中。我们喜欢以当前正在执行的指令作为参考点，也就是以第一条指令为参考点，那么 R15(PC)中存放的就是第三条指令，即 R15(PC)总是指向当前正在执行的指令地址再加上两条指令的地址。对于 32 位的 ARM 处理器，每条指令是 4B。

```
R15 (PC)值 = 当前执行的程序位置 + 8B
```

2.3.2 程序状态寄存器

所有的处理器模式都共用一个 CPSR 物理寄存器，因此 CPSR 可以在任意模式下被访问。CPSR 是当前程序状态寄存器，该寄存器包含了条件标志位、中断禁止位、当前处理器模式标志等一些状态位以及一些控制位。所有的处理器模式都共用一个 CPSR 必然会导致冲突，除了 User 和 Sys 这两个模式以外，其他 7 个模式每个都配备了一个专用的物理状态寄存器 SPSR(备份程序状态寄存器)。当特定的异常中断发生时，SPSR 寄存器用来保存当前程序状态寄存器(CPSR)的值，当异常退出后可以用 SPSR 中保存的值来恢复 CPSR。

User 和 Sys 这两个模式不是异常模式，所以并没有配备 SPSR，因此不能在 User 和 Sys 模式下访问 SPSR。由于 SPSR 是 CPSR 的备份，因此 SPSR 和 CPSR 的寄存器结构相同，如图 2-4 所示。

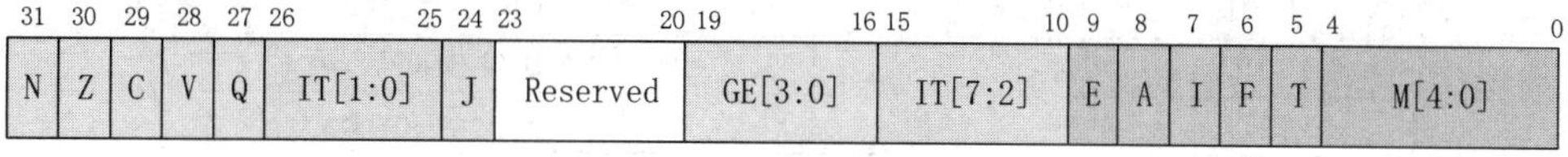

图 2-4　CPSR 寄存器

N：当两个补码表示有符号整数运算时，N=1 表示运算结果为负数，N=0 表示运算结果为正数。

Z：Z=1 表示运算结果为 0，Z=0 表示运算结果不为 0；对于 CMP 指令，Z=1 表示进行比较的两个数大小相等。

C：在加法指令中，当结果产生进位，则 C=1，表示无符号数运算发生上溢，其他情况下 C=0。在减法指令中，当运算中发生借位时，则 C=0，表示无符号数运算发生下溢，其他情况下 C=1。对于包含移位操作的非加/减法运算指令，C 中包含最后一次溢出的位的数值，对于其他非加/减运算指令，C 位的值通常不受影响。

V：对于加/减法运算指令，当操作数和运算结果为二进制的补码表示的带符号数时，V=1 表示符号位溢出，通常其他位不影响 V 位。

Q：仅 ARM v5TE_J 架构支持，表示饱和状态，Q=1 表示累积饱和，Q=0 表示累积不饱和。

IT[1:0]：和 IT[7:2]一起组成 IT[7:0]，作为 IF-THEN 指令执行状态。

J：仅 ARM_v5TE-J 架构支持，J=1 表示处于 Jazelle 状态，此位通常和 T 位一起表示当前所使用的指令集，如表 2-2 所示。

表 2-2　指令类型

J	T	描　　述
0	0	ARM
0	1	Thumb
1	1	ThumbEE
1	0	Jazelle

GE[3:0]：SIMD 指令有效，大于或等于。

IT[7:2]：参考 IT[1:0]。

E：大小端控制位，E=1 表示大端模式，E=0 表示小端模式。

A：禁止异步中断位，A=1 表示禁止异步中断。

I：I=1 禁止 IRQ，I=0 使能 IRQ。

F：F=1 禁止 FIQ，F=0 使能 FIQ。

T：控制指令执行状态，表明本指令是 ARM 指令还是 Thumb 指令，通常和 J 一起表明指令类型。

M[4:0]：处理器模式控制位，含义如表 2-3 所示。

表 2-3　处理器模式位

M[4:0]	处理器模式
10000	User 模式
10001	FIQ 模式
10010	IRQ 模式
10011	Supervisor(SVC)模式
10110	Monitor(MON)模式
10111	Abort(ABT)模式
11010	Hyp(HYP)模式
11011	Undef(UND)模式
11111	System(SYS)模式

第3章

ARM汇编基础

我们在进行嵌入式 Linux 开发时要掌握基本的 ARM 汇编命令，因为 Cortex-A 芯片一上电 SP 指针还没初始化，C 语言环境还没准备好，必须先用汇编语言设置好 C 语言环境后才能运行 C 语言代码，比如初始化 DDR、设置 SP 指针等。所以 Cortex-A 和 STM32 一样的，一开始是用汇编语言，以 STM32F103 为例，启动文件 startup_stm32f10x_hd.s 就是汇编文件，这个文件 ST 公司已经写好，所以大部分学习者都没有深入地去研究。由于汇编的知识很庞大，本章只讲解最常用的一些指令，为后续学习作准备。

I.MX6U-ALPHA 使用的是 NXP 公司的 I.MX6ULL 芯片，这是一款 Cortex-A7 内核的芯片，所以主要讲解 Cortex-A 的汇编指令。为此我们需要参考 *ARM ArchitectureReference Manual ARMv7-A and ARMv7-R edition* 和《ARM Cortex-A(armV7)编程手册 V4.0》，路径为“4、参考资料”。第一份文档主要讲解 ARMv7-A 和 ARMv7-R 指令集的开发，Cortex-A7 使用的是 ARMv7-A 指令集，第二份文档主要讲解 Cortex-A(armV7)编程，这两份文档是学习 Cortex-A 不可或缺的文档。在 *ARM ArchitectureReference Manual ARMv7-A and ARMv7-R edition* 的 A4 章详细讲解了 Cortex-A 的汇编指令，要想系统学习 Cortex-A 的指令就要认真的阅读 A4 章节。请扫描本书资源二维码获取。

对于 Cortex-A 芯片来讲，大部分芯片在上电以后 C 语言环境还没准备好，所以第一行程序肯定是汇编语言。C 语言环境就是保证 C 语言能够正常运行。C 语言中的函数调用涉及到出栈入栈，出栈入栈就要对堆栈进行操作。堆栈其实就是一段内存，这段内存比较特殊，由 SP 指针访问，SP 指针指向栈顶。芯片一上电 SP 指针还没有初始化 C 语言就没法运行。对于有些芯片还需要初始化 DDR，因为芯片本身没有 RAM，或者内部 RAM 不开放给用户使用，用户代码需要在 DDR 中运行，因此一开始要用汇编来初始化 DDR 控制器。

后面学习 Uboot 和 Linux 内核时汇编是必须要会的。

3.1 GNU 汇编语法

如果使用过 STM32 的话就会知道，MDK 和 IAR 下启动文件 startup_stm32f10x_hd.s 中的汇编语法是有所不同的，所以不能将 MDK 下的汇编文件直接复制到 IAR 下去编译，这是因为 MDK

和 IAR 的编译器不同，因此汇编的语法就有一些区别。ARM 汇编编译使用的是 GCC 交叉编译器，所以汇编代码要符合 GNU 语法。

GNU 汇编语法适用于所有的架构，并不是 ARM 独享的，GNU 汇编由一系列的语句组成，每行一条语句，每条语句有 3 个可选部分，解释如下：

label：instruction @ comment

label：即标号，表示地址位置，有些指令前面可能会有标号，这样就可以通过这个标号得到指令的地址，标号也可以用来表示数据地址。注意 label 后面的"："，任何以"："结尾的标识符都会被识别为一个标号。

instruction：即指令，也就是汇编指令或伪指令。

@符号：表示后面的是注释，就跟 C 语言中的"/*"和"*/"一样，其实在 GNU 汇编文件中我们也可以使用"/*"和"*/"来注释。

comment：就是注释内容。

代码如下所示：

```
add:
MOVS R0, #0x12@设置 R0 = 0x12
```

上面代码中"add:"就是标号，"MOVS R0，#0x12"就是指令，最后的"@设置 R0＝0x12"就是注释。

注意：ARM 中的指令、伪指令、伪操作、寄存器名等可以全部使用大写，也可以全部使用小写，但是不能大小写混用。

用户可以使用.section 伪操作来定义一个段，汇编系统预定义了一些段名，解释如下：

.text：表示代码段。

.data：初始化的数据段。

.bss：未初始化的数据段。

.rodata：只读数据段。

我们当然可以使用.section 来定义一个段，每个段以段名开始，以下一段名或者文件结尾结束，代码如下：

```
.section .testsection @定义一个 testsetcion 段
```

汇编程序的默认入口标号是_start，不过我们也可以在链接脚本中使用 ENTRY 来指明其他的入口点，下面的代码就是使用_start 作为入口标号。

```
.global _start

_start:
ldr r0, = 0x12@r0 = 0x12
```

上面代码中.global 是伪操作，表示_start 是一个全局标号，类似 C 语言中的全局变量一样，下面为常见的伪操作。

.byte：定义单字节数据，比如.byte 0x12。

.short：定义双字节数据，比如.short 0x1234。

.long：定义一个 4 字节数据，比如.long 0x12345678。

.equ：赋值语句，格式为.equ 变量名，表达式如.equ num，0x12 表示 num=0x12。

.align：数据字节对齐，如.align 4 表示 4 字节对齐。

.end：表示源文件结束。

.global：定义一个全局符号，格式为.global symbol，比如.global _start。

GNU 汇编还有其他的伪操作，最常见的如上所示。如果想详细地了解全部的伪操作，可以参考《ARM Cortex-A(armV7)编程手册 V4.0》中的相关内容。

GNU 汇编同样也支持函数，函数格式如下所示：

```
函数名:
函数体
返回语句
```

GNU 汇编函数返回语句不是必需的，示例 3-1 中的代码就是用汇编写的 Cortex-A7 中断服务函数。

示例 3-1　中断服务函数

```
/* 未定义中断 */
Undefined_Handler:
    ldr r0, =Undefined_Handler
    bx r0

/* SVC 中断 */
SVC_Handler:
    ldr r0, =SVC_Handler
    bx r0

/* 预取终止中断 */
PrefAbort_Handler:
    ldr r0, =PrefAbort_Handler
    bx r0
```

上述代码中定义了 3 个汇编函数：Undefined_Handler、SVC_Handler 和 PrefAbort_Handler。以 Undefined_Handler 函数为例来看汇编函数组成，"Undefined_Handler"就是函数名，"ldr r0, =Undefined_Handler"是函数体，"bx r0"是函数返回语句，"bx"指令是返回指令，函数返回语句不是必需的。

3.2 Cortex-A7 常用汇编指令

本节我们将介绍一些常用的 Cortex-A7 汇编指令，如果想系统地了解 Cortex-A7 的汇编指令，请参考 *ARM ArchitectureReference Manual ARMv7-A and ARMv7-R edition*（扫描书后二维码获取资源）。

3.2.1 处理器内部数据传输指令

处理器内部进行数据传递，常见的操作有如下 3 种。

(1) 将数据从一个寄存器传递到另外一个寄存器。

(2) 将数据从一个寄存器传递到特殊寄存器，如 CPSR 和 SPSR 寄存器。

(3) 将立即数传递到寄存器。

数据传输常用的指令有 3 个：MOV、MRS 和 MSR，这 3 个指令的用法如表 3-1 所示。

表 3-1 常用数据传输指令

指　　令	目　的	源	描　　述
MOV	R0	R1	将 R1 中的数据复制到 R0 中
MRS	R0	CPSR	将特殊寄存器 CPSR 中的数据复制到 R0 中
MSR	CPSR	R1	将 R1 中的数据复制到特殊寄存器 CPSR 中

详细地介绍如何使用这 3 个指令。

1. MOV 指令

MOV 指令用于将数据从一个寄存器复制到另外一个寄存器，或者将一个立即数传递到寄存器中，使用如下代码：

```
MOV R0,R1          @将寄存器 R1 中的数据传递给 R0,即 R0 = R1
MOV R0, #0X12      @将立即数 0X12 传递给 R0 寄存器,即 R0 = 0X12
```

2. MRS 指令

MRS 指令用于将特殊寄存器(如 CPSR 和 SPSR)中的数据传递给通用寄存器，要读取特殊寄存器的数据只能使用 MRS 指令，使用如下代码：

```
MRS R0, CPSR      @将特殊寄存器 CPSR 中的数据传递给 R0,即 R0 = CPSR
```

3. MSR 指令

MSR 指令和 MRS 指令刚好相反，MSR 指令用来将普通寄存器的数据传递给特殊寄存器，也就是写特殊寄存器，写特殊寄存器只能使用 MSR，使用如下代码：

```
MSR CPSR, R0      @将 R0 中的数据复制到 CPSR 中,即 CPSR = R0
```

3.2.2 存储器访问指令

ARM 不能直接访问存储器，比如 RAM 中的数据。I. MX6ULL 中的寄存器就是 RAM 类型的，我们用汇编来配置 I. MX6ULL 寄存器时需要借助存储器访问指令，一般先将要配置的值写入到 Rx(x=0～12)寄存器中，然后借助存储器访问指令将 Rx 中的数据写入到 I. MX6UL 寄存器中。读取 I. MX6UL 寄存器也是一样的，只是过程相反。常用的存储器访问指令有两种 LDR 和 STR，用法如表 3-2 所示。

表 3-2 存储器访问指令

指 令	描 述
LDR Rd，[Rn ，#offset]	从存储器 Rn + offset 的位置读取数据存放到 Rd 中
STR Rd，[Rn，#offset]	将 Rd 中的数据写入到存储器中的 Rn+offset 位置

下面分别来详细地介绍如何使用这两个指令。

1. LDR 指令

LDR 主要用于从存储器加载数据到寄存器 Rx 中，LDR 也可以将一个立即数加载到寄存器 Rx 中，LDR 加载立即数时要使用“=”，而不是“#”。在嵌入式开发中，LDR 最常用的就是读取 CPU 的寄存器值，比如 I. MX6ULL 有个寄存器 GPIO1_GDIR，其地址为 0X0209C004，我们现在要读取这个寄存器中的数据，如示例 3-2 所示。

示例 3-2 LDR 指令使用

```
1 LDR R0, = 0X0209C004        @将寄存器地址 0X0209C004 加载到 R0 中，R0 = 0X0209C004
2 LDR R1, [R0]                @读取地址 0X0209C004 中的数据到 R1 寄存器中
```

示例 3-2 中的代码就是读取寄存器 GPIO1_GDIR 中的值，读取到的寄存器值保存在 R1 寄存器中，上面代码中 offset 是 0，没有用到 offset。

2. STR 指令

LDR 是从存储器读取数据，STR 就是将数据写入到存储器中，同样以 I. MX6ULL 寄存器 GPIO1_GDIR 为例，现在我们要配置寄存器 GPIO1_GDIR 的值为 0X20000002，如示例 3-3 所示。

示例 3-3 STR 指令使用

```
1 LDR R0, = 0X0209C004     @将寄存器地址 0X0209C004 加载到 R0 中，即 R0 = 0X0209C004
2 LDR R1, = 0X20000002     @R1 保存要写入到寄存器的值，即 R1 = 0X20000002
3 STR R1, [R0]             @将 R1 中的值写入到 R0 中所保存的地址中
```

LDR 指令和 STR 指令都是按照字进行读取和写入的，也就是操作的 32 位数据。如果要按照字节、半字进行操作的话可以在 LDR 指令后面加上 B 或 H，比如按字节操作的指令就是 LDRB 和 STRB，按半字操作的指令就是 LDRH 和 STRH。

3.2.3 压栈和出栈指令

我们通常会在 A 函数中调用 B 函数，当 B 函数执行完以后再回到 A 函数继续执行。要想在跳回 A 函数以后代码能够接着正常运行，那就必须在跳到 B 函数之前将当前处理器状态保存起来（就是保存 R0～R15 这些寄存器值），当 B 函数执行完成以后再用前面保存的寄存器值恢复 R0～R15 即可。保存 R0～R15 寄存器的操作就叫做现场保护，恢复 R0～R15 寄存器的操作就叫做恢复现场。在进行现场保护时需要进行压栈（入栈）操作，恢复现场就要进行出栈操作。压栈的指令为 PUSH，出栈的指令为 POP，PUSH 和 POP 是一种多存储和多加载指令，即可以一次操作多个寄存器数据，其利用当前的栈指针 SP 来生成地址，PUSH 和 POP 的用法如表 3-3 所示。

表 3-3　压栈和出栈指令

指　令	描　述
PUSH <reg list>	将寄存器列表存入栈中
POP <reg list>	从栈中恢复寄存器列表

假如我们现在要将 R0～R3 和 R12 这 5 个寄存器压栈，当前的 SP 指针指向 0X80000000，处理器的堆栈是向下增长的，使用的汇编代码如下所示。

```
PUSH {R0～R3, R12}@将 R0～R3 和 R12 压栈
```

压栈完成以后的堆栈如图 3-1 所示。

图 3-1 就是对 R0～R3，R12 进行压栈以后的堆栈示意图，此时的 SP 指向了 0X7FFFFFEC，假如我们现在要再将 LR 进行压栈，汇编代码如下所示。

```
PUSH {LR}                @将 LR 进行压栈
```

对 LR 进行压栈完成以后的堆栈模型如图 3-2 所示。

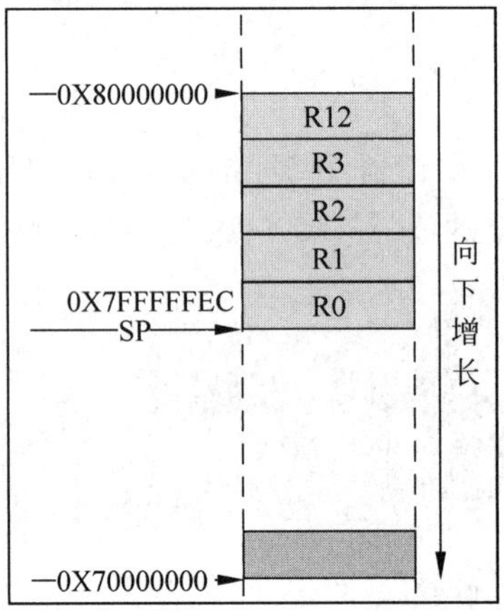

图 3-1　压栈以后的堆栈

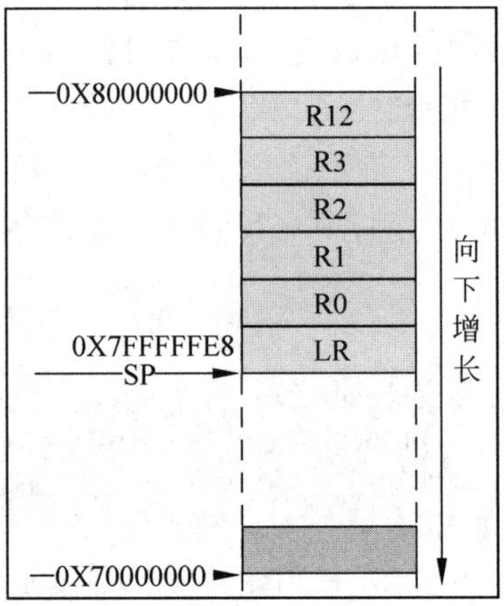

图 3-2　LR 压栈以后的堆栈

图 3-2 就是分两步对 R0～R3，R12 和 LR 进行压栈以后的堆栈模型，如果要出栈的话使用如下代码。

```
POP {LR}                 @先恢复 LR
POP {R0～R3,R12}         @在恢复 R0～R3,R12
```

出栈就是从栈顶即 SP 当前执行的位置开始，地址依次减小来提取堆栈中的数据到要恢复的寄存器列表中。PUSH 和 POP 的另外一种写法是 STMFD SP！和 LDMFD SP!，因此可以用示例 3-4 的汇编代码进行修改。

示例 3-4 STMFD 和 LDMFD 指令

```
STMFD SP!,{R0～R3, R12}      @R0～R3,R12 入栈
STMFD SP!,{LR}              @LR 入栈

LDMFD SP!, {LR}             @先恢复 LR
LDMFD SP!, {R0～R3, R12}     @再恢复 R0～R3, R12
```

STMFD 可以分为两部分：STM 和 FD，而 LDMFD 也可以分为 LDM 和 FD。前面我们讲了 LDR 和 STR，这两个是数据加载和存储指令，但是每次只能读写存储器中的一个数据。STM 和 LDM 就是多存储和多加载，可以连续地读写存储器中的多个连续数据。

根据 ATPCS 规则，ARM 使用的 FD(Full Descending，满递减)类型的堆栈，SP 指向最后一个入栈的数值，堆栈是由高地址向下增长的，因此最常用的指令就是 STMFD 和 LDMFD。STM 和 LDM 的指令寄存器列表中编号小的对应低地址，编号高的对应高地址。

3.2.4 跳转指令

有多种跳转操作：

(1) 直接使用跳转指令 B、BL、BX 等。

(2) 直接向 PC 寄存器中写入数据。

上述两种方法都可以完成跳转操作，但是一般常用的是 B、BL 或 BX，用法如表 3-4 所示。

表 3-4 跳转指令

指 令	描 述
B < label >	跳转到 label，如果跳转范围超过了±2KB，可以指定 B. W < label >使用 32 位版本的跳转指令，这样可以得到较大范围的跳转
BX < Rm >	间接跳转，跳转到存放于 Rm 中的地址处，并且切换指令集
BL < label >	跳转到标号地址，并将返回地址保存在 LR 中
BLX < Rm >	结合 BX 和 BL 的特点，跳转到 Rm 指定的地址，并将返回地址保存在 LR 中，切换指令集

下面重点来看一下 B 和 BL 指令，因为要在汇编中进行函数调用使用的就是 B 和 BL 指令。

1. B 指令

这是最简单的跳转指令，B 指令会将 PC 寄存器的值设置为跳转目标地址，一旦执行 B 指令，ARM 处理器就会立即跳转到指定的目标地址。如果要调用的函数不会再返回到原来的执行处，那就可以用 B 指令，如示例 3-5 所示。

示例 3-5 B 指令示例

```
_start:

 ldr sp, = 0X80200000     @设置栈指针
 b main                   @跳转到 main 函数
```

上述代码就是典型的在汇编中初始化 C 语言运行环境，然后跳转到 C 语言文件的 main 函数中

运行，示例 3-5 中的代码只是初始化了 SP 指针，有些处理器还需要做其他的初始化，比如初始化 DDR 等。因为跳转到 C 语言文件以后再也不会回到汇编了，所以在第 4 行使用了 B 指令来完成跳转。

2. BL 指令

BL 指令相比 B 指令，在跳转之前会在寄存器 LR(R14)中保存当前 PC 寄存器值，这就可以通过将 LR 寄存器中的值重新加载到 PC 中来继续从跳转之前的代码处运行，这是子程序调用的一个常用的手段。比如 Cortex-A 处理器的 irq 中断服务函数都是用汇编写的，主要用汇编来实现现场的保护和恢复、获取中断号等。但是具体的中断处理过程都是 C 函数，所以就会存在从汇编中调用 C 函数的问题。当 C 语言环境的中断处理函数执行完成后需要返回到 irq 汇编中断服务函数，继续处理其他的工作。这个时候就不能直接使用 B 指令了，因为 B 指令一旦跳转就再也不会回来了，这个时候要使用 BL 指令，具体操作如示例 3-6 所示。

示例 3-6　BL 指令示例

```
1 push {r0, r1}                @保存 r0,r1
2 cps #0x13                    @进入 SVC 模式,允许其他中断再次进去
3
4 bl system_irqhandler         @加载 C 语言中断处理函数到 r2 寄存器中
5
6 cps #0x12                    @进入 IRQ 模式
7 pop {r0, r1}
8 str r0, [r1, #0X10]          @中断执行完成,写 EOIR
```

上述代码中第 4 行就是执行 C 语言的中断处理函数，当处理完成以后是需要返回来继续执行下面的程序，所以使用了 BL 指令。

3.2.5　算术运算指令

汇编中也可以进行算术运算，比如加减乘除，常用的运算指令用法如表 3-5 所示。

表 3-5　常用运算指令

指　　令	计算公式	备　　注
ADD Rd, Rn, Rm	Rd = Rn + Rm	加法运算，指令为 ADD
ADD Rd, Rn, #immed	Rd = Rn + #immed	
ADC Rd, Rn, Rm	Rd = Rn + Rm + 进位	带进位的加法运算，指令为 ADC
ADC Rd, Rn, #immed	Rd = Rn + #immed + 进位	
SUB Rd, Rn, Rm	Rd = Rn - Rm	减法
SUB Rd, #immed	Rd = Rd - #immed	
SUB Rd, Rn, #immed	Rd = Rn - #immed	
SBC Rd, Rn, #immed	Rd = Rn - #immed - 借位	带借位的减法
SBC Rd, Rn ,Rm	Rd = Rn - Rm - 借位	
MUL Rd, Rn, Rm	Rd = Rn * Rm	乘法(32 位)
UDIV Rd, Rn, Rm	Rd = Rn / Rm	无符号除法
SDIV Rd, Rn, Rm	Rd = Rn / Rm	有符号除法

在嵌入式开发中最常会用的就是加减指令，乘除基本用不到。

3.2.6 逻辑运算指令

我们用C语言进行CPU寄存器配置时常常需要用到逻辑运算符号，比如“&”“|”等逻辑运算符。使用汇编语言时也可以使用逻辑运算指令，常用的运算指令用法如表3-6所示。

表3-6 逻辑运算指令

指　　令	计算公式	备　　注
AND Rd，Rn	Rd = Rd &Rn	按位与
AND Rd，Rn，#immed	Rd = Rn & #immed	
AND Rd，Rn，Rm	Rd = Rn & Rm	
ORR Rd，Rn	Rd = Rd | Rn	按位或
ORR Rd，Rn，#immed	Rd = Rn | #immed	
ORR Rd，Rn，Rm	Rd = Rn | Rm	
BIC Rd，Rn	Rd = Rd & (～Rn)	位清除
BIC Rd，Rn，#immed	Rd = Rn & (～#immed)	
BIC Rd，Rn，Rm	Rd = Rn & (～Rm)	
ORN Rd，Rn，#immed	Rd = Rn | (#immed)	按位或非
ORN Rd，Rn，Rm	Rd = Rn | (Rm)	
EOR Rd，Rn	Rd = Rd ^ Rn	按位异或
EOR Rd，Rn，#immed	Rd = Rn ^ #immed	
EOR Rd，Rn，Rm	Rd = Rn ^ Rm	

逻辑运算指令都很好理解，后面汇编配置I.MX6UL的外设寄存器时可能会用到。本节主要讲解了一些最常用的指令，想详细地学习ARM的所有指令请参考 *ARM ArchitectureReference Manual ARMv7-A and ARMv7-R edition* 和《ARM Cortex-A(armV7)编程手册 V4.0》。

第4章

汇编LED灯实验

本章开始本书的第一个裸机例程——经典的 LED 灯实验，这也是嵌入式 Linux 学习的第一步。本章使用汇编语言来编写，读者可通过本章了解如何使用汇编语言来初始化 I. MX6ULL 外设寄存器，了解 I. MX6ULL 最基本的 I/O 接口输出功能。

4.1 I. MX6U GPIO 详解

4.1.1 STM32 GPIO 回顾

我们拿到一款全新的芯片，要做的第一件事情就是驱动它的 GPIO，控制其 GPIO 输出高低电平。我们在学习 I. MX6ULL 的 GPIO 之前，先来回顾一下 STM32 的 GPIO 初始化（如果读者没有学过 STM32 可跳过本节内容），我们以最常见的 STM32F103 为例来看一下 STM32 的 GPIO 初始化，如示例 4-1 所示。

示例 4-1 STM32 GPIO 初始化

```
void LED_Init(void)
{
 GPIO_InitTypeDef  GPIO_InitStructure;

 RCC_APB2PeriphClockCmd(RCC_APB2Periph_GPIOB, ENABLE);     /* 使能时钟 */

 GPIO_InitStructure.GPIO_Pin = GPIO_Pin_5;                 /* 端口配置 */
 GPIO_InitStructure.GPIO_Mode = GPIO_Mode_Out_PP;          /* 推挽输出 */
 GPIO_InitStructure.GPIO_Speed = GPIO_Speed_50MHz;         /* I/O 口速度 */
 GPIO_Init(GPIOB, &GPIO_InitStructure);                    /* 根据设定参数初始化 GPIOB.5 */

 GPIO_SetBits(GPIOB,GPIO_Pin_5);                           /* PB.5 输出高 */
}
```

上述代码就是使用库函数来初始化 STM32 的一个 I/O 为输出功能，可以看出上述初始化代码中重点要做的事情有以下 4 个。

（1）使能指定 GPIO 的时钟。

（2）初始化 GPIO，比如输出功能、上拉、速度等等。

（3）STM32 有的 I/O 可以作为其他外设引脚，也就是 I/O 复用，如果要将 I/O 作为其他外设引脚使用的话就需要设置 I/O 的复用功能。

（4）最后设置 GPIO 输出高电平或者低电平。

STM32 的 GPIO 初始化就是以上四步，那么会不会也适用于 I. MX6ULL 呢？I. MX6ULL 的 GPIO 是不是也需要开启相应的时钟？是不是也可以设置复用功能？是不是也可以设置输出或输入、上下拉电阻、速度等这些参数？只有去看 I. MX6ULL 的数据手册和参考手册才能知道，I. MX6ULL 的数据手册和参考手册已经放到了本书资源中。I. MX6ULL 的参考手册路径为“7、I. MX6U 参考资料→2、I. MX6ULL 芯片资料→IMX6ULL 参考手册”。I. MX6ULL 的数据手册有三种，分别对应车规级、工业级和商用级。从我们写代码的角度看，这三份数据手册一模一样，但是在做硬件选型时需要注意。我们使用商用级的手册，商用级数据手册路径为“7、I. MX6UL 芯片资料→2、I. MX6ULL 芯片资料→IMX6ULL 数据手册（商用级）”。带着上面四个疑问打开这两份手册，然后就是“啃”手册。

4.1.2　I. MX6ULL I/O 命名

STM32 中的 I/O 都是 PA0～15、PB0～15 这样命名的，I. MX6ULL 的 I/O 是如何命名的呢？读者可参阅 I. MX6ULL 参考手册的第 32 章“Chapter 32：IOMUX Controller（IOMUXC）”，第 32 章的书签如图 4-1 所示。

从图 4-1 可以看出，I. MX6ULL 的 I/O 分为两类：SNVS 域和通用的，这两类 I/O 本质上都是一样的，我们就以下面的常用 I/O 为例，讲解 I. MX6ULL 的 I/O 命名方式。

图 4-1 中的形如 IOMUXC_SW_MUX_CTL_PAD_GPIO1_IO00 的就是 GPIO 命名，命名形式就是 IOMUXC_SW_MUC_CTL_PAD_XX_XX，后面的 XX_XX 就是 GPIO 命名，比如 GPIO1_IO01、UART1_TX_DATA、JTAG_MOD 等。I. MX6ULL 的 GPIO 并不像 STM32 一样以 PA0～15 这样命名，是根据某个 I/O 所拥有的功能来命名的。比如我们一看到 GPIO1_IO01 就知道这个肯定能做为 GPIO，看到 UART1_TX_DATA 肯定就知道这个 I/O 能做为 UART1 的发送引脚。在参考手册的第 32 章列出了 I. MX6ULL 的所有 I/O，你会发现貌似 GPIO 只有 GPIO1_IO00～GPIO1_IO09，难道 I. MX6ULL 的 GPIO 只有这 10 个？显然不是的，我们知道 STM32 的很多 I/O 是可以复用为其他功能的，那么 I. MX6ULL 的其他 I/O 也是可以复用为 GPIO 功能。同样的，GPIO1_IO00～GPIO_IO09 也可以复用为其他外设引脚的。

4.1.3　I. MX6ULL I/O 复用

以 IOMUXC_SW_MUX_CTL_PAD_GPIO1_IO00 这个 I/O 为例，打开参考手册如图 4-2 所示。

从图 4-2 可以看到有个名为 IOMUXC_SW_MUX_CTL_PAD_GPIO1_IO00 的寄存器，这个寄存器是 32 位的，但是只用到了最低 5 位，其中 bit0～bit3（MUX_MODE）就是设置 GPIO1_IO00 的复用功能的。GPIO1_IO00 一共可以复用为 9 种功能 I/O，分别对应 ALT0～ALT8，其中 ALT5 就是作为 GPIO1_IO00。GPIO1_IO00 还可以作为 I2C2_SCL、GPT1_CAPTURE1、ANATOP_OTG1_ID 等。这个就是 I. MX6ULL 的 I/O 复用，我们学习 STM32 时它的 GPIO 也是可以复用的。

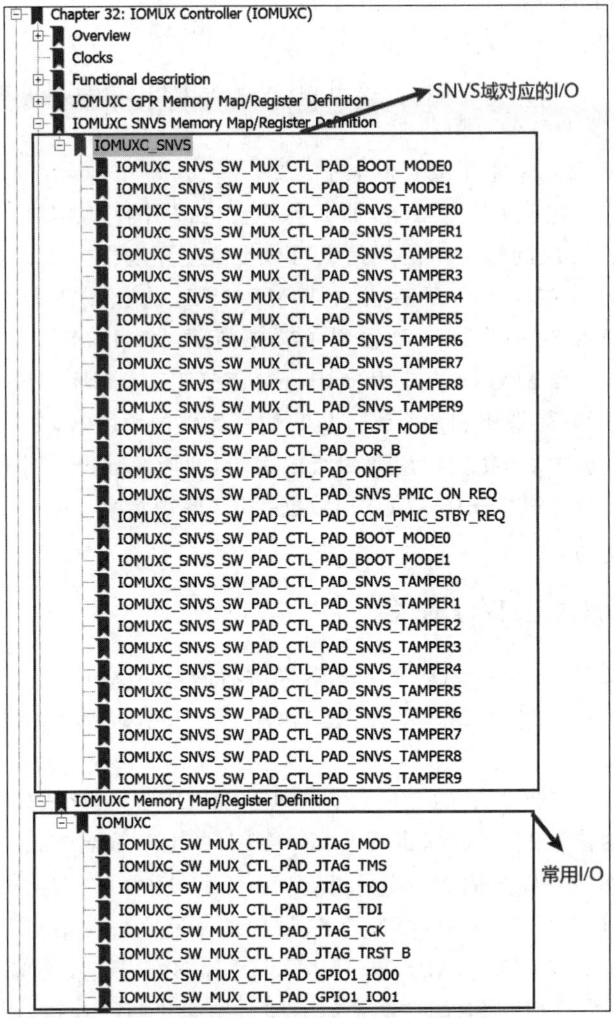

图 4-1　I. MX6ULL GPIO 命名

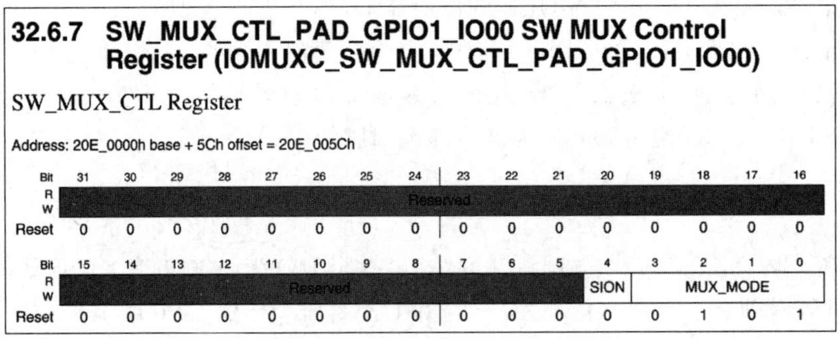

图 4-2　GPIO1_IO00 复用

再来看 IOMUXC_SW_MUX_CTL_PAD_UART1_TX_DATA，这个 I/O 对应的复用如图 4-3 所示。

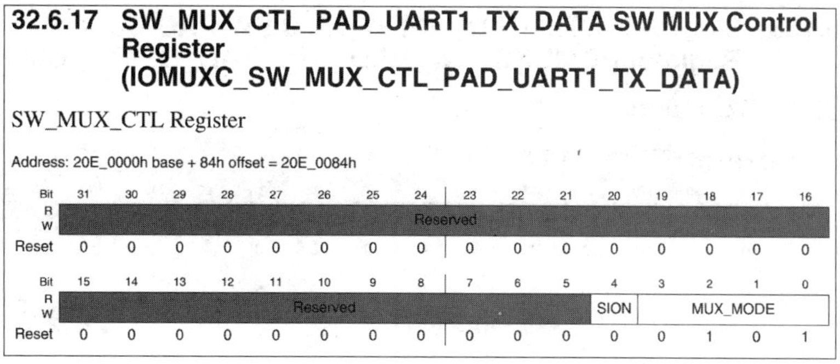

图 4-3　UART1_TX_DATA IO 复用

同样从图 4-3 可以看出，UART1_TX_DATA 可以复用为 8 种不同功能的 I/O，分为 ALT0～ALT5 和 ALT8、ATL9，其中 ALT5 表示 UART1_TX_DATA 可以复用为 GPIO1_IO16。

由此可见，I. MX6ULL 的 GPIO 不止 GPIO1_IO00～GPIO1_IO09 这 10 个，其他的 I/O 都可以复用为 GPIO 来使用。I. MX6ULL 的 GPIO 一共有 5 组：GPIO1、GPIO2、GPIO3、GPIO4 和 GPIO5，其中 GPIO1 有 32 个 I/O，GPIO2 有 22 个 I/O，GPIO3 有 29 个 I/O、GPIO4 有 29 个 I/O，GPIO5 最少，只有 12 个 I/O，这样一共有 124 个 GPIO。如果想了解每个 I/O 能复用什么外设，可以直接查阅《IMX6ULL 参考手册》第 4 章的内容。如果我们要编写代码，设置某个 I/O 的复用功能的话可查阅手册第 32 章的内容，第 32 章详细地列出了所有 IO 对应的复用配置寄存器。

至此 I. MX6ULL 的 I/O 是有复用功能的，和 STM32 一样，如果某个 I/O 要作为某个外设引脚使用的话，是需要配置复用寄存器的。

4.1.4　I. MX6ULL I/O 配置

细心的读者应该会发现在《I. MX6ULL 参考手册》第 32 章中，每一个 I/O 会出现两次，它们的名字差别很小，比如 GPIO1_IO00 有如下两个书签：

```
IOMUXC_SW_MUX_CTL_PAD_GPIO1_IO00
IOMUXC_SW_PAD_CTL_PAD_GPIO1_IO00
```

上面两个都是跟 GPIO_IO00 有关的寄存器，名字上的区别，一个是 MUX，一个是 PAD。IOMUX_SW_MUX_CTL_PAD_GPIO1_IO00 前面已经讲过，是用来配置 GPIO1_IO00 复用功能的，那么 IOMUXC_SW_PAD_CTL_PAD_GPIO1_IO00 的功能是什么呢？

如图 4-4 所示，IOMUXC_SW_PAD_CTL_PAD_GPIO1_IO00 也是 1 个寄存器，寄存器地址为 0X020E02E8。这也是个 32 位寄存器，但是只用到了其中的低 17 位，为了更好的理解具体含义，我们先来看一下 GPIO 功能图，如图 4-5 所示。

对照图 4-5，详细讲解寄存器 IOMUXC_SW_PAD_CTL_PAD_GPIO1_IO00 7 个位的含义。

HYS：使能迟滞比较器，当 I/O 作为输入功能时有效，用于设置输入接收器的施密特触发器是否使能。如果需要对输入波形进行整形的话可以使能此位。此位为 0 时禁止迟滞比较器，为 1 时使能迟滞比较器。

PUS：用来设置上/下拉电阻的，一共有 4 种选项可以选择，如表 4-1 所示。

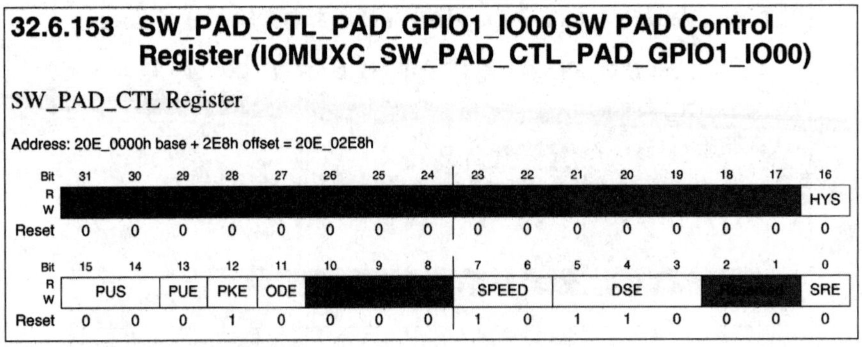

图 4-4　IOMUXC_SW_PAD_CTL_PAD_GPIO1_IO00 寄存器(部分截图)

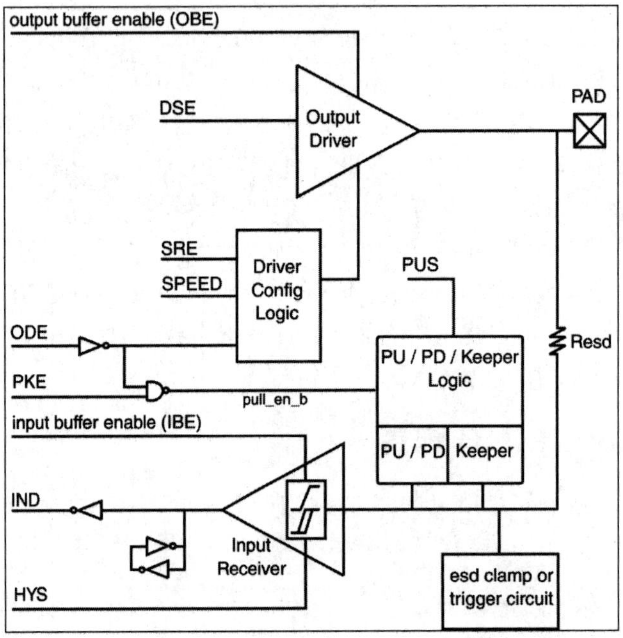

图 4-5　GPIO 功能图

表 4-1　上下拉设置

位 设 置	含　　义	位 设 置	含　　义
00	100kΩ 下拉电阻	10	100kΩ 上拉电阻
01	47kΩ 上拉电阻	11	22kΩ 上拉电阻

PUE：当 I/O 作为输入时，这个位用来设置 I/O 使用上/下拉电阻还是状态保持器。当为 0 时使用状态保持器，当为 1 时使用上/下拉电阻。状态保持器在 I/O 作为输入时才有用，顾名思义，就是当外部电路断电以后此 I/O 口可以保持住以前的状态。

PKE：此位用来使能或者禁止上/下拉/状态保持器功能，为 0 时禁止上/下拉/状态保持器，为 1 时使能上/下拉/状态保持器。

ODE：当 I/O 作为输出时，此位用来禁止或者使能开路输出，此位为 0 时禁止开路输出，当此位为 1 时就使能开路输出功能。

SPEED：当 I/O 用作输出时，此位用来设置 I/O 速度，设置如表 4-2 所示。

表 4-2　速度配置

位设置	速度/Mbps	位设置	速度/Mbps
00	低速 50	10	中速 100
01	中速 100	11	最大速度 200

DSE：当 I/O 用作输出时用来设置 I/O 的驱动能力，总共有 8 个可选选项，如表 4-3 所示。

表 4-3　驱动能力设置

位设置	速　　度
000	输出驱动关闭
001	R0(3.3V 下 R0 是 260Ω,1.8V 下 R0 是 150Ω,接 DDR 时是 240Ω)
010	R0/R2
011	R0/R3
100	R0/R4
101	R0/R5
110	R0/R6
111	R0/R7

SRE：设置压摆率，当此位为 0 时是低压摆率，当为 1 时是高压摆率。这里的压摆率就是 I/O 电平跳变所需要的时间，比如从 0 到 1 需要多少时间，时间越小波形就越陡，说明压摆率越高；反之，时间越多波形就越缓，压摆率就越低。如果设计的产品要过 EMC 的话那就可以使用波形缓和的低压摆率，如果当前所使用的 IO 做高速通信的话就可以使用高压摆率。

通过上面的介绍，可以看出寄存器 IOMUXC_SW_PAD_CTL_PAD_GPIO1_IO00 是用来配置 GPIO1_IO00 的，包括速度设置、驱动能力设置、压摆率设置等。至此 I. MX6ULL 的 I/O 是可以设置速度的，而且比 STM32 的设置要更多。

4.1.5　I. MX6ULL GPIO 配置

IOMUXC_SW_MUX_CTL_PAD_XX_XX 和 IOMUXC_SW_PAD_CTL_PAD_XX_XX 这两种寄存器都是配置 I/O 的，注意是 IO，不是 GPIO。GPIO 是一个 I/O 众多复用功能中的一种，比如 GPIO1_IO00 这个 I/O 接口可以复用为 I2C2_SCL、GPT1_CAPTURE1、ANATOP_OTG1_ID、ENET1_REF_CLK、MQS_RIGHT、GPIO1_IO00、ENET1_1588_EVENT0_IN、SRC_SYSTEM_RESET 和 WDOG3_WDOG_B 这 9 个功能。而 GPIO1_IO00 是其中的一种，我们想要把 GPIO1_IO00 用作哪个外设就复用为哪个外设功能即可。如果要用 GPIO1_IO00 来点灯或作为按键输入，那就是使用其 GPIO(通用输入输出)的功能。将其复用为 GPIO 以后还需要对其 GPIO 的功能进行配置，关于 I. MX6ULL 的 GPIO 请参考《IMX6ULL 参考手册》第 28 章的相关内容，GPIO 结构如图 4-6 所示。

在图 4-6 中的 IOMUXC 框图中就有 SW_MUX_CTL_PAD_* 和 SW_PAD_CTL_PAD_* 两

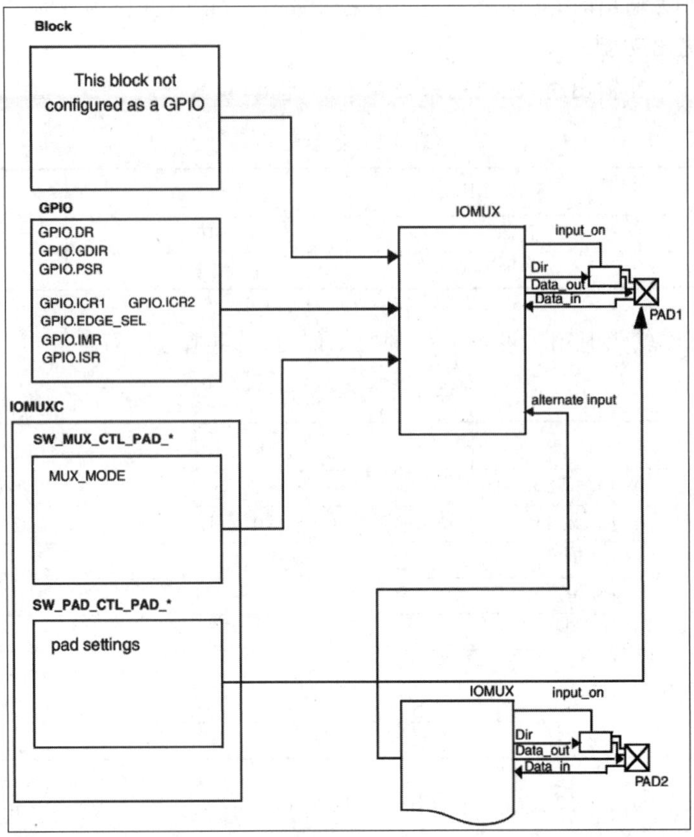

图 4-6　GPIO 结构图

种寄存器。这两种寄存器是用来设置 I/O 的复用功能和 I/O 属性配置。图中的 GPIO 框图就是当 I/O 用作 GPIO 时需要设置的寄存器，一共有 8 个寄存器，其分别是 DR、GDIR、PSR、ICR1、ICR2、EDGE_SEL、IMR 和 ISR。前面已经介绍了 I.MX6ULL 一共有 GPIO1～GPIO5 共 5 组 GPIO，每组 GPIO 都有这 8 个寄存器。我们来看一下这 8 个寄存器都是什么含义。

DR 寄存器，此寄存器是数据寄存器，结构如图 4-7 所示。

Bit	31	30	29	28	27	26	25	24	23	22	21	20	19	18	17	16	15	14	13	12	11	10	9	8	7	6	5	4	3	2	1	0
R W	DR																															
Reset	0	0	0	0	0	0	0	0	0	0	0	0	0	0	0	0	0	0	0	0	0	0	0	0	0	0	0	0	0	0	0	0

图 4-7　DR 寄存器结构

DR 寄存器是 32 位的，一个 GPIO 组最多只有 32 个 I/O，因此 DR 寄存器中的每个位都对应一个 GPIO。当 GPIO 被配置为输出功能以后，向指定的位写入数据，那么相应的 I/O 就会输出相应的高低电平，比如要设置 GPIO1_IO00 输出高电平，那么就应该设置 GPIO1.DR＝1。当 GPIO 被配置为输入模式以后，此寄存器就保存着对应 I/O 的电平值，每个位对应一个 GPIO，比如当 GPIO1_IO00 这个引脚接地的话，那么 GPIO1.DR 的位 0 就是 0。

GDIR 寄存器是方向寄存器，用来设置某个 GPIO 的工作方向，即输入/输出，GDIR 寄存器结构如图 4-8 所示。

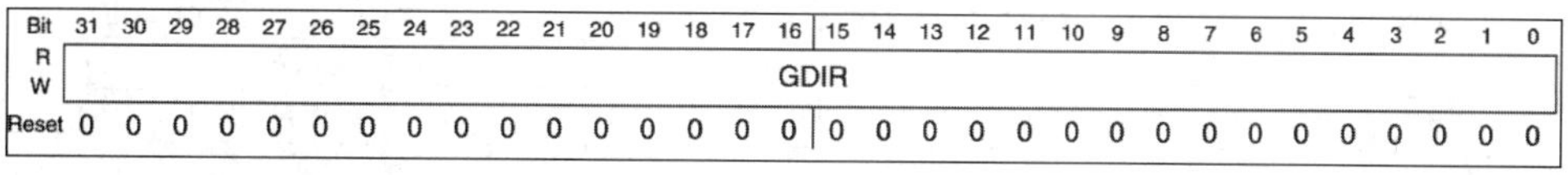

图 4-8　GDIR 寄存器结构

GDIR 寄存器也是 32 位的，同样每个 I/O 对应一个位，如果要设置 GPIO 为输入时就设置相应的位为 0，如果要设置为输出时就设置相应的位为 1。比如要设置 GPIO1_IO00 为输入，那么 GPIO1.GDIR=0。

PSR 寄存器是 GPIO 状态寄存器，如图 4-9 所示。

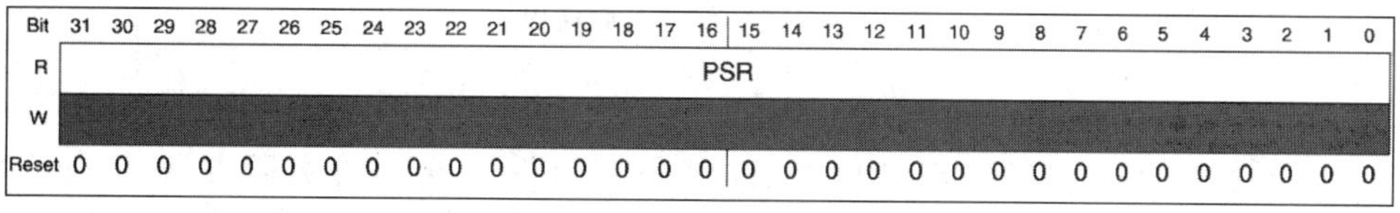

图 4-9　PSR 寄存器结构

同样的，PSR 寄存器也是一个 GPIO 对应一个位，读取相应的位即可获取对应的 GPIO 的状态，也就是 GPIO 的高低电平值。功能和输入状态下的 DR 寄存器一样。

ICR1 寄存器和 ICR2 寄存器，都是中断控制寄存器，ICR1 用于配置低 16 个 GPIO，ICR2 用于配置高 16 个 GPIO，ICR1 寄存器如图 4-10 所示。

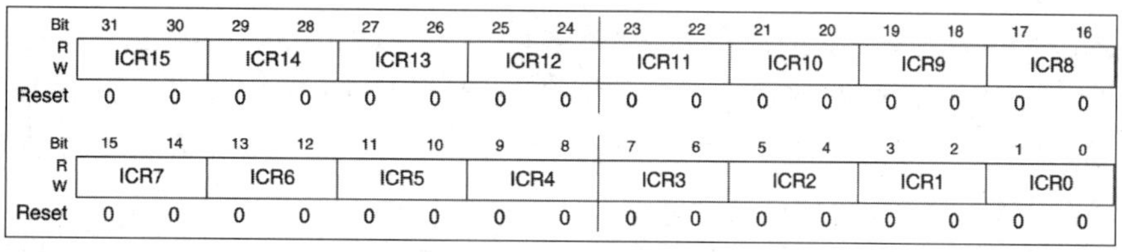

图 4-10　ICR1 寄存器结构

ICR1 用于 IO0～IO15 的配置，ICR2 用于 IO16～IO31 的配置。ICR1 寄存器中一个 GPIO 占用两个位，这两个位用来配置中断的触发方式，和 STM32 的中断很类似，可配置的选线如表 4-4 所示。

表 4-4　中断触发配置

位设置	速　度	位设置	速　度
00	低电平触发	10	上升沿触发
01	高电平触发	11	下降沿触发

以 GPIO1_IO15 为例，如果要设置 GPIO1_IO15 为上升沿触发中断，那么 GPIO1.ICR1=2 << 30，如果要设置 GPIO1 的 IO16～IO31 时就需要设置 ICR2 寄存器了。

IMR 寄存器，是中断屏蔽寄存器，如图 4-11 所示。

IMR 寄存器也是一个 GPIO 对应一个位，IMR 寄存器用来控制 GPIO 的中断禁止和使能，如果使能某个 GPIO 的中断，那么设置相应的位为 1；反之，如果要禁止中断，设置相应的位为 0。例如，要使能 GPIO1_IO00 的中断，设置 GPIO1.MIR=1 即可。

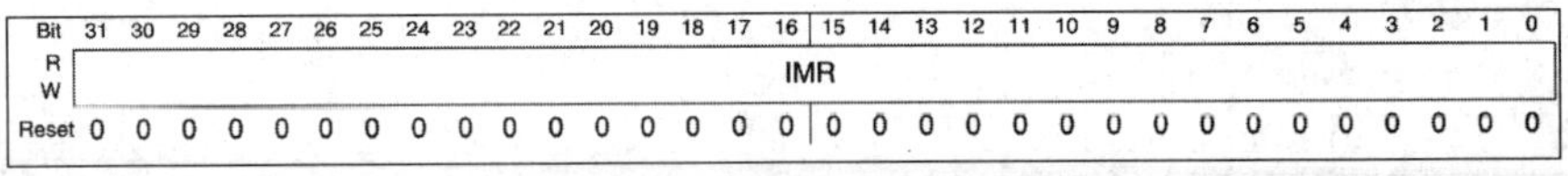

图 4-11　IMR 寄存器结构

ISR 寄存器，是中断状态寄存器，寄存器如图 4-12 所示。

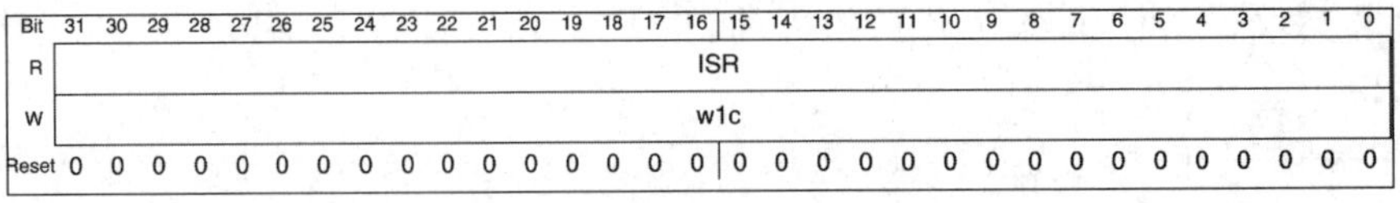

图 4-12　ISR 寄存器结构

ISR 寄存器是 32 位寄存器，一个 GPIO 对应一个位，只要某个 GPIO 的中断发生，那么 ISR 中相应的位就会被置 1。所以，可以通过读取 ISR 寄存器来判断 GPIO 中断是否发生，相当于 ISR 中的这些位就是中断标志位。当中断处理完以后，必须清除中断标志位，向 ISR 中相应的位写 1 即可。

EDGE_SEL 寄存器，是边沿选择寄存器，寄存器如图 4-13 所示。

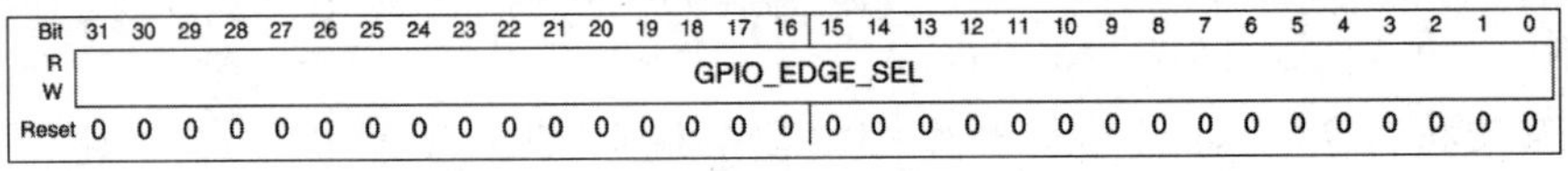

图 4-13　EDGE_SEL 寄存器结构

EDGE_SEL 寄存器用来设置边沿中断，这个寄存器会覆盖 ICR1 和 ICR2 的设置，同样是一个 GPIO 对应一个位。如果相应的位被置 1，就相当于设置了对应的 GPIO 是上升沿和下降沿（双边沿）触发。例如，设置 GPIO1. EDGE_SEL＝1，那么就表示 GPIO1_IO01 是双边沿触发中断，无论 GFPIO1_CR1 的设置为多少，都是双边沿触发。

I. MX6ULL 的 I/O 是需要配置和输出的，是可以设置高低电平输出的，也可以读取 GPIO 对应的电平。

4.1.6　I. MX6ULL GPIO 时钟使能

I. MX6ULL 的 GPIO 是否需要使能时钟？STM32 的每个外设都有一个外设时钟，GPIO 也不例外。要使用某个外设必须要先使能对应的时钟。I. MX6ULL 中每个外设的时钟都可以独立地使能或禁止，这样可以关闭掉不使用的外设时钟，起到省电的目的。I. MX6ULL 的系统时钟参考《I. MX6ULL 参考手册》第 18 章的内容。CMM 有 CCM_CCGR0～CCM_CCGR6 这 7 个寄存器，这 7 个寄存器控制着 I. MX6ULL 的所有外设时钟开关，以 CCM_CCGR0 为例来看如何禁止或使能一个外设的时钟，CCM_CCGR0 结构体如图 4-14 所示。

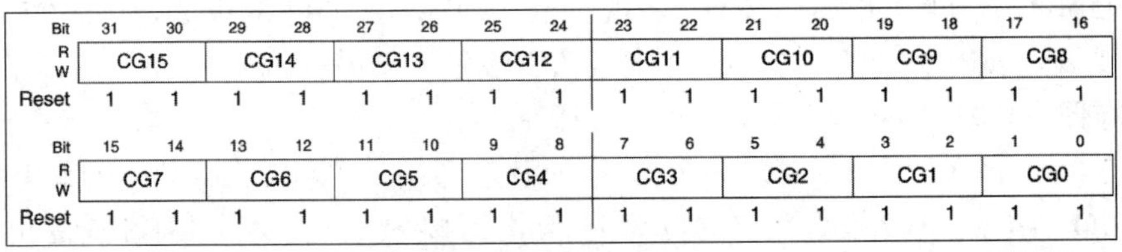

图 4-14　CCM_CCGR0 寄存器结构

CCM_CCGR0 是 32 位寄存器，其中每两位控制一个外设时钟，比如 bit[31:30]控制着 GPIO2 的外设时钟，两个位就有 4 种操作方式，如表 4-5 所示。

表 4-5 外设时钟控制

位设置	时钟控制
00	所有模式下都关闭外设时钟
01	只有在运行模式下打开外设时钟，等待模式和停止模式下均关闭外设时钟
10	未使用(保留)
11	除了停止模式以外，其他所有模式下时钟都打开

根据表 4-5 中的位设置，如果要打开 GPIO2 的外设时钟，只需要设置 CCM_CCGR0 的 bit31 和 bit30 都为 1 即可，即 CCM_CCGR0＝3 << 30。反之，如果要关闭 GPIO2 的外设时钟，那就设置 CCM_CCGR0 的 bit31 和 bit30 都为 0 即可。CCM_CCGR0～CCM_CCGR6 这 7 个寄存器操作都是类似的，只是不同的寄存器对应不同的外设时钟。为了方便开发，本书后面所有的例程将 I. MX6ULL 的所有外设时钟都设置成打开。至此 I. MX6ULL 的每个外设的时钟都可以独立地禁止和使能，和 STM32 的使用是一样的。要将 I. MX6ULL 的 I/O 作为 GPIO 使用，需要以下 4 步：

(1) 使能 GPIO 对应的时钟。

(2) 设置寄存器 IOMUXC_SW_MUX_CTL_PAD_XX_XX，设置 I/O 的复用功能，使其复用为 GPIO 功能。

(3) 设置寄存器 IOMUXC_SW_PAD_CTL_PAD_XX_XX，设置 I/O 的上/下拉电阻和速度等。

(4) 第(2)步已经将 I/O 复用为了 GPIO 功能，所以需要配置 GPIO，设置输入/输出，设置是否使用中断、默认输出电平等。

4.2 硬件原理分析

打开 I. MX6U-ALPHA 开发板底板原理图，底板原理图和核心板原理图都放到了本书资源中，路径为“2、开发板原理图→IMX6UL_ALPHA_Vx. x(底板原理图)”。I. MX6U-ALPHA 开发板上有一个 LED 灯，原理图如图 4-15 所示。

从图 4-15 可以看出，LED0 接到了 GPIO_3 上，GPIO_3 就是 GPIO1_IO03，当 GPIO1_IO03 输出低电平(0)时发光二极管 LED0 就会导通点亮；当 GPIO1_IO03 输出高电平(1)时发光二极管 LED0 不会导通，因此 LED0 不会点亮。LED0 的亮灭取决于 GPIO1_IO03 的输出电平，输出 0 就亮，输出 1 就灭。

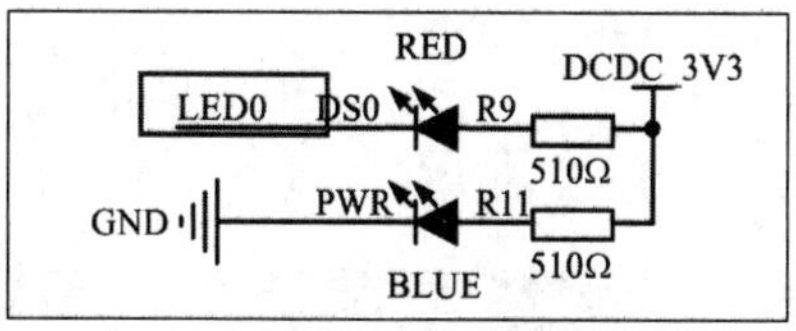

图 4-15 LED 原理图

4.3 实验程序编写

按照 4.1 节中讲的内容，我们需要对 GPIO1_IO03 做如下设置。

1. 使能 GPIO1 时钟

GPIO1 的时钟由 CCM_CCGR1 的 bit27 和 bit26 控制，将这两个位都设置为 11 即可。本书所有例程已经将 I. MX6ULL 的全部外设时钟都打开，因此这一步可不做。

2. 设置 GPIO1_IO03 的复用功能

找到 GPIO1_IO03 的复用寄存器 IOMUXC_SW_MUX_CTL_PAD_GPIO1_IO03 地址，为 0X020E0068，然后设置此寄存器，将 GPIO1_IO03 这个 I/O 复用为 GPIO 功能，也就是 ALT5。

3. 配置 GPIO1_IO03

找到 GPIO1_IO03 的配置寄存器 IOMUXC_SW_PAD_CTL_PAD_GPIO1_IO03 地址，为 0X020E02F4，根据实际使用情况配置此寄存器。

4. 设置 GPIO

我们已经将 GPIO1_IO03 复用为 GPIO 功能，所以需要配置 GPIO。找到 GPIO3 对应的 GPIO 组寄存器地址，如图 4-16 所示。

209_C000	GPIO data register (GPIO1_DR)	32	R/W	0000_0000h	28.5.1/1358
209_C004	GPIO direction register (GPIO1_GDIR)	32	R/W	0000_0000h	28.5.2/1359
209_C008	GPIO pad status register (GPIO1_PSR)	32	R	0000_0000h	28.5.3/1359
209_C00C	GPIO interrupt configuration register1 (GPIO1_ICR1)	32	R/W	0000_0000h	28.5.4/1360
209_C010	GPIO interrupt configuration register2 (GPIO1_ICR2)	32	R/W	0000_0000h	28.5.5/1364
209_C014	GPIO interrupt mask register (GPIO1_IMR)	32	R/W	0000_0000h	28.5.6/1367
209_C018	GPIO interrupt status register (GPIO1_ISR)	32	w1c	0000_0000h	28.5.7/1368
209_C01C	GPIO edge select register (GPIO1_EDGE_SEL)	32	R/W	0000_0000h	28.5.8/1369

图 4-16　GPIO1 对应的 GPIO 寄存器地址

本实验中 GPIO1_IO03 是作为输出功能的，因此 GPIO1_GDIR 的 bit3 要设置为 1，表示输出。

5. 控制 GPIO 的输出电平

经过前面几步，GPIO1_IO03 已经配置好了，只需要向 GPIO1_DR 寄存器的 bit3 写入 0 即可控制 GPIO1_IO03 输出低电平打开 LED，向 bit3 写入 1 可控制 GPIO1_IO03 输出高电平关闭 LED。

本实验完整工程在本书资源中，路径为"1、例程源码→1、裸机例程→1_leds"。如果要打开这个工程，一定要将资源中的 1_leds 整个文件夹复制到一个没有中文路径的目录中，否则直接打开工程可能会报错。

读者也可自己动手创建工程，新建一个名为 1_leds 的文件夹，然后在 1_leds 这个目录下新建一个名为 led. s 的汇编文件和一个名为. vscode 的目录，创建好以后 1_leds 文件夹如图 4-17 所示。

```
zuozhongkai@ubuntu:~/1_leds$ ls -a
.  ..  led.s  .vscode
zuozhongkai@ubuntu:~/1_leds$
```

图 4-17　新建的 1_leds 工程文件夹

图 4-17 中. vscode 文件夹中存放 VSCode 的工程文件，led. s 就是新建的汇编文件。使用 VSCode 打开 1_leds 文件夹，如图 4-18 所示。

在 led. s 中输入示例 4-2 所示内容。

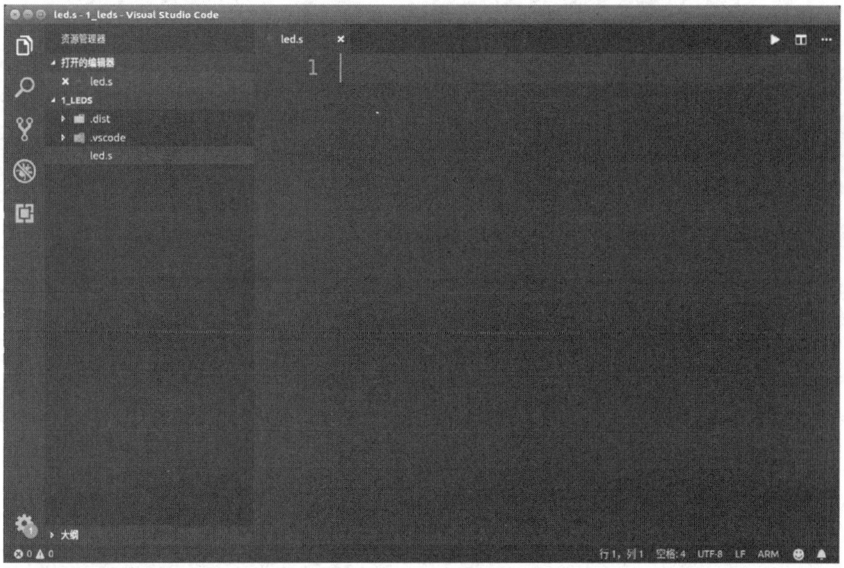

图 4-18 VSCode 工程

示例 4-2 led.s 文件源码

```
/***************************************************************
Copyright © zuozhongkai Co., Ltd. 1998-2019. All rights reserved
文件名    : led.s
作者      : 正点原子 Linux 团队
版本      : V1.0
描述      : 裸机实验 1 汇编点灯
            使用汇编来点亮开发板上的 LED 灯,学习和掌握如何用汇编语言来
            完成对 I.MX6ULL 处理器的 GPIO 初始化和控制
其他      : 无
论坛      : www.openedv.com
日志      : 初版 V1.0 2019/1/3 正点原子 Linux 团队创建
***************************************************************/

.global _start              /* 全局标号 */

/*
 * 描述: _start 函数,程序从此函数开始执行完成时钟使能、
 *          GPIO 初始化、最终控制 GPIO 输出低电平来点亮 LED 灯
 */
_start:
                            /* 例程代码 */
 /* 1.使能所有时钟 */
 ldr r0, =0X020C4068        /* 寄存器 CCGR0 */
 ldr r1, =0XFFFFFFFF
 str r1, [r0]

 ldr r0, =0X020C406C        /* 寄存器 CCGR1 */
```

```
str r1, [r0]

ldr r0, = 0X020C4070                    /* 寄存器 CCGR2 */
str r1, [r0]

ldr r0, = 0X020C4074                    /* 寄存器 CCGR3 */
str r1, [r0]

ldr r0, = 0X020C4078                    /* 寄存器 CCGR4 */
str r1, [r0]

ldr r0, = 0X020C407C                    /* 寄存器 CCGR5 */
str r1, [r0]

ldr r0, = 0X020C4080                    /* 寄存器 CCGR6 */
str r1, [r0]


/* 2.设置 GPIO1_IO03 复用为 GPIO1_IO03 */
ldr r0, = 0X020E0068                    /* 将寄存器 SW_MUX_GPIO1_IO03_BASE 加载到 r0 中 */
ldr r1, = 0X5                           /* 设置寄存器 SW_MUX_GPIO1_IO03_BASE 的 MUX_MODE 为 5 */
str r1,[r0]

/* 3.配置 GPIO1_IO03 的 I/O 属性
 * bit 16:0 HYS 关闭
 * bit [15:14]: 00 默认下拉
 * bit [13]: 0 keeper 功能
 * bit [12]: 1 pull/keeper 使能
 * bit [11]: 0 关闭开路输出
 * bit [7:6]: 10 速度 100MHz
 * bit [5:3]: 110 R0/R6 驱动能力
 * bit [0]: 0 低转换率
 */
ldr r0, = 0X020E02F4                    /*寄存器 SW_PAD_GPIO1_IO03_BASE */
ldr r1, = 0X10B0
 str r1,[r0]

/* 4.设置 GPIO1_IO03 为输出 */
 ldr r0, = 0X0209C004                   /*寄存器 GPIO1_GDIR */
ldr r1, = 0X0000008
str r1,[r0]

/* 5.打开 LED0
 * 设置 GPIO1_IO03 输出低电平
 */
ldr r0, = 0X0209C000                    /*寄存器 GPIO1_DR */
ldr r1, = 0
str r1,[r0]

/*
 * 描述: loop 死循环
 */
loop:
   b loop
```

下面详细分析一下示例 4-2 中的汇编代码，全书分析代码都根据行号来描述。

第 2 行定义了一个全局标号_start，代码就是从_start 这个标号开始顺序往下执行的。

第 11 行使用 ldr 指令向寄存器 r0 写入 0X020C4068，也就是 r0＝0X020C4068，这个是 CCM_CCGR0 寄存器的地址。

第 12 行使用 ldr 指令向寄存器 r1 写入 0XFFFFFFFF，也就是 r1＝0XFFFFFFFF。因为我们要开启所有的外设时钟，因此 CCM_CCGR0～CCM_CCGR6 所有寄存器的 32 位都要置 1，也就是写入 0XFFFFFFFF。

第 13 行使用 str 将 r1 中的值写入到 r0 所保存的地址中去，向 0X020C4068 这个地址写入 0XFFFFFFFF，相当于 CCM_CCGR0＝0XFFFFFFFF，就是打开 CCM_CCGR0 寄存器所控制的所有外设时钟。

第 15～31 行都是向 CCM_CCGRX(X＝1～6)寄存器写入 0XFFFFFFFF。这样就通过汇编代码使能了 I. MX6ULL 的所有外设时钟。

第 35～37 行是设置 GPIO1_IO03 的复用功能，GPIO1_IO03 的复用寄存器地址为 0X020E0068，寄存器 IOMUXC_SW_MUX_CTL_PAD_GPIO1_IO03 的 MUX_MODE 设置为 5 就是将 GPIO1_IO03 设置为 GPIO。

第 49～51 行是设置 GPIO1_IO03 的配置寄存器，也就是寄存器 IOMUX_SW_PAD_CTL_PAD_GPIO1_IO03 的值，此寄存器地址为 0X020E02F4，代码中已经给出了这个寄存器详细的位设置。

第 54～63 行是设置 GPIO 功能，经过上面几步操作，GPIO1_IO03 这个 I/O 已经被配置为了 GPIO 功能，所以还需要设置跟 GPIO 相关的寄存器。第 54～56 行是设置 GPIO1→GDIR 寄存器，将 GPIO1_IO03 设置为输出模式，也就是寄存器的 GPIO1_GDIR 的位 3 置 1。

第 61～63 行设置 GPIO1→DR 寄存器，也就是设置 GPIO1_IO03 的输出，我们要点亮开发板上的 LED0，那么 GPIO1_IO03 就必须输出低电平，所以这里设置 GPIO1_DR 寄存器为 0。

第 68～69 行是死循环，通过 b 指令，CPU 重复不断地跳到 loop 函数执行，进入一个死循环。

4.4 编译、下载和验证

4.4.1 编译代码

如果是在 Windows 下使用其他编辑器编写的代码，需要通过 FileZilla 将编写好的代码发送到 Ubuntu 中去编译，FileZilla 的使用参考第 1 章的相关内容。因为我们直接在 Ubuntu 下使用 VSCode 编译的代码，所以不需要通过 FileZilla 将代码发送到 Ubuntu 中，可以直接进行编译，在编译之前先了解几个编译工具。

1. arm-linux-gnueabihf-gcc 编译文件

要编译出在 ARM 开发板上运行的可执行文件，就要使用交叉编译器 arm-linux-gnueabihf-gcc 来编译。因为本实验就一个 led. s 源文件，所以编译比较简单。先将 led. s 编译为对应的. o 文件，在终端中输入如下命令。

```
arm-linux-gnueabihf-gcc -g -c led.s -o led.o
```

上述命令就是将 led.s 编译为 led.o，其中“-g”选项是产生调试信息，GDB 能够使用这些调试信息进行代码调试。“-c”选项是编译源文件，但是不链接。“-o”选项是指定编译产生的文件名字，这里我们指定 led.s 编译完成以后的文件名字为 led.o。执行上述命令以后就会编译生成一个 led.o 文件，如图 4-19 所示。

```
zuozhongkai@ubuntu:~/linux/driver/board_driver/1_leds$ ls
led.o  led.s  SI
zuozhongkai@ubuntu:~/linux/driver/board_driver/1_leds$
```

图 4-19　编译生成 led.o 文件

图 4-19 中，led.o 文件并不是在开发板中运行的文件，一个工程中所有的 C 语言文件和汇编文件都会编译生成一个对应的.o 文件，我们需要将这种.o 文件链接起来组合成可执行文件。

2. arm-linux-gnueabihf-ld 链接文件

arm-linux-gnueabihf-ld 用来将众多的.o 文件链接到一个指定的链接地址。而在学习 STM32 时基本不使用链接，都是用 MDK 或 IAR 编写好代码，然后单击“编译”。MDK 或者 IAR 就会自动帮我们编译好整个工程，最后再单击“下载”，就可以将代码下载到开发板中。这是因为链接这个操作 MDK 或者 IAR 已经帮用户做好，后面就以 MDK 为例进行讲解。大家可以打开一个 STM32 的工程，然后编译，肯定能找到很多.o 文件，如图 4-20 所示。

名称	修改日期	类型	大小
stm32f10x_dbgmcu.crf	2019-01-17 1:21	CRF 文件	341 KB
stm32f10x_dbgmcu.d	2019-01-17 1:21	D 文件	2 KB
stm32f10x_dbgmcu.o	2019-01-17 1:21	O 文件	376 KB
stm32f10x_gpio.crf	2019-01-17 1:21	CRF 文件	345 KB
stm32f10x_gpio.d	2019-01-17 1:21	D 文件	2 KB
stm32f10x_gpio.o	2019-01-17 1:21	O 文件	400 KB
stm32f10x_it.crf	2019-01-17 1:21	CRF 文件	341 KB
stm32f10x_it.d	2019-01-17 1:21	D 文件	2 KB
stm32f10x_it.o	2019-01-17 1:21	O 文件	384 KB
stm32f10x_rcc.crf	2019-01-17 1:21	CRF 文件	348 KB
stm32f10x_rcc.d	2019-01-17 1:21	D 文件	2 KB
stm32f10x_rcc.o	2019-01-17 1:21	O 文件	421 KB
stm32f10x_usart.crf	2019-01-17 1:21	CRF 文件	347 KB
stm32f10x_usart.d	2019-01-17 1:21	D 文件	2 KB
stm32f10x_usart.o	2019-01-17 1:21	O 文件	416 KB

图 4-20　STM32 编译生成的.o 文件

图 4-20 中的这些.o 文件肯定会被 MDK 链接到某个地址去，如果使用 MDK 开发 STM32 一定会对图 4-21 所示界面很熟悉。

图 4-21 中左侧的 IROM1 是设置 STM32 芯片的 ROM 起始地址和大小的，右边的 IRAM1 是设置 STM32 芯片的 RAM 起始地址和大小的。其中 0X08000000 就是 STM32 内部 ROM 的起始地址，编译出来的指令肯定是要从 0X08000000 这个地址开始存放的。对于 STM32 来说 0X08000000 就是其链接起始地址，图 4-20 中的这些.o 文件就是这个链接地址开始依次存放，最终生成一个可以下载的 hex 或者 bin 文件。我们可以打开.map 文件查看一下这些文件的链接地址，在 MDK 下打开一个工程的.map 文件，方法如图 4-22 所示。

图 4-22 中的.map 文件就详细地描述了各个.o 文件链接到了什么地址，如图 4-23 所示。

从图 4-23 中就可以看出 STM32 的各个.o 文件所处的位置，起始位置是 0X08000000。由此可以得知，用 MDK 开发 STM32 时也是有链接的，只是这些工作 MDK 都帮我们全部做好了。但是在

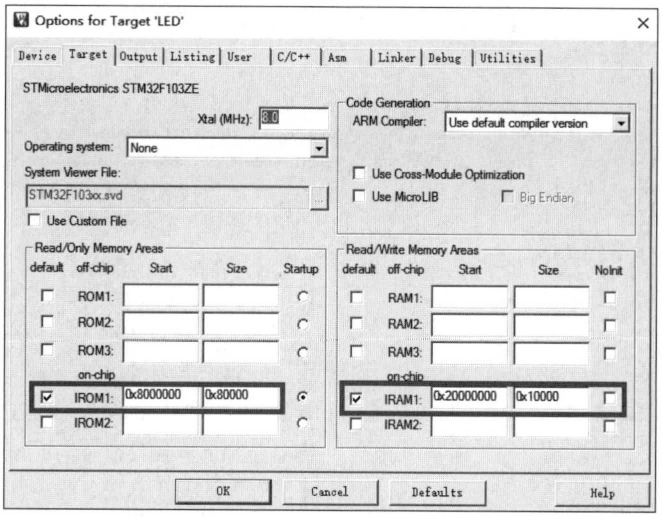

图 4-21　STM32 配置界面

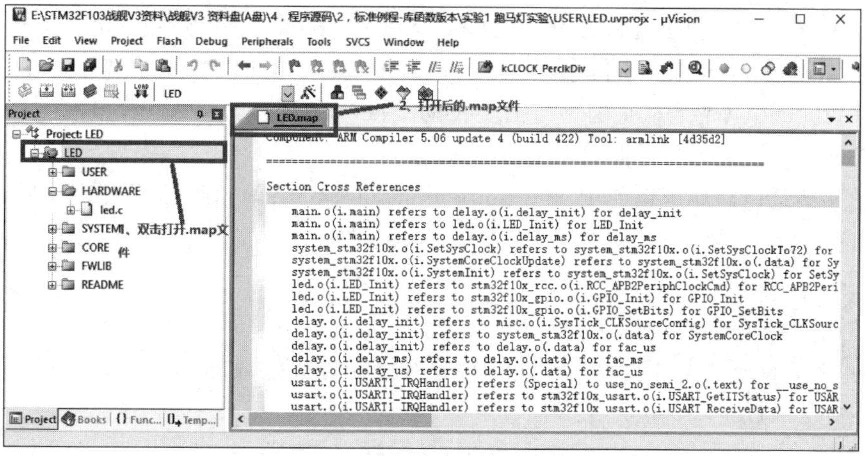

图 4-22　.map 文件打开方法

Linux 下用交叉编译器开发 ARM 时就需要自己处理这些问题。

因此现在需要确定本实验最终的可执行文件其运行起始地址，也就是链接地址。这里我们要区分“存储地址”和“运行地址”这两个概念，“存储地址”就是可执行文件存储在哪里，可执行文件的存储地址可以随意选择。“运行地址”就是代码运行时所处的地址，这个我们在链接时就已经确定好了，代码要运行就必须处于运行地址处，否则代码肯定运行出错。比如 I. MX6ULL 支持 SD 卡、EMMC、NAND 启动，因此代码可以存储到 SD 卡、EMMC 或者 NAND 中。但是要运行的话就必须将代码从 SD 卡、EMMC 或者 NAND 中复制到其运行地址（链接地址）处，“存储地址”和“运行地址”可以一样，比如 STM32 的存储起始地址和运行起始地址都是 0X08000000。

本书所有的裸机例程都是烧写到 SD 卡中，上电以后 I. MX6ULL 的内部 boot rom 程序会将可执行文件复制到链接地址处，这个链接地址可以在 I. MX6ULL 的内部 128KB RAM 中（0X900000～0X91FFFF），也可以在外部的 DDR 中。所有裸机例程的链接地址都在 DDR 中，链接起始地址为

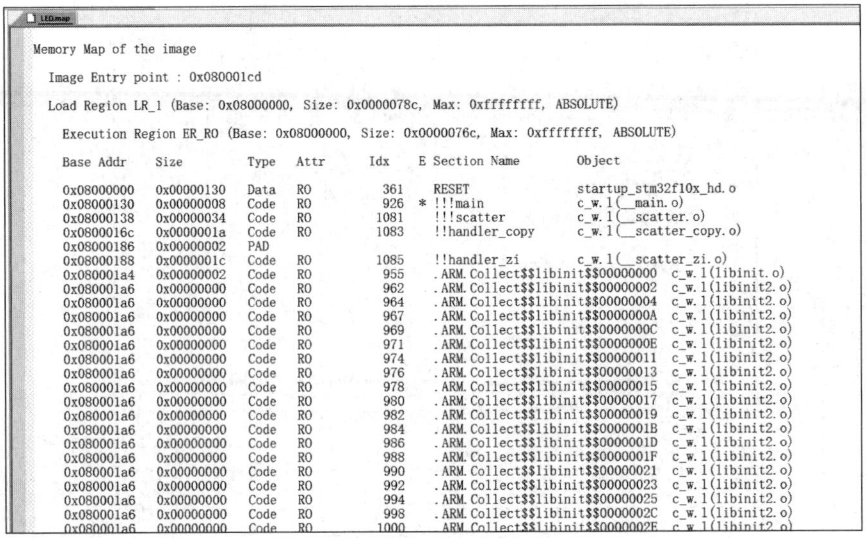

```
LED.map
Memory Map of the image

  Image Entry point : 0x080001cd

  Load Region LR_1 (Base: 0x08000000, Size: 0x0000078c, Max: 0xffffffff, ABSOLUTE)

    Execution Region ER_RO (Base: 0x08000000, Size: 0x0000076c, Max: 0xffffffff, ABSOLUTE)

    Base Addr    Size         Type   Attr      Idx    E Section Name        Object

    0x08000000   0x00000130   Data   RO         361     RESET               startup_stm32f10x_hd.o
    0x08000130   0x00000008   Code   RO         926   * !!!main             c_w.l(__main.o)
    0x08000138   0x00000034   Code   RO        1081     !!!scatter          c_w.l(__scatter.o)
    0x0800016c   0x0000001a   Code   RO        1083     !!handler_copy      c_w.l(__scatter_copy.o)
    0x08000186   0x00000002   PAD
    0x08000188   0x0000001c   Code   RO        1085     !!handler_zi        c_w.l(__scatter_zi.o)
    0x080001a4   0x00000002   Code   RO         955    .ARM.Collect$$libinit$$00000000  c_w.l(libinit.o)
    0x080001a6   0x00000000   Code   RO         962    .ARM.Collect$$libinit$$00000002  c_w.l(libinit2.o)
    0x080001a6   0x00000000   Code   RO         964    .ARM.Collect$$libinit$$00000004  c_w.l(libinit2.o)
    0x080001a6   0x00000000   Code   RO         967    .ARM.Collect$$libinit$$0000000A  c_w.l(libinit2.o)
    0x080001a6   0x00000000   Code   RO         969    .ARM.Collect$$libinit$$0000000C  c_w.l(libinit2.o)
    0x080001a6   0x00000000   Code   RO         971    .ARM.Collect$$libinit$$0000000E  c_w.l(libinit2.o)
    0x080001a6   0x00000000   Code   RO         974    .ARM.Collect$$libinit$$00000011  c_w.l(libinit2.o)
    0x080001a6   0x00000000   Code   RO         976    .ARM.Collect$$libinit$$00000013  c_w.l(libinit2.o)
    0x080001a6   0x00000000   Code   RO         978    .ARM.Collect$$libinit$$00000015  c_w.l(libinit2.o)
    0x080001a6   0x00000000   Code   RO         980    .ARM.Collect$$libinit$$00000017  c_w.l(libinit2.o)
    0x080001a6   0x00000000   Code   RO         982    .ARM.Collect$$libinit$$00000019  c_w.l(libinit2.o)
    0x080001a6   0x00000000   Code   RO         984    .ARM.Collect$$libinit$$0000001B  c_w.l(libinit2.o)
    0x080001a6   0x00000000   Code   RO         986    .ARM.Collect$$libinit$$0000001D  c_w.l(libinit2.o)
    0x080001a6   0x00000000   Code   RO         988    .ARM.Collect$$libinit$$0000001F  c_w.l(libinit2.o)
    0x080001a6   0x00000000   Code   RO         990    .ARM.Collect$$libinit$$00000021  c_w.l(libinit2.o)
    0x080001a6   0x00000000   Code   RO         992    .ARM.Collect$$libinit$$00000023  c_w.l(libinit2.o)
    0x080001a6   0x00000000   Code   RO         994    .ARM.Collect$$libinit$$00000025  c_w.l(libinit2.o)
    0x080001a6   0x00000000   Code   RO         998    .ARM.Collect$$libinit$$0000002C  c_w.l(libinit2.o)
    0x080001a6   0x00000000   Code   RO        1000    .ARM.Collect$$libinit$$0000002E  c_w.l(libinit2.o)
```

图 4-23　STM32 镜像映射文件

0X87800000。I.MX6U-ALPHA 开发板的 DDR 容量有两种：512MB 和 256MB，起始地址都为 0X80000000。只不过 512MB 的终止地址为 0X9FFFFFFF，而 256MB 的终止地址为 0X8FFFFFFF。之所以选择 0X87800000 这个地址是因为后面要讲的 Uboot 链接地址就是 0X87800000，这样我们统一使用 0X87800000 这个链接地址，不容易记混。

确定了链接地址以后就可以使用 arm-linux-gnueabihf-ld 将前面编译出来的 led.o 文件链接到 0X87800000 这个地址，操作命令如下所示：

```
arm-linux-gnueabihf-ld -Ttext 0X87800000 led.o -o led.elf
```

上述命令中，-Ttext 就是指定链接地址，-o 选项指定链接生成的 elf 文件名，这里我们命名为 led.elf。上述命令执行完以后就会在工程目录下生成一个 led.elf 文件，如图 4-24 所示。

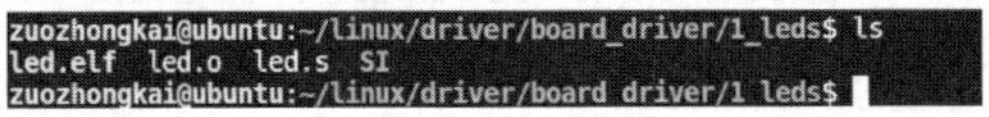
zuozhongkai@ubuntu:~/linux/driver/board_driver/1_leds$ ls
led.elf led.o led.s SI
zuozhongkai@ubuntu:~/linux/driver/board_driver/1_leds$

图 4-24　链接生成 led.elf 文件

led.elf 文件不是我们最终烧写到 SD 卡中的可执行文件，我们要烧写的是.bin 文件，因此还需要将 led.elf 文件转换为.bin 文件，这里就需要用到 arm-linux-gnueabihf-objcopy 这个工具。

3. arm-linux-gnueabihf-objcopy 格式转换

arm-linux-gnueabihf-objcopy 更像一个格式转换工具，我们需要用它将 led.elf 文件转换为 led.bin 文件，操作命令如下所示：

```
arm-linux-gnueabihf-objcopy -O binary -S -g led.elf led.bin
```

上述命令中，-O 选项指定以什么格式输出，后面的 binary 表示以二进制格式输出，选项-S 表示不要复制源文件中的重定位信息和符号信息，-g 表示不复制源文件中的调试信息。上述命令执行完成以后，工程目录如图 4-25 所示。

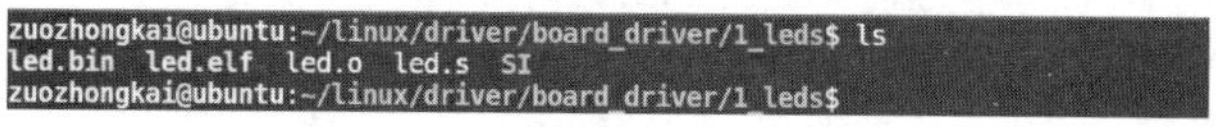

```
zuozhongkai@ubuntu:~/linux/driver/board_driver/1_leds$ ls
led.bin  led.elf  led.o  led.s  SI
zuozhongkai@ubuntu:~/linux/driver/board_driver/1_leds$
```

图 4-25　生成最终的 led. bin 文件

从图 4-25 中可看到 led. bin 已经生成。

4. arm-linux-gnueabihf-objdump 反汇编

大多数情况下我们都是用 C 语言写实验例程的，有时候需要查看其汇编代码来调试程序，因此就需要进行反汇编，一般可以将 elf 文件反汇编，操作命令如下所示：

```
arm-linux-gnueabihf-objdump -D led.elf > led.dis
```

上述代码中的-D 选项表示反汇编所有的段，反汇编完成以后就会在当前目录下出现一个名为 led. dis 文件，如图 4-26 所示。

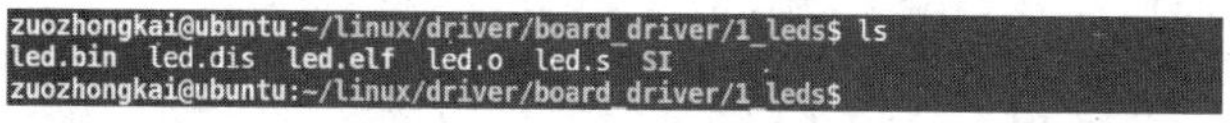

```
zuozhongkai@ubuntu:~/linux/driver/board_driver/1_leds$ ls
led.bin  led.dis  led.elf  led.o  led.s  SI
zuozhongkai@ubuntu:~/linux/driver/board_driver/1_leds$
```

图 4-26　反汇编生成 led. dis

可以打开 led. dis 文件查看是否为汇编代码，如图 4-27 所示。

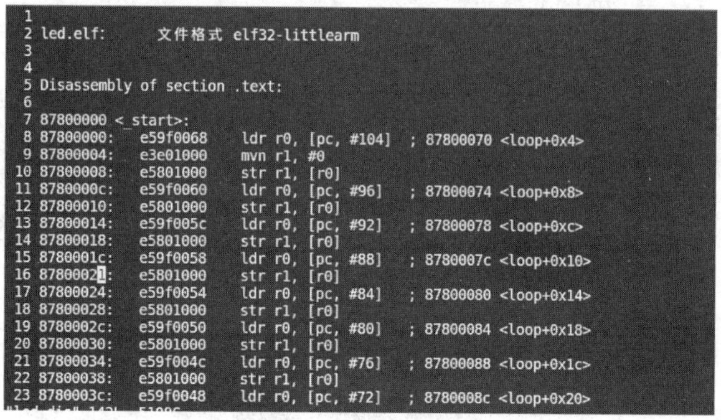

```

led.elf:     文件格式 elf32-littlearm


Disassembly of section .text:

87800000 <_start>:
87800000:   e59f0068    ldr r0, [pc, #104]  ; 87800070 <loop+0x4>
87800004:   e3e01000    mvn r1, #0
87800008:   e5801000    str r1, [r0]
8780000c:   e59f0060    ldr r0, [pc, #96]   ; 87800074 <loop+0x8>
87800010:   e5801000    str r1, [r0]
87800014:   e59f005c    ldr r0, [pc, #92]   ; 87800078 <loop+0xc>
87800018:   e5801000    str r1, [r0]
8780001c:   e59f0058    ldr r0, [pc, #88]   ; 8780007c <loop+0x10>
87800020:   e5801000    str r1, [r0]
87800024:   e59f0054    ldr r0, [pc, #84]   ; 87800080 <loop+0x14>
87800028:   e5801000    str r1, [r0]
8780002c:   e59f0050    ldr r0, [pc, #80]   ; 87800084 <loop+0x18>
87800030:   e5801000    str r1, [r0]
87800034:   e59f004c    ldr r0, [pc, #76]   ; 87800088 <loop+0x1c>
87800038:   e5801000    str r1, [r0]
8780003c:   e59f0048    ldr r0, [pc, #72]   ; 8780008c <loop+0x20>
```

图 4-27　反汇编文件

从图 4-27 可以看出 led. dis 中是汇编代码，而且还可以看到内存分配情况。在 0X87800000 处就是全局标号_start，也就是程序开始的地方。通过 led. dis 这个反汇编文件可以明显地看出代码已经链接到了以 0X87800000 为起始地址的区域。

总结一下我们为了编译 ARM 开发板上运行的 led. o 文件，使用了如下命令：

```
arm-linux-gnueabihf-gcc -g -c led.s -o led.o
arm-linux-gnueabihf-ld -Ttext 0X87800000 led.o -o led.elf
arm-linux-gnueabihf-objcopy -O binary -S -g led.elf led.bin
arm-linux-gnueabihf-objdump -D led.elf > led.dis
```

如果我们修改了 led. s 文件，那么就需要在重复一次上面的这些命令，我们也可使用 Makefile 文件完成相应操作。

4.4.2 创建 Makefile 文件

使用 touch 命令在工程根目录下创建一个名为 Makefile 的文件，如图 4-28 所示。

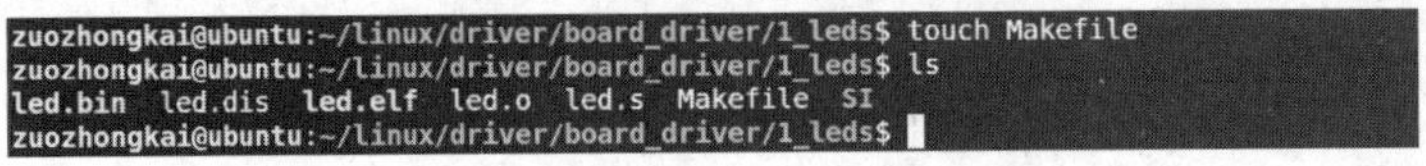

```
zuozhongkai@ubuntu:~/linux/driver/board_driver/1_leds$ touch Makefile
zuozhongkai@ubuntu:~/linux/driver/board_driver/1_leds$ ls
led.bin  led.dis  led.elf  led.o  led.s  Makefile  SI
zuozhongkai@ubuntu:~/linux/driver/board_driver/1_leds$
```

图 4-28　创建 Makefile 文件

创建好 Makefile 文件后，就需要根据 Makefile 语法编写 Makefile 文件，Makefile 基本语法已经讲解，在 Makefile 中输入示例 4-3 所示内容。

示例 4-3　Makefile 文件源码

```
led.bin:led.s
    arm-linux-gnueabihf-gcc -g -c led.s -o led.o
    arm-linux-gnueabihf-ld -Ttext 0X87800000 led.o -o led.elf
    arm-linux-gnueabihf-objcopy -O binary -S -g led.elf led.bin
    arm-linux-gnueabihf-objdump -D led.elf > led.dis
clean:
    rm -rf *.o led.bin led.elf led.dis
```

创建好 Makefile 后，只需要执行一次 make 命令即可完成编译，如图 4-29 所示。

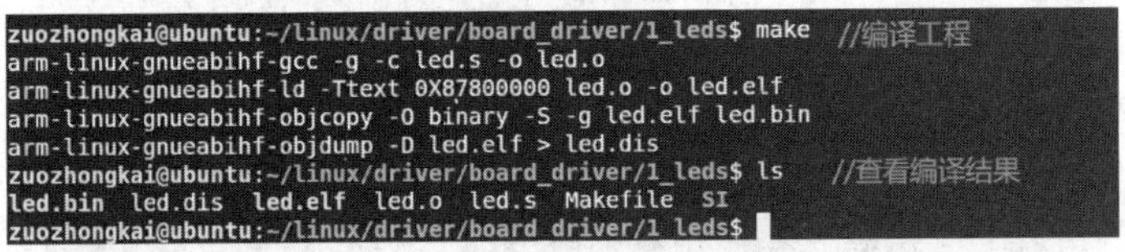

```
zuozhongkai@ubuntu:~/linux/driver/board_driver/1_leds$ make   //编译工程
arm-linux-gnueabihf-gcc -g -c led.s -o led.o
arm-linux-gnueabihf-ld -Ttext 0X87800000 led.o -o led.elf
arm-linux-gnueabihf-objcopy -O binary -S -g led.elf led.bin
arm-linux-gnueabihf-objdump -D led.elf > led.dis
zuozhongkai@ubuntu:~/linux/driver/board_driver/1_leds$ ls   //查看编译结果
led.bin  led.dis  led.elf  led.o  led.s  Makefile  SI
zuozhongkai@ubuntu:~/linux/driver/board_driver/1_leds$
```

图 4-29　Makefile 执行过程

如果要清理工程的话可执行 make clean 命令，如图 4-30 所示。

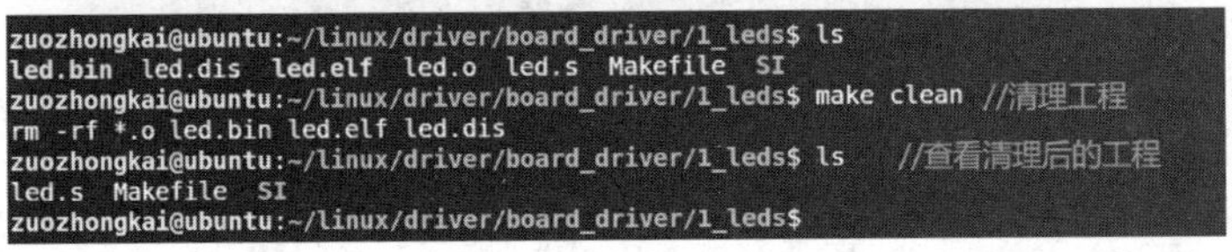

```
zuozhongkai@ubuntu:~/linux/driver/board_driver/1_leds$ ls
led.bin  led.dis  led.elf  led.o  led.s  Makefile  SI
zuozhongkai@ubuntu:~/linux/driver/board_driver/1_leds$ make clean  //清理工程
rm -rf *.o led.bin led.elf led.dis
zuozhongkai@ubuntu:~/linux/driver/board_driver/1_leds$ ls   //查看清理后的工程
led.s  Makefile  SI
zuozhongkai@ubuntu:~/linux/driver/board_driver/1_leds$
```

图 4-30　make clean 清理工程

至此，有关代码编译、arm-linux-gnueabihf 交叉编译器的使用介绍至此，接下来讲解如何将 led.bin 烧写到 SD 卡中。

4.4.3 代码烧写

我们学习 STM32 和其他的单片机时，编译完代码可以直接通过 MDK 或者 IAR 下载到内部的 Flash 中。I. MX6ULL 虽然内部有 96KB 的 ROM，但是这 96KB 的 ROM 是不向用户开放使用的。这就相当于 I. MX6ULL 没有内部 Flash，为了支持开发者的代码存放，所以 I. MX6ULL 支持从外置的 NOR Flash、NAND Flash、SD/EMMC、SPI NOR Flash 和 QSPI Flash 这些存储介质中启动，开发者便可以将代码烧写到这些存储介质中。在这些存储介质中,除了SD卡以外,其他的一般都是焊接到了板子上的,不方便直接烧写。SD卡是活动的,可以在板子上插拔的,我们可以将SD卡插到电脑上,在电脑上使用软件将.bin文件烧写到SD卡中,然后再插到板子上就可以了。其他的几种存储介质是我们量产时用到的,量产时代码就不可能放到SD卡中了,毕竟SD是活动的,不牢固,而其他的都是焊接到板子上的,很牢固。

为了方便调试,我们在调试裸机和Uboot时将代码下载到SD中,那么,如何将前面编译出来的led.bin烧写到SD卡中?肯定有人会认为直接复制led.bin到SD卡中不就行了,错。那么编译出来的可执行文件是怎么存放到SD中的?存放的位置又是什么?这些在NXP手册中是有详细规定的,我们必须按照NXP的规定将代码烧写到SD卡中,否则代码运行不起来。《IMX6ULL参考手册》的第8章就是专门讲解I.MX6ULL启动的。

正点原子团队专门编写了一个软件将编译出来的.bin文件烧写到SD卡中,这个软件叫做imxdownload,软件已经放到了本书资源中,路径为"5、开发工具→2、Ubuntu下裸机烧写软件→imxdownload",imxdownlaod,软件源码也提供给了大家,大家可以自行编译。imxdownlaod只能在Ubuntu下使用,操作步骤如下所示。

1. 将imxdownload复制到工程根目录下

imxdownload必须放置到工程根目录下,和led.bin处于同一个文件夹下,否则烧写失败,复制完成以后如图4-31所示。

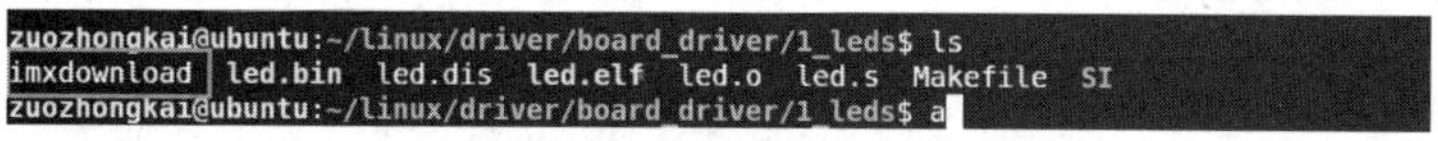
zuozhongkai@ubuntu:~/linux/driver/board_driver/1_leds$ ls
imxdownload led.bin led.dis led.elf led.o led.s Makefile SI
zuozhongkai@ubuntu:~/linux/driver/board_driver/1_leds$ a

图4-31 复制imxdownload软件

2. 给予imxdownload可执行权限

我们直接将软件imxdownload从Windows下复制到Ubuntu中以后,imxdownload默认是没有可执行权限的。我们可使用命令chmod来给予imxdownload可执行权限,如图4-32所示。

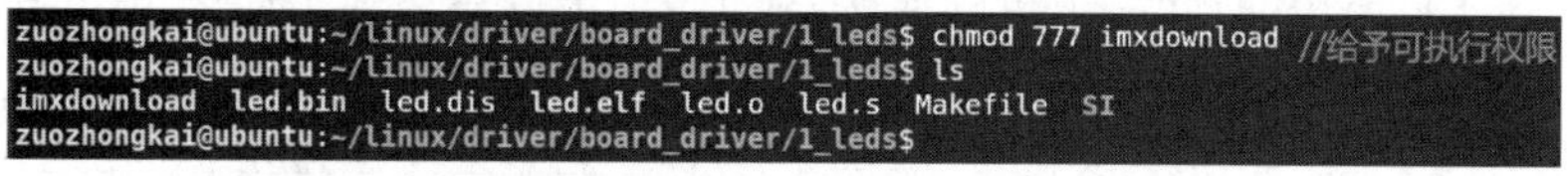
zuozhongkai@ubuntu:~/linux/driver/board_driver/1_leds$ chmod 777 imxdownload //给予可执行权限
zuozhongkai@ubuntu:~/linux/driver/board_driver/1_leds$ ls
imxdownload led.bin led.dis led.elf led.o led.s Makefile SI
zuozhongkai@ubuntu:~/linux/driver/board_driver/1_leds$

图4-32 给予imxdownload可执行权限

通过对比图4-31和图4-32可以看到,当给予imxdownload可执行权限以后其名字变成了绿色,如果没有可执行权限的话其名字颜色是白色的。所以在Ubuntu中可以通过文件名字的颜色初步判断其是否具有可执行权限。

3. 确定要烧写的SD卡。

Ubuntu下所有的设备文件都在目录/dev中,所以插上SD卡以后也会出现在/dev中,其中存储设备都是以/dev/sd开头的。输入如下所示命令来查看当前电脑中的存储设备。

ls /dev/sd *

当前计算机的存储文件如图4-33所示。

从图中可以看到当前计算机有/dev/sda、/dev/sda1、/dev/sda2和/dev/sda5这4个存储设备,SD卡挂载到了Ubuntu系统中,VMware右下角会出现如图4-34所示图标。

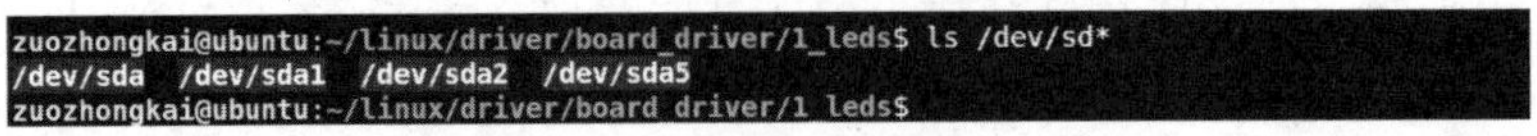

图 4-33　Ubuntu 当前存储文件

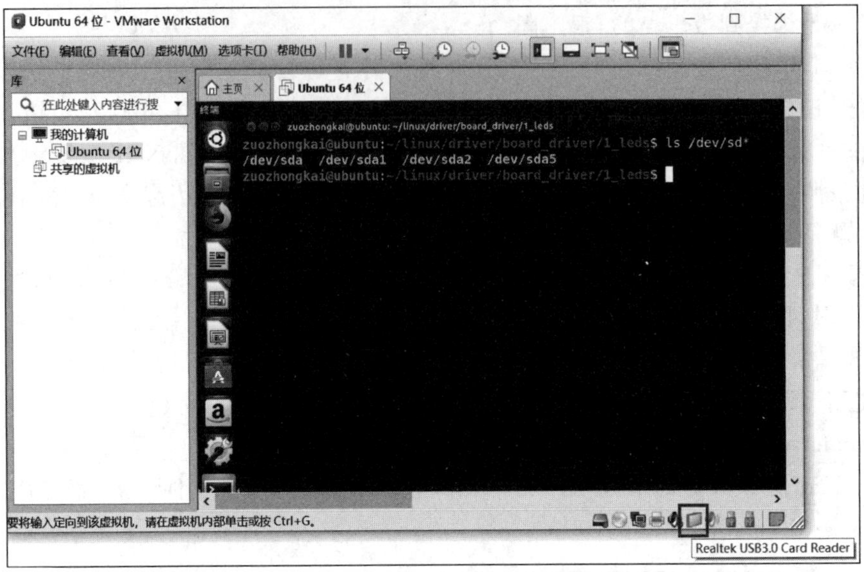

图 4-34　插上 SD 卡以后的提示

如图 4-34 所示，在 VMware 右下角有个图标，这个图标就表示当前有存储设备插入，将鼠标指向图标就会提示当前设备名字，比如这里提示"Realtek USB 3.0 Card Reader"，这是读卡器的名字。如果是灰色的就表示 SD 卡挂载到了 Windows 下，而不是 Ubuntu 上，从 Windows 下改到 Ubuntu 下的方法很简单，单击图标，如图 4-35 所示。

单击图 4-35 中的"连接(断开与主机的连接)(C)"，单击以后会弹出如图 4-36 所示提示界面，单击"确定"。

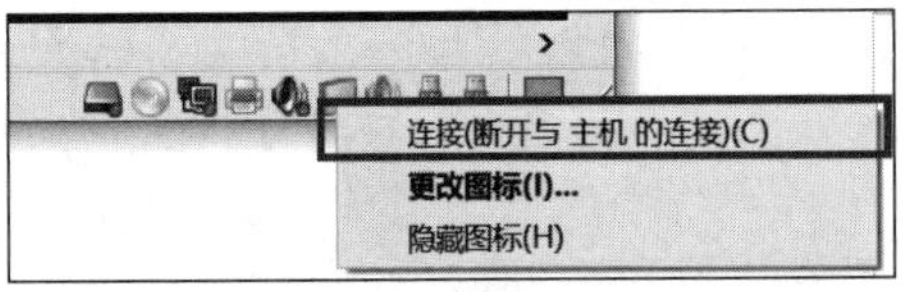

图 4-35　将 SD 卡连接到 Ubuntu 中

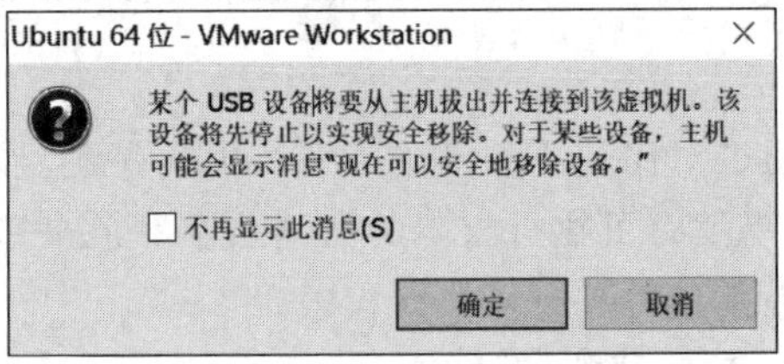

图 4-36　提示界面

SD 卡插入到 Ubuntu 以后，图标就会变为，不是灰色的了。输入命令"ls /dev/sd * "来查看当前 Ubuntu 下的存储设备，如图 4-37 所示。

从图 4-37 可以看到，电脑存储设备中多出了/dev/sdb、/dev/sdc、/dev/sdd、/dev/sdd1、/dev/sde 和/dev/sdf 这 6 个存储设备。那这 6 个存储设备哪个才是 SD 卡呢？/dev/sdd 和/dev/sdd1 是 SD 卡，因为只有/dev/sdd 有对应的/dev/sdd1，/dev/sdd 是 SD 卡，/dev/sdd1 是 SD 卡的第一个分

```
zuozhongkai@ubuntu:~/linux/driver/board_driver/1_leds$ ls /dev/sd*
/dev/sda  /dev/sda1  /dev/sda2  /dev/sda5  /dev/sdb  /dev/sdc  /dev/sdd  /dev/sdd1  /dev/sde  /dev/sdf
zuozhongkai@ubuntu:~/linux/driver/board_driver/1_leds$
```

图 4-37　当前系统存储设备

区。如果你的 SD 卡有多个分区的话可能会出现/dev/sdd2、/dev/sdd3 等。确定好 SD 卡以后就可以使用软件 imxdownload 向 SD 卡烧写 led.bin 文件了。

如果电脑没有找到 SD 卡的话，可尝试重启一下 Ubuntu。

4. 向 SD 卡烧写 bin 文件

使用 imxdownload 向 SD 卡烧写 led.bin 文件，操作命令如下所示：

```
./imxdownload  <.bin file>  <SD Card>
```

其中.bin file 就是要烧写的.bin 文件，SD Card 就是要烧写.bin 文件的 SD 卡，比如使用如下命令烧写 led.bin 到/dev/sdd 中。

```
./imxdownload led.bin /dev/sdd//不能烧写到/dev/sda 或 sda1 设备中!那是系统磁盘
```

如果烧写的过程中出现输入密码，则需输入 Ubuntu 密码即可完成烧写，烧写过程如图 4-38 所示。

```
zuozhongkai@ubuntu:~/linux/driver/board_driver/1_leds$ ./imxdownload led.bin /dev/sdd
I.MX6UL bin download software
Edit by:zuozhongkai
Date:2018/8/9
Version:V1.0
file led.bin size = 160Bytes
Delete Old load.imx
Create New load.imx
Download load.imx to /dev/sdd  ......
[sudo] zuozhongkai 的密码：
记录了6+1 的读入
记录了6+1 的写出
3232 bytes (3.2 kB, 3.2 KiB) copied, 0.0160821 s, 201 kB/s
zuozhongkai@ubuntu:~/linux/driver/board_driver/1_leds$
```

图 4-38　imxdownload 烧写过程

在图 4-38 中，最后一行代码会显示烧写内存、用时和速度，比如 led.bin 烧写到 SD 卡中的内存是 3.2KB，用时 0.0160821s，烧写速度是 201KB/s。注意这个烧写速度，如果这个烧写速度在几百 KB/s 以下就是正常烧写。

如果这个烧写速度大于几十兆字节每秒、甚至几百兆字节每秒时，那么可以判断烧写失败了。可通过重启 Ubuntu 来解决。

烧写成功以后会在当前工程目录下生成一个 load.imx 的文件，如图 4-39 所示。

```
zuozhongkai@ubuntu:~/linux/driver/board_driver/1_leds$ ls
imxdownload  led.bin  led.dis  led.elf  led.o  led.s  load.imx  Makefile  SI
zuozhongkai@ubuntu:~/linux/driver/board_driver/1_leds$
```

图 4-39　生成的 load.imx 文件

load.imx 这个文件就是软件 imxdownload 根据 NXP 官方启动方式介绍的内容，在 led.bin 文件前面添加了一些数据头以后生成的。最终烧写到 SD 卡中的就是这个 load.imx 文件，而非 led.bin。

4.4.4 代码验证

代码已经烧写到了SD卡中了，将SD卡插到开发板的SD卡槽中，然后设置拨码开关为SD卡启动，拨码开关设置如图4-40所示。

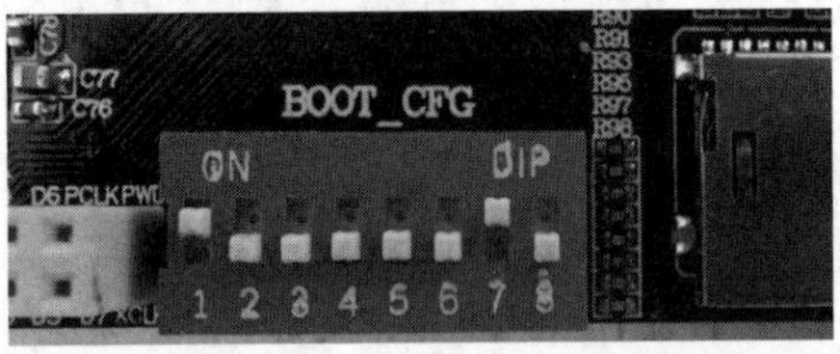

图4-40 拨码开关SD卡启动设置

设置好以后按下开发板的复位键，如果代码运行正常LED0就会被点亮。如果发现LED0在运行程序前会有一点微亮，这时是因为I.MX6ULL的I/O默认电平让LED0导通，但是I/O的默认配置内部可能有很大的电阻，所以电流就很小，导致LED0微亮。我们自己编写代码，配置好I/O以后就不会有这个问题，LED0就很亮了。

本章我们详细地讲解了如何编译代码，并且如何将代码烧写进SD卡中进行测试。后续所有裸机实验和Uboot实验都使用这种方法进行代码的烧写和测试。

第5章

I.MX6U启动方式详解

I. MX6ULL 支持多种启动方式，也可以从 SD/EMMC、NAND Flash、QSPI Flash 等启动。用户可以根据实际情况，选择合适的启动设备。不同的启动方式的启动要求不一样，比如从 SD 卡启动就需要在 bin 文件前面添加一个数据头，其他的启动设备同样也需要这个数据头。本章学习 I. MX6ULL 的启动方式，以及不同设备启动的要求。

5.1 启动方式选择

BOOT 的处理过程是在 I. MX6ULL 芯片上电以后，芯片会根据 BOOT_MODE[1:0]的设置来选择 BOOT 方式。BOOT_MODE[1:0]的值可以通过两种方式改变，一种是改写 eFUSE(熔丝)，另一种是修改相应的 GPIO 高低电平。第一种 eFUSE 的方式只能修改一次，后面不能再修改了，所以不推荐使用。我们通过修改 BOOT_MODE[1:0]对应的 GPIO 高低电平来选择启动方式，I. MX6ULL 有 BOOT_MODE1 引脚和 BOOT_MODE0 引脚，这两个引脚对应着 BOOT_MODE[1:0]。I. MX6U-ALPHA 开发板的这两个引脚原理图如图 5-1 所示。

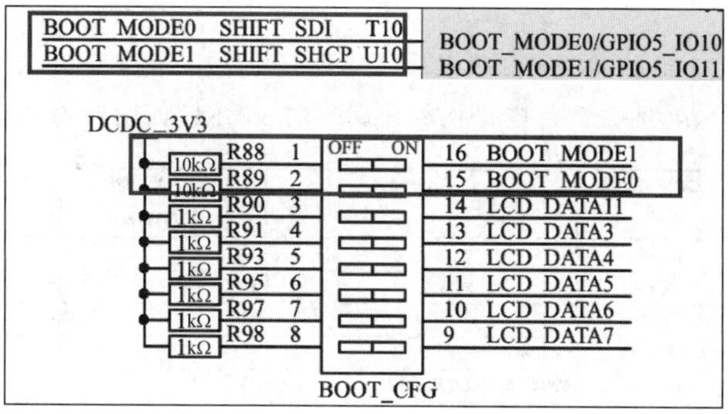

图 5-1 BOOT_MODE 原理图

其中，BOOT_MODE1 和 BOOT_MODE0 在芯片内部是有 100kΩ 下拉电阻的，所以默认是 0。BOOT_MODE1 和 BOOT_MODE0 这两个引脚也接到了底板的拨码开关上，这样就可以通过拨码开关来控制 BOOT_MODE1 和 BOOT_MODE0 的高低电平。以 BOOT_MODE1 为例，当把

BOOT_CFG 的第一个开关拨到 ON 时，BOOT_MODE1 引脚通过 R88 这个 10kΩ 电阻接到了 3.3V 电源，芯片内部的 BOOT_MODE1 又是 100kΩ 下拉电阻接地，此时 BOOT_MODE1 的电压就是 100/(10+100)×3.3V= 3V，这是高电平。由此可知 BOOT_CFG 中的 8 个开关拨到 ON 就是高电平，拨到 OFF 就是低电平。

而 I.MX6ULL 有 4 个 BOOT 模式，这 4 个 BOOT 模式由 BOOT_MODE[1:0]来控制，也就是 BOOT_MODE1 和 BOOT_MODE0 这两个 I/O，BOOT 模式配置如表 5-1 所示。

表 5-1　BOOT 类型

BOOT_MODE[1:0]	BOOT 类型	BOOT_MODE[1:0]	BOOT 类型
00	从 FUSE 启动	10	内部 BOOT 模式
01	串行下载	11	保留

在表 5-1 中，我们用到的只有第 2 和第 3 种 BOOT 方式。

5.1.1　串行下载

当 BOOT_MODE1 为 0 且 BOOT_MODE0 为 1 时此模式使能，串行下载就是指通过 USB 或者 UART 将代码下载到板子上的外置存储设备中，可以使用 OTG1 这个 USB 接口连接开发板上的 SD/EMMC、NAND 等存储设备下载代码。我们需要将 BOOT_MODE1 切换到 OFF，将 BOOT_MODE0 切换到 ON。

5.1.2　内部 BOOT 模式

当 BOOT_MODE1 为 1 且 BOOT_MODE0 为 0 时此模式使能，在此模式下，芯片会执行内部的 boot ROM 代码，这段 boot ROM 代码会进行硬件初始化（一部分外设），然后从 boot 设备（如 SD/EMMC、NAND）中将代码复制到指定的 RAM 中，一般是 DDR。

5.2　BOOT ROM 初始化内容

设置 BOOT 模式为“内部 BOOT 模式”以后，I.MX6ULL 内部的 boot ROM 代码就会执行，这个 boot ROM 代码都会做什么处理呢？首先是初始化时钟，boot ROM 设置的系统时钟如图 5-2 所示。

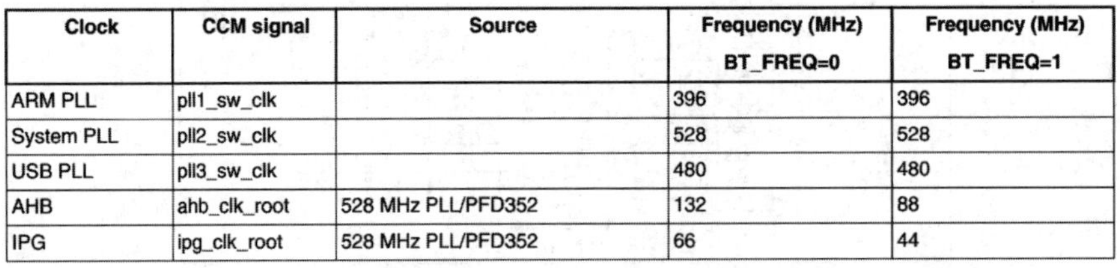

Clock	CCM signal	Source	Frequency (MHz) BT_FREQ=0	Frequency (MHz) BT_FREQ=1
ARM PLL	pll1_sw_clk		396	396
System PLL	pll2_sw_clk		528	528
USB PLL	pll3_sw_clk		480	480
AHB	ahb_clk_root	528 MHz PLL/PFD352	132	88
IPG	ipg_clk_root	528 MHz PLL/PFD352	66	44

图 5-2　boot ROM 系统时钟设置

在图 5-2 中，当 BT_FREQ=0 时，boot ROM 会将 I.MX6ULL 的内核时钟设置为 396MHz，也就是主频为 396MHz。System PLL=528MHz，USB PLL=480MHz，AHB=132MHz，IPG=66MHz。

内部 boot ROM 为了加快执行速度会打开 MMU 和 Cache，下载镜像时 L1 ICache 会打开，验证镜像时 L1 DCache、L2 Cache 和 MMU 都会打开。一旦镜像验证完成，boot ROM 就会关闭 L1 DCache、L2 Cache 和 MMU。

中断向量偏移会被设置到 boot ROM 的起始位置，当 boot ROM 启动了用户代码以后就可以重新设置中断向量偏移，一般是重新设置到用户代码的开始地方。

5.3 启动设备

当 BOOT_MODE 设置为内部 BOOT 模式以后，可以从以下设备中启动。

（1）接到 EIM 接口 CS0 上的 16 位 NOR Flash。

（2）接到 EIM 接口 CS0 上的 OneNAND Flash。

（3）接到 GPMI 接口上的 MLC/SLC NAND Flash，NAND Flash 页大小支持 2KB、4KB 和 8KB 位宽。

（4）Quad SPI Flash。

（5）接到 USDHC 接口上的 SD、MMC、eSD、SDXC、eMMC 等设备。

（6）SPI 接口的 EEPROM。

我们重点看如何通过 GPIO 来选择启动设备。正如启动模式由 BOOT_MODE[1:0]来选择一样，启动设备是通过 BOOT_CFG1[7:0]、BOOT_CFG2[7:0]和 BOOT_CFG4[7:0]这 24 个配置 I/O 接口连接的，这 24 个配置 I/O 刚好对应着 LCD 的 24 根数据线 LCD_DATA0～LCDDATA23，当启动完成以后，这 24 个 I/O 就可以作为 LCD 的数据线使用。这 24 根线和 BOOT_MODE1、BOOT_MODE0 共同组成了 I. MX6ULL 的启动选择引脚，如图 5-3 所示。

Package Pin	Direction on reset	eFuse
BOOT_MODE1	Input	Boot Mode Selection
BOOT_MODE0	Input	
LCD1_DATA00	Input	BOOT_CFG1[0]
LCD1_DATA01	Input	BOOT_CFG1[1]
LCD1_DATA02	Input	BOOT_CFG1[2]
LCD1_DATA03	Input	BOOT_CFG1[3]
LCD1_DATA04	Input	BOOT_CFG1[4]
LCD1_DATA05	Input	BOOT_CFG1[5]
LCD1_DATA06	Input	BOOT_CFG1[6]
LCD1_DATA07	Input	BOOT_CFG1[7]
LCD1_DATA08	Input	BOOT_CFG2[0]
LCD1_DATA09	Input	BOOT_CFG2[1]
LCD1_DATA10	Input	BOOT_CFG2[2]
LCD1_DATA11	Input	BOOT_CFG2[3]
LCD1_DATA12	Input	BOOT_CFG2[4]
LCD1_DATA13	Input	BOOT_CFG2[5]
LCD1_DATA14	Input	BOOT_CFG2[6]
LCD1_DATA15	Input	BOOT_CFG2[7]
LCD1_DATA16	Input	BOOT_CFG4[0]
LCD1_DATA17	Input	BOOT_CFG4[1]
LCD1_DATA18	Input	BOOT_CFG4[2]
LCD1_DATA19	Input	BOOT_CFG4[3]
LCD1_DATA20	Input	BOOT_CFG4[4]
LCD1_DATA21	Input	BOOT_CFG4[5]
LCD1_DATA22	Input	BOOT_CFG4[6]
LCD1_DATA23	Input	BOOT_CFG4[7]

图 5-3　启动引脚

通过图 5-3 中的 26 个启动 I/O 即可实现 I. MX6ULL 从不同的设备启动。打开 I. MX6U-ALPHA 开发板的核心板原理图，这 24 个 I/O 的默认设置如图 5-4 所示。

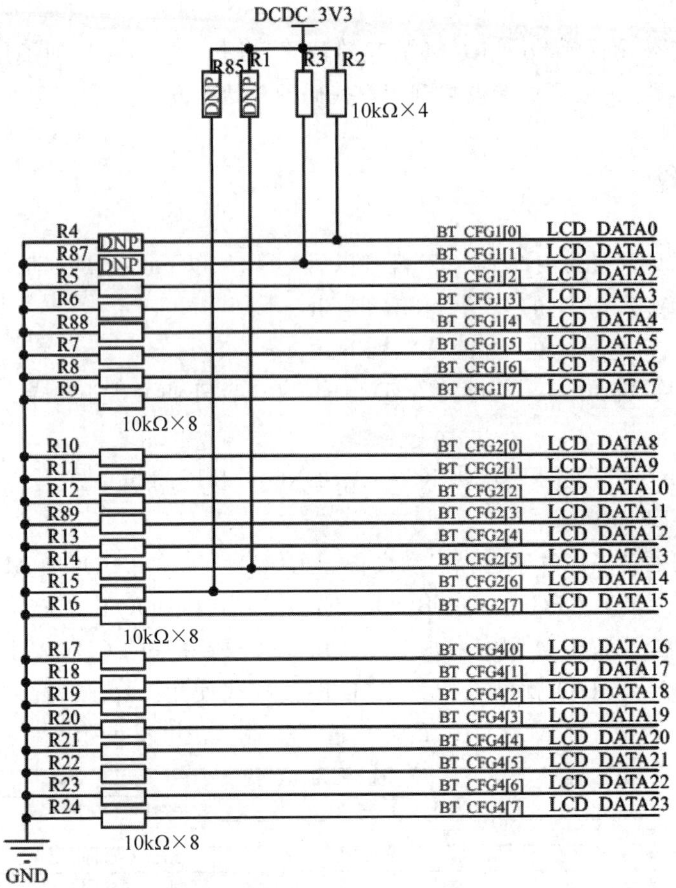

图 5-4　BOOT_CFG 默认设置

可以看出在图 5-4 中大部分的 I/O 都接地了，只有几个 I/O 接高电平，尤其是 BOOT_CFG4[7:0]这 8 个 I/O 全部使用 10kΩ 电阻下拉接地，所以我们就不需要去关注 BOOT_CFG4[7:0]。只需要重点关注剩下的 BOOT_CFG2[7:0]和 BOOT_CFG1[7:0]这 16 个 I/O。这 16 个配置 I/O 含义在原理图的左侧已经显示，如图 5-5 所示。

BOOT_CFG1[7:0]和 BOOT_CFG2[7:0]这 16 个 I/O 接口还可以进一步减少。打开 I. MX6U-ALPHA 开发板的底层原理图，底板上启动设备选择拨码开关，其原理图如图 5-6 所示。

在图 5-6 中，除了 BOOT_MODE1 和 BOOT_MODE0 引脚必须引出来，LCD_DATA3～LCD_DATA7、LCD_DATA11 这 6 个 I/O 也被引出来了，可以通过拨码开关来设置其对应的高低电平，拨码开关拨到 ON 就是 1，拨到 OFF 就是 0。其中 LCD_DATA11 对应 BOOT_CFG2[3]，LCD_DATA3～LCD_DATA7 对应 BOOT_CFG1[3]～BOOT_CFG1[7]，这 6 个 I/O 的配置含义如表 5-2 所示。

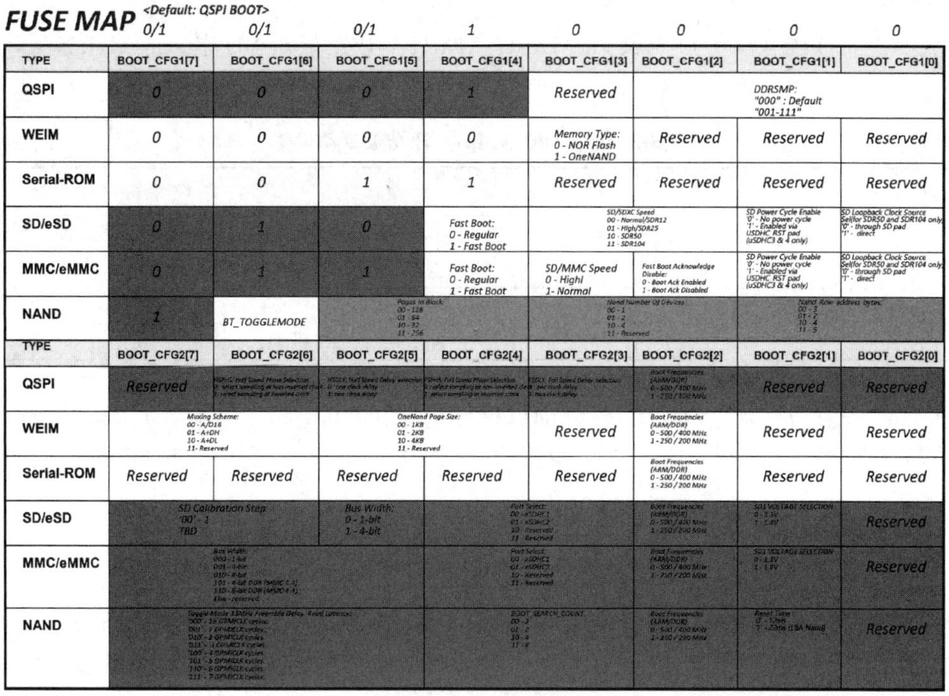

FUSE MAP <Default: QSPI BOOT>

	0/1	0/1	0/1	1	0	0	0	0
TYPE	BOOT_CFG1[7]	BOOT_CFG1[6]	BOOT_CFG1[5]	BOOT_CFG1[4]	BOOT_CFG1[3]	BOOT_CFG1[2]	BOOT_CFG1[1]	BOOT_CFG1[0]
QSPI	0	0	0	1	Reserved	DDRSMP: "000" : Default "001-111"		
WEIM	0	0	0	0	Memory Type: 0 - NOR Flash 1 - OneNAND	Reserved	Reserved	Reserved
Serial-ROM	0	0	1	1	Reserved	Reserved	Reserved	Reserved
SD/eSD	0	1	0	Fast Boot: 0 - Regular 1 - Fast Boot	SD/SDXC Speed 00 - Normal/SDR12 01 - High/SDR25 10 - SDR50 11 - SDR104		SD Power Cycle Enable '0' - No power cycle '1' - Enabled via USDHC RST pad (uSDHC3 & 4 only)	SD Loopback Clock Source Sel(for SDR50 and SDR104 only) '0' - through SD pad '1' - direct
MMC/eMMC	0	1	1	Fast Boot: 0 - Regular 1 - Fast Boot	SD/MMC Speed 0 - High 1- Normal	Fast Boot Acknowledge Disable: 0 - Boot Ack Enabled 1 - Boot Ack Disabled	SD Power Cycle Enable '0' - No power cycle '1' - Enabled via USDHC RST pad (uSDHC3 & 4 only)	SD Loopback Clock Source Sel(for SDR50 and SDR104 only) '0' - through SD pad '1' - direct
NAND	1	BT_TOGGLEMODE	Pages In Block: 00 - 128 01 - 64 10 - 32 11 - 256		Nand Number Of Devices: 00 - 1 01 - 2 10 - 4 11 - Reserved		Nand Row address bytes: 00 - 3 01 - 2 10 - 4 11 - 5	
TYPE	BOOT_CFG2[7]	BOOT_CFG2[6]	BOOT_CFG2[5]	BOOT_CFG2[4]	BOOT_CFG2[3]	BOOT_CFG2[2]	BOOT_CFG2[1]	BOOT_CFG2[0]
QSPI	Reserved	[illegible]	[illegible]	[illegible]	[illegible]	Boot Frequencies (ARM/DDR) 0 - 500 / 400 MHz 1 - 250 / 200 MHz	Reserved	Reserved
WEIM	Muxing Scheme: 00 - A/D16 01 - A+DH 10 - A+DL 11- Reserved		OneNand Page Size: 00 - 1KB 01 - 2KB 10 - 4KB 11 - Reserved		Reserved	Boot Frequencies (ARM/DDR) 0 - 500 / 400 MHz 1 - 250 / 200 MHz	Reserved	Reserved
Serial-ROM	Reserved	Reserved	Reserved	Reserved	Reserved	Boot Frequencies (ARM/DDR) 0 - 500 / 400 MHz 1 - 250 / 200 MHz	Reserved	Reserved
SD/eSD	SD Calibration Step '00' - 1 TBD		Bus Width: 0 - 1-bit 1 - 4-bit	Port Select: 00 - eSDHC1 01 - eSDHC2 10 - Reserved 11 - Reserved		Boot Frequencies (ARM/DDR) 0 - 500 / 400 MHz 1 - 250 / 200 MHz	SD1 VOLTAGE SELECTION 0 - 3.3V 1 - 1.8V	Reserved
MMC/eMMC	Bus Width: [illegible]			Port Select: 00 - eSDHC1 01 - eSDHC2 10 - Reserved 11 - Reserved		Boot Frequencies (ARM/DDR) 0 - 500 / 400 MHz 1 - 250 / 200 MHz	SD1 VOLTAGE SELECTION 0 - 3.3V 1 - 1.8V	Reserved
NAND	Toggle Mode 33MHz Preamble Delay, Read Latency: [illegible]			BOOT_SEARCH_COUNT: 00 - 2 01 - 2 10 - 4 11 - 8		Boot Frequencies (ARM/DDR) 0 - 500 / 400 MHz 1 - 250 / 200 MHz	Reset Time: [illegible]	Reserved

图 5-5 BOOT_CFG 引脚含义

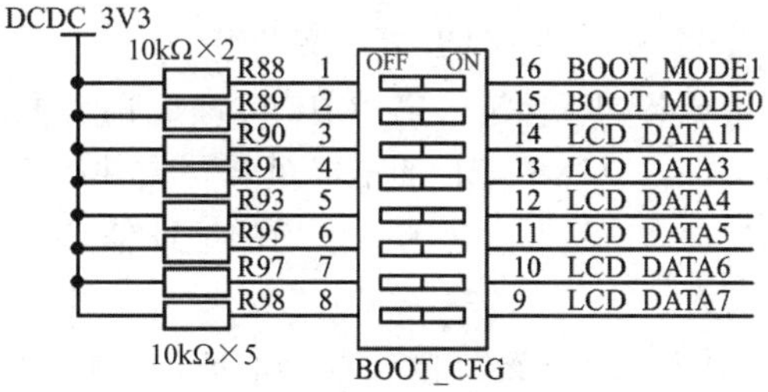

图 5-6 BOOT 选择拨码开关

表 5-2 BOOT IO 含义

BOOT_CFG 引脚	对应 LCD 引脚	含 义
BOOT_CFG2[3]	LCD_DATA11	为 0 时从 SDHC1 上的 SD/EMMC 启动，为 1 时从 SDHC2 上的 SD/EMMC 启动
BOOT_CFG1[3]	LCD_DATA3	当从 SD/EMMC 启动时设置启动速度，当从 NAND 启动时设置 NAND 数量
BOOT_CFG1[4]	LCD_DATA4	BOOT_CFG1[7:4] 0000：NOR/OneNAND(EIM)启动 0001：QSPI 启动 0011：SPI 启动 010x：SD/eSD/SDXC 启动 011x：MMC/eMMC 启动 1xxx：NAND Flash 启动
BOOT_CFG1[5]	LCD_DATA5	
BOOT_CFG1[6]	LCD_DATA6	
BOOT_CFG1[7]	LCD_DATA7	

根据表 5-2 中的 BOOT I/O 含义，I. MX6U-ALPHA 开发板从 SD 卡、EMMC、NAND 启动时拨码开关各个位设置方式如表 5-3 所示。

表 5-3　I. MX6U-ALPHA 开发板启动设置

1	2	3	4	5	6	7	8	启动设备
0	1	x	x	x	x	x	x	串行下载，可以通过 USB 烧写镜像文件
1	0	0	0	0	0	1	0	SD 卡启动
1	0	1	0	0	1	1	0	EMMC 启动
1	0	0	0	1	0	0	1	NAND Flash 启动

在“第 4 章 汇编 LED 灯实验”中，最终的可执行文件 led. bin 烧写到了 SD 卡中，然后开发板从 SD 卡启动，其拨码开关就是根据表 5-3 来设置的。

5.4　镜像烧写

在第 4 章中使用 imxdownload 这个软件将 led. bin 烧写到了 SD 卡中。imxdownload 会在 led. bin 前面添加一些头信息，重新生成一个叫做 load. imx 的文件，最终实际烧写的是 load. imx。那么有人问：imxdownload 究竟做了什么？load. imx 和 led. bin 究竟是什么关系？本节就来详细地讲解 imxdownload 是如何将 led. bin 打包成 load. imx 的。

学习 STM32 时可以直接将编译生成的. bin 文件烧写到 STM32 内部 Flash 里，但是 I. MX6ULL 不能直接烧写编译生成的. bin 文件，需要在. bin 文件前面添加一些头信息构成满足 I. MX6ULL 需求的最终可烧写文件，I. MX6ULL 的最终可烧写文件组成如下所示。

(1) Image vector table(IVT)，IVT 中包含了一系列的地址信息，这些地址信息在 ROM 中按照固定的地址存放。

(2) Boot data，启动数据，包含了镜像要复制到哪个地址，复制的大小是多少等。

(3) Device configuration data(DCD，设备配置信息)，重点是 DDR3 的初始化配置。

(4) 用户代码可执行文件，比如 led. bin。

可以看出最终烧写到 I. MX6ULL 中的程序其组成为：IVT + Boot Data + DCD + bin。所以第 4 章中的 imxdownload 所生成的 load. imx 就是在 led. bin 前面加上 IVT + Boot Data + DCD。内部 Boot ROM 会将 load. imx 复制到 DDR 中，用户代码一定要从 0X87800000 这个地方开始，因为链接地址为 0X87800000，load. imx 在用户代码前面又有 3KB 的 IVT + Boot Data + DCD 数据，因此 load. imx 在 DDR 中的起始地址就是 0X87800000－3072＝0X877FF400。

5.4.1　IVT 和 Boot Data

load. imx 最前面的组成是 IVT 和 Boot Data，IVT 包含了镜像程序的入口点，指向 DCD 的指针和其他用途的指针。内部 Boot ROM 要求 IVT 应该放到指定的位置，不同的启动设备位置不同，而 IVT 在整个 load. imx 的最前面，要求 load. imx，应该烧写到存储设备的指定位置去。整个位置都是相对于存储设备的起始地址的偏移，如图 5-7 所示。

Boot Device Type	Image Vector Table Offset	Initial Load Region Size
NOR	4 KB = 0x1000 B	Entire Image Size
OneNAND	256 B = 0x100 B	1 KB
SD/MMC/eSD/eMMC/SDXC	1 KB = 0x400 B	4 KB
SPI EEPROM	1 KB = 0x400 B	4 KB

图 5-7 IVT 偏移

以 SD/EMMC 为例，IVT 偏移为 1KB，IVT + Boot Data + DCD 的总大小为 4KB－1KB＝3KB。假如 SD/EMMC 每个扇区为 512B，那么 load.imx 应该从第三个扇区开始烧写，前两个扇区要留出来。load.imx 从第 3KB 开始才是真正的.bin 文件。IVT 中存放的内容如图 5-8 所示。

header
entry: Absolute address of the first instruction to execute from the image
reserved1: Reserved and should be zero
dcd: Absolute address of the image DCD. The DCD is optional so this field may be set to NULL if no DCD is required. See Device Configuration Data (DCD) for further details on DCD.
boot data: Absolute address of the Boot Data
self: Absolute address of the IVT. Used internally by the ROM
csf: Absolute address of Command Sequence File (CSF) used by the HAB library. See High Assurance Boot (HAB) for details on secure boot using HAB. This field must be set to NULL when not performing a secure boot
reserved2: Reserved and should be zero

图 5-8 IVT 格式

从图 5-8 可以看到，第一个存放的就是 header(头)，header 格式如图 5-9 所示。

Tag	Length	Version

图 5-9 IVT header 格式

在图 5-9 中，Tag 为 1 字节，固定为 0XD1；Length 为两字节，保存 IVT 长度即高字节保存在低内存中。最后的 Version 是 1 字节，为 0X40 或者 0X41。

Boot Data 的数据格式如图 5-10 所示。

start	Absolute address of the image
length	Size of the program image
plugin	Plugin flag (see Plugin Image)

图 5-10 Boot Data 数据格式

winhex 软件可以直接查看一个文件的二进制格式数据，winhex 软件已经放到了本书资源中，路径为“3、软件→winhexv19.7”，大家自行安装。用 winhex 打开以后的 load.imxd 如图 5-11 所示。

图 5-11 是截取的 load.imx 的一部分内容，从地址 0X00000000～0X000025F，共 608B 的数据。我们将前 44 个字节的数据按照 4 个字节一组组合在一起就是：0X402000D1、0X87800000、0X00000000、0X877FF42C、0X877FF420、0X877FF400、0X00000000、0X00000000、0X877FF000、0X00200000、0X00000000。这 44 个字节的数据就是 IVT 和 Boot Data 数据，按照图 5-9 和图 5-10 所示的 IVT 和 Boot Data 所示的格式对应起来如表 5-4 所示。

Offset	0	1	2	3	4	5	6	7	8	9	A	B	C	D	E	F	10	11	12	13	14	15	16	17	18	19	1A	1B	1C	1D	1E	1F
00000000	D1	00	20	40	00	00	80	87	00	00	00	00	2C	F4	7F	87	20	F4	7F	87	00	F4	7F	87	00	00	00	00	00	00	00	00
00000020	00	F0	7F	87	00	00	20	00	00	00	00	00	D2	01	E8	40	CC	01	E4	04	02	0C	40	68	FF	FF	FF	FF	02	0C	40	6C
00000040	FF	FF	FF	FF	02	0C	40	70	FF	FF	FF	FF	02	0C	40	74	FF	FF	FF	FF	02	0C	40	78	FF	FF	FF	FF	02	0C	40	7C
00000060	FF	FF	FF	FF	02	0C	40	80	FF	FF	FF	FF	02	0E	04	B4	00	0C	00	00	02	0E	04	AC	00	00	00	00	02	0E	02	7C
00000080	00	00	00	30	02	0E	02	50	00	00	00	30	02	0E	02	4C	00	00	00	30	02	0E	04	90	00	00	00	30	02	0E	02	88
000000A0	00	0C	00	30	02	0E	02	70	00	00	00	00	02	0E	02	60	00	00	00	30	02	0E	02	64	00	00	00	30	02	0E	04	A0
000000C0	00	00	00	30	02	0E	04	94	00	02	00	00	02	0E	02	80	00	00	00	30	02	0E	02	84	00	00	00	30	02	0E	04	B0
000000E0	00	02	00	00	02	0E	04	98	00	00	00	30	02	0E	04	A4	00	00	00	30	02	0E	02	44	00	00	00	30	02	0E	02	48
00000100	00	00	00	30	02	1B	00	1C	00	00	80	00	02	1B	08	00	A1	39	00	03	02	1B	08	0C	00	03	00	0B	02	1B	08	3C
00000120	01	48	01	44	02	1B	08	48	40	40	2C	30	02	1B	08	50	40	40	3E	34	02	1B	08	1C	33	33	33	33	02	1B	08	20
00000140	33	33	33	33	02	1B	08	2C	F3	33	33	33	02	1B	08	30	F3	33	33	33	02	1B	08	C0	00	94	40	09	02	1B	08	B8
00000160	00	00	08	00	02	1B	00	04	00	02	00	2D	02	1B	00	08	1B	33	30	30	02	1B	00	0C	67	6B	52	F3	02	1B	00	10
00000180	B6	6D	0B	63	02	1B	00	14	01	FF	00	DB	02	1B	00	18	00	20	17	40	02	1B	00	1C	00	00	80	00	02	1B	00	2C
000001A0	00	00	26	D2	02	1B	00	30	00	6B	10	23	02	1B	00	40	00	00	00	4F	02	1B	00	00	84	18	00	00	02	1B	08	90
000001C0	00	40	00	00	02	1B	00	1C	02	00	80	32	02	1B	00	1C	00	00	80	33	02	1B	00	1C	00	04	80	31	02	1B	00	1C
000001E0	15	20	80	30	02	1B	00	1C	04	00	80	40	02	1B	00	20	00	00	08	00	02	1B	08	18	00	00	02	27	02	1B	00	04
00000200	00	02	55	2D	02	1B	04	04	00	01	10	06	02	1B	00	1C	00	00	00	00	00	00	00	00	00	00	00	00	00	00	00	00
00000220	00	00	00	00	00	00	00	00	00	00	00	00	00	00	00	00	00	00	00	00	00	00	00	00	00	00	00	00	00	00	00	00
00000240	00	00	00	00	00	00	00	00	00	00	00	00	00	00	00	00	00	00	00	00	00	00	00	00	00	00	00	00	00	00	00	00

图 5-11　load. imx 部分内容

表 5-4　load. imx 结构分析

IVT		
IVT 结构	数　据	描　述
header	0X402000D1	根据图 5-9 的 header 格式，第一个字节 Tag 为 0XD1，第二三字节为 IVT 大小，为大端模式，所以 IVT 大小为 0X20＝32 字节。第四个字节为 0X40
entry	0X87800000	入口地址，镜像第一行指令所在的位置。0X87800000 就是链接地址
reserved1	0X00000000	未使用，保留
dcd	0X877FF42C	DCD 地址，镜像地址为 0X87800000，IVT + Boot Data + DCD 整个大小为 3KB。因此 load. imx 的起始地址就是 0X87800000－0XC00＝0X877FF400。因此 DCD 起始地址相对于 load. imx 起始地址的偏移就是 0X877FF42C－0X877FF400＝0X2C，从 0X2C 开始就是 DCD 数据了
Boot Data	0X877FF420	boot 地址，header 中已经设置了 IVT 大小是 32B，所以 Boot Data 的地址就是 0X877FF400 + 32＝0X877FF420
self	0X877FF400	IVT 复制到 DDR 中以后的首地址
csf	0X00000000	CSF 地址
reserved2	0X00000000	保留，未使用
Boot Data		
Boot Data 结构	数　据	描　述
start	0X877FF000	整个 load. imx 的起始地址，包括前面 1KB 的地址偏移
length	0X00200000	镜像大小，这里设置 2MB。镜像大小不能超过 2MB
plugin	0X00000000	插件

在表 5-4 中，我们详细地列出了 load. imx 的 IVT + Boot Data 每 32 位数据所代表的意义。这些数据都是由 imxdownload 这个软件添加进去的。

5.4.2　DCD 数据

I. MX6ULL 片内所有寄存器的默认值往往不是我们想要的值，而且有些外设必须在使用之前初始化。为此 I. MX6ULL 提出了一个 DCD(Device Config Data)的概念，和 IVT、Boot Data 一样，DCD 也是添加到 load. imx 中的，紧跟在 IVT 和 Boot Data 后面，IVT 中也指定了 DCD 的位置。DCD 其实就是 I. MX6ULL 寄存器地址和对应的配置信息集合，Boot ROM 会使用这些寄存器地址和配置集合来初始化相应的寄存器，比如开启某些外设的时钟，初始化 DDR 等。DCD 区域不能超过 1768B，DCD 区域结构如图 5-12 所示。

Header
[CMD]
[CMD]
...

图 5-12　DCD 区域结构

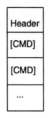

DCD 的 header 和 IVT 的 header 类似，结构如图 5-13 所示。

Tag	Length	Version

图 5-13　DCD 的 header 结构

其中，Tag 是单字节，固定为 0XD2；Length 为两字节，表示 DCD 区域的大小，包含 header，同样是大端模式；Version 是单字节，固定为 0X40 或者 0X41。

图 5-12 中的 CMD 就是要初始化的寄存器地址和相应的寄存器值，结构如图 5-14 所示。

Tag	Length	Parameter
Address		
Value/Mask		
[Address]		
[Value/Mask]		
...		
[Address]		
[Value/Mask]		

图 5-14　DCD CMD 结构

图 5-14 中 Tag 为 1 字节，固定为 0XCC；Length 是两字节，包含写入的命令数据长度，包含 header，同样是大端模式；Parameter 为 1 字节，这个字节的每个位含义如图 5-15 所示。

7	6	5	4	3	2	1	0
flags					bytes		

图 5-15　Parameter 结构

图 5-15 中的 bytes 表示目标位置宽度，单位为 B，可以选择 1B、2B 和 4B。flags 是命令控制标志位。

图 5-14 中的 Address 和 Value/Mask 就是要初始化的寄存器地址和相应的寄存器值，注意采用的是大端模式。DCD 数据是从图 5-11 的 0X2C 地址开始的。根据我们分析的 DCD 结构可以得到 load. imx 的 DCD 数据如表 5-5 所示。

表 5-5　DCD 数据结构

DCD 结构	数　据	描　述
header	0X40E801D2	根据 header 格式，第一个字节 Tag 为 0XD2，第二三字节为 DCD 大小，为大端模式，所以 DCD 大小为 0X01E8＝488 字节。第四个字节为 0X40
Write Data Command	0X04E401CC	第一个字节为 Tag，固定为 0XCC，第二三字节是大端模式的命令总长度，为 0X01E4＝484 字节。第四个字节是 Parameter，为 0X04，表示目标位置宽度为 4 字节
Address	0X020C4068	寄存器 CCGR0 地址
Value	0XFFFFFFFF	要写入寄存器 CCGR0 的值，表示打开 CCGR0 控制的所有外设时钟
Address	0X020C4080	寄存器 CCGR6 地址
Value	0XFFFFFFFF	要写入寄存器 CCGR6 的值，表示打开 CCGR6 控制的所有外设时钟
Address	0X020E04B4	寄存器 IOMUXC_SW_PAD_CTL_GRP_DDR_TYPE 寄存器地址
Value	0X000C0000	设置 DDR 的所有 I/O 为 DDR3 模式
Address	0X020E04AC	寄存器 IOMUXC_SW_PAD_CTL_GRP_DDRPKE 地址
Value	0X00000000	所有 DDR 引脚关闭 Pull/Keeper 功能
Address	0X020E027C	寄存器 IOMUXC_SW_PAD_CTL_PAD_DRAM_SDCLK0_P
Value	0X00000030	DRAM_SDCLK0_P 引脚为 R0/R6
Address	0X020E0248	寄存器 IOMUXC_SW_PAD_CTL_PAD_DRAM_DQM1
Value	0X00000030	DRAM_DQM1 引脚驱动能力为 R0/R6
Address	0X021B001C	MMDC_MDSCR 寄存器
Value	0X00008000	MMDC_MDSCR 寄存器值
Address	0X021B0404	MMDC_MAPSR 寄存器
Value	0X00011006	MMDC_MAPSR 寄存器配置值
Address	0X021B001C	MMDC_MDSCR 寄存器
Value	0X00000000	MMDC_MDSCR 寄存器清 0

从表 5-5 可以看出，DCD 中的初始化配置主要包括 3 方面：

（1）设置 CCGR0～CCGR6 这 7 个外设时钟使能寄存器，默认打开所有的外设时钟。

（2）配置 DDR3 所用的所有 I/O。

（3）配置 MMDC 控制器，初始化 DDR3。

本章详细地讲解了 I. MX6ULL 的启动模式、启动设备类型和镜像烧写过程。编译出来的. bin 文件不能直接烧写到 SD 卡中，需要在. bin 文件前面加上 IVT、Boot Data 和 DCD 这 3 个数据块。这 3 个数据块是有指定格式的，必须按照格式填写，然后将其放到. bin 文件前面，最终合成的才是可以直接烧写到 SD 卡中的文件。

第6章

C语言版LED灯实验

第 4 章我们讲解了如何用汇编语言编写 LED 灯实验，而在实际开发过程中汇编用得很少，大部分都是 C 语言开发，汇编只是用来完成 C 语言环境的初始化。本章我们就来学习如何用汇编来完成 C 语言环境的初始化工作，然后从汇编跳转到 C 语言代码中去。

6.1 C 语言版 LED 灯简介

在汇编 LED 灯实验中，我们讲解了如何使用汇编来编写 LED 灯驱动，实际工作中是很少用到汇编去写嵌入式驱动的，大部分情况下都是使用 C 语言去编写的。只是在开始部分用汇编来初始化一下 C 语言环境，比如初始化 DDR，设置堆栈指针 SP 等。当这些工作都做完以后就可以进入 C 语言环境运行 C 语言代码了。所以我们有两部分文件要做：

(1) 汇编文件。

汇编文件只是用来完成 C 语言环境搭建。

(2) C 语言文件。

C 语言文件就是完成业务层代码的，其实就是实际例程要完成的功能。

其实 STM32 也是这样的，以 STM32F103 为例，其启动文件 startup_stm32f10x_hd.s 就是完成 C 语言环境搭建的，其他处理如中断向量表等。当 startup_stm32f10x_hd.s 把 C 语言环境初始化完成以后就会进入 C 语言环境。

6.2 硬件原理分析

本章使用到的硬件资源和第 4 章一样，就是一个 LED0。

6.3 实验程序编写

本实验对应的例程路径为“1、例程源码→1、裸机例程→2_ledc”。

新建 VSCode 工程，工程名字为 ledc，新建 3 个文件：start.S、main.c 和 main.h。其中 start.S

是汇编文件，main.c 和 main.h 是 C 语言相关文件。

6.3.1 汇编部分实验程序编写

startup_stm32f10x_hd.s 中堆栈初始化代码如示例 6-1 所示。

示例 6-1 STM32 启动文件堆栈初始化代码

```
1  Stack_Size       EQU      0x00000400
2
3                    AREA     STACK, NOINIT, READWRITE, ALIGN = 3
4  Stack_Mem        SPACE    Stack_Size
5  __initial_sp
6
7  ; <h> Heap Configuration
8  ;    <o>   Heap Size (in Bytes) <0x0 - 0xFFFFFFFF:8>
9  ; </h>
10
11 Heap_Size        EQU      0x00000200
12
13                   AREA     HEAP, NOINIT, READWRITE, ALIGN = 3
14 __heap_base
15 Heap_Mem         SPACE    Heap_Size
16 __heap_limit
17 ******************** 省略掉部分代码 ************************
18 Reset_Handler    PROC
19                   EXPORT   Reset_Handler              [WEAK]
20                   IMPORT   __main
21                   IMPORT   SystemInit
22                   LDR      R0, = SystemInit
23                   BLX      R0
24                   LDR      R0, = __main
25                   BX       R0
26                   ENDP
```

第 1 行代码就是设置栈大小，这里设置为 0X400＝1024 字节。

第 5 行的__initial_sp 就是初始化 SP 指针。

第 11 行是设置堆大小。

第 18 行是复位中断服务函数，STM32 复位完成以后会执行此中断服务函数。

第 22 行调用 SystemInit()函数来完成其他初始化工作。

第 24 行调用__main，__main 是库函数，其会调用 main()函数。

I.MX6ULL 的汇编部分代码和 STM32 的启动文件 startup_stm32f10x_hd.s 基本类似，只是本实验我们不考虑中断向量表，只考虑初始化 C 环境即可。在前面创建的文件 start.S 中输入如示例 6-2 所示内容。

示例 6-2 start.S 文件代码

```
/**************************************************************
Copyright © zuozhongkai Co., Ltd. 1998 - 2019. All rights reserved
文件名    : start.s
作者      : 左忠凯
版本      : V1.0
描述      : I.MX6U - ALPHA/I.MX6ULL 开发板启动文件,完成 C 环境初始化,
            C 环境初始化完成以后跳转到 C 代码
其他      : 无
日志      : 初版 2019/1/3 左忠凯修改
**************************************************************/

1  .global _start                    /* 全局标号 */
2
3  /*
4   * 描述: _start 函数,程序从此函数开始执行,此函数主要功能是设置 C
5   *       运行环境
6   */
7  _start:
8
9    /* 进入 SVC 模式 */
10   mrs r0, cpsr
11   bic r0, r0, #0x1f          /* 将 r0 的低 5 位清零,也就是 cpsr 的 M0~M4 */
12   orr r0, r0, #0x13          /* r0 或上 0x13,表示使用 SVC 模式 */
13   msr cpsr, r0               /* 将 r0 的数据写入到 cpsr_c 中 */
14
15   ldr sp, =0X80200000        /* 设置栈指针 */
16   b main                     /* 跳转到 main 函数 */
```

第 1 行定义了一个全局标号_start。

第 7 行就是标号_start 开始的地方,相当于一个_start 函数,这个_start 就是第一行代码。

第 10~13 行就是设置处理器进入 SVC 模式,在第 2 章的 2.2 节"Cortex-A 处理器运行模型"中我们说过 Cortex-A 有 9 个运行模型,这里设置处理器运行在 SVC 模式下。处理器模式的设置是通过修改 CPSR(程序状态)寄存器来完成的,而在 2.3.2 小节中我们详细地讲解了 CPSR 寄存器,其中 M[4:0](CPSR 的 bit[4:0])就是设置处理器运行模式的,参考表 2-3,如果要将处理器设置为 SVC 模式,那么 M[4:0]就要等于 0X13。11~13 行代码就是先使用指令 MRS 将 CPSR 寄存器的值读取到 R0 中,然后修改 R0 中的值,设置 R0 的 bit[4:0]为 0X13,然后再使用指令 MSR 将修改后的 R0 重新写入到 CPSR 中。

第 15 行通过 ldr 指令设置 SVC 模式下的 SP 指针=0X80200000,因为 I. MX6U-ALPHA 开发板上的 DDR3 地址范围是 0X80000000~0XA0000000(512MB)或者 0X80000000~0X90000000(256MB),不管是 512MB 版本还是 256MB 版本的,其 DDR3 起始地址都是 0X80000000。由于 Cortex-A7 的堆栈是向下增长的,所以将 SP 指针设置为 0X80200000,因此 SVC 模式的栈大小为 0X80200000-0X80000000=0X200000=2MB,2MB 的栈空间对于做裸机开发已经绰绰有余。

第 16 行就是跳转到 main 函数,main 函数就是 C 语言代码了。

至此汇编部分程序执行完成,用来设置处理器运行到 SVC 模式下,然后初始化 SP 指针,最终

跳转到 C 文件的 main 函数中。如果有读者使用过三星的 S3C2440 或者 S5PV210 的都会知道在使用 SDRAM 或者 DDR 之前必须先初始化 SDRAM 或者 DDR。所以 S3C2440 或者 S5PV210 的汇编文件中一定会有 SDRAM 或者 DDR 初始化代码的。我们上面编写的文件 start. S 中却没有初始化 DDR3 的代码，但是却将 SVC 模式下的 SP 指针设置到了 DDR3 的地址范围中，这不会出问题吗？肯定不会的，DDR3 肯定是要初始化的，但是不需要在文件 start. S 中完成。在分析 DCD 数据时就已经讲过，DCD 数据包含了 DDR 配置参数，I. MX6U 内部的 Boot ROM 会读取 DCD 数据中的 DDR 配置参数，然后完成 DDR 初始化的。

6.3.2 C 语言部分实验程序编写

C 语言部分有两个文件 main. c 和 main. h，文件 main. h 中主要是定义的寄存器地址，在文件 main. h 中输入如示例 6-3 所示内容。

示例 6-3 main. h 文件代码

```
#ifndef __MAIN_H
#define __MAIN_H
/***************************************************************
Copyright © zuozhongkai Co., Ltd. 1998-2019. All rights reserved
文件名    : main.h
作者      : 左忠凯
版本      : V1.0
描述      : 时钟 GPIO1_IO03 相关寄存器地址定义
其他      : 无
日志      : 初版 V1.0 2019/1/3 左忠凯创建
***************************************************************/

/*
  * CCM 相关寄存器地址
  */
#define CCM_CCGR0              *((volatile unsigned int *)0X020C4068)
#define CCM_CCGR1              *((volatile unsigned int *)0X020C406C)
#define CCM_CCGR2              *((volatile unsigned int *)0X020C4070)
#define CCM_CCGR3              *((volatile unsigned int *)0X020C4074)
#define CCM_CCGR4              *((volatile unsigned int *)0X020C4078)
#define CCM_CCGR5              *((volatile unsigned int *)0X020C407C)
#define CCM_CCGR6              *((volatile unsigned int *)0X020C4080)

/*
 * IOMUX 相关寄存器地址
 */
#define SW_MUX_GPIO1_IO03      *((volatile unsigned int *)0X020E0068)
#define SW_PAD_GPIO1_IO03      *((volatile unsigned int *)0X020E02F4)

/*
 * GPIO1 相关寄存器地址
 */
```

```
#define GPIO1_DR          *((volatile unsigned int *)0X0209C000)
#define GPIO1_GDIR        *((volatile unsigned int *)0X0209C004)
#define GPIO1_PSR         *((volatile unsigned int *)0X0209C008)
#define GPIO1_ICR1        *((volatile unsigned int *)0X0209C00C)
#define GPIO1_ICR2        *((volatile unsigned int *)0X0209C010)
#define GPIO1_IMR         *((volatile unsigned int *)0X0209C014)
#define GPIO1_ISR         *((volatile unsigned int *)0X0209C018)
#define GPIO1_EDGE_SEL    *((volatile unsigned int *)0X0209C01C)

#endif
```

在文件 main.h 中以宏定义的形式定义了要使用到的所有寄存器，后面的数字就是其地址，比如 CCM_CCGR0 寄存器的地址就是 0X020C4068。

在文件 main.c 中输入如示例 6-4 所示内容。

示例 6-4　main.c 文件代码

```
/***************************************************************
Copyright © zuozhongkai Co., Ltd. 1998-2019. All rights reserved
文件名    :  main.c
作者      : 左忠凯
版本      : V1.0
描述      : I.MX6U 开发板裸机实验 2 C 语言点灯
            使用 C 语言来点亮开发板上的 LED 灯,学习和掌握如何用 C 语言来
            完成对 I.MX6U 处理器的 GPIO 初始化和控制
其他      : 无
日志      : 初版 V1.0 2019/1/3 左忠凯创建
***************************************************************/
 #include "main.h"

/*
 * @description    : 使能 I.MX6U 所有外设时钟
 * @param          : 无
 * @return         : 无
 */
void clk_enable(void)
{
    CCM_CCGR0 = 0xffffffff;
    CCM_CCGR1 = 0xffffffff;
    CCM_CCGR2 = 0xffffffff;
    CCM_CCGR3 = 0xffffffff;
    CCM_CCGR4 = 0xffffffff;
    CCM_CCGR5 = 0xffffffff;
    CCM_CCGR6 = 0xffffffff;
}

/*
 * @description    : 初始化 LED 对应的 GPIO
 * @param          : 无
 * @return         : 无
```

```
 */
void led_init(void)
{
    /* 1.初始化 IO 复用, 复用为 GPIO1_IO03 */
    SW_MUX_GPIO1_IO03 = 0x5;

    /* 2.配置 GPIO1_IO03 的 IO 属性
     * bit 16:0 HYS 关闭
     * bit [15:14]: 00 默认下拉
     * bit [13]: 0 keeper 功能
     * bit [12]: 1 pull/keeper 使能
     * bit [11]: 0 关闭开路输出
     * bit [7:6]: 10 速度 100MHz
     * bit [5:3]: 110 R0/R6 驱动能力
     * bit [0]: 0 低转换率
     */
    SW_PAD_GPIO1_IO03 = 0X10B0;

    /* 3.初始化 GPIO, GPIO1_IO03 设置为输出 */
    GPIO1_GDIR = 0X0000008;

    /* 4.设置 GPIO1_IO03 输出低电平,打开 LED0 */
    GPIO1_DR = 0X0;
}

/*
 * @description    : 打开 LED 灯
 * @param          : 无
 * @return         : 无
 */
void led_on(void)
{
    /*
     * 将 GPIO1_DR 的 bit3 清零
     */
    GPIO1_DR &= ~(1 << 3);
}

/*
 * @description    : 关闭 LED 灯
 * @param          : 无
 * @return         : 无
 */
void led_off(void)
{
    /*
     * 将 GPIO1_DR 的 bit3 置 1
     */
    GPIO1_DR |= (1 << 3);
}

/*
```

```
 * @description    : 短时间延时函数
 * @param - n      : 要延时循环次数(空操作循环次数,模式延时)
 * @return         : 无
 */
void delay_short(volatile unsigned int n)
{
    while(n--){}
}

/*
 * @description    : 延时函数,在 396MHz 的主频下延时时间大约为 1ms
 * @param - n      : 要延时的 ms 数
 * @return         : 无
 */
void delay(volatile unsigned int n)
{
    while(n--)
    {
        delay_short(0x7ff);
    }
}

/*
 * @description    : main 函数
 * @param          : 无
 * @return         : 无
 */
int main(void)
{
    clk_enable();                   /* 使能所有的时钟 */
    led_init();                     /* 初始化 led */

    while(1)                        /* 死循环 */
    {
        led_off();                  /* 关闭 LED */
        delay(500);                 /* 延时大约 500ms */

        led_on();                   /* 打开 LED */
        delay(500);                 /* 延时大约 500ms */
    }

    return 0;
}
```

main.c 文件中一共有 7 个函数,这 7 个函数都很简单。clk_enable()函数是使能 CCGR0～CCGR6 所控制的所有外设时钟。led_init()函数用于初始化 LED 灯所使用的 I/O,包括设置 I/O 的复用功能、I/O 的属性配置和 GPIO 功能,最终控制 GPIO 输出低电平来打开 LED 灯。led_on()和 led_off()用来控制 LED 灯的亮灭。delay_short()和 delay()这两个函数是延时函数,delay_short()函数是靠空循环来实现延时的,delay()是对 delay_short()的简单封装,当 I.MX6U 工作在 396MHz(Boot ROM 设置的 396MHz)的主频时 delay_short(0x7ff)基本能够实现大约 1ms 的延时，所以 delay()函数可以用来完成“ms”延时。main 函数就是主函数，在 main 函数中先调用函数 clk_enable()和 led_init()来完成时钟使能和 LED 初始化，最终在 while(1)循环中实现 LED 循环亮灭，亮灭时间大约是 500ms。

本实验的程序部分已经完成，接下来就是编译和测试了。

6.4 编译、下载和验证

6.4.1 编写 Makefile

新建 Makefile 文件，在 Makefile 文件中输入如示例 6-5 所示内容。

示例 6-5 main.c 文件代码

```
1  objs := start.o main.o
2
3  ledc.bin: $(objs)
4      arm-linux-gnueabihf-ld -Ttext 0X87800000 -o ledc.elf $^
5      arm-linux-gnueabihf-objcopy -O binary -S ledc.elf $@
6      arm-linux-gnueabihf-objdump -D -m arm ledc.elf > ledc.dis
7
8  %.o:%.s
9      arm-linux-gnueabihf-gcc -Wall -nostdlib -c  -o $@ $<
10
11 %.o:%.S
12      arm-linux-gnueabihf-gcc -Wall -nostdlib -c  -o $@ $<
13
14 %.o:%.c
15     arm-linux-gnueabihf-gcc -Wall -nostdlib -c  -o $@ $<
16
17 clean:
18     rm -rf *.o ledc.bin ledc.elf ledc.dis
```

上述的 Makefile 文件用到了 Makefile 变量和自动变量。

第 1 行定义了一个变量 objs，objs 包含着要生成 ledc.bin 所需的材料 start.o 和 main.o，也就是当前工程下的 start.S 和 main.c 这两个文件编译后的.o 文件。这里要注意 start.o 一定要放到最前面。因为 start.o 是最先要执行的文件。

第 3 行就是默认目标，目的是生成最终的可执行文件 ledc.bin，ledc.bin 依赖 start.o 和 main.o 如果当前工程没有 start.o 和 main.o 时就会找到相应的规则去生成 start.o 和 main.o。比如 start.o 是文件 start.S 编译生成的，因此会执行第 8 行的规则。

第 4 行是使用 arm-linux-gnueabihf-ld 进行链接，链接起始地址是 0X87800000，但是这一行用到了自动变量“$^”，“$^”的意思是所有依赖文件的集合，在这里就是 objs 这个变量的值：start.o 和 main.o。链接时 start.o 要链接到最前面，因为第一行代码就是 start.o 中的，因此这一行就相当于：

```
arm-linux-gnueabihf-ld -Ttext 0X87800000 -o ledc.elf start.o main.o
```

第 5 行使用 arm-linux-gnueabihf-objcopy 来将 ledc. elf 文件转为 ledc. bin，本行也用到了自动变量“$@”，“$@”的意思是目标集合，在这里就是“ledc. bin”，那么本行就相当于：

```
arm-linux-gnueabihf-objcopy -O binary -S ledc.elf ledc.bin
```

第 6 行使用 arm-linux-gnueabihf-objdump 来反汇编，生成文件 ledc. dis。

第 8～15 行就是针对不同的文件类型将其编译成对应的. o 文件，其实就是汇编. s(. S)和. c 文件，比如 start. S 就会使用第 8 行的规则来生成对应的 start. o 文件。第 9 行就是具体的命令，这行也用到了自动变量“$@”和“$<”，其中“$<”的意思是依赖目标集合的第一个文件。比如 start. S 要编译成 start. o 的话第 8 行和第 9 行就相当于：

```
start.o:start.s
    arm-linux-gnueabihf-gcc -Wall -nostdlib -c -O2 -o start.o start.s
```

第 17 行就是工程清理规则，通过命令 make clean 就可以清理工程。

Makefile 文件就讲到这里，我们可以将整个工程拿到 Ubuntu 下去编译，编译完成以后可以使用软件 imxdownload 将其下载到 SD 卡中，命令如下：

```
chmod 777 imxdownload                   //给予 imxdownoad 可执行权限，一次即可
./imxdownload ledc.bin /dev/sdd         //下载到 SD 卡中，不能烧写到/dev/sda 或 sda1 设备中
```

6.4.2 链接脚本

在上例中的 Makefile 中链接代码时使用如下语句：

```
arm-linux-gnueabihf-ld -Ttext 0X87800000 -o ledc.elf $^
```

在上面语句中是通过“-Ttext”来指定链接地址是 0X87800000 的，这样的话所有的文件都会链接到以 0X87800000 为起始地址的区域。但是有时候很多文件需要链接到指定的区域，或者链接在段中，比如在 Linux 中初始化函数就会放到 init 段中。因此我们需要能够自定义一些段，这些段的起始地址可以由用户自由指定，同样的用户也可以指定一个文件或者函数应该存放到哪个段中去。要完成这个功能就需要使用到链接脚本，看名字就知道链接脚本主要用于链接的，用于描述文件应该如何被链接在一起形成最终的可执行文件。其主要目的是描述输入文件中的段如何被映射到输出文件中，并且控制输出文件中的内存排布。比如编译生成的文件一般都包含 text 段、data 段等。

链接脚本的语法很简单，就是编写一系列的命令，这些命令组成了链接脚本。每个命令是一个带有参数的关键字或者一个对符号的赋值，可以使用分号分隔命令。像文件名之类的字符串可以直接键入，也可以使用通配符“*”。最简单的链接脚本只包含一个命令 SECTIONS，我们可以在 SECTIONS 中来描述输出文件的内存布局。一般编译出来的代码都包含在 text、data、bss 和 rodata 这 4 个段内，假设现在的代码要被链接到 0X10000000 这个地址，数据要被链接到 0X30000000 这个地方，示例 6-6 就是完成此功能的最简单的链接脚本。

示例 6-6　链接脚本演示代码

```
1 SECTIONS{
2     . = 0X10000000;
3   .text : { * (.text)}
4   .  = 0X30000000;
5   .data ALIGN(4) : { *(.data) }
6   .bss ALIGN(4)  : { *(.bss) }
7 }
```

第 1 行关键字 SECTIONS 后面跟了一个大括号，这个大括号和第 7 行的大括号是一对，这是必须的。看起来就跟 C 语言中的函数一样。

第 2 行对一个特殊符号“.”进行赋值，“.”在链接脚本中叫做定位计数器，默认的定位计数器为 0。我们要求代码链接到以 0X10000000 为起始地址的地方，因此这一行给“.”赋值 0X10000000，表示以 0X10000000 开始，后面的文件或者段都会以 0X10000000 为起始地址开始链接。

第 3 行的.text 是段名，后面的冒号是语法要求，冒号后面的大括号中可以填上要链接到.text 这个段中的所有文件，*(.text)中的 * 是通配符，表示所有输入文件的.text 段都放到.text 中。

第 4 行，我们的要求是数据放到 0X30000000 开始的地方，所以需要重新设置定位计数器“.”，将其改为 0X30000000。如果不重新设置的话会怎么样？假设“.text”段大小为 0X10000，那么接下来的.data 段开始地址就是 0X10000000 + 0X10000＝0X10010000，这明显不符合我们的要求。所以必须调整定位计数器为 0X30000000。

第 5 行跟第 3 行一样，定义了一个名为.data 的段，然后所有文件的.data 段都放到这里面。但是这一行多了一个 ALIGN(4)，这是用来对.data 这个段的起始地址做字节对齐的，ALIGN(4)表示 4 字节对齐。也就是说段.data 的起始地址要能被 4 整除，一般常见的都是 ALIGN(4)或者 ALIGN(8)，也就是 4 字节或者 8 字节对齐。

第 6 行定义了一个.bss 段，所有文件中的.bss 数据都会被放到这个里面，.bss 数据就是那些定义了但是没有被初始化的变量。

上面就是链接脚本最基本的语法格式，接下来就按照这个基本的语法格式来编写本实验的链接脚本，本实验的链接脚本要求如下：

(1) 链接起始地址为 0X87800000。

(2) start.o 要被链接到最开始的地方，因为 start.o 中包含第一个要执行的命令。

根据要求，在 Makefile 目录下新建一个名为 imx6ul.lds 的文件，然后在此文件中输入如示例 6-7 所示内容。

示例 6-7　imx6ul.lds 链接脚本代码

```
SECTIONS{
    . = 0X87800000;
   .text :
    {
```

```
5           start.o
6           main.o
7           *(.text)
8       }
9       .rodata ALIGN(4) : {*(.rodata)}
10      .data ALIGN(4)   : { *(.data) }
11      __bss_start = .;
12      .bss ALIGN(4)  : { *(.bss)  *(COMMON) }
13      __bss_end = .;
14 }
```

第 2 行设置定位计数器为 0X87800000，因为我们的链接地址就是 0X87800000。第 5 行设置链接到开始位置的文件为 start.o，因为 start.o 中包含着第一个要执行的指令，所以一定要链接到最开始的地方。第 6 行是 main.o 文件，其实可以不用写出来，因为 main.o 的位置可以由编译器自行决定链接位置。在第 11、13 行的__bss_start 和__bss_end 是符号，这两行其实就是对这两个符号进行赋值，其值为定位符“.”，这两个符号用来保存.bss 段的起始地址和结束地址。前面提到.bss 段是定义了但是没有被初始化的变量，需要手动对.bss 段的变量清零，因此需要知道.bss 段的起始和结束地址，这样就可以直接对这段内存赋 0 即可完成清零。通过第 11、13 行代码将.bss 段的起始地址和结束地址就保存在__bss_start 和__bss_end 中，这样就可以直接在汇编或者 C 文件中使用这两个符号。

6.4.3 修改 Makefile

在上一小节中我们已经编写好了链接脚本文件 imx6ul.lds，在使用这个链接脚本文件时，将 Makefile 中的如下一行代码：

```
arm-linux-gnueabihf-ld -Ttext 0X87800000 -o ledc.elf $^
```

改为：

```
arm-linux-gnueabihf-ld -Timx6ul.lds -o ledc.elf $^
```

其实就是将-T 后面的内容改为 imx6ul.lds，表示使用 imx6ul.lds 这个链接脚本文件。修改完成以后使用新的 Makefile 和链接脚本文件重新编译工程，编译成功以后就可以烧写到 SD 卡中验证。

6.4.4 下载和验证

使用软件 imxdownload 将编译出来的 ledc.bin 烧写到 SD 卡中，操作命令如下所示：

```
chmod 777 imxdownload                 //给予 imxdownload 可执行权限，一次即可
./imxdownload ledc.bin /dev/sdd       //烧写到 SD 卡中，不能烧写到/dev/sda 或 sda1 设备中
```

烧写成功以后将 SD 卡插到开发板的 SD 卡槽中，然后复位开发板，如果代码运行正常的话 LED0 就会以 500ms 的时间间隔闪烁。

第7章

模仿STM32驱动开发格式实验

上一章使用 C 语言编写 LED 灯驱动时，每个寄存器的地址都需要写宏定义，使用起来非常的不方便。在学习 STM32 时，可以使用 GPIOB→ODR 这种方式来给 GPIOB 的寄存器 ODR 赋值，因为在 STM32 中同属于一个外设的所有寄存器地址基本是相邻的(有些会有保留寄存器)。因此可以借助 C 语言中的结构体成员地址递增的特点来将某个外设的所有寄存器写入到一个结构体中，然后定义一个结构体指针，指向这个外设的寄存器基地址，这样就可以通过这个结构体指针来访问这个外设的所有寄存器。同理，I. MX6ULL 也可以使用这种方法来定义外设寄存器，本章就模仿 STM32 中的寄存器定义方式来编写 I. MX6ULL 的驱动，通过本章的学习也可以对 STM32 的寄存器定义方式有一个深入的认识。

7.1 模仿 STM32 寄存器定义

7.1.1 STM32 寄存器定义简介

为了开发方便，ST 官方为 STM32F103 编写了一个叫做 stm32f10x. h 的文件，在这个文件中定义了 STM32F103 所有外设寄存器，我们可以使用其定义的寄存器来进行开发，比如可以用示例 7-1 中的代码来初始化一个 GPIO。

示例 7-1　STM32 寄存器初始化 GPIO

```
GPIOE->CRL&=0XFF0FFFFF;
GPIOE->CRL|=0X00300000;        /* PE5 推挽输出 */
GPIOE->ODR|=1<<5;              /* PE5 输出高   */
```

上述代码是初始化 STM32 的 PE5 这个 GPIO 为推挽输出，需要配置 GPIOE 的寄存器 CRL 和 ODR，GPIOE 的宏定义如下所示。

```
#define GPIOE               ((GPIO_TypeDef *) GPIOE_BASE)
```

可以看出 GPIOE 是个宏定义，是一个指向地址 GPIOE_BASE 的结构体指针，结构体为 GPIO_TypeDef，GPIO_TypeDef 和 GPIOE_BASE 的定义如示例 7-2 所示。

示例 7-2　GPIO_TypeDef 和 GPIOE_BASE 的定义

```
typedef struct
{
    __IO uint32_t CRL;
    __IO uint32_t CRH;
    __IO uint32_t IDR;
    __IO uint32_t ODR;
    __IO uint32_t BSRR;
    __IO uint32_t BRR;
    __IO uint32_t LCKR;
} GPIO_TypeDef;

#define GPIOE_BASE              (APB2PERIPH_BASE + 0x1800)
#define APB2PERIPH_BASE        (PERIPH_BASE + 0x10000)
#define PERIPH_BASE             ((uint32_t)0x40000000)
```

上述定义中，GPIO_TypeDef 是个结构体，结构体中的成员变量有 CRL、CRH、IDR、ODR、BSRR、BRR 和 LCKR，这些都是 GPIO 的寄存器，每个成员变量都是 32 位(4 字节)，这些寄存器在结构体中的位置都是按照其地址值从小到大排序的。GPIOE_BASE 就是 GPIOE 的基地址，其为：

```
GPIOE_BASE = APB2PERIPH_BASE + 0x1800
           = PERIPH_BASE + 0x10000 + 0x1800
           = 0x40000000 + 0x10000 + 0x1800
           = 0x40011800
```

GPIOE_BASE 的基地址为 0x40011800，宏 GPIOE 指向这个地址，因此 GPIOE 的寄存器 CRL 的地址就是 0x40011800，寄存器 CRH 的地址就是 0x40011800 + 4＝0x40011804，其他寄存器地址以此类推。我们要操作 GPIOE 的 ODR 寄存器就可以通过 GPIOE→ODR 来实现，这个方法是借助了结构体成员地址连续递增的原理。

了解了 STM32 的寄存器定义以后，就可以参考其原理来编写 I. MX6ULL 的外设寄存器定义了。NXP 官方为 I. MX6ULL 提供了类似 stm32f10x. h 这样的文件，名为 MCIMX6Y2. h。关于文件 MCIMX6Y2. h 的移植我们在第 8 章讲解，本章参考 stm32f10x. h 来编写一个简单的 MCIMX6Y2. h 文件。

7.1.2　I. MX6ULL 寄存器定义

参考 STM32 的官方文件来编写 I. MX6ULL 的寄存器定义，比如 I/O 复用寄存器组 IOMUX_SW_MUX_CTL_PAD_XX，操作步骤如下所示。

1. 编写外设结构体

先将同属于一个外设的所有寄存器编写到一个结构体中，如 I/O 复用寄存器组的结构体，操作如示例 7-3 所示。

示例 7-3　寄存器 IOMUX_SW_MUX_Type

```
/*
 * IOMUX 寄存器组
 */
```

```
typedef struct
{
  volatile unsigned int BOOT_MODE0;
  volatile unsigned int BOOT_MODE1;
  volatile unsigned int SNVS_TAMPER0;
  volatile unsigned int SNVS_TAMPER1;
…
  volatile unsigned int CSI_DATA00;
  volatile unsigned int CSI_DATA01;
  volatile unsigned int CSI_DATA02;
  volatile unsigned int CSI_DATA03;
  volatile unsigned int CSI_DATA04;
  volatile unsigned int CSI_DATA05;
  volatile unsigned int CSI_DATA06;
  volatile unsigned int CSI_DATA07;
  /* 为了缩短代码,其余 I/O 复用寄存器省略 */
}IOMUX_SW_MUX_Tpye;
```

上述结构体 IOMUX_SW_MUX_Type 就是 I/O 复用寄存器组，成员变量是每个 I/O 对应的复用寄存器，每个寄存器的地址是 32 位，每个成员都使用 volatile 进行了修饰，目的是防止编译器优化。

2. 定义 I/O 复用寄存器组的基地址

根据结构体 IOMUX_SW_MUX_Type 的定义，其第一个成员变量为 BOOT_MODE0，也就是 BOOT_MODE0 这个 I/O 的复用寄存器，查找 I. MX6ULL 的参考手册可以得知其地址为 0X020E0014，所以 I/O 复用寄存器组的基地址就是 0X020E0014，定义如下：

```
#define IOMUX_SW_MUX_BASE(0X020E0014)
```

3. 定义访问指针

访问指针定义如下：

```
#define IOMUX_SW_MUX((IOMUX_SW_MUX_Type *)IOMUX_SW_MUX_BASE)
```

通过上面 3 步可以通过 IOMUX_SW_MUX→GPIO1_IO03 来访问 GPIO1_IO03 的 I/O 复用寄存器了。同样的，其他的外设寄存器都可以通过这 3 步来定义。

7.2 硬件原理分析

本章使用到的硬件资源和之前一样，就是一个 LED0。

7.3 实验程序编写

本实验对应的例程路径为“1、例程源码→1、裸机例程→3_ledc_stm32”(扫描封底本书资源获取)。

创建 VSCode 工程，工作区名字为 ledc_stm32，新建 3 个文件：start. S、main. c 和 imx6ul. h。其中，start. S 是汇编文件，start. S 文件的内容和第 6 章的 start. S 一样，直接复制过来就可以。

main.c 和 imx6ul.h 是 C 文件，完成以后如图 7-1 所示。

zuozhongkai@ubuntu:~/linux/3_ledc_stm32$ ls -a
. .. imx6ul.h main.c start.S .vscode
zuozhongkai@ubuntu:~/linux/3_ledc_stm32$

图 7-1　工程文件目录

文件 imx6ul.h 用来存放外设寄存器定义，在 imx6ul.h 中输入如示例 7-4 所示内容。

示例 7-4　imx6ul.h 文件代码

```
/***************************************************************
Copyright © zuozhongkai Co., Ltd. 1998 - 2019. All rights reserved
文件名    : imx6ul.h
作者      : 左忠凯
版本      : V1.0
描述      : IMX6UL 相关寄存器定义,参考 STM32 寄存器定义方法
其他      : 无
/日志     : 初版 V1.0 2019/1/3 左忠凯创建
***************************************************************/

/*
 * 外设寄存器组的基地址
 */
#define CCM_BASE                (0X020C4000)
#define CCM_ANALOG_BASE         (0X020C8000)
#define IOMUX_SW_MUX_BASE       (0X020E0014)
#define IOMUX_SW_PAD_BASE       (0X020E0204)
#define GPIO1_BASE              (0x0209C000)
#define GPIO2_BASE              (0x020A0000)
#define GPIO3_BASE              (0x020A4000)
#define GPIO4_BASE              (0x020A8000)
#define GPIO5_BASE              (0x020AC000)

/*
 * CCM 寄存器结构体定义,分为 CCM 和 CCM_ANALOG
 */
typedef struct
{
    volatile unsigned int CCR;
    volatile unsigned int CCDR;
    volatile unsigned int CSR;
    …
    volatile unsigned int CCGR6;
    volatile unsigned int RESERVED_3[1];
    volatile unsigned int CMEOR;
} CCM_Type;

typedef struct
{
    volatile unsigned int PLL_ARM;
    volatile unsigned int PLL_ARM_SET;
    volatile unsigned int PLL_ARM_CLR;
    volatile unsigned int PLL_ARM_TOG;
```

```
    …
    volatile unsigned int MISC2;
    volatile unsigned int MISC2_SET;
    volatile unsigned int MISC2_CLR;
    volatile unsigned int MISC2_TOG;
} CCM_ANALOG_Type;

/*
 * IOMUX 寄存器组
 */
typedef struct
{
    volatile unsigned int BOOT_MODE0;
    volatile unsigned int BOOT_MODE1;
    volatile unsigned int SNVS_TAMPER0;
    …
    volatile unsigned int CSI_DATA04;
    volatile unsigned int CSI_DATA05;
    volatile unsigned int CSI_DATA06;
    volatile unsigned int CSI_DATA07;
}IOMUX_SW_MUX_Type;

typedef struct
{
    volatile unsigned int DRAM_ADDR00;
    volatile unsigned int DRAM_ADDR01;
    …
    volatile unsigned int GRP_DDRPKE;
    volatile unsigned int GRP_DDRMODE;
    volatile unsigned int GRP_DDR_TYPE;
}IOMUX_SW_PAD_Type;

/*
 * GPIO 寄存器结构体
 */
typedef struct
{
    volatile unsigned int DR;
    volatile unsigned int GDIR;
    volatile unsigned int PSR;
    volatile unsigned int ICR1;
    volatile unsigned int ICR2;
    volatile unsigned int IMR;
    volatile unsigned int ISR;
    volatile unsigned int EDGE_SEL;
}GPIO_Type;


/*
 * 外设指针
 */
```

```
#define CCM                     ((CCM_Type *)CCM_BASE)
#define CCM_ANALOG              ((CCM_ANALOG_Type *)CCM_ANALOG_BASE)
#define IOMUX_SW_MUX            ((IOMUX_SW_MUX_Type *)IOMUX_SW_MUX_BASE)
#define IOMUX_SW_PAD            ((IOMUX_SW_PAD_Type *)IOMUX_SW_PAD_BASE)
#define GPIO1                   ((GPIO_Type *)GPIO1_BASE)
#define GPIO2                   ((GPIO_Type *)GPIO2_BASE)
#define GPIO3                   ((GPIO_Type *)GPIO3_BASE)
#define GPIO4                   ((GPIO_Type *)GPIO4_BASE)
#define GPIO5                   ((GPIO_Type *)GPIO5_BASE)
```

在编写寄存器组结构体时，注意寄存器的地址是否连续，有些外设的寄存器地址可能不是连续的，会有一些保留地址，因此需要在结构体中留出这些保留的寄存器。比如 CCM 的 CCGR6 寄存器地址为 0X020C4080，而寄存器 CMEOR 的地址为 0X020C4088。按照地址顺序递增的原理，寄存器 CMEOR 的地址应该是 0X020C4084，但是实际上 CMEOR 的地址是 0X020C4088，相当于中间跳过了 0X020C4088－0X020C4080＝8 字节，如果寄存器地址连续的话应该只差 4 字节(32 位)，但是现在差了 8 字节，所以需要在寄存器 CCGR6 和 CMEOR 中直接加入一个保留寄存器，这个就是“示例 7-3”中第 47 行 RESERVED_3[1]的来源。如果不添加保留位来占位的话就会导致寄存器地址错位。

在文件 main.c 中输入如示例 7-5 所示内容。

示例 7-5　main.c 文件代码

```
#include "imx6ul.h"

/*
 * @description  : 使能 I.MX6ULL 所有外设时钟
 * @param        : 无
 * @return       : 无
 */
void clk_enable(void)
{
    CCM->CCGR0 = 0XFFFFFFFF;
    CCM->CCGR1 = 0XFFFFFFFF;
    CCM->CCGR2 = 0XFFFFFFFF;
    CCM->CCGR3 = 0XFFFFFFFF;
    CCM->CCGR4 = 0XFFFFFFFF;
    CCM->CCGR5 = 0XFFFFFFFF;
    CCM->CCGR6 = 0XFFFFFFFF;
}

/*
 * @description  : 初始化 LED 对应的 GPIO
 * @param        : 无
 * @return       : 无
 */
void led_init(void)
{
    /* 1.初始化 I/O 复用 */
```

```
    IOMUX_SW_MUX->GPIO1_IO03 = 0X5;      /* 复用为 GPIO1_IO03 */


    /* 2.配置 GPIO1_IO03 的 I/O 属性
     *bit [16]      :0 HYS 关闭
     *bit [15:14]   : 00 默认下拉
     *bit [13]      : 0 keeper 功能
     *bit [12]      : 1 pull/keeper 使能
     *bit [11]      : 0 关闭开路输出
     *bit [7:6]     : 10 速度 100MHz
     *bit [5:3]     : 110 R0/R6 驱动能力
     *bit [0]       : 0 低转换率
     */
    IOMUX_SW_PAD->GPIO1_IO03 = 0X10B0;


    /* 3.初始化 GPIO */
    GPIO1->GDIR = 0X0000008;    /* GPIO1_IO03 设置为输出 */

    /* 4.设置 GPIO1_IO03 输出低电平,打开 LED0 */
    GPIO1->DR &= ~(1 << 3);

}

/*
 * @description  : 打开 LED 灯
 * @param        : 无
 * @return       : 无
 */
void led_on(void)
{
    /* 将 GPIO1_DR 的 bit3 清零      */
    GPIO1->DR &= ~(1 << 3);
}

/*
 * @description  : 关闭 LED 灯
 * @param        : 无
 * @return       : 无
 */
void led_off(void)
{
    /* 将 GPIO1_DR 的 bit3 置 1 */
    GPIO1->DR |= (1 << 3);
}

/*
 * @description  : 短时间延时函数
 * @param - n     : 延时的循环次数(空操作循环次数,模式延时)
 * @return        : 无
 */
void delay_short(volatile unsigned int n)
```

```
79  {
80      while(n--){}
81  }
82
83  /*
84   * @description    : 延时函数,在 396MHz 的主频下
85   *                   延时时间大约为 1ms
86   * @param - n      : 要延时的 ms 数
87   * @return         : 无
88   */
89  void delay(volatile unsigned int n)
90  {
91      while(n--)
92      {
93          delay_short(0x7ff);
94      }
95  }
96
97  /*
98   * @description    : main 函数
99   * @param          : 无
100  * @return         : 无
101  */
102 int main(void)
103 {
104     clk_enable();       /* 使能所有的时钟 */
105     led_init();         /* 初始化 led */
106
107     while(1)            /* 死循环 */
108     {
109         led_off();      /* 关闭 LED */
110         delay(500);     /* 延时 500ms */
111
112         led_on();       /* 打开 LED */
113         delay(500);     /* 延时 500ms */
114     }
115
116     return 0;
117 }
```

文件 main.c 中有 7 个函数,这 7 个函数的含义和第 6 章中的文件 main.c 一样,只是函数体写法变了,寄存器的访问采用 imx6ul.h 中定义的外设指针。比如第 27 行设置 GPIO1_IO03 的复用功能就可以通过 IOMUX_SW_MUX→GPIO1_IO03 来给寄存 SW_MUX_CTL_PAD_GPIO1_IO03 赋值。

7.4　编译、下载和验证

7.4.1　编写 Makefile 和链接脚本

Makefile 文件的内容基本和第 6 章的一样,如示例 7-6 所示。

示例 7-6 Makefile 文件代码

```
objs := start.o main.o

ledc.bin: $(objs)
    arm-linux-gnueabihf-ld -Timx6ul.lds -o ledc.elf $^
    arm-linux-gnueabihf-objcopy -O binary -S ledc.elf $@
    arm-linux-gnueabihf-objdump -D -m arm ledc.elf > ledc.dis

%.o: %.s
    arm-linux-gnueabihf-gcc -Wall -nostdlib -c -O2 -o $@ $<

%.o: %.S
    arm-linux-gnueabihf-gcc -Wall -nostdlib -c -O2 -o $@ $<

%.o: %.c
    arm-linux-gnueabihf-gcc -Wall -nostdlib -c -O2 -o $@ $<

clean:
    rm -rf *.o ledc.bin ledc.elf ledc.dis
```

链接脚本 imx6ul.lds 的内容和第 6 章一样，可以直接使用第 6 章的链接脚本文件。

7.4.2 编译和下载

使用 Make 命令编译代码，编译成功以后使用软件 imxdownload 将编译完成的 ledc.bin 文件下载到 SD 卡中，命令如下：

```
chmod 777 imxdownload                  //给予 imxdownload 可执行权限，一次即可
./imxdownload ledc.bin /dev/sdd        //烧写到 SD 卡中，不能烧写到/dev/sda 或 sda1 设备中
```

烧写成功以后将 SD 卡插到开发板的 SD 卡槽中，然后复位开发板，如果代码运行正常的话 LED0 就会以大约 500ms 的时间间隔亮灭，实验现象和第 6 章一样。

第8章

官方SDK移植实验

在第7章中，我们参考ST官方给STM32编写的stm32f10x.h——I.MX6ULL的寄存器定义文件。自己编写这些寄存器定义不仅费时费力，而且很容易写错，NXP官方为I.MX6ULL编写了SDK包。在SDK包里NXP已经编写好了寄存器定义文件，所以用户可以直接移植SDK包中的文件来用。本章就来讲解如何移植SDK包中重要的文件，方便开发。

8.1 官方SDK移植简介

NXP针对I.MX6ULL编写了一个SDK包，这个SDK包类似于STM32的STD库或者HAL库。这个SDK包提供了Windows和Linux两种版本，分别针对主机系统是Windows和Linux，这里我们使用Windows版本的。Windows版本SDK中的例程提供了IAR版本，既然NXP提供了IAR版本的SDK，那为什么不用IAR来完成裸机实验，偏偏要用复杂的GCC？因为我们要从简单的裸机开始掌握Linux下的GCC开发方法，包括Ubuntu操作系统的使用、Makefile的编写、shell等。如果一开始就使用IAR开发裸机，那么后续学习Uboot移植、Linux移植和Linux驱动开发就会很难上手，因为开发环境都不熟悉。不是所有的半导体厂商都会为Cortex-A架构的芯片编写裸机SDK包，笔者使用过很多的Cortex-A系列芯片，只有NXP给I.MX6ULL编写了裸机SDK包。说明在NXP的定位里，I.MX6ULL就是一个Cortex-A内核的高端单片机，定位类似ST的STM32H7。在这里就是想告诉大家，使用Cortex-A内核芯片时不要想着有类似STM32库一样的SDK，I.MX6ULL是一个特例，大部分Cortex-A内核的芯片都不会提供裸机SDK包。因此在使用STM32时那些用起来很顺手的库文件，在Cortex-A芯片下基本都需要自行编写，比如.s启动文件、寄存器定义等。

选择I.MX6ULL芯片的一个重要原因是因为其提供了I.MX6ULL的裸机SDK包，大家上手会很容易。I.MX6ULL的SDK包在NXP官网下载，下载界面如图8-1所示。

下载图8-1中的WIN版本SDK，也就是SDK2.2_iMX6ULL_WIN，我们已经下载好放到本书资源中，路径为"7、I.MX6U参考资料→3、I.MX6ULL SDK包→SDK_2.2_MCIM6ULL_RFP_Win"。双击SDK_2.2_MCIM6ULL_RFP_Win.exe安装SDK包，安装时需要设置好安装位置，安装完成以后的SDK包如图8-2所示。

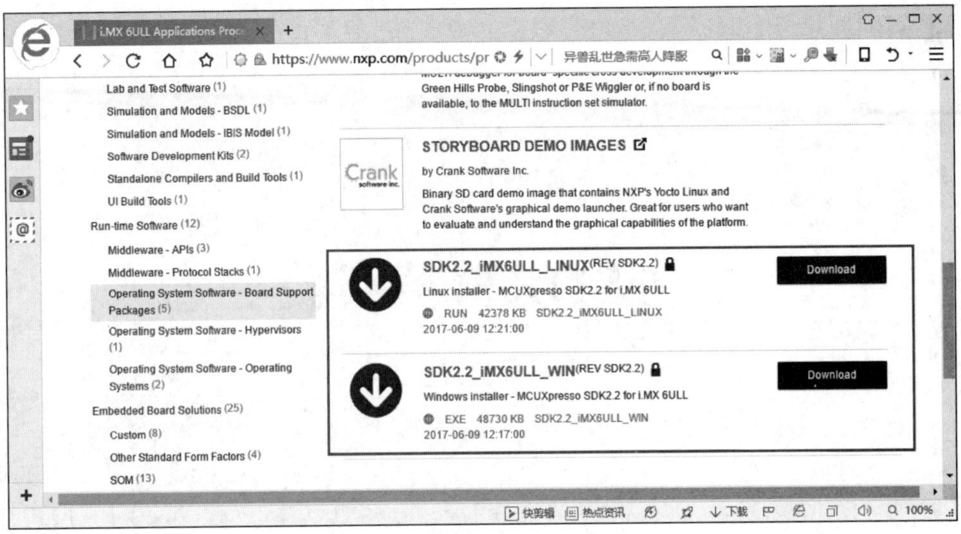

图 8-1　I. MX6ULL SDK 包下载界面

图 8-2　SDK 包

本教程不是讲解 SDK 包如何开发的，我们只是需要 SDK 包中的几个文件，所以就不去详细地讲解这个 SDK 包了，感兴趣的读者可以看一下所有的例程都在 boards 这个文件夹里，我们重点需要 SDK 包里与寄存器定义相关的文件，一共需要如下 3 个文件。

```
fsl_common.h: 位置为 SDK_2.2_MCIM6ULL\devices\MCIMX6Y2\drivers\fsl_common.h.
fsl_iomuxc.h: 位置为 SDK_2.2_MCIM6ULL\devices\MCIMX6Y2\drivers\fsl_iomuxc.h.
MCIMX6Y2.h: 位置为 SDK_2.2_MCIM6ULL\devices\MCIMX6Y2\MCIMX6YH2.h.
```

整个 SDK 包中只需要上面这 3 个文件，把这 3 个文件准备好，后面移植要用。

8.2　硬件原理分析

本章使用到的硬件资源就是一个 LED0。

8.3 实验程序编写

本实验对应的例程路径为"1、例程源码→1、裸机例程→4_ledc_sdk"。

8.3.1 SDK 文件移植

使用 VSCode 新建工程，将 fsl_common. h、fsl_iomuxc. h 和 MCIMX6Y2. h 这 3 个文件复制到工程中，这 3 个文件直接编译的话肯定会出错，需要对其做删减。因为这 3 个文件中的代码都比较大，所以就不详细列出这 3 个文件删减以后的内容了。大家可以参考我们提供的裸机例程来修改这 3 个文件。修改完成以后的工程目录如图 8-3 所示。

```
zuozhongkai@ubuntu:~/linux/4_ledc_sdk$ ls -a
.  ..  fsl_common.h  fsl_iomuxc.h  MCIMX6Y2.h  .vscode
zuozhongkai@ubuntu:~/linux/4_ledc_sdk$
```

图 8-3 工程目录

8.3.2 创建 cc. h 文件

新建一个名为 cc. h 的头文件，cc. h 中存放一些 SDK 库文件需要使用到的数据类型，在文件 cc. h 中输入如示例 8-1 所示内容。

示例 8-1 cc. h 文件代码

```
#ifndef __CC_H
#define __CC_H
/***************************************************************
Copyright © zuozhongkai Co., Ltd. 1998 - 2019. All rights reserved
文件名      : cc.h
作者        : 左忠凯
版本        : V1.0
描述        : 有关变量类型的定义,NXP 官方 SDK 的一些移植文件会用到
其他        : 无
日志        : 初版 V1.0 2019/1/3 左忠凯创建
***************************************************************/

/*
 * 自定义一些数据类型供库文件使用
 */
#define     __I     volatile
#define     __O     volatile
#define     __IO    volatile

#define      ON      1
#define      OFF     0

```

```
typedef   signed   char          int8_t;
typedef   signed   short  int    int16_t;
typedef   signed          int    int32_t;
typedef unsigned          char   uint8_t;
typedef unsigned   short  int    uint16_t;
typedef unsigned          int    uint32_t;
typedef unsigned   long   long   uint64_t;
typedef   signed   char          s8;
typedef   signed   short  int    s16;
typedef   signed   int           s32;
typedef   signed   long   long   int    s64;
typedef unsigned   char          u8;
typedef unsigned   short  int    u16;
typedef unsigned   int           u32;
typedef unsigned   long   long   int    u64;

#endif
```

在文件 cc.h 中定义了很多的数据类型，某些第三方库会用到这些变量类型。

8.3.3 编写实验代码

新建 start.S 和 main.c 这两个文件，文件 start.S 的内容和之前一样，直接复制过来就可以，创建完成以后工程目录如图 8-4 所示。

zuozhongkai@ubuntu:~/linux/4_ledc_sdk$ ls -a
. .. cc.h fsl_common.h fsl_iomuxc.h main.c MCIMX6Y2.h start.S .vscode
zuozhongkai@ubuntu:~/linux/4_ledc_sdk$

图 8-4　工程目录文件

在文件 main.c 中输入如示例 8-2 所示内容。

示例 8-2　main.c 文件代码

```
/***************************************************************
Copyright © zuozhongkai Co., Ltd. 1998-2019. All rights reserved
文件名   : main.c
作者     : 左忠凯
版本     : V1.0
描述     : I.MX6ULL 开发板裸机实验 4 使用 NXP 提供的 I.MX6ULL 官方 IAR SDK 包开发
其他     : 前面其他所有实验中,寄存器定义都是我们自己手写的,但是 I.MX6ULL 的寄存器有很多,全部
           自己写太费时间,而且没意义.NXP 官方提供了针对 I.MX6ULL 的 SDK 开发包,是基于 IAR 环境
           的,这个 SDK 包中已经提供了 I.MX6ULL 所有相关寄存器定义,虽然是针对 I.MX6ULL 编写的,
           但是同样适用于 I.MX6UL.本节我们就将相关的寄存器定义文件移植到 Linux 环境下,要移植
           的文件有:
           fsl_common.h
           fsl_iomuxc.h
           MCIMX6Y2.h
           自定义文件 cc.h
日志     : 初版 V1.0 2019/1/3 左忠凯创建
```

```
*************************************************************/
#include "fsl_common.h"
#include "fsl_iomuxc.h"
#include "MCIMX6Y2.h"

/*
 * @description  : 使能 I.MX6ULL 所有外设时钟
 * @param        : 无
 * @return       : 无
 */
void clk_enable(void)
{
    CCM->CCGR0 = 0XFFFFFFFF;
    CCM->CCGR1 = 0XFFFFFFFF;

    CCM->CCGR2 = 0XFFFFFFFF;
    CCM->CCGR3 = 0XFFFFFFFF;
    CCM->CCGR4 = 0XFFFFFFFF;
    CCM->CCGR5 = 0XFFFFFFFF;
    CCM->CCGR6 = 0XFFFFFFFF;

}

/*
 * @description  : 初始化 LED 对应的 GPIO
 * @param        : 无
 * @return       : 无
 */
void led_init(void)
{
    /* 1.初始化 IO 复用 */
    IOMUXC_SetPinMux(IOMUXC_GPIO1_IO03_GPIO1_IO03,0);

    /* 2.配置 GPIO1_IO03 的 IO 属性
     *bit [16]      : 0 HYS 关闭
     *bit [15:14]   : 00 默认下拉
     *bit [13]      : 0 keeper 功能
     *bit [12]      : 1 pull/keeper 使能
     *bit [11]      : 0 关闭开路输出
     *bit [7:6]     : 10 速度 100MHz
     *bit [5:3]     : 110 R0/R6 驱动能力
     *bit [0]       : 0 低转换率
     */
    IOMUXC_SetPinConfig(IOMUXC_GPIO1_IO03_GPIO1_IO03,0X10B0);

    /* 3.初始化 GPIO,设置 GPIO1_IO03 为输出 */
    GPIO1->GDIR |= (1 << 3);

    /* 4.设置 GPIO1_IO03 输出低电平,打开 LED0 */
    GPIO1->DR &= ~(1 << 3);
}

```

```
/*
 * @description    : 打开 LED 灯
 * @param          : 无
 * @return         : 无
 */
void led_on(void)
{
    /* 将 GPIO1_DR 的 bit3 清零     */
    GPIO1->DR &= ~(1 << 3);
}

/*
 * @description    : 关闭 LED 灯
 * @param          : 无
 * @return         : 无
 */
void led_off(void)
{
    /* 将 GPIO1_DR 的 bit3 置 1 */
    GPIO1->DR |= (1 << 3);
}

/*
 * @description    : 短时间延时函数
 * @param - n      : 延时的循环次数(空操作循环次数,模式延时)
 * @return         : 无
 */
void delay_short(volatile unsigned int n)
{
    while(n--){}
}

/*
 * @description    : 延时函数,在 396MHz 的主频下
 *                    延时时间大约为 1ms
 * @param - n      : 要延时的"ms"数
 * @return         : 无
 */
void delay(volatile unsigned int n)
{
    while(n--)
    {
        delay_short(0x7ff);
    }
}

/*
 * @description    : main 函数
 * @param          : 无
 * @return         : 无
 */
int main(void)
```

```
104 {
105     clk_enable();           /* 使能所有的时钟 */
106     led_init();             /* 初始化 led */
107
108     while(1)                /* 死循环 */
109     {
110         led_off();          /* 关闭 LED */
111         delay(500);         /* 延时 500ms */
112
113         led_on();           /* 打开 LED */
114         delay(500);         /* 延时 500ms */
115     }
116
117     return 0;
118 }
```

main.c 有 7 个函数，这 7 个函数的含义都一样，只是本例程使用的是移植好的 NXP 官方 SDK 中的寄存器定义。文件 main.c 的这 7 个函数的内容都很简单，我们重点来看一下 led_init 函数中的第 31 行和第 43 行，这两行的内容如下所示。

```
IOMUXC_SetPinMux(IOMUXC_GPIO1_IO03_GPIO1_IO03,     0);
IOMUXC_SetPinConfig(IOMUXC_GPIO1_IO03_GPIO1_IO03,  0X10B0);
```

这里使用了两个函数 IOMUXC_SetPinMux 和 IOMUXC_SetPinConfig，其中 IOMUXC_SetPinMux 函数是用来设置 I/O 复用功能的，最终设置的是寄存器 IOMUXC_SW_MUX_CTL_PAD_XX。IOMUXC_SetPinConfig 函数设置的是 I/O 的上/下拉电阻、速度等，也就是寄存器 IOMUXC_SW_PAD_CTL_PAD_XX，具体数据如下所示。

```
IOMUX_SW_MUX->GPIO1_IO03 = 0X5;
IOMUX_SW_PAD->GPIO1_IO03 = 0X10B0;
```

IOMUXC_SetPinMux 函数在文件 fsl_iomuxc.h 中定义，函数源码如下所示。

```
static inline void IOMUXC_SetPinMux(uint32_t muxRegister,
                                    uint32_t muxMode,
                                    uint32_t inputRegister,
                                    uint32_t inputDaisy,
                                    uint32_t configRegister,
                                    uint32_t inputOnfield)
{
    *((volatile uint32_t *)muxRegister) =
        IOMUXC_SW_MUX_CTL_PAD_MUX_MODE(muxMode) |
        IOMUXC_SW_MUX_CTL_PAD_SION(inputOnfield);

    if (inputRegister)
    {
        *((volatile uint32_t *)inputRegister) =
                IOMUXC_SELECT_INPUT_DAISY(inputDaisy);
    }
}
```

IOMUXC_SetPinMux 函数有 6 个参数，这 6 个参数的函数如下所示。

muxRegister：I/O 的复用寄存器地址，比如 GPIO1_IO03 的 I/O 复用寄存器 SW_MUX_CTL_PAD_GPIO1_IO03 的地址为 0X020E0068。

muxMode：I/O 复用值，即 ALT0～ALT8，对应数字 0～8，比如要将 GPIO1_IO03 设置为 GPIO 功能时此参数就要设置为 5。

inputRegister：外设输入 I/O 选择寄存器地址，有些 I/O 在设置为其他的复用功能以后还需要设置 I/O 输入寄存器，比如 GPIO1_IO03 要复用为 UART1_RX 的话还需要设置寄存器 UART1_RX_DATA_SELECT_INPUT，此寄存器地址为 0X020E0624。

inputDaisy：寄存器 inputRegister 的值，比如 GPIO1_IO03 要作为 UART1_RX 引脚时，此参数就是 1。

configRegister：未使用，IOMUXC_SetPinConfig 函数会使用这个寄存器。

inputOnfield：I/O 软件输入使能，以 GPIO1_IO03 为例就是寄存器 SW_MUX_CTL_PAD_GPIO1_IO03 的 SION 位(bit4)。如果需要使能 GPIO1_IO03 的软件输入功能，此参数应该为 1，否则为 0。

IOMUXC_SetPinMux 的函数体很简单，就是根据参数对寄存器 muxRegister 和 inputRegister 进行赋值。在"示例 8-2"中的 31 行使用此函数，将 GPIO1_IO03 的复用功能设置为 GPIO，如下所示。

```
IOMUXC_SetPinMux(IOMUXC_GPIO1_IO03_GPIO1_IO03,0);
```

第一次看到上面代码时读者肯定会奇怪，为何只有两个参数？不是应该 6 个参数吗？我们先看 IOMUXC_GPIO1_IO03_GPIO1_IO03，这个宏在文件 fsl_iomuxc.h 中有定义，NXP 的 SDK 库将 I/O 的所有复用功能都定义了一个宏，比如 GPIO1_IO03 就有如下 9 个宏定义。

```
IOMUXC_GPIO1_IO03_I2C1_SDA
IOMUXC_GPIO1_IO03_GPT1_COMPARE3
IOMUXC_GPIO1_IO03_USB_OTG2_OC
IOMUXC_GPIO1_IO03_USDHC1_CD_B
IOMUXC_GPIO1_IO03_GPIO1_IO03
IOMUXC_GPIO1_IO03_CCM_DI0_EXT_CLK
IOMUXC_GPIO1_IO03_SRC_TESTER_ACK
IOMUXC_GPIO1_IO03_UART1_RX
IOMUXC_GPIO1_IO03_UART1_TX
```

上面 9 个宏定义分别对应着 GPIO1_IO03 的 9 种复用功能，比如复用为 GPIO 的宏定义如下所示。

```
#define IOMUXC_GPIO1_IO03_GPIO1_IO03   0x020E0068U, 0x5U,  0x00000000U,
                                       0x0U,               0x020E02F4U
```

将这个宏带入到"示例 8-2"的 31 行以后如下所示。

```
IOMUXC_SetPinMux (0x020E0068U, 0x5U, 0x00000000U, 0x0U, 0x020E02F4U,0);
```

这样就与 IOMUXC_SetPinMux 函数的 6 个参数对应起来了，如果要将 GPIO1_IO03 复用为 I2C1_SDA 时就可以使用如下代码：

```
IOMUXC_SetPinMux(IOMUXC_GPIO1_IO03_I2C1_SDA,  0);
```

IOMUXC_SetPinMux 函数就讲解到这里，接下来看一下 IOMUXC_SetPinConfig 函数，此函数同样在文件 fsl_iomuxc.h 中有定义，函数源码如下所示。

```
static inline void IOMUXC_SetPinConfig(uint32_t muxRegister,
                                       uint32_t muxMode,
                                       uint32_t inputRegister,
                                       uint32_t inputDaisy,
                                       uint32_t configRegister,
                                       uint32_t configValue)
{
    if (configRegister)
    {
        *((volatile uint32_t *)configRegister) = configValue;
    }
}
```

IOMUXC_SetPinConfig 函数也有 6 个参数，其中前 5 个参数和 IOMUXC_SetPinMux 函数一样，但是此函数只使用了 configRegister 和 configValue 参数，cofigRegister 参数是 I/O 配置寄存器地址，比如 GPIO1_IO03 的 I/O 配置寄存器为 IOMUXC_SW_PAD_CTL_PAD_GPIO1_IO03，其地址为 0X020E02F4，configValue 参数就是要写入到寄存器 configRegister 的值。同理，"示例 8-2"的 43 行展开以后如下所示。

```
IOMUXC_SetPinConfig(0x020E0068U,0x5U,0x00000000U,0x0U,0x020E02F4U,0X10B0);
```

根据 IOMUXC_SetPinConfig 函数的源码可以知道，上面函数就是将寄存器 0x020E02F4 的值设置为 0X10B0。IOMUXC_SetPinMux 函数和 IOMUXC_SetPinConfig 函数就讲解到这里，以后就可以使用这两个函数来方便地配置 I/O 的复用功能和 I/O 配置。

我们使用了 NXP 官方写好的寄存器定义，另讲解了中断函数 IOMUXC_SetPinMux 和 IOMUXC_SetPinConfig。

8.4 编译、下载和验证

8.4.1 编写 Makefile 和链接脚本

新建 Makefile 文件，Makefile 文件内容如示例 8-3 所示。

示例 8-3　Makefile 文件代码

```
CROSS_COMPILE   ?= arm-linux-gnueabihf-
NAME            ?= ledc

CC              := $(CROSS_COMPILE)gcc
LD              := $(CROSS_COMPILE)ld
OBJCOPY         := $(CROSS_COMPILE)objcopy
OBJDUMP         := $(CROSS_COMPILE)objdump

OBJS            := start.o main.o

$(NAME).bin:$(OBJS)
    $(LD) -Timx6ul.lds -o $(NAME).elf $^
    $(OBJCOPY) -O binary -S $(NAME).elf $@
    $(OBJDUMP) -D -m arm $(NAME).elf > $(NAME).dis

%.o:%.s
    $(CC) -Wall -nostdlib -c -O2 -o $@ $<

%.o:%.S
    $(CC) -Wall -nostdlib -c -O2 -o $@ $<

%.o:%.c
    $(CC) -Wall -nostdlib -c -O2 -o $@ $<

clean:
    rm -rf *.o $(NAME).bin $(NAME).elf $(NAME).dis
```

8.4.2　编译和下载

使用 Make 命令编译代码，编译成功以后使用软件 imxdownload 将编译完成的文件 ledc.bin 下载到 SD 卡中，命令如下所示。

```
chmod 777 imxdownload                 //给予 imxdownload 可执行权限，一次即可
./imxdownload ledc.bin /dev/sdd       //烧写到 SD 卡中，不能烧写到/dev/sda 或 sda1 设备中
```

烧写成功以后将 SD 卡插到开发板的 SD 卡槽中，然后复位开发板，如果代码运行正常时 LED0 就会以 500ms 的时间间隔闪烁，实验现象和之前一样。

第9章

BSP工程管理实验

在前面的章节中，我们将所有的源码文件放到工程的根目录下，如果工程文件比较少的话这样做无可厚非，但是如果工程源文件达到几十、甚至数百个时，这样全部放到根目录下就会使工程显得混乱不堪。所以必须对工程文件做管理，将不同功能的源码文件放到不同的目录中。另外我们也需要将源码文件中能完成同一个功能的代码提取出来放到一个单独的文件中，也就是对程序分功能管理。本章就来学习如何对一个工程进行整理，使其美观，功能模块清晰，易于阅读。

9.1 BSP 工程管理简介

打开上一章的工程根目录，如图 9-1 所示。

```
zuozhongkai@ubuntu:~/linux/4_ledc_sdk$ ls -a
.   cc.h          fsl_iomuxc.h  imxdownload               load.imx  Makefile     start.S
..  fsl_common.h  imx6ul.lds    ledc_sdk.code-workspace  main.c    MCIMX6Y2.h   .vscode
zuozhongkai@ubuntu:~/linux/4_ledc_sdk$
```

图 9-1 工程根目录

在图 9-1 中将所有的源码文件都放到工程根目录下，即使这个工程只是完成了一个简单的流水灯的功能，其工程根目录下的源码文件就很多。所以需要对这个工程进行整理，将源码文件分模块、分功能整理。打开一个 STM32 的例程，如图 9-2 所示。

名称	修改日期	类型	大小
CORE	2017-12-25 12:55	文件夹	
HARDWARE	2017-12-25 12:55	文件夹	
OBJ	2017-12-25 12:55	文件夹	
STM32F10x_FWLib	2017-12-25 12:55	文件夹	
SYSTEM	2017-12-25 12:55	文件夹	
USER	2017-12-25 12:55	文件夹	
keilkilll.bat	2011-04-23 10:24	Windows 批处理文件	1 KB
README.TXT	2015-03-23 20:17	文本文档	2 KB

图 9-2 STM32F103 例程工程文件

图 9-2 中的工程目录就很美观，不同的功能模块文件放到不同的文件夹中，比如驱动文件就放到 HARDWARE 文件夹中，ST 的官方库就放到 STM32F10x_FWLib 文件夹中，编译产生的过程文件放到 OBJ 文件夹中。我们新建名为 5_ledc_bsp 的文件夹，在里面新建 bsp、imx6ul、obj 和 project 这 4 个文件夹，完成以后如图 9-3 所示。

zuozhongkai@ubuntu:~/linux/5_ledc_bsp$ ls
bsp imx6ul obj project
zuozhongkai@ubuntu:~/linux/5_ledc_bsp$

图 9-3　新建的工程根目录文件夹

其中，bsp 用来存放驱动文件；imx6ul 用来存放跟芯片有关的文件，比如 NXP 官方的 SDK 库文件；obj 用来存放编译生成的 .o 文件；project 存放 start.S 和 main.c 文件，也就是应用文件。

将实验中的 cc.h、fsl_common.h、fsl_iomuxc.h 和 MCIMX6Y2.h 这 4 个文件复制到文件夹 imx6ul 中；将 start.S 和 main.c 这两个文件复制到文件夹 project 中。前面实验中所有的驱动相关的函数都写到了文件 main.c 中，比如 clk_enable、led_init 和 delay 函数，这 3 个函数可以分为 3 类：时钟驱动、LED 驱动和延时驱动。因此可以在 bsp 文件夹下创建 3 个子文件夹：clk、delay 和 led，分别用来存放时钟驱动文件、延时驱动文件和 LED 驱动文件，这样 main.c 函数就会清爽很多，程序功能模块清晰。工程文件夹都创建好了，接下来就是编写代码了，其实就是将时钟驱动、LED 驱动和延时驱动相关的函数从 main.c 中提取出来做成一个独立的驱动文件。

9.2　硬件原理分析

本章使用到的硬件资源就是一个 LED0。

9.3　实验程序编写

本实验对应的路径为“1、裸机例程→5_ledc_bsp”。

使用 VSCode 新建工程，工程名字为 ledc_bsp。

9.3.1　创建 imx6ul.h 文件

新建文件 imx6ul.h，然后保存到文件夹 imx6ul 中，在文件 imx6ul.h 中输入如示例 9-1 所示内容。

示例 9-1　imx6ul.h 文件代码

```
#ifndef __IMX6UL_H
#define __IMX6UL_H
/***************************************************************
Copyright © zuozhongkai Co., Ltd. 1998 - 2019. All rights reserved
文件名     : imx6ul.h
作者       : 左忠凯
版本       : V1.0
描述       : 包含一些常用的头文件
```

```
其他        : 无
论坛        : www.openedv.com
日志        : 初版 V1.0 2019/1/3 左忠凯创建
******************************************************************/
#include "cc.h"
#include "MCIMX6Y2.h"
#include "fsl_common.h"
#include "fsl_iomuxc.h"

#endif
```

在其他文件中任意引用 imx6ul.h 就可以了。

9.3.2 编写 led 驱动代码

新建 bsp_led.h 和 bsp_led.c 两个文件，将这两个文件存放到 bsp/led 中，在文件 bsp_led.h 中输入如示例 9-2 所示内容。

示例 9-2 bsp_led.h 文件代码

```
#ifndef __BSP_LED_H
#define __BSP_LED_H
#include "imx6ul.h"
/******************************************************************
Copyright © zuozhongkai Co., Ltd. 1998-2019. All rights reserved
文件名      : bsp_led.h
作者        : 左忠凯
版本        : V1.0
描述        : LED 驱动头文件
其他        : 无
论坛        : www.openedv.com
日志        : 初版 V1.0 2019/1/4 左忠凯创建
******************************************************************/

#define LED0 0

/* 函数声明 */
void led_init(void);
void led_switch(int led, int status);
#endif
```

文件 bsp_led.h 的内容很简单，就是一些函数声明，在文件 bsp_led.c 中输入如示例 9-3 所示内容。

示例 9-3 bsp_led.c 文件代码

```
#include "bsp_led.h"
/******************************************************************
Copyright © zuozhongkai Co., Ltd. 1998-2019. All rights reserved
文件名      : bsp_led.c
```

```
作者         : 左忠凯
版本         : V1.0
描述         : LED 驱动文件
其他         : 无
论坛         : www.openedv.com
日志         : 初版 V1.0 2019/1/4 左忠凯创建
***************************************************************/

/*
 * @description     : 初始化 LED 对应的 GPIO
 * @param           : 无
 * @return          : 无
 */
void led_init(void)
{
    /* 1.初始化 I/O 复用 */
    IOMUXC_SetPinMux(IOMUXC_GPIO1_IO03_GPIO1_IO03,0);

    /* 2.配置 GPIO1_IO03 的 I/O 属性 */
    IOMUXC_SetPinConfig(IOMUXC_GPIO1_IO03_GPIO1_IO03,0X10B0);

    /* 3.初始化 GPIO,GPIO1_IO03 设置为输出 */
    GPIO1->GDIR |= (1 << 3);

    /* 4.设置 GPIO1_IO03 输出低电平,打开 LED0 */
    GPIO1->DR &= ~(1 << 3);
}

/*
 * @description          : LED 控制函数,控制 LED 打开还是关闭
 * @param - led          : 要控制的 LED 灯编号
 * @param - status       : 0,关闭 LED0,1 打开 LED0
 * @return               : 无
 */
void led_switch(int led, int status)
{
    switch(led)
    {
        case LED0:
                if(status == ON)
                    GPIO1->DR &= ~(1<<3);        /* 打开 LED0 */
                else if(status == OFF)
                    GPIO1->DR |= (1<<3);         /* 关闭 LED0 */
                break;
    }
}
```

文件 bsp_led.c 中就两个函数 led_init 和 led_switch,led_init 函数用来初始化 LED 所使用的 I/O,led_switch 函数是控制 LED 灯的打开和关闭,这两个函数都很简单。

9.3.3 编写时钟驱动代码

新建 bsp_clk.h 和 bsp_clk.c 两个文件，将这两个文件存放到 bsp/clk 中，在文件 bsp_clk.h 中输入如示例 9-4 所示内容。

示例 9-4 bsp_clk.h 文件代码

```
#ifndef __BSP_CLK_H
#define __BSP_CLK_H
/***************************************************************
Copyright © zuozhongkai Co., Ltd. 1998-2019. All rights reserved
文件名      : bsp_clk.h
作者        : 左忠凯
版本        : V1.0
描述        : 系统时钟驱动头文件
其他        : 无
论坛        : www.openedv.com
日志        : 初版 V1.0 2019/1/4 左忠凯创建
***************************************************************/

#include "imx6ul.h"

/* 函数声明 */
void clk_enable(void);

#endif
```

文件 bsp_clk.h 很简单，在文件 bsp_clk.c 中输入如示例 9-5 所示内容。

示例 9-5 bsp_clk.c 文件代码

```
#include "bsp_clk.h"

/***************************************************************
Copyright © zuozhongkai Co., Ltd. 1998-2019. All rights reserved
文件名      : bsp_clk.c
作者        : 左忠凯
版本        : V1.0
描述        : 系统时钟驱动
其他        : 无
论坛        : www.openedv.com
日志        : 初版 V1.0 2019/1/4 左忠凯创建
***************************************************************/

/*
 * @description    : 使能 I.MX6U 所有外设时钟
 * @param          : 无
 * @return         : 无
 */
void clk_enable(void)
```

```
{
    CCM->CCGR0 = 0XFFFFFFFF;
    CCM->CCGR1 = 0XFFFFFFFF;
    CCM->CCGR2 = 0XFFFFFFFF;
    CCM->CCGR3 = 0XFFFFFFFF;
    CCM->CCGR4 = 0XFFFFFFFF;
    CCM->CCGR5 = 0XFFFFFFFF;
    CCM->CCGR6 = 0XFFFFFFFF;
}
```

文件 bsp_clk.c 只有一个 clk_enable 函数，用来使能所有的外设时钟。

9.3.4 编写延时驱动代码

新建 bsp_delay.h 和 bsp_delay.c 两个文件，将这两个文件存放到 bsp/delay 中，在文件 bsp_delay.h 中输入如示例 9-6 所示内容。

示例 9-6 bsp_delay.h 文件代码

```
#ifndef __BSP_DELAY_H
#define __BSP_DELAY_H
/***************************************************************
Copyright © zuozhongkai Co., Ltd. 1998-2019. All rights reserved
文件名    : bsp_delay.h
作者      : 左忠凯
版本      : V1.0
描述      : 延时头文件
其他      : 无
论坛      : www.openedv.com
日志      : 初版 V1.0 2019/1/4 左忠凯创建
***************************************************************/
#include "imx6ul.h"

/* 函数声明 */
void delay(volatile unsigned int n);

#endif
```

在文件 bsp_delay.c 中输入如示例 9-7 所示内容。

示例 9-7 bsp_delay.c 文件代码

```
/***************************************************************
Copyright © zuozhongkai Co., Ltd. 1998-2019. All rights reserved
文件名    : bsp_delay.c
作者      : 左忠凯
版本      : V1.0
描述      : 延时文件
其他      : 无
论坛      : www.openedv.com
```

```
日志      : 初版 V1.0 2019/1/4 左忠凯创建
***************************************************************/
#include "bsp_delay.h"

/*
 * @description    : 短时间延时函数
 * @param - n      : 延时的循环次数(空操作循环次数,模式延时)
 * @return         : 无
 */
void delay_short(volatile unsigned int n)
{
    while(n--){}
}

/*
 * @description    : 延时函数,在 396MHz 的主频下
 *                   延时时间大约为 1ms
 * @param - n      : 要延时的"ms"数
 * @return         : 无
 */
void delay(volatile unsigned int n)
{
    while(n--)
    {
        delay_short(0x7ff);
    }
}
```

文件 bsp_delay.c 中就两个函数 delay_short 和 delay。它们是文件 main.c 中的函数。

9.3.5 修改 main.c 文件

led 驱动、延时驱动和时钟驱动相关的函数全部都写到了文件 main.c 中,在前几节我们已经将这些驱动根据功能模块放置到相应的地方,所以文件 main.c 中的内容就得修改,将文件 main.c 中的内容改为如示例 9-8 所示内容。

示例 9-8 main.c 文件代码

```
/***************************************************************
Copyright © zuozhongkai Co., Ltd. 1998-2019. All rights reserved
文件名    : main.c
作者      : 左忠凯
版本      : V1.0
描述      : I.MX6U 开发板裸机实验 5 BSP 形式的 LED 驱动
其他      : 本实验学习目的:
            1.将各个不同的文件进行分类,学习如何整理工程,就和学习 STM32 一样创建工程的各个文件夹
              分类,实现工程文件的分类化和模块化,便于管理
            2.深入学习 Makefile,学习 Makefile 的高级技巧,学习编写通用 Makefile
```

```
日志        : 初版 V1.0 2019/1/4 左忠凯创建
*************************************************************/
#include "bsp_clk.h"
#include "bsp_delay.h"
#include "bsp_led.h"

/*
 * @description     : main 函数
 * @param           : 无
 * @return          : 无
 */
int main(void)
{
    clk_enable();           /* 使能所有的时钟 */
    led_init();             /* 初始化 led */

    while(1)
    {
        /* 打开 LED0 */
        led_switch(LED0,ON);
        delay(500);

        /* 关闭 LED0 */
        led_switch(LED0,OFF);
        delay(500);
    }

    return 0;
}
```

在 main.c 中仅仅留下了 main 函数，至此，本例程跟程序相关的内容就全部编写好了。

9.4 编译、下载和验证

9.4.1 编写 Makefile 和链接脚本

在工程根目录下新建 Makefile 和 imx6ul.lds 这两个文件，创建完成以后的工程如图 9-4 所示。

```
zuozhongkai@ubuntu:~/linux/5_ledc_bsp$ ls -a
.  ..  bsp  imx6ul  imx6ul.lds  ledc_bsp.code-workspace  Makefile  obj  project  .vscode
zuozhongkai@ubuntu:~/linux/5_ledc_bsp$
```

图 9-4 最终的工程目录

在文件 Makefile 中输入如示例 9-9 所示内容。

示例 9-9 Makefile 文件代码

```
CROSS_COMPILE       ?= arm-linux-gnueabihf-
TARGET              ?= bsp

```

```
CC              := $(CROSS_COMPILE)gcc
LD              := $(CROSS_COMPILE)ld
OBJCOPY         := $(CROSS_COMPILE)objcopy
OBJDUMP         := $(CROSS_COMPILE)objdump

INCDIRS         := imx6ul \
                   bsp/clk \
                   bsp/led \
                   bsp/delay

SRCDIRS         := project \
                   bsp/clk \
                   bsp/led \
                   bsp/delay

INCLUDE         := $(patsubst %, -I %, $(INCDIRS))

SFILES          := $(foreach dir, $(SRCDIRS), $(wildcard $(dir)/*.S))
CFILES          := $(foreach dir, $(SRCDIRS), $(wildcard $(dir)/*.c))

SFILENDIR       := $(notdir  $(SFILES))
CFILENDIR       := $(notdir  $(CFILES))

SOBJS           := $(patsubst %, obj/%, $(SFILENDIR:.S=.o))
COBJS           := $(patsubst %, obj/%, $(CFILENDIR:.c=.o))
OBJS            := $(SOBJS) $(COBJS)

VPATH           := $(SRCDIRS)

.PHONY: clean

$(TARGET).bin : $(OBJS)
	$(LD) -Timx6ul.lds -o $(TARGET).elf $^
	$(OBJCOPY) -O binary -S $(TARGET).elf $@
	$(OBJDUMP) -D -m arm $(TARGET).elf > $(TARGET).dis

$(SOBJS) : obj/%.o : %.S
	$(CC) -Wall -nostdlib -c -O2  $(INCLUDE) -o $@  $<

$(COBJS) : obj/%.o : %.c
	$(CC) -Wall -nostdlib -c -O2  $(INCLUDE) -o $@  $<

clean:
	rm -rf $(TARGET).elf $(TARGET).dis $(TARGET).bin $(COBJS) $(SOBJS)
```

可以看出本章实验的 Makefile 文件要比前面的实验复杂很多,因为"示例 9-9"中的 Makefile 代码是一个通用 Makefile,以后所有的裸机例程都使用这个 Makefile。使用时只要将所需要编译的源文件目录添加到 Makefile 中即可,接下来详细地分析一下"示例 9-9"中的 Makefile 源码。

第 1～7 行定义了一些变量，除了第 2 行以外其他都是跟编译器有关的，如果使用其他编译器的话只需要修改第 1 行即可。第 2 行的变量 TARGET 表示目标名字，不同的例程名字不一样。

第 9 行的变量 INCDIRS 包含整个工程的.h 头文件目录，文件中的所有头文件目录都要添加到变量 INCDIRS 中。比如本例程中包含.h 头文件的目录有 imx6ul、bsp/clk、bsp/delay 和 bsp/led，就需要在变量 INCDIRS 中添加这些目录，如下所示。

```
INCDIRS := imx6ul bsp/clk bsp/led bsp/delay
```

仔细观察会发现第 9～11 行后面都会有一个符号“\”，这个相当于“换行符”，表示本行和下一行属于同一行，一般一行写不下时就用符号“\”来换行。在后面的裸机例程中我们会根据实际情况在变量 INCDIRS 中添加头文件目录。

第 14 行是变量 SRCDIRS，和变量 INCDIRS 一样，只是 SRCDIRS 包含的是整个工程的所有.c 和.S 文件目录。比如本例程包含有.c 和.S 的目录有 bsp/clk、bsp/delay、bsp/led 和 project，如下所示。

```
SRCDIRS := project bsp/clk bsp/led bsp/delay
```

同样的，后面的裸机例程中也要根据实际情况在变量 SRCDIRS 中添加相应的文件目录。

第 19 行的变量 INCLUDE 使用到了 patsubst 函数，通过 patsubst 函数给变量 INCDIRS 添加一个-I，如下所示。

```
INCLUDE := -I imx6ul -I bsp/clk -I bsp/led -I bsp/delay
```

加-I 的目的是因为 Makefile 语法要求指明头文件目录时需要加上-I。

第 21 行变量 SFILES 保存工程中所有的.s 汇编文件(包含绝对路径)，变量 SRCDIRS 已经存放了工程中所有的.c 和.S 文件，所以只需要从中挑出所有的.S 汇编文件即可，这里借助了 foreach 函数和 wildcard 函数，最终 SFILES 如下所示。

```
SFILES := project/start.S
```

第 22 行变量 CFILES 和变量 SFILES 一样，只是 CFILES 保存工程中所有的.c 文件(包含绝对路径)，最终 CFILES 如下所示。

```
CFILES = project/main.c bsp/clk/bsp_clk.c bsp/led/bsp_led.c bsp/delay/bsp_delay.c
```

第 24 和 25 行的变量 SFILENDIR 和 CFILENDIR 包含所有的.S 汇编文件和.c 文件，相比变量 SFILES 和 CFILES，SFILENDIR 和 CFILNDIR 只是文件名，不包含文件的绝对路径。使用函数 notdir 将 SFILES 和 CFILES 中的路径去掉即可，SFILENDIR 和 CFILENDIR 如下所示。

```
SFILENDIR = start.S
CFILENDIR = main.c bsp_clk.c bsp_led.c bsp_delay.c
```

第 27 和 28 行的变量 SOBJS 和 COBJS 是.S 和.c 文件编译以后对应的.o 文件目录，默认所有的文件编译出来的.o 文件和源文件在同一个目录中，这里将所有的.o 文件都放到 obj 文件夹下，

SOBJS 和 COBJS 内容如下所示。

```
SOBJS = obj/start.o
COBJS = obj/main.o obj/bsp_clk.o obj/bsp_led.o obj/bsp_delay.o
```

第 29 行变量 OBJS 是变量 SOBJS 和 COBJS 的集合，如下：

```
OBJS = obj/start.o obj/main.o obj/bsp_clk.o obj/bsp_led.o obj/bsp_delay.o
```

编译完成以后所有的.o 文件就全部存放到了 obj 目录下，如图 9-5 所示。

图 9-5 编译完成后的 obj 文件夹

第 31 行的 VPATH 是指定搜索目录的，这里指定的搜索目录就是变量 SRCDIRS 所保存的目录，这样当编译时所需的.S 和.c 文件就会在 SRCDIRS 中指定的目录中查找。

第 33 行指定了一个伪目标 clean，伪目标前面讲解 Makefile 时已经说过。

第 35～47 行就很熟悉了，前面都已经详细地讲解过了。

“示例 9-9”中的 Makefile 文件内容重点工作是找到要编译哪些文件？编译的.o 文件存放到哪里？使用到的编译命令和前面实验使用的一样，其实 Makefile 的重点工作就是解决“从哪里来到哪里去的”问题，也就是找到要编译的源文件，找到编译结果存放的位置？真正的编译命令很简洁。

链接脚本 imx6ul.lds 的内容基本和前面一样，主要是文件 start.o 路径不同，本章所使用的 imx6ul.lds 链接脚本内容如示例 9-10 所示。

示例 9-10 imx6ul.lds 链接脚本

```
1  SECTIONS{
2   . = 0X87800000;
3   .text :
4   {
5       obj/start.o
6       *(.text)
7   }
8   .rodata ALIGN(4) : {*(.rodata*)}
9   .data ALIGN(4)   : { *(.data) }
10  __bss_start = .;
11  .bss ALIGN(4)  : { *(.bss)  *(COMMON) }
12  __bss_end = .;
13 }
```

注意第 5 行设置的文件 start.o 路径，这里和上一章的链接脚本不同。

9.4.2 编译和下载

使用 Make 命令编译代码，编译成功以后使用软件 imxdownload 将编译完成的文件 bsp.bin 下载到 SD 卡中，命令如下所示。

```
chmod 777 imxdownload                   //给予 imxdownload 可执行权限,一次即可
./imxdownload bsp.bin /dev/sdd          //烧写到 SD 卡中,不能烧写到/dev/sda 或 sda1 设备中
```

烧写成功以后将 SD 卡插到开发板的 SD 卡槽中，然后复位开发板，如果代码运行正常的话 LED0 就会以 500ms 的时间间隔闪烁，实验现象和之前一样。

第10章

蜂鸣器实验

前面的实验中驱动 LED 灯亮灭属于 GPIO 的输出控制，本章再巩固一下 I. MX6U 的 GPIO 输出控制，在 I. MX6U-ALPHA 开发板上有一个有源蜂鸣器，通过 I/O 输出高低电平即可控制蜂鸣器的开关，本质上也属于 GPIO 的输出控制。

10.1 有源蜂鸣器简介

蜂鸣器常用于计算机、打印机、报警器、电子玩具等电子产品中，常用的蜂鸣器有两种：有源蜂鸣器和无源蜂鸣器。这里的有“源”不是电源，而是震荡源，有源蜂鸣器内部带有震荡源，所以有源蜂鸣器只要通电就会鸣叫。无源蜂鸣器内部不带震荡源，直接用直流电是驱动不起来的，需要 2～5kHz 的方波驱动。I. MX6ULL-ALPHA 开发板使用的是有源蜂鸣器，因此只要给其供电就会工作，I. MX6ULL-ALPHA 开发板所使用的有源蜂鸣器如图 10-1 所示。

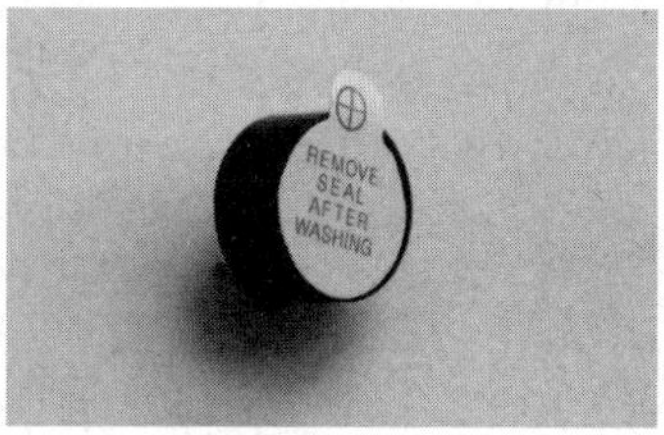

图 10-1 有源蜂鸣器

有源蜂鸣器只要通电就会鸣叫，所以做一个供电电路，这个供电电路可以由一个 I/O 来控制其通断，一般使用三极管来搭建这个电路。为什么我们不能像控制 LED 灯一样，直接将 GPIO 接到蜂鸣器的负极，通过 I/O 输出高低电平来控制蜂鸣器的通断。因为蜂鸣器工作的电流比 LED 灯要大，直接将蜂鸣器接到 I. MX6U 的 GPIO 上有可能会烧毁 I/O，所以需要通过一个三极管来间接地控制蜂鸣器的通断，相当于加了一层隔离。本章就驱动 I. MX6ULL-ALPHA 开发板上的有源蜂鸣器，使其周期性的“嘀、嘀、嘀……”鸣叫。

10.2 硬件原理分析

蜂鸣器的硬件原理图如图 10-2 所示。

图 10-2 中通过一个 PNP 型的三极管 8550 来驱动蜂鸣器，通过 SNVS_TAMPER1 这个 I/O 来控制三极管 Q1 的导通，当 SNVS_TAMPER1 输出低电平时 Q1 导通，相当于蜂鸣器的正极连接到

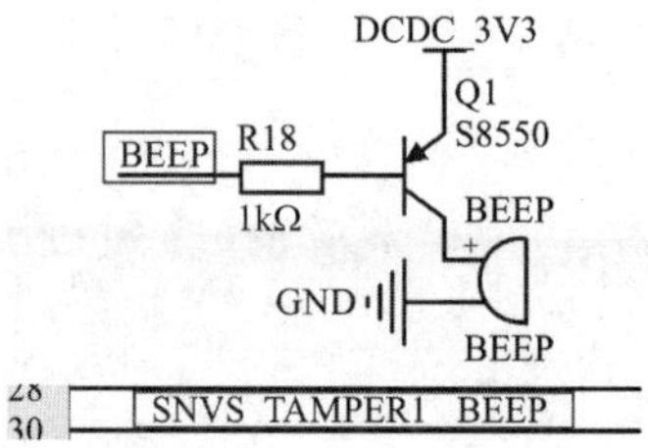

图 10-2　蜂鸣器原理图

DCDC_3V3，蜂鸣器形成一个通路，因此蜂鸣器会鸣叫。同理，当 SNVS_TAMPER1 输出高电平时 Q1 不导通，那么蜂鸣器就没有形成一个通路，因此蜂鸣器也就不会鸣叫。

10.3　实验程序编写

本实验对应的例程路径为"1、裸机例程→6_beep"。

新建文件夹 6_beep，然后将上一章实验中的所有内容复制到刚刚新建的 6_beep 中，复制完成以后的工程如图 10-3 所示。

```
zuozhongkai@ubuntu:~/linux/6_beep$ ls -a
.  ..  bsp  imx6ul  imx6ul.lds  imxdownload  load.imx  Makefile  obj  project  .vscode
zuozhongkai@ubuntu:~/linux/6_beep$
```

图 10-3　工程文件夹

新建 VSCode 工程，工程创建完成以后在 bsp 文件夹下新建名为 beep 的文件夹，蜂鸣器驱动文件都放到 beep 文件夹中。

新建文件 beep.h，保存到 bsp/beep 文件夹中，在文件 beep.h 中输入如示例 10-1 所示内容。

示例 10-1　beep.h 文件代码

```
#ifndef __BSP_BEEP_H
#define __BSP_BEEP_H

#include "imx6ul.h"

/* 函数声明 */
void beep_init(void);
void beep_switch(int status);
#endif
```

文件 beep.h 很简单，就是函数声明。新建文件 beep.c，然后在文件 beep.c 中输入如示例 10-2 所示内容。

示例 10-2　beep.c 文件代码

```
#include "bsp_beep.h"

/*
 * @description   : 初始化蜂鸣器对应的 I/O
```

```
 * @param            : 无
 * @return           : 无
 */
void beep_init(void)
{
    /* 1.初始化 I/O 复用,复用为 GPIO5_IO01 */
    IOMUXC_SetPinMux(IOMUXC_SNVS_SNVS_TAMPER1_GPIO5_IO01,0);

    /* 2.配置 GPIO1_IO03 的 I/O 属性    */
    IOMUXC_SetPinConfig(IOMUXC_SNVS_SNVS_TAMPER1_GPIO5_IO01,0X10B0);

    /* 3.初始化 GPIO,GPIO5_IO01 设置为输出 */
    GPIO5->GDIR |= (1 << 1);

    /* 4.设置 GPIO5_IO01 输出高电平,关闭蜂鸣器 */
    GPIO5->DR |= (1 << 1);
}

/*
 * @description          : 蜂鸣器控制函数,控制蜂鸣器打开还是关闭
 * @param - status       : 0,关闭蜂鸣器,1 打开蜂鸣器
 * @return               : 无
 */
void beep_switch(int status)
{
    if(status == ON)
        GPIO5->DR &= ~(1 << 1); /* 打开蜂鸣器 */
    else if(status == OFF)
        GPIO5->DR |= (1 << 1);  /* 关闭蜂鸣器 */
}
```

文件 beep.c 一共有两个函数：beep_init 和 beep_switch。其中 beep_init 函数用来初始化 BEEP 所使用的 GPIO，也就是 SNVS_TAMPER1，将其复用为 GPIO5_IO01，和上一章的 LED 灯初始化函数一样。beep_switch 函数用来控制 BEEP 的开关，也就是设置 GPIO5_IO01 的高低电平。

最后在文件 main.c 中输入如示例 10-3 所示内容。

示例 10-3　main.c 文件代码

```
#include "bsp_clk.h"
#include "bsp_delay.h"
#include "bsp_led.h"
#include "bsp_beep.h"

/*
 * @description      : main 函数
 * @param            : 无
 * @return           : 无
 */
int main(void)
{
    clk_enable();           /* 使能所有的时钟 */
    led_init();             /* 初始化 led */
```

```
    beep_init();                  /* 初始化 beep */

while(1)
{
    /* 打开 LED0 和蜂鸣器 */
    led_switch(LED0,ON);
    beep_switch(ON);
    delay(500);

    /* 关闭 LED0 和蜂鸣器 */
    led_switch(LED0,OFF);
    beep_switch(OFF);
    delay(500);
}

return 0;
}
```

文件 main.c 中只有一个 main 函数，main 函数先使能所有的外设时钟，然后初始化 led 和 beep。最终在 while(1)循环中周期性地开关 LED 灯和蜂鸣器，周期大约为 500ms，main.c 的内容也比较简单。

10.4 编译、下载和验证

10.4.1 编写 Makefile 和链接脚本

使用通用 Makefile，修改变量 TARGET 为 beep，在变量 INCDIRS 和 SRCDIRS 中追加 bsp/beep，修改完成以后如示例 10-4 所示。

示例 10-4 Makefile 文件代码

```
CROSS_COMPILE  ?= arm-linux-gnueabihf-
TARGET         ?= beep

/* 省略掉其他代码...... */

INCDIRS        :=  imx6ul \
                   bsp/clk \
                   bsp/led \
                   bsp/delay  \
                   bsp/beep

SRCDIRS        :=  project \
                   bsp/clk \
                   bsp/led \
                   bsp/delay \
                   bsp/beep

```

```
18 /* 省略掉其他代码...... */
19
20 clean:
21   rm -rf $(TARGET).elf $(TARGET).dis $(TARGET).bin $(COBJS) $(SOBJS)
```

第 2 行修改目标的名称为 beep。

第 10 行在变量 INCDIRS 中添加蜂鸣器驱动头文件路径，也就是文件 beep.h 的路径。

第 16 行在变量 SRCDIRS 中添加蜂鸣器驱动文件路径，也就是文件 beep.c 的路径。

链接脚本就使用 imx6ul.lds 即可。

10.4.2 编译和下载

使用 Make 命令编译代码，编译成功以后使用软件 imxdownload 将编译完成的文件 beep.bin 下载到 SD 卡中，命令如下所示。

```
chmod 777 imxdownload                  //给予 imxdownload 可执行权限，一次即可
./imxdownload beep.bin /dev/sdd        //烧写到 SD 卡中，不能烧写到/dev/sda 或 sda1 设备中
```

烧写成功以后将 SD 卡插到开发板的 SD 卡槽中，然后复位开发板。如果代码运行正常的话 LED 灯亮时蜂鸣器鸣叫，当 LED 灯灭时蜂鸣器不鸣叫，周期为 500ms。通过本章的学习，我们进一步巩固了 I.MX6U 的 I/O 输出控制，下一章学习如何实现 I.MX6U 的 I/O 输入控制。

第11章

按键输入实验

前面实验都是讲解如何使用 I. MX6ULL 的 GPIO 输出控制功能,I. MX6ULL 的 I/O 不仅能作为输出,而且也可以作为输入。I. MX6ULL-ALPHA 开发板上有一个按键,按键连接了一个 I/O,将这个 I/O 配置为输入功能,读取这个 I/O 的值即可获取按键的状态(按下或松开)。本章通过这个按键来控制蜂鸣器的开关,我们会掌握如何将 I. MX6ULL 的 I/O 作为输入来使用。

11.1 按键输入简介

按键有两个状态: 按下或弹起,将按键连接到一个 I/O 上,通过读取这个 I/O 的值就知道按键状态。至于按键按下时是高电平还是低电平则要根据实际电路来判断。当 GPIO 连接按键时要做为输入使用,本章的主要工作就是配置按键所连接的 I/O 为输入功能,然后读取这个 I/O 的值来判断按键是否按下。

I. MX6ULL-ALPHA 开发板上有一个按键 KEY0,会编写代码通过这个 KEY0 按键来控制开发板上的蜂鸣器,按下 KEY0 蜂鸣器打开,再按一下蜂鸣器就关闭。

11.2 硬件原理分析

本实验用到的硬件有:

(1) LED0。

(2) 蜂鸣器。

(3) 1 个按键 KEY0。

按键 KEY0 的原理图如图 11-1 所示。

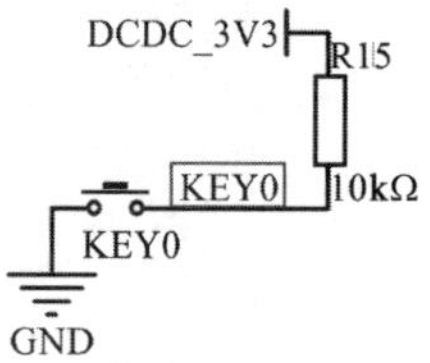

图 11-1 按键原理图

从图 11-1 可以看出,按键 KEY0 是连接到 I. MX6ULL 的 UART1_CTS 这个 I/O 上的,KEY0 接了一个 10kΩ 的上拉电阻,因此 KEY0 没有按下时 UART1_CTS 应该是高电平,当 KEY0 按下以后 UART1_CTS 就是低电平。

11.3 实验程序编写

本实验对应的例程路径为“1、裸机例程→7_key”。

本实验在上一章实验例程的基础上完成，重新创建 VSCode 工程，工作区名字为 key，在工程目录的 bsp 文件夹中创建名为 key 和 gpio 的两个文件夹。按键相关的驱动文件都放到 key 文件夹中，本章实验对 GPIO 的操作编写一个函数集合，即编写一个 GPIO 驱动文件，GPIO 的驱动文件放到 gpio 文件夹中。

新建 bsp_gpio.c 和 bsp_gpio.h 这两个文件，将这两个文件都保存到刚刚创建的 bsp/gpio 文件夹中，然后在文件 bsp_gpio.h 中输入如示例 11-1 所示内容。

示例 11-1 bsp_gpio.h 文件代码

```
#ifndef _BSP_GPIO_H
#define _BSP_GPIO_H
#define _BSP_KEY_H
#include "imx6ul.h"
/***************************************************************
Copyright © zuozhongkai Co., Ltd. 1998-2019. All rights reserved
文件名   : bsp_gpio.h
作者     : 左忠凯
版本     : V1.0
描述     : GPIO操作文件头文件
其他     : 无
论坛     : www.openedv.com
日志     : 初版 V1.0 2019/1/4 左忠凯创建
***************************************************************/

/* 枚举类型和结构体定义 */
typedef enum _gpio_pin_direction
{
    kGPIO_DigitalInput = 0U,              /* 输入 */
    kGPIO_DigitalOutput = 1U,             /* 输出 */
} gpio_pin_direction_t;

/* GPIO配置结构体 */
typedef struct _gpio_pin_config
{
    gpio_pin_direction_t direction;       /* GPIO方向,输入还是输出 */
    uint8_t outputLogic;                  /* 如果是输出的话,默认输出电平 */
} gpio_pin_config_t;


/* 函数声明 */
void gpio_init(GPIO_Type *base, int pin, gpio_pin_config_t *config);
int gpio_pinread(GPIO_Type *base, int pin);
void gpio_pinwrite(GPIO_Type *base, int pin, int value);

#endif
```

文件 bsp_gpio.h 中定义了一个枚举类型 gpio_pin_direction_t 和结构体 gpio_pin_config_t，枚举类型 gpio_pin_direction_t 表示 GPIO 方向，输入或输出。结构体 gpio_pin_config_t 是 GPIO 的配置结构体，里面有 GPIO 的方向和默认输出电平两个成员变量。在文件 bsp_gpio.c 中输入如示例 11-2 所示内容。

示例 11-2　bsp_gpio.c 文件代码

```
#include "bsp_gpio.h"
/***************************************************************
Copyright © zuozhongkai Co., Ltd. 1998-2019. All rights reserved
文件名    : bsp_gpio.h
作者      : 左忠凯
版本      : V1.0
描述      : GPIO 操作文件
其他      : 无
论坛      : www.openedv.com
日志      : 初版 V1.0 2019/1/4 左忠凯创建
***************************************************************/

/*
 * @description      : GPIO 初始化
 * @param - base     : 要初始化的 GPIO 组
 * @param - pin      : 要初始化 GPIO 在组内的编号
 * @param - config   : GPIO 配置结构体.
 * @return           : 无
 */
void gpio_init(GPIO_Type *base, int pin, gpio_pin_config_t *config)
{
    if(config->direction == kGPIO_DigitalInput)     /* 输入 */
    {
        base->GDIR &= ~( 1 << pin);
    }
     else               /* 输出 */
    {
        base->GDIR |= 1 << pin;
        gpio_pinwrite(base,pin, config->outputLogic);     /* 默认电平 */
    }
}

 /*
  * @description     : 读取指定 GPIO 的电平值
  * @param - base    : 要读取的 GPIO 组
  * @param - pin     : 要读取的 GPIO 脚号
  * @return          : 无
  */
 int gpio_pinread(GPIO_Type *base, int pin)
 {
    return (((base->DR) >> pin) & 0x1);
 }

 /*
```

```
 * @description       : 指定 GPIO 输出高或者低电平
 * @param - base      : 要输出的 GPIO 组
 * @param - pin       : 要输出的 GPIO 引脚号
 * @param - value     : 要输出的电平,1 输出高电平, 0 输出低低电平
 * @return            : 无
 */
void gpio_pinwrite(GPIO_Type *base, int pin, int value)
{
    if (value == 0U)
    {
        base->DR &= ~(1U << pin);               /* 输出低电平 */
    }
    else
    {
        base->DR |= (1U << pin);                /* 输出高电平 */
    }
}
```

文件 bsp_gpio.c 中有 3 个函数：gpio_init、gpio_pinread 和 gpio_pinwrite，gpio_init 函数用于初始化指定的 GPIO 引脚，最终配置的是 GDIR 寄存器。gpio_init 有 3 个参数，这 3 个参数的含义如下所示。

base：要初始化的 GPIO 所属于的 GPIO 组，比如 GPIO1_IO18 就属于 GPIO1 组。

pin：要初始化 GPIO 在组内的标号，比如 GPIO1_IO18 在组内的编号就是 18。

config：要初始化的 GPIO 配置结构体，用来指定 GPIO 配置为输出还是输入。

gpio_pinread 函数是读取指定的 GPIO 值，也就是读取 DR 寄存器的指定位，此函数有两个参数和一个返回值，参数含义如下所示。

base：要读取的 GPIO 所属于的 GPIO 组，比如 GPIO1_IO18 就属于 GPIO1 组。

pin：要读取的 GPIO 在组内的标号，比如 GPIO1_IO18 在组内的编号就是 18。

返回值：读取到的 GPIO 值，为 0 或者 1。

gpio_pinwrite 函数是控制指定的 GPIO 引脚输入高电平(1)或者低电平(0)，就是设置 DR 寄存器的指定位，此函数有 3 个参数，参数含义如下所示。

base：要设置的 GPIO 所属于的 GPIO 组，比如 GPIO1_IO18 就属于 GPIO1 组。

pin：要设置的 GPIO 在组内的标号，比如 GPIO1_IO18 在组内的编号就是 18。

value：要设置的值，1(高电平)或者 0(低电平)。

我们以后就可以使用 gpio_init 函数设置指定 GPIO 为输入还是输出，使用 gpio_pinread 和 gpio_pinwrite 函数来读写指定的 GPIO。

接下来编写按键驱动文件，新建 bsp_key.c 和 bsp_key.h 这两个文件，将这两个文件都保存到刚刚创建的 bsp/key 文件夹中，然后在文件 bsp_key.h 中输入如示例 11-3 所示内容。

示例 11-3　bsp_key.h 文件代码

```
#ifndef _BSP_KEY_H
#define _BSP_KEY_H
#include "imx6ul.h"
```

```
/**************************************************************
Copyright © zuozhongkai Co., Ltd. 1998-2019. All rights reserved
文件名    : bsp_key.h
作者      : 左忠凯
版本      : V1.0
描述      : 按键驱动头文件
其他      : 无
论坛      : www.openedv.com
日志      : 初版 V1.0 2019/1/4 左忠凯创建
**************************************************************/

/* 定义按键值 */
enum keyvalue{
    KEY_NONE    = 0,
    KEY0_VALUE,
};

/* 函数声明 */
void key_init(void);
int key_getvalue(void);

#endif
```

文件 bsp_key.h 中定义了一个枚举类型 keyvalue，此枚举类型表示按键值，因为 I.MX6ULL-ALPHA 开发板上只有一个按键，因此枚举类型中只到 KEY0_VALUE。在文件 bsp_key.c 中输入如示例 11-4 所示内容。

示例 11-4　bsp_key.c 文件代码

```
#include "bsp_key.h"
#include "bsp_gpio.h"
#include "bsp_delay.h"
/**************************************************************
Copyright © zuozhongkai Co., Ltd. 1998-2019. All rights reserved
文件名    : bsp_key.c
作者      : 左忠凯
版本      : V1.0
描述      : 按键驱动文件
其他      : 无
论坛      : www.openedv.com
日志      : 初版 V1.0 2019/1/4 左忠凯创建
**************************************************************/

/*
 * @description     : 初始化按键
 * @param           : 无
 * @return          : 无
 */
void key_init(void)
{
```

```
    gpio_pin_config_t key_config;

      /* 1.初始化 I/O复用，复用为 GPIO1_IO18 */
    IOMUXC_SetPinMux(IOMUXC_UART1_CTS_B_GPIO1_IO18, 0);

    /* 2.配置 UART1_CTS_B 的 I/O 属性
      *bit 16:0 HYS 关闭
      *bit [15:14]: 11 默认 22kΩ 上拉电阻
      *bit [13]: 1 pull 功能
      *bit [12]: 1 pull/keeper 使能
      *bit [11]: 0 关闭开路输出
      *bit [7:6]: 10 速度 100MHz
      *bit [5:3]: 000 关闭输出
      *bit [0]: 0 低转换率
     */
    IOMUXC_SetPinConfig(IOMUXC_UART1_CTS_B_GPIO1_IO18, 0xF080);

    /* 3.初始化 GPIO GPIO1_IO18 设置为输入 */
    key_config.direction = kGPIO_DigitalInput;
    gpio_init(GPIO1,18, &key_config);

}

/*
 * @description     : 获取按键值
 * @param           : 无
 * @return          : 0 没有按键按下,其他值对应的按键值
 */
int key_getvalue(void)
{
    int ret = 0;
    static unsigned char release = 1;       /* 按键松开 */

    if((release == 1)&&(gpio_pinread(GPIO1, 18) == 0)) /* KEY0 按下 */
    {
        delay(10);                          /* 延时消抖 */
        release = 0;                        /* 标记按键按下 */
        if(gpio_pinread(GPIO1, 18) == 0)
            ret = KEY0_VALUE;
    }
    else if(gpio_pinread(GPIO1, 18) == 1)   /* KEY0 未按下 */
    {
        ret = 0;
        release = 1;                        /* 标记按键释放 */
    }

    return ret;
}
```

文件 bsp_key.c 中一共有两个函数：key_init 和 key_getvalue，key_init 函数是按键初始化函数，用来初始化按键所使用的 UART1_CTS 这个 I/O。key_init 函数先设置 UART1_CTS 复用为 GPIO1_IO18，然后配置 UART1_CTS 这个 I/O 接口的速度为 100MHz，默认 22kΩ 上拉电阻。最后调用函数 gpio_init 来设置 GPIO1_IO18 为输入功能。

key_getvalue 函数用于获取按键值，此函数没有参数，只有一个返回值。返回值表示按键值，返回值为 0 则没有按键按下，如果返回其他值则对应的按键按下了。获取按键值其实就是不断地读取 GPIO1_IO18 的值，如果按键按下，相应的 I/O 被拉低，那么 GPIO1_IO18 值就为 0，如果按键未按下 GPIO1_IO18 的值就为 1。此函数中静态局部变量 release 表示按键是否释放。

“示例 11-4”中的第 57 行是按键消抖延时函数，延时时间大约为 10ms，用于消除按键抖动。理想型的按键电压变化过程如图 11-2 所示。

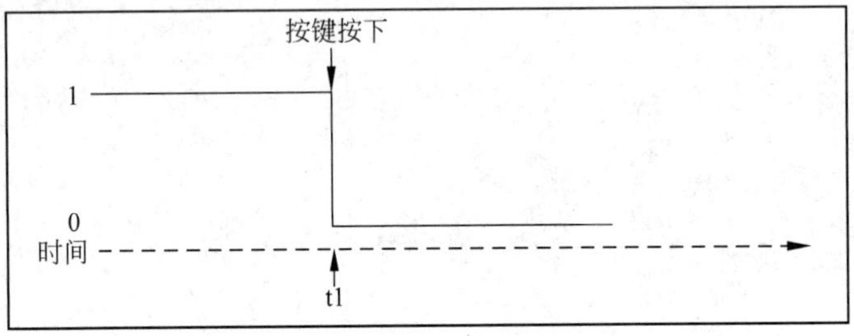

图 11-2　理想的按键电压变化过程

在图 11-2 中，按键没有按下时值为 1，当在 t1 时刻按键被按下以后值就变为 0，这是最理想的状态。但是实际的按键是机械结构，实际的按键电压变化过程如图 11-3 所示。

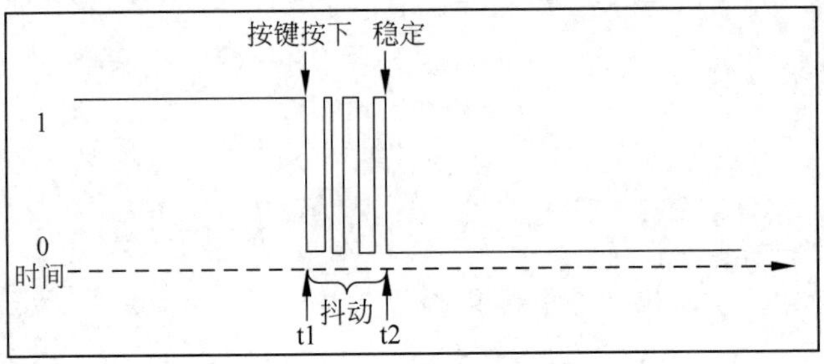

图 11-3　实际的按键电压变化过程

在图 11-3 中 t1 时刻按键被按下，但是由于抖动的原因，直到 t2 时刻才稳定下来，t1～t2 这段时间就是抖动。一般这段时间大约十几毫秒，从图 11-3 可以看出，在抖动期间会有多次触发，因此软件在读取 I/O 值时，会得到“多次按下”的错误信号，导致误判的发生。所以需要跳过这段抖动时间再去读取按键的 I/O 值，是至少要在 t2 时刻以后再去读 I/O 值。在“示例 11-4”中的 57 行延时了大约 10ms 后，再去读取 GPIO1_IO18 的 I/O 值，如果此时按键的值依旧是 0，那么就表示这是一次有效的按键触发。

按键驱动就讲解到这里，在文件 main.c 中输入如示例 11-5 所示内容。

示例 11-5　main.c 文件代码

```
/***************************************************************
Copyright © zuozhongkai Co., Ltd. 1998-2019. All rights reserved
文件名    : main.c
作者      : 左忠凯
版本      : V1.0
描述      : I.MX6ULL 开发板裸机实验 7 按键输入实验
其他      : 本实验主要学习如何配置 I.MX6ULL 的 GPIO 作为输入来使用,通过
            开发板上的按键控制蜂鸣器的开关
论坛      : www.openedv.com
日志      : 初版 V1.0 2019/1/4 左忠凯创建
***************************************************************/
#include "bsp_clk.h"
#include "bsp_delay.h"
#include "bsp_led.h"
#include "bsp_beep.h"
#include "bsp_key.h"

/*
 * @description     : main 函数
 * @param           : 无
 * @return          : 无
 */
int main(void)
{
    int i = 0;
    int keyvalue = 0;
    unsigned char led_state = OFF;
    unsigned char beep_state = OFF;

    clk_enable();       /* 使能所有的时钟 */
    led_init();         /* 初始化 led */
    beep_init();        /* 初始化 beep */
    key_init();         /* 初始化 key */

    while(1)
    {
        keyvalue = key_getvalue();
        if(keyvalue)
        {
            switch (keyvalue)
            {
                case KEY0_VALUE:
                  beep_state = !beep_state;
                  beep_switch(beep_state);
                 break;
            }
        }
        i++;
        if(i == 50)
```

```
        {
            i = 0;
            led_state = !led_state;
            led_switch(LED0, led_state);
        }
        delay(10);
    }
    return 0;
}
```

main.c 函数先初始化 led 灯、蜂鸣器和按键，然后在 while(1)循环中不断地调用函数 key_getvalue 来读取按键值，如果 KEY0 按下则打开/关闭蜂鸣器。LED0 作为系统提示指示灯闪烁，闪烁周期大约为 500ms。本章例程的软件编写结束，接下来是编译下载验证。

11.4 编译、下载和验证

11.4.1 编写 Makefile 和链接脚本

使用通用 Makefile 编写代码，修改变量 TARGET 为 key，在变量 INCDIRS 和 SRCDIRS 中追加 bsp/gpio 和 bsp/key，修改完成以后如示例 11-6 所示。

示例 11-6 Makefile 文件代码

```
CROSS_COMPILE   ?= arm-linux-gnueabihf-
TARGET          ?= key

 /* 省略掉其他代码...... */

INCDIRS         := imx6ul \
                   bsp/clk \
                   bsp/led \
                   bsp/delay  \
                   bsp/beep \
                   bsp/gpio \
                   bsp/key

SRCDIRS         :=  project \
                   bsp/clk \
                   bsp/led \
                   bsp/delay \
                   bsp/beep \
                   bsp/gpio \
                   bsp/key

/* 省略掉其他代码...... */

clean:
 rm -rf $(TARGET).elf $(TARGET).dis $(TARGET).bin $(COBJS) $(SOBJS)
```

第 2 行修改变量 TARGET 为 key，目标名称为 key。

第 11、12 行在变量 INCDIRS 中添加 GPIO 和按键驱动头文件(.h)路径。

第 19、20 行在变量 SRCDIRS 中添加 GPIO 和按键驱动文件(.c)路径。

链接脚本就使用第 13 章实验中的链接脚本文件 imx6ul.lds 即可。

11.4.2　编译和下载

使用 Make 命令编译代码，编译成功以后使用软件 imxdownload 将编译完成的 key.bin 文件下载到 SD 卡中，命令如下所示。

```
chmod 777 imxdownload                  //给予 imxdownload 可执行权限，一次即可
./imxdownload key.bin /dev/sdd         //烧写到 SD 卡中，不能烧写到/dev/sda 或 sda1 设备中
```

烧写成功以后将 SD 卡插到开发板的 SD 卡槽中，然后复位开发板。如果代码运行正常的话 LED0 会以大约 500ms 周期闪烁，按下开发板上的 KEY0 按键，蜂鸣器打开，再按下 KEY0 按键，蜂鸣器关闭。

第12章

主频和时钟配置实验

在前面的实验中都没有涉及到 I. MX6ULL 的时钟和主频配置操作，全部使用默认配置，默认配置下 I. MX6ULL 工作频率为 396MHz。但是 I. MX6ULL 标准的工作频率为 792MHz，有些为 528MHz，视具体芯片而定，本书用的都是 792MHz 的芯片。本章学习 I. MX6ULL 的时钟系统，学习如何配置 I. MX6ULL 的系统时钟和其他的外设时钟，使其工作频率为 792MHz，其他的外设时钟源都工作在 NXP 推荐的频率。

12.1 I. MX6ULL 时钟系统详解

I. MX6ULL 的系统主频为 792MHz，但是默认情况下内部 boot rom 会将 I. MX6ULL 的主频设置为 396MHz。我们在使用 I. MX6ULL 时肯定是要发挥它的最大性能，那么主频要设置到 792MHz，其他的外设时钟也要设置到 NXP 推荐的值。I. MX6ULL 的系统时钟在《I. MX6ULL 参考手册》的第 10 章和第 18 章有详细的讲解。

12.1.1 系统时钟来源

打开 I. MX6ULL-ALPHA 开发板原理图，开发板时钟原理图如图 12-1 所示。

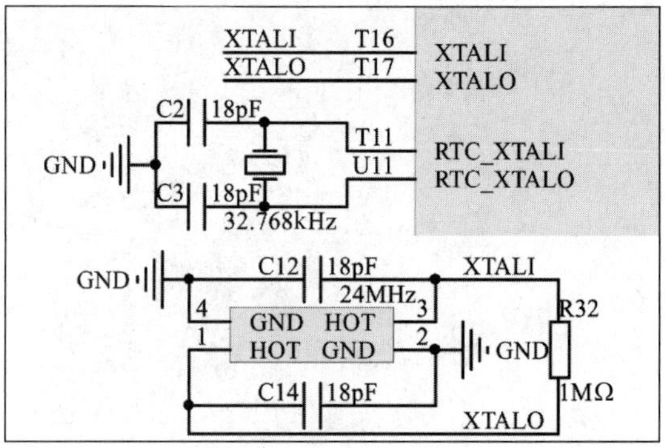

图 12-1 开发板时钟原理图

从图 12-1 可以看出，I. MX6ULL-ALPHA 开发板的系统时钟来源于两部分：32.768KHz 和 24MHz 的晶振，其中 32.768KHz 晶振是 I. MX6ULL 的 RTC 时钟源，24MHz 晶振是 I. MX6ULL 内核和其他外设的时钟源，也是我们重点要分析的。

12.1.2 7 路 PLL 时钟源

I. MX6ULL 的外设有很多，不同的外设时钟源不同，NXP 将这些外设的时钟源进行了分组，一共有 7 组。这 7 组时钟源都是从 24MHz 晶振 PLL 而来的，因此也叫做 7 组 PLL，这 7 组 PLL 结构如图 12-2 所示。

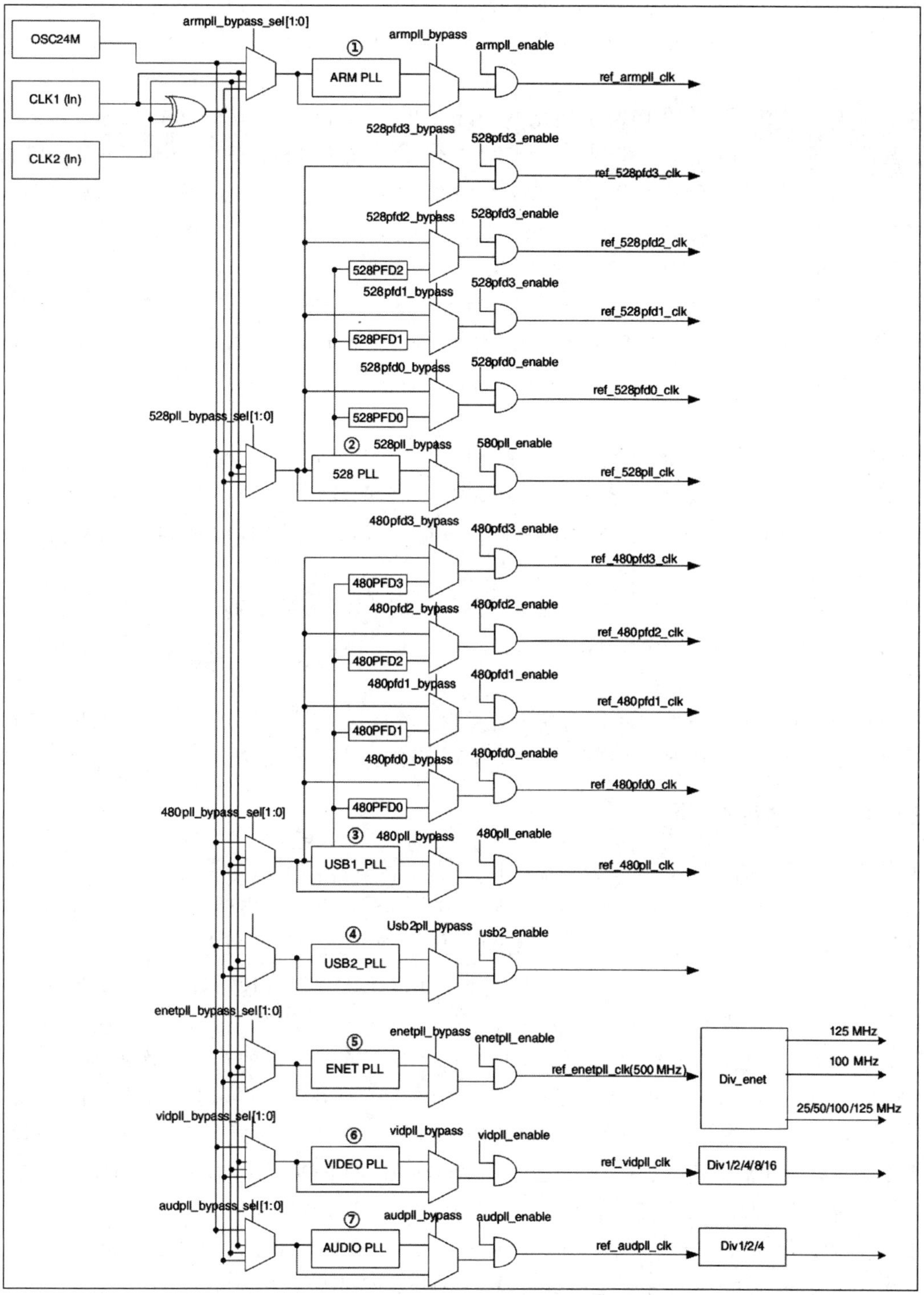

图 12-2 初级 PLLs 时钟源生成图

图 12-2 展示了 7 个 PLL 的关系，依次来看这 7 个 PLL 的作用。

① ARM_PLL(PLL1)，此路 PLL 是供 ARM 内核使用的，ARM 内核时钟就是由此 PLL 生成的，此 PLL 通过编程的方式最高可倍频到 1.3GHz。

② 528_PLL(PLL2)，此路 PLL 也叫做 System_PLL。此路 PLL 是固定的 22 倍频，不可编程修改。因此，此路 PLL 时钟＝24MHz×22＝528MHz，这也是为什么此 PLL 叫做 528_PLL 的原因。此 PLL 分出了 4 路 PFD，分别为 PLL2_PFD0～PLL2_PFD3，这 4 路 PFD 和 528_PLL 共同作为其他很多外设的根时钟源。通常 528_PLL 和这 4 路 PFD 是 I.MX6ULL 内部系统总线的时钟源，比如内处理逻辑单元、DDR 接口、NAND/NOR 接口等。

③ USB1_PLL(PLL3)，此路 PLL 主要用于 USBPHY，此 PLL 也有四路 PFD，为 PLL3_PFD0～PLL3_PFD3。USB1_PLL 是固定的 20 倍频，因此 USB1_PLL＝24MHz×20＝480MHz。USB1_PLL 虽然主要用于 USB1PHY，但是其和四路 PFD 同样也可以作为其他外设的根时钟源。

④ USB2_PLL(就是 PLL7，虽然序号标为 4，但是实际是 PLL7)，看名字就知道此路 PLL 是给 USB2PHY 使用的。同样的，此路 PLL 固定为 20 倍频，因此也是 480MHz。

⑤ ENET_PLL(PLL6)，此路 PLL 固定为 20＋5/6 倍频，因此 ENET_PLL＝24MHz×(20＋5/6)＝500MHz。此路 PLL 用于生成网络所需的时钟，可以在此 PLL 的基础上生成 25/50/100/125MHz 的网络时钟。

⑥ VIDEO_PLL(PLL5)，此路 PLL 用于显示相关的外设，比如 LCD。此路 PLL 的倍频可以调整，PLL 的输出范围在 650～1300MHz。此路 PLL 在最终输出时还可以进行分频，可选 1/2/4/8/16 分频。

⑦ AUDIO_PLL(PLL4)，此路 PLL 用于音频相关的外设，此路 PLL 的倍频可以调整。PLL 的输出范围同样也是 650～1300MHz，此路 PLL 在最终输出时也可以进行分频，可选 1/2/4 分频。

12.1.3 时钟树简介

上一节讲解了 7 路 PLL，I.MX6ULL 的所有外设时钟源都是从这 7 路 PLL 和某类 PLL 的 PFD 而来的，这些外设究竟是如何选择 PLL 或者 PFD 的？这个就要借助《IMX6ULL 参考手册》中的时钟树了，在第 18 章的 18.3 小节给出了 I.MX6ULL 详细的时钟树图，如图 12-3 所示。

在图 12-3 中一共有 3 部分：CLOCK_SWITCHER、CLOCK ROOT GENERATOR 和 SYSTEM CLOCKS。其中左边的 CLOCK_SWITCHER 就是 7 路 PLL 和 8 路 PFD，右边的 SYSTEM CLOCKS 就是芯片外设，中间的 CLOCK ROOT GENERATOR 是最复杂的，给左边的 CLOCK_SWITCHER 和右边的 SYSTEM CLOCKS“牵线搭桥”。外设时钟源有多路可以选择，CLOCK ROOT GENERATOR 就负责从 7 路 PLL 和 8 路 PFD 中选择合适的时钟源给外设使用。具体操作会设置相应的寄存器，以 ESAI 这个外设为例，ESAI 的时钟图如图 12-4 所示。

在图 12-4 中我们分为了 3 部分，这 3 部分如下。(图示步骤如下)

① 时钟源选择器，ESAI 有 4 个可选的时钟源如 PLL4、PLL5、PLL3_PFD2 和 pll3_sw_clk。具体选择哪一路作为 ESAI 的时钟源是由寄存器 CCM→CSCMR2 的 ESAI_CLK_SEL 位来决定的，用户可以自由配置，配置如图 12-5 所示。

② ESAI 时钟的前级分频，分频值由寄存器 CCM_CS1CDR 的 ESAI_CLK_PRED 来确定的，可设置 1～8 分频，假如 PLL4＝650MHz，我们选择 PLL4 作为 ESAI 时钟，前级分频选择 2 分频，那么

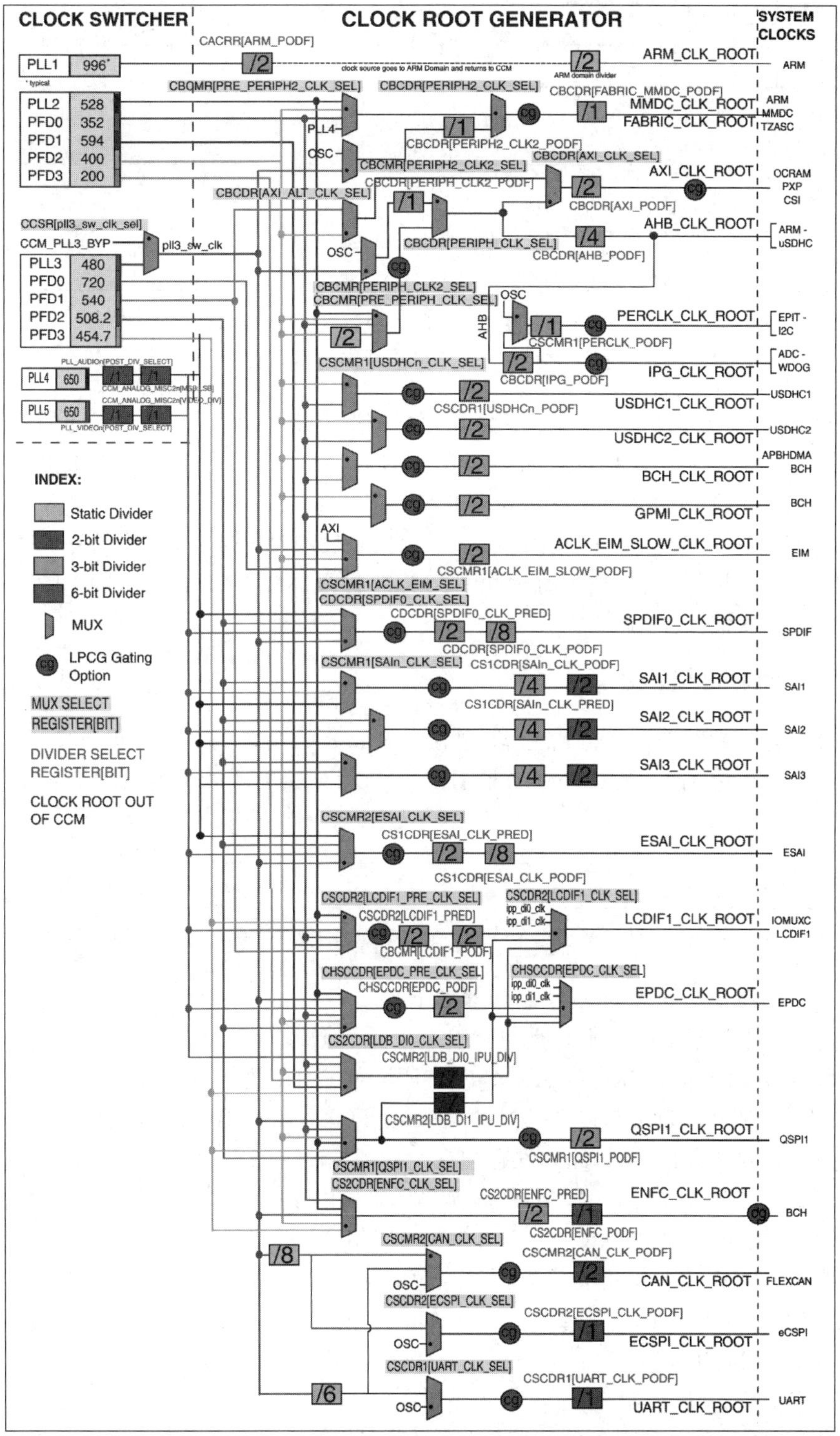

图 12-3 I. MX6ULL 时钟树

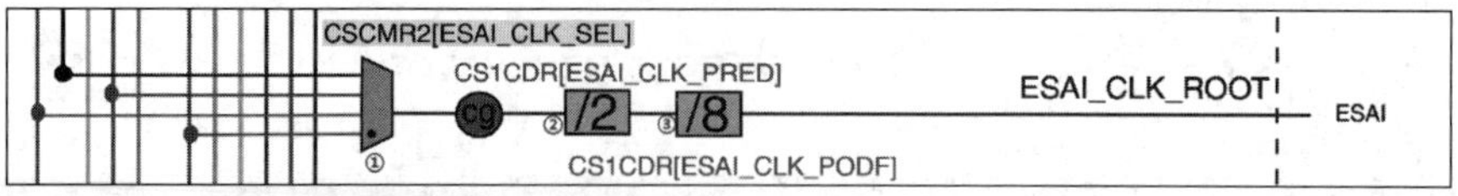

图 12-4　ESAI 时钟

20–19 ESAI_CLK_SEL	Selector for the ESAI clock 00　derive clock from PLL4 divided clock 01　derive clock from PLL3 PFD2 clock 10　derive clock from PLL5 clock 11　derive clock from pll3_sw_clk

图 12-5　寄存器 CSCMR2 的 ESAI_CLK_SEL 位

此时的时钟就是 650/2＝325MHz。

③ 分频器，对②中输出的时钟进一步分频，分频值由寄存器 CCM_CS1CDR 的 ESAI_CLK_PODF 来决定，可设置 1～8 分频。假如我们设置为 8 分频的话，经过此分频器以后的时钟就是 325/8＝40.625MHz。最终进入到 ESAI 外设的时钟就是 40.625MHz。

以外设 ESAI 为例讲解了如何根据图 12-3 来设置外设的时钟频率，其他的外设基本类似，大家可以自行分析其他的外设。关于外设时钟配置相关内容全部都在《I. MX6ULLLL 参考手册》的第 18 章（扫描书后二维码获取资源）。

12.1.4　内核时钟设置

I. MX6ULL 的时钟系统已经分析完毕，现在就可以开始设置相应的时钟频率了。先从主频开始，将 I. MX6ULL 的主频设置为 792MHz，根据图 12-3 的时钟树可以看到 ARM 内核时钟如图 12-6 所示。

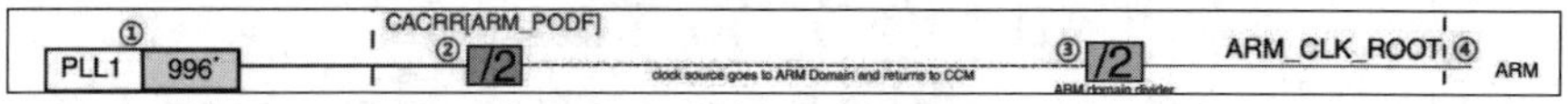

图 12-6　ARM 内核时钟树

在图 12-6 中各部分如下所示。（图示步骤如下）

① 内核时钟源来自于 PLL1，假设此时 PLL1 为 996MHz。

② 通过寄存器 CCM_CACRR 的 ARM_PODF 位对 PLL1 进行分频，可选择 1/2/4/8 分频，假如我们选择 2 分频，那么经过分频以后的时钟频率是 996/2＝498MHz。

③ 不要被此处的 2 分频迷惑，此处没有进行 2 分频。

④ 经过第②步 2 分频以后的 498MHz 就是 ARM 的内核时钟，即 I. MX6ULL 的主频。

经过上面的分析可知，假如要设置内核主频为 792MHz，那么 PLL1 可以设置为 792MHz，寄存器 CCM_CACRR 的 ARM_PODF 位设置为 1 分频即可。寄存器 CCM_CACRR 的 ARM_PODF 位很好设置，PLL1 的频率可以通过寄存器 CCM_ANALOG_PLL_ARMn 来设置。接下来详细地看一下 CCM_CACRR 和 CCM_ANALOG_PLL_ARMn 这两个寄存器，寄存器 CCM_CACRR 结构如图 12-7 所示。

寄存器 CCM_CACRR 只有 ARM_PODF 位，可以设置为 0～7，分别对应 1～8 分频。如果要设置为 1 分频，CCM_CACRR 就要设置为 0。再来看一下寄存器 CCM_ANALOG_PLL_ARMn，此寄存器结构如图 12-8 所示。

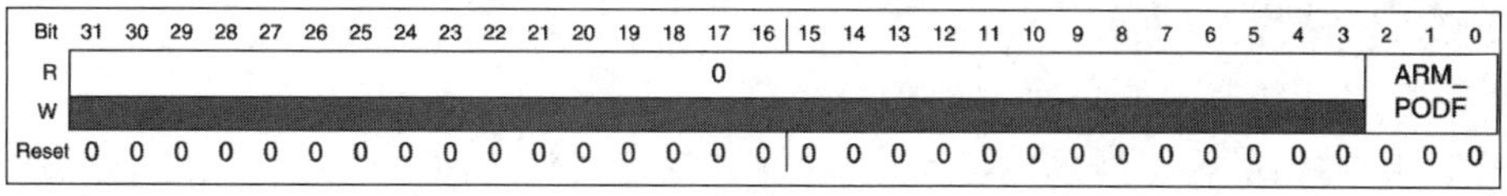

图 12-7　寄存器 CCM_CACRR 结构

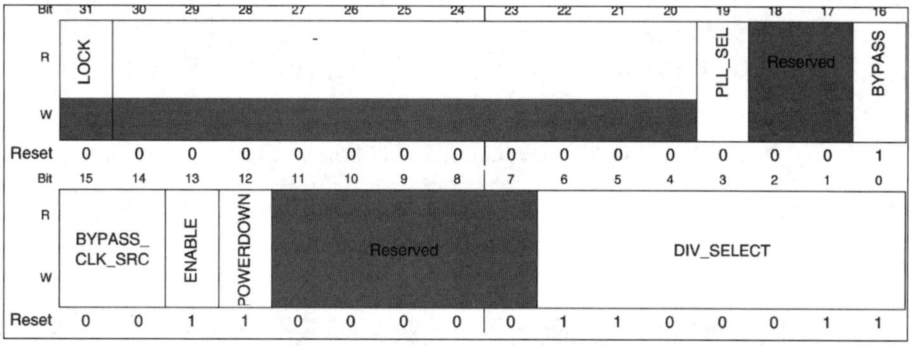

图 12-8　寄存器 CCM_ANALOG_PLL_ARMn 结构

在寄存器 CCM_ANALOG_PLL_ARMn 中重要的位如下所示。

ENABLE：时钟输出使能位，此位设置为 1 使能 PLL1 输出，如果设置为 0 则关闭 PLL1 输出。

DIV_SELECT：此位设置 PLL1 的输出频率，可设置范围为 54～108MHz，PLL1 CLK＝Fin×div_select/2.0，Fin＝24MHz。如果 PLL1 要输出 792MHz，div_select 就要设置为 66。

在修改 PLL1 时钟频率时，需要先将内核时钟源改为其他的时钟源，PLL1 可选择的时钟源如图 12-9 所示。

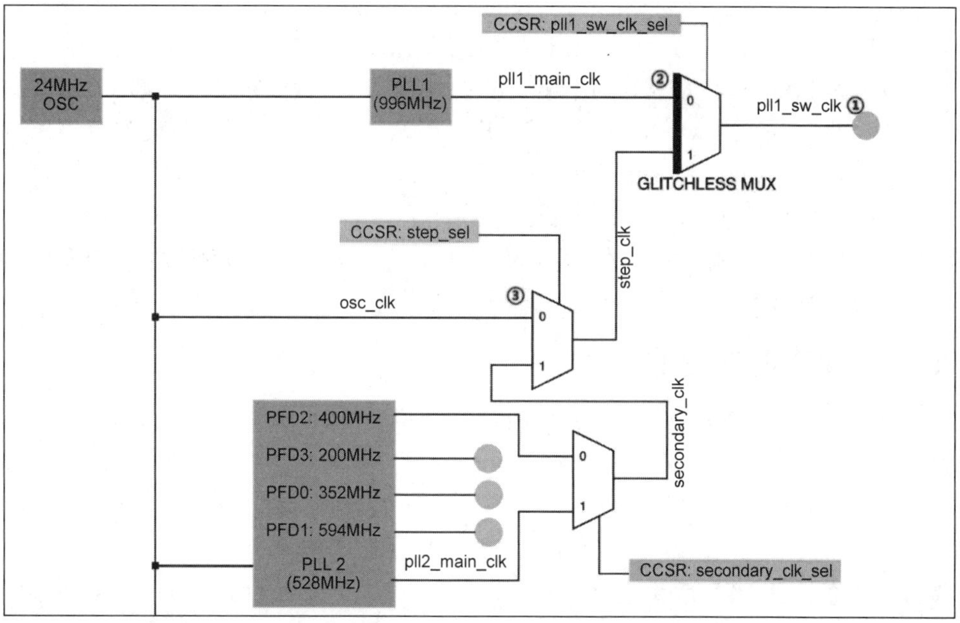

图 12-9　PLL1 时钟开关

图示步骤如下所示。

① pll1_sw_clk 也就是 PLL1 的最终输出频率。

② 此处是一个选择器，选择 pll1_sw_clk 的时钟源，由寄存器 CCM_CCSR 的 PLL1_SW_CLK_SEL 位决定 pll1_sw_clk 是选择 pll1_main_clk 还是 step_clk。正常情况下应该选择 pll1_main_clk，但是如果要对 pll1_main_clk(PLL1)的频率进行调整的话，比如我们要设置 PLL1=792MHz，此时就要先将 pll1_sw_clk 切换到 step_clk 上。等 pll1_main_clk 调整完成以后再切换回来。

③ 此处也是一个选择器，选择 step_clk 的时钟源，由寄存器 CCM_CCSR 的 STEP_SEL 位来决定 step_clk 是选择 osc_clk 还是 secondary_clk。一般选择 osc_clk，也就是 24MHz 的晶振。

这里就用到了一个寄存器 CCM_CCSR，此寄存器结构如图 12-10 所示。

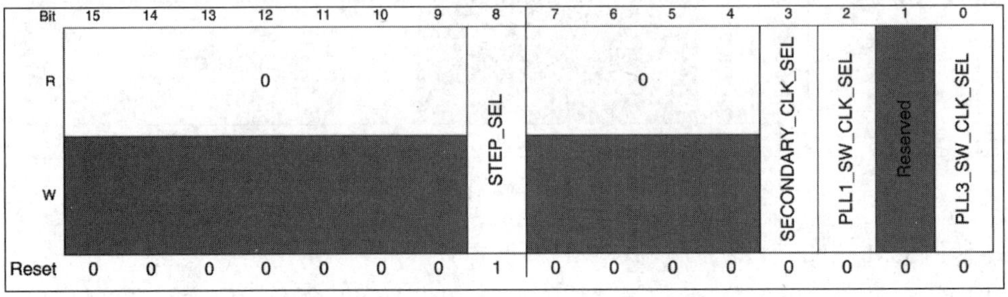

图 12-10　寄存器 CCM_CCSR 结构

寄存器 CCM_CCSR 只用到了 STEP_SEL、PLL1_SW_CLK_SEL 这两个位，一个是用来选择 step_clk 时钟源的，另一个是用来选择 pll1_sw_clk 时钟源的。

到这里，修改 I. MX6ULL 主频的步骤就很清晰了，修改步骤如下所示。

① 设置寄存器 CCSR 的 STEP_SEL 位，设置 step_clk 的时钟源为 24MHz 的晶振。

② 设置寄存器 CCSR 的 PLL1_SW_CLK_SEL 位，设置 pll1_sw_clk 的时钟源为 step_clk=24MHz，通过这一步就将 I. MX6ULL 的主频先设置为 24MHz，直接来自于外部的 24MHz 晶振。

③ 设置寄存器 CCM_ANALOG_PLL_ARMn，将 pll1_main_clk(PLL1)设置为 792MHz。

④ 设置寄存器 CCSR 的 PLL1_SW_CLK_SEL 位，重新将 pll1_sw_clk 的时钟源切换回 pll1_main_clk，切换回来以后的 pll1_sw_clk 就等于 792MHz。

⑤ 最后设置寄存器 CCM_CACRR 的 ARM_PODF 为 0，也就是 1 分频。I. MX6ULL 的内核主频就为 792/1=792MHz。

12.1.5　PFD 时钟设置

设置好主频以后还需要设置好其他的 PLL 和 PFD 时钟，PLL1 已经设置，PLL2、PLL3 和 PLL7 固定为 528MHz、480MHz 和 480MHz。PLL4～PLL6 都是针对特殊外设的，用到时再设置。因此，接下来重点就是设置 PLL2 和 PLL3 的各自 4 路 PFD，NXP 推荐的这 8 路 PFD 频率如表 12-1 所示。

先设置 PLL2 的 4 路 PFD 频率，用到的寄存器是 CCM_ANALOG_PFD_528n，寄存器结构如图 12-11 所示。

表 12-1 NXP 推荐的 PFD 频率

PFD	NXP 推荐频率值/MHz	PFD	NXP 推荐频率值/MHz
PLL2_PFD0	352	PLL3_PFD0	720
PLL2_PFD1	594	PLL3_PFD1	540
PLL2_PFD2	400(实际为 396)	PLL3_PFD2	508.2
PLL2_PFD3	297	PLL3_PFD3	454.7

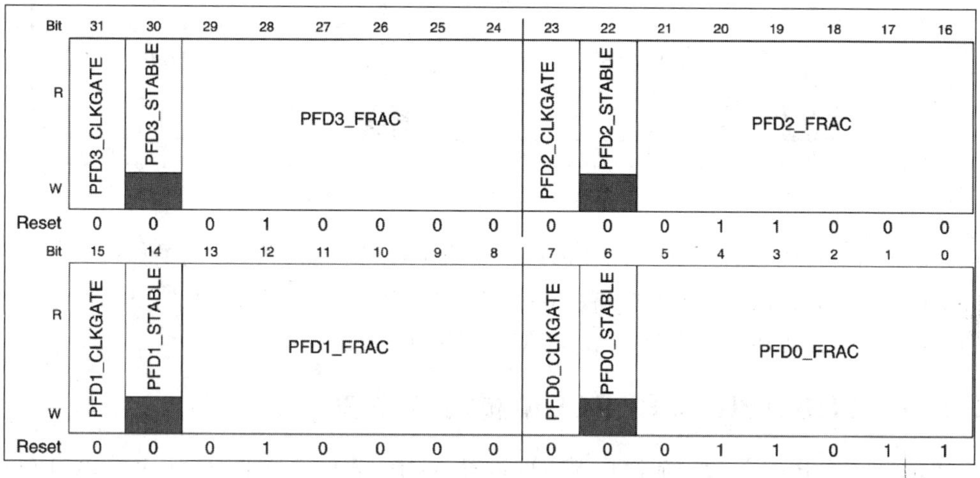

图 12-11 寄存器 CCM_ANALOG_PFD_528n 结构

从图 12-11 可以看出，寄存器 CCM_ANALOG_PFD_528n 其实分为 4 组，分别对应 PFD0～PFD3，每组 8bit。我们就以 PFD0 为例，看一下如何设置 PLL2_PFD0 的频率。PFD0 对应的寄存器位如下所示。

PFD0_FRAC：PLL2_PFD0 的分频数，PLL2_PFD0 的计算公式为 528×18/PFD0_FRAC，此位可设置的范围为 12～35。如果 PLL2_PFD0 的频率要设置为 352MHz，则 PFD0_FRAC＝528×18/352＝27。

PFD0_STABLE：此位为只读位，可以通过读取此位判断 PLL2_PFD0 是否稳定。

PFD0_CLKGATE：PLL2_PFD0 输出使能位，为 1 时关闭 PLL2_PFD0 的输出，为 0 时使能输出。

如果我们要设置 PLL2_PFD0 的频率为 352MHz，就需要设置 PFD0_FRAC 为 27，PFD0_CLKGATE 为 0。PLL2_PFD1～PLL2_PFD3 设置类似，频率计算公式都是 528×18/PFDX_FRAC(X＝1～3)，如果 PLL2_PFD1＝594MHz，PFD1_FRAC＝16；如果 PLL2_PFD2＝400MHz，则 PFD2_FRAC 不能整除，因此取最近的整数值，即 PFD2_FRAC＝24。这样 PLL2_PFD2 实际为 396MHz；PLL2_PFD3＝297MHz，则 PFD3_FRAC＝32。

接下来设置 PLL3_PFD0～PLL3_PFD3 这 4 路 PFD 的频率，使用到的寄存器是 CCM_ANALOG_PFD_480n，此寄存器结构如图 12-12 所示。

从图 12-12 可以看出，寄存器 CCM_ANALOG_PFD_480n 和 CCM_ANALOG_PFD_528n 的结构是一模一样的，一个是 PLL2 的，另一个是 PLL3 的。寄存器位的含义也是一样的，只是频率计算

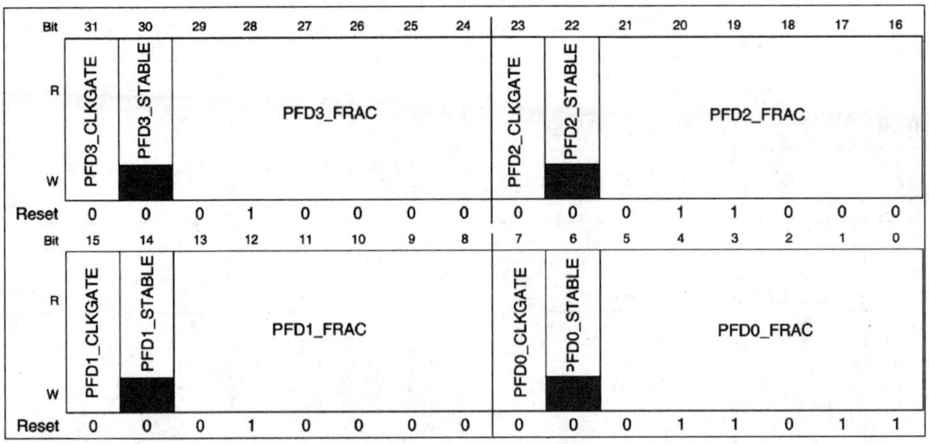

图 12-12　寄存器 CCM_ANALOG_PFD_480n 结构

公式不同，比如 PLL3_PFDX＝480×18/PFDX_FRAC(X＝0～3)。如果 PLL3_PFD0＝720MHz，PFD0_FRAC＝12；如果 PLL3_PFD1＝540MHz，PFD1_FRAC＝16；如果 PLL3_PFD2＝508.2MHz，PFD2_FRAC＝17；如果 PLL3_PFD3＝454.7MHz，PFD3_FRAC＝19。

12.1.6　AHB、IPG 和 PERCLK 根时钟设置

7 路 PLL 和 8 路 PFD 设置完成以后还需要设置 AHB_CLK_ROOT 和 IPG_CLK_ROOT 的时钟，I.MX6ULL 外设根时钟可设置范围如图 12-13 所示。

Clock Root	Default Frequency/MHz	Maximum Frequency/MHz
ARM_CLK_ROOT	12	528
MMDC_CLK_ROOT FABRIC_CLK_ROOT	24	396
AXI_CLK_ROOT	12	264
AHB_CLK_ROOT	6	132
PERCLK_CLK_ROOT	3	66
IPG_CLK_ROOT	3	66
USDHCn_CLK_ROOT	12	198
ACLK_EIM_SLOW_CLK_ROOT	6	132
SPDIF0_CLK_ROOT	1.5	66.6
SAIn_CLK_ROOT	3	66.6
LCDIF_CLK_ROOT	6	150
SIM_CLK_ROOT	12	264
QSPI_CLK_ROOT	12	396
ENFC_CLK_ROOT	12	198
CAN_CLK_ROOT	1.5	80
ECSPI_CLK_ROOT	3	60
UART_CLK_ROOT	4	80

图 12-13　外设根时钟可设置范围

图 12-13 给出了大多数外设的根时钟设置范围，AHB_CLK_ROOT 最高可以设置 132MHz，PERCLK_CLK_ROOT 和 IPG_CLK_ROOT 最高可以设置 66MHz。那就将 AHB_CLK_ROOT、PERCLK_CLK_ROOT 和 IPG_CLK_ROOT 分别设置为 132MHz、66MHz、66MHz。AHB_CLK_ROOT 和 IPG_CLK_ROOT 的设计如图 12-14 所示。

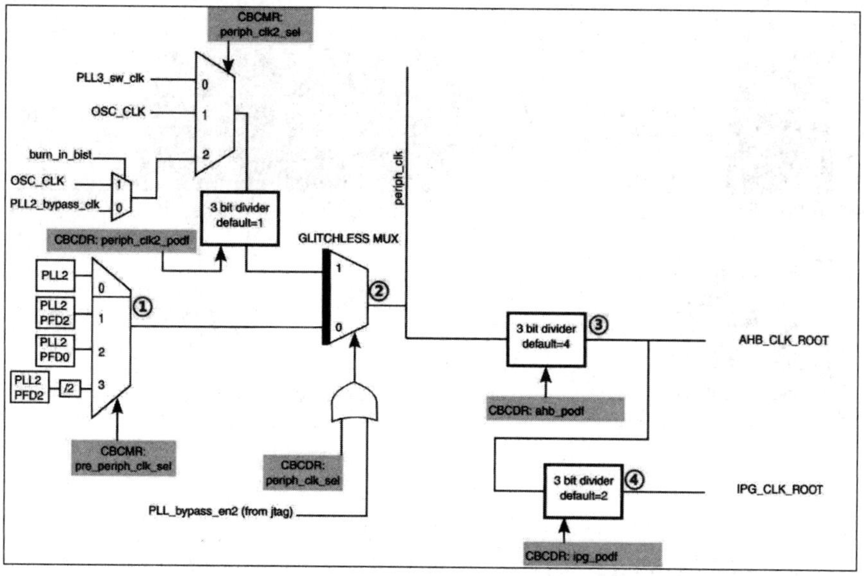

图 12-14　总线时钟图

图 12-14 就是 AHB_CLK_ROOT 和 IPG_CLK_ROOT 的时钟图，图中分为了 4 部分。

① 此选择器用来选择 pre_periph_clk 的时钟源，可以选择 PLL2、PLL2_PFD2、PLL2_PFD0 和 PLL2_PFD2/2。寄存器 CCM_CBCMR 的 PRE_PERIPH_CLK_SEL 位决定选择哪一个时钟源，默认选择 PLL2_PFD2，因此 pre_periph_clk＝PLL2_PFD2＝396MHz。

② 此选择器用来选择 periph_clk 的时钟源，由寄存器 CCM_CBCDR 的 PERIPH_CLK_SEL 位与 PLL_bypass_en2 进行或运算来选择。当 CCM_CBCDR 的 PERIPH_CLK_SEL 位为 0 时 periph_clk＝pr_periph_clk＝396MHz。

③ 通过 CBCDR 的 AHB_PODF 位来设置 AHB_CLK_ROOT 的分频值，可以设置 1～8 分频，如果想要 AHB_CLK_ROOT＝132MHz，就应该设置为 3 分频，即 396/3＝132MHz。默认为 4 分频，但是 I.MX6ULL 的内部 boot rom 将其改为了 3 分频。

④ 通过 CBCDR 的 IPG_PODF 位来设置 IPG_CLK_ROOT 的分频值，可以设置 1～4 分频，IPG_CLK_ROOT 时钟源是 AHB_CLK_ROOT，要想 IPG_CLK_ROOT＝66MHz，就应该设置 2 分频，即 132/2＝66MHz。

最后要设置的就是 PERCLK_CLK_ROOT 时钟频率，其时钟结构图如图 12-15 所示。

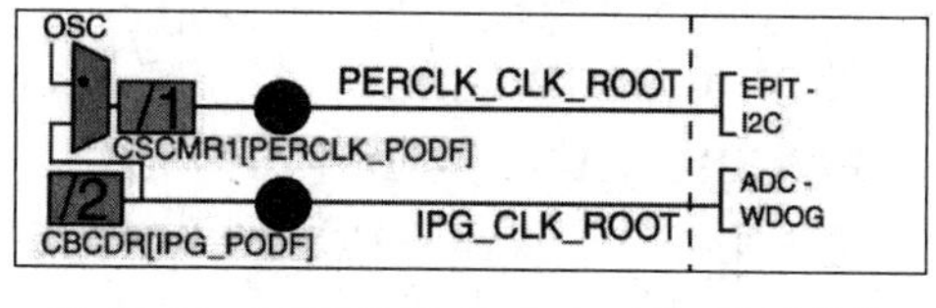

图 12-15　PERCLK_CLK_ROOT 时钟结构

从图 12-15 可以看出，PERCLK_CLK_ROOT 来源有两种：OSC(24MHz)和 IPG_CLK_ROOT，由寄存器 CCM_CSCMR1 的 PERCLK_CLK_SEL 位来决定。如果为 0 时，PERCLK_CLK_ROOT 的时钟源就是 IPG_CLK_ROOT＝66MHz。可以通过寄存器 CCM_CSCMR1 的 PERCLK_PODF 位来设置分频，如果要设置 PERCLK_CLK_ROOT 为 66MHz 时，就要设置为 1 分频。

在上面的设置中用到了三个寄存器：CCM_CBCDR、CCM_CBCMR 和 CCM_CSCMR1，依次来看一下这些寄存器，寄存器 CCM_CBCDR 结构如图 12-16 所示。

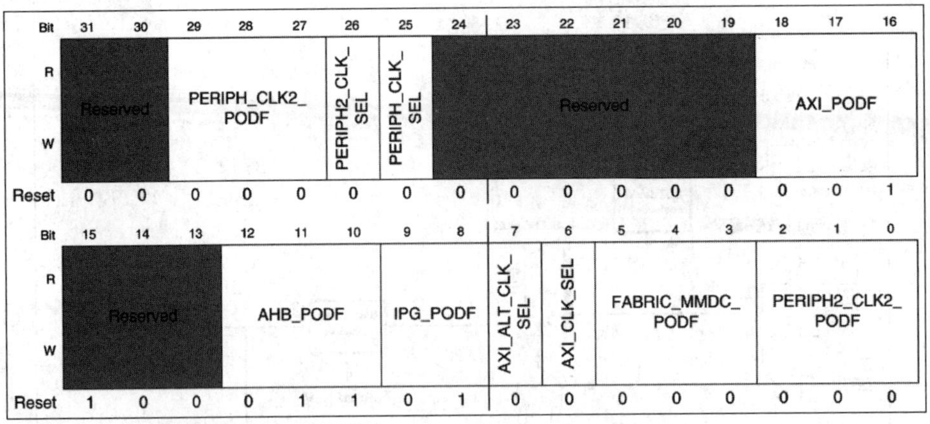

图 12-16　寄存器 CCM_CBCDR 结构

寄存器 CCM_CBCDR 各个位的含义如下所示。

PERIPH_CLK2_PODF：periph2 时钟分频，可设置 0～7，分别对应 1～8 分频。

PERIPH2_CLK_SEL：选择 peripheral2 的主时钟，如果为 0 选择 PLL2，如果为 1 选择 periph2_clk2_clk。修改此位会引起一次与 MMDC 的握手，所以修改完成以后要等待握手完成，握手完成信号由寄存器 CCM_CDHIPR 中指定位表示。

PERIPH_CLK_SEL：peripheral 主时钟选择，如果为 0 选择 PLL2，如果为 1 选择 periph_clk2_clock。修改此位会引起一次与 MMDC 的握手，所以修改完成以后要等待握手完成，握手完成信号由寄存器 CCM_CDHIPR 中指定位表示。

AXI_PODF：axi 时钟分频，可设置 0～7，分别对应 1～8 分频。

AHB_PODF：ahb 时钟分频，可设置 0～7，分别对应 1～8 分频。修改此位会引起一次与 MMDC 的握手，所以修改完成以后要等待握手完成，握手完成信号由寄存器 CCM_CDHIPR 中指定位表示。

IPG_PODF：ipg 时钟分频，可设置 0～3，分别对应 1～4 分频。

AXI_ALT_CLK_SEL：axi_alt 时钟选择，为 0 选择 PLL2_PFD2，为 1 选择 PLL3_PFD1。

AXI_CLK_SEL：axi 时钟源选择，为 0 选择 periph_clk，为 1 选择 axi_alt 时钟。

FABRIC_MMDC_PODF：fabric/mmdc 时钟分频设置，可设置 0～7，分别对应 1～8 分频。

PERIPH2_CLK2_PODF：periph2_clk2 的时钟分频，可设置 0～7，分别对应 1～8 分频。

接下来看一下寄存器 CCM_CBCMR，寄存器结构如图 12-17 所示。

寄存器 CCM_CBCMR 各个位的含义如下所示。

LCDIF1_PODF：lcdif1 的时钟分频，可设置 0～7，分别对应 1～8 分频。

PRE_PERIPH2_CLK_SEL：pre_periph2 时钟源选择，00 选择 PLL2，01 选择 PLL2_PFD2，10 选择 PLL2_PFD0，11 选择 PLL4。

PERIPH2_CLK2_SEL：periph2_clk2 时钟源选择为 0 选择 pll3_sw_clk，为 1 选择 OSC。

PRE_PERIPH_CLK_SEL：pre_periph 时钟源选择，00 选择 PLL2，01 选择 PLL2_PFD2，10 选择 PLL2_PFD0，11 选择 PLL2_PFD2/2。

PERIPH_CLK2_SEL：peripheral_clk2 时钟源选择，00 选择 pll3_sw_clk，01 选择 osc_clk，10 选

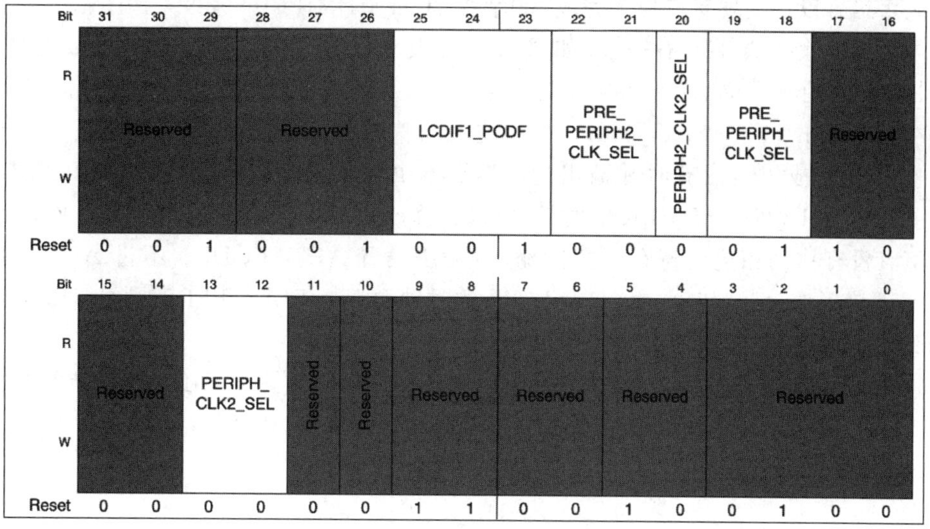

图 12-17 寄存器 CCM_CBCMR 结构

择 pll2_bypass_clk。

最后看一下寄存器 CCM_CSCMR1，寄存器结构如图 12-18 所示。

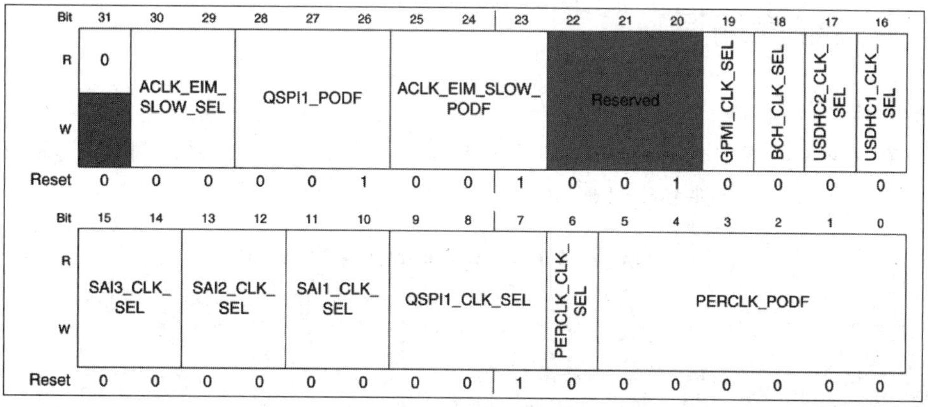

图 12-18 寄存器 CCM_CSCMR1 结构

此寄存器主要用于外设时钟源的选择，比如 QSPI1、ACLK、GPMI、BCH 等外设，我们重点来看下面两个位：

- **PERCLK_CLK_SEL**：perclk 时钟源选择，为 0 选择 ipg clk，为 1 选择 osc clk。
- **PERCLK_PODF**：perclk 的时钟分频，可设置 0～7，分别对应 1～8 分频。

在修改如下时钟选择器或者分频器时会引起与 MMDC 的握手发生。

（1）mmdc_podf。

（2）periph_clk_sel。

（3）periph2_clk_sel。

（4）arm_podf。

（5）ahb_podf。

发生握手信号以后需要等待握手完成，寄存器 CCM_CDHIPR 中保存着握手信号是否完成，如果相应的位为 1 就表示握手没有完成，如果为 0 就表示握手完成。这里就不详细地列举寄存器 CCM_CDHIPR 中的各个位了。

另外在修改 arm_podf 和 ahb_podf 时需要先关闭其时钟输出，等修改完成以后再打开，否则可能会出现在修改完成以后没有时钟输出的问题。本书需要修改寄存器 CCM_CBCDR 的 AHB_PODF 位来设置 AHB_ROOT_CLK 的时钟，所以在修改之前必须先关闭 AHB_ROOT_CLK 的输出。但是笔者没有找到相应的寄存器关闭输出，无法设置 AHB_PODF。不过 AHB_PODF 内部 boot rom 设置为了 3 分频，如果 pre_periph_clk 的时钟源选择 PLL2_PFD2，则 AHB_ROOT_CLK 是 396MHz/3＝132MHz。

至此，I. MX6ULL 的时钟系统就讲解完了，I. MX6ULL 的时钟系统还是很复杂的，大家要结合《I. MX6ULL 参考手册》中的时钟结构图来学习。本章我们也只是讲解了如何进行主频、PLL、PFD 和一些总线时钟的设置，具体的外设时钟设置在后面讲解。

12.2 硬件原理分析

时钟原理图分析参考 12.1.1 节。

12.3 实验程序编写

本实验对应的例程路径为“1、裸机例程→8_clk”。

本实验在 7_key 的基础上完成，因为本实验是配置 I. MX6ULL 的系统时钟，因此直接在文件 bsp_clk. c 上做修改，修改文件 bsp_clk. c 的内容如示例 12-1 所示。

示例 12-1 bsp_clk. c 文件代码

```
#include "bsp_clk.h"

/***************************************************************
Copyright © zuozhongkai Co., Ltd. 1998 - 2019. All rights reserved
文件名    : bsp_clk.c
作者      : 左忠凯
版本      : V1.0
描述      : 系统时钟驱动
其他      : 无
论坛      : www.openedv.com
日志      : 初版 V1.0 2019/1/3 左忠凯创建

            V2.0     2019/1/3 左忠凯修改
            添加了函数 imx6u_clkinit(),完成 I.MX6ULL 的系统时钟初始化
***************************************************************/

/*
```

```
 * @description    : 使能 I.MX6ULL 所有外设时钟
 * @param          : 无
 * @return         : 无
 */
void clk_enable(void)
{
    CCM->CCGR0 = 0XFFFFFFFF;
    CCM->CCGR1 = 0XFFFFFFFF;
    CCM->CCGR2 = 0XFFFFFFFF;
    CCM->CCGR3 = 0XFFFFFFFF;
    CCM->CCGR4 = 0XFFFFFFFF;
    CCM->CCGR5 = 0XFFFFFFFF;
    CCM->CCGR6 = 0XFFFFFFFF;
}

/*
 * @description    : 初始化系统时钟 792MHz,并且设置 PLL2 和 PLL3 的
                     PFD 时钟,所有的时钟频率均按照 I.MX6ULL 官方手册推荐的值
 * @param          : 无
 * @return         : 无
 */
void imx6u_clkinit(void)
{
    unsigned int reg = 0;
    /* 1.设置 ARM 内核时钟为 792MHz */
    /* 1.1.判断是使用哪个时钟源启动的,正常情况下是由 pll1_sw_clk 驱动的,而
     *       pll1_sw_clk 有两个来源 pll1_main_clk 和 step_clk,如果要
     *       让 I.MX6ULL 跑到 792MHz,那必须选择 pll1_main_clk 作为 pll1 的时钟
     *       源,如果我们要修改 pll1_main_clk 时钟的话就必须先将 pll1_sw_clk
     *       从 pll1_main_clk 切换到 step_clk,当修改完以后再将 pll1_sw_clk
     *       切换回 pll1_main_cl,step_clk 等于 24MHz
     */

    if((((CCM->CCSR) >> 2) & 0x1 ) == 0)    /* pll1_main_clk */
    {
        CCM->CCSR &= ~(1 << 8);             /* 配置 step_clk 时钟源为 24MHz OSC */
        CCM->CCSR |= (1 << 2);              /* 配置 pll1_sw_clk 时钟源为 step_clk */
    }

    /* 1.2.设置 pll1_main_clk 为 792MHz
     *
     *       配置 CCM_ANLOG->PLL_ARM 寄存器
     *       bit13: 1 使能时钟输出
     *       bit[6:0]: 88, 由公式: Fout = Fin * div_select / 2.0
     *       1056 = 24 * div_select/2.0, 得出: div_select = 66
     */
    CCM_ANALOG->PLL_ARM = (1 << 13) | ((66 << 0) & 0X7F);
    CCM->CCSR &= ~(1 << 2);                 /* 将 pll_sw_clk 时钟切换回 pll1_main_clk */
    CCM->CACRR = 0;                         /* ARM 内核时钟为 pll1_sw_clk/1 = 792/1 = 792MHz */

    /* 2.设置 PLL2(SYS PLL)各个 PFD */
    reg = CCM_ANALOG->PFD_528;
```

```
    reg &= ~(0X3F3F3F3F);                /* 清除原来的设置 */
    reg |= 32 << 24;                     /* PLL2_PFD3 = 528 * 18/32 = 297MHz */
    reg |= 24 << 16;                     /* PLL2_PFD2 = 528 * 18/24 = 396MHz */
    reg |= 16 << 8;                      /* PLL2_PFD1 = 528 * 18/16 = 594MHz */
    reg |= 27 << 0;                      /* PLL2_PFD0 = 528 * 18/27 = 352MHz */
    CCM_ANALOG->PFD_528 = reg;           /* 设置 PLL2_PFD0～3 */

    /* 3.设置 PLL3(USB1)各个 PFD */
    reg = 0;                             /* 清零 */
    reg = CCM_ANALOG->PFD_480;
    reg &= ~(0X3F3F3F3F);                /* 清除原来的设置 */
    reg |= 19 << 24;                     /* PLL3_PFD3 = 480 * 18/19 = 454.74MHz */
    reg |= 17 << 16;                     /* PLL3_PFD2 = 480 * 18/17 = 508.24MHz */
    reg |= 16 << 8;                      /* PLL3_PFD1 = 480 * 18/16 = 540MHz */
    reg |= 12 << 0;                      /* PLL3_PFD0 = 480 * 18/12 = 720MHz */
    CCM_ANALOG->PFD_480 = reg;           /* 设置 PLL3_PFD0～3 */

    /* 4.设置 AHB 时钟 最小 6Mhz, 最大 132MHz */
    CCM->CBCMR &= ~(3 << 18);            /* 清除设置 */
    CCM->CBCMR |= (1 << 18);             /* pre_periph_clk = PLL2_PFD2 = 396MHz */
    CCM->CBCDR &= ~(1 << 25);            /* periph_clk = pre_periph_clk = 396MHz */
    while(CCM->CDHIPR & (1 << 5));       /* 等待握手完成 */

    /* 修改 AHB_PODF 位时需要先禁止 AHB_CLK_ROOT 的输出,但是
     * 我没有找到关闭 AHB_CLK_ROOT 输出的寄存器,所以就没法设置
     * 下面设置 AHB_PODF 的代码仅供学习参考不能直接拿来使用
     * 内部 boot rom 将 AHB_PODF 设置为了 3 分频,即使我们不设置 AHB_PODF,
     * AHB_ROOT_CLK 也依旧等于 396/3 = 132MHz
     */
#if 0
    /* 要先关闭 AHB_ROOT_CLK 输出,否则时钟设置会出错 */
    CCM->CBCDR &= ~(7 << 10);            /* CBCDR 的 AHB_PODF 清零 */
    CCM->CBCDR |= 2 << 10; /* AHB_PODF 3 分频,AHB_CLK_ROOT = 132MHz */
    while(CCM->CDHIPR & (1 << 1));       /* 等待握手完成 */
#endif

    /* 5.设置 IPG_CLK_ROOT 最小 3MHz,最大 66MHz */
    CCM->CBCDR &= ~(3 << 8);             /* CBCDR 的 IPG_PODF 清零 */
    CCM->CBCDR |= 1 << 8;                /* IPG_PODF 2 分频,IPG_CLK_ROOT = 66MHz */

    /* 6、设置 PERCLK_CLK_ROOT 时钟 */
    CCM->CSCMR1 &= ~(1 << 6);            /* PERCLK_CLK_ROOT 时钟源为 IPG */
    CCM->CSCMR1 &= ~(7 << 0);            /* PERCLK_PODF 位清零,即 1 分频 */
}
```

文件 bsp_clk.c 中一共有两个函数 clk_enable 和 imx6u_clkinit,其中 clk_enable 函数前面已经讲过了,就是使能 I.MX6ULL 的所有外设时钟。imx6u_clkinit 函数才是本章的重点,imx6u_clkinit 先设置系统主频为 792MHz,然后根据上一小节分析的 I.MX6ULL 时钟系统来设置 8 路 PFD,最后设置 AHB、IPG 和 PERCLK 的时钟频率。

在文件 bsp_clk.h 中添加 imx6u_clkinit 函数的声明,最后修改文件 main.c,在 main 函数中调

用 imx6u_clkinit 来初始化时钟，如示例 12-2 所示。

示例 12-2　main 函数

```
1  int main(void)
2  {
3      int i = 0;
4      int keyvalue = 0;
5      unsigned char led_state = OFF;
6      unsigned char beep_state = OFF;
7
8      imx6u_clkinit();          /* 初始化系统时钟 */
9      clk_enable();             /* 使能所有的时钟 */
10     led_init();               /* 初始化 led */
11     beep_init();              /* 初始化 beep */
12     key_init();               /* 初始化 key */
13
14     /* 省略掉其他代码 */
15 }
```

上述代码的第 8 行就是时钟初始化函数，时钟初始化函数最好放到最开始的地方调用。

12.4　编译、下载和验证

12.4.1　编写 Makefile 和链接脚本

因为本章是在实验 7_key 上修改的，而且没有添加任何新的文件，因此只需要修改 Makefile 的变量 TARGET 为 clk 即可，如下所示。

```
TARGET          ?= clk
```

链接脚本保持不变。

12.4.2　编译和下载

使用 Make 命令编译代码，编译成功以后使用软件 imxdownload 将编译完成的 clk.bin 文件下载到 SD 卡中，命令如下所示。

```
chmod 777 imxdownload                 //给予 imxdownload 可执行权限，一次即可
./imxdownload clk.bin /dev/sdd        //烧写到 SD 卡中，不能烧写到/dev/sda 或 sda1 设备中
```

烧写成功以后将 SD 卡插到开发板的 SD 卡槽中，然后复位开发板。本实验效果其实和实验 7_key 一样，但是 LED 灯的闪烁频率相比实验 7_key 要快很多。因为实验 7_key 的主频是 396MHz，而本实验的主频被配置成了 792MHz，频率高了一倍，因此代码执行速度会变快，延时函数的运行就会加快。

第13章

GPIO中断实验

中断系统是一个处理器重要的组成部分,中断系统极大地提高了 CPU 的执行效率,在学习 STM32 时就经常用到中断。本章就通过与 STM32 的对比来学习 Cortex-A7(I. MX6ULL)中断系统和 Cortex-M(STM32)中断系统的异同。同时,本章会将 I. MX6ULL 的一个 I/O 作为输入中断,用来讲解如何对 I. MX6ULL 的中断系统进行编程。

13.1 Cortex-A7 中断系统详解

13.1.1 STM32 中断系统回顾

STM32 的中断系统主要有以下 4 个关键点。

(1) 中断向量表。

(2) NVIC(内嵌向量中断控制器)。

(3) 中断使能。

(4) 中断服务函数。

1. 中断向量表

中断向量表是一个表,这个表中存放的是中断向量。中断服务程序的入口地址或存放中断服务程序的首地址为中断向量,因此中断向量表是一系列中断服务程序入口地址组成的表。这些中断服务程序(函数)在中断向量表中的位置是由半导体厂商定好的,当某个中断被触发以后就会自动跳转到中断向量表中对应的中断服务程序(函数)入口地址处。中断向量表在整个程序的最前面,比如 STM32F103 的中断向量表如示例 13-1 所示。

示例 13-1 STM32F103 中断向量表

```
__Vectors   DCD     __initial_sp            ; Top of Stack
            DCD       Reset_Handler         ; Reset Handler
            DCD       NMI_Handler           ; NMI Handler
            DCD       HardFault_Handler     ; Hard Fault Handler
            DCD       MemManage_Handler     ; MPU Fault Handler
```

```
6                DCD     BusFault_Handler           ; Bus Fault Handler
7                DCD     UsageFault_Handler         ; Usage Fault Handler
8                DCD     0                          ; Reserved
9                DCD     0                          ; Reserved
10               DCD     0                          ; Reserved
11               DCD     0                          ; Reserved
12               DCD     SVC_Handler                ; SVCall Handler
13               DCD     DebugMon_Handler           ; Debug Monitor Handler
14               DCD     0                          ; Reserved
15               DCD     PendSV_Handler             ; PendSV Handler
16               DCD     SysTick_Handler            ; SysTick Handler
17
18             ; External Interrupts
19               DCD     WWDG_IRQHandler            ; Window Watchdog
20               DCD     PVD_IRQHandler             ; PVD through EXTI Line detect
21               DCD     TAMPER_IRQHandler          ; Tamper
22               DCD     RTC_IRQHandler             ; RTC
23               DCD     FLASH_IRQHandler           ; Flash
24
25             /* 省略掉其他代码 */
26
27               DCD     DMA2_Channel4_5_IRQHandler ; DMA2 Channel4 & 15
28 __Vectors_End
```

“示例 13-1”就是 STM32F103 的中断向量表,中断向量表都是链接到代码的最前面,比如一般 ARM 处理器都是从地址 0X00000000 开始执行指令的,那么中断向量表就是从 0X00000000 开始存放的。“示例 13-1”中第 1 行的__initial_sp 就是第一条中断向量,存放的是栈顶指针,接下来是第 2 行复位中断复位函数 Reset_Handler 的入口地址,依次类推,直到第 27 行的最后一个中断服务函数 DMA2_Channel4_5_IRQHandler 的入口地址,这样 STM32F103 的中断向量表就建好了。

ARM 处理器都是从地址 0X00000000 开始运行的,但是学习 STM32 时代码是下载到 0X8000000 开始的存储区域中。因此中断向量表是存放到 0X8000000 地址处的,而不是 0X00000000。为了解决这个问题,Cortex-M 架构引入了一个新的概念——中断向量表偏移,通过中断向量表偏移就可以将中断向量表存放到任意地址处,中断向量表偏移配置在 STM32 库函数 SystemInit 中完成,通过向 SCB_VTOR 寄存器写入新的中断向量表首地址即可,代码如示例 13-2 所示。

示例 13-2 STM32F103 中断向量表偏移

```
void SystemInit (void)
{
   RCC->CR |= (uint32_t)0x00000001;

  /* 省略其他代码 */

#ifdef VECT_TAB_SRAM
   SCB->VTOR = SRAM_BASE | VECT_TAB_OFFSET;
```

```
9 #else
10     SCB->VTOR = FLASH_BASE | VECT_TAB_OFFSET;
11 #endif
12 }
```

第 8 行和第 10 行就是设置中断向量表偏移，第 8 行是将中断向量表设置到 RAM 中，第 10 行是将中断向量表设置到 ROM 中，基本都是将中断向量表设置到 ROM 中，也就是地址 0X8000000 处。第 10 行用到了 FALSH_BASE 和 VECT_TAB_OFFSET，这两个都是宏，定义如下所示。

```
#define FLASH_BASE          ((uint32_t)0x08000000)
#define VECT_TAB_OFFSET     0x0
```

因此第 10 行的代码就是：SCB→VTOR＝0X080000000，中断向量表偏移设置完成。通过上面的讲解了解了两个跟 STM32 中断有关的概念：中断向量表和中断向量表偏移。它们和 I. MX6ULL 有什么关系？因为 I. MX6ULL 所使用的 Cortex-A7 内核也有中断向量表和中断向量表偏移，而且其含义和 STM32 是一模一样的，只是用到的寄存器不同而已，概念完全相同。

2. NVIC（内嵌向量中断控制器）

中断系统有个管理机构，对于 STM32 这种 Cortex-M 内核的单片机来说这个管理机构叫做 NVIC(Nested Vectored Interrupt Controller)。关于 NVIC 不作详细地讲解，既然 Cortex-M 内核有个中断系统的管理机构—NVIC，那么 I. MX6ULL 所使用的 Cortex-A7 内核是否也有中断系统管理机构？答案是肯定的。不过 Cortex-A 内核的中断管理机构叫做 GIC(General Interrupt Controller)，后面会详细地讲解 Cortex-A 内核的 GIC。

3. 中断使能

要使用某个外设的中断功能，肯定要先使能这个外设的中断，以 STM32F103 的 PE2 这个 I/O 为例，假如我们要使用 PE2 的输入中断肯定要使用如下代码来使能对应的中断。

```
NVIC_InitStructure.NVIC_IRQChannel = EXTI2_IRQn;
NVIC_InitStructure.NVIC_IRQChannelPreemptionPriority = 0x02;    //抢占优先级 2
NVIC_InitStructure.NVIC_IRQChannelSubPriority = 0x02;           //子优先级 2
NVIC_InitStructure.NVIC_IRQChannelCmd = ENABLE;                 //使能外部中断通道
NVIC_Init(&NVIC_InitStructure);
```

上述代码就是使能 PE2 对应的 EXTI2 中断，同理，如果要使用 I. MX6ULL 的某个中断则需要使能其对应的中断。

4. 中断服务函数

我们使用中断的目的就是为了使用中断服务函数，当中断发生以后中断服务函数就会被调用，我们要处理的工作就可以放到中断服务函数中去完成。同样以 STM32F103 的 PE2 为例，其中断服务函数如下所示。

```
/* 外部中断 2 服务程序 */
void EXTI2_IRQHandler(void)
{
    /* 中断处理代码 */
}
```

当 PE2 引脚的中断触发以后就会调用其对应的中断处理函数 EXTI2_IRQHandler，我们可以在函数 EXTI2_IRQHandler 中添加中断处理代码。同理，I. MX6ULL 也有中断服务函数，当某个外设中断发生以后就会调用其对应的中断服务函数。

通过对 STM32 中断系统的回顾，我们知道了 Cortex-M 内核的中断处理过程，那么 Cortex-A 内核的中断处理过程有什么异同呢？接下来我们带着这样的疑问来学习 Cortex-A7 内核的中断系统。

13.1.2 Cortex-A7 中断系统简介

跟 STM32 一样，Cortex-A7 也有中断向量表，中断向量表也是在代码的最前面。Cortex-A7 内核有 8 个异常中断，这 8 个异常中断的中断向量表如表 13-1 所示。

表 13-1 Cortex-A7 中断向量表

向量地址	中 断 类 型	中 断 模 式
0X00	复位中断(Rest)	特权模式(SVC)
0X04	未定义指令中断(Undefined Instruction)	未定义指令中止模式(Undef)
0X08	软中断(Software Interrupt,SWI)	特权模式(SVC)
0X0C	指令预取中止中断(Prefetch Abort)	中止模式
0X10	数据访问中止中断(Data Abort)	中止模式
0X14	未使用(Not Used)	未使用
0X18	IRQ 中断(IRQ Interrupt)	外部中断模式(IRQ)
0X1C	FIQ 中断(FIQ Interrupt)	快速中断模式(FIQ)

中断向量表里面都是中断服务函数的入口地址，因此一款芯片有什么中断都是可以从中断向量表看出来的。从表 13-1 可以看出，Cortex-A7 一共有 8 个中断，而且还有一个中断向量未使用，实际只有 7 个中断。和“示例 13-1”中的 STM32F103 中断向量表比起来少了很多。那类似 STM32 中的 EXTI9_5_IRQHandler、TIM2_IRQHandler 这样的中断向量在哪里？I^2C、SPI、定时器等的中断怎么处理？这个就是 Cortex-A 和 Cortex-M 在中断向量表这一块的区别。

对于 Cortex-M 内核来说，中断向量表列举出了一款芯片所有的中断向量，包括芯片外设的所有中断。对于 Cortex-A 内核来说并没有这么做，在表 13-1 中有个 IRQ 中断，Cortex-A 内核 CPU 的所有外部中断都属于 IRQ 中断，当任意一个外部中断发生时都会触发 IRQ 中断。

在 IRQ 中断服务函数中就可以读取指定的寄存器来判断发生的是什么中断，进而根据具体的中断做出相应的处理。这些外部中断和 IRQ 中断的关系如图 13-1 所示。

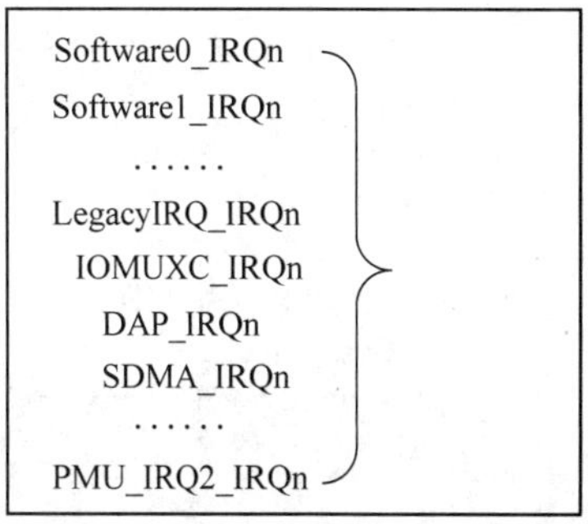

图 13-1 外部中断和 IRQ 中断的关系

在图 13-1 中，左侧的 Software0_IRQn～PMU_IRQ2_IRQn 都是 I. MX6ULL 的中断，它们都属于 IRQ 中断。当图 13-1 左侧这些中断中任意一个发生时 IRQ 中断都会被触发，所以需要在 IRQ 中断服务函数中判断究竟是左侧的哪个中断发生了，然后再做具体的处理。

在表 13-1 中一共有 7 个中断。

(1) 复位中断(Rest),CPU 复位以后就会进入复位中断,可以在复位中断服务函数中做初始化工作,比如初始化 SP 指针、DDR 等。

(2) 未定义指令中断(Undefined Instruction),如果指令不能识别的话就会产生此中断。

(3) 软中断(Software Interrupt,SWI),由 SWI 指令引起的中断,Linux 的系统调用会用 SWI 指令来引起软中断,通过软中断来陷入到内核空间。

(4) 指令预取中止中断(Prefetch Abort),预取指令出错时会产生此中断。

(5) 数据访问中止中断(Data Abort),访问数据出错时会产生此中断。

(6) IRQ 中断(IRQ Interrupt),外部中断,芯片内部的外设中断都会引起此中断的发生。

(7) FIQ 中断(FIQ Interrupt),快速中断,如果需要快速处理中断的话就可以使用此中断。

在上面的 7 个中断中,常用的就是复位中断和 IRQ 中断,所以需要编写这两个中断的中断服务函数。首先要根据表 13-1 的内容来创建中断向量表,中断向量表处于程序最开始的地方,比如前面例程的文件 start.S 最前面,中断向量表如示例 13-3 所示。

示例 13-3　Cortex-A 向量表模板

```
.global _start                          /* 全局标号 */

_start:
    ldr pc, =Reset_Handler              /* 复位中断 */
    ldr pc, =Undefined_Handler          /* 未定义指令中断 */
    ldr pc, =SVC_Handler                /* SVC(Supervisor Call)中断 */
    ldr pc, =PrefAbort_Handler          /* 预取终止中断 */
    ldr pc, =DataAbort_Handler          /* 数据终止中断 */
    ldr pc, =NotUsed_Handler            /* 未使用中断 */
    ldr pc, =IRQ_Handler                /* IRQ 中断 */
    ldr pc, =FIQ_Handler                /* FIQ(快速中断)未定义中断 */

/* 复位中断 */
Reset_Handler:
    /* 复位中断具体处理过程 */

/* 未定义中断 */
Undefined_Handler:
    ldr r0, =Undefined_Handler
    bx r0

/* SVC 中断 */
SVC_Handler:
    ldr r0, =SVC_Handler
    bx r0

/* 预取终止中断 */
PrefAbort_Handler:
    ldr r0, =PrefAbort_Handler
    bx r0

```

```
32 /* 数据终止中断 */
33 DataAbort_Handler:
34     ldr r0, =DataAbort_Handler
35     bx r0
36
37 /* 未使用的中断 */
38 NotUsed_Handler:
39
40     ldr r0, =NotUsed_Handler
41     bx r0
42
43 /* IRQ中断!重点!!!!! */
44 IRQ_Handler:
45     /*  复位中断具体处理过程 */
46
47 /* FIQ中断 */
48 FIQ_Handler:
49     ldr r0, =FIQ_Handler
50     bx r0
```

第 4～11 行是中断向量表，当指定的中断发生以后就会调用对应的中断复位函数，比如复位中断发生以后就会执行第 4 行代码，也就是调用 Reset_Handler 函数。Reset_Handler 函数就是复位中断的中断复位函数，其他的中断同理。

第 14～50 行就是对应的中断服务函数，中断服务函数都是用汇编编写的，实际需要编写的只有复位中断服务函数 Reset_Handler 和 IRQ 中断服务函数 IRQ_Handler。其他的中断没有用到，所以都是死循环。在编写复位中断复位函数和 IRQ 中断服务函数之前还需要了解一些其他的知识，否则没法编写。

13.1.3 GIC 控制器简介

1. GIC 控制器总览

STM32(Cortex-M)的中断控制器叫做 NVIC，I. MX6ULL(Cortex-A)的中断控制器叫做 GIC，关于 GIC 的详细内容请参考本书资源，下载路径为"4、参考资料→ARM Generic Interrupt Controller(ARM GIC 控制器)V2.0"。

GIC 是 ARM 公司给 Cortex-A/R 内核提供的一个中断控制器，类似 Cortex-M 内核中的 NVIC。目前 GIC 有 4 个版本：V1～V4，V1 是最老的版本，已经被废弃了。V2～V4 目前正在大量的使用。GIC V2 是给 ARMv7-A 架构使用的，比如 Cortex-A7、Cortex-A9、Cortex-A15 等，V3 和 V4 是给 ARMv8-A/R 架构使用的。I. MX6ULL 是 Cortex-A 内核的，因此我们主要讲解 GIC V2。

GIC V2 最多支持 8 个核。ARM 会根据 GIC 版本的不同研发出不同的 IP 核，半导体厂商直接购买对应的 IP 核即可，比如 ARM 针对 GIC V2 就开发出了 GIC400 这个中断控制器 IP 核。当 GIC 接收到外部中断信号以后就会报给 ARM 内核，但是 ARM 内核只提供了 4 个信号给 GIC 来汇报中断情况：VFIQ、VIRQ、FIQ 和 IRQ，它们的关系如图 13-2 所示。

在图 13-2 中，GIC 接收众多的外部中断，然后对其进行处理，最终就只通过 4 个信号报给 ARM 内核，这 4 个信号的含义如下所示。

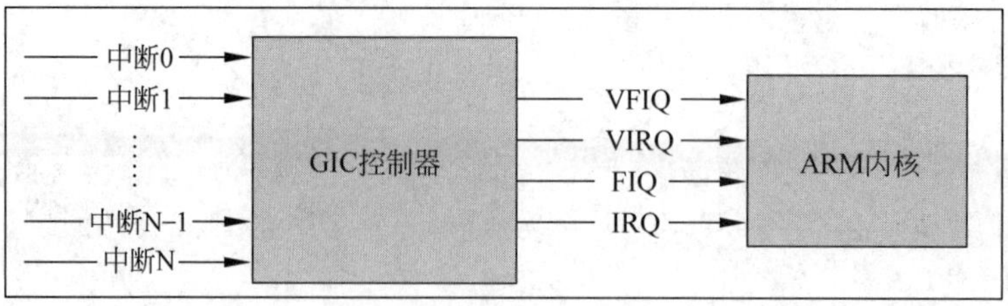

图 13-2　中断示意图

- **VFIQ**：虚拟快速 FIQ。
- **VIRQ**：虚拟外部 IRQ。
- **FIQ**：快速中断 IRQ。
- **IRQ**：外部中断 IRQ。

VFIQ 和 VIRQ 是针对虚拟化的，剩下的就是 FIQ 和 IRQ 了。本书只使用 IRQ，相当于 GIC 最终向 ARM 内核上报一个 IRQ 信号。GICV2 的逻辑图如图 13-3 所示。

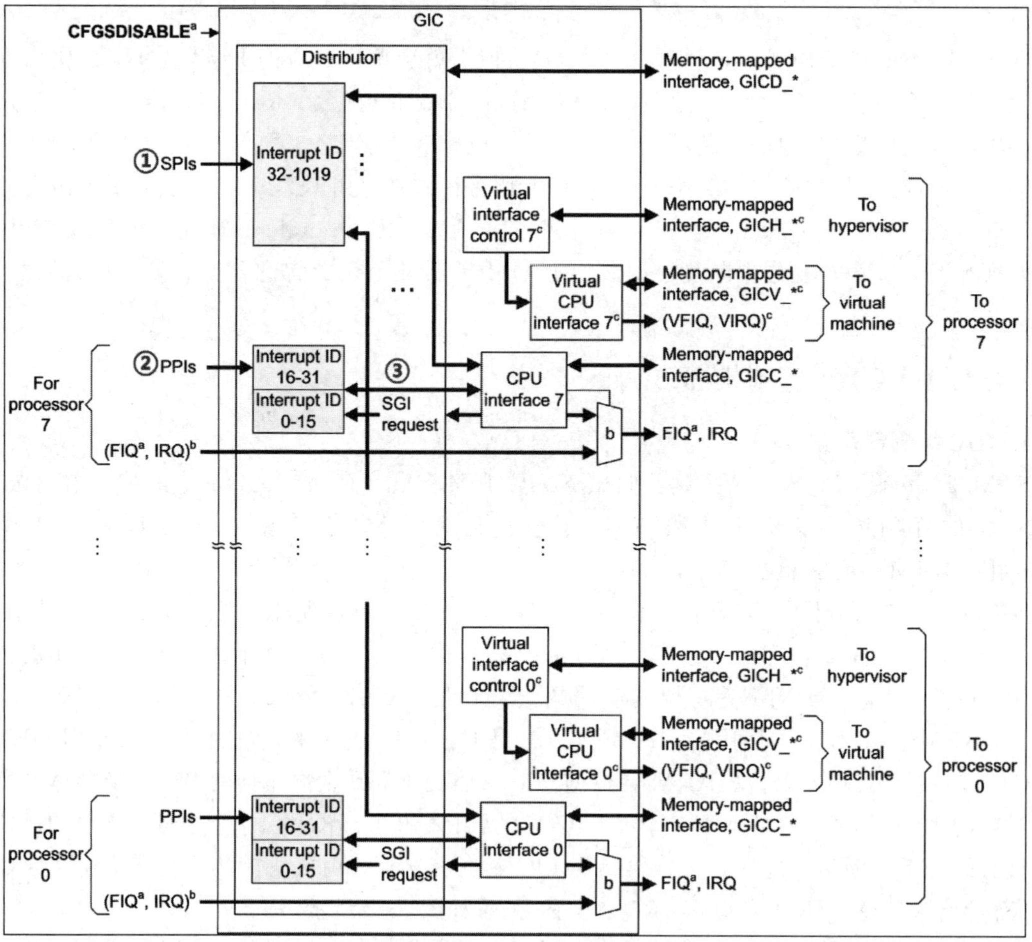

图 13-3　GICV2 总体框图

图 13-3 中左侧部分就是中断源，中间部分就是 GIC 控制器，最右侧就是中断控制器向处理器内核发送中断信息。GIC 将众多的中断源分为 3 类。

① SPI(Shared Peripheral Interrupt)，共享中断。所有 Core 共享的外部中断都属于 SPI 中断(注意，不是 SPI 总线中断)。比如按键中断、串口中断等，这些中断的 Core 都可以处理，不限定特定 Core。

② PPI(Private Peripheral Interrupt)，私有中断。GIC 是支持多核的，每个核有自己独有的中断。这些独有的中断要指定核心处理，因此这些中断叫做私有中断。

③ SGI(Software-generated Interrupt)，软件中断。由软件触发引起的中断，通过向寄存器 GICD_SGIR 写入数据来触发，系统会使用 SGI 中断来完成多核之间的通信。

2. 中断 ID

中断源有很多，为了区分这些不同的中断源要给它们分配唯一 ID，这些 ID 就是中断 ID。每一个 CPU 最多支持 1020 个中断 ID，中断 ID 号为 ID0～ID1019。这 1020 个 ID 包含 PPI、SPI 和 SGI，1020 个 ID 分配如下所示。

- **ID0～ID15**：这 16 个 ID 分配给 SGI。
- **ID16～ID31**：这 16 个 ID 分配给 PPI。
- **ID32～ID1019**：这 988 个 ID 分配给 SPI，像 GPIO 中断、串口中断等，至于具体到某个 ID 对应哪个中断就由半导体厂商根据实际情况去定义了。比如 I. MX6ULL 总共使用了 128 个中断 ID，加上前面属于 PPI 和 SGI 的 32 个 ID，I. MX6ULL 的中断源共有 128＋32＝160 个。这 128 个中断 ID 对应的中断在《I. MX6ULL 参考手册》的 3.2 节，中断源如表 13-2 所示。

表 13-2　I. MX6ULL 中断源

IRQ	ID	中　断　源	描　　述
0	32	boot	用于在启动异常时通知内核
1	33	ca7_platform	DAP 中断，调试端口访问请求中断
2	34	sdma	SDMA 中断
3	35	tsc	TSC(触摸)中断
4		snvs_lp_wrappersnvs_hp_wrapper	SNVS 中断
…		…	……
124	156	无	保留
125	157	无	保留
126	158	无	保留
127	159	PMU	PMU 中断

打开裸机例程 9_int，我们前面移植了 NXP 官方 SDK 中的文件 MCIMX6Y2C. h，在此文件中定义了一个枚举类型 IRQn_Type，此枚举类型就枚举出了 I. MX6ULL 的所有中断，代码如示例 13-4 所示。

示例 13-4　中断向量

```
#define NUMBER_OF_INT_VECTORS 160     /* 中断源 160 个,SGI + PPI + SPI */

typedef enum IRQn {
  /* Auxiliary constants */
    NotAvail_IRQn                    = -128,

  /* Core interrupts */
    Software0_IRQn                   = 0,
    Software1_IRQn                   = 1,
    Software2_IRQn                   = 2,
    Software3_IRQn                   = 3,
    Software4_IRQn                   = 4,
    Software5_IRQn                   = 5,
    Software6_IRQn                   = 6,
    Software7_IRQn                   = 7,
    Software8_IRQn                   = 8,
    Software9_IRQn                   = 9,
    Software10_IRQn                  = 10,
    Software11_IRQn                  = 11,
    Software12_IRQn                  = 12,
    Software13_IRQn                  = 13,
    Software14_IRQn                  = 14,
    Software15_IRQn                  = 15,
    VirtualMaintenance_IRQn          = 25,
    HypervisorTimer_IRQn             = 26,
    VirtualTimer_IRQn                = 27,
    LegacyFastInt_IRQn               = 28,
    SecurePhyTimer_IRQn              = 29,
    NonSecurePhyTimer_IRQn           = 30,
    LegacyIRQ_IRQn                   = 31,

   /* Device specific interrupts */
    IOMUXC_IRQn                      = 32,
    DAP_IRQn                         = 33,
    SDMA_IRQn                        = 34,
    TSC_IRQn                         = 35,
    SNVS_IRQn                        = 36,
    ...                              ...
     ENET2_1588_IRQn                 = 153,
     Reserved154_IRQn                = 154,
     Reserved155_IRQn                = 155,
     Reserved156_IRQn                = 156,
     Reserved157_IRQn                = 157,
     Reserved158_IRQn                = 158,
     PMU_IRQ2_IRQn                   = 159
}  IRQn_Type;
```

3. GIC 逻辑分块

GIC 架构分为了两个逻辑块 Distributor 和 CPU Interface，也就是分发器端和 CPU 接口端。

这两个逻辑块的含义如下所示。

Distributor(分发器端)：从图 13-3 可以看出，此逻辑块负责处理各个中断事件的分发问题，也就是中断事件应该发送到哪个 CPU Interface(CPU 接口端)上去。分发器收集所有的中断源，可以控制每个中断的优先级，它总是将优先级最高的中断事件发送到 CPU 接口端。分发器端要做的主要工作如下所示。

(1) 全局中断使能控制。

(2) 控制每一个中断的使能或者关闭。

(3) 设置每个中断的优先级。

(4) 设置每个中断的目标处理器列表。

(5) 设置每个外部中断的触发模式：电平触发或边沿触发。

(6) 设置每个中断属于组 0 还是组 1。

CPU Interface：CPU 接口端是和 CPU Core 相连接的，因此在图 13-3 中每个 CPU Core 都可以在 GIC 中找到一个与之对应的 CPU 接口端。CPU 接口端就是分发器和 CPU Core 之间的桥梁，CPU 接口端主要工作如下所示。

(1) 使能或者关闭发送到 CPU Core 的中断请求信号。

(2) 应答中断。

(3) 通知中断处理完成。

(4) 设置优先级掩码，通过掩码来设置哪些中断不需要上报给 CPU Core。

(5) 定义抢占策略。

(6) 当多个中断到来时，选择优先级最高的中断通知给 CPU Core。

例程 9_int 中的文件 core_ca7.h 定义了 GIC 结构体，此结构体中的寄存器分为了分发器端和 CPU 接口端，寄存器定义如示例 13-5 所示。

示例 13-5　GIC 控制器结构体

```
/*
 * GIC 寄存器描述结构体,
 * GIC 分为分发器端和 CPU 接口端
 */
typedef struct
{
 /* 分发器端寄存器 */
  uint32_t RESERVED0[1024];
  __IOM uint32_t D_CTLR;                 /* Offset: 0x1000 (R/W) */
  __IM  uint32_t D_TYPER;                /* Offset: 0x1004 (R/ ) */
  __IM  uint32_t D_IIDR;                 /* Offset: 0x1008 (R/ ) */
        uint32_t RESERVED1[29];
  __IOM uint32_t D_IGROUPR[16];          /* Offset: 0x1080 - 0x0BC (R/W) */
        uint32_t RESERVED2[16];
  __IOM uint32_t D_ISENABLER[16];        /* Offset: 0x1100 - 0x13C (R/W) */
        uint32_t RESERVED3[16];
  __IOM uint32_t D_ICENABLER[16];        /* Offset: 0x1180 - 0x1BC (R/W) */
        uint32_t RESERVED4[16];
  __IOM uint32_t D_ISPENDR[16];          /* Offset: 0x1200 - 0x23C (R/W) */
        uint32_t RESERVED5[16];
```

```
    __IOM uint32_t D_ICPENDR[16];             /* Offset: 0x1280 - 0x2BC (R/W) */
          uint32_t RESERVED6[16];
    __IOM uint32_t D_ISACTIVER[16];           /* Offset: 0x1300 - 0x33C (R/W) */
          uint32_t RESERVED7[16];
    __IOM uint32_t D_ICACTIVER[16];           /* Offset: 0x1380 - 0x3BC (R/W) */
          uint32_t RESERVED8[16];
    __IOM uint8_t  D_IPRIORITYR[512];         /* Offset: 0x1400 - 0x5FC (R/W) */
          uint32_t RESERVED9[128];
    __IOM uint8_t  D_ITARGETSR[512];          /* Offset: 0x1800 - 0x9FC (R/W) */
          uint32_t RESERVED10[128];
    __IOM uint32_t D_ICFGR[32];               /* Offset: 0x1C00 - 0xC7C (R/W) */
          uint32_t RESERVED11[32];
    __IM  uint32_t D_PPISR;                   /* Offset: 0x1D00 (R/ ) */
    __IM  uint32_t D_SPISR[15];               /* Offset: 0x1D04 - 0xD3C (R/ ) */
          uint32_t RESERVED12[112];
    __OM  uint32_t D_SGIR;                    /* Offset: 0x1F00 ( /W) */
          uint32_t RESERVED13[3];
    __IOM uint8_t  D_CPENDSGIR[16];           /* Offset: 0x1F10 - 0xF1C (R/W) */
    __IOM uint8_t  D_SPENDSGIR[16];           /* Offset: 0x1F20 - 0xF2C (R/W) */
          uint32_t RESERVED14[40];
    __IM  uint32_t D_PIDR4;                   /* Offset: 0x1FD0 (R/ ) */
    __IM  uint32_t D_PIDR5;                   /* Offset: 0x1FD4 (R/ ) */
    __IM  uint32_t D_PIDR6;                   /* Offset: 0x1FD8 (R/ ) */
    __IM  uint32_t D_PIDR7;                   /* Offset: 0x1FDC (R/ ) */
    __IM  uint32_t D_PIDR0;                   /* Offset: 0x1FE0 (R/ ) */
    __IM  uint32_t D_PIDR1;                   /* Offset: 0x1FE4 (R/ ) */
    __IM  uint32_t D_PIDR2;                   /* Offset: 0x1FE8 (R/ ) */
    __IM  uint32_t D_PIDR3;                   /* Offset: 0x1FEC (R/ ) */
    __IM  uint32_t D_CIDR0;                   /* Offset: 0x1FF0 (R/ ) */
    __IM  uint32_t D_CIDR1;                   /* Offset: 0x1FF4 (R/ ) */
    __IM  uint32_t D_CIDR2;                   /* Offset: 0x1FF8 (R/ ) */
    __IM  uint32_t D_CIDR3;                   /* Offset: 0x1FFC (R/ ) */

                                              /* CPU 接口端寄存器 */
    __IOM uint32_t C_CTLR;                    /* Offset: 0x2000 (R/W) */
    __IOM uint32_t C_PMR;                     /* Offset: 0x2004 (R/W) */
    __IOM uint32_t C_BPR;                     /* Offset: 0x2008 (R/W) */
    __IM  uint32_t C_IAR;                     /* Offset: 0x200C (R/ ) */
    __OM  uint32_t C_EOIR;                    /* Offset: 0x2010 ( /W) */
    __IM  uint32_t C_RPR;                     /* Offset: 0x2014 (R/ ) */
    __IM  uint32_t C_HPPIR;                   /* Offset: 0x2018 (R/ ) */
    __IOM uint32_t C_ABPR;                    /* Offset: 0x201C (R/W) */
    __IM  uint32_t C_AIAR;                    /* Offset: 0x2020 (R/ ) */
    __OM  uint32_t C_AEOIR;                   /* Offset: 0x2024 ( /W) */
    __IM  uint32_t C_AHPPIR;                  /* Offset: 0x2028 (R/ ) */
          uint32_t RESERVED15[41];
    __IOM uint32_t C_APR0;                    /* Offset: 0x20D0 (R/W) */
          uint32_t RESERVED16[3];
    __IOM uint32_t C_NSAPR0;                  /* Offset: 0x20E0 (R/W) */
          uint32_t RESERVED17[6];
    __IM  uint32_t C_IIDR;                    /* Offset: 0x20FC (R/ ) */
          uint32_t RESERVED18[960];
```

```
69     __OM  uint32_t C_DIR;            /* Offset: 0x3000 ( /W) */
70 } GIC_Type;
```

“示例 13-5”中的结构体 GIC_Type 就是 GIC 控制器，列举出了 GIC 控制器的所有寄存器，可以通过结构体 GIC_Type 来访问 GIC 的所有寄存器。

第 5 行是 GIC 的分发器端相关寄存器，其相对于 GIC 基地址偏移为 0X1000，因此我们获取到 GIC 基地址以后只需要加上 0X1000 即可访问 GIC 分发器端寄存器。

第 51 行是 GIC 的 CPU 接口端相关寄存器，其相对于 GIC 基地址的偏移为 0X2000。同样的，获取到 GIC 基地址以后只需要加上 0X2000 即可访问 GIC 的 CPU 接口段寄存器。

那么问题来了，GIC 控制器的寄存器基地址在哪里呢？这个就需要用到 Cortex-A 的 CP15 协处理器了，下面就讲解 CP15 协处理器。

13.1.4 CP15 协处理器

关于 CP15 协处理器和其相关寄存器的详细内容请参考两份文档 *ARM ArchitectureReference Manual ARMv7-A and ARMv7-R edition* 第 1469 页和 *Cortex-A7 Technical ReferenceManua* 第 55 页，下载路径为“本书资源→4、参考资料”。

CP15 协处理器一般用于存储系统管理，但是在中断中也会使用到，CP15 协处理器一共有 16 个 32 位寄存器。CP15 协处理器的访问通过如下所示的指令完成。

MRC：将 CP15 协处理器中的寄存器数据读到 ARM 寄存器中。

MCR：将 ARM 寄存器的数据写入到 CP15 协处理器寄存器中。

MRC 就是读 CP15 寄存器，MCR 就是写 CP15 寄存器，MCR 指令格式如下所示。

```
MCR{cond} p15, <opc1>, <Rt>, <CRn>, <CRm>, <opc2>
```

cond：指令执行的条件码，如果忽略的话就表示无条件执行。

opc1：协处理器要执行的操作码。

Rt：ARM 源寄存器，要写入到 CP15 寄存器的数据就保存在此寄存器中。

CRn：CP15 协处理器的目标寄存器。

CRm：协处理器中附加的目标寄存器或者源操作数寄存器，如果不需要附加信息就将 CRm 设置为 C0，否则结果不可预测。

opc2：可选的协处理器特定操作码，当不需要时要设置为 0。

MRC 的指令格式和 MCR 一样，只不过在 MRC 指令中 Rt 就是目标寄存器，也就是从 CP15 指定寄存器读出来的数据会保存在 Rt 中。而 CRn 就是源寄存器，也就是要读取的写处理器寄存器。

假如我们要将 CP15 中 C0 寄存器的值读取到 R0 寄存器中，那么就可以使用如下所示命令。

```
MRC p15, 0, r0, c0, c0, 0
```

CP15 协处理器有 16 个 32 位寄存器，c0～c15，本章来看一下 c0、c1、c12 和 c15 这 4 个寄存器。其他的寄存器大家参考上面的两个文档即可。

1. c0 寄存器

CP15 协处理器有 16 个 32 位寄存器，c0～c15，在使用 MRC 或者 MCR 指令访问这 16 个寄存器时，指令中的 CRn、opc1、CRm 和 opc2 通过不同的搭配，其得到的寄存器含义是不同的。比如 c0 在不同的搭配情况下含义如图 13-4 所示。

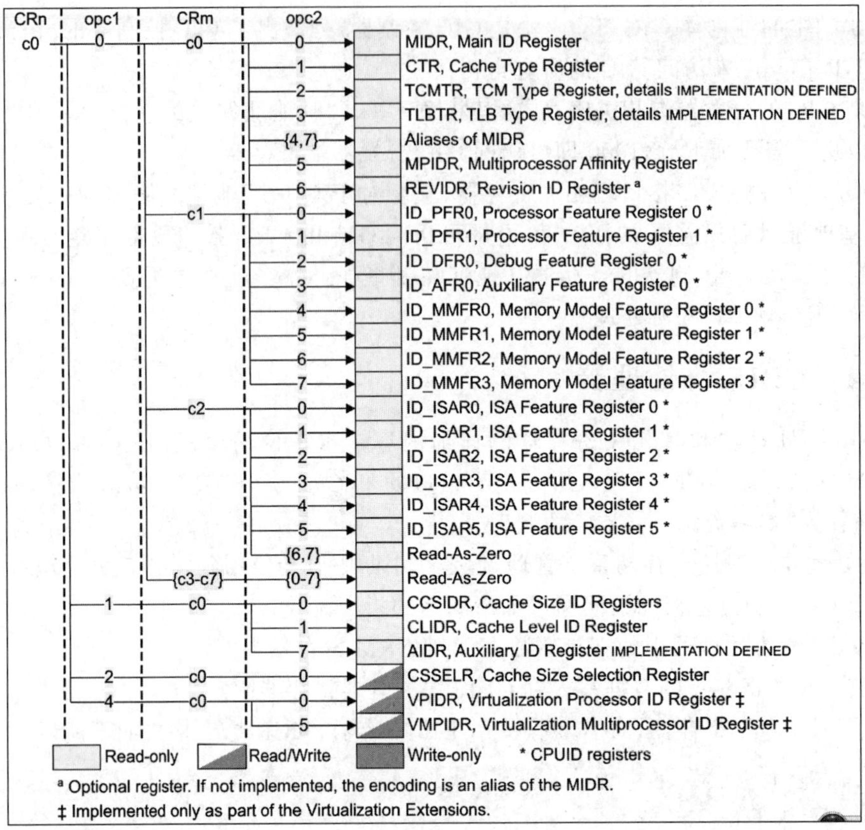

图 13-4　c0 寄存器不同搭配含义

在图 13-4 中，当 MRC/MCR 指令中的 CRn＝c0，opc1＝0，CRm＝c0，opc2＝0 时就表示此时的 c0 就是 MIDR 寄存器，也就是主 ID 寄存器，这个也是 c0 的基本作用。对于 Cortex-A7 内核来说，c0 作为 MIDR 寄存器时其含义如图 13-5 所示。

31　　24	23　　20	19　　16	15　　4	3　　0
Implementer	Variant	Architecture	Primary part number	Revision

图 13-5　c0 作为 MIDR 寄存器结构图

在图 13-5 中各位所代表的含义如下所示。

bit31:24：厂商编号，0X41，ARM。

bit23:20：内核架构的主版本号，ARM 内核版本一般使用 rnpn 来表示，比如 r0p1。其中，r0 后面的 0 就是内核架构主版本号。

bit19:16：架构代码，0XF，ARMv7 架构。

bit15:4：内核版本号，0XC07，Cortex-A7 MPCore 内核。

bit3:0：内核架构的次版本号，rnpn 中的 pn，比如 r0p1 中 p1 后面的 1 就是次版本号。

2. c1 寄存器

c1 寄存器同样通过不同的配置，其代表的含义也不同，如图 13-6 所示。

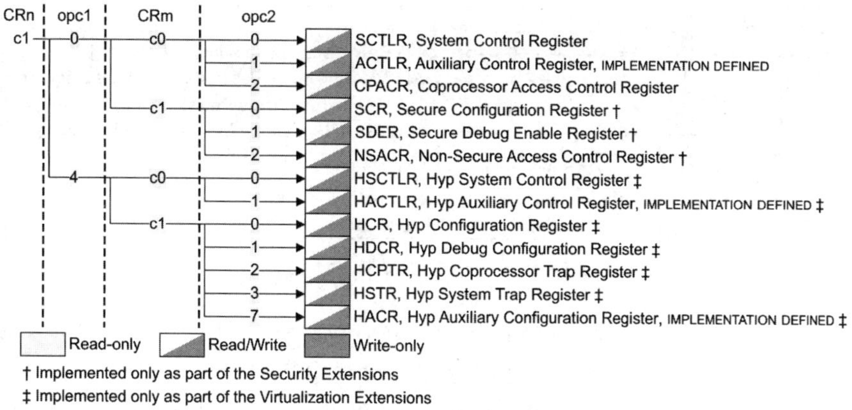

图 13-6　c1 寄存器不同搭配含义

在图 13-6 中，当 MRC/MCR 指令中的 CRn＝c1，opc1＝0，CRm＝c0，opc2＝0 时就表示此时的 c1 就是 SCTLR 寄存器，也就是系统控制寄存器，这个是 c1 的基本作用。SCTLR 寄存器主要是完成控制功能的，比如使能或者禁止 MMU、I/D Cache 等，c1 作为 SCTLR 寄存器时其含义如图 13-7 所示。

30	31	29	28	27 26	25	24 21	20	19	18 14	13	12	11	10	9 3	2	1	0
Res	TE	AFE	TRE	Res	EE	Res	UWXN	WXN	Res	V	I	Z	SW	Res	C	A	M

图 13-7　c1 作为 SCTLR 寄存器结构图

SCTLR 的位比较多，我们先来学习本章会用到相关内容。

bit13：V，中断向量表基地址选择位，为 0 时中断向量表基地址为 0X00000000，软件可以使用 VBAR 来重映射此基地址，也就是中断向量表重定位。为 1 时中断向量表基地址为 0XFFFF0000，此基地址不能被重映射。

bit12：I，I Cache 使能位，为 0 时关闭 I Cache，为 1 时使能 I Cache。

bit11：Z，分支预测使能位，如果开启 MMU 时，此位也会使能。

bit10：SW，SWP 和 SWPB 使能位，当为 0 时关闭 SWP 和 SWPB 指令，当为 1 时就使能 SWP 和 SWPB 指令。

bit9 和 bit3：未使用，保留。

bit2：C，D Cache 和缓存一致性使能位，为 0 时禁止 D Cache 和缓存一致性，为 1 时使能。

bit1：A，内存对齐检查使能位，为 0 时关闭内存对齐检查，为 1 时使能内存对齐检查。

bit0：M，MMU 使能位，为 0 时禁止 MMU，为 1 时使能 MMU。

如果要读写 SCTLR 的话，就可以使用如下所示命令。

```
MRC p15, 0, <Rt>, c1, c0, 0   ;读取 SCTLR 寄存器，数据保存到 Rt 中
MCR p15, 0, <Rt>, c1, c0, 0   ;将 Rt 中的数据写到 SCTLR(c1)寄存器中
```

3. c12 寄存器

c12 寄存器通过不同的配置，其代表的含义也不同，如图 13-8 所示。

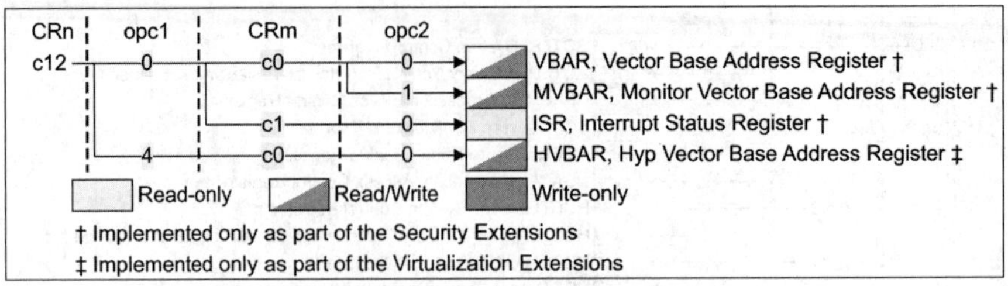

图 13-8　c12 寄存器不同搭配含义

在图 13-8 中，当 MRC/MCR 指令中的 CRn＝c12，opc1＝0，CRm＝c0，opc2＝0 时就表示此时 c12 为 VBAR 寄存器，也就是向量表基地址寄存器。设置中断向量表偏移时就需要将新的中断向量表基地址写入 VBAR 中，比如在前面的例程中，代码链接的起始地址为 0X87800000，而中断向量表肯定要放到最前面，也就是 0X87800000 这个地址处。所以就需要设置 VBAR 为 0X87800000，设置命令如下所示。

```
ldr r0, = 0X87800000                ; r0 = 0X87800000
MCR p15, 0, r0, c12, c0, 0          ;将 r0 中的数据写入到 c12 中，即 c12 = 0X87800000
```

4. c15 寄存器

c15 寄存器也可以通过不同的配置得到不同的含义，参考文档 *Cortex-A7 Technical ReferenceManua* 第 68 页相关内容，其配置如图 13-9 所示。

CRn	Op1	CRm	Op2	Name	Reset	Description
c15	3[a]	c0	0	CDBGDR0	UNK	Data Register 0, see *Direct access to internal memory* on page 6-9
			1	CDBGDR1	UNK	Data Register 1, see *Direct access to internal memory* on page 6-9
			2	CDBGDR2	UNK	Data Register 2, see *Direct access to internal memory* on page 6-9
		c2	0	CDBGDCT	UNK	Data Cache Tag Read Operation Register, see *Direct access to internal memory* on page 6-9
			1	CDBGICT	UNK	Instruction Cache Tag Read Operation Register, see *Direct access to internal memory* on page 6-9
		c4	0	CDBGDCD	UNK	Data Cache Data Read Operation Register, see *Direct access to internal memory* on page 6-9
			1	CDBGICD	UNK	Instruction Cache Data Read Operation Register, see *Direct access to internal memory* on page 6-9
			2	CDBGTD	UNK	TLB Data Read Operation Register, see *Direct access to internal memory* on page 6-9
	4	c0	0	CBAR	-[b]	*Configuration Base Address Register* on page 4-83

图 13-9　c15 寄存器不同搭配含义

在图 13-9 中，我们需要 c15 作为 CBAR 寄存器，因为 GIC 的基地址就保存在 CBAR 中，可以通过如下命令获取到 GIC 基地址。

```
MRC p15, 4, r1, c15, c0, 0          ;获取 GIC 基础地址，基地址保存在 r1 中
```

获取到 GIC 基地址以后就可以设置 GIC 相关寄存器了，比如可以读取当前中断 ID，当前中断 ID 保存在 GICC_IAR 中，寄存器 GICC_IAR 属于 CPU 接口端寄存器，寄存器地址相对于 CPU 接口端起始地址的偏移为 0XC，因此获取当前中断 ID 的代码如下所示。

```
MRC p15, 4, r1, c15, c0, 0          ;获取 GIC 基地址
ADD r1, r1, #0X2000                 ;GIC 基地址加 0X2000 得到 CPU 接口端寄存器起始地址
LDR r0, [r1, #0XC]                  ;读取 CPU 接口端起始地址 + 0XC 处的寄存器值，也就是寄存
                                    ;器 GIC_IAR 的值
```

关于 CP15 协处理器就讲解到这里，简单总结如下：通过 c0 寄存器可以获取到处理器内核信息；通过 c1 寄存器可以使能或禁止 MMU、I/D Cache 等；通过 c12 寄存器可以设置中断向量偏移；通过 c15 寄存器可以获取 GIC 基地址。关于 CP15 的其他寄存器，大家自行查阅本节前面列举的 2 份 ARM 官方资料。

13.1.5 中断使能

中断使能包括两部分，一个是 IRQ 或者 FIQ 总中断使能，另一个就是 ID0～ID1019 这 1020 个中断源的使能。

1. IRQ 和 FIQ 总中断使能

IRQ 和 FIQ 分别是外部中断和快速中断的总开关，就类似家里买的进户总电闸，然后 ID0～ID1019 这 1020 个中断源就类似家里面的各个电器开关。要想开电视，那肯定要保证进户总电闸是打开的，因此要想使用 I. MX6ULL 上的外设中断就必须先打开 IRQ 中断（本书不使用 FIQ）。寄存器 CPSR 的 I=1 禁止 IRQ，当 I=0 使能 IRQ；F=1 禁止 FIQ，F=0 使能 FIQ。我们还有更简单的指令来完成 IRQ 或者 FIQ 的使能和禁止，如表 13-3 所示。

表 13-3 开关中断指令

指 令	描 述	指 令	描 述
cpsid i	禁止 IRQ 中断	cpsid f	禁止 FIQ 中断
cpsie i	使能 IRQ 中断	cpsie f	使能 FIQ 中断

2. ID0～ID1019 中断使能和禁止

GIC 寄存器 GICD_ISENABLERn 和 GICD_ ICENABLERn 用来完成外部中断的使能和禁止，对于 Cortex-A7 内核来说中断 ID 只使用了 512 个。一个 bit 控制一个中断 ID 的使能，那么就需要 512/32=16 个 GICD_ISENABLER 寄存器来完成中断的使能。同理，也需要 16 个 GICD_ICENABLER 寄存器来完成中断的禁止。其中 GICD_ISENABLER0 的 bit[15:0]对应 ID15～0 的 SGI 中断，GICD_ISENABLER0 的 bit[31:16]对应 ID31～16 的 PPI 中断。剩下的 GICD_ISENABLER1～GICD_ISENABLER15 就是控制 SPI 中断的。

13.1.6 中断优先级设置

1. 优先级数配置

学过 STM32 的读者都知道 Cortex-M 的中断优先级分为抢占优先级和子优先级，两者是可以配置的。同样的 Cortex-A7 的中断优先级也可以分为抢占优先级和子优先级，两者同样是可以配置

的。GIC 控制器最多可以支持 256 个优先级，数字越小，优先级越高。Cortex-A7 选择了 32 个优先级。在使用中断时需要初始化寄存器 GICC_PMR，此寄存器用来决定使用几级优先级，寄存器结构如图 13-10 所示。

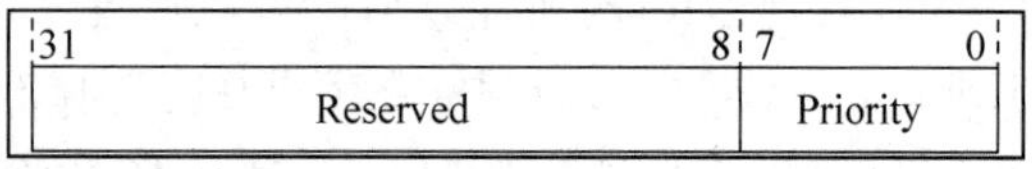

图 13-10　寄存器 GICC_PMR 结构

寄存器 GICC_PMR 只有低 8 位有效，这 8 位最多可以设置 256 个优先级，其他优先级数设置如表 13-4 所示。

表 13-4　优先级数设置

bit7:0	优先级数	bit7:0	优先级数
11111111	256 个优先级	11111000	32 个优先级
11111110	128 个优先级	11110000	16 个优先级
11111100	64 个优先级		

I. MX6ULL 是 Cortex-A7 内核，所以支持 32 个优先级，因此 GICC_PMR 要设置为 0b11111000。

2. 抢占优先级和子优先级位数设置

抢占优先级和子优先级各占多少位是由寄存器 GICC_BPR 来决定的，寄存器 GICC_BPR 结构如图 13-11 所示。

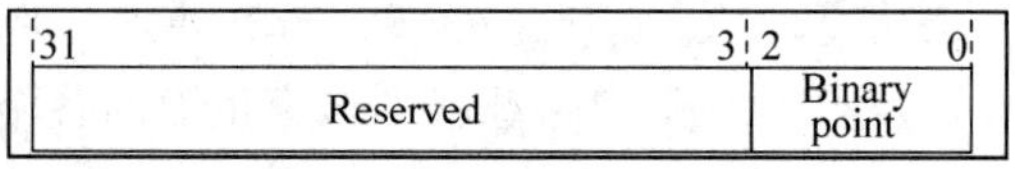

图 13-11　寄存器 GICC_BPR 结构

寄存器 GICC_BPR 只有低 3 位有效，其值不同，抢占优先级和子优先级占用的位数也不同，配置如表 13-5 所示。

表 13-5　GICC_BPR 配置表

Binary Point	抢占优先级域	子优先级域	描　　述
0	[7:1]	[0]	7 级抢占优先级，1 级子优先级
1	[7:2]	[1:0]	6 级抢占优先级，2 级子优先级
2	[7:3]	[2:0]	5 级抢占优先级，3 级子优先级
3	[7:4]	[3:0]	4 级抢占优先级，4 级子优先级
4	[7:5]	[4:0]	3 级抢占优先级，5 级子优先级
5	[7:6]	[5:0]	2 级抢占优先级，6 级子优先级
6	[7:7]	[6:0]	1 级抢占优先级，7 级子优先级
7	无	[7:0]	0 级抢占优先级，8 级子优先级

为了简单起见，一般将所有的中断优先级位都配置为抢占优先级，比如 I. MX6ULL 的优先级位数为 5(32 个优先级)，所以可以设置 Binary point 为 2，表示 5 个优先级位全部为抢占优先级。

3. 优先级设置

前面已经设置好了 I. MX6ULL 一共有 32 个抢占优先级，数字越小优先级越高。具体要使用某个中断时就可以设置其优先级为 0～31。某个中断 ID 的中断优先级设置由寄存器 D_IPRIORITYR 来完成，前面说了 Cortex-A7 使用了 512 个中断 ID，每个中断 ID 配有一个优先级寄存器，所以一共有 512 个 D_IPRIORITYR 寄存器。如果优先级个数为 32 时，使用寄存器 D_IPRIORITYR 的 bit7:4 来设置优先级，也就是说实际的优先级要左移 3 位。比如要设置 ID40 中断的优先级为 5，示例代码如下所示。

```
GICD_IPRIORITYR[40] = 5 << 3;
```

有关优先级设置的内容就讲解到这里，优先级设置主要有 3 部分：

(1) 设置寄存器 GICC_PMR，配置优先级个数，比如 I. MX6ULL 支持 32 级优先级。

(2) 设置抢占优先级和子优先级位数，一般为了简单起见，会将所有的位数都设置为抢占优先级。

(3) 设置指定中断 ID 的优先级，也就是设置外设优先级。

13.2 硬件原理分析

本实验用到的硬件资源和第 15 章的硬件资源一样。

13.3 实验程序编写

本实验对应的例程路径为"1、裸机例程→9_int"。

本章实验的功能和第 15 章一样，只是按键采用中断的方式处理。当按下按键 KEY0 以后就打开蜂鸣器，再次按下按键 KEY0 就关闭蜂鸣器。

13.3.1 移植 SDK 包中断相关文件

将 SDK 包中的文件 core_ca7.h 复制到本章实验工程中的 imx6ul 文件夹中，参考实验 9_int 中的 core_ca7.h 进行修改。主要留下和 GIC 相关的内容，我们重点是需要文件 core_ca7.h 中的 10 个 API 函数，这 10 个函数如表 13-6 所示。

表 13-6 GIC 相关 API 操作函数

函数	描述
GIC_Init	初始化 GIC
GIC_EnableIRQ	使能指定的外设中断
GIC_DisableIRQ	关闭指定的外设中断
GIC_AcknowledgeIRQ	返回中断号
GIC_DeactivateIRQ	无效化指定中断
GIC_GetRunningPriority	获取当前正在运行的中断优先级
GIC_SetPriorityGrouping	设置抢占优先级位数
GIC_GetPriorityGrouping	获取抢占优先级位数
GIC_SetPriority	设置指定中断的优先级
GIC_GetPriority	获取指定中断的优先。

移植好文件 core_ca7.h 以后，修改文件 imx6ul.h，并在其中添加如下所示代码。

```
#include "core_ca7.h"
```

13.3.2 重新编写 start.s 文件

重新在文件 start.s 中输入如示例 13-6 所示内容。

示例 13-6 start.s 文件代码

```
/***************************************************************
Copyright © zuozhongkai Co., Ltd. 1998-2019. All rights reserved
文件名    : start.s
作者      : 左忠凯
版本      : V2.0
描述      : I.MX6ULL-ALPHA/I.MX6ULL 开发板启动文件,完成 C 环境初始化,
            C 环境初始化完成以后跳转到 C 代码
其他      : 无
论坛      : www.openedv.com
日志      : 初版 V1.0 2019/1/3 左忠凯修改
             V2.0 2019/1/4 左忠凯修改
             添加中断相关定义
***************************************************************/

.global _start                          /* 全局标号 */

/*
 * 描述: _start 函数,首先是中断向量表的创建
 */
_start:
    ldr pc, =Reset_Handler              /* 复位中断 */
    ldr pc, =Undefined_Handler          /* 未定义指令中断 */
    ldr pc, =SVC_Handler                /* SVC(Supervisor)中断 */
    ldr pc, =PrefAbort_Handler          /* 预取终止中断 */
    ldr pc, =DataAbort_Handler          /* 数据终止中断 */
    ldr pc, =NotUsed_Handler            /* 未使用中断 */
    ldr pc, =IRQ_Handler                /* IRQ 中断 */
    ldr pc, =FIQ_Handler                /* FIQ(快速中断) */

/* 复位中断 */
Reset_Handler:

    cpsid i                             /* 关闭全局中断 */

    /* 关闭 I,DCache 和 MMU
     * 采取读-改-写的方式
     */
    mrc     p15, 0, r0, c1, c0, 0       /* 读取 CP15 的 C1 寄存器到 R0 中 */
    bic     r0,  r0, #(0x1 << 12)       /* 清除 C1 的 I 位,关闭 I Cache */
    bic     r0,  r0, #(0x1 <<  2)       /* 清除 C1 的 C 位,关闭 D Cache */
    bic     r0,  r0, #0x2               /* 清除 C1 的 A 位,关闭对齐检查 */
    bic     r0,  r0, #(0x1 << 11)       /* 清除 C1 的 Z 位,关闭分支预测 */
    bic     r0,  r0, #0x1               /* 清除 C1 的 M 位,关闭 MMU */
    mcr     p15, 0, r0, c1, c0, 0       /* 将 r0 的值写入到 CP15 的 C1 中 */

```

```

#if 0
    /* 汇编版本设置中断向量表偏移 */
  ldr r0, =0X87800000

  dsb
  isb
  mcr p15, 0, r0, c12, c0, 0
  dsb
  isb
#endif

  /* 设置各个模式下的栈指针,
   * 注意: IMX6UL 的堆栈是向下增长的
   * 堆栈指针地址一定要是 4 字节地址对齐的
   * DDR 范围:0X80000000～0X9FFFFFFF 或者 0X8FFFFFFF
   */
  /* 进入 IRQ 模式 */
  mrs r0, cpsr
  bic r0, r0, #0x1f              /* 将 r0 的低 5 位清零,也就是 cpsr 的 M0～M4 */
  orr r0, r0, #0x12              /* r0 或上 0x12,表示使用 IRQ 模式 */
  msr cpsr, r0                   /* 将 r0 的数据写入到 cpsr 中 */
  ldr sp, =0x80600000            /* IRQ 模式栈首地址为 0X80600000,大小为 2MB */

  /* 进入 SYS 模式 */
  mrs r0, cpsr
  bic r0, r0, #0x1f              /* 将 r0 的低 5 位清零,也就是 cpsr 的 M0～M4 */
  orr r0, r0, #0x1f              /* r0 或上 0x1f,表示使用 SYS 模式 */
  msr cpsr, r0                   /* 将 r0 的数据写入到 cpsr 中 */
  ldr sp, =0x80400000            /* SYS 模式栈首地址为 0X80400000,大小为 2MB */

  /* 进入 SVC 模式 */
  mrs r0, cpsr
  bic r0, r0, #0x1f              /* 将 r0 的低 5 位清零,也就是 cpsr 的 M0～M4 */
  orr r0, r0, #0x13              /* r0 或上 0x13,表示使用 SVC 模式 */
  msr cpsr, r0                   /* 将 r0 的数据写入到 cpsr 中 */
  ldr sp, =0X80200000            /* SVC 模式栈首地址为 0X80200000,大小为 2MB */

  cpsie i                        /* 打开全局中断 */

 #if 0
    /* 使能 IRQ 中断 */
    mrs r0, cpsr                 /* 读取 cpsr 寄存器值到 r0 中 */
    bic r0, r0, #0x80            /* 将 r0 寄存器中 bit7 清零,也就是 CPSR 中
                                  * 的 I 位清零,表示允许 IRQ 中断
                                  */
    msr cpsr, r0                 /* 将 r0 重新写入到 cpsr 中 */
 #endif

    b main                       /* 跳转到 main 函数 */

 /* 未定义中断 */
```

```
Undefined_Handler:
    ldr r0, =Undefined_Handler
    bx r0

/* SVC 中断 */
SVC_Handler:
    ldr r0, =SVC_Handler
    bx r0

/* 预取终止中断 */
PrefAbort_Handler:
    ldr r0, =PrefAbort_Handler
    bx r0

/* 数据终止中断 */
DataAbort_Handler:
    ldr r0, =DataAbort_Handler
    bx r0

/* 未使用的中断 */
NotUsed_Handler:

    ldr r0, =NotUsed_Handler
    bx r0

/* IRQ 中断!重点!!!!! */
IRQ_Handler:
    push {lr}                       /* 保存 lr 地址 */
    push {r0-r3, r12}               /* 保存 r0-r3,r12 寄存器 */

    mrs r0, spsr                    /* 读取 spsr 寄存器 */
    push {r0}                       /* 保存 spsr 寄存器 */

    mrc p15, 4, r1, c15, c0, 0      /* 将 CP15 的 C0 内的值到 R1 寄存器中
                    * 参考文档 ARM Cortex-A(armV7)编程手册 V4.0.pdf P49
                    * Cortex-A7 Technical ReferenceManua.pdf P68 P138
                    */
    add r1, r1, #0X2000             /* GIC 基地址加 0X2000,得到 CPU 接口端基地址 */
    ldr r0, [r1, #0XC]              /* CPU 接口端基地址加 0X0C 就是 GICC_IAR 寄存器,
                                     * GICC_IAR 保存着当前发生中断的中断号,我们要根
                                     * 据这个中断号来绝对调用哪个中断服务函数
                                     */
    push {r0, r1}                   /* 保存 r0,r1 */

    cps #0x13                       /* 进入 SVC 模式,允许其他中断再次进去 */

    push {lr}                       /* 保存 SVC 模式的 lr 寄存器 */
    ldr r2, =system_irqhandler      /* 加载 C 语言中断处理函数到 r2 寄存器中 */
    blx r2                          /* 运行 C 语言中断处理函数,带有一个参数 */

    pop {lr}                        /* 执行完 C 语言中断服务函数,lr 出栈 */
    cps #0x12                       /* 进入 IRQ 模式 */
```

```
136     pop {r0, r1}
137     str r0, [r1, #0X10]              /* 中断执行完成,写 EOIR */
138
139     pop {r0}
140     msr spsr_cxsf, r0                /* 恢复 spsr */
141
142     pop {r0 - r3, r12}               /* r0 - r3,r12 出栈 */
143     pop {lr}                         /* lr 出栈 */
144     subs pc, lr, #4                  /* 将 lr - 4 赋给 pc */
145
146 /* FIQ 中断 */
147 FIQ_Handler:
148
149     ldr r0, = FIQ_Handler
150     bx r0
```

第 6～14 行是中断向量表，13.1.2 节已经讲解过了。

第 17～81 行是复位中断服务函数 Reset_Handler，第 19 行先调用指令 cpsid i 关闭 IRQ，第 24～30 行是关闭 I/D Cache、MMU、对齐检测和分支预测。第 33～42 行是汇编版本的中断向量表重映射。第 50～68 行是设置不同模式下的 sp 指针，分别设置 IRQ 模式、SYS 模式和 SVC 模式的栈指针，每种模式的栈大小都是 2MB。第 70 行调用指令 cpsie i 重新打开 IRQ 中断，第 72～79 行是操作 CPSR 寄存器来打开 IRQ 中断。当初始化工作都完成以后就可以进入到 main 函数了，第 81 行就是跳转到 main 函数。

第 110～144 行是中断服务函数 IRQ_Handler，这个是本章的重点，因为所有的外部中断最终都会触发 IRQ 中断，所以 IRQ 中断服务函数主要的工作就是区分当前发生的什么中断，然后针对不同的外部中断做出不同的处理。第 111～115 行是保存现场，第 117～122 行是获取当前中断号，中断号被保存到了 r0 寄存器中。第 131 和 132 行才是中断处理的重点，这两行相当于调用了 system_irqhandler 函数，system_irqhandler 函数是一个 C 语言函数，此函数有一个参数，就是中断号，所以我们需要传递一个参数。

汇编中调用 C 函数如何实现参数传递呢？根据 ATPCS（ARM-Thumb Procedure Call Standard）定义的函数参数传递规则，在汇编调用 C 函数时建议形参不要超过 4 个，形参可以由 r0～r3 这四个寄存器来传递，如果形参大于 4 个，那么大于 4 个的部分要使用堆栈进行传递。所以给 r0 寄存器写入中断号就可以在 system_irqhandler 函数的参数传递，在 136 行已经向 r0 寄存器写入了中断号。中断的真正处理过程其实是在 system_irqhandler 函数中完成，稍后需要编写 system_irqhandler 函数。

第 137 行向寄存器 GICC_EOIR 写入刚刚处理完成的中断号，当一个中断处理完成以后必须向 GICC_EOIR 寄存器写入其中断号表示中断处理完成。

第 139～143 行就是恢复现场。

第 144 行中断处理完成以后，就要重新返回到曾经被中断打断的地方运行，这里为什么要将 lr-4 然后赋给 pc？而不是直接将 lr 赋值给 pc？ARM 的指令是三级流水线：取指、译指、执行，pc 指向的是正在取值的地址即 pc=当前执行指令地址 + 8。比如下面代码示例。

```
0X2000    MOV R1, R0     ;执行
0X2004    MOV R2, R3     ;译指
0X2008    MOV R4, R5     ;取值 PC
```

上面示例代码中，左侧一列是地址，中间是指令，最右边是流水线。当前正在执行 0X2000 地址处的指令 MOV R1, R0，但是 PC 中已经保存了 0X2008 地址处的指令 MOV R4, R5。假设此时发生了中断，中断发生时保存在 lr 中的是 pc 的值，也就是地址 0X2008。当中断处理完成以后肯定需要回到被中断点接着执行，如果直接跳转到 lr 中保存的地址处(0X2008)开始运行，那么就有一个指令没有执行，那就是地址 0X2004 处的指令 MOV R2, R3。显然，这是一个很严重的错误，所以就需要将 lr-4 赋值给 pc，也就是 pc=0X2004，从指令 MOV R2,R3 开始执行。

13.3.3 通用中断驱动文件编写

在 start.S 文件中我们从中断服务函数 IRQ_Handler 中调用了 C 函数 system_irqhandler 来处理具体的中断。此函数有一个参数，参数是中断号，但是 system_irqhandler 函数的具体内容还没有实现，所以需要实现 system_irqhandler 函数的具体内容。不同的中断源对应不同的中断处理函数，I.MX6ULL 有 160 个中断源，所以需要 160 个中断处理函数，可以将这些中断处理函数放到一个数组中，中断处理函数在数组中的标号就是其对应的中断号。当中断发生以后 system_irqhandler 函数根据中断号从中断处理函数数组中找到对应的中断处理函数并执行即可。

在 bsp 目录下新建名为 int 的文件夹，在 bsp/int 文件夹中创建 bsp_int.c 和 bsp_int.h 这两个文件。在文件 bsp_int.h 中输入如示例 13-7 所示内容。

示例 13-7　bsp_int.h 文件代码

```
#ifndef _BSP_INT_H
#define _BSP_INT_H
#include "imx6ul.h"
/***************************************************************
Copyright © zuozhongkai Co., Ltd. 1998-2019. All rights reserved
文件名      : bsp_int.h
作者        : 左忠凯
版本        : V1.0
描述        : 中断驱动头文件
其他        : 无
论坛        : www.openedv.com
日志        : 初版 V1.0 2019/1/4 左忠凯创建
***************************************************************/

/* 中断处理函数形式 */
typedef void (*system_irq_handler_t) (unsigned int giccIar, 
void *param);

/* 中断处理函数结构体 */
typedef struct _sys_irq_handle
{
    system_irq_handler_t irqHandler;     /* 中断处理函数 */
    void *userParam;                     /* 中断处理函数参数 */
```

```
23 } sys_irq_handle_t;
24
25 /* 函数声明 */
26 void int_init(void);
27 void system_irqtable_init(void);
28 void system_register_irqhandler(IRQn_Type irq,
                                   system_irq_handler_t handler,
                                   void *userParam);
29 void system_irqhandler(unsigned int giccIar);
30 void default_irqhandler(unsigned int giccIar, void *userParam);
31
32 #endif
```

第16～23行是中断处理结构体，结构体 sys_irq_handle_t 包含一个中断处理函数和中断处理函数的用户参数。一个中断源就需要一个 sys_irq_handle_t 变量，I.MX6ULL 有160个中断源，因此需要160个 sys_irq_handle_t 组成中断处理数组。

在文件 bsp_int.c 中输入如示例13-8所示内容。

示例 13-8 bsp_int.c 文件代码

```
#include "bsp_int.h"
/***************************************************************
Copyright © zuozhongkai Co., Ltd. 1998-2019. All rights reserved
文件名      : bsp_int.c
作者        : 左忠凯
版本        : V1.0
描述        : 中断驱动文件
其他        : 无
论坛        : www.openedv.com
日志        : 初版 V1.0 2019/1/4 左忠凯创建
***************************************************************/

/* 中断嵌套计数器 */
static unsigned int irqNesting;

/* 中断服务函数表 */
static sys_irq_handle_t irqTable[NUMBER_OF_INT_VECTORS];

/*
 * @description : 中断初始化函数
 * @param       : 无
 * @return      : 无
 */
void int_init(void)
{
    GIC_Init();                          /* 初始化 GIC */
    system_irqtable_init();              /* 初始化中断表 */
    __set_VBAR((uint32_t)0x87800000);    /* 中断向量表偏移 */
}

```

```
/*
 * @description  : 初始化中断服务函数表
 * @param        : 无
 * @return       : 无
 */
void system_irqtable_init(void)
{
    unsigned int i = 0;
    irqNesting = 0;

    /* 先将所有的中断服务函数设置为默认值 */
      for(i = 0; i < NUMBER_OF_INT_VECTORS; i++)
    {
         system_register_irqhandler(  (IRQn_Type)i,
                                      default_irqhandler,
                                      NULL);
    }
}

/*
 * @description              : 给指定的中断号注册中断服务函数
 * @param - irq              : 要注册的中断号
 * @param - handler          : 要注册的中断处理函数
 * @param - usrParam         : 中断服务处理函数参数
 * @return                   : 无
 */
void system_register_irqhandler(IRQn_Type irq,
                                system_irq_handler_t handler,
                                void *userParam)
{
    irqTable[irq].irqHandler = handler;
        irqTable[irq].userParam = userParam;
}

/*
 * @description              : C语言中断服务函数,irq汇编中断服务函数会
                               调用此函数,此函数通过在中断服务列表中查
                               找指定中断号所对应的中断处理函数并执行
 * @param - giccIar          : 中断号
 * @return                   : 无
 */
void system_irqhandler(unsigned int giccIar)
{

      uint32_t intNum = giccIar & 0x3FFUL;

      /* 检查中断号是否符合要求 */
      if ((intNum == 1020) || (intNum >= NUMBER_OF_INT_VECTORS))
      {
        return;
      }

```

```
79      irqNesting++;                   /* 中断嵌套计数器加 1 */
80
81      /* 根据传递进来的中断号,在 irqTable 中调用确定的中断服务函数 */
82      irqTable[intNum].irqHandler(intNum,
                                        irqTable[intNum].userParam);
83
84      irqNesting--;                   /* 中断执行完成,中断嵌套寄存器减 1 */
85
86 }
87
88 /*
89  * @description          : 默认中断服务函数
90  * @param - giccIar      : 中断号
91  * @param - usrParam     : 中断服务处理函数参数
92  * @return               : 无
93  */
94 void default_irqhandler(unsigned int giccIar, void *userParam)
95 {
96     while(1)
97     {
98     }
99 }
```

第 14 行定义了一个变量 irqNesting,此变量作为中断嵌套计数器。

第 17 行定了中断服务函数数组 irqTable,这是一个 sys_irq_handle_t 类型的结构体数组,数组大小为 I.MX6ULL 的中断源个数,即 160 个。

第 24~28 行是中断初始化函数 int_init,在此函数中首先初始化了 GIC,然后初始化了中断服务函数表,最终设置了中断向量表偏移。

第 36~46 行是中断服务函数表初始化函数 system_irqtable_init,初始化 irqTable,给其赋初值。

第 55~59 行是注册中断处理函数 system_register_irqhandler,此函数用来给指定的中断号注册中断处理函数。如果要使用某个外设中断,那就必须调用此函数来给这个中断注册一个中断处理函数。

第 68~86 行就是前面在文件 start.S 中调用的 system_irqhandler 函数,此函数根据中断号在中断处理函数表 irqTable 中取出对应的中断处理函数并执行。

第 94~99 行是默认中断处理函数 default_irqhandler,这是一个空函数,主要用来给初始化中断函数处理表。

13.3.4 修改 GPIO 驱动文件

在前面的实验中我们只是使用到了 GPIO 最基本的输入输出功能,本章需要使用 GPIO 的中断功能。所以需要修改 GPIO 的驱动文件 bsp_gpio.c 和 bsp_gpio.h,加上中断相关函数。关于 GPIO 中断内容已经在 4.1.5 节进行了详细地讲解,这里就不赘述了。打开文件 bsp_gpio.h,重新输入如示例 13-9 所示内容。

示例 13-9　bsp_gpio.h 文件代码

```
#ifndef _BSP_GPIO_H
#define _BSP_GPIO_H
#include "imx6ul.h"
/***************************************************************
Copyright © zuozhongkai Co., Ltd. 1998 - 2019. All rights reserved
文件名      : bsp_gpio.h
作者        : 左忠凯
版本        : V1.0
描述        : GPIO 操作文件头文件
其他        : 无
论坛        : www.openedv.com
日志        : 初版 V1.0 2019/1/4 左忠凯创建
              V2.0 2019/1/4 左忠凯修改
              添加 GPIO 中断相关定义

***************************************************************/

/*
 * 枚举类型和结构体定义
 */
typedef enum _gpio_pin_direction
{
    kGPIO_DigitalInput = 0U,                /* 输入 */
    kGPIO_DigitalOutput = 1U,               /* 输出 */
} gpio_pin_direction_t;

/*
 * GPIO 中断触发类型枚举
 */
typedef enum _gpio_interrupt_mode
{
    kGPIO_NoIntmode = 0U,                   /* 无中断功能 */
    kGPIO_IntLowLevel = 1U,                 /* 低电平触发 */
    kGPIO_IntHighLevel = 2U,                /* 高电平触发 */
    kGPIO_IntRisingEdge = 3U,               /* 上升沿触发 */
    kGPIO_IntFallingEdge = 4U,              /* 下降沿触发 */
    kGPIO_IntRisingOrFallingEdge = 5U,      /* 上升沿和下降沿都触发 */
} gpio_interrupt_mode_t;

/*
 * GPIO 配置结构体
 */
typedef struct _gpio_pin_config
{
    gpio_pin_direction_t direction;         /* GPIO 方向:输入还是输出 */
    uint8_t outputLogic;                    /* 如果是输出的话,默认输出电平 */
 gpio_interrupt_mode_t interruptMode;       /* 中断方式 */
} gpio_pin_config_t;

```

```

/* 函数声明 */
void gpio_init(GPIO_Type *base, int pin, gpio_pin_config_t *config);
int gpio_pinread(GPIO_Type *base, int pin);
void gpio_pinwrite(GPIO_Type *base, int pin, int value);
void gpio_intconfig(GPIO_Type* base, unsigned int pin,
gpio_interrupt_mode_t pinInterruptMode);
void gpio_enableint(GPIO_Type* base, unsigned int pin);
void gpio_disableint(GPIO_Type* base, unsigned int pin);
void gpio_clearintflags(GPIO_Type* base, unsigned int pin);

#endif
```

相比前面实验的文件 bsp_gpio.h,“示例 13-9”中添加了一个新枚举类型 gpio_interrupt_mode_t,枚举出了 GPIO 所有的中断触发类型。还修改了结构体 gpio_pin_config_t,在里面加入了 interruptMode 成员变量。最后就是添加了一些跟中断有关的函数声明,文件 bsp_gpio.h 的内容总体还是比较简单的。

打开文件 bsp_gpio.c,重新输入如示例 13-10 所示内容。

示例 13-10 bsp_gpio.c 文件代码

```
#include "bsp_gpio.h"
/***************************************************************
Copyright © zuozhongkai Co., Ltd. 1998-2019. All rights reserved
文件名    : bsp_gpio.c
作者      : 左忠凯
版本      : V1.0
描述      : GPIO 操作文件
其他      : 无
论坛      : www.openedv.com
日志      : 初版 V1.0 2019/1/4 左忠凯创建
            V2.0 2019/1/4 左忠凯修改:
            修改 gpio_init()函数,支持中断配置
            添加 gpio_intconfig()函数,初始化中断
            添加 gpio_enableint()函数,使能中断
            添加 gpio_clearintflags()函数,清除中断标志位

***************************************************************/

/*
 * @description         : GPIO 初始化
 * @param - base        : 要初始化的 GPIO 组
 * @param - pin         : 要初始化 GPIO 在组内的编号
 * @param - config      : GPIO 配置结构体
 * @return              : 无
 */
void gpio_init(GPIO_Type *base, int pin, gpio_pin_config_t *config)
{
    base->IMR &= ~(1U << pin);

```

```
    if(config->direction == kGPIO_DigitalInput)          /* GPIO 作为输入 */
    {
        base->GDIR &= ~( 1 << pin);
    }
    else                                                 /* 输出 */
    {
        base->GDIR |= 1 << pin;
        gpio_pinwrite(base,pin, config->outputLogic);    /* 默认电平 */
    }
    gpio_intconfig(base, pin, config->interruptMode);    /* 中断配置 */
}

/*
 * @description     : 读取指定 GPIO 的电平值
 * @param - base    : 要读取的 GPIO 组
 * @param - pin     : 要读取的 GPIO 引脚号
 * @return          : 无
 */
int gpio_pinread(GPIO_Type *base, int pin)
{
    return (((base->DR) >> pin) & 0x1);
}

/*
 * @description        : 指定 GPIO 输出高或者低电平
 * @param - base       : 要输出的 GPIO 组
 * @param - pin        : 要输出的 GPIO 引脚号
 * @param - value      : 要输出的电平,1 输出高电平, 0 输出低电平
 * @return             : 无
 */
void gpio_pinwrite(GPIO_Type *base, int pin, int value)
{
    if (value == 0U)
    {
        base->DR &= ~(1U << pin);   /* 输出低电平 */
    }
    else
    {
        base->DR |= (1U << pin);    /* 输出高电平 */
    }
}

/*
 * @description                : 设置 GPIO 的中断配置功能
 * @param - base               : 要配置的 I/O 所在的 GPIO 组
 * @param - pin                : 要配置的 GPIO 引脚号
 * @param - pinInterruptMode   : 中断模式,参考 gpio_interrupt_mode_t
 * @return                     : 无
 */
void gpio_intconfig(GPIO_Type* base, unsigned int pin,
                    gpio_interrupt_mode_t pin_int_mode)
{
```

```
    volatile uint32_t * icr;
    uint32_t icrShift;

    icrShift = pin;

    base->EDGE_SEL &= ~(1U << pin);

    if(pin < 16)                         /* 低16位 */
    {
        icr = &(base->ICR1);
    }
    else                                 /* 高16位 */
    {
        icr = &(base->ICR2);
        icrShift -= 16;
    }
    switch(pin_int_mode)
    {
        case(kGPIO_IntLowLevel):
            *icr &= ~(3U << (2 * icrShift));
            break;
        case(kGPIO_IntHighLevel):
            *icr = (*icr & (~(3U << (2 * icrShift)))) |
                    (1U << (2 * icrShift));
            break;
        case(kGPIO_IntRisingEdge):
            *icr = (*icr & (~(3U << (2 * icrShift)))) |
                   (2U << (2 * icrShift));
            break;
        case(kGPIO_IntFallingEdge):
            *icr |= (3U << (2 * icrShift));
            break;
        case(kGPIO_IntRisingOrFallingEdge):
            base->EDGE_SEL |= (1U << pin);
            break;
        default:
            break;
    }
}

/*
 * @description          : 使能GPIO的中断功能
 * @param - base         : 要使能的I/O所在的GPIO组
 * @param - pin          : 要使能的GPIO在组内的编号
 * @return               : 无
 */
void gpio_enableint(GPIO_Type* base, unsigned int pin)
{
    base->IMR |= (1 << pin);
}

/*
```

```
  * @description            : 禁止 GPIO 的中断功能
  * @param - base           : 要禁止的 I/O 所在的 GPIO 组
  * @param - pin            : 要禁止的 GPIO 在组内的编号
  * @return                 : 无
  */
void gpio_disableint(GPIO_Type * base, unsigned int pin)
{
    base->IMR &= ~(1 << pin);
}

/*
  * @description          : 清除中断标志位(写 1 清除)
  * @param - base         : 要清除的 I/O 所在的 GPIO 组
  * @param - pin          : 要清除的 GPIO 掩码
  * @return               : 无
  */
void gpio_clearintflags(GPIO_Type * base, unsigned int pin)
{
    base->ISR |= (1 << pin);
}
```

在文件 bsp_gpio.c 中首先修改了 gpio_init 函数，在此函数中添加了中断配置代码。另外也新增加了 4 个函数，如下所示。

gpio_intconfig：配置 GPIO 的中断功能。

gpio_enableint：GPIO 中断使能函数。

gpio_disableint：GPIO 中断禁止函数。

gpio_clearintflags：GPIO 中断标志位清除函数。

文件 bsp_gpio.c 重点增加了一些跟 GPIO 中断有关的函数，都比较简单。

13.3.5 按键中断驱动文件编写

本节的目的是以中断的方式编写 KEY 按键驱动，当按下 KEY 以后触发 GPIO 中断，然后在中断服务函数中控制蜂鸣器的开关。所以接下来要编写按键 KEY 对应的 UART1_CTS 这个 I/O 的中断驱动，在 bsp 文件夹中新建名为 exit 的文件夹，然后在 bsp/exit 中新建 bsp_exit.c 和 bsp_exit.h 两个文件。在文件 bsp_exit.h 中输入如示例 3-11 所示内容。

示例 13-11　bsp_exit.h 文件代码

```
#ifndef _BSP_EXIT_H
#define _BSP_EXIT_H
/***************************************************************
Copyright © zuozhongkai Co., Ltd. 1998-2019. All rights reserved
文件名      : bsp_exit.h
作者        : 左忠凯
版本        : V1.0
描述        : 外部中断驱动头文件
其他        : 配置按键对应的 GPIP 为中断模式
```

```
论坛        : www.openedv.com
日志        : 初版 V1.0 2019/1/4 左忠凯创建
***************************************************************/
#include "imx6ul.h"

/* 函数声明 */
void exit_init(void);                    /* 中断初始化 */
void gpio1_io18_irqhandler(void);        /* 中断处理函数 */

#endif
```

文件 bsp_exit.h 就是函数声明，很实用。接下来在文件 bsp_exit.c 中输入如示例 13-12 所示内容。

示例 13-12 bsp_exit.c 文件代码

```
/***************************************************************
Copyright © zuozhongkai Co., Ltd. 1998 - 2019. All rights reserved
文件名      : bsp_exit.c
作者        : 左忠凯
版本        : V1.0
描述        : 外部中断驱动
其他        : 配置按键对应的 GPIP 为中断模式
论坛        : www.openedv.com
日志        : 初版 V1.0 2019/1/4 左忠凯创建
***************************************************************/
#include "bsp_exit.h"
#include "bsp_gpio.h"
#include "bsp_int.h"
#include "bsp_delay.h"
#include "bsp_beep.h"

/*
 * @description        : 初始化外部中断
 * @param              : 无
 * @return             : 无
 */
void exit_init(void)
{
    gpio_pin_config_t key_config;

    /* 1.设置 I/O 复用 */
    IOMUXC_SetPinMux(IOMUXC_UART1_CTS_B_GPIO1_IO18,0);
    IOMUXC_SetPinConfig(IOMUXC_UART1_CTS_B_GPIO1_IO18,0xF080);

    /* 2.初始化 GPIO 为中断模式 */
    key_config.direction = kGPIO_DigitalInput;
    key_config.interruptMode = kGPIO_IntFallingEdge;
    key_config.outputLogic = 1;
    gpio_init(GPIO1, 18, &key_config);
     /* 3.使能 GIC 中断、注册中断服务函数、使能 GPIO 中断 */
    GIC_EnableIRQ(GPIO1_Combined_16_31_IRQn);
```

```
27    system_register_irqhandler(GPIO1_Combined_16_31_IRQn,
                        (system_irq_handler_t)gpio1_io18_irqhandler,
                         NULL);
28    gpio_enableint(GPIO1, 18);
29 }
30
31 /*
32  * @description   : GPIO1_IO18 最终的中断处理函数
33  * @param         : 无
34  * @return        : 无
35  */
36 void gpio1_io18_irqhandler(void)
37 {
38    static unsigned char state = 0;
39
40     /*
41      *采用延时消抖,中断服务函数中禁止使用延时函数,因为中断服务需要
42      *快进快出,这里为了演示所以采用了延时函数进行消抖,后面我们会讲解
43      *定时器中断消抖法
44      */
45
46    delay(10);
47    if(gpio_pinread(GPIO1, 18) == 0)      /* 按键按下了 */
48    {
49        state = !state;
50        beep_switch(state);
51    }
52
53    gpio_clearintflags(GPIO1, 18);        /* 清除中断标志位 */
54 }
```

文件 bsp_exit.c 只有两个函数 exit_init 和 gpio1_io18_irqhandler,exit_init 是中断初始化函数。第 14～24 行都是初始化 KEY 所使用的 UART1_CTS 这个 I/O,设置其复用为 GPIO1_IO18,然后配置 GPIO1_IO18 为下降沿触发中断。重点是第 26～28 行,在 26 行调用函数 GIC_EnableIRQ 来使能 GPIO_IO18 所对应的中断总开关,I. MX6ULL 中 GPIO1_IO16～IO31 这 16 个 I/O 共用 ID99。第 27 行调用函数 system_register_irqhandler 注册 ID99 所对应的中断处理函数,GPIO1_IO16～IO31 这 16 个 I/O 共用一个中断处理函数,至于具体是哪个 I/O 引起的中断,那就需要在中断处理函数中判断了。第 28 行通过函数 gpio_enableint 使能 GPIO1_IO18 这个 I/O 对应的中断。

函数 gpio1_io18_irqhandler 就是第 27 行注册的中断处理函数,也就是我们学习 STM32 时某个 GPIO 对应的中断服务函数。在此函数中编写中断处理代码,第 50 行就是蜂鸣器开关控制代码,也就是本实验的目的。当中断处理完成以后肯定要清除中断标志位,第 53 行调用函数 gpio_clearintflags 来清除 GPIO1_IO18 的中断标志位。

13.3.6 编写 main.c 文件

在文件 main.c 中输入如示例 13-13 所示内容。

示例 13-13　main.c 文件代码

```
/***************************************************************
Copyright © zuozhongkai Co., Ltd. 1998-2019. All rights reserved
文件名      : main.c
作者        : 左忠凯
版本        : V1.0
描述        : I.MX6ULL 开发板裸机实验 9 系统中断实验
其他        : 无
论坛        : www.openedv.com
日志        : 初版 V1.0 2019/1/4 左忠凯创建
***************************************************************/
1  #include "bsp_clk.h"
2  #include "bsp_delay.h"
3  #include "bsp_led.h"
4  #include "bsp_beep.h"
5  #include "bsp_key.h"
6  #include "bsp_int.h"
7  #include "bsp_exit.h"
8
9  /*
10  * @description      : main 函数
11  * @param            : 无
12  * @return           : 无
13  */
14 int main(void)
15 {
16     unsigned char state = OFF;
17
18     int_init();             /* 初始化中断(一定要最先调用) */
19     imx6u_clkinit();        /* 初始化系统时钟 */
20     clk_enable();           /* 使能所有的时钟 */
21     led_init();             /* 初始化 led */
22     beep_init();            /* 初始化 beep */
23     key_init();             /* 初始化 key */
24     exit_init();            /* 初始化按键中断 */
25
26     while(1)
27     {
28         state = !state;
29         led_switch(LED0, state);
30         delay(500);
31     }
32
33     return 0;
34 }
```

main.c 很简单，重点是第 18 行调用 int_init 函数来初始化中断系统，第 24 行调用 exit_init 函数来初始化按键 KEY 对应的 GPIO 中断。

13.4 编译、下载和验证

13.4.1 编写 Makefile 和链接脚本

在第 16 章实验的 Makefile 基础上修改变量 TARGET 为 int，在变量 INCDIRS 和 SRCDIRS 中追加 bsp/exit 和 bsp/int，修改完成以后如示例 13-14 所示。

示例 13-14 Makefile 文件代码

```
1  CROSS_COMPILE      ?= arm-linux-gnueabihf-
2  TARGET             ?= int
3
4  /* 省略掉其他代码...... */
5
6  INCDIRS            :=  imx6ul \
7                         bsp/clk \
...
13                        bsp/exit \
14                        bsp/int
15
16 SRCDIRS            :=  project \
17                        bsp/clk \
...
23                        bsp/exit \
24                        bsp/int
25
26 /* 省略掉其他代码...... */
27
28 clean:
29  rm -rf $(TARGET).elf $(TARGET).dis $(TARGET).bin $(COBJS) $(SOBJS)
```

第 2 行修改变量 TARGET 为 int，也就是目标名称为 int。

第 13、14 行在变量 INCDIRS 中添加 GPIO 中断和通用中断驱动头文件(.h)路径。

第 23、24 行在变量 SRCDIRS 中添加 GPIO 中断和通用中断驱动文件(.c)路径。

链接脚本保持不变。

13.4.2 编译和下载

使用 Make 命令编译代码，编译成功以后使用软件 imxdownload 将编译完成的 int.bin 文件下载到 SD 卡中，命令如下所示。

```
chmod 777 imxdownload                  //给予 imxdownload 可执行权限,一次即可
./imxdownload int.bin /dev/sdd         //烧写到 SD 卡中,不能烧写到/dev/sda 或 sda1 设备中
```

烧写成功以后将 SD 卡插到开发板的 SD 卡槽中，然后复位开发板。本实验效果和实验 8_key 一样，按下 KEY 就会打开蜂鸣器，再次按下就会关闭蜂鸣器。LED0 会不断闪烁，周期约 500ms。

第14章

EPIT定时器实验

定时器是最常用的外设，开发中常常需要使用定时器来完成精准的定时功能，I. MX6ULL 提供了多种硬件定时器，有些定时器功能非常强大。本章我们从最基本的 EPIT 定时器开始，学习如何配置 EPIT 定时器，使其按照给定的时间，周期性地产生定时器中断，在定时器中断里面可以做其他的处理，比如翻转 LED 灯。

14.1 EPIT 定时器简介

EPIT(Enhanced Periodic Interrupt Timer，增强的周期中断定时器)的主要功能是完成周期性中断定时。学过 STM32 的读者应该知道，STM32 中的定时器还有很多其他的功能，比如输入捕获、PWM 输出等。但是 I. MX6ULL 的 EPIT 定时器只是完成周期性中断定时的，仅此一项功能，至于输入捕获、PWM 输出等这些功能，I. MX6ULL 由其他的外设来完成。

EPIT 是一个 32 位定时器，在处理器不用介入的情况下提供精准的定时中断，软件使能以后 EPIT 就会开始运行，EPIT 定时器有如下特点。

(1) 时钟源可选的 32 位向下计数器。

(2) 12 位的分频值。

(3) 当计数值和比较值相等时产生中断。

EPIT 定时器结构如图 14-1 所示。

各部分的功能如下所示(图示步骤如下)。

① 这是个多路选择器，用来选择 EPIT 定时器的时钟源，EPIT 共有 3 个时钟源可选择：. ipg_clk、ipg_clk_32k 和 ipg_clk_highfreq。

② 这是一个 12 位的分频器，负责对时钟源进行分频，12 位对应的值是 0～4095，对应着 1～4096 分频。

③ 经过分频的时钟进入到 EPIT 内部，在 EPIT 内部有 3 个重要的寄存器：计数寄存器(EPIT_CNR)、加载寄存器(EPIT_LR)和比较寄存器(EPIT_CMPR)，这 3 个寄存器都是 32 位的。EPIT 是一个向下计数器，其会从给定的初值开始递减，直到减为 0，计数寄存器中保存的就是当前的计数值。如果 EPIT 工作在 set-and-forget 模式下，当计数寄存器中的值减少到 0，EPIT 就会重新从加

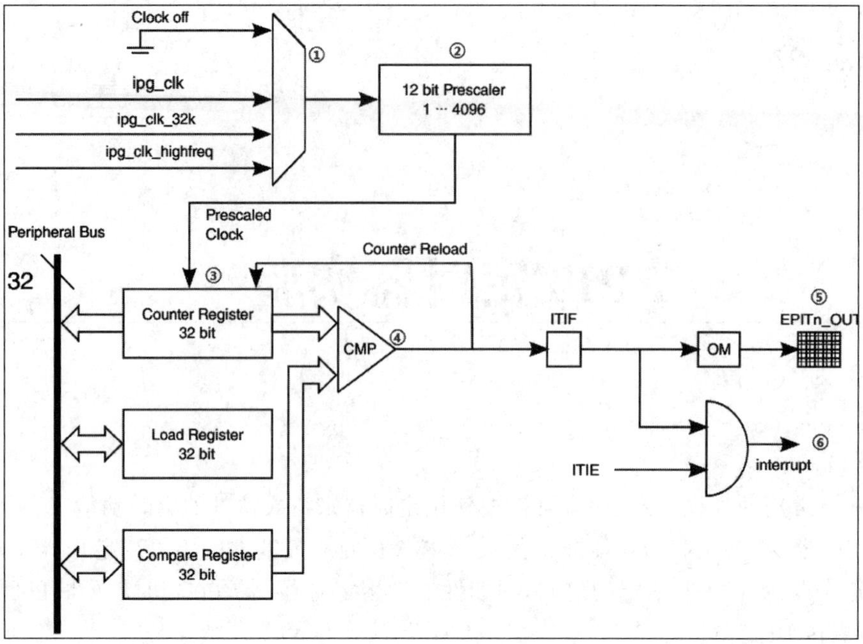

图 14-1　EPIT 定时器框图

载寄存器读取数值到计数寄存器中,重新开始向下计数。比较寄存器中保存的数值用于和计数寄存器中的计数值比较,如果相等的话就会产生一个比较事件。

④ 比较器。

⑤ EPIT 可以设置引脚输出,如果设置就会通过指定的引脚输出信号。

⑥ 产生比较中断,也就是定时中断。

EPIT 定时器有两种工作模式 set-and-forget 和 free-running,这两种工作模式的区别如下所示。

set-and-forget 模式:EPITx_CR(x=1,2)寄存器的 RLD 位置 1 时 EPIT 工作在此模式下,在此模式下 EPIT 的计数器从加载寄存器 EPITx_LR 中获取初始值,不能直接向计数器寄存器写入数据。不管什么时候,只要计数器计数到 0,就会从加载寄存器 EPITx_LR 中重新加载数据到计数器中,周而复始。

free-running 模式:EPITx_CR 寄存器的 RLD 位清零时 EPIT 工作在此模式下,当计数器计数到 0 以后会重新从 0XFFFFFFFF 开始计数,并不是从加载寄存器 EPITx_LR 中获取数据。

接下来看 EPIT 重要的寄存器,第一个就是 EPIT 的配置寄存器 EPITx_CR,此寄存器结构如图 14-2 所示。

寄存器 EPITx_CR 我们用到的重要位如下所示。

CLKSRC(bit25:24):EPIT 时钟源选择位,为 0 时关闭时钟源,为 1 时选择 Peripheral 时钟(ipg_clk),为 2 时选择 High-frequency 参考时钟(ipg_clk_highfreq),为 3 时选择 Low-frequency 参考时钟(ipg_clk_32k)。在本书中设置为 1,也就是选择 ipg_clk 作为 EPIT 的时钟源,ipg_clk=66MHz。

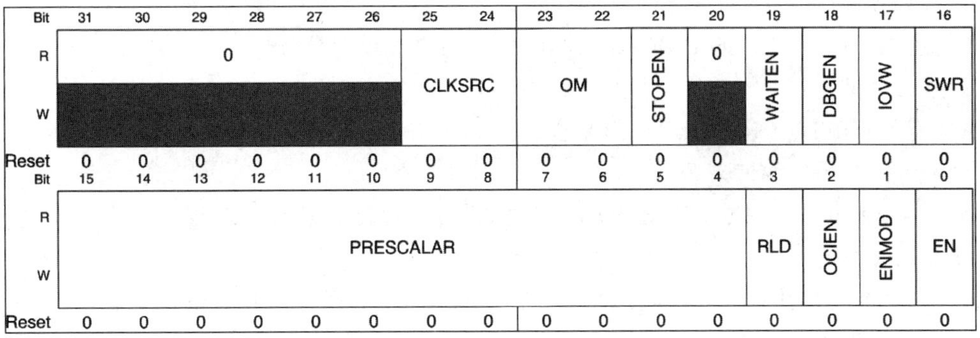

图 14-2　寄存器 EPITx_CR 结构

PRESCALAR(bit15:4)：EPIT 时钟源分频值，可设置范围 0～4095，分别对应 1～4096 分频。

RLD(bit3)：EPIT 工作模式，为 0 时工作在 free-running 模式，为 1 时工作在 set-and-forget 模式。本章例程设置为 1，也就是工作在 set-and-forget 模式。

OCIEN(bit2)：比较中断使能位，为 0 时关闭比较中断，为 1 时使能比较中断，本章实验要使能比较中断。

ENMOD(bit1)：设置计数器初始值，为 0 时计数器初始值等于上次关闭 EPIT 定时器以后计数器中的值，为 1 时来源于加载寄存器。

EN(bit0)：EPIT 使能位，为 0 时关闭 EPIT，为 1 时使能 EPIT。

寄存器 EPITx_SR 结构如图 14-3 所示。

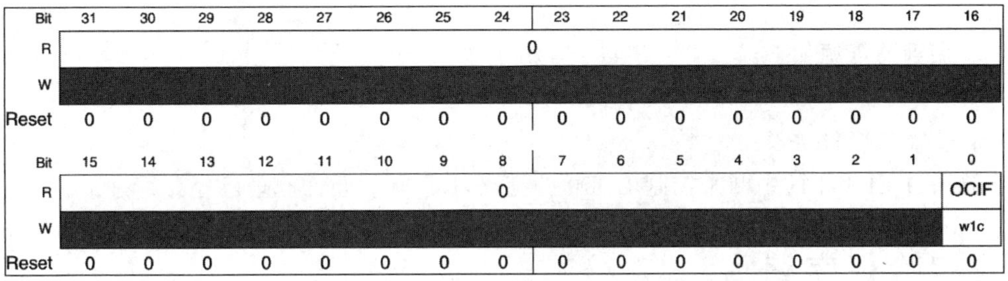

图 14-3　寄存器 EPITx_SR 结构

寄存器 EPITx_SR 只有一个位有效，那就是 OCIF(bit0)，这个位是比较中断标志位，为 0 时表示没有比较事件发生，为 1 时表示有比较事件发生。当比较中断发生以后需要手动清除此位，此位是写 1 清零的。

寄存器 EPITx_LR、EPITx_CMPR 和 EPITx_CNR 分别为加载寄存器、比较寄存器和计数寄存器，这 3 个寄存器都是用来存放数据的，很简单。

关于 EPIT 的寄存器就介绍到这里，关于这些寄存器详细的描述，请参考《I. MX6ULL 参考手册》第 1174 页的 24.6 节。本章使用 EPIT 产生定时中断，然后在中断服务函数中翻转 LED0，接下来以 EPIT1 为例，讲解需要哪些步骤来实现这个功能。EPIT 的配置步骤如下所示。

1. 设置 EPIT1 的时钟源

设置寄存器 EPIT1_CR 的 CLKSRC(bit25:24)位，选择 EPIT1 的时钟源。

2. 设置分频值

设置寄存器 EPIT1_CR 的 PRESCALAR(bit15:4)位,设置分频值。

3. 设置工作模式

设置寄存器 EPIT1_CR 的 RLD(bit3)位,设置 EPTI1 的工作模式。

4. 设置计数器的初始值来源

设置寄存器 EPIT1_CR 的 ENMOD(bit1)位,设置计数器的初始值来源。

5. 使能比较中断

我们要使用到比较中断,因此需要设置寄存器 EPIT1_CR 的 OCIEN(bit2)位,使能比较中断。

6. 设置加载值和比较值

设置寄存器 EPIT1_LR 中的加载值和寄存器 EPIT1_CMPR 中的比较值,通过这两个寄存器就可以决定定时器的中断周期。

7. EPIT1 中断设置和中断服务函数编写

使能 GIC 中对应的 EPIT1 中断,注册中断服务函数,如果需要的话还可以设置中断优先级。最后编写中断服务函数。

8. 使能 EPIT1 定时器

配置好 EPIT1 以后就可以使能 EPIT1 了,通过寄存器 EPIT1_CR 的 EN(bit0)位来设置。

通过以上几步我们就配置好 EPIT 了,通过 EPIT 的比较中断来实现 LED0 的翻转。

14.2 硬件原理分析

本实验用到的资源如下:

(1) LED0。

(2) 定时器 EPTI1。

本实验通过 EPTI1 的中断来控制 LED0 的亮灭,LED0 的硬件原理已经介绍过了。

14.3 实验程序编写

本实验对应的例程路径为"1、裸机例程→10_epit_timer"。

本章实验在上一章例程的基础上完成,更改工程名字为 epit_timer,然后在 bsp 文件夹下创建名为 epittimer 的文件夹,然后在 bsp/epittimer 中新建 bsp_epittimer.c 和 bsp_epittimer.h 这两个文件。在文件 bsp_epittimer.h 中输入如示例 14-1 所示内容。

示例 14-1 bsp_epittimer.h 文件代码

```
#ifndef _BSP_EPITTIMER_H
#define _BSP_EPITTIMER_H
/***************************************************************
Copyright © zuozhongkai Co., Ltd. 1998-2019. All rights reserved
文件名      : bsp_epittimer.h
作者        : 左忠凯
```

```
版本        : V1.0
描述        : EPIT 定时器驱动头文件
其他        : 无
论坛        : www.openedv.com
日志        : 初版 V1.0 2019/1/5 左忠凯创建
************************************************************* /
#include "imx6ul.h"

/* 函数声明 */
void epit1_init(unsigned int frac, unsigned int value);
void epit1_irqhandler(void);

#endif
```

文件 bsp_epittimer.h 很简单，就是一些函数声明。然后在文件 bsp_epittimer.c 中输入如示例 14-2 所示内容。

示例 14-2 bsp_epittimer.c 文件代码

```
/*************************************************************
Copyright © zuozhongkai Co., Ltd. 1998 - 2019. All rights reserved
文件名    : bsp_epittimer.c
作者      : 左忠凯
版本      : V1.0
描述      : EPIT 定时器驱动文件
其他      : 配置 EPIT 定时器，实现 EPIT 定时器中断处理函数
论坛      : www.openedv.com
日志      : 初版 V1.0 2019/1/5 左忠凯创建
*************************************************************/
#include "bsp_epittimer.h"
#include "bsp_int.h"
#include "bsp_led.h"

/*
 * @description      : 初始化 EPIT 定时器.
 *                      EPIT 定时器是 32 位向下计数器,时钟源使用 ipg = 66MHz
 * @param - frac     : 分频值,范围为 0～4095,分别对应 1～4096 分频
 * @param - value    : 倒计数值
 * @return           : 无
 */
void epit1_init(unsigned int frac, unsigned int value)
{
    if(frac > 0XFFF)
        frac = 0XFFF;
    EPIT1->CR = 0;    /* 先清零 CR 寄存器 */

      /*
       * CR 寄存器:
       * bit25:24   01 时钟源选择 Peripheral clock = 66MHz
       * bit15:4    frac 分频值
       * bit3: 1    当计数器到 0 的话从 LR 重新加载数值
       * bit2: 1    比较中断使能
```

```
24         * bit1:          1  初始计数值来源于 LR 寄存器值
25         * bit0:          0  先关闭 EPIT1
26         */
27     EPIT1->CR = (1<<24 | frac<<4 | 1<<3 | 1<<2 | 1<<1);
28     EPIT1->LR = value;      /* 加载寄存器值 */
29     EPIT1->CMPR = 0;        /* 比较寄存器值 */
30 
31     /* 使能 GIC 中对应的中断 */
32     GIC_EnableIRQ(EPIT1_IRQn);
33 
34     /* 注册中断服务函数 */
35     system_register_irqhandler(EPIT1_IRQn,
                                  (system_irq_handler_t)epit1_irqhandler,
                                  NULL);
36     EPIT1->CR |= 1<<0;  /* 使能 EPIT1 */
37 }
38 
39 /*
40  * @description     : EPIT 中断处理函数
41  * @param           : 无
42  * @return          : 无
43  */
44 void epit1_irqhandler(void)
45 {
46     static unsigned char state = 0;
47     state = !state;
48     if(EPIT1->SR & (1<<0))              /* 判断比较事件发生 */
49     {
50         led_switch(LED0, state);        /* 定时器周期到,反转 LED */
51     }
52     EPIT1->SR |= 1<<0;                  /* 清除中断标志位 */
53 }
```

文件 bsp_epittimer.c 中有两个函数 epit1_init 和 epit1_irqhandler，分别是 EPIT1 初始化函数和 EPIT1 中断处理函数。epit1_init 有两个参数 frac 和 value，其中 frac 是分频值，value 是加载值。在第 29 行设置比较寄存器为 0，当计数器倒计数到 0 以后就会触发比较中断，因此分频值 frac 和 value 就可以决定中断频率，计算公式如下：

$$T_{out}=((frac+1)*value)/T_{clk}$$

其中：

T_{clk}：EPIT1 的输入时钟频率(单位 Hz)。

T_{out}：EPIT1 的溢出时间(单位 s)。

第 38 行设置了 EPIT1 工作模式为 set-and-forget，并且时钟源为 ipg_clk＝66MHz。假如我们现在要设置 EPIT1 中断周期为 500ms，可以设置分频值为 0，也就是 1 分频，这样进入 EPIT1 的时钟就是 66MHz。如果要实现 500ms 的中断周期，EPIT1 的加载寄存器就应该为 66000000/2＝33000000。

epit1_irqhandler 函数是 EPIT1 的中断处理函数，此函数先读取寄存器 EPIT1_SR，判断当前的中断是否为比较事件，如果是就翻转 LED 灯。最后在退出中断处理函数时需要清除中断标志位。

最后就是文件 main. c 了,在文件 main. c 中输入如示例 14-3 所示内容。

示例 14-3 main. c 文件代码

```
/****************************************************************
Copyright © zuozhongkai Co., Ltd. 1998 - 2019. All rights reserved
文件名    : main.c
作者      : 左忠凯
版本      : V1.0
描述      : I.MX6ULL 开发板裸机实验 10 EPIT 定时器实验
其他      : 本实验主要学习使用 I.MX6ULL 自带的 EPIT 定时器,学习如何使用
             EPIT 定时器来实现定时功能,巩固 Cortex - A 的中断知识
论坛      : www.openedv.com
日志      : 初版 V1.0 2019/1/4 左忠凯创建
****************************************************************/
1  #include "bsp_clk.h"
2  #include "bsp_delay.h"
3  #include "bsp_led.h"
4  #include "bsp_beep.h"
5  #include "bsp_key.h"
6  #include "bsp_int.h"
7  #include "bsp_epittimer.h"
8
9  /*
10  * @description  : main 函数
11  * @param        : 无
12  * @return       : 无
13  */
14 int main(void)
15 {
16     int_init();                     /* 初始化中断(一定要最先调用) */
17     imx6u_clkinit();                /* 初始化系统时钟 */
18     clk_enable();                   /* 使能所有的时钟 */
19     led_init();                     /* 初始化 led */
20     beep_init();                    /* 初始化 beep */
21     key_init();                     /* 初始化 key */
22     epit1_init(0, 66000000/2);      /* 初始化 EPIT1 定时器,1 分频
23                                      * 计数值为:66000000/2
24                                      * 定时周期为 500ms
25                                      */
26     while(1)
27     {
28         delay(500);
29     }
30
31      return 0;
32 }
```

文件 main. c 中就一个 main 函数,第 22 行调用函数 epit1_init 来初始化 EPIT1,分频值为 0,也就是 1 分频,加载寄存器值为 66000000/2=33000000,EPIT1 定时器中断周期为 500ms。第 26~29 行的 while 循环中就只有一个延时函数,没有做其他处理,延时函数都可以取掉。

14.4 编译、下载和验证

14.4.1 编写 Makefile 和链接脚本

修改 Makefile 中的 TARGET 为 epit，在 INCDIRS 和 SRCDIRS 中加入 bsp/epittimer，修改后的 Makefile 如示例 14-4 所示。

示例 14-4 Makefile 文件代码

```
1  CROSS_COMPILE     ?= arm-linux-gnueabihf-
2  TARGET            ?= epit
3
4  /* 省略掉其他代码...... */
5
6  INCDIRS           :=  imx6ul \
...
15                       bsp/epittimer
16
17 SRCDIRS           :=  project \
...
26                       bsp/epittimer
27
28  /* 省略掉其他代码...... */
29
30 clean:
31  rm -rf $(TARGET).elf $(TARGET).dis $(TARGET).bin $(COBJS) $(SOBJS)
```

第 2 行修改变量 TARGET 为 epit，也就是目标名称为 epit。

第 15 行在变量 INCDIRS 中添加 EPIT1 驱动头文件(.h)路径。

第 26 行在变量 SRCDIRS 中添加 EPIT1 驱动文件(.c)路径。

链接脚本保持不变。

14.4.2 编译和下载

使用 Make 命令编译代码，编译成功以后使用软件 imxdownload 将编译完成的 epit.bin 文件下载到 SD 卡中，命令如下所示。

```
chmod 777 imxdownload                  //给予 imxdownload 可执行权限，一次即可
./imxdownload epit.bin /dev/sdd        //烧写到 SD 卡中，不能烧写到/dev/sda 或 sda1 设备中
```

烧写成功以后将 SD 卡插到开发板的 SD 卡槽中，然后复位开发板。程序运行正常时 LED0 会以 500ms 为周期不断地闪烁。

第15章

定时器按键消抖实验

用到按键就要处理因为机械结构带来的按键抖动问题，也就是按键消抖。前面的实验中都是直接使用了延时函数来实现消抖，因为简单，但是直接用延时函数来实现消抖会浪费 CPU 性能，因为在延时函数中 CPU 什么都做不了。如果使用中断来实现按键的话就更不能在中断中使用延时函数，因为中断服务函数要快进快出。本章学习如何使用定时器来实现按键消抖，使用定时器既可以实现按键消抖，又不会浪费 CPU 性能，这个也是 Linux 驱动中按键消抖的做法。

15.1 定时器按键消抖简介

按键消抖的原理已经详细的讲解了，其实就是在按键按下以后延时一段时间再去读取按键值，如果此时按键值还有效那就表示这是一次有效的按键，中间的延时就是消抖的。这种方式有一个缺点，由于延时函数会导致 CPU 空跑会浪费 CPU 性能。如果按键使用中断方式实现的，那就更不能在中断服务函数中使用延时函数，因为中断服务函数最基本的要求就是快进快出！上一章我们学习了 EPIT 定时器，定时器设置好定时时间，然后 CPU 就可以处理其他事情，定时时间到了以后就会触发中断，然后在中断中做相应的处理即可。因此，我们可以借助定时器来实现消抖，按键采用中断驱动方式，当按键按下以后触发按键中断，在按键中断中开启一个定时器，定时周期为 10ms，当定时时间到了以后就会触发定时器中断，最后在定时器中断处理函数中读取按键的值，如果按键值还是按下状态那就表示这是一次有效的按键。定时器按键消抖如图 15-1 所示。

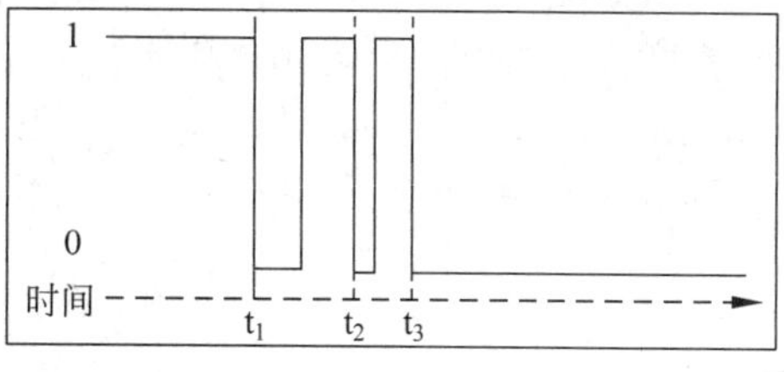

图 15-1 定时器消抖示意图

在图 15-1 中 $t_1 \sim t_3$ 这一段时间就是按键抖动，是需要消除的。设置按键为下降沿触发，因此会在 t_1、t_2 和 t_3 这 3 个时刻会触发按键中断，每次进入中断处理函数都会重新开器定时器中断，所以会在 t_1、t_2 和 t_3 这 3 个时刻开器定时器中断。但是 $t_1 \sim t_2$ 和 $t_2 \sim t_3$ 这两个时间段是小于设置的定时器中断周期(也就是消抖时间，比如 10ms)，所以虽然 t_1 开启了定时器，但是定时器定时时间还没到呢 t_2 时刻就重置了定时器，最终只有 t_3 时刻开启的定时器能完整的完成整个定时周期并触发中断，就可以在中断处理函数中做按键处理了，这就是定时器实现按键防抖的原理，Linux 中的按键驱动用的就是这个原理。

关于定时器按键消抖的原理就介绍到这里，接下来讲解如何使用 EPIT1 来配合按键 KEY 来实现具体的消抖，步骤如下所示。

1. 配置按键 I/O 中断

配置按键所使用的 I/O，因为要使用到中断驱动按键，所以要配置 I/O 的中断模式。

2. 初始化消抖用的定时器

消抖要用定时器来完成，所以需要初始化一个定时器，这里使用 EPIT1 定时器。定时器的定时周期为 10ms，也可根据实际情况调整定时周期。

3. 编写中断处理函数

需要编写两个中断处理函数：按键对应的 GPIO 中断处理函数和 EPIT1 定时器的中断处理函数。在按键的中断处理函数中主要用于开启 EPIT1 定时器，EPIT1 的中断处理函数才是重点，按键要做的具体任务都是在定时器 EPIT1 的中断处理函数中完成的，比如控制蜂鸣器打开或关闭。

15.2 硬件原理分析

本实验用到的资源如下所示。

(1) 一个 LED 灯 LED0。

(2) 定时器 EPTI1。

(3) 一个按键 KEY。

(4) 一个蜂鸣器。

本实验效果和第 14 章的实验效果一样，按下 KEY 会打开蜂鸣器，再次按下 KEY 就会关闭蜂鸣器。LED0 作为系统提示灯不断的闪烁。

15.3 实验程序编写

本实验对应的例程路径为"1、裸机例程→11_key_filter"。

本章实验在上一章例程的基础上完成，更改工程名字为 key_filter，然后在 bsp 文件夹下创建名为 keyfilter 的文件夹，然后在 bsp/keyfilter 中新建 bsp_keyfilter.c 和 bsp_keyfilter.h 这两个文件。在文件 bsp_keyfilter.h 中输入如示例 15-1 所示内容。

示例 15-1 bsp_keyfilter.h 文件代码

```
#ifndef _BSP_KEYFILTER_H
#define _BSP_KEYFILTER_H
/***************************************************************
Copyright © zuozhongkai Co., Ltd. 1998 - 2019. All rights reserved
文件名    : bsp_keyfilter.h
作者      : 左忠凯
版本      : V1.0
```

```
描述         : 定时器按键消抖驱动头文件
其他         : 无
论坛         : www.openedv.com
日志         : 初版 V1.0 2019/1/5 左忠凯创建
***************************************************************/

/* 函数声明 */
void filterkey_init(void);
void filtertimer_init(unsigned int value);
void filtertimer_stop(void);
void filtertimer_restart(unsigned int value);
void filtertimer_irqhandler(void);
void gpio1_16_31_irqhandler(void);

#endif
```

文件 bsp_keyfilter.h 很简单，只是函数声明。在文件 bsp_keyfilter.c 中输入如示例 15-2 所示内容。

示例 15-2　bsp_keyfilter.c 文件代码

```
/***************************************************************
Copyright © zuozhongkai Co., Ltd. 1998 - 2019. All rights reserved
文件名     : bsp_keyfilter.c
作者       : 左忠凯
版本       : V1.0
描述       : 定时器按键消抖驱动
其他       : 按键采用中断方式,按下按键触发按键中断,在按键中断里面使能定时器定时
             中断,使用定时器定时中断来完成消抖延时,定时器中断周期就是延时时间; 如
             果定时器定时中断触发,表示消抖完成(延时周期完成),即可执行按键处理函数
论坛       : www.openedv.com
日志       : 初版 V1.0 2019/1/5 左忠凯创建
***************************************************************/
#include "bsp_key.h"
#include "bsp_gpio.h"
#include "bsp_int.h"
#include "bsp_beep.h"
#include "bsp_keyfilter.h"

/*
 * @description   : 按键初始化
 * @param         : 无
 * @return        : 无
 */
void filterkey_init(void)
{
    gpio_pin_config_t key_config;

    /* 1.初始化 I/O */
    IOMUXC_SetPinMux(IOMUXC_UART1_CTS_B_GPIO1_IO18, 0);
    IOMUXC_SetPinConfig(IOMUXC_UART1_CTS_B_GPIO1_IO18, 0xF080);

```

```
    /* 2.初始化 GPIO 为中断 */
    key_config.direction = kGPIO_DigitalInput;
    key_config.interruptMode = kGPIO_IntFallingEdge;
    key_config.outputLogic = 1;
    gpio_init(GPIO1, 18, &key_config);

    /* 3.使能 GPIO 中断,并且注册中断处理函数 */
    GIC_EnableIRQ(GPIO1_Combined_16_31_IRQn);
    system_register_irqhandler(GPIO1_Combined_16_31_IRQn,
                               (system_irq_handler_t)gpio1_16_31_irqhandler,
                               NULL);

    gpio_enableint(GPIO1, 18);       /* 使能 GPIO1_IO18 的中断功能 */
    filtertimer_init(66000000/100); /* 初始化定时器,10ms */
}

/*
 * @description         : 初始化用于消抖的定时器,默认关闭定时器
 * @param - value       : 定时器 EPIT 计数值
 * @return              : 无
 */
void filtertimer_init(unsigned int value)
{
    EPIT1->CR = 0;     /* 先清零 */
    EPIT1->CR = (1<<24 | 1<<3 | 1<<2 | 1<<1);
    EPIT1->LR = value; /* 计数值 */
    EPIT1->CMPR = 0;   /* 比较寄存器为 0 */

    /* 使能 EPIT1 中断并注册中断处理函数 */
    GIC_EnableIRQ(EPIT1_IRQn);
    system_register_irqhandler(EPIT1_IRQn,
(system_irq_handler_t)filtertimer_irqhandler,
                         NULL);
}

/*
 * @description  : 关闭定时器
 * @param        : 无
 * @return       : 无
 */
void filtertimer_stop(void)
{
    EPIT1->CR &= ~(1<<0);        /* 关闭定时器 */
}

/*
 * @description     : 重启定时器
 * @param - value   : 定时器 EPIT 计数值
 * @return          : 无
 */
void filtertimer_restart(unsigned int value)
{
```

```
    EPIT1->CR &= ~(1 << 0);                  /* 先关闭定时器 */
    EPIT1->LR = value;                       /* 计数值 */
    EPIT1->CR |= (1 << 0);                   /* 打开定时器 */
}

/*
 * @description    : 定时器中断处理函数
 * @param          : 无
 * @return         : 无
 */
void filtertimer_irqhandler(void)
{
    static unsigned char state = OFF;

    if(EPIT1->SR & (1 << 0))               /* 判断比较事件是否发生 */
    {
        filtertimer_stop();                /* 关闭定时器 */
        if(gpio_pinread(GPIO1, 18) == 0)   /* KEY0 按下 */
        {
            state = !state;
            beep_switch(state);            /* 反转蜂鸣器 */
        }
    }
    EPIT1->SR |= 1 << 0;                   /* 清除中断标志位 */
}

/*
 * @description    : GPIO 中断处理函数
 * @param          : 无
 * @return         : 无
 */
void gpio1_16_31_irqhandler(void)
{
    filtertimer_restart(66000000/100);     /* 开启定时器 */
    gpio_clearintflags(GPIO1, 18);         /* 清除中断标志位 */
}
```

文件 bsp_keyfilter.c 一共有 6 个函数，这 6 个函数其实都很简单。filterkey_init 是本实验的初始化函数，此函数首先初始化了 KEY 所使用的 UART1_CTS 这个 I/O，设置这个 I/O 的中断模式，并且注册中断处理函数，最后调用 filtertimer_init 函数初始化定时器 EPIT1 定时周期为 10ms。filtertimer_init 函数是定时器 EPIT1 的初始化函数，内容和上一章实验的 EPIT1 初始化函数一样。filtertimer_stop 函数和 filtertimer_restart 函数分别是 EPIT1 的关闭和重启函数。filtertimer_irqhandler 是 EPTI1 的中断处理函数，此函数中就是按键要做的工作，在本例程中就是开启或者关闭蜂鸣器。gpio1_16_31_irqhandler 函数是 GPIO1_IO18 的中断处理函数，此函数只有一个工作，那就是重启定时器 EPIT1。

文件 bsp_keyfilter.c 内容总体来说并不难，就是第 16 章和第 17 章实验的综合。最后在文件 main.c 中输入如示例 15-3 所示内容。

示例 15-3　main.c 文件代码

```
/**************************************************************
Copyright © zuozhongkai Co., Ltd. 1998-2019. All rights reserved
文件名     : main.c
作者       : 左忠凯
版本       : V1.0
描述       : I.MX6ULL 开发板裸机实验 11 定时器实现按键消抖实验
其他       : 本实验主要学习如何使用定时器来实现按键消抖,以前的按键
             消抖都是直接使用延时函数来完成的,这种做法效率不高,因为
             延时函数完全是浪费 CPU 资源的,使用按键中断 + 定时器来实现按键
             驱动效率是最好的,这也是 Linux 驱动所使用的方法
论坛       : www.openedv.com
日志       : 初版 V1.0 2019/1/5 左忠凯创建
**************************************************************/
1  #include "bsp_clk.h"
2  #include "bsp_delay.h"
3  #include "bsp_led.h"
4  #include "bsp_beep.h"
5  #include "bsp_key.h"
6  #include "bsp_int.h"
7  #include "bsp_keyfilter.h"
8
9  /*
10  * @description   : main 函数
11  * @param         : 无
12  * @return        : 无
13  */
14 int main(void)
15 {
16     unsigned char state = OFF;
17
18     int_init();                      /* 初始化中断(一定要最先调用) */
19     imx6u_clkinit();                 /* 初始化系统时钟 */
20     clk_enable();                    /* 使能所有的时钟 */
21     led_init();                      /* 初始化 led */
22     beep_init();                     /* 初始化 beep */
23     filterkey_init();                /* 带有消抖功能的按键 */
24
25     while(1)
26     {
27          state = !state;
28         led_switch(LED0, state);
29         delay(500);
30     }
31
32     return 0;
33 }
```

文件 main.c 只有一个 main 函数,在第 23 行调用 filterkey_init 函数来初始化带有消抖的按键,最后在 while 循环中翻转 LED0,周期大约为 500ms。

15.4 编译、下载和验证

15.4.1 编写 Makefile 和链接脚本

修改 Makefile 中的 TARGET 为 keyfilter，在 INCDIRS 和 SRCDIRS 中加入 bsp/keyfilter，修改后的 Makefile 如示例 15-4 所示。

示例 15-4　Makefile 代码

```
1  CROSS_COMPILE      ?= arm-linux-gnueabihf-
2  TARGET             ?= keyfilter
3
4  /* 省略掉其他代码...... */
5
6  INCDIRS            :=  imx6ul \
...
16                         bsp/keyfilter
17
18 SRCDIRS            :=  project \
...
28                         bsp/keyfilter
29
30 /* 省略掉其他代码...... */
31
32 clean:
33   rm -rf $(TARGET).elf $(TARGET).dis $(TARGET).bin $(COBJS) $(SOBJS)
```

第 2 行修改变量 TARGET 为 keyfilter，目标名称为 keyfilter。

第 16 行在变量 INCDIRS 中添加按键消抖驱动头文件(.h)路径。

第 28 行在变量 SRCDIRS 中添加按键消抖驱动文件(.c)路径。

链接脚本保持不变。

15.4.2 编译和下载

使用 Make 命令编译代码，编译成功以后使用软件 imxdownload 将编译完成的 keyfilter.bin 文件下载到 SD 卡中，命令如下所示。

```
chmod 777 imxdownload                        //给予 imxdownload 可执行权限，一次即可
./imxdownload keyfilter.bin /dev/sdd         //烧写到 SD 卡中，不能烧写到/dev/sda 或 sda1 中
```

烧写成功以后将 SD 卡插到开发板的 SD 卡槽中，然后复位开发板。按下 KEY 就会控制蜂鸣器的开关，并且 LED0 不断地闪烁，提示系统正在运行。

第16章

高精度延时实验

延时函数是很常用的 API 函数，在前面的实验中我们使用循环来实现延时函数，但是使用循环来实现的延时函数不准确，误差会很大。虽然使用到延时函数的地方精度要求都不会很严格（要求严格就使用硬件定时器），但是延时函数肯定是越精确越好，这样延时函数就可以使用在某些对时序要求严格的场合。本章我们就来学习一下如何使用硬件定时器来实现高精度延时。

16.1 高精度延时简介

16.1.1 GPT 定时器简介

学过 STM32 的读者应该知道，在使用 STM32 的时候可以使用 SYSTICK 来实现高精度延时。I. MX6ULL 没有 SYSTICK 定时器，但是 I. MX6ULL 有其他定时器如 EPIT 定时器。本章我们使用 I. MX6ULL 的 GPT(General Purpose Timer)定时器来实现高精度延时。

GPT 定时器是一个 32 位向上定时器（也就是从 0X00000000 开始向上递增计数），GPT 定时器也可以跟一个值进行比较，当计数器值和这个值相等的话就发生比较事件，产生比较中断。GPT 定时器有一个 12 位的分频器，可以对 GPT 定时器的时钟源进行分频，GPT 定时器特性如下：

(1) 一个可选时钟源的 32 位向上计数器。

(2) 两个输入捕获通道，可以设置触发方式。

(3) 3 个输出比较通道，可以设置输出模式。

(4) 可以生成捕获中断、比较中断和溢出中断。

(5) 计数器可以运行在重新启动(restart)或(自由运行)free-run 模式。

GPT 定时器的可选时钟源如图 16-1 所示。

从图 16-1 可以看出一共有 5 个时钟源，分别为：ipg_clk_24M、GPT_CLK（外部时钟）、ipg_clk、ipg_clk_32k 和 ipg_clk_highfreq。本例程选择 ipg_clk 为 GPT 的时钟源，ipg_clk＝66MHz。

GPT 定时器结构如图 16-2 所示。各部分意义如下所示。

图示步骤如下所示。

① 此部分为 GPT 定时器的时钟源。

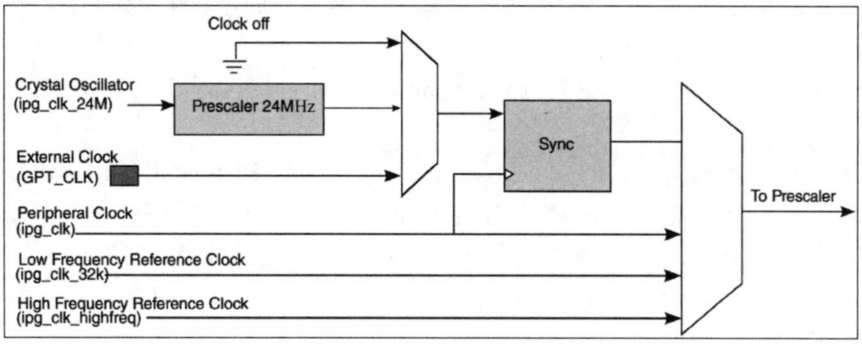

图 16-1 GPT 时钟源

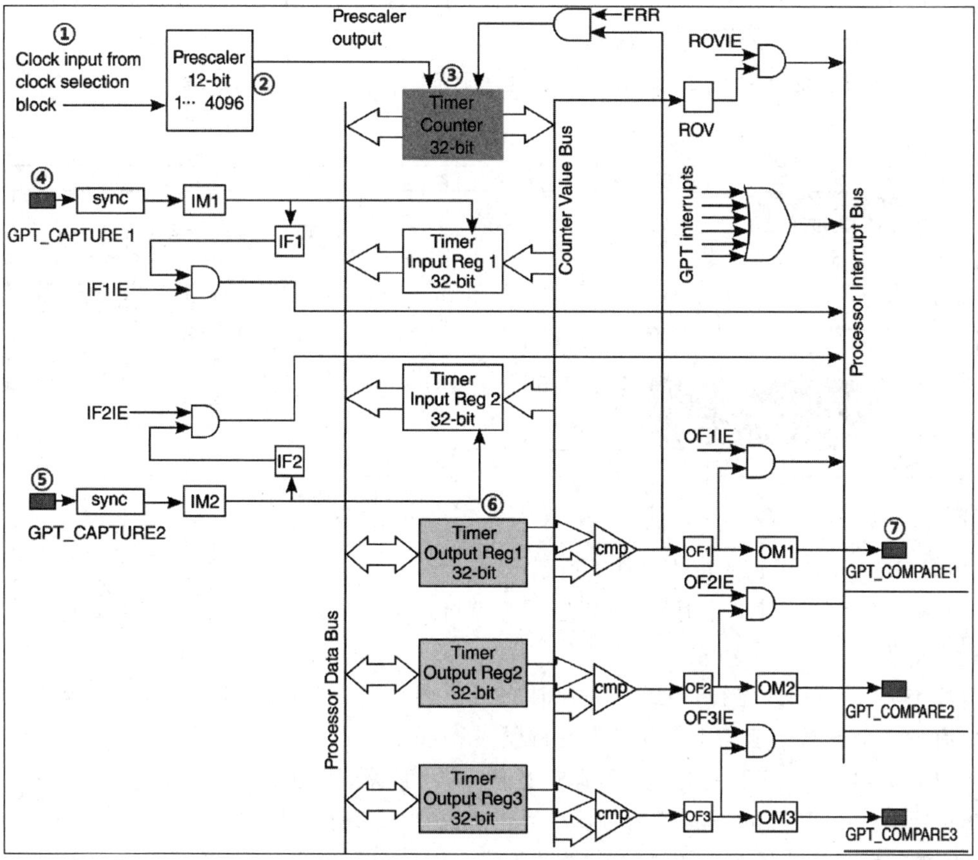

图 16-2 GPT 定时器结构

② 此部分为 12 位分频器，对时钟源进行分频处理，可设置 0～4095，分别对应 1～4096 分频。

③ 经过分频的时钟源进入到 GPT 定时器内部 32 位计数器。

④和⑤这两部分是 GPT 的两路输入捕获通道，本章不讲解 GPT 定时器的输入捕获。

⑥ 此部分为输出比较寄存器，一共有三路输出比较，因此有 3 个输出比较寄存器，输出比较寄存器是 32 位的。

⑦ 此部分为输出比较中断，三路输出比较中断，当计数器中的值和输出比较寄存器中的比较值相等就会触发输出比较中断。

GPT 定时器有两种工作模式：重新启动(restart)模式和自由运行(free-run)模式，这两个工作模式的区别如下所示。

重新启动(restart)模式：当 GPTx_CR(x=1,2)寄存器的 FRR 位清零时，GPT 工作在此模式。在此模式下，当计数值和比较寄存器中的值相等的话计数值就会清零，然后重新从 0X00000000 开始向上计数，只有比较通道 1 才有此模式。向比较通道 1 的比较寄存器写入任何数据都会复位 GPT 计数器。对于其他两路比较通道(通道 2 和 3)，当发生比较事件以后不会复位计数器。

自由运行(free-run)模式：当 GPTx_CR(x=1,2)寄存器的 FRR 位置 1 时，GPT 工作在此模式下。此模式适用于所有 3 个比较通道，当比较事件发生以后并不会复位计数器，而是继续计数，直到计数值为 0XFFFFFFFF，然后重新回滚到 0X00000000。

GPT 定时器的重要寄存器如下，第一个就是 GPT 的配置寄存器 GPTx_CR，此寄存器的结构如图 16-3 所示。

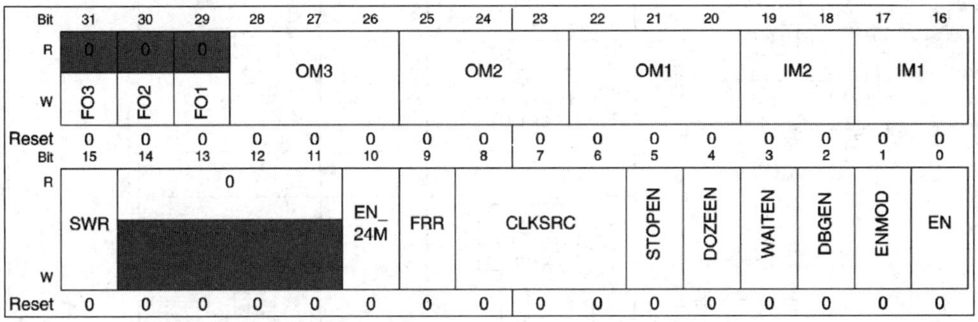

图 16-3　寄存器 GPTx_CR 结构

寄存器 GPTx_CR 用到的重要位如下所示。

SWR(bit15)：复位 GPT 定时器，向此位写 1 就可以复位 GPT 定时器，当 GPT 复位完成以后此位会自动清零。

FRR(bit9)：运行模式选择，当此位为 0 时比较通道 1 工作在重新启动(restart)模式。当此位为 1 时所有的 3 个比较通道均工作在自由运行模式(free-run)。

CLKSRC(bit8:6)：GPT 定时器时钟源选择位，为 0 时关闭时钟源；为 1 时选择 ipg_clk 为时钟源；为 2 时选择 ipg_clk_highfreq 为时钟源；为 3 时选择外部时钟为时钟源；为 4 时选择 ipg_clk_32k 为时钟源；为 5 时选择 ip_clk_24M 为时钟源。本章例程选择 ipg_clk 为 GPT 定时器的时钟源，因此此位设置位 1(0b001)。

ENMOD(bit1)：GPT 使能模式，此位为 0 时如果关闭 GPT 定时器，计数器寄存器保存定时器关闭时的计数值。此位为 1 时如果关闭 GPT 定时器，计数器寄存器就会清零。

EN(bit)：GPT 使能位，为 1 时使能 GPT 定时器，为 0 时关闭 GPT 定时器。

接下来看一下 GPT 定时器的分频寄存器 GPTx_PR，此寄存器结构如图 16-4 所示。

Bit	31	30	29	28	27	26	25	24	23	22	21	20	19	18	17	16
R	0															
W																
Reset	0	0	0	0	0	0	0	0	0	0	0	0	0	0	0	0
Bit	15	14	13	12	11	10	9	8	7	6	5	4	3	2	1	0
R W	PRESCALER24M				PRESCALER											
Reset	0	0	0	0	0	0	0	0	0	0	0	0	0	0	0	0

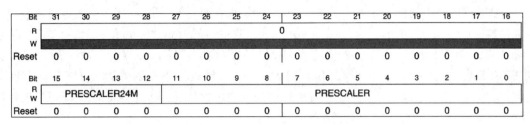

图 16-4 寄存器 GPTx_PR 结构

寄存器 GPTx_PR 用到的重要位就一个 PRESCALER(bit11:0),这就是 12 位分频值,可设置 0～4095,分别对应 1～4096 分频。

接下来看一下 GPT 定时器的状态寄存器 GPTx_SR,此寄存器结构如图 16-5 所示。

Bit	31	30	29	28	27	26	25	24	23	22	21	20	19	18	17	16
R	0															
W																
Reset	0	0	0	0	0	0	0	0	0	0	0	0	0	0	0	0
Bit	15	14	13	12	11	10	9	8	7	6	5	4	3	2	1	0
R	0										ROV	IF2	IF1	OF3	OF2	OF1
W											w1c	w1c	w1c	w1c	w1c	w1c
Reset	0	0	0	0	0	0	0	0	0	0	0	0	0	0	0	0

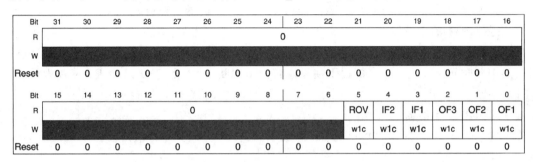

图 16-5 寄存器 GPTx_SR 结构

寄存器 GPTx_SR 重要的位如下所示。

ROV(bit5):回滚标志位,当计数值从 0XFFFFFFFF 回滚到 0X00000000 时此位置 1。

IF2～IF1(bit4:3):输入捕获标志位,当输入捕获事件发生以后此位置 1,一共有两路输入捕获通道。如果使用输入捕获中断时需要在中断处理函数中清除此位。

OF3～OF1(bit2:0):输出比较中断标志位,当输出比较事件发生以后此位置 1,一共有三路输出比较通道。如果使用输出比较中断时需要在中断处理函数中清除此位。

接着看一下 GPT 定时器的计数寄存器 GPTx_CNT,这个寄存器保存着 GPT 定时器的当前计数值。最后看一下 GPT 定时器的输出比较寄存器 GPTx_OCR,每个输出比较通道对应一个输出比较寄存器,因此一个 GPT 定时器有 3 个 OCR 寄存器,它们的作用是相同的。以输出比较通道 1 为例,其输出比较寄存器为 GPTx_OCR1,这是一个 32 位寄存器,用于存放 32 位的比较值。当计数器值和寄存器 GPTx_OCR1 中的值相等就会产生比较事件,如果使能了比较中断的话就会触发相应的中断。

关于 GPT 的寄存器就介绍到这里,关于这些寄存器详细的描述,请参考《I. MX6ULL 参考手册》(扫描书后二维码获取资源)。

16.1.2 定时器实现高精度延时原理

本章实验使用 GPT 定时器来实现高精度延时,如果设置 GPT 定时器的时钟源为 ipg_clk＝66MHz,设置 66 分频,那么进入 GPT 定时器的最终时钟频率就是 66/66＝1MHz,周期为 1μs。GPT 的计数器每计一个数就表示"过去"了 1μs。如果计 10 个数就表示"过去"了 10μs。通过读取寄存器 GPTx_CNT 中的值就知道计了多少个数，比如现在要延时 100μs，那么进入延时函数以后记录下寄存器 GPTx_CNT 中的值为 200，当 GPTx_CNT 中的值为 300 时就表示 100μs 过去了，也就是延时结束。GPTx_CNT 是个 32 位寄存器，如果时钟为 1MHz，GPTx_CNT 最多可以实现 0XFFFFFFFFμs=4294967295μs≈4294s≈72min。72 分钟以后寄存器 GPTx_CNT 就会回滚到 0X00000000，也就是溢出，所以需要在延时函数中处理溢出的情况。关于定时器实现高精度延时的原理就讲解到这里，高精度延时的实现步骤如下所示。

1. 设置 GPT1 定时器

首先设置寄存器 GPT1_CR 的 SWR(bit15)位来复位寄存器 GPT1。复位完成以后设置寄存器 GPT1_CR 的 CLKSRC(bit8:6)位，选择 GPT1 的时钟源为 ipg_clk，设置定时器 GPT1 的工作模式。

2. 设置 GPT1 的分频值

设置寄存器 GPT1_PR 的 PRESCALAR(bit111:0)位，设置分频值。

3. 设置 GPT1 的比较值

如果要使用 GPT1 的输出比较中断，那么 GPT1 的输出比较寄存器 GPT1_OCR1 的值可以根据所需的中断时间来设置。本章例程不使用比较输出中断，所以将 GPT1_OCR1 设置为最大值，即 0XFFFFFFFF。

4. 使能 GPT1 定时器

设置好 GPT1 定时器以后就可以使能了，设置 GPT1_CR 的 EN(bit0)位为 1 来使能 GPT1 定时器。

5. 编写延时函数

GPT1 定时器已经开始运行了，可以根据前面介绍的高精度延时函数原理来编写延时函数，针对 μs 和 ms 延时分别编写两个延时函数。

16.2 硬件原理分析

本实验用到的资源如下所示。

(1) 一个 LED 灯：LED0。

(2) 定时器 GPT1。

本实验通过高精度延时函数来控制 LED0 的闪烁，可以通过示波器来观察 LED0 的控制 I/O 输出波形，通过波形的频率或者周期来判断延时函数精度是否正常。

16.3 实验程序编写

本实验对应的例程路径为"1、裸机例程→12_highpreci_delay"。

本章实验在上一章例程的基础上完成，更改工程名字为 delay，直接修改 bsp_delay.c 和 bsp_delay.h 这两个文件，将文件 bsp_delay.h 改为如示例 16-1 所示内容。

示例 16-1　bsp_delay.h 文件代码

```
#ifndef __BSP_DELAY_H
#define __BSP_DELAY_H
/***************************************************************
Copyright © zuozhongkai Co., Ltd. 1998-2019. All rights reserved
文件名    : bsp_delay.h
作者      : 左忠凯
版本      : V1.0
描述      : 延时头文件
其他      : 无
论坛      : www.openedv.com
日志      : 初版 V1.0 2019/1/4 左忠凯创建

            V2.0 2019/1/15 左忠凯修改
            添加了一些函数声明
***************************************************************/
#include "imx6ul.h"

/* 函数声明 */
void delay_init(void);
void delayus(unsigned int usdelay);
void delayms(unsigned int msdelay);
void delay(volatile unsigned int n);
void gpt1_irqhandler(void);

#endif
```

文件 bsp_delay.h 就是一些函数声明,很简单。在文件 bsp_delay.c 中输入如示例 16-2 所示内容。

示例 16-2　bsp_delay.c 文件代码

```
/***************************************************************
Copyright © zuozhongkai Co., Ltd. 1998-2019. All rights reserved
文件名    : bsp_delay.c
作者      : 左忠凯
版本      : V1.0
描述      : 延时文件
其他      : 无
论坛      : www.openedv.com
日志      : 初版 V1.0 2019/1/4 左忠凯创建

            V2.0 2019/1/15 左忠凯修改
            使用定时器 GPT 实现高精度延时,添加了:
            delay_init 延时初始化函数
            gpt1_irqhandler gpt1 定时器中断处理函数
            delayus us 延时函数
            delayms ms 延时函数
***************************************************************/
#include "bsp_delay.h"

```

```
/*
 * @description  : 延时有关硬件初始化,主要是 GPT 定时器
                   GPT 定时器时钟源选择 ipg_clk = 66MHz
 * @param        : 无
 * @return       : 无
 */
void delay_init(void)
{
    GPT1->CR = 0;                                  /* 清零 */
    GPT1->CR = 1 << 15;                            /* bit15 置 1 进入软复位 */
    while((GPT1->CR >> 15) & 0x01);                /* 等待复位完成 */

    /*
     * GPT 的 CR 寄存器,GPT 通用设置
     * bit22:20 000 输出比较 1 的输出功能关闭,也就是对应的引脚没反应
     * bit9:     0   Restart 模式,当 CNT 等于 OCR1 时就产生中断
     * bit8:6   001 GPT 时钟源选择 ipg_clk = 66MHz
     */
    GPT1->CR = (1 << 6);

    /*
     * GPT 的 PR 寄存器,GPT 的分频设置
     * bit11:0  设置分频值,设置为 0 表示 1 分频,
     *          以此类推,最大可以设置为 0XFFF,也就是最大 4096 分频
     */
    GPT1->PR = 65;  /* 66 分频,GPT1 时钟为 66MHz/(65 + 1) = 1MHz */

    /*
     * GPT 的 OCR1 寄存器,GPT 的输出比较 1 比较计数值,
     * GPT 的时钟为 1MHz,那么计数器每计一个值就是就是 1μs
     * 为了实现较大的计数,我们将比较值设置为最大的 0XFFFFFFFF,
     * 这样一次计满就是: 0XFFFFFFFFμs = 4294967296μs = 4295s = 71.5min
     * 也就是说一次计满最多 71.5min,存在溢出
     */
    GPT1->OCR[0] = 0XFFFFFFFF;
    GPT1->CR |= 1 << 0;                            /* 使能 GPT1 */

    /* 以下屏蔽的代码是 GPT 定时器中断代码,
     * 如果想学习 GPT 定时器的话可以参考以下代码
     */
#if 0
    /*
     * GPT 的 PR 寄存器,GPT 的分频设置
     * bit11:0  设置分频值,设置为 0 表示 1 分频,
     *          以此类推,最大可以设置为 0XFFF,也就是最大 4096 分频
     */

    GPT1->PR = 65;  /* 66 分频,GPT1 时钟为 66MHz/(65 + 1) = 1MHz */
```

```
        /*
         * GPT 的 OCR1 寄存器,GPT 的输出比较 1 比较计数值,
         * 当 GPT 的计数值等于 OCR1 里的值时候,输出比较 1 就会发生中断
         * 这里定时 500ms 产生中断,因此就应该为 1000000/2 = 500000;
         */
    GPT1 -> OCR[0] = 500000;

    /*
     * GPT 的 IR 寄存器,使能通道 1 的比较中断
     * bit0: 0 使能输出比较中断
     */
    GPT1 -> IR |= 1 << 0;

    /*
     * 使能 GIC 里面相应的中断,并且注册中断处理函数
     */
    GIC_EnableIRQ(GPT1_IRQn);            /* 使能 GIC 中对应的中断 */
    system_register_irqhandler(GPT1_IRQn,
                         (system_irq_handler_t)gpt1_irqhandler,
                         NULL);
#endif

}

#if 0
/* 中断处理函数 */
void gpt1_irqhandler(void)
{
    static unsigned char state = 0;
    state = !state;
    /*
     * GPT 的 SR 寄存器,状态寄存器
     * bit2: 1 输出比较 1 发生中断
     */
    if(GPT1 -> SR & (1 << 0))
    {
        led_switch(LED2, state);
    }
    GPT1 -> SR |= 1 << 0;     /* 清除中断标志位 */
}
#endif

/*
 * @description      : 微秒(μs)级延时
 * @param - usdelay  : 需要延时的 μs 数,最大延时 0XFFFFFFFF
 * @return           : 无
 */
void delayus(unsigned    int usdelay)
```

```
{
    unsigned long oldcnt,newcnt;
    unsigned long tcntvalue = 0;    /* 走过的总时间 */

    oldcnt = GPT1->CNT;
    while(1)
    {
        newcnt = GPT1->CNT;
        if(newcnt != oldcnt)
        {
            if(newcnt > oldcnt)      /* GPT是向上计数器,并且没有溢出 */
                tcntvalue += newcnt - oldcnt;
            else                     /* 发生溢出 */
                tcntvalue += 0XFFFFFFFF - oldcnt + newcnt;
            oldcnt = newcnt;
            if(tcntvalue >= usdelay)/* 延时时间到了 */
            break;                   /* 跳出 */
        }
    }
}

/*
 * @description        : 毫秒(ms)级延时
 * @param - msdelay    : 需要延时的"ms"数
 * @return             : 无
 */
void delayms(unsigned int msdelay)
{
    int i = 0;
    for(i = 0; i < msdelay; i++)
    {
        delayus(1000);
    }
}

/*
 * @description   : 短时间延时函数
 * @param - n     : 要延时循环次数(空操作循环次数,模式延时)
 * @return        : 无
 */
void delay_short(volatile unsigned int n)
{
    while(n--){}
}

/*
 * @description   : 延时函数,在396MHz的主频下
 *                  延时时间大约为1ms
 * @param - n     : 要延时的"ms"数
```

```
146  * @return         : 无
147  */
148 void delay(volatile unsigned int n)
149 {
150     while(n--)
151     {
152         delay_short(0x7ff);
153     }
154 }
```

文件 bsp_delay.c 中一共有 5 个函数，分别为 delay_init、delayus、delayms、delay_short 和 delay。除了 delay_short 和 delay 函数以外，其他 3 个都是新增加的。delay_init 函数是延时初始化函数，主要用于初始化 GPT1 定时器，设置其时钟源、分频值和输出比较寄存器值。第 43～68 行被屏蔽掉的是 GPT1 的中断初始化代码，如果要使用 GPT1 的中断功能可以参考此部分代码。第 73～89 行被屏蔽掉的是 GPT1 的中断处理函数 gpt1_irqhandler，同样的，如果需要使用 GPT1 中断功能的话可以参考此部分代码。

delayus 和 delayms 函数就是 μs 级和 ms 级的高精度延时函数，delayus 函数就是按照我们在 16.1.2 节讲解的高精度延时原理编写的，delayus 函数处理 GPT1 计数器溢出的情况。delayus 函数只有一个参数 usdelay，这个参数就是要延时的 μs 数。delayms 函数很简单，就是对 delayus(1000)的多次叠加，此函数也只有一个参数 msdelay，也就是要延时的“ms”数。

最后修改文件 main.c，内容如示例 16-3 所示。

示例 16-3 main.c 文件代码

```
/***************************************************************
Copyright © zuozhongkai Co., Ltd. 1998-2019. All rights reserved
文件名    : main.c
作者      : 左忠凯
版本      : V1.0
描述      : I.MX6ULL 开发板裸机实验 12 高精度延时实验
其他      : 本实验我们学习如何使用 I.MX6ULL 的 GPT 定时器来实现高精度延时，
            以前的延时都是靠空循环来实现的，精度很差，只能用于要求
            不高的场合，使用 I.MX6ULL 的硬件定时器就可以实现高精度的延时，
            最低可以做到 20μs 的高精度延时
论坛      : www.openedv.com
日志      : 初版 V1.0 2019/1/15 左忠凯创建
***************************************************************/
#include "bsp_clk.h"
#include "bsp_delay.h"
#include "bsp_led.h"
#include "bsp_beep.h"
#include "bsp_key.h"
#include "bsp_int.h"
#include "bsp_keyfilter.h"

```

```
9  /*
10  * @description  : main 函数
11  * @param        : 无
12  * @return       : 无
13  */
14 int main(void)
15 {
16     unsigned char state = OFF;
17
18     int_init();                 /* 初始化中断(一定要最先调用) */
19     imx6u_clkinit();            /* 初始化系统时钟 */
20     delay_init();               /* 初始化延时 */
21     clk_enable();               /* 使能所有的时钟 */
22     led_init();                 /* 初始化 led */
23     beep_init();                /* 初始化 beep */
24
25     while(1)
26     {
27         state = !state;
28         led_switch(LED0, state);
29         delayms(500);
30     }
31
32     return 0;
33 }
```

文件 main.c 很简单，在第 20 行调用 delay_init 函数进行延时初始化，最后在 while 循环中周期性地点亮和熄灭 LED0，调用函数 delayms 来实现延时。

16.4 编译、下载和验证

16.4.1 编写 Makefile 和链接脚本

因为本章例程并没有新建任何文件，所以只需要修改 Makefile 中的 TARGET 为 delay 即可，链接脚本保持不变。

16.4.2 编译和下载

使用 Make 命令编译代码，编译成功以后使用软件 imxdownload 将编译完成的 delay.bin 文件下载到 SD 卡中，命令如下所示。

```
chmod 777 imxdownload                  //给予 imxdownload 可执行权限,一次即可
./imxdownload delay.bin /dev/sdd       //烧写到 SD 卡中,不能烧写到/dev/sda 或 sda1 设备中
```

烧写成功以后将 SD 卡插到开发板的 SD 卡槽中，然后复位开发板。程序运行正常的话 LED0 会以 500ms 为周期不断地闪烁。可以通过肉眼观察 LED 亮灭的时间是否为 500ms。可利用示波

器进行测试。我们将“示例 16-3”中第 29 行，也就是 main 函数 while 循环中的延时改为 delayus(20)，也就是 LED0 亮灭的时间各为 20μs，那么一个完整的周期就是 20+20=40μs，LED0 对应的 I/O 频率就应该是 1/0.00004=25000Hz=25kHz。使用示波器测试 LED0 对应的 I/O 频率，结果如图 16-6 所示。

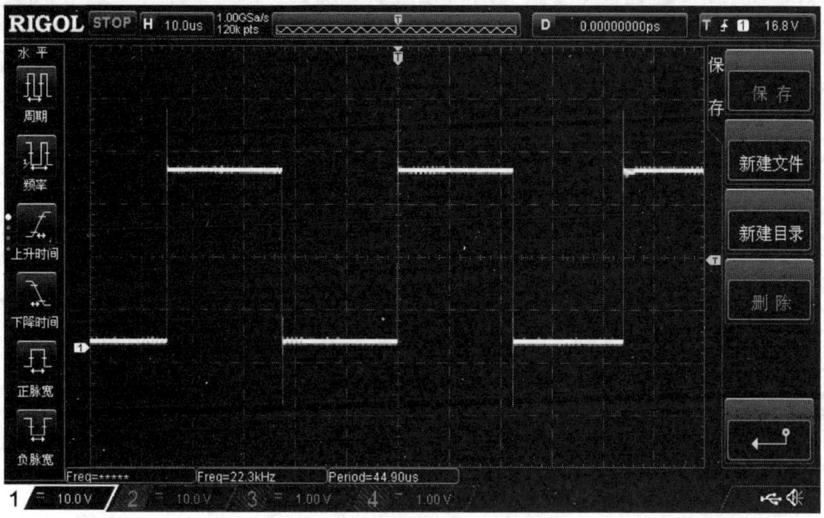

图 16-6　20μs 延时波形

从图 16-6 可以看出，LED0 对应的 I/O 波形频率为 22.3kHz，周期是 44.9μs，那么 main 函数中 while 循环执行一次的时间就是 44.9/2=22.45μs，大于我们设置的 20μs，看起来好像是延时不准确。但是要知道这 22.45μs 是 main 函数里面 while 循环总执行时间，也就是下面代码的总执行时间。

```
while(1)
{
  state = !state;
  led_switch(LED0, state);
  delayus(20);
}
```

在上面的代码中，不止有 delayus(20)延时函数，还有控制 LED 灯亮灭的函数，这些代码的执行也需要时间的，即使是 delayus 函数，其内部也是要消耗一些时间的。假如将 while 循环中的代码改为如下形式。

```
while(1)
{
    GPIO1 -> DR &= ~(1 << 3);
      delayus(20);
    GPIO1 -> DR |= (1 << 3);
    delayus(20);
}
```

上述代码通过直接操作寄存器的方式来控制 I/O 输出高低电平，理论上 while 循环执行时间会更小，并且 while 循环中使用了两个 delayus(20)，因此执行一次 while 循环的理论时间应该是 40μs，和上面做的实验一样。重新使用示波器测量，结果如图 16-7 所示。

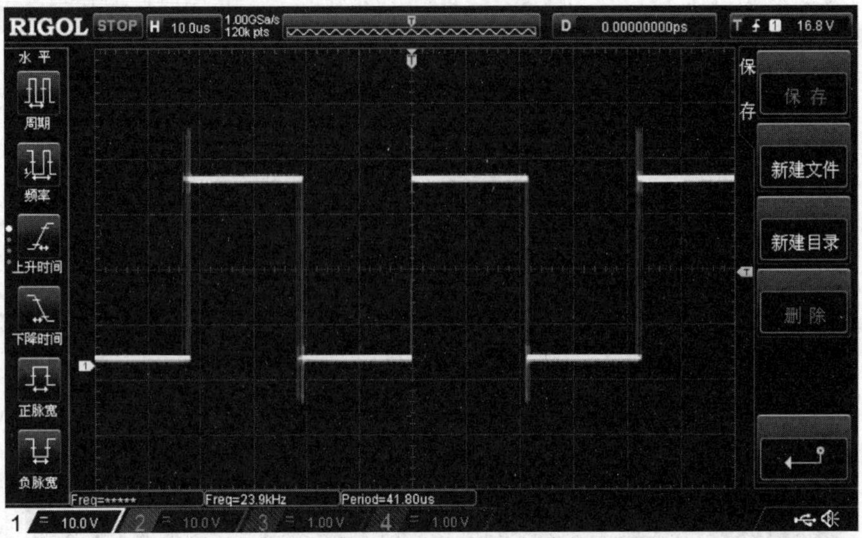

图 16-7　修改 while 循环后的波形

从图 16-7 可以看出，此时 while 循环执行一次的时间是 41.8μs，那么一次 delayus(20)的时间就是 41.8/2=20.9μs，很接近 20μs 理论值。因为有其他程序存在，在加上示波器测量误差，所以不可能测量出绝对的 20μs。但是结果已经非常接近了，可以证明我们的高精度延时函数是成功的，可以用的。

第17章

UART串口通信实验

不管是单片机开发还是嵌入式 Linux 开发，串口都是最常用到的外设。可以通过串口将开发板与计算机相连，然后在计算机上通过串口调试助手来调试程序。还有很多的模块，比如蓝牙、GPS、GPRS 等都使用串口来与主控进行通信，在嵌入式 Linux 中一般使用串口作为控制台，所以掌握串口是必备的技能。本章就来学习如何驱动 I. MX6ULL 上的串口，并使用串口和计算机进行通信。

17.1 I. MX6ULL 串口通信简介

17.1.1 UART 简介

1. UART 通信格式

串口全称叫做串行接口，通常也叫做 COM 接口，串行接口指的是数据一个一个地顺序传输，通信线路简单。使用两条线即可实现双向通信，一条用于发送，另一条用于接收。串口通信距离远，但是速度相对会低，串口是一种很常用的工业接口。I. MX6ULL 自带的 UART（Universal Asynchronous Receiver/Transmitter，异步串行收发器）外设就是串口的一种。既然有异步串行收发器，那也有同步串行收发器，学过 STM32 的读者应该知道，STM32 除了有 UART，还有 USART。USART（Universal Synchronous/Asynchronous Receiver/Transmitter，同步/异步串行收发器）相比 UART 多了一个同步的功能，在硬件上体现出来的就是多了一条时钟线。一般 USART 是可以作为 UART 使用的，也就是不使用其同步的功能。

UART 作为串口的一种，其工作原理也是将数据一位一位地传输，发送和接收各用一条线，因此通过 UART 接口与外界相连最少只需要 3 条线：TXD（发送）、RXD（接收）和 GND（地线）。图 17-1 就是 UART 的通信格式，各位的含义如下所示。

空闲位：数据线在空闲状态时为逻辑“1”状态，也就是高电平，表示没有数据线空闲，没有数据传输。

起始位：当要传输数据时先传输一个逻辑“0”，也就是将数据线拉低，表示开始数据传输。

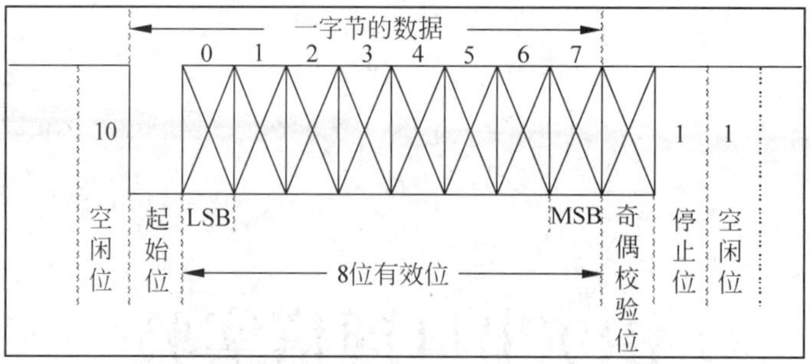

图 17-1　UART 通信格式

数据位：数据位就是实际要传输的数据，数据位数可选择 5～8 位，我们一般都是按照字节传输数据的，一字节 8 位，因此数据位通常是 8 位的。低位在前，先传输，高位最后传输。

奇偶校验位：这是对数据中"1"的位数进行奇偶校验用的，可以不使用奇偶校验功能。

停止位：数据传输完成标志位，停止位的位数可以选择 1 位、1.5 位或两位高电平，一般都选择 1 位停止位。

波特率：波特率就是 UART 数据传输的速率，也就是每秒传输的数据位数，一般选择 9600、19200、115200 等。

2. UART 电平标准

UART 一般的接口电平有 TTL 和 RS-232，一般开发板上都有 TXD 和 RXD 这样的引脚，这些引脚低电平表示逻辑 0，高电平表示逻辑 1，这个就是 TTL 电平。RS-232 采用差分线，－3～－15V 表示逻辑 1，＋3～＋15V 表示逻辑 0。如图 17-2 所示的接口就是 TTL 电平。

图 17-2 中的模块就是 USB 转 TTL 模块，TTL 接口部分有 VCC、GND、RXD、TXD、RTS 和 CTS。RTS 和 CTS 基本用不到，使用时通过杜邦线和其他模块的 TTL 接口相连即可。

RS-232 电平一般需要 DB9 接口，I. MX6U-ALPHA 开发板上的 COM3(UART3)口就是 RS-232 接口的，如图 17-3 所示。

图 17-2　TTL 电平接口

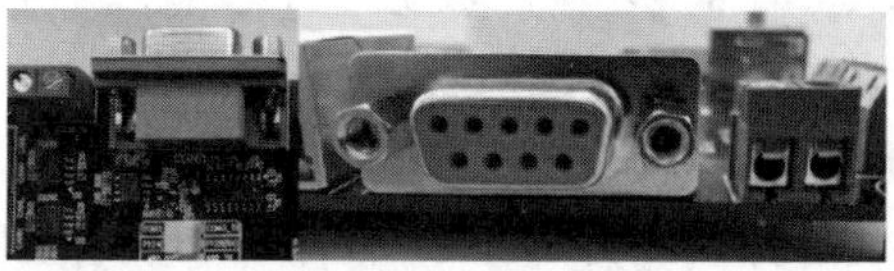

图 17-3　I. MX6ULL-ALPHA 开发板 RS-232 接口

由于现在的电脑都没有 DB9 接口了，取而代之的是 USB 接口，所以就产生了很多 USB 转串口 TTL 芯片，比如 CH340、PL2303 等。通过这些芯片就可以实现串口 TTL 转 USB。I. MX6ULL-ALPHA 开发板就使用 CH340 芯片来完成 UART1 和电脑之间的连接，只需要一条 USB 线即可，如图 17-4 所示。

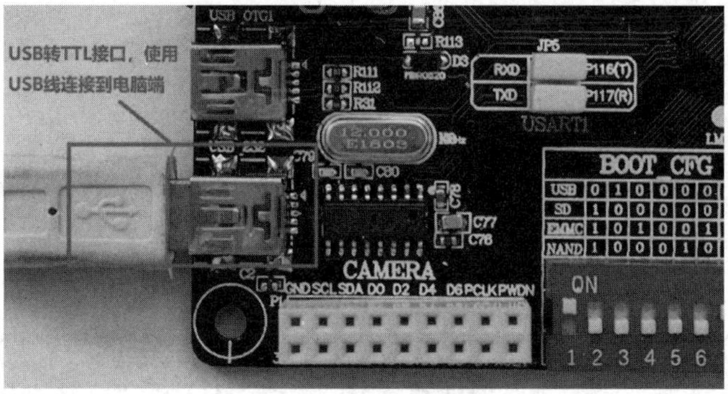

图 17-4 I. MX6ULL-ALPHA 开发板 USB 转 TTL 接口

17.1.2 I. MX6ULL UART 简介

I. MX6ULL 一共有 8 个 UART，其主要特性如下所示。

(1) 兼容 TIA/EIA-232F 标准，速度最高可到 5Mb/s。

(2) 支持串行 IR 接口，兼容 IrDA 速度，最高可到 115.2kb/s。

(3) 支持 9 位或者多节点模式(RS-485)。

(4) 1 或 2 位停止位。

(5) 可编程的奇偶校验(奇校验和偶校验)。

(6) 自动波特率检测(最高支持 115.2kb/s)。

I. MX6ULL 的 UART 功能很多，但本章就只用到其最基本的串口功能，关于 UART 其他功能的介绍请参考《I. MX6ULL 参考手册》第 3561 页第 55 章的相关内容。

UART 的时钟源是由寄存器 CCM_CSCDR1 的 UART_CLK_SEL 位来选择的，当为 0 时 UART 的时钟源为 pll3_80m(80MHz)，如果为 1 时 UART 的时钟源为 osc_clk(24MHz)，一般选择 pll3_80m 作为 UART 的时钟源。寄存器 CCM_CSCDR1 的 UART_CLK_PODF(bit5:0)位是 UART 的时钟分频值，可设置 0～63，分别对应 1～64 分频，一般设置为 1 分频，因此最终进入 UART 的时钟为 80MHz。

接下来看一下 UART 几个重要的寄存器，第一个就是 UART 的控制寄存器 1，即 UARTx_UCR1(x=1～8)，此寄存器的结构如图 17-5 所示。

Bit	31	30	29	28	27	26	25	24	23	22	21	20	19	18	17	16
R	0															
W																
Reset	0	0	0	0	0	0	0	0	0	0	0	0	0	0	0	0

Bit	15	14	13	12	11	10	9	8	7	6	5	4	3	2	1	0
R/W	ADEN	ADBR	TRDYEN	IDEN	ICD		RRDYEN	RXDMAEN	IREN	TXMPTYEN	RTSDEN	SNDBRK	TXDMAEN	ATDMAEN	DOZE	UARTEN
Reset	0	0	0	0	0	0	0	0	0	0	0	0	0	0	0	0

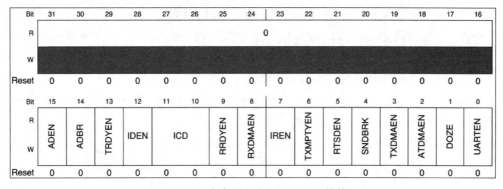

图 17-5 寄存器 UARTx_UCR1 结构

寄存器 UARTx_UCR1 我们用到的重要位如下所示。

ADBR(bit14)：自动波特率检测使能位，为 0 时关闭自动波特率检测，为 1 时使能自动波特率检测。

UARTEN(bit0)：UART 使能位，为 0 时关闭 UART，为 1 时使能 UART。

接下来看 UART 的控制寄存器 2，即 UARTx_UCR2，此寄存器结构如图 17-6 所示。

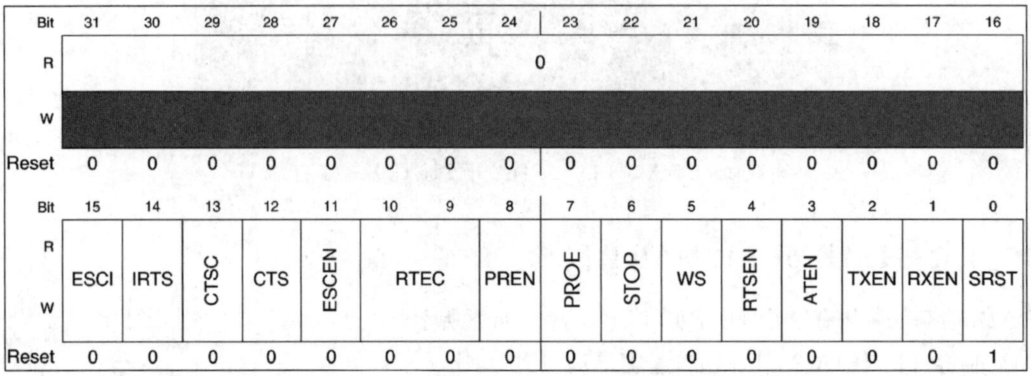

图 17-6　寄存器 UARTx_UCR2 结构

寄存器 UARTx_UCR2 用到的重要位如下所示。

IRTS(bit14)：为 0 时使用 RTS 引脚功能，为 1 时忽略 RTS 引脚。

PREN(bit8)：奇偶校验使能位，为 0 时关闭奇偶校验，为 1 时使能奇偶校验。

PROE(bit7)：奇偶校验模式选择位，开启奇偶校验以后此位如果为 0 就使用偶校验，此位为 1 就使能奇校验。

STOP(bit6)：停止位数量，为 0 使用 1 位停止位，为 1 使用 2 位停止位。

WS(bit5)：数据位长度，为 0 时选择 7 位数据位，为 1 时选择 8 位数据位。

TXEN(bit2)：发送使能位，为 0 时关闭 UART 的发送功能，为 1 时打开 UART 的发送功能。

RXEN(bit1)：接收使能位，为 0 时关闭 UART 的接收功能，为 1 时打开 UART 的接收功能。

SRST(bit0)：软件复位，为 0 时软件复位 UART，为 1 时表示复位完成。复位完成以后此位会自动置 1，表示复位完成。此位只能写 0，写 1 会被忽略掉。

接下来看一下寄存器 UARTx_UCR3，此寄存器结构如图 17-7 所示。

本章实验就用到了寄存器 UARTx_UCR3 中的 RXDMUXSEL(bit2)位，这个位应该始终为 1，读者在本书资源中下载 I.MX6ULL 参考资料参见相关说明内容。

接下来看一下寄存器 UARTx_USR2，这个是 UART 的状态寄存器 2，此寄存器结构如图 17-8 所示。

寄存器 UARTx_USR2 用到的重要位如下所示。

TXDC(bit3)：发送完成标志位，为 1 时表明发送缓冲(TxFIFO)和移位寄存器为空，也就是发送完成，向 TxFIFO 写入数据此位就会自动清零。

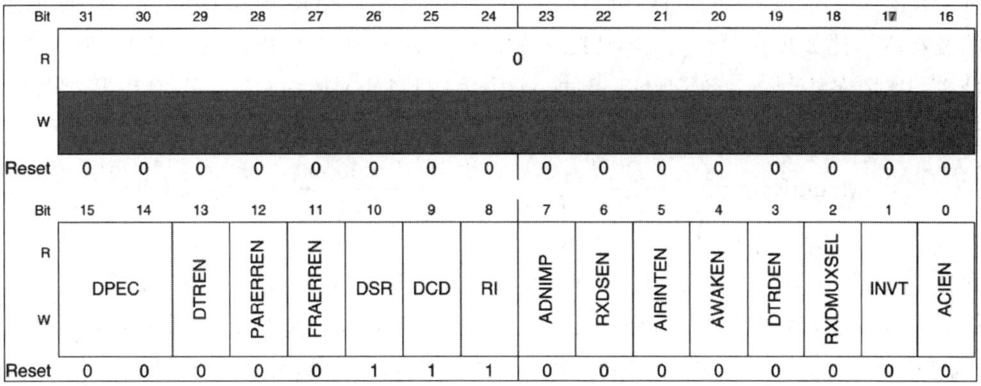

图 17-7　寄存器 UARTx_UCR3 结构

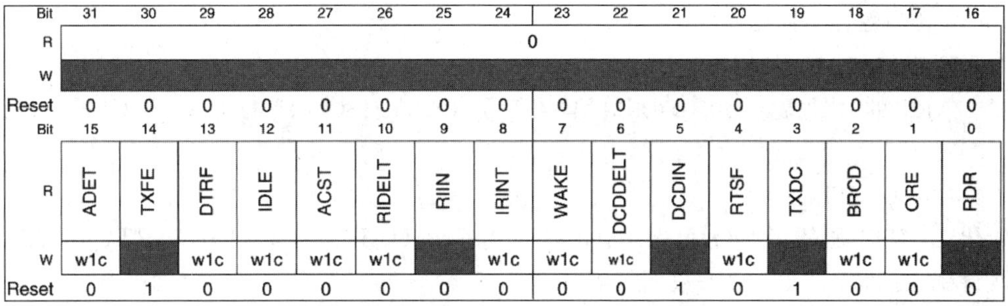

图 17-8　寄存器 UARTx_USR2 结构

RDR(bit0)：数据接收标志位，为 1 时表明至少接收到一个数据，从寄存器 UARTx_URXD 读取接收到的数据以后此位会自动清零。

寄存器 UARTx_UFCR 中要用到的是位 RFDIV(bit9:7)，用来设置参考时钟分频，设置如表 17-1 所示。

表 17-1　RFDIV 分频表

RFDIV(bit9:7)	分频值	RFDIV(bit9:7)	分频值
000	6 分频	100	2 分频
001	5 分频	101	1 分频
010	4 分频	110	7 分频
011	3 分频	111	保留

通过这 3 个寄存器可以设置 UART 的波特率，波特率的计算公式如下：

$$\mathrm{BaudRate} = \frac{RefFreq}{\left(16 \times \frac{\mathrm{UBMR}+1}{\mathrm{UBIR}+1}\right)}$$

RefFreq：经过分频以后进入 UART 的最终时钟频率。

UBMR：寄存器 UARTx_UBMR 中的值。

UBIR：寄存器 UARTx_UBIR 中的值。

通过 UARTx_UFCR 的 RFDIV 位、UARTx_UBMR 和 UARTx_UBIR 这三者的配合即可得到想要的波特率。比如现在要设置 UART 波特率为 115200,那么可以设置 RFDIV 为 5(0b101),也就是 1 分频,因此 $RefFreq=80\text{MHz}$。设置 $UBIR=71$,$UBMR=3124$,根据上式可以得到如下方式。

$$\text{BaudRate}=\frac{RefFreq}{\left(16\times\dfrac{UBMR+1}{UBIR+1}\right)}=\frac{80000000}{\left(16\times\dfrac{3124+1}{71+1}\right)}=115200$$

寄存器 UARTx_URXD 和 UARTx_UTXD 分别为 UART 的接收和发送数据寄存器,这两个寄存器的低八位为接收到的和要发送的数据。读取寄存器 UARTx_URXD 即可获取到接收到的数据,如果要通过 UART 发送数据,直接将数据写入到寄存器 UARTx_UTXD 即可。

关于寄存器 UART 就介绍到这里,关于这些寄存器详细的描述,读者可参考《I. MX6ULL 参考手册》。本章使用 I. MX6ULL 的 UART1 来完成开发板与电脑串口调试助手之间的串口通信,UART1 的配置步骤如下所示。

(1) 设置 UART1 的时钟源。

设置 UART 的时钟源为 pll3_80m,设置寄存器 CCM_CSCDR1 的 UART_CLK_SEL 位为 0 即可。

(2) 初始化 UART1。

初始化 UART1 所使用 I/O,设置 UART1 的寄存器 UART1_UCR1～UART1_UCR3,设置内容包括波特率、奇偶校验、停止位、数据位等。

(3) 使能 UART1。

UART1 初始化完成以后就可以使能 UART1 了,设置寄存器 UART1_UCR1 的位 UARTEN 为 1。

(4) 编写 UART1 数据收发函数。

编写两个函数用于 UART1 的数据收发操作。

17.2 硬件原理分析

本实验用到的资源如下所示。

(1) 一个 LED 灯：LED0。

(2) 串口 1。

I. MX6ULL-ALPHA 开发板串口 1 硬件原理图如图 17-9 所示。

在做实验之前需要用 USB 串口线将串口 1 和电脑连接起来,并且还需要设置 JP5 跳线帽,将串口 1 的 RXD、TXD 两个引脚分别与 P116、P117 连接一起,如图 17-10 所示。

硬件连接设置好以后就可以开始软件编写了,本章实验我们初始化好 UART1,然后等待 MobaXterm 给开发板发送一字节的数据,开发板接收到 MobaXterm 发送过来的数据以后在通过串口 1 发送给 MobaXterm。

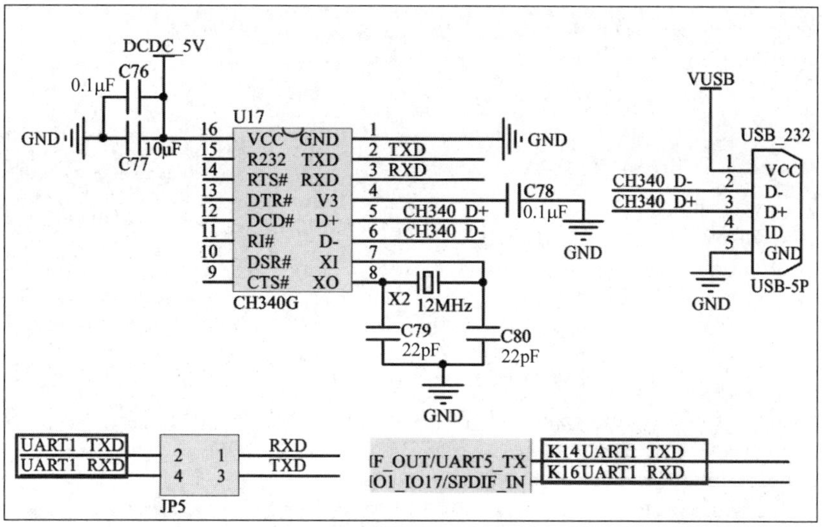

图 17-9 I.MX6ULL-ALPHA 开发板串口 1 原理图

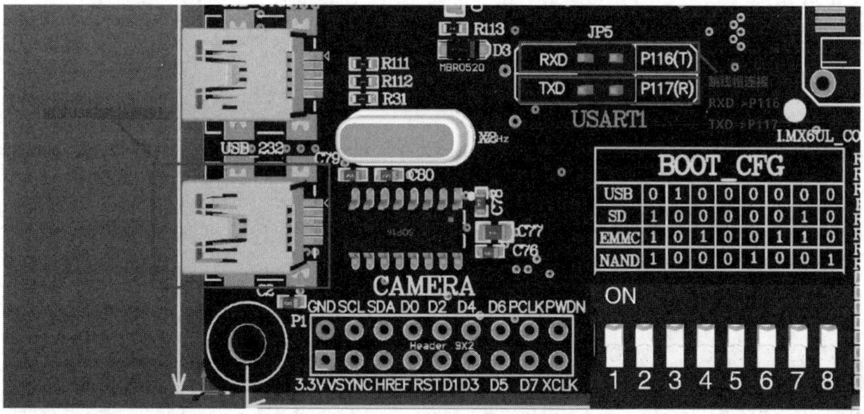

图 17-10 串口 1 硬件连接设置图

17.3 实验程序编写

本实验对应的例程路径为“1、例程源码→1、裸机例程→13_uart”。

本章实验在第 16 章例程的基础上完成，更改工程名字为 uart，然后在 bsp 文件夹下创建名为 uart 的文件夹，然后在 bsp/uart 中新建 bsp_uart.c 和 bsp_uart.h 这两个文件。在文件 bsp_uart.h 中输入如示例 17-1 所示内容。

示例 17-1 bsp_uart.h 文件代码

```
#ifndef _BSP_UART_H
#define _BSP_UART_H
#include "imx6ul.h"
/***************************************************************
```

```
Copyright © zuozhongkai Co., Ltd. 1998-2019. All rights reserved
文件名      : bsp_uart.h
作者        : 左忠凯
版本        : V1.0
描述        : 串口驱动文件头文件
其他        : 无
论坛        : www.openedv.com
日志        : 初版 V1.0 2019/1/15 左忠凯创建
***************************************************************/

/* 函数声明 */
void uart_init(void);
void uart_io_init(void);
void uart_disable(UART_Type *base);
void uart_enable(UART_Type *base);
void uart_softreset(UART_Type *base);
void uart_setbaudrate(UART_Type *base,
unsigned int baudrate,
unsigned int srcclock_hz);
void putc(unsigned char c);
void puts(char *str);
unsigned char getc(void);
void raise(int sig_nr);

#endif
```

文件 bsp_uart.h 内容很简单，就是一些函数声明。继续在文件 bsp_uart.c 中输入如示例 17-2 所示内容。

示例 17-2　bsp_uart.c 文件代码

```
/**************************************************************
Copyright © zuozhongkai Co., Ltd. 1998-2019. All rights reserved
文件名    : bsp_uart.c
作者      : 左忠凯
版本      : V1.0
描述      : 串口驱动文件
其他      : 无
论坛      : www.openedv.com
日志      : 初版 V1.0 2019/1/15 左忠凯创建
**************************************************************/
#include "bsp_uart.h"

/*
 * @description   : 初始化串口 1,波特率为 115200
 * @param         : 无
 * @return        : 无
 */
void uart_init(void)
{
    /* 1.初始化串口 IO   */
```

```
    uart_io_init();

    /* 2.初始化 UART1 */
    uart_disable(UART1);              /* 先关闭 UART1 */
    uart_softreset(UART1);            /* 软件复位 UART1 */

    UART1->UCR1 = 0;                  /* 先清除 UCR1 寄存器 */
    UART1->UCR1 &= ~(1<<14);          /* 关闭自动波特率检测 */

    /*
     * 设置 UART 的 UCR2 寄存器,设置字长,停止位,校验模式,关闭硬件流控
     * bit14: 1 忽略 RTS 引脚
     * bit8:  0 关闭奇偶校验
     * bit6:  0 1 位停止位
     * bit5:  1 8 位数据位
     * bit2:  1 打开发送
     * bit1:  1 打开接收
     */
    UART1->UCR2 |= (1<<14) | (1<<5) | (1<<2) | (1<<1);
    UART1->UCR3 |= 1<<2;              /* UCR3 的 bit2 必须为 1 */

    /*
     * 设置波特率
     * 波特率计算公式:Baud Rate = Ref Freq / (16 * (UBMR + 1)/(UBIR+1))
     * 如果要设置波特率为 115200,那么可以使用如下参数:
     * Ref Freq = 80M 也就是寄存器 UFCR 的 bit9:7=101, 表示 1 分频
     * UBMR = 3124
     * UBIR =  71
     * 因此波特率= 80000000/(16 * (3124+1)/(71+1))
     *          = 80000000/(16 * 3125/72)
     *          = (80000000*72) / (16*3125)
     *          = 115200
     */
    UART1->UFCR = 5<<7;               /* ref freq 等于 ipg_clk/1=80MHz */
    UART1->UBIR = 71;
    UART1->UBMR = 3124;

#if 0
    uart_setbaudrate(UART1, 115200, 80000000); /* 设置波特率 */
#endif

    uart_enable(UART1); /* 使能串口 */
}

/*
 * @description  : 初始化串口 1 所使用的 I/O 引脚
 * @param        : 无
 * @return       : 无
 */
void uart_io_init(void)
{
    /* 1.初始化串口 I/O
```

```
     * UART1_RXD -> UART1_TX_DATA
     * UART1_TXD -> UART1_RX_DATA
     */
    IOMUXC_SetPinMux(IOMUXC_UART1_TX_DATA_UART1_TX, 0);
    IOMUXC_SetPinMux(IOMUXC_UART1_RX_DATA_UART1_RX, 0);
    IOMUXC_SetPinConfig(IOMUXC_UART1_TX_DATA_UART1_TX, 0x10B0);
    IOMUXC_SetPinConfig(IOMUXC_UART1_RX_DATA_UART1_RX, 0x10B0);
}

/*
 * @description         : 波特率计算公式,
 *                        可以用此函数计算出指定串口对应的 UFCR,
 *                        UBIR 和 UBMR 这三个寄存器的值
 * @param - base        : 要计算的串口
 * @param - baudrate    : 要使用的波特率
 * @param - srcclock_hz : 串口时钟源频率,单位 Hz
 * @return              : 无
 */
void uart_setbaudrate (UART_Type *base,
                       unsigned int baudrate,
                       unsigned int srcclock_hz)
{
    uint32_t numerator = 0u;
    uint32_t denominator = 0U;
    uint32_t divisor = 0U;
    uint32_t refFreqDiv = 0U;
    uint32_t divider = 1U;
    uint64_t baudDiff = 0U;
    uint64_t tempNumerator = 0U;
    uint32_t tempDenominator = 0u;

    /* get the approximately maximum divisor */
    numerator = srcclock_hz;
    denominator = baudrate << 4;
    divisor = 1;

    while (denominator != 0)
    {
        divisor = denominator;
        denominator = numerator % denominator;
        numerator = divisor;
    }

    numerator = srcclock_hz / divisor;
    denominator = (baudrate << 4) / divisor;

    /* numerator ranges from 1 ~ 7 * 64k */
    /* denominator ranges from 1 ~ 64k */
    if ((numerator > (UART_UBIR_INC_MASK * 7)) || (denominator >
                                        UART_UBIR_INC_MASK))
    {
        uint32_t m = (numerator - 1) / (UART_UBIR_INC_MASK * 7) + 1;
```

```
        uint32_t n = (denominator - 1) / UART_UBIR_INC_MASK + 1;
        uint32_t max = m > n ? m : n;
        numerator /= max;
        denominator /= max;
        if (0 == numerator)
        {
            numerator = 1;
        }
        if (0 == denominator)
        {
            denominator = 1;
        }
    }
    divider = (numerator - 1) / UART_UBIR_INC_MASK + 1;

    switch (divider)
    {
        case 1:
            refFreqDiv = 0x05;
            break;
        case 2:
            refFreqDiv = 0x04;
            break;
        case 3:
            refFreqDiv = 0x03;
            break;
        case 4:
            refFreqDiv = 0x02;
            break;
        case 5:
            refFreqDiv = 0x01;
            break;
        case 6:
            refFreqDiv = 0x00;
            break;
        case 7:
            refFreqDiv = 0x06;
            break;
        default:
            refFreqDiv = 0x05;
            break;
    }
    /* Compare the difference between baudRate_Bps and calculated
     * baud rate. Baud Rate = Ref Freq / (16 * (UBMR + 1)/(UBIR+1)).
     * baudDiff = (srcClock_Hz/divider)/( 16 * ((numerator / divider)/ denominator).
     */
    tempNumerator = srcclock_hz;
    tempDenominator = (numerator << 4);
    divisor = 1;
    /* get the approximately maximum divisor */
    while (tempDenominator != 0)
```

```
    {
        divisor = tempDenominator;
        tempDenominator = tempNumerator % tempDenominator;
        tempNumerator = divisor;
    }
    tempNumerator = srcclock_hz / divisor;
    tempDenominator = (numerator << 4) / divisor;
    baudDiff = (tempNumerator * denominator) / tempDenominator;
    baudDiff = (baudDiff >= baudrate) ? (baudDiff - baudrate) :
                                        (baudrate - baudDiff);

    if (baudDiff < (baudrate / 100) * 3)
    {
        base->UFCR &= ~UART_UFCR_RFDIV_MASK;
        base->UFCR |= UART_UFCR_RFDIV(refFreqDiv);
        base->UBIR = UART_UBIR_INC(denominator - 1);
        base->UBMR = UART_UBMR_MOD(numerator / divider - 1);
    }
}

/*
 * @description     : 关闭指定的 UART
 * @param - base    : 要关闭的 UART
 * @return          : 无
 */
void uart_disable(UART_Type *base)
{
    base->UCR1 &= ~(1<<0);
}

/*
 * @description     : 打开指定的 UART
 * @param - base    : 要打开的 UART
 * @return          : 无
 */
void uart_enable(UART_Type *base)
{
    base->UCR1 |= (1<<0);
}

/*
 * @description     : 复位指定的 UART
 * @param - base    : 要复位的 UART
 * @return          : 无
 */
void uart_softreset(UART_Type *base)
{
    base->UCR2 &= ~(1<<0);              /* 复位 UART */
    while((base->UCR2 & 0x1) == 0);     /* 等待复位完成 */
}

/*
```

```
 * @description    : 发送一个字符
 * @param - c      : 要发送的字符
 * @return         : 无
 */
void putc(unsigned char c)
{
    while(((UART1->USR2 >> 3) &0X01) == 0);     /* 等待上一次发送完成 */
    UART1->UTXD = c & 0XFF;                      /* 发送数据 */
}

/*
 * @description  : 发送一个字符串
 * @param - str  : 要发送的字符串
 * @return       : 无
 */
void puts(char *str)
{
    char *p = str;

    while(*p)
        putc(*p++);
}

/*
 * @description  : 接收一个字符
 * @param        : 无
 * @return       : 接收到的字符
 */
unsigned char getc(void)
{
    while((UART1->USR2 & 0x1) == 0);      /* 等待接收完成 */
    return UART1->URXD;                   /* 返回接收到的数据 */
}

/*
 * @description    : 防止编译器报错
 * @param          : 无
 * @return         : 无
 */
void raise(int sig_nr)
{

}
```

文件 bsp_uart.c 中共有 10 个函数，依次来看一下这些函数都是做什么的。第 1 个函数是 uart_init，这个函数是 UART1 初始化函数，用于初始化 UART1 相关的 I/O，并且设置 UART1 的波特率、字长、停止位和校验模式等，初始化完成以后就使能 UART1。第 2 个函数是 uart_io_init，用于初始化 UART1 所使用的 I/O。第 3 个函数是 uart_setbaudrate，这个函数是从 NXP 官方的 SDK 包中移植过来的，用于设置波特率。我们只需将要设置的波特率告诉此函数，此函数就会使用逐次逼近方式来计算出寄存器 UART1_UFCR 的 FRDIV 位、寄存器 UART1_UBIR 和寄存器 UART1_

UBMR 这 3 个的值。第 4 和第 5 这两个函数为 uart_disable 和 uart_enable，分别是使能和关闭 UART1。第 6 个函数是 uart_softreset，用于软件复位指定的 UART。第 7 个函数是 putc，用于通过 UART1 发送一个字节的数据。第 8 个函数是 puts，用于通过 UART1 发送一串数据。第 9 个函数是 getc，用于通过 UART1 获取一个字节的数据，最后一个函数是 raise，这是一个空函数，防止编译器报错。

最后在文件 main.c 中输入如示例 17-3 所示内容。

示例 17-3　main.c 文件代码

```
/***************************************************************
Copyright © zuozhongkai Co., Ltd. 1998 - 2019. All rights reserved
文件名      : main.c
作者        : 左忠凯
版本        : V1.0
描述        : I.MX6ULL 开发板裸机实验 13 串口实验
其他        : 本实验我们学习如何使用 I.MX6 的串口,实现串口收发数据,了解
              I.MX6 的串口工作原理
论坛        : www.openedv.com
日志        : 初版 V1.0 2019/1/15 左忠凯创建
***************************************************************/
#include "bsp_clk.h"
#include "bsp_delay.h"
#include "bsp_led.h"
#include "bsp_beep.h"
#include "bsp_key.h"
#include "bsp_int.h"
#include "bsp_uart.h"

/*
 * @description  : main 函数
 * @param        : 无
 * @return       : 无
 */
int main(void)
{
    unsigned char a = 0;
    unsigned char state = OFF;

    int_init();                 /* 初始化中断(一定要最先调用) */
    imx6u_clkinit();            /* 初始化系统时钟 */
    delay_init();               /* 初始化延时 */
    clk_enable();               /* 使能所有的时钟 */
    led_init();                 /* 初始化 led */
    beep_init();                /* 初始化 beep */
    uart_init();                /* 初始化串口,波特率 115200 */

    while(1)
    {
        puts("请输入 1 个字符:");
        a = getc();
```

```
31         putc(a);                          /* 回显功能 */
32         puts("\r\n");
33 
34         /* 显示输入的字符 */
35         puts("您输入的字符为:");
36         putc(a);
37         puts("\r\n\r\n");
38 
39         state = !state;
40         led_switch(LED0,state);
41     }
42     return 0;
43 }
```

第 5 行调用 uart_init 函数初始化 UART1，最终在 while 循环中获取串口接收到的数据，并且将获取到的数据通过串口打印出来。

17.4 编译、下载和验证

17.4.1 编写 Makefile 和链接脚本

在 Makefile 文件中输入如示例 17-4 所示内容。

示例 17-4 Makefile 文件代码

```
CROSS_COMPILE  ?= arm-linux-gnueabihf-
TARGET         ?= uart

CC             := $(CROSS_COMPILE)gcc
LD             := $(CROSS_COMPILE)ld
OBJCOPY        := $(CROSS_COMPILE)objcopy
OBJDUMP        := $(CROSS_COMPILE)objdump

LIBPATH        := -lgcc -L /usr/local/arm/gcc-linaro-4.9.4-2017.01-
        x86_64_arm-linux-gnueabihf/lib/gcc/arm-linux-gnueabihf/4.9.4


INCDIRS        :=  imx6ul \
                   bsp/clk \
...
                   bsp/uart

SRCDIRS        :=  project \
                   bsp/clk \
...
                   bsp/uart


INCLUDE        := $(patsubst %, -I %, $(INCDIRS))
```

```
40
41 SFILES        := $(foreach dir, $(SRCDIRS), $(wildcard $(dir)/*.S))
42 CFILES        := $(foreach dir, $(SRCDIRS), $(wildcard $(dir)/*.c))
43
44 SFILENDIR     := $(notdir  $(SFILES))
45 CFILENDIR     := $(notdir  $(CFILES))
46
47 SOBJS         := $(patsubst %, obj/%, $(SFILENDIR:.S=.o))
48 COBJS         := $(patsubst %, obj/%, $(CFILENDIR:.c=.o))
49 OBJS          := $(SOBJS) $(COBJS)
50
51 VPATH         := $(SRCDIRS)
52
53 .PHONY: clean
54
55 $(TARGET).bin : $(OBJS)
56     $(LD) -Timx6ul.lds -o $(TARGET).elf $^ $(LIBPATH)
57     $(OBJCOPY) -O binary -S $(TARGET).elf $@
58     $(OBJDUMP) -D -m arm $(TARGET).elf > $(TARGET).dis
59
60 $(SOBJS) : obj/%.o : %.S
61     $(CC) -Wall -nostdlib -fno-builtin -c -O2  $(INCLUDE) -o $@  $<
62
63 $(COBJS) : obj/%.o : %.c
64     $(CC) -Wall -nostdlib -fno-builtin -c -O2  $(INCLUDE) -o $@  $<
65
66 clean:
67  rm -rf $(TARGET).elf $(TARGET).dis $(TARGET).bin $(COBJS) $(SOBJS)
```

上述的 Makefile 文件内容和上一章实验的区别不大。将 TARGET 设置为 uart，在 INCDIRS 和 SRCDIRS 中加入 bsp/uart。但是，相比上一章中的 Makefile 文件，本章实验的 Makefile 文件有两处重要的改变。

（1）本章 Makefile 文件在链接时加入了数学库，因为在 bsp_uart.c 中有个 uart_setbaudrate 函数，在此函数中使用到了除法运算，因此在链接时需要将编译器的数学库也链接进来。第 9 行的变量 LIBPATH 就是数学库的目录，在第 56 行链接时使用了变量 LIBPATH。

在后面的学习中，我们常常要用到一些第三方库，那么在链接程序时就需要指定这些第三方库所在的目录，Makefile 在链接时使用选项-L 来指定库所在的目录，比如"示例 17.4.1"中第 9 行的变量 LIBPATH 就是指定了我们所使用的编译器库所在的目录。

（2）在第 61 行和 64 行中，加入了选项-fno-builtin，否则编译时提示 putc、puts 这两个函数与内建函数冲突，错误信息如下所示。

```
warning: conflicting types for built-in function 'putc'
warning: conflicting types for built-in function 'puts'
```

在编译时加入选项-fno-builtin 表示不使用内建函数，这样我们就可以自己实现 putc 和 puts 这样的函数了。

链接脚本保持不变。

17.4.2 编译和下载

使用 Make 命令编译代码，编译成功以后使用软件 imxdownload 将编译完成的 uart.bin 文件下载到 SD 卡中，命令如下所示。

```
chmod 777 imxdownload                //给予 imxdownload 可执行权限，一次即可
./imxdownload uart.bin /dev/sdd      //烧写到 SD 卡中
```

烧写成功以后将 SD 卡插到开发板的 SD 卡槽中，然后复位开发板。打开 MobaXterm，单击 Session→Serial，打开设置界面，设置好相应的串口参数，比如在笔者的计算机上显示为 COM4，设置如图 17-11 所示。

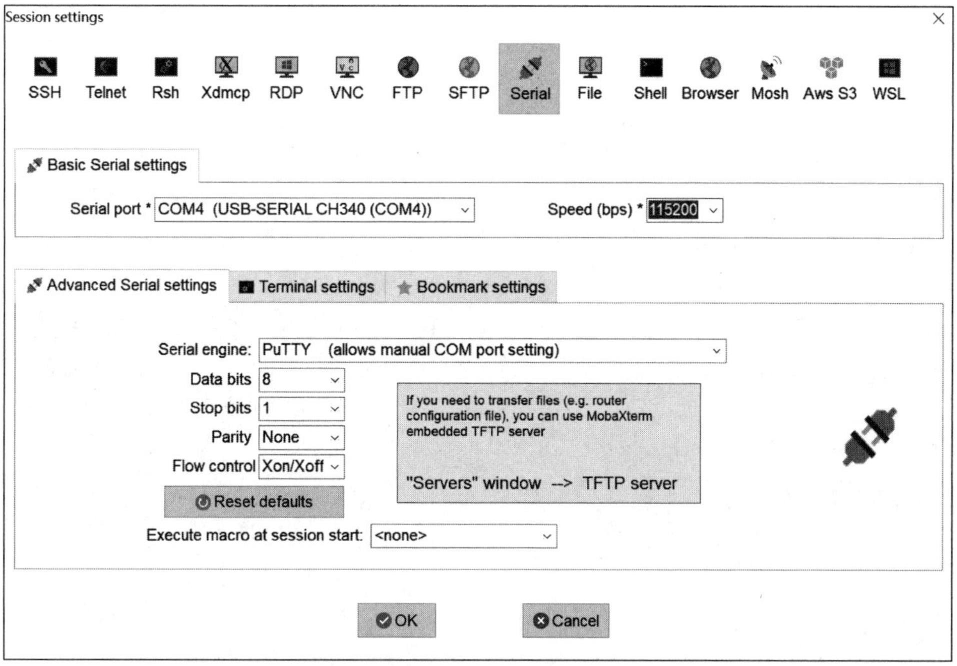

图 17-11 MobaXterm 串口设置

设置好以后就单击 OK 就可以了，连接成功以后 MobaXterm 收到来自开发板的数据，如图 17-12 所示。

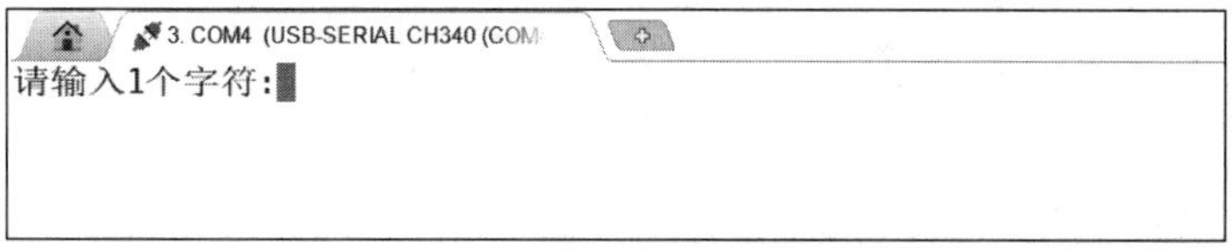

图 17-12 串口接收数据

根据提示输入一个字符，这个输入的字符就会通过串口发送给开发板，开发板接收到字符以后就会通过串口提示大家接收到的字符是什么，如图 17-13 所示。

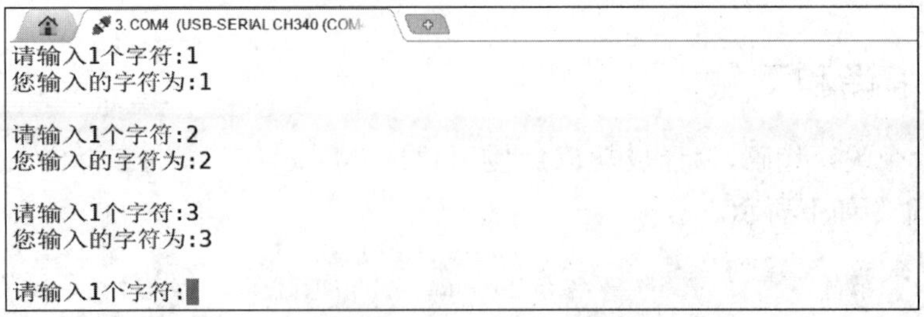

图 17-13　实验效果

至此,I. MX6ULL 的串口 1 就工作起来了,以后就可以通过串口来调试程序。但是本章只实现了串口最基本的收发功能,如果要想使用格式化输出话就不行了,比如最常用的 printf 函数,第 18 章就讲解如何移植 printf 函数。

第18章

串口格式化函数移植实验

第 17 章实验实现了 UART1 基本的数据收发功能，虽然可以用来调试程序，但是功能太单一，只能输出字符。如果需要输出数字时就需要先将数字转换为字符，非常不方便。学习 STM32 串口时会将 printf 函数映射到串口上，这样就可以使用 printf 函数来完成格式化输出，使用非常方便。本章就来学习如何将 printf 这样的格式化函数移植到 I. MX6ULL-ALPHA 开发板上。

18.1 串口格式化函数移植简介

格式化函数指 printf、sprintf 和 scanf 这样的函数，分为格式化输入和格式化输出两类函数。学习 C 语言时常通过 printf 函数在屏幕上显示字符串，通过 scanf 函数从键盘获取输入。这样就有了输入和输出，实现了最基本的人机交互。学习 STM32 时会将 printf 映射到串口上，这样即使没有屏幕，也可以通过串口来和开发板进行交互。在 I. MX6ULL-ALPHA 开发板上也可以使用此方法，将 printf 和 scanf 映射到串口上，这样就可以使用 MobaXterm 作为开发板的终端，完成与开发板的交互。也可以使用 printf 和 sprintf 来实现各种各样的格式化字符串，方便后续的开发。串口驱动在第 17 章已经编写完成了，而且实现了最基本的字节收发，本章就学习通过移植已经做好的文件来实现格式化函数。

18.2 硬件原理分析

本章所需的硬件和第 17 章相同。

18.3 实验程序编写

本实验对应的例程路径为"1、例程源码→1、裸机例程→14_printf"。

本章实验所需要移植的源码已经放到了本书资源中，路径为"1、例程源码→5、模块驱动源码→2、格式化函数源码→stdio"，文件夹 stdio 中的文件就是要移植的源码文件。本章实验在第 17

章例程的基础上完成，将 stdio 文件夹复制到实验工程根目录中，如图 18-1 所示。

图 18-1　添加实验源码

stdio 中有两个文件夹 include 和 lib，这两个文件夹中的内容如图 18-2 所示。

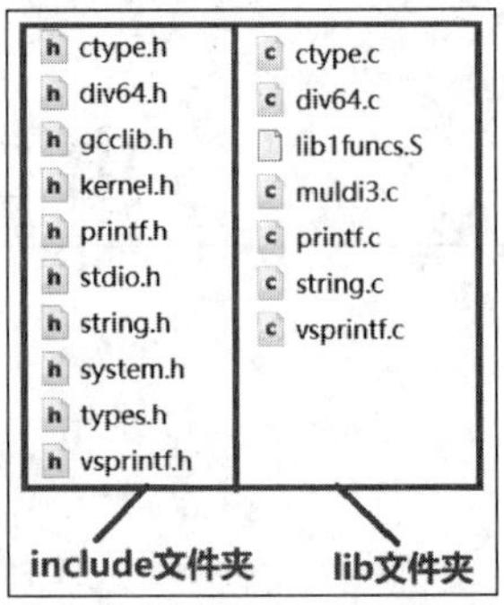

图 18-2　stdio 所有源码文件

图 18-2 就是 stdio 中的所有文件，stdio 中的文件其实是从 uboot 中移植过来的。有兴趣的读者可以自行从 uboot 源码中"扣"出相应的文件，完成格式化函数的移植。这里要注意一点，stdio 中并没有实现完全版的格式化函数，比如 printf 函数并不支持浮点数，但是基本够使用了。

移植好以后就要测试相应的函数工作是否正常，使用 scanf 函数等待键盘输入两个整数，然后将两个整数进行相加并使用 printf 函数输出结果。在文件 main.c 中输入如示例 18-1 所示内容。

示例 18-1　main.c 文件代码

```
/***************************************************************
Copyright © zuozhongkai Co., Ltd. 1998 - 2019. All rights reserved
文件名    : main.c
作者      : 左忠凯
版本      : V1.0
描述      : I.MX6ULL 开发板裸机实验 14 串口 print 实验
其他      : 本实验在串口上移植 printf，实现 printf 函数功能，方便以后的
            程序调试
论坛      : www.openedv.com
日志      : 初版 V1.0 2019/1/15 左忠凯创建
***************************************************************/
#include "bsp_clk.h"
#include "bsp_delay.h"
#include "bsp_led.h"
#include "bsp_beep.h"
#include "bsp_key.h"
#include "bsp_int.h"
#include "bsp_uart.h"
#include "stdio.h"

/*
 * @description  : main 函数
 * @param        : 无
 * @return       : 无
 */
int main(void)
{
    unsigned char state = OFF;
    int a , b;
```

```
19
20      int_init();                          /* 初始化中断(一定要最先调用) */
21     imx6u_clkinit();                      /* 初始化系统时钟 */
22     delay_init();                         /* 初始化延时 */
23     clk_enable();                         /* 使能所有的时钟 */
24     led_init();                           /* 初始化 led */
25     beep_init();                          /* 初始化 beep */
26     uart_init();                          /* 初始化串口,波特率 115200 */
27
28     while(1)
29     {
30         printf("输入两个整数,使用空格隔开:");
31         scanf("%d %d", &a, &b);                                  /* 输入两个整数 */
32         printf("\r\n 数据 %d + %d = %d\r\n\r\n", a, b, a+b);     /* 输出和 */
33
34         state = !state;
35         led_switch(LED0,state);
36     }
37
38     return 0;
39 }
```

第 30 行使用 printf 函数输出一段提示信息，第 31 行使用 scanf 函数等待键盘输入两个整数。第 32 行使用 printf 函数输出两个整数的和。程序很简单，但是可以验证 printf 和 scanf 这两个函数是否正常工作。

18.4 编译、下载和验证

18.4.1 编写 Makefile 和链接脚本

修改 Makefile 中的 TARGET 为 printf，在 INCDIRS 中加入 stdio/include，在 SRCDIRS 中加入 stdio/lib，修改后的 Makefile 如示例 18-2 所示。

示例 18-2 Makefile 文件代码

```
CROSS_COMPILE   ?= arm-linux-gnueabihf-
TARGET          ?= printf

/* 省略其他代码...... */

INCDIRS         :=  imx6ul \
                    stdio/include \
                    bsp/clk \
...
                    bsp/uart

SRCDIRS         :=  project \
                    stdio/lib \
```

```
...
32                      bsp/uart
33
34 /* 省略其他代码...... */
35
36 $(COBJS) : obj/%.o : %.c
37   $(CC) -Wall -Wa,-mimplicit-it=thumb -nostdlib -fno-builtin -c -O2  $(INCLUDE) -o $@  $<
38
39 clean:
40   rm -rf $(TARGET).elf $(TARGET).dis $(TARGET).bin $(COBJS) $(SOBJS)
```

第 2 行修改变量 TARGET 为 printf，也就是目标名称为 printf。

第 7 行在变量 INCDIRS 中添加 stdio 相关头文件(.h)路径。

第 21 行在变量 SRCDIRS 中添加 stdio 相关文件(.c)路径。

第 37 行在编译 C 文件时添加了选项-Wa,-mimplicit-it=thumb，否则会有如下类似的错误提示。

```
thumb conditional instruction should be in IT block -- `addcs r5,r5,#65536'
```

链接脚本保持不变。

18.4.2 编译和下载

使用 Make 命令编译代码，编译成功以后使用软件 imxdownload 将编译完成的文件 printf.bin 下载到 SD 卡中，命令如下所示。

```
chmod 777 imxdownload                   //给予 imxdownload 可执行权限，一次即可
./imxdownload printf.bin /dev/sdd       //烧写到 SD 卡中，不能烧写到/dev/sda 或 sda1 设备中
```

烧写成功以后将 SD 卡插到开发板的 SD 卡槽中，打开 MobaXterm，设置好连接，然后复位开发板。MobaXterm 显示如图 18-3 所示。

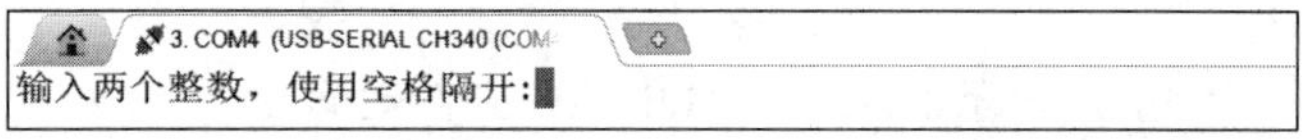

图 18-3　MobaXterm 默认显示界面

根据图 18-3 所示的提示，输入两个整数，使用空格隔开，输入完成以后按 Enter 键，结果如图 18-4 所示。

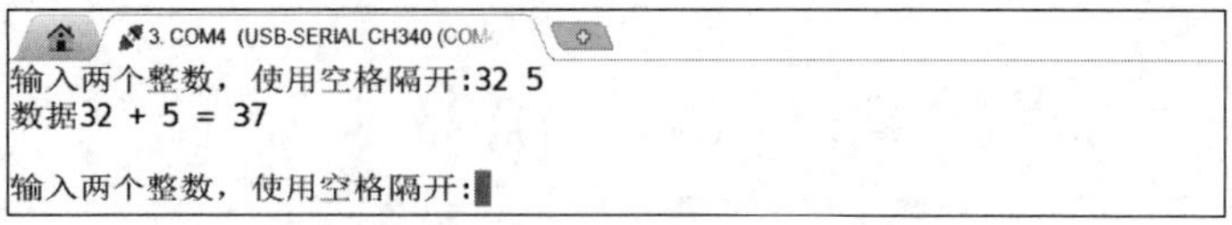

图 18-4　计算输入结果显示

从图 18-4 可以看出，输入了 32 和 5 这两个整数，然后计算出 32＋5＝37。计算和显示都正确，说明格式化函数移植成功，以后就可以使用 printf 来调试程序了。

第19章

DDR3实验

I. MX6ULL-ALPHA 开发板上带有一个 256MB/512MB 的 DDR3 内存芯片，一般 Cortex-A 芯片自带的 RAM 很小，比如 I. MX6ULL 只有 128KB 的 OCRAM。如果要运行 Linux 时完全不够用，所以必须外接一片 RAM 芯片。I. MX6ULL 支持 LPDDR2、LPDDR3/DDR3，I. MX6ULL-ALPHA 开发板上选择的是 DDR3，本章就来学习如何驱动 I. MX6ULL-ALPHA 开发板上的这片 DDR3。

19.1　DDR3 内存简介

在正式学习 DDR3 内存之前，要先了解一下 DDR 内存的发展历史，通过对比 SRAM、SDRAM、DDR、DDDR2 和 DDR3 的区别，帮助我们更加深入地理解什么是 DDR。在看 DDR 之前我们先来了解一个概念，那就是什么叫做 RAM。

19.1.1　何为 RAM 和 ROM

相信大家在购买手机、电脑等电子设备时，通常都会听到 RAM、ROM、硬盘等概念，很多人都是一头雾水。下面我们就看一下 RAM 和 ROM 专业的解释。

RAM：随机存储器，可以随时进行读写操作，速度很快，掉电以后数据会丢失。比如内存条、SRAM、SDRAM、DDR 等都是 RAM。RAM 一般用来保存程序数据、中间结果，在程序中定义了一个变量 a，然后对这个 a 进行读写操作，代码如示例 19-1 所示。

示例 19-1　RAM 中的变量

```
int a;
a = 10;
```

a 是一个变量，可直接对 a 进行读写操作，不需要在乎具体的读写过程。我们可以任意地对 RAM 中任何地址的数据进行读写操作，非常方便。

ROM：只读存储器，笔者认为目前"只读存储器"这个定义不准确。比如我们买手机，通常会注意到手机是 4＋64 或 6＋128 的配置，这说的就是 RAM 为 4GB 或 6GB，ROM 为 64GB 或 128GB。

但是这个 ROM 是 Flash，比如 EMMC 或 UFS 存储器，因为历史原因，很多人还是将 Flash 叫做 ROM。但是 EMMC 和 UFS，甚至是 NAND Flash，这些都是可以进行写操作的。只是写起来比较麻烦，要先进行擦除，然后再发送要写的地址或扇区，最后才是要写入的数据，使用过 WM25QXX 系列的 SPI Flash 的读者应该深有体会。可以看出，相比于 RAM，向 ROM 或者 Flash 写入数据要复杂很多，因此意味着速度就会变慢(相比 RAM)，但是 ROM 和 Flash 可以将容量做得很大，而且掉电以后数据不会丢失，适合用来存储资料，比如音乐、图片、视频等信息。

综上所述，RAM 速度快，可以直接和 CPU 进行通信，但是掉电以后数据会丢失，容量不容易做大(和同价格的 Flash 相比)。ROM(目前来说，更适合叫做 Flash)速度虽然慢，但是容量大、适合存储数据。对于正点原子的 I. MX6ULL-ALPHA 开发板而言，256MB/512MB 的 DDR3 就是 RAM，而 512MB NANF Flash 或 8GB EMMC 就是 ROM。

19.1.2 SRAM 简介

为什么要讲 SRAM 呢？大部分的开发者最先接触 RAM 芯片都是从 SRAM 开始的，因为大量的 STM32 单片机开发板都使用到了 SRAM，比如 STM32F103、STM32F407 等，基本都会外扩一个 512KB 或 1MB 的 SRAM 的。因为 STM32F103/F407 内部 RAM 比较小，在一些比较耗费内存的应用中会出现内存不足的情况，比如用 emWin 作 UI 接口。

SRAM 的全称叫做 Static Random-Access Memory，也就是静态随机存储器，这里的"静态"是指只要 SRAM 上电，那么 SRAM 中的数据就会一直保存着，直到 SRAM 掉电。对于 RAM 而言，需要可以随机地读取任意一个地址空间内的数据，因此采用了地址线和数据线分离的方式。这里就以 STM32F103/F407 开发板常用的 IS62WV51216 这颗 SRAM 芯片为例，简单地讲解一下 SRAM，这是一颗 16 位宽(数据位为 16 位)、1MB 大小的 SRAM，芯片框图如图 19-1 所示。

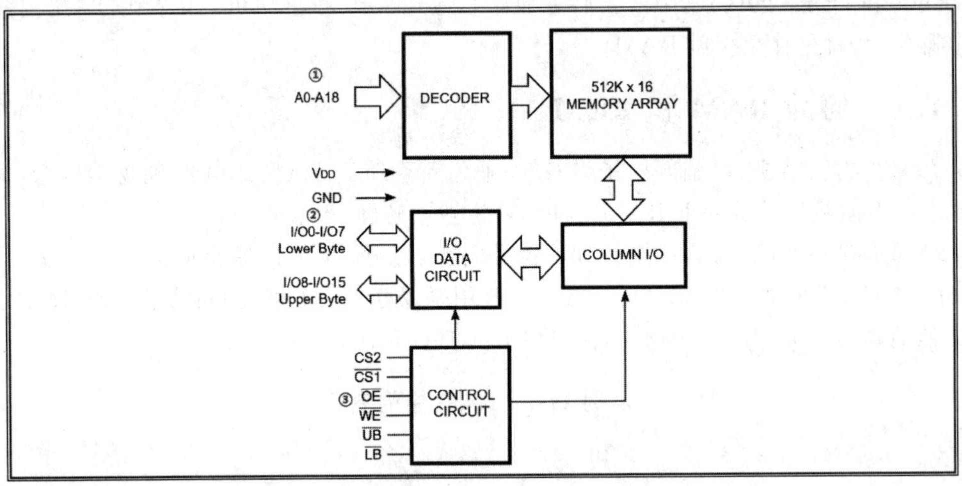

图 19-1　IS62WV51216 框图

图 19-1 主要分为 3 部分，我们依次来看一下这 3 部分。

① 地址线。

这部分是地址线，一共 A0～A18，也就是 19 根地址线，因此可访问的地址大小就是 2^{19} =

524288=512KB。IS62WV51216是个1MB的SRAM，为什么地址空间只有512KB？前面我们说了IS62WV51216是16位宽的，也就是一次访问2字节，因此需要对512KB进行乘2处理，得到512KB×2=1MB。位宽一般有8位/16位/32位，根据实际需求选择即可，一般都是根据处理器的SRAM控制器位宽来选择SRAM位宽。

② 数据线。

这部分是SRAM的数据线，根据SRAM位宽的不同，数据线的数量也不同，8位宽就有8根数据线，以此类推。IS62WV51216是一个16位宽的SRAM，因此就有16根数据线，一次可以访问16位的数据，即2字节。因此就有高字节和低字节数据之分，其中I/O0～I/O7是低字节数据，I/O8～I/O15是高字节数据。

③ 控制线。

SRAM工作还需要一堆的控制线。CS2和CS1是片选信号，低电平有效，在一个系统中可能会有多片SRAM(目的是扩展SRAM大小或位宽)，这个时候就需要CS信号来选择当前使用哪片SRAM。另外，有的SRAM内部其实是由两片SRAM拼接起来的，因此就会提供两个片选信号。

OE是输出使能信号，低电平有效，也就是主控从SRAM读取数据。

WE是写使能信号，低电平有效，也就是主控向SRAM写数据。

UB和LB信号，前面提到IS62WV51216是个16位宽的SRAM，分为高字节和低字节，那么，如何来控制读取高字节数据还是低字节数据呢？这个就是UB和LB这两个控制线的作用，这两根控制线都是低电平有效。UB为低电平表示访问高字节，LB为低电平表示访问低字节。

SRAM最大的缺点就是成本高，SDRAM比SRAM容量大，价格更低。SRAM突出的特点就是无须刷新，读写速度快。所以SRAM通常作为SOC的内部RAM或Cache使用，比如STM32内存的RAM或I.MX6ULL内部的OCRAM都是SRAM。

19.1.3 SDRAM简介

SRAM最大的缺点就是价格高、容量小。但是应用对于内存的需求越来越高，必须提供大内存解决方案。为此半导体厂商想了很多办法，提出了很多解决方案，最终SDRAM应运而生并得到推广。SDRAM的全称是Synchronous Dynamic Random Access Memory，翻译过来就是同步动态随机存储器。其中，“同步”的意思是SDRAM工作需要时钟线；“动态”的意思是SDRAM中的数据需要不断地刷新来保证数据不会丢失；“随机”的意思就是可以读写任意地址的数据。

与SRAM相比，SDRAM集成度高、功耗低、成本低，适合做大容量存储，但是需要定时刷新来保证数据不会丢失。因此SDRAM适合用来作内存条，SRAM适合作高速缓存或MCU内部的RAM。SDRAM目前已经发展到了第四代，分别为SDRAM、DDR SDRAM、DDR2 SDRAM、DDR3 SDRAM、DDR4 SDRAM。STM32F429/F767/H743等芯片支持SDRAM，学过STM32F429/F767/H743的读者应该知道SDRAM，这里我们就以STM32开发板最常用的华邦W9825G6KH为例，W9825G6KH是一款16位宽(数据位为16位)、32MB的SDRAM，频率一般为133MHz、166MHz或200MHz。W9825G6KH框图如图19-2所示(图示步骤如下)。

① 控制线。

SDRAM也需要很多控制线，依次来看一下相关内容。

CLK：时钟线，SDRAM是同步动态随机存储器，同步的意思就是时钟，因此需要一根额外的时

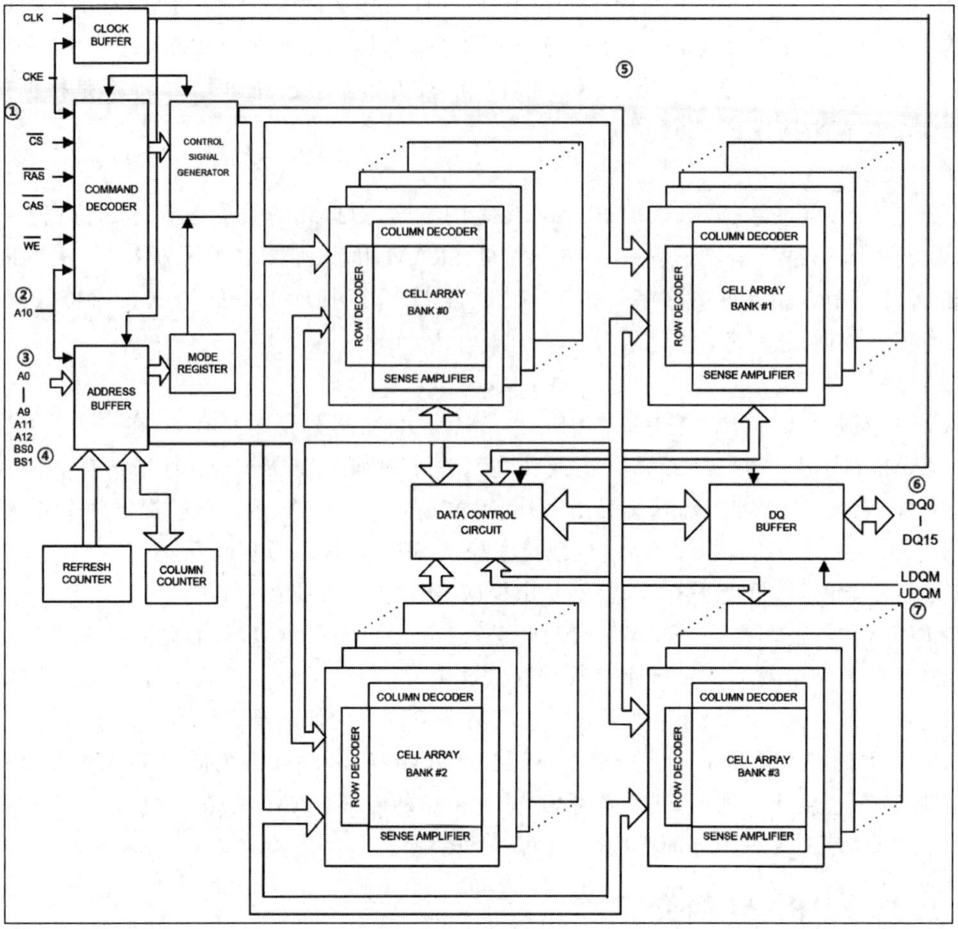

图 19-2　W9825G6KH 框图

钟线，这是和 SRAM 最大的不同，SRAM 没有时钟线。

CKE：时钟使能信号线，SRAM 没有 CKE 信号。

CS：片选信号，这个和 SRAM 一样，都有片选信号。

RAS：行选通信号，低电平有效，SDRAM 和 SRAM 的寻址方式不同，SDRAM 按照行、列来确定某个具体的存储区域。因此就有行地址和列地址之分，行地址和列地址共同复用同一组地址线，要访问某一个地址区域，必须要发送行地址和列地址，指定要访问哪一行或哪一列。RAS 是行选通信号，表示要发送行地址。行地址和列地址访问方式如图 19-3 所示。

CAS：列选通信号，和 RAS 类似，低电平有效，选中以后就可以发送列地址了。

WE：写使能信号，低电平有效。

② A10 地址线。

A10 是地址线，为什么要单独将 A10 地址线提出来呢？因为 A10 地址线还有另外一个作用，A10 还控制着 Auto-precharge，也就是预充电。这里又提到了预充电的概念，SDRAM 芯片内部会分为多个 BANK，关于 BANK 稍后会讲解。SDRAM 在读写完成以后，如果要对同一个 BANK 中的另一行进行寻址操作，就必须将原来有效的行关闭，然后发送新的行/列地址，关闭现在工作的

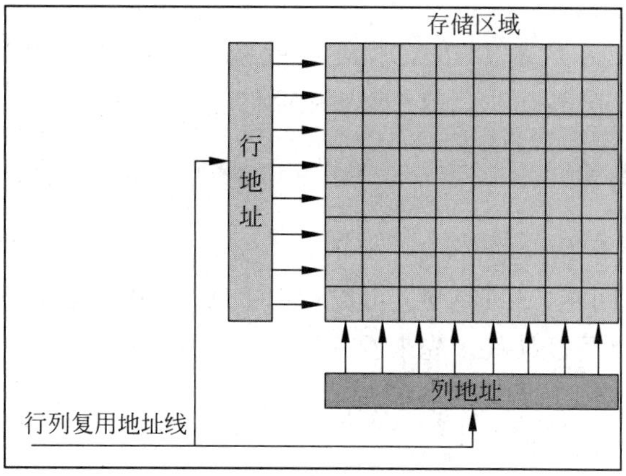

图 19-3 SDRAM 行列寻址方式

行，准备打开新行的操作就叫做预充电。一般 SDSRAM 都支持自动预充电的功能。

③ 地址线。

W9825G6KH 一共有 A0～A12，共 13 根地址线，但是 SDRAM 寻址是按照行地址和列地址来访问的，因此这 A0～A12 包含了行地址和列地址。不同的 SDRAM 芯片，根据其位宽、容量等的不同，行列地址数是不同的，这个在 SDRAM 的数据手册中也有清楚的讲解。比如 W9825G6KH 的 A0～A8 是列地址，一共 9 位列地址，A0～A12 是行地址，一共 13 位，因此可寻址范围为：$2^9 \times 2^{13} =$ 4 194 304B＝4MB，W9825G6KH 为 16 位宽(2 字节)，因此还需要对 4MB 进行乘 2 处理，得到 4MB ×2＝8MB。但是 W9825G6KH 是一个 32MB 的 SDRAM，为什么算出来只有 8MB，这仅仅为实际容量的 1/4。这个就是接下来要讲的 BANK，8MB 只是一个 BANK 的容量，W9825G6KH 一共有 4 个 BANK。

④ BANK 选择线。

BS0 和 BS1 是 BANK 选择信号线，在一片 SDRAM 中因为技术、成本等原因，不可能做一个全容量的 BANK。而且，因为 SDRAM 的工作原理，单一的 BANK 会带来严重的寻址冲突，降低内存访问效率等问题。为此，在一片 SDRAM 中分割出多块 BANK，一般都是 2^n，比如 2、4、8 等。图 19-2 中的⑤就是 W9825G6KH 的 4 个 BANK 示意图，每个 SDRAM 数据手册中都会写清楚是几 BANK。前面已经计算出来了一个 BANK 的大小为 8MB，那么 4 个 BANK 的总容量就是 8MB×4＝32MB。

既然有 4 个 BANK，那么在访问时就需要告诉 SDRAM，现在需要访问哪个 BANK，BS0 和 BS1 就是为此而生的。4 个 BANK 使用两根线，如果是 8 个 BANK，就需要 3 根线，也就是 BS0～BS2。BS0、BS1 这两根线也是 SRAM 没有的。

⑤ BANK 区域。

关于 BANK 的概念前面已经讲过了，这部分就是 W9825G6KH 的 4 个 BANK 区域。这个概念也是 SRAM 所没有的。

⑥ 数据线。

W9825G6KH 是 16 位宽的 SDRAM，因此有 16 根数据线——DQ0～DQ15。不同的位宽其数据线数量不同，这个和 SRAM 是一样的。

⑦ 高低字节选择。

W9825G6KH 是一个 16 位的 SDRAM，因此就分为低字节数据和高字节数据，LDQM 和 UDQM 就是低字节和高字节选择信号，这个和 SRAM 一样。

19.1.4 DDR 简介

DDR 内存是 SDRAM 的升级版本，SDRAM 分为 SDR SDRAM、DDR SDRAM、DDR2 SDRAM、DDR3 SDRAM、DDR4 SDRAM。可以看出 DDR 本质上还是 SDRAM，只是随着技术的不断发展，DDR 也在不断地更新换代。先来看一下 DDR，也就是 DDR1，人们对于速度的追求是永无止境的，当发现 SDRAM 的速度不够快时，人们就在思考如何提高 SDRAM 的速度，DDR SDRAM 由此产生。

DDR(Double Data Rate)SDRAM，也就是双倍速率 SDRAM。DDR 的速率(数据传输速率)比 SDRAM 快 1 倍，这快 1 倍的速度不是简简单单的将 CLK 提高 1 倍，SDRAM 在一个 CLK 周期传输一次数据，DDR 在一个 CLK 周期传输两次数据，也就是在上升沿和下降沿各传输一次数据，这个概念叫做预取，相当于 DDR 的预取为 2 位，因此 DDR 的速度直接翻倍。

比如 SDRAM 频率一般是 133～200MHz，对应的传输速率就是 133～200MT/s。在描述 DDR 速率时一般都使用"MT/s"，也就是每秒传输多少兆次数据。133MT/s 就是每秒传输 133×10^6 次数据，"MT/s"描述的是单位时间内的传输速率。同样 133～200MHz 的频率，DDR 的传输速率就变为了 266～400MT/s，所以大家常说的 DDR266、DDR400 就是这么来的。

DDR2 在 DDR 基础上进一步增加预取，增加到了 4 位，相当于比 DDR 多读取一倍的数据，因此 DDR2 的数据传输速率就是 533～800MT/s，这个也就是大家常说的 DDR2 533、DDR2 800。DDR2 还有其他速率，这里只是说最常见的几种。

DDR3 在 DDR2 的基础上将预取提高到 8 位，因此又获得了比 DDR2 高 1 倍的传输速率，因此在总线时钟同样为 266～400MHz 的情况下，DDR3 的传输速率就是 1066～1600MT/s。

I. MX6ULL 的 MMDC 外设用于连接 DDR，支持 LPDDR2、DDR3、DDR3L，最高支持 16 位数据位宽。总线速度为 400MHz(实际是 396MHz)，数据传输速率最大为 800MT/s。这里讲一下 LPDDR3、DDR3 和 DDR3L 的区别。这 3 个都是 DDR3，但是区别主要在于工作电压，LPDDR3 叫做低功耗 DDR3，工作电压为 1.2V。DDR3 叫做标压 DDR3，工作电压为 1.5V，一般台式计算机内存条都是 DDR3。DDR3L 是低压 DDR3，工作电压为 1.35V，一般手机、嵌入式、笔记本计算机等都使用 DDR3L。

正点原子的 I. MX6ULL-ALPHA 开发板上接了一个 256MB/512MB 的 DDR3L，其是 16 位宽，型号为 NT5CC128M16JR/MT5CC256M16EP，是 Nanya 公司出品的，分别对应 256MB 和 512MB 容量。EMMC 核心板上用的 512MB 容量的 DDR3L，NAND 核心板上用的 256MB 容量的 DDR3L。以 EMMC 核心板上使用的 NT5CC256M16EP-EK 为例讲解一下 DDR3。可以到官网去查找一下此型号，信息如图 19-4 所示。

从图 19-4 可以看出，NT5CC256M16EP-EK 是一款容量为 4Gb，也就是 512MB 大小、16 位宽、1.35V、传输速率为 1866Mb/s 的 DDR3L 芯片。NT5CC256M16EP-EK 的数据手册没有在官网找到，但是找到了 NT5CC256M16ER-EK 数据手册，由于在官网上没有看出这两者的区别，因此这里

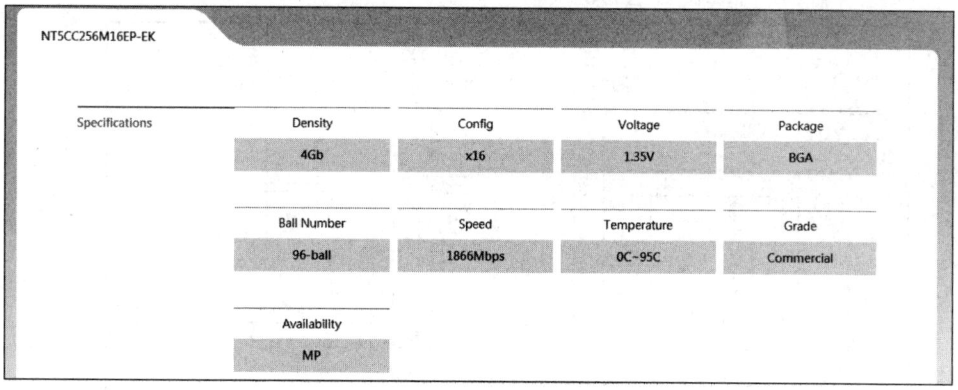

图 19-4　NT5CC256M16EP-EK 信息

就直接用 NT5CC256M16ER-EK 的数据手册。数据手册已经放到了本书资源中，路径为"6、硬件资料→1、芯片资料→NT5CC256M16EP-EK"。但是数据手册并没有给出 DDR3L 的结构框图，这里我就直接用了镁光 MT41K256M16 数据手册中的结构框图，都是一样的。DDR3L 结构框图如图 19-5 所示。

从图 19-5 可以看出，DDR3L 和 SDRAM 的结构框图很类似，但还是有区别。

① 控制线。

ODT：片上终端使能，ODT 使能和禁止片内终端电阻。

ZQ：输出驱动校准的外部参考引脚，此引脚应该外接一个 240Ω 的电阻到 V_{SSQ} 上，一般直接接地。

RESET：复位引脚，低电平有效。

CKE：时钟使能引脚。

A12：A12 是地址引脚，但也有另外一个功能，因此也叫做 BC 引脚。A12 会在 READ 和 WRITE 命令期间被采样，以决定 burst chop 是否会被执行。

CK 和 CK#：时钟信号，DDR3 的时钟线是差分时钟线，所有的控制和地址信号都会在 CK 的上升沿和 CK# 的下降沿交叉处被采集。

CS#：片选信号，低电平有效。

RAS#、CAS# 和 WE#：行选通信号、列选通信号和写使能信号。

② 地址线。

A[14:0]为地址线，A0～A14，一共 15 根地址线，根据 NT5CC256M16ER-EK 的数据手册可知，列地址为 A0～A9，共 10 根。行地址为 A0～A14，共 15 根，因此一个 BANK 的大小就是 $2^{10} \times 2^{15} \times 2 = 32MB \times 2 = 64MB$，根据图 19-5 可知一共有 8 个 BANK，因此 DDR3L 的容量就是 $64 \times 8 = 512MB$。

③ BANK 选择线。

一片 DDR3 有 8 个 BANK，因此需要 3 根线才能实现 8 个 BANK 的选择，BA0～BA2 就是用于完成 BANK 选择的。

④ BANK 区域。

DDR3 一般都是 8 个 BANK 区域。

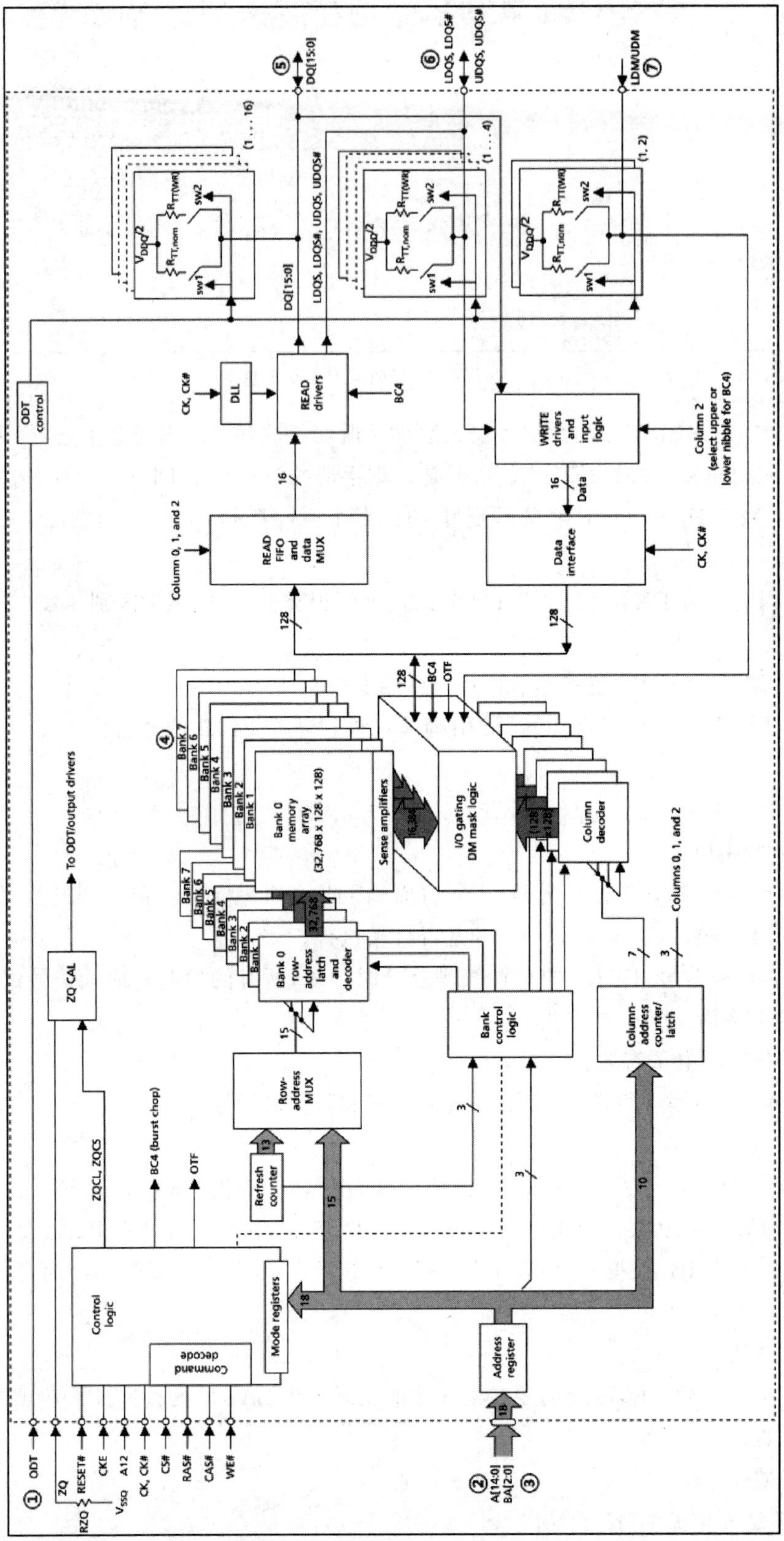

图 19-5　DDR3L 结构框图

⑤ 数据线。

因为是 16 位宽，因此有 16 根数据线，分别为 DQ0～DQ15。

⑥ 数据选通引脚。

DQS 和 DQS＃是数据选通引脚，为差分信号，读时是输出，写时是输入。LDQS（有的叫做 DQSL）和 LDQS＃（有的叫做 DQSL＃）对应低字节，也就是 DQ0～DQ7；UDQS（有的叫做 DQSU）和 UDQS＃（有的叫做 DQSU＃）对应高字节，也就是 DQ8～DQ15。

⑦ 数据输入屏蔽引脚。

DM 是写数据输入屏蔽引脚。

关于 DDR3L 的框图就讲解到这里，想要详细地了解 DDR3 的组成，请阅读相对应的数据手册。

19.2　DDR3 关键时间参数

大家在购买 DDR3 内存时通常会重点观察几个常用的时间参数。

1. 传输速率

比如 1066MT/s、1600MT/s、1866MT/s 等，这个是首要考虑的，因为这个决定了 DDR3 内存的最高传输速率。

2. tRCD 参数

tRCD 全称是 RAS-to-CAS Delay，也就是行寻址到列寻址之间的延时。DDR 的寻址流程是先指定 BANK 地址，然后再指定行地址，最后指定列地址确定最终要寻址的单元。BANK 地址和行地址是同时发出的，这个命令叫做行激活（Row Active）。行激活以后就发送列地址和具体的操作命令（读还是写），这两个是同时发出的，因此一般也用“读/写命令”表示列寻址。在行有效（行激活）到读写命令发出的这段时间间隔叫做 tRCD，如图 19-6 所示。

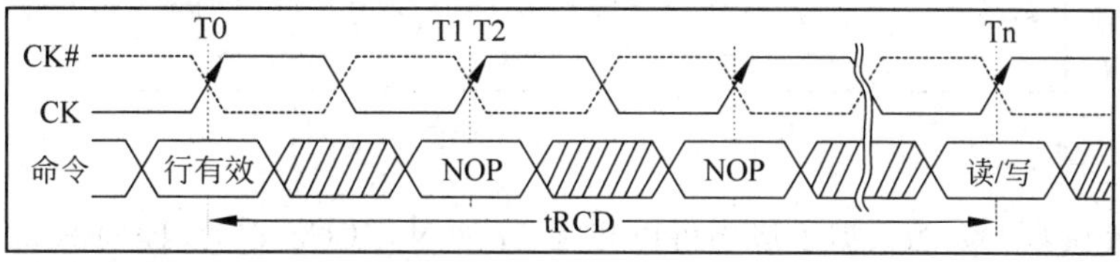

图 19-6　tRCD

一般 DDR3 数据手册中都会给出 tRCD 的时间值，比如正点原子所使用的 NT5CC256M16EP-EK 这个 DDR3，tRCD 时间参数如图 19-7 所示。

Speed Bins	DDR3(L)-1866 13-13-13		Unit	Note
Parameter	Min	Max		
tAA	13.91	20.0	ns	
tRCD	13.91	-	ns	
tRP	13.91	-	ns	
tRAS	34.0	9xtREFI	ns	
tRC	47.91	-	ns	

图 19-7　tRCD 时间参数

从图 19-7 可以看出，tRCD 为 13.91ns，这个在初始化 DDR3 时需要配置。有时候大家也会看到 13-13-13 之类的参数，这个是用来描述 CL-tRCD-TRP 的，如图 19-8 所示。

从图 19-8 可以看出，NT5CC256M16ER-EK 这个

DDR3 的 CL-TRCD-TRP 时间参数为 13-13-13。因此 tRCD＝13，这里的 13 不是 ns 数，而是 CLK 周期数，表示 13 个 CLK 周期。

Organization	Part Number	Package	Speed		
			Clock (MHz)	Data Rate (Mb/s)	CL-TRCD-TRP
DDR3(L) Commercial Grade					
512M x 8	NT5CC512M8EQ-DIB	78-Ball	800	DDR3L-1600 [1]	11-11-11
	NT5CC512M8EQ-DI		800	DDR3L-1600 [1]	11-11-11
	NT5CB512M8EQ-DI		800	DDR3-1600	11-11-11
	NT5CC512M8EQ-EK		933	DDR3L-1866 [1]	13-13-13
	NT5CB512M8EQ-EK		933	DDR3-1866	13-13-13
	NT5CB512M8EQ-FL		1066	DDR3-2133	14-14-14
256M x 16	NT5CC256M16ER-DIB	96-Ball	800	DDR3L-1600 [1]	11-11-11
	NT5CC256M16ER-DI		800	DDR3L-1600 [1]	11-11-11
	NT5CB256M16ER-DI		800	DDR3-1600	11-11-11
	NT5CC256M16ER-EK		933	DDR3L-1866 [1]	13-13-13
	NT5CB256M16ER-EK		933	DDR3-1866	13-13-13
	NT5CB256M16ER-FL		1066	DDR3-2133	14-14-14

图 19-8　CL-TRCD-TRP 时间参数

3. CL 参数

当列地址发出以后就会触发数据传输，但是数据从存储单元到内存芯片 I/O 接口上还需要一段时间，这段时间就是 CL(CAS Latency)，也就是列地址选通潜伏期，如图 19-9 所示。

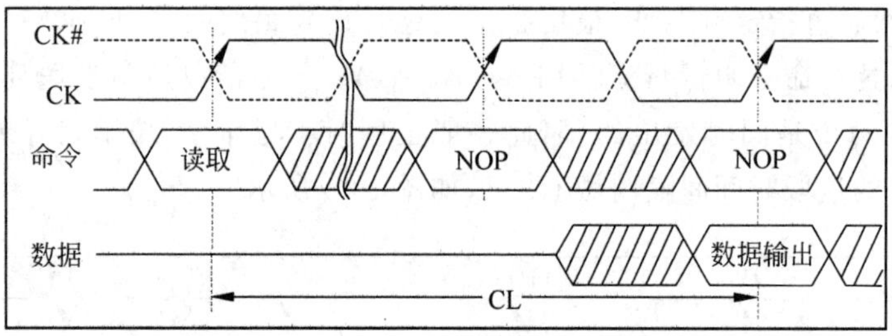

图 19-9　CL 结构图

CL 参数一般在 DDR3 的数据手册中可以找到，比如 NT5CC256M16EP-EK 的 CL 值就是 13 个时钟周期，一般 tRCD 和 CL 大小一样。

4. AL 参数

在 DDR 的发展中，提出了一个前置 CAS 的概念，目的是解决 DDR 中的指令冲突，它允许 CAS 信号紧随着 RAS 发送，相当于将 DDR 中的 CAS 前置了。但是读/写操作并没有因此提前，依旧要保证足够的延时/潜伏期，为此引入了 AL(Additive Latency)，单位也是时钟周期数。AL＋CL 组成了 RL(Read Latency)，从 DDR2 开始还引入了写潜伏期 WL(Write Latency)，WL 表示写命令发出以后到第一笔数据写入的潜伏期。加入 AL 后的读时序如图 19-10 所示。

图 19-10 就是镁光 DDR3L 的读时序图，下面依次来看一下图中这 4 部分都是什么内容。

① tRCD。

② AL。

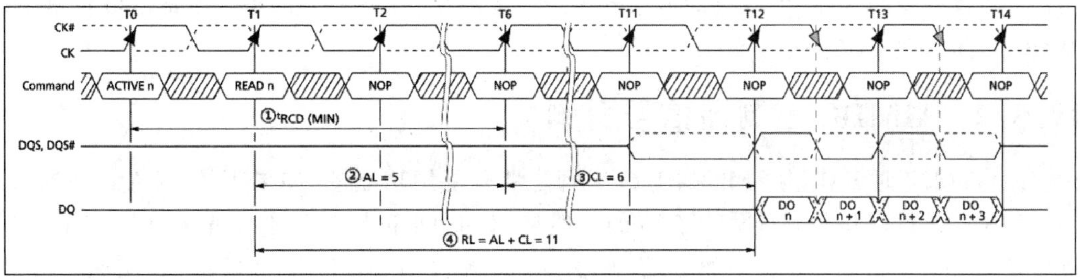

图 19-10 加入 AL 后的读时序图

③ CL。

④ RL 为读潜伏期，RL＝AL＋CL。

5. tRC 参数

tRC 是两个 ACTIVE 命令，或是 ACTIVE 命令到 REFRESH 命令的周期，DDR3L 数据手册会给出这个值，比如 NT5CC256M16EP-EK 的 tRC 值为 47.91ns，参考图 19-7。

6. tRAS 参数

tRAS 是 ACTIVE 命令到 PRECHARGE 命令的最短时间，DDR3L 的数据手册同样也会给出此参数，NT5CC256M16EP-EK 的 tRAS 值为 34ns，参考图 19-7。

19.3 I.MX6ULL MMDC 控制器简介

19.3.1 MMDC 控制器

学过 STM32 的读者应该记得，STM32 的 FMC 或 FSMC 外设用于连接 SRAM 或 SDRAM，对于 I.MX6ULL 来说有 DDR 内存控制器。MMDC 就是 I.MX6ULL 的内存控制器，MMDC 是一个多模的 DDR 控制器，可以连接 16 位宽的 DDR3/DDR3L、16 位宽的 LPDDR2。MMDC 是一个可配置、高性能的 DDR 控制器。MMDC 外设包含一个内核(MMDC_CORE)和 PHY(MMDC_PHY)，内核和 PHY 的功能如下所示。

MMDC 内核：内核负责通过 AXI 接口与系统进行通信，DDR 命令生成，DDR 命令优化，读/写数据路径。

MMDC PHY：PHY 负责时序调整和校准，使用特殊的校准机制以保障数据能够在 400MHz 被准确捕获。

MMDC 的主要特性如下所示。

(1) 支持 DDR3/DDR3L×16，支持 LPDDR2×16，不支持 LPDDR1MDDR 和 DDR2。

(2) 支持单片 256Mb～8Gb 容量的 DDR，列地址范围 8～12 位，行地址范围 11～16 位。2 个片选信号。

(3) 对于 DDR3，最大支持 8 位的突发访问。

(4) 对于 LPDDR2 最大支持 4 位的突发访问。

(5) MMDC 最大频率为 400MHz，因此对应的数据速率为 800MT/s。

(6) 支持各种校准程序,可以自动或手动运行。支持 ZQ 校准外部 DDR 设备,ZQ 校准 DDR I/O 引脚、校准 DDR 驱动能力。

19.3.2 MMDC 控制器信号引脚

在使用 STM32 时 FMC/FSMC 的 I/O 引脚是带有复用功能的,如果不接 SRAM 或 SDRAM,则 FMC/FSMC 是可以用作其他外设 I/O 的。但是,对于 DDR 接口就不一样了,因为 DDR 对于硬件要求非常严格,因此 DDR 的引脚都是独立的,一般没有复用功能,只作为 DDR 引脚使用。I. MX6ULL 也有专用的 DDR 引脚,如图 19-11 所示。

Signal	Description	Pad	Mode	Direction
DRAM_ADDR[15:0]	Address Bus Signals	DRAM_A[15:0]	No Muxing	O
DRAM_CAS	Column Address Strobe Signal	DRAM_CAS	No Muxing	O
DRAM_CS[1:0]	Chip Selects	DRAM_CS[1:0]	No Muxing	O
DRAM_DATA[31:0]	Data Bus Signals	DRAM_D[31:0]	No Muxing	I/O
DRAM_DQM[1:0]	Data Mask Signals	DRAM_DQM[1:0]	No Muxing	O
DRAM_ODT[1:0]	On-Die Termination Signals	DRAM_SDODT[1:0]	No Muxing	O
DRAM_RAS	Row Address Strobe Signal	DRAM_RAS	No Muxing	O
DRAM_RESET	Reset Signal	DRAM_RESET	No Muxing	O
DRAM_SDBA[2:0]	Bank Select Signals	DRAM_SDBA[2:0]	No Muxing	O
DRAM_SDCKE[1:0]	Clock Enable Signals	DRAM_SDCKE[1:0]	No Muxing	O
DRAM_SDCLK0_N	Negative Clock Signals	DRAM_SDCLK_[1:0]	No Muxing	O
DRAM_SDCLK0_P	Positive Clock Signals	DRAM_SDCLK_[1:0]	No Muxing	O
DRAM_SDQS[1:0]_N	Negative DQS Signals	DRAM_SDQS[1:0]_N	No Muxing	I/O
DRAM_SDQS[1:0]_P	Positive DQS Signals	DRAM_SDQS[1:0]_P	No Muxing	I/O
DRAM_SDWE	WE signal	DRAM_SDWE	No Muxing	O
DRAM_ZQPAD	ZQ signal	DRAM_ZQPAD	No Muxing	O

图 19-11 DDR 信号引脚

由于图 19-11 中的引脚是 DDR 专属的,因此就不存在 DDR 引脚复用配置,只需要设置 DDR 引脚的电气属性即可。注意,DDR 引脚的电气属性寄存器和普通的外设引脚电气属性寄存器不同。

19.3.3 MMDC 控制器时钟源

I. MX6ULL 的 DDR 或者 MDDC 的时钟频率为 400MHz,这 400MHz 时钟源怎么来的? 这个就要查阅 I. MX6ULL 参考手册的第 18 章相关内容。MMDC 时钟源如图 19-12 所示。

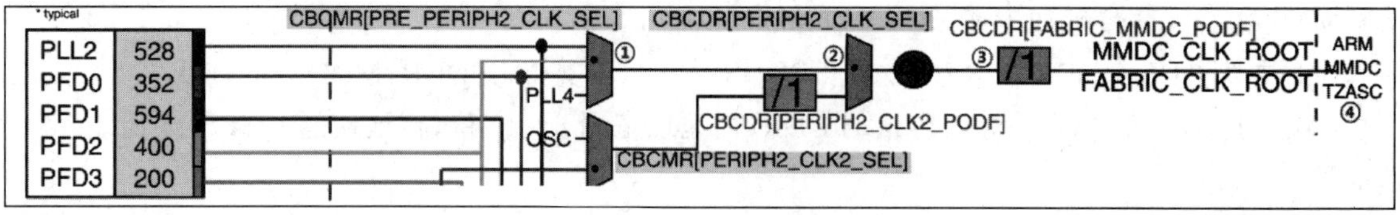

图 19-12 MMDC 时钟源

图 19-12 就是 MMDC 的时钟源路径图,主要分为 4 部分,我们依次来看一下每部分的工作。

图示步骤如下。

① pre_periph2 时钟选择器，也就是 periph2_clk 的前级选择器，由 CBCMR 寄存器的 PRE_PERIPH2_CLK_SEL 位(bit22:21)来控制，一共有四种可选方案，如表 19-1 所示。

表 19-1 pre_periph2 时钟源

PRE_PERIPH2_CLK_SEL(bit22:21)	时钟源	PRE_PERIPH2_CLK_SEL(bit22:21)	时钟源
00	PLL2	10	PLL2_PFD0
01	PLL2_PFD2	11	PLL4

从表 19-1 可以看出，当 PRE_PERIPH2_CLK_SEL 为 0x1 时选择 PLL2_PFD2 作为 pre_periph2 的时钟源。我们已经将 PLL2_PFD2 设置为 396MHz(约等于 400MHz)，I. MX6ULL 内部 boot rom 就是设置 PLL2_PFD2 作为 MMDC 的最终时钟源，这就是 I. MX6ULL 的 DDR 频率为 400MHz 的原因。

② periph2_clk 时钟选择器，由 CBCDR 寄存器的 PERIPH2_CLK_SEL 位(bit26)来控制，当为 0 时选择 pll2_main_clk 作为 periph2_clk 的时钟源，当为 1 时选择 periph2_clk2_clk 作为 periph2_clk 的时钟源。这里要将 PERIPH2_CLK_SEL 设置为 0，选择 pll2_main_clk 作为 periph2_clk 的时钟源，因此 periph2_clk＝PLL2_PFD0＝396MHz。

③ 最后就是分频器，由 CBCDR 寄存器的 FABRIC_MMDC_PODF 位(bit5:3)设置分频值，可设置 0～7，分别对应 1～8 分频，要配置 MMDC 的时钟源为 396MHz，那么此处就要设置为 1 分频，因此 FABRIC_MMDC_PODF＝0。

以上就是 MMDC 的时钟源设置，I. MX6ULL 参考手册一直说 DDR 的频率为 400MHz，但是实际只有 396MHz，就和 NXP 宣传自己的 I. MX6ULL 有 800MHz 一样，实际只有 792MHz。

19.4 ALPHA 开发板 DDR3L 原理图

ALPHA 开发板有 EMMC 和 NAND 两种核心板，EMMC 核心板使用的 DDR3L 的型号为 NT5CC256M16EP-EK，容量为 512MB。NAND 核心板使用的 DDR3L 型号为 NT5CC128M16JR-EK，容量为 256MB，这两种型号的 DDR3L 封装一模一样。有人会有疑问，容量不同时地址线是不同的，比如行地址和列地址线数就不同，确实如此。但是 DDR3L 厂商为了方便，将不同容量的 DDR3 封装做成一样，没有用到的地址线 DDR3L 芯片会屏蔽掉。根据规定，所有厂商的 DDR 芯片 I/O 一模一样，不管是引脚定义还是引脚间距，但是芯片外形大小可能不同。因此只要做好硬件，可以在不需要修改硬件 PCB 的前提下，随意地更换不同容量、不同品牌的 DDR3L 芯片，极大地方便了我们的芯片选型。

正点原子 ALPHA 开发板 EMMC 和 NAND 核心板的 DDR3L 原理图一样，如图 19-13 所示。

图 19-13 中左侧是 DDR3L 原理图，可以看出图中 DDR3L 的型号为 MT41K256M16TW，这个是镁光的 512MB DDR3L。但实际使用的 512MB DDR3L 型号为 NT5CC256M16EP-EK，不排除以后可能会更换 DDR3L 型号，更换 DDR3L 芯片不需要修改 PCB。图 19-10 中右边的是 I. MX6ULL 的 MMDC 控制器 I/O。

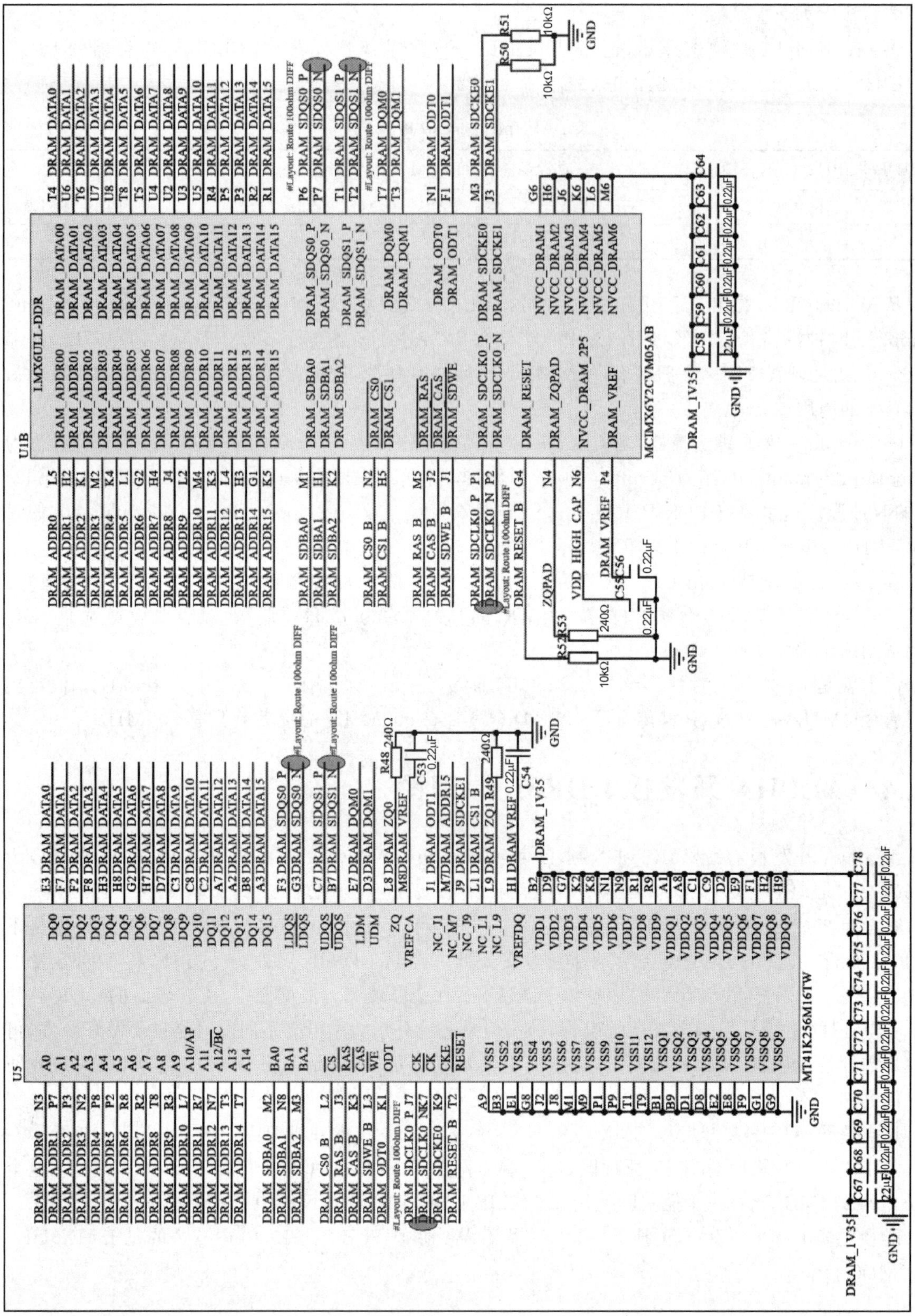

图 19-13 DDR3L 原理图

19.5 DDR3L 初始化与测试

19.5.1 ddr_stress_tester 简介

NXP 提供了一个非常好用的 DDR 初始化工具，叫做 ddr_stress_tester，此工具已经放到了本书资源中，路径为“5、开发工具→5、NXP 官方 DDR 初始化与测试工具→ddr_stress_tester_v2.90_setup.exe”。我们简单介绍一下 ddr_stress_tester 工具，此工具特点如下所示。

(1) 此工具通过 USB OTG 接口与开发板相连接，也就是通过 USB OTG 接口进行 DDR 的初始化与测试。

(2) 此工具有一个默认的配置文件，为 excel 表。通过此表可以设置板子的 DDR 信息，最后生成一个.inc 结尾的 DDR 初始化脚本文件。这个.inc 文件就包含了 DDR 的初始化信息，一般都是寄存器地址和对应的寄存器值。

(3) 此工具会加载.inc 表中的 DDR 初始化信息，然后通过 USB OTG 接口向板子下载 DDR 相关的测试代码，包括初始化代码。

(4) 对此工具进行简单的设置，即可开始 DDR 测试。一般要先做校准，因为不同的 PCB 其结构、走线肯定不同。校准完成以后会得到两个寄存器对应的校准值，我们需要用这个新的校准值来重新初始化 DDR。

(5) 此工具可以测试板子的 DDR 超频性能，一般认为 DDR 能够以超过标准工作频率 10%～20%稳定工作时此硬件 DDR 走线正常。

(6) 此工具也可以对 DDR 进行 12 小时的压力测试。

正点原子开发板的资源，路径为“5、开发工具→5、NXP 官方 DDR 初始化与测试工具”。其目录下的文件如图 19-14 所示。

ALIENTEK_256MB.inc	2019-06-06 20:16	INC 文件	8 KB
ALIENTEK_512MB.inc	2019-06-06 18:06	INC 文件	8 KB
ddr_stress_tester_v2.90_setup.exe.zip	2018-07-31 11:47	360压缩 ZIP 文件	2,207 KB
I.MX6UL_DDR3_Script_Aid_V0.02.xlsx	2018-07-31 12:08	Microsoft Excel 工...	84 KB
MX6X_DDR3_调校_应用手册_V4_20150730....	2018-08-11 9:38	Foxit Reader PDF D...	1,326 KB
飞思卡尔i.MX6平台DRAM接口高阶应用指导-...	2018-07-31 11:54	Foxit Reader PDF D...	3,164 KB

图 19-14　NXP 官方 DDR 初始化与测试工具目录下的文件

图 19-14 中文件的作用如下。

(1) ALIENTEK_256MB.inc 和 ALIENTEK_512MB.inc，这两个就是通过 excel 表配置生成的，针对开发板的 DDR 配置脚本文件。

(2) ddr_stress_tester_v2.90_setup.exe.zip 就是要用的 ddr_stress_tester 软件，大家自行安装即可，一定要记得安装路径。

(3) I.MX6UL_DDR3_Script_Aid_V0.02.xlsx 就是 NXP 编写的针对 I.MX6UL/LL 的 DDR 初始化 excel 文件，可以在此文件中填写 DDR 的相关参数，然后就会生成对应的.inc 初始化脚本。

(4) 最后两个 PDF 文档就是关于 I.MX6 系列的 DDR 调试文档，这两个是 NXP 编写的。

19.5.2 DDR3L 驱动配置

1. 安装 ddr_stress_tester

首先要安装 ddr_stress_tester 软件，一定要记得安装路径。因为要到安装路径中找到测试软件。比如软件安装到了 D:\Program Files (x86)中，安装完成以后就会在此目录下生成一个名为 ddr_stress_tester_v2.90 的文件夹。此文件夹就是 DDR 测试软件，进入到此文件夹中，里面的文件如图 19-15 所示。图 19-15 中的 DDR_Tester.exe 就是稍后要使用的 DDR 测试软件。

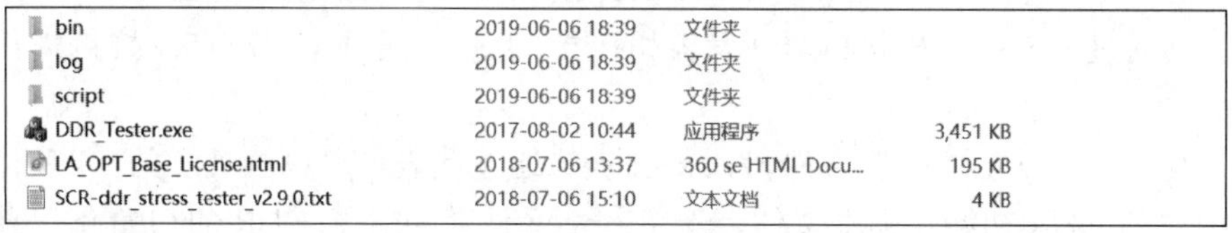

图 19-15 ddr_stress_tester 安装文件

2. 配置 DDR3L，生成初始化脚本

将本书资源中的“5、开发工具→5、NXP 官方 DDR 初始化与测试工具→I. MX6UL_DDR3_Script_Aid_V0. 02”文件复制到 ddr_stress_tester 软件安装目录中，完成以后如图 19-16 所示。

图 19-16 复制完成以后的测试软件目录

I. MX6UL_DDR3_Script_Aid_V0. 02. xlsx 就是 NXP 为 I. MX6UL/LL 编写的 DDR3 配置 excel 表，虽然看名字是为 I. MX6UL 编写的，不过 I. MX6ULL 也是可以使用的。

打开 I. MX6UL_DDR3_Script_Aid_V0. 02. xlsx，如图 19-17 所示。

图 19-17 中最下方有 3 个选项卡，这 3 个选项卡的功能如下所示。

(1) Readme 选项卡，此选项卡是帮助信息，告诉用户此文件如何使用。

(2) Register Configuration 选项卡，用于完成寄存器配置，也就是配置 DDR3，此选项卡是重点要讲解的。

(3) RealView. inc 选项卡，当配置好 Register Configuration 选项卡以后，RealView. inc 选项卡中就保存着寄存器地址和对应的寄存器值。需要另外新建一个后缀为. inc 的文件来保存 RealView. inc 中的初始化脚本内容，ddr_stress_tester 软件就是要使用此. inc 结尾的初始化脚本文件来初始化 DDR3。

选中 Register Configuration 选项卡，如图 19-18 所示。

图 19-18 就是具体的配置界面，主要分为 3 部分。

(1) Device Information。

DDR3 芯片设备信息设置，根据所使用的 DDR3 芯片来设置，具体的设置项如下所示。

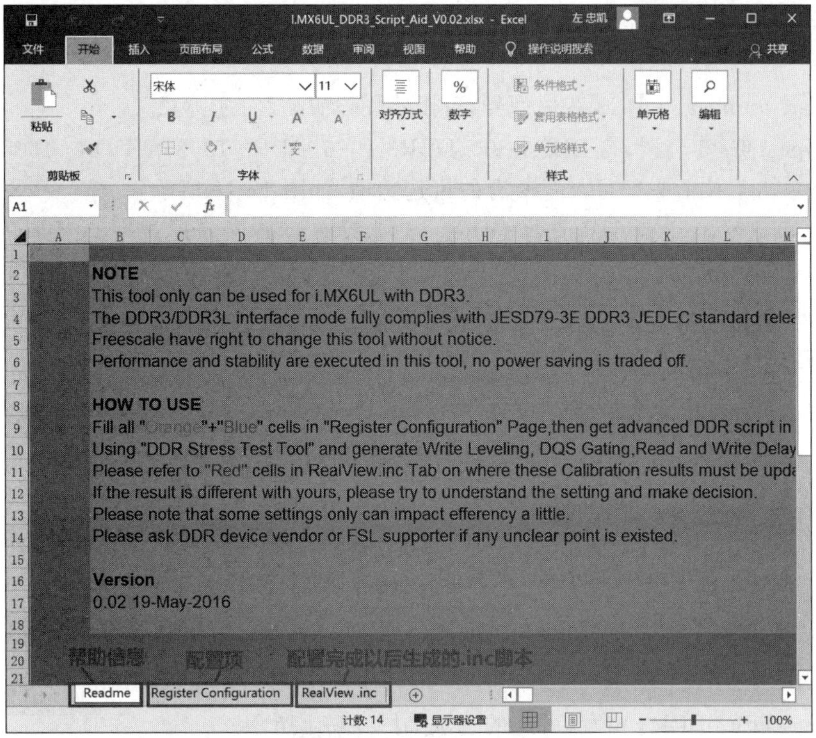

图 19-17　配置 excel 表

Device Information	
Manufacturer:	Micron
Memory part number:	MT41K256M16HA-125
Memory type:	DDR3-1600
DRAM density (Gb)	4
DRAM Bus Width	16
Number of Banks	8
Number of ROW Addresses	15
Number of COLUMN Addresses	10
Page Size (K)	2
Self-Refresh Temperature (SRT)	Extended
tRCD=tRP=CL (ns)	13.75
tRC Min (ns)	48.75
tRAS Min (ns)	35
System Information	
i.Mx Part	i.MX6UL
Bus Width	16
Density per chip select (Gb)	4
Number of Chip Selects used	1
Total DRAM Density (Gb)	4
DRAM Clock Freq (MHz)	400
DRAM Clock Cycle Time (ns)	2.5
Address Mirror (for CS1)	Disable
SI Configuration	
DRAM DSE Setting - DQ/DQM (ohm)	48
DRAM DSE Setting - ADDR/CMD/CTL (ohm)	48
DRAM DSE Setting - CK (ohm)	48
DRAM DSE Setting - DQS (ohm)	48
System ODT Setting (ohm)	60

Readme　Register Configuration　RealView .inc

图 19-18　配置界面

Manufacturer：DDR3 芯片厂商，默认为镁光(Micron)。如使用 nanya 的 DDR3，此配置文件也是可以使用的。

Memory part number：DDR3 芯片型号，可以不用设置，没有实际意义。

Memory type：DDR3 类型，有 DDR3-800、DDR3-1066、DDR3-1333 和 DDR3-1600。在此选项右侧有下拉箭头，单击下拉箭头即可查看所有的可选选项，如图 19-19 所示。

从图 19-19 可以看出，最大只能选择 DDR3-1600，没有 DDR3-1866 选项。因此只能选择 DDR3-1600。

DRAM density(Gb)：DDR3 容量，根据实际情况选择，同样右边有个下拉箭头，打开下拉箭头即可看到所有可选的容量，如图 19-20 所示。

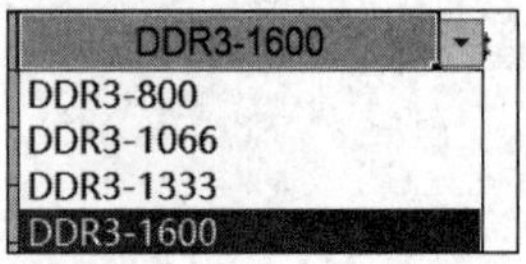

图 19-19　Memory type 可选选项

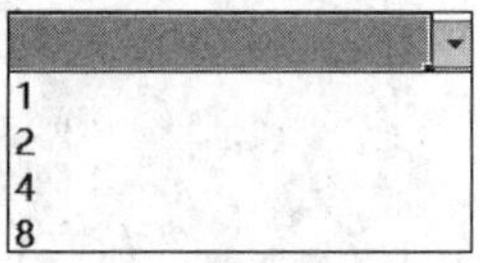

图 19-20　容量选择

从图 19-20 可以看出，可选的容量为 1Gb、2Gb、4Gb 和 8Gb，如果使用 512MB 的 DDR3 就应该选择 4，如果使用 256MB 的 DDR3 就应该选择 2。

DRAM Bus width：DDR3 位宽，可选的选项如图 19-21 所示。

图 19-21　DDR3 位宽

ALPHA 开发板所有的 DDR3 都是 16 位宽，因此选择 16。

Number of Banks：DDR3 内部 BANK 数量，对于 DDR3 来说内部都是 8 个 BANK，因此固定为 8。

Number of ROW Addresses：行地址宽度，可选 11～16 位，这个要根据具体所使用的 DDR3 芯片来定。如果是 EMMC 核心板(DDR3 型号为 NT5CC256M16EP-EK)，那么行地址为 15 位。如果是 NAND 核心板(DDR3 型号为 NT5CC128M16JR-EK)，那么行地址就为 14 位。

Number of COLUMN Addresses：列地址宽度，可选 9～12 位，EMMC 核心板和 NAND 核心板的 DDR3 列地址都为 10 位。

Page Size(K)：DDR3 页大小，可选 1 和 2，NT5CC256M16EP-EK 和 NT5CC128M16JR-EK 的页大小都为 2KB，因此选择 2。

Self-Refresh Temperature(SRT)：固定为 Extended，不需要修改。

tRCD＝tRP＝CL(ns)：DDR3 的 tRCD-tRP-CL 时间参数，要查阅所使用的 DDR3 芯片手册，NT5CC256M16EP-EK 和 NT5CC128M16JR-EK 都为 13.91ns，因此在后面填写 13.91。

tRC Min(ns)：DDR3 的 tRC 时间参数，NT5CC256M16EP-EK 和 NT5CC128M16JR-EK 都为 47.91ns，因此在后面填写 47.91。

tRAS Min(ns)：DDR3 的 tRAS 时间参数，NT5CC256M16EP-EK 和 NT5CC128M16JR-EK 都为 34ns，因此在后面填写 34。

(2) System Information。

此部分设置 I.MX6UL/6ULL 相关属性，具体的设置项如下所示。

i.Mx Part：固定为 i.MX6UL。

Bus Width：总线宽度，16 位宽。

Density per chip select(Gb)：每个片选对应的 DDR3 容量，可选 1～16，根据实际所使用的 DDR3 芯片来填写，512MB 时就选择 4，256MB 时就选择 2。

Number of Chip Select used：使用几个片选信号。可选择 1 或 2，所有的核心板都只使用一个片选信号，因此选择 1。

Total DRAM Density(Gb)：整个 DDR3 的容量，单位为 Gb。如果是 512MB 时就是 4，如果是 256MB 时就是 2。

DRAM Clock Freq(MHz)：DDR3 工作频率，设置为 400MHz。

DRAM Clock Cycle Time(ns)：DDR3 工作频率对应的周期，单位为 ns，如果工作在 400MHz，那么周期就是 2.5ns。

Address Mirror(for CS1)：地址镜像，仅 CS1 有效，此处选择关闭，也就是 Disable。此选项不需要修改。

(3) SI Configuration。

此部分是信号完整性方面的配置，主要是一些信号线的阻抗设置。这里直接使用 NXP 的默认设置即可。

关于 DDR3 的配置就讲解到这里，如果是 EMMC 核心板(DDR3 型号为 NT5CC256M16EP-EK)，那么配置如图 19-22 所示。

Device Information	
Manufacturer:	Micron
Memory part number:	MT41K256M16HA-125
Memory type:	DDR3-1600
DRAM density (Gb)	4
DRAM Bus Width	16
Number of Banks	8
Number of ROW Addresses	15
Number of COLUMN Addresses	10
Page Size (K)	2
Self-Refresh Temperature (SRT)	Extended
tRCD=tRP=CL (ns)	13.91
tRC Min (ns)	47.91
tRAS Min (ns)	34
System Information	
i.Mx Part	i.MX6UL
Bus Width	16
Density per chip select (Gb)	4
Number of Chip Selects used	1
Total DRAM Density (Gb)	4
DRAM Clock Freq (MHz)	400
DRAM Clock Cycle Time (ns)	2.5
Address Mirror (for CS1)	Disable
SI Configuration	
DRAM DSE Setting - DQ/DQM (ohm)	48
DRAM DSE Setting - ADDR/CMD/CTL (ohm)	48
DRAM DSE Setting - CK (ohm)	48
DRAM DSE Setting - DQS (ohm)	48
System ODT Setting (ohm)	60

Readme | Register Configuration | RealView .inc | ⊕

图 19-22 EMMC 核心板配置

NAND 核心板配置(DDR3 型号为 NT5CC128M16JR-EK)如图 19-23 所示。

Device Information	
Manufacturer:	Micron
Memory part number:	MT41K256M16HA-125
Memory type:	DDR3-1600
DRAM density (Gb)	2
DRAM Bus Width	16
Number of Banks	8
Number of ROW Addresses	14
Number of COLUMN Addresses	10
Page Size (K)	2
Self-Refresh Temperature (SRT)	Extended
tRCD=tRP=CL (ns)	13.91
tRC Min (ns)	47.91
tRAS Min (ns)	34
System Information	
i.Mx Part	i.MX6UL
Bus Width	16
Density per chip select (Gb)	2
Number of Chip Selects used	1
Total DRAM Density (Gb)	2
DRAM Clock Freq (MHz)	400
DRAM Clock Cycle Time (ns)	2.5
Address Mirror (for CS1)	Disable
SI Configuration	
DRAM DSE Setting - DQ/DQM (ohm)	48
DRAM DSE Setting - ADDR/CMD/CTL (ohm)	48
DRAM DSE Setting - CK (ohm)	48
DRAM DSE Setting - DQS (ohm)	48
System ODT Setting (ohm)	60

Readme | Register Configuration | RealView .inc

图 19-23 NAND 核心板配置

以 EMMC 核心板为例讲解,配置完成以后单击 RealView. inc 选项卡,如图 19-24 所示。

```
//=================================================================
//init script for i.MX6UL DDR3
//=================================================================
// Revision History
// v01
//=================================================================

wait = on
//=================================================================
// Disable             WDOG
//=================================================================
setmem /16             0x020bc000 =     0x30

//=================================================================
// Enable all clocks (they are disabled by ROM code)
//=================================================================
setmem /32             0x020c4068 =     0xffffffff
setmem /32             0x020c406c =     0xffffffff
setmem /32             0x020c4070 =     0xffffffff
setmem /32             0x020c4074 =     0xffffffff
setmem /32             0x020c4078 =     0xffffffff
setmem /32             0x020c407c =     0xffffffff
setmem /32             0x020c4080 =     0xffffffff


//=================================================================
// IOMUX
//=================================================================
```

Readme | Register Configuration | RealView .inc

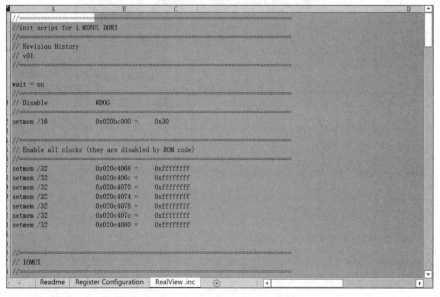

图 19-24 生成的配置脚本

图 19-24 中的 RealView. inc 就是生成的配置脚本，全部是寄存器地址＝寄存器值这种形式。RealView. inc 不能直接用，需要新建一个以. inc 结尾的文件，名字自定义，比如这里名为 ALIENTEK_512MB 的. inc 文件，如图 19-25 所示。

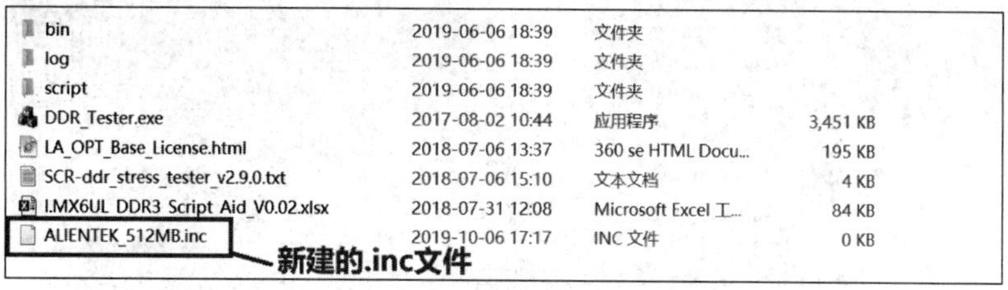

图 19-25　新建. inc 文件

用 notepad++ 打开 ALIENTEK_512MB. inc 文件，然后将图 19-24 中 RealView. inc 的所有内容复制到 ALIENTEK_512MB. inc 文件中，完成以后如图 19-26 所示。

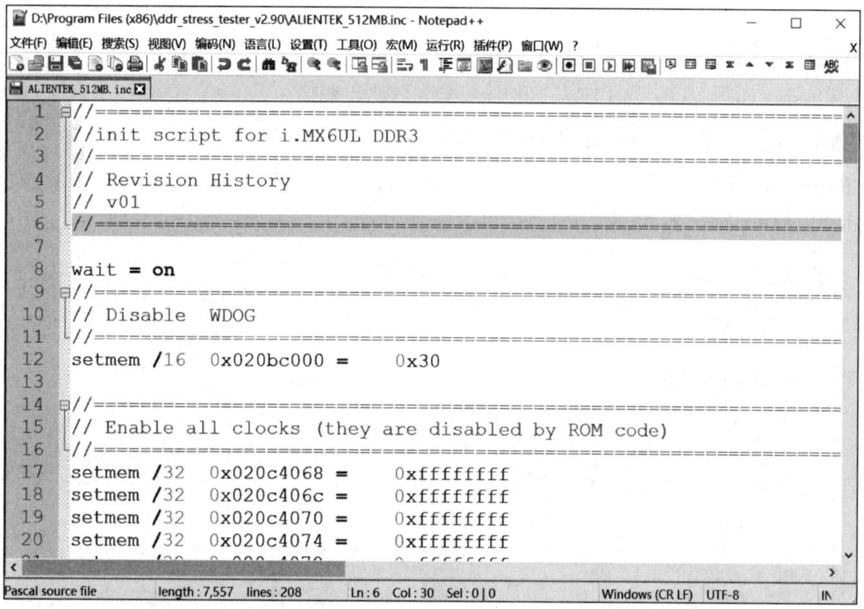

图 19-26　完成后的 ALIENTEK_512MB. inc 文件内容

至此，DDR3 配置就全部完成，DDR3 的配置文件 ALIENTEK_512MB. inc 已经得到了，接下来就是使用此配置文件对 ALPHA 开发板的 DDR3 进行校准并超频测试。

19.5.3　DDR3L 校准

首先要用 DDR_Tester. exe 软件对 ALPAH 开发板的 DDR3L 进行校准，因为不同的 PCB 其走线不同。经过校准后的 DDR3L 就会工作到最佳状态。

1. 将开发板通过 USB OTG 线连接到电脑上

DDR_Tester 软件通过 USB OTG 线将测试程序下载到开发板中，用 USB OTG 线将开发板和电脑连接起来，如图 19-27 所示。

图 19-27　USB OTG 连接示意图

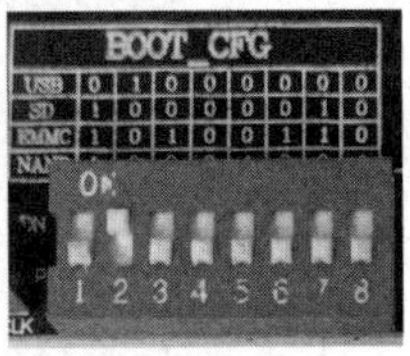

图 19-28　USB 启动

USB OTG 线连接成功以后还需要如下两步。

(1) 弹出 TF 卡，如果插入了 TF 卡，此时一定要弹出来。

(2) 设置拨码开关 USB 启动，如图 19-28 所示。

2. DDR_Tester 软件

双击 DDR_Tester.exe，打开测试软件，如图 19-29 所示。

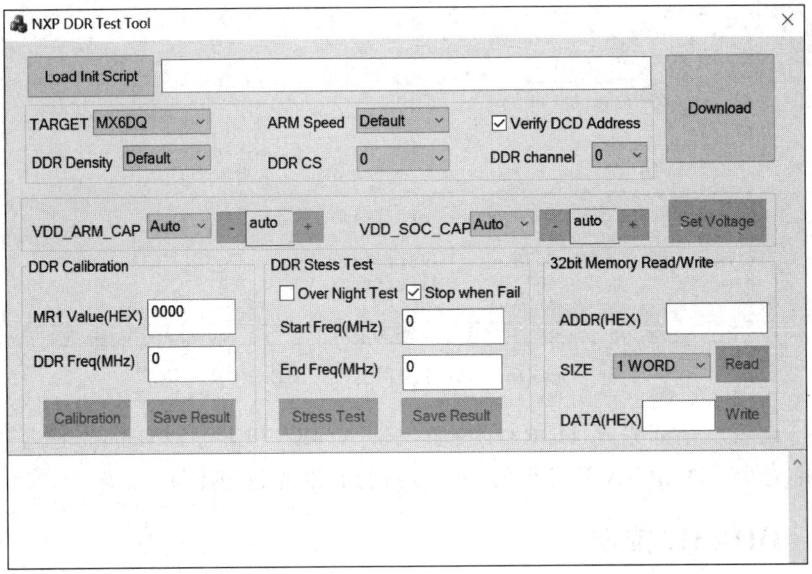

图 19-29　NXP DDR Test Tool

单击图 19-29 中的 Load Init Script，加载前面已经生成的初始化脚本文件 ALIENTEK_512MB.inc。注意，不能有中文路径，否则加载可能会失败，如图 19-30 所示。

ALIENTEK_512MB.inc 文件加载成功以后还不能直接用，还需要对 DDR Test Tool 软件进行设置，设置完成以后如图 19-31 所示。

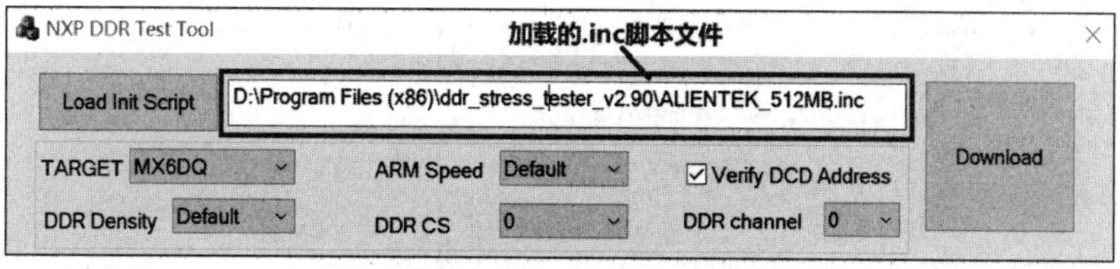

图 19-30 .inc 文件加载成功后的界面

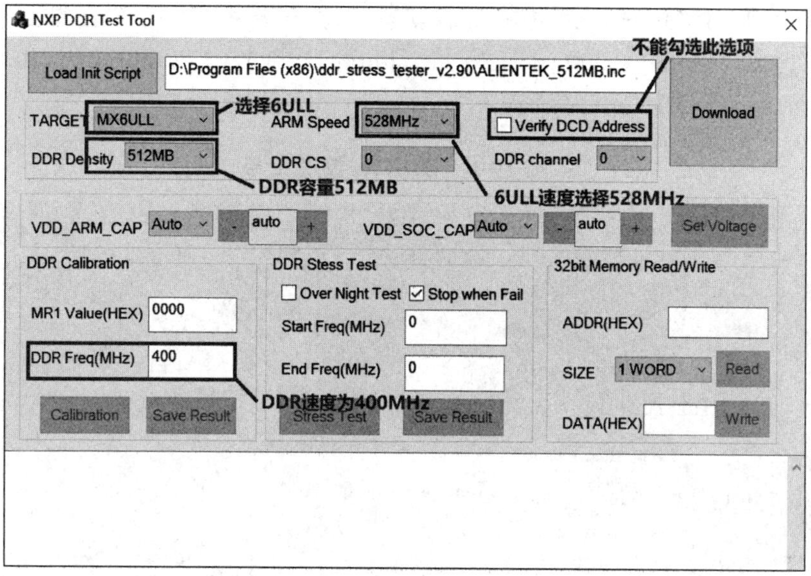

图 19-31 DDR Test Tool 配置

一切设置好以后单击图 19-31 中右上方的 Download 按钮，将测试代码下载到芯片中，下载完成以后 DDR Test Tool 下方的信息窗口就会输出一些内容，如图 19-32 所示。

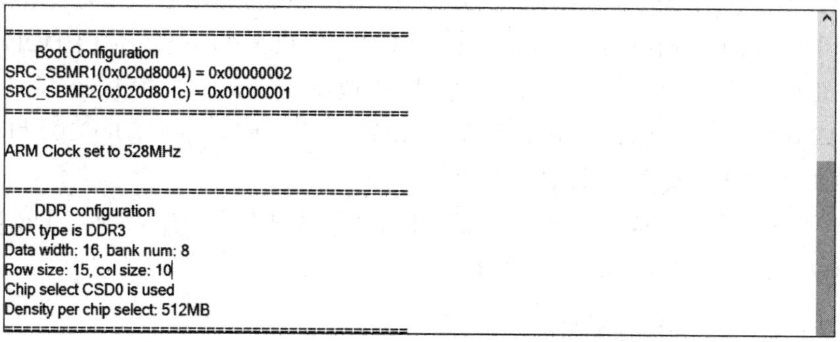

图 19-32 信息输出

图 19-32 输出了一些关于板子的信息，比如 SOC 型号、工作频率、DDR 配置信息等。DDR Test Tool 工具有 3 个测试项：DDR Calibration、DDR Stess Test 和 32bit Memory Read/Write。首先要做校准测试，因为不同的 PCB、不同的 DDR3L 芯片对信号的影响不同，必须要进行校准，然后用新的校准值重新初始化 DDR。单击 Calibration 按钮，如图 19-33 所示。

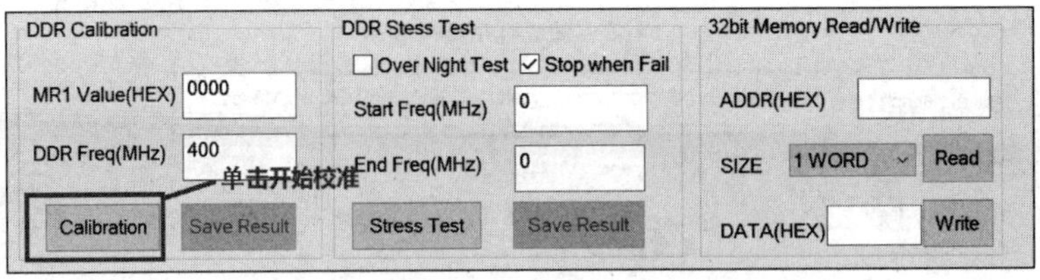

图 19-33 开始校准

单击图 19-33 中的 Calibration 按钮以后就会自动开始校准，最终会得到 Write leveling calibtarion、Read DQS Gating Calibration、Read calibration 和 Write calibration，共 4 种校准结果，校准结果如示例 19-1 所示。

示例 19-1 DDR3L 校准结果

```
Write leveling calibration
MMDC_MPWLDECTRL0 ch0 (0x021b080c) = 0x00000000
MMDC_MPWLDECTRL1 ch0 (0x021b0810) = 0x000B000B

Read DQS Gating calibration
MPDGCTRL0 PHY0 (0x021b083c) = 0x0138013C
MPDGCTRL1 PHY0 (0x021b0840) = 0x00000000

Read calibration
MPRDDLCTL PHY0 (0x021b0848) = 0x40402E34

Write calibration
MPWRDLCTL PHY0 (0x021b0850) = 0x40403A34
```

校准结果是得到了一些寄存器对应的值，比如 MMDC_MPWLDECTRL0 寄存器地址为 0X021B080C，此寄存器是 PHY 写平衡延时寄存器 0，经过校准以后此寄存器的值应该为 0X00000000，以此类推。需要修改 ALIENTEK_512MB.inc 文件，找到 MMDC_MPWLDECTRL0、MMDC_MPWLDECTRL1、MPDGCTRL0 PHY0、MPDGCTRL1 PHY0、MPRDDLCTL PHY0 和 MPWRDLCTL PHY0 这 6 个寄存器，然后将其值改为示例 19-1 中校准后的值。注意，在 ALIENTEK_512MB.inc 中可能找不到 MMDC_MPWLDECTRL1(0x021b0810)和 MPDGCTRL1 PHY0(0x021b0840)这两个寄存器，因此不用修改。

ALIENTEK_512MB.inc 修改完成以后重新加载并下载到开发板中，至此 DDR 校准完成，校准的目的就是得到示例 19-1 中这 6 个寄存器的值。

19.5.4 DDR3L 超频测试

校准完成以后就可以进行 DDR3 超频测试，超频测试的目的就是为了检验 DDR3 硬件设计合不合理。一般 DDR3 能够超频到比标准频率高 10%～15%时则硬件没有问题，因此对于 ALPHA 开发板而言，如果 DDR3 能够超频到 440～460MHz 那么就认为 DDR3 硬件工作良好。

DDR Test Tool 支持 DDR3 超频测试，只要指定起始频率和终止频率，那么工具就会自动一点点地增加频率，直到频率终止或者测试失败。设置如图 19-34 所示。

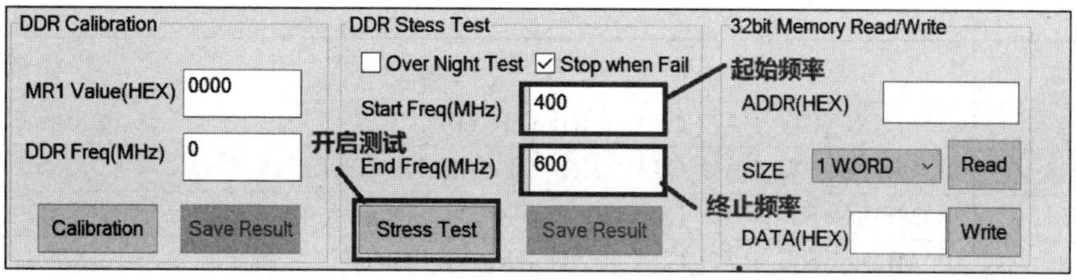

图 19-34 超频测试配置

图 19-34 中设置好起始频率为 400MHz,终止频率为 600MHz,设置好以后单击 Stress Test 开启超频测试。超频测试完成以后结果如图 19-35 所示(因为硬件不同,测试结果会有区别)。

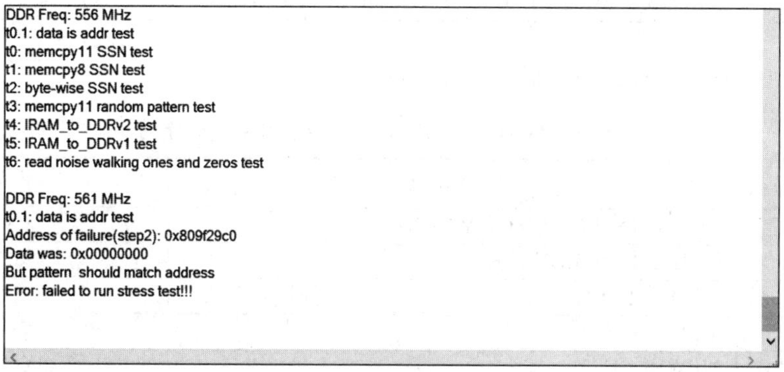

图 19-35 超频测试结果

从图 19-35 可以看出,ALPAH 开发板 EMMC 核心板 DDR3 最高可以超频到 556MHz,当超频到 561MHz 时就失败了。556MHz 大于 460MHz,说明 DDR3 硬件是没有任何问题的。

19.5.5 DDR3L 驱动总结

ALIENTEK_512MB.inc 就是我们最终得到的 DDR3L 初始化脚本,其中包括时钟、I/O 引脚。I.MX6ULL 的 DDR3 接口关于 I/O 有一些特殊的寄存器需要初始化,如表 19-2 所示。

表 19-2 DDR3 IO 相关初始化

寄存器地址	寄 存 器 名	寄 存 器 值
0X020E04B4	IOMUXC_SW_PAD_CTL_GRP_DDR_TYPE	0X000C0000
0X020E04AC	IOMUXC_SW_PAD_CTL_GRP_DDRPKE	0X00000000
0X020E027C	IOMUXC_SW_PAD_CTL_PAD_DRAM_SDCLK_0	0X00000028
0X020E0250	IOMUXC_SW_PAD_CTL_PAD_DRAM_CAS	0X00000028
0X020E024C	IOMUXC_SW_PAD_CTL_PAD_DRAM_RAS	0X00000028
0X020E0490	IOMUXC_SW_PAD_CTL_GRP_ADDDS	0X00000028
0X020E0288	IOMUXC_SW_PAD_CTL_PAD_DRAM_RESET	0X00000028
0X020E0270	IOMUXC_SW_PAD_CTL_PAD_DRAM_SDBA2	0X00000000
0X020E0260	IOMUXC_SW_PAD_CTL_PAD_DRAM_SDODT0	0X00000028
0X020E0264	IOMUXC_SW_PAD_CTL_PAD_DRAM_SDODT1	0X00000028

续表

寄存器地址	寄 存 器 名	寄 存 器 值
0X020E04A0	IOMUXC_SW_PAD_CTL_GRP_CTLDS	0X00000028
0X020E0494	IOMUXC_SW_PAD_CTL_GRP_DDRMODE_CTL	0X00020000
0X020e0280	IOMUXC_SW_PAD_CTL_PAD_DRAM_SDQS0	0X00000028
0X020E0284	IOMUXC_SW_PAD_CTL_PAD_DRAM_SDQS1	0X00000028
0X020E04B0	IOMUXC_SW_PAD_CTL_GRP_DDRMODE	0X00020000
0X020e0498	IOMUXC_SW_PAD_CTL_GRP_B0DS	0X00000028
0X020E04A4	IOMUXC_SW_PAD_CTL_GRP_B1DS	0X00000028
0X020E0244	IOMUXC_SW_PAD_CTL_PAD_DRAM_DQM0	0X00000028
0X020E0248	IOMUXC_SW_PAD_CTL_PAD_DRAM_DQM1	0X00000028

接下来看一下 MMDC 外设寄存器初始化，如表 19-3 所示。

表 19-3　MMDC 外设寄存器初始化及初始化序列

寄存器地址	寄 存 器 名	寄 存 器 值
0X021B0800	DDR_PHY_P0_MPZQHWCTRL	0XA1390003
0X021B080C	MMDC_MPWLDECTRL0	0X00000000
0X021B083C	MPDGCTRL0	0X0138013C
0X021B0848	MPRDDLCTL	0X40402E34
0X021B0850	MPWRDLCTL	0X40403A34
0X021B081C	MMDC_MPRDDQBY0DL	0X33333333
0X021B0820	MMDC_MPRDDQBY1DL	0X33333333
0X021B082C	MMDC_MPWRDQBY0DL	0XF3333333
0X021B0830	MMDC_MPWRDQBY1DL	0XF3333333
0X021B08C0	MMDC_MPDCCR	0X00921012
0X021B08B8	DDR_PHY_P0_MPMUR0	0X00000800
0X021B0004	MMDC0_MDPDC	0X0002002D
0X021B0008	MMDC0_MDOTC	0X1B333030
0X021B000C	MMDC0_MDCFG0	0X676B52F3
0X021B0010	MMDC0_MDCFG1	0XB66D0B63
0X021B0014	MMDC0_MDCFG2	0X01FF00DB
0X021b002c	MMDC0_MDRWD	0X000026D2
0X021b0030	MMDC0_MDOR	0X006B1023
0X021b0040	MMDC_MDASP	0X0000004F
0X021b0000	MMDC0_MDCTL	0X84180000
0X021b0890	MPPDCMPR2	0X00400a38
0X021b0020	MMDC0_MDREF	0X00007800
0X021b0818	DDR_PHY_P0_MPODTCTRL	0X00000227
0X021b0004	MMDC0_MDPDC	0X0002556D
0X021b0404	MMDC0_MAPSR	0X00011006

第20章

RGB LCD显示实验

LCD 液晶屏是常用到的外设，通过 LCD 可以显示绚丽的图形、界面等，提高人机交互的效率。I. MX6ULL 提供了一个 eLCDIF 接口，用于连接 RGB 接口的液晶屏。本章就学习如何驱动 RGB 接口液晶屏，并且在屏幕上显示字符。

20.1 LCD 和 eLCDIF 简介

20.1.1 LCD 简介

LCD(Liquid Crystal Display，液晶显示器)是现在最常用到的显示器，手机、电脑、各种人机交互设备等都用到了 LCD，最常见的就是手机和电脑显示器了。

网上对于 LCD 的解释为：LCD 的构造是在两片平行的玻璃基板当中放置液晶盒，下基板玻璃上设置 TFT(薄膜晶体管)，上基板玻璃上设置彩色滤光片，通过 TFT 上的信号与电压改变来控制液晶分子的转动方向，从而达到控制每个像素点的偏振光出射与否，从而达到显示目的。

现在要在 I. MX6ULL-ALPHA 开发板上使用 LCD，不需要去研究 LCD 的具体实现原理，只需要从使用的角度去关注 LCD 以下 7 个要点。

1. 分辨率

提起 LCD 显示器，我们都会听到 720P、1080P、2K 或 4K 这样的字眼，这个就是 LCD 显示器的分辨率。LCD 显示器都是由一个一个的像素点组成，像素点就类似一个灯，这个小灯是由 R(红色)、G(绿色)和 B(蓝色)这 3 种颜色组成的，而 RGB 就是光的三原色。1080P 的意思就是一个 LCD 屏幕上的像素数量是 1920×1080 个，也就是这个屏幕一列有 1080 个像素点，一共 1920 列，如图 20-1 所示。

图 20-1 就是 1080P 显示器的像素示意图，X 轴就是 LCD 显示器的横轴，Y 轴就是显示器的纵轴。图中的小方块就是像素点，一共有 1920×1080＝2 073 600 个像素点。左上角的 A 点是第一个像素点，右下角的 C 点就是最后一个像素点。2K 就是 2560×1440 个像素点，4K 是 3840×2160 个像素点。很明显，在 LCD 尺寸不变的情况下，分辨率越高越清晰。同样的，分辨率不变的情况下，LCD 尺寸越小越清晰。比如我们常用的 24 英寸显示器基本都是 1080P 的，而现在使用的 5 英寸的

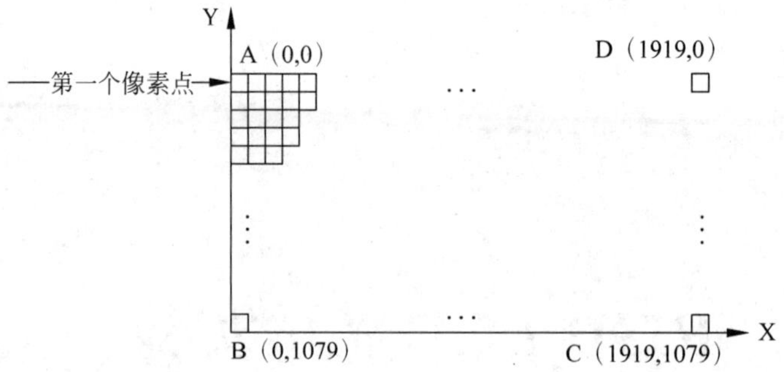

图 20-1　LCD 像素点排布

手机也是 1080P 的，但是手机显示细腻程度要比 24 英寸的显示器好很多。

由此可见，LCD 显示器的分辨率是一个很重要的参数，并不是分辨率越高的 LCD 就越好。衡量一款 LCD 的好坏，分辨率只是其中的一个参数，还有色彩还原程度、色彩偏离、亮度、可视角度、屏幕刷新率等其他参数。

2. 像素格式

上面讲了，一个像素点就相当于一个 RGB 小灯，通过控制 R、G、B 这 3 种颜色的亮度就可以显示出各种各样的色彩。那该如何控制 R、G、B 这 3 种颜色的显示亮度呢？一般一个 R、G、B 分别使用 8bit 的数据，那么一个像素点就是 8bit×3=24bit，也就是说一个像素点使用 3 字节，这种像素格式称为 RGB888。如果再加入 8bit 的 Alpha（透明）通道的话，一个像素点使用 32bit，也就是 4 字节，这种像素格式称为 ARGB8888。如果学习过 STM32 的话应该还知道 RGB565 这种像素格式，在本章实验中使用 ARGB8888 这种像素格式，一个像素占用 4 字节的内存，这 4 字节每个位的分配如图 20-2 所示。

D31	D30	D29	D28	D27	D26	D25	D24	D23	D22	D21	D20	D19	D18	D17	D16	← 高16位
A7	A6	A5	A4	A3	A2	A1	A0	R7	R6	R5	R4	R3	R2	R1	R0	
D15	D14	D13	D12	D11	D10	D9	D8	D7	D6	D5	D4	D3	D2	D1	D0	← 低16位
G7	G6	G5	G4	G3	G2	G1	G0	B7	B6	B5	B4	B3	B2	B1	B0	

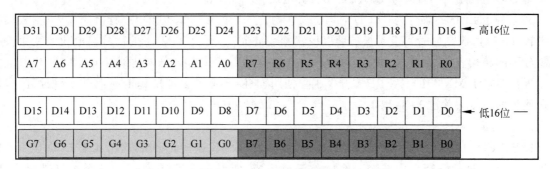

图 20-2　ARGB8888 数据格式

在图 20-2 中，一个像素点是 4 字节，其中 bit31～bit24 是 Alpha 通道，bit23～bit16 是 RED 通道，bit15～bit8 是 GREEN 通道，bit7～bit0 是 BLUE 通道。所以红色对应的值就是 0X00FF0000，蓝色对应的值就是 0X000000FF，绿色对应的值为 0X0000FF00。通过调节 R、G、B 的比例可以产生其他的颜色，比如 0X00FFFF00 是黄色，0X00000000 是黑色，0X00FFFFFF 是白色。大家可以打开电脑的“画图”工具，在里面使用调色板即可获取到想要的颜色对应的数值，如图 20-3 所示。

3. LCD 屏幕接口

LCD 屏幕或显示器有很多种接口，比如在显示器上常见的 VGA、HDMI、DP 等等，但是 I. MX6ULL-

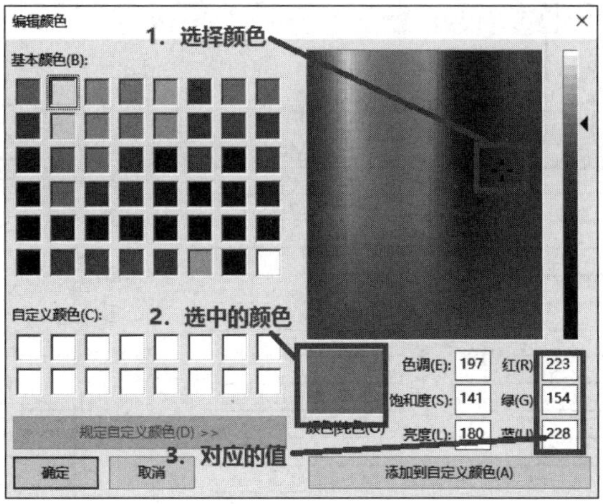

图 20-3 颜色选取

ALPHA 开发板不支持这些接口。I. MX6ULL-ALPHA 支持 RGB 接口的 LCD,RGBLCD 接口的信号线如表 20-1 所示。

表 20-1 RGB 数据线

信号线	描述	信号线	描述
R[7:0]	8 根红色数据线	VSYNC	垂直同步信号线
G[7:0]	8 根绿色数据线	HSYNC	水平同步信号线
B[7:0]	8 根蓝色数据线	PCLK	像素时钟信号线
DE	数据使能线	—	—

表 20-1 就是 RGBLCD 的信号线,R[7:0]、G[7:0]和 B[7:0]这 24 根是数据线,DE、VSYNC、HSYNC 和 PCLK 这 4 根是控制信号线。RGB LCD 一般有两种驱动模式: DE 模式和 HV 模式,这两个模式的区别是 DE 模式需要用到 DE 信号线,而 HV 模式不需要用到 DE 信号线,在 DE 模式下是可以不需要 HSYNC 信号线的,即使不接 HSYNC 信号线 LCD 也可以正常工作。

ALIENTEK 一共有 3 款 RGB LCD 屏幕,型号分别为 ATK-4342(4.3 英寸,480×272 像素)、ATK-7084(7 英寸,800×480 像素)和 ATK-7016(7 英寸,1024×600 像素),本书就以 ATK-7016 这款屏幕为例讲解,ATK-7016 的屏幕接口原理图如图 20-4 所示。

图中 J1 就是对外接口,是一个 40 引脚的 FPC 座(0.5mm 间距),通过 FPC 线可以连接到 I. MX6ULL-ALPHA 开发板上,从而实现和 I. MX6ULL 的连接。该接口十分完善,采用 RGB888 格式,并支持 DE&HV 模式,还支持触摸屏和背光控制。右侧的电阻并不是都焊接的,而是根据 LCD 屏幕实际属性选择性焊接的。默认情况,R1 和 R6 焊接,设置 LCD_LR 和 LCD_UD,控制 LCD 的扫描方向,是从左到右还是从上到下(横屏看)。而 LCD_R7/G7/B7 则用来设置 LCD 的 ID,由于 RGB LCD 没有读写寄存器,也就没有 ID。这里我们控制 R7/G7/B7 的上/下拉电阻,来自定义 LCD 模块的 ID,帮助 SOC 判断当前 LCD 面板的分辨率和相关参数,以提高程序兼容性。这几个位的设置关系如表 20-2 所示。

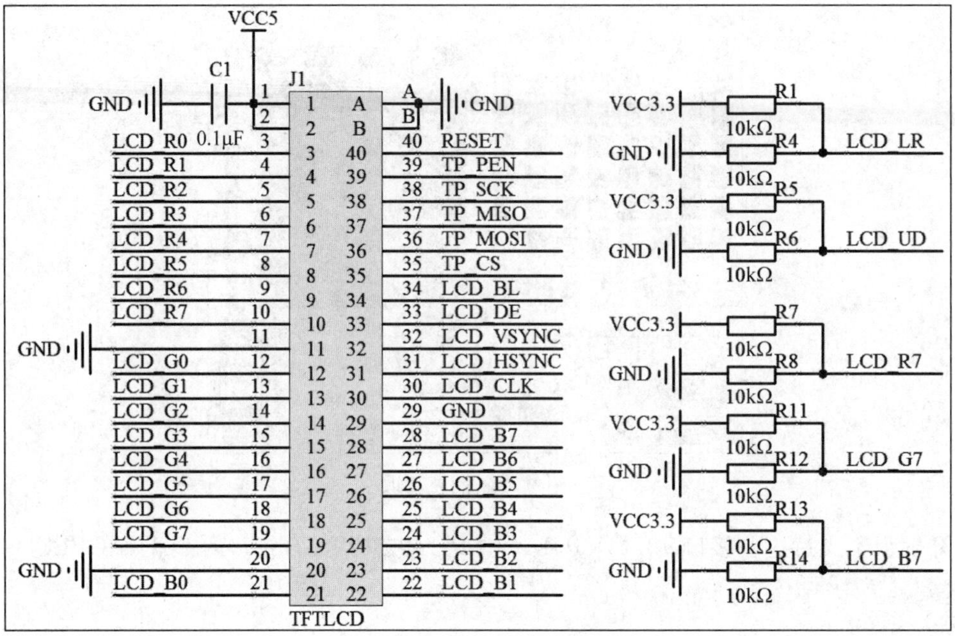

图 20-4　RGB LCD 液晶屏屏幕接口

表 20-2　ALIENTEK RGB LCD 模块 ID 对应关系

M2 LCD_B7	M1 LCD_G7	M0 LCD_R7	LCD ID	说　明
0	0	0	4342	ATK-4342,RGBLCD 模块,分辨率：480×272 像素
0	0	1	7084	ATK-7084,RGBLCD 模块,分辨率：800×480 像素
0	1	0	7016	ATK-7016,RGBLCD 模块,分辨率：1024×600 像素
1	0	0	4384	ATK-4384,RGBLCD 模块,分辨率：800×480 像素
X	X	X	NC	暂时未用到

选用 ATK-7016 模块,就设置 M2:M0＝010 即可。这样,我们在程序中读取 LCD_R7/G7/B7,得到 M0:M2 的值,从而判断 RGB LCD 模块的型号,并执行不同的配置,即可实现不同 LCD 模块的兼容。

4. LCD 时间参数

如果将 LCD 显示一帧图像的过程想象成绘画,那么在显示的过程中就是用一根“笔”在不同的像素点画上不同的颜色。这根笔按照从左至右、从上到下的顺序扫描每个像素点,并且在像素点上画上对应的颜色,当画到最后一个像素点时一幅图像就绘制好了。假如一个 LCD 的分辨率为 1024×600,那么其扫描如图 20-5 所示。

结合图 20-5 来看一下 LCD 是怎么扫描显示一帧图像的。一帧图像也是由一行一行组成的。HSYNC 是水平同步信号,也叫做行同步信号,当产生此信号则开始显示新的一行,所以此信号都是在图 20-5 的最左边。当 VSYNC 信号是垂直同步信号,也叫做帧同步信号,当产生此信号时就表示开始显示新的一帧图像了,所以此信号在图 20-5 的左上角。

在图 20-5 中可以看到有一圈“黑边”,真正有效的显示区域是中间的白色部分。这一圈“黑边”

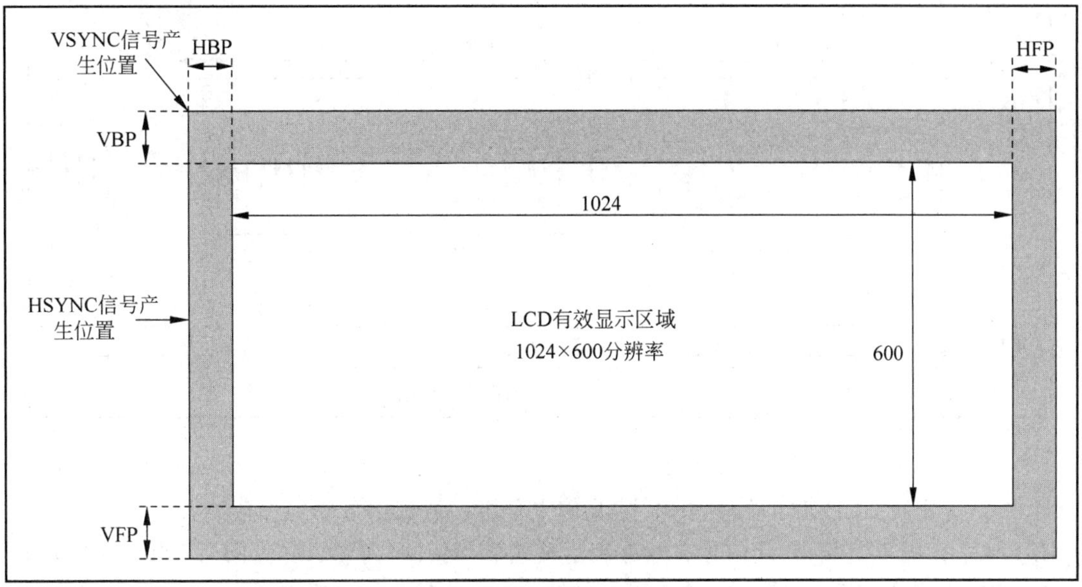

图 20-5 LCD 一帧图像扫描图

是什么？这就要从显示器的“祖先”CRT 显示器开始说起了，CRT 显示器就是以前很常见的显示器。CRT 显示器后面是个电子枪，这个电子枪就是前文说的“画笔”，电子枪打出的电子撞击到屏幕上的荧光物质使其发光。只要控制电子枪从左到右扫完一行(扫描一行)，然后从上到下扫描完所有行，一帧图像就显示出来了。显示一帧图像时电子枪是按照“Z”形在运动，当扫描速度很快时看起来就是一幅完整的画面了。

当显示完一行以后会发出 HSYNC 信号，此时电子枪就会关闭，然后迅速地移动到屏幕的左边，当 HSYNC 信号结束以后就可以显示新的一行数据了，电子枪就会重新打开。从 HSYNC 信号结束到电子枪重新打开之间会插入一段延时，这段延时就是图 20-5 中的 HBP。当显示完一行以后就会关闭电子枪，等待 HSYNC 信号产生，关闭电子枪到 HSYNC 信号产生之间会插入一段延时，这段延时就是图 20-5 中的 HFP 信号。同理，当显示完一帧图像以后电子枪也会关闭，然后等到 VSYNC 信号产生，期间也会加入一段延时，这段延时就是图 20-5 中的 VFP。VSYNC 信号产生，电子枪移动到左上角，当 VSYNC 信号结束以后电子枪重新打开，中间也会加入一段延时，这段延时就是图 20-5 中的 VBP。

HBP、HFP、VBP 和 VFP 就是导致图 20-5 中黑边的原因，但是这是 CRT 显示器存在黑边的原因，现在是 LCD 显示器，不需要电子枪了，那么为何还会有黑边呢？这是因为 RGB LCD 屏幕内部是有一个 IC 的，发送一行或者一帧数据给 IC，IC 是需要反应时间的。通过这段反应时间可以让 IC 识别到一行数据扫描完毕，要换行了，或者一帧图像扫描完毕，要开始下一帧图像显示了。因此，在 LCD 屏幕中保留 HBP、HFP、VPB 和 VFP 这 4 个参数的主要目的是为了锁定有效的像素数据。这 4 个时间是 LCD 重要的时间参数，后面编写 LCD 驱动时要用到。这 4 个时间参数具体值是多少，需要查看所使用的 LCD 数据手册。

5. RGB LCD 屏幕时序

上面讲了行显示和帧显示，我们来看一下行显示对应的时序图，如图 20-6 所示。

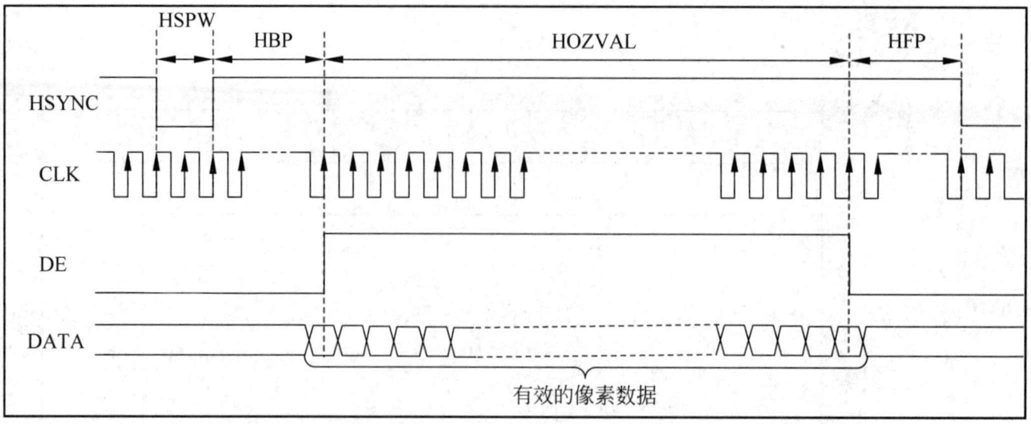

图 20-6　行显示时序

图 20-6 就是 RGB LCD 的行显示时序,我们来分析一下其中重要的参数。

HSYNC:行同步信号,当此信号有效就表示开始显示新的一行数据,查阅所使用的 LCD 数据手册可以知道,此信号是低电平有效还是高电平有效,假设此时是低电平有效。

HSPW:有些地方也叫做 thp,是 HSYNC 信号宽度,也就是 HSYNC 信号持续时间。HSYNC 信号不是一个脉冲,而是需要持续一段时间才是有效的,单位为 CLK。

HBP:有些地方叫做 thb,术语叫做行同步信号后肩,单位为 CLK。

HOZVAL:有些地方叫做 thd,显示一行数据所需的时间。假如屏幕分辨率为 1024×600,那么 HOZVAL 就是 1024,单位为 CLK。

HFP:有些地方叫做 thf,术语叫做行同步信号前肩,单位为 CLK。

当 HSYNC 信号发出以后,需要等待 HSPW + HBP 个 CLK 时间才会接收到真正有效的像素数据。当显示完一行数据以后,需要等待 HFP 个 CLK 时间才能发出下一个 HSYNC 信号,所以显示一行所需要的时间就是:HSPW + HBP + HOZVAL + HFP。

一帧图像就是由很多个行组成的,RGB LCD 的帧显示时序如图 20-7 所示。

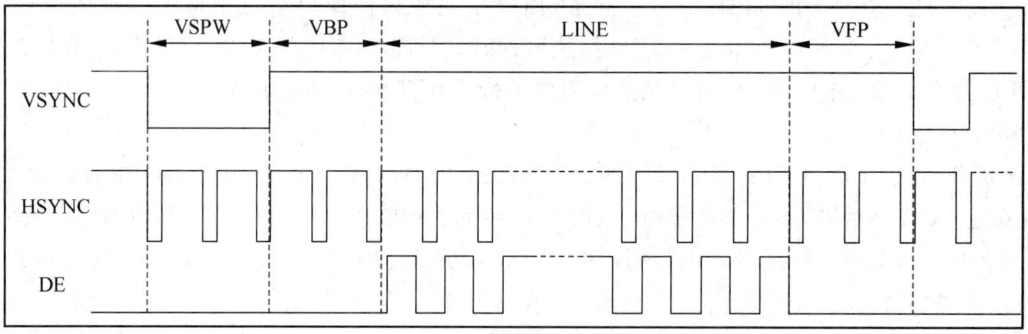

图 20-7　帧显示时序图

图 20-7 就是 RGB LCD 的帧显示时序,我们来分析一下其中重要的参数。

VSYNC:帧同步信号,当此信号有效就表示开始显示新的一帧数据,查阅所使用的 LCD 数据手册可以知道,此信号是低电平有效还是高电平有效,假设此时是低电平有效。

VSPW：有些地方也叫做 tvp，是 VSYNC 信号宽度，也就是 VSYNC 信号持续时间，单位为 1 行的时间。

VBP：有些地方叫做 tvb，术语叫做帧同步信号后肩，单位为 1 行的时间。

LINE：有些地方叫做 tvd，显示一帧有效数据所需的时间，假如屏幕分辨率为 1024×600，那么 LINE 就是 600 行的时间。

VFP：有些地方叫做 tvf，术语叫做帧同步信号前肩，单位为 1 行的时间。

显示一帧所需要的时间就是：VSPW + VBP + LINE + VFP 个行时间，最终的计算公式：

$$T=(VSPW+VBP+LINE+VFP)\times(HSPW+HBP+HOZVAL+HFP)$$

因此我们在配置一款 RGB LCD 时需要知道这几个参数：HOZVAL(屏幕有效宽度)、LINE(屏幕有效高度)、HBP、HSPW、HFP、VSPW、VBP 和 VFP。ALIENTEK 三款 RGB LCD 屏幕的参数如表 20-3 所示。

表 20-3 RGB LCD 屏幕时间参数

屏幕型号	参数	值	单位
ATK4342	水平显示区域	480	tCLK
	HSPW(thp)	1	tCLK
	HBP(thb)	40	tCLK
	HFP(thf)	5	tCLK
	垂直显示区域	272	th
	VSPW(tvp)	1	th
	VBP(tvb)	8	th
	VFP(tvf)	8	th
	像素时钟	9	MHz
ATK4384	水平显示区域	800	tCLK
	HSPW(thp)	48	tCLK
	HBP(thb)	88	tCLK
	HFP(thf)	40	tCLK
	垂直显示区域	480	th
	VSPW(tvp)	3	th
	VBP(tvb)	32	th
	VFP(tvf)	13	th
	像素时钟	31	MHz
ATK7084	水平显示区域	800	tCLK
	HSPW(thp)	1	tCLK
	HBP(thb)	46	tCLK
	HFP(thf)	210	tCLK
	垂直显示区域	480	th
	VSPW(tvp)	1	th
	VBP(tvb)	23	th
	VFP(tvf)	22	th
	像素时钟	33.3	MHz

续表

屏幕型号	参　　数	值	单位
ATK7016	水平显示区域	1024	tCLK
	HSPW(thp)	20	tCLK
	HBP(thb)	140	tCLK
	HFP(thf)	160	tCLK
	垂直显示区域	600	th
	VSPW(tvp)	3	th
	VBP(tvb)	20	th
	VFP(tvf)	12	th
	像素时钟	51.2	MHz

6. 像素时钟

像素时钟就是 RGB LCD 的时钟信号，以 ATK7016 这款屏幕为例，显示一帧图像所需要的时钟数就是：

=(VSPW + VBP + LINE + VFP) × (HSPW + HBP + HOZVAL + HFP)

=(3 + 20 + 600 + 12) × (20 + 140 + 1024 + 160)

=635 × 1344

=853 440

显示一帧图像需要 853 440 个时钟数，那么显示 60 帧就是：853 440 × 60 = 51 206 400Hz ≈ 51.2MHz，所以像素时钟就是 51.2MHz。

I. MX6ULL 的 eLCDIF 接口时钟图如图 20-8 所示。

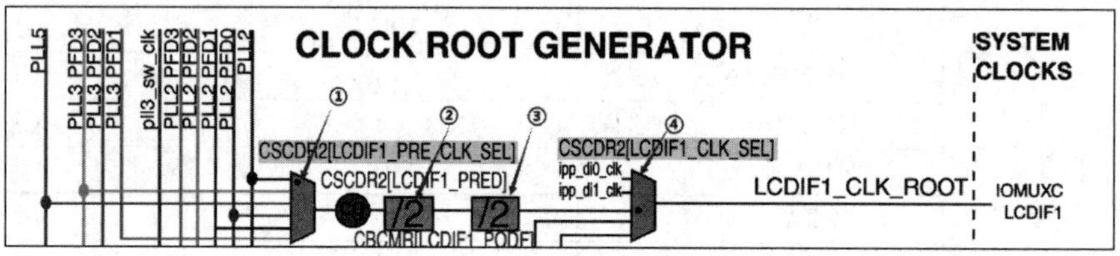

图 20-8　eLCDIF 接口时钟图

① 此部分是一个选择器，用于选择哪个 PLL 可以作为 LCDIF 时钟源，由寄存器 CCM_CSCDR2 的位 LCDIF1_PRE_CLK_SEL(bit17:15)来决定，LCDIF1_PRE_CLK_SEL 选择设置如表 20-4 所示。

表 20-4　LCDIF 时钟源选择

值	时　钟　源	值	时　钟　源
0	PLL2 作为 LCDIF 的时钟源	3	PLL2_PFD0 作为 LCDIF 的时钟源
1	PLL3_PFD3 作为 LCDIF 的时钟源	4	PLL2_PFD1 作为 LCDIF 的时钟源
2	PLL5 作为 LCDIF 的时钟源	5	PLL3_PFD1 作为 LCDIF 的时钟源

在讲解 I. MX6ULL 时钟系统时说过有 1 个专用的 PLL5 给 VIDEO 使用，所以 LCDIF1_PRE_CLK_SEL 设置为 2。

② 此部分是 LCDIF 时钟的预分频器，由寄存器 CCM_CSCDR2 的位 LCDIF1_PRED 来决定预

分频值。可设置值为 0～7,分别对应 1～8 分频。

③ 此部分进一步分频,由寄存器 CBCMR 的位 LCDIF1_PODF 来决定分频值。可设置值为 0～7,分别对应 1～8 分频。

④ 此部分是一个选择器,选择 LCDIF 为最终的根时钟,由寄存器 CSCDR2 的位 LCDIF1_CLK_SEL 决定,LCDIF1_CLK_SEL 选择设置如表 20-5 所示。

表 20-5 LCDIF 根时钟选择

值	时 钟 源
0	前面复用器出来的时钟,也就是从 PLL5 出来的时钟作为 LCDIF 的根时钟
1	ipp_di0_clk 作为 LCDIF 的根时钟
2	ipp_di1_clk 作为 LCDIF 的根时钟
3	ldb_di0_clk 作为 LCDIF 的根时钟
4	ldb_di1_clk 作为 LCDIF 的根时钟

这里选择 PLL5 输出的那一路作为 LCDIF 的根时钟,因此 LCDIF1_CLK_SEL 设置为 0。LCDIF 既然选择了 PLL5 作为时钟源,那么还需要初始化 PLL5,LCDIF 的时钟是由 PLL5 和图 20-8 中的②、③这两个分频值决定的,所以需要对这 3 个值进行合理的设置,以搭配出所需的时钟值,我们就以 ATK7016 屏幕所需的 51.2MHz 为例,看看如何进行配置。

PLL5 频率设置涉及到四个寄存器:CCM_PLL_VIDEO、CCM_PLL_VIDEO_NUM、CCM_PLL_VIDEO_DENOM、CCM_MISC2。其中 CCM_PLL_VIDEO_NUM 和 CCM_PLL_VIDEO_DENOM 这两个寄存器是用于小数分频的,这里为了简单不使用小数分频,因此这两个寄存器设置为 0。

PLL5 的时钟计算公式如下:

$$PLL5\_CLK = OSC24M \times [loopDivider + (denominator/numerator)]/postDivider$$

不使用小数分频时 PLL5 时钟计算公式就可以简化为:

$$PLL5\_CLK = OSC24M \times loopDivider/postDivider$$

OSC24M 就是 24MHz 的有源晶振,设置 loopDivider 和 postDivider。先来看一下寄存器 CCM_PLL_VIDEO,此寄存器结构如图 20-9 所示。

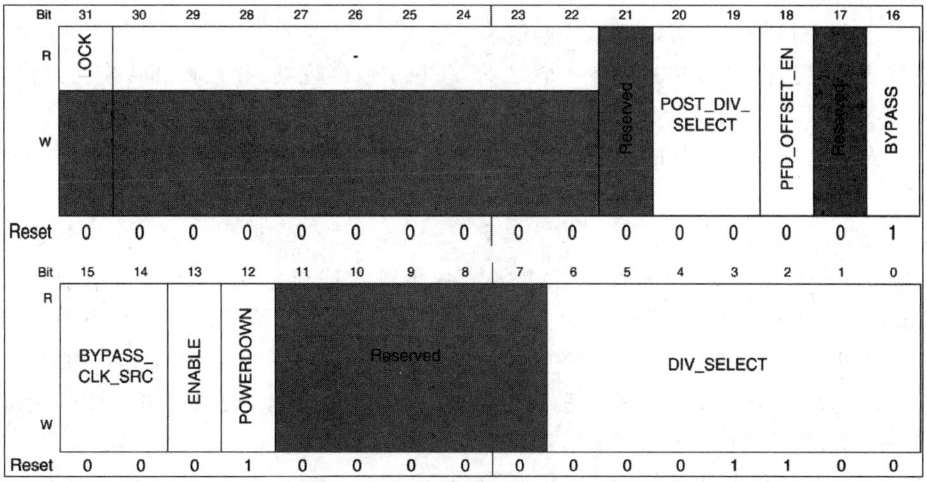

图 20-9 寄存器 CCM_PLL_VIDEO 结构

寄存器 CCM_PLL_VIDEO 用到的重要的位如下所示。

POST_DIV_SELECT(bit20:19)：此位和寄存器 CCM_ANALOG_CCMSC2 的 VIDEO_DIV 位共同决定了 postDivider，为 0 是 4 分频，为 1 是 2 分频，为 2 是 1 分频。本章设置为 2，也就是 1 分频。

ENABLE(bit13)：PLL5(PLL_VIDEO)使能位，为 1 使能 PLL5，为 0 关闭 PLL5。

DIV_SELECT(bit6:0)：loopDivider 值，范围为 27～54，本章设置为 32。

寄存器 CCM_ANALOG_MISC2 的位 VIDEO_DIV(bit31:30)与寄存器 CCM_PLL_VIDEO 的位 POST_DIV_SELECT(bit20:19)共同决定了 postDivider，通过这两个的配合可以获得 2、4、8、16 分频。本章将 VIDEO_DIV 设置为 0，也就是 1 分频，因此 postDivider 就是 1，loopDivider 设置为 32，PLL5 的时钟频率就是：

$$
\begin{aligned}
\text{PLL5\_CLK} &= \text{OSC24M} \times \text{loopDivider}/\text{postDivider} \\
&= 24\text{MHz} \times 32/1 \\
&= 768\text{MHz}
\end{aligned}
$$

PLL5 此时为 768MHz，在经过图 20-8 中的②和③进一步分频，设置②为 3 分频，也就是寄存器 CCM_CSCDR2 的位 LCDIF1_PRED(bit14:12)为 2。设置③为 5 分频，就是寄存器 CCM_CBCMR 的位 LCDIF1_PODF(bit25:23)为 4。设置好以后最终进入到 LCDIF 的时钟频率就是：768/3/5＝51.2MHz，这就是我们需要的像素时钟频率。

7. 显存

在讲像素格式时就已经说过，如果采用 ARGB8888 格式，一个像素需要 4 字节的内存来存放像素数据，那么 1024×600 分辨率就需要 1024×600×4＝2457600B≈2.4MB 内存。但是 RGB LCD 内部是没有内存的，所以就需要在开发板上的 DDR3 中分出一段内存作为 RGB LCD 屏幕的显存，如果要在屏幕上显示某种图像，直接操作这部分显存即可。

20.1.2 eLCDIF 接口简介

eLCDIF 是 I.MX6ULL 自带的液晶屏幕接口，用于连接 RGB LCD 接口的屏幕，eLCDIF 接口特性如下所示。

(1) 支持 RGB LCD 的 DE 模式。

(2) 支持 VSYNC 模式以实现高速数据传输。

(3) 支持 ITU-R BT.656 格式的 4:2:2 的 YCbCr 数字视频，并且将其转换为模拟 TV 信号。

(4) 支持 8/16/18/24/32 位 LCD。

eLCDIF 支持 3 种接口：MPU 接口、VSYNC 接口和 DOTCLK 接口，这 3 种接口区别如下所示。

1. MPU 接口

MPU 接口用于在 I.MX6ULL 和 LCD 屏幕直接传输数据和命令，这个接口用于 6080/8080 接口的 LCD 屏幕，比如我们学习 STM32 时常用到的 MCU 屏幕。如果寄存器 LCDIF_CTRL 的位 DOTCLK_MODE、DVI_MODE 和 VSYNC_MODE 都为 0，则表示 LCDIF 工作在 MPU 接口模式。关于 MPU 接口的详细信息以及时序参考《I.MX6ULL 参考手册》，本节不使用 MPU 接口。

2. VSYNC 接口

VSYNC 接口时序和 MPU 接口时序相似，只是多了 VSYNC 信号来作为帧同步，当 LCDIF_

CTRL 的位 VSYNC_MODE 为 1 时此接口使能。关于 VSYNC 接口的详细信息请参考《I.MX6ULL 参考手册》，本节不使用 VSYNC 接口。

3. DOTCLK 接口

DOTCLK 接口就是用来连接 RGB LCD 接口屏幕的，它包括 VSYNC、HSYNC、DOTCLK 和 ENABLE（可选的）四个信号，这样的接口通常被称为 RGB 接口。DOTCLK 接口时序如图 20-10 所示。

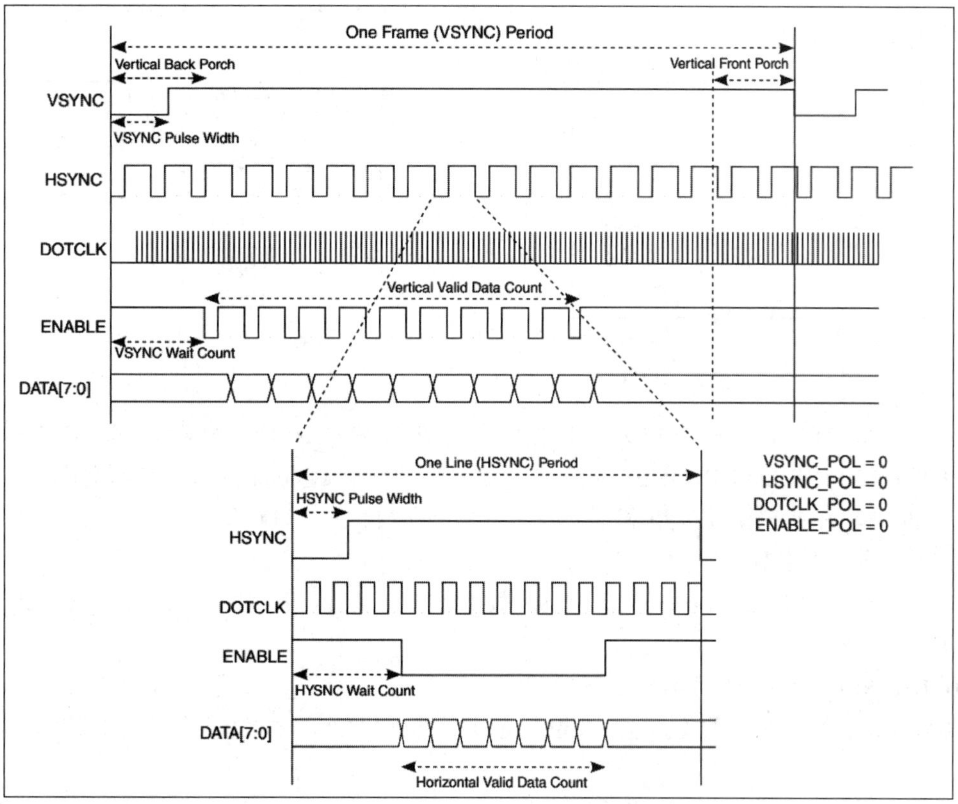

图 20-10　DOTCLK 接口时序

图 20-10 和图 20-6、图 20-7 很类似，因为 DOTCLK 接口就是连接 RGB 屏幕的，本书使用的就是 DOTCLK 接口。

eLCDIF 要驱动 RGB LCD 屏幕，重点是配置好 LCD 时间参数即可，这个通过配置相应的寄存器就可以了，eLCDIF 接口的几个重要寄存器介绍如下。首先看一下 LCDIF_CTRL 寄存器，此寄存器结构如图 20-11 所示。

寄存器 LCDIF_CTRL 用到的重要位如下所示。

SFTRST(bit31)：eLCDIF 软复位控制位，当此位为 1 就会强制复位 LCD。

CLKGATE(bit30)：正常运行模式下，此位必须为 0。如果此位为 1，时钟就不会进入到 LCDIF。

BYPASS_COUNT(bit19)：如果要工作在 DOTCLK 模式，此位必须为 1。

VSYNC_MODE(bit18)：此位为 1，LCDIF 工作在 VSYNC 接口模式。

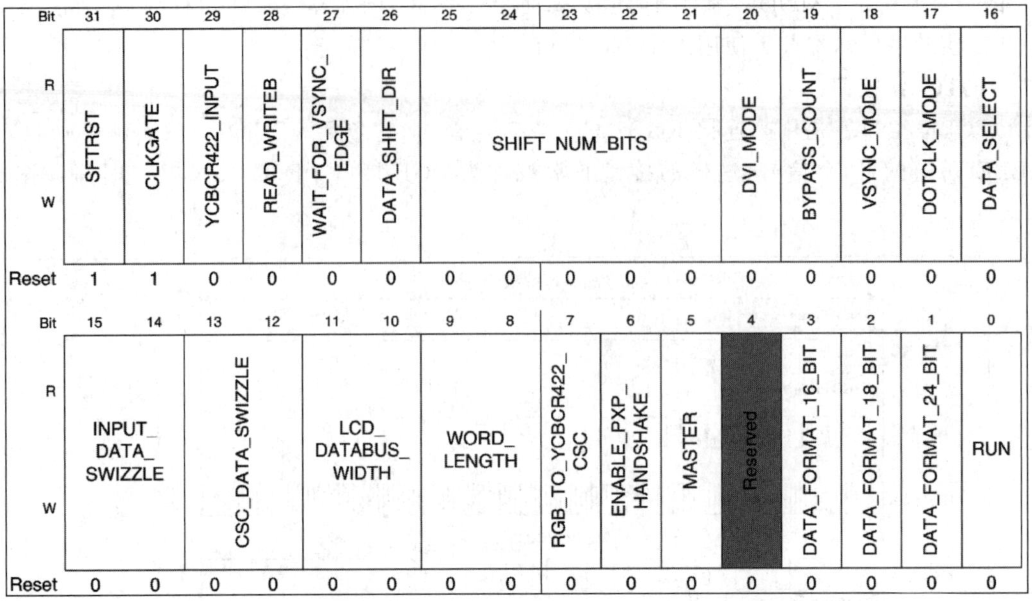

图 20-11 寄存器 LCDIF_CTRL 结构

DOTCLK_MODE(bit17)：此位为 1，LCDIF 工作在 DOTCLK 接口模式。

INPUT_DATA_SWIZZLE(bit15:14)：输入数据字节交换设置，此位为 0 时不交换字节，是小端模式；为 1 时交换所有字节，是大端模式；为 2 时半字交换；为 3 时在每个半字节内进行字节交换。本章设置为 0，不使用字节交换。

CSC_DATA_SWIZZLE(bit13:12)：CSC 数据字节交换设置，交换方式和 INPUT_DATA_SWIZZLE 一样，本章设置为 0，不使用字节交换。

LCD_DATABUS_WIDTH(bit11:10)：LCD 数据总线宽度，为 0 时总线宽度为 16 位；为 1 时总线宽度为 8 位；为 2 时总线宽度为 18 位；为 3 时总线宽度为 24 位。本章我们使用 24 位总线宽度。

WORD_LENGTH(bit9:8)：输入的数据格式，也就是像素数据宽度。为 0 时每个像素 16 位；为 1 时每个像素 8 位；为 2 时每个像素 18 位；为 3 时每个像素 24 位。

MASTER(bit5)：为 1 时设置 eLCDIF 工作在主模式。

DATA_FORMAT_16_BIT(bit3)：当此位为 1 并且 WORD_LENGTH 为 0 时像素格式为 ARGB555，当此位为 0 并且 WORD_LENGTH 为 0 时像素格式为 RGB565。

DATA_FORMAT_18_BIT(bit2)：只有当 WORD_LENGTH 为 2 时此位才有效，此位为 0 时低 18 位有效，像素格式为 RGB666，高 14 位数据无效。当此位为 1 时高 18 位有效，像素格式还是 RGB666，但是低 14 位数据无效。

DATA_FORMAT_24_BIT(bit1)：只有当 WORD_LENGTH 为 3 时此位才有效，为 0 时表示全部的 24 位数据都有效。为 1 时，实际输入的数据有效位只有 18 位，虽然输入的是 24 位数据，但是每个颜色通道的高 2 位数据会被丢弃掉。

RUN(bit0)：eLCDIF 接口运行控制位，当此位为 1 时 eLCDIF 接口就开始传输数据，是 eLCDIF 的使能位。

寄存器 LCDIF_CTRL1 只用到位 BYTE_PACKING_FORMAT(bit19:16),此位用来决定在32位的数据中哪些字节的数据有效,默认值为 0XF,也就是所有的字节有效,当其为 0 时,表示所有的字节都无效。如果显示的数据是 24 位(ARGB 格式,但是 A 通道不传输)时,设置此位为 0X7。

接下来看一下寄存器 LCDIF_TRANSFER_COUNT,这个寄存器用来设置所连接的 RGB LCD 屏幕分辨率大小,此寄存器结构如图 20-12 所示。

Bit	31	30	29	28	27	26	25	24	23	22	21	20	19	18	17	16	15	14	13	12	11	10	9	8	7	6	5	4	3	2	1	0
R W	V_COUNT																H_COUNT															
Reset	0	0	0	0	0	0	0	0	0	0	0	0	0	0	0	1	0	0	0	0	0	0	0	0	0	0	0	0	0	0	0	0

图 20-12 寄存器 LCDIF_TRANSFER_COUNT 结构

寄存器 LCDIF_TRANSFER_COUNT 分为两部分:高 16 位和低 16 位。高 16 位是 V_COUNT,是 LCD 的垂直分辨率;低 16 位是 H_COUNT,是 LCD 的水平分辨率。如果 LCD 分辨率为 1024×600,那么 V_COUNT 是 600,H_COUNT 是 1024。

接下来看一下寄存器 LCDIF_VDCTRL0,这个寄存器是 VSYNC 和 DOTCLK 模式控制寄存器 0,寄存器结构如图 20-13 所示。

Bit	31	30	29	28	27	26	25	24	23	22	21	20	19	18	17	16
R W	Reserved		VSYNC_OEB	ENABLE_PRESENT	VSYNC_POL	HSYNC_POL	DOTCLK_POL	ENABLE_POL	Reserved		VSYNC_PERIOD_UNIT	VSYNC_PULSE_WIDTH_UNIT	HALF_LINE	HALF_LINE_MODE	VSYNC_PULSE_WIDTH	
Reset	0	0	0	0	0	0	0	0	0	0	0	0	0	0	0	0
Bit	15	14	13	12	11	10	9	8	7	6	5	4	3	2	1	0
R W	VSYNC_PULSE_WIDTH															
Reset	0	0	0	0	0	0	0	0	0	0	0	0	0	0	0	0

图 20-13 寄存器 LCDIF_VDCTRL0 结构

寄存器 LCDIF_VDCTRL0 用到的重要位如下所示。

VSYNC_OEB(bit29):VSYNC 信号方向控制位,为 0 时 VSYNC 是输出,为 1 时 VSYNC 是输入。

ENABLE_PRESENT(bit28):ENABLE 数据线使能位,也就是 DE 数据线。为 1 时使能 ENABLE 数据线,为 0 时关闭 ENABLE 数据线。

VSYNC_POL(bit27):VSYNC 数据线极性设置位,为 0 时 VSYNC 低电平有效,为 1 时 VSYNC 高电平有效,要根据所使用的 LCD 数据手册来设置。

HSYNC_POL(bit26):HSYNC 数据线极性设置位,为 0 时 HSYNC 低电平有效,为 1 时 HSYNC 高电平有效,要根据所使用的 LCD 数据手册来设置。

DOTCLK_POL(bit25):DOTCLK 数据线(像素时钟线 CLK) 极性设置位,为 0 时下降沿锁存数据,上升沿捕获数据,为 1 时相反,要根据所使用的 LCD 数据手册来设置。

ENABLE_POL(bit24):ENABLE 数据线极性设置位,为 0 时低电平有效,为 1 时高电平有效。

VSYNC_PERIOD_UNIT(bit21)：VSYNC 信号周期单位，为 0 时 VSYNC 周期单位为像素时钟。为 1 时 VSYNC 周期单位是水平行，如果使用 DOTCLK 模式就要设置为 1。

VSYNC_PULSE_WIDTH_UNIT(bit20)：VSYNC 信号脉冲宽度单位，和 VSYNC_PERIOD_UNUT 一样，如果使用 DOTCLK 模式时要设置为 1。

VSYNC_PULSE_WIDTH(bit17:0)：VSPW 参数设置位。

寄存器 LCDIF_VDCTRL1：这个寄存器是 VSYNC 和 DOTCLK 模式控制寄存器 1，此寄存器只有一个功能，用来设置 VSYNC 总周期，即屏幕高度 + VSPW + VBP + VFP。

寄存器 LCDIF_VDCTRL2：这个寄存器分为高 16 位和低 16 位两部分，高 16 位是 HSYNC_PULSE_WIDTH，用来设置 HSYNC 信号宽度，也就是 HSPW。低 16 位是 HSYNC_PERIOD，设置 HSYNC 总周期，即屏幕宽度 + HSPW + HBP + HFP。

寄存器 LCDIF_VDCTRL3 结构如图 20-14 所示。

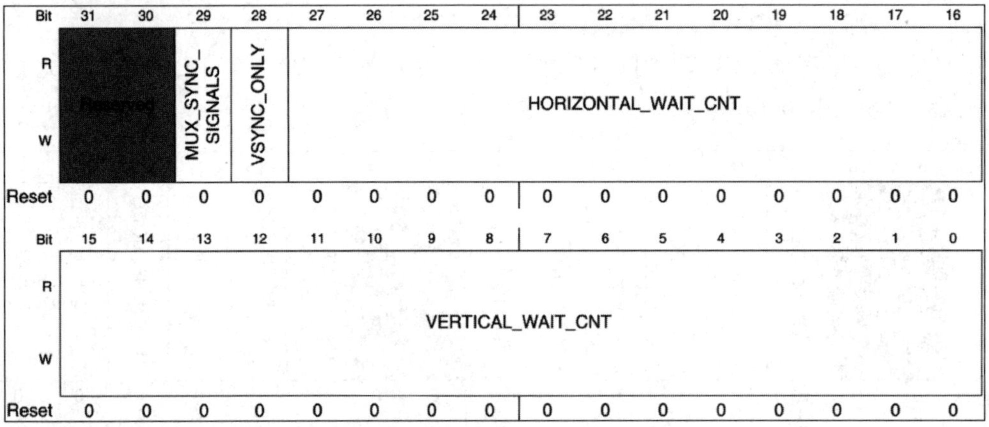

图 20-14　寄存器 LCDIF_VDCTRL3 结构

寄存器 LCDIF_VDCTRL3 用到的重要位如下所示。

HORIZONTAL_WAIT_CNT(bit27:16)：此位用于 DOTCLK 模式，用于设置 HSYNC 信号产生到有效数据产生之间的时间，也就是 HSPW + HBP。

VERTICAL_WAIT_CNT(bit15:0)：和 HORIZONTAL_WAIT_CNT 一样，只是此位用于 VSYNC 信号，也就是 VSPW + VBP。

寄存器 LCDIF_VDCTRL4 结构如图 20-15 所示。

寄存器 LCDIF_VDCTRL4 用到的重要位如下所示。

SYNC_SIGNALS_ON(bit18)：同步信号使能位，设置为 1 时使能 VSYNC、HSYNC、DOTCLK 这些信号。

DOTCLK_H_VALID_DATA_CNT(bit15:0)：设置 LCD 的宽度，也就是水平像素数量。

最后再看一下寄存器 LCDIF_CUR_BUF 和 LCDIF_NEXT_BUF，这两个寄存器分别为当前帧缓冲区和下一帧缓冲区，即 LCD 显存。一般这两个寄存器保存同一个地址，是划分给 LCD 的显存首地址。

关于 eLCDIF 接口的寄存器就介绍到这里，关于这些寄存器详细的描述，请参考《I. MX6ULL 参考手册》。本章使用 I. MX6ULL 的 eLCDIF 接口来驱动 ALIENTEK 的 ATK7016 这款屏幕，配置步骤如下所示。

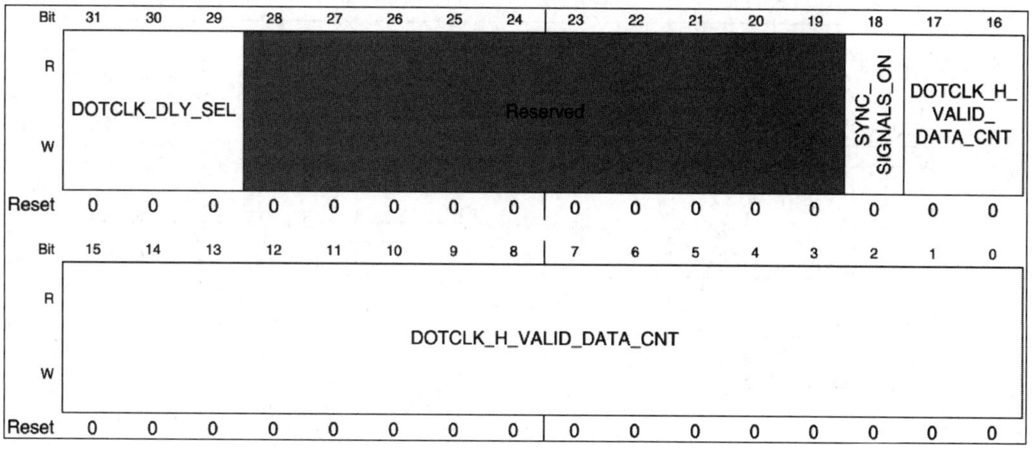

图 20-15 寄存器 LCDIF_VDCTRL4 结构

① 初始化 LCD 所使用的 I/O。

首先初始化 LCD 所示使用的 I/O,将其复用为 eLCDIF 接口 I/O。

② 设置 LCD 的像素时钟。

查阅所使用的 LCD 屏幕数据手册,或者自己计算出时钟像素,然后设置 CCM 相应的寄存器。

③ 配置 eLCDIF 接口。

设置 LCDIF 的寄存器 CTRL、CTRL1、TRANSFER_COUNT、VDCTRL0～4、CUR_BUF 和 NEXT_BUF。根据 LCD 的数据手册设置相应的参数。

④ 编写 API 函数。

驱动 LCD 屏幕的目的就是显示内容,所以需要编写一些基本的 API 函数,比如画点、画线、画圆函数,字符串显示函数等。

20.2 硬件原理分析

本实验用到的资源如下所示。

(1) 指示灯 LED0。

(2) RGB LCD 接口。

(3) DDR3。

(4) eLCDIF。

RGB LCD 接口在 I. MX6ULL-ALPHA 开发板底板上,原理图如图 20-16 所示。

图 20-16 中 3 个 SGM3157 的目的是在未使用 RGBLCD 时将 LCD_DATA7、LCD_DATA15 和 LCD_DATA23 这 3 根线隔离开来,因为 ALIENTEK 屏幕的 LCD_R7/G7/B7 这几根线用来设置 LCD 的 ID,这几根线有上拉/下拉电阻。I. MX6ULL 的 BOOT 设置也用到了 LCD_DATA7、LCD_DATA15 和 LCD_DATA23 这三个引脚,连接屏幕以后屏幕上的 ID 电阻就会影响到 BOOT 设置,会导致代码无法运行,所以先将其隔离开来。如果要使用 RGB LCD 屏幕时再通过 LCD_DE 将其"连接"起来。我们需要 40P 的 FPC 线将 ATK7016 屏幕和 I. MX6ULL-ALPHA 开发板连接起来,如图 20-17 所示。

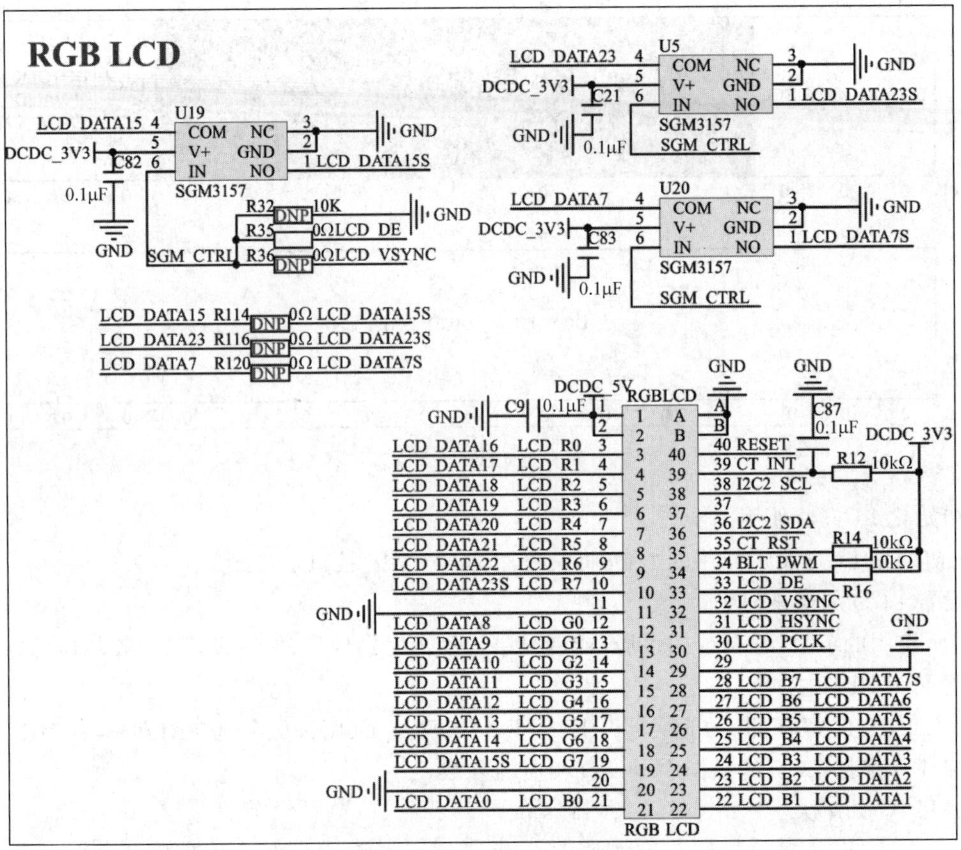

图 20-16　RGB LCD 接口原理图

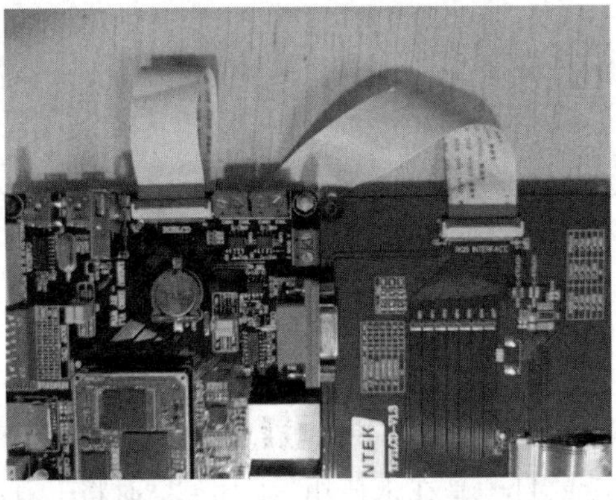

图 20-17　屏幕和开发板连接图

20.3　实验程序编写

本实验对应的例程路径为"1、例程源码→1、裸机例程→15_lcd"。

本章实验在第 19 章例程的基础上完成,更改工程名字为 lcd,然后在 bsp 文件夹下创建名为 lcd

的文件夹,在 bsp/lcd 中新建 bsp_lcd. c、bsp_lcd. h、bsp_lcdapi. c、bsp_lcdapi. h 和 font. h 这 5 个文件。bsp_lcd. c 和 bsp_lcd. h 是 LCD 的驱动文件,bsp_lcdapi. c 和 bsp_lcdapi. h 是 LCD 的 API 操作函数文件,font. h 是字符集点阵数据数组文件。在文件 bsp_lcd. h 中输入如示例 20-1 所示内容。

示例 20-1 bsp_lcd. h 文件代码

```
#ifndef _BSP_LCD_H
#define _BSP_LCD_H
/***************************************************************
Copyright © zuozhongkai Co., Ltd. 1998 - 2019. All rights reserved
文件名      : bsp_lcd.h
作者        : 左忠凯
版本        : V1.0
描述        : LCD 驱动文件头文件
其他        : 无
论坛        : www.openedv.com
日志        : 初版 V1.0 2019/1/3 左忠凯创建
***************************************************************/
#include "imx6ul.h"

/* 颜色宏定义 */
#define LCD_BLUE              0x000000FF
#define LCD_GREEN             0x0000FF00
#define LCD_RED               0x00FF0000
/* 省略掉其他宏定义,完整的请参考实验例程 */
#define LCD_ORANGE            0x00FFA500
#define LCD_TRANSPARENT       0x00000000

#define LCD_FRAMEBUF_ADDR  (0x89000000)       /* LCD 显存地址 */

/* LCD 控制参数结构体 */
struct tftlcd_typedef{
    unsigned short height;                     /* LCD 屏幕高度 */
    unsigned short width;                      /* LCD 屏幕宽度 */
    unsigned char pixsize;                     /* LCD 每个像素所占字节大小 */
    unsigned short vspw;                       /* VSYNC 信号宽度 */
    unsigned short vbpd;                       /* 帧同步信号后肩 */
    unsigned short vfpd;                       /* 帧同步信号前肩 */
    unsigned short hspw;                       /* HSYNC 信号宽度 */
    unsigned short hbpd;                       /* 水平同步信号后见肩 */
    unsigned short hfpd;                       /* 水平同步信号前肩 */
    unsigned int framebuffer;                  /* LCD 显存首地址 */
    unsigned int forecolor;                    /* 前景色 */
    unsigned int backcolor;                    /* 背景色 */
};

extern struct tftlcd_typedef tftlcd_dev;

/* 函数声明 */
void lcd_init(void);
void lcdgpio_init(void);
```

```
46 void lcdclk_init(unsigned char loopDiv, unsigned char prediv, unsigned char div);
47 void lcd_reset(void);
48 void lcd_noreset(void);
49 void lcd_enable(void);
50 void video_pllinit(unsigned char loopdivi, unsigned char postdivi);
51 inline void lcd_drawpoint(unsigned short x,unsigned short y,
                            unsigned int color);
52 inline unsigned int lcd_readpoint(unsigned short x,
                                     unsigned short y);
53 void lcd_clear(unsigned int color);
54 void lcd_fill(unsigned short x0, unsigned short y0,
                 unsigned short x1, unsigned short y1,
                 unsigned int color);
55 #endif
```

在文件 bsp_lcd.h 中定义了一些常用的颜色宏定义，颜色格式都是 ARGB8888。第 23 行的宏 LCD_FRAMEBUF_ADDR 是显存首地址，此处将显存首地址放到了 0X89000000 地址处。这个要根据所使用的 LCD 屏幕大小和 DDR 内存大小来确定的，ATK7016 这款 RGB 屏幕所需的显存大小为 2.4MB，而 I.MX6ULL-ALPHA 开发板配置的 DDR 有 256MB 和 512MB 两种类型，内存地址范围分别为 0X80000000～0X90000000 和 0X80000000～0XA0000000。所以 LCD 显存首地址选择为 0X89000000，这样不论是 256MB 还是 512MB 的 DDR 都可以使用。

第 26 行的结构体 tftlcd_typedef 是 RGB LCD 的控制参数结构体，其中包含了跟 LCD 配置相关的一些成员变量。最后就是一些变量和函数声明。

在文件 bsp_lcd.c 中输入如示例 20-2 所示内容。

示例 20-2　bsp_lcd.c 文件代码

```
/***************************************************************
Copyright © zuozhongkai Co., Ltd. 1998-2019. All rights reserved
文件名     : bsp_lcd.c
作者       : 左忠凯
版本       : V1.0
描述       : LCD 驱动文件
其他       : 无
论坛       : www.openedv.com
日志       : 初版 V1.0 2019/1/3 左忠凯创建
***************************************************************/
#include "bsp_lcd.h"
#include "bsp_gpio.h"
#include "bsp_delay.h"
#include "stdio.h"

/* 液晶屏参数结构体 */
struct tftlcd_typedef tftlcd_dev;

/*
 * @description    : 始化 LCD
 * @param          : 无
 * @return         : 无
```

```
 */
void lcd_init(void)
{
    lcdgpio_init();                              /* 初始化 I/O */
    lcdclk_init(32, 3, 5);                       /* 初始化 LCD 时钟 */

    lcd_reset();                                 /* 复位 LCD */
    delayms(10);                                 /* 延时 10ms */
    lcd_noreset();                               /* 结束复位 */

    /* RGB LCD 参数结构体初始化 */
    tftlcd_dev.height = 600;                     /* 屏幕高度 */
    tftlcd_dev.width = 1024;                     /* 屏幕宽度 */
    tftlcd_dev.pixsize = 4;                      /* ARGB8888 模式,每个像素 4 字节 */
    tftlcd_dev.vspw = 3;                         /* VSYNC 信号宽度 */
    tftlcd_dev.vbpd = 20;                        /* 帧同步信号后肩 */
    tftlcd_dev.vfpd = 12;                        /* 帧同步信号前肩 */
    tftlcd_dev.hspw = 20;                        /* HSYNC 信号宽度 */
    tftlcd_dev.hbpd = 140;                       /* 水平同步信号后见肩 */
    tftlcd_dev.hfpd = 160;                       /* 水平同步信号前肩 */
    tftlcd_dev.framebuffer = LCD_FRAMEBUF_ADDR;  /* 帧缓冲地址 */
    tftlcd_dev.backcolor = LCD_WHITE;            /* 背景色为白色 */
    tftlcd_dev.forecolor = LCD_BLACK;            /* 前景色为黑色 */

    /* 初始化 ELCDIF 的 CTRL 寄存器
     * bit [31]   0      : 停止复位
     * bit [19]   1      : 旁路计数器模式
     * bit [17]   1      : LCD 工作在 dotclk 模式
     * bit [15:14] 00    : 输入数据不交换
     * bit [13:12] 00    : CSC 不交换
     * bit [11:10] 11    : 24 位总线宽度
     * bit [9:8]   11    : 24 位数据宽度,也就是 RGB888
     * bit [5]     1     : elcdif 工作在主模式
     * bit [1]     0     : 所有的 24 位均有效
     */
     LCDIF->CTRL |= (1 << 19) | (1 << 17) | (0 << 14) | (0 << 12) |
                    (3 << 10) | (3 << 8) | (1 << 5) | (0 << 1);
    /*
     * 初始化 ELCDIF 的寄存器 CTRL1
     * bit [19:16]        : 0X7 ARGB 模式下,传输 24 位数据,A 通道不用传输
     */
     LCDIF->CTRL1 = 0X7 << 16;

      /*
       * 初始化 ELCDIF 的寄存器 TRANSFER_COUNT 寄存器
       * bit [31:16]      : 高度
       * bit [15:0]       : 宽度
       */
    LCDIF->TRANSFER_COUNT  = (tftlcd_dev.height << 16) |
                             (tftlcd_dev.width << 0);

    /*
```

```
     * 初始化 ELCDIF 的 VDCTRL0 寄存器
     * bit [29] 0 : VSYNC 输出
     * bit [28] 1 : 使能 ENABLE 输出
     * bit [27] 0 : VSYNC 低电平有效
     * bit [26] 0 : HSYNC 低电平有效
     * bit [25] 0 : DOTCLK 上升沿有效
     * bit [24] 1 : ENABLE 信号高电平有效
     * bit [21] 1 : DOTCLK 模式下设置为 1
     * bit [20] 1 : DOTCLK 模式下设置为 1
     * bit [17:0] : vspw 参数
     */
    LCDIF->VDCTRL0 = 0; /* 先清零 */
    LCDIF->VDCTRL0 = (0 << 29) | (1 << 28) | (0 << 27) |
                     (0 << 26) | (0 << 25) | (1 << 24) |
                     (1 << 21) | (1 << 20) | (tftlcd_dev.vspw << 0);
    /*
     * 初始化 ELCDIF 的 VDCTRL1 寄存器,设置 VSYNC 总周期
     */
    LCDIF->VDCTRL1 = tftlcd_dev.height + tftlcd_dev.vspw +
                   tftlcd_dev.vfpd + tftlcd_dev.vbpd;

     /*
      * 初始化 ELCDIF 的 VDCTRL2 寄存器,设置 HSYNC 周期
      * bit[31:18]  : hsw
      * bit[17:0]   : HSYNC 总周期
      */
    LCDIF->VDCTRL2 = (tftlcd_dev.hspw << 18) | (tftlcd_dev.width +
               tftlcd_dev.hspw + tftlcd_dev.hfpd + tftlcd_dev.hbpd);

    /*
     * 初始化 ELCDIF 的 VDCTRL3 寄存器,设置 HSYNC 周期
     * bit[27:16]    : 水平等待时钟数
     * bit[15:0]     : 垂直等待时钟数
     */
    LCDIF->VDCTRL3 = ((tftlcd_dev.hbpd + tftlcd_dev.hspw) << 16) |
               (tftlcd_dev.vbpd + tftlcd_dev.vspw);

    /*
     * 初始化 ELCDIF 的 VDCTRL4 寄存器,设置 HSYNC 周期
     * bit[18] 1     : 当使用 VSHYNC、HSYNC、DOTCLK 的话此位置 1
     * bit[17:0]     : 宽度
     */

    LCDIF->VDCTRL4 = (1 << 18) | (tftlcd_dev.width);

    /*
     * 初始化 ELCDIF 的 CUR_BUF 和 NEXT_BUF 寄存器
     * 设置当前显存地址和下一帧的显存地址
     */
    LCDIF->CUR_BUF = (unsigned int)tftlcd_dev.framebuffer;
    LCDIF->NEXT_BUF = (unsigned int)tftlcd_dev.framebuffer;

```

```
    lcd_enable();                       /* 使能 LCD */
    delayms(10);
    lcd_clear(LCD_WHITE);               /* 清屏 */

}

/*
 * @description     : LCD GPIO 初始化
 * @param           : 无
 * @return          : 无
 */
void lcdgpio_init(void)
{
    gpio_pin_config_t gpio_config;

    /* 1. I/O 初始化复用功能 */
    IOMUXC_SetPinMux(IOMUXC_LCD_DATA00_LCDIF_DATA00,0);
    IOMUXC_SetPinMux(IOMUXC_LCD_DATA01_LCDIF_DATA01,0);
    IOMUXC_SetPinMux(IOMUXC_LCD_DATA02_LCDIF_DATA02,0);
    IOMUXC_SetPinMux(IOMUXC_LCD_DATA03_LCDIF_DATA03,0);
…
    IOMUXC_SetPinMux(IOMUXC_LCD_ENABLE_LCDIF_ENABLE,0);
    IOMUXC_SetPinMux(IOMUXC_LCD_HSYNC_LCDIF_HSYNC,0);
    IOMUXC_SetPinMux(IOMUXC_LCD_VSYNC_LCDIF_VSYNC,0);
    IOMUXC_SetPinMux(IOMUXC_GPIO1_IO08_GPIO1_IO08,0);   /* 背光引脚 */

    /* 2. 配置 LCD I/O 属性
     *bit 16          : 0 HYS 关闭
     *bit [15:14]     : 0 默认 22kΩ 上拉
     *bit [13]        : 0 pull 功能
     *bit [12]        : 0 pull/keeper 使能
     *bit [11]        : 0 关闭开路输出
     *bit [7:6]       : 10 速度 100MHz
     *bit [5:3]       : 111 驱动能力为 R0/R7
     *bit [0]         : 1 高转换率
     */
    IOMUXC_SetPinConfig(IOMUXC_LCD_DATA00_LCDIF_DATA00,0xB9);
    IOMUXC_SetPinConfig(IOMUXC_LCD_DATA01_LCDIF_DATA01,0xB9);
…
    IOMUXC_SetPinConfig(IOMUXC_LCD_CLK_LCDIF_CLK,0xB9);
    IOMUXC_SetPinConfig(IOMUXC_LCD_ENABLE_LCDIF_ENABLE,0xB9);
    IOMUXC_SetPinConfig(IOMUXC_LCD_HSYNC_LCDIF_HSYNC,0xB9);
    IOMUXC_SetPinConfig(IOMUXC_LCD_VSYNC_LCDIF_VSYNC,0xB9);
    IOMUXC_SetPinConfig(IOMUXC_GPIO1_IO08_GPIO1_IO08,0xB9);

    /* GPIO 初始化 */
    gpio_config.direction = kGPIO_DigitalOutput;        /* 输出 */
    gpio_config.outputLogic = 1;                        /* 默认关闭背光 */
    gpio_init(GPIO1, 8, &gpio_config);                  /* 背光默认打开 */
    gpio_pinwrite(GPIO1, 8, 1);                         /* 打开背光 */
}

```

```
/*
 * @description      : LCD 时钟初始化, LCD 时钟计算公式如下:
 *                      LCD CLK = 24 * loopDiv / prediv / div
 * @param - loopDiv  : loopDivider 值
 * @param - loopDiv  : lcdifprediv 值
 * @param - div      : lcdifdiv 值
 * @return           : 无
 */
void lcdclk_init(unsigned char loopDiv, unsigned char prediv, unsigned char div)
{
    /* 先初始化 video pll
     * VIDEO PLL = OSC24M * (loopDivider + (denominator / numerator)) / postDivider
     *不使用小数分频器,因此 denominator 和 numerator 设置为 0
     */
    CCM_ANALOG->PLL_VIDEO_NUM = 0;      /* 不使用小数分频器 */
    CCM_ANALOG->PLL_VIDEO_DENOM = 0;

    /*
     * PLL_VIDEO 寄存器设置
     * bit[13]      : 1   使能 VIDEO PLL 时钟
     * bit[20:19]   : 2   设置 postDivider 为 1 分频
     * bit[6:0]     : 32  设置 loopDivider 寄存器
     */
    CCM_ANALOG->PLL_VIDEO =  (2 << 19) | (1 << 13) | (loopDiv << 0);

    /*
     * MISC2 寄存器设置
     * bit[31:30]: 0  VIDEO 的 post-div 设置,1 分频
     */
    CCM_ANALOG->MISC2 &= ~(3 << 30);
    CCM_ANALOG->MISC2 = 0 << 30;

    /* LCD 时钟源来源与 PLL5,也就是 VIDEO PLL */
    CCM->CSCDR2 &= ~(7 << 15);
    CCM->CSCDR2 |= (2 << 15);           /* 设置 LCDIF_PRE_CLK 使用 PLL5 */

    /* 设置 LCDIF_PRE 分频 */
    CCM->CSCDR2 &= ~(7 << 12);
    CCM->CSCDR2 |= (prediv - 1) << 12;  /* 设置分频 */

    /* 设置 LCDIF 分频 */
    CCM->CBCMR &= ~(7 << 23);
    CCM->CBCMR |= (div - 1) << 23;

    /* 设置 LCD 时钟源为 LCDIF_PRE 时钟 */
    CCM->CSCDR2 &= ~(7 << 9);           /* 清除原来的设置 */
    CCM->CSCDR2 |= (0 << 9);            /* LCDIF_PRE 时钟源选择 LCDIF_PRE 时钟 */
}

/*
 * @description    : 复位 ELCDIF 接口
 * @param          : 无
```

```
 * @return             : 无
 */
void lcd_reset(void)
{
    LCDIF->CTRL  = 1<<31;                     /* 强制复位 */
}

/*
 * @description       : 结束复位ELCDIF接口
 * @param             : 无
 * @return            : 无
 */
void lcd_noreset(void)
{
    LCDIF->CTRL  = 0<<31;                     /* 取消强制复位 */
}

/*
 * @description       : 使能ELCDIF接口
 * @param             : 无
 * @return            : 无
 */
void lcd_enable(void)
{
    LCDIF->CTRL |= 1<<0;                      /* 使能ELCDIF */
}

/*
 * @description       : 画点函数
 * @param - x         : x轴坐标
 * @param - y         : y轴坐标
 * @param - color     : 颜色值
 * @return            : 无
 */
inline void lcd_drawpoint(unsigned short x,unsigned short y,unsigned int color)
{
    *(unsigned int *)((unsigned int)tftlcd_dev.framebuffer +
                     tftlcd_dev.pixsize * (tftlcd_dev.width *
                     y + x)) = color;
}


/*
 * @description       : 读取指定点的颜色值
 * @param - x         : x轴坐标
 * @param - y         : y轴坐标
 * @return            : 读取到的指定点的颜色值
 */
inline unsigned int lcd_readpoint(unsigned short x,unsigned short y)
{
    return *(unsigned int *)((unsigned int)tftlcd_dev.framebuffer +
           tftlcd_dev.pixsize * (tftlcd_dev.width * y + x));
```

```
}

/*
 * @description     : 清屏
 * @param - color   : 颜色值
 * @return          : 读取到的指定点的颜色值
 */
void lcd_clear(unsigned int color)
{
    unsigned int num;
    unsigned int i = 0;

    unsigned int *startaddr = (unsigned int *)tftlcd_dev.framebuffer;
    num = (unsigned int)tftlcd_dev.width * tftlcd_dev.height;
    for(i = 0; i < num; i++)
    {
        startaddr[i] = color;
    }
}

/*
 * @description         : 以指定的颜色填充一块矩形
 * @param - x0          : 矩形起始点坐标 X 轴
 * @param - y0          : 矩形起始点坐标 Y 轴
 * @param - x1          : 矩形终止点坐标 X 轴
 * @param - y1          : 矩形终止点坐标 Y 轴
 * @param - color       : 要填充的颜色
 * @return              : 读取到的指定点的颜色值
 */
void lcd_fill(unsigned    short x0, unsigned short y0,
                  unsigned short x1, unsigned short y1,
                  unsigned int color)
{
    unsigned short x, y;

    if(x0 < 0) x0 = 0;
    if(y0 < 0) y0 = 0;
    if(x1 >= tftlcd_dev.width) x1 = tftlcd_dev.width - 1;
    if(y1 >= tftlcd_dev.height) y1 = tftlcd_dev.height - 1;

    for(y = y0; y <= y1; y++)
    {
        for(x = x0; x <= x1; x++)
            lcd_drawpoint(x, y, color);
    }
}
```

文件 bsp_lcd.c 中一共有 10 个函数，第 1 个函数是 lcd_init，这个是 LCD 初始化函数，此函数先调用 LCD 的 I/O 初始化函数、时钟初始化函数、复位函数等，然后初始化 eLCDIF 相关的寄存器，最后使能 eLCDIF。第 2 个函数是 lcdgpio_init，这个是 LCD 的 I/O 初始化函数。第 3 个函数 lcdclk_init 是 LCD 的时钟初始化函数。第 4 个函数 lcd_reset 和第 5 个函数 lcd_noreset 分别为复位 LCD 的停止和 LCD 复位函数。第 6 个函数 lcd_enable 是 eLCDIF 使能函数，用于使能 eLCDIF。第 7 个和第 8 个是画点和读点函数，分别为 lcd_drawpoint 和 lcd_readpoint，通过这两个函数就可以在 LCD 的指定像素点上显示指定的颜色，或者读取指定像素点的颜色。第 9 个函数 lcd_clear 是清屏函数，使用指定的颜色清除整个屏幕。第 10 个函数 lcd_fill 是填充函数，使用此函数时需要指定矩形的起始坐标、终止坐标和填充颜色，这样就可以填充出一个矩形区域。

在文件 bsp_lcdapi.h 中输入如示例 20-3 所示内容。

示例 20-3　bsp_lcdapi.h 文件代码

```
#ifndef BSP_LCDAPI_H
#define BSP_LCDAPI_H
/***************************************************************
Copyright © zuozhongkai Co., Ltd. 1998-2019. All rights reserved
文件名      : bsp_lcdapi.h
作者        : 左忠凯
版本        : V1.0
描述        : LCD 显示 API 函数
其他        : 无
论坛        : www.openedv.com
日志        : 初版 V1.0 2019/3/18 左忠凯创建
***************************************************************/
#include "imx6ul.h"
#include "bsp_lcd.h"

/* 函数声明 */
void lcd_drawline(unsigned short x1, unsigned short y1, unsigned
                  short x2, unsigned short y2);
void lcd_draw_rectangle(unsigned short x1, unsigned short y1,
                        unsigned short x2, unsigned short y2);
void lcd_draw_circle(unsigned short x0,unsigned short y0,
                     unsigned char r);
void lcd_showchar(unsigned short x,unsigned short y,
                  unsigned char num,unsigned char size,
                  unsigned char mode);
unsigned int lcd_pow(unsigned char m,unsigned char n);
void lcd_shownum(unsigned short x, unsigned short y,
                 unsigned int num, unsigned char len,
                 unsigned char size);
void lcd_showxnum(unsigned short x, unsigned short y,
                  unsigned int num, unsigned char len,
                  unsigned char size, unsigned char mode);
void lcd_show_string(unsigned short x,unsigned short y,
                     unsigned short width, unsigned short height,
                     unsigned char size, char *p);
#endif
```

文件 bsp_lcdapi.h 内容很简单，就是函数声明。在文件 bsp_lcdapi.c 中输入如示例 20-4 所示内容。

示例 20-4　bsp_lcdapi.c 文件代码

```
/***************************************************************
Copyright © zuozhongkai Co., Ltd. 1998-2019. All rights reserved
文件名	: bsp_lcdapi.c
作者	: 左忠凯
版本	: V1.0
描述	: LCD API 函数文件
其他	: 无
论坛	: www.openedv.com
日志	: 初版 V1.0 2019/3/18 左忠凯创建
***************************************************************/
#include "bsp_lcdapi.h"
#include "font.h"

/*
 * @description		: 画线函数
 * @param - x1		: 线起始点坐标 X 轴
 * @param - y1		: 线起始点坐标 Y 轴
 * @param - x2		: 线终止点坐标 X 轴
 * @param - y2		: 线终止点坐标 Y 轴
 * @return			: 无
 */
void lcd_drawline(unsigned short x1, unsigned short y1,
				unsigned short x2, unsigned short y2)
{
	u16 t;
	int xerr = 0, yerr = 0, delta_x, delta_y, distance;
	int incx, incy, uRow, uCol;
	delta_x = x2 - x1;					/* 计算坐标增量 */
	delta_y = y2 - y1;
	uRow = x1;
	uCol = y1;
	if(delta_x > 0) incx = 1;			/* 设置单步方向 */
	else if(delta_x == 0) incx = 0;		/* 垂直线 */
	else
	{
		incx = -1;
		delta_x = -delta_x;
	}

	if(delta_y > 0) incy = 1;
	else if(delta_y == 0)	incy = 0;	/* 水平线 */
	else
	{
		incy = -1;
		delta_y = -delta_y;
	}
	if( delta_x > delta_y)	distance = delta_x;	/* 选取基本增量坐标轴 */
	else distance = delta_y;
	for(t = 0; t <= distance + 1; t++ )		/* 画线输出 */
```

```
        {
            lcd_drawpoint(uRow, uCol, tftlcd_dev.forecolor);      /* 画点 */
            xerr += delta_x ;
            yerr += delta_y ;
            if(xerr > distance)
            {
                xerr -= distance;
                uRow += incx;
            }
            if(yerr > distance)
            {
                yerr -= distance;
                uCol += incy;
            }
        }
}

/*
 * @description    : 画矩形函数
 * @param - x1     : 矩形坐上角坐标 X 轴
 * @param - y1     : 矩形坐上角坐标 Y 轴
 * @param - x2     : 矩形右下角坐标 X 轴
 * @param - y2     : 矩形右下角坐标 Y 轴
 * @return         : 无
 */
void lcd_draw_rectangle(unsigned short x1, unsigned short y1,
                        unsigned short x2, unsigned short y2)
{
    lcd_drawline(x1, y1, x2, y1);
    lcd_drawline(x1, y1, x1, y2);
    lcd_drawline(x1, y2, x2, y2);
    lcd_drawline(x2, y1, x2, y2);
}

/*
 * @description    : 在指定位置画一个指定大小的圆
 * @param - x0     : 圆心坐标 X 轴
 * @param - y0     : 圆心坐标 Y 轴
 * @param - y2     : 圆形半径
 * @return         : 无
 */
void lcd_draw_circle(unsigned short x0,unsigned short y0,
                     unsigned char r)
{
    int mx = x0, my = y0;
    int x = 0, y = r;

    int d = 1 - r;
    while(y > x)     /* y>x 即第一象限的第 1 区八分圆 */
    {
        lcd_drawpoint(x  + mx, y  + my, tftlcd_dev.forecolor);
        lcd_drawpoint(y  + mx, x  + my, tftlcd_dev.forecolor);
```

```
        lcd_drawpoint( - x + mx, y   + my, tftlcd_dev.forecolor);
        lcd_drawpoint( - y + mx, x   + my, tftlcd_dev.forecolor);

        lcd_drawpoint( - x + mx, - y + my, tftlcd_dev.forecolor);
        lcd_drawpoint( - y + mx, - x + my, tftlcd_dev.forecolor);
        lcd_drawpoint(x   + mx, - y + my, tftlcd_dev.forecolor);
        lcd_drawpoint(y   + mx, - x + my, tftlcd_dev.forecolor);
        if( d < 0)
        {
            d = d + 2 * x + 3;
        }
        else
        {
            d= d + 2 * (x - y) + 5;
            y--;
        }
        x++;
    }
}

/*
 * @description     : 在指定位置显示 1 个字符
 * @param - x       : 起始坐标 X 轴
 * @param - y       : 起始坐标 Y 轴
 * @param - num     : 显示字符
 * @param - size    : 字体大小, 可选 12/16/24/32
 * @param - mode    : 叠加方式(1)还是非叠加方式(0)
 * @return          : 无
 */
void lcd_showchar(unsigned     short x, unsigned short y,
                  unsigned char num, unsigned char size,
                  unsigned char mode)
{
    unsigned char  temp, t1, t;
    unsigned short y0 = y;
    /* 得到字体一个字符对应点阵集所占的字节数      */
    unsigned char csize = (size / 8 + ((size % 8) ? 1 : 0)) *
                          (size / 2);
    num = num - ''; /* 得到偏移后的值(ASCII 字库是从空格开始取模,
                       所以 - ''就是对应字符的字库)  */
    for(t = 0; t < csize; t++)
    {
        if(size == 12) temp = asc2_1206[num][t];        /* 调用 1206 字体 */
        else if(size == 16)temp = asc2_1608[num][t];    /* 调用 1608 字体 */
        else if(size == 24)temp = asc2_2412[num][t];    /* 调用 2412 字体 */
        else if(size == 32)temp = asc2_3216[num][t];    /* 调用 3216 字体 */
        else return;                                    /* 没有的字库 */
        for(t1 = 0; t1 < 8; t1++)
        {
            if(temp & 0x80)lcd_drawpoint(x, y, tftlcd_dev.forecolor);
            else if(mode == 0)lcd_drawpoint(x, y, tftlcd_dev.backcolor);
            temp <<= 1;
```

```
            y++;
            if(y >= tftlcd_dev.height) return;          /* 超区域了 */
            if((y - y0) == size)
            {
                y = y0;
                x++;
                if(x >= tftlcd_dev.width) return;       /* 超区域了 */
                break;
            }
        }
    }
}

/*
 * @description     : 计算 m 的 n 次方
 * @param - m       : 要计算的值
 * @param - n       : n 次方
 * @return          : m^n 次方
 */
unsigned int lcd_pow(unsigned char m,unsigned char n)
{
    unsigned int result = 1;
    while(n--) result *= m;
    return result;
}

/*
 * @description     : 显示指定的数字,高位为 0 的话不显示
 * @param - x       : 起始坐标点 X 轴
 * @param - y       : 起始坐标点 Y 轴
 * @param - num     : 数值(0~999999999)
 * @param - len     : 数字位数
 * @param - size    : 字体大小
 * @return          : 无
 */
void lcd_shownum(unsigned    short x,
                 unsigned short y,
                 unsigned int num,
                 unsigned char len,
                 unsigned char size)
{
    unsigned char  t, temp;
    unsigned char  enshow = 0;
    for(t = 0; t < len; t++)
    {
        temp = (num / lcd_pow(10, len - t - 1)) % 10;
        if(enshow == 0 && t < (len - 1))
        {
            if(temp == 0)
            {
                lcd_showchar(x + (size / 2) * t, y, ' ', size, 0);
                continue;
```

```
            }else enshow = 1;
        }
        lcd_showchar(x + (size / 2) * t, y, temp + '0', size, 0);
    }
}

/*
 * @description          : 显示指定的数字,高位为0,还是显示
 * @param - x            : 起始坐标点X轴
 * @param - y            : 起始坐标点Y轴
 * @param - num          : 数值(0~999999999)
 * @param - len          : 数字位数
 * @param - size         : 字体大小
 * @param - mode         : [7]:0,不填充;1,填充0
 *                          [6:1]:保留
 *                          [0]:0,非叠加显示;1,叠加显示
 * @return               : 无
 */
void lcd_showxnum(unsigned     short x, unsigned short y,
                  unsigned int num, unsigned char len,
                  unsigned char size, unsigned char mode)
{
    unsigned char t, temp;
    unsigned char enshow = 0;
    for(t = 0; t < len; t++)
    {
        temp = (num / lcd_pow(10, len - t - 1)) % 10;
        if(enshow == 0 && t < (len - 1))
        {
            if(temp == 0)
            {
                if(mode & 0X80) lcd_showchar(x + (size / 2) * t, y, \
                  '0', size, mode & 0X01);
                else  lcd_showchar(x + (size / 2) * t, y , ' ', size,
                                   mode & 0X01);
                continue;
            }else enshow = 1;

        }
        lcd_showchar( x + (size / 2) * t, y, temp + '0', size ,
                     mode & 0X01);
    }
}

/*
 * @description    : 显示一串字符串
 * @param - x      : 起始坐标点X轴
 * @param - y      : 起始坐标点Y轴
 * @param - width  : 字符串显示区域长度
 * @param - height : 字符串显示区域高度
 * @param - size   : 字体大小
 * @param - p      : 要显示的字符串首地址
 * @return         : 无
 */
```

```c
void lcd_show_string(unsigned short x,unsigned short y,
                     unsigned short width,unsigned short height,
                     unsigned char size,char *p)
{
    unsigned char x0 = x;
    width += x;
    height += y;
    while((*p <= '~') &&(*p >= ' '))              /* 判断是不是非法字符! */
    {
        if(x >= width) {x = x0; y += size;}
        if(y >= height) break;                    /* 退出 */
        lcd_showchar(x, y, *p , size, 0);
        x += size / 2;
        p++;
    }
}
```

文件 bsp_lcdapi.h 中都是一些 LCD 的 API 操作函数，比如画线、画矩形、画圆、显示数字、显示字符和字符串等函数。这些函数都是从 STM32 代码中移植过来的，如果学习过 ALIENTEK 的 STM32 内容就会很熟悉，都是一些纯软件内容。

lcd_showchar 函数是字符显示函数，要理解这个函数就得先了解一下字符（ASCII 字符集）在 LCD 上的显示原理。要显示字符，就先要有字符的点阵数据。ASCII 常用的字符集总共有 95 个，从空格符开始，分别为：!"#$%&'()*+,-0123456789:;<=>?@ABCDEFGHIJKLMNOPQRSTUVWXYZ[\]^_`abcdefghijklmnopqrstuvwxyz{|}~.

我们先要得到这个字符集的点阵数据，这里介绍一款很好的字符提取软件 PCtoLCD2002。该软件可以提供各种字符，包括汉字（字体和大小都可以自己设置）阵提取，且取模方式可以设置各种，常用的取模方式该软件都支持。该软件还支持图形模式，用户可以自己定义图片的大小，然后画图，根据所画的图形再生成点阵数据，这种功能在制作图标或图片时很有用。

该软件的界面如图 20-18 所示。

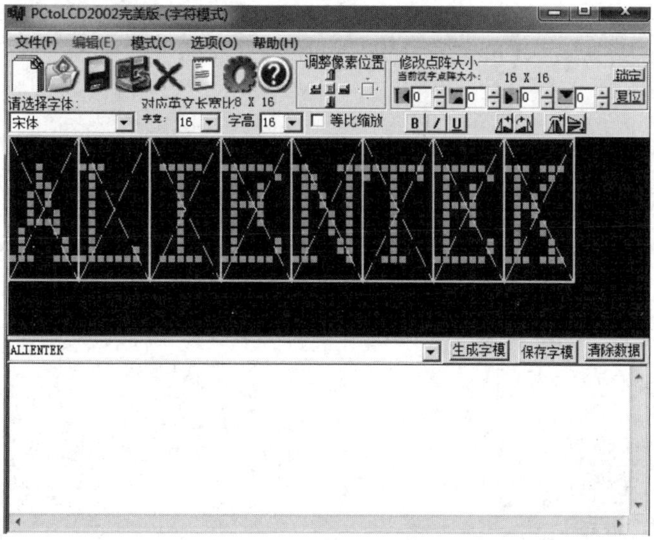

图 20-18 PCtoLCD2002 软件界面

单击字模选项按钮 进入字模选项设置界面。设置界面中点阵格式和取模方式等参数，配置如图 20-19 所示。

图 20-19 设置的取模方式在右上角的取模说明里面有，即从第一列开始向下每取 8 个点作为 1 字节，如果最后不足 8 个点就补满 8 位。取模顺序是从高到低，即第一个点作为最高位。如 *------- 取为 10000000。其实就是按如图 20-20 所示的这种方式操作。

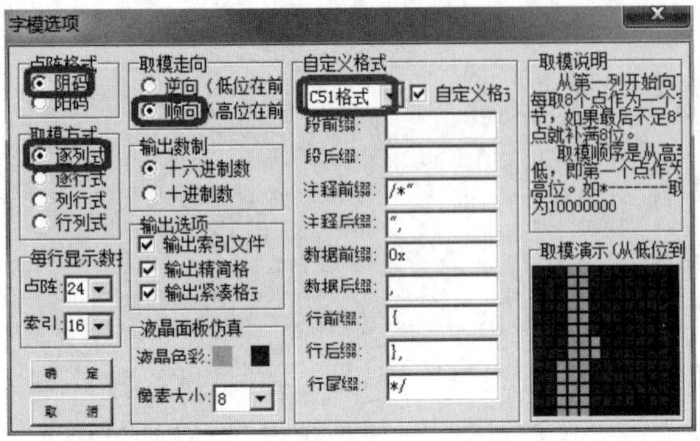

图 20-19　设置取模方式

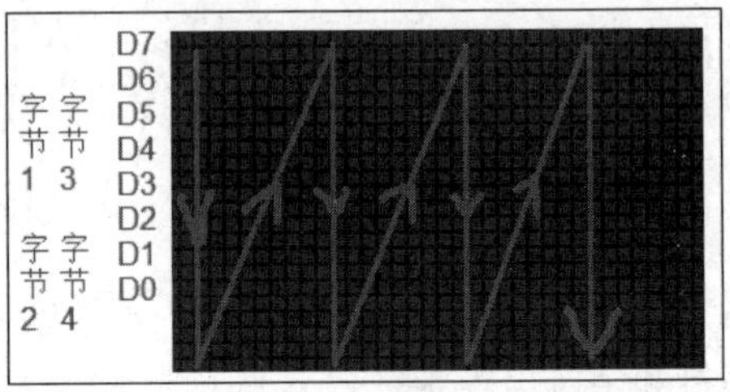

图 20-20　取模方式图解

从上到下，从左到右，高位在前。按这样的取模方式，把 ASCII 字符集按 12×6、16×8、24×12 和 32×16 大小取模出来（对应汉字大小为 12×12、16×16、24×24 和 32×32，字符大小只有汉字的一半）。将取出的点阵数组保存在 font.h 中，每个 12×6 的字符占用 12 字节，每个 16×8 的字符占用 16 字节，每个 24×12 的字符占用 36 字节，每个 32×16 的字符占用 64 字节。font.h 中的字符集点阵数据数组 asc2_1206、asc2_1608、asc2_2412 和 asc2_3216 就对应着这 4 个大小字符集，具体参见附增资源中的 font.h 部分代码。

最后在文件 main.c 中输入如示例 20-5 所示内容。

示例 20-5　main.c 文件代码

```
/****************************************************************
Copyright © zuozhongkai Co., Ltd. 1998 - 2019. All rights reserved
文件名    : main.c
作者      : 左忠凯
版本      : V1.0
描述      : I.MX6ULL 开发板裸机实验 16 LCD 液晶屏实验
其他      : 本实验学习如何在 I.MX6ULL 上驱动 RGB LCD 液晶屏幕，I.MX6ULL 有
            ELCDIF 接口，通过此接口可以连接一个 RGB LCD 液晶屏
论坛      : www.openedv.com
日志      : 初版 V1.0 2019/1/15 左忠凯创建
****************************************************************/
#include "bsp_clk.h"
#include "bsp_delay.h"
#include "bsp_led.h"
#include "bsp_beep.h"
#include "bsp_key.h"
#include "bsp_int.h"
#include "bsp_uart.h"
```

```
#include "stdio.h"
#include "bsp_lcd.h"
#include "bsp_lcdapi.h"


/* 背景颜色数组 */
unsigned int backcolor[10] = {
 LCD_BLUE,         LCD_GREEN,       LCD_RED,      LCD_CYAN,     LCD_YELLOW,
 LCD_LIGHTBLUE,  LCD_DARKBLUE,    LCD_WHITE,  LCD_BLACK,  LCD_ORANGE

};

/*
 * @description   : main 函数
 * @param         : 无
 * @return        : 无
 */
int main(void)
{
    unsigned char index = 0;
    unsigned char state = OFF;

    int_init();                               /* 初始化中断(一定要最先调用) */
    imx6u_clkinit();                          /* 初始化系统时钟 */
      delay_init();                           /* 初始化延时 */
    clk_enable();                             /* 使能所有的时钟 */
    led_init();                               /* 初始化 led */
    beep_init();                              /* 初始化 beep */
    uart_init();                              /* 初始化串口,波特率 115200 */
    lcd_init();                               /* 初始化 LCD */

      tftlcd_dev.forecolor = LCD_RED;
    lcd_show_string(10,10,400,32,32,(char*)"ALPHA-IMX6UL ELCD TEST");
    lcd_draw_rectangle(10, 52, 1014, 290);    /* 绘制矩形框 */
    lcd_drawline(10, 52,1014, 290);           /* 绘制线条 */
    lcd_drawline(10, 290,1014, 52);           /* 绘制线条 */
    lcd_draw_Circle(512, 171, 119);           /* 绘制圆形 */

    while(1)
    {
        index++;
        if(index == 10) index = 0;
          lcd_fill(0, 300, 1023, 599, backcolor[index]);
        lcd_show_string(800,10,240,32,32,(char*)"INDEX=");
        lcd_shownum(896,10, index, 2, 32);    /* 显示数字,叠加显示 */

        state = !state;
        led_switch(LED0,state);
        delayms(1000);                        /* 延时 1s */
    }
    return 0;
}
```

第 37 行调用函数 lcd_init 初始化 LCD。

第 39 行设置前景色,画笔颜色为红色。

第 40～44 行都是调用 bsp_lcdapi.c 中的 API 函数在 LCD 上绘制各种图形和显示字符串。

第 46 行的 while 循环中每隔 1s 就会调用函数 lcd_fill 填充指定的区域,并且显示 index 值。

main 函数很简单,重点就是初始化 LCD,然后调用 LCD 的 API 函数进行一些常用的操作,比如画线、画矩形、显示字符串和数字等。

20.4 编译、下载和验证

20.4.1 编写 Makefile 和链接脚本

修改 Makefile 中的 TARGET 为 lcd,然后在 INCDIRS 和 SRCDIRS 中加入 bsp/lcd,修改后的 Makefile 如示例 20-6 所示。

示例 20-6 Makefile 文件代码

```
1  CROSS_COMPILE   ?= arm-linux-gnueabihf-
2  TARGET          ?= lcd
3
4   /* 省略掉其他代码...... */
5
6  INCDIRS         :=  imx6ul \
7                      stdio/include \
...
19                     bsp/lcd
20
21 SRCDIRS         :=  project \
22                     stdio/lib \
...
34                     bsp/lcd
35
36  /* 省略掉其他代码...... */
37
38 clean:
39  rm -rf $(TARGET).elf $(TARGET).dis $(TARGET).bin $(COBJS) $(SOBJS)
```

第 2 行修改变量 TARGET 为 lcd,目标名称为 lcd。

第 19 行在变量 INCDIRS 中添加 RGB LCD 驱动头文件(.h)路径。

第 34 行在变量 SRCDIRS 中添加 RGB LCD 驱动驱动文件(.c)路径。

链接脚本保持不变。

20.4.2 编译和下载

使用 Make 命令编译代码,编译成功以后使用软件 imxdownload 将编译完成的 lcd.bin 文件下载到 SD 卡中,命令如下所示。

```
chmod 777 imxdownload                //给予 imxdownload 可执行权限,一次即可
./imxdownload lcd.bin /dev/sdd       //烧写到 SD 卡中,不能烧写到/dev/sda 或 sda1 设备中
```

烧写成功以后将 SD 卡插到开发板的 SD 卡槽中,然后复位开发板。程序开始运行,LED0 每隔 1s 闪烁 1 次,屏幕下半部分会每 1s 刷新 1 次,并且在屏幕的右上角显示索引值,LCD 屏幕显示如图 20-21 所示。

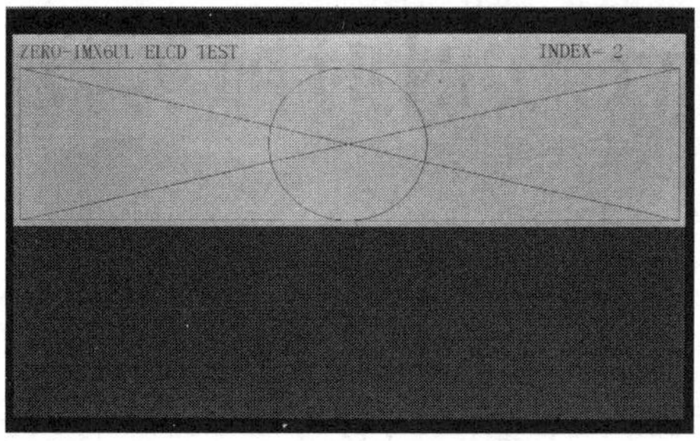

图 20-21　LCD 显示画面

第21章

RTC实时时钟实验

实时时钟是很常用的一个外设,通过实时时钟可以知道年、月、日和时间等信息。因此在需要记录时间的场合就需要实时时钟,可以使用专用的实时时钟芯片来完成此功能,现在大多数的MCU 或者 MPU 内部就已经自带了实时时钟外设模块。比如 I. MX6ULL 内部的 SNVS 就提供了RTC 功能,本章我们就学习如何使用 I. MX6ULL 内部的 RTC 来完成实时时钟功能。

21.1 I. MX6ULL RTC 实时时钟简介

如果学习过 STM32 的读者应该知道,STM32 内部有一个 RTC 外设模块,这个模块需要一个32.768kHz 的晶振,对这个 RTC 模块进行初始化就可以得到一个实时时钟。I. MX6ULL 内部也有1 个 RTC 模块,但是不叫作 RTC,而是叫做 SNVS。本章我们参考《I. MX6UL 参考手册》,而不是《I. MX6ULL 参考手册》。因为《I. MX6ULL 参考手册》有很多 SNVS 相关的寄存器并没有给出来,而《I. MX6UL 参考手册》的内容是完整的。I. MX6U 系列的 RTC 在 SNVS 里,也就是《I. MX6UL参考手册》的第 46 章相关内容。

SNVS(安全的非易性存储,Secure Non-Volatile Storage)主要有一些低功耗的外设,包括一个安全的实时计数器(RTC)、一个单调计数器(Monotonic Counter)和一些通用的寄存器,本章只使用实时计数器(RTC)。SNVS 中的外设在芯片掉电以后由电池供电继续运行,I. MX6ULL-ALPHA开发板上有一个纽扣电池,这个纽扣电池就是在主电源关闭以后为 SNVS 供电的,如图 21-1 所示。

因为纽扣电池在掉电以后会继续给 SNVS 供电,因此实时计数器就会一直运行,这样时间信息就不会丢失,除非纽扣电池没电了。在有纽扣电池作为后备电源的情况下,不论系统主电源是否断电,SNVS 都能正常运行。SNVS 有两部分 SNVS_HP 和 SNVS_LP,系统主电源断电以后,SNVS_HP 也会断电,但是在后备电源支持下,SNVS_LP 是不会断电的。而且 SNVS_LP是和芯片复位隔离开的,因此 SNVS_LP 相关寄存器的值会一直保留。

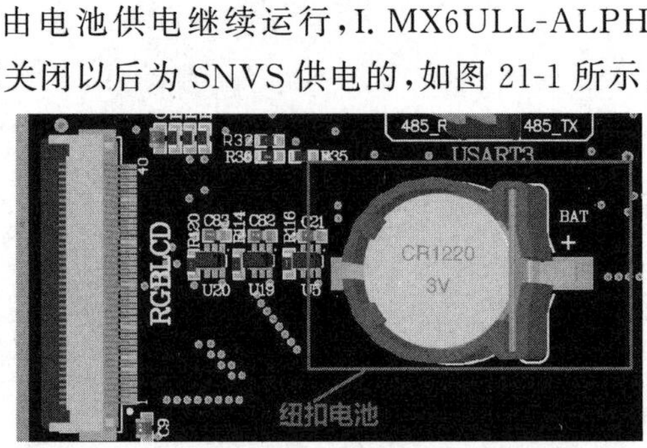

图 21-1 I. MX6ULL-ALPHA 开发板纽扣电池

SNVS分为两个子模块SNVS_HP和SNVS_LP,也就是高功耗域(SNVS_HP)和低功耗域(SNVS_LP),这两个域的电源来源如下所示。

- **SNVS_LP**:专用的always-powered-on电源域,系统主电源和备用电源都可以为其供电。
- **SNVS_HP**:系统(芯片)电源。

SNVS的这两个子模块的电源结构如图21-2所示。

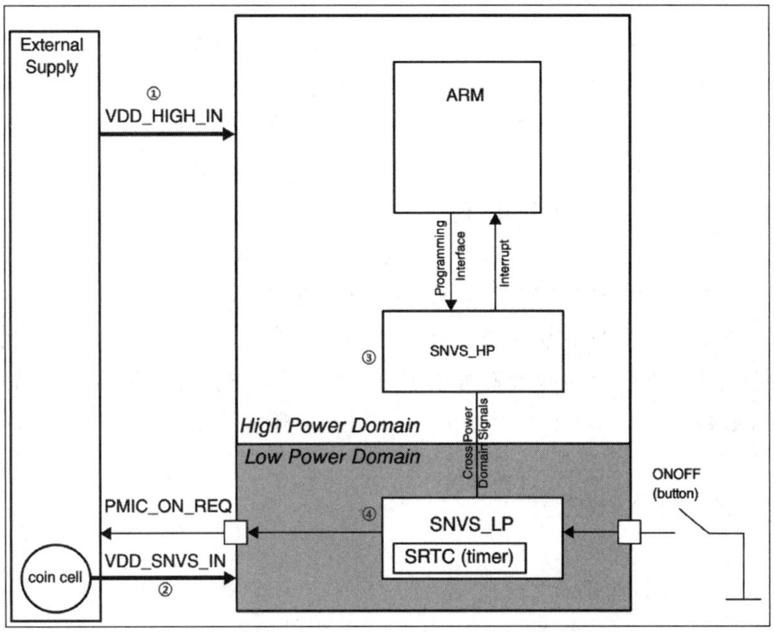

图21-2 SNVS子模块电源结构图

图21-2中各个部分功能如下所示。

(1) VDD_HIGH_IN是系统(芯片)主电源,这个电源会同时供给SNVS_HP和SNVS_LP。

(2) VDD_SNVS_IN是纽扣电池供电的电源,这个电源只会供给到SNVS_LP,保证在系统主电源VDD_HIGH_IN掉电以后SNVS_LP会继续运行。

(3) SNVS_HP部分。

(4) SNVS_LP部分,此部分有1个SRTC,这个就是本章要使用的RTC。

其实不管是SNVS_HP还是SNVS_LP,其内部都有一个SRTC,SNVS_HP在系统电源掉电以后就会关闭,所以我们使用SNVS_LP内部的SRTC。毕竟大家都不想开发板或者设备每次关闭以后时钟都被清零,开机后再设置时钟。

不管是SNVS_HP里的RTC,还是SNVS_LP里的SRTC,其本质就是一个定时器,和我们讲的EPIT定时器一样,只要给它提供时钟,它就会一直运行。SRTC需要外界提供一个32.768kHz的晶振,I. MX6ULL-ALPHA核心板上的32.768kHz的晶振就是这个作用。寄存器SNVS_LPSRTCMR和SNVS_LPSRTCLR保存着秒数,直接读取这两个寄存器的值就知道过了多长时间。一般以1970年1月1日为起点,加上经过的秒数即可得到现在的时间和日期,原理很简单。SRTC也带有闹钟功能,可以在寄存器SNVS_LPAR中写入闹钟时间值,当时钟值和闹钟值匹配时就会产生闹钟中断。要使用时钟功能还需要进行设置,本章不使用闹钟。

SNVS_HPCOMR 寄存器，只用到了位 NPSWA_EN(bit31)，这个位是非特权软件访问控制位，如果非特权软件要访问 SNVS 时此位必须为 1。

SNVS_LPCR 寄存器只用到了一个位 SRTC_ENV(bit0)，此位为 1 时使能 STC 计数器。

寄存器 SNVS_SRTCMR 和 SNVS_SRTCLR 保存着 RTC 的秒数，按照 NXP 官方《6UL 参考手册》中的说法，SNVS_SRTCMR 保存着高 15 位，SNVS_SRTCLR 保存着低 32 位，因此 SRTC 的计数器一共是 47 位。

但是笔者在编写驱动时发现，按照手册的建议去读取计数器值是错误的。具体表现为时间是混乱的，通过查找 NXP 提供的 SDK 包中的 fsl_snvs_hp. c 以及 Linux 内核中的 rtc-snvs. c 驱动文件以后，发现《6UL 参考手册》上对 SNVS_SRTCMR 和 SNVS_SRTCLR 的解释是错误的，经过查阅，结论如下。

(1) SRTC 计数器是 32 位的，不是 47 位。

(2) SNVS_SRTCMR 的 bit14：bit0，这 15 位是 SRTC 计数器的高 15 位。

(3) SNVS_SRTCLR 的 bit31：bit15，这 17 位是 SRTC 计数器的低 17 位。

按照上面的解释去读取这两个寄存器就可以得到正确的时间，如果要调整时间，也是向这两个寄存器写入要设置的时间值对应的秒数就可以了，但是要修改这两个寄存器就要先关闭 SRTC。

本章使用 I. MX6ULL 的 SNVS_LP 的 SRTC，配置步骤如下所示。

(1) 初始化 SNVS_SRTC。

初始化 SNVS_LP 中的 SRTC。

(2) 设置 RTC 时间。

第一次使用 RTC 要先设置时间。

(3) 使能 RTC。

配置好 RTC 并设置好初始时间以后，就可以开启 RTC 了。

21.2 硬件原理分析

本实验用到的资源如下所示。

(1) 指示灯 LED0。

(2) RGB LCD 接口。

(3) SRTC。

SRTC 需要外接一个 32.768kHz 的晶振，在 I. MX6ULL-ALPHA核心板上就有这个 32.768kHz 的晶振，原理图如图 21-3 所示。

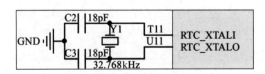

图 21-3 外接 32.768kHz 晶振

21.3 实验程序编写

本实验对应的例程路径为"1、裸机例程→16_rtc"。

21.3.1 修改文件 MCIMX6Y2.h

移植的 NXP 官方 SDK 包是针对 I.MX6ULL 编写的,因此文件 MCIMX6Y2.h 中的结构体 SNVS_Type 里的寄存器是不全的,需要在其中加入本章实验所需要的寄存器,修改后的 SNVS_Type 如示例 21-1 所示。

示例 21-1 SNVS_Type 结构体

```
typedef struct {
    __IO uint32_t HPLR;
    __IO uint32_t HPCOMR;
    __IO uint32_t HPCR;
    __IO uint32_t HPSICR;
    __IO uint32_t HPSVCR;
    __IO uint32_t HPSR;
    __IO uint32_t HPSVSR;
    __IO uint32_t HPHACIVR;
    __IO uint32_t HPHACR;
    __IO uint32_t HPRTCMR;
    __IO uint32_t HPRTCLR;
    __IO uint32_t HPTAMR;
    __IO uint32_t HPTALR;
    __IO uint32_t LPLR;
    __IO uint32_t LPCR;
    __IO uint32_t LPMKCR;
    __IO uint32_t LPSVCR;
    __IO uint32_t LPTGFCR;
    __IO uint32_t LPTDCR;
    __IO uint32_t LPSR;
    __IO uint32_t LPSRTCMR;
    __IO uint32_t LPSRTCLR;
    __IO uint32_t LPTAR;
    __IO uint32_t LPSMCMR;
    __IO uint32_t LPSMCLR;
}SNVS_Type;
```

21.3.2 编写实验程序

本章实验在第 20 章例程的基础上完成,更改工程名字为 rtc,然后在 bsp 文件夹下创建名为 rtc 的文件夹,然后在 bsp/rtc 中新建 bsp_rtc.c 和 bsp_rtc.h 这两个文件。在文件 bsp_rtc.h 中输入如示例 21-2 所示内容。

示例 21-2　bsp_rtc.h 文件代码

```
1  #ifndef _BSP_RTC_H
2  #define _BSP_RTC_H
3  /***************************************************************
4  Copyright © zuozhongkai Co., Ltd. 1998-2019. All rights reserved
5  文件名    : bsp_rtc.h
6  作者      : 左忠凯
7  版本      : V1.0
8  描述      : RTC 驱动头文件
9  其他      : 无
10 论坛      : www.openedv.com
11 日志      : 初版 V1.0 2019/1/3 左忠凯创建
12 ***************************************************************/
13 #include "imx6ul.h"
14 
15 /* 相关宏定义 */
16 #define SECONDS_IN_A_DAY      (86400)          /* 1 天 86400 秒 */
17 #define SECONDS_IN_A_HOUR     (3600)           /* 1 个小时 3600 秒 */
18 #define SECONDS_IN_A_MINUTE   (60)             /* 1 分钟 60 秒 */
19 #define DAYS_IN_A_YEAR        (365)            /* 1 年 365 天 */
20 #define YEAR_RANGE_START      (1970)           /* 开始年份 1970 年 */
21 #define YEAR_RANGE_END        (2099)           /* 结束年份 2099 年 */
22 
23 /* 时间日期结构体 */
24 struct rtc_datetime
25 {
26     unsigned short year;                       /* 范围为:1970 ~ 2099 */
27     unsigned char month;                       /* 范围为:1 ~ 12 */
28     unsigned char day;                         /* 范围为:1 ~ 31 (不同的月,天数不同). */
29     unsigned char hour;                        /* 范围为:0 ~ 23 */
30     unsigned char minute;                      /* 范围为:0 ~ 59 */
31     unsigned char second;                      /* 范围为:0 ~ 59 */
32 };
33 
34 /* 函数声明 */
35 void rtc_init(void);
36 void rtc_enable(void);
37 void rtc_disable(void);
38 unsigned int rtc_coverdate_to_seconds(struct rtc_datetime *datetime);
39 unsigned int rtc_getseconds(void);
40 void rtc_setdatetime(struct rtc_datetime *datetime);
41 void rtc_getdatetime(struct rtc_datetime *datetime);
42 
43 #endif
```

第 16～21 行定义了一些宏，比如 1 天多少秒、1 小时多少秒等等，这些宏将秒转换为时间，或者将时间转换为秒。第 24 行定义了一个结构体 rtc_datetime，此结构体用于描述日期和时间参数。剩下的就是一些函数声明了，很简单。

在文件 bsp_rtc.c 中输入如示例 21-3 所示内容。

示例 21-3 bsp_rtc.c 文件代码

```
/***************************************************************
Copyright © zuozhongkai Co., Ltd. 1998 - 2019. All rights reserved
文件名     : bsp_rtc.c
作者       : 左忠凯
版本       : V1.0
描述       : RTC 驱动文件
其他       : 无
论坛       : www.openedv.com
日志       : 初版 V1.0 2019/1/3 左忠凯创建
***************************************************************/
#include "bsp_rtc.h"
#include "stdio.h"

/*
 * @description   :初始化 RTC
 */
void rtc_init(void)
{
    /*
     * 设置 HPCOMR 寄存器
     * bit[31] 1 : 允许访问 SNVS 寄存器,一定要置 1
     */
    SNVS->HPCOMR |= (1 << 31);

#if 0
    struct rtc_datetime rtcdate;

    rtcdate.year = 2018U;
    rtcdate.month = 12U;
    rtcdate.day = 13U;
    rtcdate.hour = 14U;
    rtcdate.minute = 52;
    rtcdate.second = 0;
    rtc_setDatetime(&rtcdate);              /* 初始化时间和日期 */
#endif
    rtc_enable();                           /* 使能 RTC */
}

/*
 * @description   : 开启 RTC
 */
void rtc_enable(void)
{
    /*
     * LPCR 寄存器 bit0 置 1,使能 RTC
     */
    SNVS->LPCR |= 1 << 0;
    while(!(SNVS->LPCR & 0X01));            /* 等待使能完成 */

}
```

```
/*
  * @description  : 关闭 RTC
 */
void rtc_disable(void)
{
    /*
     * LPCR 寄存器 bit0 置 0,关闭 RTC
     */
    SNVS->LPCR &= ~(1 << 0);
    while(SNVS->LPCR & 0X01);                /* 等待关闭完成 */
}

/*
 * @description     : 判断指定年份是否为闰年,闰年条件如下:
 * @param - year    : 要判断的年份
 * @return          : 1 是闰年,0 不是闰年
 */
unsigned char rtc_isleapyear(unsigned short year)
{
    unsigned char value = 0;

    if(year % 400 == 0)
        value = 1;
    else
    {
        if((year % 4 == 0) && (year % 100 != 0))
            value = 1;
        else
            value = 0;
    }
    return value;
}

/*
 * @description         : 将时间转换为秒数
 * @param - datetime    : 要转换日期和时间
 * @return              : 转换后的秒数
 */
unsigned int rtc_coverdate_to_seconds(struct rtc_datetime *datetime)
{
    unsigned short i = 0;
    unsigned int seconds = 0;
    unsigned int days = 0;
    unsigned short monthdays[] = {0U, 0U, 31U, 59U, 90U, 120U, 151U,
                                  181U, 212U, 243U, 273U, 304U, 334U};

    for(i = 1970; i < datetime->year; i++)
    {
        days += DAYS_IN_A_YEAR;             /* 平年,每年 365 天 */
        if(rtc_isleapyear(i)) days += 1;    /* 闰年多加一天 */
    }
```

```
    days += monthdays[datetime->month];
    if(rtc_isleapyear(i) && (datetime->month >= 3)) days += 1;

    days += datetime->day - 1;

    seconds = days * SECONDS_IN_A_DAY +
                datetime->hour * SECONDS_IN_A_HOUR +
                datetime->minute * SECONDS_IN_A_MINUTE +
                datetime->second;

    return seconds;
}

/*
 * @description         : 设置时间和日期
 * @param - datetime    : 要设置的日期和时间
 * @return              : 无
 */
void rtc_setdatetime(struct rtc_datetime *datetime)
{

    unsigned int seconds = 0;
    unsigned int tmp = SNVS->LPCR;

    rtc_disable();                      /* 设置寄存器HPRTCMR和HPRTCLR前要先关闭RTC */
    /* 先将时间转换为秒 */
    seconds = rtc_coverdate_to_seconds(datetime);
    SNVS->LPSRTCMR = (unsigned int)(seconds >> 17);    /* 设置高17位 */
    SNVS->LPSRTCLR = (unsigned int)(seconds << 15);    /* 设置低15位 */

    /* 如果此前RTC是打开的在设置完RTC时间以后需要重新打开RTC */
    if (tmp & 0x1)
        rtc_enable();
}

/*
 * @description         : 将秒数转换为时间
 * @param - seconds     : 要转换的秒数
 * @param - datetime    : 转换后的日期和时间
 * @return              : 无
 */
void rtc_convertseconds_to_datetime(unsigned int seconds, struct rtc_datetime *datetime)
{
    unsigned int x;
    unsigned int  secondsRemaining, days;
    unsigned short daysInYear;

    /* 每个月的天数 */
    unsigned char daysPerMonth[] = {0U, 31U, 28U, 31U, 30U, 31U, 30U, 31U, 31U, 30U, 31U, 30U, 31U};

```

```
    secondsRemaining = seconds;                          /* 剩余秒数初始化 */
    days = secondsRemaining / SECONDS_IN_A_DAY + 1;
    secondsRemaining = secondsRemaining % SECONDS_IN_A_DAY;

    /* 计算时、分、秒 */
    datetime->hour = secondsRemaining / SECONDS_IN_A_HOUR;
    secondsRemaining = secondsRemaining % SECONDS_IN_A_HOUR;
    datetime->minute = secondsRemaining / 60;
    datetime->second = secondsRemaining % SECONDS_IN_A_MINUTE;

    /* 计算年 */
    daysInYear = DAYS_IN_A_YEAR;
    datetime->year = YEAR_RANGE_START;
    while(days > daysInYear)
    {
        /* 根据天数计算年 */
        days -= daysInYear;
        datetime->year++;

        /* 处理闰年 */
        if (!rtc_isleapyear(datetime->year))
            daysInYear = DAYS_IN_A_YEAR;
        else                                             /* 闰年,天数加 1 */
            daysInYear = DAYS_IN_A_YEAR + 1;
    }
    /* 根据剩余的天数计算月份 */
    if(rtc_isleapyear(datetime->year))                   /* 如果是闰年的话 2 月加 1 天 */
        daysPerMonth[2] = 29;
    for(x = 1; x <= 12; x++)
    {
        if (days <= daysPerMonth[x])
        {
            datetime->month = x;
            break;
        }
        else
        {
            days -= daysPerMonth[x];
        }
    }
    datetime->day = days;
}

/*
 * @description    : 获取 RTC 当前秒数
 * @param          : 无
 * @return         : 当前秒数
 */
unsigned int rtc_getseconds(void)
{
    unsigned int seconds = 0;

```

```
    seconds = (SNVS->LPSRTCMR << 17) | (SNVS->LPSRTCLR >> 15);
    return seconds;
}

/*
 * @description        : 获取当前时间
 * @param - datetime   : 获取到的时间,日期等参数
 * @return             : 无
 */
void rtc_getdatetime(struct rtc_datetime *datetime)
{
    unsigned int seconds = 0;
    seconds = rtc_getseconds();
    rtc_convertseconds_to_datetime(seconds, datetime);
}
```

文件 bsp_rtc.c 中一共有 9 个函数,依次来看一下这些函数的意义。第 1 个函数 rtc_init 是初始化 rtc 的,主要是使能 RTC,也可以在 rtc_init 函数中设置时间。第 2 个和第 3 个函数 rtc_enable 和 rtc_disable 分别是 RTC 的使能和禁止函数。第 4 个函数 rtc_isleapyear 用于判断某一年是否为闰年。第 5 个函数 rtc_coverdate_to_seconds 负责将给定的日期和时间信息转换为对应的秒数。第 6 个函数 rtc_setdatetime 用于设置时间,也就是设置寄存器 SNVS_LPSRTCMR 和 SNVS_LPSRTCLR。第 7 个函数 rtc_convertseconds_to_datetime 用于将给定的秒数转换为对应的时间值。第 8 个函数 rtc_getseconds 获取 SRTC 当前秒数,其实就是读取寄存器 SNVS_LPSRTCMR 和 SNVS_LPSRTCLR,然后将其结合成 32 位的值。最后一个函数 rtc_getdatetime 是获取时间值。

在 main 函数中先初始化 RTC,然后进入 3s 倒计时,如果这 3s 内按下了 KEY0 按键,那么就设置 SRTC 的日期。如果 3s 倒计时结束以后没有按下 KEY0,就进入 while 循环,然后读取 RTC 的时间值并且显示在 LCD 上。在文件 main.c 中输入如示例 21-4 所示内容。

示例 21-4　main.c 文件代码

```
/**************************************************************
Copyright © zuozhongkai Co., Ltd. 1998-2019. All rights reserved
文件名     : main.c
作者       : 左忠凯
版本       : V1.0
描述       : I.MX6ULL 开发板裸机实验 17 RTC 实时时钟实验
其他       : 本实验学习如何编写 I.MX6ULL 内部的 RTC 驱动,使用内部 RTC 可以实现
             一个实时时钟
论坛       : www.openedv.com
日志       : 初版 V1.0 2019/1/15 左忠凯创建
**************************************************************/
#include "bsp_clk.h"
#include "bsp_delay.h"
#include "bsp_led.h"
#include "bsp_beep.h"
#include "bsp_key.h"
```

```
#include "bsp_int.h"
#include "bsp_uart.h"
#include "bsp_lcd.h"
#include "bsp_lcdapi.h"
#include "bsp_rtc.h"
#include "stdio.h"

/*
 * @description  : main 函数
 * @param        : 无
 * @return       : 无
 */
int main(void)
{
    unsigned char key = 0;
    int t = 0;
      int i = 3;                              /* 倒计时 3s */
    char buf[160];
    struct rtc_datetime rtcdate;
    unsigned char state = OFF;

    int_init();                               /* 初始化中断(一定要最先调用) */
    imx6u_clkinit();                          /* 初始化系统时钟 */
    delay_init();                             /* 初始化延时 */
    clk_enable();                             /* 使能所有的时钟 */
    led_init();                               /* 初始化 led */
    beep_init();                              /* 初始化 beep */
    uart_init();                              /* 初始化串口,波特率 115200 */
    lcd_init();                               /* 初始化 LCD */
    rtc_init();                               /* 初始化 RTC */

    tftlcd_dev.forecolor = LCD_RED;
    lcd_show_string(50, 10, 400, 24, 24,      /* 显示字符串 */
                (char *)"ALPHA - IMX6UL RTC TEST");
    tftlcd_dev.forecolor = LCD_BLUE;
    memset(buf, 0, sizeof(buf));

    while(1)
    {
        if(t == 100)                          /* 1s 时间到了 */
          {
            t = 0;
            printf("will be running %d s......\r", i);

            lcd_fill(50, 40,370, 70, tftlcd_dev.backcolor); /* 清屏 */
            sprintf(buf, "will be running %ds......", i);
            lcd_show_string(50, 40, 300, 24, 24, buf);
            i--;
            if(i < 0)
                break;
        }

```

```
57        key = key_getvalue();
58        if(key == KEY0_VALUE)
59        {
60            rtcdate.year = 2018;
61              rtcdate.month = 1;
62            rtcdate.day = 15;
63             rtcdate.hour = 16;
64             rtcdate.minute = 23;
65             rtcdate.second = 0;
66             rtc_setdatetime(&rtcdate);                /* 初始化时间和日期 */
67             printf("\r\n RTC Init finish\r\n");
68             break;
69        }
70
71          delayms(10);
72        t++;
73    }
74    tftlcd_dev.forecolor = LCD_RED;
75    lcd_fill(50, 40,370, 70, tftlcd_dev.backcolor);        /* 清屏 */
76    lcd_show_string(50, 40, 200, 24, 24, (char*)"Current Time:");
77    tftlcd_dev.forecolor = LCD_BLUE;
78
79    while(1)
80    {
81        rtc_getdatetime(&rtcdate);
82        sprintf(buf,"%d/%d/%d %d:%d:%d",rtcdate.year,
                                          rtcdate.month,
                                          rtcdate.day,
                                          rtcdate.hour,
                                          rtcdate.minute,
                                          rtcdate.second);
83        lcd_fill(50,70, 300,94, tftlcd_dev.backcolor);
84        lcd_show_string(50,70,250,24,24,(char*)buf);  /* 显示字符串 */
85
86        state = !state;
87        led_switch(LED0,state);
88        delayms(1000);                               /* 延时1s */
89    }
90    return 0;
91 }
```

第35行调用rtc_init函数初始化RTC。

第42～73行是倒计时3s，如果在这3s内按下了KEY0按键，就会调用rtc_setdatetime函数设置当前的时间。如果3s倒计时结束以后没有按下KEY0，那就表示不需要设置时间，跳出循环，执行下面的代码。

第79～89行是主循环，此循环每隔1s调用rtc_getdatetime函数获取一次时间值，并且通过串口打印给SecureCRT或者在LCD上显示。

21.4 编译、下载和验证

21.4.1 编写 Makefile 和链接脚本

修改 Makefile 中的 TARGET 为 rtc，然后在 INCDIRS 和 SRCDIRS 中加入 bsp/rtc，修改后的 Makefile 如示例 21-5 所示。

示例 21-5 Makefile 代码

```
1  CROSS_COMPILE   ?= arm-linux-gnueabihf-
2  TARGET          ?= rtc
3
4 /* 省略掉其他代码...... */
5
6  INCDIRS         :=  imx6ul \
7                      stdio/include \
...
20                     bsp/rtc
21
22 SRCDIRS         :=  project \
23                     stdio/lib \
...
36                     bsp/rtc
37
38 /* 省略掉其他代码...... */
39
40 clean:
41   rm -rf $(TARGET).elf $(TARGET).dis $(TARGET).bin $(COBJS) $(SOBJS)
```

第 2 行修改变量 TARGET 为 rtc，也就是目标名称为 rtc。

第 20 行在变量 INCDIRS 中添加 RTC 驱动头文件(.h)路径。

第 36 行在变量 SRCDIRS 中添加 RTC 驱动文件(.c)路径。

链接脚本保持不变。

21.4.2 编译和下载

使用 Make 命令编译代码，编译成功以后使用软件 imxdownload 将编译完成的 rtc.bin 文件下载到 SD 卡中，命令如下所示。

```
chmod 777 imxdownload                //给予 imxdownload 可执行权限，一次即可
./imxdownload rtc.bin /dev/sdd       //烧写到 SD 卡中
```

烧写成功以后将 SD 卡插到开发板的 SD 卡槽中，然后复位开发板。程序一开始进入 3s 倒计时，如图 21-4 所示。

如果在倒计时结束之前按下 KEY0，那么 RTC 就会被设置为代码中已设置的时间和日期值，RTC 运行如图 21-5 所示。

图 21-4　3s 倒计时

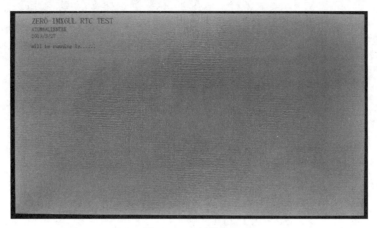

图 21-5　设置有的时间

在 main 函数中设置的时间是 2018 年 1 月 15 日，16 点 23 分 0 秒，在倒计数结束之前按下 KEY0 按键设置 RTC，图 21-5 中的时间就是设置以后的时间。

第22章

I^2C实验

I^2C 是最常用的通信接口，众多的传感器都会提供 I^2C 接口来和主控相连，比如陀螺仪、加速度计、触摸屏等等。所以 I^2C 是做嵌入式开发必须掌握的，I. MX6ULL 有 4 个 I^2C 接口，可以通过这 4 个 I^2C 接口来连接一些 I^2C 外设。I. MX6ULL-ALPHA 使用 I^2C1 接口连接了一个距离传感器 AP3216C，本章就来学习如何使用 I. MX6ULL 的 I^2C 接口来驱动 AP3216C，读取 AP3216C 的传感器数据。

22.1 I^2C 和 AP3216C 简介

22.1.1 I^2C 简介

I^2C 是很常见的一种总线协议，I^2C 是 NXP 公司设计的，I^2C 使用两条线在主控制器和从机之间进行数据通信。一条是 SCL（串行时钟线），另外一条是 SDA（串行数据线），这两条数据线需要接上拉电阻，总线空闲时 SCL 和 SDA 处于高电平。I^2C 总线标准模式下速度可以达到 100kb/s，快速模式下可以达到 400kb/s。I^2C 总线工作是按照一定的协议来运行的，接下来就看一下 I^2C 协议。

I^2C 是支持多从机的，也就是一个 I^2C 控制器下可以挂多个 I^2C 从设备，这些不同的 I^2C 从设备有不同的器件地址，这样 I^2C 主控制器就可以通过 I^2C 设备的器件地址访问指定的 I^2C 设备了，一个 I^2C 总线连接多个 I^2C 设备，如图 22-1 所示。

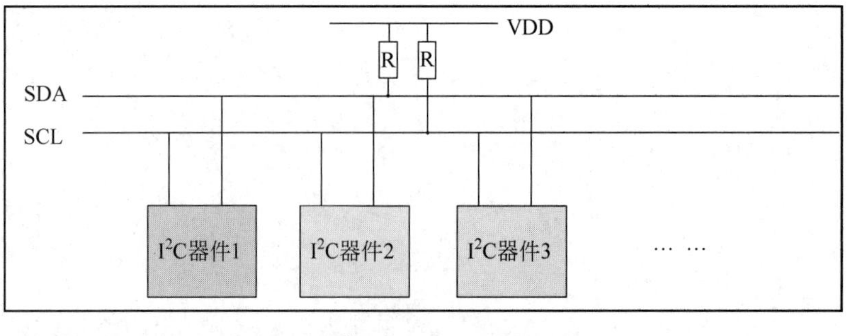

图 22-1　I^2C 多个设备连接结构图

图 22-1 中 SDA 和 SCL 这两根线必须要接一个上拉电阻，一般是 4.7kΩ。其余的 I^2C 从器件都挂接到 SDA 和 SCL 这两根线上，这样就可以通过 SDA 和 SCL 这两根线来访问多个 I^2C 设备。

1. 起始位

顾名思义，也就是 I^2C 通信起始标志，通过这个起始位就可以告诉 I^2C 从机，"我"要开始进行 I^2C 通信了。在 SCL 为高电平时，SDA 出现下降沿就表示为起始位，如图 22-2 所示。

2. 停止位

停止位就是停止 I^2C 通信的标志位，和起始位的功能相反。在 SCL 位高电平时，SDA 出现上升沿就表示为停止位，如图 22-3 所示。

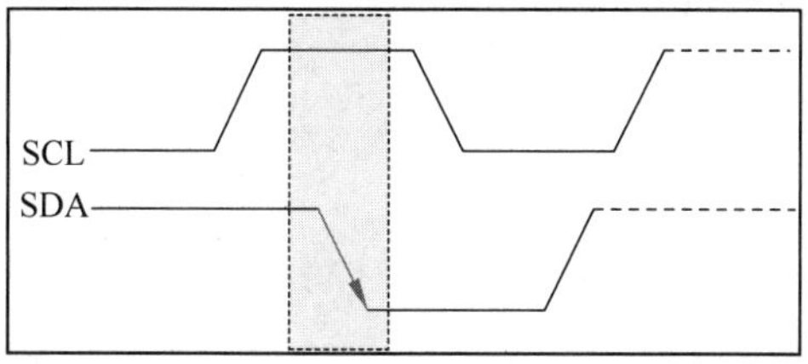

图 22-2　I^2C 通信起始位

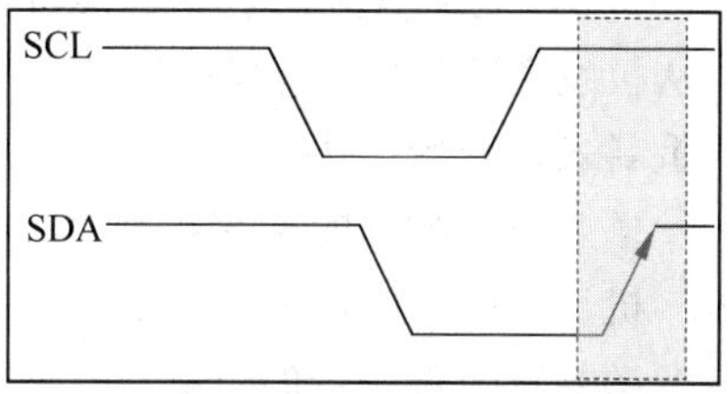

图 22-3　I^2C 通信停止位

3. 数据传输

I^2C 总线在数据传输时要保证在 SCL 高电平期间，SDA 上的数据稳定，因此 SDA 上的数据变化只能在 SCL 低电平期间发生，如图 22-4 所示。

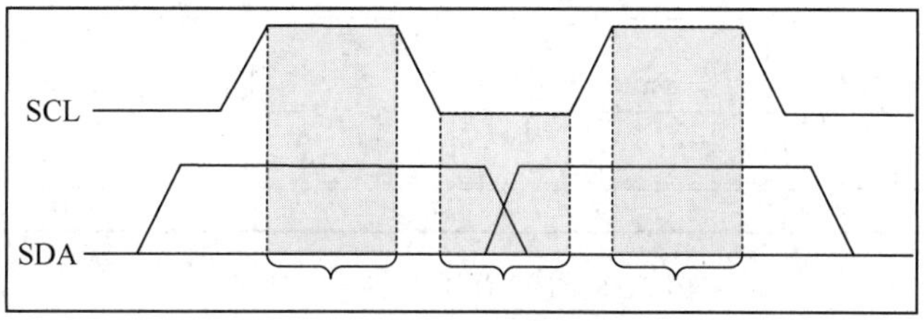

图 22-4　I^2C 数据传输

4. 应答信号

当 I^2C 主机发送完 8 位数据以后，会将 SDA 设置为输入状态，等待 I^2C 从机应答，即等到 I^2C 从机告诉主机它接收到数据了。应答信号是由从机发出的，主机需要提供应答信号所需的时钟，主机发送完 8 位数据以后紧跟着的时钟信号就是给应答信号使用的。从机通过将 SDA 拉低表示发出应答信号，通信成功；否则表示通信失败。

5. I^2C 写时序

主机通过 I^2C 总线与从机之间进行通信不外乎两个操作：写和读。I^2C 总线单字节写时序如图 22-5 所示。

写时序的具体步骤如下。

(1) 开始信号。

(2) 发送 I^2C 设备地址，每个 I^2C 器件都有一个设备地址，通过发送具体的设备地址来决定访问哪个 I^2C 器件。这是一个 8 位数据，其中高 7 位是设备地址，最后 1 位是读写位，为 1 表示这是一

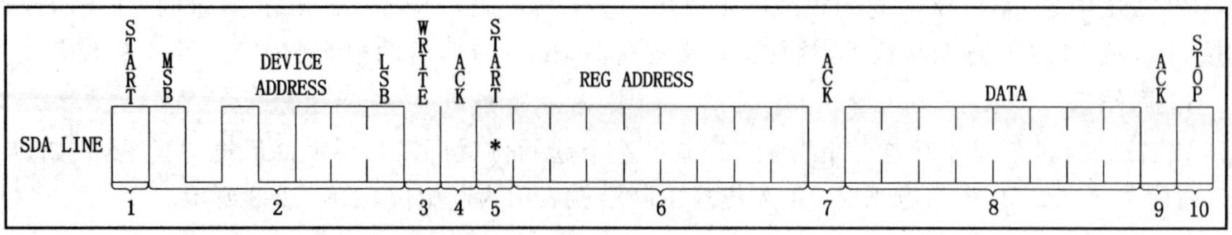

图 22-5　I^2C 写时序

个读操作，为 0 表示这是一个写操作。

(3) I^2C 器件地址后面跟着一个读写位，为 0 表示写操作，为 1 表示读操作。

(4) 从机发送的 ACK 应答信号。

(5) 重新发送开始信号。

(6) 发送要写入数据的寄存器地址。

(7) 从机发送的 ACK 应答信号。

(8) 发送要写入寄存器的数据。

(9) 从机发送的 ACK 应答信号。

(10) 停止信号。

6. I^2C 读时序

I^2C 总线单字节读时序如图 22-6 所示。

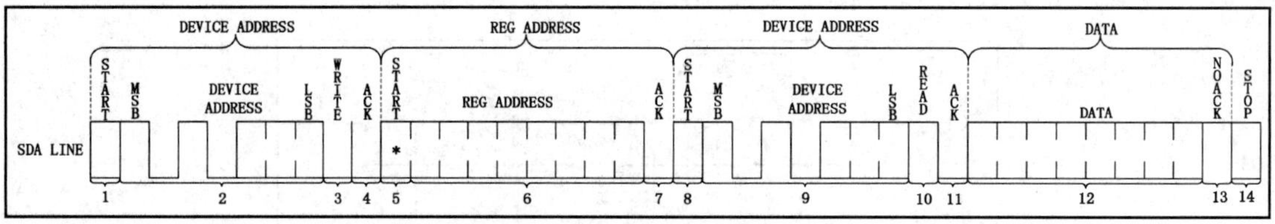

图 22-6　I^2C 总线单字节读时序

I^2C 总线单字节读时序比写时序要复杂一点，读时序分为 4 大步，第 1 步是发送设备地址，第 2 步是发送要读取的寄存器地址，第 3 步重新发送设备地址，第 4 步就是 I^2C 从器件输出要读取的寄存器值。我们具体来看一下这 4 步的相应工作内容。

(1) 主机发送起始信号。

(2) 主机发送要读取的 I^2C 从设备地址。

(3) 读写控制位，向 I^2C 从设备发送数据，因此是写信号。

(4) 从机发送的 ACK 应答信号。

(5) 重新发送 START 信号。

(6) 主机发送要读取的寄存器地址。

(7) 从机发送的 ACK 应答信号。

(8) 重新发送 START 信号。

(9) 重新发送要读取的 I^2C 从设备地址。

(10) 读写控制位，这里是读信号，表示从 I^2C 从设备中读取数据。

(11) 从机发送的 ACK 应答信号。

(12) 从 I^2C 器件中读取到的数据。

(13) 主机发出 NO ACK 信号,表示读取完成,不需要从机再发送 ACK 信号。

(14) 主机发出 STOP 信号,停止 I^2C 通信。

7. I^2C 多字节读写时序

有时候我们需要读写多个字节,多字节读写时序和单字节基本一致,只是在读写数据时可以连续发送多个自己的数据,其他的控制时序和单字节一样。

22.1.2 I. MX6ULL I^2C 简介

I. MX6ULL 提供了 4 个 I^2C 外设,通过这 4 个 I^2C 外设即可完成与 I^2C 从器件的通信,I. MX6ULL 的 I^2C 外设特性如下所示。

(1) 与标准 I^2C 总线兼容。

(2) 多主机运行。

(3) 软件可编程的 64 种不同的串行时钟序列。

(4) 软件可选择的应答位。

(5) 开始/结束信号生成和检测。

(6) 重复开始信号生成。

(7) 确认位生成。

(8) 总线忙检测

I. MX6ULL 的 I^2C 支持两种模式:标准模式和快速模式。标准模式下 I^2C 数据传输速率最高为 100kb/s,在快速模式下 I^2C 数据传输速率最高为 400kb/s。

I^2C 的几个重要寄存器介绍如下。首先是 I2Cx_IADR(x=1~4)寄存器,这是 I^2C 的地址寄存器,此寄存器结构如图 22-7 所示。

Bit	15	14	13	12	11	10	9	8	7	6	5	4	3	2	1	0
Read	0								ADR							0
Write																
Reset	0	0	0	0	0	0	0	0	0	0	0	0	0	0	0	0

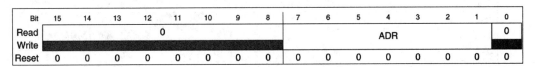

图 22-7 寄存器 I2Cx_IADR 结构

寄存器 I2Cx_IADR 只有 ADR(bit7:1)位有效,用来保存 I^2C 从设备地址数据。当我们要访问某个 I^2C 从设备时就需要将其设备地址写入到 ADR 里。接下来看一下寄存器 I2Cx_IFDR,这个是 I^2C 的分频寄存器,寄存器结构如图 22-8 所示。

Bit	15	14	13	12	11	10	9	8	7	6	5	4	3	2	1	0
Read	0										IC					
Write																
Reset	0	0	0	0	0	0	0	0	0	0	0	0	0	0	0	0

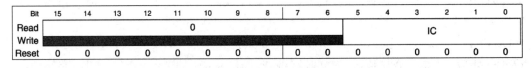

图 22-8 寄存器 I2Cx_IFDR 结构

寄存器 I2Cx_IFDR 也只有 IC(bit5:0)这个位,用来设置 I^2C 的波特率,I^2C 的时钟源可以选择 IPG_CLK_ROOT=66MHz,通过设置 IC 位就可以得到想要的 I^2C 波特率。IC 位可选的设置如

图 22-9 所示。

IC	Divider	IC	Divider	IC	Divider	IC	Divider
0x00	30	0x10	288	0x20	22	0x30	160
0x01	32	0x11	320	0x21	24	0x31	192
0x02	36	0x12	384	0x22	26	0x32	224
0x03	42	0x13	480	0x23	28	0x33	256
0x04	48	0x14	576	0x24	32	0x34	320
0x05	52	0x15	640	0x25	36	0x35	384
0x06	60	0x16	768	0x26	40	0x36	448
0x07	72	0x17	960	0x27	44	0x37	512
0x08	80	0x18	1152	0x28	48	0x38	640
0x09	88	0x19	1280	0x29	56	0x39	768
0x0A	104	0x1A	1536	0x2A	64	0x3A	896
0x0B	128	0x1B	1920	0x2B	72	0x3B	1024
0x0C	144	0x1C	2304	0x2C	80	0x3C	1280
0x0D	160	0x1D	2560	0x2D	96	0x3D	1536
0x0E	192	0x1E	3072	0x2E	112	0x3E	1792
0x0F	240	0x1F	3840	0x2F	128	0x3F	2048

图 22-9　IC 设置

不像其他外设的分频设置可以随意更改，图 22-9 中列出了 IC 的所有可选值。比如现在 I^{2}C 的时钟源为 66MHz，我们要设置 I^{2}C 的波特率为 100kHz，那么 IC 就可以设置为 0X15，也就是 640 分频。66000000/640＝103.125kHz≈100kHz。

寄存器 I2Cx_I2CR 是 I^{2}C 控制寄存器，此寄存器结构如图 22-10 所示。

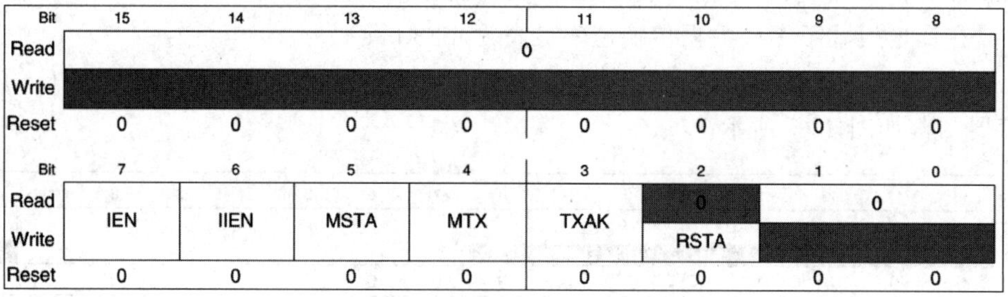

图 22-10　寄存器 I2Cx_I2CR 结构

寄存器 I2Cx_I2CR 的各位含义如下所示。

IEN(bit7)：I^{2}C 使能位，为 1 时使能 I^{2}C，为 0 时关闭 I^{2}C。

IIEN(bit6)：I^{2}C 中断使能位，为 1 时使能 I^{2}C 中断，为 0 时关闭 I^{2}C 中断。

MSTA(bit5)：主从模式选择位，设置 I^{2}C 工作在主模式还是从模式。为 1 时工作在主模式，为 0 时工作在从模式。

MTX(bit4)：传输方向选择位，用来设置发送还是接收。为 0 时是接收，为 1 时是发送。

TXAK(bit3)：传输应答位使能，为 0 时发送 ACK 信号，为 1 时发送 NO ACK 信号。

RSTA(bit2)：重复开始信号，为 1 时产生一个重新开始信号。

寄存器 I2Cx_I2SR，是 I^{2}C 的状态寄存器，寄存器结构如图 22-11 所示。

Bit	15	14	13	12	11	10	9	8
Read	0							
Write								
Reset	0	0	0	0	0	0	0	0
Bit	7	6	5	4	3	2	1	0
Read	ICF	IAAS	IBB	IAL	0	SRW	IIF	RXAK
Write								
Reset	1	0	0	0	0	0	0	1

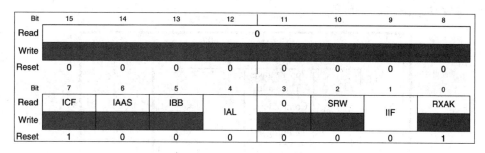

图 22-11　寄存器 I2Cx_I2SR 结构

寄存器 I2Cx_I2SR 的各位含义如下所示。

ICF(bit7)：数据传输状态位，为 0 时表示数据正在传输，为 1 时表示数据传输完成。

IAAS(bit6)：当为 1 时表示 I^2C 地址，也就是 I2Cx_IADR 寄存器中的地址是从设备地址。

IBB(bit5)：I^2C 总线忙标志位，当为 0 时表示 I^2C 总线空闲，为 1 时表示 I^2C 总线忙。

IAL(bit4)：仲裁丢失位，为 1 时表示发生仲裁丢失。

SRW(bit2)：从机读写状态位，当 I^2C 作为从机时使用，此位用来表明主机发送给从机的是读还是写命令。为 0 时表示主机要向从机写数据，为 1 时表示主机向从机读取数据。

IIF(bit1)：I^2C 中断挂起标志位，当为 1 时表示有中断挂起，此位需要软件清零。

RXAK(bit0)：应答信号标志位，为 0 时表示接收到 ACK 应答信号，为 1 时表示检测到 NO ACK 信号。

最后一个寄存器就是 I2Cx_I2DR，这是 I^2C 的数据寄存器，此寄存器只有低 8 位有效。当要发送数据时将要发送的数据写入到此寄存器，如果要接收数据的话，直接读取此寄存器即可得到接收到的数据。

22.1.3　AP3216C 简介

I. MX6ULL-ALPHA 开发板上通过 I2C1 连接了一个三合一环境传感器 AP3216C。AP3216C 是由敦南科技推出的一款传感器，其支持环境光强度(ALS)、接近距离(PS)和红外线强度(IR)这 3 个环境参数检测。该芯片可以通过 I^2C 接口与主控器相连，并且支持中断。AP3216C 的特点如下所示。

(1) I^2C 接口，快速模式下波特率可以到 400kb/s。

(2) 多种工作模式选择：ALS、PS+IR、ALS+PS+IR、PD。

(3) 内建温度补偿电路。

(4) 宽工作温度范围(-30℃～+80℃)。

(5) 超小封装，4.1mm×2.4mm×1.35mm。

(6) 环境光传感器具有 16 位分辨率。

(7) 接近红外传感器，具有 10 位分辨率。

AP3216C 常被用于手机、平板、导航设备等，其内置的接近传感器可以用于检测是否有物体接近，比如手机上用来检测耳朵是否接触听筒。如果检测到就表示正在打电话，手机会关闭屏幕以省电，也可以使用环境光传感器检测光照强度，可以实现自动背光亮度调节。

AP3216C 结构如图 22-12 所示。

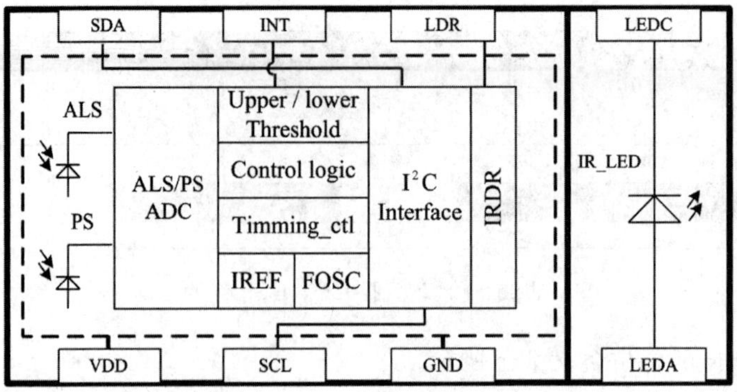

图 22-12 AP3216C 结构图

AP3216 的设备地址为 0X1E，同大部分 I^2C 从器件一样，AP3216C 内部也有一些寄存器，通过这些寄存器可以配置 AP3216C 的工作模式，并且读取相应的数据。AP3216C 用到的寄存器如表 22-1 所示。

表 22-1 本章使用的 AP3216C 寄存器表

寄存器地址	位	寄存器功能	描　　述
0X00	2:0	系统模式	000：掉电模式(默认) 001：使能 ALS 010：使能 PS+IR 011：使能 ALS+PS+IR 100：软复位 101：ALS 单次模式 110：PS+IR 单次模式 111：ALS+PS+IR 单次模式
0X0A	7	IR 低位数据	0：IR&PS 数据有效；1：无效
	1:0		IR 最低 2 位数据
0X0B	7:0	IR 高位数据	IR 高 8 位数据
0X0C	7:0	ALS 低位数据	ALS 低 8 位数据
0X0D	7:0	ALS 高位数据	ALS 高 8 位数据
0X0E	7	PS 低位数据	0，物体在远离；1，物体在接近
	6		0，IR&PS 数据有效；1，IR&PS 数据无效
	3:0		PS 最低 4 位数据
0X0F	7	PS 高位数据	0，物体在远离；1，物体在接近
	6		0，IR&PS 数据有效；1，IR&PS 数据无效
	5:0		PS 最低 6 位数据

在表 22-1 中，0X00 这个寄存器是模式控制寄存器，用来设置 AP3216C 的工作模式，先将其设置为 0X04，即软件复位一次 AP3216C。接下来根据实际使用情况选择合适的工作模式，比如设置为 0X03，开启 ALS+PS+IR。从 0X0A～0X0F，这 6 个是数据寄存器，保存着 ALS、PS 和 IR 这 3 个传感器获取到的数据值。如果同时打开 ALS、PS 和 IR，则读取间隔最少要 112.5ms，因为

AP3216C 完成一次转换需要 112.5ms。

本章实验中通过 I.MX6ULL 的 I2C1 来读取 AP3216C 内部的 ALS、PS 和 IR 的值，并且在 LCD 上显示。开机会先检测 AP3216C 是否存在，一般的芯片有 ID 寄存器，通过读取 ID 寄存器判断 ID 是否正确，进而检测芯片是否存在。但是 AP3216C 没有 ID 寄存器，通过向寄存器 0X00 写入一个值，然后再读取 0X00 寄存器的值，判断得到值和写入值是否相等。如果相等 AP3216C 存在，否则 AP3216C 不存在。本章的配置步骤如下所示。

① 初始化相应的 I/O。

初始化 I2C1 相应的 I/O，设置其复用功能，如果要使用 AP3216C 中断功能，还需要设置 AP3216C 的中断 I/O。

② 初始化 I2C1。

初始化 I2C1 接口，设置波特率。

③ 初始化 AP3216C。

初始化 AP3216C，读取 AP3216C 的数据。

22.2 硬件原理分析

本实验用到的资源如下所示。

(1) 指示灯 LED0。

(2) RGB LCD 屏幕。

(3) AP3216C。

(4) 串口。

AP3216C 是在 I.MX6ULL-ALPHA 的开发板底板上，原理图如图 22-13 所示。

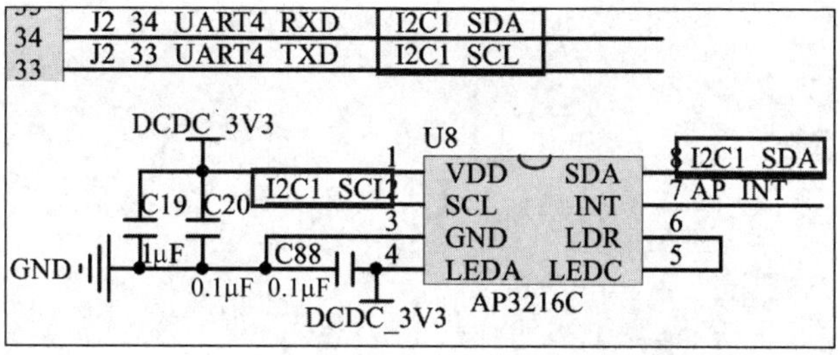

图 22-13 AP3216C 原理图

从图 22-13 可以看出，AP3216C 使用的是 I2C1，其中 I2C1_SCL 使用的是 UART4_TXD 这个 I/O，I2C1_SDA 使用的是 UART4_R XD 这个 I/O。

22.3 实验程序编写

本实验对应的例程路径为“1、裸机例程→17_i2c”。

本章实验在第 21 章例程的基础上完成，更改工程名字为 ap3216c，然后在 bsp 文件夹下创建名为 i2c 和 ap3216c 的文件夹。在 bsp/i2c 中新建 bsp_i2c.c 和 bsp_i2c.h 这两个文件，在 bsp/ap3216c 中新建 bsp_ap3216c. c 和 bsp_ap3216c. h 这两个文件。bsp_i2c. c 和 bsp_i2c. h 是 I. MX6ULL 的 I^2C 文件，bsp_ap3216c. c 和 bsp_ap3216c. h 是 AP3216C 的驱动文件。在文件 bsp_i2c. h 中输入如示例 22-1 所示内容。

示例 22-1　bsp_i2c. h 文件代码

```
#ifndef _BSP_I2C_H
#define _BSP_I2C_H
/***************************************************************
Copyright © zuozhongkai Co., Ltd. 1998 - 2019. All rights reserved
文件名      : bsp_i2c.h
作者        : 左忠凯
版本        : V1.0
描述        : I2C 驱动文件
其他        : 无
论坛        : www.openedv.com
日志        : 初版 V1.0 2019/1/15 左忠凯创建
***************************************************************/
#include "imx6ul.h"

/* 相关宏定义 */
#define I2C_STATUS_OK                   (0)
#define I2C_STATUS_BUSY                 (1)
#define I2C_STATUS_IDLE                 (2)
#define I2C_STATUS_NAK                  (3)
#define I2C_STATUS_ARBITRATIONLOST      (4)
#define I2C_STATUS_TIMEOUT              (5)
#define I2C_STATUS_ADDRNAK              (6)

/*
 * I2C 方向枚举类型
 */
enum i2c_direction
{
    kI2C_Write = 0x0,                   /* 主机向从机写数据 */
    kI2C_Read = 0x1,                    /* 主机向从机读数据 */
};

/*
 * 主机传输结构体
 */
struct i2c_transfer
{
    unsigned char slaveAddress;         /* 7 位从机地址 */
    enum i2c_direction direction;       /* 传输方向 */
    unsigned int subaddress;            /* 寄存器地址 */
```

```
41     unsigned char subaddressSize;                          /* 寄存器地址长度 */
42     unsigned char * volatile data;                         /* 数据缓冲区 */
43     volatile unsigned int dataSize;                        /* 数据缓冲区长度 */
44 };
45
46 /*
47   * 函数声明
48   */
49 void i2c_init(I2C_Type * base);
50 unsigned char i2c_master_start(I2C_Type * base, unsigned char address,
                               enum i2c_direction direction);
51 unsigned char i2c_master_repeated_start(I2C_Type * base, unsigned char address,
                                        enum i2c_direction direction);
52 unsigned char i2c_check_and_clear_error(I2C_Type * base, unsigned int status);
53 unsigned char i2c_master_stop(I2C_Type * base);
54 void i2c_master_write(I2C_Type * base, const unsigned char * buf, unsigned int size);
55 void i2c_master_read(I2C_Type * base, unsigned char * buf, unsigned int size);
56 unsigned char i2c_master_transfer(I2C_Type * base, struct i2c_transfer * xfer);
57
58 #endif
```

第16～22行定义了一些I²C状态相关的宏。第27～31行定义了一个枚举类型i2c_direction，此枚举类型用来表示I²C主机对从机的操作，也就是读数据还是写数据。第36～44行定义了一个结构体i2c_transfer，此结构体用于I²C的数据传输。剩下的就是一些函数声明了，总体来说bsp_i2c.h文件中的内容还是很简单的。接下来在文件bsp_i2c.c中输入如示例22-2所示内容。

示例22-2　bsp_i2c.c文件代码

```
/***************************************************************
Copyright © zuozhongkai Co., Ltd. 1998-2019. All rights reserved
文件名    : bsp_i2c.c
作者      : 左忠凯
版本      : V1.0
描述      : I2C驱动文件
其他      : 无
论坛      : www.openedv.com
日志      : 初版V1.0 2019/1/15 左忠凯创建
***************************************************************/
#include "bsp_i2c.h"
#include "bsp_delay.h"
#include "stdio.h"

/*
 * @description    : 初始化I2C,波特率100kHz
 * @param - base  : 要初始化的I2C设置
 * @return         : 无
 */
```

```c
void i2c_init(I2C_Type *base)
{
    /* 1. 配置 I2C */
    base->I2CR &= ~(1 << 7); /* 要访问 I2C 的寄存器,首先需要先关闭 I2C */

    /* 设置波特率为 100kHz
     * I2C 的时钟源来源于 IPG_CLK_ROOT = 66MHz
     * IFDR 设置为 0X15,也就是 640 分频,
     * 66000000/640 = 103.125kHz≈100kHz
     */
    base->IFDR = 0X15 << 0;

    /* 设置寄存器 I2CR,开启 I2C */
    base->I2CR |= (1 <<7);
}

/*
 * @description         : 发送重新开始信号
 * @param - base        : 要使用的 I2C
 * @param - addrss      : 设备地址
 * @param - direction   : 方向
 * @return              : 0 正常 其他值出错
 */
unsigned char i2c_master_repeated_start(I2C_Type *base, unsigned char address,
                                         enum i2c_direction direction)
{
    /* I2C 忙并且工作在从模式,跳出 */
    if(base->I2SR & (1 << 5) && (((base->I2CR) & (1 << 5)) == 0))
        return 1;

    /*
     * 设置寄存器 I2CR
     * bit[4]: 1 发送
     * bit[2]: 1 产生重新开始信号
     */
    base->I2CR |=  (1 << 4) | (1 << 2);

    /*
     * 设置寄存器 I2DR,bit[7:0] : 要发送的数据,这里写入从设备地址
     */
    base->I2DR = ((unsigned int)address << 1) | ((direction == kI2C_Read)? 1 : 0);
    return 0;
}

/*
 * @description         : 发送开始信号
 * @param - base        : 要使用的 I2C
 * @param - addrss      : 设备地址
 * @param - direction   : 方向
 * @return              : 0 正常 其他值 出错
 */
```

```
unsigned char i2c_master_start(I2C_Type * base, unsigned char address,
                               enum i2c_direction direction)
{
    if(base->I2SR & (1 << 5))                    /* I2C忙 */
        return 1;

    /*
     * 设置寄存器 I2CR
     * bit[5]: 1 主模式
     * bit[4]: 1 发送
     */
    base->I2CR |=  (1 << 5) | (1 << 4);

    /*
     * 设置寄存器 I2DR,bit[7:0] : 要发送的数据,这里写入从设备地址
     */
    base->I2DR = ((unsigned int)address << 1) | ((direction == kI2C_Read)? 1 : 0);
    return 0;
}

/*
 * @description         : 检查并清除错误
 * @param - base        : 要使用的 I2C
 * @param - status      : 状态
 * @return              : 状态结果
 */
unsigned char i2c_check_and_clear_error(I2C_Type * base, unsigned int status)
{
    if(status & (1 << 4))                        /* 检查是否发生仲裁丢失错误 */
    {
        base->I2SR &= ~(1 << 4);                 /* 清除仲裁丢失错误位 */
        base->I2CR &= ~(1 << 7);                 /* 先关闭 I2C */
        base->I2CR |= (1 << 7);                  /* 重新打开 I2C */
        return I2C_STATUS_ARBITRATIONLOST;
    }
    else if(status & (1 << 0))                   /* 没有接收到从机的应答信号 */
    {
        return I2C_STATUS_NAK;                   /* 返回 NAK(No acknowledge) */
    }
    return I2C_STATUS_OK;
}

/*
 * @description         : 停止信号
 * @param - base        : 要使用的 IIC
 * @param               : 无
 * @return              : 状态结果
 */
unsigned char i2c_master_stop(I2C_Type * base)
{
    unsigned short timeout = 0XFFFF;

```

```
    /* 清除 I2CR 的 bit[5:3]这三位 */
    base->I2CR &= ~((1 << 5) | (1 << 4) | (1 << 3));
    while((base->I2SR & (1 << 5)))                      /* 等待忙结束 */
    {
        timeout--;
        if(timeout == 0)                                /* 超时跳出 */
            return I2C_STATUS_TIMEOUT;
    }
    return I2C_STATUS_OK;
}

/*
 * @description      : 发送数据
 * @param - base     : 要使用的 I²C
 * @param - buf      : 要发送的数据
 * @param - size     : 要发送的数据大小
 * @param - flags    : 标志
 * @return           : 无
 */
void i2c_master_write(I2C_Type *base, const unsigned char *buf,
unsigned int size)
{
    while(!(base->I2SR & (1 << 7)));              /* 等待传输完成 */
    base->I2SR &= ~(1 << 1);                      /* 清除标志位 */
    base->I2CR |= 1 << 4;                         /* 发送数据 */
    while(size--)
    {
        base->I2DR = *buf++;                      /* 将 buf 中的数据写入到 I2DR 寄存器 */
        while(!(base->I2SR & (1 << 1)));          /* 等待传输完成 */
        base->I2SR &= ~(1 << 1);                  /* 清除标志位 */

        /* 检查 ACK */
        if(i2c_check_and_clear_error(base, base->I2SR))
            break;
    }
    base->I2SR &= ~(1 << 1);
    i2c_master_stop(base);                        /* 发送停止信号 */
}

/*
 * @description      : 读取数据
 * @param - base     : 要使用的 I²C
 * @param - buf      : 读取到数据
 * @param - size     : 要读取的数据大小
 * @return           : 无
 */
void i2c_master_read(I2C_Type *base, unsigned char *buf,
                     unsigned int size)
{
    volatile uint8_t dummy = 0;

```

```
    dummy++;                                      /* 防止编译报错 */
    while(!(base->I2SR & (1 << 7)));              /* 等待传输完成 */
    base->I2SR &= ~(1 << 1);                      /* 清除中断挂起位 */
    base->I2CR &= ~((1 << 4) | (1 << 3));         /* 接收数据 */
    if(size == 1)                                 /* 如果只接收一字节数据的话发送 NACK 信号 */
        base->I2CR |= (1 << 3);

    dummy = base->I2DR;                           /* 假读 */
    while(size--)
    {
        while(!(base->I2SR & (1 << 1)));          /* 等待传输完成 */
        base->I2SR &= ~(1 << 1);                  /* 清除标志位 */

        if(size == 0)
            i2c_master_stop(base);                /* 发送停止信号 */
        if(size == 1)
            base->I2CR |= (1 << 3);
        *buf++ = base->I2DR;
    }
}

/*
 * @description   : I²C 数据传输,包括读和写
 * @param - base  : 要使用的 I²C
 * @param - xfer  : 传输结构体
 * @return        : 传输结果,0 成功,其他值 失败;
 */
unsigned char i2c_master_transfer(I2C_Type *base, struct i2c_transfer *xfer)
{
    unsigned char ret = 0;
    enum i2c_direction direction = xfer->direction;

    base->I2SR &= ~((1 << 1) | (1 << 4));        /* 清除标志位 */
    while(!((base->I2SR >> 7) & 0X1)){};         /* 等待传输完成 */
    /* 如果是读的话,要先发送寄存器地址,所以要先将方向改为写 */
    if ((xfer->subaddressSize > 0) && (xfer->direction == kI2C_Read))
        direction = kI2C_Write;
    ret = i2c_master_start(base, xfer->slaveAddress, direction);
    if(ret)
        return ret;
    while(!(base->I2SR & (1 << 1))){};           /* 等待传输完成 */
    ret = i2c_check_and_clear_error(base, base->I2SR);
    if(ret)
    {
        i2c_master_stop(base);                    /* 发送出错,发送停止信号 */
        return ret;
    }

    /* 发送寄存器地址 */
    if(xfer->subaddressSize)
    {
        do
```

```
            {
                base->I2SR &= ~(1 << 1);                    /* 清除标志位 */
                xfer->subaddressSize--;                     /* 地址长度减一 */
                base->I2DR =  ((xfer->subaddress) >> (8 * xfer->subaddressSize)); seldom
                while(!(base->I2SR & (1 << 1)));            /* 等待传输完成 */
                /* 检查是否有错误发生 */
                ret = i2c_check_and_clear_error(base, base->I2SR);
                if(ret)
                {
                    i2c_master_stop(base);                  /* 发送停止信号 */
                    return ret;
                }
            } while ((xfer->subaddressSize > 0) && (ret == I2C_STATUS_OK));

            if(xfer->direction == kI2C_Read)                /* 读取数据 */
            {
                base->I2SR &= ~(1 << 1);                    /* 清除中断挂起位 */
                i2c_master_repeated_start(base, xfer->slaveAddress, kI2C_Read);
                while(!(base->I2SR & (1 << 1))){};          /* 等待传输完成 */

                /* 检查是否有错误发生 */
                ret = i2c_check_and_clear_error(base, base->I2SR);
                if(ret)
                {
                    ret = I2C_STATUS_ADDRNAK;
                    i2c_master_stop(base);                  /* 发送停止信号 */
                    return ret;
                }
            }
        }

        /* 发送数据 */
        if ((xfer->direction == kI2C_Write) && (xfer->dataSize > 0))
            i2c_master_write(base, xfer->data, xfer->dataSize);
        /* 读取数据 */
        if ((xfer->direction == kI2C_Read) && (xfer->dataSize > 0))
            i2c_master_read(base, xfer->data, xfer->dataSize);
        return 0;
}
```

文件 bsp_i2c.c 中一共有 8 个函数，我们依次来看一下这些函数的功能。第 1 个函数是 i2c_init，此函数用来初始化 I^2C，重点是设置 I^2C 的波特率，初始化完成以后开启 I^2C。第 2 个函数是 i2c_master_repeated_start，此函数用来发送一个重复开始信号，发送开始信号时也会发送从设备地址。第 3 个函数是 i2c_master_start，此函数用于发送一个开始信号，发送开始信号时也会发送从设备地址。第 4 个函数是 i2c_check_and_clear_error，此函数用于检查并清除错误。第 5 个函数是 i2c_master_stop，用于产生一个停止信号。第 6 个和第 7 个函数分别为 i2c_master_write 和 i2c_master_read，这两个函数分别用于向 I^2C 从设备写数据和从 I^2C 从设备读数据。第 8 个函数是 i2c_master_transfer，此函数就是用户最终调用的，用于完成 I^2C 通信的函数，此函数会使用前面的函数拼凑出 I^2C 读/写时序。此函数是按照 I^2C 读写时序来编写的。

I²C 的操作函数已经准备好了，接下来就是使用已编写的 I²C 操作函数来配置 AP3216C。配置完成以后就可以读取 AP3216C 中的传感器数据，在文件 bsp_ap3216c.h 中输入如示例 22-3 所示内容。

示例 22-3 bsp_ap3216c.h 文件代码

```
1  #ifndef _BSP_AP3216C_H
2  #define _BSP_AP3216C_H
3  /***************************************************************
4  Copyright © zuozhongkai Co., Ltd. 1998-2019. All rights reserved
5  文件名      : bsp_ap3216c.h
6  作者        : 左忠凯
7  版本        : V1.0
8  描述        : AP3216C 驱动头文件
9  其他        : 无
10 论坛        : www.openedv.com
11 日志        : 初版 V1.0 2019/3/26 左忠凯创建
12 ***************************************************************/
13 #include "imx6ul.h"
14
15 #define AP3216C_ADDR           0X1E    /* AP3216C 器件地址 */
16
17 /* AP3316C 寄存器 */
18 #define AP3216C_SYSTEMCONG     0x00    /* 配置寄存器 */
19 #define AP3216C_INTSTATUS      0X01    /* 中断状态寄存器 */
20 #define AP3216C_INTCLEAR       0X02    /* 中断清除寄存器 */
21 #define AP3216C_IRDATALOW      0x0A    /* IR 数据低字节 */
22 #define AP3216C_IRDATAHIGH     0x0B    /* IR 数据高字节 */
23 #define AP3216C_ALSDATALOW     0x0C    /* ALS 数据低字节 */
24 #define AP3216C_ALSDATAHIGH    0X0D    /* ALS 数据高字节 */
25 #define AP3216C_PSDATALOW      0X0E    /* PS 数据低字节 */
26 #define AP3216C_PSDATAHIGH     0X0F    /* PS 数据高字节 */
27
28 /* 函数声明 */
29 unsigned char ap3216c_init(void);
30 unsigned char ap3216c_readonebyte(unsigned char addr,unsigned char reg);
31 unsigned char ap3216c_writeonebyte(unsigned char addr,unsigned char reg, unsigned char data);
32 void ap3216c_readdata(unsigned short *ir, unsigned short *ps, unsigned short *als);
33
34 #endif
```

第 15～26 行定义了一些宏，分别为 AP3216C 的设备地址和寄存器地址，剩下的就是函数声明。接下来在文件 bsp_ap3216c.c 中输入如示例 22-4 所示内容。

示例 22-4 bsp_ap3216c.c 文件代码

```
/***************************************************************
Copyright © zuozhongkai Co., Ltd. 1998-2019. All rights reserved
文件名      : bsp_ap3216c.c
作者        : 左忠凯
```

```
版本       : V1.0
描述       : AP3216C 驱动文件
其他       : 无
论坛       : www.openedv.com
日志       : 初版 V1.0 2019/3/26 左忠凯创建
***************************************************************/
#include "bsp_ap3216c.h"
#include "bsp_i2c.h"
#include "bsp_delay.h"
#include "cc.h"
#include "stdio.h"

/*
 * @description  : 初始化 AP3216C
 * @param        : 无
 * @return       : 0 成功,其他值 错误代码
 */
unsigned char ap3216c_init(void)
{
    unsigned char data = 0;

    /* 1. I/O 初始化,配置 I2C IO 属性
     * I2C1_SCL -> UART4_TXD
     * I2C1_SDA -> UART4_RXD
     */
    IOMUXC_SetPinMux(IOMUXC_UART4_TX_DATA_I2C1_SCL, 1);
    IOMUXC_SetPinMux(IOMUXC_UART4_RX_DATA_I2C1_SDA, 1);
    IOMUXC_SetPinConfig(IOMUXC_UART4_TX_DATA_I2C1_SCL, 0x70B0);
    IOMUXC_SetPinConfig(IOMUXC_UART4_RX_DATA_I2C1_SDA, 0X70B0);

    /* 2. 初始化 I2C1 */
    i2c_init(I2C1);

    /* 3. 初始化 AP3216C */
    /* 复位 AP3216C */
    ap3216c_writeonebyte(AP3216C_ADDR, AP3216C_SYSTEMCONG, 0X04);
    delayms(50);                       /* AP33216C 复位至少 10ms */

     /* 开启 ALS、PS + IR */
    ap3216c_writeonebyte(AP3216C_ADDR, AP3216C_SYSTEMCONG, 0X03);

    /* 读取刚刚写进去的 0X03 */
    data = ap3216c_readonebyte(AP3216C_ADDR, AP3216C_SYSTEMCONG);
    if(data == 0X03)
        return 0;                      /* AP3216C 正常 */
    else
        return 1;                      /* AP3216C 失败 */
}

/*
 * @description  : 向 AP3216C 写入数据
 * @param - addr : 设备地址
```

```
 * @param - reg   : 要写入的寄存器
 * @param - data  : 要写入的数据
 * @return        : 操作结果
 */
unsigned char ap3216c_writeonebyte(unsigned char addr,unsigned char reg, unsigned char data)
{
    unsigned char status = 0;
    unsigned char writedata = data;
    struct i2c_transfer masterXfer;

    /* 配置 I2C xfer 结构体 */
    masterXfer.slaveAddress = addr;              /* 设备地址 */
    masterXfer.direction = kI2C_Write;           /* 写入数据 */
    masterXfer.subaddress = reg;                 /* 要写入的寄存器地址 */
    masterXfer.subaddressSize = 1;               /* 地址长度 1 字节 */
    masterXfer.data = &writedata;                /* 要写入的数据 */
    masterXfer.dataSize = 1;                     /* 写入数据长度 1 字节 */

    if(i2c_master_transfer(I2C1, &masterXfer))
        status = 1;

    return status;
}

/*
 * @description   : 从 AP3216C 读取 1 字节的数据
 * @param - addr  : 设备地址
 * @param - reg   : 要读取的寄存器
 * @return        : 读取到的数据
 */
unsigned char ap3216c_readonebyte(unsigned char addr,unsigned char reg)
{
    unsigned char val = 0;

    struct i2c_transfer masterXfer;
    masterXfer.slaveAddress = addr;          /* 设备地址 */
    masterXfer.direction = kI2C_Read;        /* 读取数据 */
    masterXfer.subaddress = reg;             /* 要读取的寄存器地址 */
    masterXfer.subaddressSize = 1;           /* 地址长度 1 字节 */
    masterXfer.data = &val;                  /* 接收数据缓冲区 */
    masterXfer.dataSize = 1;                 /* 读取数据长度 1 字节 */
    i2c_master_transfer(I2C1, &masterXfer);

    return val;
}

/*
 * @description   : 读取 AP3216C 的原始数据,包括 ALS,PS 和 IR; 注意,如果
 *                :同时打开 ALS,IR + PS 两次数据读取的时间间隔要大于 112.5ms
 * @param - ir    : ir 数据
 * @param - ps    : ps 数据
 * @param - ps    : als 数据
```

```
 * @return      : 无.
 */
void ap3216c_readdata(unsigned short *ir, unsigned short *ps, unsigned short *als)
{
    unsigned char buf[6];
    unsigned char i;

    /* 循环读取所有传感器数据 */
    for(i = 0; i < 6; i++)
    {
        buf[i] = ap3216c_readonebyte(AP3216C_ADDR, AP3216C_IRDATALOW + i);
    }

    if(buf[0] & 0X80)                                   /* IR_OF 位为 1,则数据无效 */
        *ir = 0;
    else                                                /* 读取 IR 传感器的数据 */
        *ir = ((unsigned short)buf[1] << 2) | (buf[0] & 0X03);

    *als = ((unsigned short)buf[3] << 8) | buf[2];      /* 读取 ALS 数据 */

    if(buf[4] & 0x40)                                   /* IR_OF 位为 1,则数据无效 */
        *ps = 0;
    else                                                /* 读取 PS 传感器的数据 */
        *ps = ((unsigned short)(buf[5] & 0X3F) << 4) | (buf[4] & 0X0F);
}
```

文件 bsp_ap3216c.c 中共有 4 个函数，第 1 个函数是 ap3216c_init，顾名思义此函数用于初始化 AP3216C，初始化成功则返回 0，如果初始化失败就返回其他值。此函数先初始化用到的 I/O，比如初始化 I2C1 的相关 I/O，并设置其复用位 I2C1。然后此函数会调用 i2c_init 来初始化 I2C1，最后初始化 AP3216C。第 2 个和第 3 个函数分别为 ap3216c_writeonebyte 和 ap3216c_readonebyte，这两个函数分别用于向 AP3216C 写入数据和从 AP3216C 读取数据。这两个函数都通过调用 bsp_i2c.c 中的函数 i2c_master_transfer 来完成对 AP3216C 的读写。第 4 个函数就是 ap3216c_readdata，此函数用于读取 AP3216C 中的 ALS、PS 和 IR 的传感器数据。

最后在文件 main.c 中输入如示例 22-5 所示内容。

示例 22-5　main.c 文件代码

```
/**************************************************************
Copyright © zuozhongkai Co., Ltd. 1998-2019. All rights reserved
文件名    : main.c
作者      : 左忠凯
版本      : V1.0
描述      : I.MX6ULL 开发板裸机实验 18 I2C 实验
其他      : I2C 是最常用的接口,ALPHA 开发板上有多个 I2C 外设,本实验就来学习如何驱动 I.MX6ULL 的
            I2C 接口,并且通过 I2C 接口读取板载 AP3216C 的数据值
论坛      : www.openedv.com
日志      : 初版 V1.0 2019/1/15 左忠凯创建
**************************************************************/
```

```c
#include "bsp_clk.h"
#include "bsp_delay.h"
#include "bsp_led.h"
#include "bsp_beep.h"
#include "bsp_key.h"
#include "bsp_int.h"
#include "bsp_uart.h"
#include "bsp_lcd.h"
#include "bsp_rtc.h"
#include "bsp_ap3216c.h"
#include "stdio.h"

/*
 * @description    : main函数
 * @param          : 无
 * @return         : 无
 */
int main(void)
{
    unsigned short ir, als, ps;
    unsigned char state = OFF;

    int_init();                             /* 初始化中断(一定要最先调用) */
    imx6u_clkinit();                        /* 初始化系统时钟 */
    delay_init();                           /* 初始化延时 */
    clk_enable();                           /* 使能所有的时钟 */
    led_init();                             /* 初始化 led */
    beep_init();                            /* 初始化 beep */
    uart_init();                            /* 初始化串口,波特率 115200 */
    lcd_init();                             /* 初始化 LCD */

    tftlcd_dev.forecolor = LCD_RED;
    lcd_show_string(30, 50, 200, 16, 16, (char*)"ALPHA-IMX6U IIC TEST");
    lcd_show_string(30, 70, 200, 16, 16, (char*)"AP3216C TEST");
    lcd_show_string(30, 90, 200, 16, 16, (char*)"ATOM@ALIENTEK");
    lcd_show_string(30, 110, 200, 16, 16, (char*)"2019/3/26");

    while(ap3216c_init())                   /* 检测不到 AP3216C */
    {
        lcd_show_string(30, 130, 200, 16, 16, (char*)"AP3216C Check Failed!");
        delayms(500);
        lcd_show_string(30, 130, 200, 16, 16, (char*)"Please Check!        ");
        delayms(500);
    }

    lcd_show_string(30, 130, 200, 16, 16, (char*)"AP3216C Ready!");
    lcd_show_string(30, 160, 200, 16, 16, (char*)" IR:");
    lcd_show_string(30, 180, 200, 16, 16, (char*)" PS:");
    lcd_show_string(30, 200, 200, 16, 16, (char*)"ALS:");
    tftlcd_dev.forecolor = LCD_BLUE;
    while(1)
    {
```

```
53          ap3216c_readdata(&ir, &ps, &als);                   /* 读取数据 */
54          lcd_shownum(30 + 32, 160, ir, 5, 16);               /* 显示 IR 数据 */
55             lcd_shownum(30 + 32, 180, ps, 5, 16);            /* 显示 PS 数据 */
56             lcd_shownum(30 + 32, 200, als, 5, 16);           /* 显示 ALS 数据 */
57          delayms(120);
58          state = !state;
59          led_switch(LED0,state);
60      }
61      return 0;
62 }
```

第 38 行调用 ap3216c_init 来初始化 AP3216C，如果 AP3216C 初始化失败就会进入循环，会在 LCD 上不断地闪烁字符串"AP3216C Check Failed!"和"Please Check!"，直到 AP3216C 初始化成功。

第 53 行调用函数 ap3216c_readdata 来获取 AP3216C 的 ALS、PS 和 IR 传感器数据值，获取完成以后就会在 LCD 上显示出来。

22.4 编译、下载和验证

22.4.1 编写 Makefile 和链接脚本

修改 Makefile 中的 TARGET 为 ap3216c，然后在 INCDIRS 和 SRCDIRS 中加入 bsp/i2c 和 bsp/ap3216c，修改后的 Makefile 如示例 22-6 所示。

示例 22-6 Makefile 文件代码

```
1  CROSS_COMPILE    ?= arm-linux-gnueabihf-
2  TARGET           ?= ap3216c
3
4  /* 省略掉其他代码...... */
5
6  INCDIRS          :=  imx6ul \
7                       stdio/include \
...
21                      bsp/i2c \
22                      bsp/ap3216c
23
24 SRCDIRS          :=  project \
25                      stdio/lib \
...
39                      bsp/i2c \
40                      bsp/ap3216c
41
42 /* 省略掉其他代码...... */
43
44 clean:
45  rm -rf $(TARGET).elf $(TARGET).dis $(TARGET).bin $(COBJS) $(SOBJS)
```

第 2 行修改变量 TARGET 为 ap3216c，也就是目标名称为 ap3216c。

第 21 和 22 行在变量 INCDIRS 中添加 I^2C 和 AP3216C 的驱动头文件(.h)路径。

第 39 和 40 行在变量 SRCDIRS 中添加 I^2C 和 AP3216C 驱动文件(.c)路径。

链接脚本保持不变。

22.4.2 编译和下载

使用 Make 命令编译代码,编译成功以后使用软件 imxdownload 将编译完成的 ap3216c.bin 文件下载到 SD 卡中,命令如下所示。

```
chmod 777 imxdownload                        //给予 imxdownload 可执行权限,一次即可
./imxdownload ap3216c.bin /dev/sdd           //烧写到 SD 卡中,不能烧写到/dev/sda 或 sda1 里
```

烧写成功以后将 SD 卡插到开发板的 SD 卡槽中,然后复位开发板。程序运行以后 LCD 界面如图 22-14 所示。

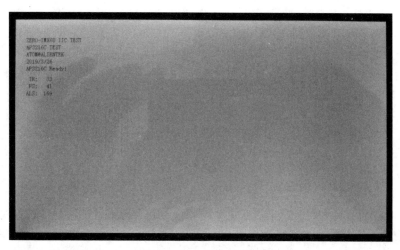

图 22-14 LCD 显示界面

图 22-14 中显示出了 AP3216C 的 3 个传感器的数据,大家可以用手遮住或者靠近 AP3216C,LCD 上的 3 个数据就会变化。

第23章

SPI实验

同 I^2C 一样，SPI 是很常用的通信接口，也可以通过 SPI 来连接众多的传感器。相比 I^2C 接口，SPI 接口的通信速度很快，I^2C 最高达到 400kHz，但是 SPI 可以到达几十 MHz。I. MX6ULL 也有 4 个 SPI 接口，可以通过这 4 个 SPI 接口来连接一些 SPI 外设。I. MX6ULL-ALPHA 使用 SPI3 接口连接了一个六轴传感器 ICM-20608，本章我们就来学习如何使用 I. MX6ULL 的 SPI 接口驱动 ICM-20608，读取 ICM-20608 的六轴数据。

23.1 SPI & ICM-20608 简介

23.1.1 SPI 简介

I^2C 是串行通信的一种，只需要两根线就可以完成主机和从机之间的通信，但是 I^2C 的速度最高只能到 400kHz，如果对于访问速度要求比较高，I^2C 就不适合了。本章我们就来学习和 I^2C 一样广泛使用的串行通信较 SPI（Serial Perripheral Interface，串行外围设备接口）。SPI 是 Motorola 公司推出的一种同步串行接口技术，是一种高速、全双工的同步通信总线，SPI 时钟频率相比 I^2C 要高很多，最高可以工作在上百 MHz。SPI 以主从方式工作，通常有一个主设备和一个或多个从设备。一般 SPI 需要 4 根线，但是也可以使用 3 根线（单向传输），本章讲解标准的 4 线 SPI，这根线具体内容如下所示。

（1）CS/SS（Chip Select/Slave Select），这个是片选信号线，用于选择需要进行通信的从设备。I^2C 主机是通过发送从机设备地址来选择需要进行通信的从机设备的，SPI 主机不需要发送从机设备，直接将相应的从机设备片选信号拉低即可。

（2）SCK（Serial Clock），串行时钟，和 I^2C 的 SCL 一样，为 SPI 通信提供时钟。

（3）MOSI/SDO（Master Out Slave In/Serial Data Output），简称主出从入信号线，这根数据线只能用于主机向从机发送数据，也就是主机输出，从机输入。

（4）MISO/SDI（Master In Slave Out/Serial Data Input），简称主入从出信号线，这根数据线只能用户从机向主机发送数据，也就是主机输入，从机输出。

SPI 通信都是由主机发起的，主机需要提供通信的时钟信号。主机通过 SPI 线连接多个从设备的结构如图 23-1 所示。

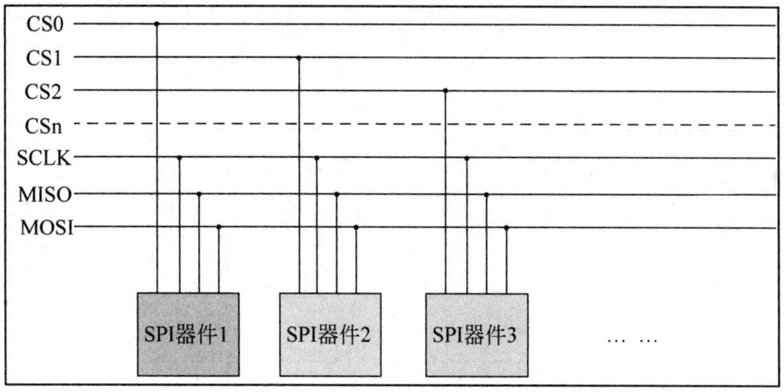

图 23-1 SPI 设备连接图

SPI 有 4 种工作模式，通过串行时钟极性（CPOL）和相位（CPHA）的搭配得到 4 种工作模式。

（1）CPOL＝0，串行时钟空闲状态为低电平。

（2）CPOL＝1，串行时钟空闲状态为高电平，此时可以通过配置时钟相位（CPHA）来选择具体的传输协议。

（3）CPHA＝0，串行时钟的第一个跳变沿（上升沿或下降沿）采集数据。

（4）CPHA＝1，串行时钟的第二个跳变沿（上升沿或下降沿）采集数据。

这 4 种工作模式如图 23-2 所示。

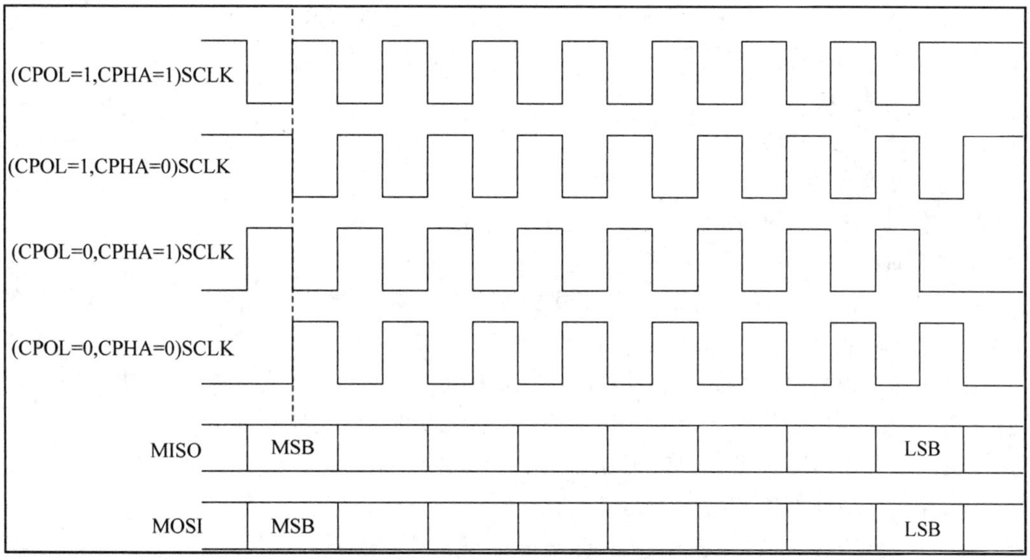

图 23-2 SPI 的 4 种工作模式

跟 I^2C 一样，SPI 也是有时序图的。以 CPOL＝0，CPHA＝0 这个工作模式为例，SPI 进行全双工通信的时序如图 23-3 所示。

从图 23-3 可以看出，SPI 的时序图很简单，不像 I^2C 那样还要分为读时序和写时序，因为 SPI 是全双工的，所以读写时序可以一起完成。图 23-3 中，CS 片选信号先拉低，选中要通信的从设备，然后通过 MOSI 和 MISO 这两根数据线进行数据收发，MOSI 数据线发出了 0XD2 这个数据给从设备，同时从设备也通过 MISO 线给主设备返回了 0X66 这个数据。

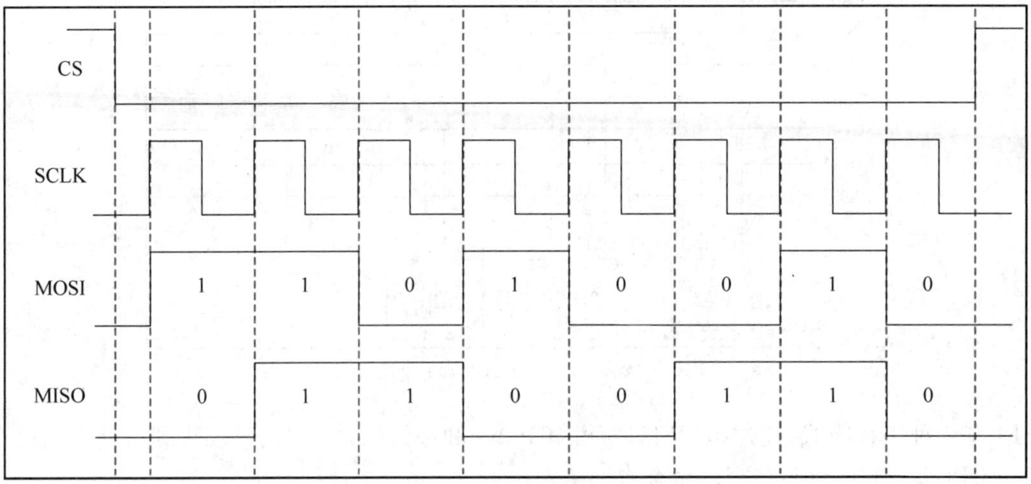

图 23-3　SPI 时序图

23.1.2　I. MX6ULL ECSPI 简介

I. MX6ULL 自带的 SPI 外设叫做 ECSPI(Enhanced Configurable Serial Peripheral Interface)，别看前面加了个"EC"就以为和标准 SPI 不同，其实就是 SPI。ECSPI 有 64×32 个接收 FIFO (RXFIFO)和 64×32 个发送 FIFO(TXFIFO)，ECSPI 特性如下所示。

(1) 全双工同步串行接口。

(2) 可配置的主/从模式。

(3) 四个片选信号，支持多从机。

(4) 发送和接收都有一个 32×64 的 FIFO。

(5) 片选信号 SS/CS，时钟信号 SCLK 极性可配置。

(6) 支持 DMA。

I. MX6ULL 的 ECSPI 可以工作在主模式或从模式，本章使用主模式。I. MX6ULL 有 4 个 ECSPI，每个 ECSPI 支持 4 个片选信号。如果要使用 ECSPI 硬件片选信号，一个 ECSPI 可以支持 4 个外设。如果不使用硬件的片选信号，就可以支持无数个外设，本章实验我们不使用硬件片选信号，因为硬件片选信号只能使用指定的片选 I/O，软件片选可以使用任意的 I/O。

接下来看一下 ECSPI 的几个重要寄存器，ECSPIx_CONREG(x=1～4)寄存器是 ECSPI 的控制寄存器，此寄存器结构如图 23-4 所示。

Bit	31	30	29	28	27	26	25	24	23	22	21	20	19	18	17	16
R W	BURST_LENGTH												CHANNEL_SELECT		DRCTL	
Reset	0	0	0	0	0	0	0	0	0	0	0	0	0	0	0	0

Bit	15	14	13	12	11	10	9	8	7	6	5	4	3	2	1	0
R W	PRE_DIVIDER				POST_DIVIDER				CHANNEL_MODE				SMC	XCH	HT	EN
Reset	0	0	0	0	0	0	0	0	0	0	0	0	0	0	0	0

图 23-4　寄存器 ECSPIx_CONREG 结构

寄存器 ECSPIx_CONREG 各位含义如下所示。

BURST_LENGTH(bit31:24)：突发长度，设置 SPI 的突发传输数据长度。在一次 SPI 发送中最多可以发送 2^{12} bit 数据。可以设置 0X000～0XFFF，分别对应 1～2^{12} bit。一般设置突发长度为 1 字节，也就是 8bit，BURST_LENGTH＝7。

CHANNEL_SELECT(bit19:18)：SPI 通道选择，1 个 ECSPI 有 4 个硬件片选信号，每个片选信号是一个硬件通道，虽然本章实验使用软件片选，但是 SPI 通道还是要选择的。可设置为 0～3，分别对应通道 0～3。I. MX6ULL-ALPHA 开发板上的 ICM-20608 片选信号接的是 ECSPI3_SS0，也就是 ECSPI3 的通道 0，所以本章实验设置为 0。

DRCTL(bit17:16)：SPI 的 SPI_RDY 信号控制位，用于设置 SPI_RDY 信号，为 0 时不关心 SPI_RDY 信号；为 1 时 SPI_RDY 信号为边沿触发；为 2 时 SPI_RDY 信号是电平触发。

PRE_DIVIDER(bit15:12)：SPI 预分频，ECSPI 时钟频率使用两步来完成，此位设置的是第一步，可设置 0～15，分别对应 1～16 分频。

POST_DIVIDER(bit11:8)：SPI 分频值，ECSPI 时钟频率的第二步分频设置，分频值为 $2^{POST\_DIVIDER}$。

CHANNEL_MODE(bit7:4)：SPI 通道主/从模式设置，CHANNEL_MODE[3:0]分别对应 SPI 通道 3～0，为 0 时设置为从模式，如果为 1 就是主模式。比如设置为 0X01 就是设置通道 0 为主模式。

SMC(bit3)：开始模式控制，此位只能在主模式下起作用，为 0 时通过 XCH 位开启 SPI 突发访问，为 1 时只要向 TXFIFO 写入数据就能开启 SPI 突发访问。

XCH(bit2)：此位只在主模式下起作用，当 SMC 为 0 时，此位用来控制 SPI 突发访问的开启。

HT(bit1)：HT 模式使能位，I. MX6ULL 不支持。

EN(bit0)：SPI 使能位，为 0 时关闭 SPI，为 1 时使能 SPI。

ECSPIx_CONFIGREG 也是 ECSPI 的配置寄存器，此寄存器结构如图 23-5 所示。

Bit	31	30	29	28	27	26	25	24	23	22	21	20	19	18	17	16	15	14	13	12	11	10	9	8	7	6	5	4	3	2	1	0
R W	Reserved			HT_LENGTH					SCLK_CTL				DATA_CTL				SS_POL				SS_CTL				SCLK_POL				SCLK_PHA			
Reset	0	0	0	0	0	0	0	0	0	0	0	0	0	0	0	0	0	0	0	0	0	0	0	0	0	0	0	0	0	0	0	0

图 23-5　寄存器 ECSPIx_CONFIGREG 结构

寄存器 ECSPIx_CONFIGREG 用到的重要位如下所示。

HT_LENGTH(bit28:24)：HT 模式下的消息长度设置，I. MX6ULL 不支持。

SCLK_CTL(bit23:20)：设置 SCLK 信号线空闲状态电平，SCLK_CTL[3:0]分别对应通道 3～0，为 0 时 SCLK 空闲状态为低电平，为 1 时 SCLK 空闲状态为高电平。

DATA_CTL(bit19:16)：设置 DATA 信号线空闲状态电平，DATA_CTL[3:0]分别对应通道 3～0，为 0 时 DATA 空闲状态为高电平，为 1 时 DATA 空闲状态为低电平。

SS_POL(bit15:12)：设置 SPI 片选信号极性设置，SS_POL[3:0]分别对应通道 3～0，为 0 时片选信号低电平有效，为 1 时片选信号高电平有效。

SCLK_POL(bit7:4)：SPI 时钟信号极性设置，也就是 CPOL。SCLK_POL[3:0]分别对应通道 3～0，为 0 时 SCLK 高电平有效(空闲时为低电平)，为 1 时 SCLK 低电平有效(空闲时为高电平)。

SCLK_PHA(bit3:0)：SPI 时钟相位设置，也就是 CPHA。SCLK_PHA[3:0]分别对应通道 3～0，为 0 时串行时钟的第一个跳变沿(上升沿或下降沿)采集数据，为 1 时串行时钟的第二个跳变沿(上升沿或下降沿)采集数据。

通过 SCLK_POL 和 SCLK_PHA 可以设置 SPI 的工作模式。

寄存器 ECSPIx_PERIODREG 是 ECSPI 的采样周期寄存器，此寄存器结构如图 23-6 所示。

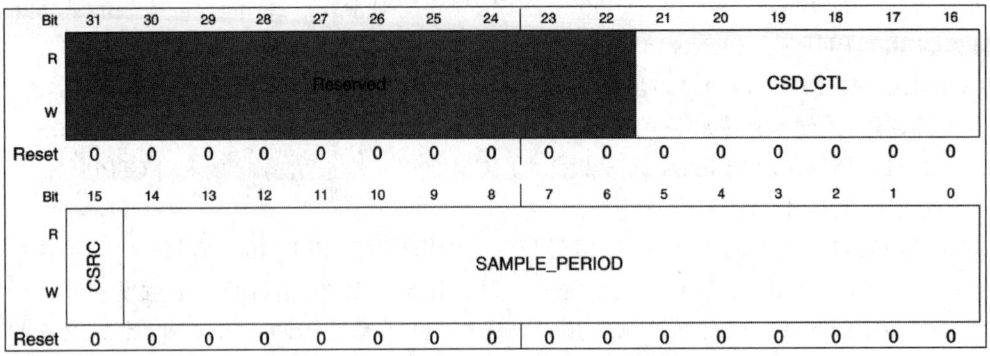

图 23-6　寄存器 ECSPIx_PERIODREG 结构

寄存器 ECSPIx_PERIODREG 用到的重要位如下所示。

CSD_CTL(bit21:16)：片选信号延时控制位，用于设置片选信号和第一个 SPI 时钟信号之间的时间间隔，可设置的值为 0～63。

CSRC(bit15)：SPI 时钟源选择，为 0 时选择 SPI CLK 为 SPI 时钟源，为 1 时选择 32.768kHz 的晶振为 SPI 时钟源。一般选择 SPI CLK 作为 SPI 时钟源，SPI CLK 时钟来源如图 23-7 所示。

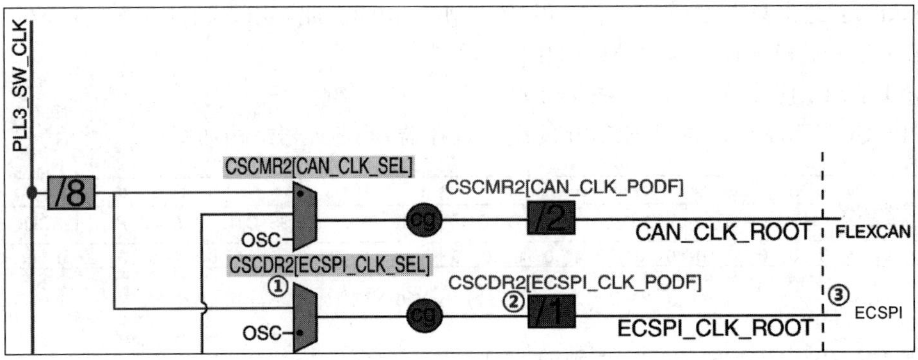

图 23-7　SPI CLK 时钟源

图 23-7 中各部分含义如下所示。

① 这是一个选择器，用于选择根时钟源，由寄存器 CSCDR2 的位 ECSPI_CLK_SEL 来控制，为 0 时选择 pll3_60m 作为 ECSPI 根时钟源。为 1 时选择 osc_clk 作为 ECSPI 时钟源。本章选择 pll3_60m 作为 ECSPI 根时钟源。

② ECSPI 时钟分频值，由寄存器 CSCDR2 的位 ECSPI_CLK_PODF 来控制，分频值为 $2^{ECSPI\_CLK\_PODF}$。设置为 0，也就是 1 分频。

③ 最终进入 ECSPI 的时钟，SPI CLK＝60MHz。

SAMPLE_PERIO：采样周期寄存器，可设置为 0～0X7FFF，分别对应 0～32767 个周期。

接下来看一下寄存器 ECSPIx_STATREG，这个是 ECSPI 的状态寄存器，此寄存器结构如图 23-8 所示。

寄存器 ECSPIx_STATREG 用到的重要位如下所示。

Bit	31	30	29	28	27	26	25	24	23	22	21	20	19	18	17	16
R	Reserved															
W																
Reset	0	0	0	0	0	0	0	0	0	0	0	0	0	0	0	0

Bit	15	14	13	12	11	10	9	8	7	6	5	4	3	2	1	0
R	Reserved								TC	RO	RF	RDR	RR	TF	TDR	TE
W									w1c	w1c						
Reset	0	0	0	0	0	0	0	0	0	0	0	0	0	0	1	1

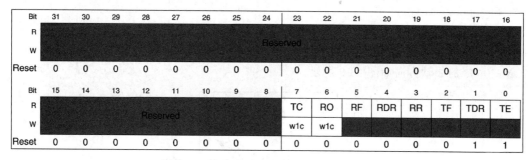

图 23-8　寄存器 ECSPIx_STATREG 结构

TC(bit7)：传输完成标志位，为 0 表示正在传输，为 1 表示传输完成。

RO(bit6)：RXFIFO 溢出标志位，为 0 表示 RXFIFO 无溢出，为 1 表示 RXFIFO 溢出。

RF(bit5)：RXFIFO 空标志位，为 0 表示 RXFIFO 不为空，为 1 表示 RXFIFO 为空。

RDR(bit4)：RXFIFO 数据请求标志位，此位为 0 表示 RXFIFO 中的数据不大于 RX_THRESHOLD，此位为 1 表示 RXFIFO 中的数据大于 RX_THRESHOLD。

RR(bit3)：RXFIFO 就绪标志位，为 0 表示 RXFIFO 没有数据，为 1 表示 RXFIFO 中至少有 1 字节的数据。

TF(bit2)：TXFIFO 满标志位，为 0 表示 TXFIFO 不为满，为 1 表示 TXFIFO 为满。

TDR(bit1)：TXFIFO 数据请求标志位，为 0 表示 TXFIFO 中的数据大于 TX_THRESHOLD，为 1 表示 TXFIFO 中的数据不大于 TX_THRESHOLD。

TE(bit0)：TXFIFO 空标志位，为 0 表示 TXFIFO 中至少有 1 字节的数据，为 1 表示 TXFIFO 为空。

最后就是两个数据寄存器，ECSPIx_TXDATA 和 ECSPIx_RXDATA。这两个寄存器都是 32 位的，如果要发送数据就向寄存器 ECSPIx_TXDATA 写入数据，读取及存取 ECSPIx_RXDATA 中的数据就可以得到刚刚接收到的数据。

23.1.3　ICM-20608 简介

ICM-20608 是 InvenSense 出品的一款六轴 MEMS 传感器，包括 3 轴加速度和 3 轴陀螺仪。ICM-20608 尺寸非常小，只有 3mm×3mm×0.75mm，采用 16P 的 LGA 封装。ICM-20608 内部有一个 512 字节的 FIFO。陀螺仪的量程范围可以编程设置，可选择 ±250°/s、±500°/s、±1000°/s 和 ±2000°/s，加速度的量程范围也可以编程设置，可选择 ±2g、±4g、±8g 和 ±16g。陀螺仪和加速度计都是 16 位的 ADC，并且支持 I^2C 和 SPI 两种协议，使用 I^2C 接口的话通信速度最高可以达到 400kHz，使用 SPI 接口的话通信速度最高可达到 8MHz。I. MX6ULL-ALPHA 开发板上的 ICM-20608 通过 SPI 接口和 I. MX6ULL 连接在一起。ICM-20608 特性如下所示。

（1）陀螺仪支持 X、Y 和 Z 三轴输出，内部集成 16 位 ADC，测量范围可设置：±250°/s、±500°/s、±1000°/s 和 ±2000°/s。

（2）加速度计支持 X、Y 和 Z 轴输出，内部集成 16 位 ADC，测量范围可设置：±2g、±4g、±4g、±8g 和 ±16g。

（3）用户可编程中断。

（4）内部包含 512 字节的 FIFO。

（5）内部包含一个数字温度传感器。

(6) 耐 10000g 的冲击。

(7) 支持快速 I^2C,速度可达 400kHz。

(8) 支持 SPI,速度可达 8MHz。

ICM-20608 的 3 轴方向如图 23-9 所示。

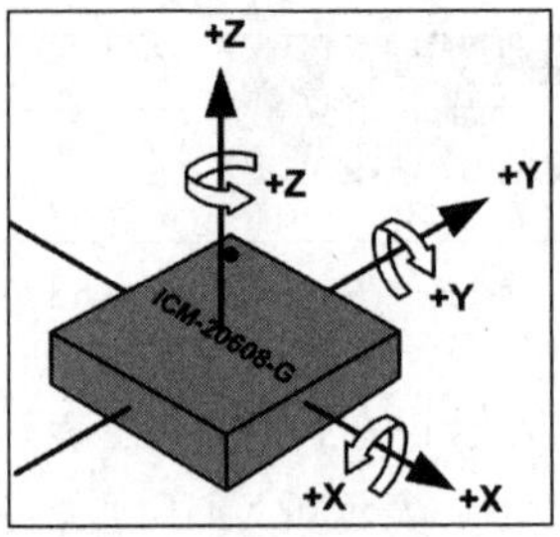

图 23-9　ICM-20608 检测轴方向和极性

ICM-20608 的结构框图如图 23-10 所示。

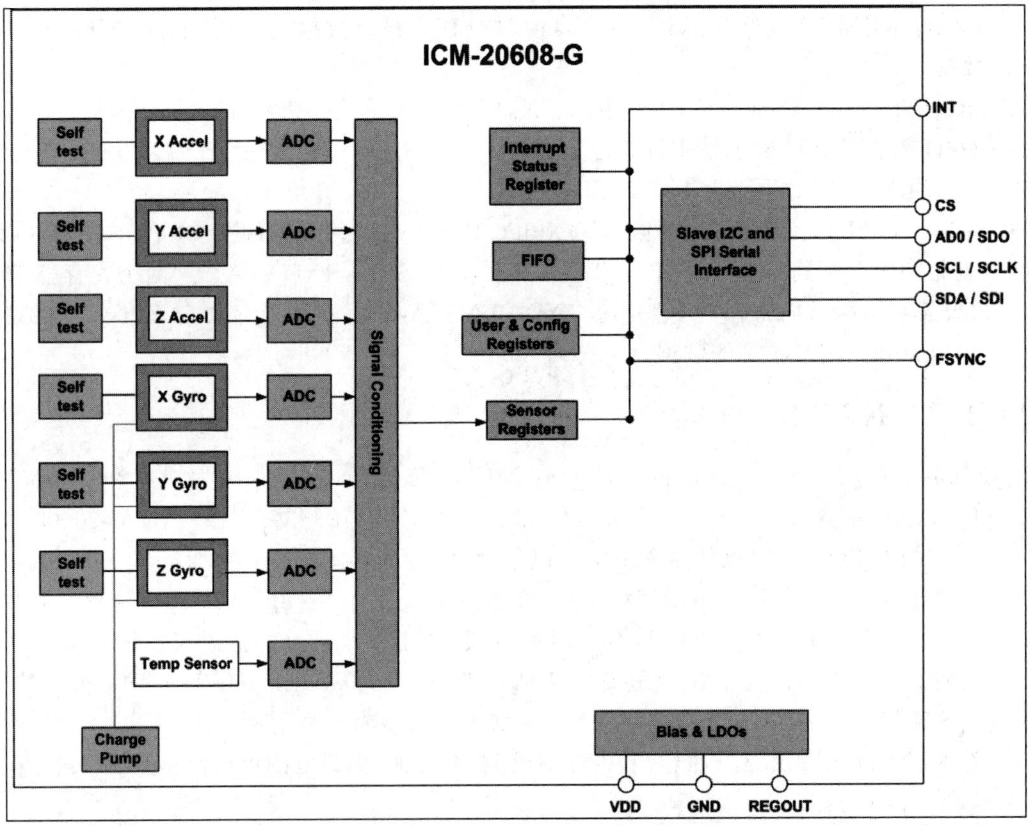

图 23-10　ICM-20608 结构框图

如果使用 I^2C 接口,ICM-20608 的 AD0 引脚决定 I^2C 设备从地址的最后一位,AD0 为 0 时 ICM-20608 从设备地址是 0X68,AD0 为 1 时 ICM-20608 从设备地址为 0X69。本章使用 SPI 接口,跟第 22 章使用 AP3216C 一样,ICM-20608 也是通过读写寄存器配置和读取传感器数据。使用 SPI

接口读写寄存器需要 16 个时钟或者更多(如果读写操作包括多字节)。第 1 个字节包含要读写的寄存器地址,寄存器地址最高位是读写标志位,如果是读的话寄存器地址最高位要为 1,如果是写的话寄存器地址最高位要为 0。剩下的 7 位才是实际的寄存器地址,寄存器地址后面跟着的就是读写的数据。表 23-1 列出了本章实验用到的一些寄存器和位,关于 ICM-20608 的详细寄存器和位的介绍请参考 ICM-20608 的寄存器表。

表 23-1 ICM-20608 寄存器表

寄存器地址	位	寄存器功能	描 述
0X19	SMLPRT_DIV[7:0]	输出速率设置	设置输出速率,输出速率计算公式如下: SAMPLE_RATE = INTERNAL_SAMPLE_RATE/(1+SMPLRT_DIV)
0X1A	DLPF_CFG[2:0]	芯片配置	设置陀螺仪低通滤波,可设置 0~7
0X1B	FS_SEL[1:0]	陀螺仪量程设置	0:±250dps;1:±500dps;2:±1000dps 3:±2000dps
0X1C	ACC_FS_SEL[1:0]	加速度计量程设置	0:±2g;1:±4g;2:±8g;3:±16g
0X1D	A_DLPF_CFG[2:0]	加速度计低通滤波设置	设置加速度计的低通滤波,可设置 0~7
0X1E	GYRO_CYCLE[7]	陀螺仪低功耗使能	0:关闭陀螺仪的低功耗功能 1:使能陀螺仪的低功耗功能
0X23	TEMP_FIFO_EN[7]	FIFO 使能控制	1:使能温度传感器 FIFO 0:关闭温度传感器 FIFO
	XG_FIFO_EN[6]		1:使能陀螺仪 X 轴 FIFO 0:关闭陀螺仪 X 轴 FIFO
	YG_FIFO_EN[5]		1:使能陀螺仪 Y 轴 FIFO 0:关闭陀螺仪 Y 轴 FIFO
	ZG_FIFO_EN[4]		1:使能陀螺仪 Z 轴 FIFO 0:关闭陀螺仪 Z 轴 FIFO
	ACCEL_FIFO_EN[3]		1:使能加速度计 FIFO 0:关闭加速度计 FIFO
0X3B	ACCEL_XOUT_H[7:0]	数据寄存器	加速度 X 轴数据高 8 位
0X3C	ACCEL_XOUT_L[7:0]		加速度 X 轴数据低 8 位
0X3D	ACCEL_YOUT_H[7:0]		加速度 Y 轴数据高 8 位
0X3E	ACCEL_YOUT_L[7:0]		加速度 Y 轴数据低 8 位
0X3F	ACCEL_ZOUT_H[7:0]		加速度 Z 轴数据高 8 位
0X40	ACCEL_ZOUT_L[7:0]		加速度 Z 轴数据低 8 位
0X41	TEMP_OUT_H[7:0]		温度数据高 8 位
0X42	TEMP_OUT_L[7:0]		温度数据低 8 位
0X43	GYRO_XOUT_H[7:0]		陀螺仪 X 轴数据高 8 位
0X44	GYRO_XOUT_L[7:0]		陀螺仪 X 轴数据低 8 位
0X45	GYRO_YOUT_H[7:0]		陀螺仪 Y 轴数据高 8 位
0X46	GYRO_YOUT_L[7:0]		陀螺仪 Y 轴数据低 8 位
0X47	GYRO_ZOUT_H[7:0]		陀螺仪 Z 轴数据高 8 位
0X48	GYRO_ZOUT_L[7:0]		陀螺仪 Z 轴数据低 8 位
0X6B	DEVICE_RESET[7]	电源管理寄存器 1	1:复位 ICM-20608
	SLEEP[6]		0:退出休眠模式;1,进入休眠模式

续表

寄存器地址	位	寄存器功能	描　　述
0X6C	STBY_XA[5]	电源管理寄存器 2	0：使能加速度计 X 轴 1：关闭加速度计 X 轴
	STBY_YA[4]		0：使能加速度计 Y 轴 1：关闭加速度计 Y 轴
	STBY_ZA[3]		0：使能加速度计 Z 轴 1：关闭加速度计 Z 轴
	STBY_XG[2]		0：使能陀螺仪 X 轴 1：关闭陀螺仪 X 轴
	STBY_YG[1]		0：使能陀螺仪 Y 轴 1：关闭陀螺仪 Y 轴
	STBY_ZG[0]		0：使能陀螺仪 Z 轴 1：关闭陀螺仪 Z 轴
0X75	WHOAMI[7:0]		ID 寄存器，ICM-20608G 的 ID 为 0XAF，ICM-20608D 的 ID 为 0XAE

ICM-20608 的介绍就到这里，关于 ICM-20608 的详细介绍请参考 ICM-20608 的数据手册和寄存器手册。

23.2　硬件原理分析

本实验用到的资源如下所示。

(1) 指示灯 LED0。

(2) RGB LCD 屏幕。

(3) ICM-20608。

(4) 串口。

ICM-20608 是在 I.MX6ULL-ALPHA 开发板底板上，原理图如图 23-11 所示。

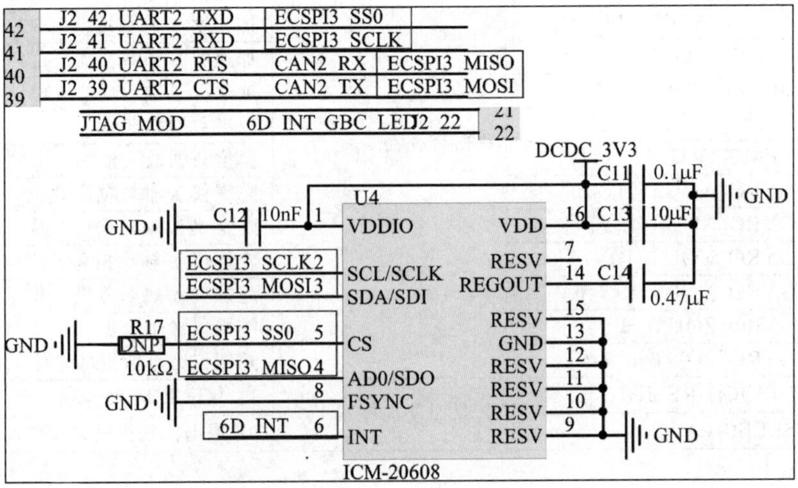

图 23-11　ICM-20608 原理图

23.3 实验程序编写

本实验对应的例程路径为“1、裸机例程→18_spi”。

本章实验在上一章例程的基础上完成，更改工程名字为 icm20608，然后在 bsp 文件夹下创建名为 spi 和 icm20608 的文件。在 bsp/spi 中新建 bsp_spi.c 和 bsp_spi.h 这两个文件，在 bsp/icm20608 中新建 bsp_icm20608.c 和 bsp_icm20608.h 这两个文件。bsp_spi.c 和 bsp_spi.h 是 I.MX6ULL 的 SPI 文件，bsp_icm20608.c 和 bsp_icm20608.h 是 ICM20608 的驱动文件。在文件 bsp_spi.h 中输入如示例 23-1 所示内容。

示例 23-1 bsp_spi.h 文件代码

```
#ifndef _BSP_SPI_H
#define _BSP_SPI_H
/***************************************************************
Copyright © zuozhongkai Co., Ltd. 1998-2019. All rights reserved
文件名      : bsp_spi.h
作者        : 左忠凯
版本        : V1.0
描述        : SPI 驱动头文件
其他        : 无
论坛        : www.openedv.com
日志        : 初版 V1.0 2019/1/17 左忠凯创建
***************************************************************/
#include "imx6ul.h"

/* 函数声明 */
void spi_init(ECSPI_Type *base);
unsigned char spich0_readwrite_byte(ECSPI_Type *base,
                                    unsigned char txdata);
#endif
```

文件 bsp_spi.h 内容很简单，就是函数声明。在文件 bsp_spi.c 中输入如示例 23-2 所示内容。

示例 23-2 bsp_spi.c 文件代码

```
/***************************************************************
Copyright © zuozhongkai Co., Ltd. 1998-2019. All rights reserved
文件名   : bsp_spi.c
作者     : 左忠凯
版本     : V1.0
描述     : SPI 驱动文件
其他     : 无
论坛     : www.openedv.com
日志     : 初版 V1.0 2019/1/17 左忠凯创建
***************************************************************/
#include "bsp_spi.h"
#include "bsp_gpio.h"
#include "stdio.h"
```

```

/*
 * @description    : 初始化 SPI
 * @param - base   : 要初始化的 SPI
 * @return         : 无
 */
void spi_init(ECSPI_Type *base)
{
    /* 配置 CONREG 寄存器
     * bit0 :          1        使能 ECSPI
     * bit3 :          1        当向 TXFIFO 写入数据以后立即开启 SPI 突发
     * bit[7:4]:       0001     SPI 通道 0 主模式,根据实际情况选择,开发板上的
     *                          ICM-20608 接在 SS0 上,所以设置通道 0 为主模式
     * bit[19:18]:     00       选中通道 0(其实不需要,因为片选信号自己控制)
     * bit[31:20]:     0x7      突发长度为 8bit
     */
    base->CONREG = 0;                               /* 先清除控制寄存器 */
    base->CONREG |= (1 << 0) | (1 << 3) | (1 << 4) | (7 << 20);

    /*
     * ECSPI 通道 0 设置,即设置 CONFIGREG 寄存器
     * bit0:  0 通道 0 PHA 为 0
     * bit4:  0 通道 0 SCLK 高电平有效
     * bit8:  0 通道 0 片选信号 当 SMC 为 1 时此位无效
     * bit12: 0 通道 0 POL 为 0
     * bit16: 0 通道 0 数据线空闲时高电平
     * bit20: 0 通道 0 时钟线空闲时低电平
     */
    base->CONFIGREG = 0;                            /* 设置通道寄存器 */

    /*
     * ECSPI 通道 0 设置,设置采样周期
     * bit[14:0] : 0X2000  采样等待周期,比如当 SPI 时钟为 10MHz 时
     *             0X2000 就等于 1/10000 * 0X2000 = 0.8192ms,也就是
     *             连续读取数据时每次间隔 0.8ms
     * bit15    :   0  采样时钟源为 SPI CLK
     * bit[21:16]:  0  片选延时,可设置为 0~63
     */
    base->PERIODREG = 0X2000;                       /* 设置采样周期寄存器 */

    /*
     * ECSPI 的 SPI 时钟配置,SPI 的时钟源来源于 pll3_sw_clk/8 = 480/8 = 60MHz
     * SPI CLK = (SourceCLK / PER_DIVIDER) / (2^POST_DIVEDER)
     * 比如我们现在要设置 SPI 时钟为 6MHz,那么设置如下:
     * PER_DIVIDER = 0X9.
     * POST_DIVIDER = 0X0.
     * SPI CLK = 60000000/(0X9 + 1) = 60000000 = 6MHz
     */
    base->CONREG &= ~((0XF << 12) | (0XF << 8));    /* 清除以前的设置 */
    base->CONREG |= (0X9 << 12);                    /* 设置 SPI CLK = 6MHz */
}
```

```

/*
 * @description      : SPI 通道 0 发送/接收 1 字节的数据
 * @param - base     : 要使用的 SPI
 * @param - txdata   : 要发送的数据
 * @return           : 无
 */
unsigned char spich0_readwrite_byte(ECSPI_Type *base, unsigned char txdata)
{
    uint32_t  spirxdata = 0;
    uint32_t  spitxdata = txdata;

    /* 选择通道 0 */
    base->CONREG &= ~(3 << 18);
    base->CONREG |= (0 << 18);

    while((base->STATREG & (1 << 0)) == 0){}    /* 等待发送 FIFO 为空 */
    base->TXDATA = spitxdata;

    while((base->STATREG & (1 << 3)) == 0){}    /* 等待接收 FIFO 有数据 */
    spirxdata = base->RXDATA;
    return spirxdata;
}
```

文件 bsp_spi.c 中有两个函数 spi_init 和 spich0_readwrite_byte，spi_init 函数是 SPI 初始化函数，此函数会初始化 SPI 的时钟、通道等。spich0_readwrite_byte 函数是 SPI 收发函数，通过此函数即可完成 SPI 的全双工数据收发。

接下来在文件 bsp_icm20608.h 中输入如示例 23-3 所示内容。

示例 23-3　bsp_icm20608.h 文件代码

```
#ifndef _BSP_ICM20608_H
#define _BSP_ICM20608_H
/***************************************************************
Copyright © zuozhongkai Co., Ltd. 1998-2019. All rights reserved
文件名      : bsp_icm20608.h
作者        : 左忠凯
版本        : V1.0
描述        : ICM20608 驱动文件
其他        : 无
论坛        : www.openedv.com
日志        : 初版 V1.0 2019/3/26 左忠凯创建
***************************************************************/
#include "imx6ul.h"
#include "bsp_gpio.h"

/* SPI 片选信号 */
#define ICM20608_CSN(n)    (n ? gpio_pinwrite(GPIO1, 20, 1) : gpio_pinwrite(GPIO1, 20, 0))

```

```c
#define ICM20608G_ID        0XAF    /* ID值 */
#define ICM20608D_ID        0XAE    /* ID值 */

/* ICM20608 寄存器
 * 复位后所有寄存器地址都为 0,除了
 * Register 107(0X6B) Power Management 1    = 0x40
 * Register 117(0X75) WHO_AM_I              = 0xAF 或者 0xAE
 */
/* 陀螺仪和加速度自测(出产时设置,用于与用户的自检输出值比较) */
#define  ICM20_SELF_TEST_X_GYRO      0x00
#define  ICM20_SELF_TEST_Y_GYRO      0x01
#define  ICM20_SELF_TEST_Z_GYRO      0x02
#define  ICM20_SELF_TEST_X_ACCEL     0x0D
#define  ICM20_SELF_TEST_Y_ACCEL     0x0E
#define  ICM20_SELF_TEST_Z_ACCEL     0x0F
/************ 省略掉其他宏定义 **************/
#define  ICM20_ZA_OFFSET_H           0x7D
#define  ICM20_ZA_OFFSET_L           0x7E

/*
 * ICM20608 结构体
 */
struct icm20608_dev_struc
{
    signed int gyro_x_adc;                     /* 陀螺仪 X 轴原始值 */
    signed int gyro_y_adc;                     /* 陀螺仪 Y 轴原始值 */
    signed int gyro_z_adc;                     /* 陀螺仪 Z 轴原始值 */
    signed int accel_x_adc;                    /* 加速度计 X 轴原始值 */
    signed int accel_y_adc;                    /* 加速度计 Y 轴原始值 */
    signed int accel_z_adc;                    /* 加速度计 Z 轴原始值 */
    signed int temp_adc;                       /* 温度原始值 */

    /* 下面是计算得到的实际值,扩大 100 倍 */
    signed int gyro_x_act;                     /* 陀螺仪 X 轴实际值 */
    signed int gyro_y_act;                     /* 陀螺仪 Y 轴实际值 */
    signed int gyro_z_act;                     /* 陀螺仪 Z 轴实际值 */
    signed int accel_x_act;                    /* 加速度计 X 轴实际值 */
    signed int accel_y_act;                    /* 加速度计 Y 轴实际值 */
    signed int accel_z_act;                    /* 加速度计 Z 轴实际值 */
    signed int temp_act;                       /* 温度实际值 */
};

struct icm20608_dev_struc icm20608_dev;        /* icm20608 设备 */

/* 函数声明 */
unsigned char icm20608_init(void);
void icm20608_write_reg(unsigned char reg, unsigned char value);
unsigned char icm20608_read_reg(unsigned char reg);
void icm20608_read_len(unsigned char reg, unsigned char *buf,
                       unsigned char len);
void icm20608_getdata(void);
#endif
```

文件 bsp_icm20608.h 里先定义了一个宏 ICM20608_CSN,这个是 ICM20608 的 SPI 片选引脚。接下来定义了一些 ICM20608 的 ID 和寄存器地址。第 41 行定义了一个结构体 icm20608_dev_struc,这个结构体是 ICM20608 的设备结构体,里面的成员变量用来保存 ICM20608 的原始数据值和转换得到的实际值。实际值是有小数的,本章例程取两位小数。为了方便计算,实际值扩大了 100 倍,这样实际值就是整数了,但是在使用时要除 100 重新得到小数部分。最后就是一些函数声明,接下来在文件 bsp_icm20608.c 中输入如示例 23-4 所示内容。

示例 23-4　bsp_icm20608.c 文件代码

```
/***************************************************************
Copyright © zuozhongkai Co., Ltd. 1998-2019. All rights reserved
文件名      : bsp_icm20608.c
作者        : 左忠凯
版本        : V1.0
描述        : ICM20608 驱动文件
其他        : 无
论坛        : www.openedv.com
日志        : 初版 V1.0 2019/3/26 左忠凯创建
***************************************************************/
#include "bsp_icm20608.h"
#include "bsp_delay.h"
#include "bsp_spi.h"
#include "stdio.h"

struct icm20608_dev_struc icm20608_dev; /* icm20608 设备 */

/*
 * @description   : 初始化 ICM20608
 * @param         : 无
 * @return        : 0 初始化成功,其他值 初始化失败
 */
unsigned char icm20608_init(void)
{
    unsigned char regvalue;
    gpio_pin_config_t cs_config;

    /* 1. ESPI3 IO 初始化
     * ECSPI3_SCLK  -> UART2_RXD
     * ECSPI3_MISO  -> UART2_RTS
     * ECSPI3_MOSI  -> UART2_CTS
     */
    IOMUXC_SetPinMux(IOMUXC_UART2_RX_DATA_ECSPI3_SCLK, 0);
    IOMUXC_SetPinMux(IOMUXC_UART2_CTS_B_ECSPI3_MOSI, 0);
    IOMUXC_SetPinMux(IOMUXC_UART2_RTS_B_ECSPI3_MISO, 0);
    IOMUXC_SetPinConfig(IOMUXC_UART2_RX_DATA_ECSPI3_SCLK, 0x10B1);
    IOMUXC_SetPinConfig(IOMUXC_UART2_CTS_B_ECSPI3_MOSI, 0x10B1);
    IOMUXC_SetPinConfig(IOMUXC_UART2_RTS_B_ECSPI3_MISO, 0x10B1);

    /* 初始化片选引脚 */
    IOMUXC_SetPinMux(IOMUXC_UART2_TX_DATA_GPIO1_IO20, 0);
```

```
    IOMUXC_SetPinConfig(IOMUXC_UART2_TX_DATA_GPIO1_IO20, 0X10B0);
    cs_config.direction = kGPIO_DigitalOutput;
    cs_config.outputLogic = 0;
    gpio_init(GPIO1, 20, &cs_config);

    /* 2. 初始化 SPI */
    spi_init(ECSPI3);

    icm20608_write_reg(ICM20_PWR_MGMT_1, 0x80);          /* 复位 */
    delayms(50);
    icm20608_write_reg(ICM20_PWR_MGMT_1, 0x01);          /* 关闭睡眠 */
    delayms(50);

    regvalue = icm20608_read_reg(ICM20_WHO_AM_I);
    printf("icm20608 id = %#X\r\n", regvalue);
    if(regvalue != ICM20608G_ID && regvalue != ICM20608D_ID)
        return 1;

    icm20608_write_reg(ICM20_SMPLRT_DIV, 0x00);          /* 输出速率设置 */
    icm20608_write_reg(ICM20_GYRO_CONFIG, 0x18);         /* 陀螺仪±2000dps */
    icm20608_write_reg(ICM20_ACCEL_CONFIG, 0x18);        /* 加速度计±16g */
    icm20608_write_reg(ICM20_CONFIG, 0x04);              /* 陀螺 BW=20Hz */
    icm20608_write_reg(ICM20_ACCEL_CONFIG2, 0x04);
    icm20608_write_reg(ICM20_PWR_MGMT_2, 0x00);          /* 打开所有轴 */
    icm20608_write_reg(ICM20_LP_MODE_CFG, 0x00);         /* 关闭低功耗 */
    icm20608_write_reg(ICM20_FIFO_EN, 0x00);             /* 关闭 FIFO */
    return 0;
}

/*
 * @description    : 写 ICM20608 指定寄存器
 * @param - reg    : 要读取的寄存器地址
 * @param - value  : 要写入的值
 * @return         : 无
 */
void icm20608_write_reg(unsigned char reg, unsigned char value)
{
    /* ICM20608 在使用 SPI 接口时寄存器地址只有低 7 位有效,
     * 寄存器地址最高位是读/写标志位,读时要为 1,写时要为 0
     */
    reg &= ~0X80;

    ICM20608_CSN(0);                                   /* 使能 SPI 传输 */
    spich0_readwrite_byte(ECSPI3, reg);                /* 发送寄存器地址 */
    spich0_readwrite_byte(ECSPI3, value);              /* 发送要写入的值 */
    ICM20608_CSN(1);                                   /* 禁止 SPI 传输 */
}

/*
 * @description   : 读取 ICM20608 寄存器值
 * @param - reg   : 要读取的寄存器地址
 * @return        : 读取到的寄存器值
```

```
 */
unsigned char icm20608_read_reg(unsigned char reg)
{
    unsigned char reg_val;

    /* ICM20608 在使用 SPI 接口时寄存器地址只有低 7 位有效,
     * 寄存器地址最高位是读/写标志位,读时要为 1,写时要为 0
     */
    reg |= 0x80;

    ICM20608_CSN(0);                                   /* 使能 SPI 传输 */
    spich0_readwrite_byte(ECSPI3, reg);                /* 发送寄存器地址 */
    reg_val = spich0_readwrite_byte(ECSPI3, 0XFF);     /* 读取寄存器的值 */
    ICM20608_CSN(1);                                   /* 禁止 SPI 传输 */
    return(reg_val);                                   /* 返回读取到的寄存器值 */
}

/*
 * @description   : 读取 ICM20608 连续多个寄存器
 * @param - reg   : 要读取的寄存器地址
 * @return        : 读取到的寄存器值
 */
void icm20608_read_len(unsigned char reg, unsigned char *buf,
                       unsigned char len)
{
    unsigned char i;

    /* ICM20608 在使用 SPI 接口时寄存器地址,只有低 7 位有效,
     * 寄存器地址最高位是读/写标志位读时要为 1,写时要为 0
     */
    reg |= 0x80;

    ICM20608_CSN(0);                           /* 使能 SPI 传输 */
    spich0_readwrite_byte(ECSPI3, reg);        /* 发送寄存器地址 */
    for(i = 0; i < len; i++)                   /* 顺序读取寄存器的值 */
    {
        buf[i] = spich0_readwrite_byte(ECSPI3, 0XFF);
    }
    ICM20608_CSN(1);                           /* 禁止 SPI 传输 */
}

/*
 * @description   : 获取陀螺仪的分辨率
 * @param         : 无
 * @return        : 获取到的分辨率
 */
float icm20608_gyro_scaleget(void)
{
    unsigned char data;
    float gyroscale;

    data = (icm20608_read_reg(ICM20_GYRO_CONFIG) >> 3) & 0X3;
```

```
    switch(data) {
        case 0:
            gyroscale = 131;
            break;
        case 1:
            gyroscale = 65.5;
            break;
        case 2:
            gyroscale = 32.8;
            break;
        case 3:
            gyroscale = 16.4;
            break;
    }
    return gyroscale;
}

/*
 * @description   : 获取加速度计的分辨率
 * @param         : 无
 * @return        : 获取到的分辨率
 */
unsigned short icm20608_accel_scaleget(void)
{
    unsigned char data;
    unsigned short accelscale;

    data = (icm20608_read_reg(ICM20_ACCEL_CONFIG) >> 3) & 0X3;
    switch(data) {
        case 0:
            accelscale = 16384;
            break;
        case 1:
            accelscale = 8192;
            break;
        case 2:
            accelscale = 4096;
            break;
        case 3:
            accelscale = 2048;
            break;
    }
    return accelscale;
}

/*
 * @description   : 读取 ICM20608 的加速度、陀螺仪和温度原始值
 * @param         : 无
 * @return        : 无
 */
void icm20608_getdata(void)
{
```

```
    float gyroscale;
    unsigned short accescale;
    unsigned char data[14];

    icm20608_read_len(ICM20_ACCEL_XOUT_H, data, 14);

    gyroscale = icm20608_gyro_scaleget();
    accescale = icm20608_accel_scaleget();

    icm20608_dev.accel_x_adc = (signed short)((data[0] << 8) | data[1]);
    icm20608_dev.accel_y_adc = (signed short)((data[2] << 8) | data[3]);
    icm20608_dev.accel_z_adc = (signed short)((data[4] << 8) | data[5]);
    icm20608_dev.temp_adc    = (signed short)((data[6] << 8) | data[7]);
    icm20608_dev.gyro_x_adc  = (signed short)((data[8] << 8) | data[9]);
    icm20608_dev.gyro_y_adc  = (signed short)((data[10] << 8) | data[11]);
    icm20608_dev.gyro_z_adc  = (signed short)((data[12] << 8) | data[13]);

    /* 计算实际值 */
    icm20608_dev.gyro_x_act = ((float)(icm20608_dev.gyro_x_adc)  / gyroscale) * 100;
    icm20608_dev.gyro_y_act = ((float)(icm20608_dev.gyro_y_adc)  / gyroscale) * 100;
    icm20608_dev.gyro_z_act = ((float)(icm20608_dev.gyro_z_adc)  / gyroscale) * 100;
    icm20608_dev.accel_x_act = ((float)(icm20608_dev.accel_x_adc) / accescale) * 100;
    icm20608_dev.accel_y_act = ((float)(icm20608_dev.accel_y_adc) / accescale) * 100;
    icm20608_dev.accel_z_act = ((float)(icm20608_dev.accel_z_adc) / accescale) * 100;
    icm20608_dev.temp_act = (((float)(icm20608_dev.temp_adc) - 25) / 326.8 + 25) * 100;
}
```

文件 bsp_imc20608.c 是 ICM20608 的驱动文件，里面有 7 个函数。第 1 个函数是 icm20608_init，这个是 ICM20608 的初始化函数，此函数先初始化 ICM20608 所使用的 SPI 引脚，将其复用为 ECSPI3。因为本章的 SPI 片选采用软件控制的方式，所以 SPI 片选引脚设置成了普通的输出模式。设置完 SPI 所使用的引脚以后就是调用函数 spi_init 来初始化 SPI3，最后初始化 ICM20608，就是配置 ICM20608 的寄存器。

第 2 个和第 3 个函数分别是 icm20608_write_reg 和 icm20608_read_reg，这两个函数分别用于写/读 ICM20608 的指定寄存器。第 4 个函数是 icm20608_read_len，此函数也是读取 ICM20608 的寄存器值，但是此函数可以连续读取多个寄存器的值，一般用于读取 ICM20608 传感器数据。

第 5 个和第 6 个函数分别是 icm20608_gyro_scaleget 和 icm20608_accel_scaleget，这两个函数分别用于获取陀螺仪和加速度计的分辨率，因为陀螺仪和加速度的测量范围设置的不同，其分辨率就不同，所以在计算实际值时要根据实际的量程范围来得到对应的分辨率。

第 7 个函数是 icm20608_getdata，此函数用于获取 ICM20608 的加速度计、陀螺仪和温度计的数据，并且会根据设置的测量范围计算出实际的值，比如加速度的 g 值、陀螺仪的角速度值和温度计的温度值。

最后在文件 main.c 中输入如示例 23-5 所示内容。

示例 23-5　main.c 文件代码

```
/**************************************************************
Copyright © zuozhongkai Co., Ltd. 1998 - 2019. All rights reserved
```

```
文件名     : main.c
作者       : 左忠凯
版本       : V1.0
描述       : I.MX6ULL 开发板裸机实验 19 SPI 实验
其他       : SPI 也是最常用的接口,ALPHA 开发板上有一个六轴传感器 ICM20608,
             这个六轴传感器就是 SPI 接口,本实验就来学习如何驱动 I.MX6ULL
             的 SPI 接口,并且通过 SPI 接口读取 ICM20608 的数据值
论坛       : www.openedv.com
日志       : 初版 V1.0 2019/1/17 左忠凯创建
***************************************************************/
#include "bsp_clk.h"
#include "bsp_delay.h"
#include "bsp_led.h"
#include "bsp_beep.h"
#include "bsp_key.h"
#include "bsp_int.h"
#include "bsp_uart.h"
#include "bsp_lcd.h"
#include "bsp_rtc.h"
#include "bsp_icm20608.h"
#include "bsp_spi.h"
#include "stdio.h"

/*
 * @description    : 指定的位置显示整数数据
 * @param - x      : X 轴位置
 * @param - y      : Y 轴位置
 * @param - size   : 字体大小
 * @param - num    : 要显示的数据
 * @return         : 无
 */
void integer_display(unsigned short x, unsigned short y, unsigned char size, signed int num)
{
    char buf[200];

    lcd_fill(x, y, x + 50, y + size, tftlcd_dev.backcolor);

    memset(buf, 0, sizeof(buf));
    if(num < 0)
        sprintf(buf, "-%d", -num);
    else
        sprintf(buf, "%d", num);
    lcd_show_string(x, y, 50, size, size, buf);
}

/*
 * @description    : 指定的位置显示小数数据,比如 5123,显示为 51.23
 * @param - x      : X 轴位置
 * @param - y      : Y 轴位置
```

```
 * @param - size     : 字体大小
 * @param - num      : 要显示的数据,实际小数扩大 100 倍
 * @return           : 无
 */
void decimals_display(unsigned short x, unsigned short y, unsigned char size, signed int num)
{
    signed int integ;                    /* 整数部分 */
    signed int fract;                    /* 小数部分 */
    signed int uncomptemp = num;
    char buf[200];

    if(num < 0)
        uncomptemp = - uncomptemp;
    integ = uncomptemp / 100;
    fract = uncomptemp % 100;

    memset(buf, 0, sizeof(buf));
    if(num < 0)
        sprintf(buf, "-%d.%d", integ, fract);
    else
        sprintf(buf, "%d.%d", integ, fract);
    lcd_fill(x, y, x + 60, y + size, tftlcd_dev.backcolor);
    lcd_show_string(x, y, 60, size, size, buf);
}

/*
 * @description   : 使能 I.MX6ULL 的硬件 NEON 和 FPU
 * @param         : 无
 * @return        : 无
 */
void imx6ul_hardfpu_enable(void)
{
    uint32_t cpacr;
    uint32_t fpexc;

    /* 使能 NEON 和 FPU */
    cpacr = __get_CPACR();
    cpacr = (cpacr & ~(CPACR_ASEDIS_Msk | CPACR_D32DIS_Msk))
            | (3UL << CPACR_cp10_Pos) | (3UL << CPACR_cp11_Pos);
    __set_CPACR(cpacr);
    fpexc = __get_FPEXC();
    fpexc |= 0x40000000UL;
    __set_FPEXC(fpexc);
}

/*
 * @description : main 函数
 * @param       : 无
```

```
 * @return       : 无
 */
int main(void)
{
    unsigned char state = OFF;

    imx6ul_hardfpu_enable();       /* 使能 I.MX6ULL 的硬件浮点 */
    int_init();                    /* 初始化中断(一定要最先调用) */
    imx6u_clkinit();               /* 初始化系统时钟 */
    delay_init();                  /* 初始化延时 */
    clk_enable();                  /* 使能所有的时钟 */
    led_init();                    /* 初始化 led */
    beep_init();                   /* 初始化 beep */
    uart_init();                   /* 初始化串口,波特率 115200 */
    lcd_init();                    /* 初始化 LCD */

    tftlcd_dev.forecolor = LCD_RED;
    lcd_show_string(50, 10, 400, 24, 24, (char *)"IMX6U-ALPHA SPI TEST");
    lcd_show_string(50, 40, 200, 16, 16, (char *)"ICM20608 TEST");
    lcd_show_string(50, 60, 200, 16, 16, (char *)"ATOM@ALIENTEK");
    lcd_show_string(50, 80, 200, 16, 16, (char *)"2019/3/27");

    while(icm20608_init())         /* 初始化 ICM20608 */
    {
        lcd_show_string(50, 100, 200, 16, 16, (char *)"ICM20608 Check Failed!");
        delayms(500);
        lcd_show_string(50, 100, 200, 16, 16, (char *)"Please Check!        ");
        delayms(500);
    }
    lcd_show_string(50, 100, 200, 16, 16, (char *)"ICM20608 Ready");
    lcd_show_string(50, 130, 200, 16, 16, (char *)"accel x:");
    lcd_show_string(50, 150, 200, 16, 16, (char *)"accel y:");
    lcd_show_string(50, 170, 200, 16, 16, (char *)"accel z:");
    lcd_show_string(50, 190, 200, 16, 16, (char *)"gyro  x:");
    lcd_show_string(50, 210, 200, 16, 16, (char *)"gyro  y:");
    lcd_show_string(50, 230, 200, 16, 16, (char *)"gyro  z:");
    lcd_show_string(50, 250, 200, 16, 16, (char *)"temp   :");
    lcd_show_string(50 + 181, 130, 200, 16, 16, (char *)"g");
    lcd_show_string(50 + 181, 150, 200, 16, 16, (char *)"g");
    lcd_show_string(50 + 181, 170, 200, 16, 16, (char *)"g");
    lcd_show_string(50 + 181, 190, 200, 16, 16, (char *)"o/s");
    lcd_show_string(50 + 181, 210, 200, 16, 16, (char *)"o/s");
    lcd_show_string(50 + 181, 230, 200, 16, 16, (char *)"o/s");
    lcd_show_string(50 + 181, 250, 200, 16, 16, (char *)"C");

    tftlcd_dev.forecolor = LCD_BLUE;
```

```
134
135     while(1)
136     {
137         icm20608_getdata();                 /* 获取数据值 */
138         /* 在 LCD 上显示原始值 */
139         integer_display(50 + 70, 130, 16, icm20608_dev.accel_x_adc);
140         integer_display(50 + 70, 150, 16, icm20608_dev.accel_y_adc);
141         integer_display(50 + 70, 170, 16, icm20608_dev.accel_z_adc);
142         integer_display(50 + 70, 190, 16, icm20608_dev.gyro_x_adc);
143         integer_display(50 + 70, 210, 16, icm20608_dev.gyro_y_adc);
144         integer_display(50 + 70, 230, 16, icm20608_dev.gyro_z_adc);
145         integer_display(50 + 70, 250, 16, icm20608_dev.temp_adc);
146
147         /* 在 LCD 上显示计算得到的原始值 */
148         decimals_display (50 + 70 + 50, 130, 16, icm20608_dev.accel_x_act);
149         decimals_display (50 + 70 + 50, 150, 16, icm20608_dev.accel_y_act);
150         decimals_display (50 + 70 + 50, 170, 16, icm20608_dev.accel_z_act);
151         decimals_display (50 + 70 + 50, 190, 16, icm20608_dev.gyro_x_act);
152         decimals_display (50 + 70 + 50, 210, 16, icm20608_dev.gyro_y_act);
153         decimals_display (50 + 70 + 50, 230, 16, icm20608_dev.gyro_z_act);
154         decimals_display (50 + 70 + 50, 250, 16, icm20608_dev.temp_act);
155         delayms(120);
156         state = !state;
157         led_switch(LED0,state);
158     }
159     return 0;
160 }
```

文件 main.c 有两个函数 integer_display 和 decimals_display，这两个函数在 LCD 上显示获取到的 ICM20608 数据值，integer_display 函数用于显示原始数据值，也就是整数值。decimals_display 函数用于显示实际值，实际值扩大了 100 倍，此函数会提取出实际值的整数部分和小数部分并显示在 LCD 上。另一个重要的函数是 imx6ul_hardfpu_enable，这个函数用于开启 I.MX6ULL 的 NEON 和硬件 FPU(浮点运算单元)，因为本章使用到了浮点运算，而 I.MX6ULL 的 Cortex-A7 是支持 NEON 和 FPU(VFPV4_D32)的，但是在使用 I.MX6ULL 的硬件 FPU 之前是先要开启的。

第 110 行调用了 icm20608_init 函数来初始化 ICM20608，如果初始化失败就会在 LCD 上闪烁提示语句。最后在 main 函数的 while 循环中不断地调用 icm20608_getdata 函数获取 ICM20608 的传感器数据，并且显示在 LCD 上。实验程序编写到这里结束，接下来就是编译、下载和验证。

23.4 编译、下载和验证

23.4.1 编写 Makefile 和链接脚本

修改 Makefile 中的 TARGET 为 icm20608，然后在 INCDIRS 和 SRCDIRS 中加入 bsp/spi 和 bsp/icm20608，修改后的 Makefile 如示例 23-6 所示。

示例 23-6　Makefile 文件代码

```
1 CROSS_COMPILE  ?= arm-linux-gnueabihf-
2 TARGET         ?= icm20608
3
4 /* 省略掉其他代码...... */
5
6 INCDIRS        :=  imx6ul \
7                    stdio/include \
...
23                   bsp/spi \
24                   bsp/icm20608
25
26 SRCDIRS        :=  project \
27                   stdio/lib \
...
43                   bsp/spi \
44                   bsp/icm20608
45
46 /* 省略掉其他代码...... */
47
48 $(COBJS) : obj/%.o : %.c
49   $(CC) -Wall -march=armv7-a -mfpu=neon-vfpv4 -mfloat-abi=hard -Wa,
          -mimplicit-it=thumb -nostdlib -fno-builtin
          -c -O2 $(INCLUDE) -o $@ $<
50
51 clean:
52   rm -rf $(TARGET).elf $(TARGET).dis $(TARGET).bin $(COBJS) $(SOBJS)
```

第 2 行修改变量 TARGET 为 icm20608，即目标名称为 icm20608。

第 23 和 24 行在变量 INCDIRS 中添加 SPI 和 ICM20608 的驱动头文件(.h)路径。

第 43 和 44 行在变量 SRCDIRS 中添加 SPI 和 ICM20608 驱动文件(.c)路径。

第 49 行加入了“-march=armv7-a -mfpu=neon-vfpv4 -mfloat-abi=hard”指令，这些指令用于指定编译浮点运算时使用硬件 FPU。因为本章使用到了浮点运算，而 I.MX6ULL 是支持硬件 FPU 的，虽然我们在 main 函数中已经打开了 NEON 和 FPU，但是在编译相应 C 文件时也要指定使用硬件 FPU 来编译浮点运算。

链接脚本保持不变。

23.4.2　编译和下载

使用 Make 命令编译代码，编译成功以后使用软件 imxdownload 将编译完成的 icm20608.bin 文件下载到 SD 卡中，命令如下所示。

```
chmod 777 imxdownload                      //给予 imxdownload 可执行权限，一次即可
./imxdownload icm20608.bin /dev/sdd        //烧写到 SD 卡中，不能烧写到/dev/sda 或 sda1 中
```

烧写成功以后将 SD 卡插到开发板的 SD 卡槽中，然后复位开发板。如果 ICM20608 工作正常的话就会在 LCD 上显示获取到的传感器数据，如图 23-12 所示。

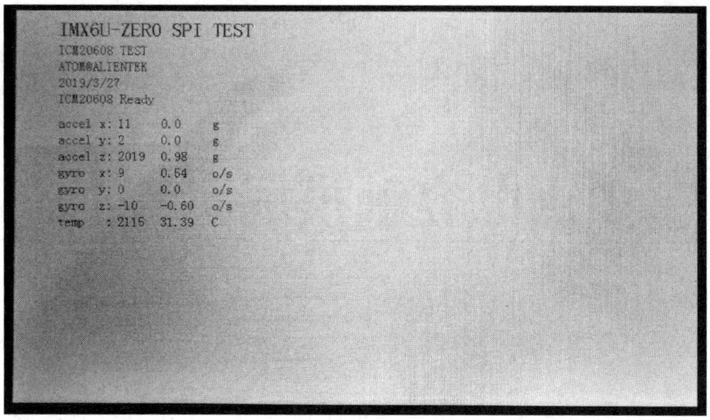

图 23-12 LCD 界面

在图 23-12 中可以看到加速度计 Z 轴在静止状态下是 0.98g，这正是重力加速度。温度传感器测量到的温度是 31.39℃，这个是芯片内部的温度，并不是室温。芯片内部温度一般要比室温高。如果触碰开发板，加速度计和陀螺仪的数据就会变化。

第24章

多点电容触摸屏实验

随着智能手机的发展，电容触摸屏也得到了飞速的发展。相比电阻触摸屏，电容触摸屏有很多的优势，比如支持多点触控，不需要按压，只需要轻轻触摸就有反应。ALIENTEK 的 3 款 RGB LCD 屏幕都支持多点电容触摸，本章就以 ATK7016 这款 RGB LCD 屏幕为例，讲解如何驱动电容触摸屏，并获取对应的触摸坐标值。

24.1 多点电容触摸屏简介

触摸屏一开始是电阻触摸屏，电阻触摸屏只能单点触摸，在以前的学习机、功能机时代被广泛使用。2007 年 1 月 9 日苹果发布了第一代 iPhone，其上使用了多点电容触摸屏，而当时的手机大部分使用电阻触摸屏。电容触摸屏优秀的品质和手感征服了消费者，带来了手机触摸屏的大变革。和电阻触摸屏相比，电容触摸屏最大的优点是支持多点触摸(后面的电阻屏也支持多点触摸，但是为时已晚)，电容屏只需要手指轻触即可，而电阻屏是需要手指给予一定的压力才有反应，而且电容屏不需要校准。

如今多点电容触摸屏已经得到了广泛的应用，如手机、平板、电脑、广告机等，如果要做人机交互设备的开发，不可能绕过多点电容触摸屏。所以本章我们就来学习如何使用多点触摸屏，如何获取到多点触摸值。我们只需要关注如何使用电容屏，如何得到其多点触摸坐标值即可。ALIENTEK 的 3 款 RGB LCD 屏幕都是支持 5 点电容触摸屏的，本章同样以 ATK-7016 这款屏幕为例来讲解如何使用多点电容触摸屏。

ATK-7016 这款屏幕其实是由 TFT LCD+触摸屏组合起来的。底下是 LCD 面板，上面是触摸面板，将两个封装到一起，就成了带有触摸屏的 LCD 屏幕。电容触摸屏也是需要一个驱动 IC 的，驱动 IC 一般会提供一个 I^2C 接口给主控制器，主控制器可以通过 I^2C 接口来读取驱动 IC 中的触摸坐标数据。ATK-7016、ATK-7084 这两款屏幕使用的驱动 IC 是 FT5426，ATK-4342 使用的驱动 IC 是 GT9147。这 3 个电容屏触摸 IC 都是 I^2C 接口的，使用方法基本一样。

FT5426 这款驱动 IC 采用 15×28 的驱动结构，即 15 个感应通道，28 个驱动通道，最多支持 5 点电容触摸。ATK-7016 的电容触摸屏部分有 4 个 I/O 用于连接主控制器：SCL、SDA、RST 和 INT。SCL 和 SDA 是 I^2C 引脚，RST 是复位引脚，INT 是中断引脚。一般通过 INT 引脚来通知主控制器有触摸点按下，然后在 INT 中断服务函数中读取触摸数据。也可以不使用中断功能，采用轮询的方式不断查询是否有触摸点按下，本章实验使用中断方式来获取触摸数据。

和所有的 I^{2}C 器件一样，FT5426 也是通过读写寄存器来完成初始化和触摸坐标数据读取的，本章的主要工作就是读写 FT5426 的寄存器。FT5426 的 I^{2}C 设备地址为 0X38，FT5426 的寄存器有很多，本章只用到了其中的一部分，如表 24-1 所示。

表 24-1 FT5426 使用到的寄存器表

寄存器地址	位	寄存器功能	描 述
0X00	[6:4]	模式寄存器	设置 FT5426 的工作模式： 000：正常模式 001：系统信息模式 100：测试模式
0X02	[3:0]	触摸状态寄存器	记录有多少个触摸点， 有效值为 1～5
0X03	[7:6]	第一个触摸点 X 坐标高位数据	事件标志： 00：按下 01：抬起 10：接触 11：保留
	[3:0]		X 轴坐标值高 4 位
0X04	[7:0]	第一个触摸点 X 坐标低位数据	X 轴坐标值低 8 位
0X05	[7:4]	第一个触摸点 Y 坐标高位数据	触摸点的 ID
	[3:0]		Y 轴坐标高 4 位
0X06	[7:0]	第一个触摸点 Y 坐标低位数据	Y 轴坐标低 8 位
0X09	[7:6] [3:0]	第二个触摸点 X 坐标高位数据	与寄存器 0X03 含义相同
0X0A	[7:0]	第二个触摸点 X 坐标低位数据	与寄存器 0X04 含义相同
0X0B	[7:4] [3:0]	第二个触摸点 Y 坐标高位数据	与寄存器 0X05 含义相同
0X0C	[7:0]	第二个触摸点 Y 坐标低位数据	与寄存器 0X06 含义相同
0X0F	[7:6] [3:0]	第三个触摸点 X 坐标高位数据	与寄存器 0X03 含义相同
0X10	[7:0]	第三个触摸点 X 坐标低位数据	与寄存器 0X04 含义相同
0X11	[7:4] [3:0]	第三个触摸点 Y 坐标高位数据	与寄存器 0X05 含义相同
0X12	[7:0]	第三个触摸点 Y 坐标低位数据	与寄存器 0X06 含义相同
0X15	[7:6] [3:0]	第四个触摸点 X 坐标高位数据	与寄存器 0X03 含义相同
0X16	[7:0]	第四个触摸点 X 坐标低位数据	与寄存器 0X04 含义相同
0X17	[7:4] [3:0]	第四个触摸点 Y 坐标高位数据	与寄存器 0X05 含义相同

续表

寄存器地址	位	寄存器功能	描　　述
0X18	[7:0]	第四个触摸点 Y 坐标低位数据	与寄存器 0X06 含义相同
0X1B	[7:6]	第五个触摸点 X 坐标高位数据	与寄存器 0X03 含义相同
	[3:0]		
0X1C	[7:0]	第五个触摸点 X 坐标低位数据	与寄存器 0X04 含义相同
0X1D	[7:4]	第五个触摸点 Y 坐标高位数据	与寄存器 0X05 含义相同
	[3:0]		
0X1E	[7:0]	第五个触摸点 Y 坐标低位数据	与寄存器 0X06 含义相同
0XA1	[7:0]	版本寄存器	版本高字节
0XA2	[7:0]		版本低字节
0XA4	[7:0]	中断模式寄存器	用于设置中断模式 0：轮询模式 1：触发模式

表 24-1 中就是本章实验会使用到的寄存器。关于触摸屏和 FT5426 的知识就讲解到这里。

24.2 硬件原理分析

本实验用到的资源如下所示。

(1) 指示灯 LED0。

(2) RGB LCD 屏幕。

(3) 触摸屏。

(4) 串口。

触摸屏是和 RGB LCD 屏幕做在一起的，所以触摸屏也在 RGB LCD 接口上，都是连接在 I. MX6ULL-ALPHA 开发板底板上，原理图如图 24-1 所示。

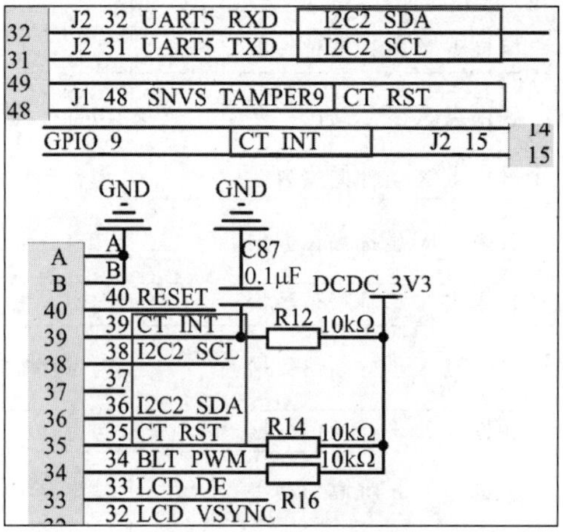

图 24-1　触摸屏原理图

从图 24-1 可以看出，触摸屏连接着 I. MX6ULL 的 I2C2，INT 引脚连接着 I. MX6ULL 的 GPIO_9，RST 引脚连接着 I. MX6ULL 的 SNVS_TAMPER9。在本章实验中使用中断方式读取触摸点个数和触摸点坐标数据，并且将其显示在 LCD 上。

24.3 实验程序编写

本实验对应的例程路径为“1、裸机例程→19_touchscreen”。

本章实验在第 23 章例程的基础上完成，更改工程名字为 touchscreen，然后在 bsp 文件夹下创建名为 touchscreen 的文件。在 bsp/ touchscreen 中新建 bsp_ft5xx6. c 和 bsp_ft5xx6. h 这两个文件，在文件 bsp_ft5xx6. h 中输入如示例 24-1 所示内容。

示例 24-1　bsp_ft5xx6. h 文件代码

```
#ifndef _FT5XX6_H
#define _FT5XX6_H
/***************************************************************
Copyright © zuozhongkai Co., Ltd. 1998-2019. All rights reserved
文件名      : bsp_ft5xx6.h
作者        : 左忠凯
版本        : V1.0
描述        : 触摸屏驱动头文件,触摸芯片为 FT5xx6,
              包括 FT5426 和 FT5406
其他        : 无
论坛        : www.openedv.com
日志        : 初版 V1.0 2019/1/21 左忠凯创建
***************************************************************/
#include "imx6ul.h"
#include "bsp_gpio.h"

/* 宏定义 */
#define FT5426_ADDR                 0X38        /* FT5426 设备地址 */

#define FT5426_DEVICE_MODE          0X00        /* 模式寄存器 */
#define FT5426_IDGLIB_VERSION       0XA1        /* 固件版本寄存器 */
#define FT5426_IDG_MODE             0XA4        /* 中断模式 */
#define FT5426_TD_STATUS            0X02        /* 触摸状态寄存器 */
#define FT5426_TOUCH1_XH            0X03        /* 触摸点坐标寄存器,
                                                 * 一个触摸点用 4 个寄存器 */

#define FT5426_XYCOORDREG_NUM       30          /* 触摸点坐标寄存器数量 */
#define FT5426_INIT_FINISHED        1           /* 触摸屏初始化完成 */
#define FT5426_INIT_NOTFINISHED     0           /* 触摸屏初始化未完成 */

#define FT5426_TOUCH_EVENT_DOWN     0x00        /* 按下 */
#define FT5426_TOUCH_EVENT_UP       0x01        /* 释放 */
#define FT5426_TOUCH_EVENT_ON       0x02        /* 接触 */
#define FT5426_TOUCH_EVENT_RESERVED0x03         /* 没有事件 */

/* 触摸屏结构体 */
```

```
37 struct ft5426_dev_struc
38 {
39   unsigned char initfalg;              /* 触摸屏初始化状态 */
40   unsigned char intflag;               /* 标记中断有没有发生 */
41   unsigned char point_num;             /* 触摸点 */
42   unsigned short x[5];                 /* X轴坐标 */
43   unsigned short y[5];                 /* Y轴坐标 */
44 };
45 
46 extern struct ft5426_dev_struc ft5426_dev;
47 
48 /* 函数声明 */
49 void ft5426_init(void);
50 
51 void gpio1_io9_irqhandler(void);
52 unsigned char ft5426_write_byte(unsigned char addr,unsigned char reg, unsigned char data);
53 unsigned char ft5426_read_byte(unsigned char addr,unsigned char reg);
54 void ft5426_read_len(unsigned char addr,unsigned char reg,unsigned char len,unsigned char * buf);
55 void ft5426_read_tpnum(void);
56 void ft5426_read_tpcoord(void);
57 #endif
```

文件 bsp_ft5xx6.h 中先是定义了 FT5426 的设备地址、寄存器地址和一些触摸点状态宏，然后在第 37 行定义了一个结构体 ft5426_dev_struc，此结构体用来保存触摸信息。最后就是一些函数声明。接下来在文件 bsp_ft5xx6.c 中输入如示例 24-2 所示内容。

示例 24-2　bsp_ft5xx6.c 文件代码

```
/***************************************************************
Copyright © zuozhongkai Co., Ltd. 1998 - 2019. All rights reserved
文件名   : bsp_ft5xx6.c
作者     : 左忠凯
版本     : V1.0
描述     : 触摸屏驱动文件,触摸芯片为 FT5xx6,包括 FT5426 和 FT5406
其他     : 无
论坛     : www.openedv.com
日志     : 初版 V1.0 2019/1/21 左忠凯创建
***************************************************************/
#include "bsp_ft5xx6.h"
#include "bsp_i2c.h"
#include "bsp_int.h"
#include "bsp_delay.h"
#include "stdio.h"

struct ft5426_dev_struc ft5426_dev;

/*
 * @description    : 初始化触摸屏,其实就是初始化 FT5426
 * @param          : 无
 * @return         : 无
```

```
 */
void ft5426_init(void)
{
    unsigned char reg_value[2];

    ft5426_dev.initfalg = FT5426_INIT_NOTFINISHED;

    /* 1. 初始化 I2C2 I/O
     * I2C2_SCL -> UART5_TXD
     * I2C2_SDA -> UART5_RXD
     */
    IOMUXC_SetPinMux(IOMUXC_UART5_TX_DATA_I2C2_SCL, 1);
    IOMUXC_SetPinMux(IOMUXC_UART5_RX_DATA_I2C2_SDA, 1);
    IOMUXC_SetPinConfig(IOMUXC_UART5_TX_DATA_I2C2_SCL, 0x70B0);
    IOMUXC_SetPinConfig(IOMUXC_UART5_RX_DATA_I2C2_SDA, 0X70B0);

    /* 2. 初始化触摸屏中断 I/O 和复位 I/O */
    gpio_pin_config_t ctintpin_config;
    IOMUXC_SetPinMux(IOMUXC_GPIO1_IO09_GPIO1_IO09,0);
    IOMUXC_SetPinMux(IOMUXC_SNVS_SNVS_TAMPER9_GPIO5_IO09,0);
    IOMUXC_SetPinConfig(IOMUXC_GPIO1_IO09_GPIO1_IO09,0xF080);
   IOMUXC_SetPinConfig(IOMUXC_SNVS_SNVS_TAMPER9_GPIO5_IO09,
                       0X10B0);

    /* 中断 I/O 初始化 */
    ctintpin_config.direction = kGPIO_DigitalInput;
    ctintpin_config.interruptMode = kGPIO_IntRisingOrFallingEdge;
    gpio_init(GPIO1, 9, &ctintpin_config);

    GIC_EnableIRQ(GPIO1_Combined_0_15_IRQn);          /* 使能 GIC 中的中断 */
    system_register_irqhandler(GPIO1_Combined_0_15_IRQn,
                        (system_irq_handler_t)gpio1_io9_irqhandler,
                        NULL);                         /* 注册中断服务函数 */
    gpio_enableint(GPIO1, 9);                          /* 使能 GPIO1_IO09 的中断功能 */

    /* 复位 I/O 初始化 */
    ctintpin_config.direction = kGPIO_DigitalOutput;
    ctintpin_config.interruptMode = kGPIO_NoIntmode;
    ctintpin_config.outputLogic = 1;
    gpio_init(GPIO5, 9, &ctintpin_config);

    /* 3. 初始化 I2C */
    i2c_init(I2C2);

    /* 4. 初始化 FT5426 */
    gpio_pinwrite(GPIO5, 9, 0);                        /* 复位 FT5426 */
    delayms(20);
    gpio_pinwrite(GPIO5, 9, 1);                        /* 停止复位 FT5426 */
    delayms(20);
    ft5426_write_byte(FT5426_ADDR, FT5426_DEVICE_MODE, 0);
    ft5426_write_byte(FT5426_ADDR, FT5426_IDG_MODE, 1);
    ft5426_read_len(FT5426_ADDR, FT5426_IDGLIB_VERSION, 2,reg_value);
```

```
    printf ("Touch Frimware Version: %#X\r\n",
            ((unsigned short)reg_value[0] << 8) + reg_value[1]);
    ft5426_dev.initfalg = FT5426_INIT_FINISHED;        /* 标记初始化完成 */
    ft5426_dev.intflag = 0;
}

/*
 * @description    : GPIO1_IO9 最终的中断处理函数
 * @param          : 无
 * @return         : 无
 */
void gpio1_io9_irqhandler(void)
{
    if(ft5426_dev.initfalg == FT5426_INIT_FINISHED)
    {
        //ft5426_dev.intflag = 1;
        ft5426_read_tpcoord();
    }
    gpio_clearintflags(GPIO1, 9);                       /* 清除中断标志位 */
}

/*
 * @description    : 向 FT5426 写入数据
 * @param - addr   : 设备地址
 * @param - reg    : 要写入的寄存器
 * @param - data   : 要写入的数据
 * @return         : 操作结果
 */
unsigned char ft5426_write_byte(unsigned char addr, unsigned char reg, unsigned char data)
{
    unsigned char status = 0;
    unsigned char writedata = data;
    struct i2c_transfer masterXfer;

    /* 配置 I2C xfer 结构体 */
    masterXfer.slaveAddress = addr;             /* 设备地址 */
    masterXfer.direction = kI2C_Write;          /* 写入数据 */
    masterXfer.subaddress = reg;                /* 要写入的寄存器地址 */
    masterXfer.subaddressSize = 1;              /* 地址长度 1 字节 */
    masterXfer.data = &writedata;               /* 要写入的数据 */
    masterXfer.dataSize = 1;                    /* 写入数据长度 1 字节 */

    if(i2c_master_transfer(I2C2, &masterXfer))
        status = 1;

    return status;
}

/*
 * @description    : 从 FT5426 读取 1 字节的数据
 * @param - addr   : 设备地址
 * @param - reg    : 要读取的寄存器
```

```
 * @return          : 读取到的数据
 */
unsigned char ft5426_read_byte(unsigned char addr,unsigned char reg)
{
    unsigned char val = 0;

    struct i2c_transfer masterXfer;
    masterXfer.slaveAddress = addr;               /* 设备地址 */
    masterXfer.direction = kI2C_Read;             /* 读取数据 */
    masterXfer.subaddress = reg;                  /* 要读取的寄存器地址 */
    masterXfer.subaddressSize = 1;                /* 地址长度 1 字节 */
    masterXfer.data = &val;                       /* 接收数据缓冲区 */
    masterXfer.dataSize = 1;                      /* 读取数据长度 1 字节 */
    i2c_master_transfer(I2C2, &masterXfer);
    return val;
}

/*
 * @description   : 从 FT5429 读取多字节的数据
 * @param - addr  : 设备地址
 * @param - reg   : 要读取的开始寄存器地址
 * @param - len   : 要读取的数据长度
 * @param - buf   : 读取到的数据缓冲区
 * @return        : 无
 */
void ft426_read_len(unsigned char addr,unsigned char reg,unsigned char len,unsigned char *buf)
{
    struct i2c_transfer masterXfer;

    masterXfer.slaveAddress = addr;                  /* 设备地址 */
    masterXfer.direction = kI2C_Read;                /* 读取数据 */
    masterXfer.subaddress = reg;                     /* 要读取的寄存器地址 */
    masterXfer.subaddressSize = 1;                   /* 地址长度 1 字节 */
    masterXfer.data = buf;                           /* 接收数据缓冲区 */
    masterXfer.dataSize = len;                       /* 读取数据长度 */
    i2c_master_transfer(I2C2, &masterXfer);
}

/*
 * @description   : 读取当前触摸点个数
 * @param         : 无
 * @return        : 无
 */
void ft5426_read_tpnum(void)
{
    ft5426_dev.point_num = ft5426_read_byte(FT5426_ADDR, FT5426_TD_STATUS);
}

/*
 * @description   : 读取当前所有触摸点的坐标
 * @param         : 无
 * @return        : 无
```

```
 */
void ft5426_read_tpcoord(void)
{
    unsigned char i = 0;
    unsigned char type = 0;
    //unsigned char id = 0;
    unsigned char pointbuf[FT5426_XYCOORDREG_NUM];

    ft5426_dev.point_num = ft5426_read_byte(FT5426_ADDR, FT5426_TD_STATUS);

    /*
     * 从寄存器 FT5426_TOUCH1_XH 开始,连续读取 30 个寄存器的值,
     * 这 30 个寄存器保存着 5 个点的触摸值,每个点占用 6 个寄存器
     */
    ft5426_read_len(FT5426_ADDR, FT5426_TOUCH1_XH, FT5426_XYCOORDREG_NUM, pointbuf);
    for(i = 0; i < ft5426_dev.point_num ; i++)
    {
        unsigned char * buf = &pointbuf[i * 6];

        ft5426_dev.x[i] = ((buf[2] << 8) | buf[3]) & 0x0fff;
        ft5426_dev.y[i] = ((buf[0] << 8) | buf[1]) & 0x0fff;
        type = buf[0] >> 6;                          /* 获取触摸类型 */
        //id = (buf[2] >> 4) & 0x0f;
        if(type == FT5426_TOUCH_EVENT_DOWN || type ==
                FT5426_TOUCH_EVENT_ON )              /* 按下   */
        {

        } else {                                     /* 释放 */

        }
    }
}
```

文件 bsp_ft5xx6.c 中有 7 个函数。第 1 个函数是 ft5426_init,此函数是 ft5426 的初始化函数,此函数先初始化 FT5426 所使用的 I2C2 接口引脚、复位引脚和中断引脚。接下来使能 FT5426 所使用的中断,并且注中断处理函数,最后初始化了 I2C2 和 FT5426。第 2 个函数是 gpio1_io9_irqhandler,这个是 FT5426 的中断引脚中断处理函数,在此函数中会读取 FT5426 内部的触摸数据。第 3 个和第 4 个函数分别为 ft5426_write_byte 和 ft5426_read_byte,ft5426_write_byte 函数用于向 FT5426 的寄存器写入指定的值,ft5426_read_byte 函数用于读取 FT5426 指定寄存器的值。第 5 个函数是 ft5426_read_len,此函数也是从 FT5426 的指定寄存器读取数据,但是此函数是读取数个连续的寄存器。第 6 个函数是 ft5426_read_tpnum,此函数用于获取 FT5426 当前有几个触摸点有效,也就是触摸点个数。第 7 个函数是 ft5426_read_tpcoord,此函数就是读取 FT5426 各个触摸点坐标值的。

最后在文件 main.c 中输入如示例 24-3 所示内容。

示例 24-3 main.c 文件代码

```
/****************************************************************
Copyright © zuozhongkai Co., Ltd. 1998-2019. All rights reserved
文件名    : main.c
作者      : 左忠凯
版本      : V1.0
描述      : I.MX6ULL开发板裸机实验20 触摸屏实验
其他      : I.MX6ULL-ALPHAL 推荐使用正点原子-7英寸LCD,此款LCD支持5点电容触摸,
           本节我们就来学习如何驱动LCD上的5点电容触摸屏
论坛      : www.openedv.com
日志      : 初版 V1.0 2019/1/21 左忠凯创建
****************************************************************/
#include "bsp_clk.h"
#include "bsp_delay.h"
#include "bsp_led.h"
#include "bsp_beep.h"
#include "bsp_key.h"
#include "bsp_int.h"
#include "bsp_uart.h"
#include "bsp_lcd.h"
#include "bsp_lcdapi.h"
#include "bsp_rtc.h"
#include "bsp_ft5xx6.h"
#include "stdio.h"

/*
 * @description    : 使能I.MX6ULL的硬件NEON和FPU
 * @param          : 无
 * @return         : 无
 */
 void imx6ul_hardfpu_enable(void)
{
    uint32_t cpacr;
    uint32_t fpexc;

    /* 使能NEON和FPU */
    cpacr = __get_CPACR();
    cpacr = (cpacr & ~(CPACR_ASEDIS_Msk | CPACR_D32DIS_Msk))
              | (3UL << CPACR_cp10_Pos) | (3UL << CPACR_cp11_Pos);
    __set_CPACR(cpacr);
    fpexc = __get_FPEXC();
    fpexc |= 0x40000000UL;
    __set_FPEXC(fpexc);
}

/*
 * @description    : main函数
 * @param          : 无
 * @return         : 无
 */
```

```
int main(void)
{
    unsigned char i = 0;
    unsigned char state = OFF;

    imx6ul_hardfpu_enable();            /* 使能 I.MX6ULL 的硬件浮点 */
    int_init();                         /* 初始化中断(一定要最先调用) */
    imx6u_clkinit();                    /* 初始化系统时钟 */
    delay_init();                       /* 初始化延时 */
    clk_enable();                       /* 使能所有的时钟 */
    led_init();                         /* 初始化 led */
    beep_init();                        /* 初始化 beep */
    uart_init();                        /* 初始化串口,波特率 115200 */
    lcd_init();                         /* 初始化 LCD */
    ft5426_init();                      /* 初始化触摸屏 */

    tftlcd_dev.forecolor = LCD_RED;
    lcd_show_string(50, 10, 400, 24, 24, (char *)"ALPHA-IMX6U TOUCH SCREEN TEST");
    lcd_show_string(50, 40, 200, 16, 16, (char *)"TOUCH SCREEN TEST");
    lcd_show_string(50, 60, 200, 16, 16, (char *)"ATOM@ALIENTEK");
    lcd_show_string(50, 80, 200, 16, 16, (char *)"2019/3/27");
    lcd_show_string(50, 110, 400, 16, 16,   (char *)"TP Num  :");
    lcd_show_string(50, 130, 200, 16, 16,   (char *)"Point0 X:");
    lcd_show_string(50, 150, 200, 16, 16,   (char *)"Point0 Y:");
    lcd_show_string(50, 170, 200, 16, 16,   (char *)"Point1 X:");
    lcd_show_string(50, 190, 200, 16, 16,   (char *)"Point1 Y:");
    lcd_show_string(50, 210, 200, 16, 16,   (char *)"Point2 X:");
    lcd_show_string(50, 230, 200, 16, 16,   (char *)"Point2 Y:");
    lcd_show_string(50, 250, 200, 16, 16,   (char *)"Point3 X:");
    lcd_show_string(50, 270, 200, 16, 16,   (char *)"Point3 Y:");
    lcd_show_string(50, 290, 200, 16, 16,   (char *)"Point4 X:");
    lcd_show_string(50, 310, 200, 16, 16,   (char *)"Point4 Y:");
    tftlcd_dev.forecolor = LCD_BLUE;
    while(1)
    {
        lcd_shownum(50 + 72, 110, ft5426_dev.point_num , 1, 16);
        lcd_shownum(50 + 72, 130, ft5426_dev.x[0], 5, 16);
        lcd_shownum(50 + 72, 150, ft5426_dev.y[0], 5, 16);
        lcd_shownum(50 + 72, 170, ft5426_dev.x[1], 5, 16);
        lcd_shownum(50 + 72, 190, ft5426_dev.y[1], 5, 16);
        lcd_shownum(50 + 72, 210, ft5426_dev.x[2], 5, 16);
        lcd_shownum(50 + 72, 230, ft5426_dev.y[2], 5, 16);
        lcd_shownum(50 + 72, 250, ft5426_dev.x[3], 5, 16);
        lcd_shownum(50 + 72, 270, ft5426_dev.y[3], 5, 16);
        lcd_shownum(50 + 72, 290, ft5426_dev.x[4], 5, 16);
        lcd_shownum(50 + 72, 310, ft5426_dev.y[4], 5, 16);

        delayms(10);
        i++;

        if(i == 50)
        {
```

```
91              i = 0;
92              state = !state;
93              led_switch(LED0,state);
94          }
95      }
96      return 0;
97 }
```

文件 main.c 第 53 行调用函数 ft5426_init 初始化触摸屏，也就是 FT5426 这个触摸驱动 IC。最后在 main 函数的 while 循环中不断地显示获取到的触摸点数，以及对应的触摸坐标值。因为本章实验采用中断方式读取 FT5426 的触摸数据，因此 main 函数中并没有读取 FT5426 的操作，只是显示触摸值。本章实验程序编写就到这里，接下来就是编译、下载和验证。

24.4 编译、下载和验证

24.4.1 编写 Makefile 和链接脚本

修改 Makefile 中的 TARGET 为 touchscreen，然后在 INCDIRS 和 SRCDIRS 中加入 bsp/touchscreen，修改后的 Makefile 如示例 24-4 所示。

示例 24-4 Makefile 文件代码

```
1  CROSS_COMPILE   ?= arm-linux-gnueabihf-
2  TARGET          ?= touchscreen
3
4  /* 省略掉其他代码...... */
5
6  INCDIRS         :=  imx6ul \
7                      stdio/include \
...
25                     bsp/touchscreen
26
27 SRCDIRS         :=  project \
28                     stdio/lib \
...
45                     bsp/icm20608 \
46                     bsp/touchscreen
47
48 /* 省略掉其他代码...... */
49
50 clean:
51  rm -rf $(TARGET).elf $(TARGET).dis $(TARGET).bin $(COBJS) $(SOBJS)
```

第 2 行修改变量 TARGET 为 touchscreen，也就是目标名称为 touchscreen。

第 25 行在变量 INCDIRS 中添加触摸屏的驱动头文件(.h)路径。

第 46 行在变量 SRCDIRS 中添加触摸屏的驱动文件(.c)路径。

链接脚本保持不变。

24.4.2 编译和下载

使用 Make 命令编译代码，编译成功以后使用软件 imxdownload 将编译完成的 touchscreen.bin 文件下载到 SD 卡中，命令如下所示。

```
chmod 777 imxdownload                          //给予 imxdownload 可执行权限，一次即可
./imxdownload touchscreen.bin /dev/sdd         //烧写到 SD 卡中
```

烧写成功以后将 SD 卡插到开发板的 SD 卡槽中，然后复位开发板。默认情况下 LCD 界面如图 24-2 所示。

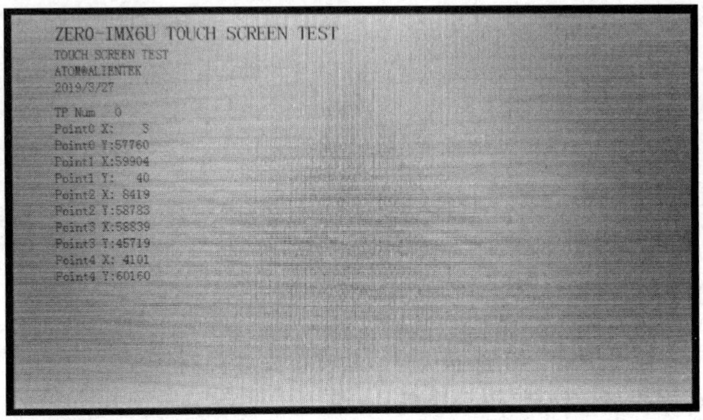

图 24-2 默认 LCD 显示

当我们用手指触摸屏幕时，就会在 LCD 上显示出当前的触摸点和对应的触摸值，如图 24-3 所示。

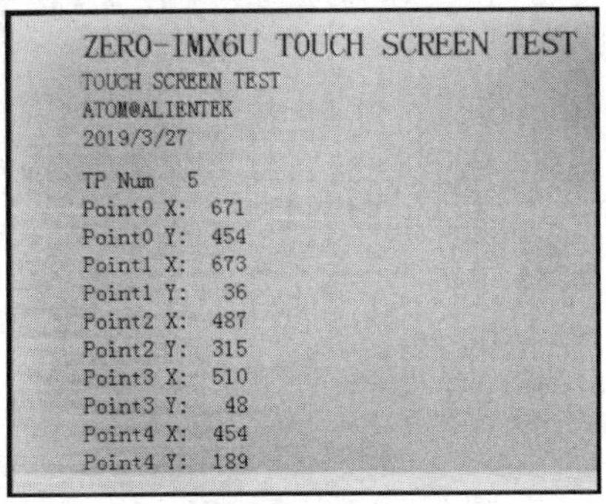

图 24-3 触摸点信息

图 24-3 中有 5 个触摸点，每个触摸点的坐标全部显示到了 LCD 屏幕上。如果移动手指 LCD 上的触摸点坐标数据就会变化。

第25章

LCD背光调节实验

不管是使用显示器还是手机，其屏幕背光都是可以调节的，通过调节背光就可以控制屏幕的亮度。在户外阳光强烈时可以通过调高背光来看清屏幕，在光线比较暗的地方可以调低背光，防止伤眼睛并且省电。正点原子的 3 款 RGB LCD 也支持背光调节，本章就来学习如何调节 LCD 背光。

25.1 LCD 背光调节简介

RGB LCD 都有一个背光控制引脚，给这个背光控制引脚输入高电平就会点亮背光，输入低电平就会关闭背光。假如我们不断地打开和关闭背光，当速度足够快时就不会感觉到背光关闭这个过程了。这个正好可以使用 PWM 来完成，PWM 全称是 Pulse Width Modulation，也就是脉冲宽度调制，PWM 信号如图 25-1 所示。

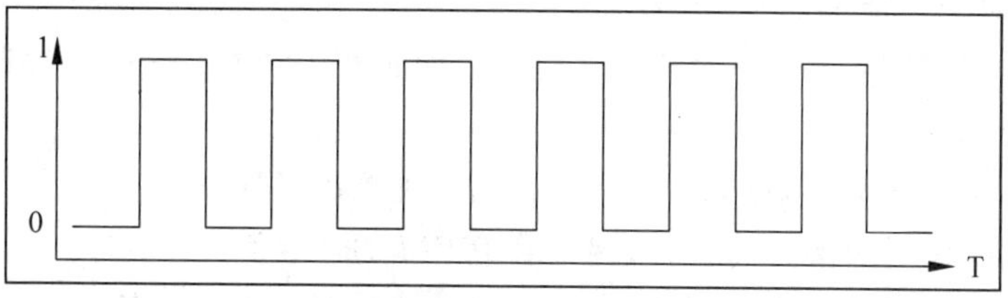

图 25-1 PWM 信号

PWM 信号有两个关键的术语：频率和占空比。频率就是开关速度，把一次开关算作一个周期，那么频率就是 1s 内进行了多少次开关；占空比是一个周期内高电平时间和低电平时间的比例，一个周期内高电平时间越长占空比就越大，反之占空比就越小。占空比用百分数表示，如果一个周期内全是低电平那么占空比就是 0%，如果一个周期内全是高电平那么占空比就是 100%。

我们给 LCD 的背光引脚输入一个 PWM 信号，这样就可以通过调整占空比的方式来调整 LCD 背光亮度。提高占空比就会提高背光亮度，降低占空比就会降低背光亮度。重点就在于 PWM 信号的产生和占空比的控制，很幸运的是 I. MX6ULL 提供了 PWM 外设，因此可以配置 PWM 外设来产生 PWM 信号。

I. MX6U 一共有 8 路 PWM 信号，每个 PWM 包含一个 16 位的计数器和一个 4×16 的数据 FIFO，I. MX6U 的 PWM 外设结构如图 25-2 所示。

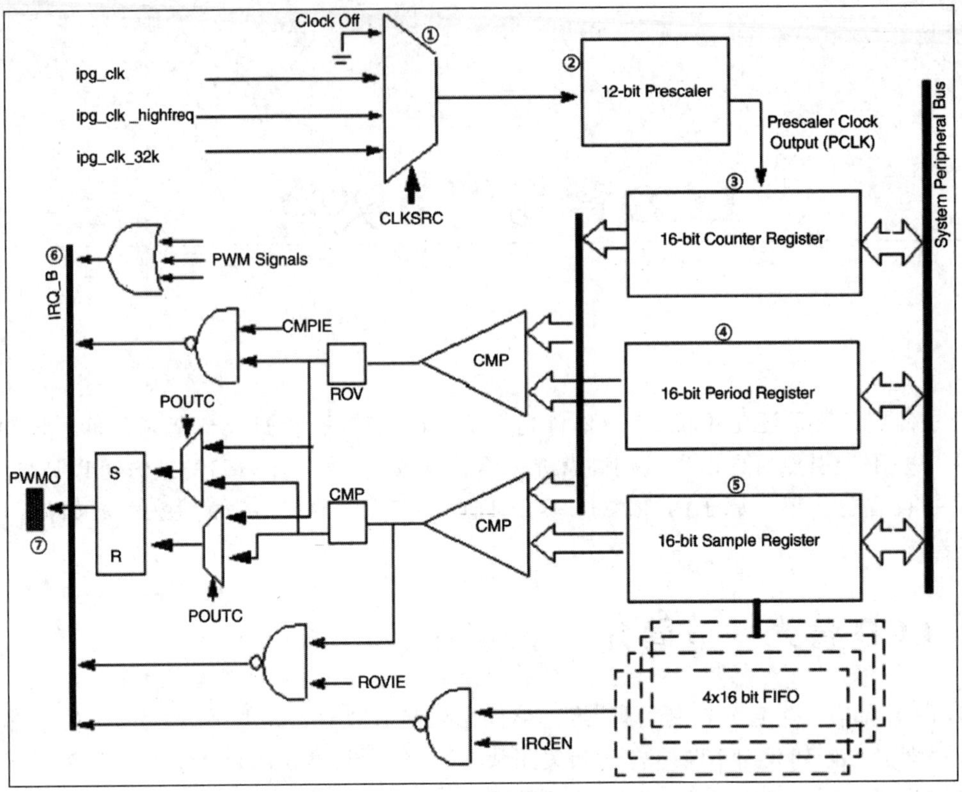

图 25-2　I. MX6U PWM 结构框图

图 25-2 中的各部分功能如下所示。

① 此部分是一个选择器，用于选择 PWM 信号的时钟源。一共有 3 种时钟源：ipg_clk、ipg_clk_highfreq 和 ipg_clk_32k。

② 这是一个 12 位的分频器，可以对①中选择的时钟源进行分频。

③ 这是 PWM 的 16 位计数器寄存器，保存着 PWM 的计数值。

④ 这是 PWM 的 16 位周期寄存器，此寄存器用来控制 PWM 的频率。

⑤ 这是 PWM 的 16 位采样寄存器，此寄存器用来控制 PWM 的占空比。

⑥ 此部分是 PWM 的中断信号，PWM 是提供中断功能的，如果使能了相应的中断就会产生中断。

⑦ 此部分是 PWM 对应的输出 I/O，产生的 PWM 信号就会从对应的 I/O 中输出。I. MX6ULL-ALPHA 开发板的 LCD 背光控制引脚连接在 I. MX6ULL 的 GPIO1_IO8 上，GPIO1_IO8 可以复用为 PWM1_OUT。

可以通过配置相应的寄存器来设置 PWM 信号的频率和占空比，PWM 的 16 位计数器是向上计数器，此计数器会从 0X0000 开始计数，直到计数值等于寄存器 PWMx_PWMPR(x=1～8)+1，然后计数器就会重新从 0X0000 开始计数，如此往复。所以寄存器 PWMx_PWMPR 可以设置

PWM 的频率。

在一个周期内，PWM 从 0X0000 开始计数时，PWM 引脚先输出高电平（默认情况下，可以通过配置输出低电平）。采样 FIFO 中保存的采样值会在每个时钟和计数器值之间进行比较，当采样值和计数器相等时，PWM 引脚就会输出低电平（默认情况下，同样可以配置输出高电平）。计数器会持续计数，直到和周期寄存器 PWMx_PWMPR（x=1～8）+1 的值相等，这样一个周期就完成了。所以，采样 FIFO 控制着占空比，而采样 FIFO 中的值来源于采样寄存器 PWMx_PWMSAR，因此相当于 PWMx_PWMSAR 控制着占空比。

PWM 开启以后会按照默认值运行，并产生 PWM 波形，而这个默认的 PWM 并不是我们需要的波形。如果这个 PWM 波形控制着设备，就会导致设备因为接收到错误的 PWM 信号而运行错误，严重情况下可能会损坏设备，甚至威胁人身安全。因此，在开启 PWM 之前必须先设置好 PWMx_PWMPR 和 PWMx_PWMSAR 这两个寄存器，也就是设置好 PWM 的频率和占空比。

在向 PWMx_PWMSAR 寄存器写入采样值时，如果 FIFO 没满的话其值会被存储到 FIFO 中。如果 FIFO 已满时写入采样值，就会导致寄存器 PWMx_PWMSR 的位 FWE（bit6）置 1，表示 FIFO 写错误，FIFO 中的值也并不会改变。FIFO 可以在任何时候写入，但是只有在 PWM 使能的情况下读取。

寄存器 PWMx_SR 的位 FIFOAV（bit2:0）记录着当前 FIFO 中有多少个数据。从采样寄存器 PWMx_PWMSAR 读取一次数据，FIFO 中的数据就会减 1，每产生一个周期的 PWM 信号，FIFO 中的数据就会减 1，相当于被用掉了。PWM 有 1 个 FIFO 空中断，当 FIFO 为空时就会触发此中断，可以在此中断处理函数中向 FIFO 写入数据。

关于 I.MX6ULL 的 PWM 的原理知识就讲解到这里，接下来看一下 PWM 的几个重要的寄存器，本章使用的是 PWM1。寄存器 PWM1_PWMCR 结构如图 25-3 所示。

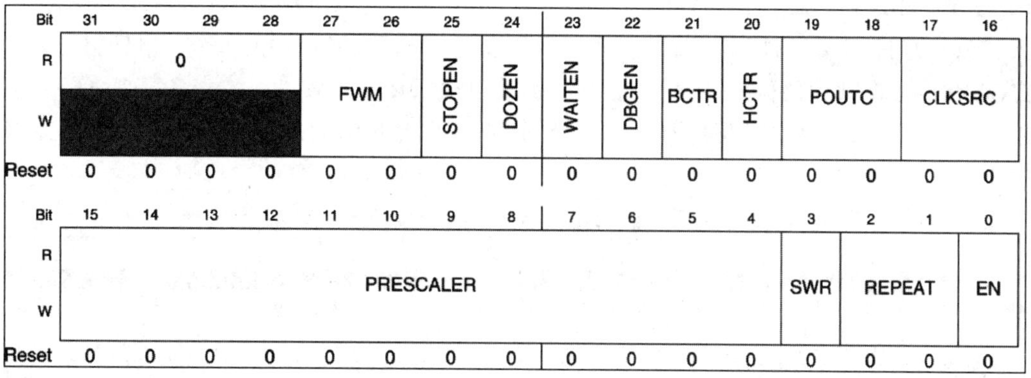

图 25-3 寄存器 PWM1_PWMCR 结构

寄存器 PWM1_PWMCR 用到的重要位如下所示。

FWM（bit27:26）：FIFO 水位线，用来设置 FIFO 空余位置为多少时表示 FIFO 为空。设置为 0 时，表示 FIFO 空余位置≥1 时 FIFO 为空；设置为 1 时，表示 FIFO 空余位置≥2 时 FIFO 为空；设置为 2 时，表示 FIFO 空余位置≥3 时 FIFO 为空；设置为 3 时，表示 FIFO 空余位置≥4 时 FIFO 为空。

STOPEN（bit25）：此位用来设置停止模式下 PWM 是否工作，为 0 时表示在停止模式下 PWM

继续工作，为 1 时表示停止模式下关闭 PWM。

DOZEN(bit24)：此位用来设置休眠模式下 PWM 是否工作，为 0 时表示在休眠模式下 PWM 继续工作，为 1 时表示休眠模式下关闭 PWM。

WAITEN(bit23)：此位用来设置等待模式下 PWM 是否工作，为 0 时表示在等待模式下 PWM 继续工作，为 1 时表示等待模式下关闭 PWM。

DBGEN(bit22)：此位用来设置调试模式下 PWM 是否工作，为 0 时表示在调试模式下 PWM 继续工作，为 1 时表示调试模式下关闭 PWM。

BCTR(bit21)：字节交换控制位，用来控制 16 位的数据进入 FIFO 的字节顺序。为 0 时不进行字节交换，为 1 时进行字节交换。

HCTR(bit20)：半字交换控制位，用来决定从 32 位 IP 总线接口传输来的哪个半字数据写入采样寄存器的低 16 位中。

POUTC(bit19:18)：PWM 输出控制位，用来设置 PWM 输出模式。为 0 时表示 PWM 先输出高电平，当计数器值和采样值相等时就输出低电平。为 1 时相反。当为 2 或者 3 时 PWM 信号不输出。本章设置为 0，也就是一开始输出高电平，当计数器值和采样值相等时输出低电平，这样采样值越大高电平时间就越长，占空比就越大。

CLKSRC(bit17:16)：PWM 时钟源选择，为 0 时关闭；为 1 时选择 ipg_clk 为时钟源；为 2 时选择 ipg_clk_highfreq 为时钟源；为 3 时选择 ipg_clk_32k 为时钟源。本章设置为 1，也就是选择 ipg_clk 为 PWM 的时钟源，因此 PWM 时钟源频率为 66MHz。

PRESCALER(bit15:4)：分频值，可设置为 0～4095，对应着 1～4096 分频。

SWR(bit3)：软件复位，向此位写 1 就复位 PWM。此位是自清零的，当复位完成以后此位会自动清零。

REPEAT(bit2:1)：重复采样设置，此位用来设置 FIFO 中的每个数据能用几次。可设置 0～3，分别表示 FIFO 中的每个数据能用 1～4 次。本章我们设置为 0，即 FIFO 中的每个数据只能用一次。

EN(bit0)：PWM 使能位，为 1 时使能 PWM，为 0 时关闭 PWM。

接下来看一下寄存器 PWM1_PWMIR，这个是 PWM 的中断控制寄存器，此寄存器结构如图 25-4 所示。

Bit	31	30	29	28	27	26	25	24	23	22	21	20	19	18	17	16
R	0															
W																
Reset	0	0	0	0	0	0	0	0	0	0	0	0	0	0	0	0

Bit	15	14	13	12	11	10	9	8	7	6	5	4	3	2	1	0
R	0													CIE	RIE	FIE
W																
Reset	0	0	0	0	0	0	0	0	0	0	0	0	0	0	0	0

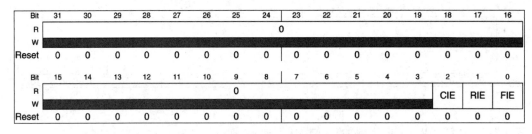

图 25-4　寄存器 PWM1_PWMIR 结构

寄存器 PWM1_PWMIR 只有 3 位，这 3 位的含义如下所示。

CIE(bit2)：比较中断使能位，为 1 时使能比较中断，为 0 时关闭比较中断。

RIE(bit1)：翻转中断使能位，当计数器值等于采样值并回滚到 0X0000 时，就会产生此中断，为 1 时使能翻转中断，为 0 时关闭翻转中断。

FIE(bit0)：FIFO 空中断，为 1 时使能，为 0 时关闭。

再来看一下状态寄存器 PWM1_PWMSR，此寄存器结构如图 25-5 所示。

Bit	31	30	29	28	27	26	25	24	23	22	21	20	19	18	17	16
R	0															
W																
Reset	0	0	0	0	0	0	0	0	0	0	0	0	0	0	0	0

Bit	15	14	13	12	11	10	9	8	7	6	5	4	3	2	1	0
R	0									FWE	CMP	ROV	FE	FIFOAV		
W										w1c	w1c	w1c	w1c			
Reset	0	0	0	0	0	0	0	0	0	0	0	0	1	0	0	0

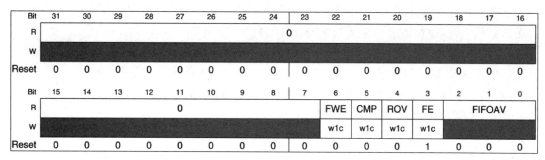

图 25-5 寄存器 PWM1_PWMSR 结构

寄存器 PWM1_PWMSR 各个位的含义如下所示。

FWE(bit6)：FIFO 写错误事件，为 1 时表示发生了 FIFO 写错误。

CMP(bit5)：FIFO 比较事件发生标志位，为 1 时表示发生 FIFO 比较事件。

ROV(bit4)：翻转事件标志位，为 1 时表示翻转事件发生。

FE(bit3)：FIFO 空标志位，为 1 时表示 FIFO 为空。

FIFOAV(bit2:1)：此位记录 FIFO 中的有效数据个数，有效值为 0～4，分别表示 FIFO 中有 0～4 个有效数据。

接下来是寄存器 PWM1_PWMPR，这个是 PWM 周期寄存器，可以通过此寄存器来设置 PWM 的频率，此寄存器结构如图 25-6 所示。

Bit	31	30	29	28	27	26	25	24	23	22	21	20	19	18	17	16	15	14	13	12	11	10	9	8	7	6	5	4	3	2	1	0
R	0																PERIOD															
W																																
Reset	0	0	0	0	0	0	0	0	0	0	0	0	0	0	0	0	1	1	1	1	1	1	1	1	1	1	1	1	1	1	1	0

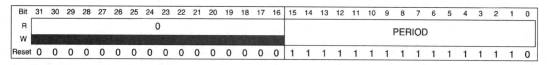

图 25-6 寄存器 PWM1_PWMPR 结构

从图 25-6 可以看出，寄存器 PWM1_PWMPR 只有低 16 位有效，当 PWM 计数器的值等于(PERIOD+1)时，就会从 0X0000 重新开始计数，开启另一个周期。PWM 的频率计算公式如下：

$$PWMO = PCLK/(PERIOD+2)$$

其中，PCLK 是最终进入 PWM 的时钟频率，假如 PCLK 的频率为 1MHz，现在要产生一个频率为 1kHz 的 PWM 信号，那么就可以设置 PERIOD=1000000/(1000－2)=998。

最后来看一下寄存器 PWM1_PWMSAR，这是采样寄存器，用于设置占空比。此寄存器结构如图 25-7 所示。

Bit	31	30	29	28	27	26	25	24	23	22	21	20	19	18	17	16	15	14	13	12	11	10	9	8	7	6	5	4	3	2	1	0
R	0																SAMPLE															
W																																
Reset	0	0	0	0	0	0	0	0	0	0	0	0	0	0	0	0	0	0	0	0	0	0	0	0	0	0	0	0	0	0	0	0

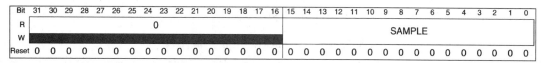

图 25-7 寄存器 PWM1_PWMSAR 结构

此寄存器只有低 16 位有效，为采样值。通过这个采样值即可调整占空比，当计数器的值小于 SAMPLE 时输出高电平(或低电平)。当计数器值≥SAMPLE，小于寄存器 PWM1_PWMPR 的 PERIO 时输出低电平(或高电平)。同样在上面的例子中，假如我们要设置 PWM 信号的占空比为 50%，那么就可以将 SAMPLE 设置为(PERIOD + 2)/2=1000/2=500。

本章使用 I.MX6ULL 的 PWM1，PWM1 的输出引脚为 GPIO1_IO8，配置步骤如下所示。

① 配置引脚 GPIO1_IO8。

配置 GPIO1_IO08 的复用功能，将其复用为 PWM1_OUT 信号线。

② 初始化 PWM1。

初始化 PWM1，配置所需的 PWM 信号的频率和默认占空比。

③ 设置中断。

因为 FIFO 中的采样值每个周期都会减少 1 个，所以需要不断地向 FIFO 中写入采样值，防止其为空。我们可以使能 FIFO 空中断，这样当 FIFO 为空时就会触发相应的中断，然后在中断处理函数中向 FIFO 写入采样值。

④ 使能 PWM1。

配置好 PWM1 以后就可以开启了。

25.2 硬件原理分析

本实验用到的资源如下所示。

(1) 指示灯 LED0。

(2) RGB LCD 接口。

(3) 按键 KEY0

本实验用到的硬件原理图参考第 24 章，本章实验一开始设置 RGB LCD 的背光亮度 PWM 信号频率为 1kHz，占空比为 10%，这样屏幕亮度就很低。然后通过按键 KEY0 逐步地提升 PWM 信号的占空比，按照 10%步进。当达到 100%以后，再次按下 KEY0，PWM 信号占空比回到 10%重新开始。LED0 不断地闪烁，提示系统正在运行。

25.3 实验程序编写

本实验对应的例程路径为“1、裸机例程→20_pwm_lcdbacklight”。

本章实验在第 24 章例程的基础上完成，更改工程名字为 backlight，然后在 bsp 文件夹下创建名为 backlight 的文件夹。在 bsp/backlight 中新建 bsp_backlight.c 和 bsp_backlight.h 这两个文件。在文件 bsp_backlight.h 中输入如示例 25-1 所示内容。

示例 25-1 bsp_backlight.h 文件代码

```
#ifndef _BACKLIGHT_H
#define _BACKLIGHT_H
```

```
3  /**************************************************************
4  Copyright © zuozhongkai Co., Ltd. 1998-2019. All rights reserved
5  文件名      : bsp_backlight.c
6  作者        : 左忠凯
7  版本        : V1.0
8  描述        : LCD 背光 PWM 驱动头文件
9  其他        : 无
10 论坛        : www.openedv.com
11 日志        : 初版 V1.0 2019/1/22 左忠凯创建
12 **************************************************************/
13 #include "imx6ul.h"
14
15 /* 背光 PWM 结构体 */
16 struct backlight_dev_struc
17 {
18     unsigned char pwm_duty;                 /* 占空比 */
19 };
20
21 /* 函数声明 */
22 void backlight_init(void);
23 void pwm1_enable(void);
24 void pwm1_setsample_value(unsigned int value);
25 void pwm1_setperiod_value(unsigned int value);
26 void pwm1_setduty(unsigned char duty);
27 void pwm1_irqhandler(void);
28
29 #endif
```

文件 bsp_backlight.h 内容很实用，在第 16 行定义了一个背光 PWM 结构体，剩下的就是函数声明。在文件 bsp_backlight.c 中输入如示例 25-2 所示内容。

示例 25-2 bsp_backlight.c 文件代码

```
/**************************************************************
Copyright © zuozhongkai Co., Ltd. 1998-2019. All rights reserved
文件名    : bsp_backlight.c
作者      : 左忠凯
版本      : V1.0
描述      : LCD 背光 PWM 驱动文件
其他      : 无
论坛      : www.openedv.com
日志      : 初版 V1.0 2019/1/22 左忠凯创建
**************************************************************/
 #include "bsp_backlight.h"
 #include "bsp_int.h"
 #include "stdio.h"

struct backlight_dev_struc backlight_dev;   /* 背光设备 */

/*
  * @description  : pwm1 中断处理函数
```

```
 * @param             : 无
 * @return            : 无
 */
void pwm1_irqhandler(void)
{
    if(PWM1->PWMSR & (1 << 3))          /* FIFO为空中断 */
    {
        /* 将占空比信息写入到FIFO中,其实就是设置占空比 */
        pwm1_setduty(backlight_dev.pwm_duty);
        PWM1->PWMSR |= (1 << 3);        /* 写1清除中断标志位    */
    }
}

/*
 * @description    : 初始化背光PWM
 * @param          : 无
 * @return         : 无
 */
void backlight_init(void)
{
    unsigned char i = 0;

    /* 1. 背光PWM I/O初始化,复用为PWM1_OUT */
    IOMUXC_SetPinMux(IOMUXC_GPIO1_IO08_PWM1_OUT, 0);
    IOMUXC_SetPinConfig(IOMUXC_GPIO1_IO08_PWM1_OUT, 0XB090);

    /* 2. 初始化PWM1
     * 初始化寄存器PWMCR
     * bit[27:26]    : 01    当FIFO中空余位置≥2时,FIFO空标志值位
     * bit[25]       : 0     停止模式下PWM不工作
     * bit[24]       : 0     休眠模式下PWM不工作
     * bit[23]       : 0     等待模式下PWM不工作
     * bit[22]       : 0     调试模式下PWM不工作
     * bit[21]       : 0     关闭字节交换
     * bit[20]       : 0     关闭半字节数据交换
     * bit[19:18]    : 00    PWM输出引脚在计数器重新计数时输出高电平
     *                       在计数器计数值达到比较值以后输出低电平
     * bit[17:16]    : 01    PWM时钟源选择IPG CLK = 66MHz
     * bit[15:4]     : 65    分频系数为65+1=66,PWM时钟源 = 66MHz/66=1MHz
     * bit[3]        : 0     PWM不复位
     * bit[2:1]      : 00    FIFO中的sample数据每个只能使用一次
     * bit[0]        : 0     先关闭PWM,后面再使能
     */
    PWM1->PWMCR = 0;    /* 寄存器先清零 */
    PWM1->PWMCR |= (1 << 26) | (1 << 16) | (65 << 4);

    /* 设置PWM周期为1000,那么PWM频率就是1MHz/1000 = 1kHz */
    pwm1_setperiod_value(1000);

    /* 设置占空比,默认50%占空比,写四次是因为有4个FIFO */
    backlight_dev.pwm_duty = 50;
    for(i = 0; i < 4; i++)
```

```
    {
        pwm1_setduty(backlight_dev.pwm_duty);
    }

    /* 使能 FIFO 空中断,设置寄存器 PWMIR 寄存器的 bit0 为 1 */
    PWM1->PWMIR |= 1 << 0;
    system_register_irqhandler(PWM1_IRQn,           /* 注册中断服务函数 */
                    (system_irq_handler_t)pwm1_irqhandler, NULL);
    GIC_EnableIRQ(PWM1_IRQn);                       /* 使能 GIC 中对应的中断 */
    PWM1->PWMSR = 0;                                /* PWM 中断状态寄存器清零 */
    pwm1_enable();                                  /* 使能 PWM1 */
}

/*
 * @description    : 使能 PWM
 * @param          : 无
 * @return         : 无
 */
void pwm1_enable(void)
{
    PWM1->PWMCR |= 1 << 0;
}

/*
 * @description     : 设置 Sample 寄存器,Sample 数据会写入到 FIFO 中,
 *                    Sample 寄存器,就相当于比较寄存器;假如 PWMCR 中的 POUTC
 *                    设置为 00 时,当 PWM 计数器中的计数值小于 Sample 时
 *                    就会输出高电平,当 PWM 计数器值大于 Sample 时,输出低
 *                    电平,因此可以通过设置 Sample 寄存器来设置占空比
 * @param -   value : 寄存器值,范围 0～0XFFFF
 * @return          : 无
 */
void pwm1_setsample_value(unsigned int value)
{
    PWM1->PWMSAR = (value & 0XFFFF);
}

/*
 * @description     : 设置 PWM 周期,就是设置寄存器 PWMPR,PWM 周期公式如下
 *                    PWM_FRE = PWM_CLK / (PERIOD + 2), 比如当前 PWM_CLK = 1MHz
 *                    要产生 1kHz 的 PWM,那么 PERIOD = 1000000/1000 - 2 = 998
 * @param -   value : 周期值,范围 0～0XFFFF
 * @return          : 无
 */
void pwm1_setperiod_value(unsigned int value)
{
    unsigned int regvalue = 0;

    if(value < 2)
        regvalue = 2;
    else
        regvalue = value - 2;
```

```
    PWM1->PWMPR = (regvalue & 0XFFFF);
}

/*
 * @description        : 设置 PWM 占空比
 * @param - value      : 占空比 0～100,对应 0%～100%
 * @return             : 无
 */
void pwm1_setduty(unsigned char duty)
{
    unsigned short preiod;
    unsigned short sample;

    backlight_dev.pwm_duty = duty;
    preiod = PWM1->PWMPR + 2;
    sample = preiod * backlight_dev.pwm_duty / 100;
    pwm1_setsample_value(sample);
}
```

文件 bsp_blacklight.c 一共有 6 个函数,第 1 个是函数 pwm1_irqhandler,这个是 PWM1 的中断处理函数。需要在此函数中处理 FIFO 空中断,当 FIFO 空中断发生以后需要向采样寄存器 PWM1_PWMSAR 写入采样数据,也就是占空比值,最后要清除相应的中断标志位。第 2 个函数是 backlight_init,这个是背光初始化函数,在此函数里面会初始化背光引脚 GPIO1_IO08,将其复用为 PWM1_OUT。然后此函数初始化 PWM1,设置要产生的 PWM 信号频率和默认占空比,接下来使能 FIFO 空中断,注册相应的中断处理函数,最后使能 PWM1。第 3 个函数是 pwm1_enable,用于使能 PWM1。第 4 个函数是 pwm1_setsample_value,用于设置采样值,也就是寄存器 PWM1_PWMSAR 的值。第 5 个函数是 pwm1_setperiod_value,用于设置 PWM 信号的频率。第 6 个函数是 pwm1_setduty,用于设置 PWM 的占空比,这个函数只有一个参数 duty,也就是占空比值,单位为%,函数内部会根据百分值计算出寄存器 PWM1_PWMSAR 应设置的值。

最后在文件 main.c 中输入如示例 25-3 所示内容。

示例 25-3　main.c 文件代码

```
/***************************************************************
Copyright © zuozhongkai Co., Ltd. 1998-2019. All rights reserved
文件名    : main.c
作者      : 左忠凯
版本      : V1.0
描述      : I.MX6U 开发板裸机实验 21 背光 PWM 实验
其他      : 我们使用手机时背光都是可以调节的,同样的 I.MX6U-ALPHA
            开发板的 LCD 背光也可以调节,LCD 背光就相当于一个 LED 灯;
            LED 灯的亮灭可以通过 PWM 来控制,本实验我们就来学习一下如何
            通过 PWM 来控制 LCD 的背光
论坛      : www.openedv.com
日志      : 初版 V1.0 2019/1/21 左忠凯创建
***************************************************************/
#include "bsp_clk.h"
```

```
#include "bsp_delay.h"
#include "bsp_led.h"
#include "bsp_beep.h"
#include "bsp_key.h"
#include "bsp_int.h"
#include "bsp_uart.h"
#include "bsp_lcd.h"
#include "bsp_lcdapi.h"
#include "bsp_rtc.h"
#include "bsp_backlight.h"
#include "stdio.h"

/*
 * @description  : main 函数
 * @param        : 无
 * @return       : 无
 */
int main(void)
{
    unsigned char keyvalue = 0;
    unsigned char i = 0;
    unsigned char state = OFF;
    unsigned char duty = 0;

    int_init();                    /* 初始化中断(一定要最先调用) */
    imx6u_clkinit();               /* 初始化系统时钟 */
    delay_init();                  /* 初始化延时 */
    clk_enable();                  /* 使能所有的时钟 */
    led_init();                    /* 初始化 led */
    beep_init();                   /* 初始化 beep */
    uart_init();                   /* 初始化串口,波特率 115200 */
    lcd_init();                    /* 初始化 LCD */
     backlight_init();             /* 初始化背光 PWM */

    tftlcd_dev.forecolor = LCD_RED;
    lcd_show_string(50, 10, 400, 24, 24, (char*)"ALPHA-IMX6U BACKLIGHT PWM TEST");
    lcd_show_string(50, 40, 400, 24, 24, (char*)"PWM Duty:  %");
    tftlcd_dev.forecolor = LCD_BLUE;

    /* 设置默认占空比 10% */
    duty = 10;
    lcd_shownum(158, 40, duty, 3, 24);
    pwm1_setduty(duty);

    while(1)
    {
        keyvalue = key_getvalue();
        if(keyvalue == KEY0_VALUE)
        {
            duty += 10;         /* 占空比加 10% */
            if(duty > 100)      /* 如果占空比超过 100%,重新从 10% 开始 */
                duty = 10;
```

```
54              lcd_shownum(158, 40, duty, 3, 24);
55              pwm1_setduty(duty);                 /* 设置占空比 */
56          }
57
58          delayms(10);
59          i++;
60          if(i == 50)
61          {
62              i = 0;
63              state = !state;
64              led_switch(LED0,state);
65          }
66      }
67      return 0;
68  }
```

第 34 行调用 backlight_init 函数初始化屏幕背光 PWM。第 44 行设置背光 PWM 默认占空比为 10%。在 main 函数中读取按键值，如果 KEY0 按下，就将 PWM 信号的占空比增加 10%，当占空比超过 100%时重回到 10%，重新开始。

25.4 编译、下载和验证

25.4.1 编写 Makefile 和链接脚本

修改 Makefile 中的 TARGET 为 backlight，然后在 INCDIRS 和 SRCDIRS 中加入 bsp/rtc，修改后的 Makefile 如示例 25-4 所示。

示例 25-4　Makefile 代码

```
CROSS_COMPILE    ?= arm-linux-gnueabihf-
TARGET           ?= backlight

/* 省略掉其他代码...... */

INCDIRS          :=  imx6ul \
                     stdio/include \
...
                     bsp/backlight

SRCDIRS          :=  project \
                     stdio/lib \
...
                     bsp/backlight

/* 省略掉其他代码...... */

clean:
 rm -rf $(TARGET).elf $(TARGET).dis $(TARGET).bin $(COBJS) $(SOBJS)
```

第 2 行修改变量 TARGET 为 backlight，也就是目标名称为 backlight。

第 26 行在变量 INCDIRS 中添加背光 PWM 驱动头文件(.h)路径。

第 48 行在变量 SRCDIRS 中添加背光 PWM 驱动文件(.c)路径。

链接脚本保持不变。

25.4.2 编译和下载

使用 Make 命令编译代码，编译成功以后使用软件 imxdownload 将编译完成的 backlight.bin 文件下载到 SD 卡中，命令如下所示。

```
chmod 777 imxdownload                    //给予 imxdownload 可执行权限，一次即可
./imxdownload backlight.bin /dev/sdd   !
```

烧写成功以后将 SD 卡插到开发板的 SD 卡槽中，然后复位开发板，默认背光 PWM 是 10%，PWM 信号波形如图 25-8 所示。

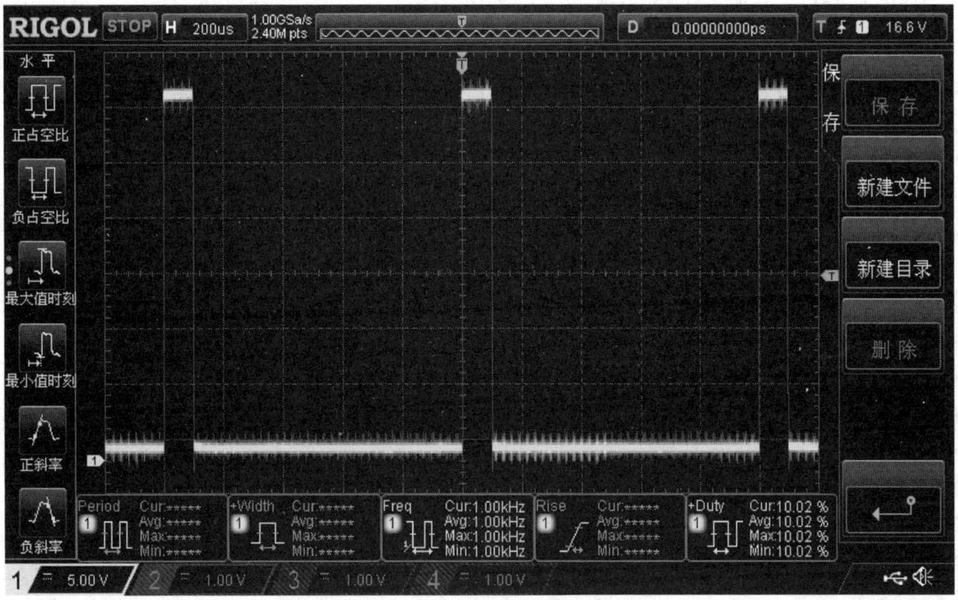

图 25-8 10%占空比 PWM 信号

从图 25-8 可以看出，此时背光 PWM 信号的频率为 1.00kHz，占空比是 10.02%，和我们代码中配置的一致，此时 LCD 屏幕会比较暗。

我们将 PWM 的占空比调节到 90%，此时的 LCD 屏幕亮度就会增加。

第26章

ADC实验

ADC 是一种常见的外设,在 STM32 上可以看到,在 I. MX 6ULL 上依然能看到它的存在。通过读取 GPIO 引脚的高低电平可以知道输入的是 1 还是 0,但是并不能知道它实际的电压是多少。ADC 可以让我们知道某个 I/O 的具体电压值。有很多传感器都是模拟信号输出的,需要测量到其具体的输出电压值,然后在进行 A/D 转换得到最终的数字值。本章就来学习 I. MX6ULL 的 ADC 外设。

26.1 ADC 简介

26.1.1 什么是 ADC

ADC(Analog to Digital Converter,模数转换器)可以将外部的模拟信号转化成数字信号。对于 GPIO 接口来说,高于某个电压值,它读出来的就只有高电平,低于某个电压值就是低电平。假如想知道具体的电压数值就要借助于 ADC 的帮助,它可以将一个范围内的电压精确地读取出来。例如,某个 I/O 口上外接了一个设备,它能提供 0～2V 的电压变化,在这个 I/O 口上使用 GPIO 模式去读取时只能获得 0 和 1 两个数据,但是使用 ADC 模式去读取就可以获得 0～2V 之间连续变化的数值。

ADC 有几个比较重要的参数。

测量范围:测量范围对于 ADC 来说就好比尺子的量程,ADC 测量范围决定了外接设备其信号输出电压范围,不能超过 ADC 的测量范围。如果所使用的外部传感器输出的电压信号范围和所使用的 ADC 测量范围不符合,那么就需要自行设计相关电压转换电路。

分辨率:尺子上能量出来的最小测量刻度,例如常用的厘米尺,它的最小刻度就是 1mm,表示最小测量精度就是 1mm。假如 ADC 的测量范围为 0～5V,分辨率设置为 12 位,那么能测出来的最小电压就是 $5V/2^{12}$,也就是 5/4096=0.00122V。很明显,分辨率越高,采集到的信号越精确,所以分辨率是衡量 ADC 的一个重要指标。

精度:是影响结果准确度的因素之一,比如在厘米尺上能测量出毫米的尺度,但是毫米后的位数却不能准确地量出。经过计算,ADC 在 12 位分辨率下的最小测量值是 0.00122V。但是 ADC 的精度最高只能到 11 位，即 0.00244V。也就是 ADC 测量出 0.00244V 的结果要比 0.00122V 可靠、准确。

采样时间：当 ADC 在某时刻采集外部电压信号时，此时外部的信号应该保持不变，但实际上外部的信号是不停变化的。所以在 ADC 内部有一个保持电路，保持某一时刻的外部信号，这样 ADC 就可以稳定采集，保持这个信号的时间就是采样时间。

采样率：在 1s 的时间内采集多少次。很明显，采样率越高越好，当采样率不够时可能会丢失部分信息，所以 ADC 采样率是衡量 ADC 性能的另一个重要指标。

总之，只要是需要模拟信号转为数字信号的场合，肯定要用到 ADC。很多数字传感器内部会集成 ADC，传感器内部使用 ADC 来处理原始的模拟信号，最终给用户输出数字信号。

26.1.2 I.MX6ULL ADC 简介

I.MX6ULL 提供了两个 12 位 ADC 通道和 10 个输入接口。I.MX6ULL 的 ADC 外设特性如下所示。

(1) 线性连续逼近算法，分辨率高达 12 位。

(2) 多达 10 个通道可以选择。

(3) 最高采样率 1MS/s。

(4) 多达 8 个单端外部模拟输入。

(5) 单次或连续转换(单次转换后自动返回空闲状态)。

(6) 可以配置为 12/10/8 位。

(7) 可配置的采样时间和转换速度/功率。

(8) 支持转换完成、硬件平均完成标志和中断。

(9) 自我校准模式。

ADC 有 3 种工作状态：禁止状态(Disabled)、闲置状态(Idle)、工作状态(Performing conversions)。

禁止状态：ADC 模块被禁止工作。

闲置状态：当前转换已经完成，下次转换尚未准备时的状态，当异步时钟输出被关闭，ADC 进入该状态时，ADC 此时处于最低功耗状态。

工作状态：当 ADC 初始化完成后，并设置好输入通道后，将进入的状态。转换过程中也一直保持在工作状态。

下面来介绍 ADC 对应的寄存器，让大家了解如何使用它。这里用 ADC1 进行介绍，ADC2 和 ADC1 有一点不同，但总体上来说很相似，想要深入了解可以去看参考手册。

接下来先看寄存器 ADCx_CFG(x=1～2)，这是 ADC1 的配置寄存器，此寄存器结构如图 26-1 所示。

寄存器 ADCx_CFG 用到的重要位如下所示。

OVWREN (bit16)：数据复写使能位，为 1 时使能复写功能，为 0 时关闭复写功能。

AVGS(bit15:14)：硬件平均次数，只有当 ADC1_GC 寄存器的 AVGE 位为 1 时才有效。可选值表如 26-1 所示。

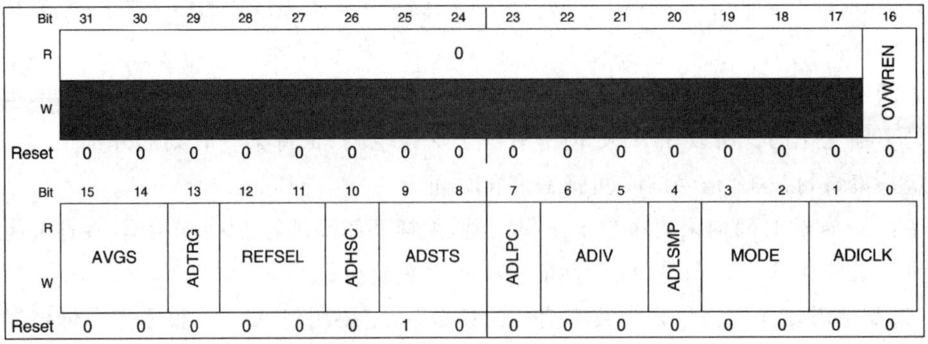

图 26-1　寄存器 ADCx_CFG 结构

表 26-1　AGVS 位设置含义

AVGS(bit15:bit14)	含　义	AVGS(bit15:bit14)	含　义
00	4 次样本求平均	10	16 次样本求平均
01	8 次样本求平均	11	32 次样本求平均

ADTRG(bit13)：转换触发选择。为 0 时选择软件触发，为 1 时不选择软件触发。

REFSEL(bit12:11)：参考电压选择，为 00 时选择 VREFH/VREFL。这两个引脚上的电压为参考电压，ALPHA 开发板上 VREFH 为 3.3V，VREFL 为 0V。

ADHSC(bit10)：高速转换使能位，为 0 时为正常模式，为 1 时为高速模式。

ADSTS(bit9:8)：设置 ADC 的采样周期，与 ADLSMP 位一起决定采样周期，如表 26-2 所示。

表 26-2　ADSTS 值设置

值	含　义
00	当 ADLSMP=0 时采样一次需要 2 个 ADC clocks，ADLSMP=1 时需要 12 个
01	当 ADLSMP=0 时采样一次需要 4 个 ADC clocks，ADLSMP=1 时需要 16 个
10	当 ADLSMP=0 时采样一次需要 6 个 ADC clocks，ADLSMP=1 时需要 20 个
11	当 ADLSMP=0 时采样一次需要 8 个 ADC clocks，ADLSMP=1 时需要 24 个

ADIV(bit6:5)：时钟分频选择。为 00 时不分频，为 01 时 2 分频，为 10 时 4 分频，为 11 时 8 分频。

ADLSMP(bit4)：长采样周期使能位。值为 0 时为短采样周期模式，为 1 时为长采样周期模式。搭配 ADSTS 位一起控制 ADC 的采样周期，见表 26-2。

MODE(bit3:2)：选择转换精度，设置如表 26-3 所示。

表 26-3　精度设置

值	含　义	值	含　义
00	8 位精度	10	12 位精度
01	10 位精度	11	无效

ADICLK(bit1:0)：输入时钟源选择，为 00 时选择 IPG Clock；为 01 时选择 IPG Clock/2；为 10 时

无效；为 11 时选择 ADACK。本书设置为 11，也就是选择 ADACK 为 ADC 的时钟源。

通用控制寄存器 ADCx_GC 结构如图 26-2 所示。

Bit	31	30	29	28	27	26	25	24	23	22	21	20	19	18	17	16
R	0															
W																
Reset	0	0	0	0	0	0	0	0	0	0	0	0	0	0	0	0

Bit	15	14	13	12	11	10	9	8	7	6	5	4	3	2	1	0
R	0								CAL	ADCO	AVGE	ACFE	ACFGT	ACREN	DMAEN	ADACKEN
W																
Reset	0	0	0	0	0	0	0	0	0	0	0	0	0	0	0	0

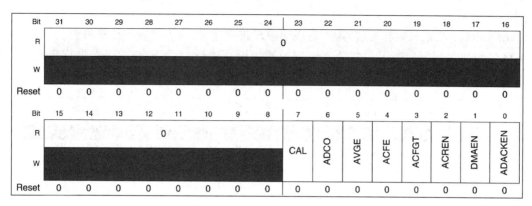

图 26-2 寄存器 ADCx_GC 结构

此寄存器对应的位含义如下所示。

CAL(bit7)：当该位写入 1 时，硬件校准功能将会启动，校准过程中该位会一直保持 1，校准完成后会清 0。校准完成后需要检查一下 ADC_GS[CALF]位，确认校准结果。

ADCO(bit6)：连续转换使能位，只有在开启了硬件平均功能时有效，为 0 时只能转换一次或一组，为 1 时可以连续转换或多组。

AVGE(bit5)：硬件平均使能位。为 0 时关闭，为 1 时使能。

ACFE(bit4)：比较功能使能位。为 0 时关闭，为 1 时使能。

ACFGT(bit3)：配置比较方法。如果为 0 时就比较转换结果是否小于 ADC_CV 寄存器值，如果为 1 时就比较转换结果是否大于或等于 ADC_CV 寄存器值。

ACREN(bit2)：范围比较功能使能位。为 0 时仅和 ADC_CV 里的 CV1 比较，为 1 时和 ADC_CV 里的 CV1、CV2 比较。

DMAEN(bit1)：DMA 功能使能位，为 0 时关闭，为 1 时开启。

ADACKEN(bit0)：异步时钟输出使能位，为 0 时关闭，为 1 时开启。

通用状态寄存器 ADCx_GS 结构如图 26-3 所示。

Bit	31	30	29	28	27	26	25	24	23	22	21	20	19	18	17	16
R	0															
W																
Reset	0	0	0	0	0	0	0	0	0	0	0	0	0	0	0	0

Bit	15	14	13	12	11	10	9	8	7	6	5	4	3	2	1	0
R	0													AWKST	CALF	ADACT
W														w1c	w1c	
Reset	0	0	0	0	0	0	0	0	0	0	0	0	0	0	0	0

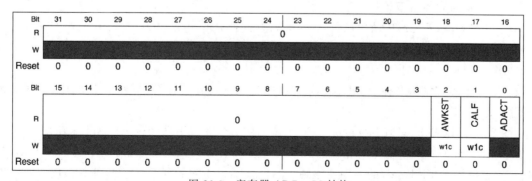

图 26-3 寄存器 ADCx_GS 结构

此寄存器对应的位含义如下所示。

AWKST(bit2)：异步唤醒中断状态，为 1 时表示发生了异步唤醒中断。为 0 时表示没有发生异步中断。

CALF(bit1)：校准失败标志位，为 0 时表示校准正常完成，为 1 时表示校准失败。

ADACT(bit0)：转换活动标志，为 0 时表示转换没有进行，为 1 时表示正在进行转换。

接下来看一下状态寄存器 ADCx_HS，此寄存器结构如图 26-4 所示。

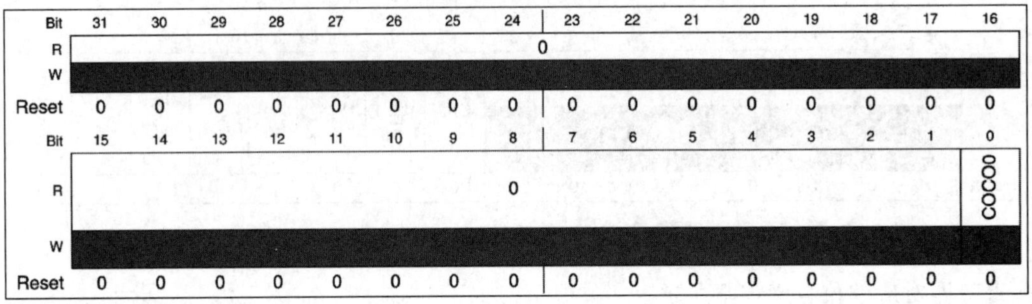

图 26-4　寄存器 ADCx_HS 结构

此寄存器只有一个位 COCO0，这是转换完成标志位，此位为只读位。当关闭比较功能和硬件平均以后，每次转换完成此位就会被置 1。使能硬件平均以后，只有在设置的转换次数达到后，此位才置 1。

再来看一下控制寄存器 ADCx_HC0，此寄存器结构如图 26-5 所示。

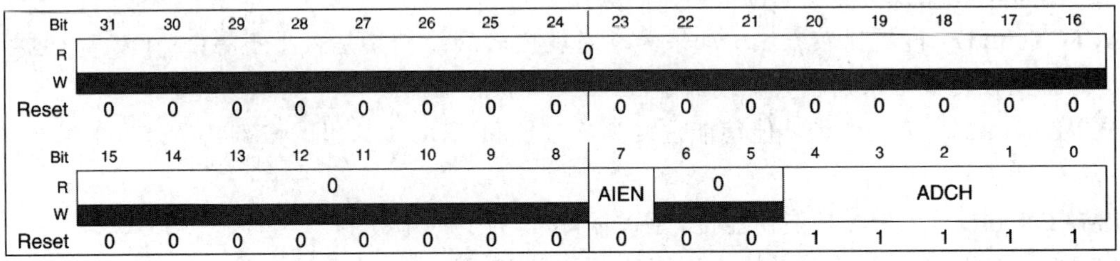

图 26-5　寄存器 ADCx_HC0 结构

来看一下此寄存器对应的位。

AIEN(bit7)：转换完成中断控制位，为 1 时打开转换完成中断，为 0 时关闭。

ADCH(bit4:0)：转换通道选择，可以设置为 00000～01111，分别对应通道 0～15。11001 为内部通道，用于 ADC 自测。

最后看一下数据结果寄存器 ADCx_R0，顾名思义，此寄存器保存 ADC 数据结果，也就是转换值，寄存器结构如图 26-6 所示。

从图 26-6 可以看出，只有 bit11:bit0 这 12 位有效，此 12 位用来保存 ADC 转换结果。

关于 ADC 有关的寄存器就介绍到这里，关于这些寄存器详细的描述，请参考《I. MX6ULL 参考手册》。本章使用 I. MX6ULL 的 ADC1 通道 1，ADC1 通道 1 的引脚为 GPIO1_IO01，配置步骤如下所示。

Bit	31	30	29	28	27	26	25	24	23	22	21	20	19	18	17	16	15	14	13	12	11	10	9	8	7	6	5	4	3	2	1	0
R	0																				CDATA											
W																																
Reset	0	0	0	0	0	0	0	0	0	0	0	0	0	0	0	0	0	0	0	0	0	0	0	0	0	0	0	0	0	0	0	0

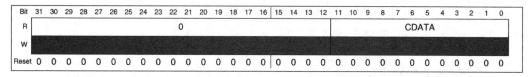

图 26-6 寄存器 ADCx_R0 结构

① 初始化 ADC1_CH1。

初始化 ADC1_CH1，配置 ADC 位数、时钟源、采样时间等。

② 校准 ADC。

ADC 在使用之前需要校准一次。

③ 使能 ADC。

配置好 ADC 以后就可以开启了。

④ 读取 ADC 值。

ADC 正常工作以后就可以读取 ADC 值。

26.2 硬件原理分析

本实验用到的资源如下所示。

(1) 指示灯 LED0。

(2) RGB LCD 接口。

(3) GPIO1_IO01 引脚。

本实验主要用到 I. MX6ULL 的 GPIO1_IO01 引脚，将其作为 ADC1 的通道 1 引脚，ALPHA 开发板上引出了 GPIO1_IO01 引脚，如图 26-7 所示。

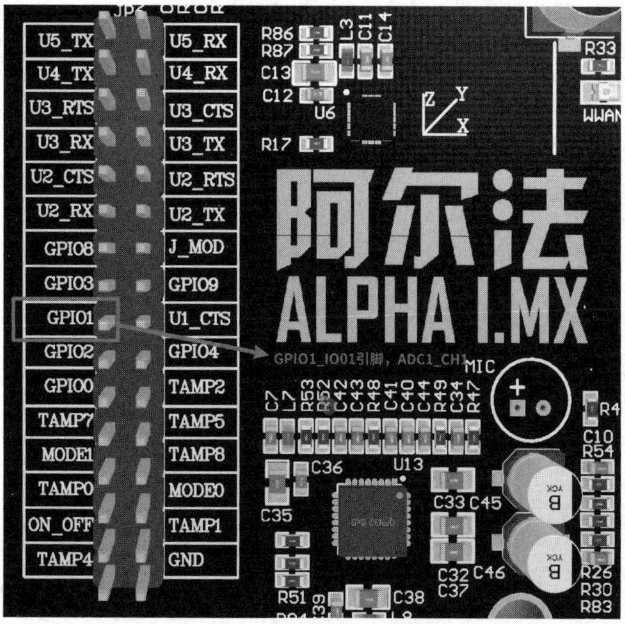

图 26-7 开发板上 GPIO1_IO01 引脚

图 26-7 中的 GPIO1 就是 GPIO1_IO01 引脚，此引脚作为 ADC1_CH1，我们可以使用杜邦线在此引脚上引入一个 0～3.3V 的电压，然后使用内部 ADC 进行测量。

26.3 实验程序编写

本实验对应的例程路径为"1、裸机例程→21_adc"。

本章实验在第 25 章例程的基础上完成，更改工程名字为 adc，然后在 bsp 文件夹下创建名为 adc 的文件夹。在 bsp/adc 中新建 bsp_adc.c 和 bsp_adc.h 这两个文件。在文件 bsp_adc.h 中输入如示例 26-1 所示内容。

示例 26-1 bsp_adc.h 文件内容

```
#ifndef __ADC_H
#define __ADC_H
/***************************************************************
Copyright © zuozhongkai Co., Ltd. 1998-2019. All rights reserved
文件名    : bsp_adc.h
作者      : 左忠凯
版本      : V1.0
描述      : ADC 驱动头文件
其他      : 无
论坛      : www.openedv.com
日志      : 初版 V1.0 2019/1/22 左忠凯创建
***************************************************************/
#include "imx6ul.h"

int adc1ch1_init(void);
status_t adc1_autocalibration(void);
uint32_t getadc_value(void);
unsigned short getadc_average(unsigned char times);
unsigned short getadc_volt(void);

#endif
```

文件 bsp_adc.h 内容很简单，都是一些函数声明。接下来在文件 bsp_backlight.c 中输入如示例 26-2 所示内容。

示例 26-2 bsp_adc.c 文件内容

```
/***************************************************************
Copyright © zuozhongkai Co., Ltd. 1998-2019. All rights reserved
文件名    : bsp_adc.c
作者      : 左忠凯
版本      : V1.0
描述      : ADC 驱动文件
其他      : 无
论坛      : www.openedv.com
日志      : 初版 V1.0 2019/1/22 左忠凯创建
```

```
*****************************************************************/
#include "bsp_adc.h"
#include "bsp_delay.h"
#include "stdio.h"

/*
 * @description   : 初始化 ADC1_CH1,使用 GPIO1_IO01 这个引脚
 * @param         : 无
 * @return        : 0 成功,其他值 错误代码
 */
int adc1ch1_init(void)
{
    int ret = 0;

    /* 1. 初始化 ADC1 CH1 */
    /* CFG 寄存器
     * bit16       0    关闭复写功能
     * bit15:14    00   硬件平均设置为默认值,00 时 4 次平均,
     *                  但是需要 ADC_GC 寄存器的 AVGE 位置 1 来使能硬件平均
     * bit13       0    软件触发
     * bit12:11    00   参考电压为 VREFH/VREFL,也就是 3.3V/0V
     * bit10       0    正常转换速度
     * bit9:8      00   采样时间 2/12,ADLSMP=0(短采样)时为 2 个周期
     *                  ADLSMP=1(长采样)时为 12 个周期
     * bit7        0    非低功耗模式
     * bit6:5      00   ADC 时钟源 1 分频
     * bit4        0    短采样
     * bit3:2      10   12 位 ADC
     * bit1:0      11   ADC 时钟源选择 ADACK
     */
    ADC1->CFG = 0;
    ADC1->CFG |= (2 << 2) | (3 << 0);

    /* GC 寄存器
     * bit7        0    先关闭校准功能,后面会校准
     * bit6        0    关闭持续转换
     * bit5        0    关闭硬件平均功能
     * bit4        0    关闭比较功能
     * bit3        0    关闭比较的 Greater Than 功能
     * bit2        0    关闭比较的 Range 功能
     * bit1        0    关闭 DMA
     * bit0        1    使能 ADACK
     */
    ADC1->GC = 0;
    ADC1->GC |= 1 << 0;

    /* 2. 校准 ADC */
    if(adc1_autocalibration() != kStatus_Success)
        ret = -1;

    return ret;
}
```

```

/*
 * @description  : 初始化 ADC1 校准
 * @param        : 无
 * @return       : kStatus_Success 成功,kStatus_Fail 失败
 */
status_t adc1_autocalibration(void)
{
    status_t ret  = kStatus_Success;

    ADC1->GS |= (1 << 2);       /* 清除 CALF 位,写 1 清零 */
    ADC1->GC |= (1 << 7);       /* 使能校准功能 */

    /* 校准完成之前,GC 寄存器的 CAL 位会一直为 1,直到校准完成此位自动清零 */
    while((ADC1->GC & (1 << 7)) != 0) {
        /* 如果 GS 寄存器的 CALF 位为 1 时表示校准失败 */
        if((ADC1->GS & (1 << 2)) != 0) {
            ret = kStatus_Fail;
            break;
        }
    }

    /* 校准成功以后 HS 寄存器的 COCO0 位会置 1 */
    if((ADC1->HS  & (1 << 0)) == 0)
        ret = kStatus_Fail;

    /* 如果 GS 寄存器的 CALF 位为 1 时表示校准失败 */
        if((ADC1->GS & (1 << 2)) != 0)
        ret = kStatus_Fail;

    return ret;
}

/*
 * @description  : 获取 ADC 原始值
 * @param        : 无
 * @return       : 获取到的 ADC 原始值
 */
unsigned int getadc_value(void)
{

    /* 配置 ADC 通道 1 */
    ADC1->HC[0] = 0;                    /* 关闭转换结束中断 */
    ADC1->HC[0] |= (1 << 0);            /* 通道 1 */

    while((ADC1->HS & (1 << 0)) == 0);  /* 等待转换完成 */

    return ADC1->R[0];                  /* 返回 ADC 值 */
}

/*
```

```
 * @description         : 获取 ADC 平均值
 * @param      times   : 获取次数
 * @return              : times 次转换结果平均值
 */
unsigned short getadc_average(unsigned char times)
{
    unsigned int temp_val = 0;
    unsigned char t;
    for(t = 0; t < times; t++){
        temp_val += getadc_value();
        delayms(5);
    }
    return temp_val / times;
}

/*
 * @description    : 获取 ADC 对应的电压值
 * @param          : 无
 * @return         : 获取到的电压值,单位为 mV
 */
unsigned short getadc_volt(void)
{
    unsigned int adcvalue = 0;
    unsigned int ret = 0;
    adcvalue = getadc_average(5);
    ret = (float)adcvalue * (3300.0f / 4096.0f);
    return ret;
}
```

文件 bsp_blacklight. c 一共有 5 个函数,第 1 是函数 adc1ch1_init,这个是 ADC1 通道 1 的初始化函数。在此函数中会初始化 ADC,比如设置 ADC 时钟源,设置参考电压、ADC 位数等。初始化完成以后会调用 adc1_autocalibration 函数校准一次 ADC。第 2 个函数是 adc1_autocalibration,这个是 ADC 校准函数,在使用 ADC 之前最好校准一次。第 3 个函数是 getadc_value,这个函数用于获取 ADC 转换值,也就是读取 ADCx_R0 寄存器。第 4 个函数是 getadc_average,这是软件平均值,也就是软件读取多次 ADC 值,然后进行平均,大家也可以直接使用 ADC 自带的硬件平均。第 5 个函数就是 getadc_volt,此函数用于将获取到的原始 ADC 值转换为对应的电压值。

最后在第 25 章实验的文件 main. c 基础上,将 main 函数改为如示例 26-3 所示内容。

示例 26-3　main 函数内容

```
int main(void)
{
 unsigned char i = 0;
 unsigned int adcvalue;
 unsigned char state = OFF;
 signed int integ;                      /* 整数部分 */
 signed int fract;                      /* 小数部分 */

 imx6ul_hardfpu_enable();               /* 使能 I.MX6U 的硬件浮点 */
```

```
10 int_init();                                  /* 初始化中断(一定要最先调用) */
11 imx6u_clkinit();                             /* 初始化系统时钟 */
12 delay_init();                                /* 初始化延时 */
13 clk_enable();                                /* 使能所有的时钟 */
14 led_init();                                  /* 初始化 led */
15 beep_init();                                 /* 初始化 beep */
16 uart_init();                                 /* 初始化串口,波特率 115200 */
17 lcd_init();                                  /* 初始化 LCD */
18 adc1ch1_init();                              /* ADC1_CH1 */
19
20 tftlcd_dev.forecolor = LCD_RED;
21 lcd_show_string(50, 10, 400, 24, 24, (char*)"ALPHA-IMX6U ADC TEST");
22 lcd_show_string(50, 40, 200, 16, 16, (char*)"ATOM@ALIENTEK");
23 lcd_show_string(50, 60, 200, 16, 16, (char*)"2019/12/16");
24 lcd_show_string(50, 90, 400, 16, 16, (char*)"ADC Ori Value:0000");
25 lcd_show_string(50, 110, 400, 16, 16,(char*)"ADC Val Value:0.00 V");
26 tftlcd_dev.forecolor = LCD_BLUE;
27
28 while(1)
29 {
30     adcvalue = getadc_average(5);
31     lcd_showxnum(162, 90, adcvalue, 4, 16, 0);      /* ADC 原始数据值 */
32     printf("ADC orig value = %d\r\n", adcvalue);
33
34     adcvalue = getadc_volt();
35     integ = adcvalue / 1000;
36     fract = adcvalue % 1000;
37     lcd_showxnum(162, 110, integ, 1, 16, 0);        /* 显示电压值的整数部分 */
38     lcd_showxnum(178, 110, fract, 3, 16, 0X80);     /* 显示电压值小数部分 */
39     printf("ADC vola = %d.%dV\r\n", integ, fract);
40
41     delayms(50);
42     i++;
43     if(i == 10)
44     {
45         i = 0;
46         state = !state;
47         led_switch(LED0,state);
48     }
49 }
50 return 0;
51 }
```

第 18 行调用 adc1ch1_init 函数，初始化 ADC1_CH1。第 30 行调用 getadc_average 函数获取 ADC 原始值，这里读取 5 次数据然后求平均。第 34 行调用 getadc_volt 函数获取 ADC 对应的电压值。最后将原始值和电压值都显示在 LCD 上。

26.4 编译、下载和验证

26.4.1 编写 Makefile 和链接脚本

修改 Makefile 中的 TARGET 为 adc，然后在 INCDIRS 和 SRCDIRS 中加入 bsp/adc。修改后的 Makefile 如示例 26-4 所示。

示例 26-4 Makefile 代码

```
1  CROSS_COMPILE   ?= arm-linux-gnueabihf-
2  TARGET          ?= adc
3
...
11
12 INCDIRS         := imx6ul \
13                    stdio/include \
14                    bsp/clk \
15                    bsp/led \
...
33                    bsp/adc
34
35 SRCDIRS         := project \
36                    stdio/lib \
37                    bsp/clk \
38                    bsp/led \
...
57                    bsp/adc
...
88 clean:
89   rm -rf $(TARGET).elf $(TARGET).dis $(TARGET).bin $(COBJS) $(SOBJS)
```

第 2 行修改变量 TARGET 为 adc，也就是目标名称为 adc。

第 33 行在变量 INCDIRS 中添加 ADC 驱动头文件(.h)路径。

第 57 行在变量 SRCDIRS 中添加 ADC 驱动驱动文件(.c)路径。

链接脚本保持不变。

26.4.2 编译和下载

使用 Make 命令编译代码，编译成功以后使用软件 imxdownload 将编译完成的 adc.bin 文件下载到 SD 卡中，命令如下所示。

```
chmod 777 imxdownload              //给予 imxdownload 可执行权限，一次即可
./imxdownload adc.bin /dev/sdd     //烧写到 SD 卡中，不能烧写到/dev/sda 或 sda1 中
```

烧写成功以后，将 SD 卡插到开发板的 SD 卡槽中，然后复位开发板。用杜邦线将图 26-7 中的 GPIO1 引脚接到 GND 上，那么此时测量到的电压就是 0V，如图 26-8 所示。

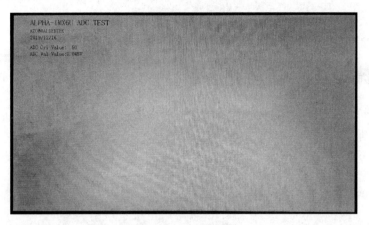

图 26-8　0V 电压测量

从图 26-8 可以看出，当 GPIO1_IO01 接到 GND 时，此时 ADC 原始数值为 50，换算出来的实际电压为 0.045V。考虑到误差包含电源的抖动，可以认为是 0V。接下来可以将 GPIO1_IO01 引脚接到 3.3V 电源引脚上，此时测量值如图 26-9 所示。

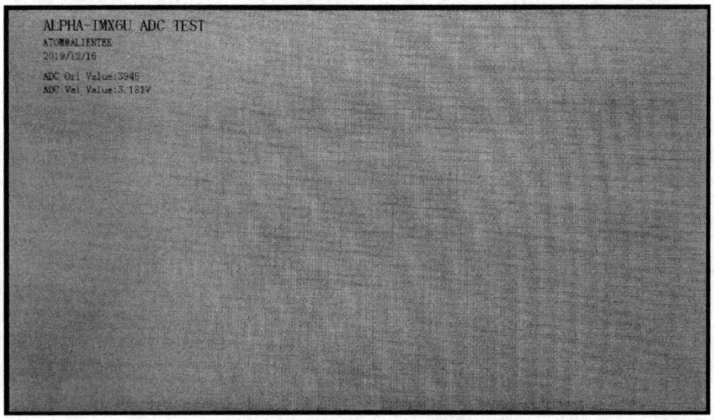

图 26-9　3.3V 电压测量

从图 26-9 可以看出，此时的 ADC 原始值为 3945，对应的电压值为 3.18V。至此，I.MX6ULL 的 ADC 技术介绍完毕。

第三篇　系统移植

在第二篇中我们学习了如何进行 I. MX6ULL 的裸机开发，通过 22 个裸机例程掌握了 I. MX6ULL 的常用外设。通过裸机的学习掌握了外设的底层原理，在以后进行 Linux 驱动开发时，只需要将精力放到 Linux 驱动框架上即可。在进行 Linux 驱动开发之前，需要先将 Linux 系统移植到开发板上。学习过 μC/OS、FreeRTOS 的读者应该知道，μC/OS、FreeRTOS 移植就是在官方的 SDK 包中，找一个和已使用的芯片同样的工程文件编译一下，然后下载到开发板。那么 Linux 的移植是否也这样？很明显不是，Linux 的移植要复杂得多。在移植 Linux 之前需要先移植一个 bootloader 代码，这个 bootloader 代码用于启动 Linux 内核。bootloader 有很多，常用的就是 U-Boot。移植好 U-Boot 以后，再移植 Linux 内核，移植完 Linux 内核以后 Linux 还不能正常启动，还需要再移植一个根文件系统(rootfs)。根文件系统中包含了一些最常用的命令和文件，所以 U-Boot、Linux Kernel 和 rootfs 这三者一起构成了一个完整的 Linux 系统，一个可以正常使用、功能完善的 Linux 系统。在本篇我们就来讲解 U-Boot、Linux Kernel 和 rootfs 的移植，与其说是“移植”，倒不如说是“适配”，因为大部分的移植工作都由 NXP 官方完成了，这里的“移植”主要是使其能够在 I. MX6ULL-ALPHA 开发板上跑起来。

第27章

U-Boot使用实验

在移植 U-Boot 之前,我们要先对 μ-Boot 有一个了解。I. MX6ULL-ALPHA 开发板附赠资源中已经提供了一个已经移植好的 U-Boot,本章直接编译这个移植好的 U-Boot,然后烧写到 SD 卡中启动。启动 U-Boot 以后就可以学习使用 U-Boot 的命令。

27.1 U-Boot 简介

Linux 系统要启动就必须有一个 bootloader 程序,也就说芯片上电以后先运行一段 bootloader 程序。这段 bootloader 程序会先初始化 DDR 等外设,然后将 Linux 内核从 Flash(NAND、NOR FLASH、SD、MMC 等)复制到 DDR 中,最后启动 Linux 内核。当然 bootloader 的实际工作要复杂得多,但是它最主要的工作就是启动 Linux 内核,bootloader 和 Linux 内核的关系就跟计算机的 BIOS 和 Windows 的关系一样,bootloader 就相当于 BIOS。有很多现成的 bootloader 软件可以使用,比如 U-Boot、vivi、RedBoot 等,其中以 U-Boot(Universal Boot Loader)使用最为广泛。为了方便书写,本书会将 U-Boot 统写为 uboot。

uboot 是一个遵循 GPL 协议的开源软件,是一个裸机代码,可以看作一个裸机综合例程。现在的 uboot 已经支持液晶屏、网络、USB 等高级功能。

我们可以在 uboot 官网下载 uboot 源码,单击图 27-1 左侧 Topics 中的 Source Code,打开如图 27-2 所示界面。

单击图 27-2 中所示的 FTP Server,进入其 FTP 服务器即可看到 uboot 源码,如图 27-3 所示。

图 27-3 所示就是 uboot“原汁原味”的源码文件,也就是网上说的 mainline。我们一般不会直接用 uboot 官方的 uboot 源码。uboot 官方的源码是给半导体厂商准备的,半导体厂商会下载 uboot 官方的 uboot 源码,然后将自家芯片移植进去。也就是说半导体厂商会自己维护一个版本的 uboot,这个版本的 uboot 是他们自己定制的。

NXP 就维护着 2016.03 这个版本的 uboot,文件已经放到了本书资源中,路径为“1、例程源码→4、NXP 官方原版 Uboot 和 Linux→uboot-imx-rel_imx_4.1.15_2.1.0_ga.tar”。NXP 官方维护的 uboot 支持了 NXP 当前大部分可以跑 Linux 的芯片,而且支持各种启动方式,比如 EMMC、NAND、NOR FLASH 等,这些都是 uboot 官方所不支持的。但是这个 uboot 都是针对 NXP 自家

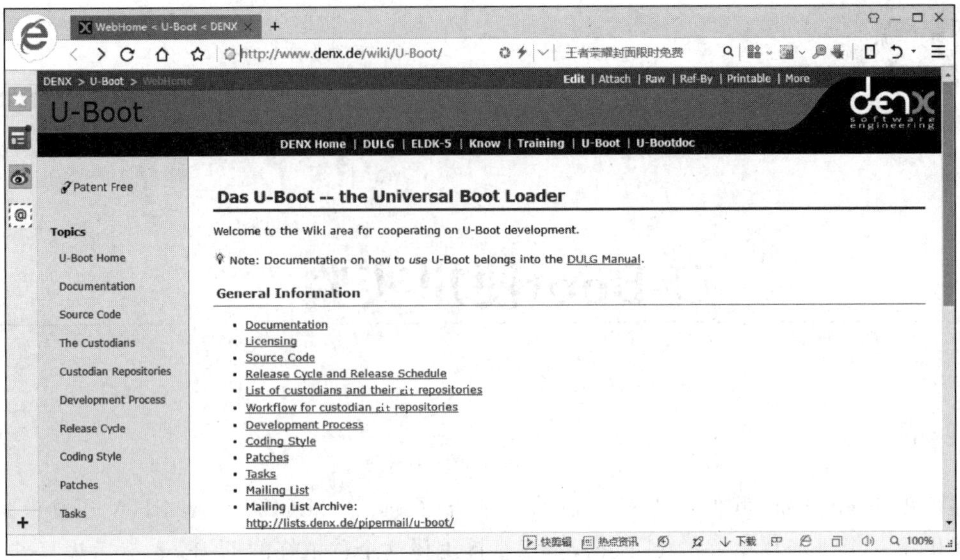

图 27-1　uboot 官网

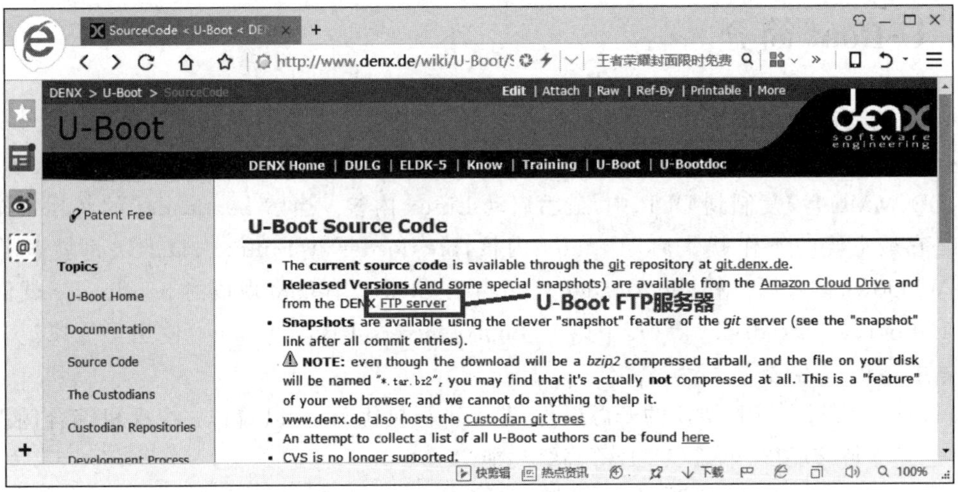

图 27-2　uboot 源码界面

评估板的，如果是我们自己做的开发板就需要修改 NXP 官方的 uboot。I. MX6ULL 开发板就是自制的板子，需要修改 NXP 官方的 uboot，使其适配自制开发板。所以当我们拿到开发板以后，有 3 种 uboot，这 3 种 uboot 的区别如表 27-1 所示。

表 27-1　3 种 uboot 的区别

种　类	描　述
uboot 官方的 uboot 代码	由 uboot 官方维护开发的 uboot 版本，版本更新快，基本包含所有常用的芯片
半导体厂商的 uboot 代码	半导体厂商维护的一个 uboot，专门针对自家的芯片，在对自家芯片支持上要比 uboot 官方的好
开发板厂商的 uboot 代码	开发板厂商在半导体厂商提供的 uboot 基础上加入了对自家开发板的支持

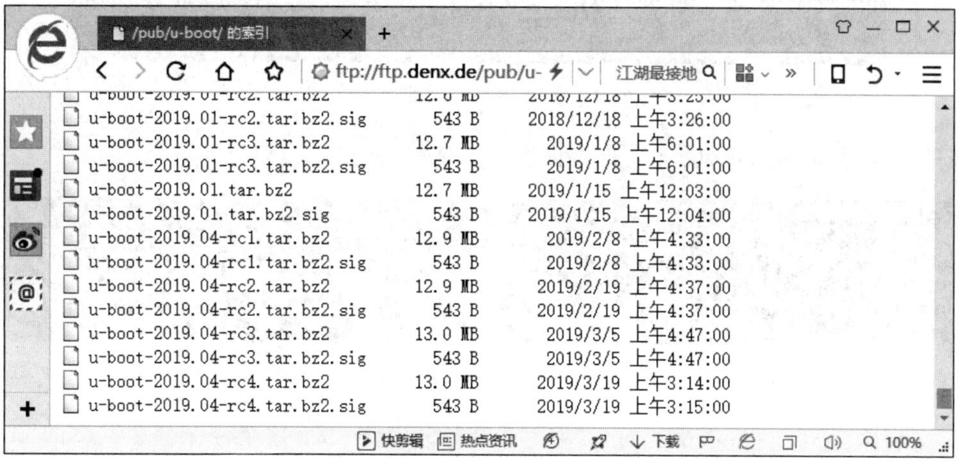

图 27-3 uboot 源码

那么这 3 种 uboot 该如何选择呢？首先 uboot 官方的代码基本是不会用的，因为支持太弱。最常用的就是半导体厂商或者开发板厂商的 uboot，如果是半导体厂商的评估板，那么就使用半导体厂商的 uboot，如果是购买的第三方开发板，比如 I. MX6ULL 开发板，那么就使用正点原子提供的 uboot 源码（也是在半导体厂商的 uboot 上修改的）。当然也可以在购买了第三方开发板以后使用半导体厂商提供的 uboot，只不过有些外设驱动可能不支持，需要自己移植，这个就是我们常说的 uboot 移植。

本章学习 uboot 的使用，所以就直接使用已经移植好的 uboot，这个已经放到了本书资源中，路径为“1、例程源码→3、正点原子 Uboot 和 Linux 出厂源码→uboot-imx-2016.03-2.1.0-ge468cdc-v1.5.tar”。

27.2 U-Boot 初次编译

首先要在 Ubuntu 中安装 ncurses 库，否则编译会报错，安装命令如下所示。

```
sudo apt - get install libncurses5 - dev
```

在 Ubuntu 中创建存放 uboot 的目录，比如/home/ $ USER/linux/uboot，USER 是具体的用户名。然后在此目录下新建一个名为 alientek_uboot 的文件夹，用于存放 uboot 源码。alientek_uboot 文件夹创建成功以后，使用 FileZilla 软件将本书资源中提供的 uboot 源码复制到此目录中，正点原子提供的 uboot 源码已经放到了本书资源中，路径为“1、例程源码→3、正点原子 Uboot 和 Linux 出厂源码→uboot-imx-2016.03-2.1.0-g8b546e4.tar”。（注意，uboot 源码压缩包会不断更新，因此名字可能会变，一切以实际为准）。将其复制到 Ubuntu 中新建的 alientek_uboot 文件夹下，完成以后如图 27-4 所示。

使用如下命令对其进行解压缩。

```
tar  - vxjf uboot - imx - 2016.03 - 2.1.0 - g8b546e4.tar.bz2
```

```
zuozhongkai@ubuntu:~/linux/IMX6ULL/uboot/alientek_uboot$ ls
uboot-imx-2016.03-2.1.0-g8b546e4.tar.bz2
zuozhongkai@ubuntu:~/linux/IMX6ULL/uboot/alientek_uboot$
```

图 27-4　将 uboot 复制到 Ubuntu 中

解压完成以后，alientek_uboot 文件夹内容如图 27-5 所示。

```
zuozhongkai@ubuntu:~/linux/IMX6ULL/uboot/alientek_uboot$ ls
api      config.mk  dts       Kconfig      Makefile  snapshot.commit
arch     configs    examples  lib          net       test
board    disk       fs        Licenses     post      tools
cmd      doc        include   MAINTAINERS  README    uboot-imx-2016.03-2.1.0-g8b546e4.tar.bz2
common   drivers    Kbuild    MAKEALL      scripts
zuozhongkai@ubuntu:~/linux/IMX6ULL/uboot/alientek_uboot$
```

图 27-5　解压后的 uboot

图 27-5 中除了 uboot-imx-2016. 03-2. 1. 0-g8b546e4. tar. bz2 这个资源包中提供的 uboot 源码压缩包以外，其他的文件和文件夹都是解压出来的 uboot 源码。

1. 512MB(DDR3)+8GB(EMMC)核心板

如果使用的是 512MB+8GB 的 EMMC 核心板，使用如下命令来编译对应的 uboot。

```
make ARCH = arm CROSS_COMPILE = arm - linux - gnueabihf -  distclean
make ARCH = arm CROSS_COMPILE = arm - linux - gnueabihf - （加空格）
mx6ull_14x14_ddr512_emmc_defconfig
make V = 1 ARCH = arm CROSS_COMPILE = arm - linux - gnueabihf -  - j12
```

这 3 条命令中，ARCH＝arm 设置目标为 arm 架构，CROSS_COMPILE 指定所使用的交叉编译器。第 1 条命令相当于 make distclean，目的是清除工程，一般在第一次编译时最好清理一下工程。第 2 条指令相当于 make mx6ull_14x14_ddr512_emmc_defconfig，用于配置 uboot，配置文件为 mx6ull_14x14_ddr512_emmc_defconfig。第 3 条指令相当于 make -j12，也就是使用 12 核来编译 uboot。当这 3 条命令执行完以后，uboot 也就编译完成了，如图 27-6 所示。

```
/mx6ullevk/imximage-ddr512.cfg.cfgtmp board/freescale/mx6ullevk/imximage-ddr512.cfg
  ./tools/mkimage -n board/freescale/mx6ullevk/imximage-ddr512.cfg.cfgtmp -T imximage -e 0x87
800000 -d u-boot.bin u-boot.imx
Image Type:   Freescale IMX Boot Image
Image Ver:    2 (i.MX53/6/7 compatible)
Mode:         DCD
Data Size:    425984 Bytes = 416.00 kB = 0.41 MB
Load Address: 877ff420
Entry Point:  87800000
zuozhongkai@ubuntu:~/linux/IMX6ULL/uboot/alientek_uboot$ ls
```

图 27-6　编译完成

编译完成以后的 alentek_uboot 文件夹内容如图 27-7 所示。

可以看出，编译完成以后 uboot 源码多了一些文件，其中 u-boot. bin 就是编译出来的 uboot 二进制文件。uboot 是个裸机程序，因此需要在其前面加上头部（IVT、DCD 等数据）才能在 I. MX6ULL 上执行。图 27-7 中的 u-boot. imx 文件就是添加头部以后的 u-boot. bin，u-boot. imx 就是最终要烧写到开发板中的 uboot 镜像文件。

每次编译 uboot 都要输入一长串命令，为了简单起见，可以新建一个 shell 脚本文件，将这些命令写到 shell 脚本文件中，然后每次只需要执行 shell 脚本即可完成编译工作。新建名为 mx6ull_

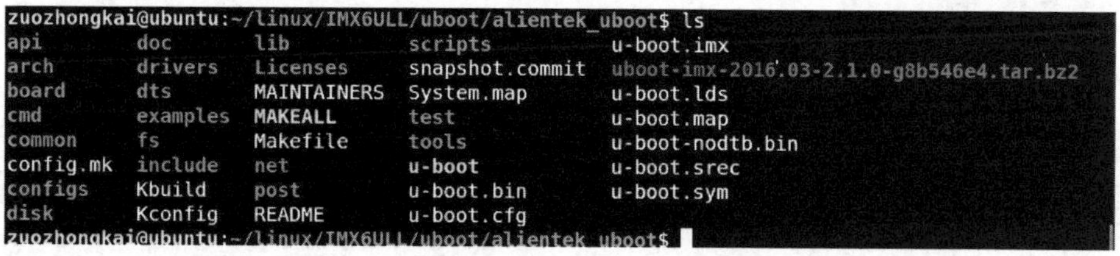
zuozhongkai@ubuntu:~/linux/IMX6ULL/uboot/alientek_uboot$ ls
api doc lib scripts u-boot.imx
arch drivers Licenses snapshot.commit uboot-imx-2016.03-2.1.0-g8b546e4.tar.bz2
board dts MAINTAINERS System.map u-boot.lds
cmd examples MAKEALL test u-boot.map
common fs Makefile tools u-boot-nodtb.bin
config.mk include net u-boot u-boot.srec
configs Kbuild post u-boot.bin u-boot.sym
disk Kconfig README u-boot.cfg
zuozhongkai@ubuntu:~/linux/IMX6ULL/uboot/alientek_uboot$

图 27-7 编译后的 alentek_uboot 文件夹内容

alientek_emmc. sh 的 shell 脚本文件，然后在里面输入如示例 27-1 所示内容。

示例 27-1 mx6ull_alientek_emmc. sh 文件代码

```
1 #!/bin/bash
2 make ARCH=arm CROSS_COMPILE=arm-linux-gnueabihf- distclean
3 make ARCH=arm CROSS_COMPILE=arm-linux-gnueabihf- mx6ull_14x14_ddr512_emmc_defconfig
4 make V=1 ARCH=arm CROSS_COMPILE=arm-linux-gnueabihf- -j12
```

第 1 行是 shell 脚本要求的，必须是 #! /bin/bash 或者 #! /bin/sh。

第 2 行使用了 make 命令，用于清理工程，也就是每次在编译 uboot 之前都清理工程。这里的 make 命令带有 3 个参数，第 1 个是 ARCH，也就是指定架构，这里肯定是 arm；第 2 个参数 CROSS_COMPILE 用于指定编译器，只需要指明编译器前缀就行了，比如 arm-linux-gnueabihf-gcc 编译器的前缀就是 arm-linux-gnueabihf-；第 3 个参数 distclean 就是清除工程。

第 3 行也使用了 make 命令，用于配置 uboot。同样有 3 个参数，不同的是，第 3 个参数是 mx6ull_14x14_ddr512_emmc_defconfig。前面说了 uboot 是 bootloader 的一种，可以用来引导 Linux，但是 uboot 除了引导 Linux 以外还可以引导其他的系统。uboot 还支持其他的架构和外设，比如 USB、网络、SD 卡等。这些都是可以配置的，需要什么功能就使能什么功能。

所以在编译 uboot 之前，一定要根据自己的需求配置 uboot。mx6ull_14x14_ddr512_emmc_defconfig 就是针对 I. MX6ULL-ALPHA 的 EMMC 核心板编写的配置文件，这个配置文件在 uboot 源码的 configs 目录中。在 uboot 中，通过 make xxx_defconfig 来配置 uboot，xxx_defconfig 就是不同板子的配置文件，这些配置文件都在 uboot/configs 目录中。

第 4 行有 4 个参数，用于编译 uboot。通过第 3 行配置好 uboot 以后就可以直接编译 uboot 了。其中 V=1，用于设置编译过程的信息输出级别；-j 用于设置主机使用多少线程编译 uboot，最好设置成虚拟机所设置的核心数。如果在 VMware 中只给虚拟机分配了 4 个核，那么使用-j4 是最合适的，这样 4 个核都会一起编译。

使用 chmod 命令给予 mx6ull_alientek_emmc. sh 文件可执行权限，然后就可以使用这个 shell 脚本文件来重新编译 uboot，命令如下所示。

```
./mx6ull_alientek_emmc.sh
```

2. 256MB(DDR3)+512MB(NAND)核心板

如果用的 256MB+512MB 的 NAND 核心板，新建名为 mx6ull_alientek_nand. sh 的 shell 脚本文件，然后在里面输入如示例 27-2 所示内容。

示例 27-2　mx6ull_alientek_nand. sh 文件代码

```
#!/bin/bash
make ARCH = arm CROSS_COMPILE = arm - linux - gnueabihf -  distclean
make ARCH = arm CROSS_COMPILE  = arm - linux - gnueabihf -  mx6ull_14x14_ddr256_nand_defconfig
make V = 1 ARCH = arm CROSS_COMPILE = arm - linux - gnueabihf -  - j12
```

完成以后同样使用 chmod 指令给予 mx6ull_alientek_nand. sh 可执行权限，然后输入如下命令即可编译 NAND 版本的 uboot。

```
./mx6ull_alientek_nand.sh
```

mx6ull_alientek_nand. sh 和 mx6ull_alientek_emmc. sh 类似，只是 uboot 配置文件不同，这里就不详细介绍了。

27.3　U-Boot 烧写与启动

uboot 编译好以后就可以烧写到板子上使用了，这里跟前面裸机例程一样，将 uboot 烧写到 SD 卡中。然后通过 SD 卡来启动运行 uboot。使用 imxdownload 软件烧写，命令如下所示。

```
chmod 777 imxdownload                          //给予 imxdownload 可执行权限，一次即可
./imxdownload u - boot.bin  /dev/sdd           //烧写到 SD 卡，不能烧写到/dev/sda 或 sda1 设备中
```

烧写完成以后将 SD 卡插到 I. MX6ULL-ALPHA 开发板上，BOOT 设置从 SD 卡启动，使用 USB 线将 USB_TTL 和计算机连接，将开发板的串口 1 连接到计算机上。打开 MobaXterm，设置好串口参数并打开，最后复位开发板。在 MobaXterm 上出现“Hit any key to stop autoboot：”倒计时的时候按下键盘上的 Enter 键，默认是 3 秒倒计时。在 3 秒倒计时结束以后，如果没有按下 Enter 键，uboot 就会使用默认参数来启动 Linux 内核。如果在 3 秒倒计时结束之前按下 Enter 键，那么就会进入 uboot 的命令行模式，如图 27-8 所示。

```
U-Boot 2016.03-gd3f0479 (Aug 07 2020 - 20:47:37 +0800)

CPU:   Freescale i.MX6ULL rev1.1 792 MHz (running at 396 MHz)
CPU:   Industrial temperature grade (-40C to 105C) at 51C
Reset cause: POR
Board: I.MX6U ALPHA|MINI
I2C:   ready
DRAM:  512 MiB
MMC:   FSL_SDHC: 0, FSL_SDHC: 1
Display: ATK-LCD-7-1024x600 (1024x600)
Video: 1024x600x24
In:    serial
Out:   serial
Err:   serial
switch to partitions #0, OK
mmc1(part 0) is current device
Net:   FEC1
Error: FEC1 address not set.

Normal Boot
Hit any key to stop autoboot:  0
=>
```

图 27-8　uboot 启动过程

从图 27-8 可以看出，当进入 uboot 的命令行模式以后，左侧会出现一个“=>”标志。uboot 启动时会输出一些信息，这些信息如示例 27-3 所示。

示例 27-3 uboot 输出信息

```
1 U-Boot 2016.03-gd3f0479 (Aug 07 2020 - 20:47:37 +0800)
2
3 CPU:   Freescale i.MX6ULL rev1.1 792 MHz (running at 396 MHz)
4 CPU:   Industrial temperature grade (-40C to 105C) at 51C
5 Reset cause: POR
6 Board: I.MX6U ALPHA|MINI
7 I2C:   ready
8 DRAM:  512 MiB
9 MMC:   FSL_SDHC: 0, FSL_SDHC: 1
10 Display: ATK-LCD-7-1024x600 (1024x600)
11 Video: 1024x600x24
12 In:    serial
13 Out:   serial
14 Err:   serial
15 switch to partitions #0, OK
16 mmc1(part 0) is current device
17 Net:   FEC1
18 Error: FEC1 address not set.
19
20 Normal Boot
21 Hit any key to stop autoboot:  0
22 =>
```

第 1 行是 uboot 版本号和编译时间。可以看出，当前的 uboot 版本号是 2016.03，编译时间是 2020 年 8 月 7 日 20 点 47 分。

第 3 和 4 行是 CPU 信息，可以看出当前使用的 CPU 是飞思卡尔的 I. MX6ULL(飞思卡尔已被 NXP 收购)，频率为 792MHz，但是此时运行在 396MHz。这颗芯片是工业级的，温度为 −40℃～105℃。

第 5 行是复位原因，当前的复位原因是 POR。I. MX6ULL 芯片上有个 POR_B 引脚，将这个引脚拉低即可复位 I. MX6ULL。

第 6 行是板子名字，名为“I. MX6U ALPHA|MINI”。

第 7 行提示 I^2C 准备就绪。

第 8 行提示当前板子的 DRAM(内存)为 512MB，如果是 NAND 版本的话内存为 256MB。

第 9 行提示当前有两个 MMC/SD 卡控制器：FSL_SDHC(0)和 FSL_SDHC(1)。I. MX6ULL 支持两个 MMC/SD，I. MX6ULL EMMC 核心板上 FSL_SDHC(0)接的 SD(TF)卡，FSL_SDHC(1)接的 EMMC。

第 10 和 11 行是 LCD 型号，当前的 LCD 型号是 ATK-LCD-7-1024×600 (1024×600)，分辨率为 1024×600，格式为 RGB888(24 位)。

第 12～14 是标准输入、标准输出和标准错误所使用的终端，这里都使用串口(serial)作为终端。

第 15 和 16 行是切换到 emmc 的第 0 个分区上，因为当前的 uboot 是 emmc 版本的，也就是从 emmc 启动的。我们只是为了方便将其烧写到了 SD 卡上，但是它的“内心”还是 EMMC 的。所以 uboot 启动以后会将 emmc 作为默认存储器，当然了也可以将 SD 卡作为 uboot 的存储器，这个后面会讲解。

第 17 行是网口信息，提示当前使用的是 FEC1 这个网口，I. MX6ULL 支持两个网口。

第 18 行提示 FEC1 网卡地址没有设置，后面会讲解如何在 uboot 中设置网卡地址。

第 20 行提示正常启动，也就是说 uboot 要从 emmc 中读取环境变量和参数信息启动 Linux 内核。

第 21 行是倒计时提示，默认倒计时 3 秒，倒计时结束之前按下 Enter 键，就会进入 Linux 命令行模式。如果在倒计时结束以后没有按下 Enter 键，那么 Linux 内核就会启动，Linux 内核一旦启动，uboot 就会寿终正寝。

这个就是 uboot 默认输出信息的含义，NAND 版本的 uboot 也是类似的，只是 NAND 版本的就没有 EMMC/SD 相关信息了，取而代之的就是 NAND 的信息，比如 NAND 容量大小信息。

现在已经进入 uboot 的命令行模式。进入命令行模式以后，就可以给 uboot 发号施令了。不能随便发号施令，得看 uboot 支持哪些命令，然后使用这些 uboot 所支持的命令来做一些工作。

27.4 U-Boot 命令使用

进入 uboot 的命令行模式以后输入 help 或者?，然后按下 Enter 键即可查看当前 uboot 所支持的命令，如图 27-9 所示。

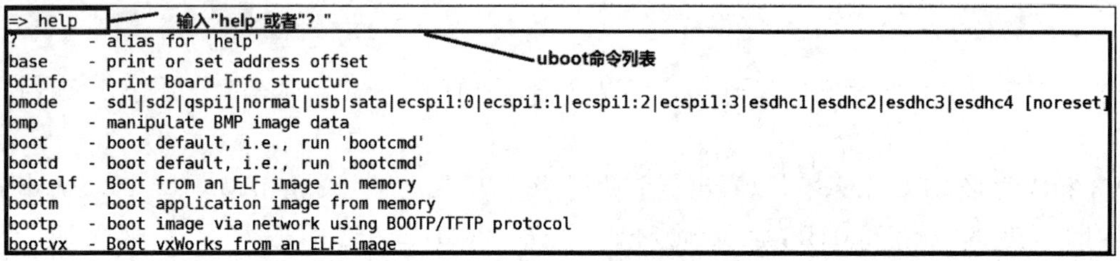
=> help
输入"help"或者"? "
? - alias for 'help'
uboot命令列表
base - print or set address offset
bdinfo - print Board Info structure
bmode - sd1|sd2|qspi1|normal|usb|sata|ecspi1:0|ecspi1:1|ecspi1:2|ecspi1:3|esdhc1|esdhc2|esdhc3|esdhc4 [noreset]
bmp - manipulate BMP image data
boot - boot default, i.e., run 'bootcmd'
bootd - boot default, i.e., run 'bootcmd'
bootelf - Boot from an ELF image in memory
bootm - boot application image from memory
bootp - boot image via network using BOOTP/TFTP protocol
bootvx - Boot vxWorks from an ELF image

图 27-9 uboot 命令列表

图 27-9 中只是 uboot 的一部分命令，具体的命令列表以实际为准，图 27-9 中的命令并不是 uboot 所支持的所有命令。前面说过 uboot 是可配置的，需要什么命令就使能什么命令。所以图 27-9 中的命令是开发板提供的 uboot 中使能的命令，uboot 支持的命令还有很多，而且也可以在 uboot 中自定义命令。这些命令后面都有命令说明，用于描述此命令的作用，但是命令具体怎么用呢？我们输入“help(或?) 命令名”，就可以查看命令的详细用法。以 bootz 这个命令为例，输入如下命令即可查看命令的用法。

```
? bootz 或 help bootz
```

结果如图 27-10 所示。

接下来学习一些常用的 uboot 命令。

```
=> ? bootz
bootz - boot Linux zImage image from memory

Usage:
bootz [addr [initrd[:size]] [fdt]]
    - boot Linux zImage stored in memory
        The argument 'initrd' is optional and specifies the address
        of the initrd in memory. The optional argument ':size' allows
        specifying the size of RAW initrd.
        When booting a Linux kernel which requires a flat device-tree
        a third argument is required which is the address of the
        device-tree blob. To boot that kernel without an initrd image,
        use a '-' for the second argument. If you do not pass a third
        a bd_info struct will be passed instead

=>
```

图 27-10 bootz 命令使用说明

27.4.1 信息查询命令

常用的和信息查询有关的命令有 3 个：bdinfo、printenv 和 version。先来看一下 bdinfo 命令，此命令用于查看板子信息，直接输入 bdinfo 结果如图 27-11 所示。

```
=> bdinfo
arch_number = 0x00000000
boot_params = 0x80000100
DRAM bank   = 0x00000000
-> start    = 0x80000000
-> size     = 0x20000000
eth0name    = FEC1
ethaddr     = (not set)
current eth = FEC1
ip_addr     = <NULL>
baudrate    = 115200 bps
TLB addr    = 0x9FFF0000
relocaddr   = 0x9FF51000
reloc off   = 0x18751000
irq_sp      = 0x9EF4EEA0
sp start    = 0x9EF4EE90
FB base     = 0x00000000
=>
```

图 27-11 bdinfo 命令

从图 27-11 可以得出，DRAM 的起始地址和大小、启动参数、保存起始地址、波特率、sp(堆栈指针)起始地址等信息。

printenv 命令用于输出环境变量信息，uboot 也支持 Tab 键自动补全功能，输入 print 然后按下 Tab 键就会自动补全命令，直接输入 print 也可以。输入 print，然后按下 Enter 键，环境变量如图 27-12 所示。

在图 27-12 中有很多的环境变量，比如 baudrate、board_name、board_rec、boot_fdt、bootcmd 等。uboot 中的环境变量都是字符串，既然叫作环境变量，那么其作用就和“变量”一样。比如 bootdelay 这个环境变量就表示 uboot 启动延时时间，默认 bootdelay=3，默认延时 3 秒。前面说的 3 秒倒计时就是由 bootdelay 定义的，如果将 bootdelay 改为 5 就会倒计时 5s 了。uboot 中的环境变量是可以修改的，有专门的命令来修改环境变量的值。

version 命令用于查看 uboot 的版本号，输入 version，uboot 版本号如图 27-13 所示。

```
=> print
baudrate=115200
board_name=EVK
board_rev=14X14
boot_fdt=try
bootcmd=run findfdt;mmc dev ${mmcdev};mmc dev ${mmcdev}; if mmc rescan; then if run loadbootscript
; then run bootscript; else if run loadimage; then run mmcboot; else run netboot; fi; fi; else run
 netboot; fi
bootcmd_mfg=run mfgtool_args;bootz ${loadaddr} ${initrd_addr} ${fdt_addr};
bootdelay=1
bootscript=echo Running bootscript from mmc ...; source
console=ttymxc0
ethact=FEC1
ethprime=FEC
fdt_addr=0x83000000
fdt_file=imx6ull-14x14-emmc-7-1024x600-c.dtb
fdt_high=0xffffffff
findfdt=if test $fdt_file = undefined; then if test $board_name = EVK && test $board_rev = 9X9; th
en setenv fdt_file imx6ull-9x9-evk.dtb; fi; if test $board_name = EVK && test $board_rev = 14X14;
then setenv fdt_file imx6ull-14x14-evk.dtb; fi; if test $fdt_file = undefined; then echo WARNING:
Could not determine dtb to use; fi; fi;
image=zImage
initrd_addr=0x83800000
initrd_high=0xffffffff
ip_dyn=yes
loadaddr=0x80800000
loadbootscript=fatload mmc ${mmcdev}:${mmcpart} ${loadaddr} ${script};
loadfdt=fatload mmc ${mmcdev}:${mmcpart} ${fdt_addr} ${fdt_file}
loadimage=fatload mmc ${mmcdev}:${mmcpart} ${loadaddr} ${image}
logo_file=alientek.bmp
mfgtool_args=setenv bootargs console=${console},${baudrate} rdinit=/linuxrc g_mass_storage.stall=0
 g_mass_storage.removable=1 g_mass_storage.file=/fat g_mass_storage.ro=1 g_mass_storage.idVendor=0
x066F g_mass_storage.idProduct=0x37FF g_mass_storage.iSerialNumber="" clk_ignore_unused
mmcargs=setenv bootargs console=${console},${baudrate} root=${mmcroot}
mmcautodetect=yes
mmcboot=echo Booting from mmc ...; run mmcargs; if test ${boot_fdt} = yes || test ${boot_fdt} = tr
y; then if run loadfdt; then bootz ${loadaddr} - ${fdt_addr}; else if test ${boot_fdt} = try; then
 bootz; else echo WARN: Cannot load the DT; fi; fi; else bootz; fi;
mmcdev=1
mmcpart=1
mmcroot=/dev/mmcblk1p2 rootwait rw
netargs=setenv bootargs console=${console},${baudrate} root=/dev/nfs ip=dhcp nfsroot=${serverip}:$
{nfsroot},v3,tcp
netboot=echo Booting from net ...; run netargs; if test ${ip_dyn} = yes; then setenv get_cmd dhcp;
 else setenv get_cmd tftp; fi; ${get_cmd} ${image}; if test ${boot_fdt} = yes || test ${boot_fdt}
= try; then if ${get_cmd} ${fdt_addr} ${fdt_file}; then bootz ${loadaddr} - ${fdt_addr}; else if t
est ${boot_fdt} = try; then bootz; else echo WARN: Cannot load the DT; fi; fi; else bootz; fi;
panel=ATK-LCD-7-1024x600
script=boot.scr
splashimage=0x88000000
splashpos=m,m

Environment size: 2534/8188 bytes
=>
```

图 27-12　printenv 命令结果

```
=> version

U-Boot 2016.03-gd3f0479 (Aug 07 2020 - 20:47:37 +0800)
arm-poky-linux-gnueabi-gcc (GCC) 5.3.0
GNU ld (GNU Binutils) 2.26.0.20160214
=>
```

图 27-13　version 命令结果

从图 27-13 可以看出，当前 uboot 版本号为 2016.03，是于 2020 年 8 月 7 日编译的，编译器为 arm-poky-linux-gnueabi-gcc，这是 NXP 官方提供的编译器。开发板出厂系统用此编译器编译的，但是本书统一使用 arm-linux-gnueabihf-gcc。

27.4.2　环境变量操作命令

1. 修改环境变量

环境变量的操作涉及两个命令 setenv 和 saveenv。setenv 命令用于设置或者修改环境变量的值。saveenv 命令用于保存修改后的环境变量，一般环境变量是存放在外部 Flash 中的，uboot 启动时会将环境变量从 Flash 读取到 DRAM 中。所以使用 setenv 命令修改的是 DRAM 中的环境变量值，修改以后要使用 saveenv 命令，将修改后的环境变量保存到 Flash 中，否则 uboot 下一次重启会继续使用以前的环境变量值。

saveenv 命令使用起来很简单，格式如下所示。

```
saveenv
```

比如要将环境变量 bootdelay 改为 5，就可以使用如下所示命令。

```
setenv bootdelay 5
saveenv
```

上述命令执行过程如图 27-14 所示。

```
=> setenv bootdelay 5
=> saveenv
Saving Environment to MMC...
Writing to MMC(0)... done
=>
```

图 27-14　环境变量修改

在图 27-14 中，当使用 saveenv 命令保存修改后的环境变量时，会有保存过程提示信息，根据提示可以看出环境变量保存到了 MMC(0)中，也就是 SD 卡中。因为将 uboot 烧写到了 SD 卡中，所以会保存到 MMC(0)中。如果烧写到 EMMC 中就会提示保存到 MMC(1)，也就是 EMMC 设备。同理，如果是 NAND 版本核心板，就会提示保存到 NAND 中。

修改 bootdelay 以后，重启开发板。uboot 就变为 5s 倒计时，如图 27-15 所示。

```
U-Boot 2016.03 (Mar 12 2020 - 15:11:51 +0800)

CPU:   Freescale i.MX6ULL rev1.1 69 MHz (running at 396 MHz)
CPU:   Industrial temperature grade (-40C to 105C) at 52C
Reset cause: POR
Board: MX6ULL ALIENTEK EMMC
I2C:   ready
DRAM:  512 MiB
MMC:   FSL_SDHC: 0, FSL_SDHC: 1
Display: TFT7016 (1024x600)
Video: 1024x600x24
In:    serial
Out:   serial
Err:   serial
switch to partitions #0, OK
mmc0 is current device
Net:   FEC1
Normal Boot
Hit any key to stop autoboot:  5
```

图 27-15　5s 倒计时

有时候我们修改的环境变量值可能会有空格，比如 bootcmd、bootargs 等，这个时候环境变量值就得用单引号括起来，比如下面修改环境变量 bootargs 的值。

```
setenv bootargs 'console = ttymxc0,115200 root = /dev/mmcblk1p2 rootwait rw'
saveenv
```

上面命令设置 bootargs 的值为 console＝ttymxc0，115200 root＝/dev/mmcblk1p2 rootwait rw，其中“console＝ttymxc0,115200”“root＝/dev/mmcblk1p2”“rootwait”和“rw”相当于 4 组“值”，这 4 组“值”之间用空格隔开，所以需要使用单引号' '将其括起来，表示这 4 组“值”都属于环境变量 bootargs。

2. 新建环境变量

setenv 命令也可以用于新建命令，用法和修改环境变量一样，比如新建一个环境变量 author，author 的值为作者名字拼音：zuozhongkai，那么就可以使用如下命令。

```
setenv author zuozhongkai
saveenv
```

新建 author 命令完成以后重启 uboot，然后使用 printenv 命令查看当前环境变量，如图 27-16 所示。

```
=> print
author=zuozhongkai
baudrate=115200
board_name=EVK
board_rev=14X14
boot_fdt=try
```

图 27-16　环境变量

从图 27-16 可以看到新建的环境变量 author，其值为 zuozhongkai。

3. 删除环境变量

既然可以新建环境变量，也可以删除环境变量。删除环境变量使用 setenv 命令，要删除一个环境变量只要给这个环境变量赋空值即可，比如删除掉上面新建的 author 这个环境变量，命令如下所示。

```
setenv author
saveenv
```

上面命令中通过 setenv 给 author 赋空值，也就是什么都不写来删除环境变量 author。重启 uboot 就会发现环境变量 author 没有了。

27.4.3　内存操作命令

内存操作命令直接对 DRAM 进行读写操作，常用的内存操作命令有 md、nm、mm、mw、cp 和 cmp。依次来看一下这些命令都是做什么的。

1. md 命令

md 命令用于显示内存值，格式如下所示。

```
md[.b, .w, .l] address [# of objects]
```

命令中的[.b,.w,.l]分别对应 byte、word 和 long,即分别以 1 字节、2 字节、4 字节来显示内存值。address 就是要查看的内存起始地址,[# of objects]表示要查看的数据长度,这个数据长度单位不是字节,而是跟用户所选择的显示格式有关。比如设置要查看的内存长度为 20(十六进制为 0x14),如果显示格式为.b,则表示 20 字节;如果显示格式为.w,就表示 20 word,也就是 20×2=40 字节;如果显示格式为.l 时就表示 20 个 long,也就是 20×4=80 字节。另外要注意:

uboot 命令中的数字都是十六进制的,不是十进制的。

比如想查看以 0X80000000 开始的 20 字节的内存值,显示格式为.b 时,应该使用如下所示命令。

```
md.b 80000000 14
```

而不是

```
md.b 80000000 20
```

上面说了,uboot 命令中的数字都是十六进制的,所以不用写 0x 前缀,十进制的 20 其十六进制为 0x14,所以命令 md 后面的个数应该是 14,如果写成 20 的话就表示查看 32(十六进制为 0x20)字节的数据。

```
md.b 80000000 10
md.w 80000000 10
md.l 80000000 10
```

上面这 3 个命令都是查看以 0X80000000 为起始地址的内存数据,第 1 个命令以.b 格式显示,长度为 0x10,也就是 16 字节;第 2 个命令以.w 格式显示,长度为 0x10,也就是 16×2=32 字节;第 3 个命令以.l 格式显示,长度也是 0x10,也就是 16×4=64 字节。这 3 个命令的执行结果如图 27-17 所示。

```
=> md.b 80000000 10
80000000: 31 e0 00 05 04 40 10 12 06 98 00 0b 3c 00 78 2e    1....@......<.x.
=> md.w 80000000 10
80000000: e031 0500 4004 1210 9806 0b00 003c 2e78    1....@......<.x.
80000010: 890b 0404 8110 2047 0404 6009 3300 2008    ......G ...`.3.
=> md.l 80000000 10
80000000: 0500e031 12104004 0b009806 2e78003c    1....@......<.x.
80000010: 0404890b 20478110 60090404 20083300    ......G ...`.3.
80000020: e04b80f0 c0400200 24422000 81400401    ..K...@.. B$..@.
80000030: c4042402 0120e40d 4110700d 4000700c    .$.... ..p.A.p.@
=> 
```

图 27-17 md 命令使用示例

2. nm 命令

nm 命令用于修改指定地址的内存值,命令格式如下所示。

```
nm [.b, .w, .l] address
```

nm 命令同样可以以.b、.w 和.l 来指定操作格式,比如现在以.l 格式修改 0x80000000 地址的数据为 0x12345678。输入如下命令。

```
nm.l 80000000
```

输入上述命令以后,结果如图 27-18 所示。

```
=> nm.l 80000000
80000000: 0500e031 ?
```

图 27-18　nm 命令

在图 27-18 中,80000000 表示现在要修改的内存地址,0500e031 表示地址 0x80000000 现在的数据。"?"后面就可以输入要修改后的数据 0x12345678,输入完成以后按下 Enter 键,然后再输入 q 即可退出,如图 27-19 所示。

```
=> nm.l 80000000
80000000: 0500e031 ? 12345678
80000000: 12345678 ? q
=>
```

图 27-19　修改内存数据

修改完成以后再使用命令 md 来查看有没有修改成功,如图 27-20 所示。

```
=> md.l 80000000 1
80000000: 12345678                                  xV4.
=>
```

图 27-20　查看修改后的值

从图 27-20 可以看出,此时地址 0x80000000 的值变为 0x12345678。

3. mm 命令

mm 命令也是修改指定地址内存值的,使用 mm 修改内存值时地址会自增,而使用命令 nm 时地址不会自增。比如以.l 格式修改从地址 0x80000000 开始的连续 3 个内存块(3×4=12 字节)的数据为 0x05050505,操作如图 27-21 所示。

```
=> mm.l 80000000
80000000: 15d84584 ? 05050505
80000004: 9211440c ? 05050505
80000008: 2b009906 ? 05050505
8000000c: ae78903f ? q
=>
```

图 27-21　mm 命令

从图 27-21 可以看出,修改了地址 0x80000000、0x80000004 和 0x8000000C 的内容为 0x05050505。使用命令 md 查看修改后的值,结果如图 27-22 所示。

```
=> md.l 80000000 3
80000000: 05050505 05050505 05050505              ............
=>
```

图 27-22　查看修改后的内存数据

从图 27-22 可以看出内存数据修改成功。

4. mw 命令

mw 命令用于使用一个指定的数据填充一段内存,命令格式如下所示。

```
mw [.b, .w, .l] address value [count]
```

mw 命令同样可以以.b、.w 和.l 来指定操作格式，address 表示要填充的内存起始地址，value 为要填充的数据，count 是填充的长度。如使用.l 格式将以 0x80000000 为起始地址的 0x10 个内存块(0x10×4=64 字节)填充为 0X0A0A0A0A，命令如下所示。

```
mw.l 80000000 0A0A0A0A 10
```

然后使用 md 命令来查看，如图 27-23 所示。

```
=> mw.l 80000000 0A0A0A0A 10
=> md.l 80000000 10
80000000: 0a0a0a0a 0a0a0a0a 0a0a0a0a 0a0a0a0a    ................
80000010: 0a0a0a0a 0a0a0a0a 0a0a0a0a 0a0a0a0a    ................
80000020: 0a0a0a0a 0a0a0a0a 0a0a0a0a 0a0a0a0a    ................
80000030: 0a0a0a0a 0a0a0a0a 0a0a0a0a 0a0a0a0a    ................
=> 
```

图 27-23 查看修改后的内存数据

从图 27-23 可以看出内存数据修改成功。

5. cp 命令

cp 是数据复制命令，用于将 DRAM 中的数据从一段内存复制到另一段内存中，或者把 Nor Flash 中的数据复制到 DRAM 中。命令格式如下所示。

```
cp [.b, .w, .l] source target count
```

cp 命令同样可以以.b、.w 和.l 来指定操作格式，source 为源地址，target 为目的地址，count 为复制的长度。我们使用.l 格式将 0x80000000 处的地址复制到 0x80000100 处，长度为 0x10 个内存块(0x10×4=64 字节)，命令如下所示。

```
cp.l 80000000 80000100 10
```

结果如图 27-24 所示。

```
=> md.l 80000000 10
80000000: 0a0a0a0a 0a0a0a0a 0a0a0a0a 0a0a0a0a    ................
80000010: 0a0a0a0a 0a0a0a0a 0a0a0a0a 0a0a0a0a    ................
80000020: 0a0a0a0a 0a0a0a0a 0a0a0a0a 0a0a0a0a    ................
80000030: 0a0a0a0a 0a0a0a0a 0a0a0a0a 0a0a0a0a    ................
=> md.l 80000100 10
80000100: 50050f02 3304990b 600a9310 600a1201    ...P...3...`...`
80000110: 42922a03 ac98746f e4d02004 d0460544    .*.Bot... ..D.F.
80000120: a2079b06 1000f818 60131a80 00077003    ...........`.p..
80000130: 0305f023 42901a02 f0c04402 d5262000    #......B.D... &.
=> cp.l 80000000 80000100 10
=> md.l 80000100 10
80000100: 0a0a0a0a 0a0a0a0a 0a0a0a0a 0a0a0a0a    ................
80000110: 0a0a0a0a 0a0a0a0a 0a0a0a0a 0a0a0a0a    ................
80000120: 0a0a0a0a 0a0a0a0a 0a0a0a0a 0a0a0a0a    ................
80000130: 0a0a0a0a 0a0a0a0a 0a0a0a0a 0a0a0a0a    ................
=> 
```

图 27-24 cp 命令操作结果

在图 27-24 中，先使用 md.l 命令打印出地址 0x80000000 和 0x80000100 处的数据，然后使用 cp.l 命令将 0x80000100 处的数据复制到 0x80000100 处。最后使用 md.l 命令查看 0x80000100 处的数据有没有变化，检查复制是否成功。

6. cmp 命令

cmp 是比较命令，用于比较两段内存的数据是否相等，命令格式如下所示。

```
cmp [.b, .w, .l] addr1 addr2 count
```

cmp 命令同样以.b、.w 和.l 来指定操作格式，addr1 为第一段内存首地址，addr2 为第二段内存首地址，count 为要比较的长度。我们使用.l 格式来比较 0x80000000 和 0x80000100 这两个地址数据是否相等，比较长度为 0x10 个内存块(16×4=64 字节)，命令如下所示。

```
cmp.l 80000000 80000100 10
```

结果如图 27-25 所示。

```
=> cmp.l 80000000 80000100 10
Total of 16 word(s) were the same
=>
```

图 27-25　cmp 命令结果

从图 27-25 可以看出两段内存的数据相等。再随便挑两段内存比较一下，比如地址 0x80002000 和 0x800003000，长度为 0x10，比较结果如图 27-26 所示。

```
=> cmp.l 80002000 80003000 10
word at 0x80002000 (0xf0c06f00) != word at 0x80003000 (0x3fc0f414)
Total of 0 word(s) were the same
=>
```

图 27-26　cmp 命令比较结果

从图 27-26 可以看出，0x80002000 处的数据和 0x80003000 处的数据不一样。

27.4.4　网络操作命令

uboot 是支持网络的，在移植 uboot 时一般都要调通网络功能，因为在移植 Linux Kernel 时需要使用 uboot 的网络功能做调试。uboot 支持大量的网络相关命令，比如 dhcp、ping、nfs 和 tftpboot，我们接下来依次学习这几个和网络有关的命令。

在使用 uboot 的网络功能之前，先用网线将开发板的 ENET2 接口和计算机或者路由器连接起来，I. MX6ULL-ALPHA 开发板有两个网口：ENET1 和 ENET2。一定要连接 ENET2，不能连错。ENET2 接口如图 27-27 所示。

建议开发板和主机都连接到同一个路由器上。最后设置如表 27-2 所示的 5 个环境变量。

图 27-27　ENET2 网络接口

表 27-2　网络相关环境变量

环境变量	描　　述
ipaddr	开发板 IP 地址,可以不设置,使用 dhcp 命令从路由器获取 IP 地址
ethaddr	开发板的 MAC 地址,一定要设置
gatewayip	网关地址
netmask	子网掩码
serverip	服务器 IP 地址,也就是 Ubuntu 主机 IP 地址,用于调试代码

表 27-2 中环境变量设置命令如下所示。

```
setenv ipaddr 192.168.1.50
setenvethaddr b8:ae:1d:01:00:00
setenv gatewayip 192.168.1.1
setenv netmask 255.255.255.0
setenv serverip 192.168.1.253
saveenv
```

注意,网络地址环境变量的设置要根据自己的实际情况,确保 Ubuntu 主机和开发板的 IP 地址在同一个网段内,比如现在的开发板和计算机都在 192.168.1.0 这个网段内,所以设置开发板的 IP 地址为 192.168.1.50,Ubuntu 主机的地址为 192.168.1.253,因此 serverip 就是 192.168.1.253。ethaddr 为网络 MAC 地址,是一个 48bit 的地址,如果在同一个网段内有多个开发板,一定要保证每个开发板的 ethaddr 是不同的,否则通信会有问题。设置好网络相关的环境变量以后就可以使用网络相关命令了。

1. ping 命令

开发板的网络能否使用,是否可以和服务器(Ubuntu 主机)进行通信,通过 ping 命令就可以验证。直接 ping 服务器的 IP 地址即可,比如服务器 IP 地址为 192.168.1.253,命令如下所示。

```
ping 192.168.1.253
```

结果如图 27-28 所示。

```
=> ping 192.168.1.253
Using FEC1 device
host 192.168.1.253 is alive
=>
```

图 27-28 ping 命令

从图 27-28 可以看出,192.168.1.253 这个主机存在,说明 ping 成功,uboot 的网络工作正常。

注意,只能在 uboot 中 ping 其他的机器,其他机器不能 ping uboot,因为 uboot 没有对 ping 命令做处理,如果用其他的机器 ping uboot 会失败。

2. dhcp 命令

dhcp 用于从路由器获取 IP 地址,需要开发板连接到路由器上,如果开发板是和计算机直连的,那么 dhcp 命令就会失效。直接输入 dhcp 命令即可通过路由器获取到 IP 地址,如图 27-29 所示。

```
=> dhcp
BOOTP broadcast 1
BOOTP broadcast 2
BOOTP broadcast 3
BOOTP broadcast 4
BOOTP broadcast 5
DHCP client bound to address 192.168.1.137 (7962 ms)
*** Warning: no boot file name; using 'C0A80189.img'
Using FEC1 device
TFTP from server 192.168.1.1; our IP address is 192.168.1.137
Filename 'C0A80189.img'.
Load address: 0x80800000
Loading: T T T T
```

图 27-29 dhcp 命令

从图 27-29 可以看出,开发板通过 dhcp 获取到的 IP 地址为 192.168.1.137。同时在图 27-29 中可以看到"warning: no boot file name;""TFTP from server 192.168.1.1"。这是因为 DHCP 不单单获取 IP 地址,其还会通过 TFTP 来启动 Linux 内核,输入? dhcp 即可查看 dhcp 命令详细的信息,如图 27-30 所示。

```
=> ? dhcp
dhcp - boot image via network using DHCP/TFTP protocol

Usage:
dhcp [loadAddress] [[hostIPaddr:]bootfilename]
=>
```

图 27-30 dhcp 命令使用查询

3. nfs 命令

nfs(network file system)即网络文件系统,通过 nfs 可以在计算机之间通过网络来分享资源,比如将 Linux 镜像和设备树文件放到 Ubuntu 中,然后在 uboot 中使用 nfs 命令将 Ubuntu 中的 Linux 镜像和设备树下载到开发板的 DRAM 中。这样做的目的是为了方便调试 Linux 镜像和设备树,也就是网络调试。网络调试是 Linux 开发中最常用的调试方法。原因是嵌入式 Linux 开发不像单片机开发，可以直接通过 JLINK 或 STLink 等仿真器将代码直接烧写到单片机内部的 Flash 中，嵌入式 Linux 通常是烧写到 EMMC、NAND Flash、SPI Flash 等外置 Flash 中。但是嵌入式 Linux 开发没有 MDK、IAR 这样的 IDE，更没有烧写算法，因此不可能通过点击一个 download 按钮就将固件烧写到外部 Flash 中。虽然半导体厂商一般都会提供一个烧写固件的软件，但是这个软件使用起来比较复杂，这个烧写软件一般用于量产。其远没有 MDK、IAR 的一键下载方便，在 Linux 内核调试阶段，如果用这个烧写软件将会非常浪费时间，而这个时候网络调试的优势就显现出来了，可以通过网络将编译好的 Linux 镜像和设备树文件下载到 DRAM 中，然后直接运行。

一般使用 uboot 中的 nfs 命令将 Ubuntu 中的文件下载到开发板的 DRAM 中，在使用之前需要开启 Ubuntu 主机的 nfs 服务，并且要新建一个 nfs 使用的目录，以后所有要通过 nfs 访问的文件都需要放到这个 nfs 目录中。Ubuntu 的 NFS 服务开启已经详细讲解过了。这里设置/home/zuozhongkai/linux/nfs 这个目录为 NFS 文件目录。uboot 中的 nfs 命令格式如下所示。

```
nfs [loadAddress] [[hostIPaddr:]bootfilename]
```

loadAddress 是要保存的 DRAM 地址，[[hostIPaddr:]bootfilename]是要下载的文件地址。这里我们将编译出来的 Linux 镜像文件 zImage 下载到开发板 DRAM 的 0x80800000 地址处。正点原子编译出来的 zImage 文件已经放到了本书资源中，路径为"8、系统镜像→1、出厂系统镜像→2、kernel 镜像→linux-imx-4.1.15-2.1.0-0bf53e4-v2.1→zImage"。将文件 zImage 通过 FileZilla 发送到 Ubuntu 中的 NFS 目录下，这里就放到/home/zuozhongkai/linux/nfs 目录下，完成以后的 nfs 目录如图 27-31 所示。

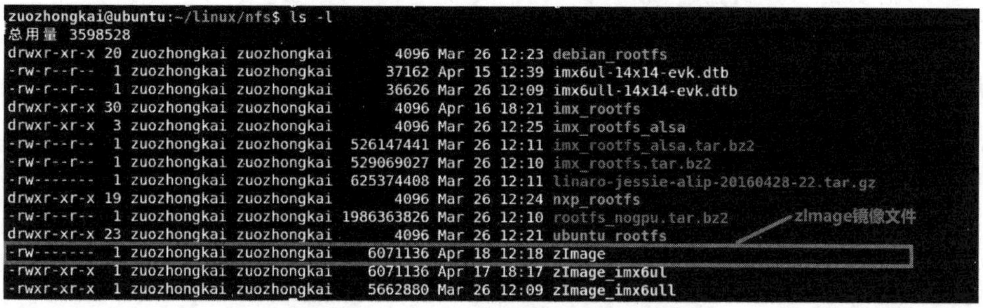
```
zuozhongkai@ubuntu:~/linux/nfs$ ls -l
总用量 3598528
drwxr-xr-x 20 zuozhongkai zuozhongkai       4096 Mar 26 12:23 debian_rootfs
-rw-r--r--  1 zuozhongkai zuozhongkai      37162 Apr 15 12:39 imx6ul-14x14-evk.dtb
-rw-r--r--  1 zuozhongkai zuozhongkai      36626 Mar 26 12:09 imx6ull-14x14-evk.dtb
drwxr-xr-x 30 zuozhongkai zuozhongkai       4096 Apr 16 18:21 imx_rootfs
drwxr-xr-x  3 zuozhongkai zuozhongkai       4096 Mar 26 12:25 imx_rootfs_alsa
-rw-r--r--  1 zuozhongkai zuozhongkai  526147441 Mar 26 12:11 imx_rootfs_alsa.tar.bz2
-rw-r--r--  1 zuozhongkai zuozhongkai  529069027 Mar 26 12:10 imx_rootfs.tar.bz2
-rw-------  1 zuozhongkai zuozhongkai  625374408 Mar 26 12:11 linaro-jessie-alip-20160428-22.tar.gz
drwxr-xr-x 19 zuozhongkai zuozhongkai       4096 Mar 26 12:24 nxp_rootfs
-rw-r--r--  1 zuozhongkai zuozhongkai 1986363826 Mar 26 12:10 rootfs_nogpu.tar.bz2
drwxr-xr-x 23 zuozhongkai zuozhongkai       4096 Mar 26 12:21 ubuntu_rootfs
-rw-------  1 zuozhongkai zuozhongkai    6071136 Apr 18 12:18 zImage
-rwxr-xr-x  1 zuozhongkai zuozhongkai    6071136 Apr 17 18:17 zImage_imx6ul
-rwxr-xr-x  1 zuozhongkai zuozhongkai    5662880 Mar 26 12:09 zImage_imx6ull
```


图 27-31 NFS 目录中的 zImage 文件

准备好以后就可以使用 nfs 命令来将 zImage 下载到开发板 DRAM 的 0x80800000 地址处，命令如下所示。

```
nfs 80800000 192.168.1.253:/home/zuozhongkai/linux/nfs/zImage
```

命令中的 80800000 表示 zImage 保存地址，192.168.1.253:/home/zuozhongkai/linux/nfs/zImage 表示 zImage 在 192.168.1.253 这个主机中，路径为/home/zuozhongkai/linux/nfs/zImage。下载过程如图 27-32 所示。

在图 27-32 中会以 # 提示下载过程，下载完成以后会提示下载的数据大小。这里下载的文件大小为 6 785 272 字节(出厂系统在不断地更新中，因此以实际的 zImage 大小为准)，而 zImage 的大小就是 6 785 272 字节，如图 27-33 所示。

```
=> nfs 80800000 192.168.1.253:/home/zuozhongkai/linux/nfs/zImage
Using FEC1 device
File transfer via NFS from server 192.168.1.253; our IP address is 192.168.1.137
Filename '/home/zuozhongkai/linux/nfs/zImage'.
Load address: 0x80800000
Loading: #################################################################
         #################################################################
         #################################################################
         #################################################################
         #################################################################
         #################################################################
         #################################################################
         #################################################################
         #################################################################
         #################################################################
         #################################################################
         #################################################################
         #################################################################
         #################################################################
         #################################################################
         #################################################################
         #################################################################
         #################################################################
         #################################################################
         #################################################################
         ##########################
done
Bytes transferred = 6785272 (6788f8 hex)
=> 
```

图 27-32　nfs 命令下载 zImage 过程

```
zuozhongkai@ubuntu:~/linux/nfs$ ls zImage -l
-rw------- 1 zuozhongkai zuozhongkai 6785272 Mar 22 16:43 zImage
zuozhongkai@ubuntu:~/linux/nfs$ 
```

图 27-33　zImage 大小

下载完成以后查看 0x80800000 地址处的数据，使用 md.b 命令来查看前 0x100 字节的数据，如图 27-34 所示。

```
=> md.b 80800000 100
80800000: 00 00 a0 e1 00 00 a0 e1 00 00 a0 e1 00 00 a0 e1    ................
80800010: 00 00 a0 e1 00 00 a0 e1 00 00 a0 e1 00 00 a0 e1    ................
80800020: 03 00 00 ea 18 28 6f 01 00 00 00 00 f8 88 67 00    .....(o.......g.
80800030: 01 02 03 04 00 90 0f e1 e8 04 00 eb 01 70 a0 e1    .............p..
80800040: 02 80 a0 e1 00 20 0f e1 03 00 12 e3 01 00 00 1a    ..... ..........
80800050: 17 00 a0 e3 56 34 12 ef 00 00 0f e1 1a 00 20 e2    ....V4........ .
80800060: 1f 00 10 e3 1f 00 c0 e3 d3 00 80 e3 04 00 00 1a    ................
80800070: 01 0c 80 e3 0c e0 8f e2 00 f0 6f e1 0e f3 2e e1    ..........o.....
80800080: 6e 00 60 e1 00 f0 21 e1 09 f0 6f e1 00 00 00 00    n.`...!...o.....
80800090: 00 00 00 00 00 00 00 00 00 00 00 00 00 00 00 00    ................
808000a0: 0f 40 a0 e1 3e 43 04 e2 02 49 84 e2 0f 00 a0 e1    .@..>C...I......
808000b0: 04 00 50 e1 ac 01 9f 35 0f 00 80 30 00 00 54 31    ..P....5...0..T1
808000c0: 01 40 84 33 6d 00 00 2b 5e 0f 8f e2 4e 1c 90 e8    .@.3m..+^...N...
808000d0: 1c d0 90 e5 01 00 40 e0 00 60 86 e0 00 a0 8a e0    ......@..`......
808000e0: 00 90 da e5 01 e0 da e5 0e 94 89 e1 02 e0 da e5    ................
808000f0: 03 a0 da e5 0e 98 89 e1 0a 9c 89 e1 00 d0 8d e0    ................
=> 
```

图 27-34　下载的数据

使用 winhex 软件查看 zImage，检查前面的数据是否和图 27-34 的一致，结果如图 27-35 所示。

可以看出图 27-34 和图 27-35 中的前 100 字节的数据一致，说明 nfs 命令下载的 zImage 是正确的。

zImage

Offset	0	1	2	3	4	5	6	7	8	9	A	B	C	D	E	F
00000000	00	00	A0	E1	00	00	A0	E1	00	00	A0	E1	00	00	A0	E1
00000010	00	00	A0	E1	00	00	A0	E1	00	00	A0	E1	00	00	A0	E1
00000020	03	00	00	EA	18	28	6F	01	00	00	00	00	F8	88	67	00
00000030	01	02	03	04	00	90	0F	E1	E8	04	00	EB	01	70	A0	E1
00000040	02	80	A0	E1	00	20	0F	E1	03	00	12	E3	01	00	00	1A
00000050	17	00	A0	E3	56	34	12	EF	00	00	0F	E1	1A	00	20	E2
00000060	1F	00	10	E3	1F	00	C0	E3	D3	00	80	E3	04	00	00	1A
00000070	01	0C	80	E3	0C	E0	8F	E2	00	F0	6F	E1	0E	F3	2E	E1
00000080	6E	00	60	E1	00	F0	21	E1	09	F0	6F	E1	00	00	00	00
00000090	00	00	00	00	00	00	00	00	00	00	00	00	00	00	00	00
000000A0	0F	40	A0	E1	3E	43	04	E2	02	49	84	E2	0F	00	A0	E1
000000B0	04	00	50	E1	AC	01	9F	35	0F	00	80	30	00	00	54	31
000000C0	01	40	84	33	6D	00	00	2B	5E	0F	8F	E2	4E	1C	90	E8
000000D0	1C	D0	90	E5	01	00	40	E0	00	60	86	E0	00	A0	8A	E0
000000E0	00	90	DA	E5	01	E0	DA	E5	0E	94	89	E1	02	E0	DA	E5
000000F0	03	A0	DA	E5	0E	98	89	E1	0A	9C	89	E1	00	D0	8D	E0

图 27-35　winhex 查看 zImage

4. tftp 命令

tftp 命令的作用和 nfs 命令一样，都是通过网络下载数据到 DRAM 中，只是 tftp 命令使用的是 TFTP 协议，Ubuntu 主机作为 TFTP 服务器使用。因此需要在 Ubuntu 上搭建 TFTP 服务器，需要安装 tftp-hpa 和 tftpd-hpa，命令如下所示。

```
sudo apt - get install tftp - hpa tftpd - hpa
sudo apt - get install xinetd
```

和 nfs 命令一样，TFTP 也需要一个文件夹来存放文件，在用户目录下新建一个目录，命令如下所示。

```
mkdir /home/zuozhongkai/linux/tftpboot              //创建 tftpboot 目录
chmod 777 /home/zuozhongkai/linux/tftpboot          //给予 tftpboot 目录权限
```

这样就在计算机上创建了一个名为 tftpboot 的目录（文件夹），路径为/home/zuozhongkai/linux/tftpboot。注意要给 tftpboot 文件夹权限，否则 uboot 不能从 tftpboot 文件夹中下载文件。

最后配置 tftp，安装完成以后新建文件/etc/xinetd.d/tftp，如果没有/etc/xinetd.d 目录则自行创建，然后在里面输入如示例 27-4 所示内容。

示例 27-4　/etc/xinetd.d/tftp 文件内容

```
server tftp
{
    socket_type      = dgram
    protocol         = udp
    wait             = yes
    user             = root
    server           = /usr/sbin/in.tftpd
    server_args      = -s /home/zuozhongkai/linux/tftpboot/
    disable          = no
```

```
    per_source      = 11
    cps             = 100 2
    flags           = IPv4
}
```

然后启动 tftp 服务，命令如下所示。

```
sudo service tftpd - hpa start
```

打开/etc/default/tftpd-hpa 文件，将其修改为如示例 27-5 所示内容。

示例 27-5　/etc/default/tftpd-hpa 文件内容

```
# /etc/default/tftpd - hpa

TFTP_USERNAME = "tftp"
TFTP_DIRECTORY = "/home/zuozhongkai/linux/tftpboot"
TFTP_ADDRESS = ":69"
TFTP_OPTIONS = " - l  - c  - s"
```

TFTP_DIRECTORY 就是上面创建的 tftp 文件夹目录，以后将所有需要通过 TFTP 传输的文件都放到这个文件夹中，并且要给予这些文件相应的权限。

最后输入如下命令，重启 tftp 服务器。

```
sudo service tftpd - hpa restart
```

tftp 服务器已经搭建好，接下来就是使用了。将 zImage 镜像文件拷贝到 tftpboot 文件夹中，并且给予 zImage 相应的权限，命令如下所示。

```
cp zImage /home/zuozhongkai/linux/tftpboot/
cd /home/zuozhongkai/linux/tftpboot/
chmod 777 zImage
```

万事俱备，只剩验证，uboot 中的 tftp 命令格式如下所示。

```
tftpboot [loadAddress] [[hostIPaddr:]bootfilename]
```

看起来和 nfs 命令格式一样，loadAddress 是文件在 DRAM 中的存放地址，[[hostIPaddr:]bootfilename]是要从 Ubuntu 中下载的文件。但是和 nfs 命令的区别在于：tftp 命令不需要输入文件在 Ubuntu 中的完整路径，只需要输入文件名即可。比如现在将 tftpboot 文件夹中的 zImage 文件下载到开发板 DRAM 的 0X80800000 地址处，命令如下所示。

```
tftp 80800000 zImage
```

下载过程如图 27-36 所示。

从图 27-36 可以看出，zImage 下载成功，网速为 2.3MB/s，文件大小为 6 785 272 字节。同样

```
=> tftp 80800000 zImage
Using FEC1 device
TFTP from server 192.168.1.253; our IP address is 192.168.1.137
Filename 'zImage'.
Load address: 0x80800000
Loading: #################################################################
         #################################################################
         #################################################################
         #################################################################
         #################################################################
         #################################################################
         #################################################################
         ########
         2.3 MiB/s
done
Bytes transferred = 6785272 (6788f8 hex)
=>
```

图 27-36　tftp 命令下载过程

地,可以使用 md. b 命令来查看前 100 字节的数据是否和图 27-34 中的相等。使用 tftp 命令从 Ubuntu 中下载文件时,可能会出现如图 27-37 所示的错误提示。

```
=> tftp 80800000 zImage
Using FEC1 device
TFTP from server 192.168.1.253; our IP address is 192.168.1.137
Filename 'zImage'.
Load address: 0x80800000
Loading: *
TFTP error: 'Permission denied' (0)
Starting again

=>
```

图 27-37　tftp 下载出错

从图 27-37 中可以看到"TFTP error: 'Permission denied' (0)"这样的错误提示,提示没有权限,出现这个错误一般有两个原因。

(1) 在 Ubuntu 中创建 tftpboot 目录时没有给予 tftboot 相应的权限。

(2) tftpboot 目录中要下载的文件没有给予相应的权限。

针对上述两个问题,使用命令 chmod 777 xxx 来给予权限,其中 xxx 就是要给予权限的文件或文件夹。

uboot 中关于网络的命令就讲解到这里,我们最常用的就是 ping、nfs 和 tftp 这 3 个命令。使用 ping 命令来查看网络的连接状态,使用 nfs 和 tftp 命令从 Ubuntu 主机中下载文件。

27.4.5　EMMC 和 SD 卡操作命令

Uboot 支持 EMMC 和 SD 卡,因此也要提供 EMMC 和 SD 卡的操作命令。一般都会认为 EMMC 和 SD 卡相同,所以没有特殊说明,本书统一使用 MMC 来代指 EMMC 和 SD 卡。uboot 中常用于操作 MMC 设备的命令为 mmc。

mmc 是一系列的命令,其后可以跟不同的参数,输入"? mmc"即可查看 mmc 有关的命令,如图 27-38 所示。

从图 27-38 可以看出,mmc 后面跟不同的参数可以实现不同的功能,如表 27-3 所示。

```
=> ? mmc
mmc - MMC sub system

Usage:
mmc info - display info of the current MMC device
mmc read addr blk# cnt
mmc write addr blk# cnt
mmc erase blk# cnt
mmc rescan
mmc part - lists available partition on current mmc device
mmc dev [dev] [part] - show or set current mmc device [partition]
mmc list - lists available devices
mmc hwpartition [args...] - does hardware partitioning
  arguments (sizes in 512-byte blocks):
    [user [enh start cnt] [wrrel {on|off}]] - sets user data area attributes
    [gp1|gp2|gp3|gp4 cnt [enh] [wrrel {on|off}]] - general purpose partition
    [check|set|complete] - mode, complete set partitioning completed
  WARNING: Partitioning is a write-once setting once it is set to complete.
  Power cycling is required to initialize partitions after set to complete.
mmc bootbus dev boot_bus_width reset_boot_bus_width boot_mode
 - Set the BOOT_BUS_WIDTH field of the specified device
mmc bootpart-resize <dev> <boot part size MB> <RPMB part size MB>
 - Change sizes of boot and RPMB partitions of specified device
mmc partconf dev boot_ack boot_partition partition_access
 - Change the bits of the PARTITION_CONFIG field of the specified device
mmc rst-function dev value
 - Change the RST_n_FUNCTION field of the specified device
   WARNING: This is a write-once field and 0 / 1 / 2 are the only valid values.
mmc setdsr <value> - set DSR register value

=> 
```

图 27-38　mmc 命令

表 27-3　mmc 命令

命　令	描　述
mmc info	输出 MMC 设备信息
mmc read	读取 MMC 中的数据
mmc wirte	向 MMC 设备写入数据
mmc rescan	扫描 MMC 设备
mmc part	列出 MMC 设备的分区
mmc dev	切换 MMC 设备
mmc list	列出当前有效的所有 MMC 设备
mmc hwpartition	设置 MMC 设备的分区
mmc bootbus……	设置指定 MMC 设备的 BOOT_BUS_WIDTH 域的值
mmc bootpart……	设置指定 MMC 设备的 boot 和 RPMB 分区的大小
mmc partconf……	设置指定 MMC 设备的 PARTITION_CONFG 域的值
mmc rst	复位 MMC 设备
mmc setdsr	设置 DSR 寄存器的值

1. mmc info 命令

mmc info 命令用于输出当前选中的 mmc info 设备的信息，输入命令 mmc info 即可，如图 27-40 所示。

从图 27-39 可以看出，当前选中的 MMC 设备是 EMMC，版本为 5.0，容量为 7.1GB(EMMC 为 8GB)，速度为 52 000 000Hz＝52MHz，8 位宽总线。还有一个与 mmc info 命令相同功能的命令：

```
=> mmc info
Device: FSL_SDHC
Manufacturer ID: 13
OEM: 14e
Name: Q2J55
Tran Speed: 52000000
Rd Block Len: 512
MMC version 5.0
High Capacity: Yes
Capacity: 7.1 GiB
Bus Width: 8-bit
Erase Group Size: 512 KiB
HC WP Group Size: 8 MiB
User Capacity: 7.1 GiB WRREL
Boot Capacity: 16 MiB ENH
RPMB Capacity: 4 MiB ENH
=>
```

图 27-39 mmc info 命令

mmcinfo,mmc 和 info 之间没有空格。实际量产的 EMMC 核心板所使用的 EMMC 芯片是多厂商供应的,因此 EMMC 信息以实际为准,但是容量都为 8GB。

2. mmc rescan 命令

mmc rescan 命令用于扫描当前开发板上所有的 MMC 设备,包括 EMMC 和 SD 卡,输入 mmc rescan 即可。

3. mmc list 命令

mmc list 命令用于查看当前开发板一共有几个 MMC 设备,输入 mmc list,结果如图 27-40 所示。

```
=> mmc list
FSL_SDHC: 0
FSL_SDHC: 1 (eMMC)
=>
```

图 27-40 扫描 MMC 设备

可以看出当前开发板有两个 MMC 设备 FSL_SDHC:0 和 FSL_SDHC:1 (EMMC),这是因为现在用的是 EMMC 版本的核心板,加上 SD 卡一共有两个 MMC 设备。FSL_SDHC:0 是 SD 卡,FSL_SDHC:1(eMMC)是 EMMC。默认会将 EMMC 设置为当前 MMC 设备,这就是为什么输入 mmc info 查询到的是 EMMC 设备信息,而不是 SD 卡。要想查看 SD 卡信息,就要使用命令 mmc dev 来将 SD 卡设置为当前的 MMC 设备。

4. mmc dev 命令

mmc dev 命令用于切换当前 MMC 设备,命令格式如下所示。

```
mmc dev [dev] [part]
```

[dev]用来设置要切换的 MMC 设备号,[part]是分区号。如果不写分区号,默认为分区 0。使用如下命令切换到 SD 卡。

```
mmc dev 0//切换到 SD 卡,0 为 SD 卡,1 为 EMMC
```

结果如图 27-41 所示。

```
=> mmc dev 0
switch to partitions #0, OK
mmc0 is current device
=>
```

图 27-41　切换到 SD 卡

从图 27-41 可以看出，切换到 SD 卡成功，mmc0 为当前的 MMC 设备，输入命令 mmc info 即可查看 SD 卡的信息，结果如图 27-42 所示。

```
=> mmc info
Device: FSL_SDHC
Manufacturer ID: 3
OEM: 5344
Name: SC16G
Tran Speed: 50000000
Rd Block Len: 512
SD version 3.0
High Capacity: Yes
Capacity: 14.8 GiB
Bus Width: 4-bit
Erase Group Size: 512 Bytes
=>
```

图 27-42　SD 卡信息

从图 27-42 可以看出当前 SD 卡为 3.0 版本，容量为 14.8GB(16GB 的 SD 卡)，4 位宽总线。

5. mmc part 命令

有时候 SD 卡或者 EMMC 会有多个分区，可以使用 mmc part 命令来查看其分区，比如查看 EMMC 的分区情况，输入如下命令。

```
mmc dev 1          //切换到 EMMC
mmc part           //查看 EMMC 分区
```

结果如图 27-43 所示。

```
=> mmc dev 1
switch to partitions #0, OK
mmc1(part 0) is current device
=> mmc part

Partition Map for MMC device 1  --   Partition Type: DOS

Part    Start Sector    Num Sectors     UUID            Type
  1     20480           262144          6aa037b6-01     0c
  2     282624          14594048        6aa037b6-02     83
=>
```

图 27-43　查看 EMMC 分区

从图 27-43 可以看出，此时 EMMC 有两个分区，第一个分区起始扇区为 20 480，长度为 262 144 个扇区；第二个分区起始扇区为 282 624，长度为 14 594 048 个扇区。如果 EMMC 中烧写了 Linux 系统则 EMMC 是有 3 个分区的：第 0 个分区存放 uboot，第 1 个分区存放 Linux 镜像文件和设备树，第 2 个分区存放根文件系统。但是在图 27-43 中只有两个分区，那是因为第 0 个分区没有格式化，所以识别不出来，实际上第 0 个分区是存在的。一个新的 SD 卡默认只有一个分区，那就是分区 0，所以前面讲解的 uboot 烧写到 SD 卡，其实就是将 u-boot.bin 烧写到了 SD 卡的分区 0 中。

如果要将 EMMC 的分区 2 设置为当前 MMC 设备，可以使用如下命令。

```
mmc dev 1 2
```

结果如图 27-44 所示。

```
=> mmc dev 1 2
switch to partitions #2, OK
mmc1(part 2) is current device
=>
```

图 27-44　设置 EMMC 分区 2 为当前设备

6. mmc read 命令

mmc read 命令用于读取 MMC 设备的数据，命令格式如下所示。

```
mmc read addr blk# cnt
```

addr 是数据读取到 DRAM 中的地址，blk 是要读取的块起始地址(十六进制)，一个块是 512 字节，这里的块和扇区是一个意思，在 MMC 设备中通常说扇区。cnt 是要读取的块数量(十六进制)。比如从 EMMC 的第 1536(0x600)个块开始，读取 16(0x10)个块的数据到 DRAM 的 0x80800000 地址处，命令如下所示。

```
mmc dev 1 0                  //切换到 MMC 分区 0
mmc read 80800000 600 10  //读取数据
```

结果如图 27-45 所示。

```
=> mmc dev 1 0
switch to partitions #0, OK
mmc1(part 0) is current device
=> mmc read 80800000 600 10

MMC read: dev # 1, block # 1536, count 16 ... 16 blocks read: OK
=>
```

图 27-45　mmc read 命令

这里我们还看不出来读取是否正确，通过 md.b 命令查看 0x80800000 处的数据就行了，查看 16×512＝8192(0x2000)字节的数据，命令如下所示。

```
md.b 80800000 2000
```

结果如图 27-46 所示。

从图 27-46 可以看到“baudrate＝115200. board_name＝EVK. board_rev＝14X14.”等字样，这个就是 uboot 中的环境变量。EMMC 核心板 uboot 环境变量的存储起始地址就是 1536×512＝786 432。

7. mmc write 命令

要将数据写到 MMC 设备中，可以使用 mmc write 命令，命令格式如下所示。

```
=> md.b 80800000 2000
80800000: 8d c4 5f 28 62 61 75 64 72 61 74 65 3d 31 31 35    .._(baudrate=115
80800010: 32 30 30 00 62 6f 61 72 64 5f 6e 61 6d 65 3d 45    200.board_name=E
80800020: 56 4b 00 62 6f 61 72 64 5f 72 65 76 3d 31 34 58    VK.board_rev=14X
80800030: 31 34 00 62 6f 6f 74 5f 66 64 74 3d 74 72 79 00    14.boot_fdt=try.
80800040: 62 6f 6f 74 63 6d 64 3d 72 75 6e 20 66 69 6e 64    bootcmd=run find
80800050: 66 64 74 3b 6d 6d 63 20 64 65 76 20 24 7b 6d 6d    fdt;mmc dev ${mm
80800060: 63 64 65 76 7d 3b 6d 6d 63 20 64 65 76 20 24 7b    cdev};mmc dev ${
80800070: 6d 6d 63 64 65 76 7d 3b 20 69 66 20 6d 6d 63 20    mmcdev}; if mmc
80800080: 72 65 73 63 61 6e 3b 20 74 68 65 6e 20 69 66 20    rescan; then if
80800090: 72 75 6e 20 6c 6f 61 64 62 6f 6f 74 73 63 72 69    run loadbootscri
808000a0: 70 74 3b 20 74 68 65 6e 20 72 75 6e 20 62 6f 6f    pt; then run boo
808000b0: 74 73 63 72 69 70 74 3b 20 65 6c 73 65 20 69 66    tscript; else if
808000c0: 20 72 75 6e 20 6c 6f 61 64 69 6d 61 67 65 3b 20     run loadimage;
808000d0: 74 68 65 6e 20 72 75 6e 20 6d 6d 63 62 6f 6f 74    then run mmcboot
808000e0: 3b 20 65 6c 73 65 20 72 75 6e 20 6e 65 74 62 6f    ; else run netbo
808000f0: 6f 74 3b 20 66 69 3b 20 66 69 3b 20 65 6c 73 65    ot; fi; fi; else
```

图 27-46　读取到的数据(部分截图)

```
mmc write addr blk# cnt
```

addr 是要写入 MMC 中的数据在 DRAM 中的起始地址,blk 是要写入 MMC 的块起始地址(十六进制),cnt 是要写入的块大小,一个块为 512 字节。可以使用 mmc write 命令来升级 uboot,也就是在 uboot 中更新 uboot。这里要用到 nfs 或者 tftp 命令,通过 nfs 或者 tftp 命令将新的 u-boot.bin 下载到开发板的 DRAM 中,然后再使用 mmc write 命令将其写入 MMC 设备中。我们就来更新一下 SD 中的 uboot,先查看 SD 卡中的 uboot 版本号,注意编译时间,输入如下命令。

```
mmc dev 0//切换到 SD 卡
version//查看版本号
```

结果如图 27-47 所示。

```
=> mmc dev 0
switch to partitions #0, OK
mmc0 is current device
=> version

U-Boot 2016.03 (Mar 12 2020 - 15:11:51 +0800)
arm-linux-gnueabihf-gcc (Linaro GCC 4.9-2017.01) 4.9.4
GNU ld (Linaro_Binutils-2017.01) 2.24.0.20141017 Linaro 2014_11-3-git
=> 
```

图 27-47　uboot 版本查询

可以看出,当前 SD 卡中的 uboot 是 2020 年 3 月 12 日 15:11:51 编译的。现在重新编译 uboot,然后将编译出来的 u-boot.imx(u-boot.bin 前面加了一些头文件)复制到 Ubuntu 中的 tftpboot 目录下。最后使用 tftp 命令将其下载到 0x80800000 地址处,命令如下所示。

```
tftp 80800000 u-boot.imx
```

下载过程如图 27-48 所示。

可以看出,u-boot.imx 大小为 379 904 字节,379 904/512=742,所以我们要向 SD 卡中写入 742 个块,如果有小数的话就要加 1 个块。使用 mmc write 命令从 SD 卡分区 0 第 2 个块(扇区)开始烧写,一共烧写 742(0x2E6)个块,命令如下所示。

```
=> tftp 80800000 u-boot.imx
FEC1 Waiting for PHY auto negotiation to complete.... done
Using FEC1 device
TFTP from server 192.168.1.253; our IP address is 192.168.1.137
Filename 'u-boot.imx'.
Load address: 0x80800000
Loading: ##########################
         2.4 MiB/s
done
Bytes transferred = 379904 (5cc00 hex)
=>
```

图 27-48 u-boot.imx 下载过程

```
mmc dev 0 0
mmc write 80800000 2 32E
```

烧写过程如图 27-49 所示。

```
=> mmc dev 0 0
switch to partitions #0, OK
mmc0 is current device
=> mmc write 80800000 3 32E

MMC write: dev # 0, block # 3, count 814 ... 814 blocks written: OK
=>
```

图 27-49 烧写过程

烧写成功，重启开发板(从 SD 卡启动)，重启以后再输入 version 来查看版本号，结果如图 27-50 所示。

```
=> version

U-Boot 2016.03 (Oct 27 2020 - 11:44:31 +0800)
arm-linux-gnueabihf-gcc (Linaro GCC 4.9-2017.01) 4.9.4
GNU ld (Linaro_Binutils-2017.01) 2.24.0.20141017 Linaro 2014_11-3-git
=>
```

图 27-50 uboot 版本号

从图 27-50 可以看出，此时的 uboot 是 2020 年 10 月 27 号 11:44:31 编译的，说明 uboot 更新成功。这里我们就学会了如何在 uboot 中更新 uboot 了，如果要更新 EMMC 中的 uboot 也是一样的。

同理，如果要在 uboot 中更新 EMMC 对应的 uboot，可以使用如下所示命令。

```
mmc dev 1 0                    //切换到 EMMC 分区 0
tftp 80800000 u-boot.imx       //下载 u-boot.imx 到 DRAM
mmc write 80800000 2 32E       //烧写 u-boot.imx 到 EMMC 中
mmc partconf 1 1 0 0           //分区配置,EMMC 需要这一步
```

千万不要写 SD 卡或者 EMMC 的前两个块(扇区)，里面保存着分区表。

8. mmc erase 命令

如果要擦除 MMC 设备的指定块就使用 mmc erase 命令，命令格式如下所示。

```
mmc erase blk# cnt
```

blk 为要擦除的起始块，cnt 是要擦除的数量。最好不要用 mmc erase 来擦除 MMC 设备。

关于 MMC 设备相关的命令就讲解到这里，表 27-3 中还有一些跟 MMC 设备操作有关的命令，但是很少用到，这里就不讲解了。感兴趣的读者可以在 uboot 中查看这些命令的使用方法。

27.4.6 FAT 格式文件系统操作命令

有时候需要在 uboot 中对 SD 卡或者 EMMC 中存储的文件进行操作，这时候就要用到文件操作命令，跟文件操作相关的命令有 fatinfo、fatls、fstype、fatload 和 fatwrite。但是这些文件操作命令只支持 FAT 格式的文件系统。

1. fatinfo 命令

fatinfo 命令用于查询指定 MMC 设备分区的文件系统信息，命令格式如下所示。

```
fatinfo < interface > [< dev[ :part]>]
```

interface 表示接口，比如 mmc、dev 是查询的设备号；part 是要查询的分区。比如要查询 EMMC 分区 1 的文件系统信息，命令如下所示。

```
fatinfo mmc 1:1
```

结果如图 27-51 所示。

```
=> fatinfo mmc 1:1
Interface:  MMC
  Device 1: Vendor: Man 000013 Snr 0c9ecc76 Rev: 1.0 Prod: Q2J55L
            Type: Removable Hard Disk
            Capacity: 7264.0 MB = 7.0 GB (14876672 x 512)
Filesystem: FAT32 "NO NAME    "
=> 
```

图 27-51　emmc 分区 1 文件系统信息

从图 27-51 可以看出，EMMC 分区 1 的文件系统为 FAT32 格式。

2. fatls 命令

fatls 命令用于查询 FAT 格式设备的目录和文件信息，命令格式如下所示。

```
fatls < interface > [< dev[ :part]>] [directory]
```

interface 是要查询的接口，比如 mmc、dev 是要查询的设备号；part 是要查询的分区；directory 是要查询的目录。如查询 EMMC 分区 1 中的所有的目录和文件，输入如下命令。

```
fatls mmc 1:1
```

结果如图 27-52 所示。

从图 27-52 可以看出，EMMC 的分区 1 中存放着 8 个文件。

3. fstype 命令

fstype 命令用于查看 MMC 设备某个分区的文件系统格式，命令格式如下所示。

```
fstype < interface > < dev >:< part >
```

```
=> fatls mmc 1:1
  6785272   zimage
    38859   imx6ull-14x14-emmc-4.3-480x272-c.dtb
    38859   imx6ull-14x14-emmc-4.3-800x480-c.dtb
    38859   imx6ull-14x14-emmc-7-800x480-c.dtb
    38859   imx6ull-14x14-emmc-7-1024x600-c.dtb
    38859   imx6ull-14x14-emmc-10.1-1280x800-c.dtb
    39691   imx6ull-14x14-emmc-hdmi.dtb
    39599   imx6ull-14x14-emmc-vga.dtb

8 file(s), 0 dir(s)

=>
```

图 27-52 EMMC 分区 1 文件查询

EMMC 核心板上默认有 3 个分区,查看这 3 个分区的文件系统格式,输入如下命令。

```
fstype mmc 1:0
fstype mmc 1:1
fstype mmc 1:2
```

结果如图 27-53 所示。

```
=> fstype mmc 1:0
Failed to mount ext2 filesystem...
** Unrecognized filesystem type **
=> fstype mmc 1:1
fat
=> fstype mmc 1:2
ext4
=>
```

图 27-53 fstype 命令

从图 27-53 可以看出,分区 0 格式未知,因为分区 0 存放着 uboot,并且分区 0 没有格式化,所以文件系统格式未知。分区 1 的格式为 fat,分区 1 用于存放 Linux 镜像和设备树。分区 2 的格式为 ext4,用于存放 Linux 的根文件系统(rootfs)。

4. fatload 命令

fatload 命令用于将指定的文件读取到 DRAM 中,命令格式如下所示。

```
fatload <interface> [<dev[:part]> [<addr> [<filename> [bytes [pos]]]]]
```

interface 为接口,比如 mmc、dev 是设备号; part 是分区; addr 是保存在 DRAM 中的起始地址; filename 是要读取的文件名字。bytes 表示读取多少字节的数据,如果 bytes 为 0 或者省略的话表示读取整个文件。pos 是要读的文件相对于文件首地址的偏移,如果为 0 或者省略的话表示从文件首地址开始读取。我们将 EMMC 分区 1 中的 zImage 文件读取到 DRAM 中的 0X80800000 地址处,命令如下所示。

```
fatload mmc 1:1 80800000 zImage
```

读取过程如图 27-54 所示。

从图 27-54 可以看出,在 225ms 内读取了 6 785 272 字节的数据,速度为 28.8MB/s,速度是非常快的。因为这是从 EMMC 中读取的,且 EMMC 是 8 位的。

```
=> fatload mmc 1:1 80800000 zImage
reading zImage
6785272 bytes read in 225 ms (28.8 MiB/s)
=>
```

图 27-54 读取过程

5. fatwrite 命令

注意，uboot 默认没有使能 fatwrite 命令，需要修改开发板配置头文件，比如 mx6ullevk.h、mx6ull_alientek_emmc.h 等。开发板不同，其配置头文件也不同。找到自己开发板对应的配置头文件，然后添加如下一行宏定义来使能 fatwrite 命令。

```
#define CONFIG_FAT_WRITE/* 使能 fatwrite 命令 */
```

fatwirte 命令用于将 DRAM 中的数据写入 MMC 设备中，命令格式如下所示。

```
fatwrite <interface> <dev[:part]> <addr> <filename> <bytes>
```

interface 为接口，比如 mmc、dev 是设备号；part 是分区；addr 是要写入的数据在 DRAM 中的起始地址；filename 是写入的数据文件名字；bytes 表示要写入多少字节的数据。我们可以通过 fatwrite 命令在 uboot 中更新 Linux 镜像文件和设备树。以更新 Linux 镜像文件 zImage 为例，首先将 I.MX6ULL-ALPHA 开发板提供的 zImage 镜像文件复制到 Ubuntu 中的 tftpboot 目录下。zImage 镜像文件放到了本书资源中，路径为“8、系统镜像→1、出厂系统镜像→2、kernel 镜像→linux-imx-4.1.15-2.1.0-g06f53e4-v2.1→zImage”。

复制完成以后使用命令 tftp 将 zImage 下载到 DRAM 的 0x80800000 地址处，命令如下所示。

```
tftp 80800000 zImage
```

下载过程如图 27-55 所示。

```
=> tftp 80800000 zImage
Using FEC1 device
TFTP from server 192.168.1.253; our IP address is 192.168.1.137
Filename 'zImage'.
Load address: 0x80800000
Loading: #################################################################
         #################################################################
         #################################################################
         #################################################################
         #################################################################
         #################################################################
         #################################################################
         ########
         1.9 MiB/s
done
Bytes transferred = 6785272 (6788f8 hex)
=>
```

图 27-55 zImage 下载过程

zImage 大小为 6 785 272(0x6788f8)字节(注意，由于开发板系统在不断地更新中，因此 zImage 大小不是固定的，一切以实际大小为准)，接下来使用命令 fatwrite 将其写入 EMMC 的分区 1 中，文件名字为 zImage，命令如下所示。

```
fatwrite mmc 1:1 80800000 zImage 6788f8
```

结果如图 27-56 所示。

```
=> fatwrite mmc 1:1 80800000 zImage 6788f8
writing zImage
6785272 bytes written
=>
```

图 27-56 将 zImage 烧写到 EMMC 扇区 1 中

完成以后使用 fatls 命令查看 EMMC 分区 1 中的文件，结果如图 27-57 所示。

```
=> fatls mmc 1:1
  6785272   zimage
    38859   imx6ull-14x14-emmc-4.3-480x272-c.dtb
    38859   imx6ull-14x14-emmc-4.3-800x480-c.dtb
    38859   imx6ull-14x14-emmc-7-800x480-c.dtb
    38859   imx6ull-14x14-emmc-7-1024x600-c.dtb
    38859   imx6ull-14x14-emmc-10.1-1280x800-c.dtb
    39691   imx6ull-14x14-emmc-hdmi.dtb
    39599   imx6ull-14x14-emmc-vga.dtb

8 file(s), 0 dir(s)

=>
```

图 27-57 EMMC 分区 1 中的文件

27.4.7 EXT 格式文件系统操作命令

uboot 有 ext2 和 ext4 这两种格式的文件系统的操作命令，常用的有 5 个命令，分别为 ext2load、ext2ls、ext4load、ext4ls 和 ext4write。这些命令的含义和使用与 fatload、fatls 和 fatwrite 一样，只是 ext2 和 ext4 都是针对 EXT 文件系统的。比如 ext4ls 命令，EMMC 的分区 2 就是 ext4 格式的，使用 ext4ls 就可以查询 EMMC 的分区 2 中的文件和目录，输入如下命令。

```
ext4ls mmc 1:2
```

结果如图 27-58 所示。

```
=> ext4ls mmc 1:2
<DIR>       4096 .
<DIR>       4096 ..
<DIR>      16384 lost+found
<DIR>       4096 bin
<DIR>       4096 boot
<DIR>       4096 dev
<DIR>       4096 etc
<DIR>       4096 home
<DIR>       4096 lib
<DIR>       4096 media
<DIR>       4096 mnt
<DIR>       4096 opt
<DIR>       4096 proc
<DIR>       4096 run
<DIR>       4096 sbin
<DIR>       4096 sys
<SYM>          8 tmp
<DIR>       4096 usr
<DIR>       4096 var
=>
```

图 27-58 ext4ls 命令

关于 EXT 格式文件系统其他命令的操作参考 27.4.6 节中的 FAT 命令即可。

27.4.8 NAND 操作命令

uboot 是支持 NAND Flash 的，所以也有 NAND Flash 的操作命令，前提是使用 NAND 版本的核心板，并且编译 NAND 核心板对应的 uboot，然后使用 imxdownload 软件将 u-boot.bin 烧写到 SD 卡中，最后通过 SD 卡启动。一般情况下，NAND 版本的核心板已经烧写好了 uboot、Linux Kernel 和 rootfs 这些文件，可以将 BOOT 拨到 NAND，然后直接从 NAND Flash 启动即可。

NAND 版核心板启动信息如图 27-59 所示。

```
U-Boot 2016.03-gd3f0479 (Aug 07 2020 - 20:47:45 +0800)

CPU:   Freescale i.MX6ULL rev1.1 792 MHz (running at 396 MHz)
CPU:   Industrial temperature grade (-40C to 105C) at 45C
Reset cause: POR
Board: I.MX6U ALPHA|MINI
I2C:   ready
DRAM:  256 MiB
NAND:  512 MiB
MMC:   FSL_SDHC: 0
*** Warning - bad CRC, using default environment

Display: ATK-LCD-7-1024x600 (1024x600)
Video: 1024x600x24
In:    serial
Out:   serial
Err:   serial
Net:   FEC1
Error: FEC1 address not set.

Normal Boot
Hit any key to stop autoboot:  0
=>
```

图 27-59　NAND 核心板启动信息

从图 27-59 可以看出，当前开发板的 NAND 容量为 512MB。输入？nand 即可查看 NAND 相关命令，如图 27-60 所示。

可以看出，NAND 相关的操作命令不少，本节讲解一些常用的命令。

1. nand info 命令

nand info 命令用于打印 NAND Flash 信息，输入 nand info，结果如图 27-61 所示。

图 27-61 中给出了 NAND 的页大小、OOB 域大小、擦除大小等信息。可以对照所使用的 NAND Flash 数据手册来查看这些信息是否正确。

2. nand device 命令

nand device 命令用于切换 NAND Flash，如果板子支持多片 NAND，就可以使用此命令来设置当前所使用的 NAND。需要 CPU 有两个 NAND 控制器，并且两个 NAND 控制器各接一片 NAND Flash。就像 I.MX6ULL 有两个 SDIO 接口，这两个接口可以接两个 MMC 设备一样。不过一般情况下 CPU 只有一个 NAND 接口，而且在使用中只接一片 NAND。

3. nand erase 命令

nand erase 命令用于擦除 NAND Flash，NAND Flash 的特性决定了向 NAND Flash 写数据之前，一定要先对要写入的区域进行擦除。nand erase 命令有 3 种形式：

```
=> ? nand
nand - NAND sub-system

Usage:
nand info - show available NAND devices
nand device [dev] - show or set current device
nand read - addr off|partition size
nand write - addr off|partition size
    read/write 'size' bytes starting at offset 'off'
    to/from memory address 'addr', skipping bad blocks.
nand read.raw - addr off|partition [count]
nand write.raw - addr off|partition [count]
    Use read.raw/write.raw to avoid ECC and access the flash as-is.
nand write.trimffs - addr off|partition size
    write 'size' bytes starting at offset 'off' from memory address
    'addr', skipping bad blocks and dropping any pages at the end
    of eraseblocks that contain only 0xFF
nand erase[.spread] [clean] off size - erase 'size' bytes from offset 'off'
    With '.spread', erase enough for given file size, otherwise,
    'size' includes skipped bad blocks.
nand erase.part [clean] partition - erase entire mtd partition'
nand erase.chip [clean] - erase entire chip'
nand bad - show bad blocks
nand dump[.oob] off - dump page
nand scrub [-y] off size | scrub.part partition | scrub.chip
    really clean NAND erasing bad blocks (UNSAFE)
nand markbad off [...] - mark bad block(s) at offset (UNSAFE)
nand biterr off - make a bit error at offset (UNSAFE)
=> █
```

图 27-60　NAND 相关操作命令

```
=> nand info

Device 0: nand0, sector size 128 KiB
  Page size        2048 b
  OOB size           64 b
  Erase size     131072 b
  subpagesize      2048 b
  options      0x40000200
  bbt options 0x     8000
=> █
```

图 27-61　nand 信息

```
nand erase[.spread] [clean] off size   //从指定地址开始(off),擦除指定大小(size)的区域
nand erase.part [clean] partition      //擦除指定的分区
nand erase.chip [clean]                //全片擦除
```

NAND 的擦除命令一般是配合写命令的，后面讲解 NAND 写命令时再演示如何使用 nand erase。

4. nand write 命令

nand write 命令用于向 NAND 指定地址写入指定的数据，一般和 nand erase 命令配置使用来更新 NAND 中的 uboot、Linux Kernel 或设备树等文件，命令格式如下所示。

```
nand write addr off size
```

addr 是要写入的数据首地址，off 是 NAND 中的目的地址，size 是要写入的数据大小。

由于 I. MX6ULL 要求 NAND 对应的 uboot 可执行文件还需要另外包含 BCB 和 DBBT，因此

直接编译出来的 uboot.imx 不能直接烧写到 NAND 中。关于 BCB 和 DBBT 的详细介绍请参考《I.MX6ULL 参考手册》,笔者目前没有详细去研究 BCB 和 DBBT,因此不能在 NAND 版的 uboot 中更新 uboot 自身。除非大家去研究 I.MX6ULL 的 BCB 和 DBBT,然后在 u-boot.imx 前面加上相应的信息,否则即使将 uboot 烧写进去也不能运行。我们使用 mfgtool 烧写系统到 NAND 中时,mfgtool 会使用一个叫作 kogs-ng 的工具完成 BCB 和 DBBT 的添加。

可以在 uboot 中使用 nand write 命令烧写 Kernel 和 dtb。先编译出来 NAND 版本的 Kernel 和 dtb 文件,在烧写之前要先对 NAND 进行分区,也就是规划好 uboot、Linux Kernel、设备树和根文件系统的存储区域。I.MX6ULL-ALPHA 开发板出厂系统 NAND 分区如下所示。

```
0x000000000000 - 0x0000003FFFFF : "boot"
0x000000400000 - 0x00000041FFFF : "env"
0x000000420000 - 0x00000051FFFF : "logo"
0x000000520000 - 0x00000061FFFF : "dtb"
0x000000620000 - 0x000000E1FFFF : "kernel"
0x000000E20000 - 0x000020000000 : "rootfs"
```

一共有 6 个分区,第 1 个分区存放 uboot,地址范围为 0x0～0x3FFFFF(共 4MB);第 2 个分区存放 env(环境变量),地址范围为 0x400000～0x420000(共 128KB);第 3 个分区存放 logo(启动图标),地址范围为 0x420000～0x51FFFF(共 1MB);第 4 个分区存放 dtb(设备树),地址范围为 0x520000～0x61FFFF(共 1MB);第 5 个分区存放 Kernel(也就是 Linux Kernel),地址范围为 0x620000～0xE1FFFF(共 8MB);剩下的所有存储空间全部作为第 6 个分区,存放 rootfs(根文件系统)。

可以看出 Kernel 是从地址 0x620000 开始存放的,将 NAND 版本 Kernel 对应的 zImage 文件放到 Ubuntu 中的 tftpboot 目录中,然后使用 tftp 命令将其下载到开发板的 0x87800000 地址处,最终使用 nand write 将其烧写到 NAND 中,命令如下所示。

```
tftp 0x87800000 zImage                          //下载 zImage 到 DRAM 中
nand erase 0x620000 0x800000                    //从地址 0x620000 开始擦除 8MB 的空间
nand write 0x87800000 0x620000 0x800000         //将接收到的 zImage 写到 NAND 中
```

这里我们擦除了 8MB 的空间,一般 zImage 为 6～7MB,8MB 空间足够。如果不够的话,再多擦除一点。

同理,最后烧写设备树(dtb)文件,命令如下所示。

```
tftp 0x87800000 imx6ull - 14x14 - emmc - 7 - 1024x600 - c.dtb    //下载 dtb 到 DRAM 中
nand erase 0x520000 0x100000                                     //从地址 0x520000 开始擦除 1MB 的空间
nand write 0x87800000 0x520000 0x100000                          //将接收到的 dtb 写到 NAND 中
```

dtb 文件一般只有几十 KB,所以擦除 1MB 绰绰有余。注,开发板出厂系统在 NAND 中烧写了多种设备树文件,这里只是举例一种烧写的方法,在实际产品开发中只有一种设备树。

根文件系统(rootfs)就不要在 uboot 中更新了,还是使用 NXP 提供的 Mfgtool 工具来烧写,因为根文件系统太大,可能超过开发板 DRAM 的大小,这样都没法下载,更别说更新了。

5. nand read 命令

nand read 命令用于从 NAND 中的指定地址读取指定大小的数据到 DRAM 中，命令格式如下所示。

```
nand read addr off size
```

addr 是目的地址，off 是要读取的 NAND 中的数据源地址，size 是要读取的数据大小。比如读取设备树(dtb)文件到 0x83000000 地址处，命令如下所示。

```
nand read 0x83000000 0x520000 0x19000
```

读取过程如图 27-62 所示。

```
=> nand read 83000000 520000 19000

NAND read: device 0 offset 0x520000, size 0x19000
 102400 bytes read: OK
=> 
```

图 27-62　nand read 读取过程

设备树文件读取到 DRAM 后，就可以使用 fdt 命令对设备树进行操作了，首先设置 fdt 的地址，fdt 地址就是 DRAM 中设备树的首地址，命令如下所示。

```
fdt addr 83000000
```

设置好以后可以使用 fdt header 来查看设备树的头信息，输入如下命令。

```
fdt header
```

结果如图 27-63 所示。

```
=> fdt header
magic:                  0xd00dfeed
totalsize:              0x9975 (39285)
off_dt_struct:          0x38
off_dt_strings:         0x8f0c
off_mem_rsvmap:         0x28
version:                17
last_comp_version:      16
boot_cpuid_phys:        0x0
size_dt_strings:        0xa69
size_dt_struct:         0x8ed4
number mem_rsv:         0x0

=> 
```

图 27-63　设备树头信息

输入 fdt print 命令就可以查看设备树文件的内容，输入如下命令。

```
fdt print
```

结果如图 27-64 所示。

图 27-64 中的内容就是我们写到 NAND 中的设备树文件。

```
=> fdt print
/ {
        #address-cells = <0x00000001>;
        #size-cells = <0x00000001>;
        model = "Freescale i.MX6 ULL 14x14 EVK Board";
        compatible = "fsl,imx6ull-14x14-evk", "fsl,imx6ull";
        chosen {
                stdout-path = "/soc/aips-bus@02000000/spba-bus@02000000/serial@02020000";
        };
        aliases {
                can0 = "/soc/aips-bus@02000000/can@02090000";
                can1 = "/soc/aips-bus@02000000/can@02094000";
                ethernet0 = "/soc/aips-bus@02100000/ethernet@02188000";
                ethernet1 = "/soc/aips-bus@02000000/ethernet@020b4000";
                gpio0 = "/soc/aips-bus@02000000/gpio@0209c000";
                gpio1 = "/soc/aips-bus@02000000/gpio@020a0000";
                gpio2 = "/soc/aips-bus@02000000/gpio@020a4000";
                gpio3 = "/soc/aips-bus@02000000/gpio@020a8000";
                gpio4 = "/soc/aips-bus@02000000/gpio@020ac000";
                i2c0 = "/soc/aips-bus@02100000/i2c@021a0000";
                i2c1 = "/soc/aips-bus@02100000/i2c@021a4000";
                i2c2 = "/soc/aips-bus@02100000/i2c@021a8000";
                i2c3 = "/soc/aips-bus@02100000/i2c@021f8000";
                mmc0 = "/soc/aips-bus@02100000/usdhc@02190000";
                mmc1 = "/soc/aips-bus@02100000/usdhc@02194000";
```

图 27-64　设备树文件

NAND 常用的操作命令就是擦除、读和写，至于其他的命令大家可以自行研究。一定不要尝试全片擦除 NAND 的指令，又得重头烧写整个系统。

27.4.9 BOOT 操作命令

uboot 的本质工作是引导 Linux，所以 uboot 有相关的 boot(引导)命令来启动 Linux。常用命令有 bootz、bootm 和 boot。

1. bootz 命令

要启动 Linux，需要先将 Linux 镜像文件复制到 DRAM 中，如果使用到设备树也需要将文件复制到 DRAM 中。可以从 EMMC 或者 NAND 等存储设备中将 Linux 镜像和设备树文件复制到 DRAM，也可以通过 nfs 或者 tftp 将 Linux 镜像文件和设备树文件下载到 DRAM 中。不管用哪种方法，只要能将 Linux 镜像和设备树文件存到 DRAM 中就行，然后使用 bootz 命令来启动。bootz 命令用于启动 zImage 镜像文件，命令格式如下所示。

```
bootz [addr [initrd[:size]] [fdt]]
```

bootz 命令有 3 个参数：addr 是 Linux 镜像文件在 DRAM 中的位置；initrd 是 initrd 文件在 DRAM 中的地址，如果不使用 initrd 的话使用“-”代替即可；fdt 就是设备树文件在 DRAM 中的地址。现在使用网络和 EMMC 两种方法来启动 Linux 系统，首先将 I. MX6ULL-ALPHA 开发板的 Linux 镜像和设备树发送到 Ubuntu 主机中的 tftpboot 文件夹下。Linux 镜像文件已经放到了 tftpboot 文件夹中，现在把设备树文件放到 tftpboot 文件夹中。由于不同的屏幕其设备树不同，因此出厂系统提供了很多设备树，路径为“8、系统镜像→1、出厂系统镜像→2、kernel 镜像→linux-imx-4.1.15-2.1.0-06f53e4-v2.1”，所有设备树文件如图 27-65 所示。

从图 27-65 可以看出，我们提供了 14 种设备树，正在使用的是 EMMC 核心板，7 寸 1024×600 分辨率的屏幕，所以需要使用 imx6ull-14x14-emmc-7-1024x600-c.dtb 这个设备树。将 imx6ull-

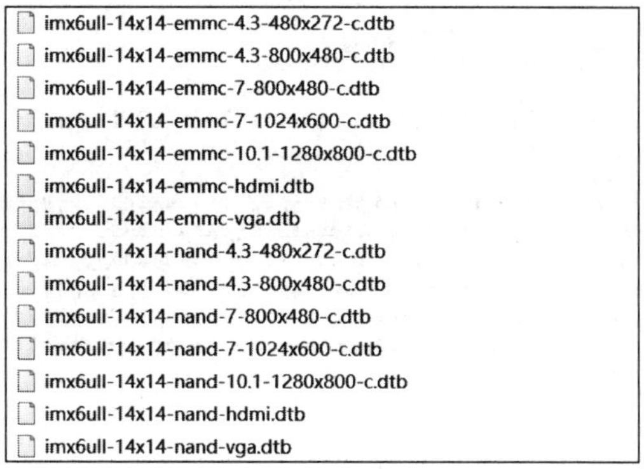

图 27-65　正点原子出厂的设备树文件

14x14-emmc-7-1024x600-c. dtb 发送到 Ubuntu 主机中的 tftpboot 文件夹中，完成以后的 tftpboot 文件夹如图 27-66 所示。

图 27-66　tftpboot 文件夹

给予 imx6ull-14x14-emmc-7-1024x600-c. dtb 可执行权限，命令如下所示。

```
chmod 777 imx6ull - 14x14 - emmc - 7 - 1024x600 - c.dtb
```

Linux 镜像文件和设备树都准备好了，先学习如何通过网络启动 Linux，使用 tftp 命令将 zImage 下载到 DRAM 的 0x80800000 地址处，然后将设备树 imx6ull-14x14-emmc-7-1024x600-c. dtb 下载到 DRAM 中的 0x83000000 地址处，最后使用命令 bootz 启动，命令如下所示。

```
tftp 80800000 zImage
tftp 83000000 imx6ull - 14x14 - emmc - 7 - 1024x600 - c.dtb
bootz 80800000 - 83000000
```

结果如图 27-67 所示。

图 27-67 就是通过 tftp 和 bootz 命令从网络启动的 Linux 系统，如果要从 EMMC 中启动 Linux 系统，只需要使用命令 fatload 将 zImage 和 imx6ull-14x14-emmc-7-1024x600-c. dtb 从 EMMC 的分区 1 中复制到 DRAM 中，然后使用命令 bootz 启动即可。先使用命令 fatls 查看 EMMC 的分区 1 中是否有 Linux 镜像文件和设备树文件，如果没有，参考 27. 4. 6 节中讲解的 fatwrite 命令，将 tftpboot 中的 zImage 和 imx6ull-14x14-emmc-7-1024x600-c. dtb 文件烧写到 EMMC 的分区 1 中。使用命令 fatload 将 EMMC 中的 zImage 和 imx6ull-14x14-emmc-7-1024x600-c. dtb 文件复制到 DRAM 中，地址分别为 0x80800000 和 0x83000000，最后使用 bootz 启动，命令如下所示。

```
fatload mmc 1:1 80800000 zImage
fatload mmc 1:1 83000000 imx6ull - 14x14 - emmc - 7 - 1024x600 - c.dtb
bootz 80800000 - 83000000
```

```
=> tftp 80800000 zImage                          1. 下载zImage
FEC1 Waiting for PHY auto negotiation to complete... done
Using FEC1 device
TFTP from server 192.168.1.253; our IP address is 192.168.1.251
Filename 'zImage'.
Load address: 0x80000000
Loading: #################################################################
         #################################################################
         #################################################################
         #################################################################
         #################################################################
         #################################################################
         ##############
         2.5 MiB/s
done
Bytes transferred = 5924504 (5a6698 hex)
=> tftp 83000000 imx6ull-14x14-emmc-7-1024x600-c.dtb     2. 下载设备树
Using FEC1 device
TFTP from server 192.168.1.253; our IP address is 192.168.1.251
Filename 'imx6ull-14x14-emmc-7-1024x600-c.dtb'.
Load address: 0x83000000
Loading: ###
         2.2 MiB/s
done
Bytes transferred = 38859 (97cb hex)
=> bootz 80800000 - 83000000                     3. 使用命令 bootz 启动Linux系统
Kernel image @ 0x80800000 [ 0x000000 - 0x5a6698 ]
## Flattened Device Tree blob at 83000000
   Booting using the fdt blob at 0x83000000
   Using Device Tree in place at 83000000, end 8300c7ca     4. Linux启动信息

Starting kernel ...

Booting Linux on physical CPU 0x0
Linux version 4.1.15 (zuozhongkai@ubuntu) (gcc version 4.9.4 (Linaro GCC 4.9-2017.01) )
Nov 12 15:32:28 CST 2020
CPU: ARMv7 Processor [410fc075] revision 5 (ARMv7), cr=10c5387d
CPU: PIPT / VIPT nonaliasing data cache, VIPT aliasing instruction cache
Machine model: Freescale i.MX6 ULL 14x14 EVK Board
```

图 27-67　通过网络启动 Linux

结果如图 27-68 所示。

```
=> fatload mmc 1:1 80800000 zImage               1. 读取zImage
reading zImage
6785272 bytes read in 224 ms (28.9 MiB/s)
=> fatload mmc 1:1 83000000 imx6ull-14x14-emmc-7-1024x600-c.dtb     2. 读取设备树
reading imx6ull-14x14-emmc-7-1024x600-c.dtb
38859 bytes read in 24 ms (1.5 MiB/s)
=> bootz 80800000 - 83000000                     3. 使用bootz启动
Kernel image @ 0x80800000 [ 0x000000 - 0x6788f8 ]
## Flattened Device Tree blob at 83000000
   Booting using the fdt blob at 0x83000000
   Using Device Tree in place at 83000000, end 8300c7ca     4. Linux启动信息

Starting kernel ...

[    0.000000] Booting Linux on physical CPU 0x0
[    0.000000] Linux version 4.1.15-gbfed875 (alientek@ubuntu) (gcc version 5.3.0 (GCC) )
t Jan 30 15:53:28 CST 2021
[    0.000000] CPU: ARMv7 Processor [410fc075] revision 5 (ARMv7), cr=10c53c7d
[    0.000000] CPU: PIPT / VIPT nonaliasing data cache, VIPT aliasing instruction cache
[    0.000000] Machine model: Freescale i.MX6 ULL 14x14 EVK Board
```

图 27-68　从 EMMC 中启动 Linux

2. bootm 命令

bootm 命令和 bootz 命令功能类似，但是 bootm 命令用于启动 uImage 镜像文件。如果不使用设备树的话启动 Linux 内核的命令如下所示。

```
bootm addr
```

其中 addr 是 uImage 镜像在 DRAM 中的首地址。

如果要使用设备树，那么 bootm 命令和 bootz 一样，命令格式如下所示。

```
bootm [addr [initrd[:size]] [fdt]]
```

其中 addr 是 uImage 在 DRAM 中的首地址；initrd 是 initrd 的地址；fdt 是设备树(.dtb)文件在 DRAM 中的首地址。如果 initrd 为空，同样用“-”来替代。

3. boot 命令

boot 命令也是用来启动 Linux 系统的，只是 boot 会读取环境变量 bootcmd 来启动 Linux 系统。bootcmd 是一个很重要的环境变量，其名字分为 boot 和 cmd，也就是引导和命令，说明这个环境变量保存着引导命令，其实就是启动的命令集合，具体的引导命令内容是可以修改的。比如要想使用 tftp 命令，从网络启动 Linux，那么就可以设置 bootcmd 为 tftp 80800000 zImage; tftp 83000000 imx6ull-14x14-emmc-7-1024x600-c.dtb; bootz 80800000-83000000，然后使用 saveenv 将 bootcmd 保存起来。最后直接输入 boot 命令即可从网络启动 Linux 系统，命令如下所示。

```
setenv bootcmd 'tftp 80800000 zImage; tftp 83000000 imx6ull - 14x14 - emmc - 7 - 1024x600 - c.dtb; bootz
80800000 - 83000000'
saveenv
boot
```

结果如图 27-69 所示。

uboot 倒计时结束以后就会启动 Linux 系统，执行 bootcmd 中的启动命令。只要不修改 bootcmd 中的内容，以后每次开机 uboot 倒计时结束以后，都会使用 tftp 命令从网络下载 zImage 和 imx6ull-14x14-emmc-7-1024x600-c.dtb，然后启动 Linux。

如果想从 EMMC 启动，那就设置 bootcmd 为 fatload mmc 1:1 80800000 zImage; fatload mmc 1:1 83000000 imx6ull-14x14-emmc-7-1024x600-c.dtb; bootz 80800000 - 83000000，最后使用 boot 命令启动即可，命令如下所示。

```
setenv bootcmd 'fatload mmc 1:1 80800000 zImage; fatload mmc 1:1 83000000 imx6ull - 14x14 - emmc - 7 -
1024x600 - c.dtb; bootz 80800000 - 83000000'
savenev
boot
```

结果如图 27-70 所示。

如果不修改 bootcmd，每次开机 uboot 倒计时结束以后都会自动从 EMMC 中读取 zImage 和 imx6ull-14x14-emmc-7-1024x600-c.dtb，然后启动 Linux。

启动 Linux 内核时可能会遇到如下错误。

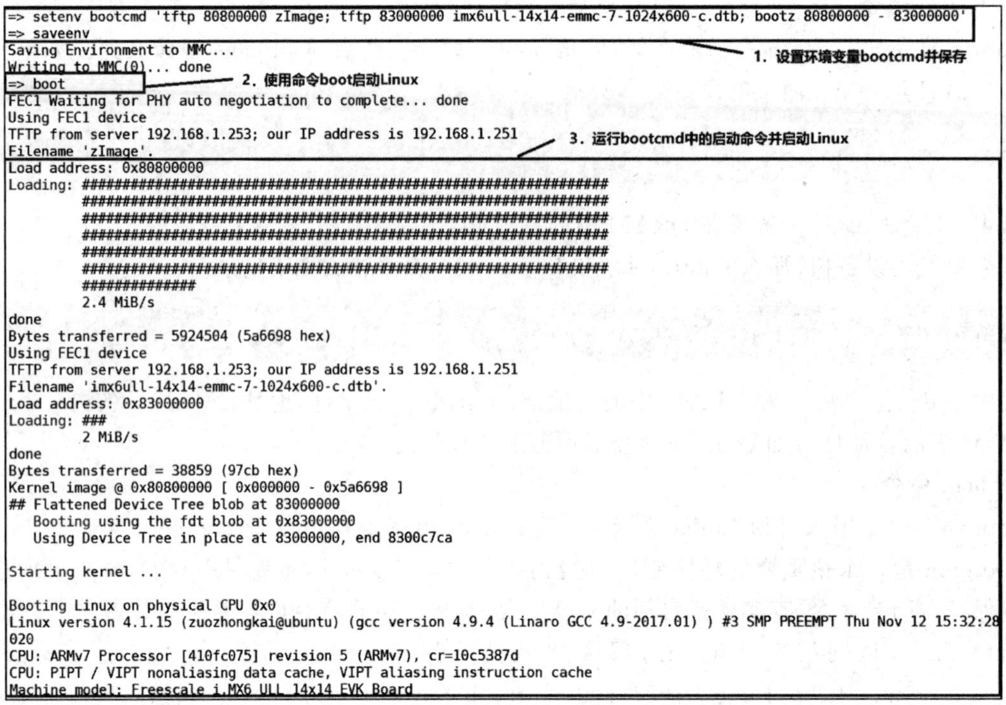

```
=> setenv bootcmd 'tftp 80800000 zImage; tftp 83000000 imx6ull-14x14-emmc-7-1024x600-c.dtb; bootz 80800000 - 83000000'
=> saveenv
Saving Environment to MMC...
Writing to MMC(0)... done
=> boot
FEC1 Waiting for PHY auto negotiation to complete... done
Using FEC1 device
TFTP from server 192.168.1.253; our IP address is 192.168.1.251
Filename 'zImage'.
Load address: 0x80800000
Loading: #################################################################
         #################################################################
         #################################################################
         #################################################################
         #################################################################
         #################################################################
         ##############
         2.4 MiB/s
done
Bytes transferred = 5924504 (5a6698 hex)
Using FEC1 device
TFTP from server 192.168.1.253; our IP address is 192.168.1.251
Filename 'imx6ull-14x14-emmc-7-1024x600-c.dtb'.
Load address: 0x83000000
Loading: ###
         2 MiB/s
done
Bytes transferred = 38859 (97cb hex)
Kernel image @ 0x80800000 [ 0x000000 - 0x5a6698 ]
## Flattened Device Tree blob at 83000000
   Booting using the fdt blob at 0x83000000
   Using Device Tree in place at 83000000, end 8300c7ca

Starting kernel ...

Booting Linux on physical CPU 0x0
Linux version 4.1.15 (zuozhongkai@ubuntu) (gcc version 4.9.4 (Linaro GCC 4.9-2017.01) ) #3 SMP PREEMPT Thu Nov 12 15:32:28
020
CPU: ARMv7 Processor [410fc075] revision 5 (ARMv7), cr=10c5387d
CPU: PIPT / VIPT nonaliasing data cache, VIPT aliasing instruction cache
Machine model: Freescale i.MX6 ULL 14x14 EVK Board
```

1. 设置环境变量bootcmd并保存
2. 使用命令boot启动Linux
3. 运行bootcmd中的启动命令并启动Linux

图 27-69　设置 bootcmd 从网络启动 Linux

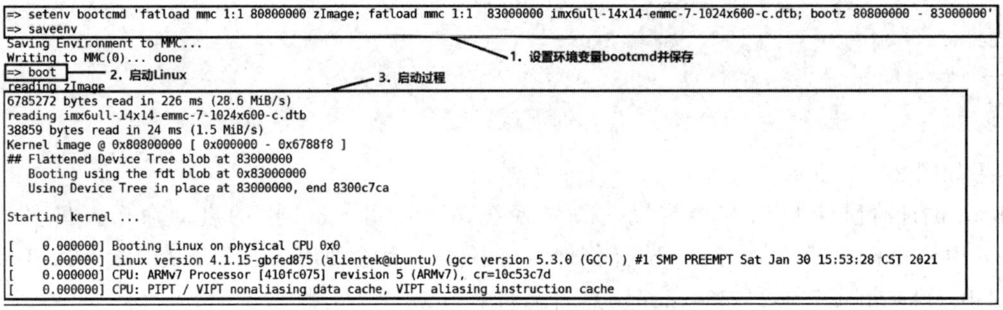

```
=> setenv bootcmd 'fatload mmc 1:1 80800000 zImage; fatload mmc 1:1  83000000 imx6ull-14x14-emmc-7-1024x600-c.dtb; bootz 80800000 - 83000000'
=> saveenv
Saving Environment to MMC...
Writing to MMC(0)... done
=> boot
reading zImage
6785272 bytes read in 226 ms (28.6 MiB/s)
reading imx6ull-14x14-emmc-7-1024x600-c.dtb
38859 bytes read in 24 ms (1.5 MiB/s)
Kernel image @ 0x80800000 [ 0x000000 - 0x6788f8 ]
## Flattened Device Tree blob at 83000000
   Booting using the fdt blob at 0x83000000
   Using Device Tree in place at 83000000, end 8300c7ca

Starting kernel ...

[    0.000000] Booting Linux on physical CPU 0x0
[    0.000000] Linux version 4.1.15-gbfed875 (alientek@ubuntu) (gcc version 5.3.0 (GCC) ) #1 SMP PREEMPT Sat Jan 30 15:53:28 CST 2021
[    0.000000] CPU: ARMv7 Processor [410fc075] revision 5 (ARMv7), cr=10c53c7d
[    0.000000] CPU: PIPT / VIPT nonaliasing data cache, VIPT aliasing instruction cache
```

1. 设置环境变量bootcmd并保存
2. 启动Linux
3. 启动过程

图 27-70　设置 bootcmd 从 EMMC 启动 Linux

```
"Kernel panic - not Syncing: VFS: Unable to mount root fs on unknown-block(0,0)"
```

这个错误的原因是 Linux 内核没有找到根文件系统，这是因为没有设置 uboot 的 bootargs 环境变量，关于 bootargs 环境变量后面会讲解。此处，重点验证 boot 命令，Linux 内核已经成功启动了，说明 boot 命令工作正常。

27.4.10　其他常用命令

uboot 中还有其他一些常用的命令，比如 reset、go、run 和 mtest 等。

1. reset 命令

reset 命令顾名思义就是复位，输入 reset 即可复位重启，如图 27-71 所示。

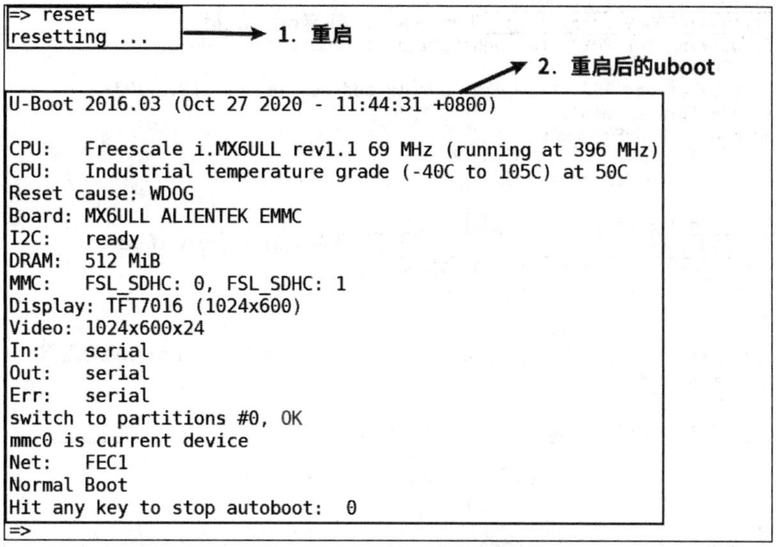

图 27-71 reset 命令运行结果

2. go 命令

go 命令用于跳到指定的地址处执行应用，命令格式如下所示。

```
go addr [arg ...]
```

addr 是应用在 DRAM 中的首地址，我们可以编译裸机例程的实验 13_printf，然后将编译出来的 printf. bin 复制到 Ubuntu 中的 tftpboot 文件夹中。注意，这里要复制 printf. bin 文件，不需要在前面添加 IVT 信息，因为 uboot 已经初始化好 DDR。使用 tftp 命令将 printf. bin 下载到开发板 DRAM 的 0x87800000 地址处，因为裸机例程的链接首地址就是 0x87800000，最后使用 go 命令启动 printf. bin 这个应用，命令如下所示。

```
tftp 87800000 printf.bin
go 87800000
```

结果如图 27-72 所示。

从图 27-72 可以看出，通过 go 命令可以在 uboot 中运行裸机例程。

3. run 命令

run 命令用于运行环境变量中定义的命令，比如可以通过 run bootcmd 来运行 bootcmd 中的启动命令，但是 run 命令最大的作用在于运行自定义的环境变量。在后面调试 Linux 系统时，常常要在网络启动和 EMMC/NAND 启动之间来回切换，而 bootcmd 只能保存一种启动方式，如果要换另外一种启动方式的话就得重写 bootcmd，会很麻烦。这里通过自定义环境变量来实现不同的启动方式，比如定义环境变量 mybootemmc 表示从 emmc 启动，定义 mybootnet 表示从网络启动，定义 mybootnand 表示从 NAND 启动。如果要切换启动方式，只需要运行 run mybootxxx（xxx 为 emmc、net 或 nand）即可。

创建环境变量 mybootemmc、mybootnet 和 mybootnand，命令如下所示。

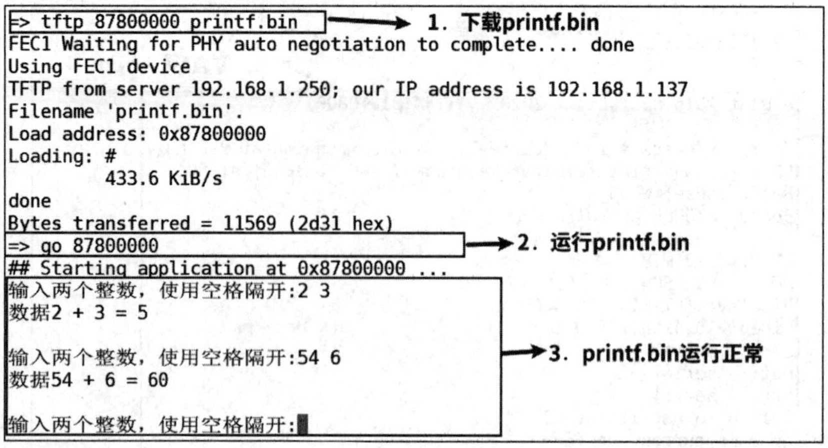

图 27-72　go 命令运行裸机例程

```
setenv mybootemmc 'fatload mmc 1:1 80800000 zImage; fatload mmc 1:1 83000000 imx6ull - 14x14 - emmc - 7 - 1024x600 - c.dtb;bootz 80800000 - 83000000'
setenv mybootnand 'nand read 80800000 620000 800000;nand read 83000000 520000 100000;bootz 80800000 - 83000000'
setenv mybootnet 'tftp 80800000 zImage; tftp 83000000imx6ull - 14x14 - emmc - 7 - 1024x600 - c.dtb; bootz 80800000 - 83000000'
saveenv
```

创建环境变量成功以后，就可以使用 run 命令来运行 mybootemmc、mybootnet 或 mybootnand 来实现不同的启动。

```
run mybootemmc
```

或

```
run mytoobnand
```

或

```
run mybootnet
```

4. mtest 命令

mtest 命令是一个简单的内存读写测试命令，可以用来测试自己开发板上的 DDR，命令格式如下所示。

```
mtest [start [end [pattern [iterations]]]]
```

start 是要测试的 DRAM 开始地址，end 是结束地址。比如我们测试 0x80000000～0x80001000 这段内存，输入 mtest 80000000 80001000，结果如图 27-73 所示。

从图 27-73 可以看出，测试范围为 0x80000000～0x80001000，已经测试了 2284 次，如果要结束

```
=> mtest 80000000 80001000
Testing 80000000 ... 80001000:
Pattern FFFFFFFF  Writing...  Reading...Iteration:   2284
=> 
```

图 27-73 mtest 命令运行结果

测试就按下键盘上的 Ctrl + C 组合键。

至此,uboot 常用的命令就讲解完毕。如果要使用 uboot 的其他命令,可以查看 uboot 中的帮助信息,或者上网查询相应的资料。

第28章

U-Boot 顶层 Makefile 详解

第 27 章我们详细地讲解了 uboot 的使用方法，学会 uboot 使用以后就可以尝试移植 uboot 到自己的开发板。但是，在移植之前需要先分析一遍 uboot 的启动流程源码，梳理一下 uboot 的启动流程，否则移植时都不知道该修改哪些文件。本章就来分析 uboot 源码，重点是分析 uboot 启动流程，而不是整个 uboot 源码，uboot 整体源码非常大，只看相关的部分即可。

28.1 U-Boot 工程目录分析

以 EMMC 版本的核心板为例讲解，为了方便，uboot 启动源码分析就在 Windows 下进行，将正点原子提供的 uboot 源码进行解压，解压完成以后的目录如图 28-1 所示。

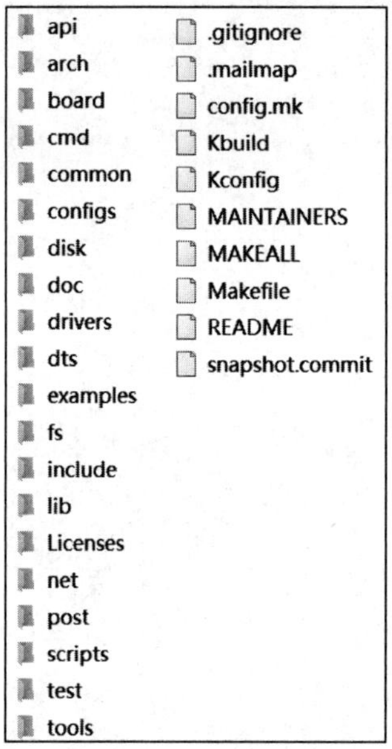

图 28-1　未编译的 uboot

图 28-1 是正点原子提供的未编译的 uboot 源码目录，我们在分析 uboot 源码之前，一定要先在 Ubuntu 中编译 uboot 源码，因为编译过程会生成一些文件，而生成的这些恰恰是分析 uboot 源码不可或缺的文件。使用第 27 章创建的 shell 脚本来完成编译工作，命令如下所示。

```
cd alientek_uboot                                    //进入正点原子 uboot 源码目录
./mx6ull_alientek_emmc.sh                            //编译 uboot
cd ../                                               //返回上一级目录
tar -vcjf alientek_uboot.tar.bz2 alientek_uboot      //压缩
```

最终会生成一个名为 alientek_uboot.tar.bz2 的压缩包，将 alientek_uboot.tar.bz2 复制到 Windows 系统中并解压，解压后的目录如图 28-2 所示。

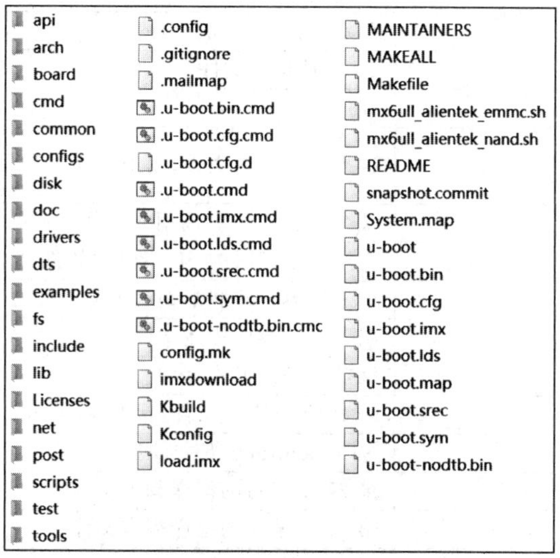

图 28-2 编译后的 uboot 源码文件

对比图 28-2 和图 28-1，可以看出编译后的 uboot 要比没编译之前增加了很多文件，这些文件夹或文件的含义如表 28-1 所示。

表 28-1 uboot 目录列表

类 型	名 字	描 述	备 注
文件夹	api	与硬件无关的 API 函数	uboot 自带
	arch	与架构体系有关的代码	
	board	不同板子(开发板)的定制代码	
	cmd	命令相关代码	
	common	通用代码	
	configs	配置文件	
	disk	磁盘分区相关代码	
	doc	文档	
	drivers	驱动代码	
	dts	设备树	
	examples	示例代码	

续表

类　型	名　　字	描　　述	备　　注
文件夹	fs	文件系统	uboot 自带
	include	头文件	
	lib	库文件	
	Licenses	许可证相关文件	
	net	网络相关代码	
	post	上电自检程序	
	scripts	脚本文件	
	test	测试代码	
	tools	工具文件夹	
文件	. config	配置文件,重要的文件	编译生成的文件
	. gitignore	git 工具相关文件	
	. mailmap	邮件列表	uboot 自带
	. u-boot. xxx. cmd (一系列)	这是一系列的文件,用于保存一些命令	编译生成的文件
	config. mk	某个 Makefile 会调用此文件	
	imxdownload	正点原子编写的 SD 卡烧写软件	uboot 自带
	Kbuild	用于生成一些和汇编有关的文件	正点原子提供
	Kconfig	图形配置界面描述文件	uboot 自带
	MAINTAINERS	维护者联系方式文件	
	MAKEALL	一个 shell 脚本文件,帮助编译 uboot 的	
	Makefile	主 Makefile,重要文件!	
	mx6ull_alientek_emmc. sh	第 27 章编写的编译脚本文件	第 27 章编写的
	mx6ull_alientek_nand. sh	第 27 章编写的编译脚本文件	
	README	相当于帮助文档	uboot 自带
	snapshot. commint	—	
	System. map	系统映射文件	编译出来的文件
	u-boot	编译出来的 u-boot 文件	
	u-boot. xxx (一系列)	生成的一些 u-boot 相关文件,包括 u-boot. bin、u-boot. imx. 等	

对于表 28-1 中文件夹或文件,我们重点讲解以下内容。

1. arch 文件夹

arch 文件夹中存放着和架构有关的文件,如图 28-3 所示。

从图 28-3 可以看出有很多架构,比如 arm、avr32、m68k 等,我们现在用的是 ARM 芯片,所以只需要关心 arm 文件夹即可,打开 arm 文件夹中的内容,如图 28-4 所示。

图 28-4 只截取了一部分,还有一部分 mach-xxx 的文件夹。以 mach 开头的文件夹是跟具体的设备有关的,比如"mach-exynos"就是跟三星的 exyons 系列 CPU 有关的文件。我们使用的是 I. MX6ULL,所以要关注 imx-common 这个文件夹。另外 cpu 这个文件夹也是和 cpu 架构有关的,打开以后如图 28-5 所示。

有多种 ARM 架构相关的文件夹,I. MX6ULL 使用的是 Cortex-A7 内核,Cortex-A7 属于

arc	2019-04-22 21:07	文件夹	
arm	2019-04-22 21:07	文件夹	
avr32	2019-04-22 21:07	文件夹	
blackfin	2019-04-22 21:07	文件夹	
m68k	2019-04-22 21:07	文件夹	
microblaze	2019-04-22 21:07	文件夹	
mips	2019-04-22 21:07	文件夹	
nds32	2019-04-22 21:07	文件夹	
nios2	2019-04-22 21:07	文件夹	
openrisc	2019-04-22 21:07	文件夹	
powerpc	2019-04-22 21:07	文件夹	
sandbox	2019-04-22 21:07	文件夹	
sh	2019-04-22 21:07	文件夹	
sparc	2019-04-22 21:07	文件夹	
x86	2019-04-22 21:07	文件夹	
.gitignore	2019-03-26 15:49	GITIGNORE 文件	1 KB
Kconfig	2019-03-26 15:49	文件	5 KB

图 28-3　arch 文件夹

cpu	2019-04-22 21:07	文件夹
dts	2019-04-22 21:07	文件夹
imx-common	2019-04-22 21:07	文件夹
include	2019-04-22 21:07	文件夹
lib	2019-04-22 21:07	文件夹
mach-at91	2019-04-22 21:07	文件夹
mach-bcm283x	2019-04-22 21:07	文件夹
mach-davinci	2019-04-22 21:07	文件夹
mach-exynos	2019-04-22 21:07	文件夹
mach-highbank	2019-04-22 21:07	文件夹
mach-integrator	2019-04-22 21:07	文件夹
mach-keystone	2019-04-22 21:07	文件夹

图 28-4　arm 文件夹

arm11	2019-04-22 21:07	文件夹	
arm720t	2019-04-22 21:07	文件夹	
arm920t	2019-04-22 21:07	文件夹	
arm926ejs	2019-04-22 21:07	文件夹	
arm946es	2019-04-22 21:07	文件夹	
arm1136	2019-04-22 21:07	文件夹	
arm1176	2019-04-22 21:07	文件夹	
armv7	2019-04-22 21:07	文件夹	
armv7m	2019-04-22 21:07	文件夹	
armv8	2019-04-22 21:07	文件夹	
pxa	2019-04-22 21:07	文件夹	
sa1100	2019-04-22 21:07	文件夹	
.built-in.o.cmd	2019-04-22 20:52	Windows 命令脚本	1 KB
built-in.o	2019-04-22 20:52	O 文件	1 KB
Makefile	2019-03-26 15:49	文件	1 KB
u-boot.lds	2019-03-26 15:49	LDS 文件	3 KB
u-boot-spl.lds	2019-03-26 15:49	LDS 文件	2 KB

图 28-5　cpu 文件夹

armv7，所以只要关心 armv7 这个文件夹。cpu 文件夹中有个名为 u-boot. lds 的链接脚本文件，这个就是 ARM 芯片所使用的 u-boot 链接脚本文件，是我们分析 uboot 启动源码时需要重点关注的。

2. board 文件夹

board 文件夹和具体的板子相关，打开此文件夹，里面全是不同的板子，borad 文件夹中有个名为 freescale 的文件夹，如图 28-6 所示。

evb_rk3036	2021-03-23 16:21	文件夹
firefly	2021-03-23 16:22	文件夹
freescale	2021-03-23 16:22	文件夹
gaisler	2021-03-23 16:22	文件夹

图 28-6　freescale 文件夹

所有使用 Freescale 芯片的板子都放到此文件夹中，I. MX 系列以前属于 Freescale，只是 Freescale 后来被 NXP 收购了。打开此 freescale 文件夹，找到和 mx6u(I. MX6UL/ULL)有关的文件夹，如图 28-7 所示。

mx6ul_14x14_ddr3_arm2	2019-09-03 0:17	文件夹
mx6ul_14x14_evk	2019-09-03 0:17	文件夹
mx6ul_14x14_lpddr2_arm2	2019-09-03 0:17	文件夹
mx6ull_ddr3_arm2	2019-09-03 0:17	文件夹
mx6ullevk	2019-09-03 0:17	文件夹

图 28-7　mx6u 相关板子

图 28-7 中有 5 个文件夹，这 5 个文件夹对应 5 种板子，以 mx6ul 开头的表示使用 I. MX6UL 芯片的板子，以 mx6ull 开头的表示使用 I. MX6ULL 芯片的板子。mx6ullevk 是 NXP 官方的 I. MX6ULL 开发板，后面移植 uboot 时就是参考 NXP 官方的开发板，要参考 mx6ullevk 这个文件夹来定义板子。

3. configs 文件夹

此文件夹为 uboot 配置文件，uboot 是可配置的，但要是自己从头开始，一个一个项目地配置，那就太麻烦了，因此一般半导体厂商或者开发板厂商都会制作好一个配置文件。我们可以在这个配置文件基础上来添加自己想要的功能，配置文件统一命名为 xxx_defconfig，xxx 表示开发板名字，这些 defconfig 文件都存放在 configs 文件夹，如图 28-8 所示。

mx6ull_14x14_ddr3_arm2_defconfig	2019-08-31 11:46	文件	1 KB
mx6ull_14x14_ddr3_arm2_emmc_defconfig	2019-08-31 11:46	文件	1 KB
mx6ull_14x14_ddr3_arm2_epdc_defconfig	2019-08-31 11:46	文件	1 KB
mx6ull_14x14_ddr3_arm2_nand_defconfig	2019-08-31 11:46	文件	1 KB
mx6ull_14x14_ddr3_arm2_qspi1_defconfig	2019-08-31 11:46	文件	1 KB
mx6ull_14x14_ddr3_arm2_spinor_defconfig	2019-08-31 11:46	文件	1 KB
mx6ull_14x14_ddr3_arm2_tsc_defconfig	2019-08-31 11:46	文件	1 KB
mx6ull_14x14_ddr256_emmc_defconfig	2019-08-31 11:46	文件	1 KB
mx6ull_14x14_ddr256_nand_defconfig	2019-08-31 11:46	文件	1 KB
mx6ull_14x14_ddr256_nand_sd_defconfig	2019-08-31 11:46	文件	1 KB
mx6ull_14x14_ddr512_emmc_defconfig	2019-08-31 11:46	文件	1 KB
mx6ull_14x14_ddr512_nand_defconfig	2019-08-31 11:46	文件	1 KB
mx6ull_14x14_ddr512_nand_sd_defconfig	2019-08-31 11:46	文件	1 KB

正点原子ALPHA开发板对应的默认配置文件

图 28-8　正点原子开发板配置文件

图 28-8 中，这 6 个文件就是 I. MX6ULL-ALPHA 开发板所对应的 uboot 默认配置文件。我们只关心 mx6ull_14x14_ddr512_emmc_defconfig 和 mx6ull_14x14_ddr256_nand_defconfig 这两个文件，分别是 I. MX6ULL EMMC 核心板和 NAND 核心板的配置文件。使用 make xxx_defconfig 命

令即可配置 uboot。

```
make mx6ull_14x14_ddr512_emmc_defconfig
```

上述命令就是配置 I. MX6ULL EMMC 核心板所使用的 uboot。

在编译 uboot 之前一定要使用 defconfig 来配置 uboot。

在 mx6ull_alientek_emmc. sh 中有如下内容。

```
make ARCH = arm CROSS_COMPILE = arm - linux - gnueabihf -  mx6ull_14x14_ddr512_emmc_defconfig
```

这个命令就是调用 mx6ull_14x14_ddr512_emmc_defconfig 来配置 uboot，只是这个命令还带了一些其他参数而已。

4. . u-boot. xxx_cmd 文件

. u-boot. xxx_cmd 是一系列的文件，这些文件全是编译生成的，都是一些命令文件。比如文件 . u-boot. bin. cmd，看名字是和 u-boot. bin 有关的，此文件内容如示例 28-1 所示。

示例 28-1　. u-boot. bin. cmd 代码

```
cmd_u - boot.bin : = cp u - boot - nodtb.bin u - boot.bin
```

. u-boot. bin. cmd 中定义了一个变量 cmd_u-boot. bin，此变量的值为“cp u-boot-nodtb. bin u-boot. bin”，也就是复制一份 u-boot-nodtb. bin 文件，并且重命名为 u-boot. bin。这个就是 u-boot. bin 的来源，来自于文件 u-boot-nodtb. bin。

那么 u-boot-nodtb. bin 是怎么来的？文件. u-boot-nodtb. bin. cmd 就是用于生成 u-boot. nodtb. bin 的，此文件内容如示例 28-2 所示。

示例 28-2　. u-boot-nodtb. bin. cmd 代码

```
cmd_u - boot - nodtb.bin : = arm - linux - gnueabihf - objcopy -- gap - fill = 0xff
   - j .text  - j .secure_text  - j .rodata  - j .hash  - j .data  - j .got  - j .got.plt
   - j .u_boot_list  - j .rel.dyn  - O binary u - boot u - boot - nodtb.bin
```

这里用到了 arm-linux-gnueabihf-objcopy，使用 objcopy 将 ELF 格式的 u-boot 文件转换为二进制的 u-boot-nodtb. bin 文件。

文件 u-boot 是 ELF 格式的文件，文件. u-boot. cmd 用于生成 u-boot，此文件内容如示例 28-3 所示。

示例 28-3　. u-boot. cmd 代码

```
cmd_u - boot : = arm - linux - gnueabihf - ld.bfd   - pie   -- gc - sections  - Bstatic  - Ttext 0x87800000  - o
u - boot  - T u - boot.lds arch/arm/cpu/armv7/start.o  -- start - group  arch/arm/cpu/built - in.o  arch/arm/
cpu/armv7/built - in.o   arch/arm/imx - common/built - in.o   arch/arm/lib/built - in.o   board/freescale/
common/built - in.o   board/freescale/mx6ull_alientek_emmc/built - in.o   cmd/built - in.o   common/built -
in.o   disk/built - in.o   drivers/built - in.o   drivers/dma/built - in.o   drivers/gpio/built - in.o
```

```
...
drivers/usb/phy/built-in.o  drivers/usb/ulpi/built-in.o
fs/built-in.o  lib/built-in.o  net/built-in.o  test/built-in.o
test/dm/built-in.o --end-group arch/arm/lib/eabi_compat.o  -L
/usr/local/arm/gcc-linaro-4.9.4-2017.01-x86_64_arm-linux-gnueabihf/b
n/../lib/gcc/arm-linux-gnueabihf/4.9.4 -lgcc -Map u-boot.map
```

.u-boot.cmd 使用到了 arm-linux-gnueabihf-ld.bfd，也就是链接工具，使用 ld.bfd 将各个 built-in.o 文件链接在一起就形成了 u-boot 文件。uboot 在编译时会将同一个目录中的所有.c 文件都编译在一起，并命名为 built-in.o，相当于将众多的.c 文件对应的.o 文件集合在一起，这个就是 u-boot 文件的来源。

如果要用 NXP 提供的 MFGTools 工具向开发板烧写 uboot，此时烧写的是 u-boot.imx 文件，而不是 u-boot.bin 文件。u-boot.imx 是在 u-boot.bin 文件的头部添加了 IVT、DCD 等信息。这个工作是由文件.u-boot.imx.cmd 来完成的，此文件内容如示例 28-4 所示。

示例 28-4　.u-boot.imx.cmd 代码

```
1 cmd_u-boot.imx := ./tools/mkimage -n board/freescale/mx6ull_alientek_emmc/imximage.cfg.cfgtmp
-T imximage -e 0x87800000 -d u-boot.bin u-boot.imx
```

这里用到了工具 tools/mkimage，而 IVT、DCD 等数据保存在了文件 board/freescale/mx6ullevk/imximage-ddr512.cfg.cfgtmp（如果是 NAND 核心板的话就是 imximage-ddr256.cfg.cfgtmp）中。工具 mkimage 就是读取文件 imximage-ddr512.cfg.cfgtmp 中的信息，然后将其添加到文件 u-boot.bin 的头部，最终生成 u-boot.imx。

文件.u-boot.lds.cmd 就是用于生成 u-boot.lds 链接脚本的，由于.u-boot.lds.cmd 文件内容太多，这里就不列出了。uboot 根目录下的 u-boot.lds 链接脚本就是来源于 arch/arm/cpu/u-boot.lds 文件。

还有一些其他的.u-boot.lds.xxx.cmd 文件，读者可自行分析。

5. Makefile 文件

这个是顶层 Makefile 文件，Makefile 是支持嵌套的，也就是顶层 Makefile 可以调用子目录中的 Makefile 文件。Makefile 嵌套在大项目中很常见，一般大项目中所有的源代码都不会放到同一个目录中，各个功能模块的源代码都是分开的，各自存放在各自的目录中。每个功能模块目录下都有一个 Makefile，这个 Makefile 只处理本模块的编译链接工作，这样所有的编译链接工作就不用全部放到一个 Makefile 中，可以使得 Makefile 变得简洁明了。

uboot 源码根目录下的 Makefile 是顶层 Makefile，它会调用其他模块的 Makefile 文件，比如 drivers/adc/Makefile。顶层 Makefile 要做的工作远不止调用子目录 Makefile 这么简单，关于顶层 Makefile 的内容稍后会有详细的讲解。

6. u-boot.xxx 文件

u-boot.xxx 同样也是一系列文件，包括 u-boot、u-boot.bin、u-boot.cfg、u-boot.imx、u-boot.lds、u-boot.map、u-boot.srec、u-boot.sym 和 u-boot-nodtb.bin，这些文件的含义如下所示。

u-boot：编译出来的 ELF 格式的 uboot 镜像文件。

u-boot. bin：编译出来的二进制格式的 uboot 可执行镜像文件。

u-boot. cfg：uboot 的另外一种配置文件。

u-boot. imx：u-boot. bin 添加头部信息以后的文件，NXP 的 CPU 专用文件。

u-boot. lds：链接脚本。

u-boot. map：uboot 映射文件，通过查看此文件可以知道某个函数被链接到了哪个地址上。

u-boot. srec：S-Record 格式的镜像文件。

u-boot. sym：uboot 符号文件。

u-boot-nodtb. bin：和 u-boot. bin 一样，u-boot. bin 就是 u-boot-nodtb. bin 的复制文件。

7. . config 文件

uboot 配置文件，使用命令 make xxx_defconfig 配置 uboot 以后就会自动生成，. config 内容如示例 28-5 所示。

示例 28-5　. config 代码

```
#
# Automatically generated file; DO NOT EDIT.
# U-Boot 2016.03 Configuration
#
CONFIG_CREATE_ARCH_SYMLINK = y
CONFIG_HAVE_GENERIC_BOARD = y
CONFIG_SYS_GENERIC_BOARD = y
...
CONFIG_ARM = y
CONFIG_SYS_ARCH = "arm"
CONFIG_SYS_CPU = "armv7"
CONFIG_SYS_SOC = "mx6"
CONFIG_SYS_VENDOR = "freescale"
CONFIG_SYS_BOARD = "mx6ull_alientek_emmc"
CONFIG_SYS_CONFIG_NAME = "mx6ull_alientek_emmc"
...
# Boot commands
#
CONFIG_CMD_BOOTD = y
CONFIG_CMD_BOOTM = y
CONFIG_CMD_ELF = y
...

#
# Library routines
#
# CONFIG_CC_OPTIMIZE_LIBS_FOR_SPEED is not set
CONFIG_HAVE_PRIVATE_LIBGCC = y
# CONFIG_USE_PRIVATE_LIBGCC is not set
CONFIG_SYS_HZ = 1000
# CONFIG_USE_TINY_PRINTF is not set
CONFIG_REGEX = y
```

可以看出.config 文件中都是以"CONFIG_"开始的配置项,这些配置项就是 Makefile 中的变量,因此后面都有相应的值,uboot 的顶层 Makefile 或子 Makefile 会调用这些变量值。在.config 中会有大量的变量值为"y",这些为"y"的变量一般用于控制某项功能是否使能,为"y"的话就表示功能使能

```
CONFIG_CMD_BOOTM = y
```

如果使能了 bootd 这个命令,CONFIG_CMD_BOOTM 就为"y"。在 cmd/Makefile 中有如示例 28-6 所示内容。

示例 28-6　cmd/Makefile 代码

```
ifndef CONFIG_SPL_BUILD
# core command
obj - y += boot.o
obj - $(CONFIG_CMD_BOOTM) += bootm.o
obj - y += help.o
obj - y += version.o
```

在示例 28-6 中,有如下所示一行代码。

```
obj - $(CONFIG_CMD_BOOTM) += bootm.o
```

CONFIG_CMD_BOOTM=y,将其展开如下所示。

```
obj - y += bootm.o
```

给 obj-y 追加了一个 bootm.o,obj-y 包含着所有要编译的文件对应的.o 文件,这里表示需要编译文件 cmd/bootm.c。相当于通过"CONFIG_CMD_BOOTD=y"来使能 bootm 这个命令,进而编译 cmd/bootm.c 这个文件,这个文件实现了 bootm 命令。在 uboot 和 Linux 内核中都是采用这种方法来选择使能某个功能,编译对应的源码文件。

8. README

README 文件描述了 uboot 的详细信息,包括 uboot 该如何编译、uboot 中各文件夹的含义、相应的命令等。建议大家详细的阅读此文件,可以进一步增加对 uboot 的认识。

关于 uboot 根目录中的文件和文件夹的含义就讲解到这里,接下来分析 uboot 的启动流程。

28.2　VSCode 工程创建

先在 Ubuntu 系统下编译 uboot,然后将编译后的 uboot 文件夹复制到 Windows 系统下,并创建 VSCode 工程。打开 VSCode,单击"文件"→"打开文件夹……",选中 uboot 文件夹,如图 28-9 所示。

打开 uboot 目录以后,VSCode 界面如图 28-10 所示。

单击"文件"→"将工作区另存为……",打开保存工作区对话框,将工作区保存到 uboot 源码根

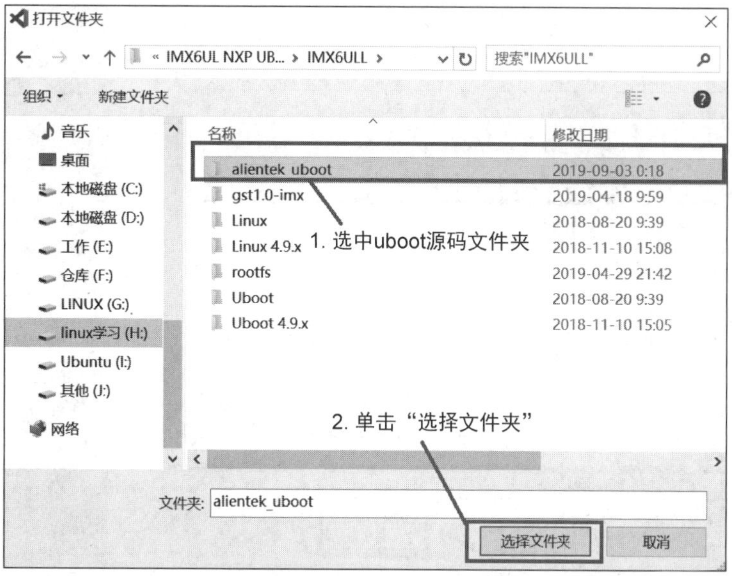

图 28-9 选择 uboot 源码文件夹

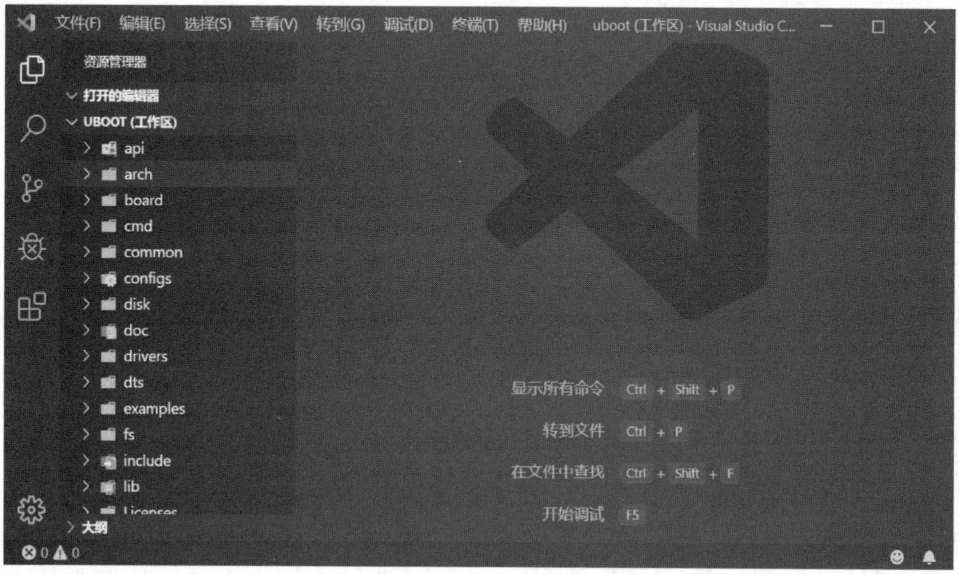

图 28-10 VSCode 界面

目录下，设置文件名为 uboot，如图 28-11 所示。

保存成功以后就会在 uboot 源码根目录下存在一个名为 uboot.code-workspace 的文件。这样一个完整的 VSCode 工程就建立起来了。但是这个 VSCode 工程包含了 uboot 的所有文件，uboot 中有些文件是不需要的，比如 arch 目录下是各种架构的文件夹，如图 28-12 所示。

在 arch 目录下，只需要 arm 文件夹，所以需要将其他的目录从 VSCode 中屏蔽掉，比如将 arch/avr32 这个目录屏蔽掉。

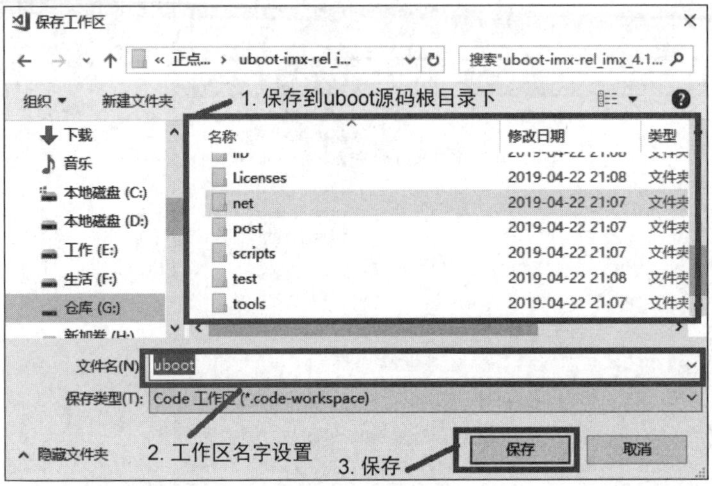

图 28-11　保存工作区

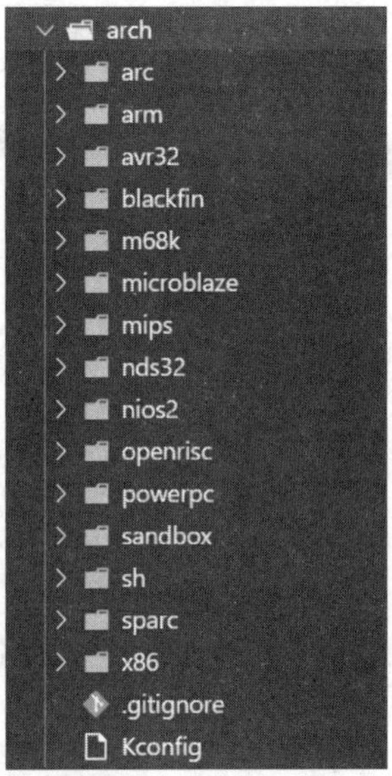

图 28-12　arch 目录

在 VSCode 上建立名为.vscode 的文件夹，如图 28-13 所示。

输入新建文件夹的名字，完成以后如图 28-14 所示。

图 28-13　新建.vscode 文件夹

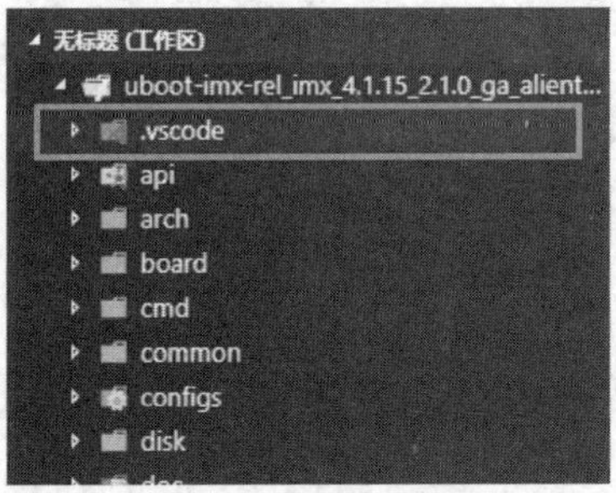

图 28-14　新建的.vscode 文件夹

在.vscode 文件夹中新建一个名为 settings.json 的文件，然后在 settings.json 中输入如示例 28-7 所示内容。

示例 28-7　settings.json 文件代码

```
{
    "search.exclude": {
        "**/node_modules": true,
        "**/bower_components": true,
    },
    "files.exclude": {
        "**/.git": true,
        "**/.svn": true,
```

```
        "**/.hg": true,
        "**/CVS": true,
        "**/.DS_Store": true,
    }
}
```

结果如图 28-15 所示。

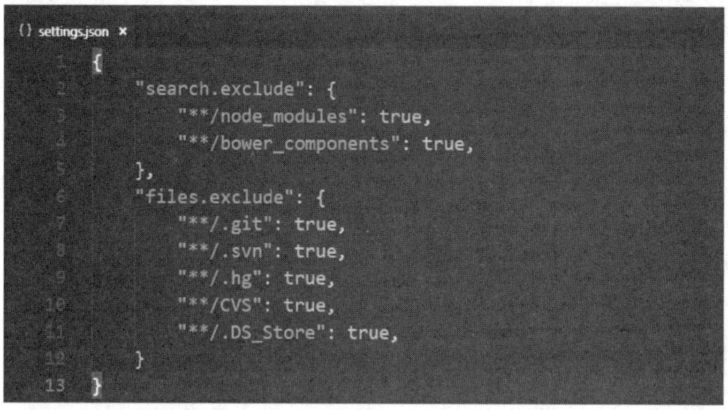

图 28-15　settings.json 文件默认内容

其中"search.exclude"中是需要在搜索结果中排除的文件或者文件夹,"files.exclude"是左侧工程目录中需要排除的文件或者文件夹。我们需要将 arch/avr32 文件夹下的所有文件从搜索结果和左侧的工程目录中都排除掉,因此在"search.exclude"和"files.exclude"中输入如图 28-16 所示内容。

保存 settings.json 文件,然后再看左侧的工程目录,发现 arch 目录下没有 avr32 这个文件夹,说明 avr32 这个文件夹被排除掉了,如图 28-17 所示。

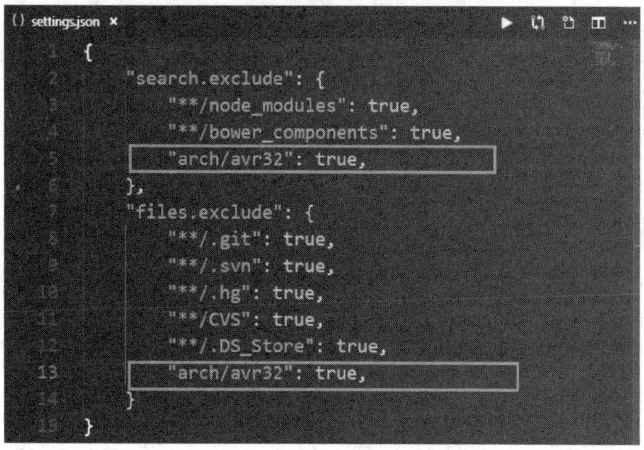

图 28-16　排除 arch/avr32 目录

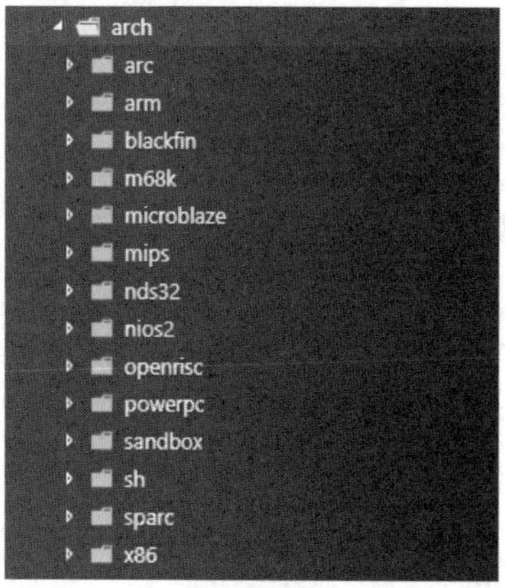

图 28-17　arch/avr32 目录排除

我们只是在"search.exclude"和"files.exclude"中加入了"arch/avr32": true,冒号前面的是要排除的文件或者文件夹,冒号后面为是否将文件排除,true 表示排除,false 表示不排除。用这种方法即可将不需要的文件或者文件夹排除掉。大家可以根据实际情况来设置要屏蔽的文件夹，比如当前工程中"search.exclude"和"files.exclude"内容如示例 28-8 所示（有省略）。

示例 28-8 settings.json 文件代码

```
"**/*.o":true,
"**/*.su":true,
"**/*.cmd":true,
"arch/arc":true,
"arch/avr32":true,
...
"include/configs/[A-Z]*":true,
"include/configs/m[a-w]*":true,
```

上述代码用到了通配符 *，比如 **/*.o 表示所有.o 结尾的文件。configs/[A-L]* 表示 configs 目录下所有以 A～L 开头的文件或者文件夹。上述配置只是排除了一部分文件夹，在实际应用中可以根据自己的实际需求来选择将哪些文件或者文件夹排除掉。排除以后我们的工程文件就会清爽很多，搜索时也不会跳出很多文件了。

28.3 U-Boot 顶层 Makefile 分析

在阅读 uboot 源码之前，要先看顶层 Makefile，分析 gcc 版本代码时一定是先从顶层 Makefile 开始的，然后是子 Makefile。这样，通过层层分析 Makefile 即可了解整个工程的组织结构。顶层 Makefile 是 uboot 根目录下的 Makefile 文件，由于顶层 Makefile 文件内容比较多，所以将其分开看。

28.3.1 版本号

顶层 Makefile 一开始是版本号，内容如示例 28-9 所示（为了方便分析，顶层 Makefile 代码段前段行号采用 Makefile 中的行号，因为 uboot 会更新，因此行号可能会与所看的顶层 Makefile 有所不同）。

示例 28-9 顶层 Makefile 代码

```
5 VERSION = 2016
6 PATCHLEVEL = 03
7 SUBLEVEL =
8 EXTRAVERSION =
9 NAME =
```

VERSION 是主版本号，PATCHLEVEL 是补丁版本号，SUBLEVEL 是次版本号，这 3 个一起构成了 uboot 的版本号，比如当前的 uboot 版本号就是 2016.03。EXTRAVERSION 是附加版本信息，NAME 是和名字有关的，一般不使用这两个。

28.3.2 MAKEFLAGS 变量

make 是支持递归调用的，也就是在 Makefile 中使用 make 命令来执行其他的 Makefile 文件，一般都是子目录中的 Makefile 文件。假如在当前目录下存在一个 subdir 子目录，这个子目录中又有其对应的 Makefile 文件，那么这个工程在编译时其主目录中的 Makefile 就可以调用子目录中的 Makefile，以此来完成所有子目录的编译。主目录的 Makefile 可以使用如下代码来编译这个子目录：

```
$ (MAKE)  - C subdir
```

$ (MAKE)就是调用 make 命令，-C 指定子目录。有时候我们需要向子 make 传递变量，这个时候使用 export 来导出要传递给子 make 的变量即可，如果不希望哪个变量传递给子 make 的话就使用 unexport 来声明不导出，如下所示。

```
export VARIABLE ……           //导出变量给子 make
unexport VARIABLE……          //不导出变量给子 make
```

有两个特殊的变量 SHELL 和 MAKEFLAGS，这两个变量除非使用 unexport 声明，否则在整个 make 的执行过程中，它们的值始终自动传递给子 make。在 uboot 的主 Makefile 中有如示例 28-10 所示内容。

示例 28-10　顶层 Makefile 代码

```
20 MAKEFLAGS  +=   - rR  -- include - dir = $ (CURDIR)
```

上述代码使用 += 来给变量 MAKEFLAGS 追加了一些值，-rR 表示禁止使用内置的隐含规则和变量定义，--include-dir 指明搜索路径，$ (CURDIR)表示当前目录。

28.3.3　命令输出

uboot 默认编译不会在终端中显示完整的命令，都是短命令，如图 28-18 所示。

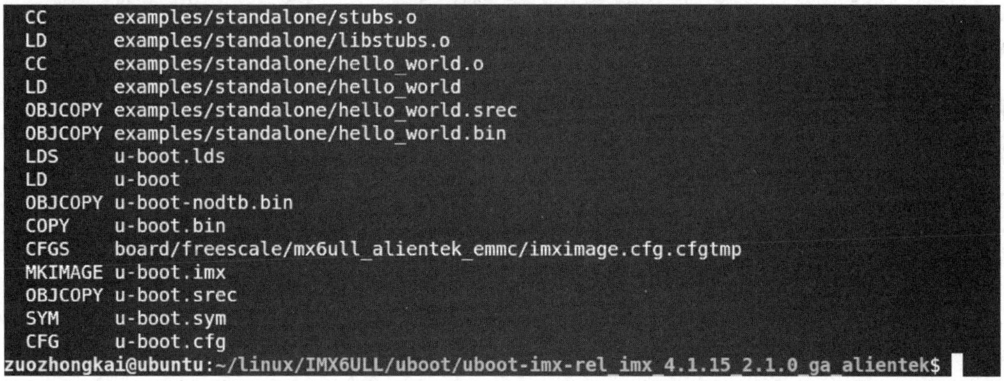
CC   examples/standalone/stubs.o
LD   examples/standalone/libstubs.o
CC   examples/standalone/hello_world.o
LD   examples/standalone/hello_world
OBJCOPY examples/standalone/hello_world.srec
OBJCOPY examples/standalone/hello_world.bin
LDS   u-boot.lds
LD   u-boot
OBJCOPY u-boot-nodtb.bin
COPY   u-boot.bin
CFGS   board/freescale/mx6ull_alientek_emmc/imximage.cfg.cfgtmp
MKIMAGE u-boot.imx
OBJCOPY u-boot.srec
SYM   u-boot.sym
CFG   u-boot.cfg
zuozhongkai@ubuntu:~/linux/IMX6ULL/uboot/uboot-imx-rel_imx_4.1.15_2.1.0_ga_alientek$

图 28-18　终端短命令输出

在终端中输出短命令虽然看起来很清爽，但是不利于分析 uboot 的编译过程。可以通过设置变量 V = 1 来实现完整的命令输出，这个在调试 uboot 时很有用，结果如图 28-19 所示。

顶层 Makefile 中控制命令输出的代码如示例 28-11 所示。

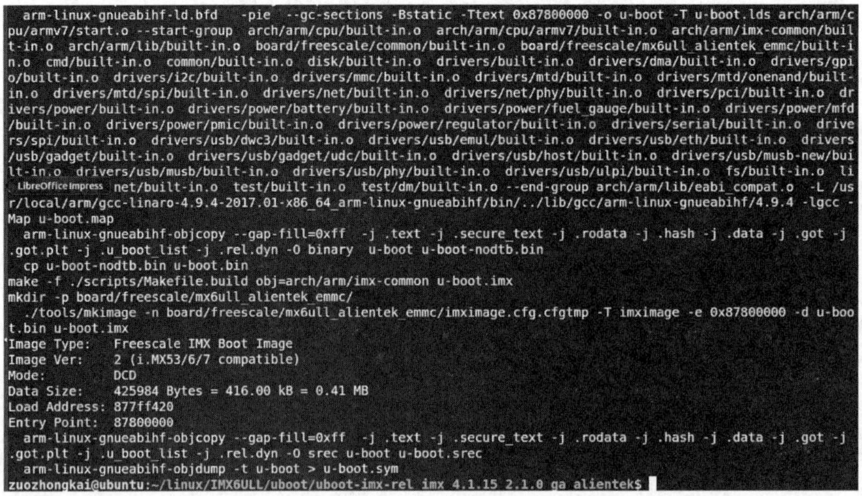
arm-linux-gnueabihf-ld.bfd   -pie --gc-sections -Bstatic -Ttext 0x87800000 -o u-boot -T u-boot.lds arch/arm/c
pu/armv7/start.o --start-group arch/arm/cpu/built-in.o arch/arm/cpu/armv7/built-in.o arch/arm/imx-common/buil
t-in.o arch/arm/lib/built-in.o board/freescale/common/built-in.o board/freescale/mx6ull_alientek_emmc/built-i
n.o cmd/built-in.o common/built-in.o disk/built-in.o drivers/built-in.o drivers/dma/built-in.o drivers/gpi
o/built-in.o drivers/i2c/built-in.o drivers/mmc/built-in.o drivers/mtd/built-in.o drivers/mtd/onenand/built-
in.o drivers/mtd/spi/built-in.o drivers/net/built-in.o drivers/net/phy/built-in.o drivers/pci/built-in.o dr
ivers/power/built-in.o drivers/power/battery/built-in.o drivers/power/fuel_gauge/built-in.o drivers/power/mfd
/built-in.o drivers/power/pmic/built-in.o drivers/power/regulator/built-in.o drivers/serial/built-in.o drive
rs/spi/built-in.o drivers/usb/dwc3/built-in.o drivers/usb/emul/built-in.o drivers/usb/eth/built-in.o drivers
/usb/gadget/built-in.o drivers/usb/gadget/udc/built-in.o drivers/usb/host/built-in.o drivers/usb/musb-new/bui
lt-in.o drivers/usb/musb/built-in.o drivers/usb/phy/built-in.o drivers/usb/ulpi/built-in.o fs/built-in.o li
LibreOffice Impress net/built-in.o test/built-in.o test/dm/built-in.o --end-group arch/arm/lib/eabi_compat.o -L /us
r/local/arm/gcc-linaro-4.9.4-2017.01-x86_64_arm-linux-gnueabihf/bin/../lib/gcc/arm-linux-gnueabihf/4.9.4 -lgcc -
Map u-boot.map
arm-linux-gnueabihf-objcopy --gap-fill=0xff -j .text -j .secure_text -j .rodata -j .hash -j .data -j .got -j
.got.plt -j .u_boot_list -j .rel.dyn -O binary u-boot u-boot-nodtb.bin
cp u-boot-nodtb.bin u-boot.bin
make -f ./scripts/Makefile.build obj=arch/arm/imx-common u-boot.imx
mkdir -p board/freescale/mx6ull_alientek_emmc/
./tools/mkimage -n board/freescale/mx6ull_alientek_emmc/imximage.cfg.cfgtmp -T imximage -e 0x87800000 -d u-boo
t.bin u-boot.imx
Image Type: Freescale IMX Boot Image
Image Ver: 2 (i.MX53/6/7 compatible)
Mode: DCD
Data Size: 425984 Bytes = 416.00 kB = 0.41 MB
Load Address: 877ff420
Entry Point: 87800000
arm-linux-gnueabihf-objcopy --gap-fill=0xff -j .text -j .secure_text -j .rodata -j .hash -j .data -j .got -j
.got.plt -j .u_boot_list -j .rel.dyn -O srec u-boot u-boot.srec
arm-linux-gnueabihf-objdump -t u-boot > u-boot.sym
zuozhongkai@ubuntu:~/linux/IMX6ULL/uboot/uboot-imx-rel_imx_4.1.15_2.1.0_ga_alientek$

图 28-19　终端完整命令输出

示例 28-11　顶层 Makefile 代码

```
73 ifeq ("$(origin V)", "command line")
74   KBUILD_VERBOSE = $(V)
75 endif
76 ifndef KBUILD_VERBOSE
77   KBUILD_VERBOSE = 0
78 endif
79
80 ifeq ($(KBUILD_VERBOSE),1)
81   quiet =
82   Q =
83 else
84   quiet = quiet_
85   Q = @
86 endif
```

第 73 行使用 ifeq 来判断"$(origin V)"和"command line"是否相等。这里用到了 Makefile 中的函数 origin，origin 和其他的函数不一样，它不操作变量的值，origin 用于告诉用户变量是哪来的。语法如下：

```
$(origin <variable>)
```

variable 是变量名，origin 函数的返回值就是变量来源，因此 $(origin V)就是变量 V 的来源。如果变量 V 是在命令行定义的，那么它的来源就是"command line"，这样"$(origin V)"和"command line"就相等了。当这两个相等时，变量 KBUILD_VERBOSE 就等于 V 的值，比如在命令行中输入 V=1 的话，那么 KBUILD_VERBOSE=1。如果没有在命令行中输入 V 的话，那么 KBUILD_VERBOSE=0。

第 80 行判断 KBUILD_VERBOSE 是否为 1，如果 KBUILD_VERBOSE 为 1，变量 quiet 和 Q 都为空。如果 KBUILD_VERBOSE 为 0，变量 quiet 为 quiet_，变量 Q 为@。

综上所述，V=1 时：

```
KBUILD_VERBOSE = 1
quiet = 空
Q =   空
```

V=0 或者命令行不定义 V 时：

```
KBUILD_VERBOSE = 0
quiet = quiet_.
Q =   @.
```

Makefile 中会用到变量 quiet 和 Q 来控制编译时是否在终端输出完整的命令，在顶层 Makefile 中有很多如下所示的命令。

```
$ (Q) $ (MAKE)  $ (build) = tools
```

如果 V=0 的话上述命令展开就是@ make $(build)=tools，make 在执行时默认会在终端输出命令，但是在命令前面加上@就不会在终端输出命令了。当 V=1 时，Q 就为空，上述命令就是 make $(build)=tools，因此在 make 执行的过程中，命令会被完整地输出在终端上。

有些命令会有两个版本，比如：

```
quiet_cmd_sym ? = SYM      $ @
cmd_sym ? =  $ (OBJDUMP) - t $ < > $ @
```

sym 命令分为 quiet_cmd_sym 和 cmd_sym 两个版本，这两个命令的功能都是一样的，区别在于 make 执行时输出的命令不同。quiet_cmd_xxx 命令输出信息少，也就是短命令，而 cmd_xxx 命令输出信息多，也就是完整的命令。

如果变量 quiet 为空时，整个命令都会输出。

如果变量 quiet 为 quiet_时，仅输出短版本。

如果变量 quiet 为 silent_时，整个命令都不会输出。

28.3.4 静默输出

设置 V=0 或者在命令行中不定义 V 时，编译 uboot 时终端中显示的短命令，但还是会有命令输出，有时候在编译 uboot 时不需要输出命令，这个时候就可以使用 uboot 的静默输出功能。编译时使用 make -s 即可实现静默输出，顶层 Makefile 中相关的内容如示例 28-12 所示。

示例 28-12 顶层 Makefile 代码

```
# If the user is running make - s (silent mode), suppress echoing of
# commands

ifneq ( $ (filter 4. % , $ (MAKE_VERSION)), )  # make - 4
ifneq ( $ (filter % s , $ (firstword x $ (MAKEFLAGS))), )
  quiet = silent_
endif
```

```
95  else                        # make-3.8x
96  ifneq ($(filter s% -s%,$(MAKEFLAGS)),)
97    quiet=silent_
98  endif
99  endif
100
101 export quiet Q KBUILD_VERBOSE
```

第91行判断当前正在使用的编译器版本号是否为4.×，判断$(filter 4.%，$(MAKE_VERSION))和“ ”(空)是否相等，如果不相等就成立，执行里面的语句。也就是说$(filter 4.%，$(MAKE_VERSION))不为空条件就成立，这里用到了Makefile中的filter函数，这是个过滤函数，函数格式如下所示。

```
$(filter <pattern...>,<text>)
```

filter函数表示以pattern模式过滤text字符串中的单词，仅保留符合模式pattern的单词，可以有多个模式。函数返回值就是符合pattern的字符串。因此$(filter 4.%，$(MAKE_VERSION))的含义就是在字符串MAKE_VERSION中找出符合4.%的字符(%为通配符)，MAKE_VERSION是make工具的版本号，ubuntu16.04里面默认自带的make工具版本号为4.1，用户可以输入make -v查看。因此$(filter 4.%，$(MAKE_VERSION))不为空，条件成立，执行第92～94行的语句。

第92行也是一个判断语句，如果$(filter %s ，$(firstword x$(MAKEFLAGS)))不为空时，条件成立，变量quiet等于“silent_”。这里也用到了函数filter，在$(firstword x$(MAKEFLAGS)))中过滤出符合“%s”的单词。到了firstword函数，firstword函数用于获取首单词，函数格式如下所示。

```
$(firstword <text>)
```

firstword函数用于取出text字符串中的第一个单词，函数的返回值就是获取到的单词。当使用make -s编译时，-s会作为MAKEFLAGS变量的一部分传递给Makefile。在顶层Makfile中添加如图28-20所示的代码。

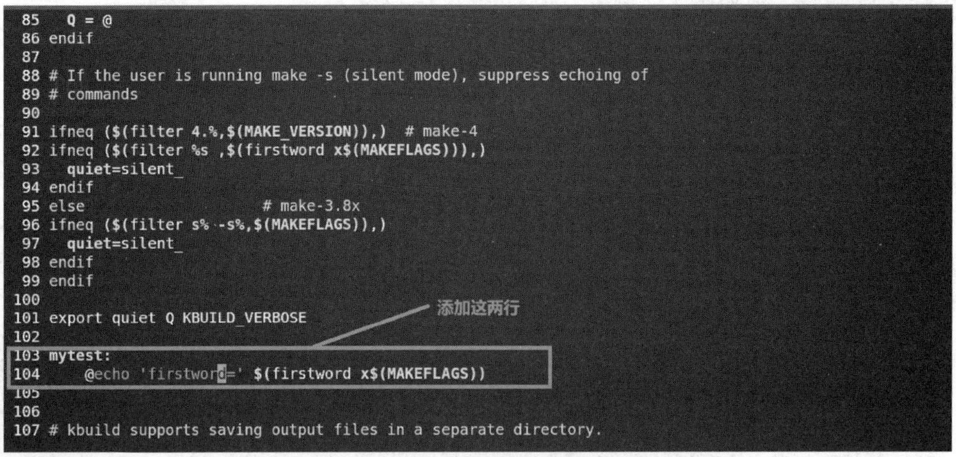

85   Q = @
86 endif
87
88 # If the user is running make -s (silent mode), suppress echoing of
89 # commands
90
91 ifneq ($(filter 4.%,$(MAKE_VERSION)),) # make-4
92 ifneq ($(filter %s ,$(firstword x$(MAKEFLAGS))),)
93   quiet=silent_
94 endif
95 else   # make-3.8x
96 ifneq ($(filter s% -s%,$(MAKEFLAGS)),)
97   quiet=silent_
98 endif
99 endif
100
101 export quiet Q KBUILD_VERBOSE
102
103 mytest:
104   @echo 'firstword=' $(firstword x$(MAKEFLAGS))
105
106
107 # kbuild supports saving output files in a separate directory.
添加这两行

图28-20 顶层Makefile添加代码

图 28-20 中的两行代码用于输出 $(firstword x $(MAKEFLAGS)) 的结果，最后修改文件 mx6ull_alientek_emmc.sh，在里面加入-s 选项，结果如图 28-21 所示。

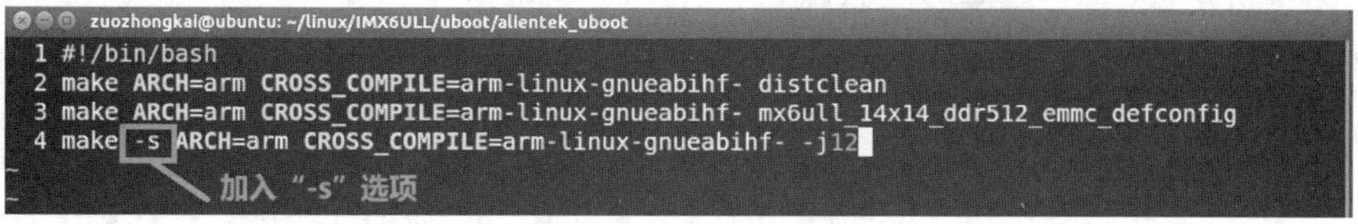
zuozhongkai@ubuntu: ~/linux/IMX6ULL/uboot/alientek_uboot
1 #!/bin/bash
2 make ARCH=arm CROSS_COMPILE=arm-linux-gnueabihf- distclean
3 make ARCH=arm CROSS_COMPILE=arm-linux-gnueabihf- mx6ull_14x14_ddr512_emmc_defconfig
4 make -s ARCH=arm CROSS_COMPILE=arm-linux-gnueabihf- -j12
加入 "-s" 选项

图 28-21 加入-s 选项

修改完成以后执行 mx6ull_alientek_emmc.sh，结果如图 28-22 所示。

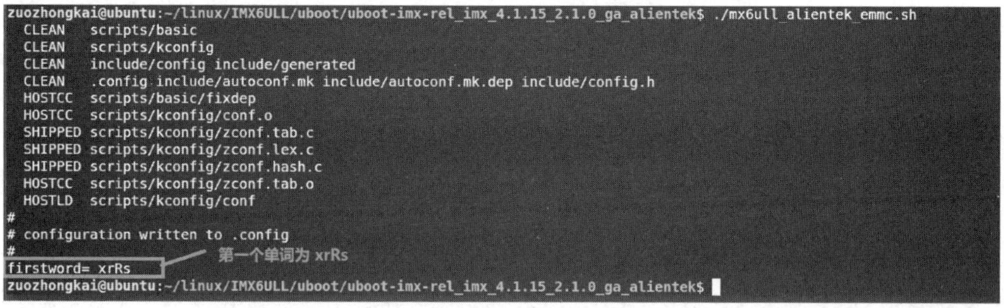
zuozhongkai@ubuntu:~/linux/IMX6ULL/uboot/uboot-imx-rel_imx_4.1.15_2.1.0_ga_alientek$ ./mx6ull_alientek_emmc.sh
CLEAN scripts/basic
CLEAN scripts/kconfig
CLEAN include/config include/generated
CLEAN .config include/autoconf.mk include/autoconf.mk.dep include/config.h
HOSTCC scripts/basic/fixdep
HOSTCC scripts/kconfig/conf.o
SHIPPED scripts/kconfig/zconf.tab.c
SHIPPED scripts/kconfig/zconf.lex.c
SHIPPED scripts/kconfig/zconf.hash.c
HOSTCC scripts/kconfig/zconf.tab.o
HOSTLD scripts/kconfig/conf
#
configuration written to .config
#
firstword= xrRs
第一个单词为 xrRs
zuozhongkai@ubuntu:~/linux/IMX6ULL/uboot/uboot-imx-rel_imx_4.1.15_2.1.0_ga_alientek$

图 28-22 修改顶层 Makefile 后的执行结果

从图 28-22 可以看出，第一个单词是“xrRs”，将 $(filter %s ，$(firstword x $(MAKEFLAGS))) 展开就是 $(filter %s, xrRs)，而 $(filter %s, xrRs)的返回值肯定不为空，条件成立，quiet=silent_。

第 101 行使用 export 导出变量 quiet、Q 和 KBUILD_VERBOSE。

28.3.5 设置编译结果输出目录

uboot 可以将编译出来的目标文件输出到单独的目录中，在 make 时使用 O 来指定输出目录，比如 make O=out 就是设置目标文件输出到 out 目录中。这么做是为了将源文件和编译产生的文件分开，当然也可以不指定 O 参数，不指定则源文件和编译产生的文件都在同一个目录内，一般不指定 O 参数。顶层 Makefile 中相关的内容如示例 28-13 所示。

示例 28-13 顶层 Makefile 代码

```
# kbuild supports saving output files in a separate directory.
...
ifeq ("$(origin O)", "command line")
  KBUILD_OUTPUT := $(O)
endif

# That's our default target when none is given on the command line
PHONY := _all
_all:

# Cancel implicit rules on top Makefile
$(CURDIR)/Makefile Makefile: ;
```

```
134
135 ifneq ( $ (KBUILD_OUTPUT),)
136 # Invoke a second make in the output directory, passing relevant variables
137 # check that the output directory actually exists
138 saved-output := $ (KBUILD_OUTPUT)
139 KBUILD_OUTPUT := $ (shell mkdir -p $ (KBUILD_OUTPUT) && cd $ (KBUILD_OUTPUT) \
140                                  && /bin/pwd)
...
155 endif # ifneq ( $ (KBUILD_OUTPUT),)
156 endif # ifeq ( $ (KBUILD_SRC),)
```

第 124 行判断 O 是否来自于命令行，如果是则条件成立，KBUILD_OUTPUT 就为 $(O)，因此变量 KBUILD_OUTPUT 就是输出目录。

第 135 行判断 KBUILD_OUTPUT 是否为空。

第 139 行调用 mkdir 命令创建 KBUILD_OUTPUT 目录，并且将创建成功以后的绝对路径赋值给 KBUILD_OUTPUT。至此，通过 O 参数指定的输出目录就存在了。

28.3.6 代码检查

uboot 支持代码检查，使用命令 make C=1 使能代码检查，检查那些需要重新编译的文件。make C=2 用于检查所有的源码文件，顶层 Makefile 中的内容如示例 28-14 所示。

示例 28-14 顶层 Makefile 代码

```
176 ifeq (" $ (origin C)", "command line")
177   KBUILD_CHECKSRC = $ (C)
178 endif
179 ifndef KBUILD_CHECKSRC
180   KBUILD_CHECKSRC = 0
181 endif
```

第 176 行判断 C 是否来源于命令行，如果是则将 C 赋值给变量 KBUILD_CHECKSRC，否则 KBUILD_CHECKSRC 就为 0。

28.3.7 模块编译

在 uboot 中允许单独编译某个模块，使用命令 make M=dir 即可，对旧语法 make SUBDIRS=dir 也是支持的。顶层 Makefile 中相关的内容如示例 28-15 所示。

示例 28-15 顶层 Makefile 代码

```
# Use make M=dir to specify directory of external module to build
# Old syntax make ... SUBDIRS= $ PWD is still supported
# Setting the environment variable KBUILD_EXTMOD take precedence
ifdef SUBDIRS
  KBUILD_EXTMOD ?= $ (SUBDIRS)
endif
```

```
190 ifeq ("$(origin M)", "command line")
191   KBUILD_EXTMOD := $(M)
192 endif
193
194 # If building an external module we do not care about the all: rule
195 # but instead _all depend on modules
196 PHONY += all
197 ifeq ($(KBUILD_EXTMOD),)
198 _all: all
199 else
200 _all: modules
201 endif
202
203 ifeq ($(KBUILD_SRC),)
204         # building in the source tree
205         srctree := .
206 else
207         ifeq ($(KBUILD_SRC)/, $(dir $(CURDIR)))
208                 # building in a subdirectory of the source tree
209                 srctree := ..
210         else
211                 srctree := $(KBUILD_SRC)
212         endif
213 endif
214 objtree     := .
215 src     := $(srctree)
216 obj     := $(objtree)
217
218 VPATH       := $(srctree)$(if $(KBUILD_EXTMOD),:$(KBUILD_EXTMOD))
219
220 export srctree objtree VPATH
```

第 186 行判断是否定义了 SUBDIRS，如果定义了 SUBDIRS，则变量 KBUILD_EXTMOD=SUBDIRS，这里是为了支持归版本语法 make SUBIDRS=dir。

第 190 行判断是否在命令行定义了 M，如果定义了，则 KBUILD_EXTMOD=$(M)。

第 197 行判断 KBUILD_EXTMOD 是否为空，为空则目标_all 依赖 all，因此要先编译出 all。否则默认目标_all 依赖 modules，要先编译出 modules，也就是编译模块。一般情况下不会在 uboot 中编译模块，所以此处会编译 all 这个目标。

第 203 行判断 KBUILD_SRC 是否为空，为空则设置变量 srctree 为当前目录，即 srctree 为“.”，一般不设置 KBUILD_SRC。

第 214 行设置变量 objtree 为当前目录。

第 215 和 216 行分别设置变量 src 和 obj，都为当前目录。

第 218 行设置 VPATH。

第 220 行导出变量 scrtree、objtree 和 VPATH。

28.3.8 获取主机架构和系统

接下来顶层 Makefile 会获取主机架构和系统，也就是主机的架构和系统，代码如示例 28-16 所示。

示例 28-16　顶层 Makefile 代码

```
227 HOSTARCH := $(shell uname -m | \
228     sed -e s/i.86/x86/ \
229         -e s/sun4u/sparc64/ \
...
234         -e s/macppc/powerpc/\
235         -e s/sh.*/sh/)
236
237 HOSTOS := $(shell uname -s | tr '[:upper:]' '[:lower:]' | \
238         sed -e 's/\(cygwin\).*/cygwin/')
239
240 export  HOSTARCH HOSTOS
```

第 227 行定义了一个变量 HOSTARCH，用于保存主机架构，这里调用 shell 命令 uname -m 获取架构名称，结果如图 28-23 所示。

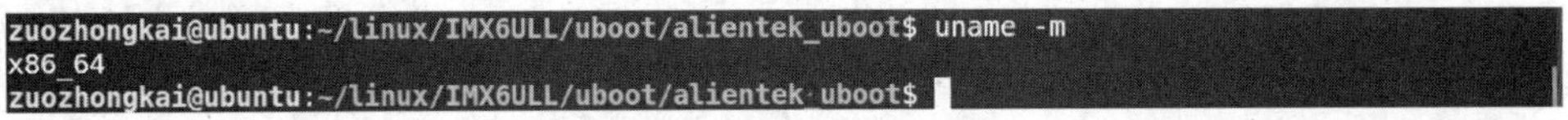
zuozhongkai@ubuntu:~/linux/IMX6ULL/uboot/alientek_uboot$ uname -m
x86_64
zuozhongkai@ubuntu:~/linux/IMX6ULL/uboot/alientek_uboot$

图 28-23　uname -m 命令

从图 28-23 可以看出，当前主机架构为 x86_64，shell 中的|表示管道，意思是将左边的输出作为右边的输入，sed -e 是替换命令，sed -e s/i.86/x86/表示将管道输入的字符串中的 i.86 替换为 x86，其他的 sed -e s 命令同理。对于笔者的主机而言，HOSTARCH＝x86_64。

第 237 行定义了变量 HOSTOS，此变量用于保存主机 OS 的值，先使用 shell 命令 uname -s 获取主机 OS，结果如图 28-24 所示。

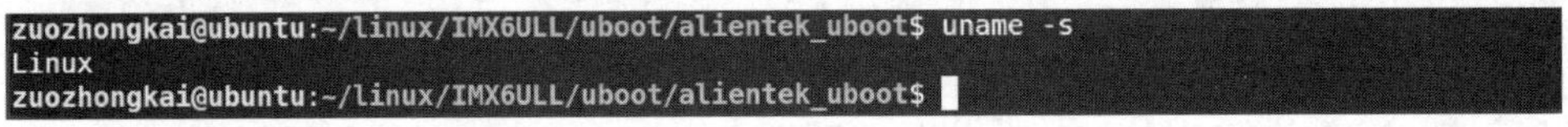
zuozhongkai@ubuntu:~/linux/IMX6ULL/uboot/alientek_uboot$ uname -s
Linux
zuozhongkai@ubuntu:~/linux/IMX6ULL/uboot/alientek_uboot$

图 28-24　uname -s 命令

从图 28-24 可以看出，此时的主机 OS 为 Linux，使用管道将 Linux 作为后面 tr '[:upper:]' '[:lower:]'的输入，tr '[:upper:]' '[:lower:]'表示将所有的大写字母替换为小写字母，因此得到 linux。最后同样使用管道，将 linux 作为 sed -e 's/\(cygwin\).*/cygwin/'的输入，用于将 cygwin.* 替换为 cygwin。因此，HOSTOS＝linux。

第 240 行导出 HOSTARCH＝x86_64，HOSTOS＝linux。

28.3.9　设置目标架构、交叉编译器和配置文件

编译 uboot 时需要设置目标板架构和交叉编译器，make ARCH＝arm CROSS_COMPILE＝arm-linux-gnueabihf-就是用于设置 ARCH 和 CROSS_COMPILE。顶层 Makefile 中相关的内容如示例 28-17 所示。

示例 28-17　顶层 Makefile 代码

```
244 # set default to nothing for native builds
245 ifeq ($(HOSTARCH),$(ARCH))
```

```
246 CROSS_COMPILE ? =
247 endif
248
249 KCONFIG_CONFIG  ? =  .config
250 export KCONFIG_CONFIG
```

第 245 行判断 HOSTARCH 和 ARCH 这两个变量是否相等,主机架构(变量 HOSTARCH)是 x86_64,而我们编译的是 ARM 版本 uboot,肯定不相等。所以,CROSS_COMPILE= arm-linux-gnueabihf-。从示例 28-17 可以看出,每次编译 uboot 时都要在 make 命令后面设置 ARCH 和 CROSS_COMPILE,使用起来很麻烦,可以直接修改顶层 Makefile,在里面加入 ARCH 和 CROSS_COMPILE 的定义,如图 28-25 所示。

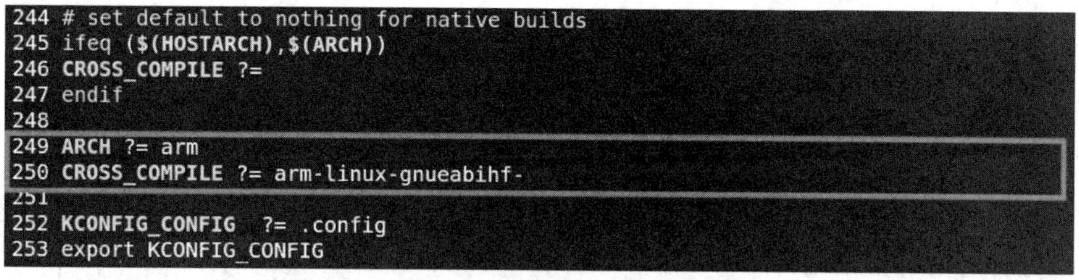
244 # set default to nothing for native builds
245 ifeq ($(HOSTARCH),$(ARCH))
246 CROSS_COMPILE ?=
247 endif
248
249 ARCH ?= arm
250 CROSS_COMPILE ?= arm-linux-gnueabihf-
251
252 KCONFIG_CONFIG ?= .config
253 export KCONFIG_CONFIG

图 28-25　定义 ARCH 和 CROSS_COMPILE

按照图 28-25 所示,直接在顶层 Makefile 中定义 ARCH 和 CROSS_COMPILE,这样就不用每次编译时都要在 make 命令后面定义 ARCH 和 CROSS_COMPILE。

继续回到示例代码 28-17 中,第 249 行定义变量 KCONFIG_CONFIG,uboot 是可以配置的,这里设置配置文件为.config。.config 默认是没有的,需要使用命令 make xxx_defconfig 对 uboot 进行配置,配置完成以后就会在 uboot 根目录下生成.config。默认情况下.config 和 xxx_defconfig 内容是一样的,因为.config 就是从 xxx_defconfig 复制过来的。如果后续自行调整了 uboot 的一些配置参数,那么这些新的配置参数就添加到了.config 中,而不是 xxx_defconfig。相当于 xxx_defconfig 只是一些初始配置,而.config 中的才是实时有效的配置。

28.3.10　调用 scripts/Kbuild.include

主 Makefile 会调用文件 scripts/Kbuild.include,顶层 Makefile 中相关的内容如示例 28-18 所示。

示例 28-18　顶层 Makefile 代码

```
# We need some generic definitions (do not try to remake the file).
scripts/Kbuild.include: ;
include scripts/Kbuild.include
```

示例 28-18 中使用 include 包含了文件 scripts/Kbuild.include,此文件中定义了很多变量,如图 28-26 所示。

在 uboot 的编译过程中会用到 scripts/Kbuild.include 中的这些变量,后面用到时再分析。

```
####
# kbuild: Generic definitions

# Convenient variables
comma   := ,
quote   := "
squote  := '
empty   :=
space   := $(empty) $(empty)

###
# Name of target with a '.' as filename prefix. foo/bar.o => foo/.bar.o
dot-target = $(dir $@).$(notdir $@)

###
# The temporary file to save gcc -MD generated dependencies must not
# contain a comma
depfile = $(subst $(comma),_,$(dot-target).d)
```

图 28-26　Kbuild. include 文件

28.3.11　交叉编译工具变量设置

上面只是设置了 CROSS_COMPILE 的名字，但是对交叉编译器的其他工具还没有设置，顶层 Makefile 中相关的内容如示例 28-19 所示。

示例 28-19　顶层 Makefile 代码

```
# Make variables (CC, etc...)

AS          = $(CROSS_COMPILE)as
# Always use GNU ld
ifneq ($(shell $(CROSS_COMPILE)ld.bfd -v 2> /dev/null),)
LD          = $(CROSS_COMPILE)ld.bfd
else
LD          = $(CROSS_COMPILE)ld
endif
CC          = $(CROSS_COMPILE)gcc
CPP         = $(CC) -E
AR          = $(CROSS_COMPILE)ar
NM          = $(CROSS_COMPILE)nm
LDR         = $(CROSS_COMPILE)ldr
STRIP       = $(CROSS_COMPILE)strip
OBJCOPY     = $(CROSS_COMPILE)objcopy
OBJDUMP     = $(CROSS_COMPILE)objdump
```

28.3.12　导出其他变量

接下来在顶层 Makefile 会导出很多变量，顶层 Makefile 中相关的内容如示例 28-20 所示。

示例 28-20　顶层 Makefile 代码

```
export VERSION PATCHLEVEL SUBLEVEL UBOOTRELEASE UBOOTVERSION
export ARCH CPU BOARD VENDOR SOC CPUDIR BOARDDIR
```

```
export CONFIG_SHELL HOSTCC HOSTCFLAGS HOSTLDFLAGS CROSS_COMPILE AS LD CC
export CPP AR NM LDR STRIP OBJCOPY OBJDUMP
export MAKE AWK PERL PYTHON
export HOSTCXX HOSTCXXFLAGS DTC CHECK CHECKFLAGS

export KBUILD_CPPFLAGS NOSTDINC_FLAGS UBOOTINCLUDE OBJCOPYFLAGS LDFLAGS
export KBUILD_CFLAGS KBUILD_AFLAGS
```

这些变量中大部分都已经在前面定义了，重点来看以下这几个变量。

```
ARCH CPU BOARD VENDOR SOC CPUDIR BOARDDIR
```

这 7 个变量在顶层 Makefile 是找不到的，说明这 7 个变量是在其他文件中定义的，先来看一下这 7 个变量都是什么内容，在顶层 Makefile 中输入如图 28-27 所示的内容。

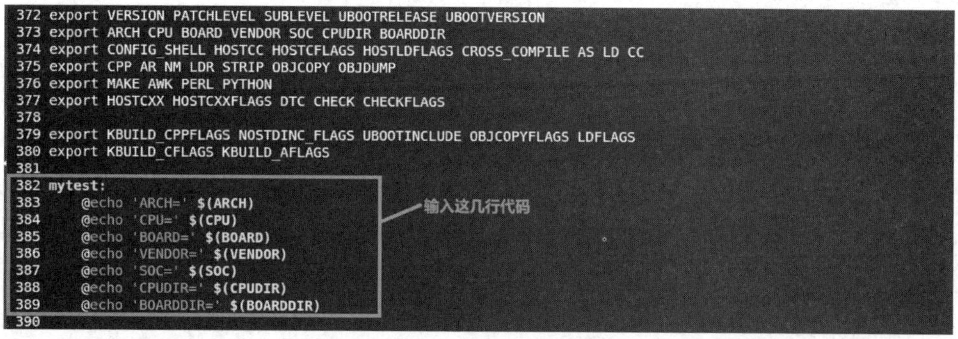

图 28-27　输出变量值

修改好顶层 Makefile 以后，执行如下命令。

```
make ARCH=arm CROSS_COMPILE=arm-linux-gnueabihf-   mytest
```

结果如图 28-28 所示。

图 28-28　变量结果

从图 28-28 可以看到这 7 个变量的值，这 7 个变量是从哪里来的？在 uboot 根目录下有个文件叫作 config. mk，这 7 个变量就是在 config. mk 中定义的，打开 config. mk 内容如示例 28-21 所示。

示例 28-21　config. mk 代码

```
ARCH := $(CONFIG_SYS_ARCH:"%"=%)
CPU := $(CONFIG_SYS_CPU:"%"=%)
```

```
ifdef CONFIG_SPL_BUILD
ifdef CONFIG_TEGRA
CPU := arm720t
endif
endif
BOARD := $(CONFIG_SYS_BOARD:"%"=%)
ifneq ($(CONFIG_SYS_VENDOR),)
VENDOR := $(CONFIG_SYS_VENDOR:"%"=%)
endif
ifneq ($(CONFIG_SYS_SOC),)
SOC := $(CONFIG_SYS_SOC:"%"=%)
endif

# Some architecture config.mk files need to know what CPUDIR is set
# to, so calculate CPUDIR before including ARCH/SOC/CPU config.mk files.
# Check if arch/$ARCH/cpu/$CPU exists, otherwise assume arch/$ARCH/cpu
# contains CPU-specific code.
CPUDIR=arch/$(ARCH)/cpu$(if $(CPU),/$(CPU),)

sinclude $(srctree)/arch/$(ARCH)/config.mk
sinclude $(srctree)/$(CPUDIR)/config.mk

ifdef   SOC
sinclude $(srctree)/$(CPUDIR)/$(SOC)/config.mk
endif
ifneq ($(BOARD),)
ifdef   VENDOR
BOARDDIR = $(VENDOR)/$(BOARD)
else
BOARDDIR = $(BOARD)
endif
endif
ifdef   BOARD
sinclude $(srctree)/board/$(BOARDDIR)/config.mk  # include board specific rules
endif

ifdef FTRACE
PLATFORM_CPPFLAGS += -finstrument-functions -DFTRACE
endif

# Allow use of stdint.h if available
ifneq ($(USE_STDINT),)
PLATFORM_CPPFLAGS += -DCONFIG_USE_STDINT
endif

#########################################################################

RELFLAGS := $(PLATFORM_RELFLAGS)

PLATFORM_CPPFLAGS += $(RELFLAGS)
PLATFORM_CPPFLAGS += -pipe

```

```
79 LDFLAGS += $(PLATFORM_LDFLAGS)
80 LDFLAGS_FINAL += -Bstatic
81
82 export PLATFORM_CPPFLAGS
83 export RELFLAGS
84 export LDFLAGS_FINAL
```

第 25 行定义变量 ARCH，值为 $(CONFIG_SYS_ARCH:"%"=%)，也就是提取 CONFIG_SYS_ARCH 中双引号“”之间的内容。比如 CONFIG_SYS_ARCH=“arm”的话，ARCH=arm。

第 26 行定义变量 CPU，值为 $(CONFIG_SYS_CPU:"%"=%)。

第 32 行定义变量 BOARD，值为(CONFIG_SYS_BOARD:"%"=%)。

第 34 行定义变量 VENDOR，值为 $(CONFIG_SYS_VENDOR:"%"=%)。

第 37 行定义变量 SOC，值为 $(CONFIG_SYS_SOC:"%"=%)。

第 44 行定义变量 CPUDIR，值为 arch/ $(ARCH)/cpu $(if $(CPU),/ $(CPU),)。

第 46 行的 sinclude 和 include 的功能类似，在 Makefile 中都是读取指定文件内容，这里读取文件 $(srctree)/arch/ $(ARCH)/config. mk 的内容。sinclude 读取的文件如果不存在也不会报错。

第 47 行读取文件 $(srctree)/ $(CPUDIR)/config. mk 的内容。

第 50 行读取文件 $(srctree)/ $(CPUDIR)/ $(SOC)/config. mk 的内容。

第 54 行定义变量 BOARDDIR，如果定义了 VENDOR，那么 BOARDDIR= $(VENDOR)/ $(BOARD)，否则 BOARDDIR= $(BOARD)。

第 60 行读取文件 $(srctree)/board/ $(BOARDDIR)/config. mk。

接下来需要找到 CONFIG_SYS_ARCH、CONFIG_SYS_CPU、CONFIG_SYS_BOARD、CONFIG_SYS_VENDOR 和 CONFIG_SYS_SOC 这 5 个变量的值。这 5 个变量在 uboot 根目录下的. config 文件中有定义，定义如示例 28-22 所示。

示例 28-22　config 文件代码

```
CONFIG_SYS_ARCH = "arm"
CONFIG_SYS_CPU = "armv7"
CONFIG_SYS_SOC = "mx6"
CONFIG_SYS_VENDOR = "freescale"
CONFIG_SYS_BOARD = "mx6ullevk "
CONFIG_SYS_CONFIG_NAME = "mx6ullevk"
```

根据示例 28-22 可知：

```
ARCH = arm
CPU = armv7
BOARD = mx6ullevk
VENDOR = freescale
SOC = mx6
CPUDIR = arch/arm/cpu/armv7
BOARDDIR = freescale/mx6ullevk
```

在 config. mk 中读取的文件如下所示。

```
arch/arm/config.mk
arch/arm/cpu/armv7/config.mk
arch/arm/cpu/armv7/mx6/config.mk (此文件不存在)
board/ freescale/mx6ullevk/config.mk (此文件不存在)
```

28.3.13 make xxx_defconfig 过程

在编译 uboot 之前要使用 make xxx_defconfig 命令来配置 uboot，那么这个配置过程是如何运行的？在顶层 Makefile 中有如示例 28-23 所示内容。

示例 28-23 顶层 Makefile 代码段

```
version_h := include/generated/version_autogenerated.h
timestamp_h := include/generated/timestamp_autogenerated.h

no-dot-config-targets := clean clobber mrproper distclean \
                help %docs check% coccicheck \
                ubootversion backup

config-targets := 0
mixed-targets  := 0
dot-config     := 1

ifneq ($(filter $(no-dot-config-targets), $(MAKECMDGOALS)),)
    ifeq ($(filter-out $(no-dot-config-targets), $(MAKECMDGOALS)),)
        dot-config := 0
    endif
endif

ifeq ($(KBUILD_EXTMOD),)
        ifneq ($(filter config %config,$(MAKECMDGOALS)),)
                config-targets := 1
                ifneq ($(words $(MAKECMDGOALS)),1)
                        mixed-targets := 1
                endif
        endif
endif

ifeq ($(mixed-targets),1)
# ===========================================================================
# We're called with mixed targets (*config and build targets).
# Handle them one by one.

PHONY += $(MAKECMDGOALS) __build_one_by_one

$(filter-out __build_one_by_one, $(MAKECMDGOALS)): __build_one_by_one
    @:

__build_one_by_one:
```

```
459      $(Q)set -e; \
460      for i in $(MAKECMDGOALS); do \
461          $(MAKE) -f $(srctree)/Makefile $$i; \
462      done
463
464 else
465 ifeq ($(config-targets),1)
466 # ===========================================================================
467 # *config targets only - make sure prerequisites are updated, and
468 # descend in scripts/kconfig to make the *config target
469
470 KBUILD_DEFCONFIG := sandbox_defconfig
471 export KBUILD_DEFCONFIG KBUILD_KCONFIG
472
473 config: scripts_basic outputmakefile FORCE
474      $(Q)$(MAKE) $(build)=scripts/kconfig $@
475
476 %config: scripts_basic outputmakefile FORCE
477      $(Q)$(MAKE) $(build)=scripts/kconfig $@
478
479 else
480 # ===========================================================================
481 # Build targets only - this includes vmlinux, arch specific targets, clean
482 # targets and others. In general all targets except *config targets.
483
484 ifeq ($(dot-config),1)
485 # Read in config
486 -include include/config/auto.conf
```

第 422 行定义了变量 version_h，此变量保存版本号文件，此文件是自动生成的。文件 include/generated/version_autogenerated.h 内容如图 28-29 所示。

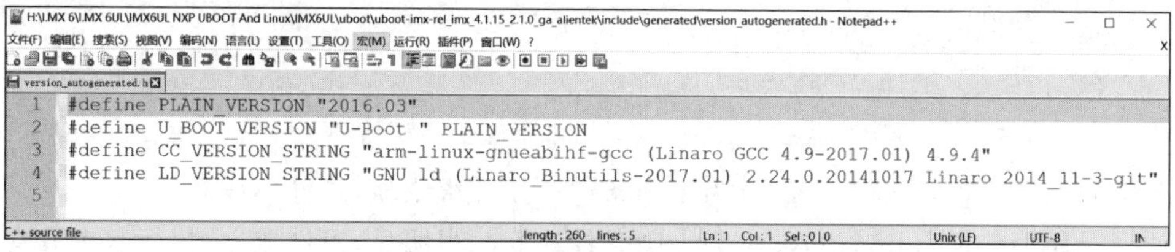
#define PLAIN_VERSION "2016.03"
#define U_BOOT_VERSION "U-Boot " PLAIN_VERSION
#define CC_VERSION_STRING "arm-linux-gnueabihf-gcc (Linaro GCC 4.9-2017.01) 4.9.4"
#define LD_VERSION_STRING "GNU ld (Linaro_Binutils-2017.01) 2.24.0.20141017 Linaro 2014_11-3-git"

图 28-29 版本号文件

第 423 行定义了变量 timestamp_h，此变量保存时间戳文件，此文件也是自动生成的。文件 include/generated/timestamp_autogenerated.h 内容如图 28-30 所示。

第 425 行定义了变量 no-dot-config-targets。

第 429 行定义了变量 config-targets，初始值为 0。

第 430 行定义了变量 mixed-targets，初始值为 0。

第 431 行定义了变量 dot-config，初始值为 1。

第 433 行将 MAKECMDGOALS 中不符合 no-dot-config-targets 的部分过滤掉，剩下的如果不为空条件就成立。MAKECMDGOALS 是 make 的一个环境变量，这个变量会保存用户所指定的终

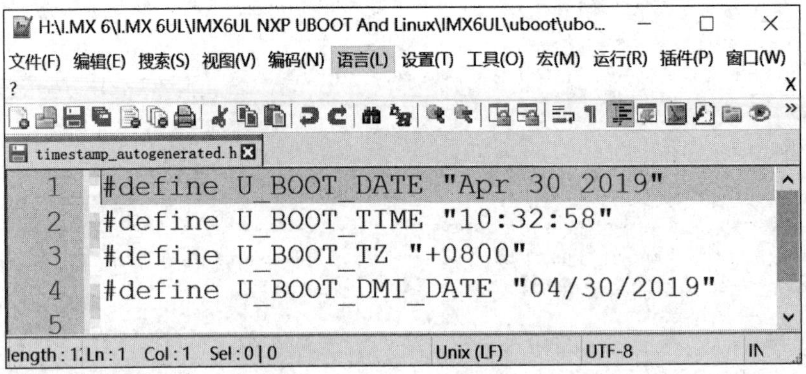

图 28-30 时间戳文件

极目标列表，比如执行 make mx6ull_alientek_emmc_defconfig，那么 MAKECMDGOALS 就为 mx6ull_alientek_emmc_defconfig。很明显过滤后为空，所以条件不成立，变量 dot-config 依旧为 1。

第 439 行判断 KBUILD_EXTMOD 是否为空，如果 KBUILD_EXTMOD 为空则条件成立，经过前面的分析，我们知道 KBUILD_EXTMOD 为空，所以条件成立。

第 440 行将 MAKECMDGOALS 中不符合 config 和%config 的部分过滤掉，如果剩下的部分不为空条件就成立，很明显此处条件成立，变量 config-targets=1。

第 442 行统计 MAKECMDGOALS 中的单词个数，如果不为 1 则条件成立。此处调用 Makefile 中的 words 函数来统计单词个数，words 函数格式如下所示。

```
$(words <text>)
```

很明显，MAKECMDGOALS 的单词个数是 1，所以条件不成立，mixed-targets 继续为 0。综上所述，这些变量值如下所示。

```
config-targets = 1
mixed-targets = 0
dot-config = 1
```

第 448 行，如果变量 mixed-targets 为 1 则条件成立。很明显，条件不成立。

第 465 行，如果变量 config-targets 为 1 则条件成立。很明显，条件成立，执行这个分支。

第 473 行，没有目标与之匹配，所以不执行。

第 476 行，有目标与之匹配，当输入 make xxx_defconfig 时就会匹配到%config 目标，目标%config 依赖于 scripts_basic、outputmakefile 和 FORCE。FORCE 在顶层 Makefile 的第 1610 行代码如示例 28-24 所示。

示例 28-24 顶层 Makefile 代码段

```
1610 PHONY += FORCE
1611 FORCE:
```

可以看出 FORCE 是没有规则和依赖的，所以每次都会重新生成 FORCE。当 FORCE 作为其他目标的依赖时，由于 FORCE 总是被更新过的，因此依赖所在的规则总是会执行的。

依赖 scripts_basic 和 outputmakefile，在顶层 Makefile 中的内容如示例 28-25 所示。

示例 28-25　顶层 Makefile 代码段

```
394 # Basic helpers built in scripts/
395 PHONY += scripts_basic
396 scripts_basic:
397 	$(Q)$(MAKE) $(build)=scripts/basic
398 	$(Q)rm -f .tmp_quiet_recordmcount
399
400 # To avoid any implicit rule to kick in, define an empty command.
401 scripts/basic/%: scripts_basic ;
402
403 PHONY += outputmakefile
404 # outputmakefile generates a Makefile in the output directory, if
405 # using a separate output directory. This allows convenient use of
406 # make in the output directory.
407 outputmakefile:
408 ifneq ($(KBUILD_SRC),)
409 	$(Q)ln -fsn $(srctree) source
410 	$(Q)$(CONFIG_SHELL) $(srctree)/scripts/mkmakefile \
411 	    $(srctree) $(objtree) $(VERSION) $(PATCHLEVEL)
412 endif
```

示例 28-25 中第 408 行，判断 KBUILD_SRC 是否为空，只有变量 KBUILD_SRC 不为空时 outputmakefile 才有意义。经过前面的分析，可知 KBUILD_SRC 为空，所以 outputmakefile 无效。只有 scripts_basic 是有效的。

示例 28-25 中第 396～398 行是 scripts_basic 的规则，其对应的命令用到了变量 Q、MAKE 和 build，其中 MAKE 如下所示。

```
Q=@或为空
MAKE=make
```

变量 build 是在 scripts/Kbuild.include 文件中有定义，定义如示例 28-26 所示。

示例 28-26　Kbuild.include 代码段

```
###
# Shorthand for $(Q)$(MAKE) -f scripts/Makefile.build obj=
# Usage:
# $(Q)$(MAKE) $(build)=dir
build := -f $(srctree)/scripts/Makefile.build obj
```

从示例 28-26 可以看出 build=-f $(srctree)/scripts/Makefile.build obj，经过前面的分析可知，变量 srctree 为“.”。因此如下所示。

```
build=-f ./scripts/Makefile.build obj
```

scripts_basic 展开以后如下所示。

```
scripts_basic:
    @make -f ./scripts/Makefile.build obj = scripts/basic        //也可以没有@,视配置而定
    @rm -f . tmp_quiet_recordmcount                              //也可以没有@
```

scripts_basic 会调用文件. /scripts/Makefile. build。

接着回到示例 28-23 中的%config 处,内容如下所示。

```
%config: scripts_basic outputmakefile FORCE
    $ (Q) $ (MAKE) $ (build) = scripts/kconfig $ @
```

将命令展开如下所示。

```
@make -f ./scripts/Makefile.build obj = scripts/kconfig xxx_defconfig
```

同样和文件. /scripts/Makefile. build 有关。使用如下命令配置 uboot,并观察其配置过程。

```
make mx6ull_14x14_ddr512_emmc_defconfig V = 1
```

配置过程如图 28-31 所示。

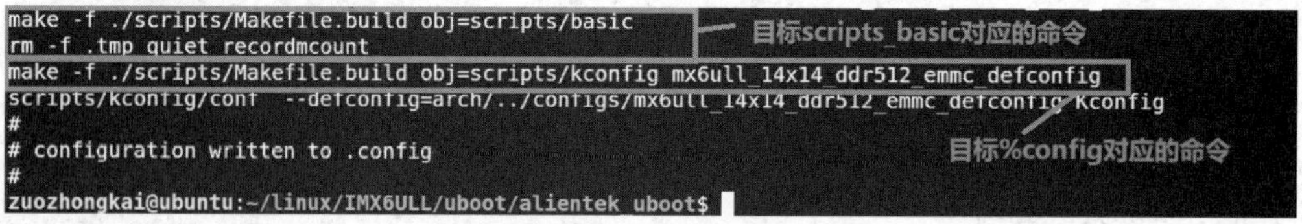
make -f ./scripts/Makefile.build obj=scripts/basic
rm -f .tmp_quiet_recordmcount
make -f ./scripts/Makefile.build obj=scripts/kconfig mx6ull_14x14_ddr512_emmc_defconfig
scripts/kconfig/conf --defconfig=arch/../configs/mx6ull_14x14_ddr512_emmc_defconfig Kconfig
#
configuration written to .config
#
zuozhongkai@ubuntu:~/linux/IMX6ULL/uboot/alientek_uboot$
目标scripts_basic对应的命令
目标%config对应的命令

图 28-31 uboot 配置过程

从图 28-31 可以看出,我们的分析是正确的,接下来就要结合下面两行命令重点分析文件 scripts/Makefile. build。

(1) scripts_basic 目标对应的命令。

```
@make -f ./scripts/Makefile.build obj = scripts/basic
```

(2) %config 目标对应的命令。

```
@make -f ./scripts/Makefile.build obj = scripts/kconfig xxx_defconfig
```

28.3.14 Makefile. build 脚本分析

make xxx_defconfig 配置 uboot 时有两行命令会执行脚本 scripts/Makefile. build,如下所示。

```
@make -f ./scripts/Makefile.build obj = scripts/basic
@make -f ./scripts/Makefile.build obj = scripts/kconfig xxx_defconfig
```

1. scripts_basic 目标对应的命令

scripts_basic 目标对应的命令为@make -f ./scripts/Makefile.build obj=scripts/basic。打开文件 scripts/Makefile.build，有如示例 28-27 所示内容。

示例 28-27　Makefile.build 代码段

```
8  # Modified for U-Boot
9  prefix := tpl
10 src := $(patsubst $(prefix)/%,%,$(obj))
11 ifeq ($(obj),$(src))
12 prefix := spl
13 src := $(patsubst $(prefix)/%,%,$(obj))
14 ifeq ($(obj),$(src))
15 prefix := .
16 endif
17 endif
```

第 9 行定义了变量 prefix 值为 tpl。

第 10 行定义了变量 src，这里用到了函数 patsubst，此行代码展开后如下所示。

```
$(patsubst tpl/%,%,scripts/basic)
```

patsubst 是替换函数，格式如下所示。

```
$(patsubst <pattern>,<replacement>,<text>)
```

此函数用于在 text 中查找符合 pattern 的部分，如果匹配的话就用 replacement 替换掉。pattenr 可以包含通配符%，如果 replacement 也包含通配符%，那么 replacement 中的这个%将是 pattern 中的那个%所代表的字符串。函数的返回值为替换后的字符串。因此，第 10 行就是在 scripts/basic 中查找符合 tpl/%的部分，然后将 tpl/取消掉，但是 scripts/basic 没有 tpl/，所以 src=scripts/basic。

第 11 行判断变量 obj 和 src 是否相等，相等的话则条件成立，很明显，此处条件成立。

第 12 行和第 9 行一样，只是这里处理的是 spl，scripts/basic 里面也没有 spl/，所以 src 继续为 scripts/basic。

第 15 行因为变量 obj 和 src 相等，所以 prefix=.。

继续分析 scripts/Makefile.build，有如示例 28-28 所示内容。

示例 28-28　Makefile.build 代码段

```
# The filename Kbuild has precedence over Makefile
kbuild-dir := $(if $(filter /%,$(src)),$(src),$(srctree)/$(src))
kbuild-file := $(if $(wildcard $(kbuild-dir)/Kbuild),$(kbuild-dir)/Kbuild,
                              $(kbuild-dir)/Makefile)
include $(kbuild-file)
```

将 kbuild-dir 展开后如下所示。

```
$(if $(filter /%, scripts/basic),  scripts/basic, ./scripts/basic),
```

因为没有以/为开头的单词，所以 $(filter /%, scripts/basic)的结果为空，kbuild-dir=./scripts/basic。

将 kbuild-file 展开后如下所示。

```
$(if $(wildcard ./scripts/basic/Kbuild), ./scripts/basic/Kbuild, ./scripts/basic/Makefile)
```

因为 scrpts/basic 目录中没有 Kbuild 这个文件，所以 kbuild-file= ./scripts/basic/Makefile。最后将 59 行展开，如下所示。

```
include ./scripts/basic/Makefile
```

也就是读取 scripts/basic 下面的 Makefile 文件。

继续分析 scripts/Makefile.build，如示例 28-29 所示内容。

示例 28-29　Makefile.build 代码段

```
_build: $(if $(KBUILD_BUILTIN), $(builtin-target) $(lib-target) $(extra-y)) \
        $(if $(KBUILD_MODULES), $(obj-m) $(modorder-target)) \
        $(subdir-ym) $(always)
    @:
```

_build 是默认目标，因为命令@make -f ./scripts/Makefile.build obj=scripts/basic 没有指定目标，所以会使用到默认目标_build。在顶层 Makefile 中，KBUILD_BUILTIN 为 1，KBUILD_MODULES 为 0，因此展开后目标_build 如下所示。

```
_build: $(builtin-target) $(lib-target) $(extra-y)) $(subdir-ym) $(always)
    @:
```

可以看出目标_build 有 5 个依赖：builtin-target、lib-target、extra-y、subdir-ym 和 always。这 5 个依赖的具体内容我们就不通过源码来分析了，直接在 scripts/Makefile.build 中输入如图 28-32 所示内容，将这 5 个变量的值打印出来如下所示。

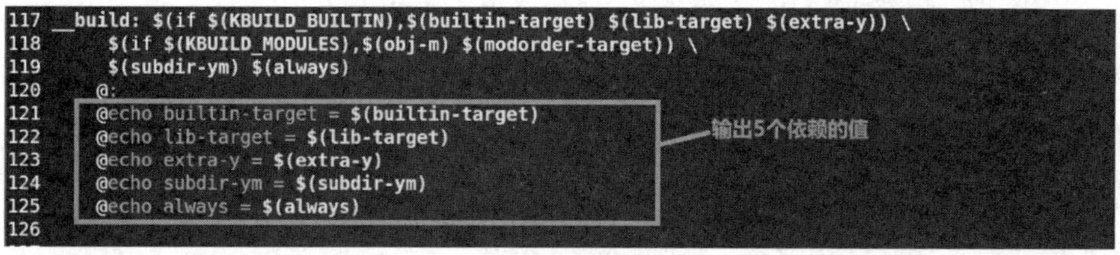
_build: $(if $(KBUILD_BUILTIN),$(builtin-target) $(lib-target) $(extra-y)) \
$(if $(KBUILD_MODULES),$(obj-m) $(modorder-target)) \
$(subdir-ym) $(always)
@:
@echo builtin-target = $(builtin-target)
@echo lib-target = $(lib-target)
@echo extra-y = $(extra-y)
@echo subdir-ym = $(subdir-ym)
@echo always = $(always)
输出5个依赖的值

图 28-32　输出变量

执行如下命令。

```
make mx6ull_14x14_ddr512_emmc_defconfig V=1
```

结果如图 28-33 所示。

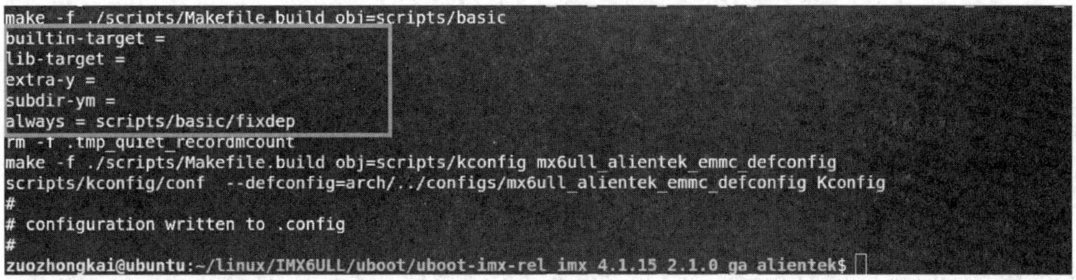
make -f ./scripts/Makefile.build obj=scripts/basic
builtin-target =
lib-target =
extra-y =
subdir-ym =
always = scripts/basic/fixdep
rm -f .tmp_quiet_recordmcount
make -f ./scripts/Makefile.build obj=scripts/kconfig mx6ull_alientek_emmc_defconfig
scripts/kconfig/conf --defconfig=arch/../configs/mx6ull_alientek_emmc_defconfig Kconfig
#
configuration written to .config
#
zuozhongkai@ubuntu:~/linux/IMX6ULL/uboot/uboot-imx-rel_imx_4.1.15_2.1.0_ga_alientek$

图 28-33 输出结果

从图 28-33 可以看出，只有 always 有效，因此__build 最终如下所示。

```
__build: scripts/basic/fixdep
    @:
```

__build 依赖于 scripts/basic/fixdep，所以要先编译 scripts/basic/fixdep.c，生成 fixdep。前面已经读取了 scripts/basic/Makefile 文件。

综上所述，scripts_basic 目标的作用就是编译出 scripts/basic/fixdep 这个文件。

2. %config 目标对应的命令

%config 目标对应的命令如下所示。

```
@make -f ./scripts/Makefile.build obj = scripts/kconfig xxx_defconfig
```

各个变量值如下所示。

```
src = scripts/kconfig
kbuild-dir = ./scripts/kconfig
kbuild-file = ./scripts/kconfig/Makefile
include ./scripts/kconfig/Makefile
```

可以看出，Makefilke.build 会读取 scripts/kconfig/Makefile 中的内容，此文件有如示例 28-29 所示内容。

示例 28-30 scripts/kconfig/Makefile 代码段

```
%_defconfig: $(obj)/conf
    $(Q)$< $(silent) --defconfig=arch/$(SRCARCH)/configs/$@
    $(Kconfig)

# Added for U-Boot (backward compatibility)
%_config: %_defconfig
    @:
```

目标%_defconfig 刚好和输入的 xxx_defconfig 匹配，所以会执行这条规则。依赖为$(obj)/conf，展开后就是 scripts/kconfig/conf。接下来检查并生成依赖 scripts/kconfig/conf。conf 是主机软件，不要纠结 conf 是怎么编译出来的，否则难度较大，像 conf 这种主机所使用的工具类软件一般不关心它是如何编译产生的。如果一定要看 conf 是怎么生成的，可以输入如下命令重新配置

uboot。在重新配置 uboot 的过程中就会输出 conf 编译信息。

```
make distclean
make ARCH = arm CROSS_COMPILE = arm - linux - gnueabihf -  mx6ull_14x14_ddr512_emmc_defconfig   V = 1
```

结果如图 28-34 所示。

图 28-34　编译过程

得到 scripts/kconfig/conf 以后就要执行目标%_defconfig 的命令。

```
$ (Q) $ < $ (silent)  -- defconfig = arch/ $ (SRCARCH)/configs/ $ @  $ (Kconfig)
```

相关的变量值如下所示。

```
silent = - s 或为空
SRCARCH = ..
Kconfig = Kconfig
```

将其展开如下：

```
@ scripts/kconfig/conf  -- defconfig = arch/../configs/xxx_defconfig Kconfig
```

上述命令用到了 xxx_defconfig 文件，比如 mx6ull_alientek_emmc_defconfig。这里会将 mx6ull_alientek_emmc_defconfig 中的配置输出到.config 文件中，最终生成 uboot 根目录下的.config 文件。

以上就是命令 make xxx_defconfig 执行流程，总结如图 28-35 所示。

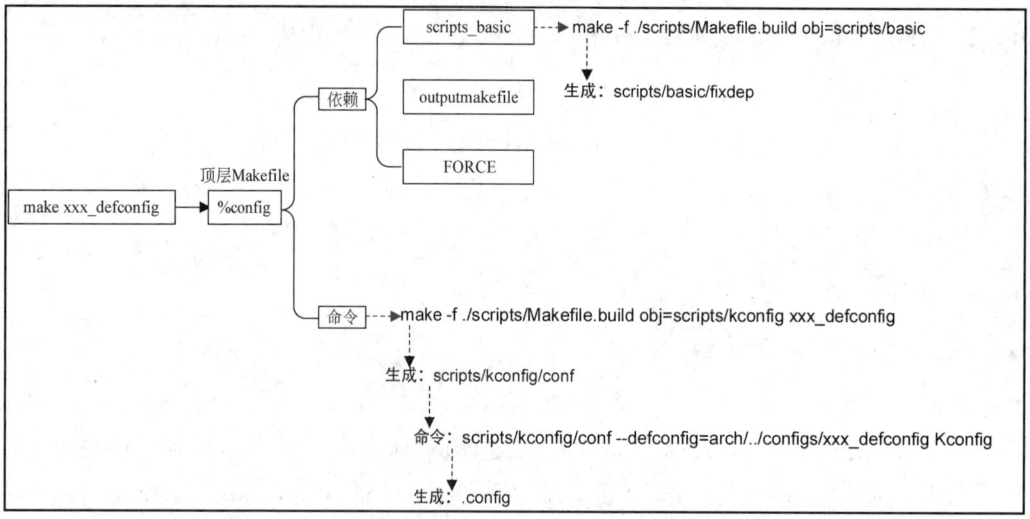

图 28-35　make xxx_defconfig 执行流程图

至此，make xxx_defconfig 就分析完了，接下来分析 u-boot.bin 是怎么生成的。

28.3.15 make 过程

配置好 uboot 以后就可以直接 make 编译了，因为没有指明目标，所以会使用默认目标，主 Makefile 中的默认目标如示例 28-31 所示。

示例 28-31 顶层 Makefile 代码段

```
# That's our default target when none is given on the command line
PHONY := _all
_all:
```

目标_all 又依赖于 all，如示例 28-32 所示。

示例 28-32 顶层 Makefile 代码段

```
# If building an external module we do not care about the all: rule
# but instead _all depend on modules
PHONY += all
ifeq ($(KBUILD_EXTMOD),)
_all: all
else
_all: modules
endif
```

如果 KBUILD_EXTMOD 为空，则_all 依赖于 all。这里不编译模块，所以 KBUILD_EXTMOD 为空。在主 Makefile 中 all 目标规则如示例 28-33 所示。

示例 28-33 顶层 Makefile 代码段

```
802 all:          $(ALL-y)
803 ifneq ($(CONFIG_SYS_GENERIC_BOARD),y)
804     @echo "===================== WARNING ======================"
805     @echo "Please convert this board to generic board."
806     @echo "Otherwise it will be removed by the end of 2014."
807     @echo "See doc/README.generic-board for further information"
808     @echo "===================================================="
809 endif
810 ifeq ($(CONFIG_DM_I2C_COMPAT),y)
811     @echo "===================== WARNING ======================"
812     @echo "This board uses CONFIG_DM_I2C_COMPAT. Please remove"
813     @echo "(possibly in a subsequent patch in your series)"
814     @echo "before sending patches to the mailing list."
815     @echo "===================================================="
816 endif
```

从第 802 行可以看出，all 目标依赖 $(ALL-y)，而在顶层 Makefile 中，ALL-y 如示例 28-34 所示。

示例 28-34　顶层 Makefile 代码段

```
# Always append ALL so that arch config.mk's can add custom ones
ALL-y += u-boot.srec u-boot.bin u-boot.sym System.map u-boot.cfg binary_size_check

ALL-$(CONFIG_ONENAND_U_BOOT) += u-boot-onenand.bin
ifeq ($(CONFIG_SPL_FSL_PBL),y)
ALL-$(CONFIG_RAMBOOT_PBL) += u-boot-with-spl-pbl.bin
else
ifneq ($(CONFIG_SECURE_BOOT), y)
# For Secure Boot The Image needs to be signed and Header must also
# be included. So The image has to be built explicitly
ALL-$(CONFIG_RAMBOOT_PBL) += u-boot.pbl
endif
endif
ALL-$(CONFIG_SPL) += spl/u-boot-spl.bin
ALL-$(CONFIG_SPL_FRAMEWORK) += u-boot.img
ALL-$(CONFIG_TPL) += tpl/u-boot-tpl.bin
ALL-$(CONFIG_OF_SEPARATE) += u-boot.dtb
ifeq ($(CONFIG_SPL_FRAMEWORK),y)
ALL-$(CONFIG_OF_SEPARATE) += u-boot-dtb.img
endif
ALL-$(CONFIG_OF_HOSTFILE) += u-boot.dtb
ifneq ($(CONFIG_SPL_TARGET),)
ALL-$(CONFIG_SPL) += $(CONFIG_SPL_TARGET:"%"=%)
endif
ALL-$(CONFIG_REMAKE_ELF) += u-boot.elf
ALL-$(CONFIG_EFI_APP) += u-boot-app.efi
ALL-$(CONFIG_EFI_STUB) += u-boot-payload.efi

ifneq ($(BUILD_ROM),)
ALL-$(CONFIG_X86_RESET_VECTOR) += u-boot.rom
endif

# enable combined SPL/u-boot/dtb rules for tegra
ifeq ($(CONFIG_TEGRA)$(CONFIG_SPL),yy)
ALL-y += u-boot-tegra.bin u-boot-nodtb-tegra.bin
ALL-$(CONFIG_OF_SEPARATE) += u-boot-dtb-tegra.bin
endif

# Add optional build target if defined in board/cpu/soc headers
ifneq ($(CONFIG_BUILD_TARGET),)
ALL-y += $(CONFIG_BUILD_TARGET:"%"=%)
endif
```

从示例 28-34 可以看出，ALL-y 包含 u-boot.srec、u-boot.bin、u-boot.sym、System.map、u-boot.cfg 和 binary_size_check 这几个文件。根据 uboot 的配置情况也可能包含其他的文件。

```
ALL-$(CONFIG_ONENAND_U_BOOT) += u-boot-onenand.bin
```

CONFIG_ONENAND_U_BOOT 就是 uboot 中跟 ONENAND 配置有关的，如果使能了

ONENAND,那么在.config 配置文件中就会有 CONFIG_ONENAND_U_BOOT=y。相当于 CONFIG_ONENAND_U_BOOT 是个变量,这个变量的值为 y,所以展开以后如下所示。

```
ALL-y += u-boot-onenand.bin
```

这个就是.config 里面的配置参数的含义,这些参数其实都是变量,后面跟着变量值,会在顶层 Makefile 或者其他 Makefile 中调用这些变量。

ALL-y 中有个 u-boot.bin,这个就是最终需要的 uboot 二进制可执行文件,所做的工作就是为了它。在顶层 Makefile 中找到 u-boot.bin 目标对应的规则,如示例 28-35 所示。

示例 28-35 顶层 Makefile 代码段

```
825 ifeq ($(CONFIG_OF_SEPARATE),y)
826 u-boot-dtb.bin: u-boot-nodtb.bin dts/dt.dtb FORCE
827     $(call if_changed,cat)
828
829 u-boot.bin: u-boot-dtb.bin FORCE
830     $(call if_changed,copy)
831 else
832 u-boot.bin: u-boot-nodtb.bin FORCE
833     $(call if_changed,copy)
834 endif
```

第 825 行判断 CONFIG_OF_SEPARATE 是否等于 y,如果相等则条件成立。在.config 中搜索 CONFIG_OF_SEPARAT,没有找到,说明条件不成立。

第 832 行是目标 u-boot.bin 的规则,目标 u-boot.bin 依赖于 u-boot-nodtb.bin,命令为 $(call if_changed,copy),这里调用了 if_changed。if_changed 是一个函数,这个函数在 scripts/Kbuild.include 中有定义,而顶层 Makefile 中会包含 scripts/Kbuild.include 文件。

if_changed 在 Kbuild.include 中的定义如示例 28-36 所示。

示例 28-36 Kbuild.include 代码段

```
226 ###
227 # if_changed      - execute command if any prerequisite is newer than
228 #                   target, or command line has changed
229 # if_changed_dep - as if_changed, but uses fixdep to reveal
...
256 #
257 if_changed = $(if $(strip $(any-prereq) $(arg-check)), \
258     @set -e;                                                    \
259     $(echo-cmd) $(cmd_$(1));                                   \
260     printf '%s\n' 'cmd_$@ := $(make-cmd)' > $(dot-target).cmd)
261
```

第 227 行为 if_changed 的描述,根据描述,在一些先决条件比目标新,或者命令行有改变时,if_changed 就会执行一些命令。

第 257 行是函数 if_changed,if_changed 函数引用的变量比较多,也比较绕,只需要知道它可以从 u-boot-nodtb. bin 生成 u-boot. bin 就行了。

既然 u-boot. bin 依赖于 u-boot-nodtb. bin，那么肯定要先生成 u-boot-nodtb. bin 文件，顶层 Makefile 中相关的内容如示例 28-37 所示。

示例 28-37 顶层 Makefile 代码段

```
u-boot-nodtb.bin: u-boot FORCE
        $(call if_changed,objcopy)
        $(call DO_STATIC_RELA,$<,$@,$(CONFIG_SYS_TEXT_BASE))
        $(BOARD_SIZE_CHECK)
```

目标 u-boot-nodtb. bin 又依赖于 u-boot，顶层 Makefile 中 u-boot 相关规则如示例 28-38 所示。

示例 28-38 顶层 Makefile 代码段

```
u-boot:     $(u-boot-init) $(u-boot-main) u-boot.lds FORCE
        $(call if_changed,u-boot__)
ifeq ($(CONFIG_KALLSYMS),y)
        $(call cmd,smap)
        $(call cmd,u-boot__) common/system_map.o
endif
```

目标 u-boot 依赖于 u-boot_init、u-boot-main 和 u-boot. lds，u-boot_init 和 u-boot-main 是两个变量，在顶层 Makefile 中有定义，值如示例 28-39 所示。

示例 28-39 顶层 Makefile 代码段

```
u-boot-init := $(head-y)
u-boot-main := $(libs-y)
```

$(head-y)跟 CPU 架构有关，我们使用的是 ARM 芯片，所以 head-y 在 arch/arm/Makefile 中被指定如下所示内容。

```
head-y := arch/arm/cpu/$(CPU)/start.o
```

如前所述，因为 CPU＝armv7，所以 head-y 展开以后如下所示。

```
head-y := arch/arm/cpu/armv7/start.o
```

因此：

```
u-boot-init= arch/arm/cpu/armv7/start.o
```

$(libs-y)在顶层 Makefile 中被定义为 uboot 在所有子目录下 build-in. o 的集合，内容如示例 28-40 所示。

示例 28-40 顶层 Makefile 代码段

```
libs-y += lib/
libs-$(HAVE_VENDOR_COMMON_LIB) += board/$(VENDOR)/common/
libs-$(CONFIG_OF_EMBED) += dts/
libs-y += fs/
libs-y += net/
libs-y += disk/
libs-y += drivers/
libs-y += drivers/dma/
libs-y += drivers/gpio/
libs-y += drivers/i2c/
...
libs-y += $(if $(BOARDDIR),board/$(BOARDDIR)/)

libs-y := $(sort $(libs-y))

u-boot-dirs := $(patsubst %/,%,$(filter %/, $(libs-y))) tools examples

u-boot-alldirs  := $(sort $(u-boot-dirs) $(patsubst %/,%,$(filter %/, $(libs-))))

libs-y       := $(patsubst %/, %/built-in.o, $(libs-y))
```

从上面的代码可以看出，libs-y 都是 uboot 各子目录的集合，最后如下所示。

```
libs-y := $(patsubst %/, %/built-in.o, $(libs-y))
```

这里调用了函数 patsubst，将 libs-y 中的/替换为/built-in. o，比如 drivers/dma/就变为了 drivers/dma/built-in. o，相当于将 libs-y 改为所有子目录中 built-in. o 文件的集合。那么 u-boot-main 就等于所有子目录中 built-in. o 的集合。

这个规则相当于以 u-boot. lds 为链接脚本，将 arch/arm/cpu/armv7/start. o 和各个子目录下的 built-in. o 链接在一起生成 u-boot。

u-boot. lds 的规则如示例 28-41 所示。

示例 28-41 顶层 Makefile 代码段

```
u-boot.lds: $(LDSCRIPT) prepare FORCE
	$(call if_changed_dep,cpp_lds)
```

接下来的重点就是各子目录下的 built-in. o 是怎么生成的，以 drivers/gpio/built-in. o 为例，在 drivers/gpio/目录下有一个名为. built-in. o. cmd 的文件，此文件内容如示例 28-42 所示。

示例 28-42 drivers/gpio/. built-in. o. cmd 代码

```
cmd_drivers/gpio/built-in.o :=  arm-linux-gnueabihf-ld.bfd     -r -o drivers/gpio/built-in.o drivers/gpio/mxc_gpio.o
```

从命令 cmd_drivers/gpio/built-in. o 可以看出，drivers/gpio/built-in. o 这个文件是使用 ld 命

令，由文件 drivers/gpio/mxc_gpio.o 生成而来的，mxc_gpio.o 是 mxc_gpio.c 编译生成的.o 文件，这个是 NXP 的 I.MX 系列的 GPIO 驱动文件。这里用到了 ld 的"-r"参数，参数含义如下所示。

-r -relocateable：产生可重定向的输出。比如，产生一个输出文件，它可再次作为 ld 的输入，这经常被叫作部分链接。当我们需要将几个小的.o 文件链接成为一个.o 文件时，需要使用此选项。

最终将各个子目录中的 built-in.o 文件链接在一起，就形成了 u-boot，使用如下命令编译 uboot 就可以看到链接的过程。

```
make ARCH = arm CROSS_COMPILE = arm - linux - gnueabihf -  mx6ull_14x14_ddr512_emmc_defconfig V = 1
make ARCH = arm CROSS_COMPILE = arm - linux - gnueabihf -  V = 1
```

编译时会有如图 28-36 所示内容输出。

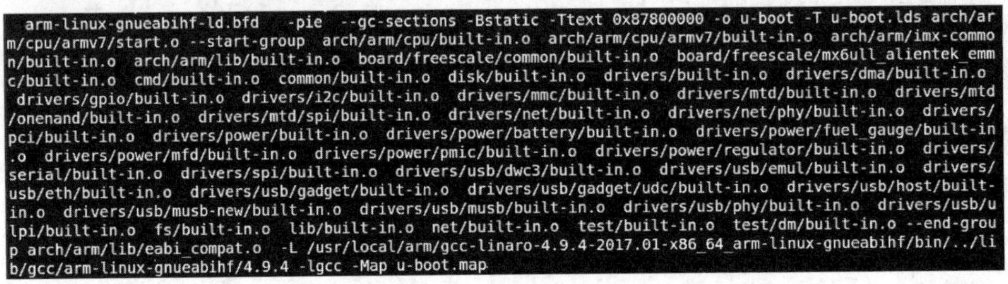

```
 arm-linux-gnueabihf-ld.bfd   -pie  --gc-sections -Bstatic -Ttext 0x87800000 -o u-boot -T u-boot.lds arch/ar
m/cpu/armv7/start.o --start-group  arch/arm/cpu/built-in.o  arch/arm/cpu/armv7/built-in.o  arch/arm/imx-commo
n/built-in.o  arch/arm/lib/built-in.o  board/freescale/common/built-in.o  board/freescale/mx6ull_alientek_emm
c/built-in.o  cmd/built-in.o  common/built-in.o  disk/built-in.o  drivers/built-in.o  drivers/dma/built-in.o
 drivers/gpio/built-in.o  drivers/i2c/built-in.o  drivers/mmc/built-in.o  drivers/mtd/built-in.o  drivers/mtd
/onenand/built-in.o  drivers/mtd/spi/built-in.o  drivers/net/built-in.o  drivers/net/phy/built-in.o  drivers/
pci/built-in.o  drivers/power/built-in.o  drivers/power/battery/built-in.o  drivers/power/fuel_gauge/built-in
.o  drivers/power/mfd/built-in.o  drivers/power/pmic/built-in.o  drivers/power/regulator/built-in.o  drivers/
serial/built-in.o  drivers/spi/built-in.o  drivers/usb/dwc3/built-in.o  drivers/usb/emul/built-in.o  drivers/
usb/eth/built-in.o  drivers/usb/gadget/built-in.o  drivers/usb/gadget/udc/built-in.o  drivers/usb/host/built-
in.o  drivers/usb/musb-new/built-in.o  drivers/usb/musb/built-in.o  drivers/usb/phy/built-in.o  drivers/usb/u
lpi/built-in.o  fs/built-in.o  lib/built-in.o  net/built-in.o  test/built-in.o  test/dm/built-in.o --end-grou
p arch/arm/lib/eabi_compat.o  -L /usr/local/arm/gcc-linaro-4.9.4-2017.01-x86_64_arm-linux-gnueabihf/bin/../li
b/gcc/arm-linux-gnueabihf/4.9.4 -lgcc -Map u-boot.map
```

图 28-36　编译内容输出

将其整理后，内容如下所示。

```
arm - linux - gnueabihf - ld.bfd    - pie   -- gc - sections  - Bstatic  - Ttext 0x87800000 \
 - o u - boot  - T u - boot.lds \
arch/arm/cpu/armv7/start.o \
 -- start - group   arch/arm/cpu/built - in.o \
arch/arm/cpu/armv7/built - in.o \
arch/arm/imx - common/built - in.o \
arch/arm/lib/built - in.o \
board/freescale/common/built - in.o \
board/freescale/mx6ull_alientek_emmc/built - in.o \
cmd/built - in.o   \
common/built - in.o   \
disk/built - in.o   \
drivers/built - in.o   \
drivers/dma/built - in.o   \
drivers/gpio/built - in.o   \
…
drivers/usb/ulpi/built - in.o   \
fs/built - in.o   \
lib/built - in.o   \
net/built - in.o   \
test/built - in.o   \
test/dm/built - in.o \
 -- end - group arch/arm/lib/eabi_compat.o   \
 - L /usr/local/arm/gcc - linaro - 4.9.4 - 2017.01 - x86_64_arm - linux - gnueabihf/bin/../lib/gcc/arm -
linux - gnueabihf/4.9.4  - lgcc  - Map u - boot.map
```

可以看出，最终使用 arm-linux-gnueabihf-ld. bfd 命令将 arch/arm/cpu/armv7/start. o 和其他的 built_in. o 链接在一起，形成 u-boot。

目标 all 除了 u-boot. bin 以外还有其他的依赖，比如 u-boot. srec、u-boot. sym、System. map、u-boot. cfg 和 binary_size_check 等。这些依赖的生成方法和 u-boot. bin 很类似，大家自行查看顶层 Makefile。

总结 make 命令的流程，如图 28-37 所示。

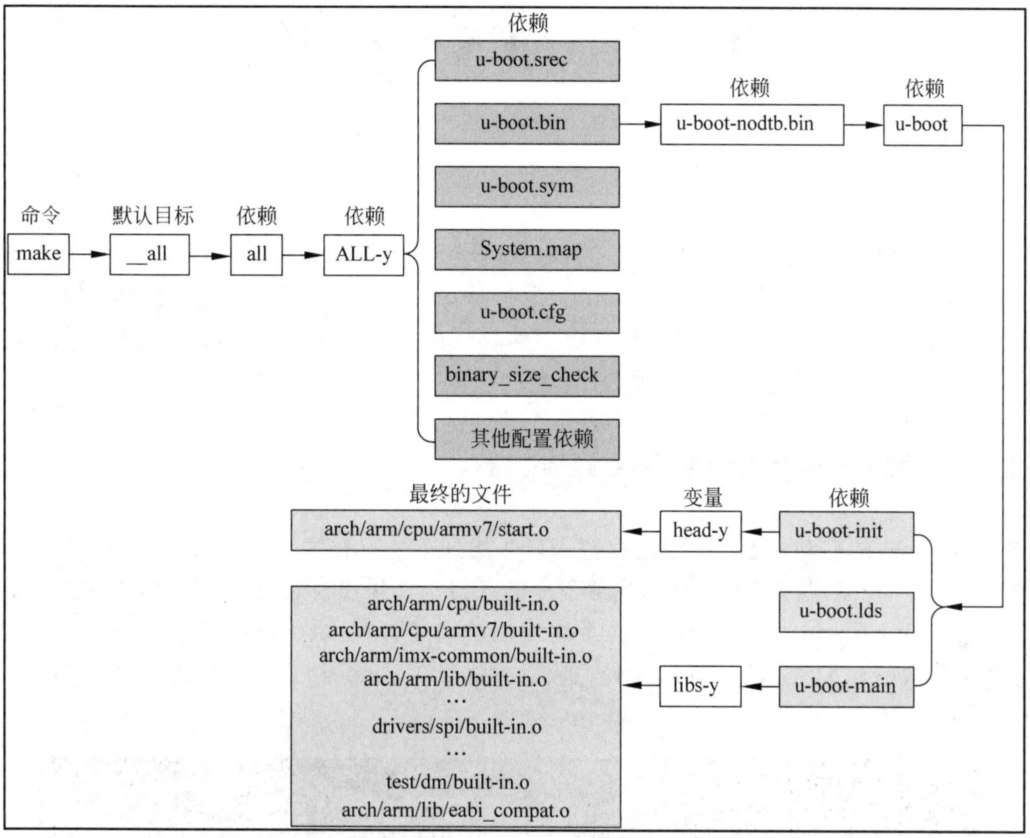

图 28-37　make 命令流程

图 28-37 就是 make 命令的执行流程，关于 uboot 的顶层 Makefile 就分析到这里，重点是 make xxx_defconfig 和 make 这两个命令的执行流程。

make xxx_defconfig：用于配置 uboot，这个命令最主要的目的就是生成. config 文件。

make：用于编译 uboot，这个命令的主要工作就是生成二进制的 u-boot. bin 文件和其他与 uboot 有关的文件，比如 u-boot. imx 等。

第29章

U-Boot启动流程详解

第 28 章详细地分析了 uboot 的顶层 Makefile，理清了 uboot 的编译流程。本章会详细地分析 uboot 的启动流程，讲清 uboot 是如何启动的。通过对 uboot 启动流程的梳理，我们可以掌握某些外设是在哪里被初始化的，当需要修改这些外设驱动时就会心里有数。另外，通过分析 uboot 的启动流程可以了解 Linux 内核是如何被启动的。

29.1 链接脚本 u-boot.lds 详解

要分析 uboot 的启动流程，首先要找到"入口"，找到第一行程序在哪里。程序的链接是由链接脚本来决定的，所以通过链接脚本可以找到程序的入口。如果没有编译过 uboot，那么链接脚本为 arch/arm/cpu/u-boot.lds。但是这个不是最终使用的链接脚本，最终的链接脚本是在这个链接脚本的基础上生成的。编译一下 uboot，编译完成以后就会在 uboot 根目录下生成 u-boot.lds 文件，如图 29-1 所示。

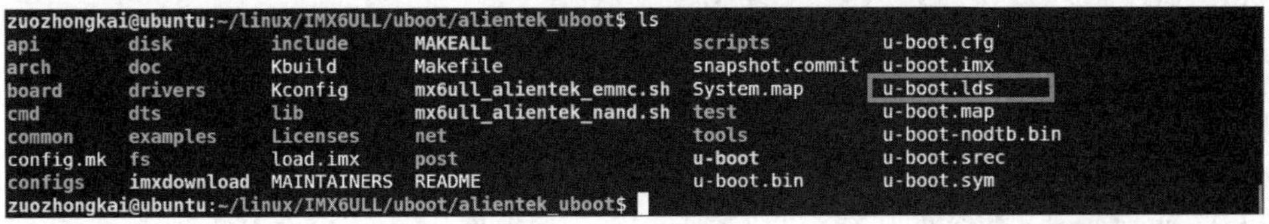

图 29-1　链接脚本

只有编译 u-boot 以后才会在根目录下出现 u-boot.lds 文件。

打开 u-boot.lds，内容如示例 29-1 所示。

示例 29-1　u-boot.lds 文件代码

```
OUTPUT_FORMAT("elf32-littlearm", "elf32-littlearm", "elf32-littlearm")
OUTPUT_ARCH(arm)
ENTRY(_start)
SECTIONS
{
```

```
. = 0x00000000;
. = ALIGN(4);
.text :
{
  *(.__image_copy_start)
  *(.vectors)
 arch/arm/cpu/armv7/start.o (.text*)
  *(.text*)
}
. = ALIGN(4);
.rodata : { *(SORT_BY_ALIGNMENT(SORT_BY_NAME(.rodata*))) }
. = ALIGN(4);
.data : {
  *(.data*)
}
. = ALIGN(4);
. = .;
. = ALIGN(4);
.u_boot_list : {
 KEEP(*(SORT(.u_boot_list*)));
}
. = ALIGN(4);
.image_copy_end :
{
  *(.__image_copy_end)
}
.rel_dyn_start :
{
  *(.__rel_dyn_start)
}
.rel.dyn : {
  *(.rel*)
}
.rel_dyn_end :
{
  *(.__rel_dyn_end)
}
.end :
{
  *(.__end)
}
_image_binary_end = .;
. = ALIGN(4096);
.mmutable : {
  *(.mmutable)
}
.bss_start __rel_dyn_start (OVERLAY) : {
 KEEP(*(.__bss_start));
 __bss_base = .;
}
.bss __bss_base (OVERLAY) : {
  *(.bss*)
```

```
58      . = ALIGN(4);
59      __bss_limit = .;
60  }
61  .bss_end __bss_limit (OVERLAY) : {
62   KEEP(*(.__bss_end));
63  }
64  .dynsym _image_binary_end : { *(.dynsym) }
65  .dynbss : { *(.dynbss) }
66  .dynstr : { *(.dynstr*) }
67  .dynamic : { *(.dynamic*) }
68  .plt : { *(.plt*) }
69  .interp : { *(.interp*) }
70  .gnu.hash : { *(.gnu.hash) }
71  .gnu : { *(.gnu*) }
72  .ARM.exidx : { *(.ARM.exidx*) }
73  .gnu.linkonce.armexidx : { *(.gnu.linkonce.armexidx.*) }
74  }
```

第 3 行为代码当前入口点_start，_start 在文件 arch/arm/lib/vectors.S 中有定义，如图 29-2 所示。

```
vectors.S
.globl _start

/*
 *************************************************************************
 *
 * Vectors have their own section so linker script can map them easily
 *
 *************************************************************************
 */

    .section ".vectors", "ax"

/*
 *************************************************************************
 *
 * Exception vectors as described in ARM reference manuals
 *
 * Uses indirect branch to allow reaching handlers anywhere in memory.
 *
 *************************************************************************
 */

_start:

#ifdef CONFIG_SYS_DV_NOR_BOOT_CFG
    .word   CONFIG_SYS_DV_NOR_BOOT_CFG
#endif

    b   reset
    ldr pc, _undefined_instruction
    ldr pc, _software_interrupt
    ldr pc, _prefetch_abort
    ldr pc, _data_abort
    ldr pc, _not_used
    ldr pc, _irq
    ldr pc, _fiq
```

图 29-2　_start 入口

从图 29-2 中的代码可以看出，_start 后面就是中断向量表，从图中的. section ". vectors", "ax"可以得到，此代码存放在. vectors 段中。

使用如下命令在 uboot 中查找__image_copy_start。

```
grep -nR "__image_copy_start"
```

查找结果如图 29-3 所示。

```
arch/arc/lib/relocate.c:17:        memcpy((void *)gd->relocaddr, (void *)&__image_copy_start, len);
arch/arc/lib/relocate.c:48:                if (offset_ptr_rom >= (Elf32_Addr *)&__image_copy_start &&
arch/arc/lib/relocate.c:71:                        if (val >= (unsigned int)&__image_copy_start && val <=
arch/arc/cpu/u-boot.lds:15:                *(.__image_copy_start)
u-boot.lds:10:  *(.__image_copy_start)
u-boot.map:931: *(.__image_copy_start)
u-boot.map:932: .__image_copy_start
u-boot.map:934:                0x0000000087800000                __image_copy_start
zuozhongkai@ubuntu:~/linux/IMX6ULL/uboot/uboot-imx-rel_imx_4.1.15_2.1.0_ga_alientek$
```

图 29-3　查找结果

打开 u-boot. map，找到如图 29-4 所示位置。

```
u-boot.map ×
926 段 .text 的地址设置为 0x87800000
927                 0x0000000000000000                . = 0x0
928                 0x0000000000000000                . = ALIGN (0x4)
929
930 .text           0x0000000087800000    0x3e94c
931  *(.__image_copy_start)
932  .__image_copy_start
933                 0x0000000087800000        0x0 arch/arm/lib/built-in.o
934                 0x0000000087800000                __image_copy_start
935  *(.vectors)
936  .vectors       0x0000000087800000      0x300 arch/arm/lib/built-in.o
937                 0x0000000087800000                _start
938                 0x0000000087800020                _undefined_instruction
939                 0x0000000087800024                _software_interrupt
940                 0x0000000087800028                _prefetch_abort
941                 0x000000008780002c                _data_abort
942                 0x0000000087800030                _not_used
943                 0x0000000087800034                _irq
944                 0x0000000087800038                _fiq
945                 0x0000000087800040                IRQ_STACK_START_IN
```

图 29-4　u-boot. map

u-boot. map 是 uboot 的映射文件，可以从此文件看到某个文件或者函数链接到了哪个地址。从图 29-4 的第 932 行可以看到__image_copy_start 为 0x87800000，而. text 的起始地址也是 0x87800000。

继续回到示例 29-1 中，第 11 行是 vectors 段，vectors 段保存中断向量表，从图 29-2 中我们知道 vectors. S 的代码是存在 vectors 段中的。从图 29-4 可以看出，vectors 段的起始地址也是 0x87800000，说明整个 uboot 的起始地址就是 0x87800000，这也是为什么裸机例程的链接起始地址选择 0x87800000 了，目的就是为了和 uboot 一致。

第 12 行将 arch/arm/cpu/armv7/start. s 编译出来的代码放到中断向量表后面。

第 13 行为 text 段，其他的代码段就放到这里。

在 u-boot. lds 中有一些跟地址有关的变量需要我们注意，后面分析 u-boot 源码时会用到，这些变量要最终编译完成才能确定。编译完成以后，这些变量的值如表 29-1 所示。

表 29-1 uboot 相关变量表

变　　量	数　　值	描　　述
__image_copy_start	0x87800000	uboot 复制的首地址
__image_copy_end	0x8785dd54	uboot 复制的结束地址
__rel_dyn_start	0x8785dd54	.rel.dyn 段起始地址
__rel_dyn_end	0x878668f4	.rel.dyn 段结束地址
_image_binary_end	0x878668f4	镜像结束地址
__bss_start	0x8785dd54	.bss 段起始地址
__bss_end	0x878a8e74	.bss 段结束地址

表 29-1 中的变量值可以在 u-boot.map 文件中查找，表 29-1 中除了__image_copy_start 以外，其他的变量值每次编译时都可能会变化，如果修改了 uboot 代码，修改了 uboot 配置，选用不同的优化等级等，都会影响到这些值。所以，一切以实际值为准。

29.2 U-Boot 启动流程解析

29.2.1 reset 函数源码详解

从 u-boot.lds 中已经知道了入口点是 arch/arm/lib/vectors.S 文件中的_start，内容如示例 29-2 所示。

示例 29-2 vectors.S 代码段

```
48 _start:
49
50 #ifdef CONFIG_SYS_DV_NOR_BOOT_CFG
51  .word   CONFIG_SYS_DV_NOR_BOOT_CFG
52 #endif
53
54     b    reset
55     ldr pc, _undefined_instruction
56     ldr pc, _software_interrupt
57     ldr pc, _prefetch_abort
58     ldr pc, _data_abort
59      ldr pc, _not_used
60     ldr pc, _irq
61     ldr pc, _fiq
```

第 48 行_start 开始的是中断向量表(54～61 行)和裸机例程一样。第 54 行跳转到 reset 函数中，reset 函数在 arch/arm/cpu/armv7/start.S 中，内容如示例 29-3 所示。

示例 29-3 start.S 代码段

```
.globl   reset
.globl   save_boot_params_ret

```

```
35 reset:
36     /* Allow the board to save important registers */
37     b    save_boot_params
```

第 35 行是 reset 函数。

第 37 行从 reset 函数跳转到了 save_boot_params 函数，而 save_boot_params 函数同样定义在 start.S 中，定义如示例 29-4 所示。

示例 29-4　start.S 代码段

```
100 ENTRY(save_boot_params)
101      b    save_boot_params_ret           @ back to my caller
```

save_boot_params 函数也只有一句跳转语句，跳转到 save_boot_params_ret 函数，save_boot_params_ret 函数代码如示例 29-5 所示。

示例 29-5　start.S 代码段

```
38 save_boot_params_ret:
39     /*
40      * disable interrupts (FIQ and IRQ), also set the cpu to SVC32
41     * mode, except if in HYP mode already
42      */
43     mrs        r0, cpsr
44     and        r1, r0,     #0x1f        @ mask mode bits
45     teq        r1,         #0x1a        @ test for HYP mode
46     bicne      r0, r0,     #0x1f        @ clear all mode bits
47     orrne      r0, r0,     #0x13        @ set SVC mode
48     orr        r0, r0,     #0xc0        @ disable FIQ and IRQ
49     msr    cpsr,r0
```

第 43 行读取寄存器 cpsr 中的值，并保存到 r0 寄存器中。

第 44 行将寄存器 r0 中的值与 0X1F 进行与运算，结果保存到 r1 寄存器中，目的就是提取 cpsr 的 bit0～bit4 这 5 位。这 5 位为 M4、M3、M2、M1、M0，M[4:0]这五位用来设置处理器的工作模式，如表 29-2 所示。

表 29-2　Cortex-A7 工作模式

M[4:0]	模　式	M[4:0]	模　式
10000	User(usr)	10111	Abort(abt)
10001	FIQ(fiq)	11010	Hyp(hyp)
10010	IRQ(irq)	11011	Undefined(und)
10011	Supervisor(svc)	11111	System(sys)
10110	Monitor(mon)	—	—

第 45 行判断 r1 寄存器的值是否等于 0X1A(0b11010)，也就是判断当前处理器模式是否处于 Hyp 模式。

第 46 行，如果 r1 和 0X1A 不相等，也就是 CPU 不处于 Hyp 模式，则将 r0 寄存器的 bit0～bit5 清零，其实就是清除模式位。

第 47 行，如果处理器不处于 Hyp 模式，就将 r0 的寄存器值与 0x13 进行或运算，设置处理器进入 SVC 模式。

第 48 行，r0 寄存器的值再与 0xC0 进行或运算，那么 r0 寄存器此时的值就是 0xD3，cpsr 的 I 位和 F 位分别控制 IRQ 和 FIQ 这两个中断的开关，设置为 1 就关闭了 FIQ 和 IRQ。

第 49 行将 r0 寄存器写到 cpsr 寄存器中。完成设置 CPU 处于 SVC32 模式，并且关闭 FIQ 和 IRQ 这两个中断。

继续执行如示例 29-6 所示内容。

示例 29-6　start. S 代码段

```
56 #if !(defined(CONFIG_OMAP44XX) && defined(CONFIG_SPL_BUILD))
57  /* Set V = 0 in CP15 SCTLR register - for VBAR to point to vector */
58     mrc p15, 0, r0, c1, c0, 0      @ Read CP15 SCTLR Register
59     bic r0, #CR_V                  @ V = 0
60     mcr p15, 0, r0, c1, c0, 0      @ Write CP15 SCTLR Register
61
62     /* Set vector address in CP15 VBAR register */
63     ldr r0, = _start
64     mcr p15, 0, r0, c12, c0, 0     @Set VBAR
65 #endif
```

第 56 行，如果没有定义 CONFIG_OMAP44XX 和 CONFIG_SPL_BUILD，则条件成立，此处条件成立。

第 58 行读取 CP15 中 c1 寄存器的值到 r0 寄存器中，这里是读取 SCTLR 寄存器的值。

第 59 行，CR_V 在 arch/arm/include/asm/system. h 中有如下所示定义。

```
#define CR_V   (1 << 13)          /* Vectors relocated to 0xffff0000   */
```

因此这一行的目的就是清除寄存器 SCTLR 中的 bit13，寄存器 SCTLR 结构如图 29-5 所示。

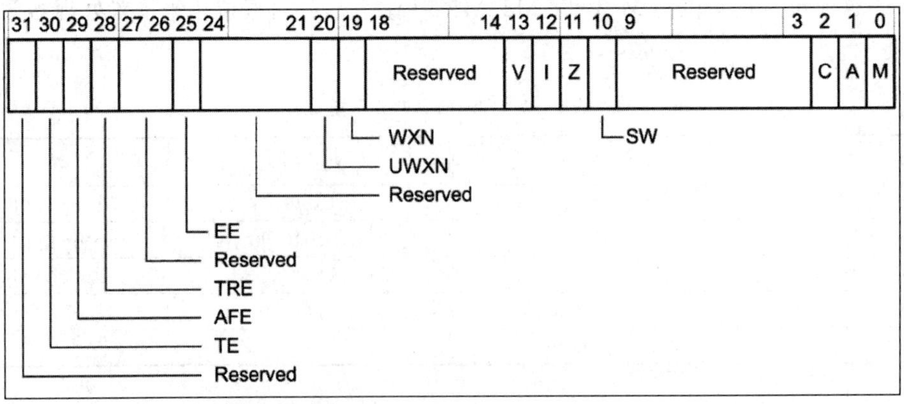

图 29-5　寄存器 SCTLR 结构

从图 29-5 可以看出，bit13 为 V 位，此位是向量表控制位，为 0 时则向量表基地址为 0x00000000，软件可以重定位向量表。为 1 时向量表基地址为 0xFFFF0000，软件不能重定位向量表。这里将 V 清零，目的就是向量表重定位。

第 60 行将 r0 寄存器的值重写，写到寄存器 SCTLR 中。

第 63 行设置 r0 寄存器的值为_start，_start 就是整个 uboot 的入口地址，其值为 0x87800000，相当于 uboot 的起始地址，因此 0x87800000 也是向量表的起始地址。

第 64 行将 r0 寄存器的值(向量表值)写入 CP15 的 c12 寄存器中，也就是 VBAR 寄存器。因此第 58～64 行就是设置向量表重定位的。

代码继续往下执行，如示例 29-7 所示。

示例 29-7 start.S 代码段

```
67  /* the mask ROM code should have PLL and others stable */
68  #ifndef CONFIG_SKIP_LOWLEVEL_INIT
69      bl  cpu_init_cp15
70      bl  cpu_init_crit
71  #endif
72
73  bl  _main
```

第 68 行，如果没有定义 CONFIG_SKIP_LOWLEVEL_INIT，则条件成立。此处条件成立，执行下面的语句。

示例 29-7 中的内容比较简单，就是分别调用函数 cpu_init_cp15、cpu_init_crit 和_main。

函数 cpu_init_cp15 用来设置 CP15 相关的内容，比如关闭 MMU。此函数同样在 start.S 文件中定义，内容如示例 29-8 所示。

示例 29-8 start.S 代码段

```
ENTRY(cpu_init_cp15)
    /*
     * Invalidate L1 I/D
     */
    mov r0, #0                      @ set up for MCR
    mcr p15, 0, r0, c8, c7, 0       @ invalidate TLBs
    mcr p15, 0, r0, c7, c5, 0       @ invalidate icache
    mcr p15, 0, r0, c7, c5, 6       @ invalidate BP array
    mcr p15, 0, r0, c7, c10,4       @ DSB
    mcr p15, 0, r0, c7, c5, 4       @ ISB

    /*
     * disable MMU stuff and caches
     */
    mrc p15, 0, r0, c1, c0, 0
    bic r0, r0, #0x00002000 @ clear bits 13 (--V-)
    bic r0, r0, #0x00000007 @ clear bits 2:0 (-CAM)
    orr r0, r0, #0x00000002 @ set bit 1 (--A-) Align
```

```
    orr r0, r0, #0x00000800 @ set bit 11 (Z---) BTB
#ifdef CONFIG_SYS_ICACHE_OFF
    bic r0, r0, #0x00001000 @ clear bit 12 (I) I-cache
#else
    orr r0, r0, #0x00001000 @ set bit 12 (I) I-cache
#endif
    mcr p15, 0, r0, c1, c0, 0

...

    mov pc, r5              @ back to my caller
ENDPROC(cpu_init_cp15)
```

函数 cpu_init_crit 也定义在 start.S 文件中，函数内容如示例 29-9 所示。

示例 29-9 start.S 代码段

```
ENTRY(cpu_init_crit)
    /*
     * Jump to board specific initialization...
     * The Mask ROM will have already initialized
     * basic memory. Go here to bump up clock rate and handle
     * wake up conditions.
     */
    b   lowlevel_init        @ go setup pll,mux,memory
ENDPROC(cpu_init_crit)
```

可以看出 cpu_init_crit 内部仅调用了函数 lowlevel_init，接下来详细地分析 lowlevel_init 和_main 这两个函数。

29.2.2 lowlevel_init 函数详解

函数 lowlevel_init 在文件 arch/arm/cpu/armv7/lowlevel_init.S 中定义，内容如示例 29-10 所示。

示例 29-10 lowlevel_init.S 代码段

```
#include <asm-offsets.h>
#include <config.h>
#include <linux/linkage.h>

ENTRY(lowlevel_init)
    /*
     * Setup a temporary stack. Global data is not available yet.
     */
    ldr sp, =CONFIG_SYS_INIT_SP_ADDR
    bic sp, sp, #7                     /* 8-byte alignment for ABI compliance */
#ifdef CONFIG_SPL_DM
    mov r9, #0
```

```
26 #else
27     /*
28      * Set up global data for boards that still need it. This will be
29      * removed soon
30      */
31 #ifdef CONFIG_SPL_BUILD
32     ldr r9, =gdata
33 #else
34     sub sp, sp, #GD_SIZE
35     bic sp, sp, #7
36     mov r9, sp
37 #endif
38 #endif
39     /*
40      * Save the old lr(passed in ip) and the current lr to stack
41      */
42     push    {ip, lr}
43 
44     /*
45      * Call the very early init function. This should do only the
46      * absolute bare minimum to get started. It should not:
47      *
48      * - set up DRAM
49      * - use global_data
50      * - clear BSS
51      * - try to start a console
52      *
53      * For boards with SPL this should be empty since SPL can do all
54      * of this init in the SPL board_init_f() function which is
55      * called immediately after this.
56      */
57     bl  s_init
58     pop {ip, pc}
59 ENDPROC(lowlevel_init)
```

第 22 行设置 sp 指向 CONFIG_SYS_INIT_SP_ADDR，CONFIG_SYS_INIT_SP_ADDR 在 include/configs/mx6ullevk.h 文件中，在 mx6ullevk.h 中有如示例 29-11 所示定义。

示例 29-11　mx6ullevk.h 代码段

```
#define CONFIG_SYS_INIT_RAM_ADDR    IRAM_BASE_ADDR
#define CONFIG_SYS_INIT_RAM_SIZE    IRAM_SIZE

#define CONFIG_SYS_INIT_SP_OFFSET \
    (CONFIG_SYS_INIT_RAM_SIZE - GENERATED_GBL_DATA_SIZE)
#define CONFIG_SYS_INIT_SP_ADDR \
    (CONFIG_SYS_INIT_RAM_ADDR + CONFIG_SYS_INIT_SP_OFFSET)
```

示例 29-11 中的 IRAM_BASE_ADDR 和 IRAM_SIZE 在文件 arch/arm/include/asm/arch-mx6/imx-regs.h 中有定义，其实就是 IMX6UL/IM6ULL 内部 ocram 的首地址和大小，如示例 29-12 所示。

示例 29-12　imx-regs.h 代码段

```
71  #define IRAM_BASE_ADDR              0x00900000
...
408 #if !(defined(CONFIG_MX6SX) || defined(CONFIG_MX6UL) || \
409     defined(CONFIG_MX6SLL) || defined(CONFIG_MX6SL))
410 #define IRAM_SIZE                   0x00040000
411 #else
412 #define IRAM_SIZE                   0x00020000
413 #endif
```

如果 408 行的条件成立，则 IRAM_SIZE=0x40000，当定义了 CONFIG_MX6SX、CONFIG_MX6U、CONFIG_MX6SLL 和 CONFIG_MX6SL 中的任意一个变量，条件不成立，在.config 中定义了 CONFIG_MX6UL，所以条件不成立，因此 IRAM_SIZE=0x20000=128KB。

结合示例 29-11，可以得到如下值。

```
CONFIG_SYS_INIT_RAM_ADDR  =  IRAM_BASE_ADDR = 0x00900000.
CONFIG_SYS_INIT_RAM_SIZE = 0x00020000 = 128KB.
```

还需要知道 GENERATED_GBL_DATA_SIZE 的值，在文件 include/generated/generic-asm-offsets.h 中有定义，如示例 29-13 所示。

示例 29-13　generic-asm-offsets.h 代码段

```
#ifndef __GENERIC_ASM_OFFSETS_H__
#define __GENERIC_ASM_OFFSETS_H__
/*
 * DO NOT MODIFY.
 *
 * This file was generated by Kbuild
 */

#define GENERATED_GBL_DATA_SIZE   256
#define GENERATED_BD_INFO_SIZE    80
#define GD_SIZE                   248
#define GD_BD                     0
#define GD_MALLOC_BASE            192
#define GD_RELOCADDR              48
#define GD_RELOC_OFF              68
#define GD_START_ADDR_SP          64

#endif
```

GENERATED_GBL_DATA_SIZE=256，GENERATED_GBL_DATA_SIZE 的含义为(sizeof(struct global_data)+15)&~15。

综上所述，CONFIG_SYS_INIT_SP_ADDR 值如下所示。

```
CONFIG_SYS_INIT_SP_OFFSET = 0x00020000 - 256 = 0x1FF00
CONFIG_SYS_INIT_SP_ADDR = 0x00900000  + 0X1FF00 = 0X0091FF00,
```

结果如图 29-6 所示。

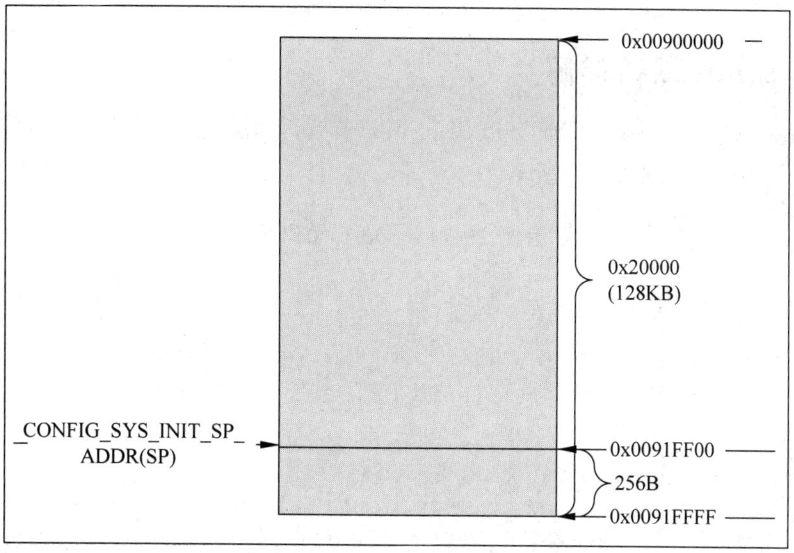

图 29-6 sp 值

此时 sp 指向 0x91FF00，这是 IMX6UL/IMX6ULL 的内部 RAM。

继续回到示例 29-10 中的文件 lowlevel_init.S，第 23 行对 sp 指针做 8 字节对齐处理。

第 34 行，sp 指针减去 GD_SIZE，GD_SIZE 同样在 generic-asm-offsets.h 中定义，大小为 248B。

第 35 行对 sp 做 8 字节对齐处理，此时 sp 的地址为 0x0091FF00－248＝0x0091FE08，sp 位置如图 29-7 所示。

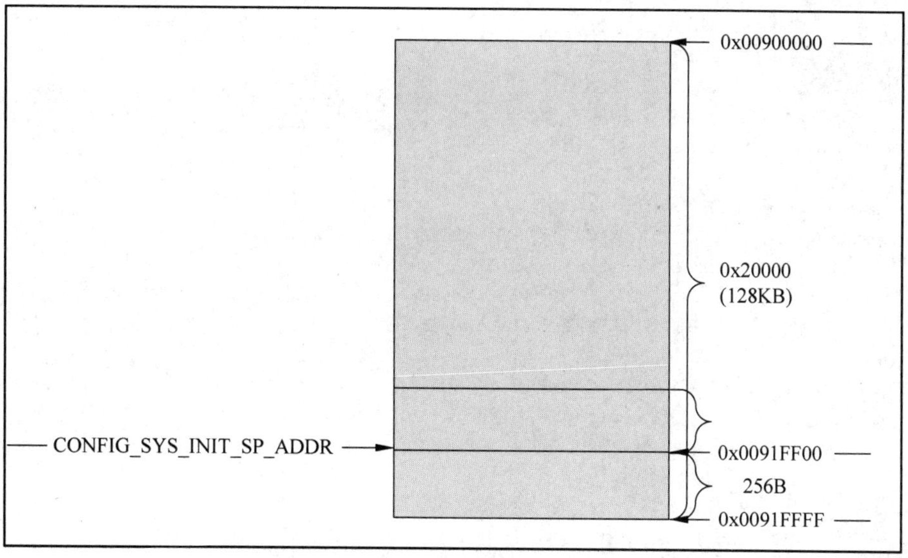

图 29-7 sp 值

第 36 行将 sp 地址保存在 r9 寄存器中。

第 42 行将 ip 和 lr 压栈。

第 57 行调用函数 s_init。

第 58 行将第 36 行入栈的 ip 和 lr 进行出栈，并将 lr 赋给 pc。

29.2.3 s_init 函数详解

我们知道 lowlevel_init 函数后面会调用 s_init 函数，s_init 函数定义在文件 arch/arm/cpu/armv7/mx6/soc.c 中，如示例 29-14 所示。

示例 29-14 soc.c 代码段

```
void s_init(void)
{
    struct anatop_regs *anatop = (struct anatop_regs *)ANATOP_BASE_ADDR;
    struct mxc_ccm_reg *ccm = (struct mxc_ccm_reg *)CCM_BASE_ADDR;
    u32 mask480;
    u32 mask528;
    u32 reg, periph1, periph2;

    if (is_cpu_type(MXC_CPU_MX6SX) || is_cpu_type(MXC_CPU_MX6UL) ||
        is_cpu_type(MXC_CPU_MX6ULL) || is_cpu_type(MXC_CPU_MX6SLL))
        return;

    /* Due to hardware limitation, on MX6Q we need to gate/ungate
     * all PFDs to make sure PFD is working right, otherwise, PFDs
     * may not output clock after reset, MX6DL and MX6SL have added
     * 396M pfd workaround in ROM code, as bus clock need it
     */

    mask480 = ANATOP_PFD_CLKGATE_MASK(0) |
        ANATOP_PFD_CLKGATE_MASK(1) |
        ANATOP_PFD_CLKGATE_MASK(2) |
        ANATOP_PFD_CLKGATE_MASK(3);
    mask528 = ANATOP_PFD_CLKGATE_MASK(1) |
        ANATOP_PFD_CLKGATE_MASK(3);

    reg = readl(&ccm->cbcmr);
    periph2 = ((reg & MXC_CCM_CBCMR_PRE_PERIPH2_CLK_SEL_MASK)
        >> MXC_CCM_CBCMR_PRE_PERIPH2_CLK_SEL_OFFSET);
    periph1 = ((reg & MXC_CCM_CBCMR_PRE_PERIPH_CLK_SEL_MASK)
        >> MXC_CCM_CBCMR_PRE_PERIPH_CLK_SEL_OFFSET);

    /* Checking if PLL2 PFD0 or PLL2 PFD2 is using for periph clock */
    if ((periph2 != 0x2) && (periph1 != 0x2))
        mask528 |= ANATOP_PFD_CLKGATE_MASK(0);

    if ((periph2 != 0x1) && (periph1 != 0x1) &&
        (periph2 != 0x3) && (periph1 != 0x3))
        mask528 |= ANATOP_PFD_CLKGATE_MASK(2);

    writel(mask480, &anatop->pfd_480_set);
    writel(mask528, &anatop->pfd_528_set);
```

```
849     writel(mask480, &anatop->pfd_480_clr);
850     writel(mask528, &anatop->pfd_528_clr);
851 }
```

第 816 行会判断当前 CPU 类型，如果 CPU 为 MX6SX、MX6UL、MX6ULL 或 MX6SLL 中的任意一种，那么就会直接返回，相当于 s_init 函数什么都没做。所以对于 I. MX6ULL 来说，s_init 就是个空函数。从 s_init 函数退出以后进入 lowlevel_init 函数，但是 lowlevel_init 函数也执行完成，返回到 cpu_init_crit 函数。cpu_init_crit 函数也执行完成，最终返回到 save_boot_params_ret，函数调用路径如图 29-8 所示。

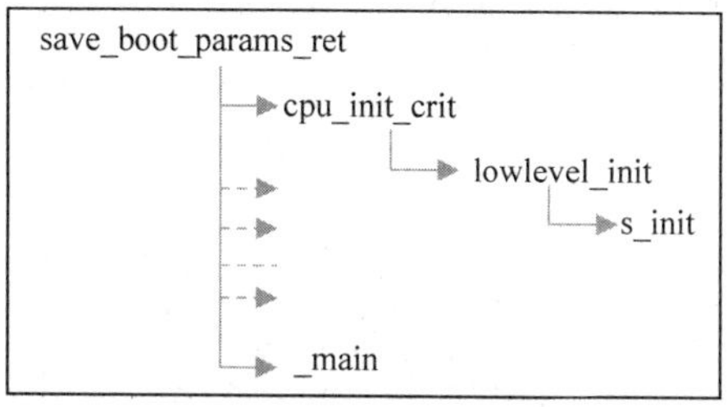

图 29-8 uboot 函数调用路径

从图 29-8 可知，接下来要执行的是 save_boot_params_ret 中的_main 函数，接下来分析_main 函数。

29.2.4 _main 函数详解

_main 函数定义在文件 arch/arm/lib/crt0. S 中，函数内容如示例 29-15 所示。

示例 29-15 crt0. S 代码段

```
/*
 * entry point of crt0 sequence
 */

ENTRY(_main)

/*
 * Set up initial C runtime environment and call board_init_f(0)
 */

#if defined(CONFIG_SPL_BUILD) && defined(CONFIG_SPL_STACK)
    ldr sp, = (CONFIG_SPL_STACK)
#else
    ldr sp, = (CONFIG_SYS_INIT_SP_ADDR)
#endif
#if defined(CONFIG_CPU_V7M)
    mov r3, sp
    bic r3, r3, #7
    mov sp, r3
#else
    bic sp, sp, #7   /* 8-byte alignment for ABI compliance */
```

```
#endif
    mov r0, sp
    bl  board_init_f_alloc_reserve
    mov sp, r0
    /* set up gd here, outside any C code */
    mov r9, r0
    bl  board_init_f_init_reserve

    mov r0, #0
    bl  board_init_f

#if ! defined(CONFIG_SPL_BUILD)

/*
 * Set up intermediate environment (new sp and gd) and call
 * relocate_code(addr_moni). Trick here is that we'll return
 * 'here' but relocated
 */

    ldr sp, [r9, #GD_START_ADDR_SP] /* sp = gd->start_addr_sp */
#if defined(CONFIG_CPU_V7M)
    mov r3, sp
    bic r3, r3, #7
    mov sp, r3
#else
    bic sp, sp, #7  /* 8-byte alignment for ABI compliance */
#endif
    ldr r9, [r9, #GD_BD]            /* r9 = gd->bd */
    sub r9, r9, #GD_SIZE            /* new GD is below bd */

    adr lr, here
    ldr r0, [r9, #GD_RELOC_OFF]     /* r0 = gd->reloc_off */
    add lr, lr, r0
#if defined(CONFIG_CPU_V7M)
    orr lr, #1                      /* As required by Thumb-only */
#endif
    ldr r0, [r9, #GD_RELOCADDR]     /* r0 = gd->relocaddr */
    b   relocate_code
here:
/*
 * now relocate vectors
 */

    bl  relocate_vectors

/* Set up final (full) environment */

    bl  c_runtime_cpu_setup /* we still call old routine here */
#endif
#if !defined(CONFIG_SPL_BUILD) || defined(CONFIG_SPL_FRAMEWORK)
# ifdef CONFIG_SPL_BUILD
    /* Use a DRAM stack for the rest of SPL, if requested */
```

```
136     bl  spl_relocate_stack_gd
137     cmp r0, #0
138     movne   sp, r0
139     movne   r9, r0
140 # endif
141     ldr r0, =__bss_start                /* this is auto-relocated! */
142
143 #ifdef CONFIG_USE_ARCH_MEMSET
144     ldr r3, =__bss_end                  /* this is auto-relocated! */
145     mov r1, #0x00000000                 /* prepare zero to clear BSS */
146
147     subs    r2, r3, r0                  /* r2 = memset len */
148     bl  memset
149 #else
150     ldr r1, =__bss_end                  /* this is auto-relocated! */
151     mov r2, #0x00000000                 /* prepare zero to clear BSS */
152
153 clbss_l:cmp r0, r1                      /* while not at end of BSS */
154 #if defined(CONFIG_CPU_V7M)
155     itt lo
156 #endif
157     strlo   r2, [r0]                    /* clear 32-bit BSS word */
158     addlo   r0, r0, #4                  /* move to next */
159     blo clbss_l
160 #endif
161
162 #if ! defined(CONFIG_SPL_BUILD)
163     bl coloured_LED_init
164     bl red_led_on
165 #endif
166     /* call board_init_r(gd_t *id, ulong dest_addr) */
167     mov     r0, r9                  /* gd_t */
168     ldr r1, [r9, #GD_RELOCADDR]     /* dest_addr */
169     /* call board_init_r */
170 #if defined(CONFIG_SYS_THUMB_BUILD)
171     ldr lr, =board_init_r           /* this is auto-relocated! */
172     bx  lr
173 #else
174     ldr pc, =board_init_r           /* this is auto-relocated! */
175 #endif
176     /* we should not return here. */
177 #endif
178
179 ENDPROC(_main)
```

第 76 行设置 sp 指针为 CONFIG_SYS_INIT_SP_ADDR，也就是 sp 指向 0x0091FF00。

第 83 行对 sp 做 8 字节对齐。

第 85 行读取 sp 到寄存器 r0 中，此时 r0＝0x0091FF00。

第 86 行调用 board_init_f_alloc_reserve 函数，此函数有 1 个参数，参数为 r0 中的值即 0x0091FF00。此函数定义在文件 common/init/board_init.c 中，内容如示例 29-16 所示。

示例 29-16　board_init.c 代码段

```
ulong board_init_f_alloc_reserve(ulong top)
{
    /* Reserve early malloc arena */
    #if defined(CONFIG_SYS_MALLOC_F)
    top -= CONFIG_SYS_MALLOC_F_LEN;
    #endif
    /* LAST : reserve GD (rounded up to a multiple of 16 bytes) */
    top = rounddown(top - sizeof(struct global_data), 16);

    return top;
}
```

board_init_f_alloc_reserve 函数主要是留出早期的 malloc 内存区域和 gd 内存区域，其中 CONFIG_SYS_MALLOC_F_LEN＝0x400（在文件 include/generated/autoconf.h 中定义），sizeof (struct global_data)＝248(GD_SIZE 值)，完成以后的内存分布如图 29-9 所示。

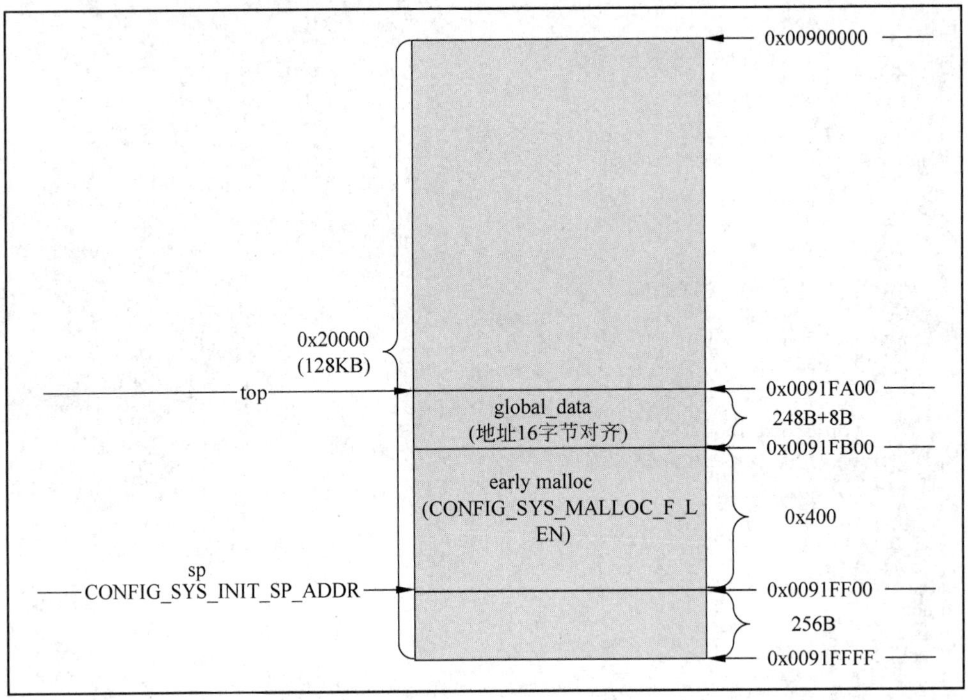

图 29-9　内存分布

board_init_f_alloc_reserve 函数是有返回值的，返回值为新的 top 值。从图 29-9 可知，此时 top＝0x0091FA00。

继续回到示例 29-15 中，第 87 行将 r0 写入到 sp 中，r0 保存着 board_init_f_alloc_reserve 函数的返回值，这一句也是设置 sp＝0x0091FA00。

第 89 行，将 r0 寄存器的值写到寄存器 r9 中，因为 r9 寄存器存放着全局变量 gd 的地址，在文件 arch/arm/include/asm/global_data.h 中有，如图 29-10 所示宏定义。

```
#ifdef CONFIG_ARM64
#define DECLARE_GLOBAL_DATA_PTR      register volatile gd_t *gd asm ("x18")
#else
#define DECLARE_GLOBAL_DATA_PTR      register volatile gd_t *gd asm ("r9")
#endif
#endif
```

图 29-10 DECLARE_GLOBAL_DATA_PTR 宏定义

从图 29-10 可以看出,uboot 中定义了一个指向 gd_t 的指针 gd,gd 存放在寄存器 r9 里,因此 gd 是全局变量。gd_t 是结构体,在 include/asm-generic/global_data.h 里面有定义。gd_定义如示例 29-17 所示。

示例 29-17 global_data.h 代码段

```
typedef struct global_data {
    bd_t *bd;
    unsigned long flags;
    unsigned int baudrate;
    unsigned long cpu_clk;              /* CPU clock in Hz! */
    unsigned long bus_clk;
    /* We cannot bracket this with CONFIG_PCI due to mpc5xxx */
    unsigned long pci_clk;
    unsigned long mem_clk;
#if defined(CONFIG_LCD) || defined(CONFIG_VIDEO)
    unsigned long fb_base;              /* Base address of framebuffer mem */
#endif
...
#ifdef CONFIG_DM_VIDEO
    ulong video_top;                    /* Top of video frame buffer area */
    ulong video_bottom;                 /* Bottom of video frame buffer area */
#endif
} gd_t;
```

因此示例 29-15 第 89 行就是设置 gd 所指向的位置,gd 指向 0x0091FA00。

继续回到示例 29-15 中,第 90 行调用 board_init_f_init_reserve 函数,此函数在文件 common/init/board_init.c 中有定义,函数内容如示例 29-18 所示。

示例 29-18 board_init.c 代码段

```
void board_init_f_init_reserve(ulong base)
{
    struct global_data *gd_ptr;
#ifndef _USE_MEMCPY
    int *ptr;
#endif

    /*
     * clear GD entirely and set it up
     * Use gd_ptr, as gd may not be properly set yet
     */
```

```

    gd_ptr = (struct global_data * )base;
    /* zero the area */
#ifdef _USE_MEMCPY
    memset(gd_ptr, '\0', sizeof( * gd));
#else
    for (ptr = (int * )gd_ptr; ptr < (int * )(gd_ptr + 1); )
        * ptr++ = 0;
#endif
    /* set GD unless architecture did it already */
#if !defined(CONFIG_ARM)
    arch_setup_gd(gd_ptr);
#endif
    /* next alloc will be higher by one GD plus 16 - byte alignment */
    base += roundup(sizeof(struct global_data), 16);

    /*
     * record early malloc arena start.
     * Use gd as it is now properly set for all architectures
     */

#if defined(CONFIG_SYS_MALLOC_F)
    /* go down one 'early malloc arena' */
    gd->malloc_base = base;
    /* next alloc will be higher by one 'early malloc arena' size */
    base += CONFIG_SYS_MALLOC_F_LEN;
#endif
}
```

可以看出，此函数用于初始化 gd，即清零处理。另外，此函数还设置了 gd—> malloc_base 为 gd 基地址 + gd 大小＝0x0091FA00 + 248＝0x0091FAF8，再做 16 字节对齐，最终 gd—> malloc_base＝0x0091FB00，也是 early malloc 的起始地址。

继续回到示例 29-15 中，第 92 行设置 R0 为 0。

第 93 行调用 board_init_f 函数，此函数定义在文件 common/board_f. c 中，主要用来初始化 DDR、定时器，完成代码复制等。此函数后面再进行详细的分析。

第 103 行重新设置环境(sp 和 gd)，获取 gd—> start_addr_sp 的值赋给 sp，在函数 board_init_f 中会初始化 gd 的所有成员变量，其中 gd—> start_addr_sp＝0x9EF44E90，相当于设置 sp＝gd—> start_addr_sp＝0x9EF44E90。0x9EF44E90 是 DDR 中的地址，说明新的 sp 和 gd 将会存放到 DDR 中，而不是内部的 RAM。GD_START_ADDR_SP＝64，参考示例 29-13。

第 109 行对 sp 做 8 字节对齐。

第 111 行获取 gd—> bd 的地址赋给 r9，此时 r9 存放的是旧的 gd，这里获取 gd—> bd 的地址来计算出新的 gd 的位置。GD_BD＝0，参考示例 29-13。

第 112 行，新的 gd 在 bd 下面，所以 r9 减去 gd 的大小就是新的 gd 的位置，获取到新的 gd 的位置以后赋值给 r9。

第 114 行设置 lr 寄存器为 here，这样执行其他函数返回时，就返回到了第 122 行的 here 位置处。

第 115 行读取 gd－> reloc_off 的值，复制给 r0 寄存器，GD_RELOC_OFF＝68，参考示例 29-13。

第 116 行，lr 寄存器的值加上 r0 寄存器的值，重新赋值给 lr 寄存器。因为要重定位代码，把代码复制到新的地方去(现在的 uboot 存放的起始地址为 0x87800000，要将 uboot 复制到 DDR 最后面的地址空间，将 0x87800000 开始的内存空出来)，其中就包括 here，因此 lr 中的 here 要使用重定位后的位置。

第 120 行读取 gd－> relocaddr 的值赋给 r0 寄存器，此时 r0 寄存器就保存着 uboot 要复制的目的地址，为 0x9FF47000。GD_RELOCADDR＝48，参考示例 29-12。

第 121 行调用函数 relocate_code，也就是代码重定位函数，此函数负责将 uboot 复制到新的地方去，此函数定义在文件 arch/arm/lib/relocate. S 中。

继续回到示例 29-15，第 127 行调用函数 relocate_vectors 对中断向量表做重定位，此函数定义在文件 arch/arm/lib/relocate. S 中。

继续回到示例 29-15，第 131 行调用函数 c_runtime_cpu_setup，此函数定义在文件 arch/arm/cpu/armv7/start. S 中，函数内容如示例 29-19 所示。

示例 29-19 start. S 代码段

```
ENTRY(c_runtime_cpu_setup)
/*
 * If I-cache is enabled invalidate it
 */
#ifndef CONFIG_SYS_ICACHE_OFF
    mcr p15, 0, r0, c7, c5, 0    @ invalidate icache
    mcr     p15, 0, r0, c7, c10, 4  @ DSB
    mcr     p15, 0, r0, c7, c5, 4   @ ISB
#endif

    bx  lr

ENDPROC(c_runtime_cpu_setup)
```

第 141～159 行清除 BSS 段。

第 167 行设置函数 board_init_r 的两个参数，函数 board_init_r 声明如下所示。

```
board_init_r(gd_t *id, ulong dest_addr)
```

第一个参数是 gd，因此读取 r9 保存到 r0 中。

第 168 行设置函数 board_init_r 的第二个参数是目的地址，因此 r1＝gd－> relocaddr。

第 174 行调用函数 board_init_r，此函数定义在文件 common/board_r. c 中。

以上就是_main 函数的运行流程，在_main 函数中调用了 board_init_f、relocate_code、relocate_vectors 和 board_init_r 这 4 个函数，依次解析这 4 个函数的作用。

29.2.5 board_init_f 函数详解

_main 中会调用 board_init_f 函数，board_init_f 函数主要有两个工作。

(1) 初始化一系列外设，比如串口、定时器，或者打印一些消息等。

(2) 初始化 gd 的各个成员变量，uboot 会将自己重定位到 DRAM 最后面的地址区域，将代码复制到 DRAM 最后面的内存区域中。这么做的目的是给 Linux 腾出空间，防止 Linux Kernel 覆盖掉 uboot，将 DRAM 前面的区域完整地空出来。在复制之前要给 uboot 各部分分配好内存位置和大小，比如 gd 应该存放到哪个位置，malloc 内存池应该存放到哪个位置等。这些信息都保存在 gd 的成员变量中，因此要对 gd 的这些成员变量做初始化。最终形成一个完整的内存分配图，在后面重定位 uboot 时就会用到这个内存分配图。

此函数在文件 common/board_f.c 中定义，内容如示例 29-20 所示。

示例 29-20 board_f.c 代码段

```
1035 void board_init_f(ulong boot_flags)
1036 {
1037 #ifdef CONFIG_SYS_GENERIC_GLOBAL_DATA
1038     /*
1039      * For some archtectures, global data is initialized and used
1040      * before  calling this function. The data should be preserved
1041      * For others, CONFIG_SYS_GENERIC_GLOBAL_DATA should be defined
1042      * and use the stack here to host global data until relocation
1043      */
1044     gd_t data;
1045 
1046     gd = &data;
1047 
1048     /*
1049      * Clear global data before it is accessed at debug print
1050      * in initcall_run_list. Otherwise the debug print probably
1051      * get the wrong vaule of gd->have_console
1052      */
1053     zero_global_data();
1054 #endif
1055 
1056     gd->flags = boot_flags;
1057     gd->have_console = 0;
1058 
1059     if (initcall_run_list(init_sequence_f))
1060         hang();
1061 
1062 #if !defined(CONFIG_ARM) && !defined(CONFIG_SANDBOX) && \
1063         !defined(CONFIG_EFI_APP)
1064     /* NOTREACHED - jump_to_copy() does not return */
1065     hang();
1066 #endif
1067 }
```

因为没有定义 CONFIG_SYS_GENERIC_GLOBAL_DATA，所以第 1037～1054 行代码无效。

第 1056 行初始化 gd->flags=boot_flags=0。

第 1057 行设置 gd->have_console=0。

重点在第 1059 行。通过函数 initcall_run_list 来运行初始化序列 init_sequence_f 中的一系列函数，init_sequence_f 中包含了一系列的初始化函数，init_sequence_f 也定义在文件 common/board_f.c 中。由于 init_sequence_f 的内容比较长，里面有大量的条件编译代码，这里为了缩小篇幅，将条件编译部分删除，去掉条件编译以后的 init_sequence_f 定义如示例 29-21 所示。

示例 29-21 board_f.c 代码段

```
/****************** 去掉条件编译语句后的 init_sequence_f ****************/
static init_fnc_t init_sequence_f[] = {
     setup_mon_len,
    initf_malloc,
    initf_console_record,
    arch_cpu_init,              /* basic arch cpu dependent setup */
    initf_dm,
    arch_cpu_init_dm,
    mark_bootstage,             /* need timer, go after init dm */
    board_early_init_f,
    timer_init,                 /* initialize timer */
    board_postclk_init,
    get_clocks,
    env_init,                   /* initialize environment */
    init_baud_rate,             /* initialze baudrate settings */
    serial_init,                /* serial communications setup */
    console_init_f,             /* stage 1 init of console */
    display_options,            /* say that we are here */
    display_text_info,          /* show debugging info if required */
    print_cpuinfo,              /* display cpu info (and speed) */
    show_board_info,
    INIT_FUNC_WATCHDOG_INIT
    INIT_FUNC_WATCHDOG_RESET
    init_func_i2c,
    announce_dram_init,
    /* TODO: unify all these dram functions? */
    dram_init,                  /* configure available RAM banks */
    post_init_f,
    INIT_FUNC_WATCHDOG_RESET
    testdram,
    INIT_FUNC_WATCHDOG_RESET
    INIT_FUNC_WATCHDOG_RESET
    /*
     * Now that we have DRAM mapped and working, we can
     * relocate the code and continue running from DRAM
     *
     * Reserve memory at end of RAM for (top down in that order):
     *  - area that won't get touched by U-Boot and Linux (optional)
     *  - kernel log buffer
     *  - protected RAM
     *  - LCD framebuffer
```

```
41     *    - monitor code
42     *    - board info struct
43     */
44    setup_dest_addr,
45    reserve_round_4k,
46    reserve_mmu,
47    reserve_trace,
48    reserve_uboot,
49    reserve_malloc,
50    reserve_board,
51    setup_machine,
52    reserve_global_data,
53    reserve_fdt,
54    reserve_arch,
55    reserve_stacks,
56    setup_dram_config,
57    show_dram_config,
58    display_new_sp,
59    INIT_FUNC_WATCHDOG_RESET
60    reloc_fdt,
61    setup_reloc,
62    NULL,
63 };
```

以上函数执行完以后的结果如下。

第 2 行，setup_mon_len 函数设置 gd 的 mon_len 成员变量，此处为__bss_end -_start，也就是整个代码的长度。0x878A8E74-0x87800000=0xA8E74，这个就是代码长度。

第 3 行，initf_malloc 函数初始化 gd 中和 malloc 有关的成员变量，比如 malloc_limit，此函数会设置 gd->malloc_limit = CONFIG_SYS_MALLOC_F_LEN=0x400。malloc_limit 表示 malloc 内存池大小。

第 4 行，initf_console_record 函数，如果定义了宏 CONFIG_CONSOLE_RECORD 和宏 CONFIG_SYS_MALLOC_F_LEN，此函数就会调用函数 console_record_init。但是，IMX6ULL 的 uboot 没有定义宏 CONFIG_CONSOLE_RECORD，所以此函数直接返回 0。

第 5 行，arch_cpu_init 函数。

第 6 行，initf_dm 函数，驱动模型的一些初始化。

第 7 行，arch_cpu_init_dm 函数未实现。

第 8 行，mark_bootstage 函数和标记相关。

第 9 行，board_early_init_f 函数，板子早期的初始化设置。I. MX6ULL 用来初始化串口的 I/O 配置。

第 10 行，timer_init 函数，初始化定时器，Cortex-A7 内核有一个定时器，这里初始化的就是 Cortex-A 内核的那个定时器。通过这个定时器为 uboot 提供时间，和 Cortex-M 内核 Systick 定时器一样。关于 Cortex-A 内部定时器的详细内容，请参考文档 *ARM ArchitectureReference Manual ARMv7-A and ARMv7-R edition*。

第 11 行，board_postclk_init 函数，对于 I. MX6ULL 来说是设置 VDDSOC 电压。

第 12 行，get_clocks 函数用于获取一些时钟值，I. MX6ULL 获取的是 sdhc_clk 时钟，也就是 SD 卡外设的时钟。

第 13 行，env_init 函数和环境变量有关，设置 gd 的成员变量 env_addr，也就是环境变量的保存地址。

第 14 行，init_baud_rate 函数用于初始化波特率，根据环境变量 baudrate 来初始化 gd—> baudrate。

第 15 行，serial_init 函数，初始化串口。

第 16 行，console_init_f 函数，设置 gd—> have_console 为 1，表示有个控制台，此函数也将前面暂存在缓冲区中的数据通过控制台打印出来。

第 17 行，display_options 函数，通过串口输出信息，如图 29-11 所示。

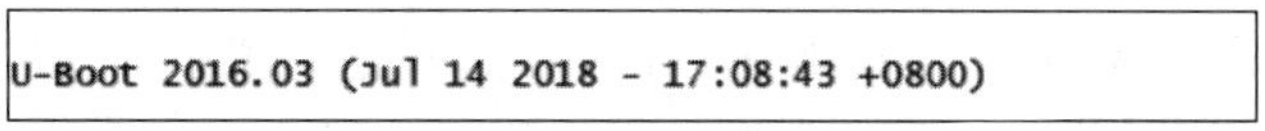

```
U-Boot 2016.03 (Jul 14 2018 - 17:08:43 +0800)
```

图 29-11　串口信息输出

第 18 行，display_text_info 函数，打印一些文本信息，如果开启 UBOOT 的 DEBUG 功能就会输出 text_base、bss_start、bss_end，形式如下所示。

```
debug("U - Boot code: %08lX -> %08lX  BSS: -> %08lX\n",text_base, bss_start, bss_end);
```

结果如图 29-12 所示。

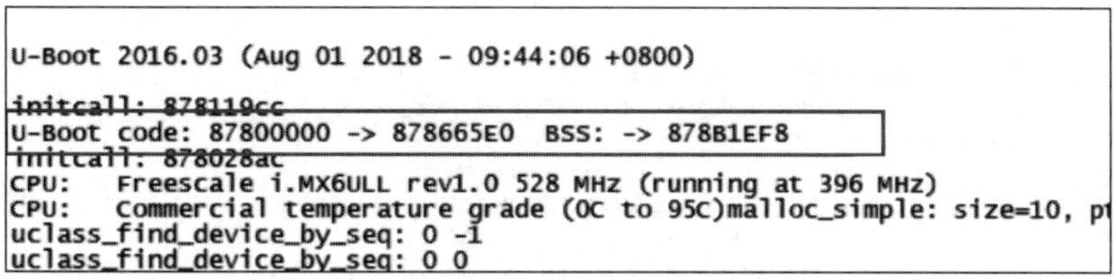

```
U-Boot 2016.03 (Aug 01 2018 - 09:44:06 +0800)

initcall: 878119cc
U-Boot code: 87800000 -> 878665E0  BSS: -> 878B1EF8
initcall: 878028ac
CPU:   Freescale i.MX6ULL rev1.0 528 MHz (running at 396 MHz)
CPU:   Commercial temperature grade (0C to 95C)malloc_simple: size=10, pt
uclass_find_device_by_seq: 0 -1
uclass_find_device_by_seq: 0 0
```

图 29-12　文本信息

第 19 行，print_cpuinfo 函数用于打印 CPU 信息，结果如图 29-13 所示。

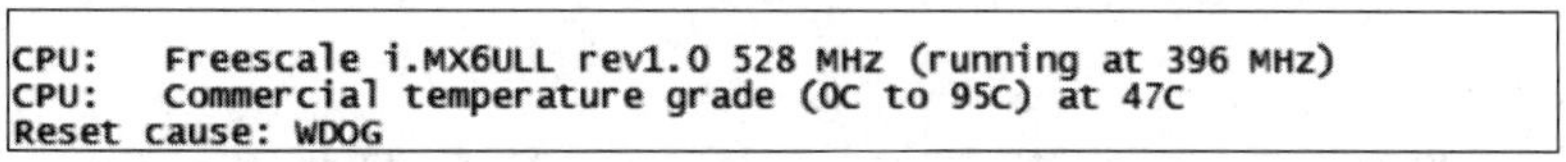

```
CPU:   Freescale i.MX6ULL rev1.0 528 MHz (running at 396 MHz)
CPU:   Commercial temperature grade (0C to 95C) at 47C
Reset cause: WDOG
```

图 29-13　CPU 信息

第 20 行，show_board_info 函数用于打印板子信息，会调用 checkboard 函数，结果如图 29-14 所示。

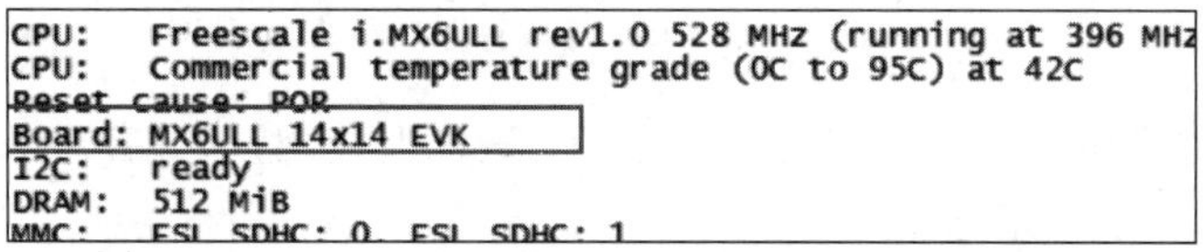

```
CPU:   Freescale i.MX6ULL rev1.0 528 MHz (running at 396 MHz
CPU:   Commercial temperature grade (0C to 95C) at 42C
Reset cause: POR
Board: MX6ULL 14x14 EVK
I2C:   ready
DRAM:  512 MiB
MMC:   FSL_SDHC: 0, FSL_SDHC: 1
```

图 29-14　板子信息

第 21 行，INIT_FUNC_WATCHDOG_INIT 函数，初始化看门狗，对于 I. MX6ULL 来说是空函数。

第 22 行，INIT_FUNC_WATCHDOG_RESET 函数，复位看门狗，对于 I. MX6ULL 来说是空函数。

第 23 行，init_func_i2c 函数用于初始化 I^2C，初始化完成以后会输出如图 29-15 所示信息。

```
Reset cause: POR
Board: MX6ULL 14x14 EVK
I2C:   ready
DRAM:  512 MiB
MMC:   FSL_SDHC: 0, FSL_SDHC: 1
Display: TFT43AB (480x272)
Video: 480x272x24
```

图 29-15　I^2C 初始化信息输出

第 24 行，announce_dram_init 函数，此函数很简单，就是输出字符串 DRAM。

第 26 行，dram_init 函数，并非真正地初始化 DDR，只是设置 gd－＞ram_size 的值，对于 I. MX6ULL 开发板(EMMC 版本核心板)来说就是 512MB。

第 27 行，post_init_f 函数，此函数用来完成一些测试，初始化 gd－＞post_init_f_time。

第 29 行，testdram 函数，测试 DRAM，空函数。

第 44 行，setup_dest_addr 函数，设置目的地址，设置 gd－＞ram_size，gd－＞ram_top，gd－＞relocaddr 这 3 个成员变量的值。接下来我们会遇到很多和数值有关的设置，如果直接看代码分析会太费时间。可以修改 uboot 代码，直接将这些值通过串口打印出来。比如这里修改文件 common/board_f. c，因为 setup_dest_addr 函数定义在文件 common/board_f. c 中，在 setup_dest_addr 函数中输入如图 29-16 所示内容。

```
	gd->ram_top += get_effective_memsize();
	gd->ram_top = board_get_usable_ram_top(gd->mon_len);
	gd->relocaddr = gd->ram_top;
	debug("Ram top: %08lX\n", (ulong)gd->ram_top);
#if defined(CONFIG_MP) && (defined(CONFIG_MPC86xx) || defined(CONFIG_E500))
	/*
	 * We need to make sure the location we intend to put secondary core
	 * boot code is reserved and not used by any part of u-boot
	 */
	if (gd->relocaddr > determine_mp_bootpg(NULL)) {
		gd->relocaddr = determine_mp_bootpg(NULL);
		debug("Reserving MP boot page to %08lx\n", gd->relocaddr);
	}
#endif

	printf("gd->ram_size %#x\r\n", gd->ram_size);
	printf("gd->ram_top %#x\r\n", gd->ram_top);
	printf("gd->relocaddr %#x\r\n",gd->relocaddr);

	return 0;
}
```

通过串口输出这三个成员变量的值

图 29-16　添加 printf 函数打印成员变量值

设置好以后重新编译 uboot，然后烧写到 SD 卡中，选择 SD 卡启动，重启开发板。打开 SecureCRT，uboot 会输出如图 29-17 所示信息。

```
DRAM:  gd->ram_size 0x20000000
gd->ram_top 0xa0000000
gd->relocaddr 0xa0000000
```

图 29-17　信息输出

从图 29-17 可以看出如下信息。

```
gd->ram_size = 0x20000000            //RAM 大小为 0x20000000 = 512MB
gd->ram_top = 0xA0000000             //RAM 最高地址为 0x80000000 + 0x20000000 = 0xA0000000
gd->relocaddr = 0xA0000000           //重定位后最高地址为 0xA0000000
```

第 45 行，reserve_round_4k 函数用于对 gd—>relocaddr 做 4KB 对齐，因为 gd—>relocaddr=0xA0000000，已经是 4KB 对齐了，所以调整后不变。

第 46 行，reserve_mmu 函数，留出 MMU 的 TLB 表的位置，分配 MMU 的 TLB 表内存以后会对 gd—>relocaddr 做 64KB 对齐。完成以后 gd—>arch.tlb_size、gd—>arch.tlb_addr 和 gd—>relocaddr 如图 29-18 所示。

从图 29-18 可以看出如下内容。

```
gd->arch.tlb_size = 0x4000           //MMU 的 TLB 表大小
gd->arch.tlb_addr = 0x9fff0000       //MMU 的 TLB 表起始地址,64KB 对齐以后
gd->relocaddr = 0x9fff0000           //relocaddr 地址
```

第 47 行，reserve_trace 函数，留出跟踪调试的内存，I.MX6ULL 没有用到。

第 48 行，reserve_uboot 函数，留出重定位后的 uboot 所占用的内存区域，uboot 所占用大小由 gd—>mon_len 所指定，留出 uboot 的空间以后还要对 gd—>relocaddr 做 4KB 对齐，并且重新设置 gd—>start_addr_sp，结果如图 29-19 所示。

```
gd->arch.tlb_size 0x4000
gd->arch.tlb_add 0x9fff0000
gd->relocaddr 0x9fff0000
```

图 29-18 信息输出

```
gd->mon_len =0XA8EF4
gd->start_addr_sp  =0X9FF47000
gd->relocaddr  =0X9FF47000
```

图 29-19 信息输出

从图 29-19 可以看出如下内容。

```
gd->mon_len =  0XA8EF4
gd->start_addr_sp = 0X9FF47000
gd->relocaddr = 0X9FF47000
```

第 49 行，reserve_malloc 函数，留出 malloc 区域，调整 gd—>start_addr_sp 位置，malloc 区域由宏 TOTAL_MALLOC_LEN 定义，宏定义如下所示。

```
#define  TOTAL_MALLOC_LEN  (CONFIG_SYS_MALLOC_LEN + CONFIG_ENV_SIZE)
```

mx6ull_alientek_emmc.h 文件中定义宏 CONFIG_SYS_MALLOC_LEN 为 16MB=0x1000000，宏 CONFIG_ENV_SIZE=8KB=0x2000，因此 TOTAL_MALLOC_LEN=0x1002000。调整以后 gd—>start_addr_sp 如图 29-20 所示。

从图 29-20 可以看出如下内容。

```
TOTAL_MALLOC_LEN = 0X1002000
gd->start_addr_sp = 0X9EF45000       //0X9FF47000 - 16MB - 8KB = 0X9EF45000
```

第 50 行，reserve_board 函数，留出板子 bd 所占的内存区，bd 是结构体 bd_t，bd_t 大小为 80 字

节，结果如图 29-21 所示。

```
TOTAL_MALLOC_LEN =0x1002000
gd->start_addr_sp   =0X9EF45000
```

图 29-20　信息输出

```
gd->bd = 0X9EF44FB0
gd->start_addr_sp = 0X9EF44FB0
```

图 29-21　信息输出

从图 29-21 可以看出如下内容。

```
gd->start_addr_sp = 0X9EF44FB0
gd->bd = 0X9EF44FB0
```

第 51 行，setup_machine 函数，设置机器 ID，Linux 启动时会和这个机器 ID 匹配，如果匹配则 Linux 就会正常启动。但是，I. MX6ULL 已不用这种方式，这是老版本的 uboot 和 Linux 使用方式，新版本使用设备树，此函数无效。

第 52 行，reserve_global_data 函数，保留 gd_t 的内存区域，gd_t 结构体大小为 248B，结果如图 29-22 所示。

```
gd->start_addr_sp = 0X9EF44EB8          //0X9EF44FB0 - 248 = 0X9EF44EB8
gd->new_gd = 0X9EF44EB8
```

第 53 行，reserve_fdt 函数，留出设备树相关的内存区域，I. MX6ULL 的 uboot 没有用到，此函数无效。

第 54 行，reserve_arch 是空函数。

第 55 行，reserve_stacks 函数，留出栈空间，先对 gd—> start_addr_sp 减去 16，然后做 16B 对齐。如果使能 IRQ，还要留出 IRQ 相应的内存，具体工作由 arch/arm/lib/stack. c 文件中的函数 arch_reserve_stacks 完成，结果如图 29-23 所示。

```
gd->new_gd = 0x9ef44eb8
gd->start_addr_sp = 0x9ef44eb8
```

图 29-22　信息输出

```
gd->start_addr_sp = 0x9ef44e90
```

图 29-23　信息输出

在 uboot 中并没有使用到 IRQ，不会留出 IRQ 相应的内存区域，此时有：

```
gd->start_addr_sp = 0X9EF44E90
```

第 56 行，setup_dram_config 函数设置 dram 信息，就是设置 gd—> bd—> bi_dram[0]. start 和 gd—> bd—> bi_dram[0]. size，后面会传递给 Linux 内核，告诉 Linux DRAM 的起始地址和大小，结果如图 29-24 所示。

从图 29-24 可以看出，DRAM 的起始地址为 0x80000000，大小为 0x20000000(512MB)。

第 57 行，show_dram_config 函数，用于显示 DRAM 的配置，如图 29-25 所示。

```
gd->bd->bi_dram[0].start = 0x80000000
gd->bd->bi_dram[0].size = 0x20000000
```

图 29-24　信息输出

```
Board: MX6ULL 14x14 EVK
I2C:   ready
DRAM:  512 MiB
MMC:   FSL_SDHC: 0, FSL_SDHC: 1
```

图 29-25　信息输出

第 58 行，display_new_sp 函数，显示新的 sp 位置，也就是 gd－> start_addr_sp，不过要定义宏 DEBUG，结果如图 29-26 所示。

```
Reset cause: unknown reset
Board: MX6ULL 14x14 EVK
I2C:   ready
DRAM:  512 MiB
New Stack Pointer is: 9ef44e90
MMC:   FSL_SDHC: 0, FSL_SDHC: 1
Display: TFT43AB (480x272)
Video: 480x272x24
In:    serial
```

图 29-26 信息输出

图 29-26 中的 gd－> start_addr_sp 值和前面分析的最后一次修改的值一致。

第 60 行，reloc_fdt 函数用于重定位 fdt，没有用到。

第 61 行，setup_reloc 函数，设置 gd 的其他成员变量，供重定位时使用，并且将以前的 gd 复制到 gd－> new_gd 处。需要使能 debug 才能看到相应的信息输出，如图 29-27 所示。

```
DRAM:  512 MiB
Relocation Offset is: 18747000
Relocating to 9ff47000, new gd at 9ef44eb8, sp at 9ef44e90
```

图 29-27 信息输出

从图 29-27 可以看出，uboot 重定位后的偏移为 0x18747000，重定位后的新地址为 0x9FF4700，新的 gd 首地址为 0x9EF44EB8，最终的 sp 为 0x9EF44E90。

至此，board_init_f 函数就执行完成，最终的内存分配如图 29-28 所示。

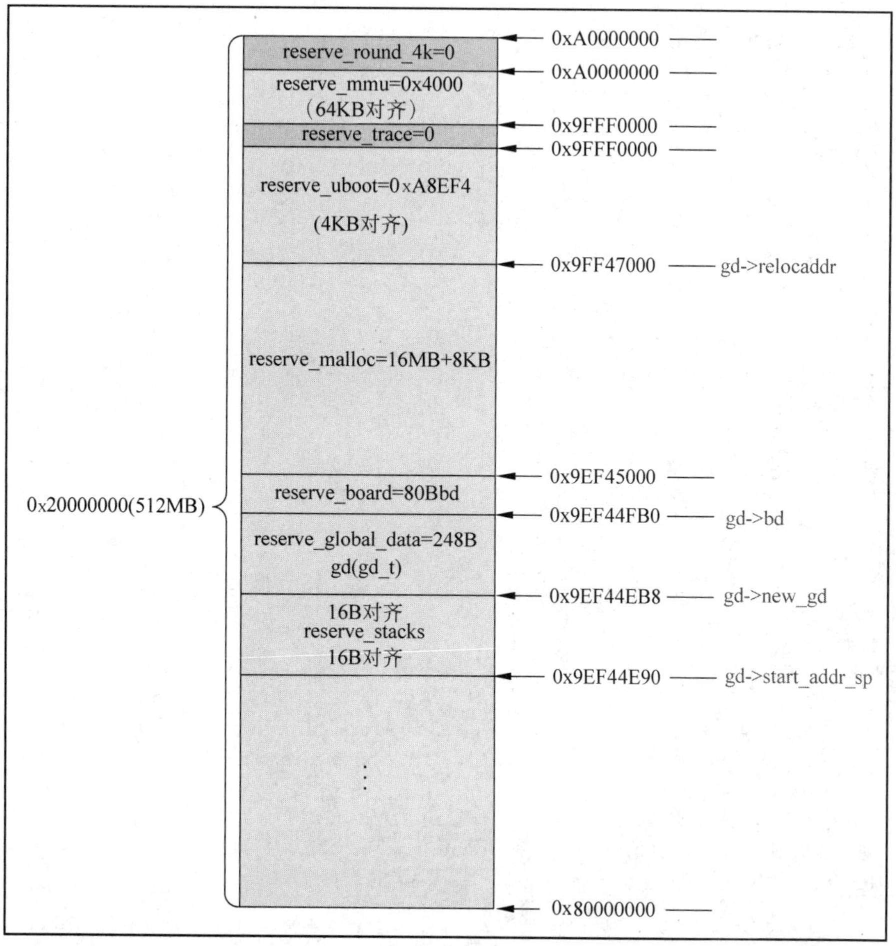

图 29-28 最终的内存分配图

29.2.6 relocate_code 函数详解

relocate_code 函数是用于代码复制的，此函数定义在文件 arch/arm/lib/relocate.S 中，内容如示例 29-22 所示。

示例 29-22 relocate.S 代码段

```
ENTRY(relocate_code)
    ldr r1, =__image_copy_start     /* r1 <- SRC &__image_copy_start */
    subs    r4, r0, r1              /* r4 <- relocation offset */
    beq relocate_done               /* skip relocation */
    ldr r2, =__image_copy_end       /* r2 <- SRC &__image_copy_end */

copy_loop:
    ldmia   r1!, {r10-r11}          /* copy from source address [r1] */
    stmia   r0!, {r10-r11}          /* copy to   target address [r0] */
    cmp r1, r2                      /* until source end address [r2] */
    blo copy_loop

    /*
     * fix .rel.dyn relocations
     */
    ldr r2, =__rel_dyn_start        /* r2 <- SRC &__rel_dyn_start */
    ldr r3, =__rel_dyn_end          /* r3 <- SRC &__rel_dyn_end */
fixloop:
    ldmia   r2!, {r0-r1}            /* (r0,r1) <- (SRC location,fixup) */
    and r1, r1, #0xff
    cmp r1, #23                     /* relative fixup? */
    bne fixnext

    /* relative fix: increase location by offset */
    add r0, r0, r4
    ldr r1, [r0]
    add r1, r1, r4
    str r1, [r0]
fixnext:
    cmp r2, r3
    blo fixloop

relocate_done:

#ifdef __XSCALE__
    /*
     * On xscale, icache must be invalidated and write buffers
     * drained, even with cache disabled - 4.2.7 of xscale core
     developer's manual */
    mcr p15, 0, r0, c7, c7, 0       /* invalidate icache */
    mcr p15, 0, r0, c7, c10, 4      /* drain write buffer */
#endif

   /* ARMv4- don't know bx lr but the assembler fails to see that */
```

```
123
124 #ifdef __ARM_ARCH_4__
125     mov pc, lr
126 #else
127     bx  lr
128 #endif
129
130 ENDPROC(relocate_code)
```

第 80 行，r1＝__image_copy_start，r1 寄存器保存源地址。由表 29-1 可知，__image_copy_start＝0x87800000。

第 81 行，r0＝0x9FF47000，这个地址就是 uboot 复制的目标首地址。r4＝r0-r1＝0x9FF47000-0x87800000＝0x18747000，因此 r4 保存偏移量。

第 82 行，如果在第 81 中，r0-r1 等于 0，说明 r0 和 r1 相等，即源地址和目的地址是一样的，肯定不需要复制，执行 relocate_done 函数。

第 83 行，r2＝__image_copy_end，r2 中保存复制之前的代码结束地址，由表 29-1 可知，__image_copy_end ＝0x8785dd54。

第 84 行，函数 copy_loop 完成代码复制工作。从 r1，也就是__image_copy_start 开始，读取 uboot 代码保存到 r10 和 r11 中，一次只复制这两个 32 位的数据。复制完成以后 r1 的值会更新，保存下一个要复制的数据地址。

第 87 行将 r10 和 r11 的数据写到 r0 开始的地方，也就是目的地址。写完以后 r0 的值会更新为下一个要写入的数据地址。

第 88 行比较 r1 和 r2 是否相等，也就是检查复制是否完成。如果不相等则复制没有完成，然后跳转到 copy_loop 接着复制，直至复制完成。

接下来的第 94 行～109 行是重定位. rel. dyn 段，. rel. dyn 段是存放. text 段中需要重定位地址的集合。重定位就是将 uboot 复制到 DRAM 的另一个地址继续运行(DRAM 的高地址处)。一个可执行的 bin 文件，其链接地址和运行地址要相等，也就是链接到某个地址，在运行之前就要复制到那个地址去。现在重定位以后，运行地址就和链接地址不同了，这样寻址时不会出问题吗？为了分析这个问题，需要在 mx6ull_alientek_emmc. c 中输入如示例 29-23 所示内容。

示例 29-23　mx6ull_alientek_emmc. c 新添代码段

```
static int rel_a = 0;

void rel_test(void)
{
    rel_a = 100;
    printf("rel_test\r\n");
}
```

最后，需要在 mx6ullevk. c 文件中的 board_init 函数中调用 rel_test 函数，否则 rel_reset 不会被编译进 uboot。修改完成后的 mx6ullevk. c 如图 29-29 所示。

board_init 函数会调用 rel_test，rel_test 会调用全局变量 rel_a，使用如下命令编译 uboot。

```
static int rel_a = 0;

void rel_test(void)
{
    rel_a = 100;
    printf("rel_test\r\n");
}

int board_init(void)
{
    rel_test();
```

图 29-29　加入 rel 测试相关代码

```
./mx6ull_alientek_emmc.sh
```

编译完成以后,使用 arm-linux-gnueabihf-objdump 将 u-boot 进行反汇编,得到 u-boot.dis 这个汇编文件,命令如下所示。

```
arm-linux-gnueabihf-objdump -D -m arm u-boot > u-boot.dis
```

在 u-boot.dis 文件中找到 rel_a、rel_rest 和 board_init,相关内容如示例 29-24 所示。

示例 29-24　汇编文件代码段

```
1  87804184 <rel_test>:
2  87804184:    e59f300c    ldr r3, [pc, #12]     ; 87804198
                                                  ; <rel_test+0x14>
3  87804188:    e3a02064    mov r2, #100          ; 0x64
4  8780418c:    e59f0008    ldr r0, [pc, #8]      ; 8780419c
                                                  ; <rel_test+0x18>
5  87804190:    e5832000    str r2, [r3]
6  87804194:    ea00d668    b    87839b3c <printf>
7  87804198:    8785da50        ; <UNDEFINED> instruction: 0x8785da50
8  8780419c:    878426a2    strhi    r2, [r4, r2, lsr #13]
9
10 878041a0 <board_init>:
11 878041a0:    e92d4010    push    {r4, lr}
12 878041a4:    ebfffff6    bl   87804184 <rel_test>
13
14 ...
15
16 8785da50 <rel_a>:
17 8785da50:    00000000    andeq    r0, r0, r0
```

第 12 行是 board_init 调用 rel_test 函数,用到了 bl 指令,而 bl 指令是位置无关指令,bl 指令是相对寻址的(pc + offset),因此 uboot 中函数调用与绝对位置无关。

再来看一下 rel_test 函数对于全局变量 rel_a 的调用,第 2 行设置 r3 的值为 pc + 12 地址处的值,因为 ARM 流水线的原因,pc 寄存器的值为当前地址 + 8,因此 pc=0x87804184 + 8=0x8780418C,r3=0x8780418C + 12 = 0x87804198,第 7 行就是 0x87804198 这个地址,0x87804198 处的值为 0x8785DA50。根据第 17 行可知,0x8785DA50 正是变量 rel_a 的地址,最终 r3=0x8785DA50。

第 3 行，r2＝100。

第 5 行，将 r2 内的值写到 r3 地址处，也就是设置地址 0x8785DA50 的值为 100，这就是示例 29-23 中的第 5 行：rel_a = 100。

总结一下 rel_a＝100 的汇编执行过程。

（1）在 rel_test 函数末尾处有一个地址为 0x87804198 的内存空间（示例 29-24 的第 7 行），此内存空间保存着变量 rel_a 的地址。

（2）rel_test 函数要想访问变量 rel_a，首先访问末尾的 0x87804198 来获取变量 rel_a 的地址，而访问 0x87804198 是通过偏移来访问的，很明显是位置无关的操作。

（3）通过 0x87804198 获取到变量 rel_a 的地址，对变量 rel_a 进行操作。

（4）可以看出，rel_test 函数对变量 rel_a 的访问没有直接进行，而是使用了一个第三方偏移地址 0x87804198，专业术语叫作 Label。这个第三方偏移地址就是实现重定位后运行不会出错的重要原因。

uboot 重定位后偏移为 0x18747000，那么重定位后 rel_test 函数的首地址就是 0x87804184 + 0x18747000＝0x9FF4B184。保存变量 rel_a 地址的 Label 就是 0x9FF4B184 + 8 + 12＝0x9FF4B198（即 0x87804198 + 0x18747000），变量 rel_a 的地址就为 0x8785DA50 + 0x18747000＝0x9FFA4A50。重定位后函数 rel_test 要想正常访问变量 rel_a 就要设置 0x9FF4B198（重定位后的 Label）地址处的值为 0x9FFA4A50（重定位后的变量 rel_a 地址）。这样就解决了重定位后链接地址和运行地址不一致的问题。

可以看出，uboot 对于重定位后链接地址和运行地址不一致的解决方法就是采用位置无关码，在使用 ld 进行链接时，使用选项"-pie"生成位置无关的可执行文件。在文件 arch/arm/config. mk 中有如示例 29-25 所示内容。

示例 29-25　config. mk 文件代码段

```
82 # needed for relocation
83 LDFLAGS_u - boot += -pie
```

第 83 行就是设置 uboot 链接选项，加入了-pie 选项，编译链接 uboot 如图 29-30 所示。

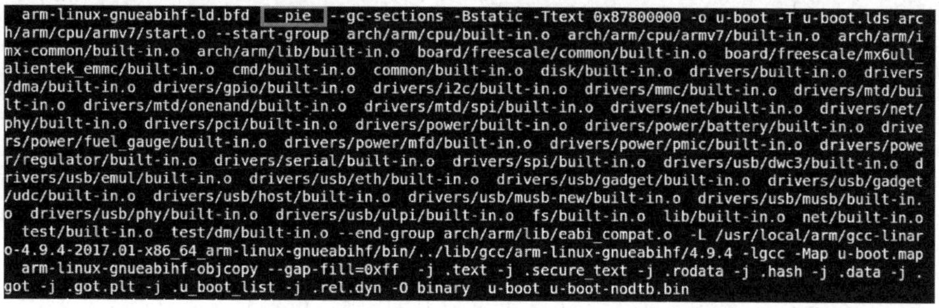
arm-linux-gnueabihf-ld.bfd -pie --gc-sections -Bstatic -Ttext 0x87800000 -o u-boot -T u-boot.lds arc
h/arm/cpu/armv7/start.o --start-group arch/arm/cpu/built-in.o arch/arm/cpu/armv7/built-in.o arch/arm/i
mx-common/built-in.o arch/arm/lib/built-in.o board/freescale/common/built-in.o board/freescale/mx6ull_
alientek_emmc/built-in.o cmd/built-in.o common/built-in.o disk/built-in.o drivers/built-in.o drivers
/dma/built-in.o drivers/gpio/built-in.o drivers/i2c/built-in.o drivers/mmc/built-in.o drivers/mtd/bui
lt-in.o drivers/mtd/onenand/built-in.o drivers/mtd/spi/built-in.o drivers/net/built-in.o drivers/net/
phy/built-in.o drivers/pci/built-in.o drivers/power/built-in.o drivers/power/battery/built-in.o drive
rs/power/fuel_gauge/built-in.o drivers/power/mfd/built-in.o drivers/power/pmic/built-in.o drivers/powe
r/regulator/built-in.o drivers/serial/built-in.o drivers/spi/built-in.o drivers/usb/dwc3/built-in.o d
rivers/usb/emul/built-in.o drivers/usb/eth/built-in.o drivers/usb/gadget/built-in.o drivers/usb/gadget
/udc/built-in.o drivers/usb/host/built-in.o drivers/usb/musb-new/built-in.o drivers/usb/musb/built-in.
o drivers/usb/phy/built-in.o drivers/usb/ulpi/built-in.o fs/built-in.o lib/built-in.o net/built-in.o
test/built-in.o test/dm/built-in.o --end-group arch/arm/lib/eabi_compat.o -L /usr/local/arm/gcc-linar
o-4.9.4-2017.01-x86_64_arm-linux-gnueabihf/bin/../lib/gcc/arm-linux-gnueabihf/4.9.4 -lgcc -Map u-boot.map
arm-linux-gnueabihf-objcopy --gap-fill=0xff -j .text -j .secure_text -j .rodata -j .hash -j .data -j .
got -j .got.plt -j .u_boot_list -j .rel.dyn -O binary u-boot u-boot-nodtb.bin

图 29-30　链接命令

使用-pie 选项以后会生成一个. rel. dyn 段，uboot 就是靠这个. rel. dyn 段来解决重定位问题的，在 u-bot. dis 的. rel. dyn 段中有如示例 29-26 所示内容。

示例 29-26 .rel.dyn 段代码段

```
1 Disassembly of section .rel.dyn:
2
3 8785da44 <__rel_dyn_end - 0x8ba0 >:
4 8785da44: 87800020      strhi   r0, [r0, r0, lsr #32]
5 8785da48: 00000017      andeq   r0, r0, r7, lsl r0
6 ...
7 8785dfb4: 87804198        ; <UNDEFINED> instruction: 0x87804198
8 8785dfb8: 00000017      andeq   r0, r0, r7, lsl r0
```

先来看一下.rel.dyn段的格式，类似第7行和第8行这样的是一组，也就是两个4字节数据为一组。高4字节是Label地址标识0x17，低4字节就是Label的地址，首先判断Label地址标识是否正确，也就是判断高4字节是否为0x17，如果是，则低4字节就是Label地址值。

第7行值为0x87804198，第8行为0x00000017，说明第7行的0x87804198是Label，这个正是示例29-24中存放变量rel_a地址的那个Label。只要将地址0x87804198 + offset处的值改为重定位后的变量rel_a地址即可。我们猜测的是否正确，看一下uboot对.rel.dyn段的重定位即可（示例29-22中的第94～109行），.rel.dyn段的重定位代码如示例29-27所示。

示例 29-27 relocate.S 代码段

```
94      ldr r2, =__rel_dyn_start     /* r2 <- SRC &__rel_dyn_start */
95      ldr r3, =__rel_dyn_end       /* r3 <- SRC &__rel_dyn_end */
96  fixloop:
97      ldmia   r2!, {r0-r1}         /* (r0,r1) <- (SRC location,fixup) */
98      and r1, r1, #0xff
99      cmp r1, #23                  /* relative fixup */
100     bne fixnext
101
102     /* relative fix: increase location by offset */
103     add r0, r0, r4
104     ldr r1, [r0]
105     add r1, r1, r4
106     str r1, [r0]
107 fixnext:
108     cmp r2, r3
109     blo fixloop
```

第94行，r2=__rel_dyn_start，也就是.rel.dyn段的起始地址。

第95行，r3=__rel_dyn_end，也就是.rel.dyn段的终止地址。

第97行，从.rel.dyn段起始地址开始，每次读取两个4字节的数据存放到r0和r1寄存器中，r0存放低4字节的数据，即Label地址；r1存放高4字节的数据，也就是Label标志。

第98行，r1中给的值与0xff进行与运算，其实就是取r1的低8位。

第99行判断r1中的值是否等于23(0x17)。

第100行，如果r1≠23，则不是描述Label的，执行函数fixnext，否则继续执行后面的代码。

第103行，r0保存Label值，r4保存重定位后的地址偏移，r0 + r4就得到了重定位后的Label

值。此时 r0 保存重定位后的 Label 值，相当于 0x87804198 + 0x18747000＝0x9FF4B198。

第 104 行读取重定位后 Label 所保存的变量地址，此时这个变量地址还是重定位前的(相当于 rel_a 重定位前的地址 0x8785DA50)，将得到的值放到 r1 寄存器中。

第 105 行，r1 + r4 即可得到重定位后的变量地址，相当于 rel_a 重定位后的 0x8785DA50 + 0x18747000＝0x9FFA4A50。

第 106 行，重定位后的变量地址写入重定位后的 Label 中，相当于设置地址 0x9FF4B198 处的值为 0x9FFA4A50。

第 108 行比较 r2 和 r3，查看. rel. dyn 段重定位是否完成。

第 109 行，如果 r2 和 r3 不相等，说明. rel. dyn 重定位还未完成，因此跳到 fixloop 继续重定位. rel. dyn 段。

可以看出，uboot 中对. rel. dyn 段的重定位方法和猜想的一致。. rel. dyn 段的重定位比较复杂，涉及到链接地址和运行地址的问题。

29.2.7 relocate_vectors 函数详解

relocate_vectors 函数用于重定位向量表，此函数定义在文件 relocate. S 中，函数源码如示例 29-28 所示。

示例 29-28 relocate. S 代码段

```
ENTRY(relocate_vectors)

#ifdef CONFIG_CPU_V7M
    /*
     * On ARMv7 - M we only have to write the new vector address
     * to VTOR register.
     */
    ldr r0, [r9, #GD_RELOCADDR]              /* r0 = gd->relocaddr */
    ldr r1, =V7M_SCB_BASE
    str r0, [r1, V7M_SCB_VTOR]
#else
#ifdef CONFIG_HAS_VBAR
    /*
     * If the ARM processor has the security extensions,
     * use VBAR to relocate the exception vectors.
     */
    ldr r0, [r9, #GD_RELOCADDR]              /* r0 = gd->relocaddr */
    mcr     p15, 0, r0, c12, c0, 0           /* Set VBAR */
#else
    /*
     * Copy the relocated exception vectors to the
     * correct address
     * CP15 c1 V bit gives us the location of the vectors:
     * 0x00000000 or 0xFFFF0000.
     */
    ldr r0, [r9, #GD_RELOCADDR]              /* r0 = gd->relocaddr */
    mrc p15, 0, r2, c1, c0, 0                /* V bit (bit[13]) in CP15 c1 */
```

```
54      ands     r2, r2, #(1 << 13)
55      ldreq    r1, = 0x00000000             /* If V=0 */
56      ldrne    r1, = 0xFFFF0000             /* If V=1 */
57      ldmia    r0!, {r2 - r8,r10}
58      stmia    r1!, {r2 - r8,r10}
59      ldmia    r0!, {r2 - r8,r10}
60      stmia    r1!, {r2 - r8,r10}
61  #endif
62  #endif
63      bx  lr
64
65  ENDPROC(relocate_vectors)
```

第 29 行，如果定义了 CONFIG_CPU_V7M，则执行第 30～36 行的代码，这是 Cortex-M 内核单片机执行的语句，因此对于 I. MX6ULL 来说是无效的。

第 38 行，如果定义了 CONFIG_HAS_VBAR，则执行此语句，这个是向量表偏移，Cortex-A7 是支持向量表偏移的。在.config 中定义了 CONFIG_HAS_VBAR，因此会执行这个分支。

第 43 行，r0＝gd－＞relocaddr，也就是重定位后 uboot 的首地址，向量表是从这个地址开始存放的。

第 44 行将 r0 的值写入 CP15 的 VBAR 寄存器中，将新的向量表首地址写入寄存器 VBAR 中，设置向量表偏移。

29.2.8 board_init_r 函数详解

讲解 board_init_f 函数，在此函数里面会调用一系列的函数来初始化一些外设和 gd 的成员变量。但是 board_init_f 并没有初始化所有的外设，还需要做一些后续工作，这些后续工作就是由函数 board_init_r 来完成的。board_init_r 函数定义在文件 common/board_r. c 中，内容如示例 29-29 所示。

示例 29-29　board_r. c 代码段

```
void board_init_r(gd_t *new_gd, ulong dest_addr)
{
#ifdef CONFIG_NEEDS_MANUAL_RELOC
    int i;
#endif

#ifdef CONFIG_AVR32
    mmu_init_r(dest_addr);
#endif

#if !defined(CONFIG_X86) && !defined(CONFIG_ARM) && !defined(CONFIG_ARM64)
    gd = new_gd;
#endif

#ifdef CONFIG_NEEDS_MANUAL_RELOC
```

```
1006     for (i = 0; i < ARRAY_SIZE(init_sequence_r); i++)
1007         init_sequence_r[i] += gd->reloc_off;
1008 #endif
1009
1010     if (initcall_run_list(init_sequence_r))
1011         hang();
1012
1013     /* NOTREACHED - run_main_loop() does not return */
1014     hang();
1015 }
```

第1010行调用initcall_run_list函数来执行初始化序列init_sequence_r，init_sequence_r是一个函数集合，init_sequence_r也定义在文件common/board_r.c中。由于init_sequence_f的内容比较长，里面有大量的条件编译代码，这里为了缩小篇幅，将条件编译部分删除，去掉条件编译以后的init_sequence_r定义如示例29-30所示。

示例29-30　board_r.c代码段

```
init_fnc_t init_sequence_r[] = {
    initr_trace,
    initr_reloc,
    initr_caches,
    initr_reloc_global_data,
    initr_barrier,
    initr_malloc,
    initr_console_record,
    bootstage_relocate,
    initr_bootstage,
    board_init, /* Setup chipselects */
    stdio_init_tables,
    initr_serial,
    initr_announce,
    INIT_FUNC_WATCHDOG_RESET
    INIT_FUNC_WATCHDOG_RESET
    INIT_FUNC_WATCHDOG_RESET
    power_init_board,
    initr_flash,
    INIT_FUNC_WATCHDOG_RESET
    initr_nand,
    initr_mmc,
    initr_env,
    INIT_FUNC_WATCHDOG_RESET
    initr_secondary_cpu,
    INIT_FUNC_WATCHDOG_RESET
    stdio_add_devices,
    initr_jumptable,
    console_init_r,              /* fully init console as a device */
    INIT_FUNC_WATCHDOG_RESET
    interrupt_init,
    initr_enable_interrupts,
```

```
33    initr_ethaddr,
34    board_late_init,
35    INIT_FUNC_WATCHDOG_RESET
36    INIT_FUNC_WATCHDOG_RESET
37    INIT_FUNC_WATCHDOG_RESET
38    initr_net,
39    INIT_FUNC_WATCHDOG_RESET
40    run_main_loop,
41 };
```

第 2 行，initr_trace 函数，如果定义了宏 CONFIG_TRACE，则会调用函数 trace_init，初始化和调试跟踪有关的内容。

第 3 行，initr_reloc 函数用于设置 gd－> flags，标记重定位完成。

第 4 行，initr_caches 函数用于初始化 cache，使能 cache。

第 5 行，initr_reloc_global_data 函数，初始化重定位后 gd 的一些成员变量。

第 6 行，initr_barrier 函数，I. MX6ULL 未用到。

第 7 行，initr_malloc 函数，初始化 malloc。

第 8 行，initr_console_record 函数，初始化控制台相关的内容，I. MX6ULL 未用到，空函数。

第 9 行，bootstage_relocate 函数，启动状态重定位。

第 10 行，initr_bootstage 函数，初始化 bootstage。

第 11 行，board_init 函数，板级初始化，包括 74XX 芯片、I^2C、FEC、USB 和 QSPI 等。这里执行的是 mx6ull_alientek_emmc. c 文件中的 board_init 函数。

第 12 行，stdio_init_tables 函数，stdio 相关初始化。

第 13 行，initr_serial 函数，初始化串口。

第 14 行，initr_announce 函数，与调试有关，通知已经在 RAM 中运行。

第 18 行，power_init_board 函数，初始化电源芯片，I. MX6ULL 开发板没有用到。

第 19 行，initr_flash 函数，对于 I. MX6ULL 而言，没有定义宏 CONFIG_SYS_NO_FLASH，则 initr_flash 函数才有效。但是，mx6_common. h 中定义了宏 CONFIG_SYS_NO_FLASH，所以此函数无效。

第 21 行，initr_nand 函数，初始化 NAND，如果使用 NAND 版本核心板，则会初始化 NAND。

第 22 行，initr_mmc 函数，初始化 EMMC，如果使用 EMMC 版本核心板，则会初始化 EMMC，串口输出如图 29-31 所示信息。

```
DRAM:  512 MiB
MMC:   FSL_SDHC: 0, FSL_SDHC: 1
```

图 29-31　EMMC 信息输出

从图 29-31 可以看出，此时有两个 EMCM 设备，FSL_SDHC：0 和 FSL_SDHC：1。

第 23 行，initr_env 函数，初始化环境变量。

第 25 行，initr_secondary_cpu 函数，初始化其他 CPU 核，I. MX6ULL 只有一个核，此函数未用。

第 27 行，stdio_add_devices 函数，各种输入输出设备的初始化，如 LCD driver。I. MX6ULL 使

用 drv_video_init 函数初始化 LCD，会输出如图 29-32 所示信息。

```
Display: ATK-LCD-7-1024x600 (1024x600)
Video: 1024x600x24
```

图 29-32　LCD 信息

第 28 行，initr_jumptable 函数，初始化跳转表。

第 29 行，console_init_r 函数，控制台初始化，初始化完成以后，此函数会调用 stdio_print_current_devices 函数来打印当前的控制台设备，如图 29-33 所示。

```
In:    serial
Out:   serial
Err:   serial
```

图 29-33　控制台信息

第 31 行，interrupt_init 函数，初始化中断。

第 32 行，initr_enable_interrupts 函数，使能中断。

第 33 行，initr_ethaddr 函数，初始化网络地址，即获取 MAC 地址。读取环境变量 ethaddr 的值。

第 34 行，board_late_init 函数，板子后续初始化，此函数定义在文件 mx6ull_alientek_emmc.c 中，如果环境变量存储在 EMMC 或者 SD 卡中，此函数会调用 board_late_mmc_env_init 初始化 EMMC/SD。会切换到正在使用的 EMMC 设备，代码如图 29-34 所示。

```
30 void board_late_mmc_env_init(void)
31 {
32     char cmd[32];
33     char mmcblk[32];
34     u32 dev_no = mmc_get_env_dev();
35 
36     if (!check_mmc_autodetect())
37         return;
38 
39     setenv_ulong("mmcdev", dev_no);
40 
41     /* Set mmcblk env */
42     sprintf(mmcblk, "/dev/mmcblk%dp2 rootwait rw",
43         mmc_map_to_kernel_blk(dev_no));
44     setenv("mmcroot", mmcblk);
45 
46     sprintf(cmd, "mmc dev %d", dev_no);
47     run_command(cmd, 0);
48 }
```

图 29-34　board_late_mmc_env_init 函数

图 29-34 中的第 46 行和第 47 行就是运行 mmc dev xx 命令，用于切换到正在使用的 EMMC 设备，串口输出信息如图 29-35 所示。

再回到示例 29-30。

第 38 行，initr_net 函数，初始化网络设备，函数调用顺序为 initr_net—>eth_initialize—>board_eth_init()，串口输出如图 29-36 所示信息。

第 40 行，run_main_loop 函数，主循环，处理命令。

```
switch to partitions #0, OK
mmc1(part 0) is current device
```

图 29-35　切换 MMC 设备

```
Net:   FEC1
```

图 29-36　网络信息输出

29.2.9　run_main_loop 函数详解

uboot 启动以后会进入 3 秒倒计时，如果在 3 秒倒计时结束之前按下 Enter 键，就会进入 uboot 的命令模式，如果倒计时结束以后都没有按下 Enter 键，那么就会自动启动 Linux 内核，这个功能是由 run_main_loop 函数来完成的。run_main_loop 函数定义在文件 common/board_r.c 中，内容如示例 29-31 所示。

示例 29-31　board_r.c 文件代码段

```
753  static int run_main_loop(void)
754  {
755     #ifdef CONFIG_SANDBOX
756      sandbox_main_loop_init();
757     #endif
758
759      for (;;)
760              main_loop();
761      return 0;
762 }
```

第 759 行和第 760 行是个死循环，for(;;)和 while(1)功能一样，死循环中就一个 main_loop 函数，main_loop 函数定义在文件 common/main.c 中，内容如示例 29-32 所示。

示例 29-32　main.c 文件代码段

```
void main_loop(void)
{
    const char *s;

    bootstage_mark_name(BOOTSTAGE_ID_MAIN_LOOP, "main_loop");

#ifndef CONFIG_SYS_GENERIC_BOARD
    puts("Warning: Your board does not use generic board. Please
         read\n");
    puts("doc/README.generic-board and take action. Boards not\n");
    puts("upgraded by the late 2014 may break or be removed.\n");
#endif

#ifdef CONFIG_VERSION_VARIABLE
    setenv("ver", version_string);  /* set version variable */
#endif /* CONFIG_VERSION_VARIABLE */

    cli_init();

    run_preboot_environment_command();
```

```
63
64 #if defined(CONFIG_UPDATE_TFTP)
65     update_tftp(0UL, NULL, NULL);
66 #endif /* CONFIG_UPDATE_TFTP */
67
68     s = bootdelay_process();
69     if (cli_process_fdt(&s))
70         cli_secure_boot_cmd(s);
71
72     autoboot_command(s);
73
74     cli_loop();
75 }
```

第 48 行调用 bootstage_mark_name 函数，打印启动进度。

第 57 行，如果定义了宏 CONFIG_VERSION_VARIABLE，则会执行 setenv 函数，设置变量 ver 的值为 version_string，也就是设置版本号环境变量。version_string 定义在文件 cmd/version.c 中，定义如下所示。

```
const char __weak version_string[] = U_BOOT_VERSION_STRING;
```

U_BOOT_VERSION_STRING 是个宏，定义在文件 include/version.h 中，如下所示。

```
#define U_BOOT_VERSION_STRING U_BOOT_VERSION " (" U_BOOT_DATE " - " \
    U_BOOT_TIME " " U_BOOT_TZ ")" CONFIG_IDENT_STRING
```

U_BOOT_VERSION 定义在文件 include/generated/version_autogenerated.h 中，文件 version_autogenerated.h 部分内容如示例 29-33 所示。

示例 29-33　version_autogenerated.h 文件代码

```
#define PLAIN_VERSION "2016.03"
#define U_BOOT_VERSION "U-Boot " PLAIN_VERSION
#define CC_VERSION_STRING "arm-poky-linux-gnueabi-gcc (GCC) 5.3.0"
#define LD_VERSION_STRING "G GNU ld (GNU Binutils) 2.26.0.20160214"
```

可以看出，U_BOOT_VERSION 为 U-boot 2016.03，U_BOOT_DATE、U_BOOT_TIME 和 U_BOOT_TZ 定义在文件 include/generated/timestamp_autogenerated.h 中，如示例 29-34 所示（示例 29-33 中的日期为具体编译时间，由于内核在不断地更新，应以实际时间为准）。

示例 29-34　timestamp_autogenerated.h 文件代码

```
#define U_BOOT_DATE "Mar 29 2021"
#define U_BOOT_TIME "15:59:40"
#define U_BOOT_TZ "+0800"
#define U_BOOT_DMI_DATE "03/29/2021"
```

宏 CONFIG_IDENT_STRING 为空，所以 U_BOOT_VERSION_STRING 为 U-Boot 2016.03

(Apr 25 2019 - 21:10:53 +0800),进入 uboot 命令模式,输入命令 version 查看版本号,如图 29-37 所示。

```
U-Boot 2016.03-ge468cdc (Mar 29 2021 - 15:59:40 +0800)
arm-poky-linux-gnueabi-gcc (GCC) 5.3.0
GNU ld (GNU Binutils) 2.26.0.20160214
=>
```

图 29-37 版本查询

图 29-37 中的第一行就是 uboot 版本号。

接着回到示例 29-32 中。第 60 行,cli_init 函数,跟命令初始化有关,初始化 hush shell 相关的变量。

第 62 行,run_preboot_environment_command 函数,获取环境变量 perboot 的内容,perboot 是一些预启动命令,一般不使用这个环境变量。

第 68 行,bootdelay_process 函数,此函数会读取环境变量 bootdelay 和 bootcmd 的内容,然后将 bootdelay 的值赋值给全局变量 stored_bootdelay,返回值为环境变量 bootcmd 的值。

第 69 行,如果定义了 CONFIG_OF_CONTROL,则 cli_process_fdt 函数就会实现,否则 cli_process_fdt 函数直接返回 false。在本 uboot 中没有定义 CONFIG_OF_CONTROL,因此 cli_process_fdt 函数返回值为 false。

第 72 行,autoboot_command 函数,此函数检查倒计时是否结束,倒计时结束之前是否被打断。此函数定义在文件 common/autoboot.c 中,内容如示例 29-35 所示。

示例 29-35 auboboot.c 文件代码段

```
void autoboot_command(const char *s)
{
    debug("### main_loop: bootcmd=\"%s\"\n", s ? s : "<UNDEFINED>");

    if (stored_bootdelay != -1 && s && !abortboot(stored_bootdelay)) {
#if defined(CONFIG_AUTOBOOT_KEYED)
&& !defined(CONFIG_AUTOBOOT_KEYED_CTRLC)
        int prev = disable_ctrlc(1); /* disable Control C checking */
#endif

        run_command_list(s, -1, 0);

#if defined(CONFIG_AUTOBOOT_KEYED)
&& !defined(CONFIG_AUTOBOOT_KEYED_CTRLC)
        disable_ctrlc(prev);          /* restore Control C checking */
#endif
    }

#ifdef CONFIG_MENUKEY
    if (menukey == CONFIG_MENUKEY) {
        s = getenv("menucmd");
        if (s)
            run_command_list(s, -1, 0);
```

```
    }
#endif /* CONFIG_MENUKEY */
}
```

autoboot_command 函数中有很多条件编译，条件编译一多就不利于阅读程序(所以正点原子的例程基本不用条件编译，就是为了方便大家阅读源码)。CONFIG_AUTOBOOT_KEYED、CONFIG_AUTOBOOT_KEYED_CTRLC 和 CONFIG_MENUKEY 这 3 个宏在 I.MX6ULL 中没有定义，精简后得到如示例 29-36 所示代码。

示例 29-36　autoboot_command 函数精简版本

```
void autoboot_command(const char *s)
{
    if (stored_bootdelay != -1 && s && !abortboot(stored_bootdelay)) {
        run_command_list(s, -1, 0);
    }
}
```

当以下 3 个条件全部成立，则执行 run_command_list 函数。

(1) stored_bootdelay≠－1。

(2) s 不为空。

(3) abortboot 函数返回值为 0。

stored_bootdelay 等于环境变量 bootdelay 的值；s 是环境变量 bootcmd 的值，一般不为空，因此前两个成立，就剩下了 abortboot 函数的返回值。abortboot 函数也定义在文件 common/autoboot.c 中，内容如示例 29-37 所示。

示例 29-37　abortboot 函数

```
static int abortboot(int bootdelay)
{
#ifdef CONFIG_AUTOBOOT_KEYED
    return abortboot_keyed(bootdelay);
#else
    return abortboot_normal(bootdelay);
#endif
}
```

因为宏 CONFIG_AUTOBOOT_KEYE 未定义，因此执行 abortboot_normal 函数。接着来看 abortboot_normal 函数，此函数也定义在文件 common/autoboot.c 中，内容如示例 29-38 所示。

示例 29-38　abortboot_normal 函数

```
static int abortboot_normal(int bootdelay)
{
    int abort = 0;
    unsigned long ts;
```

```

#ifdef CONFIG_MENUPROMPT
    printf(CONFIG_MENUPROMPT);
#else
    if (bootdelay >= 0)
        printf("Hit any key to stop autoboot: %2d ", bootdelay);
#endif

#if defined CONFIG_ZERO_BOOTDELAY_CHECK
    /*
     * Check if key already pressed
     * Don't check if bootdelay < 0
     */
    if (bootdelay >= 0) {
        if (tstc()) {            /* we got a key press */
            (void) getc();       /* consume input */
            puts("\b\b\b 0");
            abort = 1;           /* don't auto boot */
        }
    }
#endif

    while ((bootdelay > 0) && (!abort)) {
        --bootdelay;
        /* delay 1000 ms */
        ts = get_timer(0);
        do {
            if (tstc()) {        /* we got a key press */
                abort  = 1;      /* don't auto boot */
                bootdelay = 0;   /* no more delay */
# ifdef CONFIG_MENUKEY
                menukey = getc();
# else
                (void) getc();   /* consume input */
# endif
                break;
            }
            udelay(10000);
        } while (!abort && get_timer(ts) < 1000);

        printf("\b\b\b%2d ", bootdelay);
    }

    putc('\n');

#ifdef CONFIG_SILENT_CONSOLE
    if (abort)
        gd->flags &= ~GD_FLG_SILENT;
#endif

    return abort;
}
```

abortboot_normal 函数同样有很多条件编译，删除掉条件编译相关代码后，abortboot_normal 函数内容如示例 29-39 所示。

示例 29-39　abortboot_normal 函数精简版本

```
1  static int abortboot_normal(int bootdelay)
2  {
3      int abort = 0;
4      unsigned long ts;
5
6      if (bootdelay >= 0)
7          printf("Hit any key to stop autoboot: %2d ", bootdelay);
8
9      while ((bootdelay > 0) && (!abort)) {
10         --bootdelay;
11         /* delay 1000 ms */
12         ts = get_timer(0);
13         do {
14             if (tstc()) {          /* we got a key press */
15                 abort  = 1;        /* don't auto boot */
16                 bootdelay = 0;     /* no more delay */
17                 (void) getc();     /* consume input */
18                 break;
19             }
20             udelay(10000);
21         } while (!abort && get_timer(ts) < 1000);
22
23         printf("\b\b\b%2d ", bootdelay);
24     }
25     putc('\n');
26     return abort;
27 }
```

第 3 行的变量 abort 是 abortboot_normal 函数的返回值，默认值为 0。

第 7 行通过串口输出“Hit any key to stop autoboot”字样，如图 29-38 所示。

```
Hit any key to stop autoboot:  0
=>
```

图 29-38　倒计时

第 9～21 行就是倒计时的具体实现。

第 14 行判断键盘是否按下，即是否打断了倒计时，如果键盘按下则执行相应的分支。比如设置 abort 为 1，设置 bootdelay 为 0 等，最后跳出倒计时循环。

第 26 行返回 abort 的值，如果倒计时自然结束，没有被打断则 abort 就为 0，否则 abort 的值为 1。

示例 29-36 的 autoboot_command 函数中，如果倒计时自然结束就执行 run_command_list 函数，此函数会执行参数 s 指定的一系列命令，也就是环境变量 bootcmd 的命令。bootcmd 里保存着默认的启动命令，所以 Linux 内核启动，这个就是 uboot 中倒计时结束后自动启动 Linux 内核的原理。如果倒计时结束之前按下了键盘上的按键，那么 run_command_list 函数就不会执行，相当于

autoboot_command 是个空函数。

示例 29-32 中的 main_loop 函数中，如果倒计时结束之前按下按键，则执行第 74 行的 cli_loop 函数，这个就是命令处理函数，负责接收和处理输入的命令。

29.2.10 cli_loop 函数详解

cli_loop 函数是 uboot 的命令行处理函数，我们在 uboot 中输入各种命令，进行各种操作就是由 cli_loop 来处理的，此函数定义在文件 common/cli.c 中，函数内容如示例 29-40 所示。

示例 29-40 cli.c 文件代码段

```
202 void cli_loop(void)
203 {
204 #ifdef CONFIG_SYS_HUSH_PARSER
205     parse_file_outer();
206     /* This point is never reached */
207     for (;;);
208 #else
209     cli_simple_loop();
210 #endif /* CONFIG_SYS_HUSH_PARSER */
211 }
```

在文件 include/configs/mx6_common.h 中定义宏 CONFIG_SYS_HUSH_PARSER，而 I.MX6ULL 开发板配置头文件 mx6ullevk.h 里面会引用 mx_common.h 这个头文件，因此宏 CONFIG_SYS_HUSH_PARSER 已定义。

第 205 行调用函数 parse_file_outer。

第 207 行是个死循环，永远不会执行到这里。

parse_file_outer 函数定义在文件 common/cli_hush.c 中，去掉条件编译内容以后的函数内容如示例 29-41 所示。

示例 29-41 parse_file_outer 函数精简版

```
1 int parse_file_outer(void)
2 {
3     int rcode;
4     struct in_str input;
5
6     setup_file_in_str(&input);
7     rcode = parse_stream_outer(&input, FLAG_PARSE_SEMICOLON);
8     return rcode;
9 }
```

第 3 行调用 setup_file_in_str 函数来初始化变量 input 的成员变量。

第 4 行调用 parse_stream_outer 函数，这个函数就是 hush shell 的命令解释器，负责接收命令行输入，然后解析并执行相应的命令。parse_stream_outer 函数定义在文件 common/cli_hush.c 中，精简版的函数内容如示例 29-42 所示。

示例 29-42 parse_stream_outer 函数精简版

```
1  static int parse_stream_outer(struct in_str * inp, int flag)
2  {
3   struct p_context ctx;
4   o_string temp = NULL_O_STRING;
5   int rcode;
6   int code = 1;
7   do {
8       ...
9       rcode = parse_stream(&temp, &ctx, inp,
10                  flag & FLAG_CONT_ON_NEWLINE ? -1 : '\n');
11      ...
12      if (rcode != 1 && ctx.old_flag == 0) {
13          ...
14          run_list(ctx.list_head);
15          ...
16      } else {
17          ...
18      }
19      b_free(&temp);
20  /* loop on syntax errors, return on EOF */
21  } while (rcode != -1 && !(flag & FLAG_EXIT_FROM_LOOP) &&
22      (inp->peek != static_peek || b_peek(inp)));
23  return 0;
24 }
```

第 7～21 行中的 do-while 循环处理输入命令。

第 9 行调用 parse_stream 函数进行命令解析。

第 14 行调用 run_list 函数来执行解析出来的命令。

run_list 函数会经过一系列的函数调用，最终调用 cmd_process 函数来处理命令，过程如示例 29-43 所示。

示例 29-43 run_list 执行流程

```
static int run_list(struct pipe * pi)
{
    int rcode = 0;

    rcode = run_list_real(pi);
    ...
    return rcode;
}

static int run_list_real(struct pipe * pi)
{
     char * save_name = NULL;
    ...
    int if_code = 0, next_if_code = 0;
    ...
    rcode = run_pipe_real(pi);
```

```
17     ...
18     return rcode;
19 }
20
21 static int run_pipe_real(struct pipe *pi)
22 {
23     int i;
24
25     int nextin;
26     int flag = do_repeat ? CMD_FLAG_REPEAT : 0;
27     struct child_prog *child;
28     char *p;
29     ...
30     if (pi->num_progs == 1) child = &(pi->progs[0]);
31         ...
32         return rcode;
33     } else if (pi->num_progs == 1 && pi->progs[0].argv != NULL) {
34         ...
35         /* Process the command */
36         return cmd_process(flag, child->argc, child->argv,
37                     &flag_repeat, NULL);
38     }
39
40     return -1;
41 }
```

第 5 行，run_list 函数调用 run_list_real 函数。

第 16 行，run_list_real 函数调用 run_pipe_real 函数。

第 36 行，run_pipe_real 函数调用 cmd_process 函数。

最终通过 cmd_process 函数来处理命令。

29.2.11 cmd_process 函数详解

在学习 cmd_process 之前，先看一下 uboot 中命令是如何定义的。uboot 使用宏 U_BOOT_CMD 来定义命令，宏 U_BOOT_CMD 定义在文件 include/command.h 中，其定义如示例 29-44 所示。

示例 29-44 U_BOOT_CMD 宏定义

```
#define U_BOOT_CMD(_name, _maxargs, _rep, _cmd, _usage, _help)        \
    U_BOOT_CMD_COMPLETE(_name, _maxargs, _rep, _cmd, _usage, _help, NULL)
```

可以看出 U_BOOT_CMD 是 U_BOOT_CMD_COMPLETE 的特例，将 U_BOOT_CMD_COMPLETE 的最后一个参数设置成 NULL，即 U_BOOT_CMD。U_BOOT_CMD_COMPLETE 宏定义如示例 29-45 所示。

示例 29-45 U_BOOT_CMD_COMPLETE 宏定义

```
#define U_BOOT_CMD_COMPLETE(_name, _maxargs, _rep, _cmd, _usage, _help, _comp) \
    ll_entry_declare(cmd_tbl_t, _name, cmd) =              \
        U_BOOT_CMD_MKENT_COMPLETE(_name, _maxargs, _rep, _cmd, _usage, _help, _comp);
```

宏 U_BOOT_CMD_COMPLETE 又用到了 ll_entry_declare 和 U_BOOT_CMD_MKENT_COMPLETE。ll_entry_declare 定义在文件 include/linker_lists.h 中，其定义如示例 29-46 所示。

示例 29-46 ll_entry_declare 宏定义

```
#define ll_entry_declare(_type, _name, _list)                    \
    _type _u_boot_list_2_##_list##_2_##_name __aligned(4)        \
        __attribute__((unused, section(".u_boot_list_2_"#_list"_2_"#_name)))
```

_type 为 cmd_tbl_t，因此 ll_entry_declare 定义了一个 cmd_tbl_t 变量，这里用到了 C 语言中的##连接符。其中的##_list 表示用_list 的值来替换，##_name 就是用_name 的值来替换。

宏 U_BOOT_CMD_MKENT_COMPLETE 定义在文件 include/command.h 中，其内容如示例 29-47 所示。

示例 29-47 U_BOOT_CMD_MKENT_COMPLETE 宏定义

```
#define U_BOOT_CMD_MKENT_COMPLETE(_name, _maxargs, _rep, _cmd, _usage, _help, _comp)    \
        { #_name, _maxargs, _rep, _cmd, _usage, _CMD_HELP(_help) _CMD_COMPLETE(_comp) }
```

上述代码中的#表示将_name 传递过来的值字符串化，U_BOOT_CMD_MKENT_COMPLETE 又用到了宏_CMD_HELP 和_CMD_COMPLETE，这两个宏的定义如示例 29-48 所示。

示例 29-48 _CMD_HELP 和_CMD_COMPLETE 宏定义

```
#ifdef CONFIG_AUTO_COMPLETE
# define _CMD_COMPLETE(x) x,
#else
# define _CMD_COMPLETE(x)
#endif
#ifdef CONFIG_SYS_LONGHELP
# define _CMD_HELP(x) x,
#else
# define _CMD_HELP(x)
#endif
```

如果定义了宏 CONFIG_AUTO_COMPLETE 和 CONFIG_SYS_LONGHELP，则_CMD_COMPLETE 和_CMD_HELP 就是取自身的值，然后再加上一个，。CONFIG_AUTO_COMPLETE 和 CONFIG_SYS_LONGHELP 这两个宏定义在文件 mx6_common.h 中。

宏 U_BOOT_CMD 的流程已经清楚，以一个具体的命令为例，来看 U_BOOT_CMD 经过展开以后是何模样。以命令 dhcp 为例，dhcp 命令定义如示例 29-49 所示。

示例 29-49 dhcp 命令宏定义

```
U_BOOT_CMD(
    dhcp,   3,  1,  do_dhcp,
    "boot image via network using DHCP/TFTP protocol",
```

```
    "[loadAddress] [[hostIPaddr:]bootfilename]"
);
```

将其展开，结果如示例 29-50 所示。

示例 29-50　dhcp 命令展开

```
U_BOOT_CMD(
    dhcp,    3,  1,  do_dhcp,
    "boot image via network using DHCP/TFTP protocol",
    "[loadAddress] [[hostIPaddr:]bootfilename]"
); /* 1. 将 U_BOOT_CMD 展开后为: */
U_BOOT_CMD_COMPLETE(dhcp, 3, 1, do_dhcp,
                    "boot image via network using DHCP/TFTP protocol",
                    "[loadAddress] [[hostIPaddr:]bootfilename]",
                    NULL)
/* 2. 将 U_BOOT_CMD_COMPLETE 展开后为: */
ll_entry_declare(cmd_tbl_t, dhcp, cmd) =            \
U_BOOT_CMD_MKENT_COMPLETE(dhcp, 3, 1, do_dhcp,  \
                 "boot image via network using DHCP/TFTP protocol", \
                 "[loadAddress] [[hostIPaddr:]bootfilename]", \
                 NULL);
/* 3. 将 ll_entry_declare 和 U_BOOT_CMD_MKENT_COMPLETE 展开后为: */
cmd_tbl_t _u_boot_list_2_cmd_2_dhcp __aligned(4)        \
            __attribute__((unused,section(.u_boot_list_2_cmd_2_dhcp))) \
        { "dhcp", 3, 1, do_dhcp,  \
          "boot image via network using DHCP/TFTP protocol", \
          "[loadAddress] [[hostIPaddr:]bootfilename]",\
          NULL}
```

从示例 29-50 可以看出，dhcp 命令最终展开结果如示例 29-51 所示。

示例 29-51　dhcp 命令最终结果

```
1 cmd_tbl_t _u_boot_list_2_cmd_2_dhcp __aligned(4)        \
2           __attribute__((unused,section(.u_boot_list_2_cmd_2_dhcp))) \
3         { "dhcp", 3, 1, do_dhcp,  \
4         "boot image via network using DHCP/TFTP protocol", \
5         "[loadAddress] [[hostIPaddr:]bootfilename]",\
6         NULL}
```

第 1 行定义了一个 cmd_tbl_t 类型的变量，变量名为_u_boot_list_2_cmd_2_dhcp，此变量 4B 对齐。

第 2 行，使用__attribute__关键字设置变量_u_boot_list_2_cmd_2_dhcp，存储在. u_boot_list_2_cmd_2_dhcp 段中。u-boot. lds 链接脚本中有一个名为. u_boot_list 的段，所有. u_boot_list 开头的段都存放到. u_boot. list 中，如图 29-39 所示。

因此，第 2 行就是设置变量_u_boot_list_2_cmd_2_dhcp 的存储位置。

```
. = ALIGN(4);
. = .;
. = ALIGN(4);
.u_boot_list : {
 KEEP(*(SORT(.u_boot_list*)));
}
```

图 29-39 u-boot. lds 中的. u_boot_list 段

第3～6行，cmd_tbl_t 是个结构体，因此第3～6行在初始化 cmd_tbl_t 结构体的各个成员变量。cmd_tbl_t 结构体定义在文件 include/command. h 中，其内容如示例 29-52 所示。

示例 29-52 cmd_tbl_t 结构体

```
struct cmd_tbl_s {
    char       *name;                    /* Command Name */
    int        maxargs;                  /* maximum number of arguments */
    int        repeatable;               /* autorepeat allowed? */
                                         /* Implementation function */
    int        (*cmd)(struct cmd_tbl_s *, int, int, char * const []);
    char           *usage;               /* Usage message    (short) */
#ifdef   CONFIG_SYS_LONGHELP
    char           *help;                /* Help   message    (long) */
#endif
#ifdef CONFIG_AUTO_COMPLETE
                   /* do auto completion on the arguments */
    int        (*complete)(int argc, char * const argv[], char last_char, int maxv, char *cmdv[]);
#endif
};

typedef struct cmd_tbl_s cmd_tbl_t;
```

结合示例 29-51，可以得出变量_u_boot_list_2_cmd_2_dhcp 的各个成员值，如下所示。

```
_u_boot_list_2_cmd_2_dhcp.name = "dhcp"
_u_boot_list_2_cmd_2_dhcp.maxargs = 3
_u_boot_list_2_cmd_2_dhcp.repeatable = 1
_u_boot_list_2_cmd_2_dhcp.cmd = do_dhcp
_u_boot_list_2_cmd_2_dhcp.usage = "boot image via network using DHCP/TFTP protocol"
_u_boot_list_2_cmd_2_dhcp.help =  "[loadAddress] [[hostIPaddr:]bootfilename]"
_u_boot_list_2_cmd_2_dhcp.complete = NULL
```

当在 uboot 的命令行中输入 dhcp 这个命令时，最终执行 do_dhcp 这个函数。总结如下：uboot 中使用 U_BOOT_CMD 来定义一个命令，最终目的就是为了定义一个 cmd_tbl_t 类型的变量，并初始化这个变量的各个成员；uboot 中的每个命令都存储在. u_boot_list 段中，每个命令都有一个名为 do_xxx(xxx 为具体的命令名)的函数，这个 do_xxx 函数就是具体的命令处理函数。

了解了 uboot 中命令的组成以后，再来看 cmd_process 函数的处理过程。cmd_process 函数定义在文件 common/command. c 中，函数内容如示例 29-53 所示。

示例 29-53　command.c 文件代码段

```
500 enum command_ret_t cmd_process(int flag, int argc,
501                     char * const argv[], int * repeatable, ulong * ticks)
502 {
503     enum command_ret_t rc = CMD_RET_SUCCESS;
504     cmd_tbl_t * cmdtp;
505
506     /* Look up command in command table */
507     cmdtp = find_cmd(argv[0]);
508     if (cmdtp == NULL) {
509         printf("Unknown command '%s' - try 'help'\n", argv[0]);
510         return 1;
511     }
512
513     /* found - check max args */
514     if (argc > cmdtp->maxargs)
515         rc = CMD_RET_USAGE;
516
517 #if defined(CONFIG_CMD_BOOTD)
518     /* avoid "bootd" recursion */
519     else if (cmdtp->cmd == do_bootd) {
520         if (flag & CMD_FLAG_BOOTD) {
521             puts("'bootd' recursion detected\n");
522             rc = CMD_RET_FAILURE;
523         } else {
524             flag |= CMD_FLAG_BOOTD;
525         }
526     }
527 #endif
528
529     /* If OK so far, then do the command */
530     if (!rc) {
531         if (ticks)
532             *ticks = get_timer(0);
533         rc = cmd_call(cmdtp, flag, argc, argv);
534         if (ticks)
535             *ticks = get_timer(*ticks);
536         *repeatable &= cmdtp->repeatable;
537     }
538     if (rc == CMD_RET_USAGE)
539         rc = cmd_usage(cmdtp);
540     return rc;
541 }
```

第 507 行调用 find_cmd 函数在命令表中找到指定的命令，find_cmd 函数内容如示例 29-54 所示。

示例 29-54　command.c 文件代码段

```
cmd_tbl_t * find_cmd(const char * cmd)
{
```

```
    cmd_tbl_t *start = ll_entry_start(cmd_tbl_t, cmd);
    const int len = ll_entry_count(cmd_tbl_t, cmd);
    return find_cmd_tbl(cmd, start, len);
}
```

参数 cmd 就是所查找的命令名字，uboot 中的命令表就是 cmd_tbl_t 结构体数组，通过 ll_entry_start 函数得到数组的第一个元素，也就是命令表起始地址。通过 ll_entry_count 函数得到数组长度，也就是命令表的长度。最终通过 find_cmd_tbl 函数在命令表中找到所需的命令，每个命令都有一个 name 成员，将参数 cmd 与命令表中每个成员的 name 字段都对比一遍，如果相等则找到了这个命令，否则返回这个命令。

回到示例 29-53 的 cmd_process 函数中，找到命令以后就要执行这个命令，第 533 行调用 cmd_call 函数来执行具体的命令，cmd_call 函数内容如示例 29-55 所示。

示例 29-55 command.c 文件代码段

```
490 static int cmd_call(cmd_tbl_t *cmdtp, int flag, int argc,
char * const argv[])
491 {
492     int result;
493
494     result = (cmdtp->cmd)(cmdtp, flag, argc, argv);
495     if (result)
496         debug("Command failed, result=%d\n", result);
497     return result;
498 }
```

在前面的分析中知道，cmd_tbl_t 的 cmd 成员就是具体的命令处理函数，所以第 494 行调用 cmdtp 的 cmd 成员来处理具体的命令，返回值为命令的执行结果。

cmd_process 中会检测 cmd_tbl 的返回值，如果返回值为 CMD_RET_USAGE，则调用 cmd_usage 函数输出命令的用法，其实就是输出 cmd_tbl_t 的 usage 成员变量。

29.3 bootz 启动 Linux 内核过程

29.3.1 images 全局变量

不管是 bootz 还是 bootm 命令，在启动 Linux 内核时都会用到一个重要的全局变量 images。images 在文件 cmd/bootm.c 中有如示例 29-56 所示定义。

示例 29-56 images 全局变量

```
bootm_headers_t images;          /* pointers to os/initrd/fdt images */
```

images 是 bootm_headers_t 类型的全局变量，bootm_headers_t 是 boot 头结构体，在文件 include/image.h 中的定义如示例 29-57 所示（删除了一些条件编译代码）。

示例 29-57 bootm_headers_t 结构体

```
304 typedef struct bootm_headers {
305     /*
306      * Legacy os image header, if it is a multi component image
307      * then boot_get_ramdisk() and get_fdt() will attempt to get
308      * data from second and third component accordingly.
309      */
310     image_header_t  *legacy_hdr_os;     /* image header pointer */
311     image_header_t  legacy_hdr_os_copy; /* header copy */
312     ulong       legacy_hdr_valid;
313 
...
333 
334 #ifndef USE_HOSTCC
335     image_info_t os;               /* OS 镜像信息 */
336     ulong        ep;               /* OS 入口点 */
337 
338     ulong       rd_start, rd_end;  /* ramdisk 开始和结束位置 */
339 
340     char        *ft_addr;          /* 设备树地址 */
341     ulong       ft_len;            /* 设备树长度 */
342 
343     ulong       initrd_start;      /* initrd 开始位置 */
344     ulong       initrd_end;        /* initrd 结束位置 */
345     ulong       cmdline_start;     /* cmdline 开始位置 */
346     ulong       cmdline_end;       /* cmdline 结束位置 */
347     bd_t        *kbd;
348 #endif
349 
350     int     verify;                /* getenv("verify")[0] != 'n' */
351 
352 #define BOOTM_STATE_START       (0x00000001)
353 #define BOOTM_STATE_FINDOS      (0x00000002)
354 #define BOOTM_STATE_FINDOTHER   (0x00000004)
355 #define BOOTM_STATE_LOADOS      (0x00000008)
356 #define BOOTM_STATE_RAMDISK     (0x00000010)
357 #define BOOTM_STATE_FDT         (0x00000020)
358 #define BOOTM_STATE_OS_CMDLINE  (0x00000040)
359 #define BOOTM_STATE_OS_BD_T     (0x00000080)
360 #define BOOTM_STATE_OS_PREP     (0x00000100)
361 #define BOOTM_STATE_OS_FAKE_GO  (0x00000200)/* 'Almost' run the OS */
362 #define BOOTM_STATE_OS_GO       (0x00000400)
363     int     state;
364 
365 #ifdef CONFIG_LMB
366     struct lmb  lmb;           /* 内存管理相关,不深入研究 */
367 #endif
368 } bootm_headers_t;
```

第 335 行的 os 成员变量是 image_info_t 类型的,为系统镜像信息。

第 352～362 行这 11 个宏定义表示 BOOT 的不同阶段。

接下来看一下结构体 image_info_t，也就是系统镜像信息结构体，此结构体在文件 include/image.h 中的定义如示例 29-58 所示。

示例 29-58　image_info_t 结构体

```
typedef struct image_info {
    ulong  start, end;                  /* blob 开始和结束位置 */
    ulong  image_start, image_len;      /* 镜像起始地址(包括 blob)和长度 */
    ulong  load;                        /* 系统镜像加载地址 */
    uint8_t  comp, type, os;            /* 镜像压缩、类型,OS 类型 */
    uint8_t      arch;                  /* CPU 架构 */
} image_info_t;
```

全局变量 images 会在 bootz 命令的执行中频繁使用到，相当于 Linux 内核启动的灵魂。

29.3.2　do_bootz 函数

bootz 命令的执行函数为 do_bootz，在文件 cmd/bootm.c 中有如示例 29-59 所示定义。

示例 29-59　do_bootz 函数

```
622 int do_bootz(cmd_tbl_t *cmdtp, int flag, int argc, char * const argv[])
623 {
624     int ret;
625
626     /* Consume 'bootz' */
627     argc--; argv++;
628
629     if (bootz_start(cmdtp, flag, argc, argv, &images))
630         return 1;
631
632     /*
633      * We are doing the BOOTM_STATE_LOADOS state ourselves, so must
634      * disable interrupts ourselves
635      */
636     bootm_disable_interrupts();
637
638     images.os.os = IH_OS_LINUX;
639     ret = do_bootm_states(cmdtp, flag, argc, argv,
640                   BOOTM_STATE_OS_PREP | BOOTM_STATE_OS_FAKE_GO |
641                   BOOTM_STATE_OS_GO,
642                   &images, 1);
643
644     return ret;
645 }
```

第 629 行调用 bootz_start 函数，bootz_start 函数执行过程参考 29.3.3 节。

第 636 行调用 bootm_disable_interrupts 函数，关闭中断。

第 638 行设置 images.os.os 为 IH_OS_LINUX，也就是设置系统镜像为 Linux，表示要启动的是 Linux 系统。后面会用到 images.os.os 来挑选具体的启动函数。

第 639 行调用 do_bootm_states 函数来执行不同的 BOOT 阶段，这里要执行的 BOOT 阶段有 BOOTM_STATE _OS_PREP、BOOTM_STATE _OS_FAKE_GO 和 BOOTM_STATE _OS_GO。

29.3.3 bootz_start 函数

bootz_srart 函数也定义在文件 cmd/bootm.c 中，函数内容如示例 29-60 所示。

示例 29-60 bootz_start 函数

```
578 static int bootz_start(cmd_tbl_t *cmdtp, int flag, int argc,
579             char * const argv[], bootm_headers_t *images)
580 {
581     int ret;
582     ulong zi_start, zi_end;
583 
584     ret = do_bootm_states(cmdtp, flag, argc, argv,
585                 BOOTM_STATE_START,  images, 1);
586 
587     /* Setup Linux kernel zImage entry point */
588     if (!argc) {
589         images->ep = load_addr;
590         debug("*  kernel: default image load address = 0x%08lx\n",
591                 load_addr);
592     } else {
593         images->ep = simple_strtoul(argv[0], NULL, 16);
594         debug("*  kernel: cmdline image address = 0x%08lx\n",
595             images->ep);
596     }
597 
598     ret = bootz_setup(images->ep, &zi_start, &zi_end);
599     if (ret != 0)
600         return 1;
601 
602     lmb_reserve(&images->lmb, images->ep, zi_end - zi_start);
603 
604     /*
605      * Handle the BOOTM_STATE_FINDOTHER state ourselves as we do not
606      * have a header that provide this informaiton.
607      */
608     if (bootm_find_images(flag, argc, argv))
609         return 1;
610 
......
619     return 0;
620 }
```

第 584 行调用 do_bootm_states 函数执行 BOOTM_STATE_START 阶段。

第 593 行设置 images 的 ep 成员变量，也就是系统镜像的入口点，使用 bootz 命令启动系统时就会设置系统在 DRAM 中的存储位置。这个存储位置就是系统镜像的入口点，因此 images->ep=

0x80800000。

第 598 行调用 bootz_setup 函数，此函数会判断当前的系统镜像文件是否为 Linux 的镜像文件，并且会打印出镜像相关信息。

第 608 行调用 bootm_find_images 函数查找 ramdisk 和设备树(dtb)文件，但是我们没有用到 ramdisk，因此此函数在这里仅仅用于查找设备树(dtb)文件。

bootz_setup 函数定义在文件 arch/arm/lib/bootm.c 中，函数内容如示例 29-61 所示。

示例 29-61 bootz_setup 函数

```
370 #define LINUX_ARM_ZIMAGE_MAGIC   0x016f2818
371
372 int bootz_setup(ulong image, ulong *start, ulong *end)
373 {
374     struct zimage_header *zi;
375
376     zi = (struct zimage_header *)map_sysmem(image, 0);
377     if (zi->zi_magic != LINUX_ARM_ZIMAGE_MAGIC) {
378         puts("Bad Linux ARM zImage magic!\n");
379         return 1;
380     }
381
382     *start = zi->zi_start;
383     *end = zi->zi_end;
384
385     printf("Kernel image @ %#08lx [ %#08lx - %#08lx ]\n", image,
386             *start, *end);
387
388     return 0;
389 }
```

第 370 行，宏 LINUX_ARM_ZIMAGE_MAGIC 就是 ARM Linux 系统魔术数。

第 376 行从传递进来的参数 image(也就是系统镜像首地址)中获取 zImage 头。zImage 头结构体为 zimage_header。

第 377～380 行判断 image 是否为 ARM 的 Linux 系统镜像，如果不是则直接返回，并且打印出 Bad Linux ARM zImage magic!。比如输入一个如下所示的错误启动命令。

```
bootz 80000000 - 90000000
```

因为我们并没有在 0x80000000 处存放 Linux 镜像文件(zImage)，因此上面的命令会执行出错，结果如图 29-40 所示。

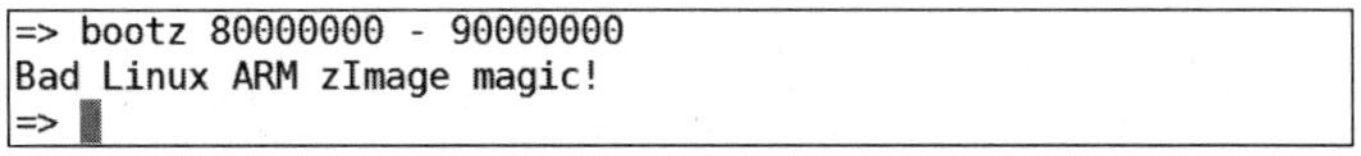
=> bootz 80000000 - 90000000
Bad Linux ARM zImage magic!
=>

图 29-40 启动出错

第 382～383 行初始化函数 bootz_setup 的参数 start 和 end。

第 385 行打印启动信息，如果 Linux 系统镜像正常则输出图 29-41 所示的信息。

```
Kernel image @ 0x80800000 [ 0x000000 - 0x6789c8 ]
```

图 29-41 Linux 镜像信息

接下来看 bootm_find_images 函数，此函数定义在文件 common/bootm.c 中，函数内容如示例 29-62 所示。

示例 29-62 bootm_find_images 函数

```
225 int bootm_find_images(int flag, int argc, char * const argv[])
226 {
227     int ret;
228 
229     /* find ramdisk */
230     ret = boot_get_ramdisk(argc, argv, &images, IH_INITRD_ARCH,
231                    &images.rd_start, &images.rd_end);
232     if (ret) {
233         puts("Ramdisk image is corrupt or invalid\n");
234         return 1;
235     }
236 
237 #if defined(CONFIG_OF_LIBFDT)
238     /* find flattened device tree */
239     ret = boot_get_fdt(flag, argc, argv, IH_ARCH_DEFAULT, &images,
240                 &images.ft_addr, &images.ft_len);
241     if (ret) {
242         puts("Could not find a valid device tree\n");
243         return 1;
244     }
245     set_working_fdt_addr((ulong)images.ft_addr);
246 #endif
...
258     return 0;
259 }
```

第 230～235 行是查找 ramdisk，此处没有用到，因此这部分代码不用管。

第 237～244 行是查找设备树(dtb)文件，找到以后就将设备树的起始地址和长度分别写到 images 的 ft_addr 和 ft_len 成员变量中。使用 bootz 启动 Linux 时已经指明了设备树在 DRAM 中的存储地址，因此 images.ft_addr＝0X83000000，长度根据具体的设备树文件而定，比如现在使用的设备树文件长度为 0X8C81，因此 images.ft_len＝0X8C81。

bootz_start 函数主要用于初始化 images 的相关成员变量。

29.3.4 do_bootm_states 函数

do_bootz 最后调用的就是 do_bootm_states 函数，而且在 bootz_start 中也调用了 do_bootm_states 函数，此函数定义在文件 common/bootm.c 中，内容如示例 29-63 所示。

示例 29-63 do_bootm_states 函数

```c
int do_bootm_states(cmd_tbl_t *cmdtp, int flag, int argc, char * const argv[],
                    int states, bootm_headers_t *images, int boot_progress)
{
    boot_os_fn *boot_fn;
    ulong iflag = 0;
    int ret = 0, need_boot_fn;

    images->state |= states;

    /*
     * Work through the states and see how far we get. We stop on
     * any error
     */
    if (states & BOOTM_STATE_START)
        ret = bootm_start(cmdtp, flag, argc, argv);

    if (!ret && (states & BOOTM_STATE_FINDOS))
        ret = bootm_find_os(cmdtp, flag, argc, argv);

    if (!ret && (states & BOOTM_STATE_FINDOTHER)) {
        ret = bootm_find_other(cmdtp, flag, argc, argv);
        argc = 0;               /* consume the args */
    }

    /* Load the OS */
    if (!ret && (states & BOOTM_STATE_LOADOS)) {
        ulong load_end;

        iflag = bootm_disable_interrupts();
        ret = bootm_load_os(images, &load_end, 0);
        if (ret == 0)
            lmb_reserve(&images->lmb, images->os.load,
                        (load_end - images->os.load));
        else if (ret && ret != BOOTM_ERR_OVERLAP)
            goto err;
        else if (ret == BOOTM_ERR_OVERLAP)
            ret = 0;
#if defined(CONFIG_SILENT_CONSOLE) && !defined(CONFIG_SILENT_U_BOOT_ONLY)
        if (images->os.os == IH_OS_LINUX)
            fixup_silent_linux();
#endif
    }

    /* Relocate the ramdisk */
#ifdef CONFIG_SYS_BOOT_RAMDISK_HIGH
    if (!ret && (states & BOOTM_STATE_RAMDISK)) {
        ulong rd_len = images->rd_end - images->rd_start;

```

```
        ret = boot_ramdisk_high(&images->lmb, images->rd_start,
            rd_len, &images->initrd_start, &images->initrd_end);
        if (!ret) {
            setenv_hex("initrd_start", images->initrd_start);
            setenv_hex("initrd_end", images->initrd_end);
        }
    }
#endif
#if defined(CONFIG_OF_LIBFDT) && defined(CONFIG_LMB)
    if (!ret && (states & BOOTM_STATE_FDT)) {
        boot_fdt_add_mem_rsv_regions(&images->lmb,
                                     images->ft_addr);
        ret = boot_relocate_fdt(&images->lmb, &images->ft_addr,
                &images->ft_len);
    }
#endif

    /* From now on, we need the OS boot function */
    if (ret)
        return ret;
    boot_fn = bootm_os_get_boot_func(images->os.os);
    need_boot_fn = states & (BOOTM_STATE_OS_CMDLINE |
            BOOTM_STATE_OS_BD_T | BOOTM_STATE_OS_PREP |
            BOOTM_STATE_OS_FAKE_GO | BOOTM_STATE_OS_GO);
    if (boot_fn == NULL && need_boot_fn) {
        if (iflag)
            enable_interrupts();
        printf("ERROR: booting os '%s' (%d) is not supported\n",
               genimg_get_os_name(images->os.os), images->os.os);
        bootstage_error(BOOTSTAGE_ID_CHECK_BOOT_OS);
        return 1;
    }

    /* Call various other states that are not generally used */
    if (!ret && (states & BOOTM_STATE_OS_CMDLINE))
        ret = boot_fn(BOOTM_STATE_OS_CMDLINE, argc, argv, images);
    if (!ret && (states & BOOTM_STATE_OS_BD_T))
        ret = boot_fn(BOOTM_STATE_OS_BD_T, argc, argv, images);
    if (!ret && (states & BOOTM_STATE_OS_PREP))
        ret = boot_fn(BOOTM_STATE_OS_PREP, argc, argv, images);

#ifdef CONFIG_TRACE
    /* Pretend to run the OS, then run a user command */
    if (!ret && (states & BOOTM_STATE_OS_FAKE_GO)) {
        char *cmd_list = getenv("fakegocmd");

        ret = boot_selected_os(argc, argv, BOOTM_STATE_OS_FAKE_GO,
                images, boot_fn);
        if (!ret && cmd_list)
            ret = run_command_list(cmd_list, -1, flag);
    }
#endif
```

```

    /* Check for unsupported subcommand */
    if (ret) {
        puts("subcommand not supported\n");
        return ret;
    }

    /* Now run the OS! We hope this doesn't return */
    if (!ret && (states & BOOTM_STATE_OS_GO))
        ret = boot_selected_os(argc, argv, BOOTM_STATE_OS_GO,
                images, boot_fn);
...
    return ret;
}
```

函数 do_bootm_states 根据不同的 BOOT，状态执行不同的代码段，通过如下代码来判断 BOOT 状态。

```
states & BOOTM_STATE_XXX
```

在 do_bootz 函数中会用到 BOOTM_STATE_OS_PREP、BOOTM_STATE_OS_FAKE_GO 和 BOOTM_STATE _OS_GO 这 3 个 BOOT 状态，bootz_start 函数中会用到 BOOTM_STATE _START 这个 BOOT 状态。为了精简代码，方便分析，将示例 29-63 中的 do_bootm_states 函数进行精简，只留下这 4 个 BOOT 状态对应的处理代码。

```
BOOTM_STATE_OS_PREP
BOOTM_STATE_OS_FAKE_GO
BOOTM_STATE_OS_GO
BOOTM_STATE_START
```

精简以后的 do_bootm_states 函数如示例 29-64 所示。

示例 29-64　精简后的 do_bootm_states 函数

```
int do_bootm_states(cmd_tbl_t *cmdtp, int flag, int argc, char * const argv[],
            int states, bootm_headers_t *images, int boot_progress)
{
    boot_os_fn *boot_fn;
    ulong iflag = 0;
    int ret = 0, need_boot_fn;

    images->state |= states;

    /*
     * Work through the states and see how far we get. We stop on
     * any error
     */
    if (states & BOOTM_STATE_START)
        ret = bootm_start(cmdtp, flag, argc, argv);
...
```

```
654
655     /* From now on, we need the OS boot function */
656     if (ret)
657         return ret;
658     boot_fn = bootm_os_get_boot_func(images->os.os);
659     need_boot_fn = states & (BOOTM_STATE_OS_CMDLINE |
660             BOOTM_STATE_OS_BD_T | BOOTM_STATE_OS_PREP |
661             BOOTM_STATE_OS_FAKE_GO | BOOTM_STATE_OS_GO);
662     if (boot_fn == NULL && need_boot_fn) {
663         if (iflag)
664             enable_interrupts();
665         printf("ERROR: booting os '%s' (%d) is not supported\n",
666                genimg_get_os_name(images->os.os), images->os.os);
667         bootstage_error(BOOTSTAGE_ID_CHECK_BOOT_OS);
668         return 1;
669     }
670
...
676     if (!ret && (states & BOOTM_STATE_OS_PREP))
677         ret = boot_fn(BOOTM_STATE_OS_PREP, argc, argv, images);
678
679 #ifdef CONFIG_TRACE
680     /* Pretend to run the OS, then run a user command */
681     if (!ret && (states & BOOTM_STATE_OS_FAKE_GO)) {
682         char *cmd_list = getenv("fakegocmd");
683
684         ret = boot_selected_os(argc, argv, BOOTM_STATE_OS_FAKE_GO,
685                 images, boot_fn);
686         if (!ret && cmd_list)
687             ret = run_command_list(cmd_list, -1, flag);
688     }
689 #endif
690
691     /* Check for unsupported subcommand */
692     if (ret) {
693         puts("subcommand not supported\n");
694         return ret;
695     }
696
697     /* Now run the OS! We hope this doesn't return */
698     if (!ret && (states & BOOTM_STATE_OS_GO))
699         ret = boot_selected_os(argc, argv, BOOTM_STATE_OS_GO,
700                 images, boot_fn);
...
712     return ret;
713 }
```

第 604 和 605 行，处理 BOOTM_STATE_START 阶段，bootz_start 会执行这一段代码。这里调用 bootm_start 函数，此函数定义在文件 common/bootm.c 中，函数内容如示例 29-65 所示。

示例 29-65　bootm_start 函数

```
static int bootm_start(cmd_tbl_t * cmdtp, int flag, int argc,
            char * const argv[])
{
    memset((void * )&images, 0, sizeof(images));   /* 清空 images */
    images.verify = getenv_yesno("verify");        /* 初始化 verfify 成员 */

    boot_start_lmb(&images);

    bootstage_mark_name(BOOTSTAGE_ID_BOOTM_START, "bootm_start");
    images.state = BOOTM_STATE_START;              /* 设置状态为 BOOTM_STATE_START */

    return 0;
}
```

接着回到示例 29-64 中，继续分析 do_bootm_states 函数。第 658 行非常重要，通过 bootm_os_get_boot_func 函数来查找系统启动函数，参数 images->os.os 就是系统类型，根据这个系统类型来选择对应的启动函数，在 do_bootz 中设置 images.os.os= IH_OS_LINUX。函数返回值就是找到的系统启动函数，这里找到的 Linux 系统启动函数为 do_bootm_linux，关于此函数查找系统启动函数的过程请参考 29.3.5 节。因此 boot_fn=do_bootm_linux，后面执行 boot_fn 函数的地方实际上执行的是 do_bootm_linux 函数。

第 676 行处理 BOOTM_STATE_OS_PREP 状态，调用 do_bootm_linux，do_bootm_linux 函数也调用 boot_prep_linux 来完成具体的处理过程。boot_prep_linux 主要用于处理环境变量 bootargs，bootargs 保存着传递给 Linux Kernel 的参数。

第 679～689 行是处理 BOOTM_STATE_OS_FAKE_GO 状态的，但是我们没有使能 TRACE 功能，因此宏 CONFIG_TRACE 也就没有定义，所以这段程序不会编译。

第 699 行调用 boot_selected_os 函数启动 Linux 内核，此函数第 4 个参数为 Linux 系统镜像头，第 5 个参数是 Linux 系统启动 do_bootm_linux 函数。boot_selected_os 函数定义在文件 common/bootm_os.c 中，函数内容如示例 29-66 所示。

示例 29-66　boot_selected_os 函数

```
476 int boot_selected_os(int argc, char * const argv[], int state,
477             bootm_headers_t * images, boot_os_fn * boot_fn)
478 {
479     arch_preboot_os();
480     boot_fn(state, argc, argv, images);
...
490     return BOOTM_ERR_RESET;
491 }
```

第 480 行调用 boot_fn 函数，使用 do_bootm_linux 函数来启动 Linux 内核。

29.3.5 bootm_os_get_boot_func 函数

do_bootm_states 会调用 bootm_os_get_boot_func 来查找对应系统的启动函数，此函数定义在文件 common/bootm_os.c 中，函数内容如示例 29-67 所示。

示例 29-67 bootm_os_get_boot_func 函数

```
493 boot_os_fn *bootm_os_get_boot_func(int os)
494 {
495 #ifdef CONFIG_NEEDS_MANUAL_RELOC
496     static bool relocated;
497 
498     if (!relocated) {
499         int i;
500 
501         /* relocate boot function table */
502         for (i = 0; i < ARRAY_SIZE(boot_os); i++)
503             if (boot_os[i] != NULL)
504                 boot_os[i] += gd->reloc_off;
505 
506         relocated = true;
507     }
508 #endif
509     return boot_os[os];
510 }
```

第 495～508 行是条件编译，在这个 uboot 中没有用到，因此这段代码无效，只有第 509 行有效。在第 509 行中 boot_os 是个数组，这个数组中存放着不同的系统对应的启动函数。boot_os 也定义在文件 common/bootm_os.c 中，如示例 29-68 所示。

示例 29-68 boot_os 数组

```
435 static boot_os_fn *boot_os[] = {
436     [IH_OS_U_BOOT] = do_bootm_standalone,
437 #ifdef CONFIG_BOOTM_LINUX
438     [IH_OS_LINUX] = do_bootm_linux,
439 #endif
...
465 #ifdef CONFIG_BOOTM_OPENRTOS
466     [IH_OS_OPENRTOS] = do_bootm_openrtos,
467 #endif
468 };
```

第 438 行就是 Linux 系统对应的启动函数 do_bootm_linux。

29.3.6 do_bootm_linux 函数

经过前面的分析，我们知道了 do_bootm_linux 就是最终启动 Linux 内核的函数，此函数定义在文件 arch/arm/lib/bootm.c 中，函数内容如示例 29-69 所示。

示例 29-69 do_bootm_linux 函数

```
339 int do_bootm_linux(int flag, int argc, char * const argv[],
340             bootm_headers_t * images)
341 {
342     /* No need for those on ARM */
343     if (flag & BOOTM_STATE_OS_BD_T || flag & BOOTM_STATE_OS_CMDLINE)
344         return -1;
345 
346     if (flag & BOOTM_STATE_OS_PREP) {
347         boot_prep_linux(images);
348         return 0;
349     }
350 
351     if (flag & (BOOTM_STATE_OS_GO | BOOTM_STATE_OS_FAKE_GO)) {
352         boot_jump_linux(images, flag);
353         return 0;
354     }
355 
356     boot_prep_linux(images);
357     boot_jump_linux(images, flag);
358     return 0;
359 }
```

第 351 行，如果参数 flag 等于 BOOTM_STATE_OS_GO 或者 BOOTM_STATE_OS_FAKE_GO，则执行 boot_jump_linux 函数。boot_selected_os 函数在调用 do_bootm_linux 时会将 flag 设置为 BOOTM_STATE_OS_GO。

第 352 行执行 boot_jump_linux 函数，此函数定义在文件 arch/arm/lib/bootm.c 中，函数内容如示例 29-70 所示。

示例 29-70 boot_jump_linux 函数

```
static void boot_jump_linux(bootm_headers_t * images, int flag)
{
#ifdef CONFIG_ARM64
...
#else
    unsigned long machid = gd->bd->bi_arch_number;
    char * s;
    void ( * kernel_entry)(int zero, int arch, uint params);
    unsigned long r2;
    int fake = (flag & BOOTM_STATE_OS_FAKE_GO);

    kernel_entry = (void ( * )(int, int, uint))images->ep;

    s = getenv("machid");
    if (s) {
        if (strict_strtoul(s, 16, &machid) < 0) {
            debug("strict_strtoul failed!\n");
```

```
305            return;
306        }
307        printf("Using machid 0x%lx from environment\n", machid);
308    }
309
310    debug("## Transferring control to Linux (at address %08lx)" \
311        "...\n", (ulong) kernel_entry);
312    bootstage_mark(BOOTSTAGE_ID_RUN_OS);
313    announce_and_cleanup(fake);
314
315    if (IMAGE_ENABLE_OF_LIBFDT && images->ft_len)
316        r2 = (unsigned long)images->ft_addr;
317    else
318        r2 = gd->bd->bi_boot_params;
319
...
328            kernel_entry(0, machid, r2);
329    }
330 #endif
331 }
```

第 274～292 行是 64 位 ARM 芯片对应的代码，Cortex-A7 是 32 位芯片，因此用不到。

第 293 行，变量 machid 保存机器 ID，如果不使用设备树则机器 ID 会被传递给 Linux 内核，Linux 内核会在机器 ID 列表中查找是否存在与 uboot 传递进来的 machid 匹配的项目，如果存在则表示 Linux 内核支持这个机器，那么 Linux 就会启动。如果使用设备树，machid 就无效了，设备树有兼容性，Linux 内核会比较兼容性属性的值（字符串）来查看是否支持这个机器。

第 295 行，kernel_entry 函数，看名字“内核_进入”，说明此函数是进入 Linux 内核的，是最为重要的！此函数有 3 个参数。第 1 个参数 zero，设置为 0（看名字就知道，此参数只能为 0）；第 2 个参数 arch，用来设置机器 ID，但是使用设备树的话此参数就没意义了；第 3 个参数 params，在没有使用设备树时，此参数用来设置需要向内核传递的一些参数信息，如果内核使用了设备树，那么此参数用来设置设备树（dtb）地址。

第 299 行获取 kernel_entry 函数，kernel_entry 函数并不是 uboot 定义的，而是 Linux 内核定义的。Linux 内核镜像文件的第一行代码就是 kernel_entry 函数，而 images->ep 保存 Linux 内核镜像的起始地址，起始地址保存的正是 Linux 内核第一行代码。

第 313 行调用 announce_and_cleanup 函数来打印一些信息并做一些清理工作，此函数定义在文件 arch/arm/lib/bootm.c 中，函数内容如示例 29-71 所示。

示例 29-71　announce_and_cleanup 函数

```
static void announce_and_cleanup(int fake)
{
    printf("\nStarting kernel ... %s\n\n", fake ?
        "(fake run for tracing)" : "");
    bootstage_mark_name(BOOTSTAGE_ID_BOOTM_HANDOFF, "start_kernel");
...
    cleanup_before_linux();
}
```

第 74 行在启动 Linux 之前输出“Starting Kernel ...”信息，如图 29-42 所示。

```
Using Device Tree in place at 83000000, end 8300c7ca
Starting kernel ...
[    0.000000] Booting Linux on physical CPU 0x0
```

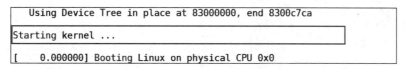

图 29-42　系统启动提示信息

第 87 行调用 cleanup_before_linux 函数做一些清理工作。

继续回到示例 29-70 的 boot_jump_linux 函数，第 315～318 行是设置寄存器 r2 的值，为什么要设置 r2 的值？Linux 内核开始是汇编代码，kernel_entry 函数只是汇编函数。向汇编函数传递参数要使用 r0、r1 和 r2(参数数量不超过 3 个时)，所以 r2 寄存器就是 kernel_entry 函数的第 3 个参数。

第 316 行，如果使用设备树则 r2 应该是设备树的起始地址，而设备树地址保存在 images 的 ftd_addr 成员变量中。

第 317 行，如果不使用设备树则 r2 应该是 uboot 传递给 Linux 的参数起始地址，也就是环境变量 bootargs 的值。

第 328 行调用 kernel_entry 函数进入 Linux 内核，此行将一去不复返，uboot 的使命也就完成了。

bootz 命令的执行过程如图 29-43 所示。

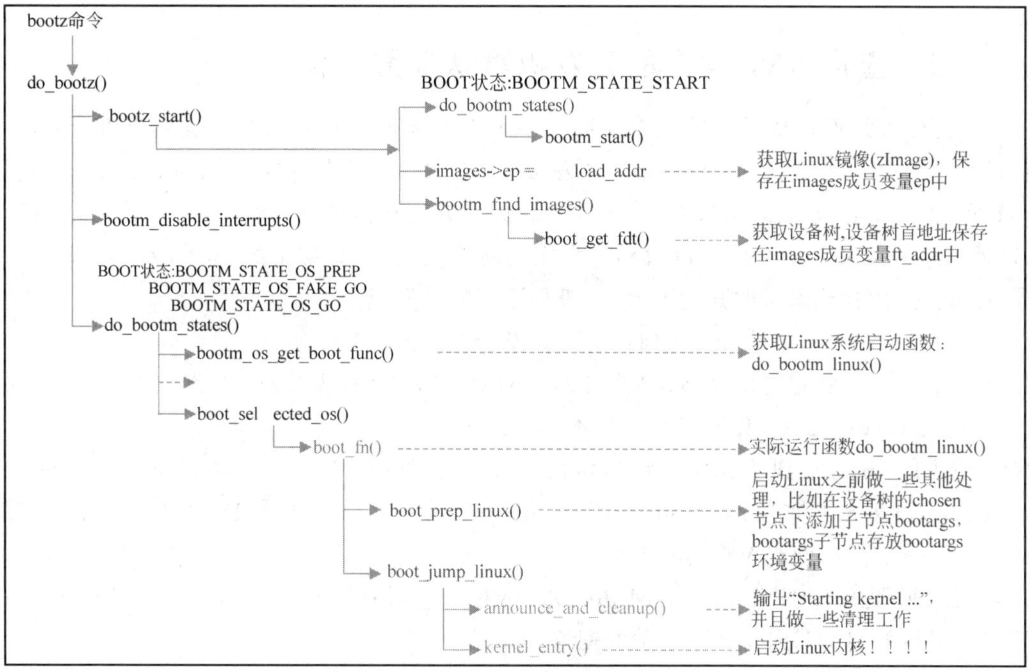

图 29-43　bootz 命令的执行过程

至此 uboot 的启动流程讲解完毕。当解析了 uboot 的启动流程后，后面移植 uboot 就会轻松很多。在工作中不需要详细地去了解 uboot，半导体厂商提供的 uboot 可以直接使用。但是作为学习，我们必须详细地了解 uboot 的启动流程，否则在工作中遇到问题，连解决的思路都没有。

第30章

U-Boot移植

第 29 章详细地分析了 uboot 的启动流程,我们对 uboot 有了一个初步地了解。本章就来学习如何将 NXP 官方的 uboot 移植到 I. MX6ULL 开发板上,学习如何在 uboot 中添加自己的板子。

30.1 NXP 官方开发板 uboot 编译测试

30.1.1 查找 NXP 官方的开发板默认配置文件

uboot 的移植并不是从零开始就将主线 uboot 移植到现在所使用的开发板或者开发平台上。半导体厂商会将 uboot 移植到他们的原厂开发板上,测试好以后会将这个 uboot 发布出去,这就是大家常说的原厂 BSP 包。做产品时大家会参考原厂的开发板做硬件,然后在原厂提供的 BSP 包上做修改,将 uboot 或者 Linux Kernel 移植到自家的硬件上。uboot 移植的一般流程如下。

① 在 uboot 中找到参考的开发平台,一般是原厂的开发板。

② 参考原厂开发板,移植 uboot 到自用的开发板上。

I. MX6ULL 开发板参考的是 NXP 官方的 I. MX6ULL EVK 开发板,因此在移植 uboot 时会以 NXP 官方的 I. MX6ULL EVK 开发板为蓝本。

NXP 官方的 uboot 放到了本书资源中,路径为"1、例程源码→4、NXP 官方原版 Uboot 和 Linux→uboot-imx-rel_imx_4. 1. 15_2. 1. 0_ga. tar",将 uboot-imx-rel_imx_4. 1. 15_2. 1. 0_ga. tar. 发送到 Ubuntu 中并解压,然后创建 VSCode 工程。

在移植之前,先编译 NXP 官方 I. MX6ULL EVK 开发板对应的 uboot,首先配置 uboot,configs 目录下有很多与 I. MX6UL/6ULL 有关的配置,如图 30-1 所示。

从图 30-1 可以看出,有很多的默认配置文件,其中以 mx6ul 开头的是 I. MX6UL 芯片的配置文件。I. MX6UL/6ULL 有 9mm×9mm 和 14mm×14mm 两种尺寸的芯片,所以会有 mx6ull_9x9 和 mx6ull_14x14 开头的默认配置文件。我们使用的是 14mm×14mm 的芯片,关注 mx6ull_14x14 开头的默认配置文件即可。I. MX6ULL 开发板有 EMMC 和 NAND 两个版本,因此只需要关注 mx6ull_14x14_evk_emmc_defconfig 和 mx6ull_14x14_evk_nand_defconfig 配置文件即可。本章讲解 EMMC 版本的移植,使用 mx6ull_14x14_evk_emmc_defconfig 作为默认配置文件。

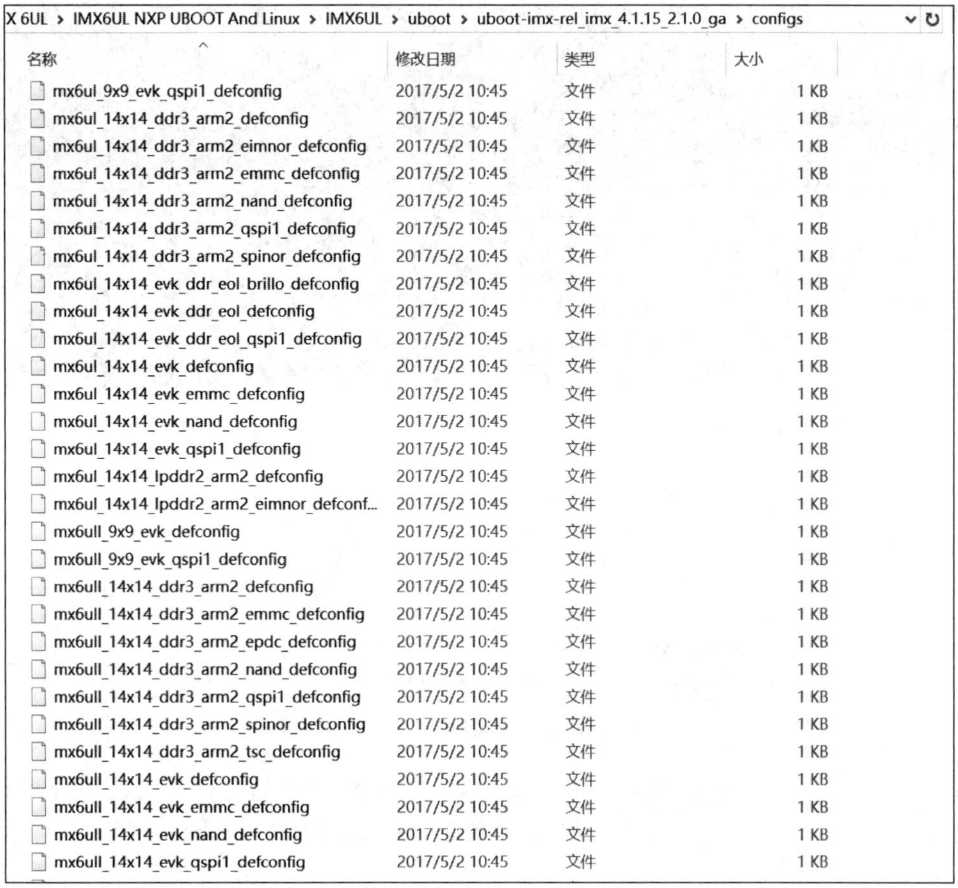
X 6UL > IMX6UL NXP UBOOT And Linux > IMX6UL > uboot > uboot-imx-rel_imx_4.1.15_2.1.0_ga > configs

名称	修改日期	类型	大小
mx6ul_9x9_evk_qspi1_defconfig	2017/5/2 10:45	文件	1 KB
mx6ul_14x14_ddr3_arm2_defconfig	2017/5/2 10:45	文件	1 KB
mx6ul_14x14_ddr3_arm2_eimnor_defconfig	2017/5/2 10:45	文件	1 KB
mx6ul_14x14_ddr3_arm2_emmc_defconfig	2017/5/2 10:45	文件	1 KB
mx6ul_14x14_ddr3_arm2_nand_defconfig	2017/5/2 10:45	文件	1 KB
mx6ul_14x14_ddr3_arm2_qspi1_defconfig	2017/5/2 10:45	文件	1 KB
mx6ul_14x14_ddr3_arm2_spinor_defconfig	2017/5/2 10:45	文件	1 KB
mx6ul_14x14_evk_ddr_eol_brillo_defconfig	2017/5/2 10:45	文件	1 KB
mx6ul_14x14_evk_ddr_eol_defconfig	2017/5/2 10:45	文件	1 KB
mx6ul_14x14_evk_ddr_eol_qspi1_defconfig	2017/5/2 10:45	文件	1 KB
mx6ul_14x14_evk_defconfig	2017/5/2 10:45	文件	1 KB
mx6ul_14x14_evk_emmc_defconfig	2017/5/2 10:45	文件	1 KB
mx6ul_14x14_evk_nand_defconfig	2017/5/2 10:45	文件	1 KB
mx6ul_14x14_evk_qspi1_defconfig	2017/5/2 10:45	文件	1 KB
mx6ul_14x14_lpddr2_arm2_defconfig	2017/5/2 10:45	文件	1 KB
mx6ul_14x14_lpddr2_arm2_eimnor_defconf...	2017/5/2 10:45	文件	1 KB
mx6ull_9x9_evk_defconfig	2017/5/2 10:45	文件	1 KB
mx6ull_9x9_evk_qspi1_defconfig	2017/5/2 10:45	文件	1 KB
mx6ull_14x14_ddr3_arm2_defconfig	2017/5/2 10:45	文件	1 KB
mx6ull_14x14_ddr3_arm2_emmc_defconfig	2017/5/2 10:45	文件	1 KB
mx6ull_14x14_ddr3_arm2_epdc_defconfig	2017/5/2 10:45	文件	1 KB
mx6ull_14x14_ddr3_arm2_nand_defconfig	2017/5/2 10:45	文件	1 KB
mx6ull_14x14_ddr3_arm2_qspi1_defconfig	2017/5/2 10:45	文件	1 KB
mx6ull_14x14_ddr3_arm2_spinor_defconfig	2017/5/2 10:45	文件	1 KB
mx6ull_14x14_ddr3_arm2_tsc_defconfig	2017/5/2 10:45	文件	1 KB
mx6ull_14x14_evk_defconfig	2017/5/2 10:45	文件	1 KB
mx6ull_14x14_evk_emmc_defconfig	2017/5/2 10:45	文件	1 KB
mx6ull_14x14_evk_nand_defconfig	2017/5/2 10:45	文件	1 KB
mx6ull_14x14_evk_qspi1_defconfig	2017/5/2 10:45	文件	1 KB

图 30-1 NXP 官方 I. MX6UL/6ULL 默认配置文件

30.1.2 编译 NXP 官方开发板对应的 uboot

找到 NXP 官方 I. MX6ULL EVK 开发板对应的默认配置文件后编译，编译 uboot 命令如下。

```
make ARCH=arm CROSS_COMPILE=arm-linux-gnueabihf- mx6ull_14x14_evk_emmc_defconfig
make V=1 ARCH=arm CROSS_COMPILE=arm-linux-gnueabihf- -j16
```

编译完成后，结果如图 30-2 所示。

从图 30-2 可以看出，编译成功。在编译时需要输入 ARCH 和 CORSS_COMPILE 这两个变量的值，太烦琐，可以直接在顶层 Makefile 中给 ARCH 和 CORSS_COMPILE 赋值，修改如图 30-3 所示。

图 30-3 中的第 250 和 251 行直接给 ARCH 和 CROSS_COMPILE 赋值，可以使用如下简短的命令来编译 uboot。

```
make mx6ull_14x14_evk_emmc_defconfig
make V=1 -j16
```

```
  arm-linux-gnueabihf-objcopy --gap-fill=0xff  -j .text -j .secure_text -j .rodata -j .hash
-j .data -j .got -j .got.plt -j .u_boot_list -j .rel.dyn -O binary  u-boot u-boot-nodtb.bin
  arm-linux-gnueabihf-objcopy --gap-fill=0xff  -j .text -j .secure_text -j .rodata -j .hash
-j .data -j .got -j .got.plt -j .u_boot_list -j .rel.dyn -O srec u-boot u-boot.srec
  arm-linux-gnueabihf-objdump -t u-boot > u-boot.sym
  cp u-boot-nodtb.bin u-boot.bin
make -f ./scripts/Makefile.build obj=arch/arm/imx-common u-boot.imx
mkdir -p board/freescale/mx6ullevk/
  ./tools/mkimage -n board/freescale/mx6ullevk/imximage.cfg.cfgtmp -T imximage -e 0x87800000
 -d u-boot.bin u-boot.imx
Image Type:   Freescale IMX Boot Image
Image Ver:    2 (i.MX53/6/7 compatible)
Mode:         DCD
Data Size:    425984 Bytes = 416.00 kB = 0.41 MB
Load Address: 877ff420
Entry Point:  87800000
zuozhongkai@ubuntu:~/linux/IMX6ULL/uboot/temp/uboot-imx-rel_imx_4.1.15_2.1.0_ga$
```

图 30-2　编译结果

```
# set default to nothing for native builds
ifeq ($(HOSTARCH),$(ARCH))
CROSS_COMPILE ?=
endif

ARCH = arm
CROSS_COMPILE = arm-linux-gnueabihf-
```

图 30-3　添加 ARCH 和 CROSS_COMPILE 值

如果既不想修改 uboot 的顶层 Makefile，又想编译时简洁，那么直接创建 shell 脚本就行。shell 脚本名为 mx6ull_14x14_emmc.sh，然后在 shell 脚本中输入如示例 30-1 所示内容。

示例 30-1　mx6ull_14x14_emmc.sh 文件

```
#!/bin/bash
make ARCH = arm CROSS_COMPILE = arm - linux - gnueabihf -  distclean
make ARCH = arm CROSS_COMPILE = arm - linux - gnueabihf -  mx6ull_14x14_evk_emmc_defconfig
make V = 1 ARCH = arm CROSS_COMPILE = arm - linux - gnueabihf -  - j16
```

要给 mx6ull_14x14_emmc.sh 这个文件可执行权限，使用 mx6ull_14x14_emmc.sh 脚本编译 uboot 时每次都会清理工程，然后重新编译，编译时直接执行这个脚本即可。操作命令如下所示。

```
./mx6ull_14x14_evk_emmc.sh
```

编译完成以后会生成 u-boot.bin、u-boot.imx 等文件，但是这些文件是 NXP 官方 I.MX6ULL EVK 开发板的。这些文件是否可以使用到正点原子的 I.MX6ULL 开发板上这就需要验证一下了。

30.1.3　烧写验证与驱动测试

将 imxdownload 软件复制到 uboot 源码根目录下，然后使用 imxdownload 软件将 u-boot.bin 烧写到 SD 卡中，烧写命令如下所示。

```
chmod 777 imxdownload                    //给予 imxdownload 可执行权限
./imxdownload u-boot.bin /dev/sdd        //烧写到 SD 卡,不能烧写到/dev/sda 或 sda1 中
```

烧写完成以后将 SD 卡插入 I. MX6U-ALPHA 开发板的 TF 卡槽中，最后设置开发板从 SD 卡启动。打开串口调试助手，设置好开发板所使用的串口并打开，复位开发板，接收到如图 30-4 所示信息。

```
U-Boot 2016.03 (Jun 22 2021 - 21:47:59 +0800)

CPU:   Freescale i.MX6ULL rev1.1 69 MHz (running at 396 MHz)
CPU:   Industrial temperature grade (-40C to 105C) at 55C
Reset cause: POR
Board: MX6ULL 14x14 EVK
I2C:   ready
DRAM:  512 MiB
MMC:   FSL_SDHC: 0, FSL_SDHC: 1
*** Warning - bad CRC, using default environment

Display: TFT43AB (480x272)
Video: 480x272x24
In:    serial
Out:   serial
Err:   serial
switch to partitions #0, OK
mmc0 is current device
Net:   Board Net Initialization Failed
No ethernet found.
Normal Boot
Hit any key to stop autoboot:  0
switch to partitions #0, OK
mmc0 is current device
switch to partitions #0, OK
mmc0 is current device
reading boot.scr
** Unable to read file boot.scr **
reading zImage
** Unable to read file zImage **
Booting from net ...
No ethernet found.
No ethernet found.
Bad Linux ARM zImage magic!
=>
```

图 30-4　uboot 启动信息

从图 30-4 可以看出，uboot 启动正常，虽然使用的是 NXP 官方 I. MX6ULL 开发板的 uboot，但是在正点原子的 I. MX6ULL 开发板上也可以正常启动。而且 DRAM 识别正确，为 512MB，如果使用 NAND 核心板，则 uboot 可能会启动失败，因为 NAND 核心板用的是 256MB 的 DRAM。

1. SD 卡和 EMMC 驱动检查

检查 SD 卡和 EMMC 驱动是否正常，使用命令 mmc list 列出当前的 MMC 设备，结果如图 30-5 所示。

```
=> mmc list
FSL_SDHC: 0 (SD)
FSL_SDHC: 1
=>
```

图 30-5　EMMC 设备检查

从图 30-5 可以看出，当前有两个 MMC 设备，检查每个 MMC 设备信息，先检查 MMC 设备 0，输入如下命令。

```
mmc dev 0
mmc info
```

结果如图 30-6 所示。

```
=> mmc info
Device: FSL_SDHC
Manufacturer ID: 3
OEM: 5344
Name: SC16G
Tran Speed: 50000000
Rd Block Len: 512
SD version 3.0
High Capacity: Yes
Capacity: 14.8 GiB
Bus Width: 4-bit
Erase Group Size: 512 Bytes
=>
```

图 30-6　MMC 设备 0 信息

从图 30-6 可以看出,MMC 设备 0 是 SD 卡,SD 卡容量为 14.8GB,这个与所使用的 SD 卡信息相符,说明 SD 卡驱动正常。再来检查 MMC 设备 1,输入如下命令。

```
mmc dev 1
mmc info
```

结果如图 30-7 所示。

```
=> mmc dev 1
switch to partitions #0, OK
mmc1(part 0) is current device
=> mmc info
Device: FSL_SDHC
Manufacturer ID: 15
OEM: 100
Name: 8GTF4
Tran Speed: 52000000
Rd Block Len: 512
MMC version 4.0
High Capacity: Yes
Capacity: 7.3 GiB
Bus Width: 4-bit
Erase Group Size: 512 KiB
=>
```

图 30-7　MMC 设备 1 信息

从图 30-7 可以看出,MMC 设备 1 为 EMMC,容量为 7.3GB,说明 EMMC 驱动也成功,SD 卡和 EMMC 的驱动都没问题。

2. LCD 驱动检查

如果 uboot 中的 LCD 驱动正确,启动 uboot 以后,LCD 上会显示 NXP 的 logo,如图 30-8 所示。

图 30-8　uboot LCD 界面

如果使用的不是正点原子的 4.3 英寸，分辨率为 480×272 像素的屏幕，则 LCD 就不会显示如图 30-8 所示 logo 界面。

3. 网络驱动

uboot 启动时提示 Board Net Initialization Failed 和 No ethernet found. 这两行，如图 30-9 所示。

```
mmc0 is current device
Net:   Board Net Initialization Failed
No ethernet found.
Normal Boot
Hit any key to stop autoboot:  0
=>
```

图 30-9 网络错误

从图 30-9 可以看出，此时网络驱动出现问题，这是因为开发板的网络芯片复位引脚和 NXP 官方开发板不一样，因此需要修改驱动。

NXP 官方 I. MX6ULL EVK 开发板的 uboot 在正点原子 EMMC 版本 I. MX6ULL 开发板上的运行情况如下。

（1）uboot 启动正常，DRAM 识别正确，SD 卡和 EMMC 驱动正常。

（2）uboot 里的 LCD 默认为 4.3 英寸，分辨率为 480×272 像素的屏幕，如果使用其他分辨率的屏幕需要修改驱动。

（3）网络不能工作，识别不出网络信息，需要修改驱动。

接下来要做的工作如下。

（1）前面一直使用 NXP 官方开发板的 uboot 配置，接下来需要在 uboot 中添加正点原子的 I. MX6ULL 开发板。

（2）解决 LCD 驱动和网络驱动的问题。

30.2 在 U-Boot 中添加自己的开发板

参考 NXP 官方的 I. MX6ULL EVK 开发板，学习如何在 uboot 中添加自己的开发板或者开发平台。

30.2.1 添加开发板默认配置文件

先在 configs 目录下创建默认配置文件，复制 mx6ull_14x14_evk_emmc_defconfig，然后重命名为 mx6ull_alientek_emmc_defconfig，命令如下所示。

```
cd configs
cp mx6ull_14x14_evk_emmc_defconfig  mx6ull_alientek_emmc_defconfig
```

然后将文件 mx6ull_alientek_emmc_defconfig 中的内容改成如示例 30-2 所示。

示例 30-2 mx6ull_alientek_emmc_defconfig 文件

```
1CONFIG_SYS_EXTRA_OPTIONS = "IMX_CONFIG = board/freescale/mx6ull_alientek_emmc/imximage.cfg, MX6ULL_
EVK_EMMC_REWORK"
```

```
2 CONFIG_ARM = y
3 CONFIG_ARCH_MX6 = y
4 CONFIG_TARGET_MX6ULL_ALIENTEK_EMMC = y
5 CONFIG_CMD_GPIO = y
```

可以看出，mx6ull_alientek_emmc_defconfig 和 mx6ull_14x14_evk_emmc_defconfig 中的内容基本一样，只是第 1 行和第 4 行做了修改。

30.2.2 添加开发板对应的头文件

在目录 include/configs 下添加 I. MX6ULL-ALPHA 开发板对应的头文件，复制 include/configs/mx6ullevk. h，并重命名为 mx6ull_alientek_emmc. h，命令如下所示。

```
cp include/configs/mx6ullevk.h mx6ull_alientek_emmc.h
```

复制完成以后如下所示。

```
#ifndef __MX6ULLEVK_CONFIG_H
#define __MX6ULLEVK_CONFIG_H
```

改为如下所示内容。

```
#ifndef __MX6ULL_ALIENTEK_EMMC_CONFIG_H
#define __MX6ULL_ALIENTEK_EMMC_CONFIG_H
```

mx6ull_alientek_emmc. h 中有很多宏定义，这些宏定义基本用于配置 uboot，也有一些 I. MX6ULL 的配置项目。如果想使能或者禁止 uboot 的某些功能，就在 mx6ull_alientek_emmc. h 中做修改即可。mx6ull_alientek_emmc. h 中的内容比较多，去掉一些用不到的配置，精简后的内容如示例 30-3 所示。

示例 30-3 mx6ull_alientek_emmc. h 文件

```
#ifndef __MX6ULL_ALEITENK_EMMC_CONFIG_H
#define __MX6ULL_ALEITENK_EMMC_CONFIG_H


#include <asm/arch/imx-regs.h>
#include <linux/sizes.h>
#include "mx6_common.h"
#include <asm/imx-common/gpio.h>

...

#define is_mx6ull_9x9_evk() CONFIG_IS_ENABLED(TARGET_MX6ULL_9X9_EVK)

#ifdef CONFIG_TARGET_MX6ULL_9X9_EVK
#define PHYS_SDRAM_SIZE        SZ_256M
#define CONFIG_BOOTARGS_CMA_SIZE    "cma=96M "
```

```
#else
#define PHYS_SDRAM_SIZE        SZ_512M
#define CONFIG_BOOTARGS_CMA_SIZE    ""
/* DCDC used on 14x14 EVK, no PMIC */
#undef CONFIG_LDO_BYPASS_CHECK
#endif

/* SPL options */
/* We default not support SPL
 * #define CONFIG_SPL_LIBCOMMON_SUPPORT
 * #define CONFIG_SPL_MMC_SUPPORT
 * #include "imx6_spl.h"
 */

#define CONFIG_ENV_VARS_UBOOT_RUNTIME_CONFIG

#define CONFIG_DISPLAY_CPUINFO
#define CONFIG_DISPLAY_BOARDINFO

/* Size of malloc() pool */
#define CONFIG_SYS_MALLOC_LEN         (16 * SZ_1M)

#define CONFIG_BOARD_EARLY_INIT_F
#define CONFIG_BOARD_LATE_INIT

#define CONFIG_MXC_UART
#define CONFIG_MXC_UART_BASE          UART1_BASE

/* MMC Configs */
#ifdef CONFIG_FSL_USDHC
#define CONFIG_SYS_FSL_ESDHC_ADDR    USDHC2_BASE_ADDR

/* NAND pin conflicts with usdhc2 */
#ifdef CONFIG_SYS_USE_NAND
#define CONFIG_SYS_FSL_USDHC_NUM     1
#else
#define CONFIG_SYS_FSL_USDHC_NUM     2
#endif
#endif

/* I2C configs */
#define CONFIG_CMD_I2C
#ifdef CONFIG_CMD_I2C
#define CONFIG_SYS_I2C
#define CONFIG_SYS_I2C_MXC
#define CONFIG_SYS_I2C_MXC_I2C1       /* enable I2C bus 1 */
#define CONFIG_SYS_I2C_MXC_I2C2       /* enable I2C bus 2 */
#define CONFIG_SYS_I2C_SPEED          100000

...

#define CONFIG_SYS_MMC_IMG_LOAD_PART      1
```

```

#ifdef CONFIG_SYS_BOOT_NAND
#define CONFIG_MFG_NAND_PARTITION "mtdparts = gpmi - nand:64m(boot),16m(kernel),16m(dtb),
1m(misc), - (rootfs) "
#else
#define CONFIG_MFG_NAND_PARTITION ""
#endif

#define CONFIG_MFG_ENV_SETTINGS \
    "mfgtool_args = setenv bootargs console = ${console}, ${baudrate} " \
...
    "bootcmd_mfg = run mfgtool_args;bootz ${loadaddr} ${initrd_addr} ${fdt_addr};\0" \

#if defined(CONFIG_SYS_BOOT_NAND)
#define CONFIG_EXTRA_ENV_SETTINGS \
    CONFIG_MFG_ENV_SETTINGS \
    "panel = TFT43AB\0" \
...
        "bootz ${loadaddr} - ${fdt_addr}\0"

#else
#define CONFIG_EXTRA_ENV_SETTINGS \
    CONFIG_MFG_ENV_SETTINGS \
    "script = boot.scr\0" \
...
            "fi;\0" \

#define CONFIG_BOOTCOMMAND \
       "run findfdt;" \
...
       "else run netboot; fi"
#endif

/* Miscellaneous configurable options */
#define CONFIG_CMD_MEMTEST
#define CONFIG_SYS_MEMTEST_START  0x80000000
#define CONFIG_SYS_MEMTEST_END    (CONFIG_SYS_MEMTEST_START + 0x8000000)

#define CONFIG_SYS_LOAD_ADDR      CONFIG_LOADADDR
#define CONFIG_SYS_HZ             1000

#define CONFIG_STACKSIZE          SZ_128K

/* Physical Memory Map */
#define CONFIG_NR_DRAM_BANKS      1
#define PHYS_SDRAM                MMDC0_ARB_BASE_ADDR

#define CONFIG_SYS_SDRAM_BASE     PHYS_SDRAM
#define CONFIG_SYS_INIT_RAM_ADDR  IRAM_BASE_ADDR
#define CONFIG_SYS_INIT_RAM_SIZE  IRAM_SIZE

#define CONFIG_SYS_INIT_SP_OFFSET \
```

```
    (CONFIG_SYS_INIT_RAM_SIZE - GENERATED_GBL_DATA_SIZE)
#define CONFIG_SYS_INIT_SP_ADDR \
    (CONFIG_SYS_INIT_RAM_ADDR + CONFIG_SYS_INIT_SP_OFFSET)

/* FLASH and environment organization */
#define CONFIG_SYS_NO_FLASH

...

#define CONFIG_SYS_MMC_ENV_DEV      1   /* USDHC2 */
#define CONFIG_SYS_MMC_ENV_PART     0   /* user area */
#define CONFIG_MMCROOT              "/dev/mmcblk1p2"  /* USDHC2 */

#define CONFIG_CMD_BMODE

...

/* NAND stuff */
#ifdef CONFIG_SYS_USE_NAND
#define CONFIG_CMD_NAND
#define CONFIG_CMD_NAND_TRIMFFS

#define CONFIG_NAND_MXS
#define CONFIG_SYS_MAX_NAND_DEVICE      1
#define CONFIG_SYS_NAND_BASE            0x40000000
#define CONFIG_SYS_NAND_5_ADDR_CYCLE
#define CONFIG_SYS_NAND_ONFI_DETECTION

/* DMA stuff, needed for GPMI/MXS NAND support */
#define CONFIG_APBH_DMA
#define CONFIG_APBH_DMA_BURST
#define CONFIG_APBH_DMA_BURST8
#endif

#define CONFIG_ENV_SIZE                 SZ_8K
#if defined(CONFIG_ENV_IS_IN_MMC)
#define CONFIG_ENV_OFFSET               (12 * SZ_64K)
#elif defined(CONFIG_ENV_IS_IN_SPI_FLASH)
#define CONFIG_ENV_OFFSET               (768 * 1024)
#define CONFIG_ENV_SECT_SIZE            (64 * 1024)
#define CONFIG_ENV_SPI_BUS              CONFIG_SF_DEFAULT_BUS
#define CONFIG_ENV_SPI_CS               CONFIG_SF_DEFAULT_CS
#define CONFIG_ENV_SPI_MODE             CONFIG_SF_DEFAULT_MODE
#define CONFIG_ENV_SPI_MAX_HZ           CONFIG_SF_DEFAULT_SPEED
#elif defined(CONFIG_ENV_IS_IN_NAND)
#undef CONFIG_ENV_SIZE
#define CONFIG_ENV_OFFSET               (60 << 20)
#define CONFIG_ENV_SECT_SIZE            (128 << 10)
#define CONFIG_ENV_SIZE                 CONFIG_ENV_SECT_SIZE
#endif

```

```
/* USB Configs */
#define CONFIG_CMD_USB
#ifdef CONFIG_CMD_USB
#define CONFIG_USB_EHCI
#define CONFIG_USB_EHCI_MX6
#define CONFIG_USB_STORAGE
#define CONFIG_EHCI_HCD_INIT_AFTER_RESET
#define CONFIG_USB_HOST_ETHER
#define CONFIG_USB_ETHER_ASIX
#define CONFIG_MXC_USB_PORTSC       (PORT_PTS_UTMI | PORT_PTS_PTW)
#define CONFIG_MXC_USB_FLAGS        0
#define CONFIG_USB_MAX_CONTROLLER_COUNT 2
#endif

#ifdef CONFIG_CMD_NET
#define CONFIG_CMD_PING
#define CONFIG_CMD_DHCP
#define CONFIG_CMD_MII
#define CONFIG_FEC_MXC
#define CONFIG_MII
#define CONFIG_FEC_ENET_DEV         1

#if (CONFIG_FEC_ENET_DEV == 0)
#define IMX_FEC_BASE                ENET_BASE_ADDR
#define CONFIG_FEC_MXC_PHYADDR      0x2
#define CONFIG_FEC_XCV_TYPE         RMII
#elif (CONFIG_FEC_ENET_DEV == 1)
#define IMX_FEC_BASE                ENET2_BASE_ADDR
#define CONFIG_FEC_MXC_PHYADDR      0x1
#define CONFIG_FEC_XCV_TYPE         RMII
#endif
#define CONFIG_ETHPRIME             "FEC"

#define CONFIG_PHYLIB
#define CONFIG_PHY_MICREL
#endif

#define CONFIG_IMX_THERMAL

#ifndef CONFIG_SPL_BUILD
#define CONFIG_VIDEO
#ifdef CONFIG_VIDEO
#define CONFIG_CFB_CONSOLE
#define CONFIG_VIDEO_MXS
#define CONFIG_VIDEO_LOGO
#define CONFIG_VIDEO_SW_CURSOR
#define CONFIG_VGA_AS_SINGLE_DEVICE
#define CONFIG_SYS_CONSOLE_IS_IN_ENV
#define CONFIG_SPLASH_SCREEN
#define CONFIG_SPLASH_SCREEN_ALIGN
#define CONFIG_CMD_BMP
#define CONFIG_BMP_16BPP
```

```
363 #define CONFIG_VIDEO_BMP_RLE8
364 #define CONFIG_VIDEO_BMP_LOGO
365 #define CONFIG_IMX_VIDEO_SKIP
366 #endif
367 #endif
368
369 #define CONFIG_IOMUX_LPSR
370
...
375 #endif
```

从示例 30-3 可以看出，文件 mx6ull_alientek_emmc.h 中基本都是 CONFIG_开头的宏定义，这也说明文件 mx6ull_alientek_emmc.h 的主要功能就是配置或者裁剪 uboot。如果需要某个功能的话就在里面添加这个功能对应的 CONFIG_XXX 宏即可，否则删除掉对应的宏。以示例 30-3 为例，详细地看一下在 mx6ull_alientek_emmc.h 中这些宏都是什么功能。

第 14 行添加了头文件 mx6_common.h，如果在 mx6ull_alientek_emmc.h 中没有发现配置某个功能或命令，但是实际却存在的话，可以到文件 mx6_common.h 中去寻找。

第 29～39 行设置 DRAM 的大小，宏 PHYS_SDRAM_SIZE 就是板子上 DRAM 的大小，如果使用 NXP 官方的 9×9 EVK 开发板，则 DRAM 大小就为 256MB。否则默认为 512MB，I.MX6U-ALPHA 开发板用的是 512MB DDR3。

第 50 行定义宏 CONFIG_DISPLAY_CPUINFO，uboot 启动时可以输出 CPU 信息。

第 51 行定义宏 CONFIG_DISPLAY_BOARDINFO，uboot 启动时可以输出板子信息。

第 54 行 CONFIG_SYS_MALLOC_LEN 为 malloc 内存池大小，这里设置为 16MB。

第 56 行定义宏 CONFIG_BOARD_EARLY_INIT_F，这样 board_init_f 函数就会调用 board_early_init_f 函数。

第 57 行定义宏 CONFIG_BOARD_LATE_INIT，这样 board_init_r 函数就会调用 board_late_init 函数。

第 59 和 60 行，使能 I.MX6ULL 的串口功能，宏 CONFIG_MXC_UART_BASE 表示串口寄存器基地址，这里使用串口 1，基地址为 UART1_BASE。UART1_BASE 定义在文件 arch/arm/include/asm/arch-mx6/imx-regs.h 中，imx-regs.h 是 I.MX6ULL 寄存器描述文件，根据 imx-regs.h 可得到 UART1_BASE 的值如下所示。

```
UART1_BASE = (ATZ1_BASE_ADDR + 0x20000)
           = AIPS1_ARB_BASE_ADDR + 0x20000
           = 0x02000000 + 0x20000
           = 0X02020000
```

查阅 I.MX6ULL 参考手册，UART1 的寄存器基地址为 0X02020000，如图 30-10 所示。

第 63 和 64 行，EMMC 接在 I.MX6ULL 的 USDHC2 上，宏 CONFIG_SYS_FSL_ESDHC_ADDR 为 EMMC 所使用接口的寄存器基地址，也就是 USDHC2 的基地址。

第 67～72 行，跟 NAND 相关的宏，因为 NAND 和 USDHC2 的引脚冲突，如果使用 NAND，只能使用一个 USDHC 设备（SD 卡），否则就有两个 USDHC 设备（EMMC 和 SD 卡），宏 CONFIG_

202_0000	UART Receiver Register (UART1_URXD)	32	R	0000_0000h	55.15.1/3615
202_0040	UART Transmitter Register (UART1_UTXD)	32	W	0000_0000h	55.15.2/3617
202_0080	UART Control Register 1 (UART1_UCR1)	32	R/W	0000_0000h	55.15.3/3618
202_0084	UART Control Register 2 (UART1_UCR2)	32	R/W	0000_0001h	55.15.4/3620

图 30-10　UART1 寄存器地址表

SYS_FSL_USDHC_NUM 表示 USDHC 数量。EMMC 版本的核心板没有用到 NAND，所以 CONFIG_SYS_FSL_USDHC_NUM＝2。

第 75～81 行，和 I^2C 有关的宏定义，用于控制使能哪个 I^2C，I^2C 的速度为多少。

第 92～96 行，NAND 的分区设置，如果使用 NAND，则默认的 NAND 分区为"mtdparts=gpmi-nand:64m(boot),16m(kernel),16m(dtb),1m(misc),-(rootfs)"，分区结果如表 30-1 所示。

表 30-1　NAND 分区设置

范围/MB	大小/MB	分　区
0～63	64	boot(uboot)
64～79	16	Kernel(Linux 内核)
80～94	16	dtb(设备树)
95	1	misc(杂项)
96～end	剩余的所有空间	rootfs(根文件系统)

NAND 的分区是可以调整的，比如 boot 分区用不到 64MB，就可以将其改小。其他的分区也一样。

第 98～111 行，宏 CONFIG_MFG_ENV_SETTINGS 定义了一些环境变量，使用 MfgTool 烧写系统时会用到这里面的环境变量。

第 113～202 行，通过条件编译来设置宏 CONFIG_EXTRA_ENV_SETTINGS，宏 CONFIG_EXTRA_ENV_SETTINGS 也用于设置一些环境变量，此宏会设置 bootargs 这个环境变量。

第 204～217 行，设置宏 CONFIG_BOOTCOMMAND，此宏就是设置环境变量 bootcmd 的值。

第 220～222 行，设置命令 memtest 相关宏定义，比如使能命令 memtest，设置 memtest 测试的内存起始地址和内存大小。

第 224 行，宏 CONFIG_SYS_LOAD_ADDR 表示 Linux Kernel 在 DRAM 中的加载地址，也就是 Linux Kernel 在 DRAM 中的存储首地址，CONFIG_LOADADDR＝0X80800000。

第 225 行，宏 CONFIG_SYS_HZ 为系统时钟频率，这里为 1000Hz。

第 227 行，宏 CONFIG_STACKSIZE 为栈大小，这里为 128KB。

第 230 行，宏 CONFIG_NR_DRAM_BANKS 为 DRAM BANK 的数量，I. MX6ULL 只有 1 个 DRAM BANK，我们也只用到了 1 个 BANK，所以为 1。

第 231 行，宏 PHYS_SDRAM 为 I. MX6ULL 的 DRAM 控制器 MMDC0 所管辖的 DRAM 范围起始地址，也就是 0X80000000。

第 233 行，宏 CONFIG_SYS_SDRAM_BASE 为 DRAM 的起始地址。

第 234 行，宏 CONFIG_SYS_INIT_RAM_ADDR 为 I. MX6ULL 内部 IRAM 的起始地址（也就是 OCRAM 的起始地址），为 0X00900000。

第 235 行，宏 CONFIG_SYS_INIT_RAM_SIZE 为 I. MX6ULL 内部 IRAM 的大小（OCRAM 的大小），为 0X00040000＝128KB。

第 237～240 行，宏 CONFIG_SYS_INIT_SP_OFFSET 和 CONFIG_SYS_INIT_SP_ADDR 与初始 SP 有关，第一个为初始 SP 偏移，第二个为初始 SP 地址。

第 256 行，宏 CONFIG_SYS_MMC_ENV_DEV 为默认的 MMC 设备，这里默认为 USDHC2 即 EMMC。

第 257 行，宏 CONFIG_SYS_MMC_ENV_PART 为模式分区，默认为第 0 个分区。

第 258 行，宏 CONFIG_MMCROOT 设置进入 Linux 系统的根文件系统所在的分区，这里设置为"/dev/mmcblk1p2"，也就是 EMMC 设备的第 2 个分区。第 0 个分区保存 uboot，第 1 个分区保存 Linux 镜像和设备树，第 2 个分区为 Linux 系统的根文件系统。

第 277～291 行，与 NAND 有关的宏定义。

第 293 行，宏 CONFIG_ENV_SIZE 为环境变量大小，默认为 8KB。

第 294～308 行，宏 CONFIG_ENV_OFFSET 为环境变量偏移地址，这里的偏移地址相对于存储器的首地址。如果环境变量保存在 EMMC 中，则环境变量偏移地址为 12×64KB。如果环境变量保存在 SPI FLASH 中，则偏移地址为 768×1024。如果环境变量保存在 NAND 中，则偏移地址为 60 << 20(60MB)，并且重新设置环境变量的大小为 128KB。

第 312～323 行，与 USB 相关的宏定义。

第 325～342 行，与网络相关的宏定义，比如使能 dhcp、ping 等命令。第 331 行的宏 CONFIG_FEC_ENET_DEV 指定 uboot 所使用的网口，I. MX6ULL 有两个网口，为 0 时使用 ENET1，为 1 时使用 ENET2。宏 IMX_FEC_BASE 为 ENET 接口的寄存器首地址，宏 CONFIG_FEC_MXC_PHYADDR 为网口 PHY 芯片的地址。宏 CONFIG_FEC_XCV_TYPE 为 PHY 芯片所使用的接口类型，I. MX6U-ALPHA 开发板的两个 PHY 都使用 RMII 接口。

第 344～END，剩下的都是一些配置宏，比如宏 CONFIG_VIDEO 用于开启 LCD，CONFIG_VIDEO_LOGO 使能 LOGO 显示，CONFIG_CMD_BMP 使能 BMP 图片显示指令。这样就可以在 uboot 中显示图片了，一般用于显示 logo。

关于 mx6ull_alientek_emmc. h 就讲解到这里，其中以 CONFIG_CMD 开头的宏都是用于使能相应命令的，以 CONFIG 开头的宏都是完成一些配置功能的，以后会频繁的和 mx6ull_alientek_emmc. h 文件打交道。

30.2.3 添加开发板对应的板级文件夹

uboot 中每个板子都有一个对应的文件夹来存放板级文件，比如开发板上外设驱动文件等。NXP 的 I. MX 系列芯片的所有板级文件夹都存放在 board/freescale 目录下，在这个目录下有个名为 mx6ullevk 的文件夹，这个文件夹就是 NXP 官方 I. MX6ULL EVK 开发板的板级文件夹。复制 mx6ullevk，将其重命名为 mx6ull_alientek_emmc，命令如下所示。

```
cd board/freescale/
cp mx6ullevk/ -r mx6ull_alientek_emmc
```

进入 mx6ull_alientek_emmc 目录中，将其中的 mx6ullevk.c 文件重命名为 mx6ull_alientek_emmc.c，命令如下所示。

```
cd mx6ull_alientek_emmc
mv mx6ullevk.c mx6ull_alientek_emmc.c
```

还需要对 mx6ull_alientek_emmc 目录下的文件做一些修改。

1. 修改 mx6ull_alientek_emmc 目录下的 Makefile 文件

将 mx6ull_alientek_emmc 下的 Makefile 文件内容改为如示例 30-4 所示。

示例 30-4　Makefile 文件

```
6  obj-y   := mx6ull_alientek_emmc.o
7
8  extra-$(CONFIG_USE_PLUGIN) :=   plugin.bin
9  $(obj)/plugin.bin: $(obj)/plugin.o
10     $(OBJCOPY) -O binary --gap-fill 0xff $< $@
```

重点是第 6 行的 obj-y 改为 mx6ull_alientek_emmc.o，这样才会编译 mx6ull_alientek_emmc.c 这个文件。

2. 修改 mx6ull_alientek_emmc 目录下的 imximage.cfg 文件

将 imximage.cfg 中的如下内容：

```
PLUGINboard/freescale/mx6ullevk/plugin.bin 0x00907000
```

改为

```
PLUGINboard/freescale/mx6ull_alientek_emmc /plugin.bin 0x00907000
```

3. 修改 mx6ull_alientek_emmc 目录下的 Kconfig 文件

修改 Kconfig 文件，修改后的内容如示例 30-5 所示。

示例 30-5　Kconfig 文件

```
if TARGET_MX6ULL_ALIENTEK_EMMC

config SYS_BOARD
 default "mx6ull_alientek_emmc"

config SYS_VENDOR
 default "freescale"

config SYS_SOC
 default "mx6"

config SYS_CONFIG_NAME
 default "mx6ull_alientek_emmc"

endif
```

4. 修改 mx6ull_alientek_emmc 目录下的 MAINTAINERS 文件

修改 MAINTAINERS 文件,修改后的内容如示例 30-6 所示。

示例 30-6 MAINTAINERS 文件内容

```
MX6ULL_ALIENTEK_EMMC BOARD
M:      Peng Fan <peng.fan@nxp.com>
S:      Maintained
F:      board/freescale/mx6ull_alientek_emmc/
F:      include/configs/mx6ull_alientek_emmc.h
```

30.2.4 修改 U-Boot 图形界面配置文件

uboot 支持图形界面配置。修改文件 arch/arm/cpu/armv7/mx6/Kconfig(如果使用 I.MX6UL,应该修改 arch/arm/Kconfig 这个文件),在第 207 行加入如示例 30-7 所示内容。

示例 30-7 Kconfig 文件

```
config TARGET_MX6ULL_ALIENTEK_EMMC
    bool "Support mx6ull_alientek_emmc"
    select MX6ULL
    select DM
    select DM_THERMAL
```

在最后一行的 endif 的前一行添加如示例 30-8 所示内容。

示例 30-8 Kconfig 文件

```
source "board/freescale/mx6ull_alientek_emmc/Kconfig"
```

修改后的 Kconfig 文件如图 30-11 所示。

```
201 config TARGET_MX6ULL_9X9_EVK
202     bool "Support mx6ull_9x9_evk"
203     select MX6ULL
204     select DM
205     select DM_THERMAL
206
207 config TARGET_MX6ULL_ALIENTEK_EMMC
208     bool "Support mx6ull_alientek_emmc"
209     select MX6ULL
210     select DM
211     select DM_THERMAL
212
292 source "board/freescale/mx6sxscm/Kconfig"
293
294 source "board/freescale/mx6ull_alientek_emmc/Kconfig"
295
296 endif
```

图 30-11 修改后的 Kconfig 文件

到此为止,I.MX6U-ALPHA 开发板就已经添加到 uboot 中了,接下来编译这个新添加的开发板。

30.2.5 使用新添加的板子配置编译 uboot

在 uboot 根目录下新建一个名为 mx6ull_alientek_emmc.sh 的 shell 脚本，在这个 shell 脚本中输入如示例 30-9 所示内容。

示例 30-9 mx6ull_alientek_emmc.sh 脚本文件

```
1 #!/bin/bash
2 make ARCH=arm CROSS_COMPILE=arm-linux-gnueabihf- distclean
3 make ARCH=arm CROSS_COMPILE=arm-linux-gnueabihf- mx6ull_alientek_emmc_defconfig
4 make V=1 ARCH=arm CROSS_COMPILE=arm-linux-gnueabihf- -j16
```

第 3 行使用的默认配置文件就是 30.2.1 节中新建的 mx6ull_alientek_emmc_defconfig 这个配置文件。给予 mx6ll_alientek_emmc.sh 可执行权限，然后运行脚本来完成编译，命令如下所示。

```
chmod 777 mx6ull_alientek_emmc.sh        //给予可执行权限，一次即可
./mx6ull_alientek_emmc.sh                //运行脚本编译 uboot
```

等待编译完成，编译完成以后输入如下命令，查看添加的 mx6ull_alientek_emmc.h 这个头文件有没有被引用。

```
grep -nR "mx6ull_alientek_emmc.h"
```

如果很多文件都引用了 mx6ull_alientek_emmc.h 这个头文件，则说明新板子添加成功，如图 30-12 所示。

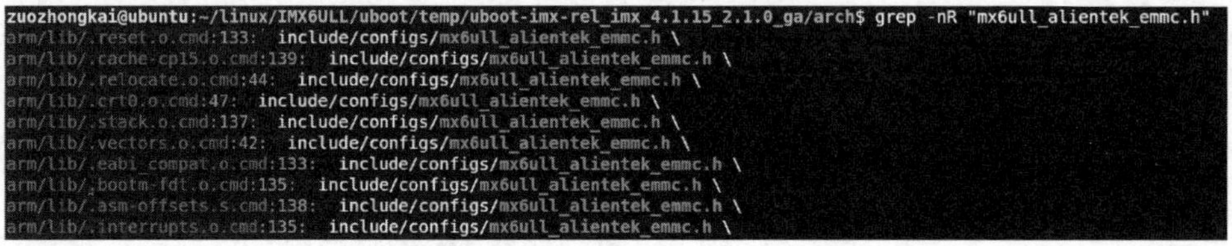
zuozhongkai@ubuntu:~/linux/IMX6ULL/uboot/temp/uboot-imx-rel_imx_4.1.15_2.1.0_ga/arch$ grep -nR "mx6ull_alientek_emmc.h"
arm/lib/.reset.o.cmd:133: include/configs/mx6ull_alientek_emmc.h \
arm/lib/.cache-cp15.o.cmd:139: include/configs/mx6ull_alientek_emmc.h \
arm/lib/.relocate.o.cmd:44: include/configs/mx6ull_alientek_emmc.h \
arm/lib/.crt0.o.cmd:47: include/configs/mx6ull_alientek_emmc.h \
arm/lib/.stack.o.cmd:137: include/configs/mx6ull_alientek_emmc.h \
arm/lib/.vectors.o.cmd:42: include/configs/mx6ull_alientek_emmc.h \
arm/lib/.eabi_compat.o.cmd:133: include/configs/mx6ull_alientek_emmc.h \
arm/lib/.bootm-fdt.o.cmd:135: include/configs/mx6ull_alientek_emmc.h \
arm/lib/.asm-offsets.s.cmd:138: include/configs/mx6ull_alientek_emmc.h \
arm/lib/.interrupts.o.cmd:135: include/configs/mx6ull_alientek_emmc.h \

图 30-12 查找结果

编译完成以后使用 imxdownload 将新编译出来的 u-boot.bin 烧写到 SD 卡中测试，输出结果如图 30-13 所示。

从图 30-13 可以看出，此时的 Board 还是 MX6ULL 14x14 EVK，因为使用的是 NXP 官方的 I.MX6ULL 开发板来添加自己的开发板。如果连接 LCD 屏幕会发现 LCD 屏幕并没有显示 NXP 的 logo，此时的网络同样也没识别出来。默认 uboot 中的 LCD 驱动和网络驱动在 I.MX6U-ALPHA 开发板上是有问题的，需要修改。

30.2.6 LCD 驱动修改

在 uboot 中修改驱动，基本是在 xxx.h 和 xxx.c 这两个文件中进行的，xxx 为板子名称，比如 mx6ull_alientek_emmc.h 和 mx6ull_alientek_emmc.c。

修改 LCD 驱动重点注意以下 3 点：

```
U-Boot 2016.03 (Jun 22 2021 - 21:47:59 +0800)

CPU:   Freescale i.MX6ULL rev1.1 69 MHz (running at 396 MHz)
CPU:   Industrial temperature grade (-40C to 105C) at 51C
Reset cause: POR
Board: MX6ULL 14x14 EVK
I2C:   ready
DRAM:  512 MiB
MMC:   FSL_SDHC: 0, FSL_SDHC: 1
Display: TFT43AB (480x272)
Video: 480x272x24
In:    serial
Out:   serial
Err:   serial
switch to partitions #0, OK
mmc0 is current device
Net:   Board Net Initialization Failed
No ethernet found.
Normal Boot
Hit any key to stop autoboot:  0
=>
```

图 30-13 uboot 启动过程

(1) LCD 所使用的 GPIO,查看 uboot 中 LCD 的 I/O 配置是否正确。

(2) LCD 背光引脚 GPIO 的配置。

(3) LCD 配置参数是否正确。

I. MX6U-ALPHA 开发板 LCD 原理图和 NXP 官方 I. MX6ULL 开发板一致,即 LCD 的 I/O 和背光 I/O 都一样,所以 I/O 部分就不用修改了。需要修改 LCD 参数,打开文件 mx6ull_alientek_emmc. c,找到如示例 30-10 所示内容。

示例 30-10 LCD 驱动参数

```
struct display_info_t const displays[] = {{
    .bus = MX6UL_LCDIF1_BASE_ADDR,
    .addr = 0,
    .pixfmt = 24,
    .detect = NULL,
    .enable = do_enable_parallel_lcd,
    .mode   = {
          .name             = "TFT43AB",
          .xres             = 480,
        .yres               = 272,
        .pixclock           = 108695,
        .left_margin        = 8,
        .right_margin       = 4,
        .upper_margin       = 2,
        .lower_margin       = 4,
        .hsync_len          = 41,
        .vsync_len          = 10,
        .sync               = 0,
        .vmode              = FB_VMODE_NONINTERLACED
} } };
```

示例 30-10 中定义了一个变量 displays,类型为 display_info_t。这个结构体是 LCD 信息结构体，其中包括了 LCD 的分辨率、像素格式、LCD 的各个参数等。display_info_t 定义在文件 arch/arm/include/asm/imx-common/video.h 中，display_info 结构体中内容如示例 30-11 所示。

示例 30-11 display_info 结构体

```
struct display_info_t {
    int bus;
    int addr;
    int pixfmt;
    int ( * detect)(struct display_info_t const * dev);
    void    ( * enable)(struct display_info_t const * dev);
    struct  fb_videomode mode;
};
```

pixfmt 是像素格式，即一个像素点是多少位。如果是 RGB565 则为 16 位，如果是 888 则为 24 位，一般使用 RGB888。结构体 display_info_t 还有 1 个 mode 成员变量，此成员变量也是结构体，为 fb_videomode，定义在文件 include/linux/fb.h 中，fb_videomode 结构体中内容如示例 30-12 所示。

示例 30-12 fb_videomode 结构体

```
struct fb_videomode {
    const char * name;          /* optional */
    u32 refresh;                /* optional */
    u32 xres;
    u32 yres;
    u32 pixclock;
    u32 left_margin;
    u32 right_margin;
    u32 upper_margin;
    u32 lower_margin;
    u32 hsync_len;
    u32 vsync_len;
    u32 sync;
    u32 vmode;
    u32 flag;
};
```

结构体 fb_videomode 中的成员变量为 LCD 的参数，这些成员变量函数如下所示。

name：LCD 名字，要和环境变量中的 panel 相等。

xres、yres：LCD X 轴和 Y 轴像素数量。

pixclock：像素时钟，每个像素时钟周期的长度，单位为皮秒(ps)。

left_margin：HBP，水平同步后肩。

right_margin：HFP，水平同步前肩。

upper_margin：VBP，垂直同步后肩。

lower_margin：VFP，垂直同步前肩。

hsync_len：HSPW，行同步脉宽。

vsync_len：VSPW，垂直同步脉宽。

vmode：大多数使用 FB_VMODE_NONINTERLACED，即不使用隔行扫描。

可以看出，这些参数和我们第 20 章讲解 RGB LCD 的参数基本一样，唯一不同的是像素时钟 pixclock 的含义不同，以正点原子的 7 英寸、1024×600 分辨率的屏幕（ATK7016）为例，屏幕要求的像素时钟为 51.2MHz，因此：

```
pixclock = (1/51200000) * 10^ 12 = 19531
```

再根据其他的屏幕参数，可以得出 ATK7016 屏幕的配置参数如示例 30-13 所示。

示例 30-13　ATK7016 屏幕配置参数

```
struct display_info_t const displays[] = {{
    .bus = MX6UL_LCDIF1_BASE_ADDR,
    .addr = 0,
    .pixfmt = 24,
    .detect = NULL,
    .enable = do_enable_parallel_lcd,
    .mode   = {
            .name               = "TFT7016",
            .xres               = 1024,
            .yres               = 600,
        .pixclock               = 19531,
        .left_margin            = 140,          //HBPD
        .right_margin           = 160,          //HFPD
        .upper_margin          V = 20,          //VBPD
        .lower_margin           = 12,           //VFBD
        .hsync_len              = 20,           //HSPW
        .vsync_len              = 3,            //VSPW
        .sync                   = 0,
        .vmode                  = FB_VMODE_NONINTERLACED
} } };
```

使用示例 30-13 中的屏幕参数替换掉 mx6ull_alientek_emmc.c 中 uboot 默认的屏幕参数。

打开 mx6ull_alientek_emmc.h，找到所有的如下语句。

```
panel = TFT43AB
```

将其改为如下内容。

```
panel = TFT7016
```

设置 panel 为 TFT7016，panel 的值要与示例 30-13 中的.name 成员变量的值一致。修改完成以后重新编译一遍 uboot 并烧写到 SD 中启动。

重启以后 LCD 驱动就会工作正常了，LCD 上会显示 NXP 的 logo。但是有可能会遇到 LCD 并没有工作，还是黑屏，这是什么原因呢？在 uboot 命令模式输入 print 来查看环境变量 panel 的值，会发现 panel 的值为 TFT43AB(或其他值，不是 TFT7016)，如图 30-14 所示。

这是因为之前将环境变量保存到 EMMC 中，uboot 启动以后会先从 EMMC 中读取环境变量，如果 EMMC 中没有环境变量才会使用 mx6ull_alientek_emmc.h 中的默认环境变量。如果 EMMC

```
panel=TFT43AB
script=boot.scr

Environment size: 2517/8188 bytes
=>
```

图 30-14　panel 的值

中的环境变量 panel 不等于 TFT7016，那么 LCD 显示肯定不正常，只需要在 uboot 中修改 panel 的值为 TFT7016 即可。在 uboot 的命令模式下输入如下命令。

```
setenv panel TFT7016
saveenv
```

上述命令修改环境变量 panel 为 TFT7016，然后保存并重启 uboot，此时 LCD 驱动工作正常。如果 LCD 还是没有正常工作，那就要检查是否代码改错，或者还有哪里没有修改。

30.2.7　网络驱动修改

1. I. MX6U-ALPHA 开发板网络简介

I. MX6ULL 内部有个以太网 MAC 外设，也就是 ENET，需要外接一个 PHY 芯片来实现网络通信功能，即内部 MAC＋外部 PHY 芯片的方案。在一些没有内部 MAC 的 CPU 中，比如三星的 S3C2440、S3C4412 等，就会采用 DM9000 来实现联网功能。DM9000 提供了一个类似 SRAM 的访问接口，主控 CPU 通过这个接口即可与 DM9000 进行通信，DM9000 就是一个 MAC＋PHY 芯片。这个方案就相当于外部 MAC＋外部 PHY，那么 I. MX6ULL 这样的内部 MAC＋PHY 芯片与 DM9000 方案比有什么优势？优势肯定是很大的，首先就是通信效率和速度，一般 SOC 内部的 MAC 带有一个专用 DMA，专门用于处理网络数据包，采用 SRAM 接口来读写 DM9000 的速度没法和内部 MAC＋外部 PHY 芯片的速度比。采用外部 DM9000 完全是无奈之举，因为 S3C2440、S3C4412 这些芯片内部没有以太网外设，现在又想用有线网络，只能找 DM9000 的替代方案。

从这里也可以看出，三星的这些芯片设计之初就不是给工业产品用的，是给消费类电子使用的，比如手机、平板等，手机或平板要上网，可以通过 WiFi 或者 4G 联通。I. MX6U-ALPHA 开发板也可以通过 WiFi 或者 4G 上网。

I. MX6ULL 有两个网络接口 ENET1 和 ENET2，I. MX6U-ALPHA 开发板提供了这两个网络接口，其中 ENET1 和 ENET2 都使用 LAN8720A 作为 PHY 芯片。NXP 官方的 I. MX6ULL EVK 开发板使用 KSZ8081 这颗 PHY 芯片，LAN8720A 相比 KSZ8081 具有体积小、外围器件少、价格便宜等优点。直接使用 KSZ8081 固然可以，但是在实际的产品中有时候为了降低成本，会选择其他的 PHY 芯片，这个时候问题来了：换了 PHY 芯片以后网络驱动怎么办？为此，I. MX6U-ALPHA 开发板将 ENET1 和 ENET2 的 PHY 换成了 LAN8720A。

I. MX6U-ALPHA 开发板 ENET1 的原理图如图 30-15 所示。

ENET1 的网络 PHY 芯片为 LAN8720A，通过 RMII 接口与 I. MX6ULL 相连，I. MX6U-ALPHA 开发板的 ENET1 引脚与 NXP 官方的 I. MX6ULL EVK 开发板类似，唯独复位引脚不同。从图 30-15 可以看出，ENET1 复位引脚 ENET1_RST 接到了 I. M6ULL 的 SNVS_TAMPER7 这个引脚上。

LAN8720A 内部是有寄存器的，I. MX6ULL 会读取 LAN8720 内部寄存器来判断当前的物理链接状态、连接速度和双工状态（半双工还是全双工）。I. MX6ULL 通过 MDIO 接口来读取 PHY

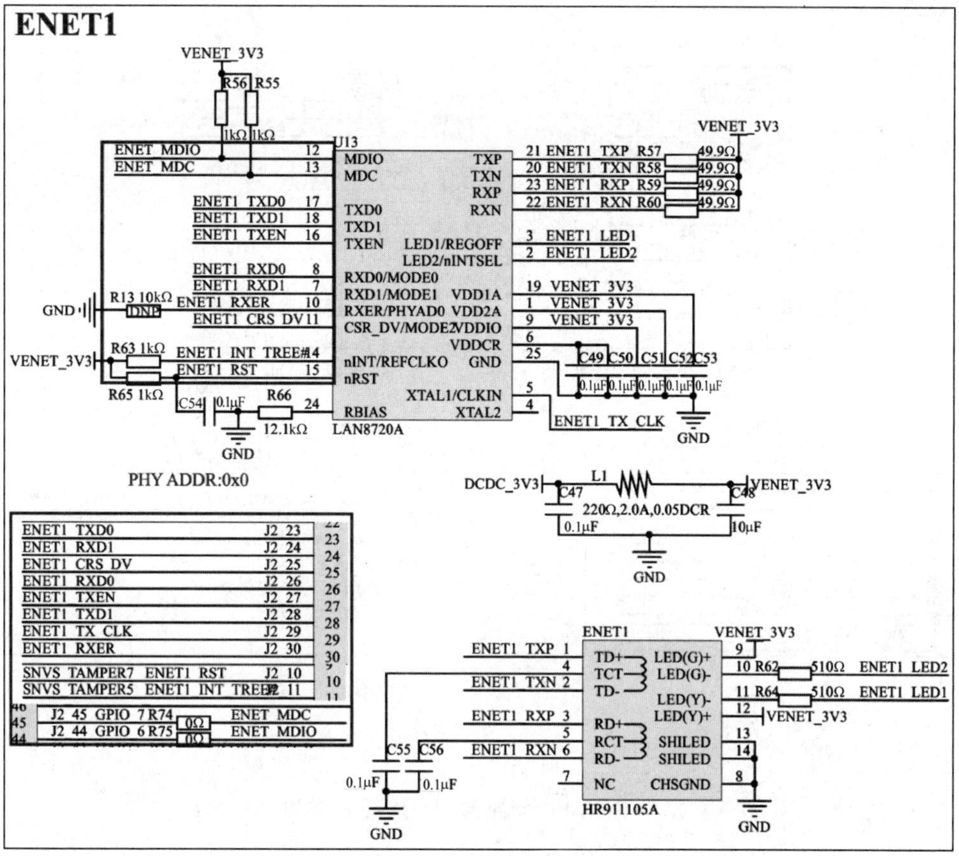

图 30-15 ENET1 原理图

芯片的内部寄存器。MDIO 接口有两个引脚：ENET_MDC 和 ENET_MDIO，ENET_MDC 提供时钟，ENET_MDIO 进行数据传输。一个 MDIO 接口可以管理 32 个 PHY 芯片，同一个 MDIO 接口下的 PHY 使用不同的器件地址做区分，MIDO 接口通过不同的器件地址即可访问相应的 PHY 芯片。I. MX6U-ALPHA 开发板 ENET1 上连接的 LAN8720A 器件地址为 0X0，要修改 ENET1 网络驱动的注意事项如下。

(1) ENET1 复位引脚初始化。

(2) LAN8720A 的器件 ID。

(3) LAN8720 驱动。

ENET2 的原理图如图 30-16 所示。

ENET2 网络驱动的修改注意以下 3 点：

(1) ENET2 的复位引脚 ENET2_RST 接到了 I. MX6ULL 的 SNVS_TAMPER8 上。

(2) ENET2 所使用的 PHY 芯片器件地址，从图 30-16 可以看出，PHY 器件地址为 0X1。

(3) LAN8720 驱动，ENET1 和 ENET2 都使用 LAN8720，所以驱动相同。

2. 网络 PHY 地址修改

首先修改 uboot 中的 ENET1 和 ENET2 的 PHY 地址和驱动，打开 mx6ull_alientek_emmc. h

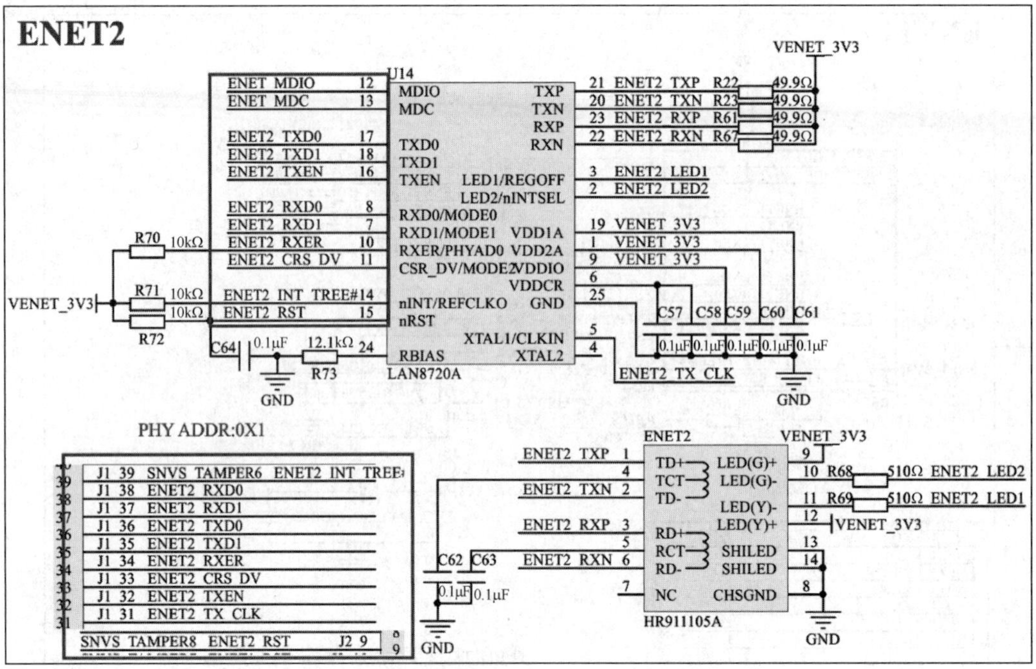

图 30-16　ENET2 原理图

这个文件,找到如示例 30-14 所示内容。

示例 30-14　网络默认 ID 配置参数

```
#ifdef CONFIG_CMD_NET
#define CONFIG_CMD_PING
#define CONFIG_CMD_DHCP
#define CONFIG_CMD_MII
#define CONFIG_FEC_MXC
#define CONFIG_MII
#define CONFIG_FEC_ENET_DEV                1

#if (CONFIG_FEC_ENET_DEV == 0)
#define IMX_FEC_BASE                       ENET_BASE_ADDR
#define CONFIG_FEC_MXC_PHYADDR             0x2
#define CONFIG_FEC_XCV_TYPE                RMII
#elif (CONFIG_FEC_ENET_DEV == 1)
#define IMX_FEC_BASE                       ENET2_BASE_ADDR
#define CONFIG_FEC_MXC_PHYADDR             0x1
#define CONFIG_FEC_XCV_TYPE                RMII
#endif
#define CONFIG_ETHPRIME                    "FEC"

#define CONFIG_PHYLIB
#define CONFIG_PHY_MICREL
#endif
```

第 331 行的宏 CONFIG_FEC_ENET_DEV 用于选择使用哪个网口，默认为 1，选择 ENET2。第 335 行为 ENET1 的 PHY 地址，默认为 0x2，第 339 行为 ENET2 的 PHY 地址，默认为 0x1。根据前面的分析可知，I.MX6U-ALPHA 开发板 ENET1 的 PHY 地址为 0x0，ENET2 的 PHY 地址为 0x1，所以需要将第 335 行的宏 CONFIG_FEC_MXC_PHYADDR 改为 0x0。

第 345 行定了一个宏 CONFIG_PHY_MICREL，此宏用于使能 uboot 中的 PHY 驱动，KSZ8081 芯片就是 Micrel 公司生产的，不过 Micrel 已经被 Microchip 收购了。如果要使用 LAN8720A，需要将 CONFIG_PHY_MICREL 改为 CONFIG_PHY_SMSC，也就是使能 uboot 中的 SMSC 公司中的 PHY 驱动，因为 LAN8720A 就是 SMSC 公司生产的。所以示例 30-12 有 3 处要修改。

（1）修改 ENET1 网络 PHY 的地址。

（2）修改 ENET2 网络 PHY 的地址。

（3）使能 SMSC 公司的 PHY 驱动。

修改后的网络 PHY 地址参数如示例 30-15 所示。

示例 30-15　网络 PHY 地址配置参数

```
325 #ifdef CONFIG_CMD_NET
326 #define CONFIG_CMD_PING
327 #define CONFIG_CMD_DHCP
328 #define CONFIG_CMD_MII
329 #define CONFIG_FEC_MXC
330 #define CONFIG_MII
331 #define CONFIG_FEC_ENET_DEV                1
332
333 #if (CONFIG_FEC_ENET_DEV == 0)
334 #define IMX_FEC_BASE                       ENET_BASE_ADDR
335 #define CONFIG_FEC_MXC_PHYADDR             0x0
336 #define CONFIG_FEC_XCV_TYPE                RMII
337 #elif (CONFIG_FEC_ENET_DEV == 1)
338 #define IMX_FEC_BASE                       ENET2_BASE_ADDR
339 #define CONFIG_FEC_MXC_PHYADDR             0x1
340 #define CONFIG_FEC_XCV_TYPE                RMII
341 #endif
342 #define CONFIG_ETHPRIME                    "FEC"
343
344 #define CONFIG_PHYLIB
345 #define CONFIG_PHY_SMSC
346 #endif
```

3. 删除 uboot 中 74LV595 的驱动代码

在 uboot 中网络 PHY 芯片地址修改完成以后，就是对网络复位引脚的驱动进行修改了，打开 mx6ull_alientek_emmc.c，找到如示例 30-16 所示内容。

示例 30-16　74LV595 引脚

```
#define IOX_SDI    IMX_GPIO_NR(5, 10)
#define IOX_STCP   IMX_GPIO_NR(5, 7)
#define IOX_SHCP   IMX_GPIO_NR(5, 11)
#define IOX_OE     IMX_GPIO_NR(5, 8)
```

示例 30-16 中以 IOX 开头的宏定义是 74LV595 的相关 GPIO，因为 NXP 官方 I. MX6ULL EVK 开发板使用 74LV595 来扩展 I/O，两个网络的复位引脚就是由 74LV595 来控制的。我们的开发板并没有使用 74LV595，因此将示例 30-16 中的代码删除掉，替换为如示例 30-17 所示内容。

示例 30-17　修改后的网络引脚

```
#define ENET1_RESET IMX_GPIO_NR(5, 7)
#define ENET2_RESET IMX_GPIO_NR(5, 8)
```

ENET1 的复位引脚连接到 SNVS_TAMPER7 上，对应 GPIO5_IO07，ENET2 的复位引脚连接到 SNVS_TAMPER8 上，对应 GPIO5_IO08。

继续在 mx6ull_alientek_emmc.c 中找到如示例 30-18 所示代码。

示例 30-18　74LV595 引脚配置

```
static iomux_v3_cfg_t const iox_pads[] = {
    /* IOX_SDI */
    MX6_PAD_BOOT_MODE0__GPIO5_IO10 | MUX_PAD_CTRL(NO_PAD_CTRL),
    /* IOX_SHCP */
    MX6_PAD_BOOT_MODE1__GPIO5_IO11 | MUX_PAD_CTRL(NO_PAD_CTRL),
    /* IOX_STCP */
    MX6_PAD_SNVS_TAMPER7__GPIO5_IO07 | MUX_PAD_CTRL(NO_PAD_CTRL),
    /* IOX_nOE */
    MX6_PAD_SNVS_TAMPER8__GPIO5_IO08 | MUX_PAD_CTRL(NO_PAD_CTRL),
};
```

同理，示例 30-18 是 74LV595 的 I/O 配置参数结构体，将其删除掉。继续在 mx6ull_alientek_emmc.c 中找到函数 iox74lv_init，如示例 30-19 所示。

示例 30-19　74LV595 初始化函数

```
static void iox74lv_init(void)
{
    int i;

    gpio_direction_output(IOX_OE, 0);

    for (i = 7; i >= 0; i--) {
        gpio_direction_output(IOX_SHCP, 0);
        gpio_direction_output(IOX_SDI, seq[qn_output[i]][0]);
        udelay(500);
        gpio_direction_output(IOX_SHCP, 1);
        udelay(500);
    }

    ...
    /*
     * shift register will be output to pins
     */
```

```
    gpio_direction_output(IOX_STCP, 1);
};

void iox74lv_set(int index)
{
    int i;

    for (i = 7; i >= 0; i--) {
        gpio_direction_output(IOX_SHCP, 0);

        if (i == index)
            gpio_direction_output(IOX_SDI, seq[qn_output[i]][0]);
        else
            gpio_direction_output(IOX_SDI, seq[qn_output[i]][1]);
        udelay(500);
        gpio_direction_output(IOX_SHCP, 1);
        udelay(500);
    }
    ...
    /*
     * shift register will be output to pins
     */
    gpio_direction_output(IOX_STCP, 1);
};
```

iox74lv_init 函数是 74LV595 的初始化函数，iox74lv_set 函数用于控制 74LV595 的 I/O 输出电平，将这两个函数全部删除掉。

在 mx6ull_alientek_emmc.c 中找到 board_init 函数，此函数是板子初始化函数，会被 board_init_r 调用，board_init 函数内容如示例 30-20 所示。

示例 30-20　board_init 函数

```
int board_init(void)
{
...
imx_iomux_v3_setup_multiple_pads(iox_pads, ARRAY_SIZE(iox_pads));
    iox74lv_init();
    ...
    return 0;
}
```

board_init 会调用 imx_iomux_v3_setup_multiple_pads 和 iox74lv_init 这两个函数来初始化 74lv595 的 GPIO，将这两行删除掉。至此，mx6ull_alientek_emmc.c 中关于 74LV595 芯片的驱动代码都已删除，接下来添加 I.MX6U-ALPHA 开发板的两个网络复位引脚。

4. 添加 I.MX6U-ALPHA 开发板网络复位引脚驱动

在 mx6ull_alientek_emmc.c 中找到如示例 30-21 所示代码。

示例 30-21　默认网络 IO 结构体数组

```
static iomux_v3_cfg_t const fec1_pads[] = {
    MX6_PAD_GPIO1_IO06__ENET1_MDIO | MUX_PAD_CTRL(MDIO_PAD_CTRL),
    MX6_PAD_GPIO1_IO07__ENET1_MDC | MUX_PAD_CTRL(ENET_PAD_CTRL),
...
    MX6_PAD_ENET1_RX_ER__ENET1_RX_ER | MUX_PAD_CTRL(ENET_PAD_CTRL),
    MX6_PAD_ENET1_RX_EN__ENET1_RX_EN | MUX_PAD_CTRL(ENET_PAD_CTRL),
};

static iomux_v3_cfg_t const fec2_pads[] = {
    MX6_PAD_GPIO1_IO06__ENET2_MDIO | MUX_PAD_CTRL(MDIO_PAD_CTRL),
    MX6_PAD_GPIO1_IO07__ENET2_MDC | MUX_PAD_CTRL(ENET_PAD_CTRL),
...
    MX6_PAD_ENET2_RX_EN__ENET2_RX_EN | MUX_PAD_CTRL(ENET_PAD_CTRL),
    MX6_PAD_ENET2_RX_ER__ENET2_RX_ER | MUX_PAD_CTRL(ENET_PAD_CTRL),
};
```

结构体数组 fec1_pads 和 fec2_pads 是 ENET1 和 ENET2 的 I/O 配置参数，在这两个数组中添加两个网口的复位 I/O 配置参数，完成以后如示例 30-22 所示。

示例 30-22　添加网络复位 IO 后的结构体数组

```
640 static iomux_v3_cfg_t const fec1_pads[] = {
641     MX6_PAD_GPIO1_IO06__ENET1_MDIO | MUX_PAD_CTRL(MDIO_PAD_CTRL),
642     MX6_PAD_GPIO1_IO07__ENET1_MDC | MUX_PAD_CTRL(ENET_PAD_CTRL),
...
651     MX6_PAD_SNVS_TAMPER7__GPIO5_IO07 | MUX_PAD_CTRL(NO_PAD_CTRL),
652 };
653
654 static iomux_v3_cfg_t const fec2_pads[] = {
655     MX6_PAD_GPIO1_IO06__ENET2_MDIO | MUX_PAD_CTRL(MDIO_PAD_CTRL),
656     MX6_PAD_GPIO1_IO07__ENET2_MDC | MUX_PAD_CTRL(ENET_PAD_CTRL),
...
667     MX6_PAD_SNVS_TAMPER8__GPIO5_IO08 | MUX_PAD_CTRL(NO_PAD_CTRL),
668 };
```

示例 30-22 中，第 651 行和第 667 行分别是 ENET1 和 ENET2 的复位 I/O 配置参数。继续在文件 mx6ull_alientek_emmc.c 中找到 setup_iomux_fec 函数，此函数默认代码如示例 30-23 所示。

示例 30-23　setup_iomux_fec 函数默认代码

```
static void setup_iomux_fec(int fec_id)
{
    if (fec_id == 0)
        imx_iomux_v3_setup_multiple_pads(fec1_pads,
                        ARRAY_SIZE(fec1_pads));
    else
        imx_iomux_v3_setup_multiple_pads(fec2_pads,
                        ARRAY_SIZE(fec2_pads));
}
```

setup_iomux_fec 函数就是根据 fec1_pads 和 fec2_pads 这两个网络 I/O 配置数组来初始化 I. MX6ULL 的网络 I/O。需要在其中添加网络复位 I/O 的初始化代码，并且复位 PHY 芯片，修改后的 setup_iomux_fec 函数如示例 30-24 所示。

示例 30-24 修改后的 setup_iomux_fec 函数

```
668 static void setup_iomux_fec(int fec_id)
669 {
670     if (fec_id == 0)
671     {
672 
673         imx_iomux_v3_setup_multiple_pads(fec1_pads,
674                         ARRAY_SIZE(fec1_pads));
675 
676         gpio_direction_output(ENET1_RESET, 1);
677         gpio_set_value(ENET1_RESET, 0);
678         mdelay(20);
679         gpio_set_value(ENET1_RESET, 1);
680     }
681     else
682     {
683         imx_iomux_v3_setup_multiple_pads(fec2_pads,
684                         ARRAY_SIZE(fec2_pads));
685         gpio_direction_output(ENET2_RESET, 1);
686         gpio_set_value(ENET2_RESET, 0);
687         mdelay(20);
688         gpio_set_value(ENET2_RESET, 1);
689     }
690 }
```

示例 30-24 中第 676～679 行和第 685～688 行分别对应 ENET1 和 ENET2 的复位 I/O 初始化，将这两个 I/O 设置为输出并且硬件复位 LAN8720A，否则可能导致 uboot 无法识别 LAN8720A。

5. 文件修改 drivers/net/phy/phy. c 中的 genphy_update_link 函数

uboot 中的 LAN8720A 驱动有点问题，打开文件 drivers/net/phy/phy. c，找到 genphy_update_link 函数，这个是通用 PHY 驱动函数，此函数用于更新 PHY 的连接状态和速度。使用 LAN8720A 时需要在此函数中添加一些代码，修改后的 genphy_update_link 函数如示例 30-25 所示。

示例 30-25 修改后的 genphy_update_link 函数

```
int genphy_update_link(struct phy_device * phydev)
{
    unsigned int mii_reg;

 #ifdef CONFIG_PHY_SMSC
    static int lan8720_flag = 0;
    int bmcr_reg = 0;
```

```
228     if (lan8720_flag == 0) {
229         bmcr_reg = phy_read(phydev, MDIO_DEVAD_NONE, MII_BMCR);
230         phy_write(phydev, MDIO_DEVAD_NONE, MII_BMCR, BMCR_RESET);
231         while(phy_read(phydev, MDIO_DEVAD_NONE, MII_BMCR) & 0X8000)       {
232             udelay(100);
233         }
234         phy_write(phydev, MDIO_DEVAD_NONE, MII_BMCR, bmcr_reg);
235         lan8720_flag = 1;
236     }
237 #endif
238 
239     /*
240      * Wait if the link is up, and autonegotiation is in progress
241      * (ie - we're capable and it's not done)
242      */
243     mii_reg = phy_read(phydev, MDIO_DEVAD_NONE, MII_BMSR);
...
291 
292     return 0;
293 }
```

第 225～237 行就是新添加的代码，为条件编译代码段，只有使用 SMSC 公司的 PHY 代码才会执行（目前只测试了 LAN8720A，SMSC 公司其他的芯片还未测试）。第 229 行读取 LAN8720A 的 BMCR 寄存器（寄存器地址为 0），此寄存器为 LAN8720A 的配置寄存器，这里先读取此寄存器的默认值并保存起来。第 230 行向寄存器 BMCR 写入 BMCR_RESET（值为 0X8000），因为 BMCR 的 bit15 是软件复位控制位，因此第 230 行就是软件复位 LAN8720A，复位完成以后此位会自动清零。第 231～233 行等待 LAN8720A 软件复位完成，判断 BMCR 的 bit15 位是否为 1，为 1 表示还没有复位完成。第 234 行重新向 BMCR 寄存器写入以前的值，即 229 行读出的那个值。

至此网络的复位引脚驱动修改完成，重新编译 uboot，然后将 u-boot. bin 烧写到 SD 卡中并启动，uboot 启动信息如图 30-17 所示。

```
U-Boot 2016.03 (Oct 27 2020 - 11:44:31 +0800)

CPU:   Freescale i.MX6ULL rev1.1 69 MHz (running at 396 MHz)
CPU:   Industrial temperature grade (-40C to 105C) at 49C
Reset cause: POR
Board: MX6ULL ALIENTEK EMMC
I2C:   ready
DRAM:  512 MiB
MMC:   FSL_SDHC: 0, FSL_SDHC: 1
Display: TFT7016 (1024x600)
Video: 1024x600x24
In:    serial
Out:   serial
Err:   serial
switch to partitions #0, OK
mmc0 is current device
Net:   FEC1
Normal Boot
Hit any key to stop autoboot:  0
=>
```

图 30-17　uboot 启动信息

从图 30-17 中可以看到 Net：FEC1 这一行，提示当前使用的 FEC1 这个网口，也就是 ENET2。在 uboot 中使用网络之前，要先设置几个环境变量，操作命令如下所示。

```
setenv ipaddr 192.168.1.55              //开发板 IP 地址
setenv ethaddr b8:ae:1d:01:00:00        //开发板网卡 MAC 地址
setenv gatewayip 192.168.1.1            //开发板默认网关
setenv netmask 255.255.255.0            //开发板子网掩码
setenv serverip 192.168.1.250           //服务器地址，也就是 Ubuntu 地址
saveenv                                 //保存环境变量
```

设置好环境变量以后就可以在 uboot 中使用网络了，用网线将 I.MX6U-ALPHA 上的 ENET2 与计算机或者路由器连接起来，保证开发板和计算机在同一个网段内，通过 ping 命令测试网络连接，操作命令如下所示。

```
ping 192.168.1.250
```

结果如图 30-18 所示。

```
=> ping 192.168.1.250
FEC1 Waiting for PHY auto negotiation to complete.... done
Using FEC1 device
host 192.168.1.250 is alive
=>
```

图 30-18 ping 命令测试

从图 30-18 可以看出，host 192.168.1.250 is alive 这句说明 ping 主机成功，ENET2 网络工作正常。再来测试 ENET1 的网络是否正常工作，打开 mx6ull_alientek_emmc.h，将 CONFIG_FEC_ENET_DEV 改为 0，然后重新编译 uboot，并烧写到 SD 卡中重启。uboot 输出信息如图 30-19 所示。

```
U-Boot 2016.03 (Jun 23 2021 - 17:10:43 +0800)

CPU:   Freescale i.MX6ULL rev1.1 69 MHz (running at 396 MHz)
CPU:   Industrial temperature grade (-40C to 105C) at 41C
Reset cause: POR
Board: MX6ULL ALIENTEK EMMC
I2C:   ready
DRAM:  512 MiB
MMC:   FSL_SDHC: 0, FSL_SDHC: 1
unsupported panel TFT43AB
In:    serial
Out:   serial
Err:   serial
switch to partitions #0, OK
mmc0 is current device
Net:   FEC0
Error: FEC0 address not set.

Normal Boot
Hit any key to stop autoboot:  0
=>
```

图 30-19 uboot 启动信息

从图 30-19 可以看出，Net：FEC0 这一行说明当前使用的是 FEC0 这个网卡，也就是 ENET1，设置好 FEC0 网口的地址信息，ping 一下主机，结果如图 30-20 所示。

```
=> ping 192.168.1.250
FEC0 Waiting for PHY auto negotiation to complete.... done
Using FEC0 device
host 192.168.1.250 is alive
=>
```

图 30-20　ping 命令测试

从图 30-20 可以看出，ping 主机运行成功，说明 ENET1 网络也工作正常。至此，I. MX6U-ALPHA 开发板的两个网络都已正常工作，建议大家将 ENET2 设置为 uboot 的默认网卡，即将宏 CONFIG_FEC_ENET_DEV 设置为 1。

30.2.8　其他需要修改的地方

在 uboot 启动信息中会有“Board：MX6ULL 14x14 EVK”这一句，板子名称为“MX6ULL 14x14 EVK”，要将其改为我们所使用的板子名称，比如“MX6ULL ALIENTEK EMMC”或者“MX6ULL ALIENTEK NAND”。打开文件 mx6ull_alientek_emmc. c，找到 checkboard 函数，将其改为如示例 30-26 所示内容。

示例 30-26　修改后的 checkboard 函数

```
int checkboard(void)
{
    if (is_mx6ull_9x9_evk())
        puts("Board: MX6ULL 9x9 EVK\n");
    else
        puts("Board: MX6ULL ALIENTEK EMMC\n");

    return 0;
}
```

修改完成以后重新编译 uboot 并烧写到 SD 卡中验证，uboot 启动信息如图 30-21 所示。

```
U-Boot 2016.03 (Oct 27 2020 - 11:44:31 +0800)

CPU:   Freescale i.MX6ULL rev1.1 69 MHz (running at 396 MHz)
CPU:   Industrial temperature grade (-40C to 105C) at 50C
Reset cause: POR
Board: MX6ULL ALIENTEK EMMC
I2C:   ready
DRAM:  512 MiB
MMC:   FSL_SDHC: 0, FSL_SDHC: 1
Display: TFT7016 (1024x600)
Video: 1024x600x24
In:    serial
Out:   serial
Err:   serial
switch to partitions #0, OK
mmc0 is current device
Net:   FEC1
Normal Boot
Hit any key to stop autoboot:  0
=>
```

图 30-21　uboot 启动信息

从图 30-21 可以看出，Board 变成了 MX6ULL ALIENTEK EMMC。至此 uboot 的驱动部分修改完成，uboot 的移植也完成了。uboot 的最终目的就是启动 Linux 内核，需要通过启动 Linux 内核来判断 uboot 移植是否成功。在启动 Linux 内核之前先来学习两个重要的环境变量 bootcmd 和 bootargs。

30.3 bootcmd 和 bootargs 环境变量

uboot 中有两个非常重要的环境变量——bootcmd 和 bootargs。它们采用类似 shell 脚本语言编写的,有很多的变量引用,这些变量都是环境变量,有很多是 NXP 自己定义的。文件 mx6ull_alientek_emmc.h 中的宏 CONFIG_EXTRA_ENV_SETTINGS 保存着这些环境变量的默认值,内容如示例 30-27 所示。

示例 30-27 宏 CONFIG_EXTRA_ENV_SETTINGS 默认值

```
#if defined(CONFIG_SYS_BOOT_NAND)
#define CONFIG_EXTRA_ENV_SETTINGS \
    CONFIG_MFG_ENV_SETTINGS \
    "panel = TFT43AB\0" \
    "fdt_addr = 0x83000000\0" \
    "fdt_high = 0xffffffff\0"    \
...
        "bootz ${loadaddr} - ${fdt_addr}\0"

#else
#define CONFIG_EXTRA_ENV_SETTINGS \
    CONFIG_MFG_ENV_SETTINGS \
    "script = boot.scr\0" \
    "image = zImage\0" \
    "console = ttymxc0\0" \
    "fdt_high = 0xffffffff\0" \
    "initrd_high = 0xffffffff\0" \
    "fdt_file = undefined\0" \
...
     "findfdt = "\
       "if test $fdt_file = undefined; then " \
        "if test $board_name = EVK && test $board_rev = 9X9; then " \
         "setenv fdt_file imx6ull - 9x9 - evk.dtb; fi; " \
     "if test $board_name = EVK && test $board_rev = 14X14; then " \
                   "setenv fdt_file imx6ull - 14x14 - evk.dtb; fi; " \
            "if test $fdt_file = undefined; then " \
            "echo WARNING: Could not determine dtb to use; fi; " \
            "fi;\0" \
```

宏 CONFIG_EXTRA_ENV_SETTINGS 是条件编译语句,使用 NAND 和 EMMC 的时候宏 CONFIG_EXTRA_ENV_SETTINGS 的值是不同的。

30.3.1 环境变量 bootcmd

bootcmd 保存着 uboot 默认命令,uboot 倒计时结束以后就会执行 bootcmd 中的命令。这些命令用来启动 Linux 内核,如读取 EMMC 或者 NAND Flash 中的 Linux 内核镜像文件和设备树文件到 DRAM 中,然后启动 Linux 内核。可以在 uboot 启动以后进入命令行设置 bootcmd 环境变量的值。如果 EMMC 或者 NAND 中没有保存 bootcmd 的值,那么 uboot 就会使用默认的值,板子第一次运行 uboot 时都会使用默认值来设置 bootcmd 环境变量。打开文件 include/env_default. h,在此文件中有如示例 30-28 所示内容。

示例 30-28 默认环境变量

```
#ifdef DEFAULT_ENV_INSTANCE_EMBEDDED
env_t environment __PPCENV__ = {
    ENV_CRC,      /* CRC Sum */
 #ifdef CONFIG_SYS_REDUNDAND_ENVIRONMENT
    1,            /* Flags: valid */
 #endif
    {
 #elif defined(DEFAULT_ENV_INSTANCE_STATIC)
static char default_environment[] = {
 #else
const uchar default_environment[] = {
 #endif
 #ifdef  CONFIG_ENV_CALLBACK_LIST_DEFAULT
    ENV_CALLBACK_VAR "=" CONFIG_ENV_CALLBACK_LIST_DEFAULT "\0"
 #endif
 #ifdef  CONFIG_ENV_FLAGS_LIST_DEFAULT
    ENV_FLAGS_VAR "=" CONFIG_ENV_FLAGS_LIST_DEFAULT "\0"
 #endif
 #ifdef  CONFIG_BOOTARGS
    "bootargs=" CONFIG_BOOTARGS                         "\0"
 #endif
 #ifdef  CONFIG_BOOTCOMMAND
    "bootcmd="  CONFIG_BOOTCOMMAND                      "\0"
 #endif
 #ifdef  CONFIG_RAMBOOTCOMMAND
    "ramboot="  CONFIG_RAMBOOTCOMMAND                   "\0"
 #endif
 #ifdef  CONFIG_NFSBOOTCOMMAND
    "nfsboot="  CONFIG_NFSBOOTCOMMAND                   "\0"
 #endif
 #if defined(CONFIG_BOOTDELAY) && (CONFIG_BOOTDELAY >= 0)
    "bootdelay="    __stringify(CONFIG_BOOTDELAY)       "\0"
 #endif
 #if defined(CONFIG_BAUDRATE) && (CONFIG_BAUDRATE >= 0)
    "baudrate=" __stringify(CONFIG_BAUDRATE)            "\0"
 #endif
 #ifdef  CONFIG_LOADS_ECHO
    "loads_echo="   __stringify(CONFIG_LOADS_ECHO)      "\0"
 #endif
 #ifdef  CONFIG_ETHPRIME
    "ethprime=" CONFIG_ETHPRIME                         "\0"
 #endif
 #ifdef  CONFIG_IPADDR
    "ipaddr="   __stringify(CONFIG_IPADDR)              "\0"
```

```
#endif
#ifdef  CONFIG_SERVERIP
    "serverip=" __stringify(CONFIG_SERVERIP)     "\0"
#endif
#ifdef  CONFIG_SYS_AUTOLOAD
    "autoload=" CONFIG_SYS_AUTOLOAD              "\0"
#endif
#ifdef  CONFIG_PREBOOT
    "preboot="  CONFIG_PREBOOT                   "\0"
#endif
#ifdef  CONFIG_ROOTPATH
    "rootpath=" CONFIG_ROOTPATH                  "\0"
#endif
#ifdef  CONFIG_GATEWAYIP
    "gatewayip="    __stringify(CONFIG_GATEWAYIP)"\0"
#endif
#ifdef  CONFIG_NETMASK
    "netmask="  __stringify(CONFIG_NETMASK)      "\0"
#endif
#ifdef  CONFIG_HOSTNAME
    "hostname=" __stringify(CONFIG_HOSTNAME)     "\0"
#endif
#ifdef  CONFIG_BOOTFILE
    "bootfile=" CONFIG_BOOTFILE                  "\0"
#endif
#ifdef  CONFIG_LOADADDR
    "loadaddr=" __stringify(CONFIG_LOADADDR)     "\0"
#endif
#ifdef  CONFIG_CLOCKS_IN_MHZ
    "clocks_in_mhz=1\0"
#endif
#if defined(CONFIG_PCI_BOOTDELAY) && (CONFIG_PCI_BOOTDELAY > 0)
    "pcidelay=" __stringify(CONFIG_PCI_BOOTDELAY)"\0"
#endif
#ifdef  CONFIG_ENV_VARS_UBOOT_CONFIG
    "arch="         CONFIG_SYS_ARCH              "\0"
    "cpu="          CONFIG_SYS_CPU               "\0"
    "board="        CONFIG_SYS_BOARD             "\0"
    "board_name="   CONFIG_SYS_BOARD             "\0"
#ifdef CONFIG_SYS_VENDOR
    "vendor="       CONFIG_SYS_VENDOR            "\0"
#endif
#ifdef CONFIG_SYS_SOC
    "soc="          CONFIG_SYS_SOC               "\0"
#endif
#endif
#ifdef  CONFIG_EXTRA_ENV_SETTINGS
    CONFIG_EXTRA_ENV_SETTINGS
#endif
    "\0"
#ifdef DEFAULT_ENV_INSTANCE_EMBEDDED
    }
#endif
};
```

第 13～23 行，这段代码是条件编译，由于没有定义 DEFAULT_ENV_INSTANCE_EMBEDDED 和 CONFIG_SYS_REDUNDAND_ENVIRONMENT，因此 uchar default_environment[]数组保存环境变量。

在示例 30-28 中指定了很多环境变量的默认值，比如 bootcmd 的默认值是 CONFIG_BOOTCOMMAND，bootargs 的默认值是 CONFIG_BOOTARGS。我们可以在文件 mx6ull_alientek_emmc.h 中通过设置宏 CONFIG_BOOTCOMMAND 来设置 bootcmd 的默认值，NXP 官方设置的 CONFIG_BOOTCOMMAND 值如示例 30-29 所示。

示例 30-29　CONFIG_BOOTCOMMAND 默认值

```
204 #define CONFIG_BOOTCOMMAND \
205         "run findfdt;" \
206         "mmc dev ${mmcdev};" \
207         "mmc dev ${mmcdev}; if mmc rescan; then " \
208             "if run loadbootscript; then " \
209                 "run bootscript; " \
210             "else " \
211                 "if run loadimage; then " \
212                     "run mmcboot; " \
213                 "else run netboot; " \
214                 "fi; " \
215             "fi; " \
216         "else run netboot; fi"
```

因为 uboot 使用了类似 shell 脚本语言的方式来编写，我们逐行来分析。

第 205 行，run findfdt；使用 uboot 的 run 命令来运行 findfdt，findfdt 是 NXP 自行添加的环境变量。findfdt 用来查找开发板对应的设备树文件(.dtb)。IMX6ULL EVK 的设备树文件为 imx6ull-14x14-evk.dtb，findfdt 内容如下所示。

```
"findfdt="\
"if test $fdt_file = undefined; then " \
"if test $board_name = EVK && test $board_rev = 9X9; then " \
        "setenv fdt_file imx6ull-9x9-evk.dtb; fi; " \
    "if test $board_name = EVK && test $board_rev = 14X14; then " \
        "setenv fdt_file imx6ull-14x14-evk.dtb; fi; " \
    "if test $fdt_file = undefined; then " \
        "echo WARNING: Could not determine dtb to use; fi; " \
"fi;\0" \
```

findfdt 中用到的变量有 fdt_file、board_name 和 board_rev，这 3 个变量内容如下所示。

```
fdt_file=undefined,board_name=EVK,board_rev=14X14
```

findfdt 做判断，fdt_file 是否为 undefined，是则根据板子信息得出所需的.dtb 文件名。此时 fdt_file 为 undefined，所以根据 board_name 和 board_rev 来判断实际所需的.dtb 文件，如果 board_name 为 EVK 并且 board_rev＝9x9，fdt_file 就为 imx6ull-9x9-evk.dtb。如果 board_name 为 EVK 并且 board_rev＝14x14 则 fdt_file 设置为 imx6ull-14x14-evk.dtb。因此 IMX6ULL EVK 板子的设备树

文件就是 imx6ull-14x14-evk.dtb。

run findfdt 的结果就是设置 fdt_file 为 imx6ull-14x14-evk.dtb。

第 206 行，mmc dev ${mmcdev}用于切换 MMC 设备，mmcdev 为 1，因此这行代码就是 mmc dev 1，也就是切换到 EMMC 上。

第 207 行，先执行 mmc dev ${mmcdev}切换到 EMMC 上，然后使用命令 mmc rescan 扫描看是否有 SD 卡或者 EMMC 存在，如果没有则直接跳到第 216 行，执行 run netboot，netboot 也是一个自定义的环境变量，这个变量是从网络启动 Linux 的。如果 MMC 设备存在则从 MMC 设备启动。

第 208 行，运行 loadbootscript 环境变量，此环境变量内容如下所示。

```
loadbootscript = fatload mmc ${mmcdev}:${mmcpart} ${loadaddr} ${script};
```

其中 mmcdev=1，mmcpart=1，loadaddr=0x80800000，script= boot.scr，因此展开以后如下所示。

```
loadbootscript = fatload mmc 1:1 0x80800000 boot.scr;
```

loadbootscript 从 mmc1 的分区 1 中读取文件 boot.src 到 DRAM 的 0X80800000 处。但是 mmc1 的分区 1 中没有 boot.src，可以使用命令 ls mmc 1:1 查看 mmc1 分区 1 中的所有文件，看看有没有 boot.src 这个文件。

第 209 行，如果加载 boot.src 文件成功就运行 bootscript 环境变量，bootscript 的内容如下。

```
bootscript = echo Running bootscript from mmc ...;
source
```

因为 boot.src 文件不存在，所以 bootscript 不会运行。

第 211 行，如果 loadbootscript 没有找到 boot.src 则运行环境变量 loadimage，环境变量 loadimage 内容如下所示。

```
loadimage = fatload mmc ${mmcdev}:${mmcpart} ${loadaddr} ${image}
```

其中 mmcdev=1，mmcpart=1，loadaddr=0x80800000，image = zImage，展开以后如下所示。

```
loadimage = fatload mmc 1:1 0x80800000 zImage
```

可以看出 loadimage 就是从 mmc1 的分区中读取 zImage 到内存的 0x80800000 处，而 mmc1 的分区 1 中存在 zImage。

第 212 行，加载 Linux 镜像文件 zImage，成功以后就运行环境变量 mmcboot，否则运行 netboot 环境变量。mmcboot 环境变量如示例 30-30 所示。

示例 30-30 mmcboot 环境变量

```
"mmcboot = echo Booting from mmc ...; " \
    "run mmcargs; " \
    "if test ${boot_fdt} = yes || test ${boot_fdt} = try; then " \
        "if run loadfdt; then " \
```

```
158                "bootz ${loadaddr} - ${fdt_addr}; " \
159            "else " \
160                "if test ${boot_fdt} = try; then " \
161                    "bootz; " \
162                "else " \
163                    "echo WARN: Cannot load the DT; " \
164                "fi; " \
165            "fi; " \
166        "else " \
167            "bootz; " \
168        "fi;\0" \
```

第 154 行，输出信息 Booting from mmc ...。

第 155 行，运行环境变量 mmcargs，mmcargs 用来设置 bootargs，后面分析 bootargs 时再学习。

第 156 行，判断 boot_fdt 是否为 yes 或者 try，根据 uboot 输出的环境变量信息可知 boot_fdt= try。因此会执行第 157 行的语句。

第 157 行，运行环境变量 loadfdt，环境变量 loadfdt 定义如下所示。

```
loadfdt = fatload mmc ${mmcdev}:${mmcpart} ${fdt_addr} ${fdt_file}
```

展开以后如下所示。

```
loadfdt = fatload mmc 1:1 0x83000000 imx6ull-14x14-evk.dtb
```

因此 loadfdt 的作用就是从 mmc1 的分区 1 中读取 imx6ull-14x14-evk.dtb 文件并放到 0x83000000 处。

第 158 行，如果读取.dtb 文件成功则调用命令 bootz 启动 Linux，调用方法如下所示。

```
bootz ${loadaddr} - ${fdt_addr};
```

展开如下所示。

```
bootz 0x80800000 - 0x83000000 (注意'-'前后要有空格)
```

至此 Linux 内核启动，如此复杂的设置就是为了从 EMMC 中读取 zImage 镜像文件和设备树文件。

```
mmc dev 1                                          //切换到 EMMC
fatload mmc 1:1 0x80800000 zImage                  //读取 zImage 到 0x80800000 处
fatload mmc 1:1 0x83000000 imx6ull-14x14-evk.dtb   //读取设备树到 0x83000000 处
bootz 0x80800000 - 0x83000000                      //启动 Linux
```

NXP 官方将 CONFIG_BOOTCOMMAND 写得这么复杂只有一个目的：为了兼容多个板子。当我们明确知道所使用板子的信息时就可以大幅简化宏 CONFIG_BOOTCOMMAND 的设置，比如要从 EMMC 启动，那么宏 CONFIG_BOOTCOMMAND 就可简化为如下内容。

```
#define CONFIG_BOOTCOMMAND \
        "mmc dev 1;" \
        "fatload mmc 1:1 0x80800000 zImage;" \
        "fatload mmc 1:1 0x83000000 imx6ull-alientek-emmc.dtb;" \
        "bootz 0x80800000 - 0x83000000;"
```

或者可以直接在 uboot 中设置 bootcmd 的值，这个值就是保存到 EMMC 中的，命令如下所示。

```
setenv bootcmd 'mmc dev 1; fatload mmc 1:1 80800000 zImage; fatload mmc 1:1 83000000 imx6ull-alientek
-emmc.dtb; bootz 80800000 - 83000000;'
```

30.3.2 环境变量 bootargs

bootargs 保存着 uboot 传递给 Linux 内核的参数，bootargs 环境变量是由 mmcargs 设置的，mmcargs 环境变量如下所示。

```
mmcargs=setenv bootargs console=${console},${baudrate} root=${mmcroot}
```

其中 console = ttymxc0，baudrate = 115200，mmcroot =/dev/mmcblk1p2 rootwait rw，因此将 mmcargs 展开以后如下所示。

```
mmcargs=setenv bootargs console=ttymxc0, 115200 root=/dev/mmcblk1p2 rootwait rw
```

可以看出环境变量 mmcargs 就是设置 bootargs 的值为 console= ttymxc0, 115200 root= /dev/mmcblk1p2 rootwait rw。bootargs 设置了很多参数的值，Linux 内核会使用这些参数。常用的参数如下。

1. console

console 用来设置 Linux 终端(或者叫控制台)，即通过什么设备来和 Linux 进行交互，是串口还是 LCD 屏幕？如果是串口，应该是串口几等。一般设置串口作为 Linux 终端，这样就可以在计算机上通过 MobaXterm 来和 Linux 交互。这里设置 console 为 ttymxc0，因为 Linux 启动以后 I.MX6ULL 的串口 1 在 Linux 下的设备文件就是/dev/ttymxc0，在 Linux 中，一切皆文件。

ttymxc0 后面有个“,115200”，这是设置串口的波特率，console=ttymxc0,115200 综合起来就是设置 ttymxc0(也就是串口 1)作为 Linux 的终端，并且串口波特率设置为 115200。

2. root

root 用来设置根文件系统的位置，root =/dev/mmcblk1p2 用于指明根文件系统存放在 mmcblk1 设备的分区 2 中。EMMC 版本的核心板启动 Linux 以后会存在/dev/mmcblk0、/dev/mmcblk1、/dev/mmcblk0p1、/dev/mmcblk0p2、/dev/mmcblk1p1 和/dev/mmcblk1p2 这样的文件中。其中，/dev/mmcblkx(x=0～n)表示 MMC 设备，而/dev/mmcblkxpy(x=0～n,y=1～n)表示 MMC 设备 x 的分区 y。在 I.MX6U-ALPHA 开发板中/dev/mmcblk1 表示 EMMC，而/dev/mmcblk1p2 表示 EMMC 的分区 2。

root 后面有 rootwait rw，rootwait 表示等待 MMC 设备初始化完成以后再挂载，否则挂载根文件系统会出错。rw 表示根文件系统是可以读写的，不加 rw 则无法在根文件系统中进行写操作，只能进行读操作。

3. rootfstype

此选项一般配置 root 一起使用，rootfstype 用于指定根文件系统类型，如果根文件系统为 EXT 格式则无须设置。如果根文件系统是 yaffs、jffs 或 ubifs 则需要设置此选项，指定根文件系统的类型。

30.4 uboot 启动 Linux 测试

uboot 已经移植好，接下来测试 uboot 能否启动 Linux 内核。我们测试两种启动 Linux 内核的方法，一种是直接从 EMMC 启动，另一种是从网络启动。

30.4.1 从 EMMC 启动 Linux 系统

从 EMMC 启动是将编译出来的 Linux 镜像文件 zImage 和设备树文件保存在 EMMC 中，uboot 从 EMMC 中读取这两个文件并启动，这个是产品最终的启动方式。大家拿到手的 I. MX6U-ALPHA 开发板(EMMC 版本)已经将 zImage 文件和设备树文件烧写到了 EMMC 中，可以直接读取测试。先检查 EMMC 的分区 1 中是否有 zImage 文件和设备树文件，输入命令 ls mmc 1:1，结果如图 30-22 所示。

```
=> fatls mmc 1:1
  6785272   zimage
    38859   imx6ull-14x14-emmc-4.3-480x272-c.dtb
    38859   imx6ull-14x14-emmc-4.3-800x480-c.dtb
    38859   imx6ull-14x14-emmc-7-800x480-c.dtb
    38859   imx6ull-14x14-emmc-7-1024x600-c.dtb
    38859   imx6ull-14x14-emmc-10.1-1280x800-c.dtb
    39691   imx6ull-14x14-emmc-hdmi.dtb
    39599   imx6ull-14x14-emmc-vga.dtb

8 file(s), 0 dir(s)

=>
```

图 30-22　EMMC 分区 1 文件

从图 30-22 可以看出，此时 EMMC 分区 1 中存在 zimage 和各种设备树文件，可以测试新移植的 uboot 能否启动 Linux 内核。设置 bootargs 和 bootcmd 这两个环境变量，设置如下所示。

```
setenv bootargs 'console = ttymxc0,115200 root = /dev/mmcblk1p2 rootwait rw'
setenv bootcmd 'mmc dev 1; fatload mmc 1:1 80800000 zImage; fatload mmc 1:1 83000000 imx6ull - 14x14 -
emmc - 7 - 1024x600 - c.dtb; bootz 80800000  -  83000000;'
saveenv
```

设置好以后直接输入 boot，或者 run bootcmd 即可启动 Linux 内核，如果 Linux 内核启动成功就会输出如图 30-23 所示的启动信息。

```
reading zImage
6785480 bytes read in 226 ms (28.6 MiB/s)
Booting from mmc ...
reading imx6ull-14x14-emmc-7-1024x600-c.dtb
38859 bytes read in 20 ms (1.9 MiB/s)
Kernel image @ 0x80800000 [ 0x000000 - 0x6789c8 ]
## Flattened Device Tree blob at 83000000
   Booting using the fdt blob at 0x83000000
   Using Device Tree in place at 83000000, end 8300c7ca

Starting kernel ...

[    0.000000] Booting Linux on physical CPU 0x0
[    0.000000] Linux version 4.1.15-gad512fa (alientek@ubuntu) (gcc version 5.3.0 (GCC) ) #1 SM
P PREEMPT Mon Mar 29 16:02:02 CST 2021
[    0.000000] CPU: ARMv7 Processor [410fc075] revision 5 (ARMv7), cr=10c53c7d
[    0.000000] CPU: PIPT / VIPT nonaliasing data cache, VIPT aliasing instruction cache
[    0.000000] Machine model: Freescale i.MX6 ULL 14x14 EVK Board
[    0.000000] Reserved memory: created CMA memory pool at 0x98000000, size 128 MiB
[    0.000000] Reserved memory: initialized node linux,cma, compatible id shared-dma-pool
```

图 30-23 Linux 内核启动成功

30.4.2 从网络启动 Linux 系统

从网络启动 Linux 系统的唯一目的就是为了调试，不管是为了调试 Linux 系统还是 Linux 下的驱动。每次修改 Linux 系统文件或者 Linux 下的某个驱动以后都要将其烧写到 EMMC 中去测试，这样太麻烦了。我们可以设置 Linux 从网络启动，将上述内容都放到 Ubuntu 下某个指定的文件夹中，这样每次重新编译后只需要使用 cp 命令将其复制到这个指定的文件夹中即可。我们可以通过 nfs 或者 tftp 从 Ubuntu 中下载 zImage 和设备树文件，根文件系统也可以通过 nfs 挂载。这里使用 tftp 从 Ubuntu 中下载 zImage 和设备树文件。

设置 bootargs 和 bootcmd 这两个环境变量，设置如下所示。

```
setenv bootargs 'console = ttymxc0,115200 root = /dev/mmcblk1p2 rootwait rw'
setenv bootcmd 'tftp 80800000 zImage; tftp 83000000 imx6ull - alientek - emmc.dtb; bootz 80800000 -
83000000'
saveenv
```

下载 zImage 和 imx6ull-alientek-emmc.dtb 这两个文件，过程如图 30-24 所示。

```
TFTP from server 192.168.1.250; our IP address is 192.168.1.34
Filename 'zImage'.
Load address: 0x80800000
Loading: #################################################################
         #################################################################
         #################################################################
         #################################################################
         #################################################################
         #################################################################
         ##############
         2.4 MiB/s
done
Bytes transferred = 5924504 (5a6698 hex)
Using FEC1 device
TFTP from server 192.168.1.250; our IP address is 192.168.1.34
Filename 'imx6ull-alientek-emmc.dtb'.
Load address: 0x83000000
Loading: ###
         1.9 MiB/s
done
```

图 30-24 下载过程

下载完成后启动 Linux 内核,启动过程如图 30-25 所示。

```
Starting kernel ...

Booting Linux on physical CPU 0x0
Linux version 4.1.15 (zuozhongkai@ubuntu) (gcc version 4.9.4 (Linaro GCC 4.9-2017.01) ) #3
2020
CPU: ARMv7 Processor [410fc075] revision 5 (ARMv7), cr=10c5387d
CPU: PIPT / VIPT nonaliasing data cache, VIPT aliasing instruction cache
Machine model: Freescale i.MX6 ULL 14x14 EVK Board
Reserved memory: created CMA memory pool at 0x8c000000, size 320 MiB
Reserved memory: initialized node linux,cma, compatible id shared-dma-pool
Memory policy: Data cache writealloc
PERCPU: Embedded 12 pages/cpu @8bb2f000 s16768 r8192 d24192 u49152
Built 1 zonelists in Zone order, mobility grouping on.  Total pages: 130048
Kernel command line: console=ttymxc0,115200 root=/dev/mmcblk1p2 rootwait rw
PID hash table entries: 2048 (order: 1, 8192 bytes)
```

图 30-25 Linux启动过程

第31章

U-Boot图形化配置及其原理

我们知道 uboot 可以通过 mx6ull_alientek_emmc_defconfig 来配置，或者通过文件 mx6ull_alientek_emmc.h 来配置 uboot。还有另外一种配置 uboot 的方法，就是图形化配置。本章就来学习如何通过图形化配置 uboot，并且学习图形化配置的原理，后面学习 Linux 驱动开发时要修改图形配置文件。

31.1 U-Boot 图形化配置体验

uboot 或 Linux 内核可以通过输入 make menuconfig 打开图形化配置界面，menuconfig 是一套图形化的配置工具，需要 ncurses 库支持。ncurses 库提供了一系列的 API 函数供调用者生成基于文本的图形界面，因此需要先在 Ubuntu 中安装 ncurses 库，命令如下所示。

```
sudo apt - get install build - essential
sudo apt - get install libncurses5 - dev
```

menuconfig 会用到两个重点文件：.config 和 Kconfig。.config 文件保存着 uboot 的配置项，使用 menuconfig 配置完 uboot 以后要更新.config 文件。Kconfig 文件是图形界面的描述文件，也就是描述界面应该有什么内容，很多目录下都会有 Kconfig 文件。

在打开图形化配置界面之前，要先使用 make xxx_defconfig 对 uboot 进行一次默认配置，只需要一次即可。如果使用 make clean 清理工程则需要重新使用 make xxx_defconfig 对 uboot 再进行一次配置。进入 uboot 根目录，输入如下命令。

```
make ARCH = arm CROSS_COMPILE = arm - linux - gnueabihf -  mx6ull_alientek_emmc_defconfig
make ARCH = arm CROSS_COMPILE = arm - linux - gnueabihf -  menuconfig
```

如果已经在 uboot 顶层 Makefile 中定义了 ARCH 和 CROSS_COMPILE 的值，那么上述命令可以简化如下内容。

```
make mx6ull_alientek_emmc_defconfig
make menuconfig
```

打开后的图形化界面如图 31-1 所示。

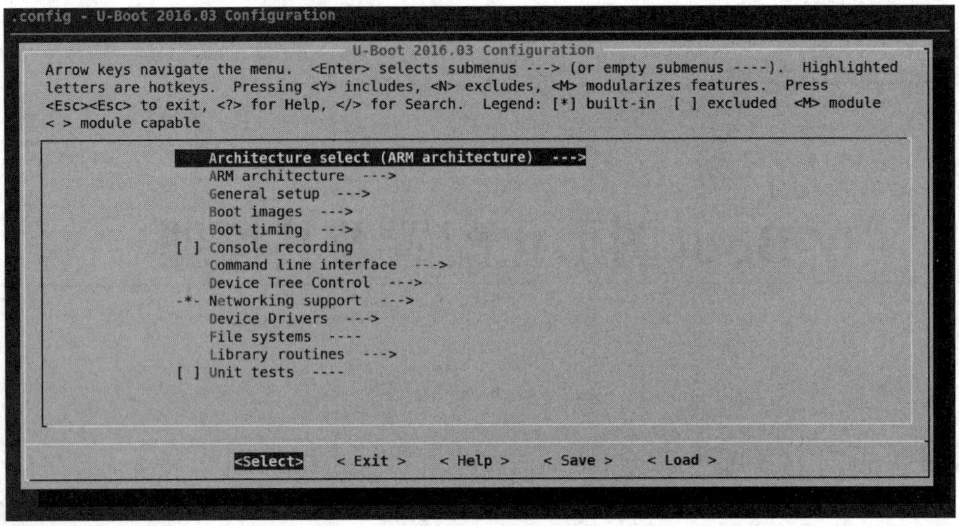

图 31-1　uboot 图形化配置界面

图 31-1 就是主界面，主界面上方的英文是简单的操作说明，操作方法如下所示。

通过键盘上的“↑”和“↓”键来选择要配置的菜单，按下 Enter 键进入子菜单。菜单中高亮的字母就是此菜单的热键，在键盘上按下此高亮字母对应的键可以快速选中对应的菜单。选中子菜单以后按下 Y 键就会将相应的代码编译进 Uboot 中，菜单前面变为< * >。按下 N 键不编译相应的代码，按下 M 键就会将相应的代码编译为模块，菜单前面变为< M >。按两下 Esc 键退出，也就是返回到上一级，按下？键查看此菜单的帮助信息，按下/键打开搜索框，可以在搜索框输入要搜索的内容。

在配置界面下方会有 5 个按钮，这 5 个按钮的功能如下所示。

< **Select** >：选中按钮，和 Enter 键的功能相同，负责选中并进入某个菜单。

< **Exit** >：退出按钮，和按两下 Esc 键功能相同，退出当前菜单，返回到上一级。

< **Help** >：帮助按钮，查看选中菜单的帮助信息。

< **Save** >：保存按钮，保存修改后的配置文件。

< **Load** >：加载按钮，加载指定的配置文件。

在图 31-1 中共有 13 个主配置项，通过键盘上的上下键调节配置项。后面跟着“--->”表示此配置项是有子配置项的，按下 Enter 键就可以进入子配置项。

我们就以如何使能 dns 命令为例，讲解如何通过图形化界面来配置 uboot。进入“Command line interface　--->”这个配置项，此配置项用于配置 uboot 的命令，进入以后如图 31-2 所示。

从图 31-2 可以看出，有很多配置项，这些配置项也有子配置项，选择“Network commands--->”，进入网络相关命令配置项，如图 31-3 所示。

从图 31-3 可以看出，uboot 中有很多和网络有关的命令，比如 bootp、tftpboot、dhcp 等。选中 dns，然后按下键盘上的 Y 键，此时 dns 前面的[ ]变成了[*]，如图 31-4 所示。

每个选项有 3 种编译选项：编译进 uboot 中(也就是编译进 u-boot.bin 中)取消编译(也就是不编译这个功能模块)、编译为模块。按下 Y 键表示编译进 uboot 中，此时[ ]变成了[*]；按下 N 表

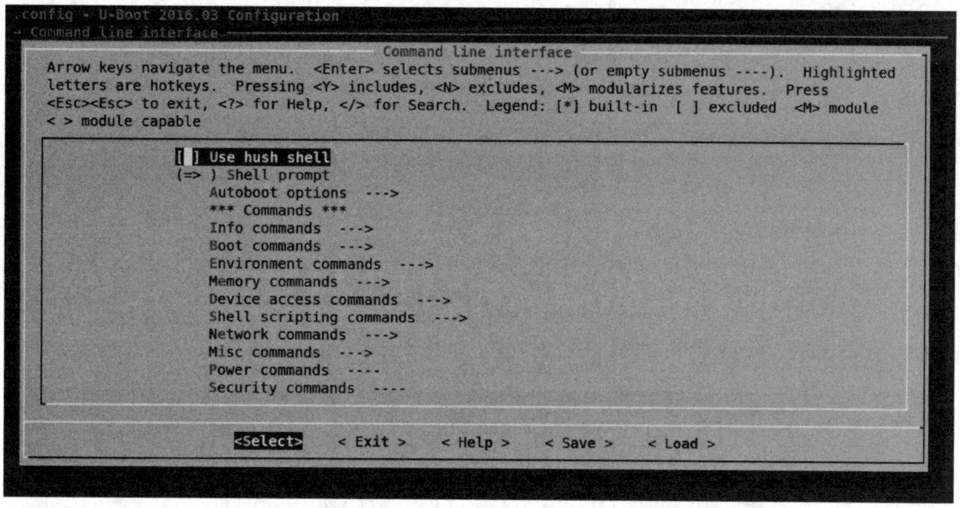

图 31-2 Command line interface 配置项

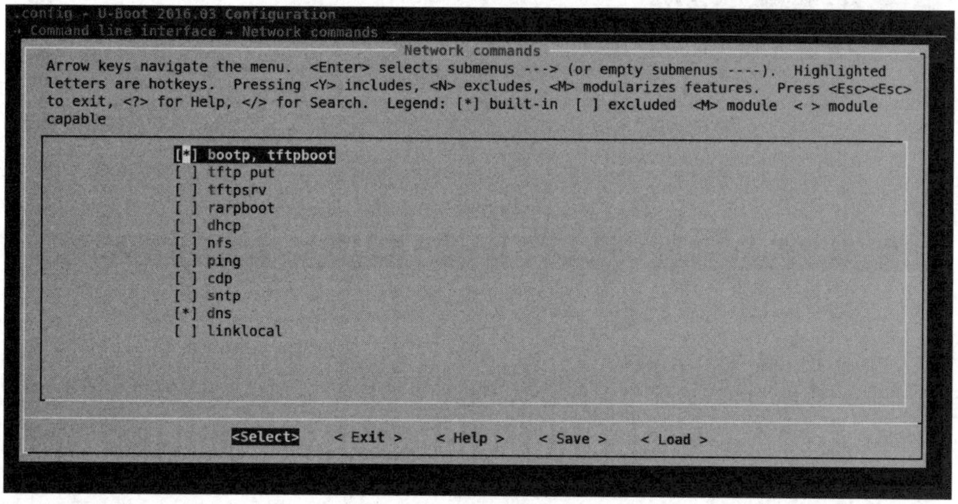

图 31-3 Network commands 配置项

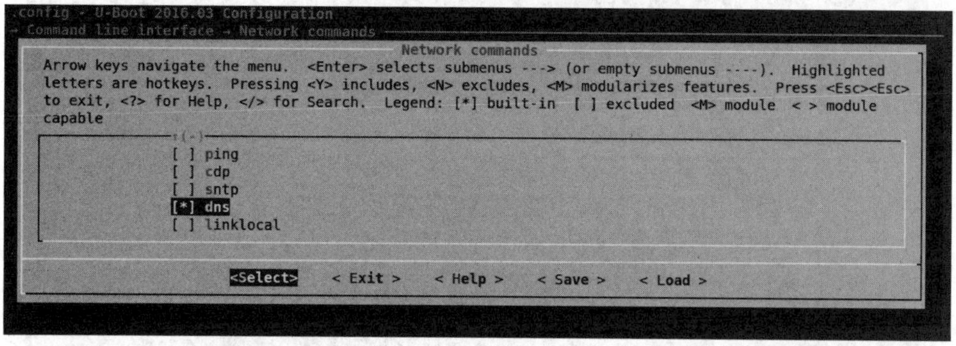

图 31-4 选中 dns 命令

示不编译,[ ]默认表示不编译;有些功能模块是支持编译为模块的,这个在 Linux 内核中很常用,在 uboot 下不使用。如果要将某个功能编译为模块,那就按下 M 键,此时[ ]就会变为< M >。

细心的朋友应该会发现,在 mx6ull_alientek_emmc.h 中配置使能了 dhcp 和 ping 命令,但是在图 31-3 中,dhcp 和 ping 前面的[ ]并不是[*],也就是说不编译 dhcp 和 ping 命令,这不是冲突了吗?实际情况是 dhcp 和 ping 命令是会编译的。之所以在图 31-3 中没有体现出来是因为我们直接在 mx6ull_alientek_emmc.h 中定义的宏 CONFIG_CMD_PING 和 CONFIG_CMD_DHCP,而 menuconfig 是通过读取.config 文件来判断使能了哪些功能。.config 中并没有宏 CONFIG_CMD_PING 和 CONFIG_CMD_DHCP,所以 menuconfig 就会识别出错。

选中 dns,然后按下 H 或者?键可以打开 dns 命令的提示信息,如图 31-5 所示。

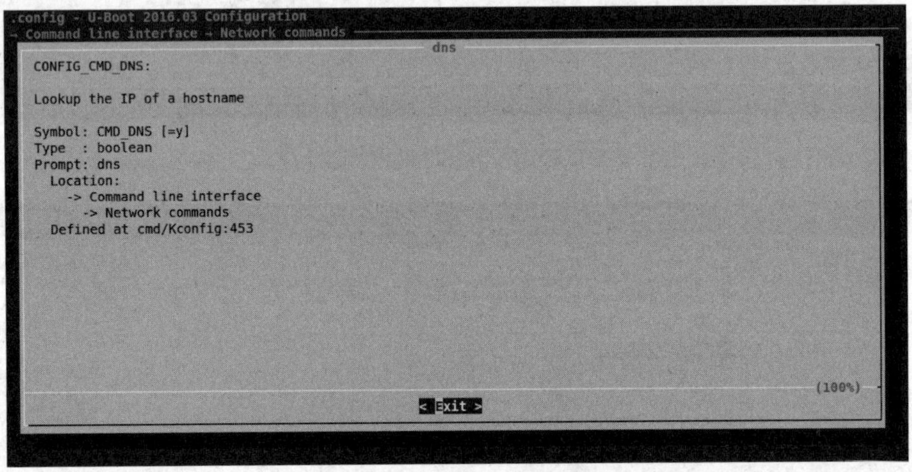

图 31-5 dns 命令提示信息

按两下 Esc 键即可退出提示界面,相当于返回上一层。选择 dns 命令以后,按两下 Esc 键(按两下 Esc 键相当于返回上一层),退出当前配置项,进入上一层配置项。如果没有要修改的就按两下 Esc 键,退出到主配置界面,如果也没有其他要修改的,那就再次按两下 Esc 键退出 menuconfig 配置界面。如果修改过配置则在退出主界面时会有如图 31-6 所示提示。

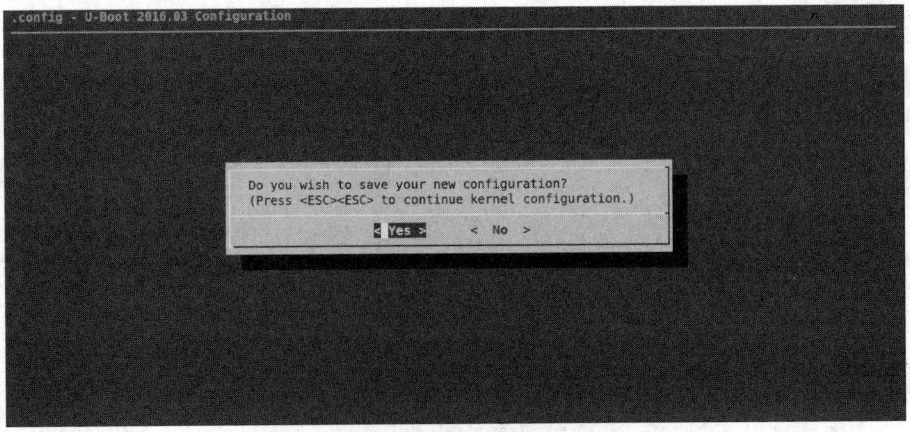

图 31-6 是否保存新的配置文件对话框

图 31-6 询问是否保存新的配置文件，通过键盘的←或→键来选择"Yes"项，然后按下键盘上的 Enter 键确认保存。至此，我们就完成了通过图形界面使能 uboot 的 dns 命令，打开. config 文件，会发现多了"CONFIG_CMD_DNS=y"这一行，如图 31-7 中的 323 行所示。

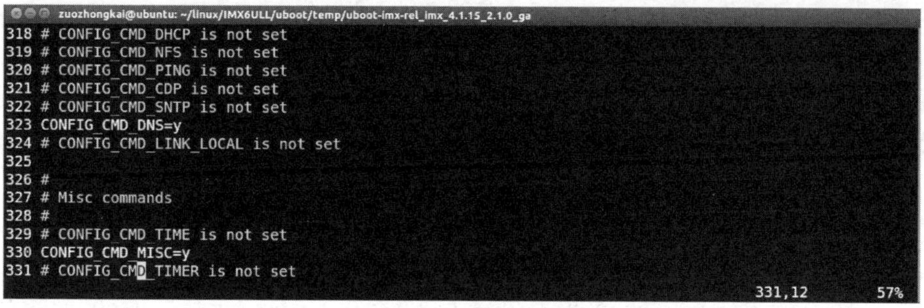
zuozhongkai@ubuntu: ~/linux/IMX6ULL/uboot/temp/uboot-imx-rel_imx_4.1.15_2.1.0_ga
318 # CONFIG_CMD_DHCP is not set
319 # CONFIG_CMD_NFS is not set
320 # CONFIG_CMD_PING is not set
321 # CONFIG_CMD_CDP is not set
322 # CONFIG_CMD_SNTP is not set
323 CONFIG_CMD_DNS=y
324 # CONFIG_CMD_LINK_LOCAL is not set
325
326 #
327 # Misc commands
328 #
329 # CONFIG_CMD_TIME is not set
330 CONFIG_CMD_MISC=y
331 # CONFIG_CMD_TIMER is not set
331,12
57%

图 31-7　. config 文件

使用如下命令编译 uboot：

```
make ARCH = arm CROSS_COMPILE = arm - linux - gnueabihf -  - j16
```

千万不能使用如下命令：

```
./mx6ull_alientek_emmc.sh
```

因为 mx6ull_alientek_emmc. sh 在编译之前会清理工程，会删除掉. config 文件。通过图形化界面配置所有配置项都会被删除，结果就是竹篮打水一场空。

编译完成以后烧写到 SD 卡中，重启开发板进入 uboot 命令模式，输入？查看是否有 dns 命令，肯定会有的。使用 dns 命令来查看百度官网的 IP 地址。

注意，如果要与外部互联网通信，比如百度官网，这个时候要保证开发板能访问到外部互联网。如果你的开发板和计算机直接用网线连接的则无法连接到外部网络，这个时候 dns 命令查看百度官网也会失败。所以，开发板一定要连接到路由器上，而且要保证路由器能访问外网，比如手机连接到这个路由器上以后可以正常访问互联网。

要先设置一下 dns 服务器的 IP 地址，也就是设置环境变量 dnsip 的值，命令如下：

```
setenv dnsip 114.114.114.114
saveenv
```

设置好以后就可以使用 dns 命令查看百度官网的 IP 地址了，输入命令：

```
dhcp                    //先使用 dhcp 从路由器获取到一个动态 IP 地址
dns www.baidu.com       //查看百度服务器地址
```

结果如图 31-8 所示。

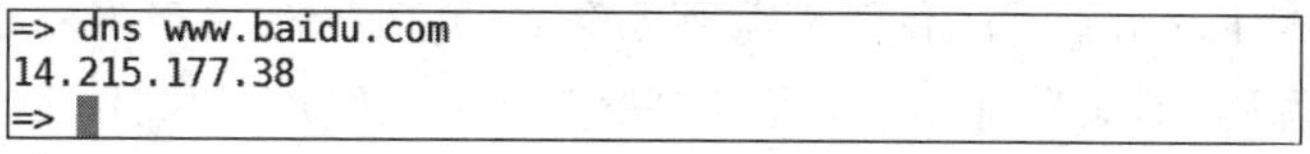
=> dns www.baidu.com
14.215.177.38
=>

图 31-8　dns 命令

从图 31-8 可以看出,“www. baidu. com”地址为 14. 215. 177. 38,说明 dns 命令工作正常。这个就是通过图形化命令来配置 uboot,一般用来使能一些命令还是很方便的,这样就不需要到处找命令的配置宏是什么,然后再到配置文件中去定义。

31.2 menuconfig 图形化配置原理

31.2.1 make menuconfig 过程分析

当输入 make menuconfig 以后会匹配到顶层 Makefile 的代码如示例 31-1 所示。

示例 31-1 顶层 Makefile 代码段

```
489 %config: scripts_basic outputmakefile FORCE
490       $(Q)$(MAKE) $(build)=scripts/kconfig $@
```

这个已经详细的讲解过了,其中 build=-f ./scripts/Makefile. build obj,将 490 行的规则展开就是:

```
@ make -f ./scripts/Makefile.build obj = scripts/kconfig menuconfig
```

Makefile. build 会读取 scripts/kconfig/Makefile 中的内容,在 scripts/kconfig/Makefile 中可以找到如下代码:

示例 31-2 scripts/kconfig/Makefile 代码段

```
menuconfig: $(obj)/mconf
    $< $(silent) $(Kconfig)
```

其中 obj=scripts/kconfig,silent 是设置静默编译的,在这里可以忽略不计。Kconfig=Kconfig,因此扩展以后就是:

```
menuconfig: scripts/kconfig/mconf
scripts/kconfig/mconf Kconfig
```

目标 menuconfig 依赖 scripts/kconfig/mconf,因此 scripts/kconfig/mconf. c 这个文件会被编译,生成 mconf 这个可执行文件。目标 menuconfig 对应的规则为 scripts/kconfig/mconf Kconfig,也就是说 mconf 会调用 uboot 根目录下的 Kconfig 文件开始构建图形配置界面。

31.2.2 Kconfig 语法简介

上一小节我们已经知道了 scripts/kconfig/mconf 会调用 uboot 根目录下的 Kconfig 文件开始构建图形化配置界面,接下来简单学习 Kconfig 的语法。因为后面学习 Linux 驱动开发时可能会涉及到修改 Kconfig,对于 Kconfig 语法我们不需要太深入的去研究,关于 Kconfig 的详细语法介绍,可以参考 Linux 内核源码(不知为何 uboot 源码中没有这个文件)中的文件 Documentation/kbuild/kconfig-language. txt,本节我们了解其大概原理即可。打开 uboot 根目录下的 Kconfig,这个

Kconfig 文件就是顶层 Kconfig，我们就以这个文件为例来简单学习一下 Kconfig 语法。

1. mainmenu

顾名思义 mainmenu 就是主菜单，也就是输入 make menuconfig 以后打开的默认界面，在顶层 Kconfig 中有示例 31-3 所示内容。

示例 31-3　顶层 Kconfig 代码段

```
mainmenu "U-Boot $UBOOTVERSION Configuration"
```

上述代码就是定义了一个名为 U-Boot ＄UBOOTVERSION Configuration 的主菜单，其中 UBOOTVERSION＝2016.03，因此主菜单名为 U-Boot 2016.03 Configuration，如图 31-9 所示。

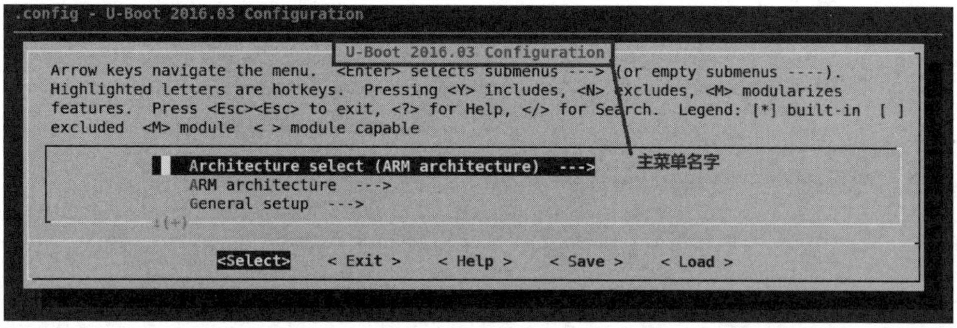

图 31-9　主菜单名字

2. 调用其他目录下的 Kconfig 文件

和 makefile 一样，Kconfig 也可以调用其他子目录中的 Kconfig 文件，调用方法如下：

```
source "xxx/Kconfig"      //xxx 为具体的目录名,相对路径
```

在顶层 Kconfig 中有示例 31-4 所示内容。

示例 31-4　顶层 Kconfig 代码段

```
source "arch/Kconfig"
...

source "common/Kconfig"

source "cmd/Kconfig"

source "dts/Kconfig"

source "net/Kconfig"

source "drivers/Kconfig"

source "fs/Kconfig"
```

```

source "lib/Kconfig"

source "test/Kconfig"
```

从示例 31-4 可以看出,顶层 Kconfig 文件调用了很多其他子目录下的 Kcofig 文件,这些子目录下的 Kconfig 文件在主菜单中生成各自的菜单项。

3. menu/endmenu 条目

menu 用于生成菜单,endmenu 就是菜单结束标志,这两个一般是成对出现的。在顶层 Kconfig 中有示例 31-5 所示内容。

示例 31-5　顶层 Kconfig 代码段

```
14  menu "General setup"
15
16  config LOCALVERSION
17      string "Local version - append to U-Boot release"
18      help
19        Append an extra string to the end of your U-Boot version.
20        This will show up on your boot log, for example.
21        The string you set here will be appended after the contents of
22        any files with a filename matching localversion* in your
23        object and source tree, in that order.  Your total string can
24        be a maximum of 64 characters.
25
...
100 endmenu      # General setup
101
102 menu "Boot images"
103
104 config SUPPORT_SPL
105     bool
106
...
224 endmenu      # Boot images
```

示例 31-5 中有两个 menu/endmenu 代码块,这两个代码块就是两个子菜单,第 14 行的"menu "General setup""表示子菜单"General setup"。第 102 行的"menu "Boot images""表示子菜单"Boot images"。体现在主菜单界面中就如图 31-10 所示。

在"General setup"菜单上面还有 Architecture select (ARM architecture)和 ARM architecture 这两个子菜单,但是在顶层 Kconfig 中并没有看到这两个子菜单对应的 menu/endmenu 代码块,那这两个子菜单是怎么来的呢?这两个子菜单就是 arch/Kconfig 文件生成的。包括主界面中的 Boot timing、Console recording 等这些子菜单,都是分别由顶层 Kconfig 所调用的 common/Kconfig、cmd/Kconfig 等这些子 Kconfig 文件来创建的。

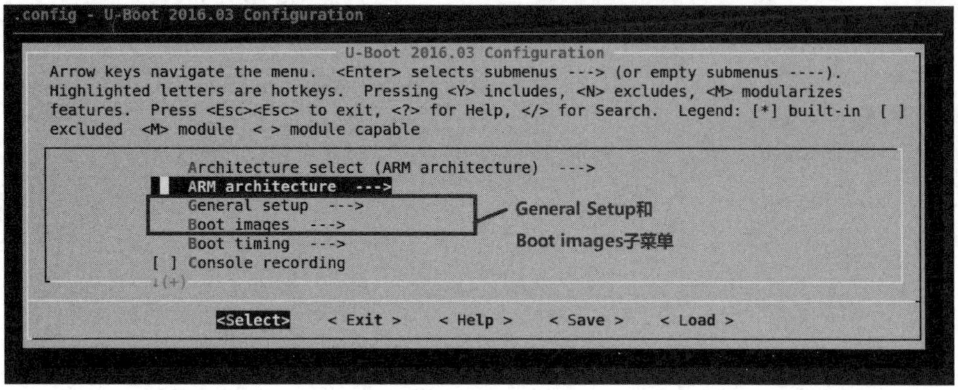

图 31-10 子菜单

4. config 条目

顶层 Kconfig 中的 General setup 子菜单内容如示例 31-6 所示。

示例 31-6 顶层 Kconfig 代码段

```
menu "General setup"

config LOCALVERSION
    string "Local version - append to U-Boot release"
    help
      Append an extra string to the end of your U-Boot version.
      This will show up on your boot log, for example.
      The string you set here will be appended after the contents of
      any files with a filename matching localversion* in your
      object and source tree, in that order.  Your total string can
      be a maximum of 64 characters.

config LOCALVERSION_AUTO
    bool "Automatically append version information to the version string"
    default y
    help
...

config CC_OPTIMIZE_FOR_SIZE
    bool "Optimize for size"
    default y
    help
...

config SYS_MALLOC_F
    bool "Enable malloc() pool before relocation"
    default y if DM
    help
...

config SYS_MALLOC_F_LEN
```

```
65      hex "Size of malloc() pool before relocation"
66      depends on SYS_MALLOC_F
67      default 0x400
68      help
...
73
74  menuconfig EXPERT
75      bool "Configure standard U-Boot features (expert users)"
76      default y
77      help
...
82
83  if EXPERT
84      config SYS_MALLOC_CLEAR_ON_INIT
85      bool "Init with zeros the memory reserved for malloc (slow)"
86      default y
87      help
...
99  endif
100 endmenu      # General setup
```

可以看出，在 menu/endmenu 代码块中有大量的“config xxxx”的代码块，也就是 config 条目。config 条目就是 General setup 菜单的具体配置项，如图 31-11 所示。

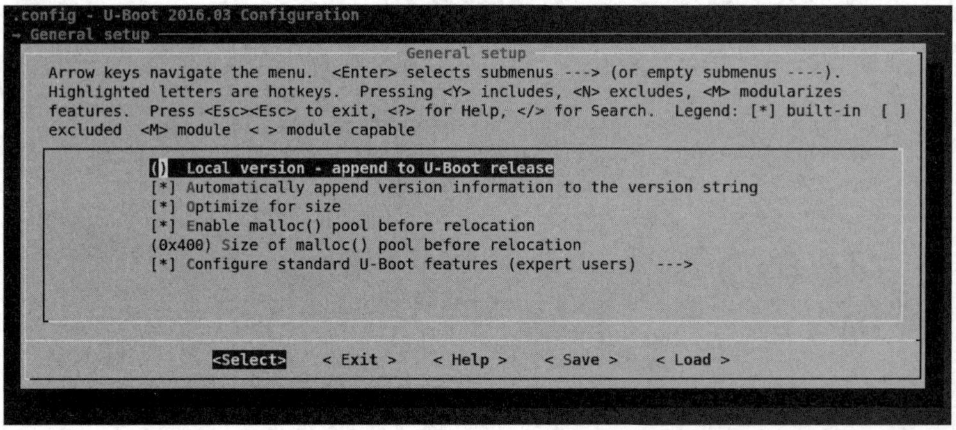

图 31-11　General setup 配置项

示例 31-6 第 16 行的 config LOCALVERSION 对应着第一个配置项，第 26 行的 config LOCALVERSION_AUTO 对应着第二个配置项，以此类推。我们以 config LOCALVERSION 和 config LOCALVERSION_AUTO 这两个为例来分析一下 config 配置项的语法，如示例 31-7 所示。

示例 31-7　顶层 Kconfig 代码段

```
16 config LOCALVERSION
17  string "Local version - append to U-Boot release"
18  help
19    Append an extra string to the end of your U-Boot version.
```

```
...
24     be a maximum of 64 characters.
25
26 config LOCALVERSION_AUTO
27   bool "Automatically append version information to the version string"
28   default y
29   help
30     This will try to automatically determine if the current tree is a
31     release tree by looking for git tags that belong to the current
...
43
44     which is done within the script "scripts/setlocalversion".)
```

第16和26行，这两行都以config关键字开头，后面跟着LOCALVERSION和LOCALVERSION_AUTO，这两个就是配置项名字。假如我们使能了LOCALVERSION_AUTO这个功能，那么就会在.config文件中生成CONFIG_LOCALVERSION_AUTO，这个在上一小节讲解如何使能dns命令时讲过了。由此可知，.config文件中的“CONFIG_xxx”(xxx就是具体的配置项名字)就是Kconfig文件中config关键字后面的配置项名字加上“CONFIG_”前缀。

config关键字下面的这几行是配置项属性，第17～24行是LOCALVERSION的属性，第27～44行是LOCALVERSION_AUTO的属性。属性中描述了配置项的类型、输入提示、依赖关系、帮助信息和默认值等。

第17行的string是变量类型，也就是CONFIG_ LOCALVERSION的变量类型。变量类型有bool、tristate、string、hex和int共5种，最常用的是bool、tristate和string这3种。bool类型有两种值y和n，当为y时表示使能这个配置项，当为n时就禁止这个配置项。tristate类型有3种值：y、m和n，其中y和n的含义与bool类型一样，m表示将这个配置项编译为模块。string为字符串类型，所以LOCALVERSION是个字符串变量，用来存储本地字符串，选中以后即可输入用户定义的本地版本号，如图31-12所示。

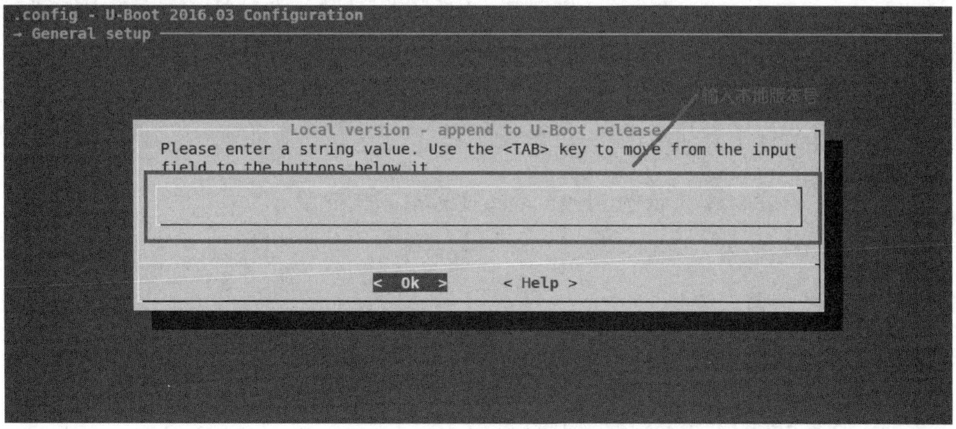

图31-12 本地版本号配置

string后面的Local version-append to U-Boot release就是这个配置项在图形界面上的显示标题。

第 18 行，help 表示帮助信息，告诉我们配置项的含义，当我们按下“h”或“?”键弹出来的帮助界面就是 help 的内容。

第 27 行，说明 CONFIG_LOCALVERSION_AUTO 是个 bool 类型，可以通过按下 Y 或 N 键来使能或者禁止 CONFIG_LOCALVERSION_AUTO。

第 28 行，default y 表示 CONFIG_LOCALVERSION_AUTO 的默认值就是 y，所以这一行默认会被选中。

5. depends on 和 select

打开 arch/Kconfig 文件，在里面有如示例 31-8 所示内容。

示例 31-8　arch/Kconfig 代码段

```
7  config SYS_GENERIC_BOARD
8      bool
9      depends on HAVE_GENERIC_BOARD
10
11 choice
12     prompt "Architecture select"
13     default SANDBOX
14
15 config ARC
16     bool "ARC architecture"
17     select HAVE_PRIVATE_LIBGCC
18     select HAVE_GENERIC_BOARD
19     select SYS_GENERIC_BOARD
20     select SUPPORT_OF_CONTROL
```

第 9 行，depends on 说明 SYS_GENERIC_BOARD 项依赖于 HAVE_GENERIC_BOARD，也就是说 HAVE_GENERIC_BOARD 被选中以后 SYS_GENERIC_BOARD 才能被选中。

第 17～20 行，select 表示方向依赖，当选中 ARC 以后，HAVE_PRIVATE_LIBGCC、HAVE_GENERIC_BOARD、SYS_GENERIC_BOARD 和 SUPPORT_OF_CONTROL 这 4 个也会被选中。

6. choice/endchoice

在 arch/Kconfig 文件中有如示例 31-9 所示内容。

示例 31-9　arch/Kconfig 代码段

```
choice
    prompt "Architecture select"
    default SANDBOX

config ARC
    bool "ARC architecture"
...

config ARM
    bool "ARM architecture"
```

```
...
29
30  config AVR32
31        bool "AVR32 architecture"
...
35
36  config BLACKFIN
37        bool "Blackfin architecture"
...
40
41  config M68K
42        bool "M68000 architecture"
...
117
118 endchoice
```

choice/endchoice 代码段定义了一组可选择项，将多个类似的配置项组合在一起，供用户单选或者多选。示例 31-9 就是选择处理器架构，可以从 ARC、ARM、AVR32 等这些架构中选择，这里是单选。在 uboot 图形配置界面上选择 Architecture select，进入以后如图 31-13 所示。

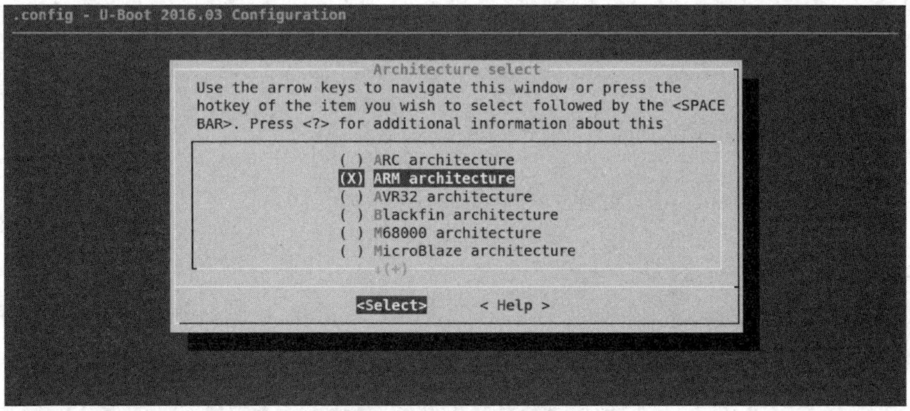

图 31-13 架构选择界面

可以在图 31-13 中通过移动光标来选择所使用的 CPU 架构。第 12 行的 prompt 给出这个 choice/endchoice 段的提示信息为 Architecture select。

7. menuconfig

menuconfig 和 menu 很类似，但是 menuconfig 是个带选项的菜单，其一般用法如示例 31-10 所示。

示例 31-10 menuconfig 用法

```
1 menuconfig MODULES
2       bool "菜单"
3 if MODULES
4 ...
5 endif # MODULES
```

第 1 行，定义了一个可选的菜单 MODULES，只有选中了 MODULES 第 3～5 行 if 到 endif 之间的内容才会显示。在顶层 Kconfig 中有如示例 31-11 所示内容。

示例 31-11　顶层 Kconfig 代码段

```
14  menu "General setup"
...
74  menuconfig EXPERT
75      bool "Configure standard U-Boot features (expert users)"
76      default y
77      help
78        This option allows certain base U-Boot options and settings
79        to be disabled or tweaked. This is for specialized
80        environments which can tolerate a "non-standard" U-Boot.
81        Only use this if you really know what you are doing.
82
83  if EXPERT
84      config SYS_MALLOC_CLEAR_ON_INIT
85      bool "Init with zeros the memory reserved for malloc (slow)"
86      default y
87      help
88        This setting is enabled by default. The reserved malloc
89        memory is initialized with zeros, so first malloc calls
...
98        should be replaced by calloc - if expects zeroed memory.
99  endif
100 endmenu     # General setup
```

第 74～99 行使用 menuconfig 实现了一个菜单，路径如下：

```
General setup
-> Configure standard U-Boot features (expert users)    --->
```

结果如图 31-14 所示。

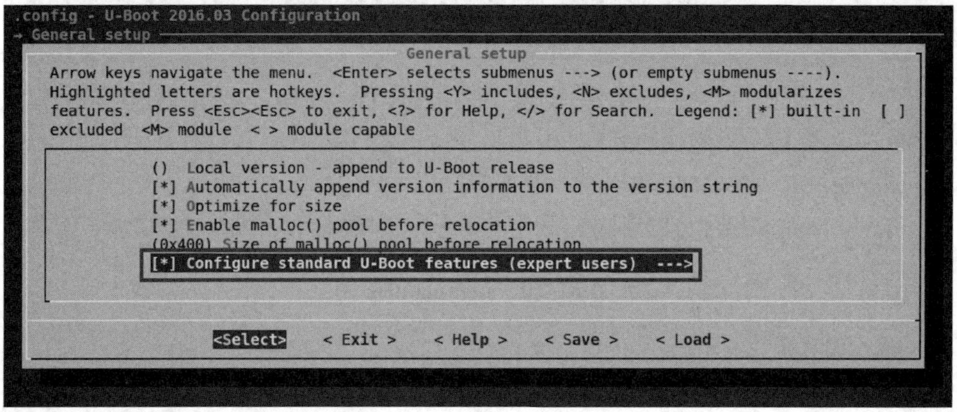

图 31-14　菜单 Configure standard U-Boot features (expert users)

从图 31-14 可以看到，前面有[ ]说明这个菜单是可选的，当选中这个菜单以后就可以进入到子选项中，也就是示例代码 31-11 中的第 83～99 行所描述的菜单，如图 31-15 所示。

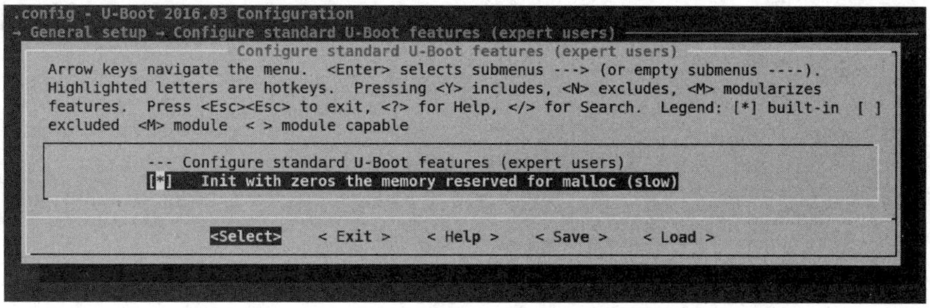

图 31-15 菜单 Init with zeros the memory reserved for malloc (slow)

如果不选择 Configure standard U-Boot features (expert users)，那么示例 31-11 中的第 83～99 行所描述的菜单就不会显示出来，进去以后是空白的。

8. comment

comment 用于注释，也就是在图形化界面中显示一行注释，打开文件 drivers/mtd/nand/Kconfig，有如示例 31-12 所示内容。

示例 31-12 drivers/mtd/nand/Kconfig 代码段

```
74 config NAND_ARASAN
75     bool "Configure Arasan Nand"
76     help
...
80
81   comment "Generic NAND options"
```

第 81 行使用 comment 标注了一行注释，注释内容为 Generic NAND options，这行注释在配置项 NAND_ARASAN 的下面。在图形化配置界面中按照如下路径打开：

```
-> Device Drivers
  -> NAND Device Support
```

结果如图 31-16 所示。

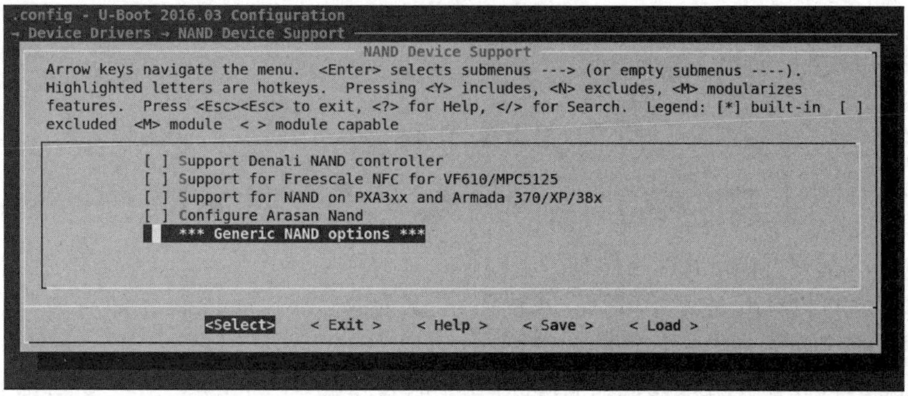

图 31-16 注释“Generic NAND options”

从图 31-16 可以看出，在配置项 Configure Arasan Nand 下面有一行注释，注释内容为“ *** Generic NAND options *** ”。

9. source

source 用于读取另一个 Kconfig，比如：

```
source "arch/Kconfig"
```

这个在前面已经讲过了。

Kconfig 语法就讲解到这里，基本上常用的语法就是这些，因为 uboot 相比 Linux 内核要小很多，所以配置项也要少很多，所以建议大家使用 uboot 来学习 Kconfig。一般不会修改 uboot 中的 Kconfig 文件，甚至都不会使用 uboot 的图形化界面配置工具，本节学习 Kconfig 的目的主要还是为了 Linux 内核作准备。

31.3 添加自定义菜单

图形化配置工具的主要工作就是在. config 下面生成前缀为“CONFIG_”的变量，这些变量一般都要值，为 y、m 或 n。在 uboot 源码中会根据这些变量来决定编译哪个文件。本节我们就来学习一下如何添加自己的自定义菜单，自定义菜单要求如下：

(1) 在主界面中添加一个名为 My test menu 的菜单，此菜单内部有一个配置项。

(2) 配置项为 MY_TESTCONFIG，此配置项处于菜单 My test menu 中。

(3) 配置项的为变量类型为 bool，默认值为 y。

(4) 配置项菜单名字为 This is my test config。

(5) 配置项的帮助内容为“This is a empty config, just for test!”。

打开顶层 Kconfig，在最后面加入如示例 31-13 所示内容。

示例 31-13 自定义菜单

```
menu "My test menu"

config MY_TESTCONFIG
    bool "This is my test config"
    default y
    help
      This is a empty config, just for test!

endmenu          # my test menu
```

添加完成以后打开图形化配置界面，如图 31-17 所示。

从图 31-17 可以看出，主菜单最后面出现了一个名为 My test menu 的子菜单，这个就是我们上面添加进来的子菜单。进入此子菜单，如图 31-18 所示。

从图 31-18 可以看出，配置项添加成功，选中 This is my test config 配置项，然后按下“H”键打开帮助文档，如图 31-19 所示。

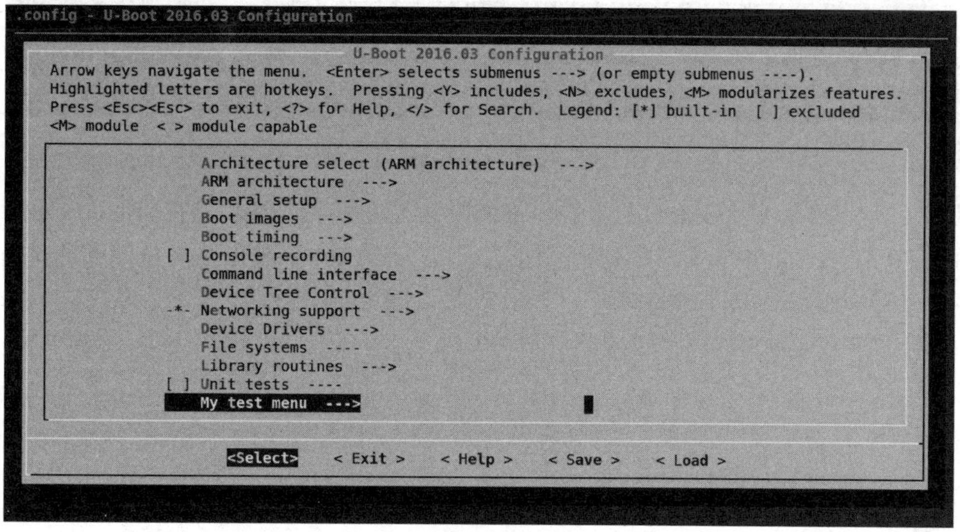

图 31-17 主界面

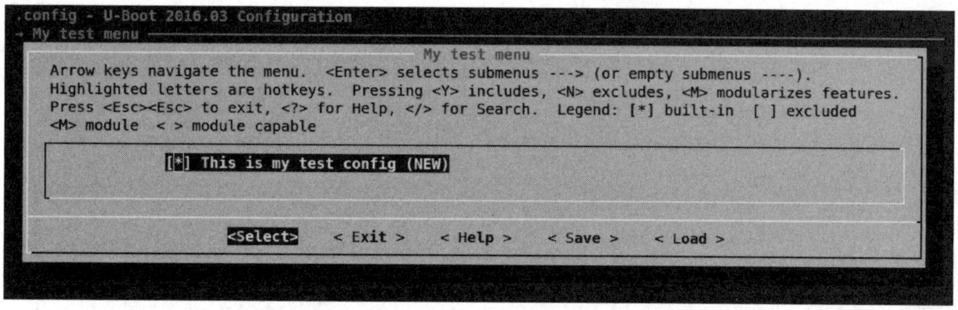

图 31-18 My test menu 子菜单

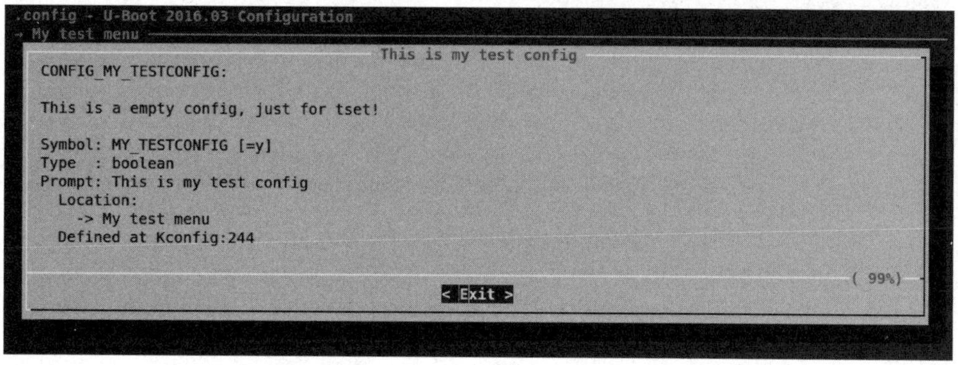

图 31-19 帮助信息

从图 31-19 可以看出，帮助信息也正确。配置项 MY_TESTCONFIG 默认也是被选中的，因此在.config 文件中肯定会有 CONFIG_MY_TESTCONFIG=y 这一行，如图 31-20 所示。

至此，我们在主菜单添加自己的自定义菜单就成功了，以后大家如果去半导体原厂工作的话，

```
#
# My test menu
#
CONFIG_MY_TESTCONFIG=y
                                                561,8          底端
```

图 31-20 .config 文件

如果要编写 Linux 驱动，那么很有可能需要你来修改甚至编写 Kconfig 文件。Kconfig 语法其实不难，重要的点就是 31.2.2 中的那几个，最主要的是记住：Kconfig 文件的最终目的就是在.config 文件中生成以“CONFIG_”开头的变量。

第32章

Linux内核顶层Makefile详解

前几章我们重点讲解了如何移植 uboot 到 I. MX6U-ALPHA 开发板上，从本章开始学习如何移植 Linux 内核。同 uboot 一样，在具体移植之前，我们先来学习一下 Linux 内核的顶层 Makefile 文件，因为顶层 Makefile 控制着 Linux 内核的编译流程。

32.1 Linux 内核获取

Linux 语言由 Linux 基金会管理与发布，想获取最新的 Linux 版本可以在其官方网站上下载，网站界面如图 32-1 所示。

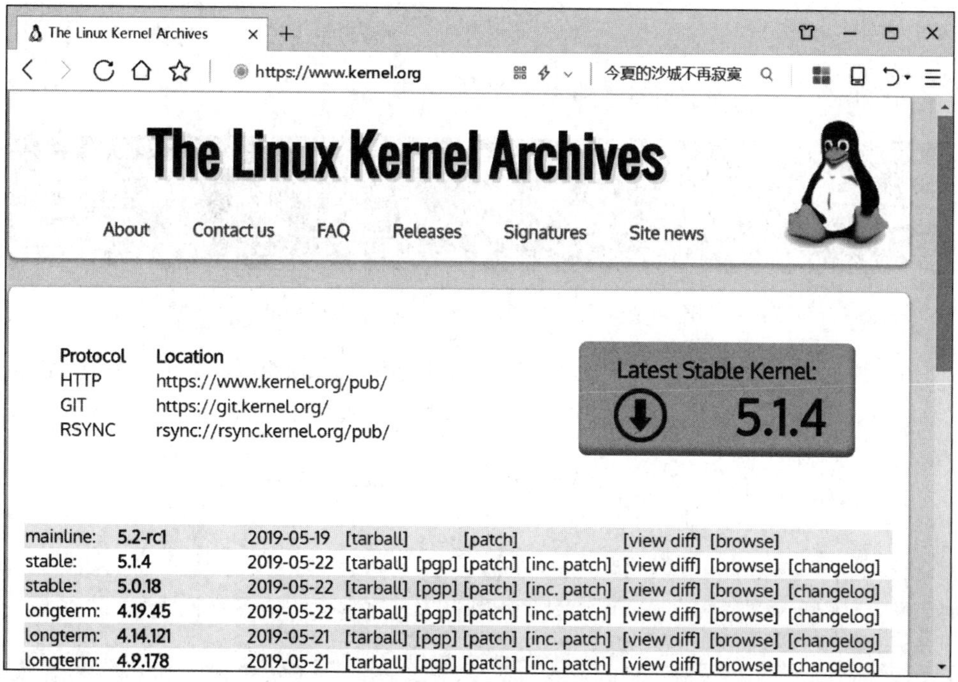

图 32-1 Linux 官网

从图 32-1 可以看出，最新的稳定版 Linux 已经到了 5.1.4，大家没必要追新，因为 4.×版本的 Linux 和 5.×版本没有本质上的区别，5.×更多的是加入了一些新的平台、新的外设驱动。

NXP 会下载某个版本的 Linux 内核，然后将其移植到自己的 CPU 上，测试成功以后就会将其开放给 NXP 的 CPU 开发者。开发者下载 NXP 提供的 Linux 内核，然后将其移植到自己的产品上。本章的移植我们就使用 NXP 提供的 Linux 源码，NXP 提供 Linux 源码已经放到了本书资源中，路径为"1、例程源码→4、NXP 官方原版 Uboot 和 Linux→linux-imx-rel_imx_4.1.15_2.1.0_ga.tar."。

32.2 Linux 内核初次编译

编译内核之前需要先在 ubuntu 上安装 lzop 库，否则内核编译会失败。命令如下：

```
sudo apt-get install lzop
```

先看一下如何编译 Linux 源码，这里编译 I.MX6U-ALPHA 开发板移植好的 Linux 源码，已经放到了本书资源中，路径为"1、例程源码→3、正点原子 Uboot 和 Linux 出厂源码→linux-imx-4.1.15-2.1.0-g06+53e4-v2.1.tar"。注意，正点原子出厂系统在不断地更新，因此压缩包的名字可能不同，一切以实际为准。

在 Ubuntu 中新建名为 alientek_linux 的文件夹，然后将 linux-imx-4.1.15-2.1.0-g8a006db.tar.bz2 这个压缩包拷贝到前面新建的 alientek_linux 文件夹中并解压，命令如下：

```
tar -vxjf linux-imx-4.1.15-2.1.0-g8a006db.tar.bz2
```

解压完成以后的 Linux 源码根目录如图 32-2 所示。

图 32-2 正点原子提供的 Linux 源码根目录

以 EMMC 核心板为例，讲解一下如何编译出对应的 Linux 镜像文件。新建名为 mx6ull_alientek_emmc.sh 的 shell 脚本，然后在这个 shell 脚本中输入如示例 32-1 所示内容。

示例 32-1 mx6ull_alientek_emmc.sh 文件内容

```
#!/bin/sh
make ARCH=arm CROSS_COMPILE=arm-linux-gnueabihf- distclean
make ARCH=arm CROSS_COMPILE=arm-linux-gnueabihf- imx_v7_defconfig
make ARCH=arm CROSS_COMPILE=arm-linux-gnueabihf- menuconfig
make ARCH=arm CROSS_COMPILE=arm-linux-gnueabihf- all -j16
```

使用 chmod 给予 mx6ull_alientek_emmc.sh 可执行权限，然后运行此 shell 脚本，命令如下：

```
./mx6ull_alientek_emmc.sh
```

编译时会弹出 Linux 图形配置界面，如图 32-3 所示。

```
.config - Linux/arm 4.1.15 Kernel Configuration
                      Linux/arm 4.1.15 Kernel Configuration
  Arrow keys navigate the menu.  <Enter> selects submenus ---> (or empty submenus ----).  Highlighted
  letters are hotkeys.  Pressing <Y> includes, <N> excludes, <M> modularizes features.  Press
  <Esc><Esc> to exit, <?> for Help, </> for Search.  Legend: [*] built-in  [ ] excluded  <M> module
  < > module capable

            General setup  --->
        [*] Enable loadable module support  --->
        [*] Enable the block layer  --->
            System Type  --->
            Bus support  --->
            Kernel Features  --->
            Boot options  --->
            CPU Power Management  --->
            Floating point emulation  --->
            Userspace binary formats  --->
            Power management options  --->
        [*] Networking support  --->
            Device Drivers  --->
            Firmware Drivers  --->
            File systems  --->
            Kernel hacking  --->
            Security options  --->
        -*- Cryptographic API  --->
            Library routines  --->
        -*- Virtualization  ----

        <Select>    < Exit >    < Help >    < Save >    < Load >
```

图 32-3 Linux 图形配置界面

Linux 的图形配置界面和 uboot 是一样的，这里我们不需要做任何的配置，直接按两下 Esc 键退出，退出图形界面以后会自动开始编译 Linux。等待编译完成，结果如图 32-4 所示。

```
zuozhongkai@ubuntu: ~/linux/IMX6ULL/linux/temp/linux-imx-rel_imx_4.1.15_2.1.0_ga_alientek
  LD [M]  fs/nls/nls_iso8859-15.ko
  LD [M]  lib/crc-ccitt.ko
  LD [M]  fs/udf/udf.ko
  LD [M]  fs/fat/msdos.ko
  LD [M]  lib/crc-itu-t.ko
  LD [M]  lib/crc7.ko
  LD [M]  lib/libcrc32c.ko
  LD [M]  sound/core/snd-hwdep.ko
  LD [M]  sound/core/snd-rawmidi.ko
  LD [M]  sound/usb/snd-usbmidi-lib.ko
  LD [M]  sound/usb/snd-usb-audio.ko
  AS      arch/arm/boot/compressed/piggy.lzo.o
  LD      arch/arm/boot/compressed/vmlinux
  OBJCOPY arch/arm/boot/zImage
  Kernel: arch/arm/boot/zImage is ready
zuozhongkai@ubuntu:~/linux/IMX6ULL/linux/temp/linux-imx-rel_imx_4.1.15_2.1.0_ga_alientek$
```

图 32-4 Linux 编译完成

编译完成以后就会在 arch/arm/boot 这个目录下生成一个叫做 zImage 的文件，zImage 就是我们要用的 Linux 镜像文件。另外也会在 arch/arm/boot/dts 下生成很多.dtb 文件，这些.dtb 就是设备树文件。

编译 Linux 内核时可能会提示 recipe for target 'arch/arm/boot/compressed/piggy. lzo' failed，如图 32-5 所示。

```
/bin/sh: 1: lzop: not found
arch/arm/boot/compressed/Makefile:180: recipe for target 'arch/arm/boot/compressed/piggy.lzo' failed
make[2]: *** [arch/arm/boot/compressed/piggy.lzo] Error 1
make[2]: *** 正在等待未完成的任务....
  CC      arch/arm/boot/compressed/misc.o
arch/arm/boot/Makefile:52: recipe for target 'arch/arm/boot/compressed/vmlinux' failed
make[1]: *** [arch/arm/boot/compressed/vmlinux] Error 2
arch/arm/Makefile:316: recipe for target 'zImage' failed
```

图 32-5　lzop 未找到

图 32-5 中的错误提示 lzop 未找到，原因是没有安装 lzop 库。本节一开始已经讲了如何安装 lzop 库，lzop 库安装完成以后再重新编译一下 Linux 内核即可。

看一下编译脚本 mx6ull_alientek_emmc. sh 的内容，文件内容如示例 32-2 所示。

示例 32-2　mx6ull_alientek_emmc. sh 文件内容

```
1 #!/bin/sh
2 make ARCH=arm CROSS_COMPILE=arm-linux-gnueabihf- distclean
3 make ARCH=arm CROSS_COMPILE=arm-linux-gnueabihf- imx_v7_defconfig
4 make ARCH=arm CROSS_COMPILE=arm-linux-gnueabihf- menuconfig
5 make ARCH=arm CROSS_COMPILE=arm-linux-gnueabihf- all -j16
```

第 2 行，执行 make distclean，清理工程，所以 mx6ull_alientek_emmc. sh 每次都会清理一下工程。如果通过图形界面配置了 Linux，但是还没保存新的配置文件，那么就要慎重使用 mx6ull_alientek_emmc. sh 编译脚本了，因为它会把你的配置信息都删除掉。

第 3 行，执行 make xxx_defconfig，配置工程。

第 4 行，执行 make menuconfig，打开图形配置界面，对 Linux 进行配置，如果不想每次编译都打开图形配置界面的话可以将这一行删除掉。

第 5 行，执行 make，编译 Linux 源码。

可以看出，Linux 的编译过程基本和 uboot 一样，都要先执行 make xxx_defconfig 来配置一下，然后再执行 make 进行编译。如果需要使用图形界面配置的话就执行 make menuconfig。

32.3　Linux 工程目录分析

将提供的 Linux 源码进行解压，解压完成以后的目录如图 32-6 所示。

图 32-6 就是正点原子提供的未编译的 Linux 源码目录文件，我们在分析 Linux 之前一定要先在 Ubuntu 中编译一下 Linux，因为编译过程会生成一些文件，而生成的这些恰恰是分析 Linux 不可或缺的文件。编译完成以后使用 tar 压缩命令对其进行压缩，并使用 Filezilla 软件将压缩后的 uboot 源码拷贝到 Windows 下。

编译后的 Linux 目录如图 32-7 所示。

图 32-7 中重要的文件夹或文件的含义见表 32-1。

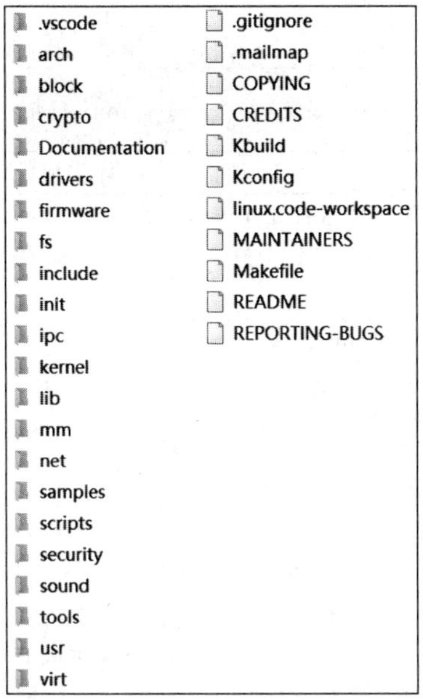

图 32-6 未编译的 Linux 源码目录

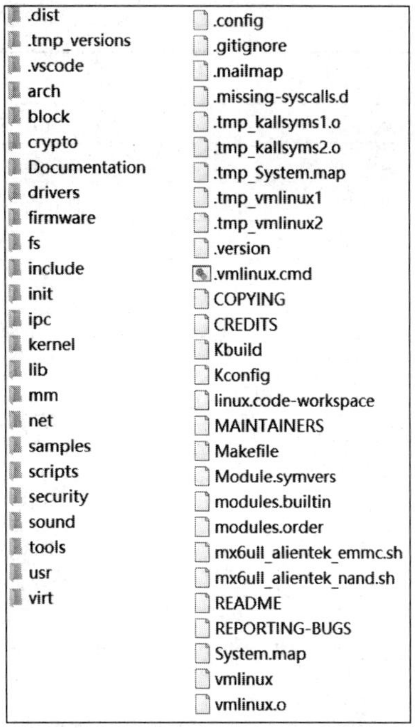

图 32-7 编译后的 Linux 目录

表 32-1 Linux 目录

类　型	名　　字	描　　述	备　　注
文件夹	arch	架构相关目录	Linux 自带
	block	块设备相关目录	
	crypto	加密相关目录	
	Documentation	文档相关目录	
	drivers	驱动相关目录	
	firmware	固件相关目录	
	fs	文件系统相关目录	
	include	头文件相关目录	
	init	初始化相关目录	
	ipc	进程间通信相关目录	
	Kernel	内核相关目录	
	lib	库相关目录	
	mm	内存管理相关目录	
	net	网络相关目录	
	samples	例程相关目录	
	scripts	脚本相关目录	
	security	安全相关目录	
	sound	音频处理相关目录	
	tools	工具相关目录	
	usr	与 initramfs 相关的目录,用于生成 initramfs	
	virt	提供虚拟机技术(KVM)	

续表

类　型	名　　字	描　　述	备　　注
文件	. config	Linux 最终使用的配置文件	编译生成的文件
	. gitignore	git 工具相关文件	Linux 自带
	. mailmap	邮件列表	
	. missing-syscalls. d	—	编译生成的文件
	. tmp_xx	这是一系列的文件，作用目前笔者还不是很清楚	编译生成的文件
	. version	和版本有关	
	. vmlinux. cmd	cmd 文件，用于连接生成 vmlinux	Linux 自带
	COPYING	版权声明	
	CREDITS	Linux 贡献者	
	Kbuild	Makefile 会读取此文件	
	Kconfig	图形化配置界面的配置文件	
	MAINTAINERS	维护者名单	
	Makefile	Linux 顶层 Makefile	
	Module. xx modules. xx	一系列文件，和模块有关	编译生成的文件
	mx6ull_alientek_emmc. sh mx6ull_alientek_nand. sh	正点原子提供的，Linux 编译脚本	正点原子提供
	README	Linux 描述文件	Linux 自带
	REPORTING-BUGS	BUG 上报指南	
	System. map	符号表	编译生成的文件
	vmlinux	编译出来的、未压缩的 ELF 格式 Linux 文件	
	vmlinux. o	编译出来的 vmlinux. o 文件	

表 32-1 中的很多文件夹和文件我们都不需要去关心，重点关注的文件夹或文件如下。

1. arch 目录

这个目录是和架构有关的目录，比如 arm、arm64、avr32、x86 等。每种架构都对应一个目录，在这些目录中又有很多子目录，比如 boot、common、configs 等。以 arch/arm 为例，其子目录如图 32-8 所示。

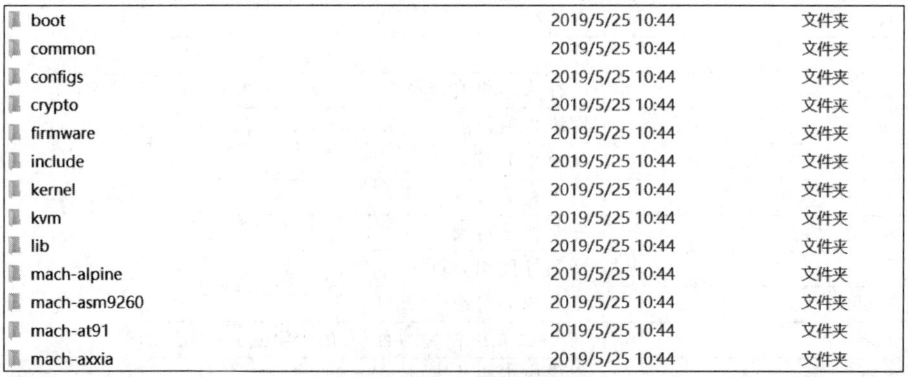

图 32-8　arch/arm 子目录

图 32-8 是 arch/arm 的一部分子目录，这些子目录用于控制系统引导、系统调用、动态调频、主频设置等。arch/arm/configs 目录是不同平台的默认配置文件：xxx_defconfig，如图 32-9 所示。

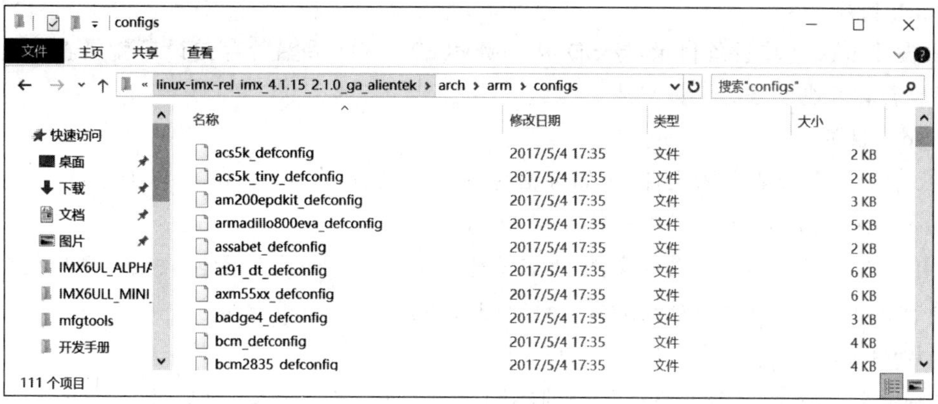

图 32-9　配置文件

在 arch/arm/configs 中就包含有 I. MX6U-ALPHA 开发板的默认配置文件 imx_v7_defconfig，执行 make imx_v7_defconfig 即可完成配置。arch/arm/boot/dts 目录中是对应开发平台的设备树文件，正点原子 I. MX6U-ALPHA 开发板对应的设备树文件如图 32-10 所示。

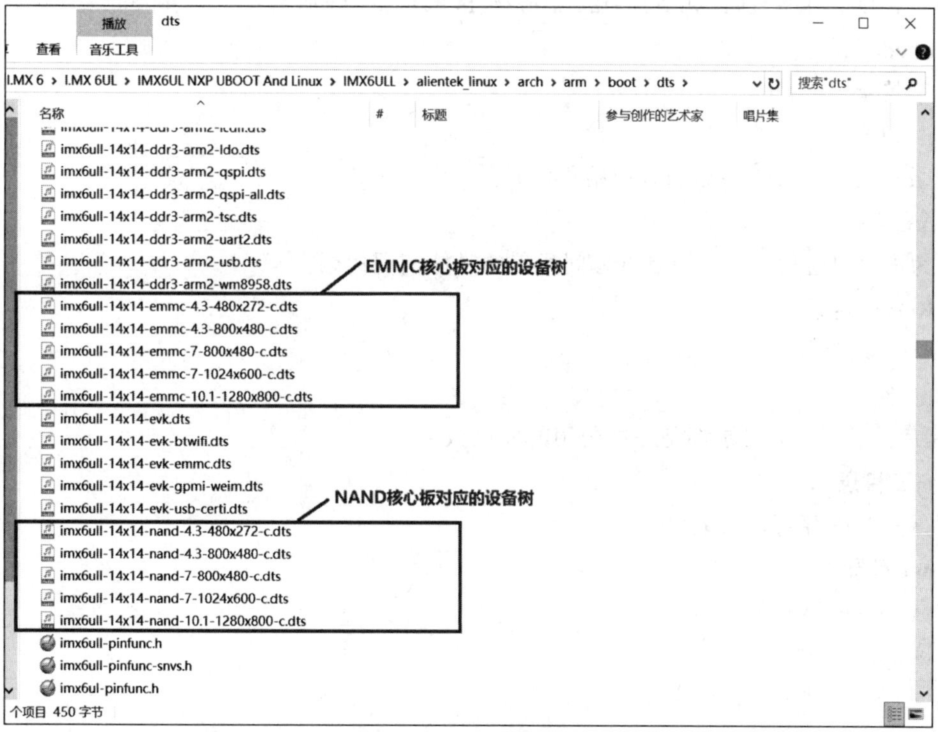

图 32-10　正点原子 I. MX6U 开发板对应的设备树

arch/arm/boot 目录下会保存编译出来的 Image 和 zImage 镜像文件，而 zImage 就是我们要用的 Linux 镜像文件。

arch/arm/mach-xxx 目录分别为相应平台的驱动和初始化文件，比如 mach-imx 目录中就是 I.MX 系列 CPU 的驱动和初始化文件。

2. block 目录

block 是 Linux 下块设备目录，像 SD 卡、EMMC、NAND、硬盘等存储设备就属于块设备，block 目录中存放着管理块设备的相关文件。

3. crypto 目录

crypto 目录中存放着加密文件，比如常见的 crc、crc32、md4、md5、hash 等加密算法。

4. Documentation 目录

此目录中存放着 Linux 相关的文档，如果要想了解 Linux 某个功能模块或驱动架构的功能，就可以在 Documentation 目录中查找是否有对应的文档。

5. drivers 目录

驱动目录文件，此目录根据驱动类型的不同，分门别类进行整理，比如 drivers/i2c 就是 I^2C 相关驱动目录，drivers/gpio 就是 GPIO 相关的驱动目录，这是我们学习的重点。

6. firmware 目录

此目录用于存放固件。

7. fs 目录

此目录存放文件系统，比如 fs/ext2、fs/ext4、fs/f2fs 等，分别是 ext2、ext4 和 f2fs 等文件系统。

8. include 目录

头文件目录。

9. init 目录

此目录存放 Linux 内核启动时初始化代码。

10. ipc 目录

IPC 为进程间通信，ipc 目录是进程间通信的具体实现代码。

11. Kernel 目录

Linux 内核代码。

12. lib 目录

lib 是库的意思，lib 目录都是一些公用的库函数。

13. mm 目录

此目录存放内存管理相关代码。

14. net 目录

此目录存放网络相关代码。

15. samples 目录

此目录存放一些示例代码文件。

16. scripts 目录

脚本目录，Linux 编译时会用到很多脚本文件，这些脚本文件就保存在此目录中。

17. security 目录

此目录存放安全相关的文件。

18. sound 目录

此目录存放音频相关驱动文件，音频驱动文件并没有存放到 drivers 目录中，而是单独的目录。

19. tools 目录

此目录存放一些编译时使用到的工具。

20. usr 目录

此目录存放与 initramfs 有关的代码。

21. virt 目录

此目录存放虚拟机相关文件。

22. .config 文件

跟 uboot 一样，.config 保存着 Linux 最终的配置信息，编译 Linux 时会读取此文件中的配置信息。最终根据配置信息来选择编译 Linux 哪些模块，哪些功能。

23. Kbuild 文件

有些 Makefile 会读取此文件。

24. Kconfig 文件

图形化配置界面的配置文件。

25. Makefile 文件

Linux 顶层 Makefile 文件，建议好好阅读一下此文件。

26. README 文件

此文件详细讲解了如何编译 Linux 源码，以及 Linux 源码的目录信息，建议仔细阅读一下此文件。

关于 Linux 源码目录就分析到这里，接下来分析 Linux 的顶层 Makefile。

32.4 VSCode 工程创建

在分析 Linux 的顶层 Makefile 之前，先创建 VSCode 工程，创建过程和 uboot 一样。为了方便阅读，可以屏蔽掉不相关的目录，比如在我的工程中.vscode/settings.json 内容如下(有省略)：

示例 32-3 settings.json 文件内容

```
{
    "search.exclude": {
        "**/node_modules": true,
        "**/bower_components": true,
        "**/*.o":true,
        "**/*.su":true,
        "**/*.cmd":true,
        "Documentation":true,
...
        "arch/arm/boot/dts/imx6ull-14x14-ddr*":true,
    },
    "files.exclude": {
        "**/.git": true,
        "**/.svn": true,
        "**/.hg": true,
```

```
52          " ** /CVS": true,
53          " ** /.DS_Store": true,
54          " ** / * .o":true,
55          " ** / * .su":true,
56          " ** / * .cmd":true,
57          "Documentation":true,
...
95          "arch/arm/boot/dts/imx6ull - 14x14 - ddr * ":true,
96      }
97 }
```

创建好 VSCode 工程以后就可以开始分析 Linux 的顶层 Makefile 了。

32.5 顶层 Makefile 详解

Linux 的顶层 Makefile 和 uboot 的顶层 Makefile 非常相似，因为 uboot 参考了 Linux，前 602 行几乎一样，大致看一下就行。

1. 版本号

顶层 Makefile 一开始就是 Linux 内核的版本号，如示例 32-4 所示。

示例 32-4　顶层 Makefile 代码段

```
1 VERSION = 4
2 PATCHLEVEL = 1
3 SUBLEVEL = 15
4 EXTRAVERSION =
```

可以看出，Linux 内核版本号为 4.1.15。

2. MAKEFLAGS 变量

MAKEFLAGS 变量设置如示例 32-5 所示。

示例 32-5　顶层 Makefile 代码段

```
16 MAKEFLAGS +=  - rR -- include - dir = $ (CURDIR)
```

3. 命令输出

Linux 编译时也可以通过“V=1”来输出完整的命令，这个和 uboot 一样，相关内容如示例 32-6 所示。

示例 32-6　顶层 Makefile 代码段

```
69 ifeq (" $ (origin V)", "command line")
70   KBUILD_VERBOSE =  $ (V)
71 endif
72 ifndef KBUILD_VERBOSE
```

```
  KBUILD_VERBOSE = 0
endif

ifeq ($(KBUILD_VERBOSE),1)
  quiet =
  Q =
else
  quiet=quiet_
  Q = @
endif
```

4. 静默输出

Linux 编译时使用 make -s 就可实现静默编译，编译时不会打印任何的信息，同 uboot 一样，相关内容如示例 32-7 所示。

示例 32-7 顶层 Makefile 代码段

```
ifneq ($(filter 4.%,$(MAKE_VERSION)),)    # make-4
ifneq ($(filter %s ,$(firstword x$(MAKEFLAGS))),)
  quiet=silent_
endif
else                    # make-3.8x
ifneq ($(filter s% -s%,$(MAKEFLAGS)),)
  quiet=silent_
endif
endif

export quiet Q KBUILD_VERBOSE
```

5. 设置编译结果输出目录

Linux 编译时使用 O=xxx，即可将编译产生的过程文件输出到指定的目录中，相关内容如示例 32-8 所示。

示例 32-8 顶层 Makefile 代码段

```
ifeq ($(KBUILD_SRC),)

# OK, Make called in directory where kernel src resides
# Do we want to locate output files in a separate directory?
ifeq ("$(origin O)", "command line")
  KBUILD_OUTPUT := $(O)
endif
```

6. 代码检查

Linux 也支持代码检查，使用命令 make C=1 使能代码检查，检查那些需要重新编译的文件。make C=2 用于检查所有的源码文件，顶层 Makefile 中的内容如示例 32-9 所示。

示例 32-9　顶层 Makefile 代码段

```
ifeq ("$(origin C)", "command line")
  KBUILD_CHECKSRC = $(C)
endif
ifndef KBUILD_CHECKSRC
  KBUILD_CHECKSRC = 0
endif
```

7. 模块编译

Linux 允许单独编译某个模块，使用命令"make M=dir"即可，旧语法 make SUBDIRS=dir 也是支持的。顶层 Makefile 中的内容如示例 32-10 所示。

示例 32-10　顶层 Makefile 代码段

```
# Use make M=dir to specify directory of external module to build
# Old syntax make ... SUBDIRS=$PWD is still supported
# Setting the environment variable KBUILD_EXTMOD take precedence
ifdef SUBDIRS
  KBUILD_EXTMOD ?= $(SUBDIRS)
endif
ifeq ("$(origin M)", "command line")
  KBUILD_EXTMOD := $(M)
endif
# If building an external module we do not care about the all: rule
# but instead _all depend on modules
PHONY += all
ifeq ($(KBUILD_EXTMOD),)
_all: all
else
_all: modules
endif
ifeq ($(KBUILD_SRC),)
        # building in the source tree
        srctree := .
else
        ifeq ($(KBUILD_SRC)/, $(dir $(CURDIR)))
                # building in a subdirectory of the source tree
                srctree := ..
        else
                srctree := $(KBUILD_SRC)
        endif
endif
objtree     := .
src     := $(srctree)
obj     := $(objtree)
```

```
VPATH         := $(srctree)$(if $(KBUILD_EXTMOD),:$(KBUILD_EXTMOD))

export srctree objtree VPATH
```

外部模块编译过程和 uboot 也一样，最终导出 srctree、objtree 和 VPATH 这三个变量的值，其中 srctree=.，也就是当前目录，objtree=.。

8. 设置目标架构和交叉编译器

同 uboot 一样，Linux 编译时需要设置目标板架构 ARCH 和交叉编译器 CROSS_COMPILE，在顶层 Makefile 中内容如示例 32-11 所示。

示例 32-11 顶层 Makefile 代码段

```
ARCH                    ?= $(SUBARCH)
CROSS_COMPILE           ?= $(CONFIG_CROSS_COMPILE:"%"=%)
```

为了方便，一般直接修改顶层 Makefile 中的 ARCH 和 CROSS_COMPILE，直接将其设置为对应的架构和编译器，比如本书将 ARCH 设置为 arm，CROSS_COMPILE 设置为 arm-linux-gnueabihf-，在顶层 Makefile 中内容如示例 32-12 所示。

示例 32-12 顶层 Makefile 代码段

```
ARCH                    ?= arm
CROSS_COMPILE           ?= arm-linux-gnueabihf-
```

设置好以后就可以使用如下命令编译 Linux 了。

```
make xxx_defconfig          //使用默认配置文件配置 Linux
make menuconfig             //启动图形化配置界面
make -j16                   //编译 Linux
```

9. 调用 scripts/Kbuild.include 文件

同 uboot 一样，Linux 顶层 Makefile 也会调用文件 scripts/Kbuild.include，顶层 Makefile 相应内容如示例 32-13 所示。

示例 32-13 顶层 Makefile 代码段

```
# We need some generic definitions (do not try to remake the file).
scripts/Kbuild.include: ;
include scripts/Kbuild.include
```

10. 交叉编译工具变量设置

顶层 Makefile 中其他和交叉编译器有关的变量设置如示例 32-14 所示。

示例 32-14 顶层 Makefile 代码段

```
AS          = $(CROSS_COMPILE)as
LD          = $(CROSS_COMPILE)ld
```

```
CC          = $(CROSS_COMPILE)gcc
CPP         = $(CC) -E
AR          = $(CROSS_COMPILE)ar
NM          = $(CROSS_COMPILE)nm
STRIP       = $(CROSS_COMPILE)strip
OBJCOPY     = $(CROSS_COMPILE)objcopy
OBJDUMP     = $(CROSS_COMPILE)objdump
```

LA、LD、CC 等这些都是交叉编译器所使用的工具。

11. 头文件路径变量

顶层 Makefile 定义了两个变量保存头文件路径：USERINCLUDE 和 LINUXINCLUDE，相关内容如示例 32-15 所示。

示例 32-15　顶层 Makefile 代码段

```
381 USERINCLUDE     := \
382         -I$(srctree)/arch/$(hdr-arch)/include/uapi \
383         -Iarch/$(hdr-arch)/include/generated/uapi \
384         -I$(srctree)/include/uapi \
385         -Iinclude/generated/uapi \
386                 -include $(srctree)/include/linux/kconfig.h
387
388 # Use LINUXINCLUDE when you must reference the include/ directory
389 # Needed to be compatible with the O= option
390 LINUXINCLUDE    := \
391         -I$(srctree)/arch/$(hdr-arch)/include \
392         -Iarch/$(hdr-arch)/include/generated/uapi \
393         -Iarch/$(hdr-arch)/include/generated \
394         $(if $(KBUILD_SRC), -I$(srctree)/include) \
395         -Iinclude \
396         $(USERINCLUDE)
```

第 381～386 行是 USERINCLUDE，其是 UAPI 相关的头文件路径，第 390～396 行是 LINUXINCLUDE，是 Linux 内核源码的头文件路径。重点来看一下 LINUXINCLUDE，其中 srctree=.，hdr-arch=arm，KBUILD_SRC 为空，因此，将 USERINCLUDE 和 LINUXINCLUDE 展开以后为：

```
USERINCLUDE     := \
        -I./arch/arm/include/uapi \
        -Iarch/arm/include/generated/uapi \
        -I./include/uapi \
        -Iinclude/generated/uapi \
        -include ./include/linux/kconfig.h

LINUXINCLUDE    := \
        -I./arch/arm/include \
        -Iarch/arm/include/generated/uapi \
        -Iarch/arm/include/generated \
        -Iinclude \
        -I./arch/arm/include/uapi \
```

```
-Iarch/arm/include/generated/uapi \
-I./include/uapi \
-Iinclude/generated/uapi \
-include ./include/linux/kconfig.h
```

12. 导出变量

顶层 Makefile 会导出很多变量给子 Makefile 使用，导出的这些变量如示例 32-16 所示。

示例 32-16 顶层 Makefile 代码段

```
export VERSION PATCHLEVEL SUBLEVEL KERNELRELEASE KERNELVERSION
export ARCH SRCARCH CONFIG_SHELL HOSTCC HOSTCFLAGS CROSS_COMPILE AS LD CC
export CPP AR NM STRIP OBJCOPY OBJDUMP
export MAKE AWK GENKSYMS INSTALLKERNEL PERL PYTHON UTS_MACHINE
export HOSTCXX HOSTCXXFLAGS LDFLAGS_MODULE CHECK CHECKFLAGS

export KBUILD_CPPFLAGS NOSTDINC_FLAGS LINUXINCLUDE OBJCOPYFLAGS LDFLAGS
export KBUILD_CFLAGS CFLAGS_KERNEL CFLAGS_MODULE CFLAGS_GCOV CFLAGS_KASAN
export KBUILD_AFLAGS AFLAGS_KERNEL AFLAGS_MODULE
export KBUILD_AFLAGS_MODULE KBUILD_CFLAGS_MODULE KBUILD_LDFLAGS_MODULE
export KBUILD_AFLAGS_KERNEL KBUILD_CFLAGS_KERNEL
export KBUILD_ARFLAGS
```

32.5.1 make xxx_defconfig 过程

第一次编译 Linux 之前都要使用 make xxx_defconfig 先配置 Linux 内核，在顶层 Makefile 中有%config 这个目标，在顶层 Makefile 中内容如示例 32-17 所示。

示例 32-17 顶层 Makefile 代码段

```
config-targets := 0
mixed-targets  := 0
dot-config     := 1

ifneq ($(filter $(no-dot-config-targets), $(MAKECMDGOALS)),)
    ifeq ($(filter-out $(no-dot-config-targets), $(MAKECMDGOALS)),)
        dot-config := 0
    endif
endif

ifeq ($(KBUILD_EXTMOD),)
        ifneq ($(filter config %config,$(MAKECMDGOALS)),)
                config-targets := 1
                ifneq ($(words $(MAKECMDGOALS)),1)
                        mixed-targets := 1
                endif
        endif
endif

ifeq ($(mixed-targets),1)
```

```
510 # ==================================================================
511 # We're called with mixed targets ( * config and build targets)
512 # Handle them one by one
513
514 PHONY += $(MAKECMDGOALS) __build_one_by_one
515
516 $(filter-out __build_one_by_one, $(MAKECMDGOALS)): __build_one_by_one
517     @:
518
519 __build_one_by_one:
520     $(Q)set -e; \
521     for i in $(MAKECMDGOALS); do \
522         $(MAKE) -f $(srctree)/Makefile $$i; \
523     done
524
525 else
526 ifeq ($(config-targets),1)
527 # ==================================================================
528 # *config targets only - make sure prerequisites are updated, and
529 # descend in scripts/kconfig to make the *config target
530
531 # Read arch specific Makefile to set KBUILD_DEFCONFIG as needed.
532 # KBUILD_DEFCONFIG may point out an alternative default
533 # configuration used for 'make defconfig'
534 include arch/$(SRCARCH)/Makefile
535 export KBUILD_DEFCONFIG KBUILD_KCONFIG
536
537 config: scripts_basic outputmakefile FORCE
538     $(Q)$(MAKE) $(build)=scripts/kconfig $@
539
540 %config: scripts_basic outputmakefile FORCE
541     $(Q)$(MAKE) $(build)=scripts/kconfig $@
542
543 else
......
563 endif # KBUILD_EXTMOD
```

第 490～507 行和 uboot 一样，都是设置定义变量 config-targets、mixed-targets 和 dot-config 的值，最终这三个变量的值为：

```
config-targets = 1
mixed-targets = 0
dot-config = 1
```

因为 config-targets=1，因此第 534～541 行成立。第 534 行引用 arch/arm/Makefile 这个文件，这个文件很重要，因为 zImage、uImage 等这些文件就是由 arch/arm/Makefile 来生成的。

第 535 行导出变量 KBUILD_DEFCONFIG KBUILD_KCONFIG。

第 537 行，没有目标与之匹配，因此不执行。

第 540 行，make xxx_defconfig 与目标%config 匹配，因此执行。%config 依赖 scripts_basic、outputmakefile 和 FORCE，%config 真正有意义的依赖就只有 scripts_basic，scripts_basic 的规则

如示例 32-18 所示。

示例 32-18 顶层 Makefile 代码段

```
scripts_basic:
	$(Q)$(MAKE) $(build)=scripts/basic
	$(Q)rm -f .tmp_quiet_recordmcount
```

build 定义在文件 scripts/Kbuild.include 中,值为 build := -f $(srctree)/scripts/Makefile.build obj,因此将示例 32-18 展开就是:

```
scripts_basic:
    @make -f ./scripts/Makefile.build obj=scripts/basic       //也可以没有@,视配置而定
    @rm -f . tmp_quiet_recordmcount                           //也可以没有@
```

接着回到示例 32-17 第 540 行目标%config 处,内容如下:

```
%config: scripts_basic outputmakefile FORCE
    $(Q)$(MAKE) $(build)=scripts/kconfig $@
```

将命令展开就是:

```
@make -f ./scripts/Makefile.build obj=scripts/kconfig xxx_defconfig
```

32.5.2 Makefile.build 脚本分析

从上一节可知,make xxx_defconfig 配置 Linux 时有如下两行命令会执行脚本 scripts/Makefile.build:

```
@make -f ./scripts/Makefile.build obj=scripts/basic
@make -f ./scripts/Makefile.build obj=scripts/kconfig xxx_defconfig
```

我们依次来分析一下。

1. scripts_basic 目标对应的命令

scripts_basic 目标对应的命令为:@make -f ./scripts/Makefile.build obj=scripts/basic。打开文件 scripts/Makefile.build,有如示例 32-19 所示内容。

示例 32-19 Makefile.build 代码段

```
# The filename Kbuild has precedence over Makefile
kbuild-dir := $(if $(filter /%,$(src)),$(src),$(srctree)/$(src))
kbuild-file := $(if $(wildcard $(kbuild-dir)/Kbuild),$(kbuild-dir)/Kbuild,$(kbuild-dir)/Makefile)
include $(kbuild-file)
```

将 kbuild-dir 展开后为:

```
kbuild-dir = ./scripts/basic
```

将 kbuild-file 展开后为：

```
kbuild-file= ./scripts/basic/Makefile
```

最后将 59 行展开，即：

```
include ./scripts/basic/Makefile
```

继续分析 scripts/Makefile.build，内容如示例 32-20 所示。

示例 32-20　Makefile.build 代码段

```
_build: $(if $(KBUILD_BUILTIN),$(builtin-target) $(lib-target) $(extra-y)) \
     $(if $(KBUILD_MODULES),$(obj-m) $(modorder-target)) \
     $(subdir-ym) $(always)
    @:
```

_build 是默认目标，因为命令@make -f ./scripts/Makefile.build obj=scripts/basic 没有指定目标，所以会使用到默认目标__build。在顶层 Makefile 中，KBUILD_BUILTIN 为 1，KBUILD_MODULES 为空，因此展开后目标__build 为：

```
__build: $(builtin-target) $(lib-target) $(extra-y)) $(subdir-ym) $(always)
    @:
```

可以看出目标__build 有 5 个依赖：builtin-target、lib-target、extra-y、subdir-ym 和 always。这 5 个依赖的具体内容如下：

```
builtin-target =
lib-target =
extra-y =
subdir-ym =
always = scripts/basic/fixdep scripts/basic/bin2c
```

只有 always 有效，因此__build 最终为：

```
__build: scripts/basic/fixdep scripts/basic/bin2c
    @:
```

__build 依赖于 scripts/basic/fixdep 和 scripts/basic/bin2c，所以要先将 scripts/basic/fixdep 和 scripts/basic/bin2c.c 这两个文件编译成 fixdep 和 bin2c。

综上所述，scripts_basic 目标的作用就是编译出 scripts/basic/fixdep 和 scripts/basic/bin2c 这两个软件。

2. %config 目标对应的命令

%config 目标对应的命令为：@make -f ./scripts/Makefile.build obj=scripts/kconfig xxx_defconfig，此命令会使用到的各个变量值如下：

```
src= scripts/kconfig
kbuild-dir = ./scripts/kconfig
```

```
kbuild-file = ./scripts/kconfig/Makefile
include ./scripts/kconfig/Makefile
```

可以看出,Makefile.build 会读取 scripts/kconfig/Makefile 中的内容,此文件有如示例 32-21 所示内容。

示例 32-21 scripts/kconfig/Makefile 代码段

```
%_defconfig: $(obj)/conf
	$(Q)$< $(silent) --defconfig=arch/$(SRCARCH)/configs/$@ $(Kconfig)
```

目标%_defconfig 与 xxx_defconfig 匹配,所以会执行这条规则,将其展开就是:

```
%_defconfig: scripts/kconfig/conf
	@ scripts/kconfig/conf  --defconfig=arch/arm/configs/%_defconfig  Kconfig
```

%_defconfig 依赖 scripts/kconfig/conf,所以会编译 scripts/kconfig/conf.c 生成 conf 这个软件。此软件就会将%_defconfig 中的配置输出到.config 文件中,最终生成 Linux Kernel 根目录下的.config 文件。

32.5.3 make 过程

使用命令 make xxx_defconfig 配置好 Linux 内核以后就可以使用 make 或者 make all 命令进行编译。顶层 Makefile 有如示例 32-22 所示内容。

示例 32-22 顶层 Makefile 代码段

```
125 PHONY := _all
126 _all:
...
192 PHONY += all
193 ifeq ($(KBUILD_EXTMOD),)
194 _all: all
195 else
196 _all: modules
197 endif
...
608 all: vmlinux
```

第 126 行,_all 是默认目标,如果使用命令 make 编译 Linux 的话此目标就会被匹配。

第 193 行,如果 KBUILD_EXTMOD 为空的话 194 行的代码成立。

第 194 行,默认目标_all 依赖 all。

第 608 行,目标 all 依赖 vmlinux,所以接下来的重点就是 vmlinux。

顶层 Makefile 中有如示例 32-23 所示内容。

示例 32-23 顶层 Makefile 代码段

```
# Externally visible symbols (used by link-vmlinux.sh)
export KBUILD_VMLINUX_INIT := $(head-y) $(init-y)
```

```
906 export KBUILD_VMLINUX_MAIN := $(core - y) $(libs - y) $(drivers - y) $(net - y)
907 export KBUILD_LDS          := arch/$(SRCARCH)/kernel/vmlinux.lds
908 export LDFLAGS_vmlinux
909 # used by scripts/pacmage/Makefile
910 export KBUILD_ALLDIRS := $(sort $(filter - out arch/%, $(vmlinux - alldirs))
      arch Documentation include samples scripts tools virt)
911
912 vmlinux - deps := $(KBUILD_LDS) $(KBUILD_VMLINUX_INIT) $(KBUILD_VMLINUX_MAIN)
913
914 # Final link of vmlinux
915       cmd_link - vmlinux = $(CONFIG_SHELL) $< $(LD) $(LDFLAGS) $(LDFLAGS_vmlinux)
916 quiet_cmd_link - vmlinux = LINK    $@
917
918 # Include targets which we want to
919 # execute if the rest of the kernel build went well
920 vmlinux: scripts/link - vmlinux.sh $(vmlinux - deps) FORCE
921 ifdef CONFIG_HEADERS_CHECK
922     $(Q)$(MAKE) -f $(srctree)/Makefile headers_check
923 endif
924 ifdef CONFIG_SAMPLES
925     $(Q)$(MAKE) $(build) = samples
926 endif
927 ifdef CONFIG_BUILD_DOCSRC
928     $(Q)$(MAKE) $(build) = Documentation
929 endif
930 ifdef CONFIG_GDB_SCRIPTS
931     $(Q)ln -fsn `cd $(srctree) && /bin/pwd`/scripts/gdb/vmlinux - gdb.py
932 endif
933     + $(call if_changed, link - vmlinux)
```

第 920 行可以看出目标 vmlinux 依赖 scripts/link-vmlinux.sh $(vmlinux-deps) FORCE。第 912 行定义了 vmlinux-deps，值为：

```
vmlinux - deps = $(KBUILD_LDS) $(KBUILD_VMLINUX_INIT) $(KBUILD_VMLINUX_MAIN)
```

第 905 行，KBUILD_VMLINUX_INIT＝ $(head-y) $(init-y)。

第 906 行，KBUILD_VMLINUX_MAIN ＝ $(core-y) $(libs-y) $(drivers-y) $(net-y)。

第 907 行，KBUILD_LDS＝ arch/$(SRCARCH)/kernel/vmlinux.lds，其中 SRCARCH＝arm，因此 KBUILD_LDS＝ arch/arm/kernel/vmlinux.lds。

综上所述，vmlinux 的依赖为 scripts/link-vmlinux.sh、$(head-y)、$(init-y)、$(core-y)、$(libs-y)、$(drivers-y)、$(net-y)、arch/arm/kernel/vmlinux.lds 和 FORCE。

第 933 行的命令用于链接生成 vmlinux。

重点来看 $(head-y)、$(init-y)、$(core-y)、$(libs-y)、$(drivers-y) 和 $(net-y)这六个变量的值。

1. head-y

head-y 定义在文件 arch/arm/Makefile 中，内容如示例 32-24 所示。

示例 32-24 arch/arm/Makefile 代码段

```
head-y        := arch/arm/kernel/head$(MMUEXT).o
```

当不使能 MMU 的话，MMUEXT=-nommu，如果使能 MMU 的话为空，因此 head-y 最终的值为：

```
head-y = arch/arm/kernel/head.o
```

2. init-y、drivers-y 和 net-y

在顶层 Makefile 中有如示例 32-25 所示内容。

示例 32-25 顶层 Makefile 代码段

```
init-y          := init/
drivers-y       := drivers/ sound/ firmware/
net-y           := net/
...
init-y          := $(patsubst %/, %/built-in.o, $(init-y))
drivers-y       := $(patsubst %/, %/built-in.o, $(drivers-y))
net-y           := $(patsubst %/, %/built-in.o, $(net-y))
```

从示例 32-25 可知，init-y、libs-y、drivers-y 和 net-y 最终的值为：

```
init-y    = init/built-in.o
drivers-y    = drivers/built-in.o   sound/built-in.o   firmware/built-in.o
net-y    = net/built-in.o
```

3. libs-y

libs-y 基本和 init-y 一样，在顶层 Makefile 中存在如示例 32-26 所示内容。

示例 32-26 顶层 Makefile 代码段

```
libs-y        := lib/
...
libs-y1       := $(patsubst %/, %/lib.a, $(libs-y))
libs-y2       := $(patsubst %/, %/built-in.o, $(libs-y))
libs-y        := $(libs-y1) $(libs-y2)
```

根据示例 32-26 可知，libs-y 应该等于 lib.a built-in.o，这个只是其中的一部分，因为在 arch/arm/Makefile 中会向 libs-y 中追加一些值，内容如示例 32-27 所示。

示例 32-27 arch/arm/Makefile 代码段

```
libs-y       := arch/arm/lib/ $(libs-y)
```

arch/arm/Makefile 将 libs-y 的值改为了 arch/arm/lib $(libs-y)，展开以后为：

```
libs-y = arch/arm/lib lib/
```

因此根据示例代码 32-26 的第 900～902 行可知，libs-y 最终应该为：

```
libs-y = arch/arm/lib/lib.a  lib/lib.a  arch/arm/lib/built-in.o  lib/built-in.o
```

4．core-y

core-y 和 init-y 也一样，在顶层 Makefile 中有如示例 32-28 所示内容。

示例 32-28　顶层 Makefile 代码段

```
core-y      := usr/
...
core-y      += kernel/ mm/ fs/ ipc/ security/ crypto/ block/
```

但是在 arch/arm/Makefile 中会对 core-y 进行追加，内容如示例 32-29 所示。

示例 32-29　arch/arm/Makefile 代码段

```
269 core-$(CONFIG_FPE_NWFPE)      += arch/arm/nwfpe/
270 core-$(CONFIG_FPE_FASTFPE)    += $(FASTFPE_OBJ)
271 core-$(CONFIG_VFP)            += arch/arm/vfp/
272 core-$(CONFIG_XEN)            += arch/arm/xen/
273 core-$(CONFIG_KVM_ARM_HOST)   += arch/arm/kvm/
274 core-$(CONFIG_VDSO)           += arch/arm/vdso/
275
276 # If we have a machine-specific directory, then include it in the build
277 core-y              += arch/arm/kernel/ arch/arm/mm/ arch/arm/common/
278 core-y              += arch/arm/probes/
279 core-y              += arch/arm/net/
280 core-y              += arch/arm/crypto/
281 core-y              += arch/arm/firmware/
282 core-y              += $(machdirs) $(platdirs)
```

第 269～274 行根据不同的配置向 core-y 追加不同的值，比如使能 VFP 的话就会在.config 中有 CONFIG_VFP=y 这一行，那么 core-y 就会追加 arch/arm/vfp/。

第 277～282 行就是对 core-y 直接追加的值。

在顶层 Makefile 中有如示例 32-30 所示一行。

示例 32-30　顶层 Makefile 代码段

```
core-y      := $(patsubst %/, %/built-in.o, $(core-y))
```

经过上述代码的转换，最终 core-y 的值为：

```
core-y =    usr/built-in.o              arch/arm/vfp/built-in.o \
arch/arm/vdso/built-in.o                arch/arm/kernel/built-in.o \
arch/arm/mm/built-in.o                  arch/arm/common/built-in.o \
```

```
arch/arm/probes/built-in.o          arch/arm/net/built-in.o \
arch/arm/crypto/built-in.o          arch/arm/firmware/built-in.o \
arch/arm/mach-imx/built-in.o        kernel/built-in.o\
mm/built-in.o                       fs/built-in.o \
ipc/built-in.o                      security/built-in.o \
crypto/built-in.o                   block/built-in.o
```

关于 head-y、init-y、core-y、libs-y、drivers-y 和 net-y 这 6 个变量就讲解到这里。这些变量都是一些 built-in. o 或. a 等文件，这个和 uboot 一样，都是将相应目录中的源码文件进行编译，然后在各自目录下生成 built-in. o 文件，有些生成了. a 库文件。最终将这些 built-in. o 和. a 文件进行链接即可形成 ELF 格式的可执行文件，也就是 vmlinux。但是链接是需要链接脚本的，vmlinux 的依赖 arch/arm/kernel/vmlinux. lds 就是整个 Linux 的链接脚本。

示例 32-23 第 933 行的命令 + $(call if_changed,link-vmlinux)表示将 $(call if_changed,link-vmlinux)的结果作为最终生成 vmlinux 的命令，前面的"+"表示该命令结果不可忽略。$(call if_changed,link-vmlinux)是调用 if_changed 函数，link-vmlinux 是 if_changed 函数的参数，if_changed 函数定义在文件 scripts/Kbuild. include 中，如示例 32-31 所示。

示例 32-31 scripts/Kbuild. include 代码段

```
247 if_changed = $(if $(strip $(any-prereq) $(arg-check)),            \
248     @set -e;                                                       \
249     $(echo-cmd) $(cmd_$(1));                                       \
250     printf '%s\n' 'cmd_$@ := $(make-cmd)' > $(dot-target).cmd)
```

any-prereq 用于检查依赖文件是否有变化，如果依赖文件有变化那么 any-prereq 就不为空，否则就为空。arg-check 用于检查参数是否有变化，如果没有变化那么 arg-check 就为空。

第 248 行，@set -e 告诉 bash，如果任何语句的执行结果不为 true(也就是执行出错)的话就直接退出。

第 249 行，$(echo-cmd)用于打印命令执行过程，比如在链接 vmlinux 时就会输出 LINK vmlinux。$(cmd_$(1))中的 $(1)表示参数，也就是 link-vmlinux，因此 $(cmd_$(1))表示执行 cmd_link-vmlinux 的内容。cmd_link-vmlinux 在顶层 Makefile 中有如示例 32-32 所示定义。

示例 32-32 顶层 Makefile 代码段

```
914 # Final link of vmlinux
915       cmd_link-vmlinux = $(CONFIG_SHELL) $< $(LD) $(LDFLAGS) $(LDFLAGS_vmlinux)
916 quiet_cmd_link-vmlinux = LINK    $@
```

第 915 行就是 cmd_link-vmlinux 的值，其中 CONFIG_SHELL=/bin/bash，$<表示目标 vmlinux 的第一个依赖文件，根据示例 32-23 可知，这个文件为 scripts/link-vmlinux. sh。

LD=arm-linux-gnueabihf-ld -EL，LDFLAGS 为空。LDFLAGS_vmlinux 的值由顶层 Makefile 和 arch/arm/Makefile 这两个文件共同决定，最终 LDFLAGS_vmlinux=-p --no-undefined -X --pic-veneer --build-id。因此 cmd_link-vmlinux 最终的值为：

```
cmd_link - vmlinux  =  /bin/bash scripts/link - vmlinux.sh arm - linux - gnueabihf - ld  - EL  - p  -- no -
undefined  - X  -- pic - veneer  -- build - id
```

cmd_link-vmlinux 会调用 scripts/link-vmlinux. sh 这个脚本来链接出 vmlinux。在 link-vmlinux. sh 中有如示例 32-33 所示内容。

示例 32-33　scripts/link-vmlinux. sh 代码段

```
51 vmlinux_link()
52 {
53   local lds = " $ {objtree}/ $ {KBUILD_LDS}"
54 
55   if [ " $ {SRCARCH}" != "um" ]; then
56        $ {LD} $ {LDFLAGS} $ {LDFLAGS_vmlinux} - o $ {2}                  \
57             - T $ {lds} $ {KBUILD_VMLINUX_INIT}                          \
58             -- start - group $ {KBUILD_VMLINUX_MAIN} -- end - group $ {1}
59   else
60        $ {CC} $ {CFLAGS_vmlinux} - o $ {2}                               \
61             - Wl, - T, $ {lds} $ {KBUILD_VMLINUX_INIT}                   \
62             - Wl, -- start - group                                       \
63                  $ {KBUILD_VMLINUX_MAIN}                                 \
64             - Wl, -- end - group                                         \
65             - lutil $ {1}
66        rm - f linux
67   fi
68 }
...
216 info LD vmlinux
217 vmlinux_link " $ {kallsymso}" vmlinux
```

vmliux_link 就是最终链接出 vmlinux 的函数，第 55 行判断 SRCARCH 是否等于“um”，如果不相等的话就执行第 56～58 行的代码。因为 SRCARCH＝arm，因此条件成立，执行第 56～58 行的代码。这 3 行代码就应该很熟悉了，就是普通的链接操作，连接脚本为 lds＝ ./arch/arm/kernel/vmlinux. lds，需要链接的文件由变量 KBUILD_VMLINUX_INIT 和 KBUILD_VMLINUX_MAIN 来决定，这两个变量在示例 32-23 中已经讲解过了。

第 217 行调用 vmlinux_link 函数来链接出 vmlinux。

使用命令“make V＝1”编译 Linux，会有如图 32-11 所示的编译信息。

+ arm-linux-gnueabihf-ld -EL -p --no-undefined -X --pic-veneer --build-id -o vmlinux -T ./arch/arm/kernel/v
mlinux.lds arch/arm/kernel/head.o init/built-in.o --start-group usr/built-in.o arch/arm/vfp/built-in.o arch
/arm/vdso/built-in.o arch/arm/kernel/built-in.o arch/arm/mm/built-in.o arch/arm/common/built-in.o arch/arm/
probes/built-in.o arch/arm/net/built-in.o arch/arm/crypto/built-in.o arch/arm/firmware/built-in.o arch/arm/
mach-imx/built-in.o kernel/built-in.o mm/built-in.o fs/built-in.o ipc/built-in.o security/built-in.o crypto
/built-in.o block/built-in.o arch/arm/lib/lib.a lib/lib.a arch/arm/lib/built-in.o lib/built-in.o drivers/bu
ilt-in.o sound/built-in.o firmware/built-in.o net/built-in.o --end-group .tmp_kallsyms2.o

图 32-11　link-vmlinux. sh 链接 vmlinux 过程

至此我们基本理清了 make 的过程，重点就是将各个子目录下的 built-in. o、. a 等文件链接在一起，最终生成 vmlinux 这个 ELF 格式的可执行文件。链接脚本为 arch/arm/kernel/vmlinux. lds，链接过程是由 shell 脚本 scripts/link-vmlinux. s 来完成的。接下来的问题就是这些子目录下的 built-in.o、.a 等文件又是如何编译出来的。

32.5.4 built-in.o 文件编译生成过程

根据示例 32-23 第 920 行可知，vmliux 依赖 vmlinux-deps，而 vmlinux-deps＝ $(KBUILD_LDS) $(KBUILD_VMLINUX_INIT) $(KBUILD_VMLINUX_MAIN)，KBUILD_LDS 是链接脚本，这里不考虑，剩下的 KBUILD_VMLINUX_INIT 和 KBUILD_VMLINUX_MAIN 就是各个子目录下的 built-in.o、.a 等文件。最终 vmlinux-deps 的值如下：

```
vmlinux-deps =   arch/arm/kernel/vmlinux.lds          arch/arm/kernel/head.o \
                 init/built-in.o                      usr/built-in.o \
                 arch/arm/vfp/built-in.o              arch/arm/vdso/built-in.o \
                 arch/arm/kernel/built-in.o           arch/arm/mm/built-in.o \
                 arch/arm/common/built-in.o           arch/arm/probes/built-in.o \
                 arch/arm/net/built-in.o              arch/arm/crypto/built-in.o \
                 arch/arm/firmware/built-in.o         arch/arm/mach-imx/built-in.o \
                 kernel/built-in.o                    mm/built-in.o \
                 fs/built-in.o                        ipc/built-in.o \
                 security/built-in.o                  crypto/built-in.o\
                 block/built-in.o                     arch/arm/lib/lib.a\
                 lib/lib.a                            arch/arm/lib/built-in.o\
                 lib/built-in.o                       drivers/built-in.o \
                 sound/built-in.o                     firmware/built-in.o \
                 net/built-in.o
```

除了 arch/arm/kernel/vmlinux.lds 以外，其他都是要编译链接生成的。在顶层 Makefile 中有如示例 32-34 所示内容。

示例 32-34 顶层 Makefile 代码段

```
$(sort $(vmlinux-deps)): $(vmlinux-dirs) ;
```

sort 是排序函数，用于对 vmlinux-deps 的字符串列表进行排序，并且去掉重复的单词。可以看出 vmlinux-deps 依赖 vmlinux-dirs，vmlinux-dirs 也定义在顶层 Makefile 中，定义如示例 32-35 所示。

示例 32-35 顶层 Makefile 代码段

```
vmlinux-dirs  := $(patsubst %/,%,$(filter %/, $(init-y) $(init-m) \
                 $(core-y) $(core-m) $(drivers-y) $(drivers-m) \
                 $(net-y) $(net-m) $(libs-y) $(libs-m)))
```

vmlinux-dirs 看名字就知道和目录有关，此变量保存着生成 vmlinux 所需源码文件的目录，值如下：

```
vmlinux-dirs = init                 usr                  arch/arm/vfp \
               arch/arm/vdso        arch/arm/kernel      arch/arm/mm \
               arch/arm/common      arch/arm/probes      arch/arm/net \
               arch/arm/crypto      arch/arm/firmware    arch/arm/mach-imx\
```

```
kernel       mm           fs \
ipc          security     crypto \
block        drivers      sound \
firmware     net          arch/arm/lib \
lib
```

在顶层 Makefile 中有如示例 32-36 所示内容。

示例 32-36 顶层 Makefile 代码段

```
946 $(vmlinux-dirs): prepare scripts
947     $(Q)$(MAKE) $(build)=$@
```

目标 vmlinux-dirs 依赖 prepare 和 scripts，这两个依赖忽略，重点看一下第 947 行的命令。build 前面已经说了，值为“-f ./scripts/Makefile.build obj”，因此将第 947 行的命令展开就是：

```
@ make -f ./scripts/Makefile.build obj=$@
```

$@表示目标文件，也就是 vmlinux-dirs 的值，将 vmlinux-dirs 中的这些目录全部带入到命令中，结果如下：

```
@ make -f ./scripts/Makefile.build obj=init
@ make -f ./scripts/Makefile.build obj=usr
@ make -f ./scripts/Makefile.build obj=arch/arm/vfp
@ make -f ./scripts/Makefile.build obj=arch/arm/vdso
@ make -f ./scripts/Makefile.build obj=arch/arm/kernel
@ make -f ./scripts/Makefile.build obj=arch/arm/mm
@ make -f ./scripts/Makefile.build obj=arch/arm/common
@ make -f ./scripts/Makefile.build obj=arch/arm/probes
@ make -f ./scripts/Makefile.build obj=arch/arm/net
@ make -f ./scripts/Makefile.build obj=arch/arm/crypto
@ make -f ./scripts/Makefile.build obj=arch/arm/firmware
@ make -f ./scripts/Makefile.build obj=arch/arm/mach-imx
@ make -f ./scripts/Makefile.build obj=kernel
@ make -f ./scripts/Makefile.build obj=mm
@ make -f ./scripts/Makefile.build obj=fs
@ make -f ./scripts/Makefile.build obj=ipc
@ make -f ./scripts/Makefile.build obj=security
@ make -f ./scripts/Makefile.build obj=crypto
@ make -f ./scripts/Makefile.build obj=block
@ make -f ./scripts/Makefile.build obj=drivers
@ make -f ./scripts/Makefile.build obj=sound
@ make -f ./scripts/Makefile.build obj=firmware
@ make -f ./scripts/Makefile.build obj=net
@ make -f ./scripts/Makefile.build obj=arch/arm/lib
@ make -f ./scripts/Makefile.build obj=lib
```

这些命令运行过程其实都是一样的，我们就以@ make -f ./scripts/Makefile.build obj=init 这个命令为例，讲解一下详细的运行过程。这里又要用到 Makefile.build 这个脚本了，此脚本默认目标为__build，这个已经讲过，我们再来看一下__build 目标对应的规则如下：

示例 32-37 scripts/Makefile.build 代码段

```
_build: $(if $(KBUILD_BUILTIN),$(builtin-target) $(lib-target) $(extra-y)) \
	$(if $(KBUILD_MODULES),$(obj-m) $(modorder-target)) \
	$(subdir-ym) $(always)
	@:
```

当只编译 Linux 内核镜像文件，也就是使用 make zImage 编译时，KBUILD_BUILTIN＝1，KBUILD_MODULES 为空。make 命令是会编译所有的东西，包括 Linux 内核镜像文件和一些模块文件。如果只编译 Linux 内核镜像的话，_build 目标简化为：

```
_build: $(builtin-target) $(lib-target) $(extra-y)) $(subdir-ym) $(always)
	@:
```

重点来看一下 builtin-target 这个依赖，builtin-target 同样定义在文件 scripts/Makefile.build 中，定义如示例 32-38 所示。

示例 32-38 scripts/Makefile.build 代码段

```
86 ifneq ($(strip $(obj-y) $(obj-m) $(obj-) $(subdir-m) $(lib-target)),)
87 builtin-target := $(obj)/built-in.o
88 endif
```

第 87 行就是 builtin-target 变量的值，为 $(obj)/built-in.o，这就是 built-in.o 的来源了。要生成 built-in.o，要求 obj-y、obj-m、obj-、subdir-m 和 lib-target 这些变量不能全部为空。最后一个问题：built-in.o 是怎么生成的？在文件 scripts/Makefile.build 中有如示例 32-39 所示内容。

示例 32-39 顶层 Makefile 代码段

```
325 #
326 # Rule to compile a set of .o files into one .o file
327 #
328 ifdef builtin-target
329 quiet_cmd_link_o_target = LD      $@
330 # If the list of objects to link is empty, just create an empty built-in.o
331 cmd_link_o_target = $(if $(strip $(obj-y)),\
332                  $(LD) $(ld_flags) -r -o $@ $(filter $(obj-y), $^) \
333                  $(cmd_secanalysis),\
334                  rm -f $@; $(AR) rcs$(KBUILD_ARFLAGS) $@)
335
336 $(builtin-target): $(obj-y) FORCE
337     $(call if_changed,link_o_target)
338
339 targets += $(builtin-target)
340 endif # builtin-target
```

第 336 行的目标就是 builtin-target，依赖为 obj-y，命令为 $(call if_changed,link_o_target)，也就是调用 if_changed 函数，参数为 link_o_target，其返回值就是具体的命令。前面讲过了 if_ changed，它会调用 cmd_$(1)所对应的命令($(1)就是函数的第1个参数)，在这里就是调用 cmd_link_o_target 所对应的命令，也就是第331～334行的命令。cmd_link_o_target 就是使用 LD 将某个目录下的所有.o 文件链接在一起，最终形成 built-in.o。

32.5.5 make zImage 过程

1. vmlinux、Image、zImage、uImage 的区别

前面几节重点是讲 vmlinux 是如何编译出来的，vmlinux 是 ELF 格式的文件，但是在实际中我们不会使用 vmlinux，而是使用 zImage 或 uImage 这样的 Linux 内核镜像文件。那么 vmlinux、zImage、uImage 它们之间有什么区别呢？

(1) vmlinux 是编译出来的最原始的内核文件，是未压缩的，比如正点原子提供的 Linux 源码编译出来的 vmlinux 约有16MB，如图32-12所示。

```
zuozhongkai@ubuntu:~/linux/IMX6ULL/linux/alientek_linux$ ls vmlinux -l
-rwxrwxr-x 1 zuozhongkai zuozhongkai 16770053 Sep  3 01:44 vmlinux
zuozhongkai@ubuntu:~/linux/IMX6ULL/linux/alientek_linux$
```

图32-12　vmlinux 信息

(2) Image 是 Linux 内核镜像文件，但是 Image 仅包含可执行的二进制数据。Image 就是使用 objcopy 取消掉 vmlinux 中的一些其他信息，比如符号表。但是 Image 是没有压缩过的，Image 保存在 arch/arm/boot 目录下，其大小约为12MB，如图32-13所示。

```
zuozhongkai@ubuntu:~/linux/IMX6ULL/linux/alientek_linux$ ls arch/arm/boot/Image -l
-rwxrwxr-x 1 zuozhongkai zuozhongkai 12541952 Sep  3 01:44 arch/arm/boot/Image
zuozhongkai@ubuntu:~/linux/IMX6ULL/linux/alientek_linux$
```

图32-13　Image 镜像信息

相比 vmlinux 的16MB，Image 缩小到了12MB。

(3) zImage 是经过 gzip 压缩后的 Image，经过压缩以后其大小约为6MB，如图32-14所示。

```
zuozhongkai@ubuntu:~/linux/IMX6ULL/linux/alientek_linux$ ls arch/arm/boot/zImage -l
-rwxrwxr-x 1 zuozhongkai zuozhongkai 6696768 Sep  3 01:44 arch/arm/boot/zImage
zuozhongkai@ubuntu:~/linux/IMX6ULL/linux/alientek_linux$
```

图32-14　zImage 镜像信息

(4) uImage 是老版本 uboot 专用的镜像文件，uImag 是在 zImage 前面加了一个长度为64字节的“头”，这个头信息描述了该镜像文件的类型、加载位置、生成时间、大小等信息。但是新的 uboot 已经支持了 zImage 启动，所以已经很少用到 uImage 了，除非你用的很古老的 uboot。

使用 make、make all、make zImage 这些命令就可以编译出 zImage 镜像，在 arch/arm/Makefile 中有如示例32-40所示内容。

示例32-40　顶层 Makefile 代码段

```
BOOT_TARGETS     = zImage Image xipImage bootpImage uImage
...
$(BOOT_TARGETS): vmlinux
      $(Q)$(MAKE) $(build)=$(boot) MACHINE=$(MACHINE) $(boot)/$@
```

第 310 行，变量 BOOT_TARGETS 包含 zImage、Image、xipImage 等镜像文件。

第 315 行，BOOT_TARGETS 依赖 vmlinux，因此如果使用 make zImage 编译的 Linux 内核则首先要先编译出 vmlinux。

第 316 行，具体的命令，比如要编译 zImage，那么命令展开以后如下所示：

```
@ make -f ./scripts/Makefile.build obj=arch/arm/boot MACHINE=arch/arm/boot/zImage
```

看来又是使用 scripts/Makefile.build 文件来完成 vmlinux 到 zImage 的转换。

关于 Linux 顶层 Makefile 就讲解到这里，基本和 uboot 的顶层 Makefile 一样，重点在于 vmlinux 的生成。最后将 vmlinux 压缩成最常用的 zImage 或 uImage 等文件。

第33章

Linux内核启动流程

Linux 内核的启动流程要比 uboot 复杂得多，涉及到的内容也更多，因此本章学习 Linux 内核的启动流程。

33.1 链接脚本 vmlinux. lds

要分析 Linux 启动流程，同样需要先编译 Linux 源码，很多文件需要编译才会生成。首先分析 Linux 内核的连接脚本文件 arch/arm/kernel/vmlinux. lds，通过链接脚本可以找到 Linux 内核的第一行程序是从哪里执行的。vmlinux. lds 中有如示例 33-1 所示内容。

示例 33-1　vmlinux. lds 链接脚本

```
492 OUTPUT_ARCH(arm)
493 ENTRY(stext)
494 jiffies = jiffies_64;
495 SECTIONS
496 {
497  /*
498       * XXX: The linker does not define how output sections are
499       * assigned to input sections when there are multiple statements
500       * matching the same input section name.  There is no documented
501       * order of matching
502       *
503       * unwind exit sections must be discarded before the rest of the
504       * unwind sections get included
505       */
506    /DISCARD/ : {
507      *(.ARM.exidx.exit.text)
508      *(.ARM.extab.exit.text)
509
...
645 }
```

第 493 行的 ENTRY 指明了 Linux 内核的入口，入口为 stext，stext 定义在文件 arch/arm/

kernel/head.S 中，我们从文件 arch/arm/kernel/head.S 的 stext 处开始分析。

33.2 Linux 内核启动流程分析

33.2.1 Linux 内核入口 stext

stext 是 Linux 内核的入口地址，在文件 arch/arm/kernel/head.S 中有如示例 33-2 所示提示内容。

示例 33-2 arch/arm/kernel/head.S 代码段

```
/*
 * Kernel startup entry point
 * ---------------------------
 *
 * This is normally called from the decompressor code.  The requirements
 * are: MMU = off, D-cache = off, I-cache = dont care, r0 = 0,
 * r1 = machine nr, r2 = atags or dtb pointer
...
 */
```

根据示例 33-2 中的注释，Linux 内核启动之前要求如下所示。

(1) 关闭 MMU。

(2) 关闭 D-cache。

(3) I-Cache 无所谓。

(4) r0=0。

(5) r1=machine nr(机器 ID)。

(6) r2=atags 或者设备树(dtb)首地址。

Linux 内核的入口点 stext 相当于内核的入口函数，stext 函数内容如示例 33-3 所示。

示例 33-3 arch/arm/kernel/head.S 代码段

```
ENTRY(stext)
...
     @ ensure svc mode and all interrupts masked
     safe_svcmode_maskall r9

     mrc p15, 0, r9, c0, c0                @ get processor id
     bl   __lookup_processor_type          @ r5 = procinfo r9 = cpuid
     movs    r10, r5            @ invalid processor (r5 = 0)?
 THUMB( it  eq )                @ force fixup - able long branch encoding
     beq __error_p              @ yes, error 'p'

...

#ifndef CONFIG_XIP_KERNEL
```

```
...
113 #else
114     ldr r8, =PLAT_PHYS_OFFSET        @ always constant in this case
115 #endif
116
117     /*
118      * r1 = machine no, r2 = atags or dtb,
119      * r8 = phys_offset, r9 = cpuid, r10 = procinfo
120      */
121     bl  __vet_atags
...
128     bl  __create_page_tables
129
130   /*
131    * The following calls CPU specific code in a position independent
132    * manner.  See arch/arm/mm/proc-*.S for details.  r10 = base of
133    * xxx_proc_info structure selected by __lookup_processor_type
134    * above.  On return, the CPU will be ready for the MMU to be
135    * turned on, and r0 will hold the CPU control register value
136    */
137     ldr r13, =__mmap_switched      @ address to jump to after
138                                    @ mmu has been enabled
139     adr lr, BSYM(1f)               @ return (PIC) address
140     mov r8, r4                     @ set TTBR1 to swapper_pg_dir
141     ldr r12, [r10, #PROCINFO_INITFUNC]
142     add r12, r12, r10
143     ret r12
144 1:  b   __enable_mmu
145 ENDPROC(stext)
```

第 92 行，调用 safe_svcmode_maskall 函数令 CPU 处于 SVC 模式，并且关闭了所有的中断。safe_svcmode_maskall 定义在文件 arch/arm/include/asm/assembler.h 中。

第 94 行，读处理器 ID，ID 值保存在 r9 寄存器中。

第 95 行，调用__lookup_processor_type 函数检查当前系统是否支持此 CPU，是则获取 procinfo 信息。procinfo 是 proc_info_list 类型的结构体，proc_info_list 在文件 arch/arm/include/asm/procinfo.h 中的定义如示例 33-4 所示。

示例 33-4 proc_info_list 结构体

```
struct proc_info_list {
    unsigned int        cpu_val;
    unsigned int        cpu_mask;
    unsigned long       __cpu_mm_mmu_flags;     /* used by head.S */
    unsigned long       __cpu_io_mmu_flags;     /* used by head.S */
    unsigned long       __cpu_flush;            /* used by head.S */
    const char          *arch_name;
    const char          *elf_name;
    unsigned int        elf_hwcap;
```

```
    const char              * cpu_name;
    struct processor        * proc;
    struct cpu_tlb_fns      * tlb;
    struct cpu_user_fns     * user;
    struct cpu_cache_fns    * cache;
};
```

Linux 内核将每种处理器都抽象为一个 proc_info_list 结构体，每种处理器都对应一个 procinfo。因此可以通过处理器 ID 找到对应的 procinfo 结构，__lookup_processor_type 函数找到对应处理器的 procinfo 以后会将其保存到 r5 寄存器中。

继续回到示例 33-3 中，第 121 行，调用__vet_atags 函数验证 atags 或设备树(dtb)的合法性。__vet_atags 函数定义在文件 arch/arm/kernel/head-common. S 中。

第 128 行，调用__create_page_tables 函数创建页表。

第 137 行，将__mmap_switched 函数的地址保存到 r13 寄存器中。__mmap_switched 定义在文件 arch/arm/kernel/head-common. S，__mmap_switched 最终会调用 start_kernel 函数。

第 144 行，调用__enable_mmu 函数使能 MMU，__enable_mmu 定义在文件 arch/arm/kernel/head. S 中。__enable_mmu 最终会调用__turn_mmu_on 来打开 MMU，__turn_mmu_on 最后会执行 r13 中保存的__mmap_switched 函数。

33.2.2 __mmap_switched 函数

__mmap_switched 函数定义在文件 arch/arm/kernel/head-common. S 中，函数内容如示例 33-5 所示。

示例 33-5 __mmap_switched 函数

```
__mmap_switched:
    adr r3, __mmap_switched_data

    ldmia   r3!, {r4, r5, r6, r7}
    cmp r4, r5                      @ Copy data segment if needed
1:  cmpne   r5, r6
    ldrne   fp, [r4], #4
    strne   fp, [r5], #4
    bne 1b

    mov fp, #0                      @ Clear BSS (and zero fp)
1:  cmp r6, r7
    strcc   fp, [r6], #4
    bcc 1b

 ARM(   ldmia   r3, {r4, r5, r6, r7, sp})
 THUMB( ldmia   r3, {r4, r5, r6, r7}     )
 THUMB( ldr sp, [r3, #16]         )
    str r9, [r4]                @ Save processor ID
    str r1, [r5]                @ Save machine type
    str r2, [r6]                @ Save atags pointer
    cmp r7, #0
```

```
103     strne   r0, [r7]              @ Save control register values
104     b    start_kernel
105 ENDPROC(__mmap_switched)
```

第 104 行最终调用 start_kernel 启动 Linux 内核，start_kernel 函数定义在文件 init/main.c 中。

33.2.3 start_kernel 函数

start_kernel 通过调用众多的子函数，完成 Linux 启动之前的一些初始化工作。由于 start_kernel 函数中调用的子函数太多，而这些子函数又很复杂，因此精简重要的子函数。精简并添加注释后的 start_kernel 函数内容如示例 33-6 所示。

示例 33-6 start_kernel 函数

```
asmlinkage __visible void __init start_kernel(void)
{
    char *command_line;
    char *after_dashes;

    lockdep_init();                          /* lockdep 是死锁检测模块，此函数会初始化
                                              * 两个 hash 表，此函数要求尽可能早地执行
                                              */
    set_task_stack_end_magic(&init_task);    /* 设置任务栈结束魔术数，
                                              *用于栈溢出检测
                                              */
    smp_setup_processor_id();                /* 跟 SMP 有关(多核处理器)，设置处理器 ID
                                              * 有很多资料说 ARM 架构下此函数为空函数，那是因
                                              * 为他们用的老版本 Linux，而那时候 ARM 还没有多
                                              * 核处理器
                                              */
    debug_objects_early_init();              /* 做一些和 debug 有关的初始化 */
    boot_init_stack_canary();                /* 栈溢出检测初始化 */
    cgroup_init_early();                     /* cgroup 初始化，cgroup 用于控制 Linux 系统资源 */
    local_irq_disable();                     /* 关闭当前 CPU 中断 */
    early_boot_irqs_disabled = true;

    /*
     * 中断关闭期间做一些重要的操作，然后打开中断
     */
    boot_cpu_init();                         /* 跟 CPU 有关的初始化 */
    page_address_init();                     /* 页地址相关的初始化 */
    pr_notice("%s", linux_banner);           /* 打印 Linux 版本号、编译时间等信息 */
    setup_arch(&command_line);               /* 架构相关的初始化，此函数会解析传递进来的
                                              * ATAGS 或者设备树(DTB)文件，会根据设备树中
                                              * 的 model 和 compatible 这两个属性值来查找
                                              * Linux 是否支持这个单板，此函数也会获取设备树
                                              * 中 chosen 节点下的 bootargs 属性值来得到命令
                                              * 行参数，也就是 uboot 中的 bootargs 环境变量的
                                              * 值，获取到的命令行参数会保存到
                                              *command_line 中
                                              */
```

```
    mm_init_cpumask(&init_mm);     0       /* 看名字,是和内存有关的初始化 */
    setup_command_line(command_line);      /* 好像是存储命令行参数 */
    setup_nr_cpu_ids();                    /* 如果只是 SMP(多核 CPU)的话,此函数用于获取
                                            * CPU 核心数量,CPU 数量保存在变量
                                            * nr_cpu_ids 中
                                            */
    setup_per_cpu_areas();                 /* 在 SMP 系统中有用,设置每个 CPU 的 per-cpu 数据 */
    smp_prepare_boot_cpu();

    build_all_zonelists(NULL, NULL);       /* 建立系统内存页区(zone)链表 */
    page_alloc_init();                     /* 处理用于热插拔 CPU 的页 */

    /* 打印命令行信息 */
    pr_notice("Kernel command line: %s\n", boot_command_line);
    parse_early_param();                   /* 解析命令行中的 console 参数 */
    after_dashes = parse_args("Booting kernel",static_command_line, __start___param,
                __stop___param - __start___param, -1, -1, &unknown_bootoption);
    if (!IS_ERR_OR_NULL(after_dashes))
        parse_args("Setting init args", after_dashes, NULL, 0, -1, -1, set_init_arg);

    jump_label_init();

    setup_log_buf(0);                      /* 设置 log 使用的缓冲区 */
    pidhash_init();                        /* 构建 PID 哈希表,Linux 中每个进程都有一个 ID,
                                            * 这个 ID 叫做 PID,通过构建哈希表可以快速搜索进程
                                            * 信息结构体
                                            */
vfs_caches_init_early();                   /* 预先初始化 vfs(虚拟文件系统)的目录项和
                                           * 索引节点缓存
                                           */
    sort_main_extable();                   /* 定义内核异常列表 */
    trap_init();                           /* 完成对系统保留中断向量的初始化 */
    mm_init();                             /* 内存管理初始化 */

    sched_init();                          /* 初始化调度器,主要是初始化一些结构体 */
    preempt_disable();                     /* 关闭优先级抢占 */
    if (WARN(!irqs_disabled(),             /* 检查中断是否关闭,如果没有就关闭中断 */
        "Interrupts were enabled *very* early, fixing it\n")) local_irq_disable();
    idr_init_cache();                      /* IDR 初始化,IDR 是 Linux 内核的整数管理机
                                            * 制,也就是将一个整数 ID 与一个指针关联起来
                                            */
    rcu_init();                            /* 初始化 RCU,RCU 全称为 Read Copy Update(读-复制修改) */
    trace_init();                          /* 跟踪调试相关初始化 */

    context_tracking_init();
    radix_tree_init();                     /* 基数树相关数据结构初始化 */
    early_irq_init();                      /* 初始中断相关初始化,主要是注册 irq_desc 结构体变
                                            * 量,因为 Linux 内核使用 irq_desc 来描述一个中断
                                            */
    init_IRQ();                            /* 中断初始化 */
    tick_init();                           /* tick 初始化 */
```

```
    rcu_init_nohz();
    init_timers();                   /* 初始化定时器 */
    hrtimers_init();                 /* 初始化高精度定时器 */
    softirq_init();                  /* 软中断初始化 */
    timekeeping_init();
    time_init();                     /* 初始化系统时间 */
    sched_clock_postinit();
    perf_event_init();
    profile_init();
    call_function_init();
    WARN(!irqs_disabled(), "Interrupts were enabled early\n");
    early_boot_irqs_disabled = false;
    local_irq_enable();              /* 使能中断 */

    kmem_cache_init_late();          /* slab 初始化,slab 是 Linux 内存分配器 */
    console_init();                  /* 初始化控制台,之前 printk 打印的信息都存放在
                                      * 缓冲区中,并没有打印出来,只有调用此函数
                                      * 初始化控制台以后,才能在控制台上打印信息
                                      */
    if (panic_later)
        panic("Too many boot %s vars at `%s'", panic_later,
              panic_param);

    lockdep_info();                  /* 如果定义了宏 CONFIG_LOCKDEP,那么此函数打印一些信息 */

    locking_selftest()               /* 锁自测 */
    ......
    page_ext_init();
    debug_objects_mem_init();
    kmemleak_init();                 /* kmemleak 初始化,kmemleak 用于检查内存泄漏 */
    setup_per_cpu_pageset();
    numa_policy_init();
    if (late_time_init)
        late_time_init();
    sched_clock_init();
    calibrate_delay();               /* 测定 BogoMIPS 值,可以通过 BogoMIPS 来判断 CPU 的性能
                                      * BogoMIPS 设置越大,说明 CPU 性能越好
                                      */
    pidmap_init();                   /* PID 位图初始化 */
    anon_vma_init();                 /* 生成 anon_vma slab 缓存 */
    acpi_early_init();
    ......
    thread_info_cache_init();
    cred_init();                     /* 为对象的每个用于赋予资格(凭证) */
    fork_init();                     /* 初始化一些结构体以使用 fork 函数 */
    proc_caches_init();              /* 给各种资源管理结构分配缓存 */
    buffer_init();                   /* 初始化缓冲缓存 */
    key_init();                      /* 初始化密钥 */
    security_init();                 /* 安全相关初始化 */
    dbg_late_init();
    vfs_caches_init(totalram_pages); /* 为 VFS 创建缓存 */
    signals_init();                  /* 初始化信号 */
```

```
    page_writeback_init();              /* 页回写初始化 */
    proc_root_init();                   /* 注册并挂载 proc 文件系统 */
    nsfs_init();
    cpuset_init();                      /* 初始化 cpuset,cpuset 是将 CPU 和内存资源以逻辑性
                                         * 和层次性集成的一种机制,是 cgroup 使用的子系统之一
                                         */
    cgroup_init();                      /* 初始化 cgroup */
    taskstats_init_early();             /* 进程状态初始化 */
    delayacct_init();

    check_bugs();                       /* 检查写缓冲一致性 */

    acpi_subsystem_init();
    sfi_init_late();

    if (efi_enabled(EFI_RUNTIME_SERVICES)) {
        efi_late_init();
        efi_free_boot_services();
    }

    ftrace_init();

    rest_init();                        /* rest_init 函数 */
}
```

start_kernel 里面调用了大量的函数,每一个函数都构成庞大的知识点,如果想要学习 Linux 内核,那么这些函数就需要去详细地研究。start_kernel 函数最后调用了 rest_init,rest_init 函数解析如下。

33.2.4 rest_init 函数

rest_init 函数定义在文件 init/main.c 中,函数内容如示例 33-7 所示。

示例 33-7 rest_init 函数

```
static noinline void __init_refok rest_init(void)
{
    int pid;

    rcu_scheduler_starting();
    smpboot_thread_init();
    /*
     * We need to spawn init first so that it obtains pid 1, however
     * the init task will end up wanting to create kthreads, which,
     * if we schedule it before we create kthreadd, will OOPS
     */
    kernel_thread(kernel_init, NULL, CLONE_FS);
    numa_default_policy();
    pid = kernel_thread(kthreadd, NULL, CLONE_FS | CLONE_FILES);
    rcu_read_lock();
```

```
398     kthreadd_task = find_task_by_pid_ns(pid, &init_pid_ns);
399     rcu_read_unlock();
400     complete(&kthreadd_done);
401
402     /*
403      * The boot idle thread must execute schedule()
404      * at least once to get things moving:
405      */
406     init_idle_bootup_task(current);
407     schedule_preempt_disabled();
408     /* Call into cpu_idle with preempt disabled */
409     cpu_startup_entry(CPUHP_ONLINE);
410 }
```

第 387 行，调用 rcu_scheduler_starting 函数，启动 RCU 锁调度器。

第 394 行，调用 kernel_thread 函数创建 kernel_init 进程，也就是大名鼎鼎的 init 内核进程。init 进程的 PID 为 1。init 进程一开始是内核进程(也就是运行在内核态)，然后 init 进程会在根文件系统中查找名为 init 的程序，init 程序处于用户态，通过运行 init 程序，进程会实现从内核态到用户态的转变。

第 396 行，调用 kernel_thread 函数创建 kthreadd 内核进程，此内核进程的 PID 为 2。kthreadd 进程负责所有内核进程的调度和管理。

第 409 行，最后调用 cpu_startup_entry 函数进入 idle 进程，cpu_startup_entry 会调用 cpu_idle_loop，cpu_idle_loop 是 while 循环，也就是 idle 进程代码。idle 进程的 PID 为 0，idle 进程叫做空闲进程。idle 空闲进程和空闲任务一样，当 CPU 没有事情做时就在 idle 空闲进程里面"游逛"。当其他进程要工作时就会抢占 idle 进程，夺取 CPU 使用权。idle 进程并没有使用 kernel_thread 或者 fork 函数创建，因为它是由主进程演变而来的。

在 Linux 终端中输入 ps -A 就可以打印出当前系统中的所有进程，能看到 init 进程和 kthreadd 进程，如图 33-1 所示。

```
root@ATK-IMX6U:~# ps -A
  PID TTY          TIME CMD
    1 ?        00:00:01 init
    2 ?        00:00:00 kthreadd
    3 ?        00:00:00 ksoftirqd/0
    4 ?        00:00:00 kworker/0:0
    5 ?        00:00:00 kworker/0:0H
```

图 33-1 Linux 系统当前进程

从图 33-1 可以看出，init 进程的 PID 为 1，kthreadd 进程的 PID 为 2。图 33-1 中没有显示 PID 为 0 的 idle 进程，是因为其是内核进程。接下来重点关注 init 进程，kernel_init 就是 init 进程的进程函数。

33.2.5 init 进程

kernel_init 函数是 init 进程具体做的工作，定义在文件 init/main.c 中，函数内容如示例 33-8 所示。

示例 33-8 kernel_init 函数

```
928 static int __ref kernel_init(void * unused)
929 {
930     int ret;
931
932     kernel_init_freeable();              /* init 进程的其他初始化工作 */
933     /* need to finish all async __init code before freeing the memory */
934     async_synchronize_full();            /* 等待所有的异步调用执行完成 */
935     free_initmem();                      /* 释放 init 段内存 */
936     mark_rodata_ro();
937     system_state = SYSTEM_RUNNING;       /* 标记系统正在运行 */
938     numa_default_policy();
939
940     flush_delayed_fput();
941
942     if (ramdisk_execute_command) {
943         ret = run_init_process(ramdisk_execute_command);
944         if (!ret)
945             return 0;
946         pr_err("Failed to execute %s (error %d)\n",
947                ramdisk_execute_command, ret);
948     }
949
950     /*
951      * We try each of these until one succeeds
952      *
953      * The Bourne shell can be used instead of init if we are
954      * trying to recover a really broken machine
955      */
956     if (execute_command) {
957         ret = run_init_process(execute_command);
958         if (!ret)
959             return 0;
960         panic("Requested init %s failed (error %d).",
961               execute_command, ret);
962     }
963     if (!try_to_run_init_process("/sbin/init") ||
964         !try_to_run_init_process("/etc/init") ||
965         !try_to_run_init_process("/bin/init") ||
966         !try_to_run_init_process("/bin/sh"))
967         return 0;
968
969     panic("No working init found.  Try passing init= option to kernel. "
970           "See Linux Documentation/init.txt for guidance.");
971 }
```

第 932 行，kernel_init_freeable 函数用于完成 init 进程的其他初始化工作。

第 942 行，ramdisk_execute_command 是一个全局的 char 指针变量，此变量值为/init，即根目录下的 init 程序。ramdisk_execute_command 也可以通过 uboot 传递，在 bootargs 中使用 rdinit=xxx 即可，xxx 为具体的 init 程序名字。

第 943 行，如果存在/init 程序则通过 run_init_process 函数运行此程序。

第 956 行，如果 ramdisk_execute_command 为空则看 execute_command 是否为空，一定要在根文件系统中找到一个可运行的 init 程序。execute_command 的值通过 uboot 传递，在 bootargs 中使用 init＝xxxx 即可。如 init＝/linuxrc 表示根文件系统中的 linuxrc 就是要执行的用户空间 init 程序。

第 963～966 行，如果 ramdisk_execute_command 和 execute_command 都为空，则依次查找 /sbin/init、/etc/init、/bin/init 和/bin/sh，这 4 个相当于备用 init 程序，否则 Linux 启动失败。

第 969 行，如果以上步骤都没有找到用户空间的 init 程序，那么就提示错误发生。

kernel_init 会调用 kernel_init_freeable 函数做 init 进程初始化的工作。kernel_init_freeable 定义在文件 init/main.c 中，缩减后的函数内容如示例 33-9 所示。

示例 33-9　kernel_init_freeable 函数

```
static noinline void __init kernel_init_freeable(void)
{
    /*
     * Wait until kthreadd is all set-up
     */
    wait_for_completion(&kthreadd_done);        /* 等待 kthreadd 进程准备就绪 */
...

    smp_init();                                 /* SMP 初始化 */
    sched_init_smp();                           /* 多核(SMP)调度初始化 */

    do_basic_setup();                           /* 设备初始化都在此函数中完成 */

   /* Open the /dev/console on the rootfs, this should never fail */
    if (sys_open((const char __user *) "/dev/console", O_RDWR, 0) < 0)
        pr_err("Warning: unable to open an initial console.\n");

    (void) sys_dup(0);
    (void) sys_dup(0);
    /*
     * check if there is an early userspace init.  If yes, let it do
     * all the work
     */

    if (!ramdisk_execute_command)
        ramdisk_execute_command = "/init";

    if (sys_access((const char __user *) ramdisk_execute_command,     0) != 0) {
        ramdisk_execute_command = NULL;
        prepare_namespace();
    }

    /*
     * Ok, we have completed the initial bootup, and
     * we're essentially up and running. Get rid of the
     * initmem segments and start the user-mode stuff.
     *
```

```
1028     * rootfs is available now, try loading the public keys
1029     * and default modules
1030     */
1031
1032    integrity_load_keys();
1033    load_default_modules();
1034 }
```

第 1002 行，do_basic_setup 函数用于完成 Linux 下设备驱动初始化工作，非常重要。do_basic_setup 会调用 driver_init 函数完成 Linux 下驱动模型子系统的初始化。

第 1005 行，打开设备/dev/console，在 Linux 中一切皆为文件，/dev/console 也是一个文件，此文件为控制台设备。每个文件都有一个文件描述符，此处打开的/dev/console 文件描述符为 0，作为标准输入(0)。

第 1008 和 1009 行，sys_dup 函数将标准输入(0)的文件描述符复制了两次，一个作为标准输出(1)，另一个作为标准错误(2)。这样标准输入、输出、错误都为/dev/console。console 通过 uboot 的 bootargs 环境变量设置，console=ttymxc0,115200 表示将/dev/ttymxc0 设置为 console，也就是 I.MX6U 的串口 1。当然，也可以设置其他的设备为 console，如虚拟控制台 tty1，设置 tty1 为 console 就可以在 LCD 屏幕上看到系统的提示信息。

第 1020 行，调用 prepare_namespace 函数来挂载根文件系统。根文件系统也是由命令行参数指定的，即 uboot 的 bootargs 环境变量。比如"root=/dev/mmcblk1p2 rootwait rw"就表示根文件系统在/dev/mmcblk1p2 中，也就是 EMMC 的分区 2 中。

Linux 内核最终需要和根文件系统打交道，需要挂载根文件系统，并且执行根文件系统中的 init 程序，以此来进入用户态。这里就正式引出了根文件系统，根文件系统是系统移植的最后一块拼图。Linux 移植三巨头为 uboot、Linux Kernel、rootfs(根文件系统)。关于根文件系统的知识在后面章节会详细地讲解，这里只需要知道 Linux 内核移植完成后还需要构建根文件系统即可。

第34章

Linux内核移植

本章学习如何将 NXP 官方提供的 Linux 内核移植到 I. MX6U-ALPHA 开发板上。

34.1 创建 VSCode 工程

这里使用 NXP 官方提供的 Linux 源码，将其移植到正点原子 I. MX6U-ALPHA 开发板上。NXP 官方原版 Linux 源码已经放到了本书资源中，路径为“1、例程源码→4、NXP 官方原版 Uboot 和 Linux→linux-imx-rel_imx_4.1.15_2.1.0_ga.tar”。使用 FileZilla 将其发送到 Ubuntu 中并解压，得到名为 linux-imx-rel_imx_4.1.15_2.1.0_ga 的目录，为了和 NXP 官方的名字区分，可以使用 mv 命令对其重命名，这里将其重命名为 linux-imx-rel_imx_4.1.15_2.1.0_ga_alientek，命令如下所示。

```
mv linux-imx-rel_imx_4.1.15_2.1.0_ga linux-imx-rel_imx_4.1.15_2.1.0_ga_alientek
```

完成以后创建 VSCode 工程，步骤和在 Windows 环境下一样，重点是.vscode/settings.json 这个文件。

34.2 NXP 官方开发板 Linux 内核编译

NXP 提供的 Linux 源码可以在 I. MX6ULL EVK 开发板上运行，我们以 I. MX6ULL EVK 开发板为参考，将 Linux 内核移植到 I. MX6U-ALPHA 开发板上。

34.2.1 修改顶层 Makefile

修改顶层 Makefile，直接在顶层 Makefile 文件中定义 ARCH 和 CROSS_COMPILE 的变量值为 arm 和 arm-linux-gnueabihf-，结果如图 34-1 所示。

图 34-1 中第 252 和 253 行分别设置了 ARCH 和 CROSS_COMPILE 这两个变量的值，这样在编译时就不用输入很长的命令了。

```
# CROSS_COMPILE specify the prefix used for all executables used
# during compilation. Only gcc and related bin-utils executables
# are prefixed with $(CROSS_COMPILE).
# CROSS_COMPILE can be set on the command line
# make CROSS_COMPILE=ia64-linux-
# Alternatively CROSS_COMPILE can be set in the environment.
# A third alternative is to store a setting in .config so that plain
# "make" in the configured kernel build directory always uses that.
# Default value for CROSS_COMPILE is not to prefix executables
# Note: Some architectures assign CROSS_COMPILE in their arch/*/Makefile
ARCH          ?= arm
CROSS_COMPILE    ?= arm-linux-gnueabihf-
```

图 34-1 修改顶层 Makefile

34.2.2 配置并编译 Linux 内核

和 uboot 一样，在编译 Linux 内核之前要先配置 Linux 内核。每个板子都有其对应的默认配置文件，其保存在 arch/arm/configs 目录中。imx_v7_defconfig 和 imx_v7_mfg_defconfig 都可作为 I. MX6ULL EVK 开发板所使用的默认配置文件。这里建议使用 imx_v7_mfg_defconfig，首先此配置文件默认支持 I. MX6UL 这款芯片，而且此文件编译出来的 zImage 可以通过 NXP 官方提供的 MfgTool 工具烧写，imx_v7_mfg_defconfig 中的 mfg 的意思就是 MfgTool。

进入到 Ubuntu 中的 Linux 源码根目录，执行如下命令配置 Linux 内核。

```
make clean                          //第一次编译 Linux 内核之前先清理
make imx_v7_mfg_defconfig           //配置 Linux 内核
```

配置完成以后如图 34-2 所示。

```
zuozhongkai@ubuntu:~/linux/IMX6ULL/linux/temp/linux-imx-rel_imx_4.1.15_2.1.0_ga_alientek$ make imx_v7_mfg_defconfig
  HOSTCC  scripts/basic/fixdep
  HOSTCC  scripts/kconfig/conf.o
  HOSTCC  scripts/kconfig/zconf.tab.o
  HOSTLD  scripts/kconfig/conf
#
# configuration written to .config
#
zuozhongkai@ubuntu:~/linux/IMX6ULL/linux/temp/linux-imx-rel_imx_4.1.15_2.1.0_ga_alientek$
```

图 34-2 配置 Linux 内核

配置完成以后就可以编译了，使用如下命令编译 Linux 内核。

```
make -j16      //编译 Linux 内核
```

等待编译完成，结果如图 34-3 所示。

```
  LD [M]  lib/libcrc32c.ko
  LD [M]  lib/crc-itu-t.ko
  LD [M]  sound/core/snd-rawmidi.ko
  LD [M]  sound/core/snd-hwdep.ko
  LD [M]  sound/usb/snd-usbmidi-lib.ko
  LD [M]  sound/usb/snd-usb-audio.ko
  AS      arch/arm/boot/compressed/piggy.lzo.o
  LD      arch/arm/boot/compressed/vmlinux
  OBJCOPY arch/arm/boot/zImage
  Kernel: arch/arm/boot/zImage is ready
zuozhongkai@ubuntu:~/linux/IMX6ULL/linux/temp/linux-imx-rel_imx_4.1.15_2.1.0_ga_alientek$
```

图 34-3 Linux 编译完成

Linux 内核编译完成以后会在 arch/arm/boot 目录下生成 zImage 镜像文件,如果使用设备树还需要在 arch/arm/boot/dts 目录下的开发板对应的. dtb(设备树)文件,比如 imx6ull-14x14-evk. dtb 就是 NXP 官方的 I. MX6ULL EVK 开发板对应的设备树文件。至此我们得到如下两个文件。

(1) Linux 内核镜像文件:zImage。

(2) NXP 官方 I. MX6ULL EVK 开发板对应的设备树文件:imx6ull-14x14-evk. dtb。

34.2.3 Linux 内核启动测试

zImage 和 imx6ull-14x14-evk. dtb 能否在 I. MX6U-ALPHA EMMC 版开发板上启动?下面我们就准备测试一下在测试之前确保 uboot 中的环境变量 bootargs 内容如下所示。

```
console = ttymxc0,115200 root = /dev/mmcblk1p2 rootwait rw
```

将上一小节编译出来的 zImage 和 imx6ull-14x14-evk. dtb 复制到 Ubuntu 中的 tftp 目录下,要在 uboot 中使用 tftp 命令将其下载到开发板中,复制命令如下所示。

```
cp arch/arm/boot/zImage /home/zuozhongkai/linux/tftpboot/ -f
cp arch/arm/boot/dts/imx6ull - 14x14 - evk.dtb /home/zuozhongkai/linux/tftpboot/ -f
```

复制完成以后就可以测试了,启动开发板,进入 uboot 命令行模式,然后输入如下命令将 zImage 和 imx6ull-14x14-evk. dtb 下载到开发板中并启动。

```
tftp 80800000 zImage
tftp 83000000 imx6ull - 14x14 - evk.dtb
bootz 80800000 - 83000000
```

结果如图 34-4 所示。

可以看出,此时 Linux 内核已经启动,如果 EMMC 中的根文件系统存在则可以进入到 Linux 系统中使用命令进行操作,如图 34-5 所示。

34.2.4 根文件系统缺失错误

Linux 内核启动以后是需要根文件系统的,根文件系统存在哪里是由 uboot 的 bootargs 环境变量指定的,bootargs 会传递给 Linux 内核作为命令行参数。比如 34.2.3 小节中设置 root=/dev/mmcblk1p2,根文件系统存储在/dev/mmcblk1p2 中,即存储在 EMMC 的分区 2 中。这是因为正点原子的 EMMC 版本开发板出厂时已经在 EMMC 的分区 2 中烧写好了根文件系统,所以设置 root=/dev/mmcblk1p2。在构建出对应的根文件系统之前 Linux 内核是没有根文件系统可用的,我们将 uboot 中的 bootargs 环境变量改为 console=ttymxc0,115200,不填写 root 的内容,命令如下所示。

```
setenv bootargs 'console = ttymxc0,115200'      //设置 bootargs
saveenv                                          //保存
```

```
=> tftp 80800000 zImage
FEC1 Waiting for PHY auto negotiation to complete.... done
Using FEC1 device
TFTP from server 192.168.1.250; our IP address is 192.168.1.133
Filename 'zImage'.
Load address: 0x80800000
Loading: #################################################################
         #################################################################
         #################################################################
         #################################################################
         #################################################################
         #################################################################
         ##############
         2.4 MiB/s
done
Bytes transferred = 5924504 (5a6698 hex)
=> tftp 83000000 imx6ull-14x14-evk.dtb
Using FEC1 device
TFTP from server 192.168.1.250; our IP address is 192.168.1.133
Filename 'imx6ull-14x14-evk.dtb'.
Load address: 0x83000000
Loading: ###
         2.4 MiB/s
done
Bytes transferred = 35969 (8c81 hex)
=> bootz 80800000 - 83000000
Kernel image @ 0x80800000 [ 0x000000 - 0x5a6698 ]
## Flattened Device Tree blob at 83000000
   Booting using the fdt blob at 0x83000000
   Using Device Tree in place at 83000000, end 8300bc80

Starting kernel ...

Booting Linux on physical CPU 0x0
Linux version 4.1.15 (zuozhongkai@ubuntu) (gcc version 4.9.4 (Linaro GCC 4.9-2017.01) )
2020
CPU: ARMv7 Processor [410fc075] revision 5 (ARMv7), cr=10c5387d
CPU: PIPT / VIPT nonaliasing data cache, VIPT aliasing instruction cache
Machine model: Freescale i.MX6 ULL 14x14 EVK Board
```

图 34-4 启动 Linux 内核

```
Running local boot scripts (/etc/rc.local).

root@ATK-IMX6U:~# icm20608: version magic '4.1.15-g19f085b-dirty SMP preempt
.15 SMP preempt mod_unload modversions ARMv6 p2v8 '
random: nonblocking pool is initialized

root@ATK-IMX6U:~#
root@ATK-IMX6U:~#
root@ATK-IMX6U:~#
```

图 34-5 进入 Linux 根文件系统

修改完成以后重新从网络启动，有如图 34-6 所示错误。

在图 34-6 中会有下面这一行。

```
Kernel panic - not syncing: VFS: Unable to mount root fs on unknown - block(0,0)
```

提示内核崩溃，VFS(虚拟文件系统)不能挂载根文件系统，因为根文件系统目录不存在。即使根文件系统目录存在，如果根文件系统目录中是空的依旧会提示内核崩溃。这个就是根文件系统缺失导致的内核崩溃，内核已启动，只是根文件系统不存在而已。

```
VFS: Cannot open root device "(null)" or unknown-block(0,0): error -6
mmc1: new HS200 MMC card at address 0001
mmcblk1: mmc1:0001 8GTF4R 7.28 GiB
Please append a correct "root=" boot option; here are the available partitions:
mmcblk1boot0: mmc1:0001 8GTF4R partition 1 4.00 MiB
mmcblk1boot1: mmc1:0001 8GTF4R partition 2 4.00 MiB
0100            65536 ram0  (driver?)
0101            65536 ram1  (driver?)
mmcblk1rpmb: mmc1:0001 8GTF4R partition 3 512 KiB
0102            65536 ram2  (driver?)
0103            65536 ram3  (driver?)
 mmcblk1: p1 p2
0104            65536 ram4  (driver?)
0105            65536 ram5  (driver?)
0106            65536 ram6  (driver?)
0107            65536 ram7  (driver?)
0108            65536 ram8  (driver?)
0109            65536 ram9  (driver?)
010a            65536 ram10  (driver?)
010b            65536 ram11  (driver?)
010c            65536 ram12  (driver?)
010d            65536 ram13  (driver?)
010e            65536 ram14  (driver?)
010f            65536 ram15  (driver?)
b300         15558144 mmcblk0  driver: mmcblk
  b301        15554048 mmcblk0p1 00000000-01
b310          7634944 mmcblk1  driver: mmcblk
  b311           32768 mmcblk1p1 a7b2b32f-01
  b312         7601152 mmcblk1p2 a7b2b32f-02
b340              512 mmcblk1rpmb  (driver?)
b330             4096 mmcblk1boot1  (driver?)
b320             4096 mmcblk1boot0  (driver?)
Kernel panic - not syncing: VFS: Unable to mount root fs on unknown-block(0,0)
---[ end Kernel panic - not syncing: VFS: Unable to mount root fs on unknown-block(0,0)
```

图 34-6　根文件系统缺失错误

34.3　在 Linux 中添加自己的开发板

34.3.1　添加开发板默认配置文件

将 arch/arm/configs 目录下的 imx_v7_mfg_defconfig 重新复制一份，命名为 imx_alientek_emmc_defconfig，命令如下所示。

```
cd arch/arm/configs
cp imx_v7_mfg_defconfig imx_alientek_emmc_defconfig
```

imx_alientek_emmc_defconfig 就是正点原子的 EMMC 版开发板默认配置文件。完成以后如图 34-7 所示。

```
imx_alientek_emmc_defconfig
imx_v4_v5_defconfig
imx_v6_v7_defconfig
imx_v7_defconfig
imx_v7_mfg_defconfig
```

图 34-7　新添加的默认配置文件

以后就可以使用如下命令来配置此开发板对应的 Linux 内核。

```
make imx_alientek_emmc_defconfig
```

34.3.2 添加开发板对应的设备树文件

添加适合 EMMC 版开发板的设备树文件，进入目录 arch/arm/boot/dts 中，复制一份 imx6ull-14x14-evk. dts，然后将其重命名为 imx6ull-alientek-emmc. dts，命令如下。

```
cd arch/arm/boot/dts
cp imx6ull-14x14-evk.dts imx6ull-alientek-emmc.dts
```

. dts 是设备树源码文件，编译 Linux 时会将其编译为. dtb 文件。imx6ull-alientek-emmc. dts 创建好以后还需要修改文件 arch/arm/boot/dts/Makefile，找到 dtb-$（CONFIG_SOC_IMX6ULL）配置项，在此配置项中加入 imx6ull-alientek-emmc. dtb，如示例 34-1 所示。

示例 34-1 arch/arm/boot/dts/Makefile 代码段

```
400 dtb-$(CONFIG_SOC_IMX6ULL) += \
401       imx6ull-14x14-ddr3-arm2.dtb \
...
417       imx6ull-14x14-evk.dtb \
418       imx6ull-14x14-evk-btwifi.dtb \
419       imx6ull-14x14-evk-emmc.dtb \
420       imx6ull-14x14-evk-gpmi-weim.dtb \
421       imx6ull-14x14-evk-usb-certi.dtb \
422       imx6ull-alientek-emmc.dtb \
423       imx6ull-9x9-evk.dtb \
424       imx6ull-9x9-evk-btwifi.dtb \
425       imx6ull-9x9-evk-ldo.dtb
```

第 422 行为 imx6ull-alientek-emmc. dtb，这样编译 Linux 时就可以从 imx6ull-alientek-emmc. dts 编译出 imx6ull-alientek-emmc. dtb 文件了。

34.3.3 编译测试

我们可以创建一个编译脚本——imx6ull_alientek_emmc. sh，脚本内容如示例 34-2 所示。

示例 34-2 imx6ull_alientek_emmc. sh 编译脚本

```
1 #!/bin/sh
2 make ARCH=arm CROSS_COMPILE=arm-linux-gnueabihf- distclean
3 make ARCH=arm CROSS_COMPILE=arm-linux-gnueabihf- imx_alientek_emmc_defconfig
4 make ARCH=arm CROSS_COMPILE=arm-linux-gnueabihf- menuconfig
5 make ARCH=arm CROSS_COMPILE=arm-linux-gnueabihf- all -j16
```

第 2 行，清理工程。

第 3 行，使用默认配置文件 imx_alientek_emmc_defconfig 配置 Linux 内核。

第 4 行，打开 Linux 的图形配置界面，如果不需要每次都打开图形配置界面，可以删除此行。

第 5 行，编译 Linux。

执行 shell 脚本 imx6ull_alientek_emmc.sh，编译 Linux 内核，命令如下所示。

```
chmod 777 imx6ull_alientek_emmc.sh        //给予可执行权限
./imx6ull_alientek_emmc.sh                //执行 shell 脚本编译内核
```

编译完成以后就会在目录 arch/arm/boot 下生成 zImage 镜像文件，在 arch/arm/boot/dts 目录下生成 imx6ull-alientek-emmc.dtb 文件。将这两个文件复制到 tftp 目录下，然后重启开发板，在 uboot 命令模式中使用 tftp 命令下载这两个文件并启动，命令如下所示。

```
tftp 80800000 zImage
tftp 83000000 imx6ull-alientek-emmc.dtb
bootz 80800000 - 83000000
```

只要出现如图 34-8 所示内容就表示 Linux 内核启动成功。

```
Booting Linux on physical CPU 0x0
Linux version 4.1.15 (zuozhongkai@ubuntu) (gcc version 4.9.4 (Linaro GCC 4.9-2017.01) ) #3
2020
CPU: ARMv7 Processor [410fc075] revision 5 (ARMv7), cr=10c5387d
CPU: PIPT / VIPT nonaliasing data cache, VIPT aliasing instruction cache
Machine model: Freescale i.MX6 ULL 14x14 EVK Board
Reserved memory: created CMA memory pool at 0x8c000000, size 320 MiB
Reserved memory: initialized node linux,cma, compatible id shared-dma-pool
Memory policy: Data cache writealloc
PERCPU: Embedded 12 pages/cpu @8bb2f000 s16768 r8192 d24192 u49152
Built 1 zonelists in Zone order, mobility grouping on.  Total pages: 130048
```

图 34-8　Linux 内核启动

Linux 内核启动成功，说明已经在 NXP 提供的 Linux 内核源码中正确添加了 I. MX6UL-ALPHA 开发板。

34.4　CPU 主频和网络驱动修改

34.4.1　CPU 主频修改

I. MX6U-ALPHA 开发板所使用的 I. MX6ULL 芯片主频都是 792MHz 的，本书以 792MHz 的核心板为例讲解。

确保 EMMC 中的根文件系统可用，然后重新启动开发板，进入终端（可以输入命令），如图 34-9 所示。

```
root@ATK-IMX6U:~#
root@ATK-IMX6U:~#
root@ATK-IMX6U:~#
```

图 34-9　进入命令行

进入如图 34-9 所示的命令行以后输入如下命令查看 CPU 信息。

```
cat /proc/cpuinfo
```

结果如图 34-10 所示。

```
root@ATK-IMX6U:~# cat /proc/cpuinfo
processor       : 0
model name      : ARMv7 Processor rev 5 (v7l)
BogoMIPS        : 8.00
Features        : half thumb fastmult vfp edsp neon vfpv3 tls vfpv4 idiva idivt vfpd32 lpae
CPU implementer : 0x41
CPU architecture: 7
CPU variant     : 0x0
CPU part        : 0xc07
CPU revision    : 5

Hardware        : Freescale i.MX6 Ultralite (Device Tree)
Revision        : 0000
Serial          : 0000000000000000
root@ATK-IMX6U:~#
```

图 34-10 CPU 信息

在图 34-10 中有 BogoMIPS 这一条，此时 BogoMIPS 为 3.00，BogoMIPS 是 Linux 系统中衡量处理器运行速度的一把“尺子”，处理器性能越强，主频越高，BogoMIPS 值就越大。BogoMIPS 只是粗略地计算 CPU 性能，并不十分准确，可以通过 BogoMIPS 值大致地判断当前处理器的性能。在图 34-10 中并没有看到当前 CPU 的工作频率，用另一种方法查看当前 CPU 的工作频率，进入到目录/sys/bus/cpu/devices/cpu0/cpufreq 中，此目录下会有很多文件，如图 34-11 所示。

```
root@ATK-IMX6U:/sys/bus/cpu/devices/cpu0/cpufreq# ls
affected_cpus     cpuinfo_min_freq            scaling_available_frequencies  scaling_driver    scaling_min_freq
cpuinfo_cur_freq  cpuinfo_transition_latency  scaling_available_governors    scaling_governor  scaling_setspeed
cpuinfo_max_freq  related_cpus                scaling_cur_freq               scaling_max_freq  stats
root@ATK-IMX6U:/sys/bus/cpu/devices/cpu0/cpufreq#
```

图 34-11 cpufreq 目录

此目录中记录了 CPU 频率等信息，这些文件的含义如下所示。

cpuinfo_cur_freq：当前 CPU 工作频率，从 CPU 寄存器读取到的工作频率。

cpuinfo_max_freq：处理器所能运行的最高工作频率(单位：kHz)。

cpuinfo_min_freq：处理器所能运行的最低工作频率(单位：kHz)。

cpuinfo_transition_latency：处理器切换频率所需要的时间(单位：ns)。

scaling_available_frequencies：处理器支持的主频率列表(单位：kHz)。

scaling_available_governors：当前内核中支持的所有 governor(调频)类型。

scaling_cur_freq：保存着 cpufreq 模块缓存的当前 CPU 频率，不会对 CPU 硬件寄存器进行检查。

scaling_driver：该文件保存当前 CPU 所使用的调频驱动。

scaling_governor：governor(调频)策略，Linux 内核共有 5 种调频策略。

① Performance，最高性能，直接用最高频率，不考虑耗电。

② Interactive，一开始直接用最高频率，然后根据 CPU 负载慢慢降低。

③ Powersave，省电模式，通常以最低频率运行，系统性能会受影响，一般不会使用。

④ Userspace，可以在用户空间手动调节频率。

⑤ Ondemand，定时检查负载，然后根据负载来调节频率。负载低时降低 CPU 频率，这样省电，负载高时提高 CPU 频率，增加性能。

scaling_max_freq：governor(调频)可以调节的最高频率。

cpuinfo_min_freq：governor(调频)可以调节的最低频率。

stats 目录给出了 CPU 各种运行频率的统计情况，比如 CPU 在各频率下的运行时间以及变频次数。

使用如下命令查看当前 CPU 频率。

```
cat cpuinfo_cur_freq
```

结果如图 34-12 所示。

```
root@ATK-IMX6U:/sys/bus/cpu/devices/cpu0/cpufreq# cat cpuinfo_cur_freq
396000
root@ATK-IMX6U:/sys/bus/cpu/devices/cpu0/cpufreq#
```

图 34-12　当前 CPU 频率

从图 34-12 可以看出，当前 CPU 频率为 396MHz，工作频率很低，其他的值如下所示。

```
cpuinfo_cur_freq = 396000
cpuinfo_max_freq = 792000
cpuinfo_min_freq = 198000
scaling_cur_freq = 198000
scaling_max_freq = 792000
cat scaling_min_freq = 198000
scaling_available_frequencies = 198000 396000 528000 792000
cat scaling_governor = ondemand
```

当前 CPU 支持 198MHz、396MHz、528MHz 和 792MHz 四种频率切换，其中调频策略为 ondemand，也就是定期检查负载，然后根据负载情况调节 CPU 频率。当前开发板并没有工作，因此 CPU 频率降低为 396MHz 以省电。如果开发板做一些高负载的工作，比如播放视频等操作，则 CPU 频率会提升。查看 stats 目录下的 time_in_state 文件可以看到 CPU 在各频率下的工作时间，命令如下所示。

```
cat /sys/bus/cpu/devices/cpu0/cpufreq/stats/time_in_state
```

结果如图 34-13 所示。

```
/sys/devices/system/cpu/cpu0/cpufreq/stats # cat time_in_state
198000 57683
396000 292
528000 169
792000 63
/sys/devices/system/cpu/cpu0/cpufreq/stats #
```

图 34-13　CPU 运行频率统计

从图 34-13 可以看出，CPU 在 198MHz、396MHz、528MHz 和 792MHz 下都工作过，其中 198MHz 的工作时间最长，假如想让 CPU 一直工作在 792MHz 那该怎么办？很简单，配置 Linux 内核，将调频策略选择为 performance，或者修改 imx_alientek_emmc_defconfig 文件，此文件中有如示例 34-3 所示。

示例 34-3 调频策略

```
41 CONFIG_CPU_FREQ_DEFAULT_GOV_ONDEMAND = y
42 CONFIG_CPU_FREQ_GOV_POWERSAVE = y
43 CONFIG_CPU_FREQ_GOV_USERSPACE = y
44 CONFIG_CPU_FREQ_GOV_INTERACTIVE = y
```

第 41 行，配置 ondemand 为默认调频策略。

第 42 行，使能 powersave 策略。

第 43 行，使能 userspace 策略。

第 44 行，使能 interactive 策略。

将示例 34-3 中的第 41 行屏蔽掉，然后在 44 行后面添加代码。

```
CONFIG_CPU_FREQ_GOV_ONDEMAND = y
```

结果如示例 34-4 所示。

示例 34-4 修改调频策略

```
41 #CONFIG_CPU_FREQ_DEFAULT_GOV_ONDEMAND = y
42 CONFIG_CPU_FREQ_GOV_POWERSAVE = y
43 CONFIG_CPU_FREQ_GOV_USERSPACE = y
44 CONFIG_CPU_FREQ_GOV_INTERACTIVE = y
45 CONFIG_CPU_FREQ_GOV_ONDEMAND = y
```

修改完成以后重新编译 Linux 内核，编译之前先清理工程，因为我们重新修改过默认配置文件了，编译完成以后使用新的 zImage 镜像文件重新启动 Linux。再次查看/sys/devices/system/cpu/cpu0/cpufreq/ cpuinfo_cur_freq 文件的值，如图 34-14 所示。

```
/sys/devices/system/cpu/cpu0/cpufreq # cat cpuinfo_cur_freq
792000
/sys/devices/system/cpu/cpu0/cpufreq #
```

图 34-14 当前 CPU 频率

从图 34-14 可以看出，当前 CPU 频率为 792MHz。查看 scaling_governor 文件，看一下当前的调频策略，如图 34-15 所示。

```
/sys/devices/system/cpu/cpu0/cpufreq # cat scaling_governor
performance
/sys/devices/system/cpu/cpu0/cpufreq #
```

图 34-15 调频策略

从图 34-15 可以看出，当前的 CPU 调频策略为 preformance，也就是高性能模式，一直以最高主频运行。

再来看一下如何通过图形化界面配置 Linux 内核的 CPU 调频策略，输入 make menuconfig 打开 Linux 内核的图形化配置界面，如图 34-16 所示。

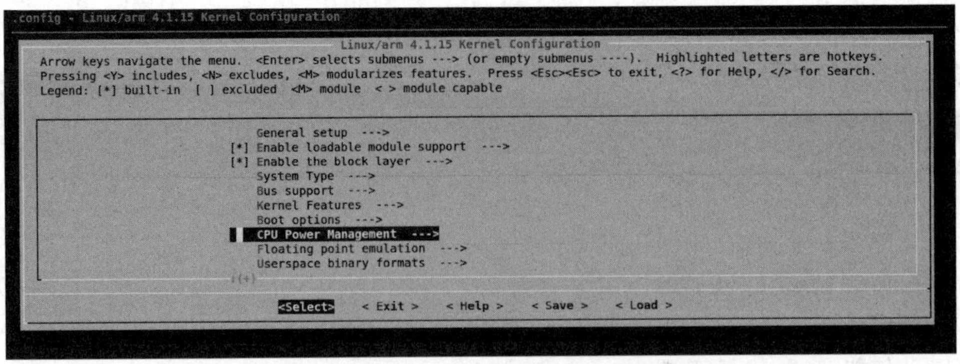

图 34-16 Linux 内核图形化配置界面

进入如下路径。

```
CPU Power Management
  -> CPU Frequency scaling
    -> Default CPUFreq governor
```

打开默认调频策略选择界面，选择 performance，如图 34-17 所示。

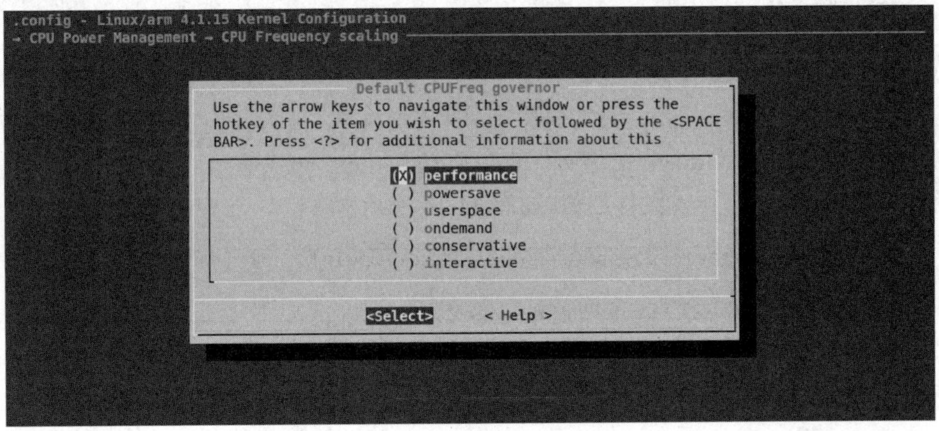

图 34-17 默认调频策略选择

在图 34-17 中选择 performance 即可，选择以后退出图形化配置界面，然后编译 Linux 内核，一定不要清理工程，否则刚刚的设置就会被清理掉。编译完成以后使用新的 zImage 重启 Linux，查看当前 CPU 的工作频率和调频策略。

学习时为了使用高性能，大家可以选择 performance 模式。但是在以后的实际产品开发中，从省电的角度考虑，建议大家使用 ondemand 模式，一来可以省电，二来可以减少发热。

34.4.2 使能 8 线 EMMC 驱动

EMMC 版本核心板上的 EMMC 采用 8 位数据线，原理图如图 34-18 所示。

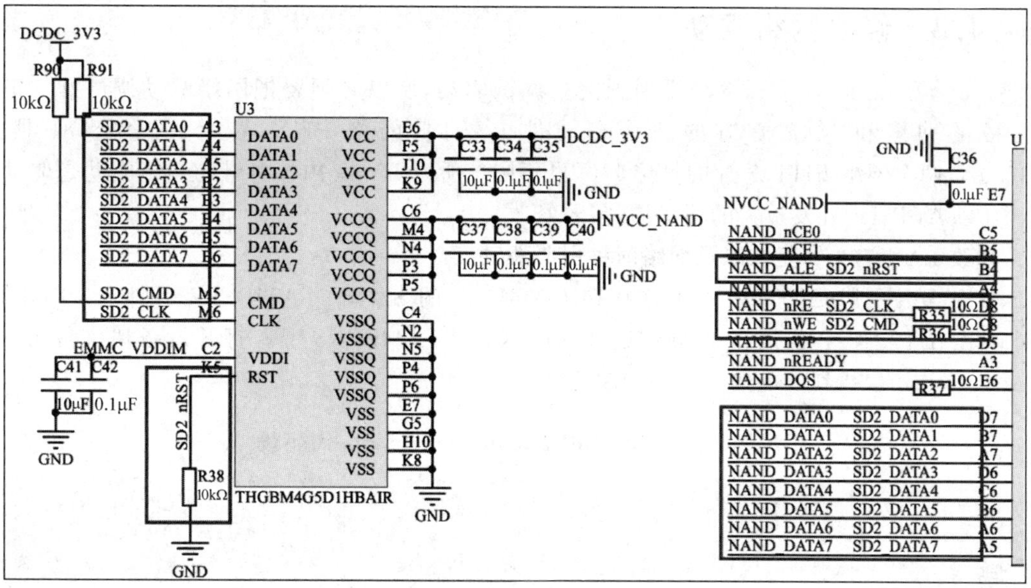

图 34-18 EMMC 原理图

Linux 内核驱动中 EMMC 默认是 4 线模式的，4 线模式肯定没有 8 线模式的速度快，所以我们将 EMMC 的驱动修改为 8 线模式。直接修改设备树即可，打开文件 imx6ull-alientek-emmc.dts，找到如示例 34-5 所示内容。

示例 34-5 imx6ull-alientek-emmc.dts 代码段

```
&usdhc2 {
    pinctrl-names = "default";
    pinctrl-0 = <&pinctrl_usdhc2>;
    non-removable;
    status = "okay";
};
```

示例 34-5 中的代码含义我们现在不去纠结，只需要将其改为如示例 34-6 所示内容即可。

示例 34-6 imx6ull-alientek-emmc.dts 代码段

```
&usdhc2 {
    pinctrl-names = "default", "state_100mhz", "state_200mhz";
    pinctrl-0 = <&pinctrl_usdhc2_8bit>;
    pinctrl-1 = <&pinctrl_usdhc2_8bit_100mhz>;
    pinctrl-2 = <&pinctrl_usdhc2_8bit_200mhz>;
    bus-width = <8>;
    non-removable;
    status = "okay";
};
```

修改完成以后保存 imx6ull-alientek-emmc.dts，然后使用命令 make dtbs 重新编译设备树，编译完成以后使用新的设备树重启 Linux 系统即可。

34.4.3 修改网络驱动

在后面学习 Linux 驱动开发时要用到网络调试驱动，所以必须要把网络驱动调试好。正点原子开发板的网络和 NXP 官方的网络在硬件上不同，网络 PHY 芯片由 KSZ8081 换为了 LAN8720A，两个网络 PHY 芯片的复位 I/O 也不同。所以 Linux 内核自带的网络驱动是驱动不起来 I. MX6U-ALPHA 开发板上的网络的，需要修改。

1. 修改 LAN8720 的复位以及网络时钟引脚驱动

ENET1 复位引脚 ENET1_RST 连接在 I. M6ULL 的 SNVS_TAMPER7 引脚上。ENET2 的复位引脚 ENET2_RST 连接在 I. MX6ULL 的 SNVS_TAMPER8 上。打开设备树文件 imx6ull-alientek-emmc. dts，找到如示例 34-7 所示内容。

示例 34-7 imx6ull-alientek-emmc. dts 代码段

```
584 pinctrl_spi4: spi4grp {
585   fsl,pins = <
586         MX6ULL_PAD_BOOT_MODE0__GPIO5_IO10        0x70a1
587          MX6ULL_PAD_BOOT_MODE1__GPIO5_IO11        0x70a1
588          MX6ULL_PAD_SNVS_TAMPER7__GPIO5_IO07      0x70a1
589           MX6ULL_PAD_SNVS_TAMPER8__GPIO5_IO08      0x80000000
590         >;
591 };
```

示例 34-7 中第 588 和 589 行就是初始化 SNVS_TAMPER7 和 SNVS_TAMPER8 这两个引脚的，它们作为 SPI4 的 I/O 使用，这不是我们想要的，所以将 588 和 589 这两行删除掉。删除以后继续在 imx6ull-alientek-emmc. dts 中找到如示例 34-8 所示内容。

示例 34-8 imx6ull-alientek-emmc. dts 代码段

```
125 spi4 {
126     compatible = "spi - gpio";
127     pinctrl - names = "default";
128     pinctrl - 0 = <&pinctrl_spi4>;
129     pinctrl - assert - gpios = <&gpio5 8 GPIO_ACTIVE_LOW>;
…
133     cs - gpios = <&gpio5 7 0>;
```

第 129 行，设置 GPIO5_IO08 为 SPI4 的一个功能引脚，而 GPIO5_IO08 就是 SNVS_TAMPER8 的 GPIO 功能引脚。

第 133 行，设置 GPIO5_IO07 作为 SPI4 的片选引脚，而 GPIO5_IO07 就是 SNVS_TAMPER7 的 GPIO 功能引脚。

现在需要 GPIO5_IO07 和 GPIO5_IO08 分别作为 ENET1 和 ENET2 的复位引脚，而不是 SPI4 的功能引脚，因此将示例 34-8 中的第 129 行和第 133 行处的代码删除掉，否则会干扰到网络复位引脚。

在 imx6ull-alientek-emmc. dts 中找到名为 iomuxc_snvs 的节点（就是直接搜索），然后在此节点下添加网络复位引脚信息，添加完成以后的 iomuxc_snvs 节点内容如示例 34-9 所示。

示例 34-9 iomuxc_snvs 节点添加网络复位信息

```
1   &iomuxc_snvs {
2     pinctrl-names = "default_snvs";
3           pinctrl-0 = <&pinctrl_hog_2>;
4           imx6ul-evk {
5
...       /* 省略掉其他 */
43
44          /* enet1 reset zuozhongkai */
45          pinctrl_enet1_reset: enet1resetgrp {
46                fsl,pins = <
47                    /* used for enet1  reset */
48                    MX6ULL_PAD_SNVS_TAMPER7__GPIO5_IO07       0x10B0
49                  >;
50            };
51
52          /* enet2 reset zuozhongkai */
53          pinctrl_enet2_reset: enet2resetgrp {
54                fsl,pins = <
55                    /* used for enet2  reset */
56                      MX6ULL_PAD_SNVS_TAMPER8__GPIO5_IO08       0x10B0
57                  >;
58            };
59        };
60    };
```

第 1 行,imx6ull-alientek-emmc. dts 文件中的 iomuxc_snvs 节点。

第 45～50 行,ENET1 网络复位引脚配置信息。

第 53～58 行,ENET2 网络复位引脚配置信息。

最后还需要修改 ENET1 和 ENET2 的网络时钟引脚配置,继续在 imx6ull-alientek-emmc. dts 中找到如示例 34-10 所示内容。

示例 34-10 imx6ull-alientek-emmc. dts 代码段

```
pinctrl_enet1: enet1grp {
    fsl,pins = <
        MX6UL_PAD_ENET1_RX_EN__ENET1_RX_EN          0x1b0b0
        MX6UL_PAD_ENET1_RX_ER__ENET1_RX_ER          0x1b0b0
        MX6UL_PAD_ENET1_RX_DATA0__ENET1_RDATA00     0x1b0b0
        MX6UL_PAD_ENET1_RX_DATA1__ENET1_RDATA01     0x1b0b0
        MX6UL_PAD_ENET1_TX_EN__ENET1_TX_EN          0x1b0b0
        MX6UL_PAD_ENET1_TX_DATA0__ENET1_TDATA00     0x1b0b0
        MX6UL_PAD_ENET1_TX_DATA1__ENET1_TDATA01     0x1b0b0
        MX6UL_PAD_ENET1_TX_CLK__ENET1_REF_CLK1      0x4001b009
    >;
};

```

```
322 pinctrl_enet2: enet2grp {
323     fsl,pins = <
324         MX6UL_PAD_GPIO1_IO07__ENET2_MDC            0x1b0b0
325         MX6UL_PAD_GPIO1_IO06__ENET2_MDIO           0x1b0b0
326         MX6UL_PAD_ENET2_RX_EN__ENET2_RX_EN         0x1b0b0
327         MX6UL_PAD_ENET2_RX_ER__ENET2_RX_ER         0x1b0b0
328         MX6UL_PAD_ENET2_RX_DATA0__ENET2_RDATA00    0x1b0b0
329         MX6UL_PAD_ENET2_RX_DATA1__ENET2_RDATA01    0x1b0b0
330         MX6UL_PAD_ENET2_TX_EN__ENET2_TX_EN         0x1b0b0
331         MX6UL_PAD_ENET2_TX_DATA0__ENET2_TDATA00    0x1b0b0
332         MX6UL_PAD_ENET2_TX_DATA1__ENET2_TDATA01    0x1b0b0
333         MX6UL_PAD_ENET2_TX_CLK__ENET2_REF_CLK2     0x4001b009
334     >;
335 };
```

第 318 和 333 行，分别为 ENET1 和 ENET2 的网络时钟引脚配置信息，将这两个引脚的电气属性值改为 0x4001b009，原来默认值为 0x4001b031。

修改完成以后保存 imx6ull-alientek-emmc.dts，网络复位以及时钟引脚驱动就修改好了。

2. 修改 fec1 和 fec2 节点的 pinctrl-0 属性

在 imx6ull-alientek-emmc.dts 文件中找到名为 fec1 和 fec2 的节点，修改其中的 pinctrl-0 属性值，修改以后如示例 34-11 所示。

示例 34-11 修改 fec1 和 fec2 的 pinctrl-0 属性

```
1  &fec1 {
2      pinctrl-names = "default";
3      pinctrl-0 = <&pinctrl_enet1
4                   &pinctrl_enet1_reset>;
5      phy-mode = "rmii";
...
9      status = "okay";
10 };
11
12 &fec2 {
13     pinctrl-names = "default";
14     pinctrl-0 = <&pinctrl_enet2
15                 &pinctrl_enet2_reset>;
16     phy-mode = "rmii";
...
36 };
```

第 3～4 行，修改后的 fec1 节点 pinctrl-0 属性值。

第 14～15 行，修改后的 fec2 节点 pinctrl-0 属性值。

3. 修改 LAN8720A 的 PHY 地址

在 uboot 移植章节中，ENET1 的 LAN8720A 地址为 0x0，ENET2 的 LAN8720A 地址为 0x1。在 imx6ull-alientek-emmc.dts 中找到如示例 34-12 所示内容。

示例 34-12 imx6ull-alientek-emmc.dts 代码段

```
171 &fec1 {
172     pinctrl-names = "default";
...
175     phy-handle = <&ethphy0>;
176     status = "okay";
177 };
178
179 &fec2 {
180     pinctrl-names = "default";
...
183     phy-handle = <&ethphy1>;
184     status = "okay";
185
186     mdio {
187         #address-cells = <1>;
188         #size-cells = <0>;
189
190         ethphy0: ethernet-phy@0 {
191             compatible = "ethernet-phy-ieee802.3-c22";
192             reg = <2>;
193         };
194
195         ethphy1: ethernet-phy@1 {
196             compatible = "ethernet-phy-ieee802.3-c22";
197             reg = <1>;
198         };
199     };
200 };
```

第 171～177 行，ENET1 对应的设备树节点。

第 179～200 行，ENET2 对应的设备树节点。但是第 186～198 行的 mdio 节点描述了 ENET1 和 ENET2 的 PHY 地址信息。将示例 34-12 改为如示例 34-13 所示内容。

示例 34-13 imx6ull-alientek-emmc.dts 代码段

```
171 &fec1 {
172     pinctrl-names = "default";
173     pinctrl-0 = <&pinctrl_enet1
174             &pinctrl_enet1_reset>;
175     phy-mode = "rmii";
176     phy-handle = <&ethphy0>;
177     phy-reset-gpios = <&gpio5 7 GPIO_ACTIVE_LOW>;
178     phy-reset-duration = <200>;
179     status = "okay";
180 };
181
```

```
182 &fec2 {
183     pinctrl-names = "default";
184     pinctrl-0 = <&pinctrl_enet2
185                 &pinctrl_enet2_reset>;
186     phy-mode = "rmii";
187     phy-handle = <&ethphy1>;
188     phy-reset-gpios = <&gpio5 8 GPIO_ACTIVE_LOW>;
189     phy-reset-duration = <200>;
190     status = "okay";
191 
192     mdio {
193         #address-cells = <1>;
194         #size-cells = <0>;
195 
196         ethphy0: ethernet-phy@0 {
197             compatible = "ethernet-phy-ieee802.3-c22";
198             smsc,disable-energy-detect;
199             reg = <0>;
200         };
201 
202         ethphy1: ethernet-phy@1 {
203             compatible = "ethernet-phy-ieee802.3-c22";
204             smsc,disable-energy-detect;
205             reg = <1>;
206         };
207     };
208 };
```

第 177 和 178 行，添加了 ENET1 网络复位引脚所使用的 I/O 为 GPIO5_IO07，低电平有效。复位低电平信号持续时间为 200ms。

第 188 和 189 行，ENET2 网络复位引脚所使用的 I/O 为 GPIO5_IO08，同样低电平有效，持续时间同样为 200ms。

第 198 和 204 行，smsc，disable-energy-detect 表明 PHY 芯片是 SMSC 公司的，这样 Linux 内核就会找到 SMSC 公司的 PHY 芯片驱动来驱动 LAN8720A。

第 196 行，注意 ethernet-phy@后面的数字是 PHY 的地址，ENET1 的 PHY 地址为 0，所以@后面是 0(默认为 2)。

第 199 行，reg 的值也表示 PHY 地址，ENET1 的 PHY 地址为 0，所以 reg=0。

第 202 行，ENET2 的 PHY 地址为 1，因此@后面为 1。

第 205 行，因为 ENET2 的 PHY 地址为 1，所以 reg=1。

至此，LAN8720A 的 PHY 地址就改好了，保存 imx6ull-alientek-emmc. dts 文件，然后使用 make dtbs 命令重新编译设备树。

4. 修改 fec_main. c 文件

要在 I. MX6ULL 上使用 LAN8720A，需要修改 Linux 内核源码，打开 drivers/net/ethernet/freescale/fec_main. c，找到 fec_probe 函数，在 fec_probe 中加入如示例 34-14 所示内容。

示例 34-14 imx6ull-alientek-emmc.dts 代码段

```
3438 static int
3439 fec_probe(struct platform_device * pdev)
3440 {
3441     struct fec_enet_private * fep;
3442     struct fec_platform_data * pdata;
3443     struct net_device * ndev;
3444     int i, irq, ret = 0;
3445     struct resource * r;
3446     const struct of_device_id * of_id;
3447     static int dev_id;
3448     struct device_node * np = pdev->dev.of_node, * phy_node;
3449     int num_tx_qs;
3450     int num_rx_qs;
3451
3452      /* 设置 MX6UL_PAD_ENET1_TX_CLK 和 MX6UL_PAD_ENET2_TX_CLK
3453       * 这两个 IO 的复用寄存器的 SION 位为 1
3454       */
3455      void __iomem * IMX6U_ENET1_TX_CLK;
3456      void __iomem * IMX6U_ENET2_TX_CLK;
3457
3458      IMX6U_ENET1_TX_CLK = ioremap(0X020E00DC, 4);
3459      writel(0X14, IMX6U_ENET1_TX_CLK);
3460
3461      IMX6U_ENET2_TX_CLK = ioremap(0X020E00FC, 4);
3462      writel(0X14, IMX6U_ENET2_TX_CLK);
3463
...
3656     return ret;
3657 }
```

第 3455～3462 就是新加入的代码，如果要在 I. MX6ULL 上使用 LAN8720A 就需要设置 ENET1 和 ENET2 的 TX_CLK 引脚，复位寄存器的 SION 位为 1。

5. 配置 Linux 内核，使能 LAN8720 驱动

输入命令 make menuconfig，打开图形化配置界面，选择使能 LAN8720A 的驱动，路径如下所示。

```
-> Device Drivers

-> Network device support

      -> PHY Device support and infrastructure
-> Drivers for SMSC PHYs
```

使能驱动如图 34-19 所示，选择将 Drivers for SMSC PHYs 编译到 Linux 内核中，因此<>里面变为了 *。LAN8720A 是 SMSC 公司出品的，勾选此项以后就会编译 LAN8720 驱动，然后退出配置界面，重新编译 Linux 内核。

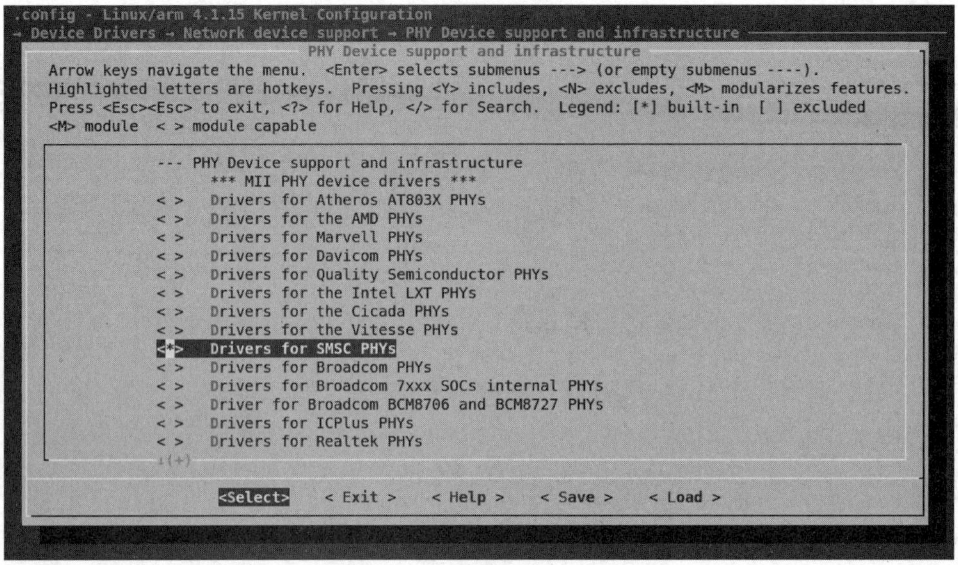

图 34-19　使能 LAN8720A 驱动

6. 修改 smsc. c 文件

在修改 smsc. c 文件之前,笔者想分析下是怎么确定要修改 smsc. c 文件的。在写本书之前笔者并没有修改过 smsc. c 这个文件,都是使能 LAN8720A 驱动以后直接使用。但是在测试 NFS 挂载文件系统时发现,文件系统挂载成功率很低,总提示 NFS 服务器找不到,很折磨人。

NFS 挂载就是通过网络来挂载文件系统,这样做的好处就是方便后续调试 Linux 驱动。既然总是挂载失败,肯定是网络驱动有问题。网络驱动分两部分:内部 MAC + 外部 PHY。内部 MAC 驱动是由 NXP 提供的,一般不会出问题,而且 NXP 官方的开发板测试网络一直是正常的,所以只有可能是外部 PHY 即 LAN8720A 的驱动出问题了。在 uboot 中需要对 LAN8720A 进行一次软复位,要设置 LAN8720A 的 BMCR(寄存器地址为 0)寄存器 bit15 为 1,所以笔者猜测,在 Linux 中也需要对 LAN8720A 进行一次软复位。

首先需要找到 LAN8720A 的驱动文件,LAN8720A 的驱动文件是 drivers/net/phy/smsc. c,在此文件中有个叫做 smsc_phy_reset 的函数,看名字知道这是 SMSC PHY 的复位函数,LAN8720A 肯定会使用这个复位函数,修改以后的 smsc_phy_reset 函数内容如示例 34-15 所示。

示例 34-15　smsc_phy_reset 函数

```
static int smsc_phy_reset(struct phy_device * phydev)
{
    int err, phy_reset;
    int msec = 1;
    struct device_node * np;
     int timeout = 50000;
    if(phydev->addr == 0) /* FEC1  */ {
         np = of_find_node_by_path("/soc/aips-bus@02100000/ethernet@02188000");
```

```
9             if(np == NULL) {
10                return -EINVAL;
11            }
12        }
13
14        if(phydev->addr == 1) /* FEC2   */ {
15            np = of_find_node_by_path("/soc/aips-bus@02000000/ethernet@020b4000");
16            if(np == NULL) {
17                return -EINVAL;
18            }
19        }
20
21        err = of_property_read_u32(np, "phy-reset-duration", &msec);
22        /* A sane reset duration should not be longer than 1s */
23        if (!err && msec > 1000)
24            msec = 1;
25        phy_reset = of_get_named_gpio(np, "phy-reset-gpios", 0);
26        if (!gpio_is_valid(phy_reset))
27            return;
28
29        gpio_direction_output(phy_reset, 0);
30        gpio_set_value(phy_reset, 0);
31        msleep(msec);
32        gpio_set_value(phy_reset, 1);
33
34        int rc = phy_read(phydev, MII_LAN83C185_SPECIAL_MODES);
35        if (rc < 0)
36            return rc;
37
38        /* If the SMSC PHY is in power down mode, then set it
39          * in all capable mode before using it
40          */
41        if ((rc & MII_LAN83C185_MODE_MASK) == MII_LAN83C185_MODE_POWERDOWN) {
42
43            /* set "all capable" mode and reset the phy */
44            rc |= MII_LAN83C185_MODE_ALL;
45            phy_write(phydev, MII_LAN83C185_SPECIAL_MODES, rc);
46        }
47
48        phy_write(phydev, MII_BMCR, BMCR_RESET);
49        /* wait end of reset (max 500 ms) */
50
51        do {
52            udelay(10);
53            if (timeout-- == 0)
54                return -1;
55            rc = phy_read(phydev, MII_BMCR);
56        } while (rc & BMCR_RESET);
57        return 0;
58 }
```

第 7～12 行，获取 FEC1 网卡对应的设备节点。

第 14～19 行，获取 FEC2 网卡对应的设备节点。

第 21 行，从设备树中获取 phy-reset-duration 属性信息，也就是复位时间。

第 25 行，从设备树中获取 phy-reset-gpios 属性信息，也就是复位 I/O。

第 29～32 行，设置 PHY 的复位 I/O，复位 LAN8720A。

第 41～48 行，以前的 smsc_phy_reset 函数会判断 LAN8720 是否处于 Powerdown 模式，只有处于 Powerdown 模式时才会软复位 LAN8720。这里将软复位代码移出来，这样每次调用 smsc_phy_reset 函数时 LAN8720A 都会被软复位。

最后还需要在 drivers/net/phy/smsc.c 文件中添加两个头文件，因为修改后的 smsc_phy_reset 函数用到了 gpio_direction_output 和 gpio_set_value 这两个函数，需要添加的头文件如下所示。

```
#include <linux/of_gpio.h>
#include <linux/io.h>
```

7. 网络驱动测试

修改好设备树和 Linux 内核以后重新编译，得到新的 zImage 镜像文件和 imx6ull-alientek-emmc.dtb 设备树文件，使用网线将 I.MX6U-ALPHA 开发板的两个网口与路由器或者计算机连接起来，最后使用新的文件启动 Linux 内核。输入命令 ifconfig -a 查看开发板中存在的所有网卡，结果如图 34-20 所示。

```
/ # ifconfig -a
can0      Link encap:UNSPEC  HWaddr 00-00-00-00-00-00-00-00-00-00-00-00-00-00-00-00
          NOARP  MTU:16  Metric:1
          RX packets:0 errors:0 dropped:0 overruns:0 frame:0
          TX packets:0 errors:0 dropped:0 overruns:0 carrier:0
          collisions:0 txqueuelen:10
          RX bytes:0 (0.0 B)  TX bytes:0 (0.0 B)
          Interrupt:25

eth0      Link encap:Ethernet  HWaddr B8:AE:1D:01:00:00
          inet addr:192.168.1.251  Bcast:192.168.1.255  Mask:255.255.255.0
          inet6 addr: fe80::baae:1dff:fe01:0/64 Scope:Link
          UP BROADCAST RUNNING MULTICAST  MTU:1500  Metric:1
          RX packets:5761 errors:0 dropped:12 overruns:0 frame:0
          TX packets:4172 errors:0 dropped:0 overruns:0 carrier:0
          collisions:0 txqueuelen:1000
          RX bytes:7276333 (6.9 MiB)  TX bytes:511812 (499.8 KiB)

eth1      Link encap:Ethernet  HWaddr B8:AE:1D:01:00:00
          BROADCAST MULTICAST  MTU:1500  Metric:1
          RX packets:0 errors:0 dropped:0 overruns:0 frame:0
          TX packets:0 errors:0 dropped:0 overruns:0 carrier:0
          collisions:0 txqueuelen:1000
          RX bytes:0 (0.0 B)  TX bytes:0 (0.0 B)

lo        Link encap:Local Loopback
          inet addr:127.0.0.1  Mask:255.0.0.0
          inet6 addr: ::1/128 Scope:Host
          UP LOOPBACK RUNNING  MTU:65536  Metric:1
          RX packets:0 errors:0 dropped:0 overruns:0 frame:0
          TX packets:0 errors:0 dropped:0 overruns:0 carrier:0
          collisions:0 txqueuelen:0
          RX bytes:0 (0.0 B)  TX bytes:0 (0.0 B)

sit0      Link encap:IPv6-in-IPv4
          NOARP  MTU:1480  Metric:1
          RX packets:0 errors:0 dropped:0 overruns:0 frame:0
          TX packets:0 errors:0 dropped:0 overruns:0 carrier:0
          collisions:0 txqueuelen:0
          RX bytes:0 (0.0 B)  TX bytes:0 (0.0 B)

/ # 
```

图 34-20　开发板所有网卡

图 34-20 中 can0 和 can1 为 CAN 接口的网卡，eth0 和 eth1 才是网络接口的网卡，其中 eth0 对应于 ENET2，eth1 对应于 ENET1。使用如下命令依次打开 eth0 和 eth1 这两个网卡（如果网卡已经打开了就不用执行下面的命令）。

```
ifconfig eth0 up
ifconfig eth1 up
```

网卡的打开过程如图 34-21 所示。

```
root@ATK-IMX6U:~# ifconfig eth0 up
[  942.833568] fec 20b4000.ethernet eth0: Freescale FEC PHY driver [SMSC LAN8710/LAN8720] (mii_bus:phy_addr=20b4000.
thernet:01, irq=-1)
root@ATK-IMX6U:~# [  944.960528] IPv6: ADDRCONF(NETDEV_UP): eth0: link is not ready
[  946.993415] fec 20b4000.ethernet eth0: Link is Up - 100Mbps/Full - flow control rx/tx
[  947.001620] IPv6: ADDRCONF(NETDEV_CHANGE): eth0: link becomes ready

root@ATK-IMX6U:~# ifconfig eth1 up
[  951.613538] fec 2188000.ethernet eth1: Freescale FEC PHY driver [SMSC LAN8710/LAN8720] (mii_bus:phy_addr=20b4000.
thernet:00, irq=-1)
root@ATK-IMX6U:~# [  953.743724] IPv6: ADDRCONF(NETDEV_UP): eth1: link is not ready
[  954.693393] fec 2188000.ethernet eth1: Link is Up - 100Mbps/Full - flow control rx/tx
[  954.701599] IPv6: ADDRCONF(NETDEV_CHANGE): eth1: link becomes ready

root@ATK-IMX6U:~#
```

图 34-21　两个网卡打开过程

从图 34-21 中可以看到 SMSC LAN8710/LAN8720，说明当前的网络驱动使用的就是 SMSC 驱动。

输入 ifconfig 命令查看当前活动的网卡，结果如图 34-22 所示。

```
root@ATK-IMX6U:~# ifconfig
eth0      Link encap:Ethernet  HWaddr 06:f4:02:d8:1d:52
          inet addr:192.168.1.84  Bcast:192.168.1.255  Mask:255.255.255.0
          inet6 addr: fe80::4f4:2ff:fed8:1d52/64 Scope:Link
          UP BROADCAST RUNNING MULTICAST  MTU:1500  Metric:1
          RX packets:11122 errors:0 dropped:186 overruns:0 frame:0
          TX packets:172 errors:0 dropped:0 overruns:0 carrier:0
          collisions:0 txqueuelen:1000
          RX bytes:1288435 (1.2 MiB)  TX bytes:27365 (26.7 KiB)

eth1      Link encap:Ethernet  HWaddr 7e:cd:99:c9:10:ca
          inet addr:192.168.1.178  Bcast:192.168.1.255  Mask:255.255.255.0
          inet6 addr: fe80::7ccd:99ff:fec9:10ca/64 Scope:Link
          UP BROADCAST RUNNING MULTICAST DYNAMIC  MTU:1500  Metric:1
          RX packets:11145 errors:0 dropped:84 overruns:0 frame:0
          TX packets:160 errors:0 dropped:0 overruns:0 carrier:0
          collisions:0 txqueuelen:1000
          RX bytes:1272001 (1.2 MiB)  TX bytes:24890 (24.3 KiB)

lo        Link encap:Local Loopback
          inet addr:127.0.0.1  Mask:255.0.0.0
          inet6 addr: ::1/128 Scope:Host
          UP LOOPBACK RUNNING  MTU:65536  Metric:1
          RX packets:33 errors:0 dropped:0 overruns:0 frame:0
          TX packets:33 errors:0 dropped:0 overruns:0 carrier:0
          collisions:0 txqueuelen:0
          RX bytes:2060 (2.0 KiB)  TX bytes:2060 (2.0 KiB)

root@ATK-IMX6U:~#
```

图 34-22　当前活动的网卡

可以看出，此时 eth0 和 eth1 两个网卡都已经打开，并且工作正常，但是这两个网卡都还没有 IP 地址，不能进行 ping 等操作。使用如下命令给两个网卡配置 IP 地址。

```
ifconfig eth0 192.168.1.251
ifconfig eth1 192.168.1.252
```

上述命令配置 eth0 和 eth1 的 IP 地址分别为 192.168.1.251 和 192.168.1.252，注意 IP 地址选择的合理性，一定要和自己的计算机处于同一个网段内，并且没有被其他的设备占用。设置好以后，使用“ping”命令来 ping 一下自己的主机，通过则说明网络驱动修改成功，比如 Ubuntu 主机 IP 地址为 192.168.1.250，使用如下命令 ping。

```
ping 192.168.1.250
```

结果如图 34-23 所示。

```
root@ATK-IMX6U:~# ping 192.168.1.250
PING 192.168.1.250 (192.168.1.250) 56(84) bytes of data.
64 bytes from 192.168.1.250: icmp_seq=1 ttl=64 time=0.594 ms
64 bytes from 192.168.1.250: icmp_seq=2 ttl=64 time=0.812 ms
^C
--- 192.168.1.250 ping statistics ---
2 packets transmitted, 2 received, 0% packet loss, time 999ms
rtt min/avg/max/mdev = 0.594/0.703/0.812/0.109 ms
root@ATK-IMX6U:~# 
```

图 34-23　ping 结果

可以看出，ping 成功，说明网络驱动修改成功，我们构建根文件系统和 Linux 驱动开发时就可以使用网络调试代码。

34.4.4　保存修改后的图形化配置文件

在修改网络驱动时，通过图形界面使能了 LAN8720A 的驱动，使能以后会在.config 中存在如下代码。

```
CONFIG_SMSC_PHY = y
```

打开 drivers/net/phy/Makefile，有如示例 34-16 所示内容。

示例 34-16　drivers/net/phy/Makefile 代码段

```
11 obj - $ (CONFIG_SMSC_PHY)          += smsc.o
```

当 CONFIG_SMSC_PHY=y 时就会编译 smsc.c 这个文件，smsc.c 就是 LAN8720A 的驱动文件。但是执行 make clean 清理工程以后.config 文件就会被删除，所有的配置内容都会丢失。所以在配置完图形界面以后，测试没有问题后必须保存配置文件。保存配置的方法有两个。

1. 直接另存为.config 文件

直接将.config 文件另存为 imx_alientek_emmc_defconfig，然后将其复制到 arch/arm/configs 目录下，替换以前的 imx_alientek_emmc_defconfig。这样以后执行 make imx_alientek_emmc_defconfig，重新配置 Linux 内核时就会使用新的配置文件，默认使能 LAN8720A 的驱动。

2. 通过图形界面保存配置文件

在图形界面中保存配置文件。在图形界面中会有< Save >选项，如图 34-24 所示。

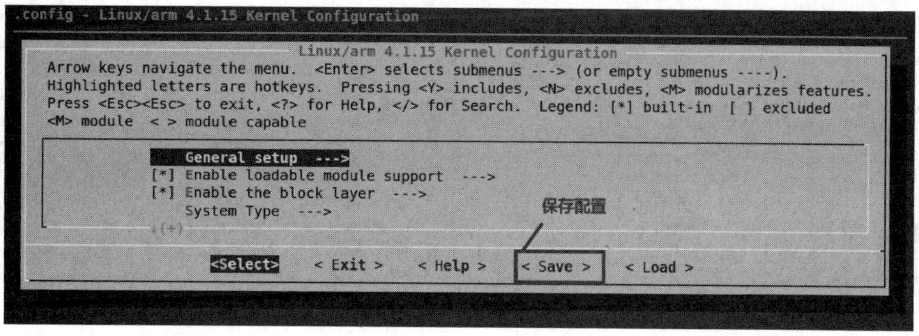

图 34-24 保存配置

通过键盘的→键，移动到< Save >选项，然后按下回车键，打开文件名输入对话框，如图 34-25 所示。

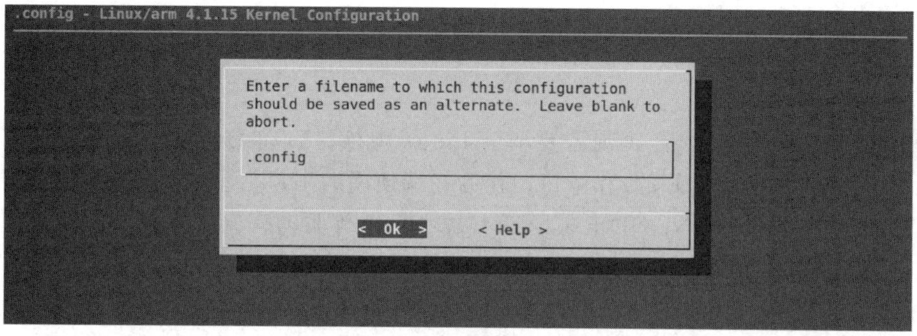

图 34-25 输入文件名

在图 34-25 中输入要保存的文件名，可以带路径，一般是相对路径（相对于 Linux 内核源码根目录）。比如要将新的配置文件保存到目录 arch/arm/configs 下，文件名为 imx_alientek_emmc_defconfig，也就是用新的配置文件替换掉老的默认配置文件。在图 34-25 中输入 arch/arm/configs/imx_alientek_emmc_defconfig 即可，如图 34-26 所示。

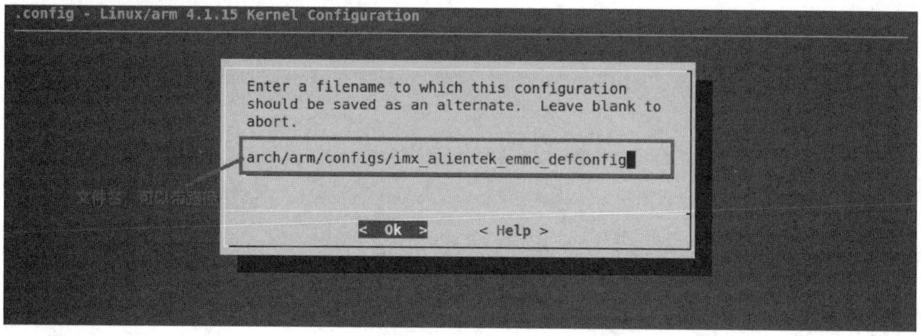

图 34-26 输入文件名

设置好文件名以后选择下方的< Ok >按钮，保存文件并退出。退出以后再打开 imx_alientek_emmc_defconfig 文件，就会在此文件中找到 CONFIG_SMSC_PHY=y 这一行，如图 34-27 所示。

同样的，使用 make imx_alientek_emmc_defconfig 重新配置 Linux 内核时，LAN8720A 的驱动就会使能，并被编译进 Linux 镜像文件 zImage 中。

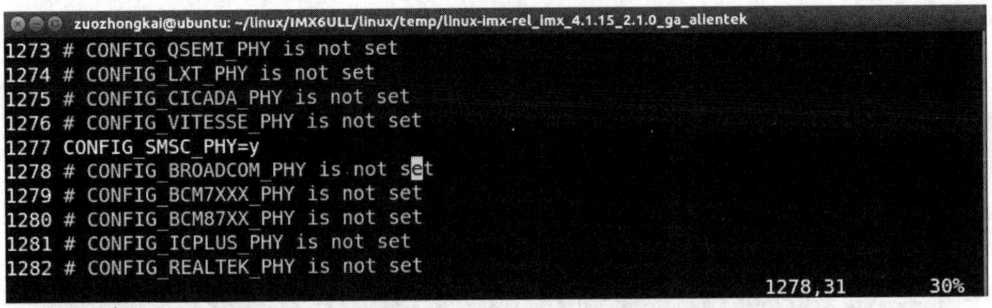
zuozhongkai@ubuntu: ~/linux/IMX6ULL/linux/temp/linux-imx-rel_imx_4.1.15_2.1.0_ga_alientek
1273 # CONFIG_QSEMI_PHY is not set
1274 # CONFIG_LXT_PHY is not set
1275 # CONFIG_CICADA_PHY is not set
1276 # CONFIG_VITESSE_PHY is not set
1277 CONFIG_SMSC_PHY=y
1278 # CONFIG_BROADCOM_PHY is not set
1279 # CONFIG_BCM7XXX_PHY is not set
1280 # CONFIG_BCM87XX_PHY is not set
1281 # CONFIG_ICPLUS_PHY is not set
1282 # CONFIG_REALTEK_PHY is not set
1278,31 30%

图 34-27　新的配置文件

Linux 内核的移植步骤如下。

(1) 在 Linux 内核中查找可以参考的板子，一般都是半导体厂商自己做的开发板。

(2) 编译出参考板子对应的 zImage 和. dtb 文件。

(3) 使用参考板子的 zImage 文件和. dtb 文件在我们所使用的板子上启动 Linux 内核，看能否启动。

(4) 如果能启动就万事大吉，否则需要调试 Linux 内核。启动 Linux 内核用到的外设不多，一般是 DRAM(Uboot 都初始化好的)和串口。作为终端使用的串口会参考半导体厂商的 Demo 板。

(5) 修改相应的驱动，像 NAND Flash、EMMC、SD 卡等驱动官方的 Linux 内核都已经提供好，基本不会出问题。重点是网络驱动，因为 Linux 驱动开发一般都要通过网络调试代码，所以一定要确保网络驱动正常工作。如果是处理器内部 MAC + 外部 PHY 这种网络方案的话，一般网络驱动都很好处理，因为在 Linux 内核中是有外部 PHY 通用驱动的。只要设置好复位引脚、PHY 地址信息基本上都可以驱动起来。

(6) Linux 内核启动以后需要根文件系统，如果没有则文件崩溃，所以确定 Linux 内核移植成功以后就要开始根文件系统的构建。

第35章

根文件系统构建

本章来学习根文件系统的组成以及如何构建根文件系统。这是 Linux 移植的最后一步，根文件系统构建好以后就意味着我们已经拥有了一个完整的、可以运行的最小系统。我们可以在这个最小系统上编写、测试 Linux 驱动，移植一些第三方组件，逐步地完善这个最小系统，最终得到一个功能完善、驱动齐全的操作系统。

35.1 根文件系统简介

根文件系统一般也叫做 rootfs，在这里，根文件系统并不是 FATFS 这样的文件系统代码，EXT4 这样的文件系统代码属于 Linux 内核的一部分。Linux 中的根文件系统更像是一个文件夹或者目录，在这个目录中会有很多的子目录。根目录下和子目录中会有很多的文件，这些文件是 Linux 运行所必须的，如库、常用的软件和命令、设备文件、配置文件等。本书提到的文件系统，如果不特别指明，统一表示根文件系统。

根文件系统是内核启动时所挂载的第一个文件系统，内核代码映像文件保存在根文件系统中，而系统引导启动程序会在根文件系统挂载之后，把一些基本的初始化脚本和服务等加载到内存中去运行。

嵌入式 Linux 并没有将内核代码镜像保存在根文件系统中，而是保存到了其他地方，比如 NAND Flash 的指定存储地址、EMMC 专用分区。根文件系统是 Linux 内核启动以后挂载(mount)的第一个文件系统，然后从根文件系统中读取初始化脚本，比如 rcS，inittab 等。根文件系统和 Linux 内核是分开的，单独的 Linux 内核是没法正常工作的，必须要搭配根文件系统。如果不提供根文件系统，Linux 内核在启动时就会提示内核崩溃(Kernel panic)。

根文件系统的这个根字就说明了这个文件系统的重要性，它是其他文件系统的根，没有这个"根"，其他的文件系统或者软件就别想工作。常用的 ls、mv、ifconfig 等命令就是一个个小软件，只是这些软件没有图形界面，而且需要输入命令来运行。这些小软件就保存在根文件系统中，本章会教大家构建自己的根文件系统，这个根文件系统能满足 Linux 运行的最小根文件系统，后续我们可以根据自己的实际工作需求不断地去填充它使其成为一个相对完善的根文件系统。

在构建根文件系统之前，先来看根文件系统中都有什么内容。以 Ubuntu 为例，根文件系统的目录名为/,没看错就是一个斜杠,所以输入如下命令就可以进入根目录中。

```
cd /                                    //进入根目录
```

进入根目录以后输入 ls 命令,查看根目录下的内容都有哪些,结果如图 35-1 所示。

zuozhongkai@ubuntu:/$ cd /
zuozhongkai@ubuntu:/$ ls
bin build-trusted home lib32 media root srv var
boot cdrom initrd.img lib64 mnt run sys vmlinuz
build-basic dev initrd.img.old libx32 opt sbin tmp vmlinuz.old
build-optee etc lib lost+found proc snap usr
zuozhongkai@ubuntu:/$

图 35-1 Ubuntu 根目录

图 35-1 中的根目录下子目录和文件不少,这些都是 Ubuntu 所需要的。重点讲解常用的子目录。

1. /bin 目录

bin 文件就是可执行文件,此目录下存放着系统需要的可执行文件,一般都是一些命令,比如 ls、mv 等。此目录下的命令所有的客户都可以使用。

2. /dev 目录

dev 是 device 的缩写,所以此目录下的文件都和设备有关,都是设备文件。在 Linux 下一切皆文件,即使是硬件设备,也是以文件的形式存在的,比如/dev/ttymxc0(I. MX6ULL 根目录会有此文件)就表示 I. MX6ULL 的串口 0。要想通过串口 0 发送或者接收数据就要操作文件/dev/ttymxc0,通过对文件/dev/ttymxc0 的读写操作实现串口 0 的数据收发。

3. /etc 目录

此目录下存放着各种配置文件,大家可以进入 Ubuntu 的 etc 目录看一下,里面的配置文件非常多,但是在嵌入式 Linux 下此目录会很简洁。

4. /lib 目录

lib 是 library 的简称,也就是库的意思,此目录下存放着 Linux 必须的库文件。这些库文件是共享库,命令和用户编写的应用程序要使用这些库文件。

5. /mnt 目录

临时挂载目录,一般是空目录。可以在此目录下创建空的子目录,比如/mnt/sd、/mnt/usb,这样就可以将 SD 卡或者 U 盘挂载到/mnt/sd 或者/mnt/usb 目录中。

6. /opt

可选的文件、软件存放区,由用户选择将哪些文件或软件放到此目录中。

7. /proc 目录

此目录一般是空的,当 Linux 系统启动以后会将此目录作为 proc 文件系统的挂载点,proc 是虚拟文件系统,没有实际的存储设备。proc 中的文件都是临时存在的,一般用来存储系统运行信息文件。

8. /sbin 目录

此目录存放一些可执行文件,只有管理员才能使用,主要用于系统管理。

9. /sys 目录

系统启动以后此目录作为 sysfs 文件系统的挂载点,sysfs 是一个类似于 proc 的特殊文件系统,

sysfs 也是基于 ram 的文件系统，它没有实际的存储设备。此目录是系统设备管理的重要目录，此目录通过一定的组织结构向用户提供详细的内核数据结构信息。

10. /usr 目录

usr(unix software resource)是 Unix 操作系统软件资源目录。Linux 一般被称为类 Unix 操作系统，苹果的 MacOS 也是类 Unix 操作系统。/usr 目录下存放着很多软件，一般系统安装完成以后此目录占用的空间最多。

11. /var 目录

此目录存放一些可以改变的数据。

关于 Linux 的根目录就介绍到这里，接下来的构建根文件系统就是研究如何创建上面这些子目录以及子目录中的文件。

35.2 BusyBox 构建根文件系统

35.2.1 BusyBox 简介

BusyBox 负责"收集"根文件系统里的文件，然后将其打包，开发者可以直接拿来用。BusyBox 是一个集成了大量的 Linux 命令和工具的软件，像 ls、mv、ifconfig 等命令 BusyBox 都会提供。BusyBox 就是一个大的工具箱，集成了 Linux 的许多工具和命令。一般下载 BusyBox 的源码，然后配置 BusyBox，选择自己想要的功能，最后编译即可。

BusyBox 可以从其官网下载，如图 35-2 所示。

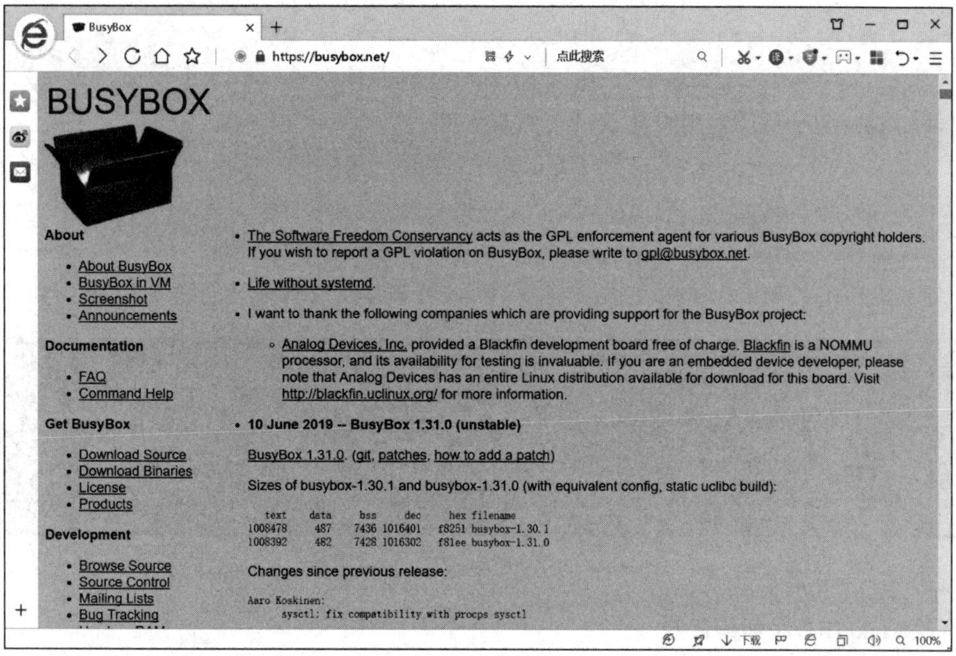

图 35-2 BusyBox 官网

在官网左侧的 Get BusyBox 栏有一行 Download Source，单击 Download Source 即可打开 BusyBox 的下载页，如图 35-3 所示。

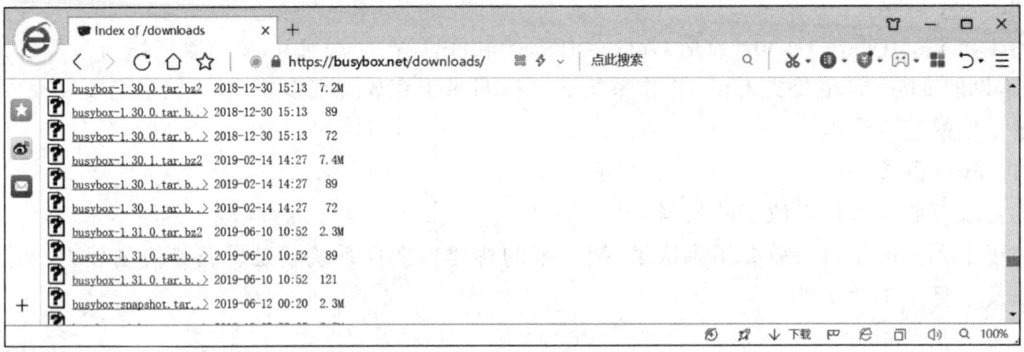
Index of /downloads
https://busybox.net/downloads/
busybox-1.30.0.tar.bz2 2018-12-30 15:13 7.2M
busybox-1.30.0.tar.b..> 2018-12-30 15:13 89
busybox-1.30.0.tar.b..> 2018-12-30 15:13 72
busybox-1.30.1.tar.bz2 2019-02-14 14:27 7.4M
busybox-1.30.1.tar.b..> 2019-02-14 14:27 89
busybox-1.30.1.tar.b..> 2019-02-14 14:27 72
busybox-1.31.0.tar.bz2 2019-06-10 10:52 2.3M
busybox-1.31.0.tar.b..> 2019-06-10 10:52 89
busybox-1.31.0.tar.b..> 2019-06-10 10:52 121
busybox-snapshot.tar..> 2019-06-12 00:20 2.3M

图 35-3　BusyBox 下载页

从图 35-3 可以看出，目前最新的 BusyBox 版本是 1.28.0，不过建议大家使用开发板附赠资源中提供的 1.29.0 版本的 BusyBox。BusyBox 准备好以后就可以构建根文件系统了。

35.2.2　编译 BusyBox 构建根文件系统

一般我们在 Linux 驱动开发时都是通过 nfs 挂载根文件系统的，当产品最终上市时才会将根文件系统烧写到 EMMC 或者 NAND 中。在 nfs 服务器目录中创建一个名为 rootfs 的子目录(名字大家可以随意起，这里使用 rootfs)，比如笔者的计算机中/home/zuozhongkai/linux/nfs 就是设置的 nfs 服务器目录，使用如下命令创建名为 rootfs 的子目录。

```
mkdir rootfs
```

创建好的 rootfs 子目录就用来存放根文件系统了。

将 busybox-1.29.0.tar.bz2 发送到 Ubuntu 中，存放位置任意。然后使用如下命令将其解压。

```
tar -vxjf busybox-1.29.0.tar.bz2
```

解压完成以后进入到 busybox-1.29.0 目录中，此目录中的文件和文件夹如图 35-4 所示。

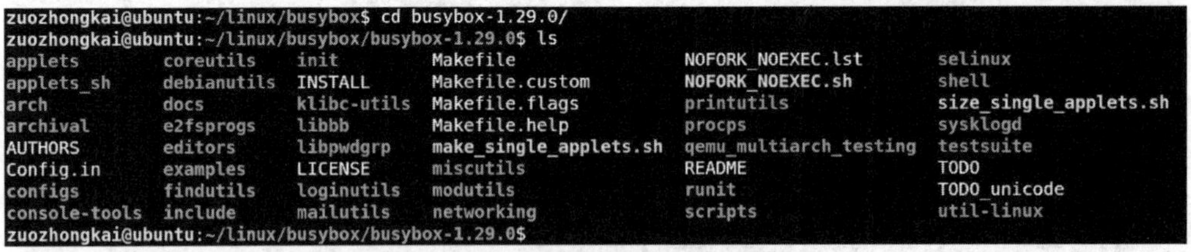
zuozhongkai@ubuntu:~/linux/busybox$ cd busybox-1.29.0/
zuozhongkai@ubuntu:~/linux/busybox/busybox-1.29.0$ ls
applets coreutils init Makefile NOFORK_NOEXEC.lst selinux
applets_sh debianutils INSTALL Makefile.custom NOFORK_NOEXEC.sh shell
arch docs klibc-utils Makefile.flags printutils size_single_applets.sh
archival e2fsprogs libbb Makefile.help procps sysklogd
AUTHORS editors libpwdgrp make_single_applets.sh qemu_multiarch_testing testsuite
Config.in examples LICENSE miscutils README TODO
configs findutils loginutils modutils runit TODO_unicode
console-tools include mailutils networking scripts util-linux
zuozhongkai@ubuntu:~/linux/busybox/busybox-1.29.0$

图 35-4　busybox-1.29.0 目录内容

1. 修改 Makefile，添加编译器

同 Uboot 和 Linux 移植一样，打开 busybox 的顶层 Makefile，添加 ARCH 和 CROSS_COMPILE 的值，如示例 35-1 所示。

示例 35-1 Makefile 代码段

```
CROSS_COMPILE ?= /usr/local/arm/gcc-linaro-4.9.4-2017.01-x86_64_arm-linux-gnueabihf/bin/arm-linux-gnueabihf-
...
ARCH ?= arm
```

在示例 35-1 中,CORSS_COMPILE 使用了绝对路径,主要是为了防止编译出错。

2. busybox 中文字符支持

如果默认直接编译 busybox 的话,在使用 MobaXterm 时中文字符显示会不正常,原因是 busybox 对中文显示及输入做了限制,即使内核支持中文但在 shell 下也无法正确显示。

所以需要修改 busybox 源码,取消 busybox 对中文显示的限制,打开文件 busybox-1.29.0/libbb/printable_string.c,找到 printable_string 函数,缩减后的函数内容如示例 35-2 所示。

示例 35-2 libbb/printable_string.c 代码段

```
const char *FAST_FUNC printable_string(uni_stat_t *stats, const char *str)
{
 char *dst;
 const char *s;

 s = str;
 while (1) {
     unsigned char c = *s;
     if (c == '\0') {
...
     }
     if (c < ' ')
         break;
     if (c >= 0x7f)
         break;
     s++;
 }

#if ENABLE_UNICODE_SUPPORT
 dst = unicode_conv_to_printable(stats, str);
#else
 {
     char *d = dst = xstrdup(str);
     while (1) {
         unsigned char c = *d;
         if (c == '\0')
             break;
         if (c < ' ' || c >= 0x7f)
             *d = '?';
         d++;
     }
```

```
...
55 #endif
56  return auto_string(dst);
57 }
```

第 31 和 32 行，当字符大于 0x7f 以后就跳出去了。

第 45 和 46 行，如果支持 UNICODE 码，当字符大于 0x7f 就直接输出？。

所以我们需要对这 4 行代码进行修改，修改以后如示例 35-3 所示。

示例 35-3　libbb/printable_string.c 代码段

```
const char * FAST_FUNC printable_string(uni_stat_t * stats, const char * str)
{
 char * dst;
 const char * s;

 s = str;
 while (1) {
...
     if (c < ' ')
         break;
     /* 注释掉下面这个两行代码 */
     /* if (c >= 0x7f)
         break; */
     s++;
 }

#if ENABLE_UNICODE_SUPPORT
 dst = unicode_conv_to_printable(stats, str);
#else
 {
     char * d = dst = xstrdup(str);
     while (1) {
         unsigned char c = * d;
         if (c == '\0')
             break;
         /* 修改下面代码 */
         /* if (c < ' ' || c >= 0x7f) */
         if( c < ' ')
             * d = '?';
         d++;
     }
...
#endif
 return auto_string(dst);
}
```

示例 35-3 中加粗的代码就是被修改以后的，主要禁止字符大于 0x7f 以后，跳转和输出？。

接着打开文件 busybox-1.29.0/libbb/unicode.c，找到如示例 35-4 所示内容。

示例 35-4　libbb/unicode. c 代码段

```
1003 static char * FAST_FUNC unicode_conv_to_printable2(uni_stat_t * stats, const char * src,
         unsigned width, int flags)
1004 {
1005     char * dst;
1006     unsigned dst_len;
1007     unsigned uni_count;
1008     unsigned uni_width;
1009
1010     if (unicode_status != UNICODE_ON) {
1011         char * d;
1012         if (flags & UNI_FLAG_PAD) {
1013             d = dst = xmalloc(width + 1);
...
1022                 * d++ = (c >= ' ' && c < 0x7f) ? c : '?';
1023                 src++;
1024             }
1025             * d = '\0';
1026         } else {
1027             d = dst = xstrndup(src, width);
1028             while ( * d) {
1029                 unsigned char c = * d;
1030                 if (c < ' ' || c >= 0x7f)
1031                     * d = '?';
1032                 d++;
1033             }
1034         }
...
1040         return dst;
1041     }
...
1130
1131     return dst;
1132 }
```

第 1022 行，当字符大于 0x7f 以后，* d ++ 就为?。

第 1030 和 1031 行，当字符大于 0x7f 以后，* d 也为?。

修改示例 35-4，修改后内容如示例 35-5 所示。

示例 35-5　libbb/unicode. c 代码段

```
static char * FAST_FUNC unicode_conv_to_printable2(uni_stat_t * stats, const char * src,
         unsigned width, int flags)
{
    char * dst;
    unsigned dst_len;
    unsigned uni_count;
    unsigned uni_width;

```

```
    if (unicode_status != UNICODE_ON) {
        char *d;
        if (flags & UNI_FLAG_PAD) {
            d = dst = xmalloc(width + 1);
...
                /* 修改下面一行代码 */
                /* *d++ = (c >= ' '&& c < 0x7f) ? c : '?'; */
                *d++ = (c >= ' ') ? c : '?';
                src++;
            }
            *d = '\0';
        } else {
            d = dst = xstrndup(src, width);
            while (*d) {
                unsigned char c = *d;
                /* 修改下面一行代码 */
                /* if (c < ' ' || c >= 0x7f) */
                if(c < ' ')
                    *d = '?';
                d++;
            }
        }
...
        return dst;
    }
...

    return dst;
}
```

示例 35-5 中加粗的代码就是被修改后的，主要是禁止字符大于 0x7f 时设置为?。最后还需要配置 busybox 使能 unicode 码。

3. 配置 busybox

和编译 Uboot、Linux Kernel 一样，要先对 busybox 进行默认的配置，有以下 3 种配置选项。

(1) defconfig，缺省配置，默认配置选项。

(2) allyesconfig，全选配置，选中 busybox 的所有功能。

(3) allnoconfig，最小配置。

一般使用默认配置即可，配置 busybox。

```
make defconfig
```

busybox 也支持图形化配置，我们可以进一步选择自己想要的功能，输入如下命令打开图形化配置界面。

```
make menuconfig
```

打开以后如图 35-5 所示。

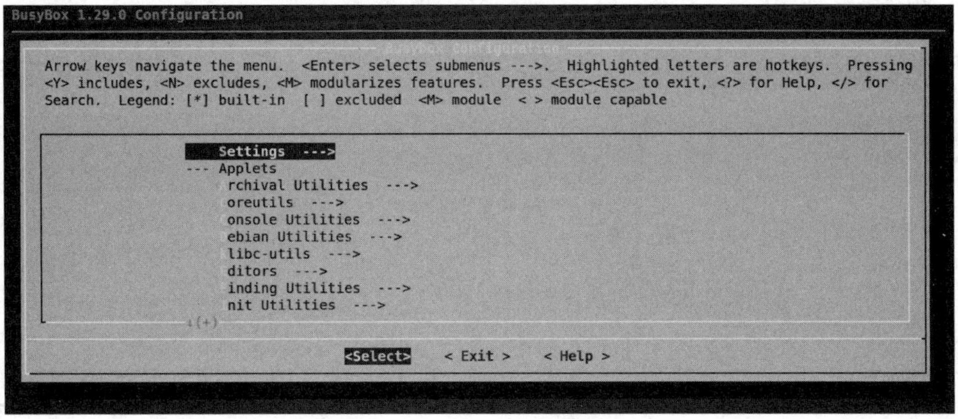

图 35-5　busybox 图形化配置界面

配置路径如下所示。

```
Location:
    -> Settings
 -> Build static binary (no shared libs)
```

选项 Build static binary (no shared libs)用来决定是静态编译还是动态编译，静态编译不需要库文件，但是编译出来的库会很大。动态编译则要求根文件系统中有库文件，但是编译出来的 busybox 会小很多。这里不能采用静态编译，因为采用静态编译 DNS 会出问题，无法进行域名解析，配置如图 35-6 所示。

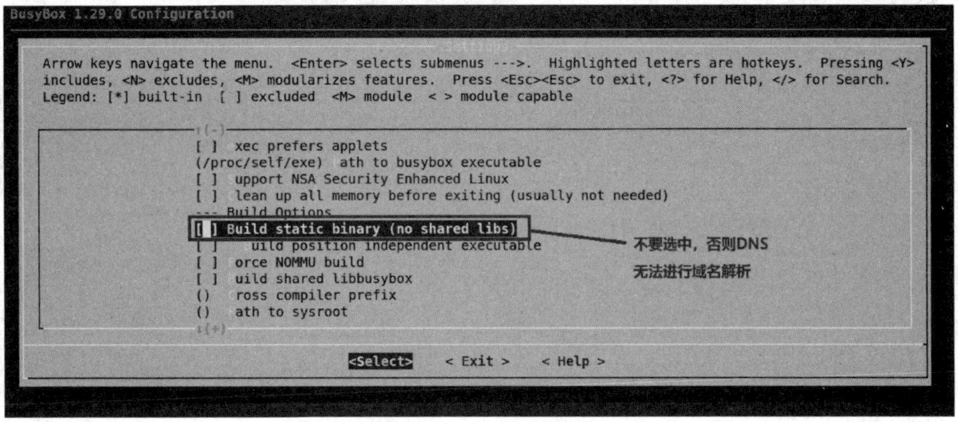

图 35-6　不选择 Build static binary (no shared libs)

继续配置如下路径配置项。

```
Location:
 -> Settings
 -> vi - style line editing commands
```

结果如图 35-7 所示。

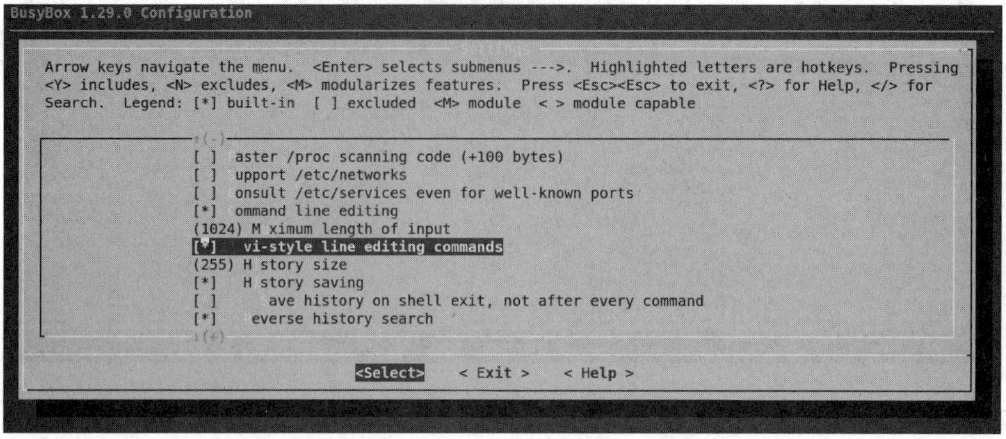

图 35-7　选择 vi-style line editing commands

继续配置如下路径配置项。

```
Location:
 -> Linux Module Utilities
 -> Simplified modutils
```

默认会选中 Simplified modutils,这里要取消勾选,结果如图 35-8 所示。

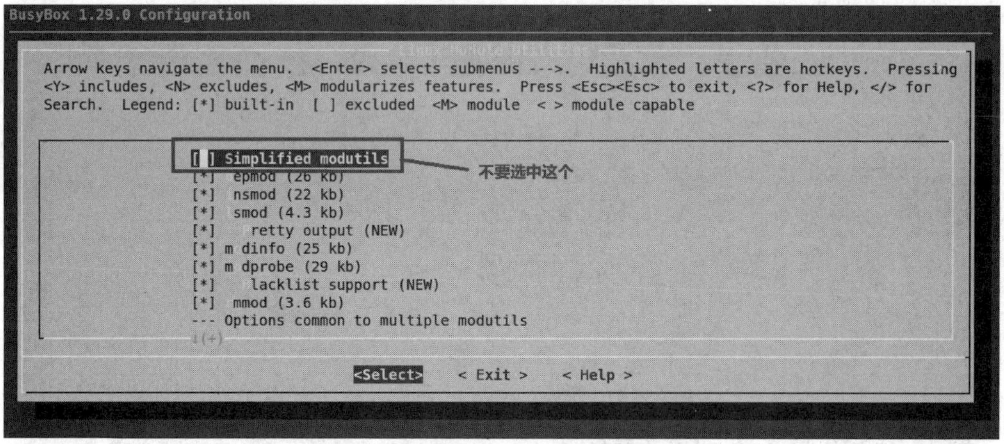

图 35-8　取消选中 Simplified modutils

继续配置如下路径配置项。

```
Location:
 -> Linux System Utilities
     -> mdev (16 kb)  //确保下面的全部选中,默认都是选中的
```

结果如图 35-9 所示。

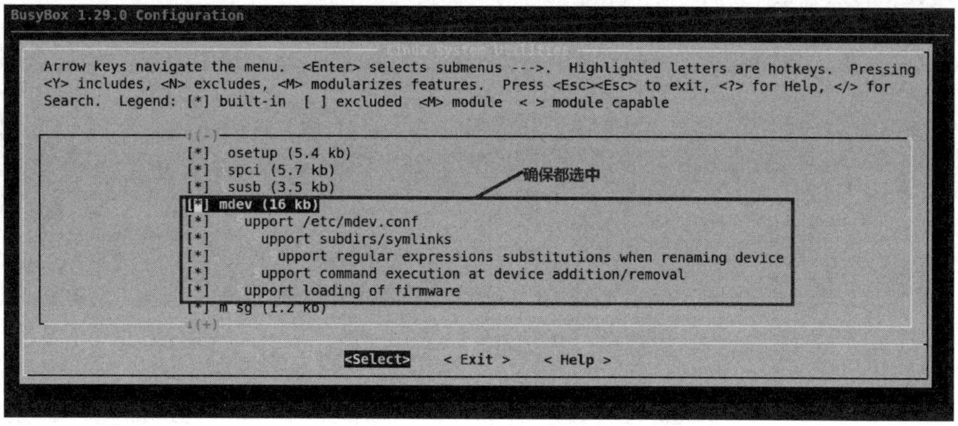

图 35-9 mdev 配置项

最后使能 busybox 的 unicode 编码以支持中文，配置路径如下所示。

```
Location:
  -> Settings
    -> Support Unicode                                                //选中
      -> Check $ LC_ALL, $ LC_CTYPE and $ LANG environment variables  //选中
```

结果如图 35-10 所示。

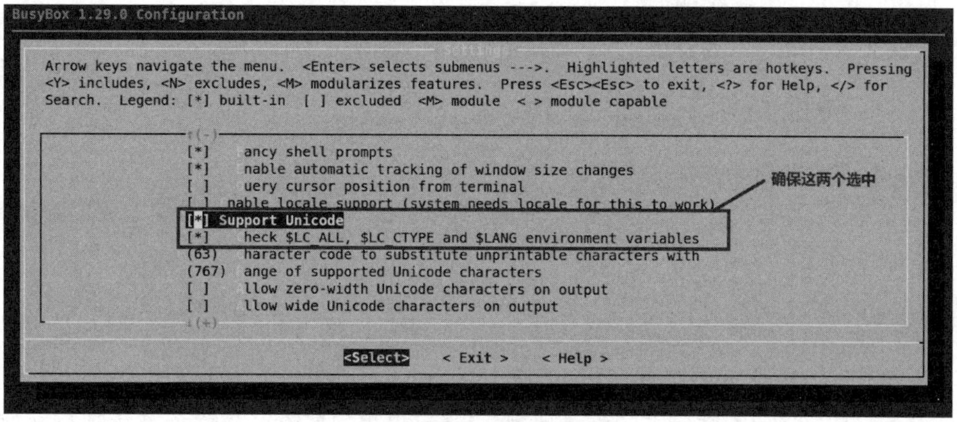

图 35-10 中文支持

对于初学者不建议再做其他的修改，可能会出现编译错误。

4. 编译 busybox

我们可以指定编译结果的存放目录，将编译结果存放到前面创建的 rootfs 目录中，输入如下命令：

```
make
make install CONFIG_PREFIX = /home/zuozhongkai/linux/nfs/rootfs
```

COFIG_PREFIX 指定编译结果的存放目录，比如存放到/home/zuozhongkai/linux/nfs/rootfs

目录中，等待编译完成，结果如图 35-11 所示。

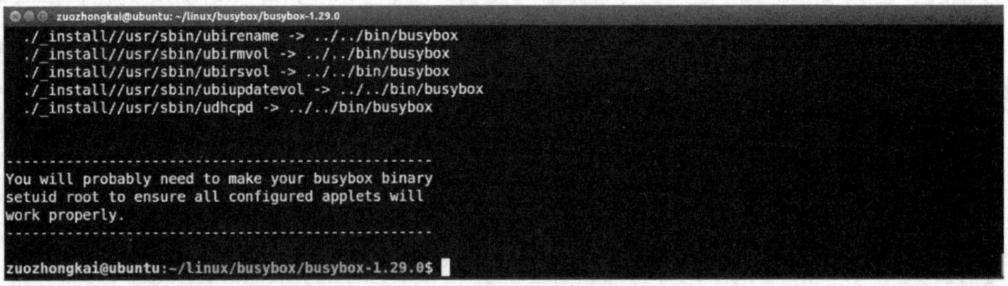
zuozhongkai@ubuntu: ~/linux/busybox/busybox-1.29.0
./_install//usr/sbin/ubirename -> ../../bin/busybox
./_install//usr/sbin/ubirmvol -> ../../bin/busybox
./_install//usr/sbin/ubirsvol -> ../../bin/busybox
./_install//usr/sbin/ubiupdatevol -> ../../bin/busybox
./_install//usr/sbin/udhcpd -> ../../bin/busybox
You will probably need to make your busybox binary
setuid root to ensure all configured applets will
work properly.
zuozhongkai@ubuntu:~/linux/busybox/busybox-1.29.0$

图 35-11　busybox 编译完成

编译完成后，busybox 的所有工具和文件就会被安装到 rootfs 目录中，rootfs 目录内容如图 35-12 所示。

zuozhongkai@ubuntu:~/linux/nfs/rootfs$ ls
bin linuxrc sbin usr
zuozhongkai@ubuntu:~/linux/nfs/rootfs$

图 35-12　rootfs 目录

从图 35-12 可以看出，rootfs 目录下有 bin、sbin 和 usr 这 3 个目录，以及 linuxrc 这个文件。前面说过 Linux 内核 init 进程最后会查找用户空间的 init 程序，找到以后就会运行它，从而切换到用户态。如果 bootargs 设置 init=/linuxrc，那么 linuxrc 就作为用户空间的 init 程序，所以用户态空间的 init 程序是由 busybox 生成的。

此时的根文件系统还不能使用，还需要其他的文件，继续完善 rootfs。

35.2.3　向根文件系统添加 lib 库

1. 向 rootfs 的/lib 目录添加库文件

Linux 中的应用程序一般都是需要动态库的，所以向根文件系统中添加动态库。在 rootfs 中创建一个名为 lib 的文件夹，命令如下所示。

```
mkdir lib
```

lib 库文件从交叉编译器中获取，前面搭建交叉编译环境时将交叉编译器存放到了/usr/local/arm/目录中。交叉编译器中有很多的库文件，初学者可以先把所有的库文件都放到根文件系统中。这样做出来的根文件系统内存很大，但是现在是学习阶段，还做不了裁剪。所以大家一定要存储空间大的开发板，比如正点原子的 I. MX6ULL EMMC 开发板上有 8GB 的 EMMC 存储空间，如果后面要学习 QT 则占用空间会更大。

进入如下路径对应的目录。

```
/usr/local/arm/gcc-linaro-4.9.4-2017.01-x86_64_arm-linux-gnueabihf/arm-linux-gnueabihf/
libc/lib
```

此目录下有很多的 *so*（* 是通配符）和. a 文件，这些就是库文件，将其都复制到 rootfs/lib 目录中，复制命令如下所示。

```
cp *so* *.a /home/zuozhongkai/linux/nfs/rootfs/lib/ -d
```

后面的-d 表示复制符号链接，这里有个比较特殊的库文件 ld-linux-armhf. so. 3，它是 1 个符号链接，相当于 Windows 下的快捷方式，它会链接到库 ld-2. 19-2014. 08-1-git. so 上。输入命令 ls ld-linux-armhf. so. 3 -l 查看此文件详细信息，如图 35-13 所示。

zuozhongkai@ubuntu:~/linux/nfs/rootfs$ cd lib/
zuozhongkai@ubuntu:~/linux/nfs/rootfs/lib$ ls ld-linux-armhf.so.3 -l
lrwxrwxrwx 1 zuozhongkai zuozhongkai 24 Jun 13 12:36 ld-linux-armhf.so.3 -> ld-2.19-2014.08-1-git.so

图 35-13 文件 ld-linux-armhf. so. 3

ld-linux-armhf. so. 3 后面的—>，表示其是软链接文件，链接到文件 ld-2. 19-2014. 08-1-git. so，大小只有 24B。但是，ld-linux-armhf. so. 3 不能作为符号链接，否则在根文件系统中程序无法执行。需要重新复制 ld-linux-armhf. so. 3，不复制软链接即可，先将 rootfs/lib 中的 ld-linux-armhf. so. 3 文件删除掉，命令如下所示。

```
rm ld-linux-armhf.so.3
```

然后进入到/usr/local/arm/gcc-linaro-4. 9. 4-2017. 01-x86_64_arm-linux-gnueabihf/arm-linux-gnueabihf/libc/lib 目录中，重新复制 ld-linux-armhf. so. 3，命令如下所示。

```
cp ld-linux-armhf.so.3 /home/zuozhongkai/linux/nfs/rootfs/lib/
```

复制完成以后再到 rootfs/lib 目录下查看 ld-linux-armhf. so. 3 文件详细信息，如图 35-14 所示。

zuozhongkai@ubuntu:~/linux/nfs/rootfs/lib$ rm ld-linux-armhf.so.3
zuozhongkai@ubuntu:~/linux/nfs/rootfs/lib$ ls ld-linux-armhf.so.3 -l
-rwxr-xr-x 1 zuozhongkai zuozhongkai 724392 Jun 13 12:59 ld-linux-armhf.so.3
zuozhongkai@ubuntu:~/linux/nfs/rootfs/lib$

图 35-14 文件 ld-linux-armhf. so. 3

从图 35-14 可以看出，此时 ld-linux-armhf. so. 3 已经不是软连接了，而是实实在在的一个库文件，大小为 724392B。

继续进入如下目录中。

```
/usr/local/arm/gcc-linaro-4.9.4-2017.01-x86_64_arm-linux-gnueabihf/arm-linux-gnueabihf/lib
```

此目录下也有很多的 *so* 和. a 库文件，将其也复制到 rootfs/lib 目录中，命令如下所示。

```
cp *so* *.a /home/zuozhongkai/linux/nfs/rootfs/lib/ -d
```

完成以后的 rootfs/lib 目录如图 35-15 所示。

2. 向 rootfs 的 usr/lib 目录添加库文件

在 rootfs 的 usr 目录下创建一个名为 lib 的目录，将如下目录中的库文件复制到 rootfs/usr/lib 目录下。

```
/usr/local/arm/gcc-linaro-4.9.4-2017.01-x86_64_arm-linux-gnueabihf/arm-linux-gnueabihf/libc/
usr/lib
```

```
zuozhongkai@ubuntu: ~/linux/nfs/rootfs/lib
zuozhongkai@ubuntu:~/linux/nfs/rootfs/lib$ ls
ld-2.19-2014.08-1-git.so                libgomp.so                               libpthread-2.19-2014.08-1-git.so
ld-linux-armhf.so.3                     libgomp.so.1                             libpthread.so.0
libanl-2.19-2014.08-1-git.so            libgomp.so.1.0.0                         libresolv-2.19-2014.08-1-git.so
libanl.so.1                             libitm.a                                 libresolv.so.2
libasan.a                               libitm.so                                librt-2.19-2014.08-1-git.so
libasan.so                              libitm.so.1                              librt.so.1
libasan.so.1                            libitm.so.1.0.0                          libSegFault.so
libasan.so.1.0.0                        libm-2.19-2014.08-1-git.so               libssp.a
libatomic.a                             libmemusage.so                           libssp_nonshared.a
libatomic.so                            libm.so.6                                libssp.so
libatomic.so.1                          libnsl-2.19-2014.08-1-git.so             libssp.so.0
libatomic.so.1.1.0                      libnsl.so.1                              libssp.so.0.0.0
libBrokenLocale-2.19-2014.08-1-git.so   libnss_compat-2.19-2014.08-1-git.so      libstdc++.a
libBrokenLocale.so.1                    libnss_compat.so.2                       libstdc++.so
libc-2.19-2014.08-1-git.so              libnss_db-2.19-2014.08-1-git.so          libstdc++.so.6
libcrypt-2.19-2014.08-1-git.so          libnss_db.so.2                           libstdc++.so.6.0.20
libcrypt.so.1                           libnss_dns-2.19-2014.08-1-git.so         libstdc++.so.6.0.20-gdb.py
libc.so.6                               libnss_dns.so.2                          libsupc++.a
libdl-2.19-2014.08-1-git.so             libnss_files-2.19-2014.08-1-git.so       libthread_db-1.0.so
libdl.so.2                              libnss_files.so.2                        libthread_db.so.1
libgcc_s.so                             libnss_hesiod-2.19-2014.08-1-git.so      libubsan.a
libgcc_s.so.1                           libnss_hesiod.so.2                       libubsan.so
libgfortran.a                           libnss_nis-2.19-2014.08-1-git.so         libubsan.so.0
libgfortran.so                          libnss_nisplus-2.19-2014.08-1-git.so     libubsan.so.0.0.0
libgfortran.so.3                        libnss_nisplus.so.2                      libutil-2.19-2014.08-1-git.so
libgfortran.so.3.0.0                    libnss_nis.so.2                          libutil.so.1
libgomp.a                               libpcprofile.so
zuozhongkai@ubuntu:~/linux/nfs/rootfs/lib$
```

图 35-15　lib 目录

将此目录下的 * so * 和. a 库文件都复制到 rootfs/usr/lib 目录中，命令如下所示。

```
cp *so* *.a /home/zuozhongkai/linux/nfs/rootfs/usr/lib/ -d
```

完成以后的 rootfs/usr/lib 目录如图 35-16 所示。

```
zuozhongkai@ubuntu:~/linux/nfs/rootfs/usr/lib$ ls
libanl.a               libcrypt_pic.a  libnsl.a               libnss_nis_pic.a         librpcsvc_p.a
libanl_p.a             libcrypt.so     libnsl_p.a             libnss_nisplus_pic.a     librt.a
libanl_pic.a           libc.so         libnsl_pic.a           libnss_nisplus.so        librt_p.a
libanl.so              libdl.a         libnsl.so              libnss_nis.so            librt_pic.a
libBrokenLocale.a      libdl_p.a       libnss_compat_pic.a    libpthread.a             librt.so
libBrokenLocale_p.a    libdl_pic.a     libnss_compat.so       libpthread_nonshared.a   libthread_db_pic.a
libBrokenLocale_pic.a  libdl.so        libnss_db_pic.a        libpthread_p.a           libthread_db.so
libBrokenLocale.so     libg.a          libnss_db.so           libpthread.so            libutil.a
libc.a                 libieee.a       libnss_dns_pic.a       libresolv.a              libutil_p.a
libc_nonshared.a       libm.a          libnss_dns.so          libresolv_p.a            libutil_pic.a
libc_p.a               libmcheck.a     libnss_files_pic.a     libresolv_pic.a          libutil.so
libc_pic.a             libm_p.a        libnss_files.so        libresolv_pic.map
libcrypt.a             libm_pic.a      libnss_hesiod_pic.a    libresolv.so
libcrypt_p.a           libm.so         libnss_hesiod.so       librpcsvc.a
zuozhongkai@ubuntu:~/linux/nfs/rootfs/usr/lib$
```

图 35-16　rootfs/usr/lib 目录

至此，根文件系统的库文件就全部添加好了，可以使用"du"命令来查看 rootfs/lib 和 rootfs/usr/lib 这两个目录的大小，命令如下所示。

```
cd rootfs                     //进入根文件系统目录
du ./lib ./usr/lib/ -sh       //查看 lib 和 usr/lib 这两个目录的大小
```

结果如图 35-17 所示。

```
zuozhongkai@ubuntu:~/linux/nfs/rootfs$ du ./lib ./usr/lib/ -sh
57M     ./lib
67M     ./usr/lib/
zuozhongkai@ubuntu:~/linux/nfs/rootfs$
```

图 35-17　lib 和 usr/lib 目录大小

可以看出 lib 和 usr/lib 大小分别为 57MB 和 67MB，共 124MB，占用内存非常大。这样的 NAND 核心版就不是给初学者准备的，而是给大批量采购的企业准备的，初学者推荐选择 EMMC

版本开发板。

35.2.4 创建其他文件夹

在根文件系统中创建其他文件夹,如 dev、mnt、proc、root、sys 和 tmp 等,如图 35-18 所示。

```
zuozhongkai@ubuntu:~/linux/nfs/rootfs$ ls
bin  dev  lib  linuxrc  mnt  proc  root  sbin  sys  tmp  usr
zuozhongkai@ubuntu:~/linux/nfs/rootfs$
```

图 35-18 创建好其他文件夹以后的 rootfs

下面直接测此文件夹。

35.3 根文件系统初步测试

测试方法使用 NFS 挂载,uboot 中的 bootargs 环境变量会设置 root 的值,将 root 的值改为 NFS 挂载即可。在 Linux 内核源码中有相应的文档讲解如何设置,文档为 Documentation/filesystems/nfs/ nfsroot. txt,格式如下。

```
root = /dev/nfs nfsroot = [<server - ip>:]<root - dir>[,<nfs - options>] ip = <client - ip>:<server - ip>:<gw - ip>:<netmask>:<hostname>:<device>:<autoconf>:<dns0 - ip>:<dns1 - ip>
```

<server-ip>:服务器 IP 地址,存放根文件系统主机的 IP 地址,即 Ubuntu 的 IP 地址。笔者的 Ubuntu 主机 IP 地址为 192.168.1.250。

<root-dir>:根文件系统的存放路径,如/home/zuozhongkai/linux/nfs/rootfs。

<nfs-options>:NFS 的其他可选选项,一般不设置。

<client-ip>:客户端 IP 地址,即开发板的 IP 地址,Linux 内核启动以后就会使用此 IP 地址配置开发板。此地址一定要和 Ubuntu 主机在同一个网段内,不能被其他的设备使用。在 Ubuntu 中使用 ping 命令就知道要设置的 IP 地址是否被使用。如果不能 ping 可以设置开发板的 IP 地址。

<server-ip>:服务器 IP 地址。

<gw-ip>:网关地址,本单元为 192.168.1.1。

<netmask>:子网掩码。

<hostname>:客户机的名字,一般不设置,此值可以空着。

<device>:设备名,也就是网卡名,一般为 eth0,eth1…。I. MX6U-ALPHA 开发板的 ENET2 为 eth0,ENET1 为 eth1。

<autoconf>:自动配置,一般不使用,所以设置为 off。

<dns0-ip>:DNS0 服务器 IP 地址,不使用。

<dns1-ip>:DNS1 服务器 IP 地址,不使用。

根据上面的格式 bootargs 环境变量的 root 值如下所示。

```
root = /dev/nfs nfsroot = 192.168.1.250:/home/zuozhongkai/linux/nfs/rootfs,proto = tcp rw
ip = 192.168.1.251:192.168.1.250:192.168.1.1:255.255.255.0::eth0:off
```

proto＝tcp 表示使用 TCP 协议，rw 表示 nfs 挂载的根文件系统为可读可写。启动开发板，进入 uboot 命令行模式，然后重新设置 bootargs 环境变量，命令如下所示。

```
setenv bootargs 'console = ttymxc0,115200 root = /dev/nfs nfsroot = 192.168.1.250:/home/zuozhongkai/
linux/nfs/rootfs,proto = tcp rw ip = 192.168.1.251:192.168.1.250:192.168.1.1:255.255.255.0::eth0:
off'        //设置 bootargs
saveenv     //保存环境变量
```

设置好以后使用 boot 命令启动 Linux 内核，结果如图 35-19 所示。

```
VFS: Mounted root (nfs filesystem) on device 0:14.
devtmpfs: mounted
Freeing unused kernel memory: 396K (809ab000 - 80a0e000)
can't run '/etc/init.d/rcS': No such file or directory

Please press Enter to activate this console.
/ #
/ #
```

图 35-19　进入根文件系统

从图 35-19 可以看出，已经进入了根文件系统，说明根文件系统工作了，如果没有启动进入根文件系统可以重启一次开发板。输入 ls 命令测试，结果如图 35-20 所示。

```
/ # ls
bin      lib      mnt      root     sys      usr
dev      linuxrc  proc     sbin     tmp
/ #
```

图 35-20　ls 命令测试

可以看出 ls 命令工作正常，那么是不是说明 rootfs 就制作成功了呢？大家注意，在进入根文件系统时会有下面这一行错误提示。

```
can't run '/etc/init.d/rcS': No such file or directory
```

提示很简单，无法运行/etc/init.d/rcS 这个文件，因为这个文件不存在。如图 35-21 所示。

```
can't run '/etc/init.d/rcS': No such file or directory

Please press Enter to activate this console.
/ #
```

图 35-21　/etc/init.d/rcS 不存在

35.4　完善根文件系统

35.4.1　创建/etc/init.d/rcS 文件

rcS 是 1 个 shell 脚本，Linux 内核启动以后需要启动一些服务，而 rcS 就是规定启动哪些文件的脚本文件。在 rootfs 中创建/etc/init.d/rcS，然后输入如示例 35-6 所示内容。

示例 35-6 /etc/init.d/rcS 文件

```
1  #!/bin/sh
2
3  PATH=/sbin:/bin:/usr/sbin:/usr/bin:$PATH
4  LD_LIBRARY_PATH=$LD_LIBRARY_PATH:/lib:/usr/lib
5  export PATH LD_LIBRARY_PATH
6
7  mount -a
8  mkdir /dev/pts
9  mount -t devpts devpts /dev/pts
10
11 echo /sbin/mdev > /proc/sys/kernel/hotplug
12 mdev -s
```

第 1 行，这是一个 shell 脚本。

第 3 行，PATH 环境变量保存着可执行文件可能存在的目录，这样我们在执行一些命令或者可执行文件时就不会提示找不到文件这样的错误。

第 4 行，LD_LIBRARY_PATH 环境变量保存着库文件所在的目录。

第 5 行，使用 export 导出上面这些环境变量，相当于声明一些全局变量。

第 7 行，使用 mount 命令挂载所有的文件系统，这些文件系统由/etc/fstab 指定，所以还要创建/etc/fstab 文件。

第 8 和 9 行，创建目录/dev/pts，然后将 devpts 挂载到/dev/pts 目录中。

第 11 和 12 行，使用 mdev 来管理热插拔设备，通过这两行，Linux 内核就可以在/dev 目录下自动创建设备节点。关于 mdev 的详细内容可以参考 busybox 中的 docs/mdev. txt 文档。

示例 35-6 中的 rcS 文件内容是最精简的，Ubuntu 或者其他大型 Linux 操作系统中的 rcS 文件会非常复杂。初次学习，不使用这么复杂的代码。

创建好文件/etc/init. d/rcS 后一定要给其可执行权限。

使用如下命令给予/ec/init. d/rcS 可执行权限。

```
chmod 777 rcS
```

Linux 内核重新启动以后如图 35-22 所示。

```
mount: can't read '/etc/fstab': No such file or directory
/etc/init.d/rcS: line 11: can't create /proc/sys/kernel/hotplug: nonexistent directory
mdev: /sys/dev: No such file or directory

Please press Enter to activate this console.
/ #
```

图 35-22 Linux 启动过程

从图 35-22 可以看到，提示找不到/etc/fstab 文件，还有一些其他的错误，先把/etc/fstab 这个错误解决。mount -a 挂载所有根文件系统时需要读取/etc/fstab，因为/etc、fstab 中定义了该挂载哪些文件，接下来创建/etc/fstab。

35.4.2 创建/etc/fstab 文件

在 rootfs 中创建/etc/fstab 文件，fstab 在 Linux 开机以后自动配置那些需要自动挂载的分区，格式如下所示。

```
<file system>    <mount point>    <type>    <options>    <dump>    <pass>
```

<file system>：要挂载的特殊设备，也可以是块设备，比如/dev/sda 等。

<mount point>：挂载点。

<type>：文件系统类型，比如 ext2、ext3、proc、romfs、tmpfs 等。

<options>：挂载选项，在 Ubuntu 中输入 man mount 命令可以查看具体的选项。一般使用 defaults，也就是默认选项。defaults 包含了 rw、suid、dev、exec、auto、nouser 和 async。

<dump>：为 1 允许备份，为 0 不备份。一般不备份，因此设置为 0。

<pass>：磁盘检查设置，为 0 表示不检查。根目录/设置为 1，其他的都不能设置为 1，分区从 2 开始。一般不在 fstab 中挂载根目录，设置为 0。

按照上述格式，在 fstab 文件中输入如示例 35-7 所示内容。

示例 35-7 /etc/fstab 文件

```
1 #<file system>  <mount point>    <type>     <options>    <dump>  <pass>
2 proc             /proc            proc         defaults     0        0
3 tmpfs            /tmp             tmpfs        defaults     0        0
4 sysfs            /sys             sysfs        defaults     0        0
```

fstab 文件创建完成以后重新启动 Linux，结果如图 35-23 所示。

```
VFS: Mounted root (nfs filesystem) on device 0:14.
devtmpfs: mounted
Freeing unused kernel memory: 396K (809ab000 - 80a0e000)

Please press Enter to activate this console.
/ #
/ #
```

图 35-23 Linux 启动过程

启动成功，而且没有任何错误提示。接下来还需要创建一个文件/etc/inittab。

35.4.3 创建/etc/inittab 文件

inittab 的详细内容可以参考 busybox 下的文件 examples/inittab。init 程序会读取/etc/inittab 这个文件，inittab 由若干条指令组成。每条指令的结构都是一样的，由“:”分隔的 4 个段组成，格式如下所示。

```
<id>:<runlevels>:<action>:<process>
```

<id>：每个指令的标识符，不能重复。但是对于 busybox 的 init 来说，<id>有着特殊意义。对于 busybox 而言<id>用来指定启动进程的控制 tty，一般将串口或者 LCD 屏幕设置为控制 tty。

<**runlevels**>：对 busybox 来说此项完全没用，所以空着。

<**action**>：动作，用于指定<process>可能用到的动作。busybox 支持的动作如表 35-1 所示。

表 35-1　动作

动　作	描　述
sysinit	在系统初始化时 process 才会执行一次
respawn	当 process 终止以后马上启动一个新的
askfirst	和 respawn 类似，在运行 process 之前在控制台上显示 Please press Enter to activate this console.。只要用户按下 Enter 键以后才会执行 process
wait	告诉 init，要等待相应的进程执行完以后才能继续执行
once	仅执行一次，而且不会等待 process 执行完成
restart	当 init 重启时才会执行 procee
ctrlaltdel	当按下 ctrl＋alt＋del 组合键才会执行 process
shutdown	关机时执行 process

<**process**>：具体的动作，比如程序、脚本或命令等。

参考 busybox 的 examples/inittab 文件，创建一个/etc/inittab，输入如示例 35-8 所示内容。

示例 35-8　/etc/inittab 文件

```
1 #etc/inittab
2 ::sysinit:/etc/init.d/rcS
3 console::askfirst:-/bin/sh
4 ::restart:/sbin/init
5 ::ctrlaltdel:/sbin/reboot
6 ::shutdown:/bin/umount -a -r
7 ::shutdown:/sbin/swapoff -a
```

第 2 行，系统启动以后运行/etc/init.d/rcS。

第 3 行，将 console 作为控制台终端，也就是 ttymxc0。

第 4 行，重启然后运行/sbin/init。

第 5 行，按下 Ctrl + Alt + Del 组合键然后运行/sbin/reboot，Ctrl + Alt + Del 组合键用于重启系统。

第 6 行，关机时执行/bin/umount，卸载各个文件系统。

第 7 行，关机时执行/sbin/swapoff，关闭交换分区。

/etc/inittab 文件创建好以后重启开发板即可。至此，根文件系统要创建的文件已全部完成。接下来就要对根文件系统进行其他的测试，比如自己编写的软件运行是否正常，是否支持软件开机自启动，中文支持是否正常，以及能不能链接等。

35.5　根文件系统其他功能测试

35.5.1　软件运行测试

使用 Linux 的目的就是运行自己的软件，我们编译的应用软件一般都使用动态库，使用动态库的话应用软件体积就很小，但是得提供库文件，库文件已经添加到了根文件系统中。我们编写一个小小的测试软件来测试一下库文件是否工作正常，在根文件系统下创建一个名为 drivers 的文件夹，以后学习 Linux 驱动时就把所有的实验文件放到这个文件夹中。

在 ubuntu 下使用 vim 编辑器新建一个 hello.c 文件，在 hello.c 中输入如示例 35-9 所示内容。

示例 35-9　hello.c 文件

```c
#include <stdio.h>

int main(void)
{
    while(1) {
        printf("hello world!\r\n");
        sleep(2);
    }
    return 0;
}
```

hello.c 内容很简单，就是循环输出 hello world，sleep 相当于 Linux 的延时函数，单位为秒，所以 sleep(2)就是延时 2 秒。代码在 ARM 芯片上运行，所以使用 arm-linux-gnueabihf-gcc 编译，命令如下所示。

```
arm-linux-gnueabihf-gcc hello.c -o hello
```

使用 arm-linux-gnueabihf-gcc 将 hello.c 编译为 hello 可执行文件。这个 hello 可执行文件究竟是不是 ARM 使用的呢？使用 file 命令查看文件类型以及编码格式。

```
file hello      //查看 hello 的文件类型以及编码格式
```

结果如图 35-24 所示。

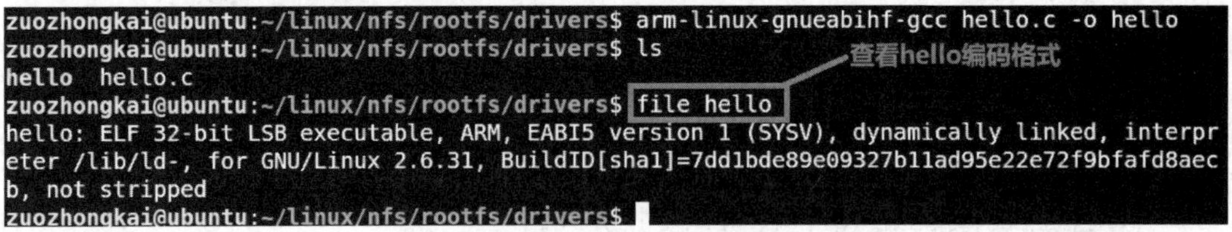
zuozhongkai@ubuntu:~/linux/nfs/rootfs/drivers$ arm-linux-gnueabihf-gcc hello.c -o hello
zuozhongkai@ubuntu:~/linux/nfs/rootfs/drivers$ ls
查看hello编码格式
hello hello.c
zuozhongkai@ubuntu:~/linux/nfs/rootfs/drivers$ file hello
hello: ELF 32-bit LSB executable, ARM, EABI5 version 1 (SYSV), dynamically linked, interpr
eter /lib/ld-, for GNU/Linux 2.6.31, BuildID[sha1]=7dd1bde89e09327b11ad95e22e72f9bfafd8aec
b, not stripped
zuozhongkai@ubuntu:~/linux/nfs/rootfs/drivers$

图 35-24　查看 hello 编码格式

从图 35-24 可以看出，输入 file hello 输出了如下所示信息。

```
hello: ELF 32-bit LSB executable, ARM, EABI5 version 1 (SYSV), dynamically linked……
```

hello 是 32 位的 LSB 可执行文件，ARM 架构，并且是动态链接的。所以编译出来的 hello 文件没有问题。将其复制到 rootfs/drivers 目录下，在开发板中输入如下命令执行这个可执行文件。

```
cd /drivers          //进入 drivers 目录
./hello              //执行 hello
```

结果如图 35-25 所示。

```
/ # cd drivers/
/drivers # ls
hello
/drivers # ./hello
hello world!
hello world!
hello world!
hello world!
hello world!
^C
/drivers #
```

执行hello

运行结果

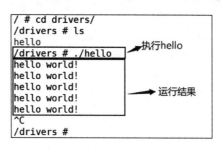

图 35-25　hello 运行结果

可以看出，hello 这个软件运行正常，说明根文件系统中的共享库是没问题的，要想终止 hello 的运行，按下 Ctrl+C 组合键即可。此时大家应该能感觉到，hello 执行时终端是没法用的，除非使用 Ctrl+C 关闭 hello，那么有没有办法让 hello 正常运行，而且终端还可以正常使用？让 hello 进入后台运行就可以解决，运行软件时加上 & 即可，比如./hello & 就可以让 hello 在后台运行。在后台运行的软件可以使用 kill -9 pid(进程 ID)命令关闭，首先使用 ps 命令查看要关闭的软件 PID 是多少，然后查看所有当前正在运行的进程，给出进程的 PID。输入 ps 命令，结果如图 35-26 所示。

```
   54 root       0:00 [ipv6_addrconf]
   55 root       0:00 [mmcqd/1]
   56 root       0:00 [mmcqd/1boot0]
   57 root       0:00 [deferwq]
   58 root       0:00 [irq/202-imx_the]
   59 root       0:00 [mmcqd/1boot1]
   60 root       0:00 [mmcqd/1rpmb]
   62 root       0:00 [kworker/0:1H]
   69 root       0:00 vsftpd
   71 root       0:00 -/bin/sh
   72 root       0:00 init
   80 root       0:00 sshd: /sbin/sshd [listener] 0 of 10-100 startups
   83 root       0:00 [kworker/0:1]
   84 root       0:00 [kworker/0:2]
   86 root       0:00 ./hello
   87 root       0:00 ps
```

图 35-26　ps 命令结果

从图 35-26 可以看出，hello 对应的 PID 为 86，使用如下命令关闭在后台运行的 hello 软件。

```
kill -9 166
```

因为 hello 在不断地输出 hello world，输入看起来会被打断，其实并没有。因为我们是输入，而 hello 是输出。在数据流上是没有打断的，只是看起来好像被打断了，所以只管输入 kill -9 166 即可。hello 被 kill 以后会有提示，如图 35-27 所示。

再用 ps 命令查看当前的进程，发现没有 hello 了。这个就是 Linux 下的软件后台运行以及如何关闭软件的方法，重点就是 3 个操作：软件后面加“&”，使用 ps 查看要关闭的软件 PID，使用 kill -9 pid 关闭指定的软件。

```
[1]+  Killed                    ./hello
/drivers #
```

图 35-27　提示 hello 被 kill 掉

35.5.2　中文字符测试

在 ubuntu 中的 rootfs 目录下新建一个名为“中文测试”的文件夹，然后在 SecureCRT 下查看中文名能否正确显示。输入 ls 命令，结果如图 35-28 所示。

```
/ # ls
bin          etc          mnt          sbin         usr
dev          lib          proc         sys          中文测试
drivers      linuxrc      root         tmp
/ #
```

图 35-28　中文文件夹测试

可以看出文件夹显示正常，接着 touch 命令在此文件夹中新建一个名为“测试文档. txt”的文件，并且使用 vim 编辑器输入“这是一个中文测试文件”，以此来测试中文文件名和中文内容是否显示正常。在 MobaXterm 中使用 cat 命令查看“测试文档. txt”中的内容，结果如图 35-29 所示。

```
/ # cd 中文测试
/中文测试 # ls
测试文档.txt
/中文测试 # cat 测试文档.txt
这是一个中文测试文件
/中文测试 #
```

使用cat命令查看"测试文档.txt"中的内容

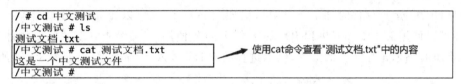

图 35-29　中文文档内容显示

“测试文档. txt”的中文内容显示正确，而且中文路径也完全正常，说明根文件系统已经完美支持中文了。

35.5.3　开机自启动测试

在 35.5.1 节测试 hello 软件时都是等 Linux 启动进入根文件系统以后手动输入命令. /hello 来完成的。一般做好产品以后，都是需要开机自动启动相应的软件，本节以 hello 这个软件为例，讲解如何实现开机自启动。进入根文件系统时会运行/etc/init. d/rcS 这个 shell 脚本，因此可以在这个脚本中添加自启动相关内容。添加完成以后的/etc/init. d/rcS 文件内容如示例 35-10 所示。

示例 35-10　rcS 文件代码

```
#!/bin/sh
PATH=/sbin:/bin:/usr/sbin:/usr/bin
LD_LIBRARY_PATH=$LD_LIBRARY_PATH:/lib:/usr/lib
runlevel=S
umask 022
export PATH LD_LIBRARY_PATH runlevel

mount -a
```

```
9 mkdir /dev/pts
10 mount -t devpts devpts /dev/pts
11
12 echo /sbin/mdev > /proc/sys/kernel/hotplug
13 mdev -s
14
15 #开机自启动
16 cd /drivers
17 ./hello &
18 cd /
```

第 16 行，进入 drivers 目录，因为要启动的软件存放在 drivers 目录下。

第 17 行，以后台方式执行 hello 软件。

第 18 行，退出 drivers 目录，进入到根目录下。

自启动代码添加完成以后就可以重启开发板，看看 hello 这个软件会不会自动运行。结果如图 35-30 所示。

```
VFS: Mounted root (nfs filesystem) on device 0:14.
devtmpfs: mounted
Freeing unused kernel memory: 396K (809ab000 - 80a0e000)

Please press Enter to activate this console. hello world!
hello world!
hello world!
hello world!
hello world!
```

hello软件开始运行

图 35-30　hello 开机自启动

hello 开机自动运行了，说明开机自启动成功。

35.5.4　外网连接测试

测试方法很简单，通过 ping 命令连接百度的官网，输入如下命令。

```
ping www.baidu.com
```

结果如图 35-31 所示。

```
/ # ping www.baidu.com
ping: bad address 'www.baidu.com'
/ #
```

图 35-31　ping 测试结果

可以看出，测试失败，提示此网址不对，显然已有的网址是正确的。之所以出现这个错误提示是因为此网址的地址解析失败，并没有解析出其对应的 IP 地址。我们需要配置域名解析服务器的 IP 地址，其可以设置为所处网络的网关地址，比如 192.168.1.1。也可以设置为 114.114.114.114，这个是运营商的域名解析服务器地址。

在 rootfs 中新建文件/etc/resolv.conf，然后输入如示例 35-11 所示内容。

示例 35-11　resolv. conf 文件内容

```
nameserver 114.114.114.114
nameserver 192.168.1.1
```

设置很简单,nameserver 表示这是域名服务器,设置了两个域名服务器地址：114.114.114.114 和 192.168.1.1,大家也可以改为其他的域名服务器试试。如果使用 udhcpc 命令自动获取 IP 地址,udhcpc 命令会修改 nameserver 的值,一般将其设置为对应的网关地址。修改好以后保存退出,重启开发板。重启以后重新 ping 一下百度官网,结果如图 35-32 所示。

```
/ # ping www.baidu.com
PING www.baidu.com (14.215.177.39): 56 data bytes
64 bytes from 14.215.177.39: seq=0 ttl=56 time=6.872 ms
64 bytes from 14.215.177.39: seq=1 ttl=56 time=6.350 ms
64 bytes from 14.215.177.39: seq=2 ttl=56 time=6.722 ms
^C
--- www.baidu.com ping statistics ---
3 packets transmitted, 3 packets received, 0% packet loss
round-trip min/avg/max = 6.350/6.648/6.872 ms
/ #
```

图 35-32　ping 百度官网结果

可以看出 ping 百度官网成功了,域名也解析成功。至此,根文件系统就彻底地制作完成,将其打包保存好,防止以后做实验时根文件系统被破坏而从头再来。uboot、Linux Kernel、rootfs 共同构成了一个完整的可以正常运行的 Linux 系统。

第36章

系统烧写

前面已经移植好了 uboot 和 linux kernle,并制作好了根文件系统。但是移植都是通过网络来测试的,在实际的产品开发中不会这样测试。因此需要将 uboot、linux Kernel、. dtb(设备树)和 rootfs 烧写到板子上的 EMMC、NAND 或 QSPI Flash 等存储设备上,这样不管有没有网络,产品都可以正常运行。本章就来学习如何使用 NXP 官方提供的 MfgTool 工具,使用 USB OTG 接口烧写系统。

36.1 MfgTool 工具简介

MfgTool 工具是 NXP 提供的专门给 I. MX 系列 CPU 烧写系统的软件,可以在 NXP 官网下载。此工具已经放到了本书资源中,路径为"5、开发工具→3、NXP 官方原版 MFG_TOOL 烧写工具→L4. 1. 15_2. 0. 0-ga_mfg-tools. tar"。此软件在 Windows 下使用,这一点非常友好。将此压缩包进行解压后,会出现一个名为 L4. 1. 15_2. 0. 0-ga_mfg-tools 的文件夹,进入此文件夹内容如图 36-1 所示。

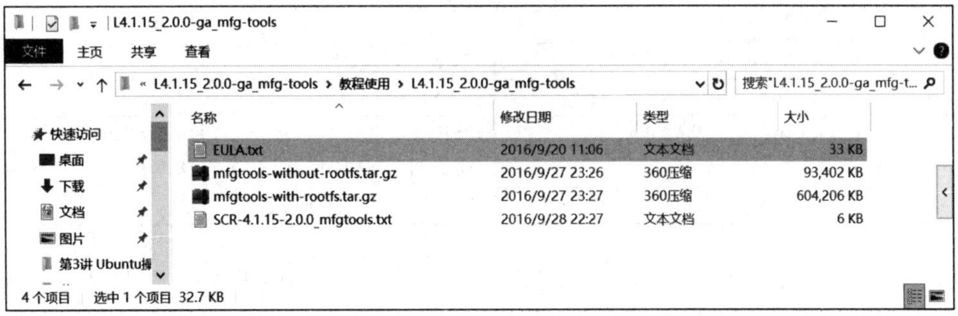

图 36-1 mfg_tools 工具目录

从图 36-1 可以看出,有两个. txt 文件和两个. gz 压缩包。重点是这两个. gz 压缩包,名为 without-rootfs 和 with-rootfs,一个带 rootfs,另一个不带 rootfs。我们肯定要烧写文件系统,所以选择 mfgtools-with-rootfs. tar. gz 这个压缩包,继续对其解压,出现一个名为 mfgtools-with-rootfs 的文件夹，它包含我们需要的烧写工具。

进入目录 mfgtools-with-rootfs\mfgtools 中，如图 36-2 所示。

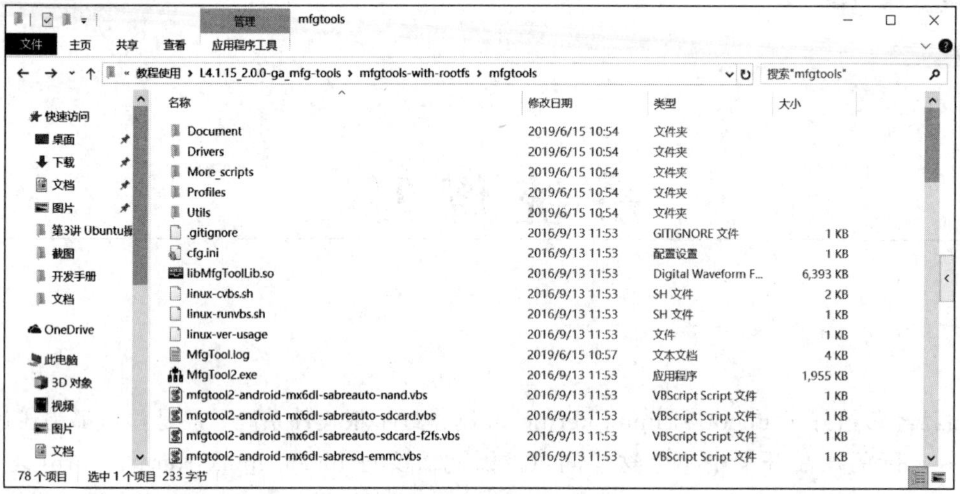

图 36-2　mfgtools 目录内容

我们只关心 Profiles 文件夹，烧写文件会放在这里。MfgTool2.exe 就是烧写软件，但是我们不会直接打开这个软件烧写，mfg_tools 不仅能烧写 I.MX6U，而且也能给 I.MX7、I.MX6Q 等芯片烧写。烧写之前必须要进行配置，指定烧写的是什么芯片，烧写到哪里去。

表 36-1 中的.vbs 文件就是配置脚本，双击这些.vbs 文件打开烧写工具。这些.vbs 烧写脚本既可以根据处理器的不同，由用户选择向 I.MX6D、I.MX6Q、I.MX6S、I.MX7、I.MX6UL 和 I.MX6ULL 中的任一款芯片烧写系统，也可以根据存储芯片的不同，选择向 EMMC、NAND 或 QSPI Flash 等任一种存储设备烧写，功能非常强大。向 I.MX6U 烧写系统，参考表 36-1 所示的 5 个烧写脚本。

表 36-1　I.MX6U 使用的烧写脚本

脚本文件	描述
mfgtool2-yocto-mx-evk-emmc.vbs	EMMC 烧写脚本
mfgtool2-yocto-mx-evk-nand.vbs	NAND 烧写脚本
mfgtool2-yocto-mx-evk-qspi-nor-n25q256a.vbs	QSPI Flash 烧写脚本，型号为 n25q256a
mfgtool2-yocto-mx-evk-sdcard-sd1.vbs	如果 SD1 和 SD2 接 SD 卡，这两个文件分别向 SD1 和 SD2 上的 SD 卡烧写系统
mfgtool2-yocto-mx-evk-sdcard-sd2.vbs	

其他的.vbs 烧写脚本用不到，因此可以删除。本书使用 EMMC 版核心板，只会用到 mfgtool2-yocto-mx-evk-emmc.vbs 这个烧写脚本，选用其他的核心板请参考相应的烧写脚本。

36.2　MfgTool 工作原理简介

MfgTool 只是 1 个工具，具体的原理不需要深研，知道工作流程就行。

36.2.1 烧写方式

1. 连接 USB 线

MfgTool 是通过 USB OTG 接口将系统烧写进 EMMC 中的，I. MX6U-ALPHA 开发板上的 USB OTG 口如图 36-3 所示。

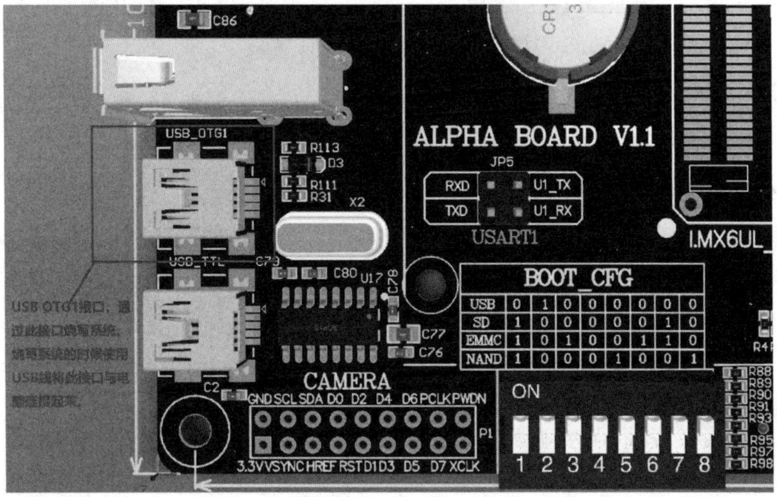

图 36-3 USB OTG1 接口

在烧写之前，需要先用 USB 线将图 36-3 中的 USB_OTG1 接口与计算机连接起来。

2. 拨码开关拨到 USB 下载模式

将图 36-3 中的拨码开关拨到“USB”模式，如图 36-4 所示。

如果插了 TF 卡，请弹出 TF 卡，否则计算机不能识别 USB。等识别出来以后再插上 TF 卡，一切准备就绪后，按下开发板的复位键，进入到 USB 模式。如果是第一次进入 USB 模式时间会久一点，不需要安装驱动，计算机右下角有如图 36-5 所示提示。

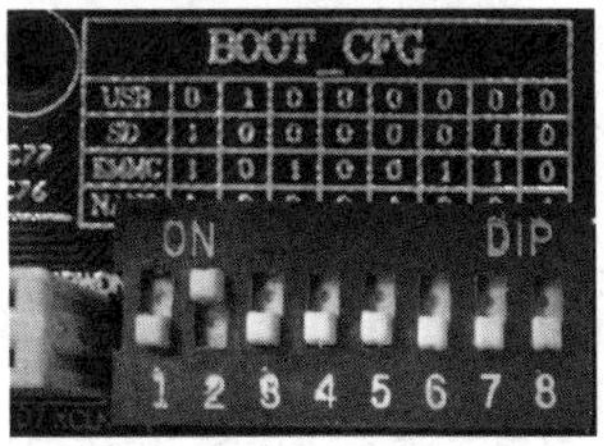

图 36-4 USB 下载模式

图 36-5 第一次进入 USB 模式

第一次设置好设备后，后面的每次连接都不会有任何提示了，可以开始烧写系统。

36.2.2 系统烧写原理

开发板连接计算机以后双击 mfgtool2-yocto-mx-evk-emmc. vbs，打开下载对话框，如图 36-6 所示。

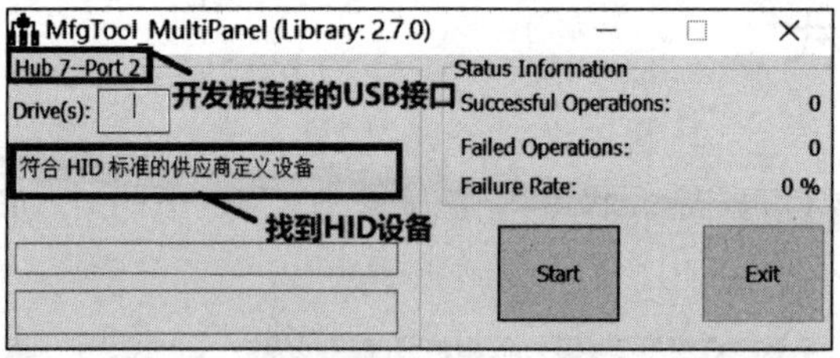

图 36-6 MfgTool 工具界面

如果出现"符合 HID 标准的供应商定义设备"就说明连接正常,可以进行烧写,否则检查连接是否正确。单击 Start 按钮即可开始烧写 uboot、Linux Kernel、.dtb 和 rootfs,这 4 个文件应该放到哪里,MfgTool 才能正常访问呢?进入如下目录中。

```
L4.1.15_2.0.0-ga_mfg-tools/mfgtools-with-rootfs/mfgtools/Profiles/Linux/OS Firmware
```

此目录中的文件如图 36-7 所示。

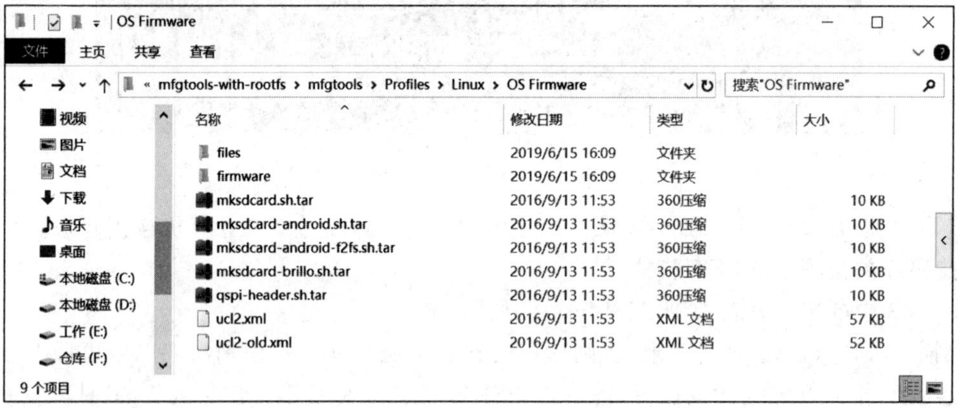

图 36-7 OS Firmware 文件夹内容

文件夹 OS Firmware 是存放系统固件的,我们重点关注 files、firmware,以及 ucl2.xml 这个文件。MfgTool 烧写的原理如下:MfgTool 先通过 USB OTG 将 uboot、Kernel 和.dtb(设备树)文件下载到开发板的 DDR 中,注意不需要下载 rootfs,相当于直接在开发板的 DDR 上启动 Linux 系统。等 Linux 系统启动以后,再向 EMMC 中烧写完整的系统,包括 uboot、linux Kernel、.dtb(设备树)和 rootfs,因此 MfgTool 工作过程主要分两个阶段。

(1) 将 firmware 目录中的 uboot、linux Kernel 和.dtb(设备树)通过 USB OTG 下载到开发板的 DDR 中,启动 Linux 系统,为后面的烧写做准备。

(2) 经过第(1)步的操作,此时 Linux 系统已经运行起来,然后完成对 EMMC 的格式化、分区等操作。接着从 files 中读取要烧写的 uboot、linux Kernel、.dtb(设备树)和 rootfs 文件,将其烧写到 EMMC 中。

1. firmeare 文件夹

打开 firmware 文件夹,重点关注表 36-2 中的这 3 个文件。

表 36-2 I. MX6ULL EVK 开发板使用的系统文件

脚本文件	描 述
zImage	NXP 官方 I. MX6ULL EVK 开发板的 Linux 镜像文件
u-boot-imx6ull14x14evk_emmc. imx	NXP 官方 I. MX6ULL EVK 开发板的 uboot 文件
zImage-imx6ull-14x14-evk-emmc. dtb	NXP 官方 I. MX6ULL EVK 开发板的设备树

它们是 I. MX6ULL EVK 开发板烧写系统时第一阶段所需的文件。烧写系统需要用我们编译出来的 zImage、u-boot. imx 和 imx6ull-alientek-emmc. dtb 这 3 个文件替换掉表 36-1 中的这 3 个文件。但是名字要和表 36-2 中的一致，先将 u-boot. imx 重命名为 u-boot-imx6ull14x14evk_emmc. imx，再将 imx6ull-alientek-emmc. dtb 重命名为 zImage-imx6ull-14x14-evk-emmc. dtb。

2. files 文件夹

第二阶段从 files 目录中读取整个系统文件，并将其烧写到 EMMC 中。files 目录中的文件和 firmware 目录中的相似，都是不同板子对应的 uboot、设备树文件。同样，只关心表 36-3 中的 4 个文件。

表 36-3 I. MX6ULL EVK 开发板烧写文件

脚本文件	描 述
zImage	NXP 官方 I. MX6ULL EVK 开发板的 Linux 镜像文件
u-boot-imx6ull14x14evk_emmc. imx	NXP 官方 I. MX6ULL EVK 开发板的 uboot 文件
zImage-imx6ull-14x14-evk-emmc. dtb	NXP 官方 I. MX6ULL EVK 开发板的设备树
rootfs_nogpu. tar. bz2	根文件系统，注意和另外一个 rootfs. tar. bz2 根文件系统区分开；nogpu 表示此根文件系统不包含 GPU 的内容，I. MX6ULL 没有 GPU，因此要使用此根文件系统

同上，需要用我们编译出来的 zImage、u-boot. imx、imx6ull-alientek-emmc. dtb 和 rootfs 这 4 个文件替换掉表 36-3 中的全部文件。

3. ucl2. xml 文件

files 和 firmware 目录下有众多的 uboot 和设备树，那么烧写时究竟选择哪一个？这个工作就是由 ucl2. xml 文件来完成的。ucl2. xml 以< UCL >开始，以</UCL >结束。< CFG >和</CFG >之间配置相关内容，主要判断当前是给 I. MX 系列的哪个芯片烧写系统。< LIST >和</LIST >之间则是针对不同存储芯片的烧写命令。整体框架如示例 36-1 所示。

示例 36-1 ucl2. xml 框架

```
<UCL>
    <CFG>
    ...
    <!-- 判断向 I.MX 系列的哪个芯片烧写系统 -->
    ...
    </CFG>

    <LIST name = "SDCard" desc = "Choose SD Card as media">
```

```
    <!-- 向 SD 卡烧写 Linux 系统 -->
    </LIST>

    <LIST name="eMMC" desc="Choose eMMC as media">
    <!-- 向 EMMC 烧写 Linux 系统 -->
    </LIST>

    <LIST name="Nor Flash" desc="Choose Nor flash as media">
    <!-- 向 Nor Flash 烧写 Linux 系统 -->
    </LIST>

    <LIST name="Quad Nor Flash" desc="Choose Quad Nor flash as media">
    <!-- 向 Quad Nor Flash 烧写 Linux 系统 -->
    </LIST>

    <LIST name="NAND Flash" desc="Choose NAND as media">
    <!-- 向 NAND Flash 烧写 Linux 系统 -->
    </LIST>

    <LIST name="SDCard-Android" desc="Choose SD Card as media">
    <!-- 向 SD 卡烧写 Android 系统 -->
    </LIST>

    <LIST name="eMMC-Android" desc="Choose eMMC as media">
    <!-- 向 EMMC 烧写 Android 系统 -->
    </LIST>

    <LIST name="Nand-Android" desc="Choose NAND as media">
    <!-- 向 NAND Flash 烧写 Android 系统 -->
    </LIST>

    <LIST name="SDCard-Brillo" desc="Choose SD Card as media">
    <!-- 向 SD 卡烧写 Brillo 系统 -->
    </LIST>
</UCL>
```

ucl2.xml 首先会判断当前要向 I.MX 系列的哪个芯片烧写系统，内容如示例 36-2 所示。

示例 36-2　判断要烧写的处理器型号

```
<CFG>
  <STATE name="BootStrap" dev="MX6SL" vid="15A2" pid="0063"/>
  <STATE name="BootStrap" dev="MX6D" vid="15A2" pid="0061"/>
  <STATE name="BootStrap" dev="MX6Q" vid="15A2" pid="0054"/>
  <STATE name="BootStrap" dev="MX6SX" vid="15A2" pid="0071"/>
  <STATE name="BootStrap" dev="MX6UL" vid="15A2" pid="007D"/>
  <STATE name="BootStrap" dev="MX7D" vid="15A2" pid="0076"/>
  <STATE name="BootStrap" dev="MX6ULL" vid="15A2" pid="0080"/>
  <STATE name="Updater"   dev="MSC" vid="066F" pid="37FF"/>
</CFG>
```

通过读取芯片的 VID 和 PID，即可判断出当前要烧写什么处理器的系统。如果 VID＝

0X15A2,PID=0080,则要给 I. MX6ULL 烧写系统。然后确定向什么存储设备烧写系统,这个时候要请 mfgtool2-yocto-mx-evk-emmc. vbs 再次登场,此文件内容如示例 36-3 所示。

示例 36-3 mfgtool2-yocto-mx-evk-emmc. vbs 文件内容

```
Set wshShell = CreateObject("WScript.shell")
wshShell.run "mfgtool2.exe - c ""linux"" - l ""eMMC"" - s ""board = sabresd"" - s ""mmc = 1"" - s ""
6uluboot = 14x14evk"" - s ""6uldtb = 14x14 - evk"""
Set wshShell = Nothing
```

重点是 wshShell. run 这一行,调用了 mfgtool2. exe 这个软件,并且还给出了一堆参数。其中,eMMC 说明是向 EMMC 烧写系统。wshShell. run 后面还有一些参数,它们都有对应的值,如下所示。

```
board = sabresd
mmc = 1
6uluboot = 14x14evk
6uldtb = 14x14 - evk
```

回到 ucl2. xml 中,直接在 ucl2. xml 中找到相应的烧写命令即可。以 uboot 的烧写为例讲解过程,前面说了烧写分两个阶段,第一阶段是通过 USB OTG 向 DDR 中下载系统,第二阶段才是正常的烧写。通过 USB OTG 向 DDR 下载 uboot 的命令如示例 36-4 所示。

示例 36-4 通过 USB OTG 下载 uboot

```
<CMD state = "BootStrap" type = "boot" body = "BootStrap" file = "firmware/u - boot - imx6ul % lite % %
6uluboot % _emmc.imx" ifdev = "MX6ULL"> Loading U - boot
</CMD>
```

上面的命令就是 BootStrap 阶段,即第一阶段。file 表示要下载的文件位置,在 firmware 目录下,文件名如下所示。

```
u - boot - imx6ul % lite % % 6uluboot % _emmc.imx
```

在 L4. 1. 15_2. 0. 0-ga_mfg-tools/mfgtools-with-rootfs/mfgtools-with-rootfs/mfgtools 下找到 cfg. ini 文件,查看 cfg. ini 文件可得到 lite=1 以及一些字符串代表的值。

%lite%和%6uluboot%分别表示取 lite 和 6uluboot 的值,而 lite=1,6uluboot=14x14evk,因此将这个值代入后如下所示。

```
u - boot - imx6ull14x14evk _emmc.imx
```

向 DDR 中下载的是 firmware/u-boot-imx6ull14x14evk _emmc. imx 这个 uboot 文件。同样的方法将. dtb(设备树)和 zImage 都下载到 DDR 中后,就会跳转运行 OS,这个时候在 MfgTool 工具中会有 Jumping to OS image 提示语句,ucl2. xml 中的跳转命令如示例 36-5 所示。

示例 36-5 跳转到 OS

```
<CMD state = "BootStrap" type = "jump" > Jumping to OS image. </CMD>
```

启动 Linux 系统以后就可以在 EMMC 上创建分区，然后烧写 uboot、zImage、. dtb（设备树）和根文件系统。

MfgTool 的整个烧写原理解析完毕，至此大家可以将 NXP 官方的系统烧写到正点原子的 I. MX6U-ALPHA 开发板中。

36.3 烧写 NXP 官方系统

烧写步骤如下所示。

① 连接好 USB，拨码开关到 USB 下载模式。

② 弹出 TF 卡，然后按下开发板复位按键。

③ 打开 MobaXterm。

④ 双击 mfgtool2-yocto-mx-evk-emmc. vbs，打开下载软件，如果出现“符合 HID 标准的供应商定义设备”等字样，就说明下载软件已经准备就绪。单击 Start 按钮，烧写 NXP 官方系统，烧写过程如图 36-8 所示。

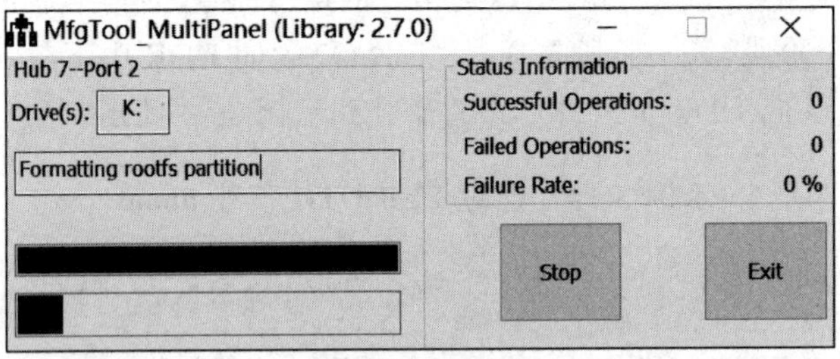

图 36-8　烧写过程

这个时候可以在 MobaXterm 上看到具体的烧写过程，如图 36-9 所示。

图 36-9　正在烧写的文件

等待烧写完成，因为 NXP 官方的根文件系统比较大，耗时会久一点。烧写完成以后 MfgTool 软件如图 36-10 所示。

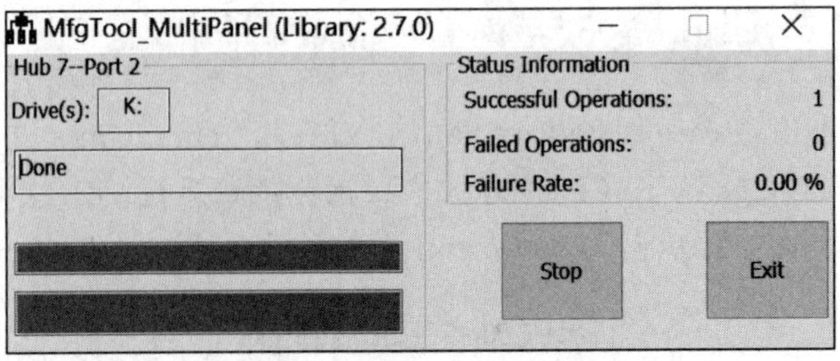

图 36-10　烧写完成

烧写完成以后单击 Stop 按钮停止烧写，然后单击 Exit 键退出。拔出 USB 线，将开发板上的拨码开关拨到 EMMC 启动模式，重启开发板，此时系统会从 EMMC 启动。只是启动以后的系统是 NXP 官方给 I. MX6ULL EVK 开发板制作的，这个系统需要输入用户名，用户名为 root，没有密码，如图 36-11 所示。

```
Starting crond: OK
Running local boot scripts (/etc/rc.local).

Freescale i.MX Release Distro 4.1.15-2.0.0 imx6ul7d /dev/ttymxc0

imx6ul7d login:
```

图 36-11　NXP 官方根文件系统

在 imx6ul7d login：后面输入 root 用户名，单击 Enter 键即可进入系统进行其他操作。

36.4　烧写自制的系统

36.4.1　系统烧写

本小节来学习如何将我们做好的系统烧写到开发板中，首先准备好要烧写的原材料。

(1) 自己移植编译出来的 uboot 可执行文件：u-boot. imx。

(2) 自己移植编译出来的 zImage 镜像文件和开发板对应的. dtb(设备树)，对于 I. MX6U-ALPHA 开发板来说就是 imx6ull-alientek-emmc. dtb。

(3) 自己构建的根文件系统 rootfs，进入到 Ubuntu 中的 rootfs 目录中，然后使用 tar 命令对其进行打包，命令如下所示。

```
cd rootfs/
tar -vcjf rootfs.tar.bz2 *
```

完成以后会在 rootfs 目录下生成一个名为 rootfs. tar. bz2 的压缩包，将 rootfs. tar. bz2 发送到 Windows 系统中。

将上面提到的这 4 个“原材料”都发送到 Windows 系统中，如图 36-12 所示。

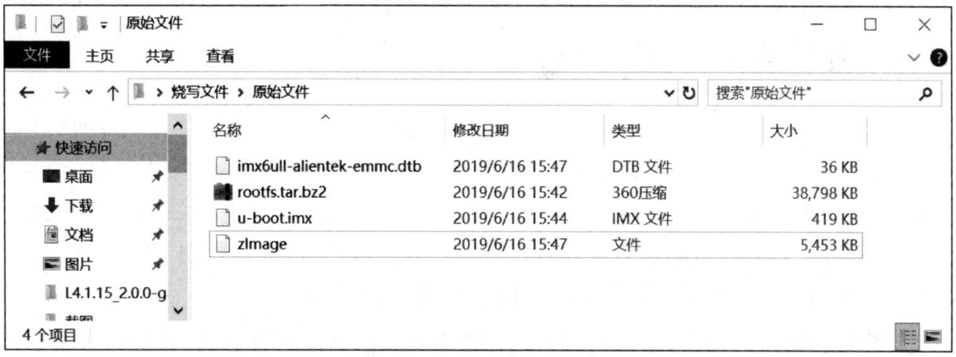

图 36-12　烧写原材料

材料准备好以后还不能直接烧写，必须对其重命名，否则 ucl2. xml 是识别不出来的，图 36-12 中的这 4 个文件重命名如表 36-4 所示。

表 36-4　文件重命名表

原　名　字	重　命　名
u-boot. imx	u-boot-imx6ull14x14evk_emmc. imx
zImage	zImage(不需要重命名)
imx6ull-alientek-emmc. dtb	zImage-imx6ull-14x14-evk-emmc. dtb
rootfs. tar. bz2	rootfs_nogpu. tar. bz2

完成以后如图 36-13 所示。

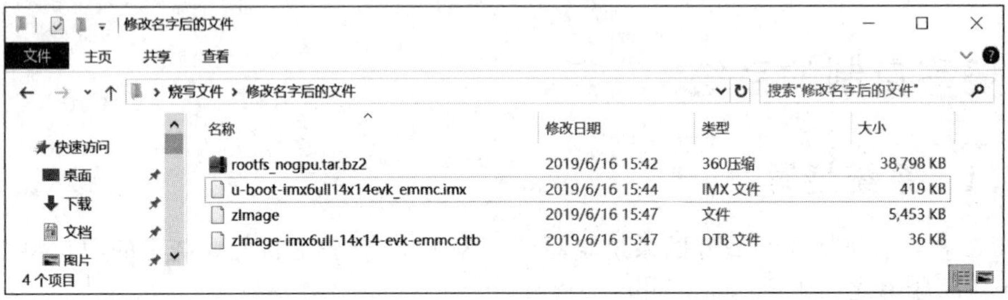

图 36-13　重命名以后的文件

接下来用我们的文件替换掉 NXP 官方的文件，先将图 36-13 中的 zImage、u-boot-imx6ull14x14evk_emmc. imx 和 zImage-imx6ull-14x14-evk-emmc. dtb 复制到 mfgtools-with-rootfs/mfgtools/Profiles/Linux/OS Firmware/firmware 目录中，替换掉原来的文件。然后将图 36-13 中的 4 个文件都复制到 mfgtools-with-rootfs/mfgtools/Profiles/Linux/OS Firmware/files 目录中，这两个操作完成以后准备烧写。

双击 mfgtool2-yocto-mx-evk-emmc. vbs，打开烧写软件，单击 Start 按钮开始烧写，由于我们自己制作的 rootfs 比较小，因此烧写速度会快一点。烧写完成以后设置开发板从 EMMC 启动，测试是否有问题。

注意：一旦自己改造的 mfgtools 工具能够正常烧写系统，那么 mfgtools-with-rootfs/mfgtools/Profiles/Linux/OS Firmware/firmware 目录下的文件以后就不能再修改，否则可能导致烧写失败。

36.4.2　网络开机自启动设置

大家在测试网络时可能会发现网络不能用，这并不是因为烧写到 EMMC 中后网络坏了。仅仅是因为网络没有打开，我们用 NFS 挂载根文件系统时要使用 NFS 服务，因此 Linux 内核会打开 eth0 这个网卡，现在不使用此功能，因此 Linux 内核也就不会自动打开 eth0 网卡了。我们可以手动打开网卡，首先输入 ifconfig -a 命令查看 eth0 和 eth1 是否都存在，结果如图 36-14 所示。

可以看出，eth0 和 eth1 都存在，打开 eth0 网卡并输入如下命令。

```
ifconfig eth0 up
```

弹出如图 36-15 所示的提示信息。

```
/ # ifconfig -a
can0      Link encap:UNSPEC  HWaddr 00-00-00-00-00-00-00-00-00-00-00-00-00-00-00-00
          NOARP  MTU:16  Metric:1
          RX packets:0 errors:0 dropped:0 overruns:0 frame:0
          TX packets:0 errors:0 dropped:0 overruns:0 carrier:0
          collisions:0 txqueuelen:10
          RX bytes:0 (0.0 B)  TX bytes:0 (0.0 B)
          Interrupt:25

eth0      Link encap:Ethernet  HWaddr FA:C8:AC:79:82:2D
          BROADCAST MULTICAST  MTU:1500  Metric:1
          RX packets:0 errors:0 dropped:0 overruns:0 frame:0
          TX packets:0 errors:0 dropped:0 overruns:0 carrier:0
          collisions:0 txqueuelen:1000
          RX bytes:0 (0.0 B)  TX bytes:0 (0.0 B)

eth1      Link encap:Ethernet  HWaddr BE:88:3B:BD:AA:55
          BROADCAST MULTICAST  MTU:1500  Metric:1
          RX packets:0 errors:0 dropped:0 overruns:0 frame:0
          TX packets:0 errors:0 dropped:0 overruns:0 carrier:0
          collisions:0 txqueuelen:1000
          RX bytes:0 (0.0 B)  TX bytes:0 (0.0 B)

lo        Link encap:Local Loopback
          LOOPBACK  MTU:65536  Metric:1
          RX packets:0 errors:0 dropped:0 overruns:0 frame:0
          TX packets:0 errors:0 dropped:0 overruns:0 carrier:0
          collisions:0 txqueuelen:0
          RX bytes:0 (0.0 B)  TX bytes:0 (0.0 B)

sit0      Link encap:IPv6-in-IPv4
          NOARP  MTU:1480  Metric:1
          RX packets:0 errors:0 dropped:0 overruns:0 frame:0
          TX packets:0 errors:0 dropped:0 overruns:0 carrier:0
          collisions:0 txqueuelen:0
          RX bytes:0 (0.0 B)  TX bytes:0 (0.0 B)

/ #
```

图 36-14　查看网络

```
/ # ifconfig eth0 up
fec 20b4000.ethernet eth0: Freescale FEC PHY driver [SMSC LAN8710/LAN8720] (mii_bus:phy_addr=20b4000.
=-1)
IPv6: ADDRCONF(NETDEV_UP): eth0: link is not ready
/ # fec 20b4000.ethernet eth0: Link is Up - 100Mbps/Full - flow control rx/tx
IPv6: ADDRCONF(NETDEV_CHANGE): eth0: link becomes ready

/ #
```

图 36-15　打开 eth0 网卡

打开时会提示使用 LAN8710/LAN8720 的网络芯片，eth0 连接成功，并且是 100Mbps 全双工，eth0 链接准备就绪。这个时候输入 ifconfig 命令就会看到 eth0 网卡，如图 36-16 所示。

```
/ # ifconfig
eth0      Link encap:Ethernet  HWaddr A6:03:69:34:3B:57
          inet6 addr: fe80::a403:69ff:fe34:3b57/64 Scope:Link
          UP BROADCAST RUNNING MULTICAST  MTU:1500  Metric:1
          RX packets:9 errors:0 dropped:1 overruns:0 frame:0
          TX packets:6 errors:0 dropped:0 overruns:0 carrier:0
          collisions:0 txqueuelen:1000
          RX bytes:1120 (1.0 KiB)  TX bytes:508 (508.0 B)

/ #
```

图 36-16　当前工作的网卡

为 eth0 设置 IP 地址，如果开发板连接路由器，那么可以通过路由器自动分配 IP 地址，命令如下所示。

```
udhcpc -i eth0    //通过路由器分配 IP 地址
```

如果开发板连接着计算机，则手动设置 IP 地址，命令如下所示。

```
ifconfig eth0 192.168.1.251netmask 255.255.255.0    //设置 IP 地址和子网掩码
route add default gw 192.168.1.1                    //添加默认网关
```

推荐大家将开发板连接到路由器上，设置好 IP 地址以后就可以测试网络了。

每次手动设置 IP 地址太麻烦，开机以后自动启动网卡并且设置 IP 地址的方法如下：将设置网卡 IP 地址的命令添加到/etc/init.d/rcS 文件中就行了，完成以后的 rcS 文件内容如示例 36-6 所示。

示例 36-6　网络开机自启动

```
1  #!/bin/sh
2
3  PATH=/sbin:/bin:/usr/sbin:/usr/bin
4  LD_LIBRARY_PATH=$LD_LIBRARY_PATH:/lib:/usr/lib
5  export PATH LD_LIBRARY_PATH runlevel
6
7  #网络开机自启动设置
8  ifconfig eth0 up
9  #udhcpc -i eth0
10 ifconfig eth0 192.168.1.251 netmask 255.255.255.0
11 route add default gw 192.168.1.1
...
12 #cd /drivers
13 #./hello &
14 #cd /
```

第 8 行，打开 eth0 网卡。

第 9 行，通过路由器自动获取 IP 地址。

第 10 行，手动设置 eth0 的 IP 地址和子网掩码。

第 11 行，添加默认网关。

修改好 rcS 文件以后保存并退出，重启开发板，eth0 网卡就会在开机时自启动，不用手动添加相关设置了。

36.5　改造自己的烧写工具

36.5.1　改造 MfgTool

我们已经实现了将自己的系统烧写到开发板中，但使用的是“借鸡生蛋”的方法。本节来学习如何将 MfgTool 工具改造成自存的工具，让其支持自己设计的开发板。要改造 MfgTool，重点如下。

(1) 针对不同的核心板,确定系统文件名字。

(2) 新建.vbs 文件。

(3) 修改 ucl2.xml 文件。

1. 确定系统文件名

确定系统文件名完全是为了兼容不同的产品,比如某个产品有 NAND 和 EMMC 两个版本,这两个版本的 uboot、zImage、.dtb 和 rootfs 可能不同。为了在 MfgTool 工具中同时支持上述核心板,EMMC 版本的系统文件命名如图 36-17 所示。

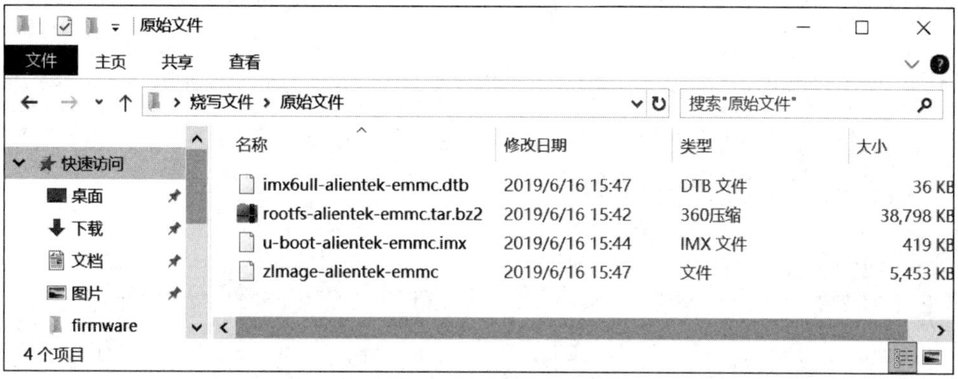

图 36-17 系统文件名

2. 新建.vbs 文件

直接复制 mfgtool2-yocto-mx-evk-emmc.vbs 文件,重命名为 mfgtool2-alientek-alpha-emmc.vbs,文件内容不要做任何修改,.vbs 文件新建好了。

3. 修改 ucl2.xml 文件

在修改 ucl2.xml 文件之前,先保存一份原始的 ucl2.xml。将 ucl2.xml 文件改为如示例 36-7 所示内容。

示例 36-7 改后的 ucl2.xml 文件

```
<!-- 正点原子修改后的 ucl2.xml 文件 -->

<UCL>
  <CFG>
    <STATE name = "BootStrap" dev = "MX6UL" vid = "15A2" pid = "007D"/>
    <STATE name = "BootStrap" dev = "MX6ULL" vid = "15A2" pid = "0080"/>
    <STATE name = "Updater"   dev = "MSC" vid = "066F" pid = "37FF"/>
  </CFG>

  <!-- 向 EMMC 烧写系统 -->
  <LIST name = "eMMC" desc = "Choose eMMC as media">
    <CMD state = "BootStrap" type = "boot" body = "BootStrap" file = "firmware/u-boot-alientek-
emmc.imx" ifdev = "MX6ULL">Loading U-boot</CMD>
    <CMD state = "BootStrap" type = "load" file = "firmware/zImage-alientek-emmc" address = "
0x80800000"
```

```
        loadSection = "OTH" setSection = "OTH" HasFlashHeader = "FALSE" ifdev = "MX6SL MX6SX MX7D MX6UL
MX6ULL"> Loading Kernel.</CMD>
    <CMD state = "BootStrap" type = "load" file = "firmware/%initramfs%" address = "0x83800000"
        loadSection = "OTH" setSection = "OTH" HasFlashHeader = "FALSE" ifdev = "MX6SL MX6SX MX7D MX6UL
MX6ULL"> Loading Initramfs.</CMD>
    <CMD state = "BootStrap" type = "load" file = "firmware/imx6ull-alientek-emmc.dtb" address = "
0x83000000"
        loadSection = "OTH" setSection = "OTH" HasFlashHeader = "FALSE" ifdev = "MX6ULL"> Loading device
tree.</CMD>
    <CMD state = "BootStrap" type = "jump" > Jumping to OS image. </CMD>

    <!-- create partition -->
    <CMD state = "Updater" type = "push" body = "send" file = "mksdcard.sh.tar"> Sending partition shell
</CMD>
    <CMD state = "Updater" type = "push" body = "$ tar xf $FILE "> Partitioning...</CMD>
    <CMD state = "Updater" type = "push" body = "$ sh mksdcard.sh /dev/mmcblk%mmc%"> Partitioning...
</CMD>

    <!-- burn uboot -->
    <CMD state = "Updater" type = "push" body = "$ dd if=/dev/zero of=/dev/mmcblk%mmc% bs=1k
seek=768 conv=fsync count=8"> clear u-boot arg</CMD>
    <!-- access boot partition -->
    <CMD state = "Updater" type = "push" body = "$ echo 0 > /sys/block/mmcblk%mmc%boot0/force_ro">
access boot partition 1</CMD>
    <CMD state = "Updater" type = "push" body = "send" file = "files/u-boot-alientek-emmc.imx" ifdev =
"MX6ULL"> Sending u-boot.bin</CMD>
    <CMD state = "Updater" type = "push" body = "$ dd if=$FILE of=/dev/mmcblk%mmc%boot0 bs=512
seek=2"> write U-Boot to sd card</CMD>
    <CMD state = "Updater" type = "push" body = "$ echo 1 > /sys/block/mmcblk%mmc%boot0/force_ro">
re-enable read-only access </CMD>
    <CMD state = "Updater" type = "push" body = "$ mmc bootpart enable 1 1 /dev/mmcblk%mmc%"> enable
boot partion 1 to boot</CMD>

    <!-- create fat partition -->
    <CMD state = "Updater" type = "push" body = "$ while [ ! -e /dev/mmcblk%mmc%p1 ]; do sleep 1;
echo \"waiting...\"; done "> Waiting for the partition ready</CMD>
    <CMD state = "Updater" type = "push" body = "$ mkfs.vfat /dev/mmcblk%mmc%p1"> Formatting rootfs
partition</CMD>
    <CMD state = "Updater" type = "push" body = "$ mkdir -p /mnt/mmcblk%mmc%p1"/>
    <CMD state = "Updater" type = "push" body = "$ mount -t vfat /dev/mmcblk%mmc%p1 /mnt/mmcblk%
mmc%p1"/>

    <!-- burn zImage -->
    <CMD state = "Updater" type = "push" body = "send" file = "files/zImage-alientek-emmc"> Sending
kernel zImage</CMD>
    <CMD state = "Updater" type = "push" body = "$ cp $FILE /mnt/mmcblk%mmc%p1/zImage"> write
kernel image to sd card</CMD>

    <!-- burn dtb -->
    <CMD state = "Updater" type = "push" body = "send" file = "files/imx6ull-alientek-emmc.dtb" ifdev =
"MX6ULL"> Sending Device Tree file</CMD>
    <CMD state = "Updater" type = "push" body = "$ cp $FILE /mnt/mmcblk%mmc%p1/imx6ull-alientek-
emmc.dtb" ifdev = "MX6ULL"> write device tree to sd card</CMD>
```

```
    <CMD state="Updater" type="push" body="$ umount /mnt/mmcblk%mmc%p1">Unmounting vfat
partition</CMD>

    <!-- burn rootfs -->
    <CMD state="Updater" type="push" body="$ mkfs.ext3 -F -E nodiscard /dev/mmcblk%mmc%p2">
Formatting rootfs partition</CMD>
    <CMD state="Updater" type="push" body="$ mkdir -p /mnt/mmcblk%mmc%p2"/>
    <CMD state="Updater" type="push" body="$ mount -t ext3 /dev/mmcblk%mmc%p2 /mnt/mmcblk%
mmc%p2"/>
    <CMD state="Updater" type="push" body="pipe tar -jxv -C /mnt/mmcblk%mmc%p2" file="files/
rootfs-alientek-emmc.tar.bz2" ifdev="MX6UL MX7D MX6ULL">Sending and writting rootfs</CMD>
    <CMD state="Updater" type="push" body="frf">Finishing rootfs write</CMD>
    <CMD state="Updater" type="push" body="$ umount /mnt/mmcblk%mmc%p2">Unmounting rootfs
partition</CMD>
    <CMD state="Updater" type="push" body="$ echo Update Complete!">Done</CMD>
  </LIST>
</UCL>
```

ucl2.xml 文件仅保留了 EMMC 烧写系统功能，如果要支持 NAND 则参考原版的 ucl2.xml 文件，添加相关的内容。

36.5.2 烧写测试

MfgTool 工具修改好以后就可以进行烧写测试了，将 imx6ull-alientek-emmc.dtb、u-boot-alientek-emmc.imx 和 zImage-alientek-emmc 这 3 个文件复制到 mfgtools-with-rootfs/mfgtools/Profiles/Linux/OS Firmware/firmware 目录中。将 imx6ull-alientek-emmc.dtb、u-boot-alientek-emmc.imx、zImage-alientek-emmc 和 rootfs-alientek-emmc.tar.bz2 复制到 mfgtools-with-rootfs/mfgtools/Profiles/Linux/OS Firmware/files 目录中。

单击 mfgtool2-alientek-alpha-emmc.vbs，打开 MfgTool 烧写系统，等待烧写完成，然后设置拨码开关为 EMMC 启动，重启开发板，系统启动信息如图 36-18 所示。

```
Normal Boot
Hit any key to stop autoboot:  0
switch to partitions #0, OK
mmc1(part 0) is current device
reading zImage
5924504 bytes read in 146 ms (38.7 MiB/s)
reading imx6ull-14x14-evk.dtb
** Unable to read file imx6ull-14x14-evk.dtb **
Kernel image @ 0x80800000 [ 0x000000 - 0x5a6698 ]
## Flattened Device Tree blob at 83000000
   Booting using the fdt blob at 0x83000000
   reserving fdt memory region: addr=83000000 size=a000
   Using Device Tree in place at 83000000, end 8300cfff

Starting kernel ...
```

图 36-18 系统启动 log 信息

从图 36-18 可以看出，出现 Starting Kernel ...然后再也没有任何信息输出，说明 Linux 内核启动失败。接下来解决 Linux 内核启动失败问题。

36.5.3 解决 Linux 内核启动失败

uboot 启动正常，其实是启动 Linux 时出问题，仔细观察 uboot 输出的 log 信息，如图 36-19 所示。

```
reading imx6ull-14x14-evk.dtb
** Unable to read file imx6ull-14x14-evk.dtb **
```

图 36-19 读取设备树出错

从图 36-19 可以看出，在读取 imx6ull-14x14-evk. dtb 这个设备树文件时出错了。重启 uboot，进入到命令行模式，输入如下命令查看 EMMC 的分区 1 中是否有设备树文件。

```
mmc dev 1              //切换到 EMMC
ls mmc 1:1             //输出 EMMC1 分区 1 中的所有文件
```

结果如图 36-20 所示。

```
=> ls mmc 1:1
  5924504   zimage
    39287   imx6ull-alientek-emmc.dtb

2 file(s), 0 dir(s)

=> 
```

图 36-20 EMMC 分区 1 文件

从图 36-20 可以看出，此时 EMMC 的分区 1 中是存在设备树文件的，只是文件名字为 imx6ull-alientek-emmc. dtb，因此读取 imx6ull-14x14-evk. dtb 肯定会出错。因为 uboot 中默认的设备树名字就是 imx6ull-14x14-evk. dtb。解决方法如下。

1. 重新设置 bootcmd 环境变量值

进入 uboot 的命令行，重新设置 bootcmd 和 bootargs 环境变量的值，bootargs 的值也要重新设置，命令如下所示。

```
setenv bootcmd 'mmc dev 1;fatload mmc 1:1 80800000 zImage;fatload mmc 1:1 83000000 imx6ull-alientek-emmc.dtb;bootz 80800000 - 83000000'
setenv bootargs 'console=ttymxc0,115200 root=/dev/mmcblk1p2 rootwait rw'
saveenv
```

重启开发板，Linux 系统就可以正常启动。

2. 修改 uboot 源码

第 1 种方法每次都要手动设置 bootcmd 的值，很麻烦。更简单的方法是直接修改 uboot 源码。打开 uboot 源码中的文件 include/configs/mx6ull_alientek_emmc. h，在宏 CONFIG_EXTRA_ENV_SETTINGS 中找到如示例 36-8 所示内容。

示例 36-8 查找设备树文件

```
194 "findfdt = "\
195     "if test $ fdt_file = undefined; then " \
```

```
196        "if test $board_name = EVK && test $board_rev = 9X9; then " \
197            "setenv fdt_file imx6ull-9x9-evk.dtb; fi; " \
198        "if test $board_name = EVK && test $board_rev = 14X14; then " \
199            "setenv fdt_file imx6ull-14x14-evk.dtb; fi; " \
200        "if test $fdt_file = undefined; then " \
201            "echo WARNING: Could not determine dtb to use; fi; " \
202        "fi;\0" \
```

findfdt 就是用于确定设备树文件名字的环境变量，其保存着设备树文件名。第 196 和 197 行用于判断设备树文件名字是否为 imx6ull-9x9-evk.dtb，第 198 和 199 行用于判断设备树文件名字是否为 imx6ull-14x14-evk.dtb。这两个设备树都是 NXP 官方开发板使用的，I.MX6U-ALPHA 开发板用不到，因此直接将示例代码 36-8 中 findfdt 的值改为如下内容。

示例 36-9 查找设备树文件

```
194 "findfdt="\
195     "if test $fdt_file = undefined; then " \
196         "setenv fdt_file imx6ull-alientek-emmc.dtb; " \
197     "fi;\0" \
```

第 196 行，如果 fdt_file 未定义的话，直接设置 fdt_file= imx6ull-alientek-emmc.dtb，简单直接，不需要任何的判断语句。修改以后重新编译 uboot，然后用将新的 uboot 烧写到开发板中，烧写完成以后重启测试，Linux 内核启动正常。

关于系统烧写就讲解到这里，本章我们使用 NXP 提供的 MfgTool 工具通过 USB OTG 口向开发板的 EMMC 中烧写 uboot、Linux Kernel、.dtb（设备树）和 rootfs 这四个文件。在本章我们主要做了 5 个工作：

（1）理解 MfgTool 工具的工作原理。

（2）使用 MfgTool 工具将 NXP 官方系统烧写到 I.MX6U-ALPHA 开发板中，主要是为了体验 MfgTool 软件的工作流程以及烧写方法。

（3）使用 MfgTool 工具将我们自己编译出来的系统烧写到 I.MX6U-ALPHA 开发板中。

（4）修改 MfgTool 工具，使其支持我们所使用的硬件平台。

（5）修改相应的错误。

关于系统烧写的方法就讲解到这里，本章内容不仅仅是为了讲解如何向 I.MX6ULL 芯片中烧写系统，更重要的是向大家详细地讲解 MfgTool 的工作原理。如果大家在后续的工作或学习中使用 I.MX7 或者 I.MX8 等芯片，本章同样适用。

随着本章的结束，也宣告着本书第三篇的内容正式结束。第三篇是系统移植篇，重点讲解 uboot、Linux Kernel 和 rootfs 的移植，看似简简单单的“移植”两个字，实践起来却不易。授人以鱼不如授人以渔，本可以简简单单地教大家修改哪些文件、添加哪些内容，怎么去编译，然后得到哪些文件，但是这样只能看到表象，并不能深入地了解其原理。为了让大家能够详细地了解整个流程，笔者义无反顾地选择了这条最难走的路，不管是 uboot 还是 Linux Kernel，或是从 Makefile 到启动流程，都尽自己最大的努力去讲述清楚。奈何，笔者水平有限，大家有疑问的地方可以到正点原子论坛 www.openedv.com 上发帖留言，大家一起讨论学习。